U0324052

国家科学技术学术著作出版基金资助出版

环境科学前沿及新技术丛书2

环境催化——原理及应用

贺　泓　李俊华　何　洪　等　著
上官文峰　胡　春

科　学　出　版　社

北　京

内 容 简 介

本书从环境与催化的关系出发，以环境催化的主要研究对象为体系，力求系统、全面地论述环境催化的特点、研究方法、催化原理及其在环境污染控制方面的重要应用成果和最新研究进展，此外还介绍了自然界自发存在的环境催化的概念和相应的研究前沿。

本书具有较强的理论性、系统性和新颖性，特别适合高等院校相关专业教学使用。对于从事催化化学、环境科学与工程的研究人员以及从事环境污染控制技术研究开发的专业技术人员则是一本极具学术价值和应用价值的参考书。

图书在版编目（CIP）数据

环境催化：原理及应用／贺 泓等著. —北京：科学出版社，2008
（环境科学前沿及新技术丛书；2／郝吉明主编）
ISBN 978-7-03-022687-7

Ⅰ. 环… Ⅱ. 贺… Ⅲ. 催化剂－应用－环境污染－污染防治
Ⅳ. X505

中国版本图书馆 CIP 数据核字（2008）第 118160 号

责任编辑：杨 震 周 强／责任校对：朱光光
责任印制：徐晓晨／封面设计：王 浩

科学出版社 出版
北京东黄城根北街 16 号
邮政编码：100717
http://www.sciencep.com

北京中石油彩色印刷有限责任公司 印刷
科学出版社发行 各地新华书店经销

＊

2008 年 10 月第 一 版 开本：B5（720×1000）
2021 年 2 月第六次印刷 印张：40 3/4
字数：739 000
定价：160.00 元
（如有印装质量问题，我社负责调换）

前　言

　　催化科学和技术的发展在给我们带来极大的物质生活利益的同时，也使得人类活动对自然界的干预和改造能力大大加强。以用于合成氨的铁催化剂、合成聚合物的 Ziegler-Natta 催化剂以及石油化工催化剂为例，不难看出催化技术的大规模工业化应用对环境造成的巨大影响。如果说催化科学和技术是现代工业文明发展至今的基石之一，相信它也必将成为解决人类面临的可持续发展问题的关键技术，因此环境催化应运而生。环境催化的使命是用催化的手段解决人类面临的化学污染问题，这成为催化科学和技术发展所面临的新挑战。环境催化作为一个环境科学和催化科学的交叉学科，已经在过去 30 年的发展中取得了以汽车尾气三效催化剂（three-way catalyst）为代表的众多研究成果，并正在形成一个相对独立的研究体系，越来越受到催化科学和环境科学两方面研究人员的重视。在这样的背景下，作者接受《环境科学前沿及新技术丛书》主编郝吉明院士的邀请，将环境催化相对分散的研究成果和相关理论整理成《环境催化——原理及应用》一书，从环境与催化的关系出发，以环境催化的主要研究对象为体系，力求系统、全面地论述环境催化的特点、研究方法、催化原理及其在环境污染控制方面的重要应用成果和最新研究进展，并在最后一章介绍自然界自发存在的环境催化的概念和相应的研究前沿。

　　如果通过本书的阅读，读者能够对环境催化有了更清楚的认识和了解，进而对环境催化的研究产生兴趣或有所启发，作者将感到无比的欣慰。

　　本书主要的作者有贺泓（中国科学院生态环境研究中心）、李俊华（清华大学）、何洪（北京工业大学）、上官文峰（上海交通大学）和胡春（中国科学院生态环境研究中心）等。各章的具体执笔分工如下：第 1 章由贺泓撰写；第 2 章由贺泓、李俊华、刘永春、张秀丽、陈建军共同撰写；第 3 章由李俊华、何洪、贺泓、余运波、康守方、朱永青共同撰写；第 4 章由李俊华、林绮纯共同撰写；第 5 章由何洪、戴洪兴共同撰写；第 6 章由上官文峰、张长斌、贺泓共同撰写；第 7 章由胡春、胡学香、聂玉伦、邢胜涛共同撰写；第 8 章由贺泓、张长斌、何洪、李俊华、刘永春、薛莉、王相杰共同撰写；第 9 章由刘永春、贺泓共同撰写。

　　在本书成稿过程中，王莲、常青云、徐文青、刘福东、吴强、闫丽珠、刘俊锋、李毅、王晓英、张洁、马庆鑫、马金珠、黄韶勇、王华瑜、张博、张丽、宋小萍等对本书的资料收集、内容修订、图表编辑和文献校对做了大量工作，并提出了不少的宝贵意见；科学出版社的杨震、周强二位编辑对于本书的出版提供了诸多的建议、鼓励和帮助，在此一并表示衷心感谢。

本书涉及的作者及其研究小组的研究工作得到国家杰出青年科学基金、国家自然科学基金、国家高技术研究发展计划（"863"计划）、国家重点基础研究发展计划（"973"计划）、中国科学院百人计划和知识创新工程等项目的资助；本书的出版得到国家科学技术学术著作出版基金的资助，在此一并深表谢意。

由于作者水平有限，经验不足，书中难免有遗漏、偏颇乃至错误之处，恳请读者提出批评和建议，以便再版时加以改正和完善。

作   者

2008 年 6 月于北京

目　　录

第1章 催化与环境

1.1 催化和环境的关系

自从1836年由瑞典化学家Berzelius提出催化（catalysis）概念以来，催化科学和技术取得了长足进步，成为现代工业文明得以实现的重要基石之一。事实上，催化技术是化学工业和石油化学工业的最核心技术。例如，80%以上的化学工业涉及催化技术，催化剂的世界销售额超过100亿美元/年，催化技术所带来的产值达到其本身产值的百倍以上。发达国家GDP的20%～30%来源于催化技术直接和间接的贡献[1,2]。

但是，掌握了催化科学和技术的人类在创造工业文明并给我们的物质生活带来利益的同时，也使得人类对自然界的干预和改造能力大大加强，造成人类活动所产生的结果超出了环境所能承受的范围。以下几个例子清楚说明，催化是人类征服自然、改造自然的一把利剑，但是运用不当也能成为危及人类可持续发展的双刃剑。

20世纪初，Harber等开发出用于合成氨的铁催化剂，实现了氮气和氢气直接合成氨，从而造就了现代化肥工业，大大提高了农业产量，才能在地球上养活了超过60多亿人，这项研究获得了1918年诺贝尔化学奖。然而，正是由于现代农业大量施用氮肥才造成了目前普遍的水体富营养化，同时人口剧增也挑战了地球生态系统的负荷极限。

20世纪50年代初，Ziegler和Natta等发现了催化乙烯和丙烯聚合的Ziegler-Natta催化剂，并迅速实现了工业化生产，从此奠定了石化工业的基础，也因这项研究获得了1963年诺贝尔化学奖。然而，自然界中的微生物显然无法降解人类在催化技术帮助下合成的高分子聚合物，大量合成和使用这类高分子聚合物造成了今天的"白色污染"。

自从掌握了以原油催化裂化和催化重整为代表的石油化工催化技术，人类得以从原油中获得所需的汽油、柴油和煤油，从此交通运输业得以迅速发展，人类迎来了通行便利的汽车时代。然而大量使用化石燃料消耗了地球宝贵的不可再生资源，并造成了严重的温室气体、酸雨和光化学烟雾等大气污染，给人类的生存环境带来巨大的压力。

由此可见，催化科学和技术与人类今天面临的环境和可持续发展问题的关系密不可分。如今，已经取得巨大成功的催化科学和技术面临着保护环境和顾及人类可持续发展问题的新挑战。如果说催化技术是现代工业文明发展至今的基石之一，那么可以相信它也必将成为解决人类面临的重大生存环境问题的关键技术，因此环境催化应运而生。

1.2　环境催化的定义、研究对象和任务

1.2.1　环境催化的定义

对环境催化给出定义是有困难的，所以环境催化至今也没有明确的定义。从催化化学的本质上看，所有人为的催化过程和自然的催化过程都会对环境产生直接或间接的影响。显然，人为的所有催化过程中催化反应活性增加、选择性提高和催化剂寿命增加都可以起到减少有害副产物、减少能源和原材料消耗、减轻环境负荷的作用，这些都可以为改善环境做出贡献。反过来，掌握了催化技术的人类对自然界的干预和改造能力大大加强，这使得人类活动结果超出环境所能承受范围的风险也大大增加。从主观上讲，环境催化的概念是顾及人类可持续发展的环境友好的催化科学和技术。但是从学科划分来看，上述定义在目前看来显然是过于宽泛，和现有的知识体系和学科结构不相适应。不仅如此，这种依据主观愿望所下的定义显然不包括自然界自发的催化过程，然而这种不以人的意志为转移的催化过程都会对环境产生这样或那样的作用。根据作者的理解，环境催化应该包括人为的环境催化和自然界中自发的环境催化[3,4]。人为的环境催化内容仅限于在以下的过程中所研究和使用的催化科学和技术：①消除已经产生的污染物（环境催化的狭义定义）；②减少能源转化过程中有害物质的产生（例如天然气催化燃烧、柴油催化脱硫等）；③将废物转化为有用之物（例如甲烷和二氧化碳的资源化）。自发的环境催化可以将整个地球大气层看成一个光和热的反应器，仅限于研究和地球表面以及大气颗粒物有关的非均相大气化学中的界面催化过程。本书涉及的环境催化将以狭义定义（消除已经产生的污染物）为主，其他上述内容也或多或少包含在部分章节之中。应当指出，是否应该将自然界自发的催化过程归属到环境催化的范畴，研究者之间并没有形成统一的意见[3-6]。从广义上讲，凡是涉及可以减少污染物排放的绿色催化过程都可以属于环境催化的范畴，如化学计量催化技术（催化分子氧烯烃环氧化）、手性催化技术、替代有毒有害化学品的催化技术（氯氟烃替代）、产生清洁能源（光催化分解水）的催化技术等，因本书篇幅所限，暂不涉及这些内容。

1.2.2　环境催化的研究对象和任务

根据以上对环境催化的定义，环境催化的研究对象和任务是：通过催化科学

和技术的研究和应用，消除已经产生的污染物；减少能源转化过程中有害物质的产生；将废物转化为有用之物；阐明非均相大气化学中的自发的界面催化过程，以增进了解污染物在环境微界面过程中的迁移转化规律。本书的主要内容为以消除已经产生的污染物为目的的环境催化研究和应用。

1.2.2.1　消除已经产生的污染物

1. 消除大气污染物、温室效应气体和臭氧层消耗物质

大气中主要气态污染物有氮氧化物（NO_x 和 N_2O）、二氧化硫（SO_2）、一氧化碳（CO）、二氧化碳（CO_2）、甲烷（CH_4）、氯氟烃（CFC）、非甲烷挥发性有机物（VOC）、羰基硫（OCS）等。NO_x 和 SO_2 对人体有害，经过大气氧化过程后可以导致干、湿酸沉降（酸雨），其中 NO_x 还可以和 VOC 发生复合污染导致光化学烟雾和近地层臭氧浓度升高。CO_2、CH_4 和 N_2O 是主要的温室效应气体，导致大气层升温；其中长寿命的 N_2O 上升到臭氧层后被氧化成硝酸盐，进而成为臭氧分解的催化剂。CFC 和 OCS 寿命也很长，上升到臭氧层后成为主要的臭氧层消耗物质。除 CFC 外，上述气态污染物都可以经由天然源的自然过程排放，但本书中讨论气态污染物的催化消除主要涉及人为排放源中相对集中的工业排放源。气态污染物的工业排放源又可以分为移动源（机动车）排放和固定源（发电厂、锅炉、垃圾焚烧等）排放。

在移动源排放的催化净化方面，本书主要介绍理论空燃比条件下的汽油车和稀薄燃烧条件下的柴油车以及稀燃汽油车尾气的催化净化。汽油车用三效催化剂（three-way catalyst，TWC）可同时去除尾气中碳氢化合物（HC）、CO 和 NO_x，已成为成功范例，本书将重点论述三效催化剂的设计思路、转化器的工作原理和多相催化反应机理，并分析催化剂的失活机理和相应对策。柴油车和稀燃汽油车尾气中共同的主要污染物是 NO_x，以富氧条件下选择性催化还原（selective catalytic reduction，SCR）NO_x 催化为重点，分析 SCR 催化剂的难点和突破方向，结合具体研究实例论述了基础研究对实用型 SCR 催化剂和储存 – 还原 NO_x（NSR）催化剂设计的指导作用，并介绍了柴油车 NO_x 和颗粒物（particulate matter，PM）组合净化四效催化剂的最新研究进展。这部分内容见本书第 3 章。

在固定源排放的催化净化方面，根据火力发电厂、工业锅炉、垃圾焚烧等固定源的排放特点，主要介绍以氨为还原剂的选择性催化还原（NH_3-SCR）NO_x 的成熟技术。讨论适用于该技术的催化剂类型、特性和优缺点，以及氨和氮氧化合物的氧化还原机理。结合具体研究实例论述低温型 NH_3-SCR 催化剂的最新研究进展，简述烟气催化脱硫和催化同时脱硫脱硝研究的新动向，这部分内容见本书第 4 章。

在温室效应气体和臭氧层消耗物质的催化转化方面，主要介绍了可导致温室

效应的 4 种长寿命气体的多相催化转化，包括二氧化碳和甲烷的资源化转化，以及氯氟烃和氧化亚氮的无害化转化。这部分内容见本书第 8 章。

2. 消除室内气态污染物和致病微生物

针对室内空气化学污染和微生物污染，介绍光催化净化、催化氧化净化和催化空气灭菌（抑菌）研究新进展。这部分内容见本书第 6 章。

3. 消除水中污染物和致病微生物

针对水中污染物和致病微生物污染，论述催化在饮用水和废水处理过程中的应用，特别是光催化水处理技术、多相臭氧催化净化水中有机污染物、双金属催化剂催化还原水中的硝酸盐、芬顿反应等湿式催化氧化技术。这部分内容见本书第 7 章。

1.2.2.2 减少能源转化过程中有害物质的产生

前面已经提到，化石燃料燃烧过程中排放的 CO_2、SO_2 和 NO_x 造成了大气污染，产生温室效应、酸雨、颗粒物和光化学烟雾等。由于移动燃烧源和固定燃烧源排放 NO_x 和 SO_2 的催化剂净化已经分别在第 3 章和第 4 章论述，这里主要介绍挥发性有机化合物和天然气的催化燃烧，特别是多相催化燃烧和均相非催化燃烧的区别，多相催化燃烧对降低排放的贡献和应用的现状和前景。讨论燃烧温度与催化剂结构材料选择和催化氧化反应器结构设计的关系，以及添加或反应中产生的水蒸气对催化氧化的阻碍机理。这部分内容见本书第 5 章。

1.2.2.3 将废物转化为有用之物

利用丰富、廉价的有机废弃物，如纤维素等生物质资源生产燃料乙醇，有望替代传统的化石燃料，从而实现能源的再生和可持续发展。最近的研究结果表明[7,8]，与传统的纤维素降解方法相比，催化氢解纤维素有望实现纤维素降解为多元醇的绿色过程。这些刚刚起步的研究今后很可能为生物质资源转化和资源化利用提供关键技术和解决方案。本书第 8 章介绍的甲烷和二氧化碳重整制备合成气的研究，也是将废物转化为有用之物的研究实例。

1.2.2.4 非均相大气化学中的催化过程

前面所介绍的环境催化都是在人的主观愿望指导下进行的，然而自然界中还存在着不以人的意志为转移的环境界面过程，即自发的环境催化过程。这里我们可以将整个大气层看成一个光和热的催化反应器[3,6]。本书第 9 章论述在自然条件下，地表及大气层中颗粒物表面上自发的多相催化反应对气态污染物在自然界的迁移转化的影响，这种影响进而可以波及相关元素的循环和整个大气化学过程。讨论的对象包括对流层中的地壳元素氧化物、无机盐和冰晶等颗粒物,结合最新研究实例重点论述大气中常见的污染物在颗粒物表面的吸附、表面反应、脱附的机理。

限于篇幅,本书在内容和结构上主要集中在消除已经产生的污染物所必需的催化科学与技术,而对于减少能源转化过程中有害物质的产生部分仅限于催化燃烧,对将废物转化为有用之物部分仅限于温室气体的二氧化碳和甲烷的资源化转化。仅仅在第 9 章涉及了以非均相大气化学过程为主的自然界自发的环境催化内容。另外,为了保持本书的自明性和系统完整性,第 2 章结合环境催化的特点简要介绍了催化科学和技术的基础知识和研究方法。

目前,环境催化的研究和应用日新月异。即使用狭义的环境催化定义进行统计,环境催化剂的市场份额也已经超过了石油化工、聚合物和精细化工的市场份额。根据催化剂集团网站数据显示[9,10],1999 年全球催化剂市场销售额为 86 亿美元,其中环境催化剂销售额为 26 亿美元,所占比例为 30%,占据世界催化剂市场最大份额。到 2006 年,全球催化剂工业价值为 140 ~ 145 亿美元。其中环境催化剂部分销售额约为 52 亿美元,所占比例约为 37%,是全球催化剂市场增长最快的部分,年增长率达 7% ~ 9%。放眼 21 世纪,以消除环境污染物质、减轻环境负荷、将废物转化成有用之物为目的的环境催化工业已经日益成为催化工业的主流,并必将为人类可持续发展做出应有的贡献。

参 考 文 献

[1] 吴越. 催化化学. 北京:科学出版社,2000

[2] 李灿,林励吾. 中国基础科学,2005,(2):30 - 32

[3] Ertl G,Knözinger H,Weitkamp J. Environmental Catalysis. Weinheim:WILEY-VCH,1999

[4] Grassian V H. Environmental Catalysis. London:Taylor & Francis Group,2005

[5] 岩本正和. 環境触媒ハンドブック. 東京:(株) エヌ・ティー・エス,2001

[6] Janssen F,van Santen R A. Environmental Catalysis. London:Imperial College Press,1999

[7] Fukuoka A,Dhepe P L. Catalytic conversion of cellulose into sugar alcohols. Angew. Chem. Int. Ed.,2006,45:5161 - 5163

[8] Luo C,Wang S,Liu H C. Cellulose conversion into polyols catalyzed by reversibly formed acids and supported ruthenium clusters in hot water. Angew. Chem. Int. Ed.,2007,46:7636 - 7639

[9] The Catalyst Group. Catalysts and specialty chemicals. http://www.catalystgrp.com/catalystsand-chemicals. html. [2008-06-05]

[10] The Catalyst Group. Catalysts:possible changes on the horizon. http://www.catalystgrp.com/newsandpress2. html Anchor-Chemi-48622. [2008-06-05]

贺泓,中国科学院生态环境研究中心

第2章　环境催化基础及其研究方法

2.1　概　　述

现有的许多著作都对催化的基础理论和研究方法有很好的描述，为了保持全书的自身完整性本章仅仅对催化的基本概念和常用的研究方法作简要的介绍。严格来讲，环境催化的理论基础和研究方法并没有脱离开这些内容而自成体系，以下在论述环境催化的特殊性的基础上，重点介绍对于研究环境催化至关重要的几种研究方法。

2.2　催化作用和环境催化

2.2.1　催化和环境催化的基本概念

催化剂是一种能改变化学反应达到平衡的速率而反应结束后其自身不发生非可逆性变化的物质。催化剂可以加速反应速率，也可以延缓反应速率，但通常工业上使用的催化剂，往往都是加速某个反应的速率。可以这样理解催化剂和催化作用：一个热力学上允许的化学反应，由于某种物质的加入而使反应速率增加，在反应结束时该物质并不消耗，这种物质被称为催化剂；它对反应施加的作用称为催化作用。需要注意的是，催化剂能改变反应达到平衡的时间，但不能改变反应的平衡常数，因为反应的平衡常数是由热力学决定的。

根据催化剂和反应物所处物相的不同，催化作用可以分为均相催化（homogeneous catalysis）和非均相催化（heterogeneous catalysis）。均相催化是指催化剂和反应物处于相同的物相状态；非均相催化是指催化剂和反应物处于不同的物相状态。在环境催化中，催化剂和反应物往往处于不同的物相状态，因此一般为非均相催化。比较常见的是催化剂处于固相，反应物处于气相的气–固催化反应和催化剂处于固相，反应物处于液相的液–固催化反应。

均相催化的催化剂一般为酸、碱、金属络合物、有机金属化合物和生物酶，催化剂和反应物分子在同一相中（一般为液相）。均相催化已经基本建立了分子水平的催化反应理论，如酸碱催化理论、酶催化理论等。相对而言，非均相催化中由于催化剂和反应物分子不在同一相中，催化反应机理比较复杂，至今尚未建立成熟的非均相催化反应理论。非均相催化中催化剂一般处于固相，所以非均相催化也可以认为是固体表面上发生的物理和化学过程。

　　事实上，绝大多数固体表面或多或少都会有选择性或非选择性的催化作用。这是因为，固体表面上必然存在由于体相结构终止而造成的表面原子不饱和键，或称剩余价键。正是由于剩余价键的存在，吸附在表面上的分子可以解离成活性的表面新物种，或者分子发生化学或物理吸附而或多或少地削弱了吸附分子原有的化学键。这些过程一般都会促进吸附分子自身的反应或与其他分子间的反应（图 2-1）。一般地，催化剂表面反应过程遵循 Langmuir-Hinshelwood（L-H）机理或 Eley-Ridea（E-R）机理，图 2-1 仅以 L-H 机理为例对催化过程的本质进行了描述。

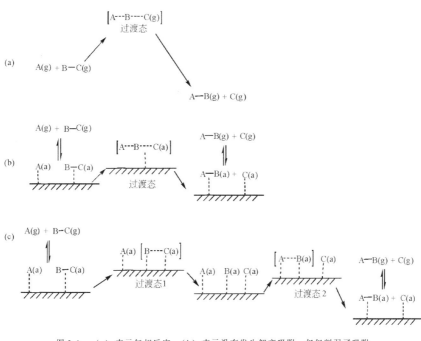

图 2-1　　（a）表示气相反应；（b）表示没有发生解离吸附，仅仅削弱了吸附
反应物分子化学键的催化反应；（c）表示发生了解离吸附的催化反应

　　当然图 2-1 远远不能反映固体表面发生的催化作用的物理和化学过程的复杂性。现代超高真空技术和随之而来的现代表面表征技术给我们在分子和原子水平上研究表面上发生的物理和化学过程提供了技术条件。事实上，精确地研究表面的结构和组成以及表面上物质的吸附、扩散、反应和脱附已经发展成为自成体系的表面科学。既然非均相催化是一个固体表面的物理和化学过程，对这一表面过程的分子水平上的表面科学研究，已经在很大程度上帮助我们理解了现有的催化

作用机理，也必定会帮助我们最终设计出实用的催化剂。2007 年诺贝尔化学奖授予德国物理化学家 G. Ertl 教授，以表彰他在固体表面的化学过程研究中所做出的贡献。其中，合成氨的表面催化反应机理和金属铂表面催化 CO 氧化反应研究，是 Ertl 教授对固体表面化学过程研究的两个具有代表性的重要贡献。但是，要实现用表面科学的研究成果指导催化剂的设计这一终极目标仍必须跨越所谓的"压力和材料的差异（pressure and materials gaps）"。这主要是由于表面科学研究的对象（单晶体）、条件（真空系统）和实际的多相催化反应体系相去太远，以至于研究结论失去了相关性。有关内容在本章第 4 节中涉及，这里不再展开。

催化剂的种类繁多，不同催化剂的工作环境不同，因此对催化剂的要求也不尽相同，但能在工业上实用的催化剂必须符合一系列条件。而实验室研究中对催化剂的主要评价标准是活性、选择性和稳定性。一个优良的催化剂必须具备高活性、高选择性和高稳定性。在环境催化领域，催化剂的使用条件要苛刻得多，例如要求反应温度窗口宽，空速大，反应物浓度处于 ppm ~ ppb[*] 的水平，且浓度随时间而改变，这对催化剂的活性、选择性和稳定性提出了更高的要求。

2.2.1.1　活性

催化剂的活性（activity）是衡量催化剂加快化学反应速率程度的一种量度，即催化剂对化学反应促进作用的强弱。换句话说，催化剂的活性是指催化反应速率与非催化反应速率之间的差别。但是，由于通常情况下非催化反应速率小到可以忽略，所以催化剂的活性就是催化反应的速率。

表示催）化剂活性的方法有多种，常用的有：

1. 反应速率

根据 1979 年国际纯粹化学和应用化学联合会（IUPAC）的推荐，反应速率的定义为

$$v = \frac{d\xi}{dt} \qquad (mol/s) \tag{2-1}$$

式中，ξ 为反应进度。由于反应速率还与催化剂的体积、质量、表面积等有关，所以引入比速率的概念。

$$体积比速率(voluminal\ rate) = \frac{1}{V}\frac{d\xi}{dt} \qquad [mol/(m^3 \cdot s)] \tag{2-2}$$

$$质量比速率(specific\ rate) = \frac{1}{W}\frac{d\xi}{dt} \qquad [mol/(g \cdot s)] \tag{2-3}$$

$$面积比速率(areal\ rate) = \frac{1}{S}\frac{d\xi}{dt} \qquad [mol/(m^2 \cdot s)] \tag{2-4}$$

---

　　[*] ppm，ppb 在第 2 ~ 6、8、9 章表示体积分数，在第 7 章表示质量分数。

其中，V、W、S 分别表示固体催化剂的体积、质量和表面积。因为反应是在表面上发生的，所以这 3 种表达中以面积比速率最能反映催化剂的本征活性。

2. 转化率

对于活性的表达方式，还有一种更直观的指标，那就是转化率，常被用来比较催化剂的活性。转化率的定义为

$$\chi_A = \frac{\text{反应物 A 转化的物质的量}}{\text{反应物 A 起始的物质的量}} \times 100\% \tag{2-5}$$

采用这种参数时，必须注明反应物料与催化剂的接触时间，否则就没有速率概念了。为此在实践中引入了空速（space velocity）的概念。在流动体系中，物料的流速（体积/时间）除以催化剂的体积就是体积空速，单位为 s^{-1} 或 h^{-1}。空速的倒数为反应物料与催化剂接触时间，有时也称为空时（space time）。环境催化往往要求催化剂在保证一定的转化率的条件下承受较大的空速。以用于大型燃煤电厂烟气 NO_x 选择性催化还原（SCR）的催化剂为例，由于要处理的烟气量十分巨大，所以不仅要承担较高的空速，还要求催化剂材料必须廉价。由于车载限制的原因，用于汽车尾气净化的三效催化剂也必须在很高且变动的空速下工作。

3. 速率常数

用速率常数比较活性时，要求温度相同。在不同催化剂上反应，仅当反应的速率方程有相同的形式时，用速率常数比较活性大小才有意义。

4. 活化能

从催化理论上说，催化剂使得反应物转化为产物的过程中所要经过的能量壁垒——活化能降低了，从而提高了反应的速率。式（2-6）表示的是阿伦尼乌斯在前人工作基础上结合自己的实验得出的经验公式，即阿伦尼乌斯公式[1]。其中 k 指反应速率常数，E_a 称为反应的实验活化能或阿伦尼乌斯活化能。从式（2-6）可以看出，在一定温度下，速率常数 k 值由指前因子 A 和活化能 E_a 两个参数决定。

$$k = A\exp\left[-\frac{E_a}{RT}\right] \tag{2-6}$$

对于基元反应，E_a 可以赋予明确的物理意义。分子间相互作用的首要条件是它们必须"接触"。虽然分子彼此碰撞的频率很高，但并不是所有的碰撞都是有效的，只有少数能量较高的分子碰撞后才能起作用。E_a 表征了反应分子能发生有效碰撞的能量要求。而对于非基元反应，E_a 就没有明确的物理意义了，它实际上是总包反应的各基元反应活化能的特定组合，这时 E_a 称为总包反应的表观活化能。一般来说，一个反应在某催化剂上进行时活化能高，则表示该催化剂的活性低；反之，活化能低时，则表明催化剂的活性高，通常都是用总包反应的表现活化能作比较。但由于存在指前因子 A 的影响，经常可以见到例外。

图 2-2 所示为有催化剂存在和无催化剂存在条件下的基元反应坐标，图中 R、P、I 和 TS 分别为反应物、产物、反应中间体和过渡态。无催化剂存在的体系（1），其活化能为 $E_a(1)$。有催化剂存在时，一种可能是反应机理并没发生变化，但由于活化能降低了，即 $E_a(2) < E_a(1)$，反应速率增加，这种情形可以用图 2-1（b）示意表示；另一种可能是虽然反应过程的反应物和产物相同，但通过反应中间产物 I 的形成使反应的微观机理发生了变化，而速控步骤的活化能 $E_a(3)'$ 或 $E_a(3)''$ 远远低于非催化反应的活化能 $E_a(1)$，使得反应速率增加，这种情形可以用图 2-1（c）示意表示。

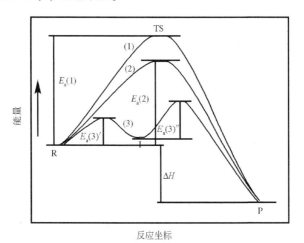

图 2-2 催化和非催化反应的基元反应坐标示意图

有一个反应可用来说明催化剂如何降低反应的活化能。这就是在环境催化中很重要的 CO 转化为 CO_2 的反应：

$$CO + 1/2O_2 \longrightarrow CO_2 \tag{2-7}$$

当无催化剂时，实验研究表明，反应的速控步骤是 O_2 热解为 O 原子的过程，反应的活化能约为 40 kcal/mol*，这个反应要在 700℃时才能进行。而在铂和钯存在的情况下，因为 O_2 在金属表面极易活化，很容易解离为 O 原子。这样，吸附在催化剂上的 CO 与 O 的反应便成为新的速控步骤，活化能降为 20 kcal/mol，从而使得反应在 100℃时就能发生。因此，催化剂改变了反应的速控步骤，并为产物的生成提供了一条活化能较低的反应途径。

对于图 2-2 所示的反应途径（1）、（2）、（3）中，由于反应物和产物完全相同，因此对于从反应物 R 到产物 P 的过程中，催化剂既没有改变始态和终态的能

---

* cal 为非法定单位。1 cal = 4.1868J，1kcal = 4.1868kJ。

量，也没有改变反应平衡时的物质组成，所以，反应焓 ΔH 并不因催化剂的存在而发生变化。由此可见，催化反应不能改变一个反应的平衡常数。

5. 起燃温度

起燃温度表示达到某一转化率所需要的最低温度，一般用达到50%的转化率的最低温度表示。一般来讲，起燃温度越低，催化剂的活性越好。如前所述，环境催化往往要求催化剂有较好的低温活性和在较宽的温度区间内保持较高的活性。例如汽车尾气净化催化剂，既要适应发动机启动时的低温尾气条件，又要在发动机高速运行的高温尾气中正常工作。而室内空气净化催化剂则要求尽可能地在室温条件下催化净化污染物。

6. 周转数

周转数（turn over frequency，TOF）是指单位时间内每个活性中心转化反应分子的数目，即给定的催化反应体系的反应速率与参与反应的活性中心数目的比值。周转数反映的是催化剂活性中心的本征活性，它的测定要求研究者必须首先对催化剂活性中心结构和浓度有清楚的认识。

2.2.1.2　选择性

某些反应在热力学上可以按照不同的途径得到几种不同的产物，选择性（selectivity）是指能使反应朝生成某一特定产物的方向进行的可能性。催化剂可通过优先降低某一特定的反应步骤的活化能，从而提高以这一步骤为限速步骤的反应速率继而对反应的选择性产生影响。由于不能像工业催化那样对反应物进行分离和纯化，选择性对于环境催化具有更加重要的意义。以 NO_x 的 SCR 催化剂为例，无论是应用于燃煤电厂烟气净化还是应用于柴油机、稀燃汽油机尾气净化，都要求催化剂在大量氧（% 数量级）存在的条件下，利用有限的还原剂选择性地还原排气中少量的 NO_x（数十至数百 ppm 数量级）[2]。

催化反应的选择性可以定义为

$$S = \frac{\text{所得目标产物的物质的量}}{\text{已转化的某一反应物的物质的量}} \times 100\% \qquad (2\text{-}8)$$

从某种意义上说选择性比活性更为重要。在环境催化中，选择性指倾向于反应产物对环境不造成新的污染。

如果反应中有物质的量的变化，则必须加以系数校正。例如，有反应

$$aA + bB \longrightarrow eE + fF \qquad (2\text{-}9)$$

则

$$S_E = \frac{M_E/e}{(M_{A_0} - M_A)/a} \times 100\% \qquad (2\text{-}10)$$

式中，M_E 为产物 E 的物质的量；M_{A_0}，M_A 分别为反应前和反应后反应物 A 的物

质的量。

也可以用速率常数之比表示选择性。例如假设某个反应在热力学上有两个反应路径，其速率常数分别为 k_1 和 k_2，则催化剂对第一个路径反应的选择性为

$$S_{R,1} = \frac{k_1}{k_2} \tag{2-11}$$

2.2.1.3 稳定性

催化剂在制备好以后，往往还要活化。活化的目的在于使催化剂，尤其是它的表面，形成催化反应所需要的活性结构。活化方法视需要而定。常常要在高温下用氧化性或还原性气体处理催化剂。活化好的催化剂便可投入使用。从开始使用到催化剂活性、选择性明显下降这段时间，称为催化剂的寿命。催化剂的寿命长短不一，长的有几个月、几年，如汽车尾气净化用 TWC 催化剂就要求有很长的寿命（使用 16 万 km 以上）；短的只有几分钟，如像裂化催化剂那样。

根据催化剂的定义，一个理想的催化剂应该可以永久地使用下去。然而实际上由于化学和物理的种种原因，随着使用时间的延长，催化剂的活性和选择性均会下降。当活性和选择性下降到低于某一特定值后催化剂就被认为失活了。

催化剂稳定性（stability）通常以寿命（life time）来表示。它是指催化剂在使用条件下，维持一定活性水准的时间（单程寿命）或经再生后的累计时间（总寿命）。也可以用单位活性位上所能实现的反应转换总数来表示。

催化剂的稳定性关系到催化剂能否工业化应用，在催化剂开发过程中需要给予足够重视。催化剂稳定性包括对高温热效应的耐热稳定性，对摩擦、冲击、重力作用的机械稳定性和对毒化作用的抗毒稳定性。

1. 耐热稳定性

环境催化往往需要催化剂具有较高的耐热稳定性。高温反应是常见的环境催化反应，例如机动车尾气的出口温度可达 600℃，甚至在一些特殊情况下会达到上千摄氏度[3]。因此，一种良好的催化剂应能在高温的反应条件下长期具有一定的活性。然而大多数催化剂都有自己的极限温度，这主要是高温容易使催化剂活性组分的微晶烧结长大、晶格破坏或者晶格缺陷减少。金属催化剂通常超过半熔温度就容易烧结。当催化剂为低熔金属时，应当加入适量高熔点难还原的氧化物起保护隔离作用，以防止微晶聚集而烧结。改善催化剂耐热性的另一个常用方法是采用耐热的载体。

2. 机械稳定性（机械强度）

机械稳定性高的催化剂能够经受颗粒与颗粒之间、颗粒与流体之间、颗粒与器壁之间的摩擦与碰击，且在运输、装填及自重负荷或反应条件改变等过程中能

不破碎或没有明显的粉化。一般以抗压强度和粉化度来表征。环境催化往往需要催化剂具有较高的机械强度。例如，用于燃煤电厂烟气脱硝的挤压成型 V_2O_5-WO_3/TiO_2 催化剂，必须有很高的机械强度以承受来自烟气中大量粉尘的机械冲刷[4]。汽车尾气净化的陶瓷蜂窝载体涂覆的三效催化剂也必须能够承受汽车运行带来的机械冲击和温度剧烈变化带来的收缩和膨胀的冲击[5]。

　　3. 抗毒稳定性

　　由于有害杂质（毒物）对催化剂的毒化作用，催化剂的活性、选择性或寿命降低的现象称为催化剂中毒。催化剂的中毒现象本质是催化剂表面活性中心吸附了毒物或进一步转化为较稳定的没有催化活性的表面化合物，使活性位被钝化或被永久占据。由于环境催化的特殊性，不能像工业催化中那样对反应物进行纯化和精制，所以反应体系中往往含有大量对催化剂有毒化作用的物质，如 SO_2、O_2、CO_2、H_2O、重金属等。因此，抗毒稳定性是环境催化剂最重要的性质之一。

　　衡量催化剂抗毒的稳定性有以下几种方法：

　　（1）在反应气中加入一定量的有关毒物，让催化剂中毒，然后再用纯净原料气进行性能测试，视其活性和选择性能否恢复。

　　（2）在反应气中逐量加入有关毒物直至活性和选择性维持在给定的水准上，测试能加入毒物的最高量和维持时间。

　　（3）将中毒后的催化剂通过再生处理，视其活性和选择性恢复的程度。

　　中毒一般分为两类：第一类是可逆中毒或暂时中毒，这时毒物与活性组分的作用较弱，可通过撤除毒物或用简单方法使催化剂活性恢复；第二类是永久中毒或不可逆中毒，这时毒物与活性组分的作用较强，很难用一般方法恢复活性。以用于碳氢化合物选择性催化还原 NO_x（HC-SCR）的催化剂为例，水蒸气导致的中毒就是可逆中毒，撤除水蒸气催化剂的活性立即可以得到恢复[6]；而 SO_2 中毒导致催化剂表面物种的硫酸盐化就是不可逆中毒[7]。汽车尾气净化的三效催化剂的铅中毒也是不可逆中毒，事实上，三效催化剂的大规模推广应用也是汽油无铅化的重要原因之一[8]。虽然净化反应体系、脱除毒物可以预防催化剂中毒，但这对于环境催化很难实现。

2.2.2　催化剂的组成

　　多相催化反应使用的固体催化剂大多数是由活性组分、助催化剂及载体三部分组成。活性组分对催化剂的活性起着决定性作用。助催化剂与载体的作用有时不太容易区分。实验中发现，加入合适的助剂后，催化剂在化学组成、离子价态、酸碱性质、晶体结构、表面积大小、机械强度及孔结构上都产生变化，从而改善催化剂的活性及选择性，而合适的载体有时候也能起到这种作用。设计环境催化剂，还应特别注意避免使用给人体和环境带来危害的组分。有的国家禁止在机动车尾气净化催化剂中使用钒组分就是一个值得注意的动向[9]。

2.2.2.1　活性组分

活性组分是催化剂中产生活性的部分。一般来说，只有催化剂的局部位置才产生活性，活性中心可以是原子、原子团、离子、离子缺陷位等，形式多种多样。反应中，活性中心往往通过吸附活化反应物参与催化反应，反应结束后活性中心的数目和结构不发生变化。活性组分的组成、在催化剂表面的浓度、氧化还原性质及其周围环境都会影响其催化活性[10]。

要确定一个催化反应体系活性中心的化学本性是一个困难而又非常重要的研究课题。例如 Ag/Al_2O_3 催化剂，可以催化碳氢化合物选择性还原 NO_x（HC-SCR）。大量研究集中探讨了 Ag/Al_2O_3 的活性组分与选择性催化还原 NO_x 活性的关系。到目前为止，研究者们提出了各式各样可能参与 HC-SCR 反应的 Ag 物种的存在状态，包括纳米 Ag 粒子、带部分电荷的 Ag 簇、纳米级 Ag_2O 以及 β 银铝酸盐等[11]。He 等[12]为了进一步明确 Ag/Al_2O_3 催化乙醇选择性还原 NO_x 过程中活性物种银的存在状态，利用 $AgNO_3$、Ag_3PO_4、Ag_2SO_4 和 AgCl 化合物作为活性组分 Ag 的前躯体，通过 XPS、XRD、BET 等表征手段证实了高分散的 +1 价 Ag 是 Ag/Al_2O_3 催化剂上的反应活性中心，同时发现含 Ag 化合物可以维持这些 +1 价 Ag 的稳定存在。

除了在载体上负载单活性组分外，负载双组分甚至多组分的催化剂也很常见。以贵金属元素 Pt、Pd 和 Rh 为活性组分的三效催化剂就是一个典型的多活性组分催化剂。其中 Pt 和 Pd 的作用主要是催化 HC 和 Co 的完全氧化，Rh 的贡献则主要是选择性地催化还原 NO_x 为氮气[13-16]。在 Pt、Pd 和 Rh 的协同作用下，三效催化剂得以同时净化汽车尾气中的 HC、Co 和 NO_x。

2.2.2.2　助剂

自身没有活性或活性很低的物质，以少量加入催化剂后，与活性组分产生某种作用，使催化剂的活性、选择性得以显著改善，这种物质就是助剂。根据所起的作用，助剂又可以分为电子性助剂和结构性助剂。电子性助剂又称为调变性助剂。它改变了主催化剂的电子结构，从而改变催化剂的表面性质或改变对反应物分子的吸附能力，从而降低反应活化能以提高反应效率。例如在合成氨工艺中使用的铁催化剂中，加入的 K_2O 就是电子性助剂。结构性助剂主要是增加主催化剂的结构稳定性，以此来提高催化剂的寿命和稳定性，又称为稳定剂。例如合成

氨催化剂中加入的 Al_2O_3 就是结构性助剂。

2.2.2.3　载体

载体是对活性组分起承载作用的物质，多数情况下，载体和活性组分之间还具有相互作用，有的情况下载体还直接具有催化作用。载体的组成、比表面积、孔径分布、表面酸碱性等性质会直接影响到催化剂的催化活性[17]。在催化剂中，载体的主要作用有：

（1）为催化剂提供有效表面和适合的孔结构。众所周知，催化剂的有效表面和孔结构对于活性和选择性影响很大，但有些活性组分自身并不具备这种条件。将活性组分用各种方法分散负载于载体后，可以使催化剂得到大的有效表面和适合的孔结构，从而得到更多的催化活性中心。如粉状的金属 Pt 能催化氧化多种环境污染物，但是其单位质量效率低而且使用不便，只有高度分散负载于高比表面积的载体上才能实际应用。

（2）使催化剂获得一定的机械强度。固体催化剂粒子抵抗摩擦、冲击、受压和由于温度变化、相变等原因引起的各种应力的能力，可统称为机械强度或机械稳定性。对某些催化剂来说，往往需要把活性组分负载于载体后，才能使催化剂获得足够的机械强度，以便在各种反应床上应用。因为载体种类繁多、强度不一，所以要根据反应床的要求选用不同强度的载体。例如用于流化床的催化剂载体应当有较好的抗磨损和冲击强度，固定床催化剂载体应当有较好的抗压碎强度。有时用了载体强度仍旧不够，还需要采用添加黏合剂等手段强化催化剂。除了载体的种类、用量外，负载方法等因素也会影响催化剂的强度。机械强度较高的催化剂，可以经受颗粒与颗粒、流体与颗粒、颗粒与反应器之间的摩擦，运输、装填过程中的冲击，以及由于相变、压力降、热循环等引起的内应力及外应力，而不会有显著磨损或破碎。

（3）提高催化剂的热稳定性。不使用载体的催化剂，活性组分颗粒紧密接触，由于相互作用，会使活性组分颗粒聚集增大，表面积减少，容易引起烧结，导致活性下降。因为要求载体自身必须具备一定的热稳定性，所以实际采用的载体中许多都是耐火材料。另外，消除污染物的反应大部分是氧化反应，反应过程为放热过程，因此要求载体的导热性好，可以将反应热及时传出。尤其是在高空速和高污染物浓度的操作条件下必须能很好地消除反应热，这样既能避免催化剂的热分裂，也能使反应温度保持稳定，避免高温下的副反应，提高催化剂的选择性。

（4）增强催化剂的抗毒性能。催化剂会由于各种毒物的存在而中毒，而将金属活性组分负载在合适的载体上就可以增加催化剂的抗毒性能。其原因除了由于载体使活性表面增加，降低对毒物的敏感性以外，载体还有转移和分解毒物的作用。

（5）节省活性组分用量，降低成本。将活性组分高分散负载在载体上可以大大降低活性组分的用量，这对某些贵金属催化剂来说可以大大降低成本，对贵金属催化剂的实际应用至关重要。以 Pt、Rh、Pd 等贵金属为主要活性组分的三效催化剂目前可以广泛应用于汽车尾气的催化剂净化，得益于科研人员优化催化剂配方和制备工艺，大大降低了贵金属的用量。尽管如此，车用三效催化剂仍然用去了世界贵金属年产量的很大部分，并且需求量以每年近 10% 的速度增长，导致近年来贵金属价格快速攀升。

用符号表示活性组分、助剂和载体时，有的文献以斜线作为分界线。如 Pt-Rh/Al₂O₃，斜线前表示两个活性组分，斜线后表示载体。

2.2.3 催化剂常用制备方法

2.2.3.1 浸渍法

浸渍法（impregnation）通常是将载体浸入可溶性且易热分解的盐溶液中进行浸渍，然后蒸干溶剂使溶质负载在载体上，最后进行焙烧或还原处理。由于盐类的分解和氧化还原，沉积在载体上的就是催化剂的活性组分。浸渍液中所含活性组分，应具有溶解度大、结构稳定、受热易分解为稳定化合物等特点，一般多选用活性组分的硝酸盐、乙酸盐和铵盐等可溶性盐。浸渍法的基本原理是，当载体与浸渍液接触时，表面张力作用使浸渍液进入载体孔道中，然后浸渍液中的活性组分再在孔道表面吸附，如果是多组分浸渍，各组分间会产生竞争性吸附。制备多组分催化剂时，为了防止竞争吸附所引起的不均匀，也可以采用分步多次浸渍。这种方法可以灵活控制活性组分负载量，但是当活性组分与载体相互作用较弱且负载量较大时，在干燥、焙烧和还原处理过程中容易造成活性组分之间的聚集，例如金属颗粒的长大。

其他浸渍的方法还有过量浸渍法、平衡吸附法、等量浸渍法和初湿浸渍法（incipient wetness）。过量浸渍法即将载体泡入过量的浸渍液中，待吸附平衡后，过滤、干燥及焙烧后制得催化剂。通常借调节浸渍液浓度和体积来控制负载量。等量浸渍法是将载体与它能吸收的体积相应的浸渍液相混合，混合均匀和干燥后，活性组分即可均匀地分布在载体的外表面和孔道内表面上。等量浸渍法可省去过滤和母液的回收，但浸渍液的体积多少，必须事先经过试验确定。初湿浸渍法需要首先精确测定载体的孔容积，然后逐次缓慢均匀加入不超过载体孔容积的溶液，保证溶液全部进入载体孔道，负载量可以通过调节溶液浓度和浸渍次数决定。初湿浸渍法比等量浸渍法控制更加精确，可以保证负载的活性组分主要分布在载体的孔道内。

浸渍条件不同，会产生不同的浸渍效果，比较重要的浸渍条件有浸渍时间、浸渍液浓度和浸渍前载体的干燥或湿润状态。

浸渍法有许多优点。首先，可使用现成的有一定外型和尺寸的载体材料，省去成型过程；其次，可选择合适的载体以提供催化剂所需的物理结构待性，如比表面、孔容孔径和强度等；第三，由于所浸渍的组分全部分布在载体表面，用量可减小，利用率较高，这对负载贵金属催化剂尤其重要；第四，所负载的量可直接由制备条件计算而得。

2.2.3.2 沉淀法

沉淀法（precipitation）分非负载沉淀法和负载沉淀法。非负载沉淀法借助于沉淀反应，用沉淀剂（一般是碱性物质）将可溶性的催化剂组分（金属盐类）转变为难溶化合物，再将生成的难溶化合物经分离、洗涤、干燥和焙烧成型或还原等步骤制成催化剂。负载沉淀法首先要使可溶性的催化剂活性组分和载体混合均匀，然后用沉淀剂将活性组分沉淀在载体上，常用于制备高含量非贵金属、金属氧化物、金属盐催化剂。

环境催化剂通常不只一种活性组分，在制备中常用的沉淀法有共沉淀法和均匀沉淀法。共沉淀方法是将催化剂所需的两个或两个以上的组分一起沉淀的一个方法，可以一次同时获得几个活性组分且分布较为均匀。为了避免各组分的分步沉淀，各金属盐的浓度、沉淀剂的浓度、介质的 pH 值以及其他条件必须同时满足各组分一起沉淀的要求。为得到更加均匀的催化剂还可采用均匀沉淀法。它不是把沉淀剂直接加到待沉淀的溶液中，也不是加沉淀剂后立即产生沉淀反应，而是首先使沉淀的溶液与沉淀剂母体充分混合，造成一个均匀的体系，然后调节温度、逐渐提高 pH 值或在体系中逐渐生成沉淀剂等方式，创造形成沉淀的条件，使沉淀作用缓慢地进行。例如，在铝盐溶液中加入尿素，混合均匀后加热升温至 90~100℃，溶液中由于尿素的分解而放出氢氧根离子，于是氢氧化铝就均匀地沉淀出来。

2.2.3.3 混合法

混合法是将两种或者多种催化剂活性组分，以粉状细粒子在球磨机或者碾压机上经过机械混合后成型、干燥、焙烧后制得催化剂。混合法分湿法混合和干法混合。混合法设备简单，操作方便，生产能力大，但容易造成活性组分分布不均匀，适合制备活性组分含量较高的催化剂。

2.2.3.4 离子交换法

离子交换法（ion exchange）是用某些具有离子交换特性的材料（表面存在可以交换的离子），如离子交换树脂、沸石分子筛等，借助于离子交换反应，将所需要的活性组分通过离子交换负载到载体上，然后再经过后处理制成所需的催化剂。离子交换法制备的催化剂活性组分分散性高，适合于活性组分含量低的催化剂的制备。

2.2.3.5 水热合成法

对难溶于水的催化剂原料的水溶液加压升温，可以得到结晶性的产物。硅铝分子筛催化剂或催化剂载体可以通过这样的方法合成。

2.2.3.6 其他方法

催化剂的其他制备方法还有沥滤法、热熔融法、电解法等。近年来也出现了化学键合法、纤维化法和模板法等新技术，也有均相催化剂固相化等新方向，这些新的制备方法将会为催化研究打开一个新的局面，为更好地消除环境中的污染物提供坚实的基础。

2.2.3.7 催化剂的形状

传统的颗粒状催化剂存在着一些明显的缺点，即催化剂床层压降大、催化剂易磨损、反应物在催化剂颗粒表面分布不均匀以及催化剂床层各点温度梯度大等问题。构件化催化剂（structured catalysts）[18]能克服上述不足，还能强化化学过程，形成更为紧凑、清洁和节能的新工艺。根据反应器中径向传质速度的大小，构件化催化剂一般可分为 3 种类型：整体式催化剂（monolithic catalysts）、膜催化剂（membrane catalysts）和排列式催化剂（arranged catalysts）。在环境催化剂的实际应用过程中，整体式催化剂是应用最早也是最成功的应用领域之一。

整体式催化剂的基本构造是由成型载体、涂层和活性组分三部分构成。例如车载三效催化剂就是整体催化剂，为蜂窝形结构，该类催化剂一般以堇青石蜂窝陶瓷为载体，在其孔道表面上涂覆 Al_2O_3 涂层作为第二载体，然后再负载活性组分 Pt、Rh 和 Pd 等。成型载体不仅起着承载涂层和活性组分的作用，而且还将为催化反应提供合适的流体通道。因此适宜的环境催化剂成型载体需要满足以下几个条件：具有合适的表面组成和结构，以便在其表面能均匀地负载具有高比表面积的涂层；具有低的比热容和热容，适宜的导热系数，使催化剂能够在最短时间内达到反应温度；具有足够大的几何形状以降低背压；具有足够的机械强度和较小的热膨胀系数，以承受反应过程中的机械和热的冲击。目前能够满足以上环境催化苛刻条件且最常用的是耐高温的陶瓷和金属合金，如图 2-3 所示。

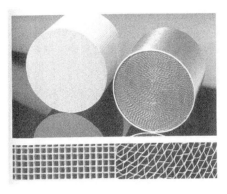

图 2-3　陶瓷和金属蜂窝载体

　　一般情况下，整体式催化剂成型载体的表面积都很低，因此需要在载体表面涂覆一层高比表面积的涂层。目前绝大多数整体式催化剂的涂层材料均为 Al_2O_3，它的比表面积可达 $200\ m^2/g$，其粗糙多孔的表面可以使成型载体孔道表面的实际催化反应表面积扩大 7000 倍左右。同时 Al_2O_3 有较好的耐高温和耐化学腐蚀性，其内孔有利于活性组分的均匀分散。

　　整体式载体涂覆涂层后，还要嵌入活性组分。嵌入活性组分的方法有多种，如浸渍法、沉淀法、离子交换法等，这些与传统催化剂载体上负载活性组分没有本质区别。有时，也可先将活性组分与涂层载体混合制备成催化剂粉体，然后将粉体磨成浆液再涂覆到蜂窝陶瓷载体上。图 2-4 所示为用于柴油车尾气 NO_x 净化的 Ag/Al_2O_3 整体式催化剂涂覆前后堇青石成型载体孔道的对比图[19]。

涂覆前

涂覆后

图 2-4　涂覆前后蜂窝陶瓷载体内孔道形状[19]

2.3　催化剂的表征和研究方法

催化反应属于表面反应。因此，催化剂在反应前后及反应过程的表面结构、活性中心的类型与数量、催化反应的基元步骤（机理）和催化反应的快慢（动力学）等是催化研究的基本内容。在早期研究中，催化更多地被认为是一门技术。因为研究人员大多凭直觉和经验，用试错法发现性能优良的催化剂。但是随着物理和化学实验技术以及理论方法的发展，通过对催化剂制备过程、催化剂本身以及催化反应过程的原位或非原位的表征和催化反应过程的理论模拟，为我们理解催化剂的微观机理、建立构效关系并最终预测或指导开发新反应体系的催化剂提供了可能。

催化剂的表征和研究方法包括：传统的基于吸附理论的催化剂表征方法、比较现代的基于光谱和能谱的催化剂表征方法以及催化剂活性的评价方法和催化反应器的选择。限于篇幅，本节所涉及的都是应用于环境催化的最常见的表征和研究方法，简要介绍其原理和应用范围以及个别实例。关于以下内容的详细介绍以及没有提的其他常见研究方法请参阅有关教科书和章后提供的文献资料。

2.3.1　基于吸附理论的催化剂常用表征方法

2.3.1.1　比表面积的测定

如前所述，多相催化反应是在催化剂表面上进行的，所以催化剂表面积的大小会影响到活性的高低。为了获得较高活性，常常将催化剂制成活性中心高度分散的高比表面积固体，为反应提供足够多的反应场所。在实际制备的催化剂中，有的表面是均匀的，这样催化剂的活性和表面积直接成正比，但这并不是普遍存在的情况。通常的情况是具有催化活性的面积通常只占总表面积很小的一部分，由于制备方法的不同，这些活性中心并不均匀地分布在催化剂表面，催化剂的活性往往和表面积并不直接成正比关系。

尽管如此，表面积还是催化剂的最重要性质之一。在兼顾催化剂其他方面需求的前提下，选择具有较高表面积的载体是一个基本原则。有时不同的活性组分和助剂能改变催化剂的表面积，表面积的测定可以评估活性组分和助剂的作用；表面积的测定还可以预测催化剂失活情况，通常如果催化剂的表面积下降严重，则很可能催化剂已经失活。

在测定表面积的方法中，应用最多的是 Brunaner-Emmett-Teller（BET）法。用 BET 法测表面积的关键是通过实验测得一系列的平衡压力 p 和平衡吸附量 V，

然后将 $\dfrac{p}{V(p_0-p)}$ 对 $\dfrac{p}{p_0}$ 作图，这样可得到一条直线，直线的截距是 $\dfrac{1}{V_m c}$（c 为与吸附焓相关的常数），斜率是 $\dfrac{c-1}{V_m c}$，从而求得单层饱和吸附量（V_m）：

$$V_m = \frac{1}{斜率 + 截距} \tag{2-12}$$

如果定义每克催化剂的表面积为比表面积，则可以用式（2-13）求出催化剂的比表面积（S_g）：

$$S_g = \frac{V_m}{V} N A_m \tag{2-13}$$

其中，V 为吸附质分子的摩尔体积；N 为阿伏伽德罗常量；A_m 为一个吸附分子所占的面积。

2.3.1.2　孔结构的测定

环境催化中使用的催化剂常为多孔性物质。孔结构可直接影响到催化剂的性能。例如催化剂的孔结构不同时，造成催化剂表面积不同，直接影响反应速率；不同的孔结构将影响反应物在孔道中的扩散，使催化剂表面利用率不同，从而影响反应速率；不同的孔结构还会影响到一系列动力学参数（反应级数，速率常数，活化能）以及选择性。此外，孔结构还能影响催化剂的寿命、机械强度、耐热性等。所以，研究孔结构及其对一系列动力学参数的影响，对改进催化剂、提高产率和选择性有重要意义。

由于实际的孔结构很复杂，有关它们的计算十分困难。在实际研究中通常建立一个简化的孔结构模型，这个简化模型应能反映一般孔结构的基本特性而描述这些基本特性的参量，又能在实验中测定得到或由实验数据计算得到。

常用的描述孔结构的物理量有比孔容和孔径分布。

（1）比孔容。单位质量催化剂内所有孔的体积总和，称为比容积，或比孔容，以 V_g 表示。通常利用填充介质（四氯化碳、汞、液氮等）压入催化剂孔内，通过测定压入介质的体积而测定孔容，并由式（2-14）计算：

$$V_g = \frac{W_2 - W_1}{W_1 d} \tag{2-14}$$

式中，W_1 为催化剂质量；W_2 为催化剂孔内充满介质后的质量；d 为填充介质的密度。

另外，BET 方法也可获得催化剂的孔容。

（2）孔径分布。催化剂的孔道往往是由各种半径的孔组成的。无论是气－固催化体系还是液－固催化体系，反应物分子在催化剂中的传质与催化剂的孔径分布密切相关。因此，只知道总孔容是不够的，还必须知道各种孔所占的体积百分数，即孔径分布。IUPAC 定义的孔径尺寸为：微孔（micropore，<2 nm）、介孔（mesopore，2~50 nm）、大孔（macropore，>50 nm）。

孔径分布可用气体物理吸附法和压汞法进行测定。根据不同的孔径范围，孔径分布的测定可选用不同的方法。气体吸附法适用于测定 0.5~10 nm 的微孔和介孔孔径分布；压汞法可以测定孔径在 10~100 nm 的介孔和大孔的孔径分布[20]。

气体吸附法测定孔径分布是基于毛细凝聚现象，即当吸附质的蒸气与多孔固体表面接触时，在表面吸附力场的作用下形成吸附质的液膜。在孔内的液膜随孔径的不同而发生不同程度的弯曲，而在孔外的液膜相对较平坦；蒸气压增加时，吸附液膜的厚度也增加，当达到一定厚度时，弯曲液面分子间的引力使蒸气自发地由气态转变为液态，并完全充满孔道。

发生凝聚现象的蒸气压 p/p_0 与孔半径 r_k 的关系可由开尔文公式给出：

$$r_k = \frac{-2\gamma V_M \cos\theta}{RT\ln(p/p_0)} \tag{2-15}$$

式中，γ 为吸附质液体表面张力，10^{-5} N/cm；V_M 为吸附质液体的摩尔体积，mL/mol；θ 为弯月面与固体壁的接触角，通常在液体可以润湿固体表面时 θ 取零度；p_0 为液体平面上的饱和蒸气压；p 为实验中液面上的平衡蒸气压；R 为摩尔气体常量；T 为热力学温度。

因此，测定不同相对压力 p/p_0 下催化剂对蒸气的吸附量 V，然后借助开尔文公式计算出相应的相对压力下的临界半径 r_k，这样即可得到吸附量与临界半径的关系。以吸附量 V 对孔径 r_k 作图，得到结构曲线。在结构曲线上用作图法求得当孔径增加 Δr 时液体吸附量的增加量 ΔV。再利用 $\Delta V/\Delta r$ 对 r 作图，即得到孔径分布曲线。

压汞法虽然不是基于吸附原理的一种方法，也可以用来测定材料的孔容和孔径分布。其原理是基于作用在半径为 r 的毛细孔上的外加压力和沿毛细孔周长上由表面张力所引起的阻力相等时，进入半径为 r 的孔中汞的体积与孔径的关系得到孔分布，即

$$\pi r^2 p = -2\pi r\gamma\cos\theta \tag{2-16}$$

式中，r 为孔半径；p 为外加压力；γ 为汞在催化剂材料上的表面张力，对于汞 $\gamma = 480 \times 10^{-5}$ N/cm；θ 为汞在催化剂材料上的接触角，多数情况下约为 140°，则

$$r = \frac{-2\gamma\cos\theta}{p} = \frac{7500}{p} \tag{2-17}$$

因此，催化剂的孔径大小可用外加压力来测定。随外加压力的增加，压入催化剂孔道中的汞的量相应增加，直到达到某一给定的外压时，汞进入并填满所有

半径大于式 (2-17) 计算得到的孔中。通过测定一定外压下压入的汞的量，然后计算在该压力下催化剂的孔径，则得到催化剂的孔径分布。

2.3.1.3　催化剂活性组分分散度测定

负载型贵金属催化剂是环境催化中广泛使用的一类催化剂。例如，汽车尾气催化净化器中广泛使用的三效催化剂，其活性组分主要为 Pt、Pd、Rh 等贵金属[21]。又如，已经实现商业化的室温催化净化甲醛的催化剂，也是高分散的金属态 Pt 催化剂[22~24]。如前所述，催化反应属于表面反应，在催化反应中反应物仅仅与催化剂表面有限层数的原子发生有效的作用。因此，出于成本和效率的考虑，往往将催化剂制成活性组分高度分散的负载型催化剂。而活性组分在载体上的分散程度、颗粒尺寸和分布，将直接影响催化剂的活性、选择性以及稳定性。因此，活性组分的分散度是负载型催化剂的最重要指标之一。

所谓分散度 (D)，是指催化剂表面上暴露出的活性组分的原子数占该组分在催化剂中原子总数的比例，即

$$D = \frac{n_s(A)}{n_t(A)} \tag{2-18}$$

式中，D 为活性组分分散度；$n_s(A)$ 为催化剂表面上暴露出的活性组分的原子数；$n_t(A)$ 为催化剂总活性组分的原子总数。

化学吸附时，吸附分子与固体表面之间以化学键的方式相互作用，因此吸附具有选择性。借助化学吸附的选择性，可以测定催化剂中活性组分的表面积、负载型金属催化剂的金属分散度以及固体催化剂的酸碱性等。例如，H_2、O_2、CO 等对催化剂载体，如 Al_2O_3、SiO_2、TiO_2 等不发生化学吸附，却可以选择性地吸附在 Pt、Pd、Rh 等贵金属以及 Ni、Co 等过渡金属表面上。由于 H_2、O_2、CO 等气体对上述金属的吸附具有明确的计量关系，因此，可以通过测定负载型催化剂对上述气体的吸附量计算出金属分散度、活性表面积和颗粒尺寸。在实验中，通常使用 CO 或 H_2 吸附法以及氢氧滴定法测定催化剂中的金属分散度。

例如，利用 CO 吸附法测定催化剂的金属分散度时，首先在室温下让 CO 在新鲜催化剂上饱和吸附，并得到吸附等温线。这一过程中，吸附量包括催化剂样品对 CO 的物理吸附和化学吸附的部分。随后让催化剂在真空中脱气，脱除可逆吸附（物理吸附）在载体上的 CO，只剩下不可逆吸附在金属上的 CO 化学吸附。经过上述步骤后，在相同条件下，再次原位测定该样品对 CO 的吸附等温线。如图 2-5 所示，第一次和第二次饱和吸附量的差就是不可逆吸附在金属上的 CO 量，从而可得出催化剂上金属的暴露面积，进一步计算金属颗粒的大小。假定金属在载体上呈现立方堆积，则立方体的一面和载体表面连接，其他 5 个面为暴露面。

表面暴露的金属原子数占金属总原子数的百分比称为金属的分散度，也就是说，全部的金属原子暴露在催化剂表面时，分散度为1。

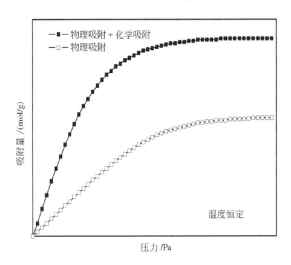

图 2-5 吸附法测定金属分散度的示意图

利用脉冲法同样可以测定不可逆吸附在金属上的 CO 或 H_2 量。例如，对于 Pt/Al_2O_3 催化剂，用 H_2 吸附法测定金属分散度时，由于氢在 Pt 上发生解离吸附，因此可以用 H_2 的吸附量定量暴露在催化剂表面的 Pt 原子数。H_2 以脉冲方式分次注入，可以得到如图 2-6 所示的 H_2 脉冲峰。定量管的体积是已知的，在

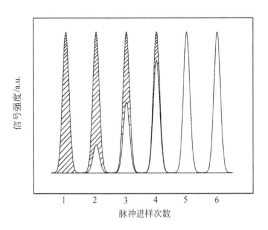

图 2-6 脉冲进样测定金属分散度的示意图

给定条件下利用理想气体状态方程可计算每一管中 H_2 的绝对量，同时每次进样获得的脉冲峰的峰面积也是已知的。因此，由图中阴影所示的脉冲峰面积可获得 Pt/Al_2O_3 上化学吸附 H_2 的绝对量。

根据金属分散度的定义，可导出 H_2 脉冲法金属 Pt 的分散度 D 为[20]

$$D_{H_2} = \frac{2V_a/22\ 414}{W \cdot w/M_{Pt}} = \frac{2V_a \cdot M_{Pt}}{22\ 414W \cdot w} \tag{2-19}$$

式中，V_a 为吸附的氢气的体积，mL；W 为催化剂质量，g；w 为催化剂中 Pt 的质量分数；M_{Pt} 为 Pt 的摩尔质量。

如果将 Pt 原子截面积 σ_{Pt} 带入式（2-19）可得到分散金属在催化剂上的活性比表面积

$$S_{Pt} = \frac{2V_a \cdot N \cdot \sigma_{Pt}}{22\ 414W \cdot w} = 275.0D \tag{2-20}$$

式中，S_{Pt} 为活性比表面积，m^2/g；N 为阿伏伽德罗常量；σ_{Pt} 为 Pt 原子的截面积，$0.089\ nm^2$。而根据 Pt 的密度还可计算分散的 Pt 颗粒的粒径

$$d_{Pt} = \frac{5 \times 10^4}{\rho_{Pt} \cdot S_{Pt}} = \frac{233.1}{S_{Pt}} \tag{2-21}$$

式中，ρ_{Pt} 为 Pt 的密度，$21.45g/cm^3$。

但是利用氢吸附法测定金属分散度时，灵敏度较低。同时由于氢溢流现象，计算的金属分散度偏高。而利用氢氧滴定的方法，可以克服上述问题。以上述 Pt/Al_2O_3 催化剂为例，首先导入氧气，并在 Pt 上发生化学吸附，然后用 H_2 滴定 Pt 上化学吸附的氧，利用消耗的氢计算金属分散度。一般认为，O_2 在 Pt 原子上发生解离吸附，而吸附的 1 个 O 原子消耗 1 个 H_2 分子，对应的金属位再解离吸附 1 分子 H_2。因此，1 个 Pt 原子将消耗 3 个 H 原子。而氢吸附法中，1 个 Pt 原子只消耗 1 个 H 原子。所以利用氢氧滴定方法，可将灵敏度提高 3 倍。同时，由于氢氧滴定中，氢的消耗主要源于 H_2 与吸附的氧发生反应，因此，氢溢流对氢消耗的贡献减少，从而减小了测定误差。因此，根据 H_2 与 Pt 的计量关系为 3:2，带入式（2-22）可得氢氧滴定法金属 Pt 分散度[20]

$$D_{H_2-O_2} = \frac{(2/3 \cdot V_a)/22\ 414}{W \cdot w/M_{Pt}} = \frac{2/3\ V_a \cdot M_{Pt}}{22\ 414W \cdot w} \tag{2-22}$$

2.3.1.4 催化剂酸碱性测定

因为催化剂表面酸碱性可能会影响反应物和产物在催化剂表面的吸附特性，所以固体催化剂表面的酸碱性不仅对酸碱催化反应体系有重要影响，还对氧化还原催化反应体系也有重要影响。固体表面的酸（碱）可以分为 B 酸（碱）和 L 酸（碱）。B 酸（碱）是指能给出（接受）质子的物质，L 酸（碱）是指可接受

（给出）电子对的物质。因此，要准确描述固体表面酸碱性，需要获得酸碱类型、酸碱中心的数量和强度以及强度分布等数据。

一般而言，氧化物催化剂表面羟基既可作为 B 酸中心，又可作为 B 碱中心；表面氧既可作为 B 碱中心，又可作为 L 碱中心；表面配位不饱和的金属是 L 酸中心，其结构见图 2-7。

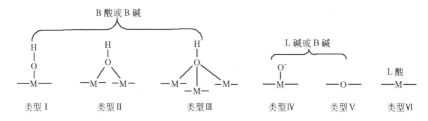

图 2-7　氧化物表面酸碱中心的类型[25]

固体表面酸碱的强度常用程序升温脱附、非水滴定和红外光谱方法进行表征。酸碱类型常用离子交换法、电位滴定法、高温酸性色谱法、红外光谱法、紫外-可见光谱法、顺磁共振谱法进行表征。

程序升温脱附（temperature programmed desorption，TPD），是对预先吸附了某种气体分子（如 NH_3 和 CO_2）的催化剂，通入稳定流速的载气（如 He、Ar 等）并进行程序升温，使吸附在催化剂表面的分子在一定温度下脱附出来。随着温度升高脱附速率增大，经过一个最大值后脱附完毕。利用色谱或质谱检测脱附分子浓度随温度的变化关系，得到 TPD 曲线。TPD 曲线中，脱附峰的温度可表示该种酸（碱）中心的相对强度，通常温度越高强度越大；而脱附峰的面积可表示该种酸（碱）中心的数量。因此，根据 TPD 曲线的形状、峰的大小和出现最高峰的温度等参数，可得到催化剂表面酸碱中心的性质、酸碱强度、酸碱中心的分布等基本信息。实验中，CO_2 常用于测定表面碱性分布，而 NH_3、吡啶则多用于催化剂表面酸性的测定。图 2-8 是 MgO 和 γ-Al_2O_3 样品的 CO_2-TPD 曲线[26]。由图 2-8 可见，MgO 上至少存在 5 种不同强度的碱中心，对应的温度分别为 124℃、248℃、299℃、416℃和 615℃。根据每种碱中心的峰面积可得到每种碱中心的相对含量分别为 39 %、28 %、18 %、13 %和 2 %。而 γ-Al_2O_3 上至少存在 3 种不同强度的碱中心，分别为 100℃、140℃和 455℃，对应的相对强度分别为 30 %、55 %和 15 %。γ-Al_2O_3 上主要以弱碱中心位为主，而 MgO 上中等强度的碱中心的数量相对较高。需要指出的是，TPD 实验中升温速率对 TPD 曲线的形状的影响较大。因此，在比较一个系列催化剂酸碱性的时候，往往要求在相同的升温速率下进行研究。

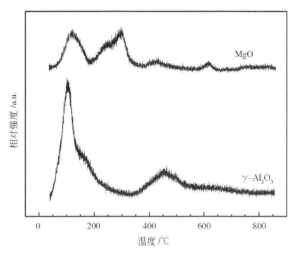

图 2-8　MgO 和 γ-Al$_2$O$_3$ 样品的 CO$_2$-TPD 曲线[26]

升温速率为 20℃/min

此外，TPD 方法还可以更多地应用于研究吸附分子与催化剂表面的相互作用以及气体分子在催化剂表面的吸脱附动力学，是适用范围很广的重要催化剂研究方法。

吸附热法也可用来测定固体催化剂表面酸碱中心的强度。例如，吡啶、吡咯、NH$_3$ 等碱性分子在催化剂酸中心吸附时，放出的吸附热随酸中心强度增加而增加。可以通过测定不同温度下的吸附等温线，利用 Clausius-Clapeyron 方程计算吸附热。也可以通过直接量热的方法测定吸附时放出的热量。吸附热的大小间接表示了催化剂表面酸碱性的强弱。

滴定法是测定固体酸碱强度和总量的另一常用方法。固体催化剂表面酸碱强度通常用 Hammett 酸函数表示。Hammett 碱（B）与其共轭酸（BH$^+$）有如下平衡关系：

$$BH^+ \Longrightarrow B + H^+ \tag{2-23}$$

式（2-23）中 Hammett 碱与其共轭酸之间的平衡常数 K 可表示为

$$K_{BH^+} = \frac{[B][H^+]}{[BH^+]} \tag{2-24}$$

式中，[B]、[H$^+$] 和 [BH$^+$] 分别为 B、H$^+$ 和 BH$^+$ 的浓度。因此，

$$pK_a = -\lg K_{BH^+} \tag{2-25}$$

对于任何溶液来说，定义 H_0 为 Hammett 酸函数，

$$H_0 = pK_{BH^+} - \lg \frac{[BH^+]}{[B]} \tag{2-26}$$

该函数表示在 pK 值一定的条件下，介质溶液中 Hammett 碱以其共轭酸形式存在的量。显然，这是介质溶液向 Hammett 碱提供质子能力的一种量度。H_0 越小，则 ［BH$^+$］／［B］越大，即介质溶液使 Hammett 碱 B 质子化成 BH$^+$ 的程度越高，则介质溶液酸性越强。反之亦然。将 H_0 推广到固体表面，则与在稀酸水溶液中一样，可以通过指示剂法和滴定的方法对固体催化剂表面酸碱强度和数量进行测定[27]。

例如，测定表面酸中心的强度和数量时，在非水溶液（如正己烷）中加入一定量的催化剂和具有特定 pK_a 的 Hammett 指示剂，利用碱（如正丁胺）进行滴定。随着加入碱量的增加，取代吸附在催化剂上的指示剂分子，当固体表面酸与给定 pK_a 值的指示剂作用后，可能有 3 种情况：①固体表面呈酸型色，这说明 $c_{BH+} > c_B$，此时固体酸的酸度函数 $H_0 <$ pK_a；②固体表面呈过渡色，则 $c_{BH+} = c_B$，$H_0 =$ pK_a；③固体表面呈碱型色，则 $c_{BH+} < c_B$，$H_0 >$ pK_a[28]。因此，根据指示剂的 pK_a 值，获得催化剂表面酸中心的强度，根据滴定终点碱的量获得催化剂表面酸中心的数量。通过选择适当的指示剂和有机酸碱进行分步滴定可以获得催化剂表面酸中心（或碱中心）的强度分布。需要指出的是滴定法在测定催化剂表面酸碱性时，催化剂所处的介质环境与实际工况条件具有一定的差异。此外，滴定法和 TPD 方法一样，二者都不能区别催化剂表面的 L 酸（碱）和 B 酸（碱）中心。而红外光谱法，在区别酸碱中心的类型方面具有明显的优势。有关红外光谱在催化剂表征中的应用将在 2.3.2 中介绍。

2.3.2 基于光谱和能谱的催化剂常用表征方法

所谓基于光谱和能谱的催化剂表征方法，就是以光（包括 X 射线）、电子、离子作为探针入射催化剂，检测从催化剂散射、反射、透过或二次产生的光（包括 X 射线）、电子和离子，用来解析催化剂的表面和本体状态。常见的基于光谱和能谱的催化剂表征方法见表 2-1。

表 2-1 基于光谱和能谱的催化剂表征方法

类型	探针	信号	可获得的催化剂主要信息
红外光谱（IR）	红外光	吸收	表面吸附物种的结构
拉曼（Raman）光谱	红外-紫外光	非弹性散射	表面和表面吸附物种的结构
电子能量损失能谱（EELS）	低能电子	非弹性散射	表面和表面吸附物种的结构
X 射线衍射（XRD）	X 射线	反射 X 射线	结晶结构
X 射线光电子能谱（XPS）	X 射线	放出光电子	表面原子的电子结构、氧化状态

类型	探针	信号	可获得的催化剂主要信息
紫外光电子能谱（UPS）	紫外光	放出光电子	吸附物种的电子结构、氧化状态
俄歇电子能谱（AES）	电子	二次电子	表面组成和结构
二次离子质谱（SIMS）	离子	二次离子	表面组成
扫描电子显微镜（SEM）	电子	二次电子	表面形貌和组成
透射电子显微镜（TEM）	电子	透过电子	金属粒径、本体结构
核磁共振（NMR）	电波	吸收	本体骨架结构、吸附物种的结构
电子顺磁共振（ESR）	微波	吸收	自由基物种、顺磁物种的构造
X 射线吸收精细结构（XAFS）	X 射线	吸收	本体局部结构、配位数

表 2-1 中列出的 XPS、UPS、AES、EELS、SIMS、SEM 等方法都是典型的表面敏感的研究方法，所获得的信息来自催化剂表面数纳米深度，其深度范围由作为探针的光子、电子和离子的入射深度以及作为信号的光电子和二次电子的脱出深度所决定。IR 和拉曼光谱也是催化剂表面敏感的研究方法，但是固体样品的探测深度可以达到微米尺度。XRD 是典型的催化剂本体结构的研究方法，但其结构信息仅来自于催化剂中长程有序的晶体结构。NMR 和 XAFS 也是催化剂结构的研究方法，可以得到催化剂短程有序的局部结构信息。限于篇幅，以下仅就表 2-1 中代表性的几种方法进行简要的介绍。

2.3.2.1　红外和拉曼光谱

红外和拉曼光谱被广泛应用于环境催化的研究中，其原因在于使用光子作为激发源的分子光谱技术比较容易适应环境催化所要求的原位复杂条件（复杂样品、温度和压力）。

1. 红外光谱

当分子吸收红外辐射后，在振动能级之间发生跃迁。由于分子中原子的振动能级是量子化的，而且对于特定的基团具有特征的振动能级，从而可用于化合物结构的鉴定。

以双原子分子的谐振子为例，其振动能级的能量为

$$E_v = \frac{h}{2\pi} \sqrt{\frac{k}{\mu}} \left(n + \frac{1}{2} \right) \tag{2-27}$$

式中，E_v 为振动能级的能量；h 为普朗克常量；k 为振动力常数（对于化学键为键力常数）；μ 为折合质量 $\left(\mu = \frac{m_1 m_2}{m_1 + m_2} \right)$；$n$ 为振动量子数（$n = 0$，1，2，$\cdots$）。

线性分子有 $3N-6$ 个振动模式，非线性分子有 $3N-5$ 个振动模式。根据红外选律规则，振动过程中偶极矩发生变化的振动模式才有红外活性。同时，对于谐振子，$\Delta n = \pm 1$ 的能级跃迁才有红外活性。按照 Maxwell-Boltzmann 分布定律，常温下，绝大多数分子都处于基态能级（$n=0$）。因此，双原子分子谐振子从 $n=0$ 向 $n=1$ 的跃迁，其能级差为

$$\Delta E_v = \frac{h}{2\pi}\sqrt{\frac{k}{\mu}} \tag{2-28}$$

从光子的波粒二象性可知，光子的能量为 $h\upsilon$，当入射光的能量与分子振动能级匹配时，发生振动跃迁，则

$$\Delta E_v = \frac{h}{2\pi}\sqrt{\frac{k}{\mu}} = h\upsilon \tag{2-29}$$

式中，υ 为谐振子基频振动频率。因此，

$$\upsilon = \frac{1}{2\pi}\sqrt{\frac{k}{\mu}} \tag{2-30}$$

式（2-30）称为双原子分子振动的经典方程[29]。

对于非谐振动，红外光谱的选律为：分子偶极矩有变化的振动，且 $\Delta n = \pm 1$，± 2，± 3，…的跃迁具有红外活性。分子从 0→1 的振动跃迁称为基频峰；从 0→2 的跃迁称为倍频峰（第一泛音带）。而实际的分子振动属于非谐振动，所以获得的红外光谱信息比由谐振动计算的光谱要复杂得多。

原理上，光子、低速的电子和中子都可以作为红外光谱的激发源，而且使用不同的激发源所获得的光谱信息的范围和质量也各不相同。由于使用上的方便，光子作为激发源的红外光谱应用最为广泛。红外光谱技术根据激发源和样品的相互作用方式可以分为透射红外吸收光谱、漫反射红外吸收光谱、红外发射光谱。原则上，当样品吸收适当而且散射较弱时，可以利用透射法；当样品散射较强时，可以利用漫反射法；当样品吸收很强时，可以利用发射法。

对于特定的基团，其折合质量和键力常数是一定的，因而具有特定的振动频率。从而依据红外光谱的吸收频率可对催化剂材料的结构进行表征。另一方面，相同的基团，即使折合质量相同，由于其微观化学环境不同，键力常数略有不同，也可以导致振动频率发生细微变化。例如，图 2-7 中提及的各种表面羟基，其配位数越低，其红外吸收频率越高，碱性越强[25]；当羟基的配位数相同时，金属的配位数越高，碱性越强。例如，Al_2O_3 上表面羟基类型与红外吸收频率之间的关系见图 2-9[30]。

需要指出的是，对于环境催化中常用的催化剂材料，多为金属氧化物或氧化物负载型金属催化剂，其特征振动吸收往往处于指纹区或更低的波数，而大部分

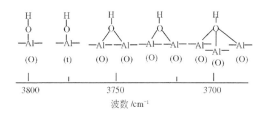

图 2-9　Al_2O_3 表面羟基与红外吸收频率的关系[30]

O = Octahedral coordination；t = terahedral coordination

载体在 1000 cm^{-1} 以下就不透明，从而限制了红外光谱在催化剂结构表征方面的广泛应用。事实上，红外光谱更多的是用于催化反应研究过程的表面吸附物种的原位表征。本节主要介绍红外光谱在催化剂表面酸碱性表征方面的应用，有关表面吸附物种的原位表征在本书各章有大量的研究实例，此处不再赘述。有关红外光谱的原位研究方法和原位池设计见本章第 4 节。

红外光谱法用于催化剂表面酸碱性表征是基于探针分子吸附在催化剂表面后，吸附分子与催化剂表面不同类型的酸碱中心作用，将产生特征振动吸收，从而鉴定酸碱的类型。固体催化剂的酸碱强度，可以用催化剂表面对吸附分子接受或给出电子能力的大小来表征。吡啶、吡咯、NH_3 等是常用的酸中心测定的探针分子，其中，吡啶分子可用来表征强酸中心，NH_3 还可表征弱酸中心；而 $CHCl_3$、CO、CO_2、SO_2 等常用于碱中心的表征。

例如，吡啶分子可以与 B 酸中心生成吡啶离子（BPY）；吡啶分子也可通过 N 上的孤对电子与 L 酸中心作用生成配合物（LPY）。其中，BPY 中吡啶环变形振动的特征频率为 1545 cm^{-1}；LPY 中吡啶环上 C—H 变形振动的特征频率为 1450 cm^{-1}[25]。因此，可以利用这两个谱带鉴定 B 酸和 L 酸中心。NH_3 也可和 B 酸和 L 酸中心分别作用，其中与 B 酸中心结合的 N—H 的伸缩振动和变形振动特征频率分别为 3230、1430 cm^{-1}；与 L 酸中心结合的 N—H 的伸缩振动和变形振

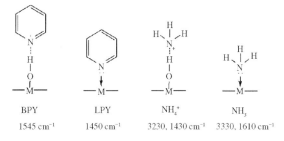

BPY　　　　　LPY　　　　　NH_4^+　　　　　NH_3
1545 cm^{-1}　　1450 cm^{-1}　　3230, 1430 cm^{-1}　　3330, 1610 cm^{-1}

图 2-10　吡啶和 NH_3 分子在 B 酸和 L 酸中心的吸附模型和特征频率[20,25]

动频率分别为3330cm^{-1}、1610 cm^{-1}[20]。其结构和特征频率见图2-10。利用吡啶分子特征频率的精细结构还可提供催化剂表面更详细的酸碱中心类型信息。例如，η-Al$_2$O$_3$表面酸中心的类型可按表2-2进一步划分[31]，从而确定各种酸中心的微观配位环境。

表2-2   吡啶吸附在 η-Al$_2$O$_3$ 上表面酸中心类型[31]

振动频率/cm^{-1}	酸中心类型
1449	吸附在 L 酸中心吡啶的 19b 振动模式
1492	吸附在 L 酸中心吡啶的 19a 振动模式
1577	吸附在 L 酸中心吡啶的 8b 振动模式
1595	吸附在八配位的 Al 空位上（L 酸中心）吡啶的 8a 振动模式，弱 L 酸中心
1613	吸附在四配位 Al 空位上（L 酸中心）吡啶的 8a 振动模式，中等强度 L 酸中心
1623	吸附在四配位 Al 空位上（L 酸中心）吡啶的 8a 振动模式，强 L 酸中心

CO 分子既可与催化剂表面酸中心发生作用，也可与表面碱中心发生作用。CO 与表面 OH 作用，导致 OH 的振动频率发生位移，其位移量与 B 酸强度相关，并被用于金属氧化物和分子筛表面 OH 酸强度的测定[25]。对于 MgO、CeO$_2$ 等金属氧化物，图 2-7 所示的 I 型羟基的碱性和亲核性都很强，可与 CO 作用而生成甲酸盐。对于 II 型和 III 型羟基可与 CO 形成氢键，从而导致表面羟基的频率发生位移。金属氧化物的表面氧（图 2-7 中类型 IV），通过 σ 配键与 CO 分子作用，导致吸附态的 CO 相对于气相 CO（2143 cm^{-1}）向高波数位移。对于过渡金属的低价态氧化物，由于 d 电子存在，其反馈配键将使吸附态 CO 向低波数方向位移。金属氧化物表面的碱性氧（图 2-7 中类型 V），与 CO 分子在 100 K 下可形成 CO$_2^{2-}$（carbonite），并有 C_{2v} 和 C_s 两种构型，对应的 OCO 的反对称和对称伸缩振动频率为 1328.7 cm^{-1}、1186.7 cm^{-1} 和 1320.0 cm^{-1}、1050.0 cm^{-1}。CO$_2^{2-}$ 可进一步歧化反应生成 (CO)$_n^{2-}$ 和 CO$_3^{2-}$[25]。因此，利用 CO 作为探针分子进行表面碱性测定时，由于 CO 与表面碱中心之间的相互作用比较复杂，需要仔细对图谱进行解析[25]。

CO$_2$ 是常用的碱性中心探针分子。CO$_2$ 与不同的碱中心作用可以生成不同的表面物种。在 Al$_2$O$_3$、ZrO$_2$、CeO$_2$ 等金属表面生成的碳酸氢盐（HCO$_3^-$）主要由孤立羟基（图 2-7 中类型 I）参与反应生成。而 ThO$_2$ 等金属氧化物，第二类羟基（类型 II）也可参与反应生成表面碳酸氢盐。CO$_2$ 还可以与氧化物催化剂表面氧生成单齿、双齿和桥式碳酸盐等表面物种，见表 2-3[32,33]。除与表面碱中心作用外，CO$_2$ 还可与体相碱中心作用生成体相碳酸盐。此外，SO$_2$、(CF$_3$)$_3$COH、CH$_3$CN 等酸性分子也可用于催化剂表面碱中心的测定。相对于酸中心而言，可供选择的用于固体催化剂表面碱中心表征的探针分子非常有限。

表 2-3　CO₂ 与氧化物表面碱中心作用生成的表面物种[32,33]

碳酸盐	频率/cm^{-1}	结构
自由碳酸根离子	$1415 \sim 1470$ (v_{as})	
单齿	$1420 \sim 1540$ (v_{as}) $1330 \sim 1390$ (v_s) $980 \sim 1050$ (v_{COO})	C_{2v}　　C_s
双齿	$1600 \sim 1670$ (v_s) $1280 \sim 1310$ (v_{as}) $980 \sim 1050$ (v_{COO}) 830	C_{2v}
桥式	$1780 \sim 1840$ (v_s) $1250 \sim 1280$ (v_{as}) 1000 (v_{COO})	C_s　　C_{2v}
碳酸氢盐	$3600 \sim 3627$ (v_{OH}) $1615 \sim 1630$ (v_{as}) $1400 \sim 1500$ (v_s) $1220 \sim 1269$ (δ_{OH})	
羟酸盐	$1570 \sim 1630$ (v_{as}) $1350 \sim 1390$ (v_s)	C_{2v}
甲酸盐	$2740 \sim 2850$ (v_{CH}) $1580 \sim 1620$ (v_{as}) $1340 \sim 1390$ (v_s)	C_{2v}

2. 拉曼光谱

拉曼光谱作为一项重要的分子光谱技术，20 世纪 70 年代起被应用于催化领域的研究。拉曼光谱的原理是基于拉曼散射现象。当入射光子与样品分子的电子云相互作用时，可发生弹性散射和非弹性散射。弹性散射的频率与入射光频率相同，称为瑞利散射（Rayleigh scattering）。非弹性散射的频率对称分布在瑞利散射的两侧，称为拉曼散射（Raman scattering）[34]。1928 年 Raman 和 Krishnan 在实验中首次证实了这一现象。

在拉曼散射中，光子与分子相互作用导致原子核周围电子云变形，同时分子的核运动发生变化，导致极化率变化，能量可从入射光子转移到分子（或者由分子转移到散射光子），即发生非弹性碰撞，使得散射光的频率不同于入射光频率，产生拉曼散射。通常，拉曼散射的强度只占散射光强度的 $1/(10^6 \sim 10^8)$。由于拉曼散射信号中，包含了入射光与样品之间的相互作用的信息，因此，利用拉曼光谱可对样品的结构进行分析。

图 2-11 为瑞利散射和拉曼散射的原理示意图[35]。虚态是指激光与分子的电子云相互作用而产生的瞬态能级，其能级的高低取决于入射光的频率。由于瑞利散射不涉及入射光和分子振动能量的交换，而不能提供分子振动能级的信息。拉曼散射中，分子吸收光子能量从振动基态能级（m）跃迁到虚态，处于虚态的分子跃迁回振动激发态（n）并以光辐射的形式释放能量，而使散射光的频率低于入射光的频率，称为斯托克斯线（Stokes scattering）。由于热效应，分子从振动基态能级（m）跃迁至振动激发态能级（n），再吸收光子从振动激发态跃迁至虚态，处于虚态的分子跃迁回振动基态能级（m）并以光辐射的形式释放能量，其频率高于入射光的频率，称为反斯托克斯线（anti-Stokes scattering）。室温下，由于大多数分子处于振动基态，因此，拉曼散射中反斯托克斯线非常微弱。当温度升高时，反斯托克斯线的强度会增加。拉曼光谱仪一般用斯托克斯线进行检测；但斯托克斯线的荧光干扰强于反斯托克斯线，因此，也可利用反斯托克斯线检测避免荧光干扰。如上所述，红外光谱是基于与分子吸收与振动激发态（n）和振动基态（m）之间的能级差相匹配的光子能量，从而反映分子的特征振动能级（结构信息），而拉曼光谱是基于拉曼散射光子和入射光子的能量差（拉曼位移），得以反映分子的结构信息的[35]。因此，虽然虚态能级与入射光频率有关，但拉曼位移与入射光的频率无关。与红外光谱相比，拉曼光谱在指纹区内可以获得固体催化剂更加丰富的结构信息，可以用于催化剂活性中心结构的鉴定，也同时可用于催化反应过程中催化剂表面物种和催化剂本身结构变化的原位表征，从而研究催化剂的构效关系。

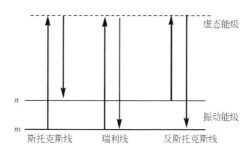

图 2-11　瑞利散射和拉曼散射原理示意图[35]

　　例如，Oyama 等[36]利用拉曼光谱原位研究了 C_2H_5OH 在 MoO_3/SiO_2 上的催化氧化。图 2-12 中，新鲜催化剂表面 984 cm^{-1} 归属为 Mo = O 的吸收峰。在室温下吸附乙醇后，2892 cm^{-1} 和 2872 cm^{-1} 分别归属为 Mo—O—Mo 和 Mo—O 位上吸附的 CH_3CH_2O—物种中 CH_2 的伸缩振动峰。同时，由于乙醇吸附导致 Mo = O 的表面浓度降低，其吸收峰从 984 cm^{-1} 向低波数位移（960 cm^{-1}）。当反应温度从 373 K 升高到 473 K 时，催化剂表面 Mo—O 位上吸附的 CH_3CH_2O—物种逐渐消失，同时，由于 Mo = O 键浓度增加，其吸收峰又向高波数位移而逐渐恢复。而 Mo—O—Mo 位上吸附的 CH_3CH_2O—物种即使在 523 K 也没有消失。由此说明，催化剂表面 Mo—O—Mo 基本不参与乙醇的催化氧化，而 Mo = O 是其活性中心。

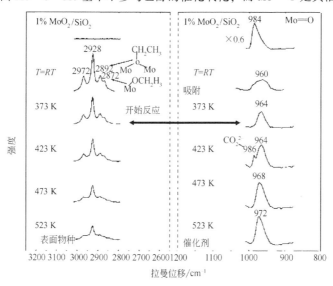

图 2-12　C_2H_5OH 在 MoO_3/SiO_2 上的催化氧化[36]

2.3.2.2 X 射线衍射

催化剂活性组分和载体的晶型结构是影响催化活性的关键因素之一。X 射线衍射（X-ray diffraction，XRD）是表征催化剂本体晶体结构的基本手段。

X 射线入射到晶体中，原子中的电子和原子核受入射电磁波的作用而产生振动，其中原子核的振动因其质量很大可以忽略不计。振动的电子，成为次生 X 射线的波源，其波长、周相与入射光相同。由于晶体结构具有周期性，而晶体中各个电子的散射波可相互干涉，空间某些方向上的波始终保持相互叠加，于是在这个方向上可以观测到衍射线，在另一些方向上的波则始终保持相互抵消，而在这个方向上没有衍射线产生。散射波相位一致相互加强的方向称为衍射方向。衍射方向取决于晶体的周期或晶胞的大小；衍射强度取决于晶胞中各个原子及其位置。因此，测定衍射波的方向和强度，则可测定晶体中原子的空间排列方式，即晶体结构[28]。

衍射方向、晶胞大小和形状可由 Laue 方程和 Bragg 方程确定[37]。如图 2-13 所示，当直线点阵和晶胞单位矢量 a 平行时，一束平行 X 射线与 a 呈 ϕ_{a_0} 角入射到直线点阵。s 和 s_0 分别代表入射 X 射线和衍射 X 射线的单位矢量。要求每个点阵代表的结构基元所产生的次生 X 射线相互叠加，则要求相邻点阵点的光程差为波长的整数倍，即

$$a(\cos\phi_a - \cos\phi_{a_0}) = h\lambda \tag{2-31}$$

式中，h 为整数。式（2-31）称为 Laue 方程。由 Laue 方程可得到阵点间距。

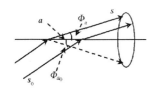

图 2-13　Laue 方程的推导

如图 2-14 所示，X 射线入射到晶体上，对于一族 hkl 平面中的一个点阵面，若要求面上各点的散射线相互加强，则要求入射角 θ 等于衍射角 θ'，入射线、衍射线和平面法线在一个平面内。对于两个相邻平面的间距为 d_{hkl} 时，入射到面 1 和入射到面 2 的 X 射线，光程差为波长的整数倍时，产生衍射。由此得到 Bragg 方程，即

$$2d_{hkl}\sin\theta_n = n\lambda \tag{2-32}$$

式中，n 为衍射级数；θ_n 为衍射角。因此，根据 Bragg 方程，可以计算晶面间距。

此外，晶体对 X 射线在某衍射方向上的衍射强度（I_{hkl}），与衍射方向及晶胞中原子的分布有关，即衍射强度由晶胞中原子的坐标参数（x，y，z）决定。因此，测定在某衍射方向上的衍射强度，则可测定晶体结构。当晶体结构中存在带心点阵形式、滑移面和螺旋轴时，会出现系统消光现象，即许多衍射有规律地、系统地不出现，衍射强度为零。因而，根据系统消光，可以测定微观对称元素和

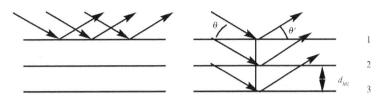

图 2-14　Bragg 方程的推导

点阵形式，为测定晶体所属的空间群提供实验数据。

　　根据样品性质，可将晶体衍射分为单晶衍射和多晶衍射。在环境催化中，催化剂多为粉末样品，因此多晶衍射更为常见。仪器使用的 X 射线的光源一般采用加速电子轰击金属靶如 Cu 靶发出的特征 X 射线，经单色化后使用。根据测定的 θ 值和入射线的 λ 值，根据 Bragg 方程可求出晶面间距 d 值。各物相的粉末图都有特征的 d-I 值。利用 d-I 值（衍射面间距和衍射强度），可以进行物相分析；将各衍射指标化，可求得晶胞参数；根据系统消光可得到点阵形式。此外，样品的结晶颗粒越小，XRD 图谱中衍射峰的分辨率越低，峰形展宽。相反，结晶的颗粒越大，得到的衍射峰越尖锐。所以，利用 XRD 衍射峰形数据，可测定所研究晶相的平均粒径。

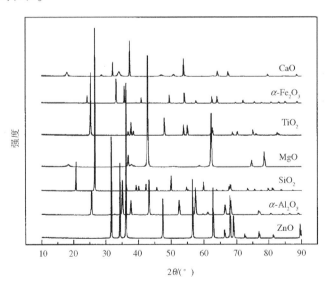

图 2-15　不同金属氧化物的 XRD 图谱[26]

　　常见的单质和化合物晶相的鉴定可以采用比对 XRD 衍射图谱库的方式进行。图 2-15 为常见金属氧化物的 XRD 图谱。由图可知，所测定的金属氧化物都具有较高的结晶度。根据图谱库数据可获得各种氧化物的晶体类型，各种氧化物的晶相、组成和三强峰的 2θ 值列于表 2-4，对应的氧化物分别为刚玉、石英、赤铁矿、石灰、方镁石、锐钛矿和红锌矿。其中 CaO 和 MgO 样品分别有少量的 $Ca(OH)_2$ 和 $Mg(OH)_2$ 的晶相[26]。由 XRD 分析得到的各种金属氧化物样品的平均粒径见表 2-4。

表 2-4　不同氧化物的比表面积、晶相和组成

氧化物样品	晶型	三强峰	晶体粒径/nm
SiO_2	石英	26.5, 20.8, 50.0	>100
α-Fe_2O_3	赤铁矿	33.2, 35.7, 54.1	>100
CaO	石灰	37.3, 53.8, 32.2	>92.9
	氢氧化钙	34.1, 18.0, 50.9	18.8
MgO	方镁石	42.9, 62.3, 78.6	60.0
	氢氧化镁	18.5, 38.0, 58.7	13.6
ZnO	红锌矿	36.2, 31.7, 34.3	>100
TiO_2	锐钛矿	25.3, 48.0, 37.7	>96.3
α-Al_2O_3	刚玉	35.0, 43.0, 57.0	68.8

2.3.2.3　扫描电子显微镜和透射电子显微镜

固体催化剂表面普遍存在着各种缺陷结构，例如纽结、阶梯等。这些特殊的缺陷结构往往是催化剂的活性位。利用扫描电子显微镜（scanning electronic microscopy，SEM）和透射电子显微镜（transmission electronic microscopy，TEM）技术则可直接获得催化剂表面的形貌、结构构造、元素分布和活性组分的粒度及其金属分散度等信息。

具有一定能量的电子束入射样品表面时，电子与元素的原子核及外层电子发生单次或多次弹性碰撞和非弹性碰撞，有些电子被反射出样品表面，其余的渗入样品中，逐渐失去动能，最后被样品吸收。在此过程中，99%以上的入射电子能量转变成样品热能，而其余的约 1% 的入射电子能量用于从样品中激发出各种信号，如二次电子、背散射电子、阴极荧光、吸收电子、透射电子、X 射线、俄歇电子等，见图 2-16。利用不同检测器对这些信号进行处理，可以得到样品表面的各种信息。

从样品表面约 100Å 深度范围内发射出来的低能电子能量为 0~50 eV，即样

品中原子的外层电子受入射电子激发
而发射出来的电子，称为二次电子。
二次电子的产率与样品成分和形貌有
关，不同元素发射二次电子的能力稍
有不同，但主要与样品形貌相关。当
入射电子束垂直于样品表面时，二次
电子发射量最少，而入射角越大，二
次电子发射量越大。由于样品表面凸
凹不平，各点所产生的二次电子数量
不等，利用这些二次电子就可以得到
样品表面形貌的 SEM 图像。例如样品
的突出部位如针状尖端，因起伏显著
二次电子产率非常高，在图像中表现

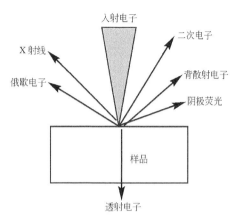

图 2-16　电子束与样品相互作用示意图

出明显的衬度，表现出三维特征[38]，将入射电子聚焦到样品的某个小区域，探
测从该区域放射出来的特征 X 射线，还可以得到该区域元素构成的信息，即 EDS
谱（energy dispersive X-ray spectroscopy）。

　　电子束入射样品时，部分电子可透过薄样品（<1 μm），成为透射电子。利
用透射电子进行电子图像和电子衍射图像观察，除了可获得样品的粒子形状金属
组分的颗粒粒径信息以外，还能做高分辨晶体结构、晶格错位等分析。因此，透
射电子显微镜技术在催化剂表征中具有重要的地位。

　　SEM 和 TEM 测试时，要求材料表面具有良好的导电性。实验中常常需要对
不导电的样品进行喷金处理。进行 SEM 测试时，将分散良好的样品黏附在样品
池上，喷金后即可测试。而 TEM 测试时，可在溶液中将样品分散后，在铜网上
制备足够薄的样品膜，干燥后即可进行测试。

　　图 2-17（a）和（b）是 SO₂ 中毒前后 Ag/Al₂O₃ 催化剂的 TEM 表征结
果[39]。新鲜的 Ag/Al₂O₃ 催化剂中金属 Ag 的粒径大小在 5～15 nm 范围内，而
中毒后的 Ag/Al₂O₃ 催化剂中金属 Ag 颗粒的尺寸明显增大。图 2-17（c）是中
毒后催化剂上金属 Ag 的电子衍射图，从图上可以看出，金属银呈现出单晶所
具有的衍射谱。

　　图 2-18 是模板剂 NaH₂PO₄ 对 Fe₂O₃ 颗粒形貌影响的 SEM 照片[40]。从图 2-18
（a）可以看出，不加模板剂的 Fe₂O₃ 粒子呈现小的椭球形。而在 NaH₂PO₄ 作用
下所制备的粒子是比较均匀的纺锤形 α-Fe₂O₃［图 2-18（b）］，其原因是磷酸根
是生成纺锤形粒子的典型的晶体生长剂，少量的磷酸根具有强烈的定向吸附能
力，从而控制了晶体的生长方向。

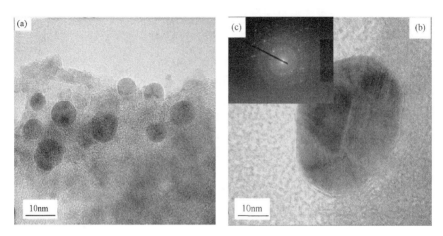

图 2-17　Ag/Al$_2$O$_3$ 催化剂样品的 TEM 照片[39]

（a）新鲜催化剂；（b）SO$_2$ 中毒后催化剂；（c）b 图中 Ag 颗粒选区电子衍射图

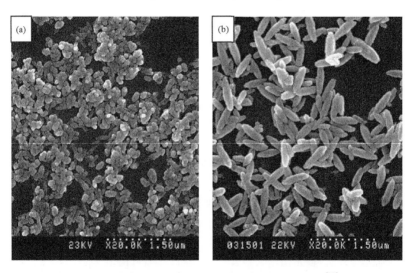

图 2-18　模板剂 NaH$_2$PO$_4$ 对 Fe$_2$O$_3$ 颗粒形貌影响的 SEM 照片[40]

（a）无 NaH$_2$PO$_4$；（b）有 NaH$_2$PO$_4$

2.3.2.4　光电子能谱

光电子能谱（PES）是由 X 射线或紫外光照射样品而产生光电子，分析这些光电子能量的分布得到光电子能谱。光电子能谱根据入射光子能量的大小可分为紫外光电子能谱（ultraviolet photoelectron spectroscopy，UPS）和 X 射线光电能谱（X-ray photoelectron spectroscopy，XPS；或者 electron spectroscopy for chemical analysis，ESCA）。通常 UPS 所使用的紫外光源，可以通过惰性气体 He 的真空放电得到（He Ⅰ线：21.2eV 和 He Ⅱ线：40.8 eV）。通常 XPS 所使用 X 射线源，是利用高能电子轰击金属阳极所获得的特征 X 射线（如 Mg K_{α}：1253.6 eV 或 Al K_{α}：1486.6 eV）。由于 UPS 所用的光子能量较低，因此只适合用来获得原子外层电子结合能，即价电子结合能；而 XPS 所用光子的能量较高，可以获得原子的内层电子结合能。

XPS 和 UPS 两者的基本原理相同。光子照射样品，可以被原子内的电子吸收或散射。电子吸收光子能量跃迁到更高能级，如果被吸收的光子的能量大于轨道电子的结合能，该电子可以逃逸出原子核的束缚变成自由电子，并具有一定的动能，这就是光电效应。光电子产生过程中，被吸收光子的能量主要分配到两个方面：

$$hv = E_{B} + E_{K} \tag{2-33}$$

式中，hv 为入射光子的能量；E_{B} 为电子结合能；E_{K} 为仪器检测得到的光电子动能。

考虑到电子被电离后，体系的其余轨道电子结构势必重新调整，则体系初始和最终的能量守恒可以表示为

$$E_{I} + hv = E_{F} + E_{K} \tag{2-34}$$

所以电子的结合能也可以表示为

$$E_{B} = E_{F} - E_{I} = hv - E_{K} \tag{2-35}$$

式中，E_{I} 为光电离前体系的初态能量；E_{F} 为光电离后体系的终态能量。

实际上，体系的光电子结合能应为体系终态与初态的能量差，只不过利用已知的入射光能量和测得的光电子动能计算得到而已。对于固体样品，由于样品和谱仪之间存在接触电势，计算 E_{B} 时还要考虑谱仪材料的功函数。

光电子能谱的原理决定了它用于固体样品分析时是一个高度表面灵敏的方法。由于入射能量和光电子逸出深度的关系，UPS 获得的表面信息深度比 XPS 还要浅[41]。考虑到环境催化材料研究方面的应用，以下主要以 XPS 为例简要说明。利用 XPS 可以鉴别环境催化材料的组成、定性和定量分析元素的价态。如果原子的初态能量发生变化，例如与其他原子成键，即原子在材料本身中的化学环境发生变化，则材料中该原子的电子结合能会发生改变。这种因原子所处化学环境不同（包括与该原子结合的其他元素的种类和数量不同、该原子具有不同的化学价态）而引起的内壳层电子结合能的变化，在谱图上表现为谱峰的位移，这种现象称为化学位移。根据催化剂中某元素的化学位移值，可对元素的价态进行表征，这些表征结果可以为催化剂活性位的研究、催化剂组分间的相互作用研究、催化

剂失活和中毒机理等方面的研究提供重要的信息，因而 XPS 是环境催化研究中的重要工具。

例如，研究发现[42]，H_2 预处理后 Pd/Al_2O_3 催化剂催化氧化二甲苯的低温活性得到明显提高。利用 XPS 表征明确了反应活性组分 Pd 的存在状态，如图 2-19 所示。在新鲜制备的催化剂上，Pd 物种主要以氧化态的形式（BE Pd $3d_{5/2}$ = 336.8 eV）存在，没有观察到金属 Pd 的存在。当催化剂经 300℃还原处理后，Pd $3d_{5/2}$ 的结合能由新鲜制备样品的 336.8 eV 降低为 335.1 eV，表明催化剂上的部分 PdO 物种被还原为金属态 Pd，此时金属态 Pd 所占的比例为 100%[43,44]。以上结果证实催化剂的催化活性是与催化剂表面的金属 Pd 密切相关，金属态的 Pd 物种是催化氧化邻二甲苯的活性物种。这为高效催化剂的合成提供了理论依据。

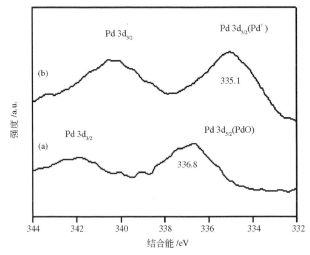

图 2-19 1% Pd/Al_2O_3 催化剂中 Pd 3d 的 XPS 谱图[42]

(a) 新鲜样品；(b) H_2 预处理后样品

又如，研究发现，Ag-Ce/AlPO₄ 是一种具有潜在应用前景的杀菌材料[45]。为确定催化剂表面 Ag 和 Ce 的价态及组成，对 Ag-Ce/AlPO₄ 催化剂进行了 XPS 表征，结果如图 2-20 所示。由图可看出，Ag-Ce/AlPO₄ 催化剂上 Ag $3d_{5/2}$ 的结合能在 368.3 eV 左右。根据文献报道[46~48]，Ag 的几种主要赋存状态——金属 Ag、Ag_2O 和 AgO 的 Ag $3d_{5/2}$ 的结合能分别为 368.3 eV、367.8 eV 和 367.4 eV，表明催化剂表面负载的 Ag 主要为金属态。Ce 3d 谱峰经软件拟合可以分为 4 组 8 个峰[49]。主要归属如下：位置在 883.25、886.45、889.15 和 898.45 eV 的谱峰分别标记为 V、V′、V″和 V‴，归属为 $3d_{5/2}$ 特征峰。$3d_{3/2}$ 特征峰出现在 901.15、

904.30、907.06 和 915.10 eV，分别标记为 U、U′、U″和 U‴。其中 V′、U′来源于 Ce^{3+} 物种，V、V″、V‴和 U、U″、U‴6 个谱峰均来源于 Ce^{4+} 物种[49,50]，通过积分面积计算可知 Ce^{3+} 与 Ce^{4+} 约各占 50%。

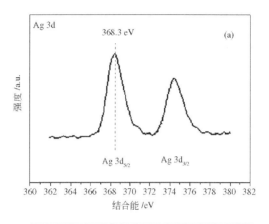

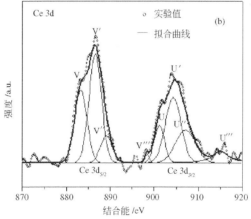

图 2-20　Ag-Ce/AlPO₄ 催化剂中 Ag 3d（a）和 Ce 3d（b）的 XPS 谱图[45]

2.3.2.5　电子自旋共振

电子自旋共振简称 ESR（electron spin resonance），又叫做电子顺磁共振（electron paramagnetic resonance，EPR），它是利用具有未成对电子的物质在静磁场作用下对电磁波的共振吸收特性来进行分析的技术。这一研究手段具有深入物质内部进行细致分析而不破坏样品，对化学反应过程无影响，灵敏度高和信息丰富等优点。基于 ESR 技术的电子自旋共振波谱检测手段不仅适用于含有未成对电子的材料，也能够很好地研究那些以微量杂质、吸附中心、活性中心、缺陷及自由基等微量顺磁中心的形式广泛地散布在反磁性材料中的体系。由初期主要是对长寿命和稳定的顺磁粒子的研究，逐步发展到对短寿命中间体、反应过程机理和动力学的研究。在检测技术方面，日益广泛地采用自旋标记、自旋捕捉、时间分辨 ESR、电子 2 核双共振、化学诱导动态电子极化（CIDEP）和自旋回波等技术[51,52]。

电子具有内禀的自旋磁矩，同时电子绕原子核运动时又产生轨道磁矩。原子中各个电子的自旋磁矩和轨道磁矩耦合成为总电子磁矩。根据 Pauli 原理每个分子轨道上不能存在两个自旋态相同的电子，因而各个轨道上已成对的电子自旋运动产生的磁矩是相互抵消的，使分子的总电子磁矩等于零。但是对于含有一个或几个不成对电子的物质，比如某些分子、离子或自由基，它们的磁矩不能抵消，具有永久磁矩，在外磁场中呈现顺磁性。含有这种不成对电子的原子、离子、分子、自由基等粒子称为顺磁性粒子，它们组成的电子顺磁性物质简称顺磁性物质。

电子磁矩的作用如同细小的磁棒或磁针，由于电子自旋产生自旋磁矩 μ_s：

$$\mu_s = g_e\beta \qquad (2\text{-}36)$$

式中，β 为玻尔磁子；g_e 为无量纲因子，称为 g 因子（自由电子的 g 因子为 $g_e = 2.0023$）。电子的自旋量子数为 1/2，因此在外磁场 H 的作用下，只能有两个可能的能量状态：一个是与 H 平行，对应于低能级，能量为 $E = -1/2g\beta H$；另一个则是与 H 逆平行，对应于高能级，能量为 $E = +1/2g\beta H$。两能级之间的能量差 $\Delta E = g\beta H$，这种现象称为塞曼分裂（Zeeman splitting），如图 2-21 所示。如果在垂直于 H 的

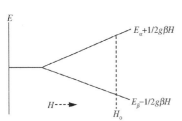

图 2-21　电子自旋能级与磁场强度的函数关系（H_0 为共振时的外磁场）

方向上施加频率为 $h\upsilon$ 的电磁波，当满足下面条件：

$$h\upsilon = g\beta H_0 \qquad (2\text{-}37)$$

处于两能级间的电子发生受激跃迁，导致部分处于低能级中的电子吸收电磁波的能量跃迁到高能级中，即发生顺磁共振现象。在热动平衡情况，处于低能级上的粒子数比高能级上的多，因而吸收电磁波向高能级跃迁的粒子比发射电磁波向低能级跃迁的粒子多，此时产生吸收谱线。

采用 ESR 技术研究催化过程是在 20 世纪 60 年代初，80 年代中期以后得到很大发展[53]。近年来，随着以 TiO_2 为代表的光催化技术在环境应用领域研究中的发展，为深入研究反应过程中涉及自由基参与的催化氧化作用机制，能够对自

由基和各种中间体实现有效的直接检测成为越来越多研究者追求的目标。自由基的寿命短、化学活性高，很难用通常的物理或化学方法去研究这种不稳定的并且往往是微量的样品。ESR 可以灵敏、快速而准确地测定自由基的种类、浓度、分布以及不成对电子在自由基内运动的状况。自由基中不成对电子的磁矩主要来自电子自旋，而轨道磁矩的贡献则很小；溶液中自由基的谱线一般很窄，便于分辨超精细结构，这是自由基 ESR 的两个明显特征。有些自由基的化学活性非常高，寿命极短，如溶液中·OH，其寿命仅为微秒级。对于这类物质，要用专门研究短寿命自由基的自旋捕获（spin trapping）技术等特殊方法，将其转变为较稳定的顺磁性物质，再用 ESR 检测。Li 等[54] 和 Hu 等[55] 采用 DMPO 自旋捕获技术对不同环境光催化材料进行了系统研究，通过 ESR 成功地检测到体系中的羟基自由基（·OH）和超氧离子自由基（·O_2^-）等活性中间体，为催化氧化反应机理提供了重要的实验支持。

最近，Chang 等[56,57] 在室温无需外加光源或其他能量输入的条件下，同样采用 DMPO 自旋捕获技术，经 ESR 成功检测到了 Ag-Ce/AlPO$_4$ 催化剂在催化水中溶解氧杀灭水中大肠杆菌过程中产生的·OH 和·O_2^- 等活性氧物种。如图 2-22 所示，与空白实验相比，在水悬液和甲醇悬液中加入催化剂后分别观察到了 DMPO-·OH 和 DMPO-·O_2^- 的信号相应，且进一步 ESR 检测结果表明二者的峰强度均随体系中溶解氧量的增加而显著增强[45]，有力地证明了催化剂对水中溶解氧的催化活化机理。

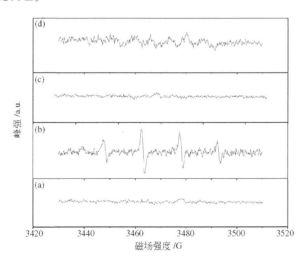

图 2-22　室温条件 DMPO 水悬液中（a）无催化剂，（b）加入 Ag-Ce/AlPO$_4$，

DMPO 甲醇悬液中（c）无催化剂，（d）加入 Ag-Ce/AlPO$_4$ 的 ESR 谱图[56]

2.3.2.6　X 射线吸收精细结构

X 射线吸收精细结构谱（X-ray absorption fine structure spectroscopy，XAFS）就是利用 X 射线的光电子效应以及电子的波动性来测定材料中特定原子局部结构的一种技术，可分为扩展 X 射线吸收精细结构谱（extended X-ray absorption fine-structure spectroscopy，EXAFS）和 X 射线吸收近边结构谱（X-ray absorption near-edge spectroscopy，XANES）[58]。其中，EXAFS 可以用来测定中心原子与近邻原子间的原子间距、配位数以及确定近邻原子的种类，XANES 可以用来测定中心原子的氧化数和配位状态（如八面体或四面体配位）[59]。

用一束能量可调的 X 射线照射样品，当 X 射线光子的能量与样品中某一类原子内层电子激发所需要的能量匹配时，会导致该样品对 X 射线的吸收突然增加，产生吸收边，同时内层电子被激发产生光电子[60]。记录 X 射线吸收关系 μ 随入射 X 射线能量的变化则得到 XAFS 谱。由 K 层或 L 壳层电子被激发而形成的吸收边分别称为 K 吸收边或 L 吸收边，例如 Fe 元素的 K 吸收边能量为 7.111 keV，Ce 元素的 L_1 吸收边能量为 6.561 keV。实际上，样品中特定元素的 X 射线吸收谱上的吸收边并不是平滑的。随着 X 射线激发能量的增加，原子的内层电子受激所产生的光电子动能逐渐增大，动能较大的光电子一般情况下只会被近邻的配位原子单次散射，在高于吸收边 30～1000 eV 甚至更高的能量范围内出现振荡结构（EXAFS）；而动能较小的光电子则会被近邻的配位原子多次散射，形成吸收边附近 30～50 eV 的精细结构（XANES）。

由于 XAFS 对于材料的结晶程度或微观尺度没有限制，因此可用于研究处于非晶状态、长程无序的固态物质甚至液态物质的微观结构。同时 XAFS 是一种很好的原子探针，对生物样品、环境样品和催化剂等复杂材料中极为微量的原子也能进行结构研究，尤其是同步辐射光源的出现使得这项技术日趋成熟[58]，可以为研究环境催化过程中的复杂体系提供强有力的支持。

由于 XAFS 所包含的信息量很大，因此其数据处理过程也相对比较繁琐，这里不再详述，需要者可以参考相关书籍和文献[58,60,61]。下面是一个应用该技术研究掺杂 Fe 的 TiO_2 光催化剂结构的实例[62]。

从图 2-23 可以看出，对于纯的 $\alpha\text{-}Fe_2O_3$ 样品，无论是 XANES 还是 EXAFS 谱图上都有明显的特征肩峰出现，且 XANES 谱上还出现了明显的边前峰。在 EXAFS 谱图中，$\alpha\text{-}Fe_2O_3$ 和 Fe—TiO_2 的第一壳层均为 Fe—O 的配位峰；$\alpha\text{-}Fe_2O_3$ 的第二壳层为 Fe—O—Fe 的配位峰，而 Fe—TiO_2 的第二壳层则为 Fe—O—Ti 的配位峰，正是这种特殊结构的存在导致了 Fe—TiO_2 光催化性能的提高。

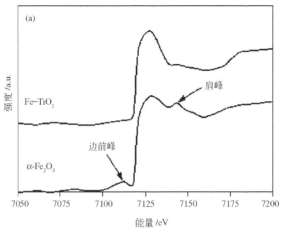

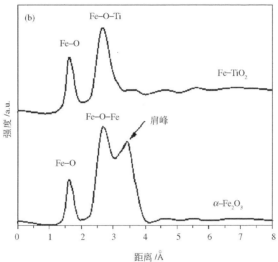

图 2-23　掺杂 Fe 的 TiO_2 和 α-Fe_2O_3 的 XANES （a）和傅里叶变换 EXAFS （b）谱图[62]

2.3.3　催化剂的活性评价和催化反应器

催化剂的活性属于反应动力学的研究范畴。如前所述，可以用反应速率、速率常数、活化能、转化率、起燃温度和周转数等指标来考察一个催化反应体系的活性。在环境催化研究中，转化率和起燃温度常被直观地用来表示催化剂的活性。而反应速率常数、活化能以及周转数更能揭示一个催化反应体系的微观动力学本质。

由于多相催化反应通常包括以下 7 个基本步骤：①反应物从本体扩散到催化剂外表面（边界层）；②反应物在催化剂孔内扩散；③反应物在催化剂表面进行化学吸附；④被吸附的反应物在催化剂表面进行反应转化为产物；⑤产物从催化剂表面脱附；⑥产物从催化剂微孔扩散到外表面；⑦产物从催化剂外表面扩散到气相。其中①和⑦被称为外扩散过程，②和⑥被称为内扩散过程；③~⑤被称为表面反应过程或反应动力学过程。其中最慢的一步叫做速控步骤。显然，对于一个催化反应体系，只有内外扩散完全消除后，测得的反应速率才体现了催化剂的本征活性。实验中，在保持接触时间（M/F）恒定条件下，增加通过催化剂床层的流体（气体或液体）的质量流速，使滞流层变薄并最终消失。当进料流体的质量流速超某一数值时，转化率达到最大。此时外扩散效应已消除。内扩散是指反应物分子从催化剂外表面向内孔道的扩散过程。对于产物而言则相反。因此，对于给定的反应体系，内扩散只与催化剂颗粒物内孔道以及颗粒物之间形成的孔隙长短有关。当减小颗粒物尺寸时，颗粒物内孔道以及颗粒与颗粒之间形成的孔隙变短，从而得以消除内扩散。实验中，在消除外扩散的前提下，保持 M/F 恒定，改变所用催化剂的粒度，测定反应的转化率，从而获得转化率与催化剂粒度的关系。当催化剂粒度降低到一定程度时，转化率不再增加，表示内扩散效应消除。因此，在进行活性评价时，需要通过上述方法消除内外扩散效应。

从反应物和生成物进出的方式上，催化反应器可以分为反应釜式和流通式两大类。所谓反应釜式催化反应器，是指一次性加入反应物和催化剂，均匀搅拌条件下进行反应，一定时间后取出生成物。均相催化反应主要使用这种反应器。另外，反应速率较慢、转化率要求较高的催化反应使用这种反应器比较有利。研究自然界自发的环境催化时可以把大气层看成一个封闭的光和热的环境催化反应器。出于应用的目的，人为的环境催化反应大多采用流通式催化反应器进行研究。流通式催化反应器又可按照反应物料的流型、传热传质情况等可将催化反应器分为两种理想的反应器，即连续搅拌釜式反应器（CSTR）和柱塞流管式反应器（PFR）。

连续搅拌釜式反应器是完全返混式反应器，槽内物料在各点上的温度、组成和性质完全均匀，且物料进出平衡。因此，总包反应速率等于点速率。在稳态下，其反应速率为

$$r = \frac{n_0 - n_f}{V/F} = \frac{n_0 - n_f}{\tau} \tag{2-38}$$

式中，r 为反应速率，mol/s；n_0，n_f 分别为流入和流出反应槽的反应物的物质的量，mol；V 为反应槽的体积催化剂空间，m^3；F 为流量，m^3/s；τ 为空时，s^{-1}。

因此，对于该类型的反应器，只需要测定反应器进出口反应物的浓度变化和空时，可直接计算反应速率。

柱塞流管式反应器是实验室更常见的活性评价装置。在理想状态下，柱塞流管式反应器中反应物在轴向无返混，而在径向上完全混合。那么反应物沿反应管向出口方向流动，反应物逐渐转化，因此，反应物浓度沿反应器轴向存在浓度梯度，反应器各点的反应速率也随长度变化而变化，如图 2-24 所示[63]。

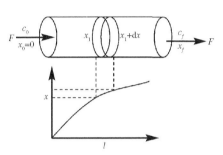

图 2-24　柱塞流管式反应器示意图[64]

图 2-24 中，反应器入口处 x_0 为反应的反应物转化率（一般为 0）；x_1 为反应某一时刻的反应物转化率；x_f 为反应器出口处的反应物转化率。

稳态下，反应体积为 V 的均匀截面反应管，反应物以恒定的进料量 F 进入反应区，x 为反应物的转化率。对于一微体积元 dV，根据物料平衡，单位时间内反应物在该微体积元内转化掉的反应物为 rdV；同时，设在该微体积元 dV 中转化率的增量为 dx，那么单位时间内反应物在该微体积元内转化掉的反应物也等于 Fdx。因此，

$$rdV = Fdx \tag{2-39}$$

那么，流动体系中反应速率定义为

$$r = \frac{dx}{\dfrac{dV}{F}} \tag{2-40}$$

如前所述，r 随沿轴向变化而变化，也是转化率 x 的函数，F 是一常数。因此，对于整个催化剂床层而言有，

$$\int_0^V \frac{dV}{F} = \int_0^{x_f} \frac{dx}{r} \tag{2-41}$$

即

$$\frac{V}{F} = \int_0^{x_f} \frac{dx}{r} \tag{2-42}$$

如果 r 与 x 的函数关系已知，则可利用上述方程计算反应速率。在多相催化中，

常常用催化剂的质量微分量 $\mathrm{d}M$ 代替体积微分量 $\mathrm{d}V$，式（2-43）可改写为

$$\frac{M}{F} = \int_0^{x_f} \frac{\mathrm{d}x}{r} \tag{2-43}$$

此时，反应速率表示单位催化剂质量的反应速率。

　　在实验中，根据最终转化率的大小可将柱塞流管式反应器分为积分反应器和微分反应器。积分反应器是指反应物一次通过后有较高的转化率（>0.25）；微分反应器与积分反应器在结构上并无原则上的区别，只是催化剂用量较少，转化率低（<0.05，个别允许达到 0.10）。积分反应器中，反应物的浓度、反应速率在反应管的轴向上存在明显的梯度。因此，式（2-42）和（2-43）中，进行积分运算的时候，必须明确 r 与 x 的函数关系。当然，也可利用图解法求得积分反应器的反应速率。即在温度恒定时，改变 $\frac{M}{F}$，测得对应的 x，利用 x 对 $\frac{M}{F}$ 作图，得到反应速率的等温线，线上各点的斜率为该 $\frac{M}{F}$ 值下的反应速率。而对于微分反应器，在不同截面的温度、压力以及反应物浓度变化都非常小，可近似认为不同截面上的反应速率为常数。因此，式（2-43）可简化为

$$\frac{M}{F} = \frac{1}{r} \int_0^{x_f} \mathrm{d}x \tag{2-44}$$

因此，

$$r = \frac{F}{M}(x_f - x_0) \tag{2-45}$$

因为 $x_0 = 0$，所以对于微分反应器而言，只需要测定反应器出口处的转化率即可计算反应速率[63]。

　　对于催化反应体系

$$a\mathrm{A} + b\mathrm{B} \longrightarrow c\mathrm{C} + d\mathrm{D} \tag{2-46}$$

总包反应速率可用幂级数函数表达为

$$r = k c_\mathrm{A}^\alpha c_\mathrm{B}^\beta \tag{2-47}$$

式中，k 为反应速率常数；α, β 分别为反应物 A 和 B 的反应级数。

　　对式（2-47）进行对数处理可得到

$$\ln r = \ln k + \alpha \ln c_\mathrm{A} + \beta \ln c_\mathrm{B} \tag{2-48}$$

　　因此，利用反应速率和反应物浓度的对数关系可获得反应速率常数和反应级数的信息。依据反应速率常数，可进一步测得反应活化能、比活性等参数。

　　应当指出，这种理想的柱塞流管式反应器和连续搅拌釜式反应器在实际操作的层面上是不存在的，实际的反应器都介于这两种理想反应器之间。

　　当催化剂为固体、反应流体为气体或液体时，从催化剂的装填方式上这种

流动式催化反应器又可分为固定床催化反应器和流化床催化反应器。固定床催化反应器比较接近柱塞流管式反应器；而流化床催化反应器比较接近连续搅拌釜式反应器。固定床催化反应器的优点是反应流体的压力损失较小，可以填充各种成型催化剂，比较容易小型化。流化床催化反应器的优点是催化剂和反应流体接触充分，催化效率较高。固定床催化反应器和流化床催化反应器都普遍应用于工业催化。为了操作方便，实验室规模的微型催化反应器一般采用固定床方式，更多地用于催化反应体系的活性评价和工艺条件的探索。由于应用对象性质的需要，实际应用的环境催化体系大多采用固定床催化反应器，如烟气脱硝的 SCR 反应器和汽车尾气净化的三效催化剂反应器，都属于这种固定床催化反应器。

从传热方式来看，催化反应器可以分为绝热反应器和恒温反应器。显然这是两种理想状态，事实上很难完全恒温一个反应器，也很难做到完全绝热。这两种催化反应器在工业催化中都得到普遍采用。绝热反应器适合催化放热反应，此时反应流体以起燃温度送入催化反应器即可；绝热反应器也有条件地适合催化吸热反应，此时反应流体必须以高于起燃温度的某个温度送入催化反应器。当然，绝热反应器不适合反应热很大的催化反应。实验室中为了研究的需要，一般采用恒温催化反应器，通过换热精确控制催化剂床层的温度。从前面有关环境催化特点的论述可知，实际的环境催化反应器大多属于绝热反应器，即反应流体以一定的温度送入催化反应器，不再实施换热控制。这显然是最经济、最便捷的催化反应器，事实上，烟气脱硝的 SCR 反应器和汽车尾气净化的三效催化剂反应器都近似属于这种绝热反应器。

综上所述，在催化剂的活性评价过程中，必须测定在特定条件下通过一定量催化剂的反应物的转化率或产物的产率。因此，在实验装置方面，无论是利用工业反应器还是实验室装置进行活性评价时，都需要测定进出口处反应物或产物的浓度。因此，可用于物质定量分析的光谱、色谱以及质谱仪等是活性评价中常用的检测仪器。

2.4 环境催化的特殊性及其研究方法

2.4.1 环境催化的特殊性

根据第1章中对于环境催化的定义以及本章前面对环境催化的论述可见，环境催化无论是研究对象还是工作条件都和通常的工业催化有很多的区别。表2-5 从反应物浓度、反应毒物浓度以及反应条件 3 个方面总结了环境催化和工业催化的区别[64]。

表 2-5　环境催化与工业催化的区别[64]

	工业催化反应	环境催化反应
反应物浓度	>90%，并可更加精制	ppb ~ ppm 数量级
反应毒物浓度	<1%，甚至可完全去除	5% ~20%（反应物浓度的数百倍至数万倍，不可能去除）
反应条件	可选择最适合的操作温度（423 ~773 K） 可选择最适合的空速（1 000 ~5 000 h⁻¹） 反应条件稳定可控	温度：300 ~1273 K 空速：可达 1 000 000 h⁻¹ 反应条件经常变动

　　通常的工业催化所面对的反应物都会经过一定程度的精制，尽可能地去除对反应有害的物质。反应条件方面，可以根据催化反应的特点将反应温度、压力和空速设定在最大限度发挥催化剂作用的范围内。与此相对的环境催化，所面对的反应物经常是在 ppm 级甚至于 ppb 级，这种稀薄的程度显然无法进行任何浓缩和精制。同时，对环境催化有害的物质却常常是反应物的数百倍甚至数万倍，并且根本无法去除和避免。环境催化经常需要面对很高的空速，无法调整的温度条件，以及剧烈变动的反应负荷。例如，柴油机尾气催化净化过程就要求催化剂能够在将近 10% 氧气氛中、有 SO_2 和颗粒物等毒物共存时、在较低的温度和较高的空速下、利用有限的还原剂选择性地将只有 10^{-3} ~ 10^{-4} 体积比浓度的 NO_x 还原成氮气，并且在这个过程中催化转化器还必须承受反应条件的剧烈变化。对于自然界自发发生的环境催化剂过程，研究者还必须面对一个多组分、多介质、复杂过程的自然环境。

　　长期以来，工业催化的许多成功是在大量反复试验中取得的，在很大程度上依靠研究者的直觉和经验，而这种研究模式越来越难以满足在目前环境催化过程中对催化剂更高活性、更高选择性和更高稳定性的苛刻要求。面对如此苛刻的环境催化条件，出路在于能够在理论的指导下设计出高低温活性和高选择性的催化剂，而这必然要求研究者对环境多相催化微观过程如反应机理和催化活性中心结构有深入了解。多相催化是一个表面物理和化学过程，对这一表面过程的分子水平上的理解必定会极大地帮助我们最终设计催化剂。现代超高真空技术和随之而来的现代表面表征技术给我们在分子和原子水平上研究表面上发生的过程提供了技术条件。事实上，精确详细地研究固体表面的结构和组成以及表面上物质的吸附、扩散、反应和脱附已经发展成为自成体系的表面科学。然而，要实现用表面科学的研究成果指导催化剂的设计这一终极目标仍必须跨越所谓的"压力和材料的差异（pressure and materials gaps）"。图 2-25 从研究条件、对象、手段和内容 4 个方面总结了表面科学的研究方法和环境催化研究需求之间的差异。

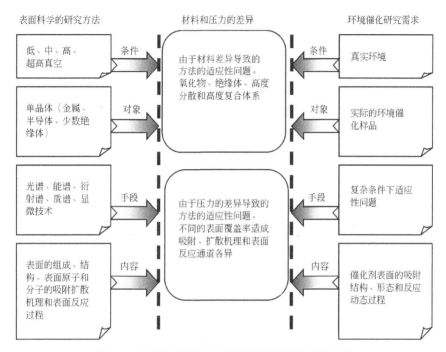

图 2-25　表面科学的研究方法和环境催化研究需求之间的差异

　　这个差异的产生主要是由于表面科学研究的材料（单晶体）和压力（真空系统）和实际的多相催化反应体系相去太远，以至于很多情况下双方的研究结论之间失去了相关性。表面科学研究一般需要在超高真空系统中研究单晶体表面上发生的物理化学过程，所用手段常常是各种光谱、能谱、衍射谱以及显微技术。与此相对的是，环境催化的研究需要在真实的环境条件下研究实际的环境催化样品，所采用的手段必须考虑复杂条件下的适用性问题。此外还有双方研究内容和侧重点的问题。一方面，催化活性中心一般是催化剂表面上和反应物相互作用的少数原子的局部结构，而在表面科学中侧重研究表面的长程有序结构。有些反应的活性中心常常是反应分子诱导条件下在表面原位形成的；在反应过程中，催化剂表面的再构对反应活性、选择性等都具有重要的影响。另一方面，在表面科学的研究中发现了大量在真空中固体表面上稳定存在的反应中间体，但是大多数情况下不清楚这些反应中间体到底在多大程度上参与了常压或高压条件下的多相催化反应。

2.4.2　满足环境催化特殊性的研究方法

　　环境催化的特殊性和苛刻条件要求发展原位的、在线的和表面敏感的研究方

法，深入研究环境催化反应机理和催化剂构－效关系，以求在理论的指导下设计
和改进环境催化体系。图2-26从定性表征、定量表征和形貌表征三方面提出了
发展环境催化原位研究的构想。

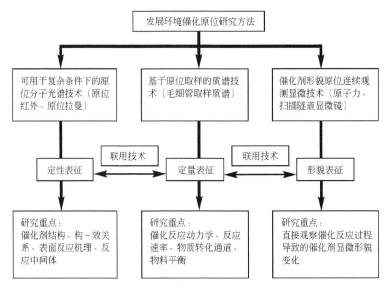

图 2-26　环境催化原位研究方法的构想

　　建立适合环境催化的研究方法需要在定性表征、定量表征和形貌表征三方面
建立和完善环境催化反应原位分析和观测的方法体系。

　　环境催化反应过程的定性表征方法方面，重点发展可用于复杂条件下的原位
分子光谱技术（原位红外、原位拉曼等），建立研究催化剂结构、构－效关系、
反应中间体和界面反应机理的新方法。环境催化反应过程的定量表征方法方面，
重点发展基于原位取样的质谱技术（微区毛细管取样质谱），建立研究催化反应
动力学、反应速率、物质转化通道、物料平衡等问题的新方法。环境催化的原位
形貌表征新方法方面，重点发展催化剂形貌原位连续观测的显微技术（原子力显
微镜，扫描隧道显微镜），实现环境催化过程导致的显微形貌变化的直接观察。
继续发展各种环境催化原位表征手段之间的匹配和联用技术，在原位定性表征技
术取得一定进展的基础上，建立定量表征和形貌表征技术及其相应的研究方法。

2.4.2.1　原位红外光谱技术

　　根据入射光和样品池之间的关系，可将红外光谱分为透射红外光谱（trans-
mission IR）、反射红外光谱（reflection IR）、衰减全反射红外光谱（attenuated to-

tal reflectance IR，ATR IR）、漫反射红外光谱（diffuse reflection IR）、发射红外光谱（emission IR）。这些红外光谱方法都可以用于催化反应过程的原位研究。傅里叶变换技术用于红外光谱以后，红外光谱技术的灵敏度和分辨率得到了大幅度提高。所以，尽管上述方法中样品的检测方式不同，但它们都属于傅里叶变换红外光谱方法。有关红外光谱和傅里叶变换的一般原理请参考有关专著（如翁诗甫著《傅里叶变换红外光谱仪》）[29]。而要实现催化反应过程的原位研究的关键在于解决研究的样品与入射光和样品池之间的关系问题，即设计合理的原位样品池。因此，本书重点对用于催化反应过程研究的原位池（既是样品池，又是反应器）进行介绍。

1. 透射傅里叶变换红外光谱

透射傅里叶变换红外光谱（transmission Fourier transform infrared，FTIR）通常用于研究纯样品的结构特征，也可用于研究催化反应过程表面物种的原位检测。如图 2-27 是比较常见的透射原位样品池[65]。将原位池置于傅里叶变换红外光谱仪的光学台上，红外光束穿透样品而直接测定其表面物种。将片状样品置于样品托上（sample holder），利用与样品托紧密接触的加热丝对样品加热，可以对样品进行预处理或者在高温下进行反应。温度测量由内埋于样品托上的热电偶完成。实验中，先采集真空状态下样品的光谱为背景，由导气管通入反应气体，实时检测样品表面物种的信息。

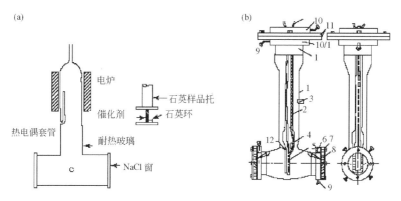

图 2-27　（a）常温透射红外光谱原位样品池；（b）高温透射红外光谱原位样品池[65]
1—池体；2—样品托；3—真空接口；4—热电偶；5—加热电阻丝；6、10—冷却导管；
7、11—法兰；8—窗体；9—快接法兰；12—样品池护套

为了获得较高的光谱质量，利用上述原位池研究界面反应时，需要将样品压制成透明的薄片。然而，很多纯样品很难制成透明薄片，则需要利用 KBr 或 NaCl 等稀释。当研究的体系本身和 KBr 或 NaCl 之间存在反应时（例如 NO$_x$ 可以

和 KBr 反应生成 KNO₃），该类样品池则受到很大的限制。图 2-28 是另一种透射红外原位池。样品池由窗体、内衬 Teflon 的不锈钢腔体和带钨栅的法兰构成[66]。粉末样品直接涂覆在一半钨栅上。样品温度可由连接在钨栅上的热电偶测量。温度由液氮或者加热丝控制。将样品池置于红外光谱的光路中，通过移动样品池的位置，可调节入射光透射颗粒物样品或者未负载样品的空白钨栅部分，而分别可测定样品表面和气态化合物的红外光谱信息。分析样品表面特定官能团随反应条件的变化，如反应气体压力、反应温度、时间、样品质量等，可获得样品表面多相反应机理相关的信息。由于涂覆的样品很薄，即使是不透明的样品如碳烟（soot）也可使用该原位池，原位研究其表面的反应过程。

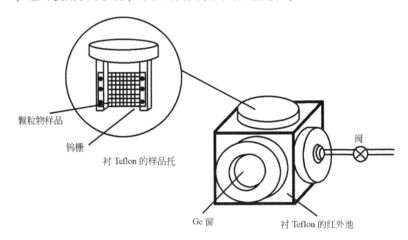

颗粒物样品

钨栅

衬 Teflon 的样品托

Ge 窗　　　衬 Teflon 的红外池

阀

图 2-28　透射红外光谱原位样品池[66]

2. 漫反射傅里叶变换红外光谱

透射红外光谱具有灵敏度高、样品池结构和光路简单的优点。但是，透射红外光谱的样品制备比较麻烦。而漫反射傅里叶变换红外光谱（diffuse reflectance infrared Fourier transform spectroscopy，DRIFTS），可直接用粉末样品进行测试，更接近催化反应过程的真实情况，已被广泛用于原位研究催化剂表面反应。图 2-29 是 Nicolet 的漫反射红外光谱原位池的实物和示意图[67]。

光束入射到粉末状晶体样品时，会产生表面反射、透射、晶体内反射等多种反射。不同方向的反射光使样品产生多向辐射光，即漫反射。实验中，只需将粉末样品装入瓷坩埚，轻轻压平，以真空或所需气氛为背景，在通入反应气体的条件下可原位检测颗粒样品表面物种的变化。贺泓等[68,69]利用原位漫反射光谱研究了羰基硫（OCS）在 Al_2O_3 和大气颗粒物表面的非均相反应过程。观察到了反应关键中间体——硫代碳酸氢盐（$HSCO_2^-$）、表面硫酸盐、碳酸盐等物种的特征

 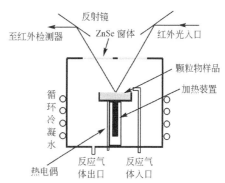

图 2-29　漫反射红外光谱原位池实物和示意图[67]

吸收峰，进而提出了 OCS 在大气颗粒物表面的非均相反应通道。在研究 NO_x 选择性催化还原的工作中，利用 DRIFTS 原位检测到了 Ag/Al_2O_3 表面的反应中间体烯醇式物种（enolic species）、硝酸盐等[70~72]，并据此提出了 Ag/Al_2O_3 上乙醇选择性还原 NO_x 的反应机理。

在透射光谱中，表面物种的浓度可用 Lamber-Beer 定律进行定量。漫反射光谱测量的是粉末样品的相对漫反射率，简称漫反射率，定义为

$$R = \frac{I}{I_0} \times 100\%$$ (2-49)

式中，I 为粉末样品散射光强；I_0 为参比样品的背景散射光强。

漫反射吸光度定义（A）为

$$A = \lg \frac{1}{R}$$ (2-50)

漫反射光谱谱带强度的重复性较差。这是因为每次装入样品时，样品的紧密程度、粒度和平整度不一致，从而导致散射系数发生变化。同时，由于镜面反射的存在，样品中被测组分的浓度与漫反射光谱的吸光度不成线性关系。因此，必须将漫反射吸光度转换为 K-M 函数后进行定量。

K-M 理论给出了散射系数恒定、样品浓度很低的条件下，散射光强度与样品浓度之间的定量关系[29,65]。

$$F(R) = \frac{(1 - R_\infty)^2}{2R_\infty} = \frac{K}{S} = \frac{Ac}{S}$$ (2-51)

式中，$F(R)$ 为 K-M 函数；A 为吸光度；c 为样品浓度；S 为散射系数，其与颗粒物粒径、粒径分布、紧密度等因素有关；K 为吸收系数；R_∞ 为样品层无限厚时的反射率。

利用漫反射光谱能对催化反应过程进行动态原位测量。利用 K-M 函数转换

后，还可研究表面物种的浓度的动态变化，从而获得反应机理和动力学的相关信息。

3. 衰减全反射红外光谱

透射和漫反射红外光谱都只能用于气－固相催化反应过程的研究。而衰减全反射红外光谱既可用于气－固界面的研究，也可用于固－液和气－液相催化反应的研究。所谓衰减全反射光谱，是指红外光以大于临界角入射到紧贴在样品表面的高折光指数晶体时，由于样品折光指数低于晶体的折光指数而发生全反射，红外光只进入极浅的样品表层，只有某些频率的入射光被吸收，剩余部分被反射，测量这一被衰减的反射信号可得到样品的衰减全反射红外光谱。

红外辐射在晶体内表面发生全反射时，在晶体外表面附近产生驻波，也称为隐失波（evanescent wave）。当样品与晶体外表面接触时，在每个反射点隐失波都穿入样品而发生衰减，从而使反射光的能量衰减。根据反射光的能量衰减情况则可获得样品本身的结构信息。其示意图见图 2-30[29]。

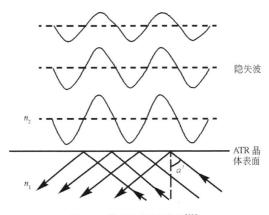

图 2-30   隐失波衰减示意图[29]

全反射临界角可以由式（2-52）计算

$$\sin\alpha' = \frac{n_2}{n_1} \tag{2-52}$$

式中，α' 为全反射临界角；n_1 为 ATR 晶体的折射率；n_2 为空气的折射率。

隐失波振幅随离开晶体表面的距离增大呈指数规律衰减。当隐失波振幅衰减到原来振幅的 $1/e$ 时的距离称为穿透深度（D）。穿透深度由式（2-53）计算得到。

$$D = \frac{\lambda}{2\pi n_1 \left[\sin^2\alpha - (n_2/n_1)^2 \right]^{1/2}} \tag{2-53}$$

式中，λ 为入射光的波长；α 为入射角；n_1 为晶体的折射率；n_s 为样品的折射率。

　　显然，隐失波在样品中的穿透深度与波长、入射角、样品以及晶体折射率有关。样品折射率越大、入射角越小、入射波长越小、晶体折射率越小，穿透深度越大。一般而言，在 $650 \sim 4000 \text{ cm}^{-1}$ 区间，隐失波在样品中的穿透深度为 μm 级。因此，利用 ATR 进行催化反应过程研究的时候，需要制备非常薄的样品，以使反应物可扩散到隐失波的穿透区间。

　　通常 ATR 晶体材料可选择 Ge、Si、ZnSe、ZnS 等单晶。由于不同材料的折射率不同，因此临界角也不同。表 2-6 是常见晶体材料的折射率和透光范围。

表 2-6　不同晶体材料的折射率和透光范围

晶体材料	折射率	透光范围/cm^{-1}
Ge	4.4（2000 nm）	1700 ~ 23 000
Si	3.4（3000 nm）	1000 ~ 9000
ZnSe	2.58（550 nm）	600 ~ 15 000
ZnS	2.4（1200 nm）	400 ~ 14 000

　　衰减全反射原位池分为一次和多次全反射。图 2-31 是 ATR 原位池的实物图。图 2-32 是可用于光催化的催化反应过程研究的多次衰减全反射原位池的示意图。将催化剂样品均匀负载在 Ge 或者 ZnSe 晶片上，红外光传播过程中与颗粒物表面（1 μm 以内）接触一次发生一次全反射，经过多次衰减后到达检测器。其光强与催化剂表面物种的浓度成正比，可用于表面反应过程的定性、定量研究。

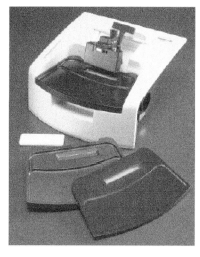

图 2-31　衰减全反射原位池

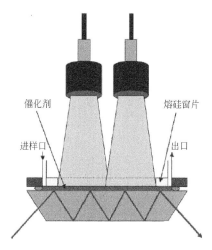

图 2-32　多次衰减全反射原位池示意图[74]

特殊的样品和光路设置方式，使衰减全反射红外光谱可方便地用于溶液体系的研究。例如，Hung 等[73]利用衰减全反射红外光谱研究了油酸与 O_3 和 NO_x 的反应。Dolamic 等[74]利用 ATR 原位池研究了水溶液中马来酸在 TiO_2 表面的光催化降解过程。原位观测到了反应中间体——单齿草酸盐。

2.4.2.2 原位拉曼光谱技术

红外光谱方法，在催化反应过程的原位研究中获得了广泛的应用。但是，表面同时存在的强吸附的其他物种所造成的光谱重叠为反应中间体的确认带来极大的困难。另外，由于红外选律规则的限制，有些吸附物种没有红外活性，或者由于吸收太弱，可能导致某些重要的活性中间体被漏检。在环境催化研究中，无论是气 – 固界面还是液 – 固界面过程，水分子都可能是重要的反应物、介质或共存组分。除了 ATR 以外，水的强红外吸收对红外光谱的解析产生很强的干扰。此外，催化剂载体如 SiO_2、Al_2O_3 等氧化物本身具有较强的红外吸收，因而在 1000 cm^{-1} 以下几乎不透光，难以获得高质量的光谱信息[34]。因此，将原位红外光谱技术用于催化反应过程研究时，在原理上面临这些困难。而拉曼光谱与红外光谱具有不可替代互补性。例如，水分子、SiO_2、γ-Al_2O_3 等仅有微弱的拉曼活性，从而使拉曼光谱既可能被用于含水体系的研究，也使得在较宽的波长区间、原位条件下研究环境催化过程中构 – 效关系成为可能。某些表面物种没有红外活性，但表现出拉曼活性，从而可提供催化反应过程反应中间体的补充信息。表 2-7 比较了原位红外光谱和原位拉曼光谱技术的特点。由表中可知，拉曼光谱技术在环境催化的原位研究中具有很好的适应性。

表 2-7　红外光谱和拉曼光谱技术的比较

	红外光谱	拉曼光谱	比较
选律	偶极矩：$\Delta\mu \neq 0$	极化率：$\Delta\alpha \neq 0$	互补
光谱范围	400 ~ 4000 cm^{-1}	40 ~ 4000 cm^{-1}	
	有机物：官能团	官能团和骨架	互补扩展
	无机氧化物：>1000 cm^{-1}，难测定	<1000 cm^{-1}，可测定	
样品要求	有机物/高分子/无机盐	无机/有机/高分子/半导体	
	气/液（有机）/固	气/液（有机、水）/固	互补扩展
	简单预处理制备	无需预处理制备	

20 世纪 70 年代，拉曼光谱仪作为商品化的仪器问世。随着从远紫外到近红外的一系列激光光源的应用、共振拉曼和表面增强技术的出现，拉曼光谱在灵敏

度、分辨率和精密度等方面取得了重要的发展[34,75,76]，并在各种材料表征和多相催化过程的研究中获得了广泛的应用。尤其是在多相催化研究过程中，拉曼光谱可在原位条件下获得催化剂组分的价态变化、活性中心结构、载体的作用和表面中间体等信息[34]。例如，利用紫外拉曼光谱成功研究了可见拉曼中有强荧光背景的体系，如氧化锆表面相变过程[77]；利用共聚焦显微拉曼检测到了 CeO_2 表面活性氧物种[78]；利用高通量拉曼光谱（high-throughput Raman spectrometer）研究 C_2H_5OH 在 MoO_3 上的氧化，观察到了具有催化活性的 Mo—O 位和非催化活性的 Mo—O—Mo 位上的中间体[36]。

　　当然，由于拉曼光谱仪的灵敏度、荧光干扰和价格等因素的限制，其在环境催化中的应用远不及红外光谱那么广泛。随着紫外激光共振拉曼光谱的出现，尤其是李灿等将深紫外光源用于拉曼光谱，在避免荧光干扰和提高仪器灵敏度问题上取得了突破性进展。因此，拉曼光谱用于环境催化和催化剂制备过程的原位研究具有广阔的前景。

　　图 2-33 是中国科学院大连化学物理研究所李灿课题组研制的拉曼光谱仪原理示意图[79]。其主要由激光光源、光路系统、分光系统、信号采集和数据处理系统构成。采用波长在 200～400 nm 的紫外光作为激发光源，可以避开大部分的荧光干扰，可用于液态和固态物质的拉曼光谱检测。其中光谱系统的散射光收集部分采用椭圆球面镜，将椭圆的两个焦点分别作为样品的信号光源和收集光聚焦点。与传统的透射收集光镜系统相比，椭圆球面反射镜的收集光效率可提高 3～5 倍[80]，从而较大幅度地提高了仪器的灵敏度。

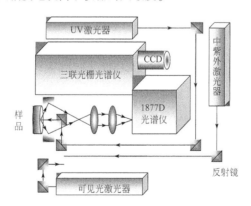

图 2-33　拉曼光谱仪原理示意图[79]

2.4.2.3　原位取样质谱技术

　　如上所述光谱技术对于研究催化反应过程中表面物种具有独特的优势。但是，用于催化反应过程研究的光谱方法往往对气态产物的检测显得力不从心。尤其是对于没有红外或拉曼活性的物质的检测，单一的光谱方法更显得无能为力。而质谱技术的高灵敏度和快速响应特性以及较强的定性定量检测能力，使其在环境催化研究中具有举足轻重的地位。对于质谱的基本原理，我们在此不作介绍。

众所周知，质谱必须在高真空或超高真空条件下工作。如果将催化反应器直接与质谱连接，势必将催化剂置于低压气氛中工作，从而产生"压力的鸿沟"。因此，将质谱技术用于环境催化研究的关键技术在于实现质谱的高真空和催化反应器的常压甚至高压之间的连接。微区毛细管取样技术成功解决了上述问题。例如，已经商品化的 Hiden-HPR 20 质谱利用利用内径为 $0.02 \sim 0.03$ mm 的熔硅毛细管与质谱进样口连接，可对常压至 76 Torr（1 Torr = $1.333\ 22 \times 10^2$ Pa）的反应气氛直接取样。因此，利用微区毛细管取样质谱，不仅可以对催化反应的气态反应物和产物进行定性定量分析，还可以广泛用于反应动力学研究。

此外，可用于研究环境催化的克努森池质谱系统、流动管质谱系统和气溶胶质谱系统也都属于毛细管质谱的范畴。由于研究对象的特殊性，本书中这些研究方法放在第 9 章（大气层中的环境催化过程）中介绍。

2.4.2.4　原位瞬态催化研究技术

传统的催化研究方法，大多是在稳态下进行的。然而，稳态实验仅能对反应通道和反应动力学给出概括性的描述。如何获得催化反应基元步骤的信息，对于全面理解催化反应的微观机理和动力学进而指导催化剂的设计都是至关重要的。如果在实验过程中，突然或者周期性的改变反应体系的温度、压力、组分或者流速，通过在线手段检测气相或者表面物种的组成、浓度的瞬态应答，可望获得更多的有关反应机理和基元反应的动力学信息。目前，已有多种反应器可用于瞬态应答实验研究。最简单的是固定床脉冲反应器。反应物通过一个极快的阀门被引入载气中，产物用质谱或红外光谱进行分析。由于载气的流速非常大，停留时间短，可有效消除扩散效应而避免反应物和产物的分离[81]，实现瞬态应答。

同位素瞬态动力学分析方法（isotopic transient kinetic analysis，ITKA）是一种典型的瞬态应答研究方法。ITKA 技术可在保持反应气体总流量恒定的条件下，利用短脉冲方式或阀门控制实现两种反应气体之间的快速切换，并用具有高时间分辨的检测手段（常用质谱）检测经过催化剂后反应物流的气相组成和浓度。实验中，先以稳态方式加入反应物流，再以脉冲方式加入同位素标记的反应物，用低浓度的痕量惰性气体指示反应气体经过反应器的有效停留时间。当 ITKA 技术与原位光谱技术结合后，除可获得气态物种的信息外，还可直接获得催化剂表面物种的信息，并可根据瞬态反应曲线获得催化剂表面反应中间体的数量与寿命，从而获得催化反应机理和微观动力学的信息[82]。

近年来，Chuang 等[83,84] 和 Yang 等[82] 将透射红外光谱与质谱结合；Goguet 等[85~87] 将漫反射红外光谱与质谱技术结合成功构建了新一代原位瞬态催化研究技术，实现了我们在 2.4.1 节提出的原位光谱技术和在线质谱取样技术的联用。该技术的难点在于要同时快速地（<1 s）探测工作催化剂的表面物种和流经催化剂表面的气相物种的浓度。

要同时获得催化反应相关的表面物种、反应中间体和气态物种的瞬态信息，设计反应器时必须尽量缩短反应气体在催化剂床层的停留时间，并尽可能地减少反应器的死体积，使得脱离催化剂表面的中间体或产物可迅速进入检测器。图 2-34 是 Chuang 等[84] 设计的原位瞬态催化反应器。其包括原位红外反应器、气体流量控制系统和分析测试系统。原位红外反应器见图 2-35。由空心的不锈钢圆柱腔体（壁厚 3 mm）和两个法兰构成。经压制的自支撑的催化剂薄片置于不锈钢腔体的中央，两侧以两根 l 54.5 mm × φ10 mm 的 CaF_2 棒填充腔体空间。CaF_2 棒之间的空隙构成微型反应器的腔体，其总体积为 125 mm³，催化剂薄片的体积约 75 mm³，因此反应器的有效体积为 50 mm³。如此小的有效体积，一方面可以减少气相组分对红外光谱的干扰；另一方面可降低反应气体的停留时间并减少反应器的死体积，从而使质谱获得较快的响应。CaF_2 棒除构成微型反应器的空间以外，还有固定催化剂片的作用。在不锈钢腔体外缠绕的加热丝可将样品加热至 500℃，为了控制法兰处 O 形圈的温度不高于 350℃，在靠近窗片的位置以循环水进行冷却。其他部件和具体尺寸见图 2-35。图 2-34 所示的气体流量控制系统，经质量流量控制器可以稳态方式加入反应气体，也可以用六通阀控制以脉冲方式将一种反应物加入另一种反应物中。利用四通阀控制，可实现同位素

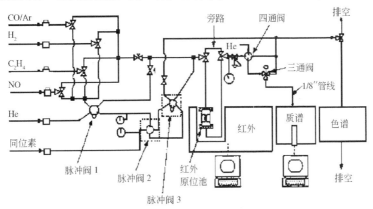

图 2-34 原位瞬态催化反应器示意图[84]

标记的稳态反应研究。分析测试系统包括用于表面物种检测的红外光谱、用于瞬态气相产物检测的质谱和用于稳态气相组分检测的气相色谱。质谱仪与反应器之间用毛细管连接。但直接用毛细管取样，一方面大分子的化合物很容易在毛细管中凝结造成堵塞；另一方面，由于气体分子的扩散控制质谱信号对于经过反应器的气体组成变化的响应较慢。而改用四通阀和三通微调阀，以 3.175 mm 的粗管连接则可克服上述问题。Yang 等[82] 设计的反应器与之相似。

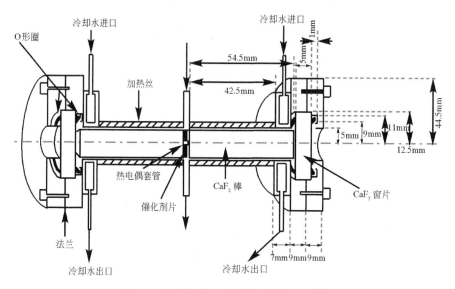

图 2-35　用于原位瞬态研究的微反应器示意图[84]

Goguet 等[85~87] 在高温漫反射原位池（spectra-tech）的基础上，将一般采用的坩埚改成空心的圆柱体，底部以金属网为支撑，将粉末催化剂样品装填其中，反应气体可以柱塞流方式穿透催化剂床层。坩埚底部和原位池底座之间用 PTFE 垫圈密封，使反应气体流出反应器出口时无旁路存在。反应器的进气口与四通阀连接，可实现两种反应气氛的快速切换。反应器的出口，经毛细管与快速响应（100 ms）的四极质谱连接。从而实现了催化反应过程中表面物种和气相物种的同步快速检测。与上述透射方式的反应器相比，该反应器中反应气体的停留时间（6 s）略高于图 2-35 所示的反应器；另一方面，由于漫反射红外光谱的灵敏度不及透射红外光谱，为了获得较高质量的光谱，往往需要通过增加光谱扫描次数，而使得漫反射红外光谱的时间分辨率也略低于透射红外光谱。但是，漫反射红外光谱 – 质谱的气 – 固扩散更接近真实的催化反应过程。

2.5　结　语

综上所述，研究者们目前已经在原位红外光谱、原位拉曼光谱以及基于原位取样的质谱技术方面取得了长足的进步，甚至在这些技术的联用方面也取得了初步的进展。应当指出，图 2-26 中提出的发展环境催化原位研究方法的构想，只是适应环境催化研究特点的最初步构想，还远远不能满足环境催化研究对复杂条件、苛刻的活性和选择性的全部要求。因此，要全面实现图 2-26 中提出的发展环境催化原位研究方法的构想，我们还有很长的路要走。

参 考 文 献

[1] 傅献彩, 沈文霞, 姚天扬. 物理化学. 第四版. 北京: 高等教育出版社, 1990

[2] Orlik S N. Contemporary problems in the selective catalytic reduction of nitrogen oxides (NO_x). Theor. Exp. Chem., 2001, 37 (3): 135－162

[3] Heck R M, Gulati S, Farrauto R J. The application of monoliths for gas phase catalytic reactions. Chem. Eng. J., 2001, 82: 149－156

[4] 钟秦. 燃烧烟气脱硫脱硝技术及工程实例. 北京: 化学工业出版社, 2002

[5] Farrauto R J, Heck R M. Catalytic converters: state of the art and perspectives. Catal. Today, 1999, 51: 351－360

[6] 贺泓, 张润铎, 余运波等. 富氧条件下氮氧化物的选择性催化还原 I. Ag/Al_2O_3 催化剂上 C_3H_6 选择性催化还原 NO 的性能. 催化学报, 2003, 24 (10): 788－794

[7] Meunier F C, Ross J R H. Effect of ex situ treatments with SO_2 on the activity of a low loading silver-alumina catalyst for the selective reduction of NO and NO_2 by propene. Appl. Catal. B, 2000, 24 (1): 23－32

[8] Larese C, Granados M L, Galisteo F C, et al. TWC deactivation by Lead: a study of the RN-CeO_2 system. Appl. Catal. B, 2006, 62: 132－143

[9] 柴田正仁. 最新的柴油机 PM、NO_x 后处理技术. 国外内燃机, 2006, (1): 37－39

[10] Wachs I E, Deo G, Weckhuysen B M, et al. Selective catalytic reduction of NO with NH_3 over supported vanadia catalysts. J. Catal., 1996, 161: 211－221

[11] Shimizu K, Satsuma A. Selective catalytic reduction of NO over supported silver catalysts-practical and mechanistic aspects. Phys. Chem. Chem. Phys., 2006, 8 (23): 2677－2695

[12] He H, Zhang X L, Li Y, et al. Excellent catalytic properties of various Ag species supported on Al_2O_3 for lean NO_x reduction by ethanol. The 14th International Congress on Catalysis, Seoul, Korea, Jul 13-18, 2008

[13] Kašpar J, Fornasiero P, Hickey N. Automotive catalytic converters: current status and some perspectives. Catal. Today, 2003, 77: 419－449

[14] Heck R M, Fattauto R J. Automobile exhaust catalysts. Appl. Catal. A, 2001, 221: 443－457

[15] Oh S H, Fisher G B, Carpenter J E, et al. Comparative kinetic studies of CO-O₂ and CO-NO reactions over single crystal and supported rhodium catalysts. J. Catal., 1986, 100 (2): 360 – 376

[16] Toylor K C, Schlatter J C. Selective reduction of nitric oxide over noble metals. J. Catal., 1980, 63: 53 – 71

[17] Chae H J, Nam I S, Yang H S, et al. Use of V₂O₅/Ti-PILC catalyst for the reduction of NO by NH₃. J. Chem. Eng. Jpn., 2001, 34 (2): 148 – 153

[18] Cybulski A. Structured catalysts and reactors. New York: Marcel Dekker, 1998

[19] 张长斌. 氧化催化剂在稀燃尾气 NOₓ 选择性催化还原体系和室温催化氧化甲醛中的应用: [博士论文]. 北京: 中国科学院研究生院, 2005

[20] 刘维桥, 孙大桂. 固体催化剂实用研究方法. 北京: 中国石化出版社, 1999

[21] Subramaniam B, Varma A. Reaction kinetics on a commercial three-way catalyst: the carbon monoxide-nitrogen monoxide-oxygen-water system. Ind. Eng. Chem. Prod. Res. Dev., 1985, 24 (4): 512 – 516

[22] Zhang C B, He H, Tanaka K. Perfect catalytic oxidation of formaldehyde over a Pt/TiO₂ catalyst at room temperature. Catal. Commun., 2005, 6: 211 – 214

[23] Zhang C B, He H, Tanaka K. Catalytic performance and mechanism of a Pt/TiO₂ catalyst for the oxidation of formaldehyde at room temperature. Appl. Catal. B, 2006, 65: 37 – 43

[24] Zhang C B, He H. A comparative study of TiO₂ supported noble metal catalysts for the oxidation of formaldehyde at room temperature. Catal. Today, 2007, 126: 345 – 350

[25] Lavalley J C. Infrared spectrometric studies of the surface basicity of metal oxides and zeolites using adsorbed probe molecules. Catal. Today, 1996, 27: 377 – 401

[26] Liu Y C, Liu J F, He H, et al. Heterogeneous oxidation of carbonyl sulfide on mineral oxides. Chin. Sci. Bull., 2007, 52: 2063 – 2071

[27] 吴越. 催化化学. 北京: 科学出版社, 2000

[28] 辛勤. 固体催化剂研究方法. 北京: 科学出版社, 2004

[29] 翁诗甫. 傅里叶变换红外光谱仪. 北京: 化学工业出版社, 2005

[30] Ballinger T H, Yates J T Jr. IR spectroscopic detection of Lewis acid sites on Al₂O₃ using adsorbed CO correlation with Al-OH group removal. Langmuir, 1991, 7: 3041 – 3045

[31] Lundie D T, McInroy A R, Marshall R, et al. Improved description of the surface acidity of η-alumina. J. Phys. Chem. B, 2005, 109: 11 592 – 11 601

[32] Turek A M, Wachs I E, DeCanio E. Acidic properties of alumina-supported metal oxide catalysts: an infrared spectroscopy study. J. Phys. Chem., 1992, 96: 5000 – 5007

[33] Baltrusaitis J, Jensen J H, Grassian V H. FTIR spectroscopy combined with isotope labeling and quantum chemical calculations to investigate adsorbed bicarbonate formation following reaction of carbon dioxide with surface hydroxyl groups on Fe₂O₃ and Al₂O₃. J. Phys. Chem. B, 2006, 110 (24): 12 005 – 12 016

[34] 李灿, 李美俊. 拉曼光谱在催化研究中应用的进展. 分子催化, 2003, 17 (3): 213 – 240

[35] Smith E，Dent G. Modern Raman spectroscopy：a practical approach. England：John Wiley & Sons，2005

[36] Oyama S T，Zhang W. True and spectator intermediates in catalysis：the case of ethanol oxidation on molybdenum oxide as observed by in situ laser Raman spectroscopy. J. Am. Chem. Soc.，1996，118：7173 – 7177

[37] 周公度，段连运. 结构化学基础. 第二版. 北京：北京大学出版社，1995

[38] 翟淑芬，李端. 扫描电子显微镜及其在地质学中的应用. 武汉：中国地质大学出版社，1991

[39] Xie S X，Wang J，He H. Poisoning effect of sulfate on the selective catalytic reduction of NO_x by C_3H_6 over Ag-Pd/Al_2O_3. J. Mol. Catal. A：Chem.，2007，266：166 – 172

[40] 张秀丽. 液相催化相转化法合成纺锤形 α-Fe_2O_3 超微粒子及其机理的研究：[硕士论文]. 石家庄：河北师范大学，2004

[41] 吴清辉. 表面化学与多相催化. 北京：化学工业出版社，1991

[42] 黄韶勇. Pd 基催化剂低温催化氧化苯系物研究：[博士论文]. 北京：中国科学院研究生院，2008

[43] Brun M，Berthet A，Bertolini J C. XPS，AES and Auger parameter of Pd and PdO. J. Electron Spectrosc. Relat. Phenom.，1999，104 (1-3)：55 – 60

[44] Schmal M，Souza M M V M，Alegre V V，et al. Methane oxidation-effect of support，precursor and pretreatment conditions-in situ reaction XPS and DRIFT. Catal. Today，2006，118 (3-4)：392 – 401

[45] 常青云. 负载银催化剂对水中大肠杆菌催化杀灭作用和杀菌机理研究：[博士论文]. 北京：中国科学院研究生院，2008

[46] Onodera Y，Iwasaki T，Chatterjee A，et al. Bactericidal allophanic materials prepared from allophane soil I. preparation and characterization of silver/phosphorus-silver loaded allophanic specimens. Appl. Clay Sci.，2001，18：123 – 134

[47] Arabatzis I M，Stergiopoulos T，Bernard M C，et al. Silver-modified titanium dioxide thin films for efficient photodegradation of methyl orange. Appl. Catal. B，2003，42：187 – 201

[48] Tang X，Chen J，Li Y，et al. Complete oxidation of formaldehyde over Ag/MNO_x-CeO_2 catalysts. Chem. Eng. J.，2006，118：119 – 125

[49] Burroughs P，Hamnett A，Orchard A F，et al. Satellite structure in the X-ray photoelectron spectra of some binary and mixed oxides of lanthanum and cerium. J. Chem. Soc.，Dalton Trans. ，1976，17：1686 – 1698

[50] Damyanova S，Bueno J M C. Effect of CeO_2 loading on the surface and catalytic behaviors of CeO_2-Al_2O_3-supported Pt catalysts. Appl. Catal. A，2003，253：135 – 150

[51] 裴祖文. 电子自旋共振波谱. 北京：科学出版社，1980

[52] 薛鸿庆. 电子顺磁共振技术. 化学世界，1981，(2)：28 – 29

[53] 陈德文，徐广智. 我国电子自旋共振波谱领域研究的50年回顾. 波谱学杂志，2001，18 (4)：397 – 428

[54] Li X Z, Chen C C, Zhao J C. Mechanism of photodecomposition of H_2O_2 on TiO_2 surfaces under visible light irradiation. Langmuir, 2001, 17: 4118 – 4122

[55] Hu C, Hu X X, Guo J, et al. Efficient destruction of pathogenic bacteria with $NiO/SrBi_2O_4$ under visible light irradiation. Environ. Sci. Technol., 2006, 40 (17): 5508 – 5513

[56] Chang Q Y, He H, Zhao J C, et al. Bactericidal activity of a Ce-promoted $Ag/AlPO_4$ catalyst using molecular oxygen in water. Environ. Sci. Technol., 2008, 42: 1699 – 1704

[57] 常青云，贺泓，曲久辉等. $Ag-Ce/AlPO_4$ 催化剂在水中催化杀菌的影响因素. 催化学报，2008，3：215 – 220

[58] 韦世强，孙治湖，潘志云等. XAFS 在凝聚态物质研究中的应用. 中国科学技术大学学报，2007，37 (4-5)：426 – 440

[59] Choy J H, Yoon J B, Kim D K, et al. Application of X-ray absorption spectroscopy in determining the crystal structure of low-dimensional compounds. iron oxychloride and its alkoxy substituents. Inorg. Chem., 1995, 34: 6524 – 6531

[60] 寇元. 固体催化剂的研究方法. 石油化工，2000，29：712 – 722

[61] 寇元，邹鸣. 固体催化剂的研究方法. 石油化工，2000，29：802 – 811

[62] Zhang X W, Zhou M H, Lei L C. Co-deposition of photocatalytic Fe doped TiO_2 coatings by MOCVD. Catal. Commun., 2006, 7: 427 – 431

[63] 杨继涛. 非均相催化反应动力学. 北京：石油工业出版社，1999

[64] 岩本正和. 環境触媒ハンドブック. 東京：（株）エヌ・ティー・エス. 2001

[65] Davydov A. Molecular spectroscopy of oxide catalyst surfaces. England：John Wiley & Sons, 2003

[66] Grassian V H. Chemical reactions of nitrogen oxides on the surface of oxide, carbonate, soot, and mineral dust particles: implications for the chemical balance of the troposphere. J. Phys. Chem. A, 2002, 106: 860 – 877

[67] 贺泓. 环境多相催化研究过程中的表面科学研究方法. 环境科学学报，2003，23：224 – 229

[68] He H, Liu J F, Mu Y J, et al. Heterogeneous oxidation of carbonyl sulfide on atmospheric particles and alumina. Environ. Sci. Technol., 2005, 39: 9637 – 9642

[69] Liu J F, Yu Y B, Mu Y J, et al. Mechanism of heterogeneous oxidation of carbonyl sulfide on Al_2O_3: an in situ diffuse reflectance infrared Fourier transform spectroscopy investigation. J. Phys. Chem. B, 2006, 110: 3225 – 3230

[70] Yu Y B, He H, Feng Q C, et al. Mechanism of the selective catalytic reduction of NO_x by C_2H_5OH over Ag/Al_2O_3. Appl. Catal. B, 2004, 49: 159 – 171

[71] He H, Yu Y B. Selective catalytic reduction of NO_x over Ag/Al_2O_3 catalyst: from reaction mechanism to diesel engine test. Catal. Today, 2005, 100: 37 – 47

[72] Wu Q, He H, Yu Y B. In situ DRIFTS study of the selective catalytic reduction of NO_x with alcohols over Ag/Al_2O_3 catalyst: role of surface enolic species. Appl. Catal. B, 2005, 61: 107 – 113

[73] Hung H M, Katrib Y, Martin S T. Products and mechanisms of the reaction of oleic acid with ozone and nitrate radical. J. Phys. Chem. A, 2005, 109: 4517-4530

[74] Dolamic I, Bürgi T. Photoassisted decomposition of malonic acid on TiO_2 studied by in situ attenuated total reflection infrared spectroscopy. J. Phys. Chem. B, 2006, 110: 14 898-14 904

[75] Lyon L A, Keating C D, Fox A P, et al. Raman spectroscopy. Anal. Chem., 1998, 70: 341R-361R

[76] Mulvaney S P, Keating C D. Raman spectroscopy. Anal. Chem., 2000, 72: 145R-157R

[77] Li M J, Feug Z C, Lic, et al. phase transformation in the surface region of zirconia detected by UV Ranan Speetroscopy. J. phys. Clnem. B 2001, 105: 8107-8111.

[78] Long R Q, Huang Y P, Wan H L J. Surface oxygen species over cerium oxide and their reactivities with methane and ethane by means of in situ confocal microprobe raman spectroscopy. J. Raman Spectrosc., 1997, 28: 29-32

[79] 李灿, 辛勤, 应品良等. 一种紫外拉曼光谱仪: 中国, CN1101544C. 2003-02-12

[80] 李灿. 一种椭圆反射收集光镜: 中国, CN1117994C. 2003-08-13

[81] 吴越, 杨向光. 现代催化原理. 北京: 科学出版社, 2005

[82] Yang Y, Disselkamp R S, Szanyi J, et al. Design and operating characteristics of a transient kinetic analysis catalysis reactor system employing in situ transmission Fourier transform infrared. Rev. Sci. Instrum., 2006, 77 (9): 094104-1-094104-8

[83] Chuang S S C, Ping S I. Infrared study of the CO insertion reaction on reduced, oxided, and sulfided Rh/SiO_2 catalysts. J. Catal., 1992, 135: 618-634

[84] Chuang S S C, Brundage M A, Balakos M W, et al. Transient in situ infrared methods for investigation of adsorbates in catalalysis. Appl. Spectrosc., 1995, 49 (8): 1151-1163

[85] Goguet A, Meunier F, Breen J P, et al. Study of the origin of the deactivation of a Pt/CeO_2 catalyst during reverse water gas shift (RWGS) reaction. J. Catal., 2004, 226: 382-392

[86] Goguet A, Meunier F C, Tibiletti D, et al. Spectrokinetic investigation of reverse water-gas-shift reaction intermediates over a Pt/CeO_2 catalyst. J. Phys. Chem. B, 2004, 108: 20 240-20 246

[87] Meunier F C, Tibiletti D, Goguet A, et al. On the complexity of the water-gas shift reaction mechanism over a Pt/CeO_2 catalyst: effect of the temperature on the reactivity of formate surface species studied by operando DRIFT during isotopic transient at chemical steady-state. Catal. Today, 2007, 126: 143-147

贺泓 刘永春 张秀丽, 中国科学院生态环境研究中心
李俊华 陈建军, 清华大学环境科学与工程系

第3章 移动源燃烧排放的多相催化净化

3.1 概　述

随着我国经济的快速发展，我国汽车工业也迅猛发展，2007年中国的汽车产量为904万辆，其中轿车产量为495万辆，2008年中国汽车产量将超过1000万辆，其中轿车产量将超过500万辆，这将使我国成为世界第三大汽车生产国[1]。然而，汽车如同一把双刃剑，在带给人类便捷与舒适的同时也对大气环境造成了巨大的污染。随着汽车数量的快速增长，汽车排放的污染物在城市大气污染中的分担率越来越高。以北京市2004年的监测结果为例，气体污染物中CO排放总量的92%、碳氢化合物（HC）的51%、NO_x的64%和可吸入颗粒物的23.3%是由汽车排放所致，北京市城区大气污染已经从煤烟型污染慢慢演变为煤烟型和光化学污染型二者复合的大气污染。因此，汽车工业大力发展的同时，汽车尾气污染物排放控制问题日益引起我国政府和社会的高度重视，其控制技术也得到不断的发展。

按所使用的燃料区分，汽车可分为汽油车、柴油车和代用燃料车。汽车排放的尾气成分中，除氮气、氧气以及燃烧产物二氧化碳和水为无害成分外，其余均为有害成分。对于汽油车，HC、CO和NO_x是3种主要污染物，而柴油车的主要污染物是颗粒物（PM）和NO_x。其中大量排放的CO与人体血红蛋白结合会造成输氧功能下降，有些未燃烧完全的HC是致癌物质，会引发肺癌和甲状腺癌等疾病，机动车排放尾气中的细小PM会导致空气能见度下降，给人体的呼吸系统带来伤害。大量NO_x的排放带来了更严重的环境污染问题，NO_x可以导致酸雨形成、水体富营养化、大气能见度下降和光化学烟雾反应发生，在人体健康方面，NO_x会降低人体的肺功能，破坏呼吸道的自然净化机能，增加过滤性毒菌感染的易感性，降低人体对病毒感染的抵抗力。因此，有效控制汽车尾气污染物的排放和消除机动车尾气污染物具有重要的实际意义。

为了限制汽车尾气污染物的排放量，各国政府按照汽车技术发展水平和具体国情分阶段制定了汽车尾气排放法规，当今在世界范围内主要有3种汽车尾气排放法规体系，即欧洲、美国和日本的排放法规体系。我国在吸收发达国家成功经验的基础上，制定了符合我国国情的汽车排放标准体系，计划在2010年与欧洲排放法规接轨，这对于我国环境催化方面的研究者和汽车污染控制产业界都是一个巨大的挑战，因为我们要用 10 年左右的时间走完西方发达国家用 30 年才走完的道路。以下介绍我国制订的各种汽车排放标准。

1. 轻型汽车

我国目前执行的是国家标准 GB18352.3《轻型汽车污染物排放限值及测量方法（中国Ⅲ、Ⅳ阶段）》，该标准的修改采用了欧盟（EU）对 70/220/EEC 指令《关于协调各成员国有关采取措施以防止机动车排放污染物引起空气污染的法律》进行修订的 98/69/EC 指令《修订 70/220/EEC 指令：关于协调各成员国有关采取措施以防止机动车排放污染物引起空气污染的法律》以及随后截至 2003/76EC 的各项修订指令的有关技术内容。标准规定了点燃式发动机轻型汽车在常温下排气污染物、曲轴箱污染物、蒸发污染物的排放限值及测量方法，规定了压燃式发动机轻型汽车在常温下排气污染物的排放限值及测量方法，以及点燃式和压燃式发动机轻型汽车污染控制装置的耐久性要求和车载诊断（OBD）系统的技术要求及测量方法，该标准的执行时间是 2007 年 7 月 1日。在该标准中规定的中国第Ⅲ、Ⅳ阶段的型式核准试验项目内容为：Ⅰ型试验——冷启动后的平均排气排放量（汽、柴）；Ⅲ型试验——确认曲轴箱气体排放物（汽）；Ⅳ型试验——蒸发排放量（汽）；Ⅴ型试验——污染控制装置耐久性（汽、柴）；Ⅵ型试验——低温（-7℃）下冷启动后 CO 和 HC 的平均排放量（汽）；双急速试验——测定双急速的 CO 和 HC 和高急速的 λ 值（汽）和车载诊断（OBD）系统试验（汽、柴）。其中Ⅰ型试验限值反映了对轻型汽车的常规排放要求，其具体内容见表 3-1[2]。

表 3-1　第Ⅲ、Ⅳ阶段轻型汽车排放限值

项　目			限　值						
			CO/ （g/km）		HC/ （g/km）	NO$_x$/ （g/km）		HC + NO$_x$/ （g/km）	PM/ （g/km）
阶段	类别	基准质量级别	汽油	柴油	汽油	汽油	柴油	柴油	柴油
Ⅲ	第一类车	—	2.3	0.64	0.2	0.15	0.5	0.56	0.05
	第二类车	Ⅰ	2.3	0.64	0.2	0.15	0.5	0.56	0.05
		Ⅱ	4.17	0.8	0.25	0.18	0.65	0.72	0.07
		Ⅲ	5.22	0.95	0.29	0.21	0.78	0.86	0.10
Ⅳ	第一类车	—	1	0.5	0.1	0.08	0.25	0.3	0.025
	第二类车	Ⅰ	1	0.5	0.1	0.08	0.25	0.3	0.025
		Ⅱ	1.81	0.63	0.13	0.1	0.33	0.39	0.04
		Ⅲ	2.27	0.74	0.16	0.11	0.39	0.46	0.06

2. 重型汽车

我国下一阶段的《重型车用发动机排气污染物排放限值及测量方法（Ⅲ、Ⅳ、Ⅴ）》标准，预计将修改采用欧盟指令 88/77/EEC 的修订版 1999/96/EC 及其最新修订版 2001/27/EC《关于协调各成员国采取措施防治车用压燃式发动机气态污染物和颗粒物排放，以及燃用天然气或液化石油气的车用点燃式发动机气态污染物排放的法律》的有关技术内容。标准将规定压燃式发动机车辆及其压燃式发动机，以及以天然气或液化石油气作为燃料的点燃式发动机车辆及其点燃式发动机第Ⅲ、Ⅳ、Ⅴ阶段排放控制要求，同时提出增强型环境友好汽车（EEV）的限值要求。在新标准中将采用 3 种试验循环——欧洲稳态循环（ESC）、欧洲负荷烟度试验（ELR）和欧洲瞬态循环（ETC），各种试验循环分别对应不同类型车辆的排放限值要求。表 3-2 和表 3-3 分别列出了不同测试循环下的排放限值。

表 3-2　ESC 和 ELR 试验限值

阶段	限值				
	$CO/[g/(kW \cdot h)]$	$HC/[g/(kW \cdot h)]$	$NO_x/[g/(kW \cdot h)]$	$PM/[g/(kW \cdot h)]$	烟度$/m^{-1}$
Ⅲ	2.1	0.66	5.0	0.10, 0.13[a]	0.8
Ⅳ	1.5	0.46	3.5	0.02	0.5
Ⅴ	1.5	0.46	2.0	0.02	0.5
EEV	1.5	0.25	2.0	0.02	0.15

a. 对每缸排量低于 0.75 L 及额定功率转速超过 3000 r/min 的发动机。

表 3-3　ETC 试验限值

阶段	限值				
	$CO/[g/(kW \cdot h)]$	$NMHC/[g/(kW \cdot h)]$	$CH_4^a/[g/(kW \cdot h)]$	$NO_x/[g/(kW \cdot h)]$	$PM^b/[g/(kW \cdot h)]$
Ⅲ	5.45	0.78	1.6	5.0	0.16, 0.21[c]
Ⅳ	4.0	0.55	1.1	3.5	0.03
Ⅴ	4.0	0.55	1.1	2.0	0.03
EEV	3.0	0.40	0.65	2.0	0.02

a. 仅对 NG 发动机；b. 不适用于第Ⅲ、Ⅳ和Ⅴ阶段的燃气发动机；c. 对每缸排量低于 0.75 L 及额定功率转速超过 3000 r/min 的发动机。

从技术的范畴看，控制汽车尾气排放的措施包括机内净化和后处理净化技术。机内净化技术包括发动机燃烧室结构、点火系统、进气系统和燃油电子喷射系统的优化以及其他发动机燃烧优化控制技术，例如可变气门正时、缸内直喷分层燃烧和废气再循环的技术。机外净化技术又称为后处理净化技术，包括用于汽油车的三效催化技术、用于柴油车的颗粒物过滤技术（DPF）和 NO_x 选择性还原

技术（SCR）等。机内净化技术和后处理净化技术的结合与匹配，汽车、发动机
及电子喷射控制系统与后处理器的匹配优化是满足日益严格的汽车尾气排放标准
的必要手段。从环境催化的角度上看，后处理催化净化技术是汽车尾气排放污染
控制技术研究的重中之重。对于汽油机和柴油机排气污染控制，其后处理技术有
着不同的技术路线。汽油机尾气排放后处理技术主要是基于三效催化反应的污染
排放控制技术，该技术在过去几十年中不断发展，以满足日益严格的排放标准。
目前，通过汽油机的燃烧过程优化和燃油电子喷射的闭环控制，结合三效催化转
化器的后处理技术，90% 以上的有害物质可以被催化转化为无害的 CO_2、N_2 和
H_2O。但是，随着全球石油能源危机的加剧，这种以牺牲燃油经济性和动力性为
代价的汽油机有被动力性更强和经济性更好的稀燃发动机所逐步取代的趋势。稀
薄燃烧（lean-burn），是在燃料燃烧的时候加入过量的空气，这样的燃烧方式既
可以提高燃油的经济性，同时也可以显著降低 HC 和 CO 等污染物的排放，温室
气体 CO_2 的排放也有所降低。对于稀燃汽油机、柴油机、天然气发动机等稀薄
燃烧发动机，虽然 HC 和 CO 的排放量明显下降，但是，因汽车发动机的空燃
比增加，尾气中氧气浓度明显提高，使汽车尾气中的另一重要污染物 NO_x 难以
利用常规的三效催化转化器使之净化。对于柴油机这一典型的稀燃发动机尾气
后处理技术的研究主要围绕着 NO_x 和 PM 的消除而展开，目前已出现多种柴油
机尾气排放污染控制的技术方案。柴油车尾气净化技术主要包括 NO_x 选择性催
化还原技术、柴油机颗粒物过滤器和氧化催化剂（DOC）等多种技术。正在研
究开发的稀燃发动机尾气 NO_x 污染控制技术有：NO_x 直接催化分解技术、NO_x
储存 – 还原技术（NSR）和低温等离子体辅助催化还原 NO_x 技术（NTP），NO_x
选择性催化还原技术也在不断进步和发展过程中。此外，已成功应用于固定源尾
气脱硝的选择性非催化还原（SNCR）技术也被尝试用于稀燃发动机尾气 NO_x 的
净化。然而，目前最具应用前景的稀燃发动机尾气 NO_x 净化技术方案有：NO_x 储
存 – 还原技术、氨类选择性催化还原 NO_x 技术（主要是 Urea-SCR）和碳氢化合
物选择性催化还原 NO_x 技术（HC-SCR）。此外，随着替代燃料车的推广应用，
一些对环境危害较大的非常规污染物净化技术也已成为当前的研究热点。本章分
别对汽油车、柴油车以及清洁燃料车尾气排放污染物的催化净化技术进行阐述。

3.2　汽油车尾气催化净化

西方国家从 20 世纪 60 年代开始进行汽车尾气催化净化的研究，70 年代中期
开始安装含有 Pt-Pd 的氧化型催化剂[3]，主要目的是控制 CO 和 HC 排放，并通
过 EGR 方法来减少 NO_x 的排放。1976 年联邦德国的 Robert Bosch GmbH 公司成

功研制了能够严格控制汽车空燃比的氧传感器，同年该项技术在 Volvo 和 Saab 汽车上首次得到应用，1980 年汽车用氧传感器进入美国市场，1993 年欧洲大部分国家要求所有的汽车安装氧传感器[4]。自此，能同时催化净化 CO、HC 和 NO_x 的三效 Pt-Rh 贵金属催化剂开始在汽车制造业大规模使用。

3.2.1　汽油车尾气排放特点

汽油车尾气中的主要污染物为 CO、HC 和 NO_x，而对于柴油车排气，CO 和 HC 的排放相对于汽油车有所降低外，NO_x 和颗粒物成为主要排放污染物。表3-4 给出了典型汽柴油发动机的尾气排放情况。

表3-4　汽柴油发动机的尾气排放情况[5]

尾气组成和排放条件	柴油发动机	四冲程汽油机	四冲程贫燃汽油机	两冲程汽油机
NO_x/ppm	350 ~ 1000	100 ~ 4000	≈1200	100 ~ 200
HC/ppm	50 ~ 330	500 ~ 5000	≈1300	20 000 ~ 30 000
CO	300 ~ 1200 ppm	0.1 % ~ 6 %	≈1300 ppm	1 % ~ 3 %
O_2/%	10 ~ 15	0.2 ~ 2	4 ~ 12	0.2 ~ 2
H_2O/%	1.4 ~ 7	10 ~ 12	12	10 ~ 12
CO_2/%	7	10 ~ 13.5	11	10 ~ 13
SO_x^a/ppm	10 ~ 100	15 ~ 60	20	≈20
PM/（mg/m³）	65	—	—	—
λ (A/F)	≈1.8 (26)	≈1 (14.7)	≈1.16 (17)	≈1 (14.7)

a. 我国汽柴油的含硫量较高，实际数值应大于表中的数据。

汽油车排放尾气中污染物 CO、HC 和 NO_x 的含量与发动机的空燃比 (A/F，空气质量与燃油质量之比) 有很大关系。发动机中燃料完全燃烧时所需的空气量与燃料量的比值叫做理论空燃比，理论空燃比约为 14.6。如果空燃比低于这个值，发动机在燃料过量的情况下工作，形成不完全燃烧，废气中会含有较多的 CO 和 HC，而 O_2 和 NO_x 的含量较少，称为富燃。如果空燃比高于 14.6，发动机在空气过量的条件下工作，废气中含有的 O_2 较多，称为稀燃。图 3-1 为汽油车排放尾气污染物与空燃

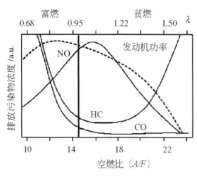

图 3-1　汽油机排放污染物与空燃比的关系

比关系示意图[6]。

描述发动机排气状态的另外一种常用方法是用过剩空气系数 λ 值（实际空燃比/理论空燃比）表示。在设计尾气排放控制时经常需要根据尾气成分来计算 λ 值，可以导出以下计算公式。

在理论空燃比和稀燃状态时：

$$\lambda = 1 + \frac{D \times (4.79m + 0.9475n)}{(100 - 4.79 \times D)(m + 0.25n)} \tag{3-1}$$

$$D = y_{CO_2} + 0.5y_{NO} - 0.5y_{CO} - 0.5y_{H_2} - (m + 0.5n) \times y_{C_mH_n} \tag{3-2}$$

其中，y 表示废气中该物质的体积分数；m 是碳氢分子 C_mH_n 中碳原子数；n 是碳氢分子 C_mH_n 中氢原子数。

富燃状态时：

$$\lambda = 1 - \frac{A \times (4.79m + 0.9475n)}{(200 - 3.79 \times A)(m + 0.25n)} \tag{3-3}$$

$$A = y_{CO} + (2m + 0.5n)y_{C_mH_n} - y_{NO} - 2y_{O_2} + y_{H_2} \tag{3-4}$$

目前，汽油车排气后处理技术的核心是三效催化技术。然而，三效催化转化器的工作状态与发动机的空燃比密切相关，三效催化转化器必须在一定的空燃比范围内，即在人们常说的三效催化剂工作窗口中才能正常工作。图 3-2 给出了不同空燃比下三效催化转化器对主要污染物 HC、CO 和 NO_x 的催化净化效果。从图 3-2 中可以看出，只有发动机在理论空燃比附近工作，三效催化剂才能同时将汽车尾气中的主要污染物 CO、HC 和 NO_x 转化为无害的 CO_2、H_2O 和 N_2。富燃条件下由于氧气不充足，使 CO 和 HC 的转换率下降，而

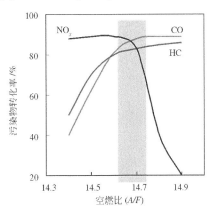

图 3-2 三效催化剂的工作窗口

在稀燃条件下 CO 和 HC 可以完全氧化，而 NO_x 很难被完全还原。

为了使发动机空燃比状态调节在理论空燃比附近，平衡废气中氧气和还原剂含量，就需要发动机燃烧过程的闭环控制。发动机闭环控制是由发动机电喷控制系统（ECU）和 O_2 传感器及执行机构（喷油系统+进气系统）实现的（图 3-3），其关键控制单元是测定氧浓度的氧传感器，也叫 λ 传感器。氧传感器是由氧化锆管、电极和加热棒所组成。氧化锆管的内外侧涂上白金（Pt）成铂电极，如图 3-4 所示。其工作原理是：在高温条件下，带负电的氧离子吸附在氧化锆套管的内外表面上，由于大气中的氧气浓度比废气中的氧气浓度高，套管与大气相通一侧比废气一侧吸

附更多的负离子, 两侧离子的浓度差产生电动势 (800～1000 mV), 这个电压信号被送到 ECU 放大处理, ECU 把高电压信号看作浓混合气, 而把低电压信号看作稀混合气。根据氧传感器的电压信号, 电脑按照 14.6∶1 的理论最佳空燃比来控制发动机进气量, 以保证三效催化剂的正常工作。图 3-5 给出了氧传感器输出特性图与氧浓度的变化曲线, 氧传感器精确反映了空燃比的波动情况, 便于发动机进行闭环控制。发动机闭环控制示意图如图 3-3 所示。

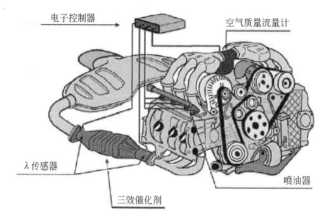

图 3-3　三效催化剂、λ 传感器与发动机的闭环控制

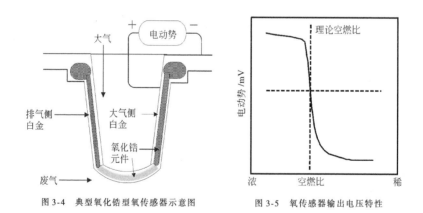

图 3-4　典型氧化锆型氧传感器示意图　　　　图 3-5　氧传感器输出电压特性

3.2.2　汽油车排放污染物催化净化反应原理

由表 3-4 可以看出, 汽车尾气排放的主要污染物是 HC、CO 和 NO_x, 其中 HC 和 CO 是还原性气体, NO_x 是氧化性气体。在三效催化剂的作用下, 汽车尾气中各气体组分会发生如下反应:

（1）与氧气反应（氧化反应）：

$$C_mH_n + (m + 0.25n)O_2 \longrightarrow mCO_2 + 0.5nH_2O \tag{3-5}$$

$$CO + 0.5O_2 \longrightarrow CO_2 \tag{3-6}$$

$$H_2 + 0.5O_2 \longrightarrow H_2O \tag{3-7}$$

氧化反应发生在理论空燃比和贫燃情况下。

（2）与氮氧化物发生还原反应（氧化/还原）：

$$CO + NO \longrightarrow 0.5N_2 + CO_2 \tag{3-8}$$

$$C_mH_n + 2(m + 0.25n)NO \longrightarrow (m + 0.25n)N_2 + 0.5nH_2O + mCO_2 \tag{3-9}$$

$$H_2 + NO \longrightarrow 0.5N_2 + H_2O \tag{3-10}$$

以上反应发生在理论空燃比和富燃情况下，当然，在富燃情况下还可以发生 CO 水汽转移反应：

$$CO + H_2O \longrightarrow CO_2 + H_2 \tag{3-11}$$

（3）与水蒸气发生重整反应：

$$C_mH_n + 2mH_2O \longrightarrow m\,CO_2 + (2m + 0.5n)H_2 \tag{3-12}$$

水汽转移和水蒸气重整反应有助于汽油车尾气中 CO 和 HC 的去除。

（4）与 SO_2 相关的反应：

$$SO_2 + 0.5O_2 \longrightarrow SO_3 \tag{3-13}$$

$$SO_2 + 3H_2 \longrightarrow H_2S + 2H_2O \tag{3-14}$$

（5）与 NO 相关的反应：

$$NO + 0.5O_2 \longrightarrow NO_2 \tag{3-15}$$

$$NO + 2.5H_2 \longrightarrow NH_3 + H_2O \tag{3-16}$$

$$2NO + CO \longrightarrow N_2O + CO_2 \tag{3-17}$$

汽车尾气排放控制系统设计者的任务是促进我们所希望的主反应［式（3-5）～（3-12）］的发生，抑制不利的副反应［式（3-13）～（3-17）］的发生。主反应对于机动车尾气中的 CO、HC 和 NO 净化的贡献取决于催化剂的配方和催化剂的工作条件。如前面所介绍，随着电子喷射控制系统的发展，人们已经可以对发动机的燃烧比进行精密的控制，从而保证催化剂的最佳三效催化活性。

3.2.3　催化转化器

3.2.3.1　催化转化器发展历程和尾气排放控制策略

从汽油车尾气排放控制技术发展历史来看，出现过 5 种尾气排放控制策略，也可称之为 5 种方法。它们分别用于不同的历史阶段和不同的发动机类型。

第 1 种控制策略是闭环控制的三效催化剂技术，三效催化剂在理论空燃比附近催化净化尾气中的 CO、HC 和 NO_x。排气的空燃比控制依靠安装在三效催化转

化器上游的 O_2 传感器（也叫 λ 传感器）和电喷控制系统（ECU）而实现。目前，大部分汽油车都采取这种技术控制尾气的排放。

第 2 种控制策略是开环控制的三效催化剂技术。三效催化剂在很宽的尾气排放组成下工作，催化剂需要具有多功能化性质，即可以促进所有 CO、HC 和 NO_x 净化反应的进行。但是，在这种情况下，汽油车尾气排放的 CO、HC 和 NO_x 平均净化效率不是很高。该种控制策略往往用于净化 50% 即可满足净化标准的情况以及用于老式的化油器汽车上。目前，我国已普遍采用国家第三阶段排放标准（GB18352.3），这项技术已不再适合于现在生产的汽车，也满足不了现行的汽油车排放标准。

第 3 种控制策略是双段床尾气催化控制技术。在这里，催化剂部分由两种不同类型的催化剂组成，催化剂的前级可以是多功能催化剂或是 NO_x 还原催化剂，后级是氧化型催化剂。在这种情况下，需要保证汽车发动机的排气处于一种还原气氛，即处于富燃工况。汽车排气中的 NO_x 在前级催化剂上被还原成 N_2，在后级催化剂与前级催化剂之间引入二次空气，使汽车排气处于氧化气氛，然后 CO 和 HC 被完全氧化成 CO_2 和水。双段床尾气催化控制技术可以在较大的空燃比范围内同时净化 3 种主要污染物，并且对发动机的电喷系统要求不高。但是，如果发动机调整在富燃工况下工作，其燃油的经济性将下降。目前发动机的技术正在向贫燃方向发展，因此双段床尾气催化控制技术的应用具有很大的局限性。

第 4 种控制策略是氧化型催化剂技术。在补充二次空气，保持尾气气氛处于贫燃情况下，氧化型催化剂将 CO 和 HC 全部转化为 CO_2 和水，但是催化剂对 NO_x 没有催化净化效果。早期的汽油车尾气催化处理技术以氧化型催化剂技术为主，因为当时对 NO_x 排放的要求还不严格。目前，氧化型催化剂已不适用于汽油车尾气排放控制，仅在柴油车和非道路工程机械的尾气污染控制方面有一定的应用。

第 5 种控制策略是贫燃发动机的尾气污染控制技术，该技术应用的催化剂为 NO_x 吸附还原催化剂和氧化型催化剂。贫燃发动机大部分工况为贫燃状态，此时 CO 和 HC 被氧化型催化氧化去除，NO_x 被吸附储存在催化剂中，在几个贫燃工况循环之后，发动机的电控系统给出一个富燃的喷射脉冲循环，在这个富燃循环工况下，储存在催化剂中的 NO_x 被还原为 N_2，尾气中的 NO_x 排放得到控制。目前，为了提高燃油的经济性和减少 CO_2 排放，贫燃发动机的尾气污染控制技术得到了充分重视。

3.2.3.2　催化转化器结构

催化转化器是由壳体、减振层、催化剂 3 部分构成。其中催化剂是指载体、涂层和催化活性组分，它是整个催化转化器的核心部分，决定着催化转化器的主要性能指标。最早的催化转化器中的催化剂是以球状氧化铝（γ-Al_2O_3）作载体，稳定剂和活性组分涂覆在表面，然后填装在壳体内，这种载体存在磨损快，阻力大的缺点。后来发展成为蜂窝状的堇青石陶瓷或不锈钢载体上负载涂层和活性组分的整体催化剂，如图 3-6 和图 3-7 所示。催化转化器在催化剂外面包裹减振层，最后由不锈钢壳体封装而成。

图 3-6　催化转化器的基本结构

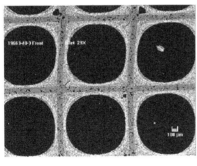

氧化铝涂层和活性组分

图 3-7　三效催化剂的结构和涂层

（1）壳体。催化转化器壳体一般为不锈钢板材，以防止因氧化壳体脱落造成催化剂的堵塞。许多催化转化器的壳体做成双层结构，用来保证催化剂的反应温度。

（2）减振层。减振层一般有膨胀垫片和钢丝网垫两种，起减振、缓解热应力、固定载体、保温和密封作用。膨胀垫片由蛭石（45% ~60%）、硅酸铝纤维（30% ~45%）以及黏接剂组成。膨胀垫片在第一次受热时体积明显膨胀，而在冷却时仅部分收缩，这样就使金属壳体与陶瓷载体之间的缝隙完全胀死并密封。

（3）催化剂载体。陶瓷蜂窝载体最早由美国康宁（Corning）公司生产，随后日本 NGK 公司也掌握了这种技术，并且开始大量生产。陶瓷蜂窝载体的材料为多孔的堇青石（$2MgO \cdot 2Al_2O_3 \cdot 5SiO_2$）陶瓷，其化学组成大约为 14%（质量分数，下同）MgO、36% Al_2O_3 和 50% SiO_2。陶瓷蜂窝载体一般具有蜂窝孔排列状的直通道结构，其孔密度是制备三效催化剂的重要参数。堇青石蜂窝催化剂载体的孔密度 z 定义为

$$z = 1/(d_k + w_k)^2 \tag{3-18}$$

其中，z 是蜂窝的孔密度，m^{-2}；d_k 孔通道的宽，m；w_k 是孔壁的厚度，m。

蜂窝催化剂载体的前端截面积 S_k 为

$$S_k = \pi D_k^2/4 \tag{3-19}$$

或者

$$S_k = (\pi D_k^2/4) \cdot z \cdot (d_k + w_k)^2 \tag{3-20}$$

其中，S_k 为蜂窝载体的总截面积，m^2；D_k 为蜂窝载体的直径。

那么，蜂窝载体的开孔面积 S_k^0 则为

$$S_k^0 = (\pi D_k^2/4)[d_k/(d_k + w_k)^2] \tag{3-21}$$

其中，S_k^0 为蜂窝载体的开孔面积。

蜂窝载体的几何体积（V_k）为

$$V_k = L_k S_k \tag{3-22}$$

其中，V_k 是蜂窝载体的几何体积；L_k 是蜂窝载体的长度。

单位蜂窝载体体积的几何面积 S_g 可以由下列公式计算：

$$S_g = S_g^0/V_k \tag{3-23}$$

$$S_g = 4zd_k \tag{3-24}$$

$$S_g = 4d_k/(d_k + w_k)^2 \tag{3-25}$$

其中，S_g 是单位蜂窝载体体积的几何面积，m^{-1}；S_g^0 是每个载体的几何面积，m^2。

最后，每个蜂窝载体的通道数目（N_k）为

$$N_k = S_k z \tag{3-26}$$

或者

$$N_k = S_k/(d_k + w_k)^2 \tag{3-27}$$

当汽车尾气以一定流量通过蜂窝载体时，每个通道中的流速（G_k）可以由式（3-28）计算：

$$G_k = G/(S_k z) \tag{3-28}$$

其中，G_k 是每个通道中的气体流速，Nm^3/h；G 是汽车排气的总气体流速，Nm^3/h。

那么，每个微通道内的气体的线速度为

$$v_k = G/S_k(d_k + w_k)^2/d_k^2 \tag{3-29}$$

汽车尾气在蜂窝载体微通道内的停留时间（t_k）为

$$t_k = L_k/v_k \tag{3-30}$$

或者

$$t_k = (V_k/G)d_k^2/(d_k + w_k)^2 \tag{3-31}$$

在蜂窝载体的微通道内的雷诺数为

$$Re = d_k V_k/v \tag{3-32}$$

或者

$$Re = G(d_k + w_k)^2/(vS_k d_k) \tag{3-33}$$

其中，v 是汽车排气的动力学黏度，m^2/h。

在市场上的蜂窝催化剂载体习惯上用每平方英尺的孔道数来表示，也称之为"目"。目前，我们可以购买的蜂窝载体有 200、300、400 和 600 孔/in^2（$1in^2$ = $6.451\,600 \times 10^{-4} m^2$）等规格。早期的催化剂常使用前两种规格，对于满足国 II 和国 III 机动车排放限值的三效催化剂常采用 400 目规格，如三效催化剂需要满足国 IV 阶段的排放限值，则需要使用 600 目的蜂窝载体。目前，国内也有许多厂家，如上海彭异耐火材料厂、山西净土实业有限公司等可以生产堇青石蜂窝催化剂载体，但是产品孔密度大多为 400 目，对于 600 目的堇青石蜂窝催化剂载体的生产还存在很大的困难。

目前世界上汽车用催化器载体 90% 是陶瓷载体，也有一部分车型的三效催化剂使用金属蜂窝载体，如 Audi 和 Volvo 等品牌的某些车型。金属蜂窝载体与陶瓷蜂窝载体（图 2-3）相比较具有导热率高、开孔面积大、孔壁薄和机械强度高等特点，对汽油车冷启动阶段的污染排放控制和延长三效催化剂的使用寿命大有裨益。此外，摩托车由于振动颠簸原因，其排气污染控制催化剂的载体也多采用金属载体。

3.2.4　汽油车排放污染控制三效催化剂的研究现状和发展

从 20 个世纪 70 年代开始，汽油车排气污染控制技术伴随着发动机和车辆制造与控制技术的进步，伴随着汽车排放法规的日益严格而逐步发展完善。人们可以追踪的足迹为[7]：

　　　　氧化型催化剂
　　　　——颗粒和整体载体
　　　　——HC 和 CO 排放控制
　　　　——Pt 基催化剂
　　　　——氧化铝的稳定化
　　　　　　⇩

三效催化剂

    ——HC、CO 和 NO$_x$ 排放控制

    ——Pt/Rh 催化剂

    ——Ce 基储氧材料

⇩

高温三效催化剂

    ——950℃稳定

    ——Pt/Rh、Pd/Rh 和 Pt/Rh/Pd 催化剂

    ——Zr 稳定的 Ce 基储氧材料

⇩

全 Pd 三效催化剂

    ——分层涂覆

    ——Zr 稳定的 Ce 基储氧材料

⇩

满足低排放的控制技术

    ——1050℃高温稳定的密偶催化剂（CCC），不含 Ce 基储氧材料

    ——主催化剂（安装在车辆底盘上）

⇩

满足超低排放的控制技术

    ——1050℃高温稳定的密偶催化剂（CCC），不含 Ce 基储氧材料

    ——增加主催化剂的体积和贵金属负载量

    ——HC 的吸附捕获，NO$_x$ 的吸附捕获

综上所述，在过去的 30 年中，汽油车尾气排放控制三效催化剂技术得到了长足的发展，利用先进的尾气排放控制技术、先进的发动机燃烧控制和汽车制造技术，我们已经可以制备出超低排放或超超低排放的整车。但是，三效催化剂制造技术还是不断地受到日益严格的排放法规、日益枯竭的贵金属资源和日益增长的贵金属价格的挑战。而纳米科学的发展和纳米三效催化剂的应用为我们迎接这些挑战带来了曙光。2007 年 10 月初，马自达和尼桑公司[8]分别宣布已经掌握纳米三效催化剂制备技术并已成功制备出贵金属粒子粒度不大于 5 nm 的三效催化剂。其中，尼桑公司声称可以减少贵金属用量的 50% 以上，催化剂具有非常好的高温稳定性，而马自达公司宣布可以减少贵金属用量的 70%~90%。北京工业大学何洪发明了纳米催化剂的制备方法——超声膜扩散法（UAMR）[9~12]，并利用此方法制备了系列纳米贵金属（合金）催化剂，以三效催化反应的模型反应（CO 氧化、HC 氧化、NO + CO 和 NO + HC + O$_2$ 反应）评价了纳米催化剂的活

性。初步的研究结果表明：对于上述三效模型反应在保持活性不下降的前提下，可以减少 66% 以上的 Rh 用量[13]。目前，三效催化剂的研究与开发重点是在满足日益严格的排放法规的基础上降低贵金属用量或寻找部分取代贵金属的技术路线，而纳米三效催化剂和稀燃发动机排气控制技术是这一领域研究的核心。

3.2.4.1　稳定氧化铝的研究

如图 3-7 所示，三效催化剂的载体分为两部分：蜂窝陶瓷（或金属）载体和 γ-Al_2O_3 涂层（washcoat）。蜂窝陶瓷（或金属载体）的几何表面积大约为 2.0 ~ 4.0 m^2/L，如此小的表面积不足以提高负载贵金属的表面空间，因此需要在其上涂覆一层氧化物作为三效催化剂的第二载体，通常称之为 "水洗涂层" （washcoat），以扩大催化剂载体的比表面积，俗称为 "扩表"。由于 γ-Al_2O_3 具有高的比表面积和高温水热稳定性，通常被选择为三效催化剂的第二载体。α-Al_2O_3 的高温热稳定性高于 γ-Al_2O_3，但是它的比表面积通常小于 10 m^2/g，经常用作高温条件下的催化剂载体。例如，汽油车的密偶催化剂安装在发动机歧管出口处，需要经受 1000℃ 以上的高温，因此，密偶催化剂经常采用 α-Al_2O_3 作载体[5]。由于汽车的排气温度和水分较高，长期运行的条件下，γ-Al_2O_3 亦会产生烧结现象和转晶现象，使三效催化剂比表面积和催化活性降低。一般来讲，伴随着表面能的降低，γ-Al_2O_3 在 600℃ 开始按 γ- (δ) -θ-α 顺序进行晶型转变，在 1000℃，完全转变为 α-Al_2O_3[14]。因此，γ-Al_2O_3 必须经过稳定化过程才能满足汽油车尾气催化剂的需要。文献中已报道许多元素（氧化物）可以用作 γ-Al_2O_3 的稳定剂，如 La、Ba、Sr、Ce 和 Zr 的氧化物或盐[15-22]。通常的办法是利用浸渍法或溶胶 - 凝胶法将稳定剂负载或掺杂到 γ-Al_2O_3 中。γ-Al_2O_3 稳定的效果决定于稳定剂的加入量和合成条件。在可以作为稳定剂的化合物中，Ba 和 La 的化合物是最有效的也是最常用的。图 3-8 给出了 BaO 的掺杂量和负载方法对 γ-Al_2O_3 比表面积的影响。CeO_2 对 γ-Al_2O_3 也具有很好的稳定效果。有文献报道负载 CeO_2 的量为 5% 时，具有稳定 γ-Al_2O_3 比表面积的最佳效果[23]。当用 CO 作为探针分子研究 CeO_2-Al_2O_3 体系的路易斯酸性时，会发现 CeO_2 优先在尖晶石结构的低指数晶面上聚集，Ce^{4+} 离子的存在可以稳定大多数的路易斯酸中心。此外，CeO_2 在还原气氛下可以非常有效的稳定 γ-Al_2O_3，因为 CeO_2 与 γ-Al_2O_3 反应可以形成 CeAlO$_3$[22]。实际上，当低负载量的 CeO_2 掺杂到 γ-Al_2O_3 时，就可以检测到 CeAlO$_3$ 物种[24,25]。La 对 γ-Al_2O_3 稳定化的原因也是由于表面形成了钙钛矿型氧化物 LaAlO$_3$[15]。也有文献[5]报道在氧化气氛和高温条件下，Ce^{3+} 又被重新氧化为 CeO_2，并倾向在 γ-Al_2O_3 表面生长聚集，使其高温稳定化效果降低。ZrO_2 也被报道具有高温稳定 γ-Al_2O_3 的能力，但是，这种稳定化效果来源于 ZrO_2 在 γ-Al_2O_3

表面的分散，而不是形成 ZrO_2-Al_2O_3 固溶体[16]；也有人认为是生成了 ZrO_2-Al_2O_3 固溶体，但是在高温条件下，形成的 ZrO_2-Al_2O_3 固溶体又分离成为 ZrO_2 和 Al_2O_3[26]。Horiuchi 报道 ZrO_2 稳定的 γ-Al_2O_3 在 1200℃ 烧结后比表面积仍然高达 50 m^2/g[16]。十分有趣的是，ZrO_2 对 γ-Al_2O_3 的稳定化能力大于 CeO_2，相似的是富 Zr 的 CeO_2-ZrO_2 固溶体比富 Ce 的体系更能稳定 γ-Al_2O_3[21]。事实上，在开发新一代三效催化剂时，γ-Al_2O_3 涂层的稳定化已不是十分重要的问题。

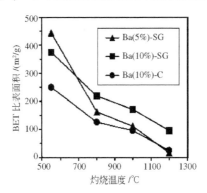

图 3-8 BaO 的负载量和方法对 γ-Al_2O_3 的比表面积的影响

SG—溶胶凝胶法；C—共沉淀方法[19]

3.2.4.2 三效催化剂的活性组分

无可置疑，贵金属元素 Pt、Rh 和 Pd 在三效催化剂中起着关键的作用，三效催化反应在 Pt、Rh 和 Pd 原子组成的原子簇或活性中心进行。理解这三种贵金属在催化性质上的异同对开发三效催化剂是十分重要的。

Pt 在三效催化剂中的贡献主要是催化 CO 和 HC 的完全氧化反应。在早期采用的双段催化床的催化转化器中，后段床氧化型催化剂的主要成分是 Pt。Pt 对 NO 有一定的还原能力，但是，当尾气中的一氧化碳的浓度较高或者有二氧化硫存在时，Pt 对 NO 的净化效果比 Rh 差，并且 Pt 还原 NO_x 的窗口比较窄，在还原型气氛中容易将 NO_x 还原为氨气。Pt 在三效催化剂中的典型用量为 1.5 ~ 2.5g/L。据 1990 年统计，汽车催化剂的 Pt 占西方总市场消费量的 36% 左右。

Rh 是三效催化剂中控制 NO_x 的主要活性成分，它在较低的温度下可以选择性地还原 NO_x 为氮气，同时产生少量的氨。在实际的尾气反应中，还原剂可以是 CO、HC，还可以是 H_2。氧气对 NO_x 还原反应影响很大，在有氧条件下，N_2 是唯一的还原产物，在无氧条件下，低温下的主要还原产物是 NH_3 气体，高温下的主要产物是 N_2。此外，Rh 对于 CO 的氧化以及 HC 化合物的重整反应也有重要的催化作用，与 Pt 和 Pd 催化剂相比，Rh 催化剂对于 CO 和 HC 的催化活性较低。但是，无论如何，Rh 在三效催化剂中是不可或缺的，没有 Rh 的存在，NO$_x$ 的排放往往不能达到排放标准。汽车催化剂耗费了大量的 Rh，1990 年消费了约 9.3 t，占当时整个西方 Rh 消费市场的 84%。在三效催化转化器中，Rh 的典型用量为 0.18 ~ 0.30 g，在个别车型上此值可能会更高。

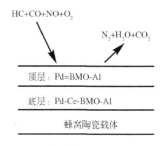

图 3-9　单 Pd 催化剂的层状结构

　　Pd 催化剂在一定条件下可以具有很好的三效催化活性，早在 1975 ~ 1976 年，Pd 就被用来制造汽车尾气污染排放控制催化剂，到了 20 世纪 90 年代中期，Pd 的三效催化反应活性得到了深入的研究，形成了单 Pd 三效催化剂制备技术[27]。该技术采用分层负载 Pd 和 CeO$_2$ 以及碱土金属氧化物，使单 Pd 催化剂具有了很好的三效催化活性，单 Pd 三效催化剂的结构如图 3-9 所示。实际上，精确的 A/F 控制[28] 和对催化剂材料的适当修饰可以保证单 Pd 催化剂的高 NO$_x$ 转化率，使其三效催化活性可与传统的 Rh/Pt 催化剂相媲美[29]。单 Pd 三效催化剂的 Pd 负载量为 1.8 ~ 10.6 g/L，它主要作为密偶催化剂而安装在发动机排气出口，使催化剂容易起燃，解决发动机在冷启动阶段的污染物排放问题，有时它也作为主催化剂安装在汽车的底盘上。尽管单 Pd 催化剂具有很好的初始三效催化活性并在汽车工业得到了一定的应用，但是单 Pd 三效催化剂在工业上还没有得到广泛的应用，其原因尚未见深入的报道。在 Pt、Rh 和 Pd 贵金属元素中，Rh 无疑是最重要的一个，它可以促进 NO 的解离，提高 NO 的去除效率[30,31]，在三效催化剂中是不可缺少的。

　　在汽车尾气催化技术研发的初期，因为早期执行的"清洁空气法令"中 NO$_x$ 排放标准比较宽松，发动机的废气再循环（EGR）技术就可以满足对 NO$_x$ 的排放要求，此时的负载 Pt 催化剂或 Pt-Pd 催化剂可以完全氧化去除 CO 和 HC，即使用人们常说的氧化型催化剂就可以满足汽车排放法规的要求。因此，在汽车上首先使用的尾气催化剂是负载 Pt 催化剂或 Pt-Pd 催化剂。随着汽车排放标准对 NO$_x$ 排放要求的日益严格，汽车氧传感器和电喷技术的出现，汽车尾气催化剂向着同时可以处理 CO、HC 和 NO$_x$ 方向发展，即出现了三效催化剂。这时汽车尾气催化剂的活性组分主要是 Pt 和 Rh。后来在 Pt-Rh 催化剂体系中又加入了 Ce 和 Ba 及其他稀土元素修饰和改性，或改变催化剂负载工艺，提高三效催化剂上的金属分散度，达到既能使汽车尾气满足更严格的排放标准，又不增加贵金属负载量的目的。

　　到目前为止，市场上的三效催化剂大多数还是以 Pt-Rh 体系为基础的催化剂，其 Pt：Rh(质量比) 约为 5 ~ 20：1，贵金属负载量约为 0.9 ~ 2.2 g/L。随着贵金属市场价格不断变化，尤其是最近 Pt 和 Rh 的价格飙升，催化剂制造商会在保证满足标准的前提下调整贵金属的负载量和比例，或用 Pd 部分或全部替代 Pt，贵金属比例为 Pt：Pd：Rh(质量比) =0 ~ 1：8 ~ 16：1，典型的贵金属总负载量为 2 ~ 5.5 g/L。

在早期汽车催化剂的研究中，非贵金属（例如 Cu、Cr、Fe、Co 和 Ni 等）也得到了比较深入和广泛的研究。很遗憾，经过多年的努力，这方面的研究未能得到的突破。其原因是贵金属比贱金属具有更高的三效催化反应活性，并且在 470℃以下比贱金属具有更高的抗硫中毒性能。在贵金属中，除了 Pt、Pd 和 Rh 外，Ru 和 Ir 也被研究用于汽车尾气的排放控制，但是由于其金属或氧化物的挥发性和毒性最终没有得到应用。

3.2.4.3 替代贵金属催化剂的研究

贵金属资源匮乏和价格昂贵，长期以来人们一直在寻求廉价而活性持久的新型催化剂材料，以替代汽车尾气催化剂中的贵金属。从 20 世纪 60 年代至今，人们进行了大量非贵金属催化剂的研究，但其催化净化效果均不如贵金属，再加上日益严格的排放法规，所以到目前为止汽车工业仍不得不选择贵金属。但从长远来看，替代贵金属催化剂的研究还是有着深远的意义，一旦得到突破，其产生的影响将是不可估量的。

贱金属是相对于 Pt、Rh 和 Pd 等贵金属而言的。贱金属与贵金属相比具有几个缺点：①贱金属对硫很敏感，在富氧环境下催化剂硫中毒问题更为显著。早期的催化转化器是通过补氧的方式控制 CO 和 HC 转化的，在低温富氧的尾气条件下，贱金属迅速失活；②贱金属在高温下容易与氧化铝载体发生不可逆反应，而导致永久性失活；③贱金属的三效催化活性远不如贵金属，在低温下尤其如此。它在空燃比为化学计量比时，还原 NO 的能力相当弱；④贱金属催化活性的改变随空速的变化也比贵金属敏感，通常只能适用于空速比较低的情况。

早期较好的贱金属催化剂是氧化铝负载铜的催化剂，以及氧化铝负载铜和铬的催化剂，通用汽车公司、福特汽车公司以及 UOP 公司所采用的典型催化剂组成如表 3-5 所示。

表 3-5　典型贱金属催化剂的组成[32]

生产商	成分
通用	5% Cu-7% Cr/Al$_2$O$_3$
福特	9% Cu-10% Cr/ZrO$_2$
UOP	10% Cu-8% Cr/Al$_2$O$_3$

　　典型配方中含有氧化铜和氧化铬。有些研究者发现含铜催化剂具有很好的 CO 和 HC 氧化能力，虽然硫也会使其反应活性降低，但它抗硫中毒的能力要优于其他贱金属。还有研究者发现 Cu-Ni 催化剂在富氧条件下也具有很好的还原能力。

　　钼和钨吸附 NO 的性能和铑相似，含钼和钨的汽车尾气催化剂有福特公司研究开发的 Pt（Pd）/MoO$_x$（WO$_x$）等，但该催化剂体系也没有得到工业规模的应用，其主要原因是钼和钨等金属抗硫性能差，钼和钨容易形成具有很高蒸气压的氧化物，造成二次污染。

　　在替代贵金属的研究中，钙钛矿催化剂曾一度引起人们的高度重视。钙钛矿型氧化物可用通式 ABO$_3$ 来表示，其中 A 是较大的阳离子，位于体心并与 12 个氧离子配位，而 B 则是较小的阳离子，位于八面体中心并与 6 个氧离子配位（图 3-10）。为了能形成稳定的 AO$_{12}$ 和 BO$_6$ 多面体，要求组成元素的离子须满足容限因子（t）：$0.75 \leqslant t \leqslant$

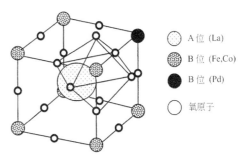

图 3-10　B 位 Pd 取代的钙钛矿复合氧化物的结构

A 位（La）
B 位（Fe,Co）
B 位（Pd）
氧原子

1.0，其中 $t = (r_A + r_O) / \sqrt{2}(r_B + r_O)$，$r_A$、$r_B$、$r_O$ 分别为 A 位、B 位离子和氧离子的半径。由电中性原则可知，ABO$_3$ 有 3 种组成：$A^{+1}B^{+5}O_3$、$A^{+2}B^{+4}O_3$ 和 $A^{+3}B^{+3}O_3$。常见的晶格缺陷有阴离子缺陷（如 LaCoO$_{3-\delta}$）和阳离子缺陷（如 LaMnO$_{3-\delta}$）。一般来说，A 位离子为稀土或碱土离子（$r_A > 0.90$Å），B 位离子为过渡金属离子（$r_B > 0.51$Å）。A、B 位离子均可被其他离子部分取代，而仍然保持原有钙钛矿结构。借助这种同晶取代的特点，人们可以设计出成百上千的钙钛矿型氧化物催化剂。大量实验已证明，ABO$_3$ 的催化活性主要取决于 B 位元素，A 位只是起到稳定晶体结构的作用。然而，A 位用异价原子部分取代（$A_{1-x}A'_xBO_3$），可改变 B 位阳离子的氧化态（如 La$_{1-x}$Sr$_x$CoO$_3$ 中存在 Co^{3+} 和 Co^{4+}，La$_{1-x}$Ce$_x$CoO$_3$ 中存在 Co^{2+} 和 Co^{3+}），也可改变氧空位量和阳离子缺陷密度（如较之于 LaMnO$_{3+\delta}$，La$_{1-x}$Sr$_x$MnO$_3$ 中氧空位减少和阳离子缺陷减少），从而间接地影响 ABO$_3$ 的催化性能。部分取代 B 位离子（$AB_{1-y}B'_yO_3$）和同时部分取代 A、B 位离子（$A_{1-x}A'_xB_{1-y}B'_yO_3$），可引入多种过渡金属离子并调节 B 位各离子的氧化态分布，改变催化剂的氧化和还原能力，从而直接地影响 ABO$_3$ 的催化性能。因此，针对化学反应的特点和对催化性质的要求，人们可以采用"化学剪裁（chemical tailor-making）"的方法设计出高性能的 ABO$_3$ 催化材料。

钙钛矿复合氧化物因具有很好的氧化还原催化活性而被用于汽车尾气的催化治理[33]，其大多数的研究集中在 CO 和 HC 的催化氧化和以及利用 CO、H_2 和 HC 为还原剂的 NO 还原催化反应。在钙钛矿复合氧化物中，$LaCoO_3$ 系列具有很高的催化氧化活性，文献报道 $LaCo_{1-x}Cu_xO_{3-\delta}$[33]、$LaCoO_{3-\delta}$[34] 和 $La_{1-x}Sr_xMO_{3-\delta}$（M = Co、Cr、Fe）[35-38] 可以完全氧化 CO 和 HC 化合物。早在 20 世纪 70 年代，Sorenson 等研究了 $LaCoO_3$ 用于汽车尾气污染排放控制的可能性[39,40]。一些研究者也申请了以钙钛矿复合氧化物为活性组分的三效催化剂专利[41,42]。尽管钙钛矿复合氧化物对 CO 和 HC 的氧化具有很好的活性，但是，它们对 NO_x 去除效率还不能满足汽车尾气治理的需要。众所周知，贵金属（Pt、Rh 和 Pd）具有出色的三效催化反应活性而被广泛地应用于机动车尾气污染排放控制。但是，贵金属（Pt、Rh 和 Pd）长期在高温下工作会发生烧结和流失，从而导致活性降低。此时，人们自然想到如果将贵金属原子放在钙钛矿复合氧化物的 B 位，情况会怎么样呢？图 3-10 表示了 B 位 Pd 取代的钙钛矿复合氧化物的结构。Voorhoeve 等[43]报道在 CO 和 H_2 过量的情况下 $La_{0.8}K_{0.3}Mn_{0.9}Rh_{0.1}O_3$ 对 NO 还原表现出优异的活性。Guihaume 等[44]发现 $LaMn_{0.976}Rh_{0.024}O_{3+\delta}$ 是 NO + CO + C_3H_6 的共还原反应的优良的催化剂。Teraoka 等[45]将 Cu 和 Rh 引入 $La_{0.8}Sr_{0.2}CoO_3$ 晶格，制备了可以和 0.5%（质量分数）Pt/Al_2O_3 相媲美的 NO 还原催化剂 $La_{0.8}Sr_{0.2}Co_{1-y}Cu_yRu_zO_3$。何洪[46]探讨了 $La_{1-x}Sr_xMO_3$（M = $Co_{0.77}Bi_{0.20}Pd_{0.03}$）系列钙钛矿复合氧化物作为三效催化剂的可能性。对于 $La_{0.8}Sr_{0.2}Co_{0.77}Bi_{0.20}Pd_{0.03}O_3$ 催化剂，在理论空燃比和空速 60 000 h^{-1} 条件下，100% 的 CO 转化率、80% C_3H_6 的转化率和 97% NO 转化率的温度分别为 160、390 和 260℃。Uenishi 等[47,48]发现 $LaFe_{0.95}Pd_{0.05}O_3$ 催化剂中一部分 Pd 在催化剂表面富集，另一部分 Pd 固定在钙钛矿的骨架中而得到保护，在汽车尾气氧化和还原气氛的振荡情况下，可以生成细小的 Pd^0 原子簇，致使催化剂具有很高的起燃活性而使 Pd 用量减少。由于 Pd 在钙钛矿的骨架和表面之间运动，使 Pd 粒子的生长和聚集得到抑制。Uenishi 等认为在该催化剂中，Fe 原子在稳定钙钛矿的骨架结构和抑制 Pd 粒子的生长方面起着重要的作用。

在钙钛矿型氧化物催化剂中，存在两类表面氧物种，即表面吸附氧和表面晶格氧。晶格氧以 O^{2-} 形式存在，吸附氧通常以 OH^- 或 CO_3^{2-} 的形式存在，它们和气相氧之间存在着动态平衡，可以相互转化。通常认为表面吸附氧是完全氧化的氧物种，而表面晶格氧是选择性氧化的氧物种，在汽车尾气催化反应中的 HC 氧化是完全氧化反应，因此，提高钙钛矿型氧化物催化剂的表面吸附氧浓度是制备钙钛矿型三效催化剂的努力方向。表面氧空位可以从气相中吸附氧，因此，增加表面氧空位是提高表面吸附氧浓度的手段之一。此外，氧空位对于 NO 的分解和反应也起着重要的作用。例如，Voorhoeve 等[43]认为在钙钛矿型氧化物上 CO 与

NO 反应中，CO 首先夺取氧化物上的晶格氧，形成氧空位，然后，NO 在氧空位上吸附和活化，即吸附 NO 分子中的 O 原子与邻近的金属原子形成了化学键，同时削弱了 O 原子和 N 原子之间的共价键，被削弱的 N—O 键很容易断裂，结果形成了新的晶格氧，同时产生 N_2 分子逸出。

钙钛矿型复合氧化物催化剂致命的弱点是抗硫中毒性能比较差。在汽车尾气中硫化合物（SO_2 或 SO_3）作用下，活性中心原子转化成硫酸盐而使钙钛矿结构遭到破坏，使催化活性下降，因此，目前钙钛矿型复合氧化物催化剂在汽车尾气污染排放控制领域还未得到广泛的应用。

3.2.4.4 三效催化剂中的储氧材料

在汽车尾气催化剂中使用 CeO_2 或 $CeZrO_2$ 材料可以追溯到 20 世纪 80 年代[49]，那时的催化剂主要活性组分已经包括 Rh 和 Pt 贵金属以及作为储氧材料的 CeO_2。我们知道汽车尾气中污染物的高效净化需要在化学计量比即在理论空燃比（$\lambda = 1$ 或 $A/F = 14.6$）的条件下进行，远离理论空然比时，三效催化剂的效率大大降低。因为汽车发动机的排气特性是以一定频率、一定振幅以理论空燃比为中心振荡，在远离理论空燃比时，三效催化剂的催化效率受到了极大的限制。氧化还原反应 Ce^{4+}——Ce^{3+} 赋予了 CeO_2 材料储放氧的功能，即在富燃工况下，CeO_2 释放出氧气，贫燃工况下，它又吸收和储存 O_2，从而达到了调节汽车尾气中氧含量的目的。最早的储氧材料是单纯的 CeO_2，而今天使用的储氧材料大多为 CeO_2 - ZrO_2 固溶体。1994 在布鲁塞尔召开的第三届 CaPOC 会议上，学术界的相关研究者报告了掺杂 ZrO_2 对 CeO_2 储氧性能的影响[50]。在 1997 年举行的第四届 CaPOC 会议上，工业界的研究者报道了掺杂 ZrO_2 可以提高 CeO_2 热稳定性[51]。同年二月，在底特律召开了一个小型的 SAE 会议，集中讨论了 ZrO_2 的问题[52]。

研究发现，CeO_2 或 CeO_2-ZrO_2 固溶体不仅具有储存氧的功能，而且还对三效催化剂的性质有更多重要的影响。现在将其主要作用总结如下：

- 提高贵金属的分散度
- 提高 Al_2O_3 载体的热稳定性
- 促进汽车尾气中水汽转移和水蒸气重整反应
- 促进金属与载体界面上的催化活性
- 促进晶格氧对 CO 的氧化
- 在贫燃工况下储存 O_2，在富燃工况下释放 O_2

在以上诸多的功能当中，对于三效催化剂来讲，储氧能力和热稳定性是最为重要的。三效催化剂活性与储氧量（OSC）之间的定量关系使得汽车在线诊断系统（OBD）技术有了实际应用的可能[53]。当然，在我们讨论 CeO_2-ZrO_2 固溶体的储氧能力和热稳定性之前，我们应该先了解该材料的结构。

图 3-11 是 CeO_2-ZrO_2 体系的相图[49]。从图 3-11 可以看出当 CeO_2 的摩尔含量小于 10% 时，体系为单斜相（m），当 CeO_2 的摩尔含量大于 80% 时，体系为立方相，在 10% ~ 80% CeO_2 的摩尔含量范围内，CeO_2-ZrO_2 体系的相结构还不十分清楚，有报道说在这一区域内存在稳定的和亚稳定的四方相[54,55]。按照 Yashima 等[56,57]的研究结果，一共有 3 种类型的四方相（t，t' 和 t''）可以在 XRD 和拉曼光谱上得到识别。其中，四方相 t 是稳定的晶相，四方相 t' 亚稳态的四方相，而 t'' 则是 t' 相和立方相（c）之间的过渡相。t'' 相经常被指认为立方相，因为它的 XRD 图谱归属于立方 Fm3m 空间点群。因为萤石结构的扭曲对于晶体粒子粒度是非常敏感的，所以图 3-11 中各相的边界并不很确定。因此，Yashima 等在 CeO_2 的含量大于 65 %（摩尔分数）时观察到 t'' 相的生成，而 Fornasiero 则报道 $Ce_{0.5}Zr_{0.5}O_2$ 也是 t'' 相[58]。

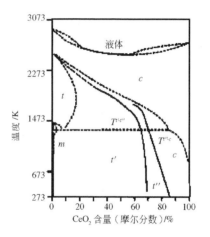

图 3-11 CeO_2-ZrO_2 体系的相图

CeO_2-ZrO_2 体系的相结构除了与化学组成有关系外，还与制备方法有关。经典的 CeO_2-ZrO_2 固溶体的制备方法有固相反应法、共沉淀法、高能球磨法、溶胶凝胶法和模版剂沉淀法。目前，还有许多利用制备纳米材料的方法来制备具有特定形貌和特定孔结构的 CeO_2-ZrO_2 固溶体，如反相微乳法等。

三效催化剂的热稳定性是其研发中最应注意的问题，它可以归结为 Al_2O_3 涂层的热稳定性、储氧材料的热稳定性和金属活性中心的热稳定性问题。提高 CeO_2-ZrO_2 固溶体材料的热稳定性的方法有：①采用合适的合成方法以形成合适的微观结构和表面结构；②合适的 CeO_2 用量；③将 CeO_2-ZrO_2 分散到载体上。

任何一种材料的抗烧结性能都和材料的表面结构和孔结构有关，而孔结构又非常依赖于合成的条件。例如，在用共沉淀法制备 CeO_2-ZrO_2 时，若在体系中添加表面活性剂并精心地烘干沉淀物可以制备出具有介孔结构的 CeO_2-ZrO_2 固溶体，其比表面积比常规共沉淀方法制备的 CeO_2-ZrO_2 固溶体的比表面积大得多[59]。总体来讲，高温烧结将使小的孔道消失，导致孔体积和表面积下降。而由于物质输送的距离长，大的孔道不容易被烧结。例如，图 3-12 给出了两种不同孔结构 $Ce_{0.2}Zr_{0.8}O_2$ 材料的孔径分布。样品 A 在 1000℃下灼烧 5 h 后，表面积从 27 m^2/g 下降到 4 m^2/g，比表面积减小了 85%。相对样品 A 而言，样品 B 具有较大的孔结构，在 1000℃下灼烧后 5 h 后的表面积减小了 37%，即从 35 m^2/g 下降到 22 m^2/g[5]。

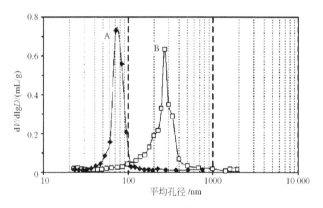

图 3-12　$Ce_{0.2}Zr_{0.8}O_2$ 的孔径分布

A—表面积为 27 m^2/g；B—表面积为 35 m^2/g

尽管和 CeO_2 相比，将 CeO_2-ZrO_2 引入到三效催化剂中是技术上的一大突破，但是，未掺杂和修饰的 CeO_2-ZrO_2 仍不能满足当前三效催化转化器对三效催化剂高温热稳定性的需求。三效催化剂的工作温度有时会超过 1000℃，而正如图 3-11 所示，中间组成的 CeO_2-ZrO_2 的 t' 和 t'' 相在高温条件下会产生相分离，即生成富 Ce 相（立方-$Ce_{1-x}Zr_xO_2$）和富 Zr 相（六方-$Ce_{1-x}Zr_xO_2$）[60,61]，这种情况是我们在三效催化剂中不愿意看到的。在 CeO_2-ZrO_2 体系中引入第 3 组分，如 Y 和 La 等，可以抑制 CeO_2-ZrO_2 固溶体的相分离，但是我们尚看不到系统的研究，而比较和分析文献中的数据是非常困难的事情。总体来讲，我们可以认为：①中间组成的 CeO_2-ZrO_2 体系容易产生相分离，但是，掺杂低价态的元素可以抑制或阻止相分离现象发生；②CeO_2-ZrO_2 固溶体的相分离过程容易在氧化气氛中发生；

③和氧化气氛条件相比，CeO_2-ZrO_2 固溶体在还原条件下的烧结更容易造成比表面积的降低。为了提高三效催化剂的高温稳定性，深入研究 CeO_2-ZrO_2 固溶体的修饰和掺杂是非常必要的。

和 CeO_2 相比，CeO_2-ZrO_2 固溶体的主要优势是具有在合适的温度下使体相的氧逸出的能力。CeO_2 体相氧的还原温度大约为 900℃，而 $Ce_{0.6}Zr_{0.4}O_2$ 固溶体的体相氧还原温度降到约 400℃[62]。这是因为在 $Ce_{0.6}Zr_{0.4}O_2$ 固溶体中产生了更多的缺陷结构，提高了晶格氧的活动能力，使其在适当的温度下就可以从体相逃逸到表面或气相中[63,64]。CeO_2-ZrO_2 材料体相晶格氧的高活动性使晶格氧在汽车排气的条件下能够参与氧化还原过程，提高了材料的储氧能力。

Suda 等[65,66]将 CeO_2-ZrO_2 体系分为 3 大类（图 3-13），利用不同的制备方法合成了这 3 类 CeO_2-ZrO_2 体系。其中，M-CZ 是用氨水使 $ZrO(NO_3)_2$ 在 CeO_2 粉末上水解，然后在 700℃空气中灼烧而成，它是由 CeO_2、ZrO_2 和 CeO_2-ZrO_2 组成的混合物；S-CZ 是用 CeO_2 和 ZrO_2 粉体在乙醇中高能球磨而成，是 CeO_2-ZrO_2 固溶体；而 R-CZ 则是将 M-CZ 与石墨在 1200℃还原气氛下灼烧，然后在 500℃重新氧化而制备的。当 ZrO_2 的摩尔分数小于 0.3 时，它是 CeO_2 和 ZrO_2 的固溶体，当 ZrO_2 的摩尔分数大于 0.3 时，它呈现出 $CeZrO_4$ 的晶相结构。图 3-14 给出了这 3 种类型 CeO_2-ZrO_2 材料的储氧能力。从图 3-14 中我们可以看出 CeO_2-ZrO_2 材料的储氧量先是随着 ZrO_2 摩尔分数的增加而提高，当 ZrO_2 的摩尔分数为 0.5 左右时，CeO_2-ZrO_2 材料的储氧量达到最大值。在上述 3 个系列 CeO_2-ZrO_2 材料中，R-CZ 的储氧能力最高，为 0.22 mol（O_2）/mol（Ce），与 0.25 mol（O_2）/mol（Ce）理论值非常接近（对于 50% CeO_2-50% ZrO_2）。在 R-CZ 样品中，Ce 和 Zr 原子的均匀排列使晶格氧的活度增加，在释放 O_2 的过程中，CeO_2-ZeO_2 固溶体的体积随着 Ce^{4+}（离子半径为 0.094 nm）被还原成 Ce^{3+}（离子半径为 0.114 nm）而增加，体系变化的应力能则抑制 Ce 的价态变化，而 Zr^{4+}（0.084 nm）取代 Ce^{4+} 则可补偿体积的变化，从而促进 Ce 的价态变化。

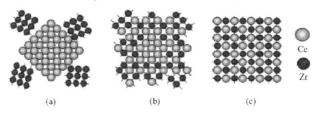

图 3-13　CeO_2-ZrO_2 体系 3 种原子排列方式

(a) CeO_2 和 ZrO_2 的机械混合物（M-CZ）；(b) CeO_2-ZrO_2 固溶体（S-CZ）；

(c) 烧绿石结构的 CeO_2-ZrO_2 固溶体（R-CZ）

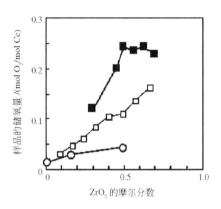

图 3-14　CeO_2-ZrO_2 体系的储氧量

○ M-CZ；□ S-CZ；■ R-CZ

将三价态的元素，如 La 和 Gd，掺杂到 CeO_2-ZrO_2 固溶体中，也可以提高氧负离子的活动能力，从而提高材料的储氧性能。按照 Cho[67] 的研究结果，在掺杂的 CeO_2 中存在两种类型的氧缺陷，本征的和外部引起的氧缺陷。前者是由于 Ce^{4+} 离子按照下列反应被还原而引起的：

$$2Ce_{Ce}^{x} + O_o \longrightarrow 2Ce'_{Ce} + V''_o + \frac{1}{2}O_2 \tag{3-34}$$

由于二价态离子和三价态离子加入造成的氧缺陷属于后者：

$$MO \xrightarrow{CeO_2} M'_{Ce} + V''_o + \frac{1}{2}O_2 \tag{3-35}$$

$$M_2O_3 \xrightarrow{CeO_2} 2M'_{Ce} + 2O_o^x + V''_o + \frac{1}{2}O_2 \tag{3-36}$$

这两种氧缺陷都可以提高储氧材料的储氧能力。如果我们考虑氧离子的迁移性对实际储氧能力的影响，掺杂低价态的第三组分可以提高 CeO_2-ZrO_2 材料的氧的迁移速率，但是，掺杂量过高会降低总的储氧量，在制备储氧材料时，需要找到最佳的掺杂量。何洪等[68-70] 将少量的 Y^{3+} 掺杂到 CeO_2-ZrO_2 体系中，形成了三元的固溶体材料，材料具有比 CeO_2-ZrO_2 体系更高的储氧量，O^{18}-O^{16} 同位素交换试验证明 O_2 的迁移速率也得到提高。

综上所述，利用 CeO_2-ZrO_2 固溶体材料代替单纯的 CeO_2，储氧材料的热稳定性和储氧能力都得到改善，在 CeO_2-ZrO_2 固溶体引入低价态的元素，如 Y^{3+}，促进了氧离子的迁移速率，赋予了储氧材料良好的氧化还原性能。但是，汽车工业的发展和排放标准的日益严格对三效催化剂的高温稳定性提出了更高的要求。Matsumoto[71] 在 2004 年报道开发出含 Al 的新型储氧材料（ACZ）。如图 3-15 所示，该材料在 CeO_2-ZrO_2 固溶体颗粒之间构建一层 Al_2O_3 扩散隔离层，以阻止 CeO_2-ZrO_2 的集聚和生长。该材料在 1000℃ 老化 10 h 后的比表面积仍达到 29 m^2/g，而相应的 CeO_2-ZrO_2 材料的比表面积这时下降到 2 m^2/g。Matsumoto[71] 的试验也证明 ACZ 材料对三效催化剂老化后的起燃温度有明显的促进效果。实际上，在早期的三效催化剂中，CeO_2 已作为 γ-Al_2O_3 的稳定剂而在三效催化剂得到应用。当 CeO_2 作为 γ-Al_2O_3 的稳定剂时，它被均匀分散到 γ-Al_2O_3 的表面，但是这种高分散的 CeO_2 不具有很好的储氧能力，而且在高温条件下容易产生烧结现象。

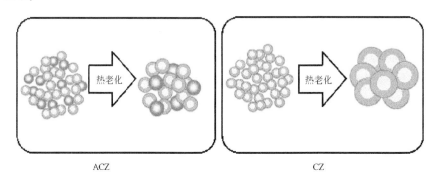

图 3-15　ACZ 储氧材料的高温稳定性机理

3.2.4.5　催化转化器的劣化机理

三效催化剂在实际使用中催化活性会随着行驶里程增加而出现下降，活性下降的主要原因是由于高温热老化和毒物中毒所致。催化剂的劣化直接与催化剂的使用寿命和周期密切相关，故各国法规对此都有一定的限制。美国一般要求催化剂的使用寿命为 8 万 km，新的法规要求新车催化剂的寿命达到 16 万 km；我国要求在用车催化剂的寿命为 5 万 km，新车催化剂的寿命为 8 万 km。

总体来讲，导致三效催化剂失活的主要原因是导致活性中心数目下降的贵金属的烧结，其次是催化剂中毒。后者与汽车的行驶里程、燃油和润滑油的质量紧密相关[5]。此外还有一些其他的原因造成三效催化剂失活。如储氧材料的烧结导致失去储氧能力；贵金属活性组分被载体等包裹[72]；γ-Al_2O_3 载体材料的烧结；Rh^{3+} 等贵金属离子扩散到 γ-Al_2O_3 载体的晶格中。因为三效催化剂工作条件的复杂性和多变性，深入理解三效催化剂失活原因是比较困难的，例如，当贵金属负载到 CeO_2-ZrO_2 固溶体上，在氧化还原的条件下高温老化后，Pd 和 Rh 会包裹到载体的孔道中，而 Pt 则不发生此现象[73]。

因高温导致贵金属的烧结聚集和晶粒长大、γ-Al_2O_3 载体和 CeO_2-ZrO_2 储氧材料比表面积急剧减小和相变的现象称之为三效催化剂热老化。通常导致催化剂热老化的因素有突然刹车时的尾气氧化环境气氛和点火系统不良造成发动机持续失火。

三效催化剂的中毒会使催化转化器起燃时间延长、起燃温度升高，从而使废气中的污染物排放量增加。催化剂的化学中毒主要是由燃料中的元素，如硫、铅以及润滑油中的锌和磷造成的。

磷在机油中的含量约为 1.2 g/L，是汽车尾气中磷的主要来源。据估计，汽车运行 8 万 km，大约可以在催化剂上富集 13 g 磷，其中 93% 来源于润滑油，其余来源于燃油。磷可能以磷酸铝或焦磷酸锌的化学形式存在，黏附在催化剂表面。此外，磷在整体式催化转化器中的分散一般是按靠近发动机呈轴向壳型分布。

铅通常是以四乙基铅的形式加入到汽油中，以增强汽油的抗爆性。在标准的无铅汽油中铅的浓度约为 1.3 mg/L，它以氧化物，氯化物或硫化物的形式存在。铅中毒可能存在两种不同的机理：700 ~ 800℃，可能是由氧化铅引起的；在 550℃ 以下，可能是硫酸铅及其他化合物抑制气体的扩散引起。

二氧化硫一般能抑制三效贵金属催化剂的活性，在 Pt、Pd 和 Rh 等贵金属催化剂中，Rh 能更好地抵抗二氧化硫对 NO 还原的影响，而 Pt 受二氧化硫影响最大。二氧化硫的抑制效应受温度和气氛的影响较大。在三效催化剂中的添加剂 CeO_2 和 ZrO_2 容易吸收 SO_x 物种。众所周知，硫酸化的 ZrO_2 是著名的固体超强酸，而 CeO_2 则可以作为裂化反应中的脱硫催化剂。SO_2 在氧化和还原的 CeO_2 上以不同的表面硫酸盐和体相硫酸盐形式存在。在氧化条件下，体相的硫酸盐在 600℃ 分解，而表面硫酸盐可以在高达 700℃ 情况下存在[74]，这个现象和我们对表面物种和体相物种的热分解温度认识的常识不一致。在还原条件下，特别是在有贵金属存在的情况下，如果有 H_2 存在，硫酸盐很容易变成 H_2S 而被除去，CO 也可以促进硫物种的还原而生成硫氧化合物。因此，我们可以知道在高温情况下，硫中毒后三效催化剂在某些工况条件下可以恢复其活性。CeO_2 的 OSC 也受到了 SO_2 的影响，但是，将 ZrO_2 加入到 CeO_2 可以提高储氧材料的抗硫中毒能力，尽管在 CeO_2-ZrO_2 固溶体材料的表面吸附更多的 SO_2[74]，其原因可能是 ZrO_2 起到了脱硫剂的作用。在美国曾经将 NiO 作为脱硫剂加到三效催化剂中，但是，欧洲禁止这样的做法。

除了热失活、化学中毒和其他化学原因外，引起催化剂失活或失效的物理原因有：①催化剂载体因机械振动或热冲击而破碎，催化剂涂层因机械振动或热冲击而脱落；②催化剂因发动机冷启动失火过多而产生结焦，堵塞蜂窝通道；③发动机排气因燃油系统和配气系统过滤失效，导致排气中灰尘过量而引起蜂窝通道堵塞；④三效催化转化器散热性能不好，导致三效催化剂长期在高温条件下工作。

3.2.5 新的超低排放催化净化技术和三效催化技术发展趋势

我国目前执行的是国家标准 GB18352.3《轻型汽车污染物排放限值及测量方法（中国Ⅲ、Ⅳ阶段)》，在该标准中规定的中国第Ⅲ、Ⅳ阶段的型式核准试验项目内容为：Ⅰ型试验——冷启动后的平均排气排放量（汽、柴）；Ⅲ型试验——确认曲轴箱气体排放物（汽）；Ⅳ型试验——蒸发排放量（汽）；Ⅴ型试验——污染控制装置耐久性（汽、柴）；Ⅵ型试验——低温（－7℃）下冷启动后 CO 和 HC 的平均排放量（汽）；双怠速试验——测定双怠速的 CO 和 HC 和高怠速的 λ 值（汽）和车载诊断（OBD）系统试验（汽、柴）。其中Ⅰ型和Ⅵ试验限值对三效催化剂提出了挑战，即必须解决汽车冷气启动阶段的污染排放问题，随着机动车尾气排放标准的日益严格，这种挑战就越来越严峻。有研究表明冷启动时（发动机最开始工作的 2 min）带来的碳氢（HC）排放，占总碳氢排放的60%~80%。典型汽车冷启动时碳氢的排放组成列举如下表 3-6 所示[7]。

表3-6　冷启动时碳氢排放组成[7]

碳氢总类	采样时间（冷启动开始），碳氢的组成/%	
	3 s	30 s
石蜡	20	35
烯烃	45	20
芳香烃，C_6，C_7	20	20
芳香烃，$>C_8$	15	25

此外，目前汽油机的发展方向是缸内直喷稀薄燃烧，在稀薄燃烧的情况下，汽车排气中 O_2 的含量明显增加，给 NO_x 的净化造成困难，因此，如何解决稀薄燃烧 NO_x 排放的控制问题也是我们面临的一项重要的挑战。

另外，由于汽车工业的发展，三效催化剂产业消耗了大量的贵金属，使得贵金属资源短缺的问题日益严重，贵金属价格飙升，也使三效催化剂面临着制造成本的挑战。

因此，三效催化剂制备技术的发展将围绕着解决汽车冷启动污染排放控制、稀薄发动机污染排放控制和解决贵金属资源短缺等问题而展开。

目前，解决汽车冷启动污染排放控制的各种技术探索有：①密耦催化剂（close-coupled catalyst）又叫前置催化剂；②电加热型催化剂的金属蜂窝（electrically heated catalyzed metal monolith）技术；③HC 捕集（hydrocarbon trap）技术；④化学加热型催化剂（chemically heated catalyst）技术；⑤尾气点燃（exhaust gas ignition）技术；⑥预热燃烧（pre-heat burners）技术；⑦冷启动点火延迟或后歧管燃烧（cold start spark retard or post manifold combustion）技术；⑧可变气门燃烧室（variable valve combustion chamber）技术；⑨真空绝热催化转化器（vacuum-insulated automotive catalytic converter）技术。

解决汽车稀燃发动机污染排放的技术有 NO_x 捕获技术、NO_x 储存还原催化技术（NSR catalyst）和 $DeNO_x$（lean-$DeNO_x$）催化剂技术。因为汽车稀燃发动机污染排放控制问题主要是解决富氧情况下的 NO_x 排放控制问题，与柴油车尾气处理有一定的相似之处，这方面的内容将在柴油车尾气排放控制部分进行详细的讨论，在此就不赘述了。

解决汽车冷启动污染排放控制技术中的尾气点燃技术、预热燃烧技术、冷启动点火延迟或后歧管燃烧技术以及可变气门燃烧室技术与催化技术没有紧密地关联，因此在本书中亦不涉及这些方面的内容。

3.2.5.1　紧密耦合催化剂

冷启动阶段大部分 HC 是在催化器温度较低、尚未起燃时排出的。催化器温度低主要是因为其热容量较大，且安装位置距发动机较远。为了尽快提高催化器的温度，可以采用紧凑耦合催化器。这种催化器的安装位置距发动机较近，一般体积和热容量都比较小，有利于快速起燃。但是由于其距发动机近，正常工况时其负荷较大，很容易老化。此外，它会在发动机舱中占据较大的空间，因发动机振动所引起机械应力也会增加，因此，一般采用金属作为该种催化剂载体。同一般的陶瓷载体相比，金属载体有更好的热稳定性，并且能够将壁做得很薄（0.05 mm），这样可显著减小催化器热容量，同时可以增大孔密度，进一步提高催化转化效率。

对于大多数 4 缸或者 6 缸发动机而言，在高负荷或者加速过程中，排气温度可能高达 1050℃，这样的高温对于催化剂是一个挑战。紧密耦合催化剂被设计的主要功效是去除 HC，而下游的催化剂（主催化剂）去除 CO 和 NO_x，为了避免密耦催化剂的温度过高，影响其寿命，密耦催化剂对 CO 的氧化能力应比较低。CeO_2-ZrO_2 储氧材料可以促进 CO 的氧化，一般来讲，1% 的 CO 氧化可以导致催化剂升高 90℃[7]，温度过高将导致催化剂表面烧结而降低催化剂活性。因此，在制备密耦催化剂时应注意避免使用储氧材料，以避免密耦催化剂过热而减少使用寿命。

催化剂厂商致力于拓宽催化剂工作温度窗口和研制活性更高的 HC 起燃的催化剂。在这些研究中，取消了 Ce 的加入。当然，解决密耦催化剂因温度过热而烧结问题的另一途径是开发高温稳定性好的催化材料，这也是催化剂厂商目前追求的重要目标。

3.2.5.2　碳氢捕集器

除紧密耦合催化器外，还可以通过碳氢捕集器实现对低温排放 HC 的去除。HC 捕集器中的 HC 吸附剂主要为分子筛，其中包括丝光沸石、Y 型、ZSM-5 和 β 型分子筛，有的研究还使用了碳基吸附材料[7]。当汽车冷启动时，三效催化器还未达到起燃温度。在这段时间，HC 捕集器中的 HC 吸附材料（分子筛）吸附排气中的 HC，在温度上升到一定值时，HC 可以自动脱离捕集器，脱附后的 HC 分子流向主催化剂，被催化氧化成 CO_2 和水。HC 捕集器的形式可分为旁通式和串联式两种，如图 3-16 所示。有的研究者将三效催化剂和 HC 捕集器设计成一体化的后处理系统（图 3-17）[75]。

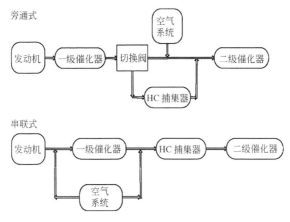

图 3-16　HC 捕集器的安装形式

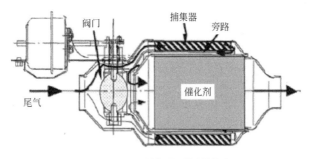

图 3-17　典型的 HC 捕集器和催化剂结合系统

使用旁通式 HC 捕集器时，低温排气流通过 HC 捕集器，分子筛吸附排气中的 HC，三效催化器达到起燃温度后，关闭此旁路，排气直接通过催化剂，捕集器脱离出的 HC 流入主催化剂被净化或通过 EGR 进行再燃烧。

串联式 HC 吸附系统主要由一级催化器、HC 吸附器、二级催化器和主催化器组成。在发动机冷启动阶段，一级催化器尚未开始工作，排气中的大部分 HC 被 HC 吸附器所吸附。随后，在二次空气的辅助下，一级催化器逐渐被激活。到达一定温度后，HC 开始脱附出来，并且大部分被已起燃了的二级催化器所氧化，剩余部分在流经主催化器时再次被净化。研究表明[7]，HC 捕集器可以降低 HC 总排放量的 45% ~ 70%。目前，HC 从吸附层脱附的起始温度要比催化剂的起燃温度低，其对 HC 净化效率还有待于通过改良吸附剂材质、组成和 HC 捕集器升温特性来进一步提高 HC 捕获性能。

3.2.5.3　加热型催化剂

解决汽车冷启动阶段 HC 排放的另外一种方法是加热废气或者催化剂表面。根据加热源的不同，加热型催化转化系统可以分为电加热型催化转化器（electrically heated catalyst，EHC）、化学加热型催化转化器（chemically heated catalyst，CHC）和后燃加热型催化转化器等。

电加热型催化转化器一般采用金属蜂窝载体，利用电阻金属叶片置于催化转化器前端的进气流路上，在电流通过时，电阻材料加热排气，或者直接给金属蜂窝载体两端加上电压，使其加热。其制造技术有两种：一种是将蜂窝载体中裹入褶皱金属薄片，另一种则是将金属粉末挤压或烧结成整体型蜂窝载体。压制金属蜂窝载体所采用的合金种类及孔形状、壁厚等较为多样。蜂窝密度一般为 67 孔/cm^2，壁厚为 0.012 cm，FeCrAl 不锈钢合金因其经济性优良并具有较好的抗腐蚀和氧化性能而成为电加热催化器系统所采用的金属材料。电加热催化器通常和二次空气联合使用，以保障有充分的氧气来氧化排气中的 HC 和 CO。

为了得到更好的净化特性，金属基体需要在发动机启动之前加热 10 ~ 20 s，发动机启动之后再加热 20 ~ 30 s，以加热尾气。电加热催化器迅速达到高温并对 CO 和 HC 进行氧化反应，反应放热随气流传至主催化剂，达到快速起燃效果。

与 EHC 不同，CHC 是采用化学方法加热催化剂使其快速达到起燃温度。它可以使催化剂在 2 s 后加热到 300℃ 而不需要电池提供能源。其工作原理是将少量氢气喷入到催化转化器前，氢气和氧气在催化剂表面上温度低于室温时即可发生自燃反应，放出热量预热催化剂。氢气是在催化剂和发动机正常工作状态以后由电解水产生，这项技术的关键是设计小型的可随车携带的电解水设备，使车辆能够不断补充氢气，电解水产生的氢气被压缩储存起来，以备下次冷启动时使用。

3.2.5.4 真空绝热催化转化器

真空绝热催化转化器（vacuum-insulated automotive catalytic converter）[76]的结构如图 3-18 所示。利用变电导真空绝热和变相位材料储存热量，可以使催化转化器持续保持 24 h 高温，对大多数处于使用中的汽车来说，上一次熄火到下一次启动之间的时间间隔通常不会超过 24 h。因此汽车在启动时催化剂可具有250℃以上的温度，可以大幅减少冷启动时间或无需经过冷启动阶段即使催化剂直接发挥作用。真空绝热催化转化器主要采用以下 3 项新技术：①采用真空绝热防止热量以传导、辐射等方式逃逸。把两层圆柱状金属套之间密封成真空，由于真空的传导率很小，此种方法可以防止热量以传导而损失。另外在内部布置铜金属层，防止辐射散热。普通转化器从 600℃降到 300℃仅需要 30min，而采用这种结构，24 h 后转化器温度仍然可以维持在 300℃以上；②催化剂和真空绝热体之间放置变相位材料（phase-change materials，PCMs），用于吸收、储存和释放热量。所有的材料都是在凝结时放出热量，熔化时吸收热量，PCMs 就是利用这一相位变化原理。PCMs 一般采用合金和低熔共晶盐混合物。当发动机启动不久，催化转化器变热，PCMs 开始熔化吸收并储存大量的热量。发动机熄火后，PCMs 开始渐渐凝固并放出热量，放出的热量使转化器保持一定温度；③用变热导率绝热系统（variable-conductance insulation）防止转化器过热。当到达某一临界温度时，变导热绝热材料可以自动关闭绝热系

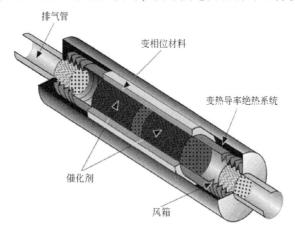

图 3-18　真空绝热催化转化器结构示意图

统。例如，把一定量的特定金属氢化物附着在真空绝热体内部，这种氢化物具有在温度超过一定限值时会释放出氢气，低温时又会重新吸收氢气的特性。由于氢气是热的良导体，少量氢气使原真空热传导率增加近百倍，使原来的绝热系统变成一个导热体系，热量通过传导、对流等方式散发出去。当转化器温度降到临界值以下时，氢气被吸收，真空绝热体又恢复真空状态，因此它就像开关一样可以自动开关绝热系统。

3.3 柴油机和稀燃汽油机尾气催化净化

传统的汽油机在理论空燃比（14.7）附近的狭窄范围内工作，这在一定程度上牺牲了燃油的经济性。随着人们对全球能源危机和温室效应加剧的关注，对降低 CO_2 排放和节约能源提出了更高要求。在这种背景下，稀燃技术引起了国内外的广泛关注。稀燃汽油机燃烧经济性好，污染物排放量低。例如，非直喷式稀燃汽油机的空燃比提高到 22 时，可节约燃料 15%。日本丰田公司和日产公司相继推出了空燃比为 40~50 的缸内直喷式稀燃汽油机，燃油经济性比传统汽油机提高 20%~30%。

柴油机也是典型的稀燃发动机，自 1892 年问世以来，凭借其良好的动力性、经济性和耐久性等优点在车用动力中占据着重要的位置，随着全球石油资源短缺的加剧，其重要性愈发明显。自 20 世纪 70 年代，欧洲和日本就基本实现了载货汽车和大型客车的柴油机化。目前，欧洲轿车年产量中 40% 已采用柴油发动机，在法国、西班牙等更高达 50% 以上。

虽然与汽油机相比，稀薄燃烧发动机是一种环境友好的发动机，采用富氧燃烧技术抑制了 CO、HC 的形成，但是与装配了三效催化剂的汽油车相比，柴油机的氮氧化物（NO_x）和颗粒物（PM）排放和稀燃汽油机的 NO_x 排放成为制约其推广的重要因素[77]。

3.3.1 柴油机和稀燃汽油机尾气后处理的必要性

汽油机排气中的主要污染物有 CO、碳氢化合物（HC）及 NO_x。贫燃状态时，由于高空燃比、燃料燃烧充分，CO、HC 排放量减少，增加了燃油经济性，但是稀燃汽油机排出的尾气含有大量氧气。尽管其尾气相对于普通汽车尾气具有类似的化学成分，但它们的氧化性和还原性气体的相对含量却不相同。因此，传统的用于汽油机尾气净化的三效催化转化器不能再有效地净化其中的 NO_x。因此，必须根据稀燃汽油机尾气的排放特性，解决尾气中 NO_x 的净化问题。

柴油机尾气的主要污染物是 NO_x 与 PM，它们的净化是一个系统工程，需要将源头、机内及后处理技术有机整合在一起，才能满足日益严格的排放法规。源头治理系指清洁燃料的使用：通过大幅度削减柴油与机油中硫的含量，以期减少颗粒物的排放，为各种 NO_x 净化技术的使用营造低硫乃至无硫的气氛，从而提高催化剂的活性、延长其使用寿命。以废气再循环（EGR）、涡轮增压中冷、多气门技术、燃油喷射系统改进以及电子控制技术等为代表的机内净化措施的广泛使用，可大幅度降低柴油尾气中污染物的排放。据称，仅采用 EGR 技术而无需任何柴油机后处理技术即能将欧Ⅳ付诸实施[78]，可谓将机内净化措施发挥到极致。即便如此，为满足日益迫近的更苛刻的排放法规如欧Ⅴ、US 2010，仅凭机内净化而没有后处理技术的参与似乎不太可能。究其缘由，柴油机尾气的两大污染物 NO_x 与 PM 的形成与含量存在着相互制约（trade off）的关系，图 3-19 清楚地表明了这一点：努力减少其一，必然导致另一污染物增加，即通过机内措施同时减少或消除 NO_x 和 PM 的排放是极其困难的。另外，尽管机内净化技术使颗粒物的排放总量得以削减，却生成了对人体危害更大的微细颗粒物，而未来的法规将会对柴油机颗粒物排放的数量进行限制。正因为如此，国内外的研究专家普遍认为，只有将燃油改进、机内净化与后处理技术有机整合在一起，才能使柴油机尾气排放满足未来的标准。柴油机尾气后处理研究围绕着 NO_x 和 PM 的消除而展开，均已出现诸多的净化措施。柴油车尾气净化技术主要包括 NO_x 催化净化、氧化催化技术和柴油车颗粒物过滤器技术。针对柴油机和稀燃汽油机尾气 NO_x 的催化净化，目前主要的研究方向有：储存－还原氮氧化物和选择性催化还原氮氧化物，以及尚在实验室研究阶段的催化直接分解氮氧化物。

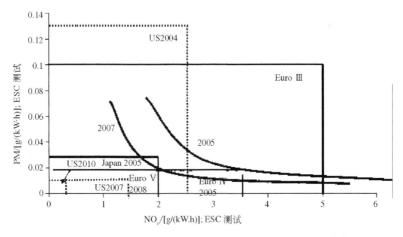

图 3-19　重型柴油机尾气 NO_x 和 PM 的相互制约的关系与排放标准[78]

3.3.2 催化分解氮氧化物

NO_x 直接催化分解技术始于 20 世纪，且一度被视为最理想的稀燃 NO_x 净化方法。从理论上看，NO 具有热力学不稳定性，其分解反应可自动进行[79]：

$$NO \rightarrow 1/2 \ N_2 + 1/2 \ O_2 \qquad (\Delta G_f^0 = -86 \ kJ/mol) \qquad (3-37)$$

但实际上，该分解反应的活化能高达 364 kJ/mol。为了促进该反应的进行，必须选择合适的催化剂，以降低反应活化能垒，从而在动力学上达到较快的反应速率。已有的研究表明，许多催化剂如贵金属、金属氧化物、分子筛和钙钛矿等均能促进 NO 的分解[79]：

$$NO(ads) \rightarrow N \ (ads) + O \ (ads) \qquad (3-38)$$

$$2 \ N \ (ads) \rightarrow N_2(g) \qquad (3-39)$$

$$2 \ O \ (ads) \rightarrow O_2(g) \qquad (3-40)$$

贵金属直接催化分解 NO 时，O_2 的脱附与温度密切相关。温度低于 773 K 时，O_2 的脱附非常困难，导致催化剂表面原子态氧的覆盖率逐渐增大，当表面完全被该物种所占据时，催化剂将会彻底丧失对 NO 的吸附能力而失活。在 973～1473 K 的温度范围内，NO 的直接分解速率可表示为

$$r = -\frac{d[NO]}{dt} = \frac{k[NO]}{1 + K[O_2]} \qquad (3-41)$$

很明显，氧气的存在抑制了该反应的进行。由此可见，富氧条件下，无论是低温区还是高温区，贵金属催化剂均会因氧的脱附困难而失活。

能有效促进 NO 直接分解的多为金属氧化物催化剂，而该类催化剂的活性与 M—O 键的强度密切相关。以金属氧化物为催化剂时，NO 分解反应的速率与式 (3-41) 相同，氧的存在同样抑制了反应的进行，且氧的脱附为整个反应的决速步骤。目前，研究者们还在不断寻找 M—O 键相对较弱，较低温度下可以脱附氧的金属氧化物。最近，Haneda 等[80]研究发现碱土金属 Ba 添加到 Co_3O_4 中提高了催化 NO 分解的低温活性，并提出催化剂的碱性是提高反应活性的重要因素。在此基础上，Iwamoto 等[81]进一步考察了各种氧化物负载的 Ba 基催化剂上 NO 分解反应的活性，发现使用 Ce-Mn 混合氧化物作为载体负载的 Ba 基催化剂具有很高的 NO 分解活性，在没有 O_2 存在的条件下，6.3% Ba/Ce-Mn (0.25) 催化剂上 700℃时 NO 向 N_2 的转化率可以接近 70%，如图 3-20 所示。XRD 结果表明所制备的催化剂形成了 CeO_2-MnO_x 固溶体，O_2-TPD 结果发现 CeO_2-MnO_x 固溶体上 O_2 脱附温度明显低于 CeO_2 和 Mn_2O_3，即较低温度下出现了 O_2 脱附峰。然而该催化剂在 5% O_2 存在下，NO 向 N_2 转化率降低到 32%。因此，富氧条件下，NO 直接分解的氧化物催化剂还需要进一步改进。

富氧条件下，分子筛催化剂如铜离子交换的分子筛可以催化 NO 直接分解。

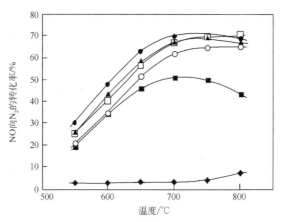

图 3-20　Ba/Ce-Mn (0.25) 催化剂上 Ba 负载量对 NO 分解活性的影响[81]

含量/% (质量分数): (◆) 0; (■) 4.5; (▲) 5.4; (●) 6.3; (□) 7.2; (○) 9.1

反应条件: 5800 ppm NO, He 平衡, $W/F = 1.0$ g·s/mL

Gopalakrishnan 等[82]对铜离子交换型沸石分子筛 Cu-ZSM-5、Cu-X、Cu-Y 和 Cu-M 对 NO 的分解活性进行了比较。结果表明,在所实验的条件内,Cu-ZSM-5 活性最高,在 400℃时 NO 的转化率为 90%;其次是 Cu-M,在 430℃时 NO 的转化率为 63%;Cu-X 和 Cu-Y 上 NO 的转化率低于 10%。Cu-ZSM-5 分子筛也是至今为止人们发现的低温活性最高的 NO 分解催化剂。人们利用多种表征手段对 NO 在 Cu-ZSM-5 分解机理进行了研究,目前得到多数人认可的是 Iwamoto 等[83]提出的以 Cu$^+$ 为活性中心,NO$^-$ 为中间物的反应机理。韩一帆等[84]对 NO 在 Cu-ZSM-5 上 NO 的分解研究发现,在抗氧抑制方面,尽管其性能比金属氧化物催化剂有较大的提高,但是该类催化剂的使用温度区间较窄,高空速下活性较低,高浓度 O$_2$ 还是会严重抑制反应的进行。因此,分子筛类催化剂所面临的最大问题依然是氧对反应强烈的阻碍作用。另外尾气中存在的水蒸气也会导致该类催化剂的骨架结构遭到破坏,从而使催化剂失活。

Teraoka 等[85]报道钙钛矿型氧化物 La$_{0.8}$Sr$_{0.2}$CoO$_3$ 在 800℃时,可以催化 NO 直接分解为 N$_2$,产率可以达到 40%。尽管钙钛矿型催化剂的反应温度较高,但是为 NO 分解催化剂的研究提供了新的思路。钙钛矿型氧化物高温下结构稳定,容易脱附氧,从而形成有氧空位和表面带负电的活性位。NO 和 O$_2$ 的电子构型接近,易吸附 O$_2$ 的氧空位的存在对 NO 的吸附也有利。同时氧空位的存在也可以增大晶格氧的活动性,有利于活性位的再生。因此,钙钛矿型氧化物被认为是有希望的 NO 分解催化材料。最近,Iwakuni 等[86]报道了 Ba$_{0.8}$La$_{0.2}$Mn$_{0.8}$Mg$_{0.2}$O$_3$ 钙钛矿催化剂上,5% O$_2$ 存在的条件下,850℃时 N$_2$ 的产率可以达到 40%。

考虑到柴油机和稀燃汽油机尾气排温范围、高氧含量、水蒸气和 SO$_2$ 共存等现状, 现有的 NO 直接分解催化剂的性能尚未达到实际应用的要求, 还不可能实际应用于柴油机等稀燃尾气的处理。

3.3.3　储存 – 还原氮氧化物

3.3.3.1　NSR 技术的发展

NO$_x$ 储存-还原（NSR）技术首先以稀燃汽油机尾气处理为对象研究开发。因为柴油车和稀燃汽油车的排放尾气都为富氧气氛, 所以 NSR 催化剂在解决了硫酸盐中毒的条件下也可以处理柴油车尾气。20 世纪 90 年代中期, 在研制和评价汽油车三效催化剂的过程中, 日本丰田汽车公司的技术研究人员发现一种现象: 在大于理论空燃比（λ > 1）的尾气条件下, 排放尾气中的 NO$_x$ 可以被一种含有贵金属和碱土金属氧化物的三效催化剂大量吸附。图 3-21 显示的是 Pt/Ba/Al$_2$O$_3$ 催化剂在模拟理论空燃比（a 阶段）和富氧（b 阶段）两种条件下, 经过催化剂后尾气中的 NO$_x$ 排放情况[87]。从 a 阶段切换到 b 阶段, 在 b 阶段的初期, 尾气中没有 NO$_x$ 排放, 随着反应时间的延长, NO$_x$ 排放浓度开始逐渐增加。上述情况表明在富氧条件下, 进气中的部分 NO$_x$ 在催化剂上得到吸附。

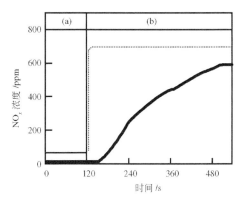

图 3-21　在还原（a）和氧化（b）两种反应气氛条件下 NSR 催化剂对 NO$_x$ 的去除[87]

虚线和实线分别为进气和出气中 NO$_x$ 的浓度曲线, 反应温度 300℃

通过改变 λ 值, 将发动机在稀燃和富燃两种条件下交替运行, 使 NSR 催化剂周期性置于富氧和富燃（或理论空燃比）两种反应气氛条件下, 在富氧气氛下 NO$_x$ 在催化剂上得到吸附, 而在富燃气氛下吸附的 NO$_x$ 又会得到快速脱附, 并被尾气中 CO、HC 等还原剂还原成 N$_2$, 图 3-22 是 NSR 催化剂在两种条件下交替运行方式的示意图。

日本丰田汽车公司研制了一种 NSR 催化剂配方, 它是将贵金属（尤其是

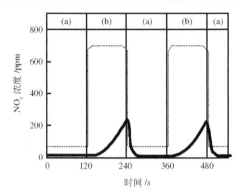

图 3-22   NSR 催化剂在富燃 （a） 和稀燃 （b） 条件下的交替运行方式[87]

虚线和实线分别为进气和出气中 NO_x 的浓度曲线，反应温度 300℃，

每 120 s 进行稀燃和富燃条件的切换

Pt）、碱和/或碱土金属 （Na^+、K^+、Ba^{2+}） 以及稀土氧化物 （主要是 La_2O_3）
浸渍负载在氧化铝上，经过高温焙烧制成催化剂。在典型的柴油车模拟尾气排
放条件下，这种催化剂在很宽的温度范围内都有相当高的 NO_x 转化率，其最大
NO_x 转化率可达到 90% 以上，同时也能够保证发动机具有良好的功率输出，如
图 3-23 所示[88]。

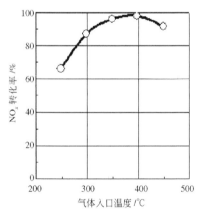

图 3-23   台架实验中 NSR 催化剂的 NO_x 转化效率[88]

1.8 L 贫燃发动机；$A/F = 21$ 和 14.5

大部分 NSR 催化剂配方是以贵金属作为催化活性组分，以碱和/或碱土金属
氧化物作为 NO_x 储存材料。虽然 NSR 催化反应机理还不是十分清楚，有待深入
研究和探讨，但目前大家普遍认可的反应机理如下：

稀燃条件：

$$NO^g \rightarrow NO^a \tag{3-42}$$

$$O_2{}^g \rightarrow 2O^a \tag{3-43}$$

$$NO^a + O^a \rightarrow NO_2 \tag{3-44}$$

$$2NO^a + 3O^a + BaO \rightarrow Ba(NO_3)_2 \tag{3-45}$$

$$2NO_2 + O + BaO \rightarrow Ba(NO_3)_2 \tag{3-46}$$

富燃条件：

$$Ba(NO_3)_2 \rightarrow BaO + 2NO + 3O \tag{3-47}$$

$$Ba(NO_3)_2 \rightarrow BaO + 2NO_2 + O \tag{3-48}$$

$$C_3H_6{}^g \rightarrow C_3H_6{}^a \tag{3-49}$$

$$9NO + C_3H_6 \rightarrow \frac{9}{2}N_2 + 3CO_2 + 3H_2O \tag{3-50}$$

在富氧模式下，NSR 催化剂上的贵金属组分将 NO 氧化成 NO_2，然后 NO_2 再与 NO_x 储存材料反应生成硝酸盐，使尾气中的 NO_x 在催化剂上得到储存。在 NO_x 储存饱和之前，将尾气排放条件切换成富燃（或理论空燃比）模式，在此模式下，催化剂表面形成的硝酸盐会迅速分解，释放出的 NO_x 依照三效催化反应方式得到去除，即利用尾气中 HC、CO 和 H_2 作为还原剂将 NO_x 还原成 N_2，同时催化

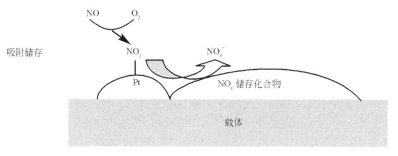

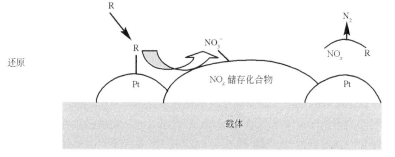

图 3-24　吸附储存还原 NO 的反应机理[89]

剂的 NO$_x$ 储存容量得到恢复，其反应机理示意图如图 3-24 所示[89]。随着研究的深入，日本丰田公司已将 NSR 技术与颗粒物捕集技术成功整合，在日本轻型柴油车上进行了示范应用，并大力向欧洲推行该技术的实施。

3.3.3.2　NSR 催化剂的组成

NSR 反应过程要求催化剂在低温 100～3000℃ 区间有大的 NO$_x$ 吸附容量，同时在较高的温度下储存在催化剂上的 NO$_x$ 又可以容易脱附。该技术的关键在于选择合适的 NO$_x$ 吸附储存材料，而活性组分及载体同三效催化剂类似。

一些碱土金属氧化物、稀土氧化物、过渡金属氧化物具有与氮氧化物反应生成硝酸盐的特性，因此在 NSR 催化剂配方组成上，主要以上述这些氧化物作为 NO$_x$ 储存材料。由于稀燃发动机尾气排放条件和反应气氛具有很大变动性，所以必须要求 NSR 催化剂在使用中要有较大的 NO$_x$ 储存容量、良好的热稳定性以及很好的耐硫性。目前，在 NO$_x$ 储存材料的研制上，主要集中在寻求有更大 NO$_x$ 储存容量的吸附材料方面。

1. 碱或碱土金属氧化物

碱金属（Li、Na、K、Cs）表面具有强碱性，虽然碱金属有相当大的 NO$_x$ 储存容量，但是由于会形成稳定性过强的硝酸盐，因此只能作为高温 NO$_x$ 储存材料使用。另外，热力学计算表明碱金属会形成比硝酸盐更加稳定的硫酸盐，所以将碱金属作为 NO$_x$ 储存材料的 NSR 催化剂发生硫中毒后较难再生。

碱土金属氧化物 MgO、CaO、SrO、BaO 可以作为较好的 NO$_x$ 储存材料。在这些碱土金属氧化物中，BaO 具有最大的 NO$_x$ 储存容量。通常含 BaO 的 NO$_x$ 储存材料的制备程序是以直接浸渍的方法将 BaO 负载在大比表面的载体材料（如活性氧化铝）上，再负载贵金属组分。目前看来，虽然 BaO 负载型的催化剂在抗硫中毒性能和水热稳定性能方面存在不足，但由于它有很大的 NO$_x$ 储存容量，所以仍是目前 NSR 配方研究开发的重点。有学者将碱土金属元素 Na、K、Cs 加入到含有 Ba 的 Pt-Rh/Ba/Al$_2$O$_3$NSR 催化剂涂层中，虽然 HC 活性受到一定程度抑制，但在 350～600℃ 的温度范围内却显著提高了催化剂的 NO$_x$ 转化率，同时抗硫中毒能力也获得了很大提高[90]。

在稀燃条件下对 CaO/Al$_2$O$_3$ 上贵金属的促进作用进行考察时发现，贵金属增加了 NO 氧化成 NO$_2$ 的反应速率以及亚硝酸盐氧化成硝酸盐的反应速率，导致了 NO$_x$ 吸附和硝酸盐形成量的增加[91]。NO 氧化成 NO$_2$、亚硝酸盐氧化成硝酸盐和 NO$_x$ 吸附量增加的顺序为 CaO/Al$_2$O$_3$ < Pd/CaO/Al$_2$O$_3$ < Pt/CaO/Al$_2$O$_3$ < Rh/CaO/Al$_2$O$_3$。Han 等[92] 的实验表明 Pt/Sr/Al$_2$O$_3$ 具有与 Pt/Ba/Al$_2$O$_3$ 相近的 NO$_x$ 还原活性（如图 3-25 所示）。

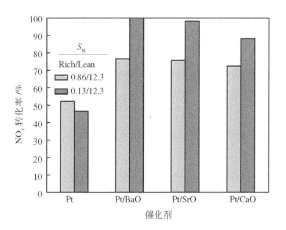

图 3-25　300℃使用 30 s 富燃/90 s 贫燃循环条件时催化剂的 NO_x 催化活性对比[92]

镁铝水滑石衍生复合氧化物也可以作为很好的低温 NO_x 储存材料。通过浸渍方法将 Pt 和 Cu 负载在镁铝水滑石衍生复合氧化物上，NO_x 储存还原实验结果表明当反应温度低于 250℃，这种催化剂会比 $Pt/Ba/Al_2O_3$ 催化剂表现出更佳的 NO_x 储存性能，虽然 Cu 负载会略微降低催化剂的低温活性，但可以有效提高催化剂的稳定性，极大改进了催化剂的抗水热和抗硫能力[93,94]。

含有碱土金属元素的钙钛矿型复合氧化物 ABO_3 也可作为 NO_x 储存材料使用。Hodjati 等[95]对 A 位分别为 Ca、Sr、Ba，B 位分别为 Sn、Zr、Ti 的钙钛矿复合氧化物进行了 NO_2 吸附/脱附测定，结果表明 NO_2 吸附容量大小为：对于 A 位 Ba > Sr > Ca，对于 B 位 Sn > Zr > Ti，其中 $BaSnO_3$ 具有最好的 NO_2 吸附效果。但是 $BaSnO_3$ 的抗硫性能较差[96]，与二氧化硫的短时间接触就会使其 NO_x 吸附容量完全丧失，FT-IR 和 TGA-MS 分析表明失活原因在于形成了稳定的、不可逆的体相硫酸盐物种。$BaFeO_3$ 有较好的 NO_x 储存容量，同时它也有很强的耐硫性，在进气中加入低浓度 SO_2（45 ppm）并不会影响其 NO_x 储存性能，在进气中加入高浓度 SO_2（100 ppm），虽然复合氧化物表面会有硫酸盐的覆盖，但 NO_x 储存容量降低程度却不是很大[97]。

以尖晶石结构复合氧化物作为 NO_x 储存材料也得到了一定研究，$BaAl_2O_4$ 复合氧化物具有良好的 NO_x 储存性能，同时也有较好的抗烧结能力。李新刚等[98-101]采用共沉淀－浸渍法制备了 Pt/Ba-Al-O 催化剂样品，其 XRD 结果表明样品中 Ba 物种主要以 $BaAl_2O_4$ 相和少量的 $BaCO_3$ 两种混合物相的形式存在，其中高分散小颗粒尺寸的 $BaAl_2O_4$ 相是储存 NO_x 的主要活性中心。Hodjati 等[102]实验表明，不论是否浸渍负载 Pt，$BaAl_2O_4$ 都有很好的 NO_2 吸附能力，由于 $BaAl_2O_4$ 上并不会形成强烈键合的碳酸盐，所以在催化剂上储存的碳酸盐能够较容易热分解，同时，$BaAl_2O_4$ 也有一定的耐硫性。

2. 稀土氧化物

在汽车尾气处理中，稀土氧化物 CeO_2 通常作为三效催化剂的储氧材料使用，由于 CeO_2 具有一定的碱性，因此也可以进行 NO_x 的储存。Philipp 等[103] 研究结果表明，NO 在 CeO_2 上吸附主要形成亚硝酸盐物种，而 NO 和 O_2 的共吸附会导致硝酸盐的生成，这个硝酸盐生成反应是一个连续式反应：首先 NO 吸附形成亚硝酸盐物种，然后再被氧化成硝酸盐物种。

虽然稀土氧化物 CeO_2 有中等的碱性，但是它的 NO 氧化能力较弱，所以 CeO_2 的 NO_x 储存能力并不是很强。在 CeO_2 中加入其他氧化物，通过提高 NO 氧化活性的方式可以提高材料的 NO_x 储存性能。具有萤石结构的 MnO_x-CeO_2 固溶体可以将具有较强的 NO 氧化活性的 MnO_x 和碱性的 CeO_2 结合在一起，由此 MnO_x 和 CeO_2 在 NO_x 吸附上显示出了明显的协同作用，增强了 CeO_2 的 NO_x 储存性能。通过实验提供的证据，Machida 等[104] 认为在富氧条件下，MnO_x-CeO_2 上 NO_x 吸附是通过 NO 首先氧化成亚硝酸盐，然后再进一步氧化成硝酸盐的方式进行。MnO_x 和 CeO_2 在 NO_x 吸附上的协同作用与 MnO_x-CeO_2 固溶体晶格中 Mn 和 Ce 随机分布产生的大量 Mn-Ce 邻位对有关，这些 Mn-Ce 邻位对可以使 NO 氧化吸附反应有效进行。

ZrO_2 加入到 CeO_2 中，也可以起到提高 NO_x 储存量的目的，但是 CeO_2-ZrO_2 复合氧化物的制备方法对 NO_x 储存容量有很大影响，溶胶凝胶法得到的 CeO_2-ZrO_2 复合氧化物要优于共沉淀法得到的 CeO_2-ZrO_2 复合氧化物。Haneda 等[105] 的研究表明 Ce 离子和 Zr 离子之间的混合程度还有复合氧化物的表面碱性会极大影响 NO_x 吸附量。

3. 过渡金属氧化物

虽然 TiO_2 比 BaO 的 NO_x 储存容量低很多，但是 TiO_2 不易产生 SO_x 中毒，同时也很少受到水的影响，所以有些研究者也对以 TiO_2 为 NO_x 储存材料的 NSR 催化剂进行了研究。Huang 等[106] 对 Pt-Rh/TiO_2/Al_2O_3 催化剂在 250℃、30 000 h^{-1}、100 ppm SO_2 和 2.3% H_2O 条件下进行了 5 h 的稀燃 – 富燃循环操作（如图 3-26 所示），获得约 90% 的 NO_x 转化率，即使在 400℃ 时仍可以获得 70% 的 NO_x 转化率，而 Pt/BaO/Al_2O_3 催化剂在相同条件下 NO_x 转化率却下降到原来的 30%。图 3-27 的 IR 谱图显示进气中的 SO_2 在 Pt-Rh/TiO_2/Al_2O_3 催化剂上形成了硫酸盐物种，但是硝酸盐的峰强度基本上并没有因为硫酸盐的形成而受到弱化，而且 NO_x 最后的吸附物种为硝酸盐。由此认为，Pt-Rh/TiO_2/Al_2O_3 具有高耐硫性的原因在

于硫酸盐化的 TiO_2 具有可逆吸附大量 NO_x 的能力。

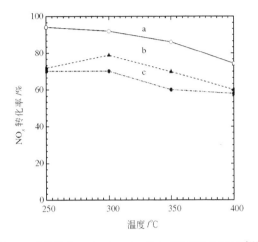

图 3-26　热处理对 Pt-Rh/20% TiO_2/Al_2O_3 催化剂性能的影响[106]

（a）新鲜催化剂；（b）800℃空气中烧结 2 h；

（c）在 100 ppm SO_2、7.5% O_2、2.3% H_2O 和 He 气氛下 800℃烧结 2 h

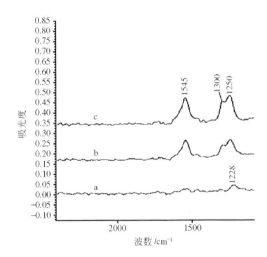

图 3-27　Pt-Rh/20% TiO_2/Al_2O_3 在不同吸附时间时的原位 FTIR 谱图[106]

（a）$t = 0.5$ min；（b）$t = 5$ min；（c）$t = 15$ min

反应条件：500 ppm NO，7.5% O_2 和平衡 N_2，总流量 = 250 mL/min，$T = 250$℃

　　在进气中有 CO_2 或硫氧化物（SO_x）时，使用强碱性的 NO_x 吸附材料经常会导致在催化剂表面上形成碳酸盐或硫酸盐钝化层，从而破坏了吸附/脱附可逆操作。弱碱性是获得吸附和脱附可逆性的有效手段。研究发现，ZrO_2 拥有足够弱的碱性，可以在表面和体相中形成稳定的硝酸盐，而不会产生碳酸盐[107,108]。ZrO_2 有一定的 NO_x 储存容量，将 ZrO_2 与大表面积的 Al_2O_3 结合，能够使 ZrO_2 得到进一步的有效分散，从而获得更大的 NO_x 储存容量[109]。在 $Pt-ZrO_2/Al_2O_3$ 中，Pt 作为催化氧化活性组分，不仅用于将 NO 氧化成 NO_2，也用于将表面上的 NO_2^- 再氧化成 NO_3^- 离子，然后形成的硝酸盐物种转移到 ZrO_2 和 Al_2O_3 上，形成相应的硝酸盐[110]。

4. 催化活性组分

NSR 催化剂是在三效催化剂的基础上发展起来的，在 NSR 催化剂的制备上，通常是以贵金属 Pt、Pd、Rh 作为催化活性组分。众多研究者认为贵金属组分的催化作用主要体现在两个方面：一方面是在稀燃条件下，起到氧化 NO 的作用；另一方面是在富燃条件下，利用尾气中的 CO、HC、H_2 等还原剂将催化剂上分解生成的 NO_x 还原成 N_2。近期也有学者做了进一步的研究，发现贵金属的催化作用在稀燃阶段还可以促进催化剂上亚硝酸盐进一步向更稳定的硝酸盐的转变，而在富燃阶段起到促进催化剂上硝酸盐分解反应的作用。

在 NSR 催化剂使用不同贵金属组分，会使催化剂的 NO_x 储存性能存在一定差别。例如，将贵金属组分 Pt、Pd、Rh 分别负载在 BaO/Al_2O_3 上，在 400℃ 的稀燃条件下，与其他贵金属相比，Pt 的 NO 氧化活性最强，所以 $Pt/BaO/Al_2O_3$ 的 NO_x 储存量最大；由于在富燃和稀燃条件切换过程中，Pd 氧化态的变化会在一定程度上限制 NO 氧化反应的进行，所以 $Pd/BaO/Al_2O_3$ 的 NO_x 储存量并没有 $Pt/BaO/Al_2O_3$ 的多；Rh 的 NO 氧化活性最差，因此 $Rh/Ba/Al_2O_3$ 的 NO_x 储存量最小[111,112]。然而，Salasc 等[112]发现，在 300℃ 的稀燃条件下，$Pd/BaO/Al_2O_3$ 比 $Pt/BaO/Al_2O_3$ 的 NO_x 储存量反而更大，他们认为产生这种现象的原因是在 300℃ 的温度条件下，$Pt/BaO/Al_2O_3$ 催化剂上的吸附物种使 Pt 位发生中毒，导致在富燃过程中 NO 还原不充分造成的。

虽然贵金属能够促进 NO_x 在催化剂上的储存，但是却极有可能遮蔽一定数量的 NO_x 吸附位，降低储存材料对 NO_x 的总吸附量。例如，在 400℃ 进行的 NO_x 储存实验结果表明，直接浸渍 Rh 的 $Rh/BaZrO_3$ 样品的 NO_x 储存量并没有 $BaZrO_3$ 样品的大，从 XPS 结果分析这与 Rh 集中堆积在表面，分散度低，并且覆盖了 $BaZrO_3$ 上的活性吸附位有关。采用 $BaZrO_3$ 和 γ-Al_2O_3 机械混合后再浸渍贵金属的方法，可以使贵金属在大表面积的 Al_2O_3 表面高度分散，这样既不影响 $BaZrO_3$ 本身的活性，又可发挥贵金属的作用，从而使 NO_x 储存量得到提高，其中浸渍 Rh 后 NO_x 储存量增加 15%，浸渍 Pt 后 NO_x 储存量增加 78%，仅从 NO_x 储存性能上讲，由于 Pt 对 NO 的氧化性能优于 Rh，所以浸渍 Pt 更有利[113]。

暴露于含有 SO_2 的反应气氛中，$Rh/Ba/Al_2O_3$ 的 NO 氧化活性严重下降，但仍然可以保持很好的 NO 还原活性，而 $Pt/BaO/Al_2O_3$ 则会产生与 $Rh/Ba/Al_2O_3$ 催化剂相反的情况。将 Pt 和 Rh 组合使用，则可以使催化剂在稀燃条件时保持很好的 NO 氧化活性，同时也可以在富燃条件时保持较佳的 NO 还原活性[114]。

3.3.3.3　NSR 催化剂上氮氧化物的储存、释放和还原

1. NSR 催化剂上 NO_x 的储存

机动车不同行驶工况会导致机动车排放尾气的组成不同，而尾气组成的变化必然会影响到催化剂的反应性能。在汽车尾气中除 NO_x 外，还含有 CO_2、O_2、H_2O、CO、HC 等气体成分。针对催化剂的实际应用情况，必须研究气体成分对催化剂上的 NO_x 储存还原过程产生的影响，以及产生影响的原因。一些学者以 $Pt/BaO/Al_2O_3$ 为模型催化剂，系统考察了不同反应气氛下催化剂 NO_x 储存和还原性能。

在稀燃富氧条件下，O_2 浓度的上升会增加催化剂的 NO_x 储存量；而在富燃贫氧条件下，残留 O_2 可能会覆盖在 Pt 的表面，会抑制以硝酸盐形式储存在催化剂上 NO_x 的分解与释放[115]。大多数作为吸附材料的碱金属或碱土金属氧化物会与尾气中的水汽相互作用，发生快速水解反应，形成氢氧化物，从而造成 NO_x 储存速率下降，因此尾气中含有 H_2O 会对 NSR 催化剂的 NO_x 吸附性能产生负面影响[116]。Nova 等[117] 应用瞬态反应和程序温度反应手段，使用 C_3H_6 作为还原剂，考察了 $Pt/BaO/Al_2O_3$ 催化剂的 NO_x 储存和还原行为，发现 NO_x 的储存首先发生在 BaO 上，然后在 $BaCO_3$ 上。C_3H_6 将催化剂进行还原后，$BaCO_3$ 是最丰富的储存 NO_x 的吸附位，但是在 $BaCO_3$ 上 NO_x 的总储存速率要比在 BaO 上的缓慢，由此可见，进气中存在 CO_2 会抑制催化剂对 NO_x 的储存。而在富燃条件下的 NO_x 释放过程中，催化剂表面区域的硝酸钡会被碳酸钡取代，所以进气中如果存在 CO_2，可以增加催化剂的 NO_x 的释放率[115,118]。

2. NSR 催化剂上 NO_x 的释放与还原

NSR 催化剂在稀燃模式下吸附 NO_x 后，将反应模式切换成富燃模式，在富燃模式下 NSR 催化剂将得到再生。NSR 催化剂的再生过程主要包括两个步骤：第一个步骤是在催化剂表面上储存 NO_x 的释放；第二个步骤是这些释放出来的 NO_x 在催化剂上进一步被还原成 N_2。由于这两个反应步骤关联紧密，因此在 NSR 运行过程中，很难将这两个反应步骤加以明确区分，通常是结合在一起以分析整个储存 NO_x 的释放过程。

NSR 催化剂上储存的硝酸盐释放 NO_x 的原因有两个：一是放热反应产生的热量。还原剂与尾气气流中的 O_2 还有吸附在催化剂表面的 O_2 发生氧化反应后会产

生大量的热量，这些热量使催化剂表面温度升高，而温度的升高可使硝酸盐的热稳定性下降，从而使吸附在催化剂上的 NO_x 释放出来；二是还原性气氛，在还原性气氛中氧气分压趋近于零，使催化剂表面上硝酸盐物种的平衡稳定性急剧下降。

释放出的 NO_x 在 NSR 催化剂上的还原反应是在接近理论空燃比的富燃条件下进行的，因此三效催化反应机制可以合理解释 NSR 催化剂上 NO_x 的还原。相关研究表明还原剂的类型、还原剂的用量和反应温度是影响 NO_x 还原效果的主要因素。如图 3-28 所示，在 250~400℃ 的温度范围内，以 C_3H_6 作为还原剂，能够对储存在 $Pt/BaO/Al_2O_3$ 催化剂上的 NO_x 物种进行快速还原，但是还原效率会受到丙烯浓度的制约。N_2 选择性与反应温度有关，在 400℃ 时 C_3H_6 几乎可以将 NO 完全转化成 N_2，但是在 300℃ 时，N_2 选择性会明显降低[117]。

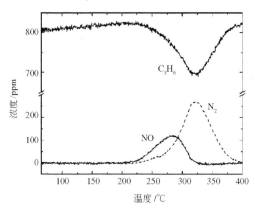

图 3-28　$Pt\text{-}Ba/Al_2O_3$ 催化剂上 300℃ NO_x 吸附饱和后的 TPSR 结果[117]

3.3.3.4　NSR 催化剂的失活与再生

机动车尾气后处理系统中使用的催化剂，一般都会存在不同程度的硫中毒失活现象。对于 NSR 催化剂，由于其配方组成中含有碱性储氮材料及贵金属组分，所以这种催化剂对发动机排放尾气中的硫氧化物相当敏感，容易引起中毒失活。目前 NSR 催化剂的硫中毒失活问题已成为 NSR 催化技术大规模商业化应用的瓶颈问题。

1. NSR 催化剂的失活

（1）NSR 催化剂 NO_x 吸附过程中的硫中毒。燃料油中的硫在稀燃发动机排放尾气中主要以 SO_2 的形式存在，SO_2 能够引起 NSR 催化剂发生硫中毒失活现象。Engström 等[119]在 350℃ 反应温度时将含有 SO_2 的模拟稀燃尾气与 $Pt/Rh/BaO/Al_2O_3$ 催化剂相接触，发现催化剂的 NO_x 储存量下降，并且下降程度与催化

剂接触到的 SO_2 总量成正比。对硫中毒失活的催化剂进行的 XPS 检测结果显示 SO_2 在催化剂上以硫酸盐的形式得到了累积，见图 3-29。

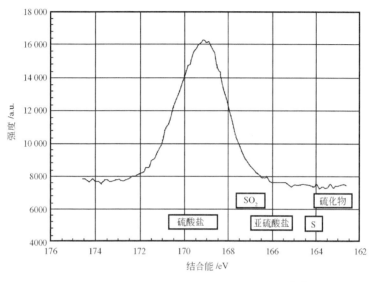

图 3-29　SO_2 中毒失活催化剂的 $S2p_{3/2}$ 高分辨 XPS 谱图[119]

（2）NSR 催化剂 NO_x 还原过程中的硫中毒。NSR 催化剂的失活研究多以 SO_2 为硫源，通常认为是在稀燃阶段，催化剂储存材料与 SO_2 接触后形成的硫酸盐，造成了 NO_x 储存容量的丧失。也有研究表明在 NO_x 还原过程中 SO_2 的还原性产物 H_2S 和 COS 也是有害的，而且在一定条件下对反应性能的损害程度会比 SO_2 还要严重。Amberntsson 等[120]考察了富燃模式下低浓度 SO_2、H_2S 和 OCS 对 Pt/Rh/BaO/Al_2O_3 催化剂失活程度的影响情况，其实验结果表明 SO_2、H_2S 和 OCS 对催化剂的 NO_x 储存能力都有负面作用，这种负面作用是由于在富燃阶段 H_2S 和 OCS 与 Pt 活性位接触，形成了明显数量的 PtS，导致 Pt 催化活性严重丧失，从而使催化剂的失活速率加快。由于燃料油中硫的存在，不可避免地会导致发动机尾气中有 SO_2 排放，燃料油中含硫量的高低决定了尾气中 SO_2 排放水平。SO_2 排放水平和 SO_2 与催化剂的接触时间会直接关系到 NSR 催化剂的硫中毒失活程度，从而直接影响到催化剂的 NO_x 去除效率和使用寿命[121]。

对于 NSR 催化剂，解决硫中毒失活问题的最好办法是使用不含硫的燃料油，但实际上很难做到。为了有效解决高反应活性催化剂对燃料油含硫量的要求，在油品生产过程中通过加氢精制等手段可以尽可能地降低燃料油的含硫量，获得低硫燃料油甚至超低硫燃料油。

　　表3-7是典型稀燃汽车排放尾气中 SO$_2$ 浓度与燃料油中硫含量的对应关系。可以看出降低燃料油的硫含量，会直接减少尾气中 SO$_2$ 排放浓度。图3-30 给出了不同浓度 SO$_2$ 对 Pt/Rh/BaO/Al$_2$O$_3$ 催化剂的 NO$_x$ 储存容量的影响[119]，发现进气中所有 SO$_2$ 都以硫酸盐的形式累积在催化剂中，催化剂 NO$_x$ 储存容量的丧失程度与已接触的总 SO$_2$ 剂量成正比，而与进气中 SO$_2$ 浓度无关。由此可以看出，即使使用超低硫含量的燃料油，也不可避免地会造成 NSR 催化剂的硫中毒失活。但是，降低燃料油中硫含量，可以有效延缓催化剂的硫中毒进程，尽量维持 NSR 催化剂对 NO$_x$ 的转化率，减少高温脱硫再生次数，延长催化剂的使用寿命。

表3-7　当前和建议中的欧洲燃料油硫含量及在典型稀燃尾气中的相应 SO$_2$ 浓度[119]

欧洲标准	尾气中 SO$_2$ 体积浓度/ppm	燃料中 S 质量浓度/ppm
Ⅲ 号标准	25	500
Ⅳ 号标准	7.5	150
Ⅴ 号以上	2.5	50

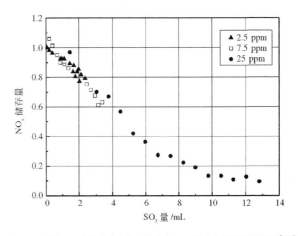

图3-30　不同 SO$_2$ 进气浓度条件下催化剂 NO$_x$ 储存容量的下降情况[119]

2. NSR 催化剂的再生

　　随着 SO$_x$ 在 NSR 催化剂上的吸附累积，在 NSR 催化剂的 NO$_x$ 吸附位上会形成热力学更加稳定的硫酸盐物种，这些覆盖了硫酸盐物种的 NO$_x$ 吸附活性位在正常操作温度（如 <500℃）下很难得到再生，导致催化剂的 NO$_x$ 转化率逐步下降，最终 NO$_x$ 排放量将达不到排放标准限值的要求。在 NSR 催化剂应用过程中，即使使用 15 ppm 硫含量的柴油，如果没有有效的硫控制手段，NSR 催化剂也将会发生完全失活[116]。目前，在还原气氛中通过高温分解的方式可以将累积在

NSR 催化剂上的硫酸盐从催化剂表面脱除，从而恢复催化剂的反应活性。高温脱硫再生主要受以下因素的影响。

（1）燃料油硫含量的影响。燃料油中硫含量不同会引起 NSR 催化剂上硫物种的存在状态不同，导致形成硫酸盐的分解性质不同，从而在一定程度上影响 NSR 催化剂的脱硫再生操作。在图 3-31 中，Asanuma 等[122]将 4 个同样的 NSR 催化剂分别用 8 ppm、30 ppm、90 ppm 和 500 ppm 硫含量的汽油进行了 16 000 km 的老化运行，并在空燃比 A/F 为 14 的 620℃ 高温条件下再生。将再生后每个催化剂的 NO_x 转化率进行了评价。评价结果显示除了以 8 ppm 硫含量汽油进行老化的催化剂可以保持较好的 NO_x 转化率，其余催化剂则随着汽油中硫含量的增加，NO_x 转化率明显下降。对老化后的催化剂进行 XRD 表征，以线宽法估算在催化剂上硫酸盐的平均粒径，结果表明汽油中硫含量的增加，会促进大粒径硫酸盐颗粒物的生成，而大粒径硫酸盐颗粒物在催化剂再生过程中难于分解，因此导致 NSR 催化剂反应性能的更快下降。

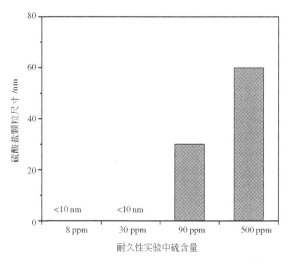

图 3-31　16 000 km 老化后催化剂上硫酸盐的颗粒粒径[122]

（2）反应气氛的影响。硫中毒失活的 NSR 催化剂进行高温脱硫再生时，反应气氛中 CO_2 等气体组分会促进催化剂恢复活性。例如，对于 $Pt/Ba/Al_2O_3$ 催化剂，反应进气中 CO_2 会有利于促进催化剂上硫酸盐的分解和脱除[123,124]。在 H_2/He 混合气流中，将硫中毒的 $Pt/Ba/Al_2O_3$ 催化剂进行高温再生，虽然有部分硫酸盐在 350℃ 就开始分解，但是在实际上硫并没有从催化剂表面得到去除，而是转变成了更加稳定的 BaS，即在 650℃ 高温处理后，大部分硫仍会沉积在催化剂上。如果在富燃进气中加入 CO_2，由于在催化剂上会生成 $BaCO_3$，而在脱硫再生过程中不再有 BaS 的生成，从而使脱硫处理易于进行[123]。在含有 CO、H_2 等还原性气体的进气中加入 H_2O，会在很大程度上降低硫酸盐的分解温度。例如加入 H_2O 后，使用 10% CO/N_2 和 2% H_2/N_2 的还原性气体，分别在 630℃ 和 400℃ 就会有硫的释放。目前对还原剂为 CO 时 H_2O 的促进作用有几种解释：当 H_2O 加入后，在催化剂上发生了水汽变换反应，增强了硫的释放[125]，同时反应产物 CO_2 也会阻碍 BaS 的生成。另外，水也会促进贵金属硫化物的水解，如 $PtS + H_2O \rightarrow PtO + H_2S$[126]。但是目前还没有文献对加入水到含 H_2 气流中的增强作用予以合理的解释。高温脱硫过程中还原性气体中有 O_2 的存在会有效避免 BaS 物种的大量形成，对硫的去除有利[127]，经过分析认为，O_2 的促进作用可以和 H_2O 的促进作用联系在一起，因为还原剂 H_2 会被 O_2 氧化而导致 H_2O 的形成。

（3）NSR 催化剂组成的影响。调整催化剂组分构成可以改变催化剂的脱硫再生情况。如果在以 Pt 为催化活性组分的 NSR 催化剂中加入 Rh，就会促进脱硫过程中催化剂活性的恢复，Rh 的这种作用可能是由于促进了尾气中 HC 物种的蒸气重整反应，产生了具有更好还原性能的 H_2[128]。

此外催化剂中加入适当的助剂，调整涂层材料的性质，也可以促进 NSR 催化剂的脱硫。在 $Pt-Rh/Ba/Al_2O_3$ 中加入碱和碱土金属元素（如 Li、Na、K 和 Ca）可以在更低的温度下使硫酸盐发生分解反应，其中加入 Li 使脱硫温度降低得最多[128]。

对于 $Pt/Ba/Al_2O_3$ 催化剂，Fe 是一种相当不错的抗硫助剂。在氧化气氛条件下，Fe 能够有效阻碍催化剂上硫酸盐颗粒的生长，而形成粒径更小的硫酸盐颗粒，硫酸盐颗粒粒径的降低有利于在还原气氛条件下硫酸盐分解反应的进行。研究结果表明加入 Fe 助剂使硫释放起始温度降低约 50℃[129]。

（4）操作条件对 NSR 催化剂高温脱硫再生的影响。一般适合吸附氮氧化物的催化材料也适合吸附硫氧化物[130]。由于形成的硫酸盐比硝酸盐物种更加稳定，因此在运行过程中硫酸盐会逐渐累积在 NSR 催化剂上，从而抑制 NO_x 在 NSR 催化剂上的吸附。被吸附捕集下来的硫氧化物（以硫酸盐的形式存在）能够在适当的条件下（如 650℃，$\lambda = 0.950$ 的富燃高温条件）从催化剂表面脱附下来，NSR 催化剂也会基本恢复 NO_x 的储存容量。为了能够对硫中毒失活的 NSR 催化剂进行周期性高温脱硫再生，发动机的运行策略就要进行相应调整。对于 NSR 催化剂，硫再生需要的频率与燃油中硫含量成正比，燃油中硫含量越高，高温脱硫再生的频率就越多。再生频率的增加不但容易造成催化剂逐渐发生热老化失活，还会由于还原剂的大量消耗而降低车辆的燃油经济性。

催化剂脱硫再生持续时间越长，脱硫程度就越大。但是一些 NSR 催化剂因为脱硫再生后，从较差反应活性吸附位上释放出的硫会重新吸附在对 NSR 反应过程更加重要的位置上，造成 NO_x 转化率反而下降。研究者认为，与其他催化剂组分上硫释放的起始温度相比，从 Ba 上硫的去除需要更高的温度。如在 Al_2O_3 上硫释放温度为 600℃，而从 Ba 上为 700℃[128]。从 Al_2O_3 上释放的硫物种会重新吸附在 Ba 上，并以更加稳定的与 Ba 键合的硫物种形式保留在催化剂上。也就是说使用弱的脱硫策略可能反而增加了催化剂的失活程度。

硫中毒程度对 NSR 催化剂高温脱硫再生效果也有影响。Courson 等[131]实验发现当催化剂硫中毒程度较低时（形成硫酸盐的 BaO 量少于 30%），催化剂在还原条件下高温再生后，即使还会有一些残存的硫酸盐，但最初的 NO_x 储存容量基本能够得到恢复，而当中毒程度较深时，再生效果就会很差，即使在长时间再生操作后，催化剂的 NO_x 储存容量也很难得到较好的恢复。

还原性气氛可以显著降低 NSR 催化剂需要的硫脱除温度。与 CO 和 C_3H_6 相比，使用 H_2 作为还原剂更加有效，这是因为在脱硫过程中，硫释放的起始温度更低，而且在有限的脱硫时间内，硫的释放量也最大。Liu 等[127]认为，在脱硫过程中，H_2 是从 Pt 位上溢流出来并对硫酸盐物种进行还原，或者硫酸盐物种迁移到发生 H_2 离解的 Pt 位上进行还原。实验表明，尽管 H_2 比其他还原剂对催化剂的脱硫再生更加有效，但是如果在催化剂上不负载 Pt，那么 H_2 实际上会阻碍催化剂表面上硫的去除。

（5）硫捕集器（SO_x trap）。使用无硫燃油和润滑油，可以完全不需考虑 NSR 催化剂的硫中毒问题，但是由于受到原料来源和生产工艺的限制，车用燃油和润滑油不可避免会有硫的存在，要想获得无硫燃油和润滑油，从目前技术经济角度来看，还难以实现。为了克服 NSR 催化剂的硫中毒失活问题，除了采用高温脱硫再生的方法外，另一种有效的方法就是直接在 NSR 催化剂的前面加装硫捕集器。硫捕集器的技术优点在于可避免硫在 NSR 催化剂上的累积、减轻硫中毒程度、延长催化剂的使用寿命，但其缺点在于增大了整个后处理系统的体积。

从后处理系统成本和运行费用上看，在后处理系统中单独使用 NSR 催化剂，需要额外增加催化剂用量和对硫中毒后的催化剂进行高温再生操作，以弥补硫中毒失活和高温脱硫再生失活带来的负面影响，增加使用中的费用；而在后处理系统中将硫捕集器和 NSR 催化剂结合使用，不需要额外增加催化剂用量，不必进行高温再生操作或减少高温脱硫再生次数，从而在一定程度上降低了系统成本和运行费用。

为了起到有效保护 NSR 催化剂的作用，通常对硫捕集器有如下要求：①较高的硫吸附容量；②很好的硫选择吸附性；③硫吸附后没有二次释放[132]。目前开发的硫捕集器主要有两种形式，这两种形式都可以有效降低 NSR 催化剂的硫中毒失活程度。一种形式是可处理式（disposable）硫捕集器，它可以被周期性替换或离线再生；另一种是可再生式（regenerable）硫捕集器，可以通过提高尾气温度，实现在线再生。

对于可处理式硫捕集催化剂，其配方多是与 NSR 催化剂具有相似的组成，除了在性能方面的要求外，还必须在成本方面做到尽可能低，以达到在行驶规定的里程后，硫捕集催化剂可以得到更换或处理。Cummins 和 Engelhard 公司都对在 NSR 催化剂前加装这种捕集器进行过测试。对于可再生式硫捕集催化剂，其优点在于可以避免多次拆卸和安装操作，不足之处在于其再生操作需要额外的软硬件支持，串联式的布局也会使再生释出的硫经过 NSR 催化剂，对 NSR 催化剂造成一定程度的中毒。

为了降低硫中毒程度，Nakatsuji 等[133] 在 SO$_x$ 捕集催化剂的组成上并没有采用碱或碱土金属氧化物，而是采用了 Ag/Al$_2$O$_3$。由于 Ag/Al$_2$O$_3$ 在稀燃条件下有很强的 SO$_x$ 选择吸附性，在 350℃以上的富燃条件下又有很强的 SO$_x$ 脱附性，并且在富燃条件下脱附的 SO$_x$ 很难吸附在 Pt-Rh/BaO/Al$_2$O$_3$ 催化剂上，所以有效解决了 NSR 催化剂的再次中毒问题。

为避免 NSR 催化剂再次中毒，Parks 等[134] 对系统进行了创新性的改进，将两套硫捕集催化剂和 NSR 催化剂串联系统并联在一起使用，以柴油作为还原剂，将柴油喷射到进行吸附操作的催化剂系统的下游一侧，使用阀门分流出的占总尾气流量 1% ~2% 的废气，推动柴油脉冲进入需要再生处理的催化剂系统，对这个系统进行离线再生处理。与此同时，将阀门分流出的大部分尾气通过另一个系统进行在线吸附处理。在再生过程中，NSR 催化剂上吸附的 NO$_x$ 得到释放和还原，同时硫捕集催化剂上吸附的硫也以 SO$_2$ 的形式得到释放。再生气流方向与吸附气流方向相反，因此，从硫捕集催化剂上释放出的 SO$_2$ 并不与 NSR 催化剂接触而直接进入废气管下游。催化剂并联系统示意图如图 3-32。

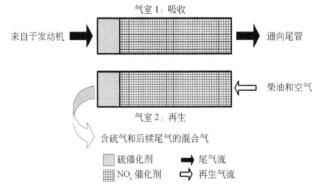

图 3-32 发动机尾气并联后处理系统示意图

此并联系统在轻型柴油发动机台架上进行稳态测试结果表明，即使柴油中硫含量达到 389 ppm（在尾气中 SO$_2$ 浓度 12~30 ppm），并联系统设计也能使 NSR 催化剂得到很好保护，NSR 催化剂的硫中毒失活程度被降低了 10 倍以上，同时并联系统具有优异的 NO$_x$ 转化性能，在大部分温度范围内 NO$_x$ 转化率都大于 90%。NO$_x$ 转化情况如图 3-33 所示。

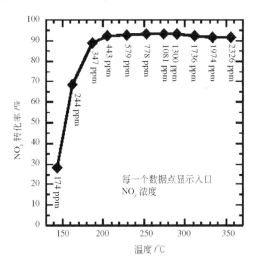

图 3-33　发动机尾气并联系统 NO$_x$ 转化率随反应温度变化的情况

3.3.3.5　NSR 系统应用

为了满足更加严格的尾气排放标准，对于稀燃汽油机来说，必须要求对发动机低温冷启动时排放出的 HC 进行有效氧化。将一个三效催化器安装在 NSR 催化器的上游可以很好解决这一问题。在富燃条件下再生 NSR 催化器需用的 CO、HC 等还原剂会经过冷启动催化剂，由于有部分还原剂在冷启动催化剂上发生氧化，因此会对 NSR 催化剂的再生产生一定影响。通过适当延长富燃再生时间，使足够量的还原剂到达 NSR 催化剂，可以很好地保证 NSR 催化剂的再生效果[135]。

为了获得较好的低温 HC 去除效果，通常是将冷启动催化剂安装在接近发动机集气管的位置上，以保证发动机冷启动时催化剂上有足够高的活化温度。为了提高冷启动催化剂的热稳定性，Nakajima 等[136] 将 Pt 和 Rh 分别负载在催化剂的不同涂层上，对配方进行了优化。

由于柴油车和稀燃汽油车的排放尾气都为富氧气氛，所以 NSR 催化剂在两种发动机上的应用并没有实质性的差别。在应用难易程度上，NSR 催化剂在稀燃汽油发动机上的应用要明显好于柴油发动机，这是因为柴油发动机通常是在更加稀燃的条件下运行，而且尾气中含有的大量颗粒物也要予以控制，这就增加了尾气后处理系统的复杂性；另外柴油含硫量要明显高于汽油，这就对 NSR 催化剂的抗硫性提出了更加苛刻的要求。

柴油车尾气排放污染物不但有 NO_x 还有颗粒物，因此人们希望安装的尾气后处理系统具有对这两种污染物同时消除的能力。Schenk 等[137] 将 NSR 催化剂与颗粒物捕集催化剂结合使用，获得了很好效果。日本丰田汽车公司开发的 DPNR 催化系统[138] 也能够达到同时去除 NO_x 和颗粒物的目的，它是将 NSR 催化作用和颗粒物捕集催化作用集中在同一催化剂上予以实现的。在尾气温度低达 250℃，这个系统也可以将碳烟连续氧化。使用硫含量 30 ppm 的超低硫燃料油进行测试，DPNR 催化剂系统正常工作时，每 2500km 进行脱硫循环操作，颗粒物捕集效率为 85%～90%，刚开始时 NO_x 转化率为 85%，100 000 km 后为 80%。

在 NSR 催化剂的应用上，应使 NSR 催化剂的作用温度范围与发动机的尾气排放温度范围相匹配，以使 NSR 催化剂发挥最大的 NO_x 转化效率。轻型柴油发动机比汽油发动机的尾气排放温度低得多，通常尾气温度范围只有 100～400℃，那么 NSR 催化剂在应用上就需要着重考虑加强催化剂的 NO 氧化能力和提高低温 NO_x 储存性能；而在重型柴油发动机应用上，发动机的最高排气温度可超过 600℃，则需要考虑催化剂上硝酸盐的热稳定性，并努力延长催化剂的寿命。

3.3.4　选择性催化还原氮氧化物技术

富氧条件下 NO_x 选择性催化还原是指在催化剂的作用下，通过抑制还原剂的非选择性的氧化，从而促进还原剂与 NO_x 反应形成 N_2 的过程。由于柴油机采用富氧燃烧技术，导致尾气中未燃 HC 的绝对量不足，需要另行添加还原剂以净化 NO_x。根据外加还原剂的不同，可分为氨类（尿素）选择性催化还原 NO_x 与 HC 选择性催化还原 NO_x。

3.3.4.1　尿素选择性催化还原氮氧化物

针对固定源尾气例如燃煤电厂烟气和固定型柴油机尾气中 NO_x 的去除，可以采用氨选择性催化还原 NO_x 技术（NH_3-SCR），即使用氨水或液氨作为还原剂选择性还原 NO_x。目前该技术已在国外广泛应用于固定源烟气脱硝。它的原理是利用 V_2O_5/TiO_2 催化剂，在 O_2 大大过量的条件下让 NH_3 选择性地还原 NO_x 到 N_2。使用了以 TiO_2 为基础的催化剂保证了催化转化器对 SO_2 有很强的耐受性。其具体反应机理将在第 4 章进行详细介绍。目前，NH_3-SCR 被视为最有希望实际应用于重型柴油机尾气 NO_x 净化的技术之一。针对移动源特别是柴油车的特点，氨水或液氨在储存和运输上存在着危险性，且对存储设备具有腐蚀性，因此寻求 NH_3 的替代品作为 NO_x 的还原剂显得极为必要。

尿素［$CO(NH_2)_2$，Urea］是白色颗粒或结晶状的固体，是无毒、不具有腐蚀性的物质。一分子 Urea 水解可生成两分子 NH_3 和一分子 CO_2，因此被视为 NH_3 的有效储存源。尿素选择性催化还原氮氧化物（Urea-SCR）体系中使用 Urea 质量浓度为 32.5% 的水溶液，称为 "AdBlue"。使用 Urea 作为还原剂可以克服因使用氨水或液氨造成的诸多问题，因此 Urea-SCR 也成为重型柴油机尾气去除 NO_x 的首选技术。

目前商用的 Urea-SCR 催化剂体系和固定源烟气脱硝所用的催化剂体系基本一样，主要是 V_2O_5-WO_3/TiO_2 或 V_2O_5-MoO_3/TiO_2 体系。它的原理是利用该催化剂体系，在 O_2 大大过量的条件下让 Urea 水解生成的 NH_3 选择性地还原 NO 到 N_2。在较宽的温度范围内 Urea 具备了优异的选择性还原 NO_x 的能力，该催化体系在 $260 \sim 500\,^{\circ}\mathrm{C}$ 的温度范围内净化率可达 90% 以上。但该技术要获得实际应用还有大量工作要做，如减小催化剂的体积、提高低温活性、优化还原剂添加策略以降低 NH_3 的瞬时泄漏等。

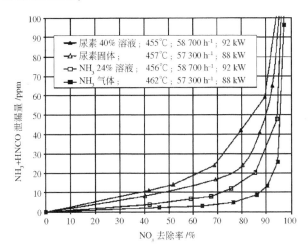

图 3-34　涂覆型的 K53 催化剂（V_2O_5-WO_3/TiO_2）$460\,^{\circ}\mathrm{C}$ 时
使用不同还原剂的 SCR 活性[139]

图 3-34 为 Koebel 等[139]在 V_2O_5-WO_3/TiO_2 催化剂体系上使用不同的还原剂选择性催化还原 NO_x。结果发现，使用 Urea 作为还原剂时，由于 NH_3 的延缓释

放，SCR 活性会有所降低，这种现象在高温和高空速条件下尤其明显，同时 NH_3 的泄漏量也有所增加。

一般而言，V_2O_5-TiO_2 体系应用于选择性催化还原固定源尾气 NO_x 的空速为 10 000 h^{-1}，而三效催化剂可在空速高达 100 000 h^{-1} 时高效工作。因此，为高效去除柴油机尾气中的 NO_x，需要大体积的催化剂。如 SINO，只用 SCR 催化剂来净化卡车尾气中的 NO_x，对气缸体积为 12 L 的发动机，需要 30 L 200 目的 V_2O_5-WO_3/TiO_2 整体催化剂才能获得满意的效果[140]。

减少催化剂体积的最佳方案是提高单位体积催化剂的 NO_x 净化活性，可从两个方面着手：一是增加整体催化剂的孔密度以增加单位体积催化剂的比表面积；二是通过预氧化催化剂调变 NO_2/NO 的比例。可见，将强氧化催化剂置于 SCR 催化剂之前，通过提高尾气中 NO_2/NO 的比例使其维持在 0.5 附近（不要超过 0.5）不失为提高反应速率的有效途径。

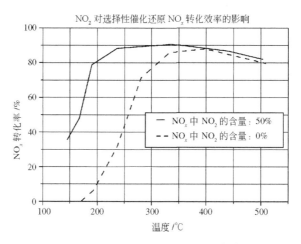

图 3-35　NO_2/NO 对 NO_x 转化率的影响[141]

通过预氧化催化剂调变 NO_2/NO 的比例以提高 NO_x 在低温区的转化效率尤为明显，因而，该技术也可视为低温活性的改进措施，图 3-35 清楚地说明了这一点。Koebel 等[142] 在 PSI（paul scherrer institute）的"HARDI"柴油机测试床上分别使用商用的挤压成型催化剂（E_s、E_1）、自制的涂覆型催化剂（C_s、M_s、M_1）并结合预氧化催化剂（O_s）进行了 SCR 活性的测试实验，催化剂的具体规格见表 3-8，SCR 活性结果如图 3-36 所示。实验结果显示，各种催化剂在较宽的温度窗口内都具有较高的 NO_x 去除活性，添加了预氧化催化剂以后，在保持 NH_3 泄露量不变的情况下，低温和高温去除 NO_x 的活性均有提高。

表 3-8　催化剂规格[142]

催化剂	组成	类型	基材	生产商	孔密度/cpsi	体积/L	有效质量/g
E_s	~3% $V_2O_5/WO_3/TiO_2$	挤压	—	Frauenthal	300	9.6	7000
E_1	~3% $V_2O_5/WO_3/TiO_2$	挤压	—	Frauenthal	300	19.6	14 000
C_s	~2.5% $V_2O_5/WO_3/TiO_2$	涂覆	堇青石	PSI	300	9.85	1400
M_s	~2.5% $V_2O_5/WO_3/TiO_2$	涂覆	金属	PSI	400	10.0	2200
M_1	~2.5% $V_2O_5/WO_3/TiO_2$	涂覆	金属	PSI	400	19.9	2800
O_s	Pt	涂覆	金属	OMG	400	1.9	6.03

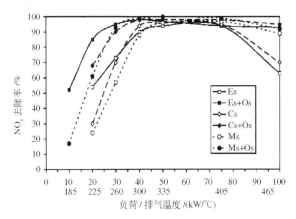

图 3-36　PSI 的 "HARDI" 测试床上不同类型 SCR 催化剂使用和不使用预氧化催化剂时的 NO_x 去除活性，NH_3 泄漏量控制在 10 ppm[142]

　　此外，NH_3 与 Urea 还原 NO_x 时，在温度低于 180℃时会因 NH_4NO_3 的形成并覆盖于催化剂表面导致活性的暂时降低[78]；要消除含 SO_x 排气中 NH_4HSO_4 的形成对活性的影响需要温度高于 300℃[143]。可见，通过预氧化催化剂调变 NO_2/NO 的比例改善低温活性仍存在一定局限性。

　　用 Urea 还原 NO_x 时需将该还原剂先水解成 NH_3，然后以 NH_3 的形式参与随后的反应，因此同样会面临 NH_3 的泄漏问题，尤其是在发动机工况瞬间变化导致排气温度升高时，这也增加了控制的难度[140]。为了提高 Urea-SCR 体系净化 NO 的效率，减少 NH_3 的泄漏，MAN 公司提出了基于 Urea-SCR 体系的 VHRO 系统，如图 3-37 所示。"V" 为前置的氧化催化剂，该催化剂的作用是将排气中的部分 NO 氧化为 NO_2，以提高 SCR 催化剂的低温活性；"H" 为 Urea 水解催化剂，其作用在于加速 Urea 水解，从而有利于随后的 NO_x 选择性还原；"R" 为 SCR 催

化剂，在该催化剂床层中，排气中的 NO_x 被 Urea 水解形成的 NH_3 选择性还原为
N_2；"O" 为 NH_3 选择性氧化催化剂，可将排气中剩余的 NH_3 转化为 N_2，以减少
NH_3 的泄漏。

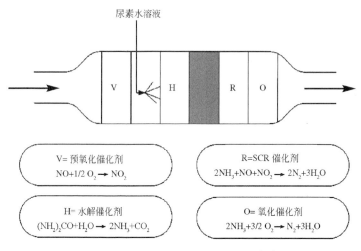

图 3-37　MAN 公司提出的"VHRO"体系[139]

在 Urea-SCR 技术中，传统的商用催化剂（V_2O_5-WO_3/TiO_2 或 V_2O_5-MoO_3/
TiO_2）虽然具有催化活性高、抗 SO_2 中毒性能好的优异性能，但仍存在着以下诸
多问题：①催化剂体系中含有有毒物质 V，在使用过程中容易发生脱落，对生态
环境和人体健康均存在危害；②催化剂操作温度高且窗口较窄；③在使用温度较
高时（超过 400℃），N_2O 生成量较大，SCR 反应的选择性降低。因此越来越多
的科研工作者开始致力于开发新型的 Urea-SCR 催化剂体系以期解决上述问题。

Seker 等[144] 使用溶胶凝胶法制备了 Cu/Al_2O_3 催化剂并比较了分别使用 Urea
和 NH_3 作为还原剂时的 NO_x 去除效率，如图 3-38 所示。由实验结果可以看出，
使用 Urea 作为还原剂时 NO_x 可以在更宽的温度窗口内具有较高的转化率，这也
间接证明了在 Urea-SCR 体系中，NH_3 并不是唯一的参与反应的还原剂，在 Urea
热解水解过程中生成的 HNCO 物种也可能参与了 SCR 反应。

Baik 等[145] 制备了 Cu-分子筛（包括 ZSM-5、发光沸石、HY、USY、镁碱沸
石）、Fe-ZSM-5、Pt-ZSM-5、V_2O_5/TiO_2、Pt/Al_2O_3、CrO_x/TiO_2、MnO_x/TiO_2 催化
剂。其中 Cu-ZSM-5 催化剂在低温时具有最高的 $DeNO_x$ 活性，而且具有比较宽的
操作温度窗口，如图 3-39 所示。Cu-ZSM-5 催化剂对 Urea-SCR 的催化活性与在
NH_3-SCR 体系中的催化活性相近，表明 Urea 可以作为有效的还原剂应用到 SCR
系统中。

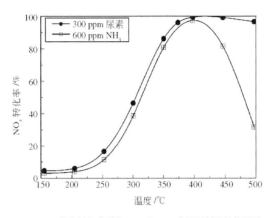

图 3-38 1% Cu/Al₂O₃ 催化剂上分别以 Urea 和 NH₃ 为还原剂选择性还原 NOₓ 的活性

反应条件: 300 ppm NO, 7% O₂, 4% H₂O, He 为平衡气, 催化剂用量 0.1 g, 气体

总流量 176 mL/min[144]

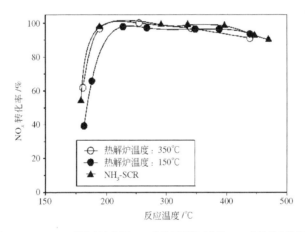

图 3-39 Cu-ZSM-5 催化剂上使用 Urea 作为还原剂时前置 Urea 热解反应器温度

对 SCR 活性的影响以及与 NH₃ 作为还原剂时的活性对比

反应条件: 500 ppm NO, 250 ppm Urea, 5% O₂, 10% H₂O, N₂ 作平衡气, 空速 100 000 h⁻¹[145]

    Devadas 等[146]还制备了可应用于 Urea-SCR 体系的 Fe-ZSM-5 催化剂并使用多种实验手段研究了活性组分的存在状态和催化活性之间的构效关系。

    这些新型的 Urea-SCR 催化剂体系目前在实际应用中仍存在着一些问题, 例如高聚物的形成对催化活性的抑制, NH₃ 瞬时泄漏等, 而这些问题在柴油车尾气净化中都是至关重要的。

3.3.4.2 碳氢化合物选择性催化还原氮氧化物 (HC-SCR)

1990 年，Iwamoto 等[147]分别报道了 Cu-ZSM-5 分子筛催化剂，在富氧条件下碳氢化合物可选择性还原 NO，随后世界上许多国家的学者开展了大量的富氧条件下选择性还原 NO (HC-SCR) 催化剂的研究。目前研制的催化材料主要包括贵金属催化剂、分子筛催化剂和金属氧化物催化剂。

1. 贵金属催化剂

贵金属催化剂选择性催化 HC 还原 NO_x 具有较好的低温活性，其催化还原 NO_x 的活性与活性组分的种类密切相关，贵金属活性组成主要是 Rh、Ir、Au、Pt、Pd 等。图 3-40 为不同贵金属催化剂催化活性的比较。Pt/Al_2O_3 催化剂在 250℃左右活性较高，温度窗口窄，而 Ru/Al_2O_3 和 Rh/Al_2O_3 催化剂的活性温度窗口向高温方向移动，温度窗口变宽，Pd/Al_2O_3 和 Ir/Al_2O_3 催化剂的活性很低[148]。但是 Pt/Al_2O_3 催化剂上 N_2 的选择性低，仅为 50%左右，而 Rh/Al_2O_3、Pd/Al_2O_3 和 Ir/Al_2O_3 催化剂上 N_2 的选择性高达 75%以上[148,149]。贵金属型催化剂的催化活性温度窗口普遍较窄，这与贵金属较强的氧化能力有关。Burch 等[150]研究发现在 Pt/Al_2O_3 催化剂中添加少量的稀土元素（La、Ce）或者碱土元素（Ba）等均可使其活性温度范围变宽，但对 N_2 的选择性无明显影响。

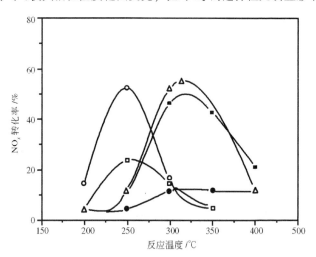

图 3-40　不同贵金属催化剂催化还原 NO_x 的活性[148]

○—Pt; □—Pd; △—Ru; ■—Rh; ●—Ir;

反应条件: 1000 ppm NO, 870 ppm C_3H_6, 5% O_2

贵金属催化剂催化还原 NO_x 的活性与载体也有很大关系，常用的载体有

SiO_2、Al_2O_3、MgO、TiO_2 等。$Pt/AlPO_4$ 催化剂的催化活性明显高于 Pt/Al_2O_3 催化剂，并且活性温度窗口向更低的温度移动。Burch 等[151]发现对于 Pt 和 Rh 催化剂，SiO_2 做载体时较 Al_2O_3 做载体时具有更高的转化率和更低的温度窗口。对于 Au 催化剂，反应温度的高低与载体种类密切相关，其由高到低的顺序为 Al_2O_3 > $MgO \approx TiO_2$ > $\alpha\text{-}Fe_2O_3 \approx ZnO$。沉积–沉淀法制备的 Au/Al_2O_3 催化剂 NO 选择性还原为 N_2 的最高转化率在427℃时达到70%，并且水蒸气的存在对催化活性有一定促进作用[152]。在对 Au 催化剂的研究中还发现，溶胶–凝胶法制备的 Au/Al_2O_3 催化剂对丙烯选择性还原 NO 的催化活性与前驱体化合物及反应条件有关。以乙酸金为前驱体化合物比以氯金酸和硝金酸为前驱体化合物制备的催化剂活性高，特别注意的是对于 0.8% Au/Al_2O_3 催化剂，用含有水蒸气的反应气体进行活化预处理活性明显提高。虽然水蒸气的存在对其活性有促进作用，但是 N_2 的选择性由无水时的100%下降到58%。与金属氧化物催化剂相比较，贵金属催化剂具有一定的抗 SO_2 性能。例如 Pt/Al_2O_3 催化剂，加入 100 ppm SO_2 对其催化活性几乎没有影响，而对 Rh/Al_2O_3 催化剂，其活性反而提高，可能的解释是生成的硫酸盐有利于丙烯在 Rh/Al_2O_3 上的解离吸附[153,154]。

还原剂种类对贵金属催化剂的催化活性也有重要影响。在 1% Pt/Al_2O_3 催化剂上，与丙烯相比，正辛烷、庚烷和甲苯是更有效的还原剂；而异辛烷作还原剂时，催化剂活性极低。另外一个重要的现象是甲苯作还原剂时 N_2 的选择性接近100%。

2. 分子筛催化剂

分子筛催化剂选择性催化 HC 还原 NO_x，由于具有高催化活性和较宽的活性温度范围，早在20世纪90年代初就引起人们的广泛关注。从已有的研究结果来看，最为常用的金属阳离子是 Cu、Fe、Co、Ag、Ga 等，而最为常用的分子筛为 ZSM-5、Y 型分子筛等。分子筛催化剂的催化活性与分子筛的种类和结构密切相关。对同一个目标反应，金属离子和分子筛中的酸性中心"协同作用"决定着催化活性。Co 离子交换时，Co-Mg 沸石活性最高，Co-Y 最低；Cu 离子交换时，Cu-ZSM-5 活性最高，Cu-Y 最低；Ga 离子交换时，低温（< 500℃）下，Ga-ZSM-5 活性最高，Ga-Y 最低，高温（> 500℃）下，Ga-Mg 沸石活性最高[155]。

分子筛催化剂的催化活性还与所交换的阳离子的种类以及离子交换度有关。Sato 等[156]研究了 Fe、Mn、Co、Ni、Cu 和 Ag 离子交换的皂石型催化剂在丙烯选择性还原 NO_x 反应中的活性，发现 Cu 与 Ag 离子交换的皂石型催化剂活性较高，水蒸气的存在抑制了 Cu 离子交换的皂石型催化剂的催化活性，但是提高了 Ag 离子交换的皂石型催化剂的活性，并且 Ag 的负载量为 7% ~8% 时活性最高。Cu-ZSM-5 的反应活性随 Cu 离子交换度的提高而增加，交换度为 80% ~

100%时活性达到最大；随着金属含量的进一步增加，活性反而下降。在 ZSM-5
负载的稀土金属催化剂中，Ce/ZSM-5 与 Pr/ZSM-5 具有较高的催化活性。并且
Ga-ZSM-5、In-ZSM-5 等无变价非过渡金属离子分子筛催化剂也表现出了很高的
催化活性。Yogo 等[157]的研究表明，Ga-ZSM-5 在 400℃时 NO_x 的转化率达
到91%。

　　加入第二种金属离子是对分子筛催化剂进行改性的一种方法，在 In/H-ZSM-
5 与 Pd/H-ZSM-5 催化剂中分别加入 Ir 与 Co，其碳氢化合物选择性催化还原 NO_x
的活性有明显的提高。这是由于第二种活性组分的加入，使 NO 氧化为 NO_2 的反
应，与 NO_2 被碳氢化合物还原的反应分别在不同的活性位上进行。Ren 等[158]发
现在 Co/HZM-5 催化剂中，加入 Mg、Ca、Ba 导致 CH_4 选择性催化还原 NO_x 活性
降低；而加入 Zn 时，催化活性明显提高，这是由于 Zn 的加入抑制了 CH_4 与氧气
的燃烧反应。

　　大多数分子筛催化剂的水热稳定性比较差，但是研究发现 Co/MFI 催化剂经
过水热预处理后 CH_4 选择性催化还原 NO_x 的活性反而提高，这是由于水热处理
后 Co^{2+} 由 α 位变为 β 位，而 Co^{2+} 处于 β 位时具有较高的活性[159]。尽管分子筛催
化剂的活性和选择性较好，但总体来看该类催化剂的水热稳定性差，因而限制了
它们的应用。提高催化剂的水热稳定性和开发高低温活性催化剂是分子筛系列催
化剂的研究方向。

　　3. 金属氧化物催化剂

　　金属氧化物催化剂在中高温区间具有较高的催化 HC 还原 NO_x 活性、高 N_2
选择性和高热稳定性，被认为是最有应用前景的一类催化剂[160~166]。其中，以
$Ag/\gamma-Al_2O_3$ 为代表的金属氧化物催化剂在 HC-SCR 中表现优异的性能，因此相关
研究最多。目前研究的难点集中在提高在水蒸气和 SO_2 存在条件下 NO_x 的转化率
及如何在高空速下保持催化剂较高的活性。1993 年，Miyadera 等[160]发现银/氧
化铝（Ag/Al_2O_3）是一种高活性的 NO_x 还原催化剂。研究表明，富氧条件下 Ag/
Al_2O_3 具有很高的催化丙烯（C_3H_6）选择性还原 NO_x 活性，是最有望实用化的催
化剂之一。若以乙醇取代 C_3H_6，NO_x 去除活性更佳[161,163,164]，而且，水的存在不
仅没有抑制催化活性，反而提高了催化活性，且抗硫性能也大大增强。

　　如图 3-41 所示，以 C_3H_6 为还原剂时，无水条件下 Ag/Al_2O_3 催化剂的最
高 NO_x 转化率可达 100%，但 10% 水蒸气使 NO_x 转化率平均下降 20% 左右，
在 300~500℃ 范围内尤为明显。停止添加水蒸气，NO_x 转化率迅速回升至无水
体系的水平。使用其他碳氢化合物时，也存在类似的水蒸气可逆中毒现象。以
C_2H_5OH 为还原剂时，催化剂的低温活性得到了显著的改善。在与 10% 水蒸气
共存的条件下，在 320~520℃ 的柴油机尾气温度范围内 NO_x 的平均转化率可

达 90% 以上，反而比无水体系有所提升。

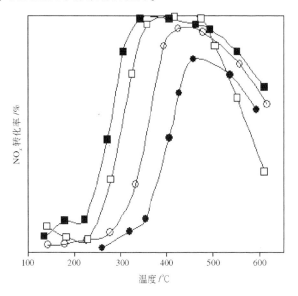

图 3-41　Ag/Al$_2$O$_3$ 催化 C$_2$H$_5$OH 和 C$_3$H$_6$ 选择性还原 NO$_x$ 的活性[164]

○—C$_3$H$_6$；●—C$_3$H$_6$ + H$_2$O；□—C$_2$H$_5$OH；■—C$_2$H$_5$OH + H$_2$O

反应条件：800 ppm NO，1714 ppm C$_3$H$_6$ 或 1565 ppm C$_2$H$_5$OH，0% O$_2$，

0% 或 10% H$_2$O，N$_2$ 平衡，空速 50 000h^{-1}

　　研究者们对 Ag/Al$_2$O$_3$ 催化 C$_3$H$_6$ 和 C$_2$H$_5$OH 选择性还原 NO$_x$ 的反应机理进行了广泛研究，提出了类似的反应机理[162,167]：NO + O$_2$ + C$_3$H$_6$（C$_2$H$_5$OH）→NO$_x$（或硝酸盐 NO$_3^-$）+ C$_x$H$_y$O$_z$（乙酸盐 CH$_3$COO$^-$）→R—NO$_2$ + R—ONO→—NCO + —CN + NO + O$_2$→N$_2$。该机理虽然解释了一些反应现象，却不能对以 C$_2$H$_5$OH 取代 C$_3$H$_6$ 为还原剂时，在更宽的温度范围内具有更高的 NO$_x$ 去除率这一事实给出合理的解释；不能阐明水蒸气存在对 Ag/Al$_2$O$_3$ 催化 C$_3$H$_6$、C$_2$H$_5$OH 选择性还原 NO$_x$ 截然相反的影响；不能揭示 Ag/Al$_2$O$_3$-C$_2$H$_5$OH 体系耐硫性的微观机制。

　　贺泓等[168,169]以原位漫反射红外光谱（in situ DRIFTS）、程序升温脱附（TPD）、气相色谱/质谱联用（GC/MS）技术为主要研究手段，结合模拟计算（DFT）的结果，系统地研究了 Ag/Al$_2$O$_3$ 催化乙醇、丙烯选择性还原 NO$_x$ 的反应机理。首次报道了催化剂表面烯醇式物种的形成，发现该物种是乙醇在 Ag/Al$_2$O$_3$ 表面部分氧化的主要吸附态产物。图 3-42 是优化后的含两碳、四碳的吸附态烯醇式物种的模型。2005 年，Taatjes 等[170]在 Science 上发表了关于气态烯醇式物种形成的文章，认为该物种是多种 HC、醇类氧化过程的中间体。可见，烯醇式物种在 HC、含氧 HC 氧化过程中是普遍存在的。贺泓等进一步的研究表明，吸附态烯醇式物种与 NO_x 优异的反应性能正是乙醇高效去除 NO_x 的关键[168]。

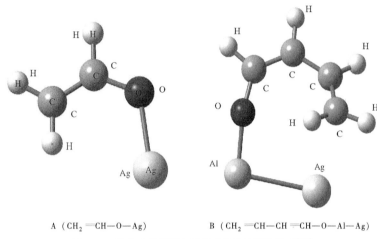

A （CH_2 ═CH—O—Ag）   B （CH_2 ═CH—CH ═CH—O—Al—Ag）

图 3-42　优化后的吸附态烯醇式物种的结构模型[164]

图 3-43 是富氧条件下 C_2H_5OH 在 Ag/Al_2O_3 表面达吸附平衡后，将反应气体切换为 $NO + O_2$ 的原位红外光谱图，通过该图明确了乙醇部分氧化产物与硝酸盐物种的反应性能。由图可见，C_2H_5OH 在催化剂表面发生部分氧化后，形成乙酸盐 CH_3COO^-（1579、1464 cm^{-1}）与高浓度烯醇式物种 RCH ═$CH—O^-$（1633、1416、1336 cm^{-1}）。反应气体切换为 $NO + O_2$ 后，第 1 min 出现 NCO（2229 cm^{-1}）吸收峰，3 min 达最大值，随后减弱，其形成速率要快于相同条件下以 C_3H_6 为还原剂的情形，而且峰的强度也高。30 min 时 NCO 吸收峰已变得非常小，NO_3^- 有一定程度的积累，但还是有一定量的 CH_3COO^- 残存于催化剂的表面，表明 CH_3COO^- 并不是一种反应性能优良的中间体。

众多的研究者认为，金属氧化物如 Al_2O_3、Ag/Al_2O_3、Cu/Al_2O_3 等催化 C_3H_6 选择性还原 NO_x 时，CH_3COO^- 是主要的吸附态物种，并在关键中间体 NCO 的形成中起到至关重要的作用，即与吸附态 NO_3^- 或 $NO + O_2$ 反应形成 NCO 中间体[160,164]。Kameoka 等[171]认为，Ag/Al_2O_3 催化乙醇选择性还原 NO_x 时，同样是 CH_3COO^- 与 NO_3^- 的反应决定了 NCO 表面浓度的高低。与 C_3H_6 还原 NO_x 相比，NCO 表面浓度高的原因是 CH_3COO^- 和 NO_3^- 这两种重要吸附态物种的生成量的变化，即 C_2H_5OH 还原 NO_x 时会有更多的 CH_3COO^- 形成，而 NO_3^- 的量相对减少。

如果乙酸盐（CH_3COO^-）在 NCO 的形成中果真起到至关重要的作用，且具有与 NO_3^- 或 $NO + O_2$ 优异的反应性能，那么 CH_3COO^- 应该对 $NO + O_2$ 的存在非

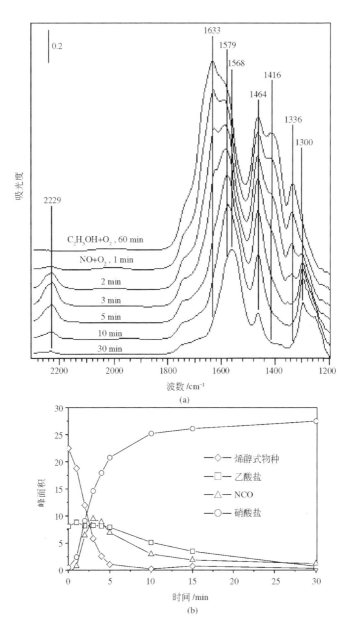

图 3-43 富氧条件下 C_2H_5OH 部分氧化产物与 $NO + O_2$ 的反应活性[168]

常敏感。但图 3-43 清楚地表明，当 C_2H_5OH 部分氧化形成 RCH═CH—O⁻ 和 CH_3COO^- 后，向反应体系中添加 NO + O_2 时，最先参与反应的是 RCH═CH—O⁻，并非 CH_3COO^-；只有 RCH═CH—O⁻ 因反应消失后，CH_3COO^- 才逐渐与 NO + O_2 反应形成 NCO。由此可见，烯醇式物种（RCH═CH—O⁻）具有比乙酸盐（CH_3COO^-）更高的反应活性。乙醇部分氧化后，在很宽的温度范围内 RCH═CH—O⁻ 占主导地位，因而理应是该物种与 NO + O_2 或 NO_3^- 的反应决定 NCO 的形成与浓度的高低。乙酸盐也能参与 NCO 的形成，但该物种较弱的反应性能和较低的表面浓度决定了其在 NCO 形成中只能扮演次要的角色。

基于以上研究结果，贺泓等[164,168] 提出了如图 3-44 所示反应机理，由此解释了 Ag/Al_2O_3 催化乙醇选择性还原 NO_x 的微观机制。Ag/Al_2O_3 催化乙醇选择性还原 NO_x 时，首先经历 NO、乙醇的部分氧化形成吸附态硝酸盐、烯醇式物种及乙酸盐；硝酸盐与烯醇式物种直接或经含氮有机物种（R-NO₂、R-ONO）转化为关键中间体 NCO，NCO 迅速与 NO + O_2、硝酸盐反应最终使 NO 还原为 N_2。乙醇的另一部分氧化产物——乙酸盐也可能参与了 NCO 的形成，但该物种较低的表面浓度、较弱的反应活性导致了其在整个反应历程只能起到次要的作用。烯醇式物种的高浓度、高反应活性才是形成高浓度 NCO 的决定因素，并最终决定了乙醇选择性还原 NO_x 的优异性能。丙烯在 Ag/Al_2O_3 表面上部分氧化时，主要生成乙酸盐，同时也形成少量的烯醇式物种，但其极低的表面浓度导致了烯醇式物种在整个 Ag/Al_2O_3 催化丙烯选择性还原 NO_x 过程中只能扮演次要的角色，而使乙酸盐与硝酸盐的反应决定了 NCO 的形成与 NO_x 还原效率，乙酸盐较低的反应活性致使 NCO 的浓度偏低，最终导致 NO_x 去除率低下。由此我们也可以预计，为进一步提高 Ag/Al_2O_3 去除 NO_x 的催化性能，可从两个方面着手：添加合适的助剂，使 HC 和含氧 HC 部分氧化时更有利于烯醇式物种的形成；或者是选择更有利于形成烯醇式物种的还原剂。

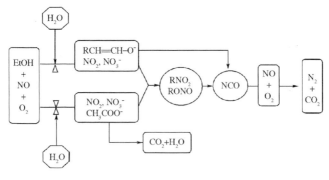

图 3-44　Ag/Al_2O_3 催化乙醇选择性还原 NO_x 反应机理[164,168]

在 NO$_x$ 选择性还原研究领域，另一长期困扰我们的实验现象是：水蒸气的存在促进了乙醇选择性还原 NO$_x$ 的进行，却抑制了丙烯与 NO$_x$ 的反应。对比水蒸气对乙醇、丙烯部分氧化，乙醇、丙烯选择性还原 NO$_x$ 的原位红外谱图发现，水的添加并不影响烯醇式物种的形成，但明显抑制了乙酸盐的形成或是其在催化剂表面的积累，同时水又加速了 NCO 与硝酸盐或 NO + O$_2$ 形成氮气的反应。Ag/Al$_2$O$_3$ 催化乙醇选择性还原 NO$_x$ 时，经烯醇式物种形成关键中间体 NCO 的过程是整个反应的主要途径，与此相比乙酸盐的形成是与烯醇式物种竞争催化剂表面活性位的平行反应，水蒸气通过抑制乙酸盐的形成为主反应通道提供了更多的活性中心，因而有利于整个反应。添加 10% 的水蒸气后最终产物 CO$_2$ 的生成量迅速增加，正是水蒸气促进乙醇选择性还原 NO$_x$ 的明证。Ag/Al$_2$O$_3$ 催化丙烯选择性还原 NO$_x$ 过程中，水蒸气通过抑制乙酸盐的形成抑或是其在催化剂表面的积累，从而抑制了经乙酸盐形成 NCO 这一主反应途径，即抑制了整个丙烯选择性还原 NO$_x$ 反应历程。

此外，贺泓等在已有的 Ag/Al$_2$O$_3$-乙醇组合选择性催化还原 NO$_x$ 的成熟机理上，还考察了 Ag/Al$_2$O$_3$ 催化剂上其他不同还原剂（主要是含氧 HC 化合物）还原 NO$_x$ 反应的匹配性能研究，从中筛选性能优异的催化剂-还原剂组合[172]。C1 还原剂（甲醇、二甲醚）、C2 还原剂（乙醇、乙醛）、C3 还原剂（丙烯、异丙醇、正丙醇和丙酮）以及 C4 还原剂（正丁醇）选择性还原 NO$_x$ 的结果如图 3-45 所示。从图中可以看出，在整个的评价温度范围内（473 ~ 773 K），当选用 C2、C3 和 C4 还原剂时，各反应均具有较宽的温度窗口和较高的 NO$_x$ 转化率；而选用 C1 还原剂时，反应的最大 NO$_x$ 转化率要远远小于 C2、C3 和 C4 作还原剂时的情况。可以看出 Ag/Al$_2$O$_3$ 选择性催化还原 NO$_x$ 反应中各还原剂的抗硫活性如下：正丁醇 ≈ 正丙醇 > 乙醇 ≈ 乙醛 > 异丙醇 ≈ 丙酮 > 丙烯 ≫ 甲醇 > 二甲醚，即 C4 还原剂的还原性能最好，C2 与 C4 还原剂的还原性能相近，C3 还原剂稍弱于 C2 还原剂的还原性能，而 C1 还原剂的还原性能最差。

二氧化硫是制约催化剂的催化性能和使用寿命的一个重要因素，由于 SO$_2$ 能强吸附在绝大多数过渡金属氧化物催化剂及活性氧化铝表面上，占据催化活性位而阻碍其他反应气体在表面上的吸附，并能使载体硫酸盐化，最终导致催化剂失活，所以研究 SO$_2$ 对 NO$_x$ 催化还原反应的影响具有十分重要的意义。图 3-46 是 673 K 时 SO$_2$ 对 Ag/Al$_2$O$_3$ 催化 C2（乙醇、乙醛）、C3（正、异丙醇、丙酮和丙烯）和 C4（正丁醇）还原剂选择性还原 NO$_x$ 反应过程的影响。结果发现 80 ppm SO$_2$ 存在条件下，Ag/Al$_2$O$_3$ 选择性催化还原 NO$_x$ 反应中各还原剂的抗硫活性如下：乙醇 > 乙醛 ≫ 正丁醇 > 正丙醇 > 丙酮 > 丙烯 > 异丙醇，即 Ag/Al$_2$O$_3$-C2 还原剂组合体系具有很好的抗硫效果，Ag/Al$_2$O$_3$-C3 还原剂组合体系抗硫效果较差，而 Ag/Al$_2$O$_3$-C4 还原剂组合体系抗硫效果介于两者中间[172]。

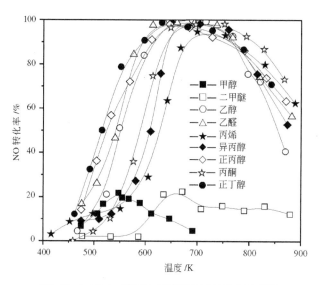

图 3-45　Ag/Al₂O₃ 催化剂上不同还原剂的活性对比图[172]

反应条件: 800 ppm NO, 还原剂 (1565 ppm 乙醇或乙醛; 1714 ppm 丙烯, 1043 ppm 异丙醇或丙酮或正丙醇; 783 ppm 正丁醇; 3030 ppm 甲醇或二甲醚), 10% O₂; 10% H₂O, N₂ 平衡, 空速 50 000 h⁻¹

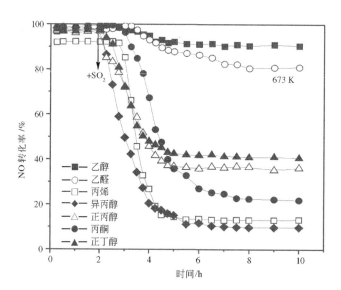

图 3-46　673 K 温度下 80 ppm SO₂ 对不同高效 Ag/Al₂O₃ – 还原剂组合体系还原 NOₓ 的影响[172]

贺泓等还运用原位漫反射红外光谱技术重点考察了 Ag/Al_2O_3-C2（乙醇）、C3（正丙醇、异丙醇）和 C4（正丁醇）还原剂组合体系选择性催化还原 NO_x 的硫中毒机理[172]。研究结果表明，当以乙醇为还原剂时，红外谱图中没有发现催化剂表面上有硫酸盐生成，而该反应的关键性活性物种 NCO 的生成也没有受到阻碍，这意味着反应速率基本保持不变，表明 SO_2 的存在并不明显影响 Ag/Al_2O_3 催化 C_2H_5OH 还原 NO_x 的反应，这与活性评价结果基本吻合。当使用 C3 和 C4 作还原剂时，Ag/Al_2O_3 催化剂表面上硫酸盐的生成不仅抑制了 NO_3^- 的生成，而且抑制了 NO_3^- 和 $RCH=CH-O^-$ 进一步反应生成活泼的反应中间体 NCO，这是导致 Ag/Al_2O_3 催化 C3 或 C4 选择性还原 NO_x 活性降低的主要原因。

研究发现[172]，C2、C3 以及 C4 还原剂在部分氧化反应过程中所形成的 $RCH=CH-O^-$ 物种应该是同一类物种，而不是同一种物种，也就是说它们在分子结构中存在着一定的差异性，因而导致了不同反应体系迥异的抗硫效果。C2 还原剂（乙醇和乙醛）在部分氧化过程中生成含有 2 碳（主要）或 4 碳的 $RCH=CH-O^-$ 物种，SO_2 的存在基本不影响该类 $RCH=CH-O^-$ 物种与 NO_3^- 进一步反应生成关键中间体 NCO。C3 还原剂（正丙醇和异丙醇）在部分氧化过程主要生成的是 3 碳 $RCH=CH-O^-$ 物种，而 SO_2 的存在会明显抑制 3 碳 $RCH=CH-O^-$ 物种与 NO_3^- 进一步反应生成关键中间体 NCO，由此导致 C3 还原剂选择性还原 NO_x 活性的降低。而 C4 还原剂（正丁醇）部分氧化过程主要生成的是 4 碳 $RCH=CH-O^-$ 物种，其中也许会有少量的 C4 还原剂断链生成 2 碳或 3 碳 $RCH=CH-O^-$ 物种，因而 C4 还原剂-Ag/Al_2O_3 组合体系的抗硫效果介于 C2 还原剂-Ag/Al_2O_3 组合体系和 C3 还原剂-Ag/Al_2O_3 组合体系之间。

正是由于 Ag/Al_2O_3 催化剂-乙醇组合在反应气中含有 H_2O 和 SO_2 的情况下，仍可基本保持选择性催化还原 NO_x 活性，且该体系具有与尿素选择性还原 NO_x 相当的活性与活性温度窗口，因此被认为具有非常好的应用前景。美国橡树岭国家实验室 Kass 等[173]的发动机台架实验表明，在 350～400 ℃ 的温度范围内空速为57 000 h^{-1} 时，Ag/Al_2O_3 催化乙醇选择性还原 NO_x 的活性高达 85%。贺泓等[164]最近的研究表明（表3-9），以 Ag/Al_2O_3-C_2H_5OH 组合体系为核心的催化转化器不仅使 NO_x 欧Ⅱ达标的柴油机达到欧Ⅲ标准，实际上催化器出口的 NO_x 加权排放量已落入了欧Ⅳ标准限值之内。同时，Ag/Al_2O_3-C_2H_5OH 体系也具备了良好的抗水耐硫性；催化活性与 NO_2/NO 没有相关性，无需精确控制这一比例。正是具备了以上的优良特性，Ag/Al_2O_3-C_2H_5OH 体系已成为最具应用前景的消除柴油机尾气 NO_x 的技术方案之一。

表3-9　柴油机 NO_x 催化转化器排放达欧Ⅲ标准[164]

平均 NO_x 排放/ [g/(kW·h)]	原机排放	催化转化器 出口浓度	NO_x 转化率	欧Ⅲ 限值	欧Ⅳ 限值
NO_x（稳态）	5.82	1.74	70.0%	5.0	3.5
NO_x（瞬态）	6.02	2.67	55.6%	5.0	3.5

　　进一步研究发现，Ag/Al_2O_3-C_2H_5OH 组合体系选择性还原 NO_x 的过程中，会产生较多的 CO 和未燃 HC，以及 N_2O、NH_3、CH_3CN 和 HCN 等微量有害副产物。因此，要想实现 Ag/Al_2O_3 催化剂的实际应用，必须消除上述有害副产物。从目前报道来看，大多数研究是采用后置氧化催化剂来去除副产物。Miyadera[174] 曾使用 Ag/Al_2O_3 + $CuSO_4/TiO_2$ + Pt/TiO_2 复合催化剂有效消除反应过程中产生的 N_2O、NH_3、CH_3CN、HCN、CO 和 CH_3CHO 等有害副产物，然而该催化剂系统过于复杂。另外，他指出 Pt、Pd、Rh 等负载型贵金属氧化催化剂尽管具有很高的氧化活性，在低温下就能把 CO、C_2H_5OH、CH_3CHO 完全氧化，但同时也容易将 N_2O、NH_3、CH_3CN 和 HCN 等微量副产物重新氧化为 NO_x，因此不能直接加在 Ag/Al_2O_3 后用于消除上述有害副产物。张长斌等[175] 最近采用 Ag/Al_2O_3 + Cu/Al_2O_3 组合催化剂分别对以 C_2H_5OH 和 C_3H_6 为还原剂的 SCR 反应中产生的 NO_x 和 CO 消除情况进行了研究，发现 Cu/Al_2O_3 催化剂对催化体系去除 NO_x 的活性没有明显影响，体系具有与 Ag/Al_2O_3 相似的 NO_x 去除率，而且可有效去除副产物 CO。另外，使用上述催化剂体系，在350℃还能实现对尾气中乙醇和乙醛的完全消除。同时，他们对 Ag/Al_2O_3 整体催化剂（SCR）和 Ag/Al_2O_3 + Cu/Al_2O_3（SCR + Oxi）复合整体催化剂进行了柴油车尾气 NO_x 净化台架试验，结果如表3-10所示。可以看出，柴油机原机（sofim 8140 - 43 C 柴油发动机）THC 和 CO 的排放达到了欧Ⅲ排放标准，但 NO_x 排放远远超过了欧Ⅲ排放标准。而单独使用 Ag/Al_2O_3 整体催化剂（SCR）来处理尾气时，NO_x 排放大大低于欧Ⅲ排放标准，但是 THC 和 CO 的排放却超过了欧Ⅲ排放标准。当使用 Ag/Al_2O_3 + Cu/Al_2O_3（SCR + Oxi）复合整体催化剂时，NO_x 和 CO 排放都达到了欧Ⅲ排放标准，而且 THC 的排放有了明显的改善，只是略高于欧Ⅲ排放标准。

表3-10　柴油机欧Ⅲ标准测试结果

排放	CO/[g/(kW·h)]	THC/[g/(kW·h)]	NO_x/[g/(kW·h)]
欧Ⅲ限值	2.1	0.66	5.0
柴油机原机	1.307	0.355	6.924
SCR	3.482	1.431	2.668
SCR + Oxi	0.097	0.709	3.654

4. 复合型催化剂

由于实际柴油车尾气排气温度范围比较宽，并且含有 H_2O 和 SO_2，因此单一类型和单一组分的催化剂在实际应用中净化 NO_x 仍具有一定的局限性。研究表明，根据各活性组分的特性，有选择地把两种或两种以上的活性组分组合起来，对 NO_x 的选择性还原可产生良好的效果。组合方式可分多段催化、机械混合和多功能催化剂等组合形式。

（1）多段催化。多段催化组合是将两种或两种以上不同活性或不同功能的催化剂分层有序的填装在反应床中，或将装有不同催化剂的反应床串联组合，从而实现多级催化。

Kato 等[176]将 Al_2O_3 和 SnO_2 从上到下分层填装时，Al_2O_3 活性温度范围在 500 ~ 600℃，而 SnO_2 活性温度范围在 400℃左右，因此在较宽温度范围内，C_2H_4 可有效地还原 NO。将 Al_2O_3、Fe/Al_2O_3、Pt/Al_2O_3 从上到下分层填装，则可在 200 ~ 600℃催化净化 NO。将氧化性较强的 10%（质量分数，下同）Mn_2O_3 与 30% Ga_2O_3/Al_2O_3 从上到下分层有序填装，在 200 ~ 600℃的温度范围内，低碳氢还原剂可有效地催化还原 NO[177]。这是因为对于催化组合中，Mn_2O_3 首先将 NO 氧化为 NO_2，从而加快了反应速率并拓宽活性温度范围。

在实际应用中，根据选择性催化反应历程，将不同功能的催化剂装入不同的催化反应床，然后串联组合起来，还原剂可从第一个反应床入口加入，也可在不同反应床中间添加，充分利用还原剂，将拓宽活性温度窗口和提高 NO 的转化率。Iwamoto 等[178]提出双床催化中间添加还原剂的方法（IAR 法），用贵金属 Pt 催化剂首先将 NO 氧化为容易被选择性还原的 NO_2，在两个反应床中间添加还原剂，NO_2 和还原剂在装有分子筛催化剂的第二个反应床中进行选择性催化还原。如图 3-47 所示。李俊华等[179]在此基础上将第二个反应床填装氧化物催化剂，发现氧化物为 In/Al_2O_3 和 Sn/Al_2O_3 催化剂时，分段组合的协同效应最好。

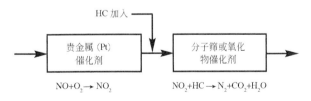

图 3-47　双床催化中间添加还原剂的方法

为了净化稀燃汽车排放的 NO，Lachenmaier 等[180]将选择性还原催化剂与氧化型催化剂串联组合在一起，用含 20% 尿素的水溶液作还原剂，可有效降低 NO_x、CO、HC 排放物。还原剂注射器的喷射压力为 0.5 MPa，还原剂流量为 1.8

g/min，NO$_x$ 去除率达 76%，CO 的去除率为 83%，HC 的去除率为 61%。

双段床催化反应器可以实现不同类型催化剂的组合。例如为了净化 NO 和 N$_2$O，反应气体先通过装有贵金属 Pt/C 催化剂的第一段反应床，在温度为 202℃ 下，大量的 NO 转化为 N$_2$ 和 N$_2$O，生成的副产物 N$_2$O 经过第二段装有 ex-Co-Rh，Al-HTlc 或 Fe-ZSM-5 催化剂的反应床，在反应温度为 427～502℃ 范围内，N$_2$O 被催化分解为 N$_2$ 和 O$_2$。实验结果表明 NO 的转化率可以达到 85%，最后气体出口的 N$_2$O 小于 10 ppm[181]。

总之，多段催化床可根据反应历程，将不同类型催化剂和还原剂组合，有效利用还原剂，在较宽的温度范围内有效地净化 NO。如果最后一段为氧化型催化剂，还可以同时减少 CO 和 HC 的排放。

（2）机械混合催化剂体系。机械混合型复合催化剂体系是将两种或两种以上的不同催化剂进行机械式的物理混合，利用不同催化剂的催化性质，发挥协同效应。

稀燃选择性还原催化剂中常利用 Mn$_2$O$_3$ 的氧化性，与还原性能好的催化剂进行机械混合，选择性还原 NO。Ueda 等[182] 将 Au/Al$_2$O$_3$ 和 Mn$_2$O$_3$ 进行机械混合后，反应温度为 300℃，C$_3$H$_6$ 可以有效地还原 NO$_x$，NO 转化率可达到 98%。Chen 等[183] 研究了尖晶石型 Ni-Ga 复合氧化物催化剂，在 400℃ 才开始具有活性，而机械混合掺入 10%～20% 的 Mn$_2$O$_3$，可显著促进选择性还原 NO 的活性，在 250～450℃ 可有效地净化 NO。在机械混合的催化体系中，Mn$_2$O$_3$ 的机械掺杂，加速了 NO 氧化为中间产物 NO$_2$。相反，Mn$_2$O$_3$ 对还原剂的氧化性不是太强，在中低温下对 C$_3$H$_6$ 的氧化作用较弱，使 C$_3$H$_6$ 可在较宽的温度范围内与 NO$_2$ 快速反应，从而加速了 NO 的还原并拓宽了活性温度范围。如果将氧化性较强的贵金属和氧化物催化剂混合后，氧化物催化剂的活性几乎被抑制。其主要原因是贵金属在低温下已经将 HC 完全氧化，在氧化物催化剂的活性温度范围内已经没有可以参与反应的还原剂，因此，人们研究较多的是下面两种组合方式：多层复合催化和多功能催化剂。

（3）多层复合催化。在催化剂制备过程中常常将不同功能的活性组分通过先后浸渍或涂覆的步骤，制备双层或多层组合的催化体系。图 3-48 为分层组合体系示意图。为了有效利用 HC 还原剂，在氧化型贵金属催化剂上再涂覆一层容易吸附还原剂的分子筛或氧化物选择性还原催化剂，可提高催化活性和拓宽活性温度范围。分层复合催化是一个有效的 NO 选择性催化还原体系，在较宽的温度范围内有效地利用 HC 还原剂，提高 NO 转化率。因此，这种复合催化剂体系有希望应用于稀燃汽车尾气中 NO 的净化。

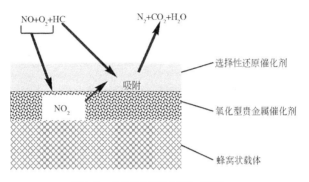

图 3-48　分层组合型催化体系示意图

Obuchi 等[184]报道了不同功能组合的催化体系，例如 Pt/SiO$_2$ 和 H-ZSM-5 组成的双层催化剂具有很高的选择性还原 NO 活性，明显好于单层 Pt/SiO$_2$ 或 Pt-ZSM-5 催化剂。

日本 Nissan 公司 Suga 等[185~187]先后在 1998 年、1999 年和 2002 年公开了 3 项富氧条件下净化 NO$_x$ 的催化转化器的美国专利。催化剂为双层涂覆结构。第一层活性组分为贵金属 Pt、Pd、Rh 中的至少一种元素，将其负载到多孔载体上。在其上面涂制氧化物层，复合氧化物为（A$_{1-\alpha}$B$_\alpha$）$_{1-\beta}$CO$_\delta$（$\alpha>0$，$\delta>0$，$\beta<1$）。A 为稀土元素 La、Ce、Nd、Sm 中至少一种元素，B 为碱金属 Na、K、Cs 或碱土金属 Mg、Ca、Sr、Ba 中的元素，C 为过渡金属 Fe、Co、Ni、Mn 中的元素。该催化剂可在富氧条件下提高 NO$_x$ 的吸附和净化能力，同时有效地转化 HC 和 CO，其净化率大于 90%。在 300 ppm SO$_2$ 存在下，进行了 50 h 的稳定性实验，最后 NO$_x$ 的转化率仍然高达 75%。

利用稀燃汽油机中未燃烧完全的 HC 和 CO 作还原剂，在富氧条件下可选择性催化还原 NO$_x$。Iizuka 等[188]研制的催化剂是将活性组分贵金属 Pd 和碱金属 K 及稀土金属负载到无机氧化物上。丰田公司的 Suzuki 等[189]发明了三段组合催化剂，第一段在酸性载体上负载贵金属，第二段在多孔载体上负载碱金属、碱土金属和稀土元素，第三段在多孔载体上负载贵金属。该催化剂可有效防止 SO$_2$ 中毒，在空燃比很宽的范围内有效的净化 NO$_x$。

Inui 等[190]发明的复合催化剂活性组分由贵金属 Pd、碱金属氧化物 Na、K、Ru、Cs 中的至少一种及过渡金属氧化物 Fe、Co、Ni 中的至少一种组成。该催化剂可单独使用或与氧化型催化剂及三效催化剂联合使用。Miyoshi 等[191]发明的净化尾气催化剂为多孔的载体上负载主要活性组分 Pt 和 Pd，助剂组分包括稀土元素 La，过渡金属元素 Fe、Ni、Co、Mn 中一种。

多层复合催化剂体系是在实用型的蜂窝载体上，将氧化性活性组分和选择性还原活性组分分层分布，外观上类似于三效催化转化器，是一个完整的催化剂，可直接用于汽车发动机实验。由于多层复合催化剂负载了不同功能的催化组分，可以充分发挥协同效应，在富氧条件下可有效地净化 NO，具有实际应用潜力。

（4）多功能催化剂。在催化剂的制备过程中，把具有不同催化功能的两种或多种活性组分组合在一起，经过焙烧制得的完整催化剂，通常称之为双功能或多功能催化剂。如 Zn-Co/HZSM-5 催化剂，在离子交换法制备过程中，将 Zn 和 Co 离子一起负载到分子筛载体上，得到双组分催化剂。分子筛催化剂 In/H-ZSM-5 与 Pd/H-ZSM-5 中分别加入 Ir 与 Co，可明显地提高催化活性[192]。这可能是由于第二种活性组分的加入，使 NO 氧化为 NO_2 的反应和 NO_2 被碳氢化合物还原的反应分别在不同的活性中心上进行，加速了总反应速率。

对于 Co/Al_2O_3 催化剂，Sn 和 Ag 的加入对其催化活性有抑制作用，但是 In 的加入明显地提高其催化活性，使温度窗口变宽，抗 SO_2 中毒能力增强[193]。在 Ag 催化剂中加入 0.01% Pd，提高了它的催化活性[164]。选择性还原 NO 的氧化物催化剂中，添加一些碱金属可以提高催化剂的选择性及寿命。例如 2%（质量分数，下同）Ag/Al_2O_3 催化剂中添加 0.5% ~1% Cs 可促进 C_3H_6 选择性还原 NO 的活性，且活性温度范围拓宽[194]。其主要原因是 Cs 的添加可稳定和增大反应活性位 Ag_2O 晶粒，减少金属 Ag 产生。

Cheung 等[195] 报道 SnO_2/Al_2O_3 催化剂的活性比添加过渡金属氧化物 CoO_x 后的 SnO_2-CoO_x-Al_2O_3 催化剂的活性高，但在 0.003% SO_2 存在下，SnO_2-CoO_x-Al_2O_3 催化剂上 $C_{10}H_{22}$ 选择性催化还原 NO 的活性好于 SnO_2/Al_2O_3 催化剂。Chen 等添加 2% Sn 到 6% Co/Al_2O_3 催化剂中，明显提高了催化剂的水热稳定性[196]。Okimura 等[197] 研究了尖晶石结构的 Zn-Al-Ga 复合氧化物对 C_3H_6 和 CH_4 选择性还原 NO 反应，实验结果表明 Zn-Al-Ga 复合氧化物的活性明显高于双氧化物 Zn-Al 和 Ga-Al 催化剂。Master 等用甲醇和二甲醚作还原剂，研究了 Al_2O_3 负载不同金属的 NO_x 选择性催化还原反应的活性，结果发现 5% MoO_3/Al_2O_3 催化剂活性最高，并具有很好的抗硫性能[198]。

Ga_2O_3-Al_2O_3 催化剂中添加 CoO、CuO、Fe_2O_3、NiO 和 Ag 将不同程度提高了 Ga_2O_3-Al_2O_3 的低温脱氮活性。但在有水存在下，活性明显下降。加入 In_2O_3 和 SnO_2，其抗水中毒能力明显提高，且 In_2O_3、SnO_2 的最佳负载量为 5%[199]。水蒸气的存在使 In_2O_3-Ga_2O_3-Al_2O_3 与 SnO_2-Ga_2O_3-Al_2O_3 催化剂的活性有了明显的提高，其中在 In_2O_3-Ga_2O_3-Al_2O_3 催化剂上，NO 在 350 ℃时的转化率由无水蒸气存在时的 42% 提高到有水时的 91%。但是 SO_2 的存在使其活性明显下降，在 H_2O 和 SO_2 共存的条件下，5% SnO_2 – 30% Ga_2O_3-Al_2O_3 催化剂具有较高的低温催化活性，并且具有良好的抗烧结和热稳定性能[200]。

Richter 等[201] 制备了 Al₂O₃ 载体上浸渍 Ag-Co-Cu-In 的四组分复合催化剂，每个活性组分的含量从 0% ~ 1% 调变，在 400 ~ 500℃ 的温度范围内评价了催化剂的选择性催化还原 NOₓ 的活性，NOₓ 最大转化率达到 90% 以上。Krantz 等[202] 报道了 Al₂O₃ 载体上浸渍 Pt-Pd-In-Na 的四组分复合催化剂发现，在 200 ~ 550℃ 的温度范围内、理论空燃比附近，显示出非常好的 C₃H₆ 选择性还原 NO 的活性，但在稀燃条件下反应活性很差。

对于双金属 Rh-Ag/Al₂O₃ 催化剂，用 C₃H₆ 选择性还原 NO，发现金属组分含量为 95% Rh-5% Ag 时，双组分间具有很好的促进作用[203]。Meng 等[204] 在 Co/Al₂O₃ 催化剂中掺入了质量比为 0.1% 的贵金属 Pt、Pd、Rh，研究了改性后催化剂上 CO 与 NO 的协同净化效果，并对催化剂进行了结构表征。结果表明，贵金属掺杂可以促进 C₂H₄ 选择性还原 NO 的反应活性，活性顺序为 Rh-Co/Al₂O₃ > Pt-Co/Al₂O₃ > Pd-Co/Al₂O₃，同时贵金属掺杂还增强了对 CO 的氧化能力。催化剂的表征结果证实，Co⁰ 是 CO 氧化反应的主要活性位，而 CoAl₂O₄ 是碳氢选择性还原 NO 的活性位。Li 等[205,206] 也发现，选择性还原催化剂中，氧化物催化剂中添加少量的贵金属，其选择性催化还原 NOₓ 的活性高于单氧化物或单贵金属催化剂。多组分催化剂由于活性组分分散负载到同一个载体上，不同的活性位之间相互交叉重叠，可改善催化剂的水热稳定性和抗 SO₂ 中毒能力，同时一定程度上可提高催化活性和拓宽活性温度范围。

尽管复合型催化剂选择性催化 HC 还原 NOₓ 的研究取得了一定的进展，但是这些结果仍然无法满足柴油车和稀燃汽油车尾气 NOₓ 催化净化对低温活性和耐久性的要求。贺泓等提出研究富氧条件下 NOₓ 选择性催化还原时，不仅要进行高效催化剂的研制，同时还要进行催化剂和还原剂的匹配研究。因为只有催化剂的氧化能力与还原剂相匹配时，才能获得较多的吸附态还原剂部分氧化物种，参与高效选择性还原 NOₓ。正是基于这一思想，通过对 Ag/Al₂O₃ 不同还原剂匹配性能研究发现，Ag/Al₂O₃-乙醇组合体系因其对柴油车尾气良好的适应性，目前成为具有应用前景的柴油车尾气净化体系[172]。

3.3.4.3 低温等离子体技术辅助催化还原氮氧化物

等离子体技术应用于柴油机尾气后处理的研究始于 20 世纪 80 年代中期，自 90 年代有了较大的发展。利用低温等离子体与 NOₓ 选择性催化还原相结合，可以提高 SCR 催化剂的低温活性与净化效率，是目前研究的热点之一[207~209]。低温等离子体对 NOₓ 还原的促进原理可简述为以辉光、电晕、介质阻挡等放电形成，将排气活化为自由电子、离子、自由基及中性分子组成的导电性流体；利用离子、自由基、激发态分子和原子等优异的反应性能，使 NO、HC 转化为反应活

性更高的 NO_2 及 HC 部分氧化产物（$C_xH_yO_z$），从而促进随后催化剂作用下的
NO_x 选择性还原的进行：

$$NO \rightarrow NO_2 \tag{3-51}$$

$$C_xH_y + O_2 \rightarrow C_xH_yO_z \tag{3-52}$$

作为 NO_x 选择性催化还原的辅助技术，等离子体放电具有结构简单、不影响
柴油机运行性能、对硫不敏感、提高 SCR 催化剂净化效率与低温活性以及降低 PM
排放等技术优势，是柴油机尾气后处理研究的新方向之一。PNNL 和 Caterpillar 公
司已就低温等离子体-催化剂组合技术在重型柴油机 NO_x 净化方面的应用展开合作。
Delphi 开发了一种低温等离子体辅助的柴油机尾气 NO_x 与 PM 后处理系统。即便如
此，NTP 离柴油机尾气后处理的工程实用化还有一定的距离。

3.3.5 氧化催化剂和柴油机颗粒物削减技术

内燃机排气颗粒物（particulate matter，PM）的主要成分是碳、有机物质与
硫酸盐，柴油机尾气中的颗粒物比汽油机高出 30 ~ 80 倍，因而一般说到颗粒物
系指柴油机颗粒物。柴油机颗粒物由三部分组成，即碳烟、可溶性有机物（solu-
ble organic fraction，SOF）与硫酸盐。柴油机颗粒物各种成分所占的比例并不是一
成不变，会随发动机的类型和技术水平、工况以及油品特性等的不同而异。颗粒
物对人体健康的危害与其粒度大小与组分相关。自 2002 年以来，研究者们开始
注意到柴油机尾气中的超细粒子（ultrafine particles）对人体健康具有更大的危害
作用。目前，柴油机颗粒物净化技术主要包括氧化催化剂和柴油机颗粒物过
滤器。

3.3.5.1 氧化催化剂

氧化催化剂（DOC）用于柴油车尾气处理由来已久，早在 20 世纪 70 年代，
氧化催化转化器就已经被安装在非高速公路柴油车上，是最早得到应用的柴油机
排气后处理技术。催化氧化器的催化剂一般由 Pt、Pd 等贵重金属组成，并负载
于载体表面上。柴油机氧化催化剂主要是用于氧化消除颗粒物中的 SOF 组分，同
时利用其强氧化性将尾气中的 HC、CO、醛类等彻底氧化为 CO_2 和 H_2O：

$$[SOF] + O_2 \rightarrow CO_2 + H_2O \tag{3-53}$$

$$CO + 1/2\ O_2 \rightarrow CO_2 \tag{3-54}$$

$$[HC] + O_2 \rightarrow CO_2 + H_2O \tag{3-55}$$

氧化催化剂可以转化 SOF 中的大部分碳氢化合物，达到降低微粒排放总量的
目的，SOF 的去除率高达 90%，总 PM 的去除率根据颗粒物组成的不同可达到
25% ~ 50%。同时，DOC 也可使气相的 HC 和 CO 的排放进一步降低，HC 和 CO

的去除率可达 60% ~90%，并减轻柴油机排气的臭味。柴油机尾气的排温较低，导致颗粒物中的碳烟难以氧化。影响催化氧化器转化效率的因素主要有：催化剂种类、载体、发动机工况、燃油的含硫量、排气流速等。催化氧化器在降低微粒及 HC、CO 同时，由于其很强的催化氧化性能也有可能会造成 SO₂ 转化为硫酸盐的排放量增加，因此，必须对催化剂进行优化筛选，选择对 SOF、HC、CO 转化效率高而对 SO₂ 氧化效率低的设计。研究表明，影响 DOC 工作性能的主要因素是排气温度和燃油中的含硫量。较高的尾气温度将有助于 SOF 的氧化，提高转化效率；但是尾气温度过高（400 ~500℃以上），SO₂ 和燃油中的硫转化成硫酸盐的量将大大增加，这样有可能使总的颗粒量增加而不是减少。此外，硫酸盐覆盖在催化氧化器表面将使得催化氧化器失去活性，大大降低其催化活性。因此，使用 DOC 时，一般要求燃油含硫低于 0.05%（质量分数），最好是低于 0.01%（质量分数）。

目前，氧化催化剂是一种商品化技术，已在欧洲的柴油小轿车、轻型卡车以及美国重型柴油卡车上安装使用[210]。从国外的柴油车排气后处理技术使用的经验看，DOC 在欧Ⅱ、欧Ⅲ和欧Ⅳ等不同排放法规实施阶段都有一定的应用，从 2005 年欧盟实施欧Ⅳ排放标准开始，DOC 已经成为所有柴油厂家必选装置，特别是轻型柴油机，绝大多数措施是采用 DOC 来满足欧Ⅳ法规限值。值得提出的是，在今后实施更严格的排放法规后，DOC 并不会退出历史舞台，它将广泛应用于柴油机颗粒过滤器的再生和防止还原剂泄漏，因此有着更广泛的应用前景。

3.3.5.2　柴油机颗粒物过滤器

正如前文所述，为满足未来柴油机尾气排放标准，后处理措施必不可少。特别值得注意的是，越来越多的研究表明柴油车排放的小颗粒对人体健康危害非常大[211]，因此越来越多的国家关注机动车的小颗粒排放，而柴油机颗粒物过滤器是未来解决小颗粒排放问题的最有效方法之一。由表 3-11 可以看出，无论在欧洲、美国，还是日本，均把 DPF 作为轻、重型柴油机颗粒物净化的首选技术。目前，DPF 的研究主要集中在过滤材料和过滤体再生两个关键技术上，并有所突破。

表 3-11　满足未来柴油机排放的技术策略[78]

引进年限	重型法规与技术	轻型法规与技术
2005	日本 2005：DPF 欧Ⅳ：SCR；DPF 或 DOC	日本：DPF 欧Ⅳ：DPF（>1.7 t）

引进年限	重型法规与技术	轻型法规与技术
2006		US Tier 2: DPF + LNT
2007	US 2007（第1阶段）: DPF； 可能是 DPF + SCR	
2008	欧 V: SCR；DPF 或 DOC	
2010	US2007（全部）: DPF + LNT； DPF + SCR	欧 V: DPF + LNT

1. 柴油机尾气过滤材料

柴油机排气颗粒物一般直径小于 1 μm，因此过滤材料必须十分致密，这就意味着 DPF 必须解决高过滤效率和由此造成的高排气阻力这一对矛盾。早期研究的过滤材料主要是金属丝网和泡沫陶瓷，这两种过滤材料对微粒的过滤效率只有 20% ~ 40%，对排气造成的阻力亦相对较高，因此并不是理想的过滤材料。Corning 公司发明的堇青石壁流式蜂窝陶瓷为解决这一矛盾提供了新的思路和技术，是在柴油机 DPF 研究领域里具有里程碑性质的贡献。这种微粒捕集器对碳烟的过滤率达 90% 以上，可溶性有机成分 SOF（主要是高沸点 HC）也能部分被捕集。但是堇青石过滤体在使用过程中常出现烧熔、烧裂的现象，说明堇青石材料的耐高温性和抗热震性尚不能满足实际应用的需求。为解决这一问题，SiC 壁流式过滤体在 DPF 研究领域成为了热点。从 2005 年 SAE 发表的汽车行业论文统计看，绝大部分 DPF 都采用 SiC 材料。

壁流式 SiC 过滤体虽然有很高的过滤效率、可耐 1500℃ 的高温，但其热膨胀系数却高达 4.4×10^{-6}/℃，因此 SiC 过滤体无法整体加工，只能由小块滤芯拼装而成，给工业生产带来了很大困难。2005 年，Corning 公司公布了一种新的能替代 SiC 的耐高温材料钛酸铝（$Al_2O_3 \cdot TiO_2$）。钛酸铝能耐 1500℃ 的高温，与 SiC 基本相同，但其热膨胀系数只有 SiC 的 1/5，因此可以一次成型加工成整体滤芯。钛酸铝有较高的承受应力的能力，这意味着钛酸铝在产生裂纹前比 SiC 有更强的变形能力。虽然钛酸铝的机械强度不如 SiC 材料高，但其耐热震的能力却比 SiC 高 1 个数量级。由于钛酸铝具有以上的明显优势，因此是当前最能和 SiC 形成竞争的过滤材料，有很好的推广应用前景。

目前，部分过滤式金属过滤体、堇青石过滤体、碳化硅过滤体和钛酸铝过滤体在国外都有研究和应用，但由于材料的特性不一样，其用途有所差别。碳化硅材料热容量大且耐高温，通常与主动再生方法配合使用，一般用于轿车柴油车和轻型柴油车的颗粒物控制。堇青石过滤体热容量比较小，易于提高催化剂的温度，通常与被动式再生方法配合使用，但过滤体内积碳过多时易损坏过滤体。金属过滤体与堇青石过滤体特性类似，钛酸铝过滤体与碳化硅过滤体特性相似，这两种过滤体都有较好的应用前景，但其实用性需要在实际应用中进行验证。

2. 过滤体的再生技术

DPF 应用的另一难题是其再生技术。再生技术的研究与过滤材料研究几乎同时起步，国内外曾研究并报道了多种 DPF 再生技术，主要包括：进排气节流再生、喷油助燃再生、电加热再生、电自加热再生、微波加热再生、逆向喷气再生、连续再生、燃油添加剂辅助再生等[212~216]。以上再生技术的研究虽然已近30 年，但仍存在一定问题，难以应用。前 5 种加热再生技术主要存在过滤体容易热损坏、可靠性差、系统复杂，且加热再生需要外界能量高等问题；逆向喷气再生占用较多安装空间、系统复杂，存在微粒二次收集及燃烧等问题；催化再生的温度过高，难以适应柴油车排气的低温特性。

近几年，国外报道了一些实用的 DPF 再生技术，虽然其形式多样，但核心技术是通过控制柴油机燃烧和采用氧化催化剂提高排气温度，然后在燃油添加剂或 DPF 辅助催化剂的作用下燃烧过滤体内的颗粒物，使 DPF 得到再生。为了与大众公司竞争欧洲的柴油车市场，法国的雪铁龙公司于 2000 年 5 月率先推出了批量生产的 DPF[217]。雪铁龙开发的 DPF 系统使用 SiC 壁流式过滤体，通过燃油添加剂降低微粒着火温度并适当提高柴油机的排气温度以再生过滤体。

柴油机排气温度的提高是通过安装紧偶合氧化催化剂，并使用柴油机共轨喷油系统增加后喷为氧化催化剂提供反应所需燃料。燃料在氧化催化剂中燃烧后可将排气温度提高 150 ~ 200℃，可在中等以上负荷下满足过滤体再生的温度要求[218]。这种 DPF 最先在标致 607 柴油轿车上使用，因此标致 607 是世界上首款批量装备 DPF 的汽车。安装 DPF 后，PM 排放值达到了 0.004 g/km，其排放值只有欧Ⅲ标准限值的 8%、欧Ⅳ标准限值的 16%。目前，欧洲各柴油车生产厂商仍在不断努力推广类似的 DPF，希望 DPF 能和三效催化剂一样在汽车上普遍使用。

另外两种有应用前景的 DPF 是 Johnson Matthey 公司的连续再生过滤器（CRT）和 Engelhard 公司的催化燃烧再生过滤器（CDPF）。CRT 和 CDPF 都属于被动再生式，适用于在用柴油车的排放治理改造，因此，两种技术在城市公交车上都有改装示范的先例[219]。CRT 是利用过量的氮氧化合物去除过滤体的 PM，其原理是在过滤体前放置 DOC，排气中的 NO 经氧化后变成 NO_2，NO_2 有很强的氧化性，可将碳烟氧化成 CO_2 与 N_2[220]，其去除 PM 的效率可高达 90%，去除 NO_x 效率约为 5% ~ 10%。然而，理论上 CRT 必须要求 NO_x 与 PM 比最小为 8:1，实际上要求 NO_x 与 PM 比最小为 15:1，要达到理想效果，NO_x 与 PM 的比率应该更高，因此必须随后安装 De-NO_x 系统。Johnson Matthey 公司推出的 CRT 在欧洲已经有一定规模的示范应用,示范应用的数量已经超过 10 000 套。CRT 对燃油的含硫量要求非常高[221],要求燃料的含硫量必须低于 0.005%,最好是使用含硫量低于 0.0015% 的低硫燃料。在瑞典和德国,燃料含硫量已降到 0.005% 以下,因此 CRT 已经可以用于柴油车排放控制。从 2005 年开始整个欧洲的燃油含硫量都可以满足 CRT 的使用要求。CDPF 是过滤体壁上直接涂覆氧化型催化剂,降低碳烟的着火温度,使其能在正常的柴油机排气温度下燃烧。试验表明,在温度达到 350 ℃时,CDPF 仍然能有约 75% 的 PM 去除效果。与 CRT 一样,CDPF 也对燃油含硫量有较高的要求,高的燃油含硫量会导致生成过多的硫酸盐,影响其使用效果。

以上技术的共同特点是利用 DOC、DPF 和柴油机控制及排气系统的集成匹配来再生过滤体。由于高温排气含氧量低,而含氧量高时的柴油机排气温度却比较低,因此 DPF 再生需要的高温、高含氧量条件难以同时满足。新的研究结果表明,采用高热容过滤体可以解决这一矛盾。高热容过滤体可在高温环境下吸收热量,因此在含氧量高的低温环境下可以维持过滤体在较高的温度,保持颗粒物持续燃烧,而且大的热容可以保证过滤体在再生时升温不高,降低再生对过滤体的热冲击。从国外的最新研究可以看出,将柴油机控制、过滤体材料和氧化催化剂作为系统进行匹配与研究是 DPF 再生技术研究的方向。

3.3.6 柴油机氮氧化物和颗粒物组合净化四效催化剂

近些年来,开发能同时消除柴油机主要污染物 NO_x、PM 以及 HC、CO 的多功能后处理技术引起了研究者的广泛兴趣。开发多功能技术的方案之一是将现有成功的单项技术进行优化整合,发展成为一种具有综合性能的单一技术装置系统。由表 3-11 可以看出,为满足不同时期的排放法规,研究者们设计了不同的组合方式;而 DPF-SCR、DPF-NSR(DPF-LNT)已成为满足未来排放标准的优势组合,前者倾向于对重型柴油车 NO_x、PM 同时消除,而后者因具备了良好的低温活性更适用于轻型柴油机、稀燃汽油机,也有研究将该技术用于重型柴油机尾气的净化。

为净化重型柴油车尾气,Johnson Matthey 和 Cummins[222]开发出如图 3-49 所示的 SCRT 系统,该系统是连续催化再生的 DPF 与选择性催化还原 NO_x 的整合(CR - DPF + SCR)。位于 DPF 前端 DOC 催化剂将部分 NO 氧化为 NO_2,NO_2 促进了颗粒物的氧化使 DPF 得以再生,随后 NO 与未反应完的 NO_2 在尿素的作用下经历选择性催化还原转化为 N_2。选择性还原过程中 NO_2 的存在提高了 SCR 催化剂的低温活性;前置 DOC 也有利于 NO_x 的低温还原。

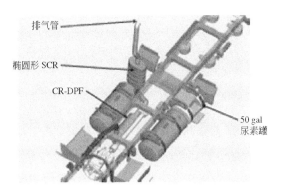

图 3-49　同时净化 PM 与 NO$_x$ 的 CR – DPF + SCR 系统

(1 gal = 4.546 09L)

丰田公司开发出的 DPNR 技术可视为 DPF 与 NSR 组合技术的典型，该技术将 Pt/Ba/（Al$_2$O$_3$ + TiO$_2$ + Rh/ZrO$_2$）负载于壁流式 DPF 的表面，设计出 NO$_x$ 储存-还原与 PM 消除的一体式催化剂，以净化稀燃汽油机尾气；在净化柴油机尾气时，则以 Pt/（Ba + K）/（Al$_2$O$_3$ + TiO$_2$ + Rh/ZrO$_2$）为 NSR 催化剂，其结构如图 3-50 所示[223]。2003 年以来，DPNR 后处理组合系统已在欧洲公共汽车、日本家用小卡车上示范应用。

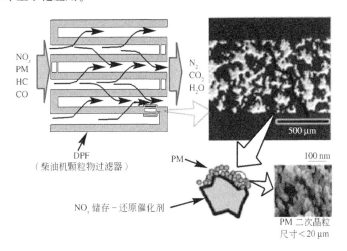

图 3-50　DPNR 催化剂结构图示[223]

必须指出的是，目前以上两种组合技术的硫适应性较弱，需使用低硫柴油（< 50 ppm）。无论是 SCRT 组合系统，还是 DPNR 一体式 NO$_x$ 与 PM 净化器，均

是以 NO_2 作为氧化剂，来促进颗粒物碳烟组分的催化转化，然后以不同的方式将 NO_x 还原为 N_2，以实现 NO_x、PM 以及 HC、CO 的同时消除，这就是所谓的四效催化剂[224]。目前，世界上几家著名的催化剂公司，如英国的 Johnson Matthey 公司、美国的 Alide Signal 公司和德国的 Degussa 公司以及国内许多单位都致力于四效催化剂的开发。目前开发的贵金属四效催化剂虽然可以同时去除 PM、HC、CO 和 NO_x，但是效果并不理想，并且有各种的问题存在，还不能满足排放法规的严格要求。由于贵金属四效催化剂的应用还受贵金属资源匮乏及其价格昂贵的限制，因而人们将同时消除 PM 和 NO_x 催化剂的研究重点转移到稀土复合氧化物催化剂上。赵震等[225]在不同比表面的 Al_2O_3 上负载钙钛矿复合氧化物 $La_{0.8}K_{0.2}MnO_3$，进行柴油机尾气四效催化活性的考察。结果表明，这些负载型 Mn 基钙钛矿复合氧化物催化剂表现出较好的催化性能，对于 CO 和碳颗粒的燃烧活性较好，起燃温度显著降低，生成 CO_2 的选择性高于 99%，烃类在较低温度下的转化率为 90%，但是对 NO 选择还原为 N_2 的催化性能还有待进一步提高。四效催化剂的开发是一项系统工程，影响催化剂性能的因素很多，主要为发动机尾气的排放状况、催化剂载体、催化剂涂层材料以及催化剂活性组分的选择等。这就要求研究者综合考虑各个方面的因素，根据柴油机尾气的排放特点和对催化性能的要求去设计催化剂，研制出真正意义上的四效催化剂。

3.4　清洁燃料车尾气催化净化

　　能源短缺和城市群复合大气污染成为世界性的问题，选择低排放、资源丰富易得的新型燃料替代汽油已经成为一种趋势。目前的替代燃料研究主要包括压缩天然气（CNG），液化石油气（LPG），含氧燃料如醇类，醚类等，此外还有生物柴油、氢气、电等。

　　我国天然气资源丰富，预测资源量为 38 万亿 m^3，而且气质良好，甲烷含量 90% 以上，含硫少。使用天然气作为汽车燃料，可以大大降低发动机废气排放中的主要有害成分，而未燃烧甲烷性质稳定，在大气中不会形成有害的光化学烟雾。同时，天然气汽车的使用成本较低，比燃油汽车节约燃料费约 50%。而且与电动汽车相比，天然气汽车的续驶里程长。因此，天然气汽车是目前被认为最具有推广价值的低污染汽车之一，尤其适合于城市公共交通和出租汽车使用[226,227]。目前中吨位的商用车用压缩天然气的开发目标是能显著降低氮氧化物的排放并保持与柴油型发动机相同的动力性能。然而，天然气汽车降低 CO 和碳氢排放的同时，甲烷的排放量增加。甲烷作为一种温室气体，它对大气的增温潜势是 CO_2 的 32 倍，对温室效应的影响更为严重，需要进行有效控制，此外如何去除 CNG 汽车尾气中的氮氧化物是一个难题。

含氧燃料车中使用最多的是乙醇,此外还有甲醇、二甲醚等。乙醇可以从生物质制取,以乙醇为燃料的发动机所排出的 CO_2 被植物所吸收,因此乙醇成为一种能够满足可持续发展要求的燃料[228,229]。乙醇汽油在巴西和美国等国家已经广泛应用,乙醇汽油中的乙醇浓度为 10% ~85%。在美国有 500 万辆具备燃烧含 85% 乙醇汽油的车已经上路,巴西全国标准燃料是 25% 的乙醇燃料,乙醇燃料的含量范围可扩至 100%。我国政府已经在许多省市推广应用含 10% 的乙醇–汽油混合燃料,以改善我国的汽车能源结构,并于 2001 年颁布了变性燃料乙醇国家标准(GB 18350-2001)和车用乙醇国家标准(GB18351-2001)。推广应用乙醇汽油的同时,对发动机和催化转换器也提出新的要求,含氧燃料中的氧含量会造成空燃比增大,氮氧化物不能有效去除。此外,乙醇汽油车不可避免地会排放一些醇类及部分氧化的醛和酸,这些化合物排放到大气中对环境危害更大。因此,如何使三效催化剂能够氧化 CO、HC 的同时继续高效还原 NO_x、并同时去除一些含氧有机物醇类及部分氧化的醛和酸,成为目前改进三效催化剂的一个研究课题。

3.4.1 CNG 汽车尾气催化净化方法

车用天然气主要为压缩天然气(CNG,120~150 MPa),天然气在汽车上与空气混合时是气态,因此,与汽油、柴油相比,混合气更均匀,燃烧更完全。对不同类型汽车,以 CNG 为原料的代用汽车燃料与汽油相比,CO、非甲烷烃类(NMHC)排放量少;与柴油相比,氮氧化物、固体颗粒排放量要少;苯等化合物排放基本为零,而汽、柴油仍有苯等化合物排放[230]。

要实现超低排放,天然气发动机有两条技术路线可循:一条是采用电控技术,使进入发动机缸内的混合气为当量空燃比(即 $a=1$),排气后处理采用三元催化转化器,这一技术为电控喷射天然气轿车发动机和轻型客车用发动机所普遍采用;另一条是稀薄燃烧加氧化催化转化器排气后处理技术,目前这一技术在大型公交车用柴油机改为单一燃料的天然气发动机时较多采用。直喷式天然气发动机,它能达到与柴油机相同的热效率。因此,天然气发动机专用催化转化器包括三元催化转化器、氧化催化转化器以及满足更加严格排放标准的 SCR 催化剂等。

3.4.1.1 甲烷氧化催化剂

甲烷是最稳定的烃类,通常很难被活化或氧化,且甲烷催化燃烧工作温度较高,燃烧反应过程中会产生大量水蒸气,同时天然气中含少量硫,因此甲烷催化燃烧催化剂必须具备较高的活性和较高的水热稳定性,以及一定的抗中毒能力。国内外研究者致力于研究开发高效稳定的甲烷低温催化燃烧催化剂,主要包含贵金属和氧化物催化剂两类。

1. 贵金属催化剂

贵金属是活性最高的燃烧催化材料，具有很高的低温催化燃烧活性和良好的抗硫性能。但其高温稳定性较差，在1000 ℃以上高温时，会因贵金属粒子聚集、烧结、蒸发等失去活性。在众多的贵金属材料中，铂和钯的应用最为广泛。

贵金属燃烧催化材料一般采用γ-Al_2O_3为载体，主要是利用它的高比表面、低成本特性。其他载体材料还可采用SiO_2、SnO_2、TiO_2、CeO_2-ZrO_2、分子筛以及组合载体等。Lin等[231]考察了采用TiO_2、ZrO_2以及二者的复合氧化物作为载体对催化剂活性的影响，结果表明一定比例的TiO_2和ZrO_2复合氧化物比单纯采用其中一种为载体具有更好的催化氧化CH_4的性能，这是由于二者的复合使催化剂具有更高的氧移动性和交换能力。Escandón等[232]测试了不同载体负载贵金属Pd氧化甲烷的催化活性（图3-51），认为ZrO_2中掺杂合适的金属离子作为载体要好于TiO_2，与γ-Al_2O_3和SiO_2载体性能相当。其中，掺杂Y的ZrO_2载体催化剂在500℃仍可维持较高的活性和稳定性。催化剂的载体、活性组分的分散度、活性组分与载体之间的相互作用对于贵金属催化活性有十分重要的影响。

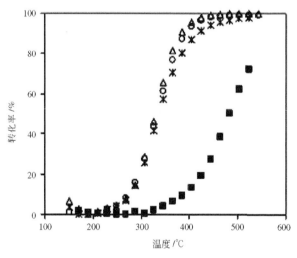

图3-51 不同载体负载Pd氧化5000 ppm甲烷的起燃特性[232]

■—Pd/TiO_2；○—Pd/SiO_2；△—Pd/Al_2O_3；✳—Pd/ZrO_2-Y

普遍认为Pd在催化燃烧过程中会被氧化，Pd的不同氧化态对于催化剂的活性有重要影响，PdO比金属Pd具有更高的活性。也有一些研究结果表明当金属Pd和PdO同时存在时活性最佳。Hicks等[233]认为对于Pd/Al_2O_3催化剂，分散在

Pd 微晶结构上的 PdO（PdO/Pd）比分散在 Al_2O_3 上的 PdO 具有更高的活性。Choudhary 等[234]认为 PdO 的形成途径对 PdO/Al_2O_3 催化剂活性有很大影响。他的研究结果表明，在所测试的温度范围内，对于同样 PdO 和 Pd^0 含量的催化剂，由 Pd^0/Al_2O_3 部分氧化制备的催化剂比由 PdO/Al_2O_3 部分还原得到的具有更高的活性。一般认为，Mars van Krevelen 机制可解释 Pd 催化剂用于甲烷燃烧时的表现。根据这一机理，甲烷被晶格氧氧化，同时 PdO 被还原为 Pd；气相氧主要用于补充晶格氧，并使 Pd 再生为 PdO[235]。图 3-52 简单给出了甲烷在 Pd-PdO 对上被吸附活化的过程。

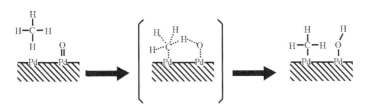

图 3-52　Pd-PdO 对上甲烷的活化过程[235]

尽管天然气的含硫量很少，催化燃烧催化剂的抗硫性能仍是评价其好坏的重要指标。Jones[236]给出了负载在 $\gamma\text{-}Al_2O_3$ 上的贵金属催化剂可能的硫中毒机理（图 3-53），即含硫气体与贵金属活性组分反应生成硫酸盐或硫化物导致催化剂上活性位丧失以及比表面积减少，从而影响其性能。研究者通常采用向催化剂体系中加入抗硫成分或提高催化剂载体的抗硫性能及对硫的吸附能力，使得含硫气体更多的与载体结合，以减少贵金属活性位的损失。

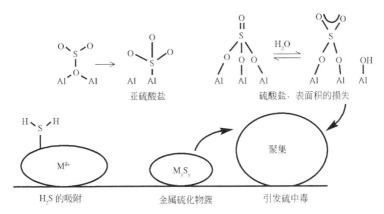

图 3-53　贵金属/$\gamma\text{-}Al_2O_3$ 催化剂上的硫中毒过程[236]

尽管贵金属催化剂良好的低温性能使其具有明显的优势，但是价格因素和稳定性仍会限制其应用。一旦出现具有相近性能的廉价催化剂材料，贵金属必然会被取代。因此，研究者除了试图减少贵金属用量和改善其稳定性和抗中毒能力之外，也一直在寻找能够替代它的廉价高活性氧化物催化剂。

2. 金属氧化物催化剂

金属氧化物类催化剂一般具有结构稳定、耐高温性能和抗中毒能力强，以及高温活性稳定等特点，目前主要用于甲烷的高温燃烧。金属氧化物与贵金属相比在价格上具有一定优势，但其活性与贵金属催化剂比起来还有一定的差距。金属氧化物催化剂包括单组分金属氧化物催化剂和复合金属氧化物催化剂。

单组分过渡金属氧化物，比如 CuO、Co_2O_3、Mn_2O_3、Cr_2O_3 等，都是良好的催化燃烧催化剂。一般说来，各种单金属氧化物催化剂在甲烷燃烧中的催化活性有如下顺序：$Co_3O_4 > CuO > NiO > Mn_2O_3 > Cr_2O_3$[237]。

Garbowski 等[238]将 CuO 分散在氧化铝载体上，并对其在甲烷燃烧反应中的催化性能进行了研究，他指出在 CuO/Al_2O_3 催化剂中 CuO 的负载量对 CuO 相的结构有明显影响：负载量小的情况下活性组分在载体上呈现高分散状况生成离子氧化物，负载量增高则导致更多共价氧化物的形成，从而导致每单位质量或每摩尔铜上甲烷燃烧的催化活性降低。高温老化会使 CuO/Al_2O_3 催化剂的催化活性有所下降。金属氧化物催化剂的一个重要的缺点就是高温下活性组分与载体之间会发生反应。为解决这一问题，Artizzu 等[239]采用高温下稳定的具有尖晶石（AB_2O_4）结构的载体，发现在高温下尖晶石型锌铝酸盐不与 CuO 发生相互作用，从而使催化剂在高温下稳定。溶胶凝胶法制备的锌铝酸盐有较高的比表面积，浸渍 CuO 所得到的催化剂对甲烷燃烧催化活性较高。

Choudhary 等[240]发现在氧化锆中掺杂过渡金属如 Mn、Co、Cr、Fe 等，能使甲烷的燃烧活性有惊人的提高，活性远远高于钙钛矿型催化剂，与负载型贵金属催化剂相当。这是由掺杂后 ZrO_2 催化剂中晶格缺陷的产生和晶格氧的迁移率提高造成的。

铈氧化物具有较高的可还原性和储氧能力，在燃烧催化剂体系中日益显现出它的重要性。Terrible 等[241]考察了一系列 CeO_2-ZrO_2 混合氧化物上低级烃类的燃烧，发现 ZrO_2 能提高 CeO_2 催化剂的稳定性和燃烧活性，在 CeO_2-ZrO_2 晶格中加入 MnO_x 和 CuO 可进一步加强甲烷燃烧活性。Liotta[242]将 Co_3O_4 与铈锆固溶体复合，制备了不同比例的 Co_3O_4/CeO_2 和 Co_3O_4/CeO_2-ZrO_2 系列催化剂，表 3-12 给出了新鲜催化剂及老化后（750℃）催化剂氧化甲烷的起燃特性。可以看出 Co_3O_4（30%，质量分数）/CeO_2 具有很高活性，然而经过 750℃老化 7 h 后，起燃温度升高 80℃，催化剂热稳定性仍不够理想。

表3-12 新鲜催化剂及老化后（750℃）氧化甲烷的起燃特性[242]

催化剂	T_{50}/℃（新鲜样品）	T_{50}/℃（老化样品）
Co_3O_4	445	505
$Co30Ce_{copr}$	400	410
	465[a]	490[a]
$Co30Ce_{impr}$	390	470
$Co2Ce_{copr}$	511	n. d.
$Co2Ce_{impr}$	445	512
$Co2ZrCe_{impr}$	445	515
$CeO_{2Aldrich}$	495	531
CeO_{2prec}	636	n. d.
$CeZr_{sol-gel}$	546	571

a. WHSV = 60 000 mL/(g·h)。

SnO_2 是在催化领域很活跃的一种氧化物。Wierzchowski 的研究表明[243]，SnO_2 对 CO 和甲烷都有较好的氧化活性，氢气预处理会增加反应活性。Wang 等[244]考察了 SnO_2 和 Cr_2O_3 复合氧化物的甲烷燃烧催化性能，发现复合后的氧化物活性有很大提高，他们认为这主要是由于 Cr^{3+} 取代 Sn^{4+} 会造成晶格缺陷和电荷的不平衡，从而有助于增加活性氧物种。李俊华等[245]考察了铟锡氧化物的甲烷催化燃烧活性，发现在 In_2O_3 中适量掺杂 Sn^{4+} 后，晶型缺陷增加，催化剂内氧空位的数量也随之变化，引起催化剂活性的变化，同时 Sn 的掺杂提高了催化剂的抗硫性能。图 3-54 给出了实验结果。

此外，钙钛矿型（ABO_3）复合氧化物催化剂、六铝酸盐及取代型六铝酸盐等的热稳定性比简单的金属氧化物和贵金属要好得多，被认为是高温催化燃烧有广阔应用前景的催化剂。这两类催化剂在第5章中有更为详细的介绍。

3.4.1.2 甲烷选择性催化还原氮氧化物催化剂及反应机理

甲烷选择性催化还原 NO_x（CH_4-SCR）是利用甲烷做还原剂催化净化 NO_x 的有效方法，该方法的主要优点是 CH_4 是天然气中的主要成分，较其他 HC 化合物更易获得，且非常廉价。此外，相比 NH_3，CH_4 对设备的腐蚀性非常小，这可降低设备的投资。基于上述优势，国内外许多研究者开展了广泛的 CH_4-SCR 研究，并取得了一定的进展。

CH_4 分子非常稳定，对其活化非常困难，在有氧存在的条件下，CH_4 容易发生完全氧化反应，而很难将其活化为对选择性催化还原 NO_x 有利的含氧有机物中

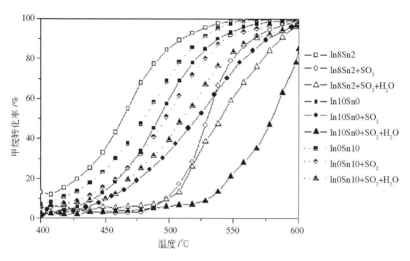

图 3-54 SO_2 和水蒸气对 In8Sn2、In10Sn0 和 InOSn10 催化剂活性的影响[245]

间体，因而许多在其他烃类选择性催化还原 NO_x 中有很好活性的催化剂对 CH_4-SCR 基本无活性。1992 年，Li 等[246] 报道了 Co-ZSM-5 催化剂对 CH_4-SCR 的高活性，从而使得 CH_4-SCR 成为可能。之后，不断有新的可用于 CH_4-SCR 的催化剂被发现，目前，已报道的 CH_4-SCR 催化剂主要可分为如下几类：分子筛类催化剂、固体超强酸类催化剂和氧化物类催化剂，下面将对这些催化剂体系进行分类介绍。

1. 分子筛类催化剂

分子筛催化剂是通过浸渍或离子交换等方式在 Y 型、ZSM-5 型等分子筛上负载 Ag、Co、Mn、In、Ga 和 Pd 等活性组分，通过干燥、焙烧后制得。该类催化剂在 450～650 ℃范围内可获得较高的 NO_x 和 CH_4 转化率。这里按照目前研究的主要活性组分来介绍。

（1）Co 系催化剂。Co-ZSM-5 是最早被发现对 CH_4-SCR 有活性的催化剂。在 0.16% NO、0.1% CH_4、2.5% O_2 的反应气氛及 30 000 h^{-1} 空速下，Co-ZSM-5 催化剂在 450 ℃下可达到 34% 的 NO_x 转化率，而在相同条件下 Cu-ZSM-5 催化剂基本无活性[247]。表 3-13 给出了 ZSM-5 分子筛交换不同金属离子制得催化剂的 CH_4-SCR 活性。Li 等[247]进一步研究了以不同分子筛（ZSM-5、M、KL、Y）及不同氧化物为载体（Al_2O_3、TiO_2、SiO_2 等）的一系列 Co 催化剂的 CH_4-SCR 活性，发现除了 Co-ZSM-5 和 Co-M 外所有氧化物载体的催化剂基本无活性（表 3-14）。

表 3-13　不同金属离子交换的 ZSM-5 分子筛催化剂上甲烷和氮氧化物的转化[247]

样品	金属/Al	金属负载量（质量分数）/%	400 ℃		450 ℃		500 ℃	
			NO	CH$_4$	NO	CH$_4$	NO	CH$_4$
Co-ZSM-5	0.70	4.0	23	26	34	70	30	100
Mn-ZSM-5	0.38	3.1	17	20	30	58	32	92
Ni-ZSM-5	0.70	4.3	16	12	26	40	20	73
Cu-ZSM-5	0.60	3.7	8	60	8	96	na	na
Co-H-ZSM-5	0.38	2.3	18	16	34	42	42	78
H-ZSM-5	—	—	4	5	6	10	10	13

注：样品测试条件：GHSV = 30 000 h^{-1}（0.1 g, 100 mL/min），[NO] = 1640 ppm，[CH$_4$] = 1025 ppm，[O$_2$] = 2.5%；—表示转化率没有测定；na 表示数据没有得到。

表 3-14　不同分子筛及氧化物载体负载 Co 的催化性能[247]

样品	Si/Al	金属/Al	金属负载量（质量分数）/%	400℃	450℃	500℃
				NO	NO	NO
Co-ZSM-5	14.0	0.70	4.0	23	34	30
Co-M	5.3	0.47	5.6	17	27	24
Co-Y	2.5	0.67	11.8	—	5	6
Co-KL	2.9	0.18	3.5	7	9	11
CoO/Al$_2$O$_3$			11	—	—	—
CoO/TiO$_2$			2.6	—	—	na
CoO/TiO$_2$ ^{b}			10	—	—	—
CoO/硅分子筛			1.6	6	5	na
CoO/SiO$_2$-Al$_2$O$_3$			3.0	—	—	—

注：样品测试条件：GHSV = 30 000 h^{-1}（0.1 g, 100 mL/min），[NO] = 0.16%，[CH$_4$] = 0.1%，[O$_2$] = 2.5%；b 表示 Co 交换的水合的 TiO$_2$；—表示转化率没有测定；na 表示数据没有得到。

　　由于 H$_2$O 会和反应气体竞争吸附于活性中心，因而反应气氛中的 H$_2$O 对 Co-ZSM-5 和 Co-FER 催化剂的 NO$_x$ 转化率有很大抑制作用，在加入 2.5% H$_2$O 后 Co-ZSM-5 催化剂 NO$_x$ 转化率降低一半，且最大转化温度向高温移动了 50 ℃[248]。SO$_2$ 对 Co-ZSM-5 催化剂的影响较为复杂，反应气中加入 SO$_2$ 后，500 ℃ 以下的 NO$_x$ 转化率有所降低，而 550 ℃ 以上的活性有所升高。SO$_2$ 对 Co-FER 催化剂的活性只显示出很大的抑制作用[248]。

　　对 Co 系催化剂上的活性中心及反应机理的探讨同样始于 Armor 的课题

组[248]，他们在 Co-ZSM-5 催化剂上检测到了 Co^{2+} 物种，并将其作为 CH_4-SCR 的活性中心，推断了 CH_4 在 Co^{2+} 上吸附的 NO_2 的作用下裂解生成 $CH_3\cdot$ 物种，该物种与吸附的 NO_2 作用生成 NO_2CH_3，NO_2CH_3 和 NO 最终反应生成了 N_2，具体过程如下：

$$Z-Co+NO \longrightarrow Z-Co-NO \tag{3-56}$$

$$Z-Co-NO+1/2O_2 \longrightarrow Z-Co-NO_2 \tag{3-57}$$

$$CH_4+Z-Co-NO_2 \longrightarrow CH_3+Z-Co-HNO_2 \tag{3-58}$$

$$CH_3+Z-Co-NO_2 \longrightarrow Z-Co-NO_2CH_3 \tag{3-59}$$

$$Z-Co-NO_2CH_3+NO \longrightarrow N_2+CO+H_2O+Z-Co-OH \tag{3-60}$$

$$Z-Co-OH+NO \longrightarrow Z-Co-HNO_2 \tag{3-61}$$

$$2Z-Co-HNO_2 \longrightarrow NO+NO_2+H_2O+2Z-Co \tag{3-62}$$

Campa 等[249]和 Desai 等[250]的研究继承了 Armor 的结论，将由离子交换所形成的 Co^{2+} 看作 CH_4-SCR 的活性中心，另外他们还指出催化剂上检测到的 Co_3O_4 团聚体对 CH_4-SCR 无活性，只对 CH_4 的完全氧化起作用。Dědeček 等[251]使用 UV-vis 技术对位于分子筛上不同位置的 Co^{2+} 进行了详细表征，并发现不同位置 Co^{2+} 的活性有很大差异。近些年，Montanari 等[252]对 Co-ZSM-5 催化剂上 CH_4-SCR 的研究结果独树一帜，认为 Co-分子筛催化剂表面大量存在的 Co^{2+} 很难被还原，因此难以成为活性中心，而分子筛孔道内形成的 Co 的氧化物的簇可能是催化活性中心，并指出这些氧化物上的 Co^{3+}/Co^{2+} 离子对催化了 SCR 反应。综上所述，目前对 Co-分子筛催化剂上 CH_4-SCR 的反应机理的认识并不统一，对催化剂表面的不同 Co 物种及分子筛上的质子位等各自在 SCR 中所起的作用的认识仍需做很多细致的工作。

(2) In 系催化剂。Kikuchi 等[253]首先报道了 In-ZSM-5 和 Ga-ZSM-5 催化剂具有很好的 CH_4-SCR 活性，在无 H_2O 的条件下，In-ZSM-5 和 Ga-ZSM-5 催化剂的 CH_4-SCR 活性均优于 Co-ZSM-5 催化剂；在有 H_2O 的条件下，In-ZSM-5 和 Ga-ZSM-5 催化剂均会失活，但 In-ZSM-5 的表现优于 Ga-ZSM-5。由于 In-ZSM-5 和 Ga-ZSM-5 催化剂在 CH_4-SCR 上表现出的反应机理类似，且对 In-ZSM-5 的研究较多，这里主要介绍 In-ZSM-5 系列催化剂在 CH_4-SCR 中所开展的研究。

In-ZSM-5 催化剂存在的主要问题是在 H_2O 存在的条件下活性不高。针对该问题，Kikuchi 等[254]首先对 In-ZSM-5 催化剂进行了掺杂改性的研究，他们发现 Pt、Rh、Ir 三种贵金属对 In-ZSM-5 催化剂的抗水性的改善有很好的促进作用，这三种元素的主要作用是促进 NO 向 NO_2 的转化。沿着这条思路，研究者将 CeO_2、Al_2O_3、In_2O_3 或 Pt/Al_2O_3 和 In-ZSM-5 催化剂机械混合后都显示出对 In-ZSM-5 催化剂选择性催化还原 NO_x 活性的巨大促进作用，提高了 NO 向 NO_2 的转化[255~258]。图 3-55 给出了 CeO$_2$ 对 In-ZSM-5 催化剂上 CH$_4$-SCR 反应的促进效果，其中 CeO$_2$ 和 In-ZSM-5 机械混合效果最佳[255]。

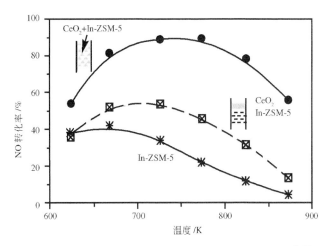

图 3-55　CeO$_2$ 的添加形式对 In-ZSM-5 的 CH$_4$-SCR 活性的促进作用[255]

反应条件：1000 ppm NO，1000 ppm CH$_4$，2% O$_2$，He 平衡，空速 30 000 h^{-1}

Kikuchi 等[259] 发现通过 In$_2$O$_3$ 和 H-ZSM-5 之间的固相反应所形成的催化剂的活性可以和离子交换法得到的 In-H-ZSM-5 催化剂活性相当，IR 研究发现 H-ZSM-5 表面的-OH 在固相反应中减少，他们认为 In$_2$O$_3$ 可能和 H-ZSM-5 反应生成了对选择性催化还原 NO$_x$ 有活性的 InO$^+$ 物种，具体过程见图 3-56。Miró 等[260] 使用扰动角关联技术检测到 In/H-ZSM-5 催化剂表面存在的 In 物种主要有 In$_2$O$_3$ 团聚体、In$^+$ 及 InO$^+$ 三种，他们也认为 InO$^+$ 是 CH$_4$ – SCR 的活性中心。目前，该观点已被研究者普遍接受，但 InO$^+$ 及分子筛上的质子位各自在 CH$_4$-SCR 中所起的作用尚不清楚。

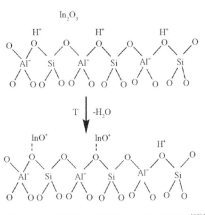

图 3-56　In/HZSM-5 催化剂上 InO$^+$ 形成过程[259]

（3）Pd 系催化剂。Nishizaka 等[261,262] 首先报道了 Pd-H-ZSM-5 催化剂的 CH$_4$-SCR 活性。在 1000 ppm NO、2000 ppm CH$_4$、2% O$_2$ 及 9000 h^{-1} 的空速下 NO$_x$ 最

大转化率在 450 ℃可达 70%。Ogura 等[263]就 H₂O 对 Pd-分子筛催化剂的影响做了详细的研究，图 3-57 给出了分子筛类型对 Pd-Zeolite 催化剂的活性和稳定性的影响。研究发现在 H₂O 存在条件下的长时间耐久实验中 Pd/HZSM-5 催化剂的 NOₓ 转化率会逐渐降低，在 6~7 h 左右完全失活，而 Pd/HMOR 催化剂在加入 H₂O 后活性反而有很大的提高，5 h 左右可达稳定，Pd/HBEA 催化剂的抗水性能表现最差，通入 10% 的 H₂O 后立即失活。由于 Co 分子筛催化剂在 10% H₂O 加入后会立即失活，因此 Pd 分子筛催化剂较 Co 分子筛催化剂在此方面有较大优势。由于 Pd 和 Co 在多种分子筛上均显示出很好的相互促进作用，因此目前单独对 Pd 分子筛催化剂的研究并不多，而主要集中于对 Pd-Co 双活性组分分子筛催化剂的研究。进一步研究表明，耐久实验中催化剂活性的逐渐降低源于 Co²⁺ 和 Pd²⁺ 的团聚，而大量 Co 的存在可使 Pd²⁺ 更稳定，从而避免活性的丧失[263]。Pieterse 等[264]将 Pd、Co 共负载于不同的分子筛（MOR、BEA、ZSM-5 和 FER）中，研究了分子筛载体对催化剂活性的影响，发现 Pd 和 Co 同负载的 MOR 和 ZSM-5 催化剂表现明显优于其他载体的催化剂，他们也认为 Pd 和 Co 同负载的催化剂的活性中心是 Pd²⁺，而 Co 的作用是稳定该中心，并促进 NO 向 NO₂ 的转化。

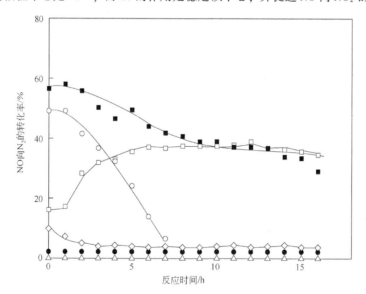

图 3-57　分子筛类型对 Pd-Zeolite 催化剂的活性和稳定性的影响[263]

○—Pd/HZSM-5；□—Pd/HMOR；◇—Pd/HFER；△—Pd/HBEA；●—Pd/HY；
■—Pd-Co（3）/HMOR

反应条件：100 ppm NO，2000 ppm CH₄，10% O₂，10% H₂O；总流量 100 mL/min；
催化剂质量 0.1 g；反应温度 500 ℃

研究者对 Pd 分子筛催化剂的活性中心及反应历程也进行了细致的研究。Adelman 等[265]和 Ali 等[266]首先对 Pd 系分子筛催化剂进行了研究，他们将 HZSM-5 分子筛上的 Pd 区分为 Pd^{2+} 及 PdO 团聚体，并认为 Pd^{2+} 是参与 CH_4-SCR 反应的活性中心，PdO 团聚体只对 CH_4 的完全氧化有很好的活性，另外，他们还认为 HZSM-5 可能也参与了 CH_4-SCR 反应。Misono 等[267~270]基于实验结果提出了更为具体的反应机理，如图 3-58 所示，图中明确了 Pd 和分子筛上的质子位各自的作用，但遗憾的是并未对图中 Pd 的具体物种进行分析。Descorme 等[271]将分子筛上的 Pd 物种分为处于高分散态的 Pd 物种及 PdO 团聚体，并认为前者是参与 SCR 反应的活性中心。Kikuchi 等[272]进一步将高分散态的 Pd 物种分为 Pd^{2+} 及 PdO，认为前者是 SCR 反应的活性中心，这同 Adelman 等的结论类似。除了上述对活性中心的研究工作外，对反应中间产物的研究也有少量报道，如 Shimizu 等[273]在研究 Pd-H-MOR 催化剂的反应机理时检测到了少量的 NH_4^+ 物种，他们认为该物种是由吸附在 Pd^{2+} 上的 NO 和 CH_4 反应的产物，是 SCR 反应的中间体。

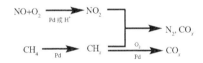

图 3-58　Pd/H-ZSM-5 催化剂上 CH_4-SCR 反应路径[267]

（4）Ag 系催化剂。1997 年，Li 等[274,275]首先报道了 Ag-ZSM-5 催化剂具有 CH_4-SCR 活性，但由于其活性较低，研究中他们选择 Ce 对 Ag-ZSM-5 进行了改性，在 0.5% NO、0.5% CH_4、2.5% O_2 及 7500 h^{-1} 空速的条件下改性后的催化剂可达最高 80% 的 NO_x 转化率。H_2O 对 Ce-Ag-ZSM-5 催化剂的活性有很大影响，在耐久实验中加入 H_2O 会使其活性降约一半，随着耐久时间的延长催化剂活性也会逐渐下降。SO_2 在 500 ℃时会使其活性降至 20%，在停止通入后也不能恢复，但在 600 ℃时 SO_2 对催化活性的影响较小，但活性会随时间而降低，且加入 H_2O 后会有约 20% 的活性下降。进一步研究发现[276]，Ag 在催化剂上的存在状态主要是 Ag^+ 及 Ag 团聚颗粒，他们认为前者是选择性催化还原反应 NO_x 的活性位，而后者只对 CH_4 的完全氧化有活性。Ce 的主要作用有：促进 NO 氧化生成 NO_2、抑制 CH_4 的完全氧化反应及稳定 Ag^+ 物种。Shi 等[277~280]对 Ag-H-ZSM-5 催化剂进行了更细致的研究，提出 Ag^+ 的作用是将 CH_4 在低温下活化，而活化后的 CH_4 最终在 Ag 纳米颗粒上与吸附的 NO_3^- 迅速反应形成 N_2。

2. 固体超强酸类催化剂

固体超强酸类催化剂包括以 SO_4^{2-}/ZrO_2、SO_4^{2-}/Al_2O_3 以及 WO_3/ZrO_2 等超强

酸为载体的催化剂，所用的活性组分与分子筛催化剂相似，其活性温度区间通常在 450～600 ℃。

（1）SO_4^{2-}/ZrO_2 载体催化剂。1995 年，Feeley 等[281]首先报道了以 SO_4^{2-}/ZrO_2（以下简写为 SZr）为载体的 Ga/SZr 催化剂对 CH_4 – SCR 有活性，但由于其活性较低，因此至今为止没有进一步报道。Loughran 等[282]在研究不同酸载体对 Pd 系列催化剂的影响时，发现 Pd/SZr 催化剂具有非常好的 CH_4-SCR 活性，在 0.48% NO、0.97% CH_4、2.5% O_2 及 40 000 h^{-1} 的空速下其最高活性可达 64%（500 ℃）。Chin 等研究认为，在相同的反应条件下 Pd/SZr 的抗水抗硫能力均优于 Pd-H-ZSM-5[283]。在上述发现的基础上，Ohtsuka[284]详细研究了多种贵金属元素负载 SZr 后的 CH_4-SCR 活性，发现 Ru、Rh、Pd、Ir 和 Pt 负载到 SZr 上均有比较高的催化活性，但 Pd/SZr 催化剂的活性仍是最好的。Li 等[285,286]则研究了几种非贵金属元素负载于 SZr 载体上所得催化剂的 CH_4-SCR 活性，发现 Co、Mn、Ni、In 对 SZr 的活性均有促进作用，且以 Co 和 Mn 的最好，在 0.2% NO、0.2% CH_4、2% O_2 及 3600 h^{-1} 的空速下这两个催化剂的 NO_x 转化率均可达到 65% 左右（550 ℃）。据他们报道，Co/SZr 和 Mn/SZr 催化剂的抗水抗硫能力均优于相应的 Co/HZSM-5 及 Mn/HZSM-5 催化剂。

近期对单负载组分 SZr 催化剂的掺杂改性研究也取得了一定的进展。2005 年，Córdoba 等[287]报道了 CoPd/SZr 的双组分催化剂，其活性远高于 Co/SZr 或 Pd/SZr 催化剂，同时它也具有很好的抗水能力，在 60 h 的加水耐久实验中该催化剂活性始终保持在 40% 左右。Ce 的掺入对 In/SZr 催化剂的 CH_4-SCR 活性有很好的促进作用，在加 H_2O 和 SO_2 的实验中 CeIn/SZr 催化剂的表现也优于 In/SZr 催化剂[288]。

Pd/SZr 催化剂上 Pd 物种主要以 Pd^{2+} 和团聚态的 PdO 两种形式存在，前者被认为是参与选择性催化还原 NO_x 反应的活性中心。Li 等[289,290]对 Co/SZr 和 Mn/SZr 催化剂进行了详细的表征，认为 SZr 载体上的强酸位使 Co 或 Mn 物种以高分散的形态存在，防止了氧化性强的氧化物团聚体的出现。Kantcheva 等[291]使用 DRIFTS 技术对 Co/SZr 催化剂上的 CH_4-SCR 反应历程进行了研究，提出了以 $HCOO^-$ 物种为反应中间体的机理，他们认为 CH_4 活化生成 $HCOO^-$ 的过程发生于催化剂上的 Co^{2+} 位，反应历程如下：

$$CH_4 + Co^{2+} - O^{2-} \longrightarrow [CH_3 - Co]^+ + OH^- \tag{3-63}$$

$$[CH_3 - Co]^+ + O^{2-} \longrightarrow CH_3O^- + Co^0 \tag{3-64}$$

$$CH_3O^- + 2(Co^{2+} - O^{2-}) \longrightarrow HCOOH + OH^- + 2Co^0 \tag{3-65}$$

$$HCOOH(HCOO^-) \xrightarrow{NO_3^-(NO_2)} CO_x, H_2O, N_2 \tag{3-66}$$

（2）WO₃/ZrO₂ 载体催化剂。以 WO₃/ZrO₂ 超强酸（以下简写为 WZr）作载体，Pd/WZr 催化剂的活性和 Pd/SZr 的相当，同样具有很好的抗水抗硫能力，该催化剂的优势在于 WZr 载体的水热稳定性优于分子筛及 SZr 载体[292~294]。Kantcheva 等[294]研究了 Pd/WZr 催化剂上 CH₄-SCR 的反应机理，他们认为 CH₄ 活化生成 HCOO⁻的过程发生于 WZr 载体上，在生成 HCOO⁻的过程中经历了生成 CH₃NO₂ 及 H₃CONO 的中间过程，而最终的反应发生于 HCOO⁻物种及 Pd²⁺上吸附的 NO 物种之间，具体过程见图 3-59。

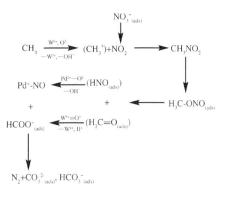

图 3-59　Pd/WZr 催化剂上 CH₄-SCR 反应机理[294]

杨栋等[295]筛选了 Co、Mn、Ni、Ag、Sn 和 In 负载的 WO₃/ZrO₂ 催化剂的 CH₄-SCR 活性，图 3-60 给出了 WZr 负载不同元素的催化剂选择性催化还原 NOₓ 的活性。结果发现只有负载 In 的催化剂使 WO₃/ZrO₂ 载体的活性有较大提高。在 0.1% NO、0.3% CH₄、10% O₂ 的反应气氛及 12 000 h⁻¹ 的空速下，In/WO₃/ZrO₂ 催化剂的 NOₓ 转化率在 450 ℃ 可达最大的 70%。H₂O 和 SO₂ 的加入会使其最高活性分别降至 29% 和 33%。考察不同 In 负载量发现，含有 1% In 和 10% W 的催化剂活性最好，该催化剂在 0.1% NO、0.3% CH₄、10% O₂ 的反应气氛及 12 000 h⁻¹ 的空速下，NOₓ 转化率在 450 ℃ 为 70%，其活性优于文献中已报道的 Pd/WZr 及 In/SZr 催化剂。

InO⁺物种是该催化剂的活性中心，WO₃/ZrO₂ 载体上的强 B（Brönsted）酸位参与了 InO⁺的生成[296]。NO₂ 是该催化剂上 CH₄-SCR 反应的重要中间体。H₂O 或 SO₂ 的加入对 InWZr 催化剂的活性均有很大的抑制作用，可使该催化剂的最大 NOₓ 转化率分别降至 29% 和 33%，H₂O 的影响较 SO₂ 严重。催化活性降低的主要原因可能是 H₂O 和 SO₂ 在 InO⁺上吸附可形成无活性的 In（OH）²⁺和 In（SO₃）⁺物种。此外，选择 Co、Mn 和 Ce 作为掺杂元素对 In/WO₃/ZrO₂ 催化剂进行了改性研究，发现 Ce 对 In/WO₃/ZrO₂ 催化剂的活性显示出很好的促进作用。

对掺杂方法比较后发现，将 CeO_2 和 $In/WO_3/ZrO_2$ 机械混合制得的催化剂活性最好，在 24 000 h^{-1} 的空速下，其 NO_x 转化率最大可达 92%。在有 10% H_2O 加入的条件下，最大 NO_x 转化率可分别达到 52% 和 20%，相同条件下 In/WZr 催化剂对 NO_x 转化率仅为 17%[296]。

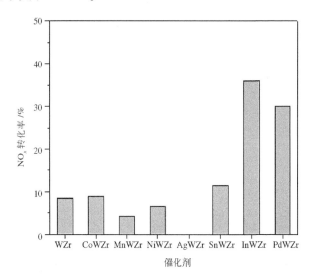

图 3-60　550 ℃时 WZr 负载不同元素的催化剂上 NO_x 转化率[295]

Co、Mn、Ni、Ag、Sn 和 In 的负载量为 2%，Pd 的负载量为 0.1%。

反应条件为：0.1% NO、0.3% CH_4、10% O_2，N_2 为平衡气，空速为 12 000 h^{-1}

对于 In/WZr 催化剂上 CH_4-SCR 的反应机理原位漫反射红外光谱技术研究的结果表明：NO 不能直接吸附于催化剂表面形成硝酸盐。气相 NO_2 是形成硝酸盐的必经步骤。NO_2 在 In/WZr 催化剂上吸附形成的硝酸盐主要有两类：吸附于 WZr 载体上的硝酸盐和吸附于 InO^+ 位上的硝酸盐。这些硝酸盐在低温下会覆盖供 CH_4 活化的活性中心，从而阻碍反应的进行；在高于 350 ℃，由于硝酸盐的分解，将 CH_4 的活化中心释放。CH_4 的部分氧化产物甲酸根物种是 CH_4-SCR 的重要中间体，它的生成归功于两个条件的存在：WZr 载体上的 B 酸位和 InO^+ 上的硝酸根，前者将 CH_4 裂解活化，后者提供活性氧。最终生成 N_2 的反应发生于甲酸根和硝酸根之间。图 3-61 为 CH_4-SCR 反应过程示意图，$HCOO^-$ 是参与 NO_x 还原的重要中间体，它是由 InO^+CH_4 在物种和 WO_3/ZrO_2 载体共同作用下形成的。

（3）其他超强酸载体催化剂。杨栋等[298]对 Pd 或 In 负载的 WO_3/TiO_2、WO_3/Fe_2O_3、WO_3/SnO_2、SO_4^{2-}/TiO_2、SO_4^{2-}/Fe_2O_3 和 SO_4^{2-}/SnO_2 系列催化剂

的筛选发现，In/SO$_4^{2-}$/TiO$_2$ 催化剂显示出较高的 CH$_4$-SCR 活性。在 12 000 h^{-1} 的空速下，该催化剂的 NO$_x$ 转化率在 450 ℃可达最大的 39%。H$_2$O 对 In/STi 催化剂的活性有较大抑制作用，可使该催化剂的最大 NO$_x$ 转化率降至 11%；SO$_2$ 对 In/STi 催化剂活性的抑制作用较小，仅使最大 NO$_x$ 转化率降至 32%，可见 In/STi 催化剂的抗 SO$_2$ 中毒能力优于 In/WZr 催化剂，InO$^+$ 仍被认为是该催化剂的活性中心，SO$_4^{2-}$/TiO$_2$ 载体则为 InO$^+$ 的形成提供了足够的酸强度。原位红外对 In/STi 催化剂上 CH$_4$-SCR 反应机理研究发现，催化剂表面检测到在反应中生成的甲酸根物种是最终将硝酸根还原为 N$_2$ 的重要中间体；另外，In/STi 催化剂上 CH$_4$-SCR 反应的速率控制步骤是甲酸根的形成，而不是 NO 向 NO$_2$ 的转化步骤，这使得增加反应气氛中 NO$_x$ 中 NO$_2$ 的比例并不能有效提高 In/STi 催化剂的催化活性。

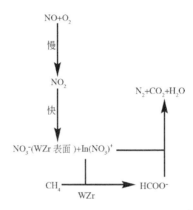

图 3-61　In/WZr 催化剂上 CH$_4$-SCR 的反应机理[297]

Li 等[299,300] 将 SO$_4^{2-}$/Al$_2$O$_3$ 超强酸（以下简写为 SAl）作为载体，负载 Pd、Rh、Co、Mn、In 后均有比较高的 CH$_4$ 选择性催化还原 NO$_x$ 活性，其中 Pd/SAl 催化剂的活性最好，SO$_2$ 的加入对 Pd/SAl 催化剂活性的影响不大，但作者没有给出 H$_2$O 对催化剂活性影响的数据。

3. 金属氧化物类催化剂

金属氧化物催化剂选择性催化还原 NO$_x$ 的研究也不少，总体上催化活性较前两类催化剂差。稀土氧化物 La$_2$O$_3$、Sr/La$_2$O$_3$、CeO$_2$、Nd$_2$O$_3$、Sm$_2$O$_3$、Sr/Sm$_2$O$_3$、Tm$_2$O$_3$ 及 Lu$_2$O$_3$ 对 CH$_4$-SCR 有一定活性，O$_2$ 的存在会促进 NO$_x$ 的转化，在 500～700 ℃的区间，这些氧化物的催化活性随温度升高而逐渐增加[301]。其中活性最好的是 La$_2$O$_3$ 和 Sm$_2$O$_3$，在 2% NO、0.51% CH$_4$、1% O$_2$ 的条件下 NO$_x$ 转化率可达 23% 及 30%。为了提高氧化物的催化活性，将 La$_2$O$_3$ 和 Sr/La$_2$O$_3$ 负载于大比表面的 Al$_2$O$_3$ 上，所得的催化剂较未负载的氧化物有很大提高[302]。

CO_2、H_2O 和 SO_2 对 La_2O_3、Sr/La_2O_3 及 $Sr/La_2O_3/Al_2O_3$ 上 CH_4 选择性催化还原 NO_x 活性具有一定的影响，CO_2、H_2O 的加入会使上述催化剂上 NO_x 转化活性降低，而 SO_2 则会使催化剂完全失活[303~305]。将 Sm_2O_3 负载于不同的载体上，发现 ZrO_2 载体对 Sm_2O_3 活性的促进作用最明显[306]。在 0.92% NO、0.85% CH_4、5% O_2 及 7000 h^{-1} 的空速下，Sm_2O_3/ZrO_2 最大 NO_x 转化率可达 42%（600 ℃）。研究发现，O_2 浓度对 Sm_2O_3/ZrO_2、Sc_2O_3、Y_2O_3 和 La_2O_3 的 CH_4 选择性催化还原 NO_x 活性有显著的影响随 O_2 浓度的增加这些氧化物的 NO_x 转化率都有一个最大值，分别在 O_2 浓度为 2.5%、1%、1% 及 0.3% 时达到[307]。在研究 H_2O 和 SO_2 对 Y_2O_3 及 Sc_2O_3 的影响时发现，H_2O 会使 Y_2O_3 的 NO_x 转化活性下降约 10%，SO_2 也仅使 Sc_2O_3 的活性下降约 10%，这两个催化剂显示出一定的抗水抗硫性能[308]。

Vannice 等[309]基于对 La_2O_3 和 Sr/La_2O_3 上 CH_4-SCR 反应的动力学研究提出了一套以 $CH_3\cdot$ 物种为中间体的反应机理。他们认为催化剂上吸附的 NO 被首先氧化为 NO_2，表面的吸附 NO_2 和 CH_4 之间反应，产生 $CH_3\cdot$ 物种，生成的 $CH_3\cdot$ 和吸附的 NO 反应生成 HCN，继而生成 NCO，最终生成 N_2 的反应发生于 NCO 和吸附 NO 之间，具体过程如下：

$$NO + * \Longrightarrow NO* \tag{3-67}$$

$$O_2 + 2* \Longrightarrow 2O* \tag{3-68}$$

$$CH_4 + * \Longrightarrow CH*_4 \tag{3-69}$$

$$NO* + O* \Longrightarrow NO*_2 + * \tag{3-70}$$

$$CH*_4 + NO*_2 \longrightarrow CH*_3 + HNO*_2 \tag{3-71}$$

$$2HNO*_2 + 2CH*_3 + NO*_2 + NO* + O* \Longrightarrow 2N_2 + 2CO_2 + 4H_2O + 7* \tag{3-72}$$

其中，* 表示表面活性位。

Ga/Al_2O_3 对 CH_4-SCR 具有很高的反应活性，在 0.1% NO、0.1% CH_4、6.7% O_2 和 12 000 h^{-1} 的空速下其 NO_x 转化率最大可达 70%（550 ℃），其活性随 O_2 浓度的升高（0%~20%）而逐渐增加。Ga/Al_2O_3 上处于高分散态的 Ga_2O_3 是该催化剂具有高活性的根本原因[310]。遗憾的是，H_2O 对 Ga/Al_2O_3 的活性有很大的抑制作用，在上述条件下加入 2.5% H_2O 会使 Ga/Al_2O_3 的活性降至 30%[310]。Okimura 等[311]则基于反应现象推测在 Ga 催化剂上 O_2 的作用只是将 NO 氧化为 NO_2，而不参与 CH_4 的活化，SCR 反应发生于 NO_2 和 CH_4 之间。

CH_4-SCR 催化剂面临的主要问题是水中毒，分子筛类、超强酸类及氧化物类对 CH_4-SCR 有活性的催化剂的抗水性能都不佳。不论是机动车尾气还是固定源燃烧排放的烟气，都不可避免的含有水蒸气，因此，对抗水性进行深入研究并开发出新型抗水性能优良的催化剂,是解决 CH₄-SCR 所面临的巨大挑战。

3.4.2 含氧燃料汽车尾气催化净化方法

在乙醇汽油车尾气污染物中,HC 和 CO 的排放可以明显降低,但对减少 NO$_x$ 排放量的作用不大,甚至会增加 NO$_x$ 的排放量。一些非常规污染物乙醛、乙醇等低分子含氧有机物排放量也会增加。此外,乙醇汽油车尾气容易使三效催化剂上积碳,从而减少催化剂的使用寿命。为适应我国乙醇汽油的推广应用,需要针对乙醇汽油车的排放特性开发出专用的催化剂,使其不但能够从总体上控制 CO、HC 和 NO$_x$ 的排放,还能减少乙烯、乙醛以及芳香族化合物等有害物质的排放。

使用乙醇柴油时,由于柴油中含有氧,导致燃烧比较充分,一般会降低 PM 的排放,但会带来 HC 的增加,CO 和 NO$_x$ 的试验结果尚不统一。表 3-15 中列举了国外部分研究者的测试结果。此外,由于发动机控制策略不同,各种污染物的测试结果差别较大。

表 3-15 不同测试条件下乙醇添加对排放性能的影响

参考文献 / 研究对象	Spreen[312]		Schaus 等[313]		Kass 等[314]	
测试发动机	1991 年 DDC60,6 缸,12.7 L,直喷,增压中冷		1997 年大众 TDI,4 缸,1.9L,直喷,增压,EGR,氧化催化剂		1999 年康明斯 ISB,6 缸,5.9L,增压中冷	
参考燃料	1998 EPA 标准		NO.2 标准柴油		Phillips 认证,硫含量 350 ppm	
测试燃料/% (体积含量)						
乙醇	10	15	10	15	10	15
添加剂	2.35 PEC	2.35 PEC	2 GE	2 GE	2 GE	2 GE
柴油	87.65	82.65	88	83	88	83
平均排放(混合燃料与参考燃料之比/%)						
PM	73	59	27~159	25~157	80	70
NO$_x$	96	95	80~125	40~125	100	100
CO	80	73	—	—	160	140
HC	171	210	—	—	200	175

王建昕等[315]在 295 非增压柴油机上进行了乙醇柴油测试，乙醇混合量分别为 10%、20% 和 30%。结果表明，随着乙醇含量增加，排气中 NO_x、乙醛、未燃乙醇均有增加，乙醛由 20 ppm 增加到 100 ppm，乙醇由 0 增加到 100 ppm 以上，当乙醇混合量为 30% 时乙醇达到约 400 ppm，而甲醛浓度基本不变。在乙醇汽油的测试中，何邦全等[316]研究了 10% 和 30% 含量的乙醇，试验采用 EQ491i 型汽油机，结果表明随着乙醇-汽油混合燃料中乙醇含量的增加，THC 排放改善 30%，CO 排放在大负荷时有所改善，NO_x 排放在中、小负荷时改善较明显。

针对乙醇燃料汽车排放特性，催化净化法目前是降低机动车尾气乙醇和乙醛等含氧有机物排放最有效的措施。三效催化剂在去除 NO_x、CO、HC 的基础上，消除醇类和醛类的排放是催化转化的重点，由于乙醛氧化比较容易，乙醇氧化便成为主要研究方向。净化尾气中乙醇所使用的催化剂大多以贵金属 Pt、Pd、Ag 和某些非贵金属（Cu、Mn）作活性组分，但还缺乏对醇类混合燃料尾气净化催化剂的系统研究。本书第 5 章 VOC 催化氧化作了系统的阐述，这里简要介绍乙醇氧化催化剂研究进展。

WcCabe 等[317,318]最早研究了乙醇氧化催化剂，发现贵金属不仅具有很好的活性，并且乙醛等副产物较少。Yu 等[319]研究不同活性组分发现，Al_2O_3 载体上催化剂的活性好于 ZrO_2 载体，并且 Pt 和 Pd 具有最好的氧化性和选择性；而在金属氧化物中，$CuO/\gamma\text{-}Al_2O_3$ 催化剂同样具有很好的活性，因而研究较多。Gonzalez 等[320]研究的负载硅催化剂中，Pt 活性最好，其次是 Pt-Ru，但是后者会形成醋酸盐。La 改善的 Al_2O_3 载体上 Pt-Rh 形成合金导致表面乙醛生成量降低[321]。在铂催化剂整体蜂窝样上，乙醇含量 50～2000 ppm，空速在 70 000～200 000 h^{-1}，结果表明，乙醇含量低时乙醛生成量少[322]。

将氧化铜、氧化铬以及复合氧化物负载在 $\gamma\text{-}Al_2O_3$ 上，Cu 具有最好的活性，但是 Cr 起燃温度较低，90% 转化率温度点偏高[323]。Wahlberg 等[324]制备了 Cu/TiO_2 催化剂陶瓷蜂窝样品，研究发现 Cu/TiO_2 催化剂上的活性好于 $CuO/\gamma\text{-}Al_2O_3$ 催化剂，这是由于 Cu 与 Ti 之间的相互作用导致 Cu 在载体表面分散均匀，因而活性较好。此外，Larsson 等[325]研究了 Ce 修饰后的 Cu/TiO_2 催化剂，结果表明，Ce 的加入不仅提高了催化剂活性，而且使其比表面积增加。

王伟等[326]制备了 Ag 修饰的 $La_{0.6}Sr_{0.4}MnO_3$ 催化剂，实验表明这种催化剂对低浓度乙醇完全氧化的催化活性高于负载型贵金属催化剂，$O_2\text{-}TPD$ 谱表明，Ag^+ 对 $La_{0.6}Sr_{0.4}MnO_3$ 表面的修饰可以增加催化剂表面氧物种的量，从而有利于对乙醇的完全催化氧化。

天津大学张杰[327]和 Rao 等[328]制备了 M-Ce-O 与 M-Ce-Zr-O（M = Mn，Cu）两个系列的复合氧化物催化剂，考察其乙醇完全氧化活性与动态储放氧性能，并用各种表征手段对催化材料的结构进行分析。该实验以产物 CO_2 的收率达到 50% 的温度点为催化剂的起燃温度 (T_{50})，起燃温度越低，说明催化剂的乙醇完全氧化起燃活性越好，以 CO_2 的收率达到 90% 的温度点 (T_{90}) 作为催化剂完全氧化指标，以 $T_{90} - T_{50}$ 的差值考核催化剂的动力学性能，即催化反应的速度。催化乙醇完全氧化活性数据见表 3-16。

表 3-16 $M_{0.1}Ce_{0.9}O_x$ 与 $M_{0.1}Ce_{0.6}Zr_{0.3}O_x$ 催化乙醇完全氧化活性

	$M_{0.1}Ce_{0.9}O_x$		$M_{0.1}Ce_{0.6}Zr_{0.3}O_x$		$Ce_{0.67}Zr_{0.33}O_x$
	Mn	Cu	Mn	Cu	
$T_{50}/℃$	248	262	280	273	305.1
$T_{90}/℃$	293	333	330	319	398.2
$\Delta (T_{90} - T_{50})/℃$	45	71	50	46	93.1

从表中可以明显地看出：过渡金属掺杂铈锆复合氧化物对乙醇完全氧化活性较好，且催化速度快。比较二组分与三组分样品的起燃温度发现，二组分复合氧化物的催化活性均好于对应的三组分样品，这可能与样品中 Ce 的含量有关，因为铈元素也具有一定的催化活性。在 200 与 300℃ 时，Mn 二组分复合氧化物的性能好于相应的三组分复合氧化物，而 Cu 的正好相反，这一结果与表面吸附氧的比例有关。由于氧在 CeO_2 中的扩散是空位机理，氧空位与氧的移动性密切相关，表面氧的面积大，氧空位多，氧移动性能好。

乙醇汽油车在推广应用过程中，排放的尾气容易使三效催化剂上积碳，从而减少催化剂的使用寿命。为满足更为严格的排放标准，学术界和催化剂生产厂家需要进一步深入研究，开发能有效控制 CO、HC 和 NO_x 的排放，同时减少乙醇和乙醛以及芳香族化合物等有害物质排放的三效催化剂。

参 考 文 献

[1] 常志鹏. 2008 年中国汽车产量将冲击 1000 万辆大关. http：//news. xinhuanet. com/news-center/2008-01/21/content_7465639. htm. ［2008-01-21］

[2] GB18352. 3-2005《轻型汽车污染物限值及测量方法（中国Ⅲ、Ⅳ阶段）》

[3] Twigg M V. Twenty-five years of autocatalysts. Platinum Metals Rev., 1999, 43 (4)：168 ~171

[4] Wikipedia. Oxygen sensor. http：//en. wikipedia. org/wiki/Oxygen_sensor. ［2008-01-21］

[5] Kašpar J, Fornasiero P, Hickey N. Automotive catalytic converters：current status and some perspectives. Catal. Today, 2003, 77：419 –449

[6] Searles R A. Car exhaust pollution control. Platinum Metals Rev., 1988, 32 (3)：123 – 129

[7] Heck R M, Fattauto R J. Automobile exhaust catalysts. Appl. Catal. A, 2001, 221：443 –457

［8］ Nissan Motor 有限公司. Nissan develops new catalyst material with half the precious metal components. http：//www. greencarcongress. com ［2007-10-15］

［9］ 何洪, 戴洪兴, 訾学红. 无机氧化物或金属纳米粒子的制备方法及设备：中国, CN 200610088817. 4. 2007-02-07

［10］ He H, Dai H X, Zi X H. Apparatus and process for metal oxides and metal nanoparticles synthesis：United States Patent, No. 11 777 090. 2007-07-12

［11］ 何洪, 关晓, 戴洪兴 等. 一种负载型纳米金属催化剂的制备方法及设备：中国, CN101081364. 2007-12-05

［12］ 何洪, 关晓, 李志美 等. 高活性负载型 Rh_xAu_{1-x}/Y 纳米催化剂的制备方法：中国, 200710177974. 7. 2008-04-16

［13］ Guan X, He H, Li Z M, et al. A promising way to reduce the high cost for three-way catalysts：RhAu alloy catalysts prepared by the UAMR method. 3rd China-Japan Workshop on Environmental Catalysis and Eco-Materials, Beijing, China, October 10 – 12, 2007

［14］ Al-Yassir N, Mao L V R. Thermal stability of alumina aerogel doped with yttrium oxide, used as a catalyst support for the thermocatalytic cracking (TCC) process：an investigation of its textural and structural properties. Appl. Catal. A, 2007, 317 (2)：275 – 283

［15］ Oudet F, Courtine P, Vejux A. Thermal stabilization of transition alumina by structural coherencce with $LnAlO_3$ (Ln = La, Pr, Nd). J. Catal., 1988, 114 (1)：112 – 120

［16］ Horiuchi T, Teshima Y, Osaki T, et al. Improvement of thermal stability of alumina by addition of zirconia. Catal. Lett., 1999, 62：107 – 111

［17］ Mizukami F, Maeda K, Watanabe M, et al. Preparation of thermostable high-surface-area aluminas and properties of the alumina-supported Pt catalysts. Stud. Surf. Sci. Catal., 1991, 71：557 – 568

［18］ Murrell L L, Tauster S J. Sols as precursors to transitional aluminas and these aluminas as host supports for CeO_2 and ZrO_2 micro domains. Stud. Surf. Sci. Catal., 1991, 71：547 – 555

［19］ Koryabkina N A, Shkrabina R A, Ushakov V A, et al. Study of the catalysts of fuel combustion. XVII. Effect of lanthanum and cerium on structural and mechanical properties of alumina. Kinet. Catal., 1997, 38：112 – 116

［20］ Ismagilov Z R, Shkrabina R A, Koryabkina N A, et al. Preparation and study of thermally stable washcoat aluminas for automotive catalysts. Stud. Surf. Sci. Catal., 1998, 116：507 – 511

［21］ Monte R D, Fornasiero P, Kašpar J, et al. Stabilisation of nanostructured $Ce_{0.2}Zr_{0.8}O_2$ solid solution by impregnation on Al_2O_3：a suitable method for the production of thermally stable oxygen storage/release promoters for three-way catalysts. Chem. Commun., 2000, 2167 – 2168

［22］ Piras A, Trovarelli A, Dolcetti G. Remarkable stabilization of transition alumina operated by ceria under reducing and redox conditions. Appl. Catal. B, 2000, 28：L77 – L81

［23］ Koryabkina N A, Shkrabina R A, Ushakov V A, et al. Investigation of the catalysts of fuel combustion. XV. thermal stability of the CeO_2-Al_2O_3 system. Kinet. Catal., 1996, 37：117 – 122

[24] Shyu J Z, Otto K, Watkins W L H, et al. Characterization of Pd/γ-alumina catalysts containing ceria. J. Catal., 1988, 114 (1): 23 – 33

[25] Shyu J Z, Weber W H, Gandhi H S. Surface characterization of alumina-supported ceria. J. Phys. Chem., 1988, 92: 4964 – 4970

[26] Dominguez J M, Hernandez J L, Sandoval G. Surface and catalytic properties of Al_2O_3-ZrO_2 solid solutions prepared by Sol-gel methods. Appl. Catal. A, 2000, 197 (1): 119 – 130

[27] Hu Z, Wan C Z, Lui Y K, et al. Design of a novel Pd three-way catalyst: integration of catalytic functions in three dimensions. Catal. Today, 1996, 30: 83 – 89

[28] McCabe R W, Kisenyi J M. Advances in automotive catalyst technology. Chem. Ind. (London), 1995, 15: 605 – 608

[29] Summers J C, Williamson W B. Palladium-only catalysts for closed-loop control. American Chemical Society, 1994, 9: 95 – 113

[30] Oh S H, Fisher G B, Carpenter J E, et al. Comparative kinetic studies of CO-O_2 and CO-NO reactions over single crystal and supported rhodium catalysts. J. Catal., 1986, 100 (2): 360 – 376

[31] Taylor K C, Schlatter J C. Selective reduction of nitricoxide over noble metals. J. Catal., 1980, 63: 53 – 71

[32] 王建昕, 傅立新, 黎维彬. 汽车排气污染治理及催化转化器. 北京: 化学工业出版社, 2000

[33] Lisi L, Bagnasco G, Ciambelli P, et al. Perovskite-type oxides Ⅱ. redox properties of $LaMn_{1-x}Cu_xO_3$ and $LaCo_{1-x}Cu_xO_3$ and methane catalytic combustion. J. Solid State Chem., 1999, 146 (1): 176 – 183

[34] Barnard K R, Foger K, Turney T W, et al. Lanthanum cobalt oxide oxidation catalysts derived from mixed hydroxide precursors. J. Catal., 1990, 125 (2): 265 – 275

[35] Nitadori T, Kurihara S, Misono M. Catalytic properties of $La_{1-x}A'_xMnO_3$ (A' = Sr, Ce, Hf). J. Catal., 1986, 98 (1): 221 – 228

[36] Rajadurai S, Carberry J J, Li B, et al. Catalytic oxidation of carbon monoxide over superconducting $La_{2-x}Sr_xCuO_{4-δ}$ systems between 373 ~ 523 K. J. Catal., 1991, 131 (2): 582 – 589

[37] Doshi R, Alcock C B, Carberry J J. Effect of surface area on CO oxidation by the perovskite catalysts $La_{1-x}Sr_xMO_{3-δ}$ (M = Co, Cr). Catal. Lett., 1993, 18 (4): 337 – 343

[38] Song K S, Cui H X, Kim S D, et al. Catalytic combustion of CH_4 and CO on $La_{1-x}M_xMnO_3$ perovskites. Catal. Today, 1999, 47: 155 – 160

[39] Sorenson S C, Wronkiewicz J A, Sis L B, et al. Properties of $LaCoO_3$ as a catalyst in engine exhaust gases. Am. Ceram. Soc. Bull., 1974, 53: 446 – 449

[40] Libby W F. Promising catalyst for auto exhaust. Science, 1971, 171: 499 – 500

[41] Tanaka H, Tsuboi H, Matsumoto S, et al. Exhanst gas purifying Catalyst and Method of pveparing the same: European Patent, 0525677 Al. 1993-02-03

[42] Yamasita K, Sugiyama M, Murachi M. Catalyst for purifying exhaust gas: European Patent,

0 754 494 B1. 2004-11-24. A2, 1997

[43] Voorhoeve R J H, Burton J J, Gaten R L. Advanced materials in catalysis. New York: Academic Press, 1977: 173

[44] Guihaume N, Primet M. Three-way catalytic activity and oxygen storage capacity of perovskite $LaMn_{0.976}Rh_{0.024}O_{3+\delta}$. J. Catal., 1997, 165: 197 - 204

[45] Teraoka Y, Nii H, Kagawa S, et al. Synthesis and catalytic properties of perovskite-related phases in the La-Sr-Co-Cu-Ru-O system. J. Mater. Chem., 1996, 6: 97 - 102

[46] He H, Dai H X, Au C T. An investigation on the utilization of perovskite-type oxides $La_{1-x}Sr_xMO_3$ ($M = Co_{0.77}Bi_{0.20}Pd_{0.03}$) as three-way catalysts. Appl. Catal. B, 2001, 33: 65 - 80

[47] Uenishi M, Tanaka H, Taniguchi M, et al. The reducing capability of palladium segregated from perovskite-type $LaFePdO_x$ automotive catalysts. Appl. Catal. A, 2005, 296 (1): 114 - 119

[48] Uenishi M, Taniguchi M, Tanaka H, et al. Redox behavior of palladium at start-up in the perovskite-type $LaFePdO_x$ automotive catalysts showing a self-regenerative function. Appl. Catal. B, 2005, 57 (4): 267 - 273

[49] Kašpar J, Fornasiero P, Graziani M. Use of CeO_2-based oxides in the three-way catalysis. Catal. Today, 1999, 50 (2): 285 - 298

[50] Frennet A, Bastin J M. Catalysis and automotive pollution control Ⅲ, proceeding of the third international symposium Brussels, Belgium, 1995, 96: 3 - 940

[51] Kruse N, Frennet A, Bastin J M. Catalysis and automotive pollution control Ⅳ, proceeding of the fourth international symposium. Brussels, Belgium, 1998. 116: 3 - 699

[52] Zirconium in Emission Control. Society of Automotive Engineers, Inc., Warrendale, PA, 1997

[53] Sideris M. Methods for monitoring and diagnosing the efficiency of catalytic converters: a patent oriented survey. vol. 115. Amsterdam: Elsevier, 1998

[54] Meriani S. Features of the caeria-zirconia systems. Mater. Sci. Eng. A, 1988, 109: 121 - 130

[55] Meriani S. A new single-phase tetragonal CeO_2-ZrO_2 solid solution. Mater. Sci. Eng., 1985, 71: 369 - 370

[56] Yashima M, Morimoto K, Ishizawa N, et al. Diffusionless tetragonal cubic transformation temperature in zirconia-ceria solid-solutions. J. Am. Ceram. Soc., 1993, 76: 2865 - 2868

[57] Yashima M, Morimoto K, Ishizawa N, et al. Zirconia-ceria solidsolution synthesis and the temperature-time-transformation diagram for the 1/1 composition. J. Am. Ceram. Soc., 1993, 76: 1745 - 1750

[58] Fornasiero P, Balducci G, Dimonte R, et al. Modification of the redox behaviour of CeO_2 induced by structural doping with ZrO_2. J. Catal., 1996, 164 (1): 173 - 183

[59] Terribile D, Trovarelli A, Llorca J, et al. The preparation of high surface area CeO_2-ZrO_2 mixed oxides by a surfactant-assisted approach. Catal. Today, 1998, 43 (1-2): 79 - 88

[60] Colón G, Pijolat M, Valdivieso F, et al. Surface and structural characterization of $Ce_xZr_{1-x}O_2$ CEZIRENCAT mixed oxides as potential three-way catalyst promoters. J. Chem. Soc., Faraday

Trans.,1998, 94: 3717 – 3726

[61] Colón G, Valdivieso F, Pijolat M, et al. Textural and phase stability of Ce$_x$Zr$_{1-x}$O$_2$ mixed oxides under high temperature oxidising conditions. Catal. Today, 1999, 50 (2): 271 – 284

[62] Rao G R, Kašpar J, Meriani S, et al. NO decomposition over partially reduced metallized CeO$_2$-ZrO$_2$ solid solutions. Catal. Lett., 1994, 24 (1-2): 107 – 112

[63] Fornasiero P, Dimonte R, Rao G R, et al. Rh-loaded CeO$_2$-ZrO$_2$ solid solutions as highly efficient oxygen exchangers: dependence of the reduction behavior and the oxygen storage capacity on the structural-properties. J. Catal., 1995, 151 (1): 168 – 177

[64] Vlaic G, Fornasiero P, Geremia S, et al. Relationship between the zirconia-promoted reduction in the Rh-loaded Ce$_{0.5}$Zr$_{0.5}$O$_2$ mixed oxide and the Zr-O local structure. J. Catal., 1997, 168 (2): 386 – 392

[65] Suda A, Sobukawa H, Suzuki T, et al. Store and release of oxygen of ceria-zirconia solid solution synthesized by solid phase reaction at near room temperature. J. Ceram. Soc. Jpn., 2001, 109: 177 – 188

[66] Suda A, Ukyo Y, Sobukawa H, et al. Improvement of oxygen storage capacity of CeO$_2$-ZrO$_2$ solid solution by heat treatment in reducing atmosphere. J. Ceram. Soc. Jpn., 2002, 110: 126 – 130

[67] Cho B K. Chemical modification of catalyst support for enhancement of transient catalytic activity: nitric oxide reduction by carbon monoxide over rhodium. J. Catal., 1991, 131 (1): 74 – 87

[68] He H, Dai H X, Au C T. Defective Structure, oxygen mobility, oxygen storage capacity, and redox properties of RE-based (RE = Ce, Pr) solid solutions. Catal. Today, 2004, 90 (3-4): 245 – 254

[69] He H, Dai H X, Wong K W, et al. RE$_{0.6}$Zr$_{0.4-x}$Y$_x$O$_2$ (RE = Ce, Pr; x = 0, 0.05) solid solutions: an investigation on defective structure, oxygen mobility, oxygen storage capacity, and redox properties. Appl. Catal. A, 2003, 251 (1): 61 – 74

[70] He H, Dai H X, Ng L H, et al. Pd-, Pt-, and Rh-loaded Ce$_{0.6}$Zr$_{0.35}$Y$_{0.05}$O$_2$ three-way catalysts: an investigation on performance and redox properties. J. Catal., 2002, 206 (1): 1 – 13

[71] Matsumoto S. Recent advances in automobile exhaust catalysts. Catal. Today, 2004, 90 (3-4): 183 – 190

[72] Beck D D, Sommers J W, DiMaggio C L. Axial characterization of oxygen storage capacity in close-coupled lightoff and underfloor catalytic converters and impact of sulfur. Appl. Catal. B, 1997, 11 (3-4): 273 – 290

[73] Graham G W, Jen H W, Chun W, et al. High-temperature-aging-induced encapsulation of metal particles by support materials: comparative results for Pt, Pd, and Rh on cerium-zirconium mixed oxides. J. Catal., 1999, 182 (1): 228 – 233

[74] Waqif M, Bazin P, Saur O, et al. Study of ceria sulfation. Appl. Catal. B, 1997, 11 (2): 193 – 205

[75] Kanazawa T. Development of hydrocarbon adsorbents, oxygen storage materials for three-way catalysts and NO$_x$ storage-reduction catalyst. Catal. Today, 2004, 96 (3): 171–177

[76] Burch S D, Biel J P. SULEV and "Off-Cycle" emissions benefits of a vacuum-insulated catalytic converter. SAE, 1999-01-0461

[77] Webster D E. 25 years of catalytic automotive pollution control: a collaborative effort. Top. Catal., 2001, 16/17: 33–38

[78] Johnson T V. Diesel emission control technology – 2003 in review. SAE, 2004-01-0070

[79] Fritz A, Pitchon V. The current state of research on automotive lean NO$_x$ catalysis. Appl. Catal. B, 1997, 13: 1–25

[80] Haneda M, Kintaichi Y, Bion N, et al. Alkali metal-doped cobalt oxide catalysts for NO decomposition. Appl. Catal. B, 2003, 46 (3): 473–482

[81] Iwamoto S, Takahashi R, Inoue M. Direct decomposition of nitric oxide over Ba catalysts supported on CeO$_2$-based mixed oxides. Appl. Catal. B, 2007, 70: 146–150

[82] Gopalakrishnan R, Stafford P R, Davidson J E, et al. Selective catalytic reduction of nitric oxide by propane in oxidizing atmosphere over copper-exchanged zeolites. Appl. Catal. B, 1993, 2: 165–182

[83] Iwamoto M, Yahiro H, Mizuno N, et al. Removal of nitrogen monoxide through a novel catalytic process. 2. infrared study on surface reaction of nitrogen monoxide adsorbed on copper ion-exchanged ZSM-5 zeolites. J. Phys. Chem., 1992, 96: 9360–9366

[84] 韩一帆, 汪仁. NO 在铜离子交换型沸石上的催化分解. 催化学报, 1996, 17 (4): 336–339

[85] Teraoka Y, Harada T, Kagawa S. Reaction mechanism of direct decomposition of nitric oxide over Co- and Mn-based perovskite-type oxides. J. Chem. Soc., Faraday Trans., 1998, 94: 1887–1891

[86] Iwakuni H, Shinmyou Y, Yano H, et al. Direct decomposition of NO into N$_2$ and O$_2$ on BaMnO$_3$-based perovskite oxides. Appl. Catal. B, 2007, 74: 299–306

[87] Takahashi N, Shinjoh H, Iijima T, et al. The new concept 3-way catalyst for automotive lean-burn engine: NO$_x$ storage and reduction catalyst. Catal. Today, 1996, 27: 63–69

[88] Matsumoto S. DeNO$_x$ catalyst for automotive lean-burn engine. Catal. Today, 1996, 29: 43–45

[89] Miyoshi N, Matsumoto S, Katon K, et al. Development of new concept three-way catalyst for automotive lean-burn engines, SAE, 950809

[90] Danan D, Balland J. Impact of alkali metals on the performance and mechanical properties of NO$_x$ adsorber catalysts, SAE, 2002-01-0734

[91] Huang H Y, Long R Q, Yang R T. The promoting role of noble metals on NO$_x$ storage catalyst and mechanistic study of NO$_x$ storage under lean-burn conditions. Energy Fuels, 2001, 15: 205–213

[92] Han P H, Lee Y K, Han S M, et al. NO$_x$ storage and reduction catalysts for automotive lean-burn engines: effect of parameters and storage materials on NO$_x$ conversion. Top. Catal., 2001,

16/17: 1-4

[93] Centi G, Fornasari G, Gobbi C, et al. NO$_x$ storage-reduction catalysts based on hydrotalcite: effect of Cu in promoting resistance to deactivation. Catal. Today, 2002, 73: 287-296

[94] Fornasari G, Trifirò F, Vaccari A, et al. Novel low temperature NO$_x$ storage-reduction catalysts for diesel light-duty engine emissions based on hydrotalcite compounds. Catal. Today, 2002, 75: 421-429

[95] Hodjati S, Vaezzadeh K, Petit C, et al. Absorption/desorption of NO$_x$ process on perovskites: performance to remove NO$_x$ from a lean exhaust gas. Appl. Catal. B, 2000, 26: 5-16

[96] Hodjati S, Petit C, Pitchon V, et al. Absorption/desorption of NO$_x$ process on perovskites: impact of SO$_2$ on the storage capacity of BaSnO$_3$ and strategy to develop thioresistance. Appl. Catal. B, 2001, 30: 247-257

[97] 陈加福, 孟明, 林培琰等. BaFeO$_3$ 和 BaCeO$_3$ 钙钛矿型氧化物的储氮性能. 催化学报, 2003, 24 (6): 419-422

[98] 李新刚, 孟明, 林培琰等. NO$_x$ 储存催化剂 Pt/Ba-Al-O 的结构与性能研究. 分子催化, 2001, 15 (3): 165-169

[99] 李新刚, 孟明, 林培琰等. NO$_x$ 储存催化剂 Pt/BaAl$_2$O$_4$-Al$_2$O$_3$ 的 XAFS 研究. 物理化学学报, 2001, 17 (12): 1072-1076

[100] 李新刚, 孟明, 林培琰等. NO$_x$ 阱 Pt/Ba-Al-O 的微观结构表征. 宁夏大学学报 (自然科学版), 2001, 22 (2): 188-189

[101] Li X, Meng M, Lin P, et al. A study on the properties and mechanisms for NO$_x$ storage over Pt/BaAl$_2$O$_4$-Al$_2$O$_3$ catalyst. Top. Catal., 2003, 22 (1-2): 111-115

[102] Hodjati S, Bernhardt P, Petit C, et al. Removal of NO$_x$: part I. sorption/desorption processes on barium aluminate. Appl. Catal. B, 1998, 19: 209-219

[103] Philipp S, Drochner A, Kunert J, et al. Investigation of NO adsorption and NO/O$_2$ co-adsorption on NO$_x$-storage-components by DRIFT-spectroscopy. Top. Catal., 2004, 30/31: 235-238

[104] Machida M, Uto M, Kurogi D, et al. MnO$_x$-CeO$_2$ binary oxides for catalytic NO$_x$ sorption at low temperatures· sorptive removal of NO$_x$. Chem. Mater., 2000, 12: 3158-3164

[105] Haneda M, Morita T, Nagao Y, et al. CeO$_2$-ZrO$_2$ binary oxides for NO$_x$ removal by sorption. Phys. Chem. Chem. Phys., 2001, 3: 4696-4700

[106] Huang H Y, Long R Q, Yang R T. A highly sulfur resistant Pt-Rh/TiO$_2$/Al$_2$O$_3$ storage catalyst for NO$_x$ reduction under lean-rich cycles. Appl. Catal. B, 2001, 33: 127-136

[107] Matsukuma I, Kikuyama S, Kikuchi R, et al. Development of zirconia-based oxide sorbents for removal of NO and NO$_2$. Appl. Catal. B, 2002, 37 (2): 107-115

[108] Eguchi K, Kondo T, Hayashi T, et al. Sorption of nitrogen oxides on MnO$_y$-ZrO$_2$ and Pt-ZrO$_2$-Al$_2$O$_3$. Appl. Catal. B, 1998, 16 (1): 69-77

[109] Kikuyama S, Matsukuma I, Kikuchi R, et al. Effect of preparation methods on NO$_x$ removal ability by sorption in Pt-ZrO$_2$-Al$_2$O$_3$. Appl. Catal. A, 2001, 219 (1-2): 107-116

[110] Kikuyama S, Matsukuma I, Kikuchi R, et al. A role of components in Pt-ZrO$_2$/Al$_2$O$_3$ as a sorbent for removal of NO and NO$_2$. Appl. Catal. A, 2002, 226: 23 – 30

[111] Amberntsson A, Fridell E, Skoglundh M. Influence of platinum and rhodium composition on the NO$_x$ storage and sulphur tolerance of a barium based NO$_x$ storage catalyst. Appl. Catal. B, 2003, 46: 429 – 439

[112] Salasc S, Skoglundh M, Fridell E. A comparison between Pt and Pd in NO$_x$ storage catalysts. Appl. Catal. B, 2002, 36: 145 – 160

[113] 高爱梅, 林培琰, 陈加福等. 储存 NO$_x$ 催化剂 BaZrO$_3$ 的结构和性能研究. 复旦学报 (自然科学版), 2003, 42 (3): 357 – 359

[114] Mahzoul H, Limousy L, Brilhac J F, et al. Experimental study of SO$_2$ adsorption on barium-based NO$_x$ adsorbers. J. Anal. Appl. Pyrol., 2000, 56: 179 – 193

[115] Amberntsson A, Persson H, Engström P, et al. NO$_x$ release from a noble metal/BaO catalyst: dependence on gas composition. Appl. Catal. B, 2001, 31: 27 – 38

[116] Fang H L, Huang S C, Yu R C, et al. A fundamental consideration on NO$_x$ adsorber technology for DI diesel application. SAE, 2002-01-2889

[117] Nova I, Castoldi L, Lietti L, et al. On the dynamic behavior of "NO$_x$ storage/reduction" Pt-Ba/Al$_2$O$_3$ catalyst. Catal. Today, 2002, 75: 431 – 437

[118] Olsson L, Jozsa P, Nilsson M, et al. Fundamental studies of NO$_x$ storage at low temperatures. Top. Catal., 2007, 42/43: 95 – 98

[119] Engström P, Amberntsson A, Skoglundh M, et al. Sulphur dioxide interaction with NO$_x$ storage catalysts. Appl. Catal. B, 1999, 22: L241 – L248

[120] Amberntsson A, Skoglundh M, Jonsson M, et al. Investigations of sulphur deactivation of NO$_x$ storage catalysts: influence of sulphur carrier and exposure conditions. Catal. Today, 2002, 73: 279 – 286

[121] Clark W, Sverdrup G M, Goguen S, et al. Overview of diesel emission control-sulfur effects program. SAE, 2000-01-1879

[122] Asanuma T, Takeshima S, Yamashita T, et al. Influence of sulfur concentration in gasoline on NO$_x$ storage reduction catalyst. SAE, 1999-01-3501

[123] Poulston S, Rajaram R. Regeneration of NO$_x$ trap catalysts. Catal. Today, 2003, 81: 603 – 610

[124] Breen J P, Marella M, Pistarino C, et al. Sulfur-tolerant NO$_x$ storage traps: an infrared and thermodynamic study of the reactions of alkali and alkaline-earth metal sulfates. Catal. Lett., 2002, 80: 123 – 128

[125] Mahzoul H, Gilot P, Brilhac J F, et al. Reduction of NO$_x$ over a NO$_x$-trap catalyst and the regeneration behaviour of adsorbed SO$_2$. Top. Catal., 2001, 16/17: 293 – 298

[126] Limousy L, Mahzoul H, Brilhac J F, et al. SO$_2$ sorption on fresh and aged SO$_x$ traps. Appl. Catal. B, 2003, 42: 237 – 249

[127] Liu Z, Anderson J A. Influence of reductant on the regeneration of SO$_2$-poisoned Pt/Ba/Al$_2$O$_3$ NO$_x$ storage and reduction catalyst, J. Catal., 2004, 228: 243 – 253

[128] Matsumoto S, Ikeda Y, Suzuki H, et al. NO$_x$ storage reduction catalyst for automotive exhaust with improved tolerance against sulfur poisoning. Appl. Catal. B, 2000, 25: 115 – 124

[129] Yamazaki K, Suzuki T, Takahashi N, et al. Effect of the addition of transition metals to Pt/ Ba/Al$_2$O$_3$ catalyst on the NO$_x$ storage-reduction catalysis under oxidizing conditions in the presence of SO$_2$. Appl. Catal. B, 2001, 30: 459 – 468

[130] Sedlmair C, Seshan K, Jentys A, et al. Studies On the deae tivation of NO$_x$ storage-reduction catalysts by sulfur dioxide. Catal. Today, 2002, 75: 413 – 419

[131] Courson C, Khalfi A, Mahzoul H, et al. Experimental study of the SO$_2$ removal over a NO$_x$ trap catalyst. Catal. Commun., 2002, 3: 471 – 477

[132] Yu R C, Cole A S, Stroia B J, et al. Development of diesel exhaust aftertreatment system for Tier II emissions, SAE, 2002-01-1867

[133] Nakatsuji T, Yasukawa R, Tabata K, et al. Highly durable NO$_x$ reduction system and catalysts for NO$_x$ storage reduction system. SAE, 980932

[134] Parks J E, Wagner G J, Epling W E, et al. NO$_x$ sorbate catalyst system with sulfur catalyst protection for the aftertreatment of NO. 2 diesel exhaust. SAE, 1999-01-3557

[135] Brogan M S, Clark A D, Brisley R J. Recent progress in NO$_x$ trap technology. SAE 980933

[136] Nakajima H, Yamaguchi Y, Tashiro K. Study of TWC in NO$_x$ adsorber catalyst system for gasoline direct injection engine. SAE, 2001-01-1300

[137] Schenk C, McDonald J, Olson B. High efficiency NO$_x$ and PM exhaust emission control for heavy-duty on-highway diesel engines. SAE, 2001-01-1351

[138] Peckham J. Toyota to test 'DPNR' NO$_x$/PM trap-equipped cars in Europe-Toyota Motor Corp. Diesel Fuel News, March 18, 2002

[139] Koebel M, Elsener M, Kleemann M. Urea-SCR: a promising technique to reduce NO$_x$ emissions from automotive diesel engines. Catal. Today, 2000, 59 (3-4): 335 – 345

[140] Koebel M, Elsener M, Madia G. Recent advances in the development of urea-SCR for automotive applications. SAE, 2001-01-3625

[141] Müller W, Ölschlegel H, Schäfer A, et al. Selective catalytic reduction-Europe's NO$_x$ reduction technology. SAE, 2003-01-2304

[142] Koebel M, Elsener M, Kröcher O, et al. NO$_x$ reduction in the exhaust of mobile heavy-duty diesel engines by urea-SCR. Top. Catal., 2004, 30/31: 43 – 48

[143] Nakajima F, Hamada I. The state-of-the art technology of NO$_x$ control. Catal. Today, 1996, 29: 109 – 115

[144] Seker E, Yasyerli N, Gulari E, et al. NO reduction by urea under lean conditions over single-step sol-gel Cu/alumina catalyst. J. Catal., 2002, 208: 15 – 20

[145] Baik J H, Yim S D, Nam I-S, et al. Control of NO$_x$ emissions from diesel engine by selective catalytic reduction (SCR) with urea. Top. Catal., 2004, 30/31: 37 – 41

[146] Devadas M, Kröcher O, Elsener M, et al. Characterization and catalytic investigation of Fe-ZSM5 for urea-SCR. Catal. Today, 2007, 119: 137 – 144

[147] Iwamoto M. Proc. of symposium on catalytic technology for the removal of nitrogen oxides. Catal. Soc. Japan, 1990, 17: 17 – 20

[148] Obuchi A, Ohi A, Nakamura M, et al. Performance of platinum-group metal catalysts for the selective reduction of nitrogen oxides by hydrocarbons. Appl. Catal. B, 1993, 2 (1): 71 – 80

[149] 李俊华, 郝吉明, 傅立新等. 富氧条件下贵金属催化剂上丙烯选择性还原 NO 的研究. 高等学校化学学报, 2003, 24 (11): 2060 – 2064

[150] Burch R, Watling T C. The effect of promoters on Pt/Al$_2$O$_3$ catalysts for the reduction of NO by C$_3$H$_6$ under lean-burn conditions. Appl. Catal. B, 1997, 11: 207 – 216

[151] Burch R, Millington P J. Selective reduction of NO$_x$ by hydrocarbons in excess oxygen by alumina- and silica-supported catalysts. Catal. Today, 1996, 29 (1-4): 37 – 42

[152] Ueda A, Oshima T, Haruta M. Reduction of nitrogen monoxide with propene in the presence of oxygen and moisture over gold supported on metal oxides. Appl. Catal. B, 1997, 12 (2-3): 81 – 93

[153] Efthimiadis E A, Lionta G D, Christoforou S C, et al. The effect of CH$_4$, H$_2$O and SO$_2$ on the NO reduction with C$_3$H$_6$. Catal. Today, 1998, 40 (1): 15 – 26

[154] 李俊华, 郝吉明, 傅立新等. Pt/Al$_2$O$_3$ 催化剂用于丙烯选择性还原 NO. 高等学校化学学报, 2004, 25 (1): 131 – 135

[155] Amiridis M D, Zhang T, Farrauto R J. Selective catalytic reduction of nitric oxide by hydrocarbons. Appl. Catal. B, 1996, 10 (1-3): 203 – 227

[156] Sato K, Fujimoto T, Kanai S, et al. Catalytic performance of silver ion-exchanged saponite for the selective reduction of nitrogen monoxide in the presence of excess oxygen. Appl. Catal. B, 1997, 13 (1): 27 – 33

[157] Yogo K, Tanaka S, Ihara M, et al. Selective reduction of NO with propane on gallium ion-exchanged zeolites. Chem. Lett., 1992, 21 (6): 1025 – 1028

[158] Ren L, Zhang T, Liang D, et al. Effect of addition of Zn on the catalytic activity of a Co/HZSM-5 catalyst for the SCR of NO$_x$ with CH$_4$. Appl. Catal. B, 2002, 35 (4): 317 – 321

[159] Wen B, Sachtler W M H. Enhanced catalytic performance of Co/MFI by hydrothermal treatment. Catal. Lett., 2003, 86 (1-3): 39 – 42

[160] Miyadera T. Alumina-supported silver catalysts for the selective reduction of nitric oxide with propene and oxygen-containing organic compounds. Appl. Catal. B, 1993, 2 (2-3): 199 – 205

[161] Sumiya S, Saito M, He H, et al. Reduction of lean NO$_x$ by ethanol over Ag/Al$_2$O$_3$ catalysts in the presence of H$_2$O and SO$_2$. Catal. Lett., 1998, 50 (1-2): 87 – 91

[162] Burch R, Breen J P, Meunier F C. A review of the selective reduction of NO$_x$ with hydrocarbons under lean-burn conditions with non-zeolitic oxide and platinum group metal catalysts. Appl. Catal. B, 2002, 39 (4): 283 – 303

[163] 贺泓, 余运波, 刘俊锋等. 富氧条件下氮氧化物的选择性催化还原 Ⅱ. Ag/Al$_2$O$_3$ 催化剂上含氧有机物选择性还原 NO$_x$ 的性能. 催化学报, 2004, 25 (6): 460 – 466

[164] He H, Yu Y B. Selective catalytic reduction of NO$_x$ over Ag/Al$_2$O$_3$ catalyst: from reaction mechanism to diesel engine test. Catal. Today, 2005, 100 (1-2): 37−47

[165] Li J H, Hao J M, Fu L X, et al. The activity and characterization of sol-gel Sn/Al$_2$O$_3$ catalyst for selective catalytic reduction of NO$_x$ in the presence of oxygen. Catal. Today, 2004, 90: 215−221

[166] Luo C K, Li J H, Zhu Y Q, et al. The mechanism of SO$_2$ effect on NO reduction with propene over In$_2$O$_3$/Al$_2$O$_3$ catalyst. Catal. Today, 2007, 119: 48−51

[167] Sumiya S, He H, Abe A, et al. Formation and reactivity of isocyanate (NCO) species on Ag/Al$_2$O$_3$. J. Chem. Soc., Faraday Trans., 1998, 94: 2217−2219

[168] Yu Y B, He H, Feng Q C, et al. Mechanism of the selective catalytic reduction of NO$_x$ by C$_2$H$_5$OH over Ag/Al$_2$O$_3$. Appl. Catal. B, 2004, 49 (3): 159−171

[169] Gao H W, He H, Yu Y B, et al. Density functional theory (DFT) and DRIFTS investigations of the formation and adsorption of enolic species on the Ag/Al$_2$O$_3$ surface. J. Phys. Chem. B, 2005, 109 (27): 13 291−13 295

[170] Taatjes C A, Hansen N, Mcllroy A, et al. Enols are common intermediates in hydrocarbon oxidation. Science, 2005, 308: 1887−1889

[171] Kameoka S, Ukisu Y, Miyadera T. Selective catalytic reduction of NO$_x$ with CH$_3$OH, C$_2$H$_5$OH and C$_3$H$_6$ in the presence of O$_2$ over Ag/Al$_2$O$_3$ catalysts: role of surface nitrate species. Phys. Chem. Chem. Phys., 2000, 2 (3): 367−372

[172] He H, Zhang X L, Wu Q, et al. Review of Ag/Al$_2$O$_3$-reductant system in the selective catalytic reduction of NO$_x$. Catal. Surv. Asia, 2008, 12: 38−55

[173] Kass M D, Thomas J F, Lewis S A. Selective catalytic reduction of NO$_x$ emissions from a 5.9 liter diesel engine using ethanol as a reductant. SAE 2003-01-3244

[174] Miyadera T. Selective reduction of NO$_x$ by ethanol on catalysts composed of Ag/Al$_2$O$_3$ and Cu/TiO$_2$ without formation of harmful by-products. Appl. Catal. B, 1998, 16 (2): 155−164

[175] Zhang C B, He H, Shuai S J, et al. Catalytic performance of Ag/Al$_2$O$_3$-C$_2$H$_5$OH-Cu/Al$_2$O$_3$ system for the removal of NO$_x$ from diesel engine exhaust. Environ. Pollut., 2007, 147 (2): 415−421

[176] Kato Y, Okazaki N, Sasaki T, et al. Preprint, 69th Spring Meeting of the Chemical Society of Japan, Kyoto, 1995, 2A310

[177] Chen LY, Horiuchi T, Mori T. High efficiency of a two-stage packed Ga$_2$O$_3$/Al$_2$O$_3$ and a mixture of Ga$_2$O$_3$/Al$_2$O$_3$ with Mn$_2$O$_3$ for NO reduction. React. Kinet. Catal. Lett., 2000, 69 (2): 265−270

[178] Iwamoto M, Zengyo T, Hernandez A M, et al. Intermediate addition of reductant between an oxidation and a reduction catalyst for highly selective reduction of NO in excess oxygen. Appl. Catal. B, 1998, 17 (3): 259−266

[179] Li J H, Hao J M, Fu L X, et al. Cooperation of Pt/Al$_2$O$_3$ and In/Al$_2$O$_3$ catalysts for reduction by propene in lean burn condition. Appl. Catal. A, 2004, 265 (1): 43−52

[180] Lachenmaier J, Dobiasch A, Meyer-Pittroff R. Emission reduction of regenerative fuel powered co-generation plants with SCR- and oxidation-catalysts. Top. Catal., 2001, 16/17 (1-4): 437–442

[181] Pérez-Ramírez J, García-Cortés J M, Kapteijn F, et al. Dual-bed catalytic system for NO$_x$-N$_2$O removal: a practical application for lean-burn deNO$_x$ HC-SCR. Appl. Catal. B, 2000, 25 (2-3): 191–203

[182] Ueda A, Haruta M. Reduction of nitrogen monoxide with propene over Au/Al$_2$O$_3$ mixed mechanically with Mn$_2$O$_3$. Appl. Catal. B, 1998, 18 (1-2): 115–121

[183] Chen L Y, Horiuchi T, Mori T. Catalytic reduction of NO by hydrocarbons over a mechanical mixture of spinel Ni-Ga oxide and manganese oxide. Catal. Lett., 1999, 60 (4): 237–241

[184] Obuchi A, Kaneko I, Uchisawa J, et al. The effect of layering of functionally different catalysts for the selective reduction of NO$_x$ with hydrocarbons. Appl. Catal. B, 1998, 19 (2): 127–135

[185] Suga K, Sekiba T. Catalyst system for purification of exhaust gas: United States Patent, No. 5811364. 1998-09-22

[186] Suga K, Sekiba T. Catalyst for purifying oxygen rich exhausts gas: United States Patent, No. 5990038. 1999-11-23

[187] Suga K, Nakamura M. Catalyst system for purifying oxygen rich exhaust gas: United States Patent, No. 6395675. 2002-05-28

[188] Iizuka H, Kuroda O, Ogawa T, et al. Exhaust gas purifying method and catalyst used therefor: United States Patent, No. 6045764. 2000-04-04

[189] Suzuki H, Miyoshi N. Method for purifying exhaust gases with two layer catalyst in oxygen-rich atmosphere: United States Patent, No. 5849254. 1998-12-15

[190] Inui S, Hori M, Tsuchitani K. Catalyst for purifying exhaust gas from lean burn engine and method for purification: United States Patent, No. 6245307. 2001-06-12

[191] Miyoshi N, Matsumoto S, Tanizawa T, et al. Process for purifying exhaust gases: United States Patent, No. 5911960. 1999-06-15

[192] Bell A T. Experimental and theoretical studies of NO decomposition and reduction over metal-exchanged ZSM-5. Catal. Today, 1997, 38 (2): 151–156

[193] Liu Z M, Hao J M, Fu L X, et al. Activity enhancement of bimetallic Co-In/Al$_2$O$_3$ catalyst for the selective reduction of NO by propene. Appl. Catal. B, 2004, 48 (1): 37–48

[194] Son I H, Kim M C, Koh H L, et al. On the promotion of Ag/γ-Al$_2$O$_3$ by Cs for the SCR of NO by C$_3$H$_6$. Catal. Lett., 2001, 75 (3-4): 191–197

[195] Cheung C C, Kung M C. Influence of homogeneous decane oxidation on the catalytic performance of lean NO$_x$ catalysts. Catal. Lett., 1999, 61 (3-4): 131–138

[196] Chen LY, Horiuchi T, Mori T. On the promotional effect of Sn in Co-Sn/Al$_2$O$_3$ catalyst for NO selective reduction. Catal. Lett., 2001, 72 (1-2): 71–75

[197] Okimura A, Yokoi H, Ohbayashi K, et al. Selective catalytic reduction of nitrogen oxides with

hydrocarbons over Zn-Al-Ga complex oxides. Catal. Lett., 1998, 52 (3-4): 157 – 161

[198] Masters S G, Chadwick D. Selective reduction of nitric oxide by methanol and dimethyl ether over promoted alumina catalysts in excess oxygen, Appl. Catal. B, 1999, 23 (4): 235 – 246

[199] Maunula T, Kintaichi Y, Inaba M, et al. Enhanced activity of In and Ga-supported sol-gel alumina catalysts for NO reduction by hydrocarbons in lean conditions. Appl. Catal. B, 1998, 15 (3-4): 291 – 304

[200] Haneda M, Kintaichi Y, Hamada H. Activity enhancement of SnO_2-doped Ga_2O_3-Al_2O_3 catalysts by coexisting H_2O for the selective reduction of NO with propene. Appl. Catal. B, 1999, 20 (4): 289 – 300

[201] Richter M, Langpape M, Kolf S, et al. Combinatorial preparation and high-throughput catalytic tests of multi-component $deNO_x$ catalysts. Appl. Catal. B, 2002, 36 (4): 261 – 277

[202] Krantz K, Ozturk S, Senkan S. Application of combinatorial catalysis to the selective reduction of NO by C_3H_6. Catal. Today, 2000, 62 (4): 281 – 289

[203] Kotsifa A, Halkides T I, Kondarides D I, et al. Activity enhancement of bimetallic Rh-Ag/Al_2O_3 catalysts for selective catalytic reduction of NO by C_3H_6. Catal. Lett., 2002, 79 (1-4): 113 – 117

[204] Meng M, Lin P Y, Fu Y L. The catalytic removal of CO and NO over Co-Pt (Pd, Rh) /γ-Al_2O_3 catalysts and their structural characterizations. Catal. Lett., 1997, 48 (3-4): 213 – 222

[205] Li S Y, Wu C T, Li H Q, et al. Catalytic reduction of NO_x by CO and hydrocarbons over different catalysts in the presence or absence of O_2. React. Kinet. Catal. Lett., 2000, 69 (1): 105 – 113

[206] Li J H, Hao J M, Fu L X, et al. Selective catalytic reduction NO over metal oxide or noble metal-doped In_2O_3/Al_2O_3 catalysts by propene in the presence of oxygen. React. Kinet. Catal. Lett., 2003, 80 (1): 75 – 80

[207] Hoard J W. Plasma-catalysis for diesel exhaust treatment: current state of the art. SAE, 2001-01-0185

[208] Miessner H, Francke K P, Rudolph R. Plasma-enhanced HC-SCR of NO_x in the presence of excess oxygen. Appl. Catal. B, 2002, 36 (1): 53 – 62

[209] Miessner H, Francke K P, Rudolph R, et al. NO_x removal in excess oxygen by plasma-enhanced selective catalytic reduction. Catal. Today, 2002, 75 (1-4): 325 – 330

[210] Zelenka P, Cartellieri W, Herzog P. Worldwide diesel emission standards, current experiences and future needs. Appl. Catal. B, 1996, 10 (1-3): 3 – 28

[211] Murr L E, Esquivel E V, Bang J J. Characterization of nanostructure phenomena in airborne particulate aggregates and their potential for respiratory health effects. J. Mater. Sci.: Mater., Med., 2004, 15 (3): 237 – 247

[212] Hardenberg H O. Urban bus application of a ceramic fiber coil particulate trap. SAE, 870011

[213] Rumminger M D, Zhou X, Balakrishnan K, et al. Regeneration behavior and transient ther-

mal response of diesel particulate filters. SAE, 2001-01-1342

[214] Richards P J, Vincent M W, Cook S L. Operating experience of diesel vehicles equipped with particulate filters and using fuel additive for regeneration. SAE, 2000-01-0474

[215] Oey F, Mehta S, Levandis Y A Diesel vehicle application of an aerodynamically regenerated trap and EGR system. SAE, 950370

[216] Kanesaka H, Yoshiki H, Tanaka T, et al. Some proposals to low-emission, high-specific-power diesel engine equipped with CRT. SAE, 2001-01-1256

[217] Tenneco Inc. Tenneco Launches Retrofit Diesel Particulate Filter (DPF) for the Independent Aftermarket [EB/OL]. http://www.prnewswire.co.uk/cgi/news/release? id = 172201. [2006-05-31]

[218] Coroller P. Performances and durability of a fleet of five PSA 607 taxis with DPF. Hars der Technik, Munich, 2002, 6: 4 - 5

[219] Min J S, Lee C Q, Kim S H, et al. Development and performance of catalytic diesel particulate filter systems for heavy-duty diesel vehicles. SAE, 2005-01-0664

[220] Johnson Matthey Catalysts Corp. The CRT[®] system [EB/OL]. http://ect.jmcatalysts.com/technologies-diesel-crt.htm. [2006-12-19]

[221] Abishek M T, John H J, Susan T B, et al. The effects of a catalyzed particulate filter and ultra low sulfur fuel on heavy duty diesel engine emissions, SAE, 2005-01-0473

[222] Walker A P, Blakeman P G, Ilkenhans T, et al. The development and in-field demonstration of highly durable SCR catalyst systems. SAE 2004-01-1289

[223] Suzuki J, Matsumoto S. Development of catalysts for diesel particulate NO_x reduction. Top. Catal., 2004, 28 (1-4): 171 - 176

[224] Yoshida K, Makino S, Sumiya S, et al. Simultaneous reduction of NO_x and particulate emission from diesel engine exhaust. SAE paper, 892046

[225] 赵震, 张桂臻, 刘坚等. 柴油机尾气净化催化剂的最新研究进展. 催化学报, 2008, 29 (3): 303 - 312

[226] 欧翔飞, 罗东晓. 国内压缩天然气汽车产业发展分析. 天然气工业, 2007, 27 (4): 129 - 132

[227] 彭红涛. 天然气汽车发展现状及对策. 汽车工业研究, 2006, 1: 47 - 48

[228] Hansen A C, Zhang Q, Lyne P W L. Ethanol-diesel fuel blends-a review. Bioresour. Technol. 2005, 96: 277 - 285

[229] Wheals A E, Basso L C, Alves D M G, et al. Fuel ethanol after 25 years. Trends Biotechnol., 1999, 17: 482 - 487

[230] 王丹, 朱向荣. 车用代用燃料研究及发展趋势. 汽车工艺与材料, 2005, (10): 1 - 5

[231] Lin W, Lin L, Zhu Y X, et al. Novel Pd/TiO_2-ZrO_2 catalysts for methane total oxidation at low temperature and their ^{18}O-isotope exchange behavior. J. Mol. Catal. A: Chem., 2005, 226: 263 - 268

[232] Escandón L S, Ordóñez S, Vega A, et al. Oxidation of methane over palladium catalysts:

effect of the support. Chemosphere, 2005, 58: 9 – 17

[233] Hicks R F, Qi H, Young M L, et al. Effect of catalyst structure on methane oxidation over palladium on alumina. J. Catal., 1990, 122 (2): 295 – 306

[234] Choudhary T V, Banerjee S, Choudhary V R. Influence of PdO content and pathway of its formation on methane combustion activity. Catal. Commun., 2005, 6: 97 – 100

[235] Fujimoto K, Ribeiro F H, Avalos-Borja M, et al. Structure and reactivity of PdO_x/ZrO_2 catalysts for methane oxidation at low temperatures. J. Catal., 1998, 179 (2): 431 – 442

[236] Jones J M, Dupont V A, Brydson R, et al. Sulphur poisoning and regeneration of precious metal catalysed methane combustion. Catal. Today, 2003, 81: 589 – 601

[237] Choudhary T V, Banerjee S, Choudhary V R. Catalysts for combustion of methane and lower alkanes. Appl. Catal. A, 2002, 234: 1 – 23

[238] Garbowski E, Guenin M, Marion M C, et al. Catalytic properties and surface states of cobalt-containing oxidation catalysts. Appl. Catal., 1990, 64: 209 – 224

[239] Artizzu P, Garbowski E, Primet M, et al. Catalytic combustion of methane on aluminate-supported copper oxide. Catal. Today, 1999, 47: 83 – 93

[240] Choudhary V R, Deshmukh G M, Pataskar S G. Low-temperature complete combustion of a dilute mixture of methane and propane over transition-metal-doped ZrO_2 catalysts: effect of the presence of propane on methane combustion. Environ. Sci. Technol., 2005, 39 (7): 2364 – 2368

[241] Terribile D, Trovarelli A, Leitenburg C, et al. Catalytic combustion of hydrocarbons with Mn and Cu-doped Ceria-Zirconia solid solutions. Catal. Today, 1999, 47 (1-4): 133 – 140

[242] Liotta L F, Carlo G D, Pantaleo G, et al. Co_3O_4/CeO_2 and Co_3O_4/CeO_2-ZrO_2 composite catalysts for methane combustion: correlation between morphology reduction properties and catalytic activity. Catal. Commun., 2005, 6: 329 – 336

[243] Wierzchowski P T, Zatorski L W. Kinetics of catalytic oxidation of carbon monoxide and methane combustion over alumina supported Ga_2O_3, SnO_2 or V_2O_5. Appl. Catal. B, 2003, 44: 53 – 65

[244] Wang X, Xie Y C. Total oxidation of CH_4 on Sn-Cr composite oxide catalysts. Appl. Catal. B, 2001, 35: 85 – 94

[245] Li J H, Fu H J, Fu L X, Hao J M. Complete combustion of methane over indium tin oxides catalysts. Environ. Sci. Technol., 2006, 40: 6455 – 6459

[246] Li Y J, Armor J N. Catalytic reduction of nitrogen oxides with methane in the presence of excess oxygen. Appl. Catal. B, 1992, 1 (4): L31 – L40

[247] Li Y J, Armor J N. Selective catalytic reduction of NO_x with methane over metal exchange zeolotes. Appl. Catal. B, 1993, 2 (2-3): 239 – 256

[248] Armor J N. Catalytic reduction of nitrogen oxides with methane in the present of excess oxygen: a review. Catal. Today, 1995, 26 (2): 147 – 158

[249] Campa M C, Rossi S D, Ferraris G, et al. Catalytic activity of Co-ZSM-5 for the abatement of

NO$_x$ with methane in the presence of oxygen. Appl. Catal. B, 1996, 8 (3): 315 – 331

[250] Desai A J, Kovalchuk V I, Lombardo E A, et al. CoZSM-5: why this catalyst selectively reduces NO$_x$ with methane. J. Catal., 1999, 184 (2): 396 – 405

[251] Dĕdeček J, Kaucký D, Wichterlová B. Does density of cationic sites affect catalytic activity of Co zeolites in selective catalytic reduction of NO with methane? . Top. Catal., 2002, 18 (3-4): 283 – 290

[252] Montanari T, Marie O, Daturi M, et al. Searching for the active sites of Co-H-MFI catalyst for the selective catalytic reduction of NO by methane: a FT-IR in situ and operando study. Appl. Catal. B, 2007, 71: 216 – 222

[253] Kikuchi E, Yogo K. Selective catalytic reduction of nitrogen monoxide by methane on zeolite catalysts in anoxygen-rich atmosphere. Catal. Today, 1994, 22 (1): 73 – 86

[254] Kikuchi E, Ogura M, Aratani N, et al. Promotive effect of additives to In/H-ZSM-5 catalyst for selective reduction of nitric oxide with methane in the presence of water vapor. Catal. Today, 1996, 27 (1-2): 35 – 40

[255] Sowade T, Liese T, Schmidt C, et al. Relations between structure and catalytic activity of Ce-In-ZSM-5 catalysts for the selective reduction of NO by methane Ⅱ. interplay between the CeO$_2$ promoter and different indium sites. J. Catal., 2004, 225: 105 – 115

[256] Ren L L, Zhang T, Tang J W, et al. Promotional effect of colloidal alumina on the activity of the In/HZSM-5 catalyst for the selective reduction of NO with methane. Appl. Catal. B, 2003, 41 (1-2): 129 – 136

[257] Ren L L, Zhang T, Xu C H, et al. The remarkable effect of In$_2$O$_3$ on the catalytic activity of In/HZSM-5 for the reduction of NO with CH$_4$. Top. Catal., 2004, 30/31: 55 – 57

[258] Maunula T, Ahola J, Hamada H. Reaction mechanism and microkinetic model for the binary catalyst combination of In/ZSM-5 and Pt/Al$_2$O$_3$ for NO$_x$ reduction by methane under lean conditions. Ind. Eng. Chem. Res., 2007, 46: 2715 – 2725

[259] Kikuchi E, Ogura M, Terasaki I, et al. Selective reduction of nitric oxide with methane on gallium and indium containing H-ZSM-5 catalysts: formation of active sites by solid-state ion exchange. J. Catal., 1996, 161 (1): 465 – 470

[260] Miró E E, Gutiérrez L, López J M R, et al. Perturbed angular correlation characterization of indium species on In/H-ZSM5 catalysts. J. Catal., 1999, 188 (2): 375 – 384

[261] Nishizaka Y, Misono M. Catalytic reduction of nitrogen monoxide by methane over palladium-loaded zeolites in the presence of oxygen. Chem. Lett., 1993, 1295 – 1298

[262] Nishizaka Y, Misono M. Essential role of acidity in the catalytic reduction of nitrogen monoxide by methane in the presence of oxygen over palladium-loaded zeolites. Chem. Lett., 1994, 2237 – 2240

[263] Ogura M, Kage S, Shimojo T, et al. Co cation effects on activity and stability of isolated Pd (Ⅱ) cations in zeolite matrices for selective catalytic reduction of nitric oxide with methane. J. Catal., 2002, 211: 75 – 84

[264] Pieterse J A Z, Brink R W, Booneveld S, et al. Influence of zeolite structure on the activity and durability of Co-Pd-zeolite catalysts in the reduction of NO_x with methane. Appl. Catal. B, 2003, 46: 239 – 250

[265] Adelman B J, Sachtler W M H. The effect of zeolitic protons on NO_x reduction over Pd/ZSM-5 catalysts. Appl. Catal. B, 1997, 14 (1-2): 1 – 11

[266] Ali A, Chin Y H, Resasco D E. Redispersion of Pd on acidic supports and loss of methane combustion activity during the selective reduction of NO by CH_4. Catal. Lett., 1998, 56: 111 – 117

[267] Misono M, Hirao Y, Yokoyama C. Reduction of nitrogen oxides with hydrocarbons catalyzed by bifunctional catalysts. Catal. Today, 1997, 38 (2): 157 – 162

[268] Misono M, Nishizaka Y, Kawamoto M, et al. Catalytic reduction of nitrogen monoxide by methane over Pd-loaded ZSM-5 zeolites. roles of acidity and Pd dispersion. Stud. Surf. Sci. Catal., 1997, 105: 1501 – 1508

[269] Kato H, Yokoyama C, Misono M. Relative rates of various steps of NO-CH_4-O_2 reaction catalyzed by Pd/H-ZSM-5. Catal. Today, 1998, 45 (1-4): 93 – 102

[270] Kato H, Yokoyama C, Misono M. Rate-determining step of NO-CH_4-O_2 reaction catalyzed by Pd/H-ZSM-5. Catal. Lett., 1997, 47: 189 – 191

[271] Descorme C, Gélin P, Lécuyer C, et al. Catalytic reduction of nitric oxide by methane in the presence of oxygen on palladium-exchanged mordenite zeolites. J. Catal., 1998, 177 (2): 352 – 362

[272] Kikuchi E, Ogura M. Palladium species in Pd/H-ZSM-5 zeolite catalysts for CH_4-SCR. Res. Chem. Intermed., 2000, 26 (1): 55 – 60

[273] Shimizu K, Okada F, Nakamura Y, et al. Mechanism of NO reduction by CH_4 in the presence of O_2 over Pd-H-mordenite. J. Catal., 2000, 195: 151 – 160

[274] Li Z J, Flytzani-Stephanopoulos M. Selective catalytic reduction of nitric oxide by methane over cerium and silver ion-exchanged ZSM-5 zeolites. Appl. Catal. A, 1997, 165 (1-2): 15 – 34

[275] Li Z J, Flytzani-Stephanopoulos M. Effects of water vapor and sulfur dioxide on the performance of Ce-Ag-ZSM-5 for the SCR of NO with CH_4. Appl. Catal. B, 1999, 22 (1): 35 – 47

[276] Li Z J, Flytzani-Stephanopoulos M. On the promotion of Ag-ZSM-5 by cerium for the SCR of NO by methane. J. Catal., 1999, 182 (2): 313 – 327

[277] Shi C, Cheng M J, Qu Z P, et al. Investigation on the catalytic roles of silver species in the selective catalytic reduction of NO_x with methane. Appl. Catal. B, 2004, 51: 171 – 181

[278] Shi C, Cheng M J, Qu Z P, et al. On the correlation between microstructural changes of Ag-H-ZSM-5 catalysts and their catalytic performances in the selective catalytic reduction of NO_x by methane. J. Mol. Catal. A: Chem., 2005, 235: 35 – 43

[279] Shi C, Cheng M J, Qu Z P, et al. Behavior of different silver species in the selective reduction of NO_x by CH_4 over Ag-HZSM-5 catalyst. Chin. J. Catal., 2001, 22: 555 – 558

[280] Shi C, Cheng M J, Qu Z P, et al. On the selectively catalytic reduction of NO_x with methane

over Ag-ZSM-5 catalysts. Appl. Catal. B, 2002, 36: 173 – 182

[281] Feeley J S, Deeba M, Farrauto R J, et al. Lean NO$_x$ reduction with hydrocarbons over Ga/S-ZrO$_x$ and S-GaZr/Zeolite catalysts. Appl. Catal. B, 1995, 6 (1): 79 – 96

[282] Loughran C J, Resasco D E. Bifunctionality of palladium-based catalysts used in the reduction of nitric oxide by methane in the presence of oxygen. Appl. Catal. B, 1995, 7 (1-2): 113 – 126

[283] Chin Y H, Pisanu A, Serventi L, et al. NO reduction by CH$_4$ in the presence of excess O$_2$ over Pd/sulfated zirconia catalysts. Catal. Today, 1999, 54 (4): 419 – 429

[284] Ohtsuka H. The selective catalytic reduction of nitrogen oxides by methane on noble metal-loaded sulfated zirconia. Appl. Catal. B, 2001, 33: 325 – 333

[285] Li N, Wang A Q, Tang J W, et al. NO reduction by CH$_4$ in the presence of excess O$_2$ over Co/sulfated zirconia catalysts. Appl. Catal. B, 2003, 43: 195 – 201

[286] Li N, Wang A Q, Wang X D, et al. NO reduction by CH$_4$ in the presence of excess O$_2$ over Mn/sulfated zirconia catalysts. Appl. Catal. B, 2004, 48: 259 – 265

[287] Córdoba L F, Sachtler W M H, Correa C M, NO reduction by CH$_4$ over Pd/Co-sulfated zirconia catalysts. Appl. Catal. B, 2005, 56: 269 – 277

[288] Suprun W, Schaedlich K, Papp H. SCR of NO on sulfated zirconium oxides in the presence of methane. Chem. Eng. Technol., 2005, 28 (2): 199 – 203

[289] Li N, Wang A Q, Liu Z M, et al. On the catalytic nature of Mn/sulfated zirconia for selective reduction of NO with methane. Appl. Catal. B, 2006, 62: 292 – 298

[290] Li N, Wang A Q, Zheng M Y, et al. Probing into the catalytic nature of Co/sulfated zirconia for selective reduction of NO with methane. J. Catal., 2004, 225: 307 – 315

[291] Kantcheva M, Vakkasoglu A S. Cobalt supported on zirconia and sulfated zirconia Ⅱ. reactivity of adsorbed NO$_x$ compounds toward methane. J. Catal., 2004, 223: 364 – 371

[292] Chin Y H, Alvarez W E, Resasco D E. Sulfated zirconia and tungstated zirconia as effective supports for Pd-based SCR catalysts. Catal. Today, 2000, 62: 159 – 165

[293] Chin Y H, Alvarez W E, Resasco D E. Comparison between methane and propylene as reducing agents in the SCR of NO over Pd supported on tungstated zirconia. Catal. Today, 2000, 62: 291 – 302

[294] Kantcheva M, Cayirtepe I. FT-IR spectroscopic investigation of the surface reaction of CH$_4$ with NO$_x$ species adsorbed on Pd/WO$_3$-ZrO$_2$ catalyst. Catal. Lett., 2007, 115 (3-4): 148 – 162

[295] Yang D, Li J H, Wen M F, et al. Selective catalytic reduction of NO$_x$ with methane over indium supported on tungstated zirconia. Catal. Commun., 2007, 8: 2243 – 2247

[296] Yang D, Li J H, Wen M F, et al. Promotional effect of Ce on the activity of In/W-ZrO$_2$ for selective reduction of NO$_x$ with methane. Catal. Lett., 2007, 117 (1-2): 68 – 72

[297] 杨栋. 固体超强酸负载 In 催化剂上 CH$_4$ 选择性催化还原 NO$_x$ 的研究: [博士论文]. 北京: 清华大学, 2008

[298] Yang D, Li J H, Wen M F, et al. Selective catalytic reduction of NO$_x$ with CH$_4$ over the In/

sulfated TiO$_2$ catalyst. Catal. Lett., 2008, 122 (1-2): 138 – 143

[299] Li N, Wang A Q, Lin L, et al. NO reduction by CH$_4$ in the presence of excess O$_2$ over Pd/sulfated alumina catalysts. Appl. Catal. B, 2004, 50: 1 – 7

[300] Li N, Wang A Q, Ren W L, et al. Pd/sulfated alumina - a new effective catalyst for the selective catalytic reduction of NO with CH$_4$. Top. Catal., 2004, 30/31: 103 – 105

[301] Zhang X K, Walters A B, Vannice M A. NO adsorption, decomposition, and reduction by methane over rare earth oxides. J. Catal., 1995, 155 (2): 290 – 302

[302] Shi C L, Walters A B, Vannice M A. NO reduction by CH$_4$ in the presence of O$_2$ over La$_2$O$_3$ supported on Al$_2$O$_3$. Appl. Catal. B, 1997, 14 (3-4): 175 – 188

[303] Toops T J, Walters A B, Vannice M A. The effect of CO$_2$ and H$_2$O on the kinetics of NO reduction by CH$_4$ over Sr-promoted La$_2$O$_3$. Catal. Lett., 2002, 82 (1-2): 45 – 57

[304] Toops T J, Walters A B, Vannice M A. The effect of CO$_2$ and H$_2$O on the kinetics of NO reduction by CH$_4$ over a La$_2$O$_3$/γ-Al$_2$O$_3$ catalyst. J. Catal., 2003, 214: 292 – 307

[305] Toops T J, Walters A B, Vannice M A. The effect of CO$_2$, H$_2$O and SO$_2$ on the kinetics of NO reduction by CH$_4$ over La$_2$O$_3$. Appl. Catal. B, 2002, 38: 183 – 199

[306] Otsuka K, Zhang Q H, Yamanaka I, et al. Reaction mechanism of NO reduction by CH$_4$ over rare earth oxides in oxidizing atmosphere. Bull. Chem. Soc. Jpn., 1996, 69 (11): 3367 – 3373

[307] Fokema M D, Ying J Y. The selective catalytic reduction of nitric oxide with methane over scandium oxide, yttrium oxide and lanthanum oxide. Appl. Catal. B, 1998, 18 (1-2): 71 – 77

[308] Fokema M D, Ying J Y. The selective catalytic reduction of nitric oxide with methane over non-zeolitic catalysts. Catal. Rev. Sci. Eng., 2001, 43 (1-2): 1 – 29

[309] Vannice M A, Walters A B, Zhang X. The kinetics of NO$_x$ decomposition and NO reduction by CH$_4$ over La$_2$O$_3$ and Sr/La$_2$O$_3$. J. Catal., 1996, 159 (1): 119 – 126

[310] Shimizu K, Satsuma A, Hattori T. Selective catalytic reduction of NO by hydrocarbons on Ga$_2$O$_3$/Al$_2$O$_3$ catalysts. Appl. Catal. B, 1998, 16 (4): 319 – 326

[311] Okimura Y, Yokoi H, Ohbayashi K, et al. Selective catalytic reduction of nitrogen oxides with hydrocarbons over Zn-Al-Ga complex oxides. Catal. Lett., 1998, 52: 157 – 161

[312] Spreen K. Evaluation of oxygenated diesel fuels. Final report for Pure Energy Corporation, Southwest Research Institute, San Antonio, Texas, September 1999

[313] Schaus J E, McPartlin P, Cole R L, et al. Effect of ethanol fuel additive on diesel emissions. Report by Argonne National Laboratory for Illinois Department of Commerce and Community Affairs and US Department of Energy. 2000

[314] Kass M D, Thomas J F, Storey J M, et al. Emissions from a 5. 9 liter diesel engine fueled with ethanol diesel blends. SAE, 2001-01-2018

[315] 王建昕, 闫小光, 程勇等. 乙醇-柴油混合燃料的燃烧与排放特性. 内燃机学报, 2002, 20: 225 – 229

[316] 何邦全，闫小光，王建昕等．电喷汽油机燃用乙醇-汽油燃料的排放性能研究．内燃机学报，2002，20（5）：399－402

[317] McCabe R W, Mitchell P J. Oxidation of ethanol and acetaldehyde over alumina-supported catalysts. Ind. Eng. Chem. Prod. Res. Dev., 1983, 22: 212－217

[318] WcCabe R W, Mitchell P J. Reactions of ethanol and acetaldehyde over noble metal and metal oxide catalysts. Ind. Eng. Chem. Prod. Res. Dev., 1984, 23: 196~202

[319] Yu Yao Y F. Catalytic oxidation of ethanol at low concentrations. Ind. Eng. Chem. Process Des. Dev., 1984, 23: 60－67

[320] Gonzalez R D, Nagaia M. Oxidation of ethanol on silica supported noble metal and bimetallic catalysts. Appl. Catal., 1985, 18 (1): 57－70

[321] Silva A M, Corro G, Marecot P, et al. Ethanol oxidation on three-way automotive catalysts. influence of Pt-Rh interaction. Stud. Surf. Sci. Catal., 1998, 116: 93－101

[322] Barresi A A, Baldi G. Reaction mechanisms of ethanol deep oxidation over platinum catalyst. Chem. Eng. Commun., 1993, 123 (1): 17－29

[323] Rajesh H, Ozkan U S. Complete oxidation of ethanol, acetaldehyde, and ethanol/methanol mixtures over copper oxide and copper-chromium oxide catalysts. Ind. Eng. Chem. Res., 1993, 32: 1622－1630

[324] Wahlberg A, Pettersson L J, Bruce K, et al. Preparation, evaluation and characterization of copper catalysts for ethanol fuelled diesel engines. Appl. Catal. B, 1999, 23 (4): 271－281

[325] Larsson P, Andersson A. Complete oxidation of CO, ethanol, and ethyl acetate over copper oxide supported on titania and ceria modified titania. J. Catal., 1998, 179 (1): 72－89

[326] 王伟，涂学炎，张世鸿．乙醇燃料车尾气净化催化剂研究，云南大学学报（自然科学版）．2004，26（2）：159－161

[327] 张杰．乙醇汽油对摩托车排放特性与尾气净化催化剂的影响：［硕士论文］．天津：天津大学，2007

[328] Rao T, Shen M Q, Jia L W, et al. Oxidation of ethanol over Mn-Ce-O and Mn-Ce-Zr-O complex compounds synthesized by sol-gel method, Catal. Commun., 2007, 8: 1743－1747

李俊华　康守方　朱永青，清华大学环境科学与工程系
何洪，北京工业大学环境与能源工程学院化学化工系
贺泓　余运波，中国科学院生态环境研究中心

第4章 固定源燃烧排放的催化净化

4.1 概　　述

固定污染源是指排放位置和地点固定不变的污染源，如电厂锅炉、各种厂矿的工业锅炉等。在固定污染源的燃料消耗中，燃煤占有相当大的比重。煤炭燃烧过程中会产生大量的污染物，排放的烟气中对环境造成污染的物质主要是一氧化碳（CO）、硫氧化物（SO_x）、氮氧化物（NO_x）及可吸入颗粒物（PM）。对于CO，可以通过控制燃料在燃烧过程中的空燃比、燃烧温度和燃烧时间，并使燃料和空气混合均匀，从而使其燃烧完全，达到将CO浓度控制在排放标准以内的目的。但通过燃烧过程控制并不能将SO_2和NO_x完全消除，这些致酸物质的大量排放引起的酸沉降已经与臭氧层破坏、全球气候变化一起成为最为突出的大气环境热点问题，其影响范围已经由局部性污染发展成为区域性污染，甚至成为全球性污染。同时，SO_2和NO_x的越境迁移问题也备受关注。

基于以上因素，大气环境质量越来越受到各国的重视，我国政府有关部门也相继制定了控制SO_2和NO_x排放的政策与法规，对燃煤锅炉采取了更为严格的排放标准，促使相关电厂采取了更好的除尘设备，悬浮颗粒物排放量总体上有所降低。但随着能源消耗的增长，以燃煤锅炉及化工装置等为主的固定源大量消耗化石燃料，排放到大气中的SO_2和NO_x等致酸性物质的污染程度不断加剧。中国西南地区已经成为继北欧、北美之后世界第三大酸雨区，酸雨面积占国土面积的30%，区域性酸雨污染严重。因此，如何有效地消除SO_2和NO_x已成为目前环境保护领域关注的重要课题。本章主要介绍应用于固定源的催化脱硝脱硫技术及其作用机理，首先简要介绍固定源排放的SO_2和NO_x的危害及其排放标准。

目前SO_2污染的主要来源是燃煤烟气，尤其是使用高硫煤和重油为燃料的发电厂和工业锅炉排放的烟气和生活燃煤排放的烟气。我国煤炭产量居世界第一位，且多为高硫煤，煤燃烧所排放的SO_2占全国SO_2总排放量的87%，SO_2的排放量每年可达到2600万吨以上[1-3]。SO_2属于低浓度长期起作用的污染物，它对自然生态环境、人类健康、工业生产、建筑物及材料等均会造成不同程度的危害。空气中的SO_2浓度高于0.5 ppm（体积分数）时即对人类健康有潜在的影响，1～3 ppm（体积分数）时就使人受到明显刺激，长期吸入低浓度SO_2将引起或加重人的呼吸道疾病。值得注意的是SO_2与水汽烟尘等结合形成硫酸烟雾及硫酸盐等气溶胶微粒后，能够侵入肺的深部组织，造成的危害远比气态的 SO_2 大得多。SO_2 形成的酸雨对水资源生态系统、农业生态系统、森林生态系统、建筑物和材料以及人体健康都会造成危害。

NO$_x$ 也是主要的大气污染物之一，常见的 5 种氮的氧化物为 N_2O、NO、N_2O_3、NO_2 和 N_2O_5，统称为 NO_x，其中污染大气的主要是 NO 和 NO_2。NO_x 来源分为天然源和人为源，人为造成的 NO_x 排放具有浓度高，排放地点集中等特点，对环境影响较大。固定源排放的 NO_x 中 90% 为 NO，尽管 NO 对人体和环境危害的事例尚未发现，但由于 NO 在空气中不稳定，容易发生化学反应，一旦其转化为其他类型有害物质就会对人类健康和环境产生严重的影响。同时 NO_x 也是造成酸雨、光化学烟雾发生的重要前体物，其排放量的增加，不仅会造成空气中 NO_2 浓度的增加，区域酸沉降趋势不断恶化，而且还会使对流层 O_3 浓度增加，并在空气中形成微细颗粒物，从而对公众健康和生态环境产生巨大危害。此外，氮沉降量的增加还会造成地下水污染、地表水富营养化、并对陆地和水生生态系统造成破坏[4,5]。

为防治环境污染，满足在保障电力工业快速发展的前提下做好环境保护工作的需要，国家环保总局决定对 1996 年发布的《火电厂大气污染物排放标准》进行修订。表 4-1 和表 4-2 分别为修订后的 GB13 223-2003 污染物 SO_2 和 NO_x 的排放标准[6]。新修订的国家污染物排放标准 GB13 223-2003 较好地实现了与 GB13 223-1996 标准的衔接，已于 2004 年实施，新标准按火电厂建设时间划分为 3 个时间段，分别规定了大气污染物排放限值和开始实施时间。新排放标准的出台和实施，对于我国的经济发展和环境保护都具有重要意义，对我国环境保护产业和污染治理技术市场的发展必将产生重大影响。其中，电厂时段的定义如下：第 1 时段的电厂（1996. 12. 31 之前），第 2 时段电厂（1997. 1. 1 ~ 2004. 1. 1），第 3 时段电厂（2004. 1. 1 之后）。

表 4-1　火力发电锅炉 SO_2 最高允许排放浓度[6]（mg/m^3）

时段	第 1 时段		第 2 时段		第 3 时段
实施时间	2005 年 1 月 1 日	2010 年 1 月 1 日	2005 年 1 月 1 日	2010 年 1 月 1 日	2004 年 1 月 1 日
燃煤锅炉及燃油锅炉	2100^a	1200^a	2100 1200^b	400 1200^b	400 800^c 1200^d

　　a. 该限值为全厂第 1 时段火力发电锅炉平均值；b. 在本标准实施前，环境影响报告书已批复的脱硫机组，以及位于西部非两控区的燃用特低硫煤（入炉燃煤收到基硫分小于 0.5%）的坑口电厂锅炉执行该限值；c. 以煤矸石等为主要燃料（入炉燃料收到基低位发热量小于等于 12 550 kJ/kg）的资源综合利用火力发电锅炉执行该限值；d. 位于西部非两控区内的燃用特低硫煤（入炉燃煤收到基硫分小于 0.5%）的坑口电厂锅炉执行该限值。

在本标准实施前，环境影响报告书已批复的第 2 时段脱硫机组，自 2015 年 1 月 1 日起，执行 400 mg/m³ 的限值，其中以煤矸石等为主要燃料（入炉燃料收到基低位发热量小于等于 12 550 kJ/kg）的资源综合利用火力发电锅炉执行 800 mg/m³ 的限值。

表 4-2　火力发电锅炉及燃气轮机组 NO_x 最高允许排放浓度[6]（mg/m³）

时段		第 1 时段	第 2 时段	第 3 时段
实施时间		2005 年 1 月 1 日	2005 年 1 月 1 日	2004 年 1 月 1 日
燃煤锅炉	$V_{daf} < 10\%$	1500	1300	1100
	$10\% \leqslant V_{daf} \leqslant 20\%$	1100	650	650
	$V_{daf} > 20\%$			450
燃油锅炉		650	400	200
燃气轮机组	燃油			150
	80 燃气			

4.2　烟气选择性催化还原脱硝原理和技术

通常把通过改变燃烧条件来降低燃料燃烧过程中产生 NO_x 的各种技术措施，统称为低 NO_x 燃烧技术。工业实践表明，与尾部烟气脱硝技术相比，低 NO_x 燃烧技术相对简单，是目前采用最广泛且经济有效的措施[7-12]。通常情况下，采用各种低 NO_x 燃烧技术最多仅能降低 NO_x 排放量的 50% 左右。因此，当对燃烧设备的 NO_x 排放要求较高时，单纯采用燃烧改进措施往往不能满足排放要求，就需要采用尾部烟气脱硝技术来进一步降低 NO_x 的排放。

燃烧后烟气脱硝技术是指通过各种物理、化学过程使烟气中的 NO_x 还原或分解为 N_2 和其他物质，或者以清除含 N 物质的方式去除 NO_x 的各种技术措施。按反应体系的状态，烟气脱硝技术可大致分为干法（催化法）和湿法（吸收法）两类。

湿法烟气脱硝是指各种利用水或酸、碱、盐及其他物质的水溶液来吸收废气中的 NO_x，使废气得以净化的工艺技术方法。根据所选择吸收剂的性质不同，可以分为水吸收法、酸吸收法、碱吸收法、液相络合吸收法、尿素溶液吸收法等多种方法[13-15]。湿法工艺可用吸收剂种类很多，来源较广，适应性强，可以实现 SO_2 和 NO_x 的同时脱除，脱除 NO_x 的效率一般较高（90%），但该技术存在以下问题：①由于 NO 难溶于水，因此使用溶液吸收前需将 NO 氧化为 NO_2，这个过程的成本比较高；②生成的副产物 HNO_2 和 HNO_3 需要进一步处理；③烟气中 $SO_x/NO_x \geqslant 3$，NO_x 脱除率才可能达到 70% 以上；④容易造成二次污染。因此，湿法脱硝的商业价值有限，这里不作深入阐述。

干法烟气脱硝技术主要包括选择性催化还原法（SCR）、选择性非催化还原法（SNCR）、电子束法（EB）、脉冲电晕低温等离子体法（PCIPCP）、SNRB（SO_x-NO_x-RO_x-BO_x）联合控制工艺、联合脱硝脱硫技术（SNO_x）工艺、固体吸收/再生法等。与湿法脱硝技术相比，干法脱硝技术效率较高、占地面积较小、不产生或很少产生有害副产物，也不需要烟气加热系统，因此绝大部分电厂锅炉采用干法烟气脱硝技术。虽然 NO_x 催化脱除技术操作成本较高[16,17]，但其易于和现有燃烧器相匹配、受燃料类型影响小，而且脱除效率高，因此受到越来越多的关注。催化脱除技术一般可以分为分解法和选择性还原法。

催化分解法去除 NO_x 的相关内容已在 3.2.2 有所介绍，此处不再赘述。

选择性催化还原法是目前国际上应用最为广泛的烟气脱硝技术。该方法主要采用氨作为还原剂，将 NO_x 选择性地还原成 N_2。NH_3 具有较高的选择性，在一定温度范围内，它主要与 NO_x 发生作用，而不被烟气中的 O_2 氧化，因而比无选择性的还原剂脱硝效果好。当采用催化剂来促进 NH_3 和 NO_x 的还原反应时，其反应温度操作窗口取决于所选用催化剂的种类，根据所采用的催化剂的不同，催化反应器应布置在局部烟道中相应温度的位置。

欧洲、日本、美国是当今世界上对燃煤电厂 NO_x 排放控制最先进的地区和国家，他们除了采取燃烧控制之外，广泛应用的是 SCR 烟气脱硝技术。1979 年，世界上第一个工业规模的 $DeNO_x$ 装置在日本 Kudamatsu 电厂投入运行，到 2002 年，日本共有折合总容量大约为 23.1 GW 的 61 座电厂采用了 SCR 脱硝技术。德国于 20 世纪 80 年代引入 SCR 技术，并在多座电厂试验采用不同的方法脱硝，结果表明 SCR 是最好的方法，到 90 年代，在德国有 140 多座电厂使用了 SCR 技术，总容量达到 30 GW。截至 2002 年，欧洲总共有大约 55 GW 容量的电力系统应用了 SCR 设备。美国在 1998 年颁布 NO_x SIP（state implementation plan）法令时，美国环保总署预计将安装 75 GW 的 SCR 系统。2004 年底，美国已有 100 GW 容量的电厂使用 SCR 设备，大约占美国燃煤电厂总容量的 33%[18]。

在我国，大多数电厂已经安装了脱硫装置，基本满足了 SO_2 排放的标准，但在 NO_x 排放的控制技术上还远远落后于世界先进国家。在国家颁布的最新排放标准中，对电厂 NO_x 的排放有了严格的规定：2004 年以后的燃煤火电厂的 NO_x 最高允许排放浓度为 450~650 mg/m^3（$V_{daf} \geqslant 10\%$）。随着国民对环境保护的日益重视，寻找有效而且经济的脱硝方法也成为我们面临的新挑战。就目前国内电厂脱硝技术而言，我们主要还是靠低 NO_x 燃烧技术降低排放，但其控制过程受到各个方面条件的制约，远远不能达到排放标准，不可能完全解决 NO_x 排放的问题。

目前，工业上主要是采用 NH_3-SCR 技术来进一步降低 NO_x 的排放。SCR 脱硝装置具有结构简单，脱硝效率高，运行可靠，便于维护等优点，使其广泛应用于工业催化中。随着 SCR 技术的日益推广，SCR 催化剂性能的改进和反应操作条件的优化，SCR 技术将日趋成熟[19]。

4.2.1 选择性催化还原的工作原理

SCR 是还原剂在催化剂作用下选择性将 NO_x 还原为 N_2 的方法。对于固定源脱硝来说，主要是采用向温度约为 280～420℃的烟气中喷入尿素或氨，将 NO_x 还原为 N_2 和 H_2O。

如果尿素作还原剂，首先要发生水解反应：

$$NH_2—CO—NH_2 \longrightarrow NH_3 + HNCO（异氰酸） \tag{4-1}$$

$$HNCO + H_2O \longrightarrow NH_3 + CO_2 \tag{4-2}$$

氨选择性还原 NO_x 的主要反应式为：

$$4NH_3 + 4NO + O_2 \longrightarrow 4N_2 + 6H_2O \tag{4-3}$$

$$8NH_3 + 6NO_2 \longrightarrow 7N_2 + 12H_2O \tag{4-4}$$

$$2NH_3 + NO + NO_2 \longrightarrow 2N_2 + 3H_2O \tag{4-5}$$

除了发生以上反应外，在实际过程中随着烟气温度升高还存在如下的副反应：

$$4NH_3 + 3O_2 \longrightarrow 2N_2 + 6H_2O（>350℃） \tag{4-6}$$

$$4NH_3 + 5O_2 \longrightarrow 4NO + 6H_2O（>350℃） \tag{4-7}$$

$$2NH_3 + 2O_2 \longrightarrow N_2O + 3H_2O（>350℃） \tag{4-8}$$

$$2NH_3 + 2NO_2 \longrightarrow N_2O + N_2 + 3H_2O \tag{4-9}$$

$$6NH_3 + 8NO_2 \longrightarrow 7N_2O + 9H_2O \tag{4-10}$$

$$4NH_3 + 4NO_2 + O_2 \longrightarrow 4N_2O + 6H_2O \tag{4-11}$$

$$4NH_3 + 4NO + 3O_2 \longrightarrow 4N_2O + 6H_2O \tag{4-12}$$

$$2NH_3 \longrightarrow N_2 + 3H_2 \tag{4-13}$$

在 SO_2 和 H_2O 存在条件下，在催化剂表面还会发生如下的副反应：

$$2SO_2 + O_2 \longrightarrow 2SO_3 \tag{4-14}$$

$$NH_3 + SO_3 + H_2O \longrightarrow NH_4HSO_4 \tag{4-15}$$

$$2NH_3 + SO_3 + H_2O \longrightarrow （NH_4)_2SO_4 \tag{4-16}$$

$$SO_3 + H_2O \longrightarrow H_2SO_4 \tag{4-17}$$

反应中形成的 $(NH_4)_2SO_4$ 和 NH_4HSO_4 很容易粘污空气预热器，对空气预热器损害很大。在催化反应时，NO_x 被还原的程度取决于所用的催化剂、反应温度和气体空速。在采用 SCR 法时，其流程要求的温度范围要比 SNCR 严格得多。如温度过高时 NH_3 可进一步氧化，甚至可生成一些 NO_x；当温度偏低时会生成一些 NH_4NO_3 与 NH_4NO_2 粉尘或白色烟雾，并可能堵塞管道或引起爆炸。因此，通过使用适当的催化剂，可以使主反应在 200～450℃ 的温度范围内有效进行。反应时，排放气体中的 NO_x 和注入的 NH_3 几乎是以摩尔比为 1∶1 进行反应，可以得到 80%～90% 的脱硝率[15]。NH_3-SCR 法去除 NO_x 的基本原理如图 4-1 所示。

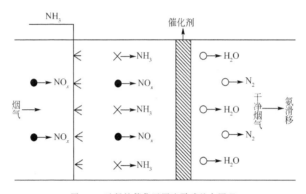

图 4-1 选择性催化还原法脱硝基本原理

4.2.2 选择性催化还原催化剂

在 SCR 技术的应用过程中，催化剂的制备生产是其中最重要的部分之一，其催化性能直接影响到 SCR 系统的整体脱硝效率。催化剂的更换与还原剂的消耗是 SCR 系统运行费用的最主要来源，同时催化剂的生产制备更是占据了 SCR 系统初期建设成本的 20% 以上。

SCR 催化剂发展主要经历了三个阶段[20]，最早是采用 Pt、Rh、Pd 等贵金属作为活性组分，以 CO 和 H_2 或碳氢化合物作为还原剂，其催化反应的活性温度区间较低，通常在 300℃ 以下，但温度窗口较窄，且有副产物 N_2O 生成。后来，引入了 V_2O_5/TiO_2 等在化工过程中采用的金属氧化物类催化剂，最佳活性温度区间为 250～400℃，其中钛基钒类催化剂成为燃煤电厂 SCR 系统中最常采用的催化剂。近些年来，金属离子交换分子筛催化剂得到了广泛的研究[21]，其有效的活性温度区间较高，最高可达到 600℃，主要应用于燃气排放控制等温度较高的条件下。上述 3 类催化剂的操作温度窗口见图 4-2。根据选择的催化剂种类，反应温度可以选择在 250～420℃，甚至可以低至 80～150℃。前者是目前应用的常规高温 SCR 技术，后者则为目前正在研究的低温 SCR 技术。下面对贵金属、钙钛矿复合氧化物、离子交换分子筛、碳基催化剂和类金属氧化物催化剂（主要是商用的钒基催化剂）按照反应温度高低，进行高温和低温催化剂分类介绍。

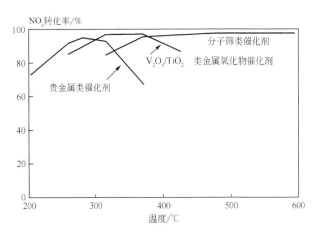

图 4-2　不同催化剂活性窗口的比较[20]

4.2.2.1　高温催化剂

高温催化剂按照载体的区别，可分为分子筛和金属氧化物催化剂，由于催化剂工作温度在 250℃以上，具有较好的抗水抗硫性能，因此具有一定的实际应用价值。

1. 分子筛类催化剂

分子筛类催化剂是研究非常活跃的一个领域。无论作为催化还原还是催化分解的催化剂，金属离子交换分子筛都具有很高的活性。分子筛用作催化剂是基于其特殊的微孔结构，其类型、热处理条件、硅铝比、交换的离子种类、交换度等都会影响其活性。目前已开展的研究中涉及了多种类型的分子筛，主要包括 Y 型、ZSM 系列[22,23]和发光沸石（MOR）等[24]，而用于离子交换的金属元素主要包括 Mn、Cu、Co、Pd、V、Ir、Fe 和 Ce 等。离子交换法制备的分子筛催化剂中，Cu-ZSM-5 和 Fe-ZSM-5 催化剂因其还原活性高、活性温度区间宽而引起了广泛关注，国内外学者开展了大量的研究，取得了一些研究进展，并开始实际应用。

Stevenson 等[25]在 HZSM-5 催化剂上用 NH_3 还原 NO_2 时发现其反应速率远远大于同等反应条件下 NO 的还原速率，二者数值上相差 2 个数量级。由此推测，NH_3 在 HZSM-5 上还原 NO 时，重要的第一步就是 NO 的氧化；而催化还原 NO_2

时的控制步骤则是吸附态 NH₃ 与 NO₂ 之间在 Brönsted 酸位上的反应。此外，催化还原过程中的 N₂ 选择性很差，反应过程中有大量 N₂O 生成。Wallin 等[26]也研究了 HZSM-5 上 NH₃ 还原 NOₓ 时的特性，发现还原剂供应的瞬时变化对催化反应活性影响很大。在 200~500℃ 的反应区间，当原料气中 NO：NO₂（摩尔比）>1 时，间歇供氨时的还原活性是连续供氨时的 5 倍，而且反应产物对 N₂O 的选择性也有所降低。当以 NO₂ 作唯一 NOₓ 源时，反应产物的 N₂O 选择性很高。因此研究者们认为：对于 NO：NO₂>1 的选择性催化还原 NOₓ 反应，NO 的氧化是该催化还原反应过程的控制步骤，NH₃ 的存在抑制了 NO 氧化的活性，从而影响了选择性催化还原 NOₓ 的还原活性。

近年来关于 Fe-ZSM-5 催化剂开展的研究较多，并在 NH₃ 还原 NOₓ 的反应中得到了较好的效果。Long 等[27]对其进行了系统研究，发现，Fe-ZSM-5（Fe/Al = 0.19）催化剂的高温催化活性良好，在 400~550℃，空速高达 $4.6 \times 10^5\ h^{-1}$ 时可完全还原 NO。400℃ 时催化剂通过 SO₂ 和 O₂ 的混合气预处理，在表面生成硫酸铁粒子，表面 Brönsted 酸位增加，酸性增强，因此提高了催化剂在高温下 H₂O 和 SO₂ 共存时的选择性催化还原活性。此外，他们研究发现，不同的分子筛以及分子筛中的 Si/Al 比明显影响催化剂的选择性催化还原性能，图 4-3 中 ZSM-5 和 MOR 为载体的催化剂表现出较高的 NOₓ 还原活性，而介孔分子筛 MCM-41 为载体活性最低。表明分子筛的孔径大小影响催化剂的性能，孔径小有利于催化还原 NOₓ。图 4-4 给出了分子筛中不同 Si/Al 比对催化剂活性的影响，Si/Al 比值越小，表明载体的酸性越强，越有利于 NH₃ 的吸附和活化，从而促进选择性催化还原反应。

Broclawik 等[28]采用红外及量化计算方法研究了在 ZSM-5 骨架上 Cu⁺ 的活性，结果表明，相对于 Cu²⁺ 活性位而言，骨架上的 Cu⁺ 所吸附的 NO 更容易被活化。Xu 等[29]对 Cu 沸石催化剂上选择性催化还原 NOₓ 反应中的自阻抑现象进行了分析，并结合前人的研究成果，认为选择性催化还原 NOₓ 反应过程中的自阻抑现象是由于 NH₃ 和 NOₓ 在催化剂表面 Cu 活性位的竞争吸附引起的，该现象在低温下很强烈，而高温下则不明显。

Liang 等[30]用水热法自制了 Al-SBA-15 介孔分子筛，并采用等体积浸渍法将 Mn 元素负载在此分子筛上，从而得到了新型的 Mn/Al-SBA-15 催化剂。通过 BET 及 TEM 表征，发现 Al-SBA-15 拥有比 Si-SBA-15 更厚的孔壁和更大的比表面积。采用红外研究催化剂表面吸附 NH₃ 的机理，结果表明，Mn/Al-SBA-15 相对于 Mn/SBA-15 有着更强的 Lewis 酸性位，而有关 NH₃ 吸附机理的研究指出，Lewis 酸性位上 NH₃ 的吸附物种更容易被活化为 NH 和 NH₂，而这两者是选择性催化还原 NOₓ 反应中最关键的中间物种，而 Brönsted 酸性位上吸附的 NH₄⁺ 物种更多的

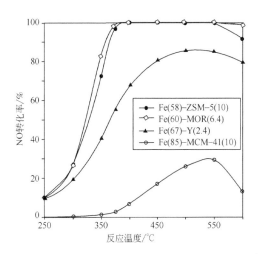

图 4-3　铁交换不同分子筛载体分子筛选择性催化还原 NO_x 性能[27]

催化剂用量：50 mg（0.065 mL），1000 ppm NO，1000 ppm NH_3，

2% O_2，He 平衡，空速为 4.6×10^5 L/h

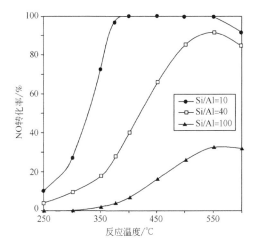

图 4-4　分子筛载体中 Si/Al 比对 Fe-ZSM-5 活性的影响[27]

催化剂用量：50 mg（0.065 mL），1000 ppm NO，1000 ppm NH_3，

2% O_2，He 平衡，空速为 4.6×10^5 L/h

只是起辅助作用。这也解释了 Mn/Al-SBA-15 比 Mn/SBA-15 拥有更高选择性催化还原 NO_x 活性的原因。

2. 金属氧化物催化剂

金属氧化物催化剂在富氧条件下 NH_3 选择性催化还原 NO_x 反应中表现出了较好的催化活性,应用最多的是以 V_2O_5 为活性组分,将其负载于 Al_2O_3、SiO_2、Al_2O_3-SiO_2、ZrO_2、TiO_2、TiO_2-SiO_2 等氧化物上。V_2O_5 作为 SCR 催化剂的活性成分具有以下优点[31]:①催化剂的表面呈酸性,容易将碱性的 NH_3 捕捉到催化剂表面进行反应;②其特定的氧化势有利于将 NH_3 和 NO_x 转化为 N_2 和 H_2O;③工作温度较低,约为 350 ~ 450℃。但是 V_2O_5 同时具有催化氧化 SO_2 的能力,能使烟气中 SO_2 转化成 SO_3,进而与 NH_3 反应生成 NH_4HSO_4 等固体颗粒而引起 SCR 反应器及下游设备的磨损和堵塞,这就需要在 SCR 系统运行过程中加以优化。锐钛矿结构的 TiO_2 具有合适的比表面积、表面酸性和孔结构,同时由于 Ti $(SO_4)_2$ 具有较低的分解温度而使其具有良好的抗 SO_2 性能,是最合适的脱硝催化剂载体。发电厂装配的 SCR 系统一般是 V_2O_5 催化剂负载于 TiO_2 上,并掺杂 WO_3 或 MoO_3 对 V_2O_5/TiO_2 进行改性,通常有几种不同类型,分别是 V_2O_5-WO_3/TiO_2、V_2O_5-MoO_3/TiO_2 和 V_2O_5-WO_3-MoO_3/TiO_2 等,其中尤以 V_2O_5-WO_3/TiO_2 研究和应用较多,而单一活性成分的 V_2O_5/TiO_2 则较少应用。图 4-5 为 Cormetech Inc.,公司生产的催化剂实物图。

图 4-5 挤出成型的 V_2O_5-WO_3/ TiO_2 氧化物
SCR 催化剂 (Cormetech Inc.)

钒基催化剂的有效活性温度区间较宽,对于商用的 V_2O_5-WO_3/TiO_2 来说,在 150℃就已经具备了明显的活性,在 NH_3/NO 为 1∶1 的化学当量比的情况下,最佳反应温度区间的下限大概在 280℃,而上限大概在 380 ~ 420℃。当温度超过这一区间的上限时,NH_3 氧化的副反应发生,生成 N_2O 和 NO,从而降低了 NO 的转化率[32]。W 和 Mo 在 SCR 反应中同样具有一定的活性和选择性,V_2O_5-WO_3/TiO_2 和 V_2O_5-MoO_3/TiO_2 的活性要好于 WO_3/TiO_2 和 MoO_3/TiO_2,在一定的含量范围内(V_2O_5 约为 1%,WO_3 约为 10%),随着 V_2O_5 和 WO_3 含量的增加,其活性也相应增加[33]。各活性成分的主要作用如下。

V_2O_5：钒是其中最主要的活性组分。钒的担载量可能不尽相同，但是通常不超过1%（质量分数）[34]，因为较高负载量的 V_2O_5 能将 SO_2 氧化成 SO_3，造成催化剂上硫酸盐沉积，这对 SCR 反应是不利的，因此，钒的担载量不能过大[35]。

TiO_2：以具有锐钛矿结构的 TiO_2 作为载体主要是因为：首先，钒的氧化物在 TiO_2 的表面有很好的分散性，因此以锐钛型 TiO_2 为载体担载钒类催化剂所获得的活性是最高的；其次，SO_2 氧化生成的 SO_3 可能与催化剂载体发生反应，生成硫酸盐，但是在 TiO_2 作为载体的条件下，其反应很弱且是可逆的[36]；此外，在 TiO_2 表面生成的硫酸盐的稳定性要比其他氧化物如 Al_2O_3 和 ZrO_2 差。因此，在工业应用过程中硫酸盐不会遮蔽表面活性位，相反这部分少量的硫酸盐还会增强反应的活性。

WO_3：其含量一般很大，大约能够占到10%（质量分数），主要作用是增加催化剂的活性和热稳定性[35]。WO_3 能够增强 SCR 反应中钒氧化物活性的机理还不是很清楚，一些学者认为其增加了 Brönsted 酸性，从而增强了反应的活性（图4-6）；也有学者认为 SCR 反应需要两个活性位，WO_3 提供了另外一个活性位。因为锐钛矿型 TiO_2 本身就是一个很不稳定的系统，是一种亚稳定的 TiO_2 的同素异形体，它在任何温度和压力条件下都有形成热稳定性较高的金红石的趋势，这样会造成锐钛矿的烧结和比表面积的丧失。WO_3 和 MoO_3 的加入能够阻碍这种变化的发生；另外，WO_3 和 MoO_3 的加入能和 SO_3 竞争 TiO_2 表面的碱性位并代替它，从而抑制其硫酸盐化[32]。

MoO_3：在 SCR 反应中，加入 MoO_3 能提高催化剂的活性[32]；而另外一个特殊的作用是防止烟气中的 As 导致催化剂中毒[37]，但是 MoO_3 抑制 As 中毒的机理现在还不是很清楚。

其他添加剂：在工程实际应用的蜂窝状催化剂中，加入了一些硅基的颗粒，以提高催化剂的机械强度，但由于这些硅基颗粒中通常含有一些碱性的阳离子，对催化剂来说是一种毒性物质，因此会造成工程实际应用中催化剂活性有所下降。

除了 V_2O_5 外，Fe_2O_3、CuO、Cr_2O 等过渡金属氧化物也表现出一定的催化还原活性，引起了国内外的广泛关注，其中 Fe_2O_3、CuO 研究得较多[38-41]。

在工程应用中，催化剂的布置方式有两种，一种是孔道式（图4-7），另一种是平板式（图4-8），其中孔道式结构应用较多[42]。在孔道式结构中，又分为两种主要形式，一种是以 TiO_2 为代表的均质整体式蜂窝陶瓷结构，一种是具有涂层结构的整体式蜂窝陶瓷催化剂。通常采用具有大比表面积的材料对蜂窝陶瓷

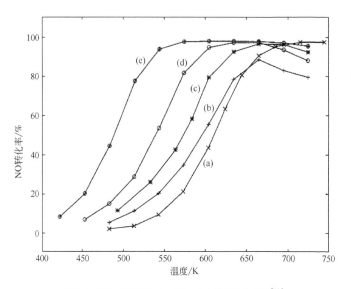

图 4-6   WO_3 助剂对 V_2O_5/TiO_2 催化剂活性的影响[33]

(a) WO_3 (9) /TiO_2;(b) V_2O_5 (0.78) /TiO_2;(c) V_2O_5 (1.4) /TiO_2;

(d) V_2O_5 (0.78) -WO_3 (9) /TiO_2;(e) V_2O_5 (1.4) -WO_3 (9) /TiO_2

反应条件：160 mg 的 60～100 目催化剂；常压，流速：60 mL/min，He 平

衡，800 ppmNH_3 +800 ppmNO +1% O_2

基体进行扩表再担载活性物质。这种结构具有很多优点，主要包括：① 平行孔
道结构具有很大的开孔面积却具有较小的压降；② 单位体积内具有很高的外表
面积；③ 耐磨性以及抗飞灰堵塞的性能也较好。而平板式催化剂通常是将催化
剂黏结在不锈钢丝网或者孔板上，其优点是具有更低的压降[43]。

图 4-7   孔道式催化剂布置图

图 4-8   平板式催化剂布置图

　　此外，丹麦 Topsøe 公司利用自己特有的专利技术，开发了系列波纹状脱硝催化剂（如图 4-9 所示），它以多孔增强纤维 TiO₂ 为载体，经过多道工艺，将多层 TiO₂ 纤维布压制成波纹状结构，然后浸渍助剂和活性组分的前体物金属溶液，经过干燥和焙烧处理，将 V_2O_5 及 WO_3 等组分均匀的分布在催化剂表面。这些波纹状的催化剂中 V_2O_5 含量相对较低，因此 SO_2 氧化速率低，但仍具有较高的脱硝活性。Topsøe 公司目前提供的不同规格的催化剂范围覆盖了从低灰到高灰的使用，在燃煤锅炉、各种发动机和化工厂中已经广泛应用。

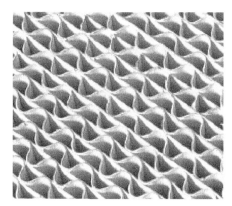

图 4-9　Topsøe 波纹状脱硝催化剂

　　催化剂的几何形状对 NOₓ 的还原和 SO_2 的氧化有很重要的影响。因为选择性催化还原 NOₓ 反应非常迅速，NO 和 NH₃ 的浓度在催化剂的表面附近迅速下降。因此，增大催化剂的孔道密度来增加外表面积能提高选择性催化还原 NOₓ 的活性。同时，减少孔道的壁厚可以降低 SO_2 的氧化。在低尘布置的 SCR 孔道式催化剂结构中，孔道壁厚大约为 0.15 mm 左右，孔道宽度在 3~4 mm，而在高尘布置中，其值相应变为 1 mm 和 7 mm 左右。此外，还需要对催化剂的孔结构进行优化，要具有一定数量的大孔，以保证反应物和产物的扩散，同时还要具有一定比例的中孔结构，以保证具有较大的比表面积和更好的活性组分分散度。在整体式蜂窝陶瓷的制备过程中通常还加入一些其他物质来改善其机械性能，如加入玻璃丝、玻璃粉和硅胶等以增加强度，减少开裂，加入聚乙烯、淀粉、石蜡等有机化合物可以作为成型黏结剂。锐钛型 TiO₂ 的整体式蜂窝陶瓷催化剂的制备主要有两种方法：第一种方法是先成型后负载，具体的制备过程为锐钛矿粉末与硅粉、水相混合，揉捏成团，通过挤压方式成型。成型后经过干燥，在空气中 500℃ 下进行煅烧，然后在含有偏钒酸铵、偏钨酸铵或钼酸铵的溶液中浸渍担载，最后进行干燥和煅烧；另外一种方法是将 V_2O_5 等活性组分的前体物与锐钛型

TiO₂ 共混，然后再进行挤压成型和煅烧。催化剂寿命一般大于 16 000 h，有些催化剂可以再生，但催化剂的更新费用或再生费用较为昂贵。板式催化剂较蜂窝式便宜，但反应接触面积较蜂窝式小，故所需布置的催化剂的量更多。综合比较，二者总投资差别不大。

由于目前常用的钒钛催化剂体系中含有有毒物质钒，在使用过程中会发生部分脱落，进入到环境中具有很大的生物毒性，而且会在生物体内进行累积，因此又有很多科研工作者致力于开发性能优越、对环境和人体健康无毒害的 NH₃-SCR 催化剂体系，以期能替代传统的钒钛催化剂体系。我国的过渡金属和稀土金属资源丰富，利用其代替 SCR 催化剂中有毒元素 V，开展中低温 SCR 催化剂及催化工艺的研究，低成本的实现燃烧烟气的高效脱硝，是符合我国国情的催化剂制备技术路线。Xu 等[44] 开发的 Ce/TiO₂ 催化剂可以有效催化富氧条件下 NH₃ 与 NO 的反应。如图 4-10 所示，单纯 TiO₂ 对该反应完全没有催化活性，Ce 的添加显著提高了催化活性，其中 20% Ce/TiO₂ 催化剂具有最佳活性，在 275 ~ 400℃，空速 50 000 h⁻¹ 条件下，NO 的转化率可以达到 92% 以上，同时在整个温度范围内，均没有检测到 N₂O 的生成，说明该催化剂在具有良好催化活性的同时还具有很高的 N₂ 选择性。此外，H₂O 和 SO₂ 的添加对催化剂的活性影响也不大。Liu 等[45] 使用共沉淀法制备了 FeₓTiOᵧ 复合氧化物催化剂，发现在中温段（200 ~ 400 ℃）具有很高的 NH₃-SCR 活性、选择性和稳定性，同时具有一定的抗水和抗 SO₂ 中毒性能，300 ℃ 时添加 10% H₂O + 100 ppm SO₂ 48 h NO 转化率始终保持在 100%；他们还使用 XRD、UV-Raman、Vis-Raman 以及 XPS 等手段考察了不同焙烧温度下的催化剂结构和活性之间的关系，发现在较低温度焙烧下制备的 FeₓTiOᵧ 复合氧化物催化剂主要以 Fe₂TiO₅ 和 FeTiO₃ 的微晶形式存在，而这些微晶正是催化 NH₃ 选择性还原 NO 的活性相，XRD 实验结果如图 4-11 所示。Li 等[46] 也考虑到了钒的毒性问题，他们开发的 WO₃/CeO₂-ZrO₂ 催化剂体系虽然是针对柴油机尾气中 NO 的催化消除，但是也可以应用到固定源烟气的 NO 净化，该催化剂体系在 200 ~ 500℃ 高空速条件（90 000 h⁻¹）下有 10% H₂O 和 10% CO₂ 存在时具有很好的 NH₃-SCR 活性，显示出几乎 100% 的 NO 转化率。Ke 等[47] 采用硫化的钴氧化物为活性组分，达到不采用钒为活性组分，同样能够在高硫、高湿环境有效还原 NOₓ 的目的。硫化后的氧化钴在 250 ~ 450℃ 对 NH₃-SCR 反应非常高效，并具有良好的抗水抗硫性能。通过 SEM 和 XRD 表征，结果显示钴氧化物通过硫化处理后表面的块状 Co₃O₄ 粒子的数量和整体的比表面积都大幅下降，同时出现了大块的 CoSO₄ 粒子，而 CoSO₄ 粒子不仅在高温 NH₃-SCR 过程中起到了主要活性作用，并有可能与钴氧化物粒子产生协同作用，促进 SCR 反应。SEM 结果如图 4-12 所示。

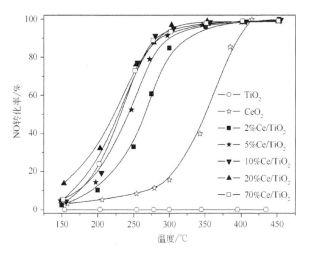

图 4-10　不同 Ce 负载量的 Ce/TiO$_2$ 催化剂催化 NH$_3$ 选择性还原 NO 的反应活性[44]

总流量：500 mL/min，500 ppmNH$_3$ + 500 ppmNO + 5% O$_2$，空速：50 000 h^{-1}

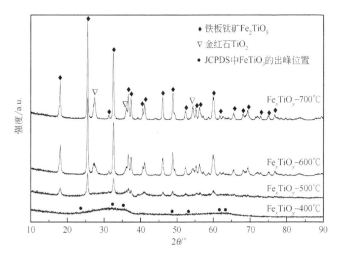

图 4-11　不同焙烧温度下焙烧 6 h 制备的催化剂 XRD 实验图[45]

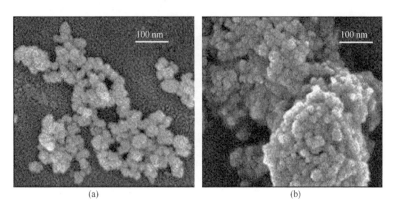

图 4-12　新鲜 Co_3O_4 催化剂（a）和硫化后的 Co_3O_4 催化剂（b）的电镜照片[47]

4.2.2.2　低温催化剂

目前工业上应用最广的选择性催化还原催化剂是 V_2O_5-WO_3/TiO_2，该催化剂具有较高的脱硝活性和抗 SO_2、H_2O 中毒能力，但其催化剂成本较高和操作温度窗口较高（＞350℃）。为了满足操作温度的要求，选择性催化还原催化剂床层一般置于空气预热器、除尘器和脱硫床层之前，此时烟气中所含有的全部飞灰和 SO_2 均通过催化剂反应器，反应器的工作条件是"不干净"的高尘烟气中，容易造成催化剂的堵塞和中毒，影响催化剂的寿命。为了克服高含尘布置选择性催化还原催化剂存在的缺陷，从 20 世纪 90 年代开始，学术界和工业界一直致力于低温选择性催化还原技术的开发，该技术是将选择性催化还原催化剂反应器置于除尘器和脱硫装置之后，从而缓解了 SO_x 和粉尘对选择性催化还原催化剂的毒化和堵塞，延长了催化剂的使用寿命，并便于和现有的锅炉系统相匹配。但这一布置方式的主要问题是其排烟温度较低。因此，为使烟气在进入催化剂反应器之前达到所需要的反应温度，需要在烟道内加装燃油或燃烧天然气的燃烧器，或蒸气加热的换热器以加热烟气，但这样做必然会增加能源消耗和运行费用。为了避免烟气的预热耗能，降低脱 NO_x 成本，研制开发与之匹配的低温选择性催化还原催化剂成为该研究领域的热点。此方向的研究目标主要是设计并应用新型的载体，研制出低温活性好、选择性高、稳定性好和操作温度宽的低温选择性催化还原催化剂，同时要考虑到烟气成分和环境温度对形成 $(NH_4)_2SO_4$、NH_4NO_3 和 N_2O 的影响。

我国的过渡金属和稀土金属资源丰富，利用其代替选择性催化还原催化剂中某些稀少的元素如 Pt、Ni 等，以过渡金属、稀土金属并结合其他材料进行低温选择性催化还原催化剂及低温选择性催化还原工艺技术的研究开发，使其能在 200℃ 以下温度、低成本地实现燃烧烟气的高效脱硝，是符合我国国情的催化剂制备技术路线。

1. 贵金属催化剂

贵金属催化剂是研究较早的一类催化剂，通常以 Pt、Rh 和 Pd 等为活性组分，氧化铝或整体式陶瓷作为载体[48,49]。在这类催化剂中，较多采用 CO 以及碳氢化合物或 CO、H_2 混合气作为还原剂。目前大家接受的基本反应过程是 NO 在 Pt 的活性位上氧化生成 NO_2，之后碳氢化合物再将 NO_2 还原成 N_2。贵金属催化剂上碳氢化合物选择性还原 NO_x 在第 3 章已进行了介绍，这里不再赘述。该类催化剂的优点是具有较好的低温活性，但存在有效温度区间较窄和 N_2 选择性较差的缺点。在富氧环境下对 Pt/Al_2O_3、Pd/Al_2O_3 催化剂上 CO 选择性还原 NO_x 的系统研究发现[50]，由于贵金属催化剂对 CO 有强烈吸附作用，当采用 CO 作为还原剂时会因催化剂表面 CO 覆盖度很高，致使其中毒失活。但在还原剂气体（CO）中含有微量的 H_2 时，Pd 催化剂上 NO_x 的还原效率得到明显提高（图 4-13），但对于 Pt 催化剂 H_2 的促进作用并不明显。通过 DRIFTS 分析，推测了 Pd 催化剂上还原 NO_x 的反应机理：混合气体首先在催化剂上表面形成了甲酸盐和异氰酸盐（NCO），随后 NCO 的水解产物能够生成对 NO_x 催化还原具有很大促进作用的 NH_3 物种，这也是 Pd 催化剂优于 Pt 催化剂的一个原因。

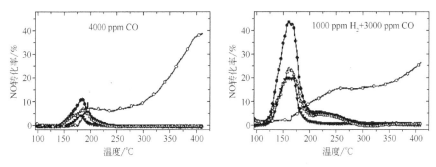

图 4-13　还原剂中少量 H_2 的添加对 Pd/Al_2O_3 催化剂活性的影响[50]

NO_x 还原（●），NO 氧化（○），N_2O（▼），N_2（△）

反应条件：[NO] = 500 ppm，[CO] = 0.3% 或 0.4%，[O_2] = 5%

20 世纪 70 年代前期，贵金属催化剂作为排放控制类的催化剂已有所发展。作为选择性催化还原反应中最早使用的催化剂，其特点是具有较低的操作温度和较高的活性，但对 NH_3 有一定的氧化作用，对 SO_2 也比较敏感，而且成本高。因此，贵金属催化剂虽然广泛应用于汽车尾气净化器及天然气燃烧后尾气中 NO_x 的脱除，但对于固定源烟气的净化，在 80 ~ 90 年代以后逐渐被金属氧化物类催化剂所取代[51]。目前仍有研究人员采用新制备技术和新型载体，针对某些含硫低的工业尾气开发出了一些性能较好的低温催化剂。An 等[52]制备了一系列 Pt/FC（氟化活性炭）陶瓷环整体催化剂，在空速为 14 400 h^{-1} 时，起活温度约为 170℃，活性窗口在 170～275℃，200℃时 NO 最高转化率可达 80%，同时还原剂可完全转化。此外，该催化剂的抗水性能较出色，在反应气体中添加了 4% 的 H_2O 后，NO 转化率基本没有变化。Costa 等[53]研究发现，富氧条件下，100～400℃范围内，Pt/La$_{0.5}$Ce$_{0.5}$MnO$_3$ 催化剂对 NO 的催化活性优于 Pt/Al$_2$O$_3$ 催化剂，以 H_2 作为还原剂，140℃时 NO 转化率可达 74%，水蒸气存在条件下的产物 N_2 的选择性仍可达 80%～90%。

　　贵金属催化剂的应用研究目前还有待于进一步的实验探索，低温活性的进一步提高、抗硫性能的增强以及还原产物 N_2 的选择性问题都将是未来的主要研究目标。

　　2. 碳基载体的氧化物催化剂

　　活性炭以其特殊的孔结构和大比表面积成为一种优良的固体吸附剂，广泛用于空气或工业废气的净化。实际上，在 NO$_x$ 的治理中，它不仅可以做吸附剂，还可以作为催化剂，在低温（90～200℃）条件下有 NH$_3$、CO 或 H_2 存在时可选择性地还原 NO$_x$；没有催化剂时，它还可以直接作为还原剂，在 400℃以上使 NO$_x$ 还原为 N_2，自身转化为 CO$_2$。所以，活性炭在固定源 NO$_x$ 治理中有较高的应用价值。其最大优势在于来源丰富，价格低廉，易于再生，适用于温度较低的环境，这是使用其他催化剂所不能实现的。但是活性炭做催化剂时活性很低，特别是空速较高的情况下。在实际应用中，常常需要经过预活化处理或负载一些活性组分以改善其催化性能。

　　Huang 等[54]用工业半焦处理制得 AC 载体，考察 SO$_2$ 和 H_2O 对 V$_2$O$_5$/AC 催化剂还原 NO 性能的影响（图 4-14）。结果显示，无 SO$_2$ 时 H_2O 对催化剂活性的影响相对较小，可认为是由竞争吸附所引起。但 SO$_2$ 的影响则呈现迥异的双面性：与 H_2O 共存时，催化剂活性大幅下降；无 H_2O 时，NO 转化率则随 SO$_2$ 的加入由初始的 60% 上升至 92%，并保持稳定。究其原因，可能是由于 SO$_2$ 在催化剂表面形成了 SO$_4^{2-}$，增强了催化剂表面活性位的酸性，提高了吸附还原剂 NH$_3$ 的能力，从而促进了 NO 的还原；而抑制作用则归咎于 SO$_2$ 与 H_2O 共存时所产生的硫酸盐粒子，在反应过程中不断沉积在催化剂表面，覆盖了表面活性位而导致催化剂活性下降。

　　Valdés-Solys 等[55,56]制备了 AC/C（活性炭/蜂窝堇青石）整体催化剂载体，使用浸渍法负载 V、Mn 作为活性组分。实验结果显示，在 125℃附近其催化性能优于已报道的同类催化剂，动力学测试的反应动力学常数也大于前人的文献报道。

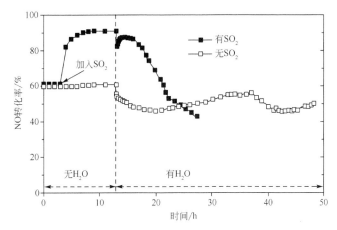

图 4-14　H₂O 和 SO₂ 对 1%（质量分数）V₂O₅/AC 催化剂上 NO 转化率的影响[54]

反应条件：500 ppm NO，600 ppm NH₃，0 或 500 ppm SO₂，3.4% O₂，0 或 2.5% H₂O，

Ar 平衡，空速为 90 000 h⁻¹，反应温度为 250℃

Tang 等[57]采用新法尝试制备了 AC/C 整体催化剂载体，使用浸渍法负载 Mn 等作为活性组分，对整体催化剂的制备技术进行了初步的摸索研究。实验结果显示，8% Mn 负载量的催化剂具有最佳的活性，100℃ 起活，150℃ 左右就达到了 80% 的 NOₓ 转化率，200℃ NOₓ 的转化率达到了 95% 以上。但在 SO₂ 的存在条件下，催化活性损失较大。由此看来，对于 Mn 基催化剂而言，抗 SO₂ 性能的改善仍是一个重要的问题。浸渍过程中使用超声波辅助手段可以加强活性组分在载体表面的负载和分散，从而提高催化剂的活性；加入 Ce、Pd 后的整体催化剂的低温活性提高显著，100℃ 时即可获得接近 80% 的活性，150℃ 时活性高于 90%；加入 Fe、V 元素可以提高催化剂的抗 SO₂ 性能，但低温催化活性有所下降；降低操作温度对延长催化剂的使用寿命有限，碳层的氧化损耗可大大减小。

3. 锰基氧化物催化剂

根据报道，许多含有过渡金属（Fe、V、Cr、Cu、Co 和 Mn）的选择性催化还原催化剂具有良好的低温选择性催化还原活性，其中含 Mn 的选择性催化还原催化剂由于具有优越的低温活性而得到了广泛研究。目前文献中所报道的锰基催化剂分为 3 类，一类是负载型催化剂，例如 MnOₓ/Al₂O₃、MnOₓ/TiO₂、MnOₓ/USY、MnOₓ/活性炭等；另一类是非负载型锰基催化剂，即通过某种前驱体直接获得的含 Mn 的氧化物催化剂；此外，锰基双金属氧化物催化剂也多次见诸报道，该类催化剂在锰氧化物基础上添加另一种金属氧化物，利用两种金属的协同作用，取得了较好的低温选择性催化还原反应活性。

负载型 Mn 基催化剂的研究较多。Kijlstra 等[58]用浸渍法制备的 MnO_x/Al_2O_3
催化剂在无 SO_2 和 H_2O 条件下，150℃时 NO_x 转化率可达 72%，但其稳定性不
佳，前 50 h 内的转化率下降较快，之后逐渐稳定在 40% 左右；Peña 等[41]采用浸
渍法制备了 Mn 的负载量为 20%（质量分数）的 MnO_x/TiO_2 催化剂，在8000 h^{-1}
的空速下测试，120℃即有 100% 的 NO_x 去除率；Qi 等[59]制备的 Mn/USY 催化
剂，在 180℃下有 75% 的 NO 转化率。研究发现添加第 2 种金属往往能提高负载
型 Mn 基催化剂的性能。在 MnO_x/USY 中添加 Ce 能提高催化剂的活性；同时还
发现在 MnO_x/TiO_2 中添加 Fe 不仅能提高催化剂的 NO_x 还原活性和 N_2 的选择性，
而且能提高催化剂的抗 H_2O 和 SO_2 性能；Li 等[60]以乙酸锰为前驱物，用浸渍法
制备的 $MA-MnO_x/TiO_2$ 在 100℃就有 70% 的 NO_x 转化率，150～200℃的活性最
高，对 NO_x 的转化率接近 100%（图 4-15）。但在 H_2O 和 SO_2 的存在下，催化剂
催化转化率急剧下降，中毒现象明显。

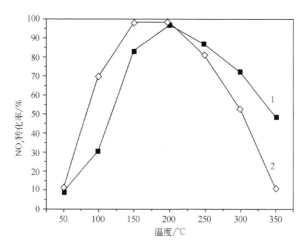

图 4-15　不同前驱体制备的 MnO_x/TiO_2 催化剂活性的比较

1—$MN-MnO_x/TiO_2$；2—$MA-MnO_x/TiO_2$[60]

反应条件：500 ppm NO，500 ppm NH_3，3% O_2，N_2 平衡，40 000h^{-1}

非负载型的 Mn 基催化剂目前报道较少。Tang 等[61,62]采用低温固相法合成了
晶化度极低的混合型锰氧化物催化剂，80℃时 NO_x 转化率即可达到 98%，反应
产物 N_2 选择性高于 96%。锰基双金属氧化物催化剂也有报道。Qi 等[63]制备的
MnO_x-CeO_2 混合氧化物催化剂在空速 42 000 h^{-1} 的实验条件下，在 100～150℃范
围内保持几乎 100% 的 NO_x 转化率；Kang 等[64]制备的 Cu-Mn 混合氧化物催化剂
也具有优异的低温选择性催化还原活性，在空速为 30 000 h^{-1} 的实验条件下，在

50 ~ 200℃ 的范围内也保持了 100% 的 NO$_x$ 转化率。表 4-3 给出了三类锰基催化剂的活性温度区间。

表 4-3　三类锰基催化剂的活性温度区间

催化剂类型	代表性催化剂	活性温度范围
负载型锰基催化剂	MnO$_x$/Al$_2$O$_3$、MnO$_x$/TiO$_2$、MnO$_x$/USY 等	120 ~ 250 ℃
非负载型锰基催化剂	MnO$_x$、MnO$_2$、Mn$_2$O$_3$ 等	75 ℃ 以上
锰基双金属氧化物催化剂	MnO$_x$-CeO$_2$、Cu-Mn 等	150 ~ 200 ℃

值得关注的一点是，在低温条件选择性催化还原反应中，烟气中的 SO$_2$ 和 H$_2$O 都能导致锰基催化剂不同程度的失活。Kijlstra 等[58,65]认为 MnSO$_4$ 的生成是导致 MnO$_x$/Al$_2$O$_3$ 催化剂失活的主要原因，MnSO$_4$ 在 747℃ 的温度下才能分解，从而导致该催化剂的再生变的困难。而 H$_2$O 的失活作用分为可逆和非可逆两种情况，可逆失活是由于 H$_2$O 分子与 NH$_3$ 及 NO 的竞争性吸附引起的，随着 H$_2$O 的去除而消除；H$_2$O 分子在催化剂表面解离吸附生成的羟基会导致催化剂的非可逆失活，由于生成的羟基在 252 ~ 502℃ 的温度下才能脱除，因此切断烟气中的 H$_2$O 并不能消除该类失活。非负载型锰氧化物的抗 H$_2$O 和 SO$_2$ 性能也不乐观。Tang 等[61]发现当通入 0.1% SO$_2$ 和 10% H$_2$O 后，MnO$_x$ 催化剂上 NO$_x$ 转化率下降至 70% 左右，停止添加 SO$_2$ 和 H$_2$O 后 NO$_x$ 转化率逐渐恢复至 90% 左右，作者认为竞争性吸附导致催化剂活性的降低。

锰基催化剂由于其优异的低温选择性催化还原活性而得到了广泛关注，但其较差的抗 H$_2$O 和 SO$_2$ 性能是该类催化剂实际应用的最大障碍。如果能通过改进配方，提高该类催化剂的抗 H$_2$O 和 SO$_2$ 能力，那么锰基催化剂具有广阔的应用前景。

4. 分子筛载体催化剂

在前文提到，分子筛类型催化剂是研究非常活跃的一个领域。目前，分子筛载体也广泛应用于低温催化剂的研究中。

Krishna 等[66]在处理模拟汽车尾气的时候，研究了高 Ce 含量的分子筛催化剂的选择性催化还原 NO$_x$ 特性，结果显示，在 50 000 h^{-1} 的高空速条件下，反应温度为 350 ~ 550℃ 时，NO$_x$ 转化率一直保持在 90% 左右，但低于 300℃ 时选择性催化还原 NO$_x$ 活性很低。Richter 等[67]用特殊沉淀技术在 NaY 沸石的微晶周围排列了一层无定形的 MnO$_x$，制得了蛋壳型结构的 MnO$_x$/NaY 催化剂用于 NH$_3$ 选择性催化还原 NO 的反应。在空速为 30 000 ~ 50 000 cm^3/(h·g 催化剂)，水蒸气含

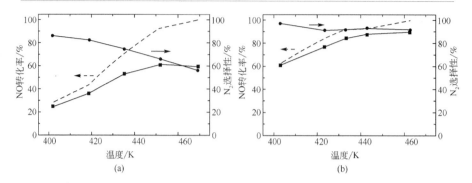

图 4-16 不同催化剂上 NH_3 选择性还原 NO 的活性比较[67]

(a) Mn_{775}；(b) $15MnNaY_{775}$（■）NO ——→ N_2 转化率；（●）N_2 选择性；（-----）NO 转化率

反应条件：1000 ppm NO，1000 ppm NH_3，10%（体积分数，下同）O_2，7% H_2O.

空速为 48 000 cm^3/（h·g 催化剂）

量为 5% ~10% 的条件下，200℃ 时 NO_x 转化率可保持在 80% ~100%，N_2 选择性亦保持在 90% 以上（图 4-16）。他们认为催化剂的蛋壳形结构是该催化剂具有高选择性催化还原 NO_x 活性的根本原因。尽管其低温活性和抗水性能较为突出，但抗硫中毒性能还有待进一步考察。Qi 等[59] 选用比表面积较大的 USY 分子筛作为载体，采用浸渍法制备了 14% Ce-6% Mn/USY 催化剂用于 NH_3 选择性催化还原 NO 的反应。150℃ 无 H_2O 和 SO_2 反应条件下 NO 转化率可以达到 95%，当反应气中通入 2.5% H_2O 和 100 ppm SO_2 时，NO 转化率开始逐渐下降，4 h 后降至 80% 左右。当切断反应气中的 H_2O 和 SO_2 后，NO 转化率基本得到恢复（图 4-17）。他们认为，SO_2 影响催化剂活性主要是因为其与金属作用形成的硫酸盐在低

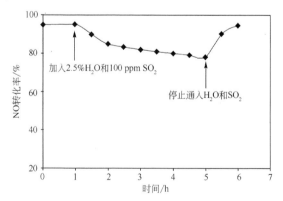

图 4-17 150℃ 时 2.5% H_2O 和 100 ppmSO_2 对 14% Ce-6% Mn/USY 催化剂活性的影响[59]

反应条件：0.2 g 催化剂，[NO] = [NH_3] =1000 ppm，[O_2] =2%，总流量：100 mL/min

温下不容易分解，同时 NH$_4$HSO$_4$ 的形成也会占据表面活性位，导致催化活性的
下降。

4.2.3　选择性催化还原催化反应机理

4.2.3.1　V$_2$O$_5$/TiO$_2$ 等金属氧化物催化剂上的反应机理

20 世纪 70 年代以来，对于钒基催化剂上进行的选择性催化还原反应的机理
和潜在的活性位，已经进行了大量的研究，这些研究是建立在反应动力学和反应
物吸附态光谱分析基础之上的。研究发现，任何一种金属氧化物，如果在催化氧
化反应中有活性，对选择性催化还原反应也同样具有活性。催化剂组分中，如果
以 TiO$_2$ 为载体，对于部分氧化具有高选择性，那么同样对选择性催化还原反应
也具有高选择性。过渡金属氧化物对于氧化催化有低的活性，在选择性催化还原
反应中的活性也较低。这都表明选择性催化还原反应是一个氧化还原反应，其机
理是氧化还原机理，或 Mars-van-Krevelen 机理。表 4-4 列出了钒基催化剂在不同
反应系统中可能存在的表面物种、中间物和活性位[32]。

表 4-4　钒基催化剂在不同选择性催化还原反应中可能的反应物种、中间物种及活性位[32]

NH$_3$ 形成的反应物种	NO 形成的反应物种	中间体	催化剂	可能的活性位
NH$_4^+$	O—N—O		V$_2$O$_5$	
NH$_4^+$	NO	H 键	V$_2$O$_5$	—O—V—O—V—O
V—O—NH$_2$	NO		V$_2$O$_5$/载体	—O—V—O—V—O
NH$_4^+$	NO		V$_2$O$_5$	OH—V + V—O—V
V—NH$_2$	NO	V—NH$_2$NO	V$_2$O$_5$/TiO$_2$	O=V
NH$_{3ads}$	N$_2$O$_{ads}$		V$_2$O$_5$/载体	Lewis
NH$_2$	NO$_{ads}$		V$_2$O$_5$/TiO$_2$	
O—VH$_3$N$^+$HO—V	NO$_{gas}$	V—O^{-+}H$_3$N—N=O HO—V	V$_2$O$_5$/ZrO$_2$	O=—V—HO—V
NH$_4^+$	NO$_2$—O—V^{4+}	NH$_4$NO$_2$	V$_2$O$_5$/TiO$_2$	O=V^{5+}
NH$_4^+$	NO$_3^-$		V$_2$O$_5$/TiO$_2$	

Topsøe[68] 根据稳态下原位红外实验的结果给出了图 4-18 所示钒基催化剂上
NH$_3$-SCR 的反应路径。Marangonzis[69] 通过对钒氧化物上进行选择性催化还原反
应动力学研究，提出以下反应机理：

$$4NO + 4e^- \longrightarrow 2O^{2-} + 2N_2O_{ads} \tag{4-18}$$

$$O_2 + 4e^- \longrightarrow 2O^{2-} \tag{4-19}$$

$$6V_2O_5 + 2N_2O_{ads} + 4NH_3 + 4e^- \longrightarrow 6V_2O_4 + 2N_2 + 6H_2O + 2O^{2-} \quad (4\text{-}20)$$

$$6V_2O_4 + 6O^{2-} \longrightarrow 6V_2O_5 + 12e^- \quad (4\text{-}21)$$

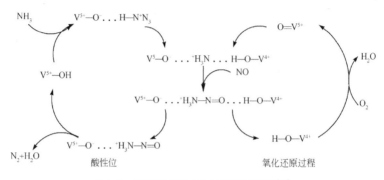

图 4-18 钒基催化剂的 SCR 反应路径示意图[68]

Ramis 等基于 V_2O_5/TiO_2 催化剂体系提出以下反应机理，后来发现也适用于 Cu 系催化剂[70,71]。

$$NH_3 + M^{n+} + O^= \longrightarrow M^{(n-1)+} - NH_2 + {}^-OH \quad (4\text{-}22)$$

$$M^{(n-1)+} - NH_2 + NO \longrightarrow M^{(n-1)+} - NH_2NO \quad (4\text{-}23)$$

$$M^{(n-1)+} - NH_2 + NO \longrightarrow M^{(n-1)+} - NH_2NO \quad (4\text{-}24)$$

$$M^{(n-1)+} - NH_2NO \longrightarrow M^{(n-1)+} + N_2 + H_2O \quad (4\text{-}25)$$

$$M^{(n-1)+} + 1/2\ O_2 \longrightarrow 2M^{n+} + O^= \quad (4\text{-}26)$$

$$2\ {}^-OH \longrightarrow H_2O + O^= \quad (4\text{-}27)$$

对于 Mn 基催化剂，也有很多机理研究方面的报道。Kijlstra 等[72,73]认为在 MnO_x/Al_2O_3 催化剂上，选择性催化还原反应开始于 NH_3 在催化剂表面 Lewis 酸中心和 Mn^{3+} 位点的吸附，然后吸附的 NH_3 脱 H 转变为 NH_2 物种，NH_2 物种既可以通过 E-R 机理与气相中的 NO 反应，也可以通过 L-H 机理与催化剂表面吸附的活性亚硝酸盐中间物种反应，两种反应最终都生成 N_2 和 H_2O；O_2 在 NH_2 物种和活性亚硝酸盐中间物种的形成过程中均起到重要作用；而在 Brönsted 酸中心吸附的 NH_4^+ 物种不参与低温选择性催化还原反应。而 Marbán 等[74]则认为在活性炭负载的 MnO_x 催化剂上，表面吸附活化的 NH_3 物种主要通过 E-R 机理与气相中的 NO 和 NO_2 反应成 N_2 和 H_2O。在 MnO_x-CeO_2 催化剂上，有研究者得出与 MnO_x/Al_2O_3 上类似的反应机理。Qi 等[75]认为，NH_3 首先吸附在 Lewis 酸中心上，然后活化生成 NH_2 中间物种，NH_2 和 NO 反应生成 N_2 和 H_2O。

4.2.3.2　金属离子交换分子筛上的反应机理

Fe-ZSM-5 是研究较多的分子筛催化剂，NH_3 选择性催化还原 NO_x 反应机理也得到许多研究。原位红外的实验数据表明：NH_3 在催化剂表面主要以 Brönsted 酸位上化学吸附 NH_4^+ 和 Lewis 酸位上配位结合 NH_3 这两种形式存在，此外，还有部分以气相或弱吸附 NH_3 存在。Long 等[76]提出如下反应机理，他们认为 NH_3 被吸附活化为 NH_4^+，然后 NO_2 与邻近的 NH_4^+ 形成 $(NH_4)_xNO_2$ $(x=1, 2)$，然后分解生成 N_2 和 H_2O。

$$[NH_4^+]_2NO_2\ (s)\ +\ NO\ (g)\ \longrightarrow 2N_2 + 3H_2O + 2H^+ \qquad (4\text{-}28)$$

$$[NH_4^+]_2NO_2\ (s)\ +\ NO_2\ (g)\ \longrightarrow N_2 + N_2O + 3H_2O + 2H^+ \qquad (4\text{-}29)$$

4.2.4 选择性催化还原反应的动力学

关于选择性催化还原反应的化学动力学研究，大部分都是在接近"真实"反应条件下获得的。基本上它们都同时采用两种方法，即经验方法和机理模型（如 Langmiur-Hinshelwood 或 Eley-Rideal 模型）。一般认为 NO 的转化速率与反应物 NO、NH_3、O_2 的浓度（C_{NO}, C_{NH_3}, C_{O_2}）有关。其动力学关系式一般表示为：

$$\gamma_{NO} = kc\ C_{NO}^{\alpha}\ C_{NH_3}^{\beta}\ C_{O_2}^{\gamma}\ C_{H_2O}^{\delta} \qquad (4\text{-}30)$$

式中，NO 浓度的反应级数认为近似为 1[77~80]。也有一些研究测量出更低的 α 值在 0.5 ~ 0.8[81]。Odenbrand 等[82,83]发现 α 随反应温度升高而增大，对于 Cr_2O_3/TiO_2、Fe-Y、Cu-ZSM-5 和其他 Cu-Exchanged 沸石催化剂，NO 的反应级数也近似为 1。另外，Komatsu 等[84]测得在 Fe-ZSM-5 催化剂上 $\alpha = 0.8$；Willey 等[85]测得在铁的氧化物上反应时 $\alpha = 0.64$。

在富氧和水蒸气含量大于 5% 时，上式中 C_{O_2} 和 C_{H_2O} 可以忽略，在这种条件下并且当 $NH_3/NO > 1$ 时，根据 Inomata 等[79]对 V_2O_5/TiO_2 的研究，反应式可写为

$$\gamma_{NO} = kc\ C_{NO}^{\alpha} \qquad (4\text{-}31)$$

这意味着 β 为 0。据 Orlik 等[78]对整体式（monolith）催化剂（含 15% V_2O_5/TiO_2）的研究，在低 C_{NH_3} 时，$\beta = 1$，而随着 NH_3 的浓度增大，$\beta = 0$。$\gamma_{NO} = kc$ C_{NO}^{α} 式可以很好地符合富氧条件下选择性催化还原整块型催化反应器的结果。Devadas 等[86]研究发现，在 Fe-ZSM-5 催化剂上，反应气体中 $NO/(NO + NO_2)$ 为 50% 时，NO_x 转化率最高，测量计算的选择性催化还原反应活化能只有 7 kJ/mol，由于选择性催化还原反应速率很快，此时为典型的扩散控制。

有些研究认为，当物质的量比 NH_3/NO 较小时（尤其是工业反应器内为防止过量氨泄漏），β 值近似为 0.2。另外，对于 Cu-ZSM-5 和 Fe-ZSM-5 沸石催化剂，β 也近似为 0。水是选择性催化还原反应的一种产物，同时它也会与催化剂表面反应，改变活性位的结构。虽然目前的实验证据尚不充分，但大部分研究认为水会阻碍选择性催化还原反应。

4.2.5 选择性催化还原系统及应用

选择性催化还原脱硝系统主要包括脱氮反应器、还原剂储存及供应系统、氨喷射器、控制系统4个部分（图4-19）。

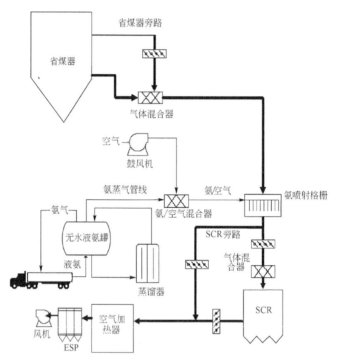

图 4-19 选择性催化还原 NO_x 系统示意图

脱氮反应器是选择性催化还原工艺的核心装置，内装有催化剂以及吹灰器等。在脱氮反应器的前面还装有烟气流动转向阀、矫正阀等导向设备，有利于脱氮反应充分高效地进行。此外，还可以通过改变省煤器旁路的烟气流量来调节反应温度。

目前应用最广泛的还原剂是氨，通常将液氨存放在压力储罐内。储存罐的设计容量一般可供两个星期使用，电厂选择性催化还原系统储存罐的尺寸在 50 ~ 200 m^3。也有的选择性催化还原系统用氨气或稀释的氨水，其存放和运输都比较方便。NH_3 是一种有毒有害物质，氨的输送系统除了要有必需的阀门和计量仪表，还必须要有相应的安全措施。

氨喷射器也是选择性催化还原系统的重要组成之一。氨喷射器的安装位置、喷嘴的结构与布置方式都要尽量保证喷入的氨气与烟气充分混合。在将氨气喷入烟气之前，利用热水蒸气或者小型电器设备对液氨进行汽化。将汽化后的氨气与空气混合，通过网格型布置在整个烟道中的喷嘴将氨气和空气混合物（95% ~ 98% 空气、2% ~ 5% 氨）均匀地喷入烟气中。为使氨气与烟气在进入选择性催化还原反应器前混合均匀，通常将氨气喷射位置选在催化剂上游较远的地方，另外还往往通过设置导流板强化混合程度。选择性催化还原控制系统根据在线采集的系统数据，对选择性催化还原反应器中的烟气温度、还原剂注入量、吹灰进行自动控制。比如，根据烟气在反应器入口处 NO_x 的分布、控制系统可以分别调整每一个喷嘴的喷射量，以达到最佳的反应条件。

4.2.5.1 选择性催化还原反应床的布置

脱氮反应器的安装位置有多种可能。通常安装在空气预热器之前，即在常规电除尘器之前。这种方式的优点在于烟气不必加热就能满足适宜的反应温度，因此该安装方式占到目前选择性催化还原脱硝设施的 95%。但由于此时烟气未经除尘，烟尘容易堵塞催化剂微孔，特别是其中的砷容易使催化剂中毒，导致催化剂失活。脱氮反应器也可以安装在电除尘器之后，这样虽然克服了前者的缺陷，但是烟气经过电除尘后必须重新加热升温，导致能量的损失。究竟采用哪一种安装方式，应视燃料的种类、燃烧方式以及烟气中的烟尘量而定。图 4-20 是几种不同的安装位置示意图[87]。催化反应器在锅炉尾部烟道中布置的位置，有 3 种可能的方案：

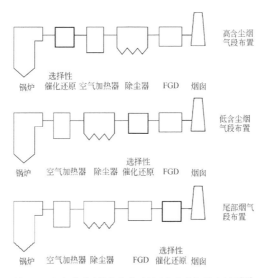

图 4-20 烟气脱硝选择性催化还原系统安装位置示意图[87]

1. 高温高粉尘布置

该方式布置在空气预热器前，温度为 350℃ 左右的位置，此时烟气中所含有的全部飞灰和 SO_2 均通过催化反应器，反应器的工作条件是在"肮脏"的高尘烟气中。由于这种布置方案的烟气温度在 300 ~ 400 ℃ 的范围内，适合于多数催化剂的反应温度，因而应用最为广泛。

采用高含尘布置时，催化剂的使用寿命受到高含量飞灰的影响，一般为 2 ~ 3 年。飞灰中含有的 Na、K、Ca、Si、As 等成分，使得催化剂受到污染，降低催化剂效能；飞灰对催化剂产生磨损，还可能堵塞催化剂通道；如果烟气温度升高，可能会将催化剂烧结或再结晶而失效；如果烟气温度过低，NH_3 会与 SO_3 及 H_2O 发生反应生成 NH_4HSO_4，从而堵塞催化剂通道。为了尽可能地延长催化剂使用寿命，除了应选择合适的催化剂外，还要使催化反应器通道有足够的空间以防堵塞，同时还要考虑防腐措施。为在锅炉启动时保护催化剂和便于催化反应器的检修，脱硝系统一般还会设有旁路烟道和烟气挡板。

高含尘布置方式对锅炉的设计有比较大的影响，主要反映在以下几个方面[88]：①由于空气预热器一般布置于炉后竖井底部，并拉出一定的距离，若布置催化反应器，所需距离就比无催化反应器时要大。因此，锅炉尾部布置必须变化，锅炉柱距应做相应调整；②由于空气预热器钢构架增加了催化反应器的承载，因此，在空气预热器钢构架设计时要考虑催化反应器的载荷。对于 600 MW 机组锅炉，一般需布置 2 台催化反应器。单个催化反应器的质量约为 280 t；③脱硝反应过程中会产生少量 NH_4HSO_4 并沉积在空气预热器受热面上，造成空气预热器堵塞、腐蚀，影响换热效果，因此，应适当增加吹灰器数量或吹灰次数；④脱硝装置的烟气阻力一般为 400 ~ 600 Pa，在锅炉烟风阻力计算和引风机选型时，需予以考虑。

2. 低粉尘布置

该方式选择性催化还原反应器布置在静电除尘器和空气预热器之间，温度为 300 ~ 400℃ 的烟气先经过电除尘器以后再进入催化反应器，这样可以防止烟气中的飞灰对催化剂的污染和将反应器磨损或堵塞，但烟气中的 SO_2 始终存在，因此烟气中的 NH_3 和 SO_3 反应生成硫酸铵而发生堵塞的可能性仍然存在。采用这一方案的最大问题是，常规静电除尘器无法在 300 ~ 400℃ 的温度下正常运行，需要高温静电除尘器，因此很少被采用。

3. 尾端布置

该方式选择性催化还原反应器布置在除尘器和湿法烟气脱硫装置（FGD）之后，催化剂完全工作在无尘、无 SO_2 的"干净"烟气中。由于不存在飞灰对反应器的堵塞及腐蚀问题，也不存在催化剂的污染和中毒问题。因此可以采用高活性的催化剂，并使反应器布置紧凑，以减少反应器的体积。当催化剂在"干净"烟气中工作时，其工作寿命可达 3 ~ 5 年（在"不干净"的烟气中的工作寿命为2 ~ 3 年）。此外，尾端布置方式的优点还有，脱硝设备与锅炉相对独立，对锅炉设计无特殊要求。这一布置方式的主要问题是，当将反应器布置在湿式 FGD 脱硫装置后时，其排烟温度仅为 50 ~ 60℃，因此，为使烟气在进入催化剂反应器之前达到所需要的反应温度，需要在烟道内加装燃油或燃烧天然气的燃烧器，或蒸气加热的换热器以加热烟气，从而增加了能源消耗和运行费用。

　　当催化剂反应器在尾部烟道的位置确定以后，含有 NO$_x$ 的烟气和混有适当空气的 NH$_3$ 在反应器入口处进行混合，然后进入反应器内的催化剂层。催化反应器的内部结构如图 4-21 所示。通常，先将催化剂制成板状或蜂窝状的催化剂元件，然后再将这些元件制成催化剂组块，最后将这些组块构成反应器内的催化剂层。反应器内的催化剂层数取决于所需的催化剂反应表面积。对于工作在"不干净"的高尘烟气中的催化反应器，典型的布置方式是布置三层催化剂层。在最上一层催化剂层的上面，是一层无催化剂的整流层，其作用是保证烟气进入催化剂层时分布均匀。通常，在第三层催化剂下面还有一层备用空间，以便在上面某一层的催化剂失效时加入第四层催化剂层。

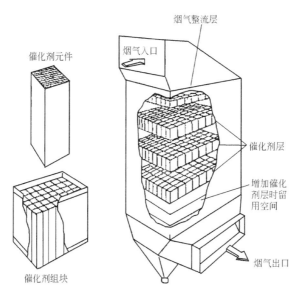

图 4-21　催化反应器内的催化剂反应层布置图

　　一般催化剂的数量是用每立方米的催化剂层能处理多少烟气流量（m³/h）来表示，这实际上是一个空间速度 SV（space velocity）：

$$SV = (m^3/h) / m^3 = h^{-1} \tag{4-32}$$

SV 越大,表示单位体积的催化剂层能够处理的烟气量越多。因此,希望 SV 越大越好。但是,实际上 SV 过大会降低催化剂的反应效率。一般将 SV 控制在 7000 h^{-1} 以下来估算催化剂的用量。对燃煤电厂,常取 SV = 1000 ~ 3000 h^{-1}。

4.2.5.2 制氨系统

在选择性催化还原系统中,靠氨与 NO_x 反应达到脱硝的目的。稳定、可靠的氨系统在整个选择性催化还原系统中是不可或缺的。制氨一般有尿素、纯氨、氨水等 3 种方法[89]。

(1) 尿素法。典型的用尿素制氨的方法为即需制氨法(AOD)。运输卡车把尿素卸到卸料仓,干尿素被直接从卸料仓送入混合罐。尿素在混合罐中被搅拌器搅拌,以确保尿素的完全溶解,然后用循环泵将溶液抽出来。此过程不断重复,以维持尿素溶液存储罐的液位。从储罐里出来的溶液在进入水解槽之前要过滤,并要送入热交换器吸收热量。在水解槽中,尿素溶液首先通过蒸气预热器加热到反应温度,然后与水反应生成氨和二氧化碳,反应式为

$$NH_2CONH_2 + H_2O \longrightarrow 2NH_3 + CO_2 \tag{4-33}$$

尿素制氨法安全无害,但系统复杂、设备占地大、初始投资大,大量尿素的存储还存在潮解问题。

(2) 纯氨法。液氨由槽车运送到液氨储槽,液氨储槽输出的液氨在氨气蒸发器内经 40℃ 左右的温水蒸发为氨气,并将氨气加热至常温后,送到氨气缓冲槽备用。缓冲槽的氨气经调压阀减压后,送入各机组的氨气/空气混合器中,与来自送风机的空气充分混合后,通过喷氨格栅(AIG)之喷嘴喷入烟气中,与烟气混合后进入选择性催化还原催化反应器。纯氨属于易燃易爆物品,必须有严格的安全保障和防火措施,其运输、存储涉及国家和当地的法规及劳动卫生标准。

(3) 氨水制氨法。通常将 25% 的氨水溶液(20% ~ 30%)置于存储罐中,然后通过加热装置使其蒸发,形成氨气和水蒸气。可以采用接触式蒸发器和喷淋式蒸发器。氨水法较纯氨法更为安全,但其运输体积大,运输成本较纯氨法高。

上述 3 种物质消耗的比例为:纯氨:氨水(25%):尿素 = 1:4:1.9。3 种制氨方法的比较见表 4-5。

表 4-5　3 种制氨方法的比较

项目	纯氨	氨水	尿素
反应剂费用	便宜	较贵	最贵
运输费用	便宜	贵	便宜
安全性	有毒	有害	无害
储存条件	高压	常规大气压	常规大气压，固态（加热，干燥空气）
储存方式	液压（箱装）	液态（箱罐）	微粒状（料仓）
初投资费用	便宜	贵	贵
运行费用	便宜，需要热量蒸发液氨	贵，需要高热量蒸发蒸馏水和氨	贵，需要高热量水解尿素和蒸发氨
设备安全要求	有法律规定	需要	基本上不需要

由表 4-5 可见，使用尿素制氨的方法最安全，但投资、运行总费用最高；纯氨的运行、投资费用最低，但安全性要求较高。氨水介于两者之间。

对于单机容量为 600 MW 的燃煤机组，在省煤器出口 NO_x 浓度（标）为 500 mg/m^3，脱硝率为 80% 的情况下，脱硝剂耗量大致如表 4-6 所示。

表 4-6　氨耗量

项目	耗量/(kg/h)
纯氨	300
氨水	1100
尿素	500

4.2.5.3　影响选择性催化还原脱硝效率的主要因素

催化剂是选择性催化还原系统中最关键的部分，理想条件下催化剂的寿命可以无限长，但实际上许多因素都可以导致催化剂活性降低（如表 4-7 所示）。催化剂的类型、结构和表面积都对脱除 NO_x 效果有很大影响。此外，在选择性催化还原系统设计中，最重要的运行参数是烟气温度、烟气流速、氧气浓度、水蒸气和 SO_2 的存在、钝化影响和氨滑移等。烟气温度是选择催化剂的重要运行参数，催化反应只能在一定的温度范围内进行，同时存在催化的最佳温度，这是每种催化剂特有的性质，因此烟气温度直接影响反应的进程；而烟气流速直接影响 NH_3 与 NO_x 的混合程度，需要设计合理的流速以保证 NH_3 与 NO_x 充分混合使反应充分进行；同时反应需要氧气的参与，当氧浓度增加，催化剂性能提高直到达到渐近值，但氧浓度不能过高，一般控制在 2% ~ 3%；氨滑移是影响选择性催化还原系统运行的另一个重要参数，实际生产中通常是多于理论量的氨被喷射进入系统，反应后在烟气下游多余的氨称为氨滑移，NO_x 脱除效率随着氨滑移量的增加而增加，在某一个氨滑移量后达到一个渐进值；另外水蒸气和 SO_2 的存在使催化剂性能下降，催化剂钝化失效也不利于选择性催化还原系统的正常运行，必须加以有效控制。下面将对影响选择性催化还原脱硝效率的主要因素进行探讨。

表 4-7   各种因素对催化剂活性的影响

锅炉类型	湿式排渣	干式排渣
烧结	可忽略	可忽略
碱金属	小	小
非金属氧化物	大	大
氧化砷	飞灰再循环的情况下比较大	中等
积灰	小	小
腐蚀	小	小

1. 催化剂的类型

选择合适的催化剂是选择性催化还原技术能够成功应用的关键所在[4,90]。选择性催化还原反应主要是在催化剂表面进行，催化剂的外表面积和微孔特性很大程度上决定了催化剂反应活性。催化剂促进化学反应但其本身并不消耗，对于不同的烟气温度可以使用不同的催化剂。试验研究和应用结果表明，催化剂类型的选择因烟气特性的不同而异。对于煤粉炉，由于排出的烟气中携带大量飞灰和 SO_2，因此，选择的催化剂除应具有足够的活性外，还应具有隔热、抗尘、耐腐、耐磨以及低 SO_3 转化率等特性。总之，选择性催化还原法系统中使用的催化剂应具有以下特点：宽的操作温度窗口，高的催化活性；低氨流失量；具有抗 SO_2、卤素氢化物（HCl、HF）、碱金属（Na_2O，K_2O）、重金属（As）等性能；低失活速率；良好的热稳定性；无烟尘积累；机械强度高，抗磨损性强；催化剂床层压力降小；使用寿命长；废物易于回收利用；成本较低。催化剂的结构、形状随它的用途而变化，为避免发生颗粒堵塞，蜂窝状、管状和板式都是常用的结构，而最常用的则是蜂窝状，因为它不仅强度好，而且易于清理。

2. 烟气温度

烟气温度是影响 NO_x 脱除效率的重要原因之一[90]。图 4-22 为反应温度对选择性催化还原脱氮效率的影响，NO_x 脱除效率对温度呈典型的火山型变化。这种

火山型 NO_x 脱除效率是由催化剂的反应活性和反应选择性共同决定的。一般来说，烟气温度越高，反应速率越快，催化剂的活性也越高，这样单位反应所需的反应空间小，反应器体积较小。但烟气温度过高，容易产生副反应，从而造成二次污染。因此，只有适宜的烟气温度，才能有较高的净化效率。不同的催化剂具有不同的适宜温度范围（称为温度窗口）。对于特定的一种催化剂，其温度窗口是一定的。当烟气温度低于温度窗口的最低温度，在催化剂上将出现副反应，NH_3 分子与 SO_3 和 H_2O 反应生成（NH_4）$_2SO_4$ 或 NH_4HSO_4，减少了与 NO_x 的反应，生成物附着在催化剂表面，引起污染积灰并堵塞催化剂通道和微孔，从而降低催化活性。但如果工作温度高于温度窗口，会使 NH_3 直接氧化为 NO_x，导致 NO_x 脱除效率急剧下降。综合反应物加热、系统控制及催化剂的适应温度范围，目前的选择性催化还原系统大多设定在 $320 \sim 420\,^\circ\!C$。对于 V_2O_5/TiO_2 催化剂，在反应温度低于 $350\,^\circ\!C$ 时，随烟气温度的升高，净化效率提高，超过 $350\,^\circ\!C$ 时则副反应增加，净化效率反而下降。为确保只有主反应进行，同时为避免反应温度较低生成 NH_4NO_3 和 NH_4NO_2 或白色烟雾而引起堵塞管道或爆炸，V_2O_5/TiO_2 催化剂适宜的操作温度一般控制在 $350\,^\circ\!C$ 附近。在锅炉设计和运行时，选择和控制好烟气温度尤为重要。

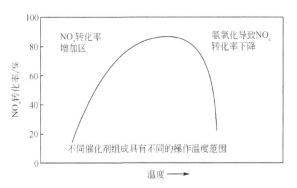

图 4-22　反应温度对选择性催化还原脱氮效率的影响

3. 空间速度

烟气在反应器内的空间速度是选择性催化还原的一个关键设计参数[91]，它是烟气在催化剂容积内的停留时间尺度，在某种程度上决定反应物是否完全反应，同时也决定着反应器催化剂骨架的冲刷和烟气的沿程阻力。空间速度大，烟气在反应器内的停留时间短，反应有可能不完全，这样氨的逃逸量就大；同时烟气对催化剂骨架的冲刷也大。因此，只有适宜的空速才能获得较高的脱硝效率。对于固态排渣炉高灰段布置的选择性催化还原反应器，空间速度一般选择是 $2500 \sim 3500\ h^{-1}$。

4. NH₃/NO 摩尔比

理论上，1 mol 的 NO$_x$ 需要 1 mol 的 NH₃ 去脱除，NH₃ 用量不足会导致 NO$_x$ 的脱除效率较低，但 NH₃ 过量又会带来二次污染，通常喷入的 NH₃ 量随着机组负荷的变化而变化。图 4-23 是两种不同空间速度下以 NH₃/NO 摩尔比为自变量的 NO$_x$ 的转化率和 NH₃ 的逸出量曲线。可以看出，随着 NH₃/NO 摩尔比的增加，NO 的转化率也增加；随着催化剂的活性降低，氨的逸出量也在慢慢增加。一般 NH₃ 的逸出量不允许大于 5 mg/L，否则烟道气温降低时，烟道气中的 SO₃ 与未反应的 NH₃ 可形成（NH₄）₂SO₄，从而引起空预器、除尘器后续设备的严重积垢，甚至未反应的 NH₃ 沾染飞灰而限制它的工业应用[90]。当 NH₃ 的逃逸量超过允许值，就必须要安装附加的催化剂或用新的催化剂替换掉失活的催化剂。

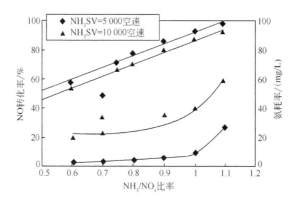

图 4-23　NO 转化率和 NH₃ 消耗率与 NH₃/NO$_x$ 比率的关系

5. 烟气流型及与氨的湍流混合

烟气流型的优劣决定着催化剂的应用效果，合理的烟气流型不仅能高效地利用催化剂，而且能减少烟气的沿程阻力。在工程设计中必须重视烟气的流场，喷氨点应具有湍流条件以实现与烟气的最佳混合，形成明确的均相流动区域。

6. 催化剂的钝化

在选择性催化还原体系运行过程中，由于下列一个或多个因素，都会使催化剂的活性降低。催化剂活性降低是逐步出现的，碱金属或微粒堵塞微孔均可造成这种降低[110]。由于这种逐渐退化是正常的，因此选择性催化还原系统的最初性能必须超过运行担保期。

（1）烧结。长时间暴露于 450℃ 以上的高温环境中可引起催化剂活性位置（表面积）烧结，导致催化剂颗粒增大，表面积减少，从而使催化剂活性降低。采用钨（W）退火处理，可最大限度地减少催化剂的烧结。在正常的选择性催化还原运行温度下，烧结是可以忽略的。

（2）碱金属中毒。碱金属（Na，K）能够直接和活性位发生作用而使催化剂钝化（图 4-24）。由于选择性催化还原的脱硝反应发生在催化剂的表面，因此，催化剂的失活程度依赖于表面上碱金属的浓度，在水溶性状态下，碱金属有很高的流动性，能够进入催化剂材料的内部，因此，对于整体式的蜂窝陶瓷类的催化剂来说，由于碱金属的移动性可以被整体式载体材料所稀释，能够将失活速率降低。

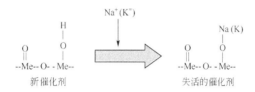

图 4-24　催化剂碱金属中毒

（3）砷中毒。砷中毒是由烟气中的气态 As_2O_3 所引起的，其扩散进入催化剂表面的活性位或非活性位上及堆积在催化剂小孔中，并与其他物质发生，引起催化剂活性降低（图 4-25）。在干法排渣锅炉中，催化剂砷中毒不严重；在液态排渣锅炉中，由于静电除尘器后的飞灰再循环，导致催化剂砷中毒问题更加严重。同碱金属一样，砷中毒同样在均质的催化剂上能得到很好的抑制，能够有效降低在表面的积聚浓度，同时对催化剂的孔结构进行优化对砷中毒也有抑制作用，其机理是相对小体积的反应物分子可以进入，而体积较大的 As_2O_3 则不能进入。防止砷中毒的化学方法有两种：一种是使催化剂的表面对砷不具有活性。通过对催化剂表面的酸性控制，达到吸附保护的目的，使得表面不吸附氧化砷；第二种方法是改进活性位，通过高温煅烧获得稳定的催化剂表面，主要采用钒和钼的混合氧化物形式，使 As 吸附的位置不影响选择性催化还原的活性位。

在循环床锅炉中，为避免产生高浓度的气态 As（As_2O_3），可以在燃料中加入一些石灰石，典型的添加比例大概为 1:50，石灰石的加入能够有效降低反应器入口气相中砷的浓度，在石灰石中，自由的 CaO 分子能够与 As_2O_3 发生反应，生成对催化剂无害的 Ca（AsO_4）固体。

（4）钙的腐蚀。飞灰中游离的 CaO 和 SO_3 反应，可在催化剂表面吸附形成 $CaSO_4$（图 4-26），催化剂表面被 $CaSO_4$ 包围，阻止了反应物向催化剂表面的扩散及扩散进入催化剂内部。

（5）堵塞。催化剂的堵塞主要是由于铵盐及飞灰的小颗粒沉积在催化剂小孔中，阻碍 NO_x、NH_3 和 O_2 到达催化剂表面，引起催化剂钝化（图 4-27）。通过调节气流分布，选择合理的催化剂间距和单元空间，并使进入选择性催化还原反应器烟气的温度维持在铵盐沉积温度之上，可以有效降低催化剂堵塞。对于高灰

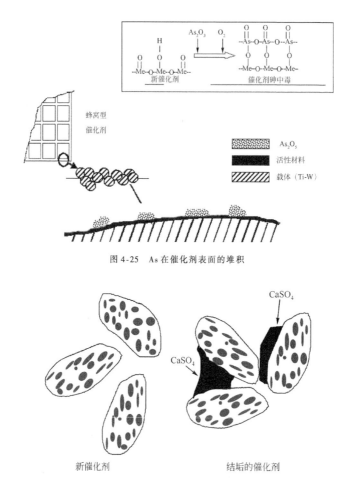

图 4-25 As 在催化剂表面的堆积

图 4-26 CaO 降低催化剂活性机理

段应用，为了确保催化剂通畅，应安装吹灰器。

（6）磨蚀。催化剂的磨蚀主要是由飞灰撞击在催化剂表面而形成的（图 4-28）。磨蚀强度与气流速度、飞灰特性、撞击角度及催化剂本身特性有关。降低磨蚀的措施是采用耐腐蚀催化剂材料，提高边缘硬度；利用计算流体动力学流动模型优化气流分布；在垂直催化剂床层安装气流调节装置等。

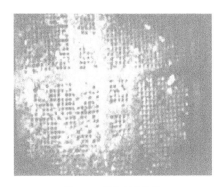

图 4-27　催化剂的堵塞　　　　　　　　　　图 4-28　催化剂的磨蚀

7. O₂ 的促进作用

对于 O_2 的影响，许多研究者通过在不同催化剂上的实验，指出 O_2 的存在促进了 NH_3 还原 NO 的速率。硝酸和硫酸预氧化的活性炭材料作为催化剂的脱硝活性随着 O_2 浓度的增加而升高[92~94]。Pasel 等发现，在 100~200 ℃时，O_2 的存在提高了活性炭担载金属氧化物催化剂的选择性催化还原脱硝活性，这是因为它促进了 NO 氧化为 NO_2 的速率[95,96]。对于 Fe-Cr、V_2O_5/Al_2O_3 等氧化物催化剂，反应气氛中含有 O_2 时，NO 转化率增加明显，尤其当 O_2 浓度增加至 1% 时[97~99]。对于 Fe_2O_3/TiO_2 催化剂，等量 NO 和 NO_2 混合后与 NH_3 的反应速率比 NO-NH_3 或 NO_2-NH_3 反应都快[100]。Willey 等指出，在选择性催化还原反应过程中，NH_3 的分解生成了氢原子，然后催化剂的活性位被氢原子所还原，O_2 的存在对活性位的再生起着重要的作用，使选择性催化还原反应可以持续进行下去[85]。

8. 水蒸气的影响

烟气中含有 2%~18% 的水蒸气，水蒸气对催化剂的选择性催化还原活性同样有着非常重要的影响。对于大多数选择性催化还原催化剂，低温时 H_2O 的存在降低了催化剂的脱硝活性，而在较高温度时 H_2O 基本不影响 NO 转化率。对于工业催化剂 V_2O_5/TiO_2 而言，反应温度低于 350 ℃时 H_2O 对催化剂选择性催化还原活性的抑制作用是由于 H_2O 与反应物（NH_3 和/或 NO）之间在活性位上的竞争吸附[101,102]。而 Topsøe 等[103] 通过研究发现，6% V_2O_5/TiO_2 催化剂表面 H_2O 的吸附比 NH_3 的吸附弱，因此并不能抑制 NH_3 的吸附，而且 H_2O 的加入在催化剂表面形成了更多的 Brönsted 酸，反而会提高 NH_3 的吸附，H_2O 只是抑制了选择性催化还原反应。低浓度的 H_2O 也不影响 NH_3 在 V_2O_5-WO_3/TiO_2 催化剂表面的吸附-脱附的平衡，但明显抑制了其选择性催化还原活性[104]。Ohtsuka 等通过拉曼光谱分析研究 H_2O 影响 Pd-MOR 催化剂活性的原因，发现 H_2O 的存在使催化剂表面生成了 PdO，并加速了其聚集，致使 Pd-MOR 催化剂逐渐被毒化[105]。而对 MnO_x/Al_2O_3 催化剂的研究表明[65]，由于抑制和毒化作用，H_2O 的存在降低了催化剂的选择性催化还原活性，抑制作用是由于 H_2O 与反应物（NH_3 和/或 NO）在活性位上的竞争吸附；毒化作用是因为 H_2O 吸附后被分离，造成了表面 OH 的增加，由于表面 OH 会达到饱和，所以毒化作用是有限的。H_2O 的加入对部分催化剂的活性有促进作用，如 V_2O_5/SiO_2-TiO_2 催化剂在 400℃[106] 和 Cu-ZSM-5 催化剂在 200℃时[107]。对于大部分脱硝催化剂，低温时 H_2O 降低了催化剂选择性催化还原活性，部分催化剂更被完全毒化，只有极少数的催化剂活性提高。但是对于所有催化剂上 NO 还原反应的选择性来说，由于 H_2O 的存在抑制了 NH_3 的氧化，N_2 选择性均有所提高[108~111]。

9. SO_2 的影响

SO_2 是工业锅炉排放的一种常见气体，也是在工业燃煤锅炉选择性催化还原脱硝反应中常遇到的气体物质。由于 SO_2 在催化剂的作用下容易被氧化成 SO_3，而 SO_3 可以和烟气中的水以及 NH_3 反应生成硫酸铵和硫酸氢铵，这些硫酸盐（尤其是硫酸氢铵）沉积并集聚在催化剂表面，从而对催化剂的活性有很大影响。SO_2 影响催化剂活性的原因因催化剂体系的不同而各异。在高温情况（>400℃）下，SO_2 对 V_2O_5/Al_2O_3、Fe-Cr 氧化物催化剂[97] 和 VO-ZSM-5 催化剂活性没有明显的影响。而在低温情况下，SO_2 对很多催化剂有毒化作用：如在 V_2O_5/Al_2O_3 催化剂表面生成了 $Al_2(SO_4)_3$，堵塞了催化剂的孔道[97]；而对于 V_2O_5/TiO_2、V_2O_5/AC 和 CuHM 等催化剂，SO_2 在催化剂表面被氧化成 SO_3 后与 H_2O 和 NH_3 反应生成 $(NH_4)_2SO_4$ 和/或 NH_4HSO_4，占据并毒化了活性位，同时还堵塞了催化剂的孔道，但此物质的生成与反应温度和 SO_2 的浓度有着密切的联系[112~114]。图 4-29 和图 4-30 分别给出了 V_2O_5/AC 催化剂使用前后的 IR 和 XRD 谱图，从红外谱图中可以看到随着反应时间的增长，位于 1720 cm^{-1} 和 1400 cm^{-1} 处的 NH_4^+ 的振动峰和 1115 cm^{-1}、598 cm^{-1} 处的 SO_4^{2-} 振动峰也随之增加，XRD 谱图也证实有 $(NH_4)_3H(SO_4)_2$ 物种的存在，且随着反应时间延长在催化剂上逐渐累积。为防止 SO_2 对催化剂性能的影响，选择性催化还原反应的温度至少要高于 300℃，同时，对于 V_2O_5 类商用催化剂，钒的担载量不能太高，通常在 1% 左右可以避免 SO_2 的氧化。Zhu 等[112,115~117] 研究发现，SO_2 对 V_2O_5/AC 催化剂的促进作用与反应温度和活性组分 V_2O_5 的担载量有关，当 V_2O_5 担载量为 1% ~ 5%，在 180~250℃时，SO_2 的加入导致催化剂表面 SO_4^{2-} 的形成，从而促进更多的 NH_3 以 NH_4^+ 的形式吸附在催化剂表面，并与 NO 反应，提高了催化活性；而在较高 V_2O_5 担载量时，促进作用消失。

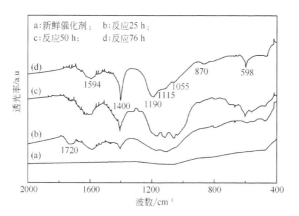

图 4-29　反应前后 V_2O_5/AC 催化剂 IR 谱图比较[113]

反应条件：500 ppm NO，600 ppm NH_3，500 ppm SO_2，

3.4% O_2，2.5% H_2O，Ar 平衡，36 000 h^{-1}，250℃

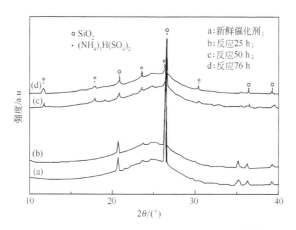

图 4-30　反应前后 V_2O_5/AC 催化剂 XRD 谱图比较[113]

反应条件：500 ppm NO，600 ppm NH_3，500 ppm SO_2，

3.4% O_2，2.5% H_2O，Ar 平衡，36 000 h^{-1}，250℃

　　实际上，烟气中 SO_2 和 H_2O 是共同存在的，大部分研究者考察了 SO_2 或 H_2O 单独存在时对催化剂选择性催化还原活性的影响，但对 SO_2 和 H_2O 共存时的情况目前还没有进行较深入的研究。为了使催化剂更好地应用于实际烟气脱硝，有必要研究 SO_2 和 H_2O 共存对催化剂活性和稳定性的影响情况。Long 等研究了 SO_2 和 H_2O 共存对 V_2O_5/TiO_2，Fe-TiO_2-PILC 和 Fe-ZSM-5 等催化剂活性的影

响[110,118]，结果表明，反应温度低于 350 ℃，SO_2 和 H_2O 共存使选择性催化还原反应生成的 H_2O 从催化剂表面的脱附速率降低，催化剂活性降低；而当反应温度高于 350 ℃，SO_2 和 H_2O 共存促进了催化剂表面 SO_4^{2-} 的形成，增加了表面的 Brönsted 酸性，从而提高了表面 NH_4^+ 的含量，加速了与弱吸附和气相中的 NO、NO_2 反应生成 N_2 和 H_2O，而且操作温度范围加宽。

4.2.5.4 烟气脱硝选择性催化还原技术在国内外的应用和实例

1975 年日本在 Shimoneski 电厂建立了第一个选择性催化还原系统的示范工程[119]，其后选择性催化还原技术在日本得到了广泛应用。选择性催化还原技术在日本的运行结果显示了良好的性能和较高的脱硝率，引起了欧洲各国的极大关注，并在德国等欧洲国家迅速推广。

日本从 20 世纪 80 年代开始就有多家燃煤电厂使用了选择性催化还原脱硝技术，如于 1981 年开始运行选择性催化还原脱硝系统的日本电力发展公司 Takehara 电厂 1 号机组[120]。该机组采用 250 MW 的燃煤锅炉，燃烧 2.3% ~ 2.5% 的高硫煤。该机组在两个平行的选择性催化还原反应器（A 和 B）上配有热态、低灰选择性催化还原装置。选择性催化还原反应器放置在高温电除尘器的出口处和空气预热器的进口处。烟气的温度为 348℃，满负荷时 NO_x 的转换率为 80%。尽管进入选择性催化还原装置的 SO_2（1800 ppm）浓度很高，但没发现由于铵盐而引起的空气预热器的阻塞。空气预热器也无需额外清洗，NH_3 滑移量也达到了排放标准。另外还有日本的 Chugoku、Shikoku 和 Tokyo 等 80 年代的燃煤电厂所使用的选择性催化还原系统至今仍保持良好的运行状态。

美国电厂一般采用过程优化和低 NO_x 燃烧器来降低 NO_x 排放量，但很难满足美国所颁布的 SIP 法令。选择性催化还原烟气脱硝法由于其较高的脱硝率受到了越来越多的重视，自 20 世纪 90 年代开始美国的很多电厂都广泛使用了选择性催化还原法，基本实现了 NO_x 的排放标准。表 4-8 列举了美国使用选择性催化还原技术电厂的典型性能数据[121,122]。

表 4-8 美国电厂使用选择性催化还原技术的典型参数

电厂名称	容量 / MW	时间 /(月/年)	脱硝率 /%	氨滑移量 / ppm	SO_2 氧化率/%	催化剂类型	还原剂
New Madrid#2	600	7/00	93	3	3	平板型	氨水
Gavin	2×1300	5/01	90	< 2	1.6	平板型	尿素
AES Somerset	675	7/99	90	3	0.75	平板型	氨水
Paradise #1&2	700	2000	90	2	0.75	平板型	氨水

续表

电厂名称	容量 / MW	时间 /(月/年)	脱销率 /%	氨滑移量 / ppm	SO$_2$ 氧 化率/%	催化剂 类型	还原剂
Bowen 1&2	756	5/01	85	2	—	蜂窝型	氨水
Bowen 3&4	950	5/03	85	2	—	蜂窝型	氨水
Gorgas #10	780	5/02	85	2	—	蜂窝型	氨水
Birchwood	250	11/96	—	5	—	平板型	氨水
Roxboro #4	2 × 735	7/01	79	2	< 1	平板型	氨水
Hawthorn #5	500	5/01	56	2	< 0.75	平板型	氨水
Brandon Shores	1370	5/01	90	2	—	—	
Logan	200	9/94	63	< 5	—	平板型	

Logan 电厂是在美国较早使用选择性催化还原技术的燃煤电厂，安装的是用于高飞灰的选择性催化还原系统，催化剂装于垂直流动反应器中。设计采用 3 层催化剂层，2 层目前正在使用。该电厂利用了一层板型催化剂层，从而减少了系统的压力降，并使 SO$_2$ 向 SO$_3$ 的转化率降低。在低负荷运行时利用省煤器旁路保持较高的烟气温度，以保证催化剂在合适的温度范围内运行。该选择性催化还原系统运行数据显示：在合理的运行参数下 NO$_x$ 的排放量和氨泄漏量都低于允许值。AES Somerset 发电厂位于美国纽约布法罗市，由 Babcock & Wilcox（B&W）公司在 1999 年 6 月份完成 AES Somerset 发电厂 675 MW 选择性催化还原系统的总体工程，并于 1999 年 7 月正式投入使用[123]。该选择性催化还原系统的目标是脱硝率 90%，氨的最大泄漏量不超过 3 ppm，SO$_2$ 向 SO$_3$ 的最大转化率不得超过 0.75%。选择性催化还原脱硝反应器采用热态高飞灰方式布置在省煤器出口和空预器之间，催化剂采用 4 层，其中装备上面的 3 层，下面的一层待将来更换催化剂层时使用。而于 2001 年 7 月开始运行选择性催化还原系统的南卡罗来纳州的 Roxboro 电厂[124]，采用的是低飞灰方式在静电除尘器之后布置选择性催化还原反应器，与大多数美国电厂不同的是该电厂锅炉是燃烧低硫煤。

1. 国外氮氧化物的控制实例

a. 项目概述

● 项目名称　选择性催化还原技术控制高硫煤锅炉中排放的氮氧化物的示范工程

● 设备容量　8.7 MW（3 台 2.5 MW 和 6 台 0.2 MW 选择性催化还原反应装置）

● 项目经费　总费用 23 229 729 美元，其中能源部 94 06 673 美元（40%），

实施单位 13 823 056 美元（60%）。

● 项目目标　在燃烧高硫煤的粉煤炉中应用选择性催化还原技术去除氮氧化物，不同操作条件下氮氧化物的去除率达80%。

● 项目说明　该选择性催化还原工艺包括注入锅炉烟气的喷氨系统和一个催化剂载床，使通过的氮氧化物和氨反应并最终转化为氮气和水蒸气。此示范工程的选择性催化还原装置由 3 台 2.5 MW 和 6 台 0.2 MW 组成，可为进一步放大应用提供设计数据。催化剂由美国、欧洲和日本各两家供应商提供，共 8 种不同形状和化学组成的催化剂用于该工程的技术和经济评估。

b. 工艺与技术分析

该示范工程的工艺流程如图 4-31 所示，装置运行技术参数见表 4-9。

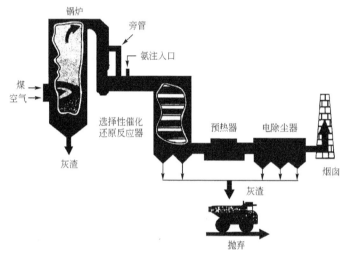

图 4-31　选择性催化还原技术控制高硫煤锅炉中排放的 NO$_x$ 工艺流程

运行结果显示：

尾气中氨的残留量浓度取决于催化剂暴露时间、流速、温度和 NH$_3$ 与 NO$_x$ 物质的量的比。改变二者比率会导致 NO$_x$ 还原行为改变，从而影响尾气中 NH$_3$ 的残留浓度。当 60% NO$_x$ 被还原，尾气中 NH$_3$ 的残留量在 10^{-6} 左右；当 80% NO$_x$ 被还原，尾气中 NH$_3$ 的残留浓度也增加；即使 NO$_x$ 还原率达到 90%，尾气中 NH$_3$ 的残留浓度仍将迅速增加。

流速和温度对氮氧化物还原的影响测试表明，操作温度从 327℃ 增加到 371℃，用于测试的所有催化剂性能均有明显改进；进一步提高到 399℃ 时，催化剂性能的改善并不明显。在 80% 还原率和设计温度下，流速增加到设计值的

150%，尾气中氨的残留含量不会超过 5 ppm。

表 4-9　选择性催化还原反应装置的运行技术参数

参数	最小值	标准值	最大值
温度/℃	327	371	399
nNH_3/nNO_x[a]	0.6	0.8	1.0
流速/ [m³ （标准状况） /s]			
大反应器	1.42	2.37	3.53
小反应器	0.11	0.19	0.28

　　a. n 表示物质的量。

　　经过将近 12 000 h 的运行，尾气中氨的残留从小于 1 ppm 增加到大约 3 ppm，而催化剂也出现失活迹象。采用适当的吹灰程序可以有效地控制催化剂被污染的问题，长期运行试验表明，不存在催化剂腐蚀问题。尾气的残留氨和副产物的形成会降低空气预热器的性能，但可以采取解决措施。

　　c. 经济分析

　　通过上述示范工程项目所得到的数据，对该选择性催化还原技术在 250 MW 粉煤中的应用作经济上的评估。设计要求见表 4-10。

表 4-10　选择性催化还原处理装置设计要求

名称	性能指标	名称	性能指标
选择性催化还原类型	热比型	设计氮氧化物还原率	60%
反应器个数	1	设计氨残留量	5×10^{-6}
反应器结构	三层催化剂	催化剂使用寿命	16 000 h
初始催化剂负荷	2/3	氨费用	250 美元/t
操作范围	35% ~100% 锅炉负载	选择性催化还原设备费用	14 130 美元/m³
氮氧化物的进口浓度	0.35 lb (0.16 kg) /10⁶Btu[a]		

　　a. 1 Btu = 1.055 06 × 10³ J。

　　依据上述设计要求，可以计算出下面两种情况的经济指标。

　　以氮氧化物处理效率 60% 为基准，不同规模装置的投资、运行和维护费用分析见表 4-11。

表4-11 不同规模装置的投资、运行和维护费

项目	125 MW	250 MW	700 MW
投资费/（美元/kW）	61	54	45
运行费/美元	580 000	1 045 000	2 667 000
1996维护费用/[美元/(kW·h)]/(美元/t)	2.89	2.57	2.22
	2811	25 000	2165

注：对于规模为250 MW，进口氮氧化物浓度为0.35 lb（0.16 kg）/10^6 Btu 的设施，不同处理效率下其投资、操作和维护费用见表4-12。

表4-12 不同处理效率下设备投资、操作和维护费

项目	处理效率		
	40%	60%	80%
投资费/（美元/kW）	52	54	57
运行费/美元	926 000	1 045 000	1 181 000
1996维护费用/[美元/(kW·h)]/(美元/t)	2.39	2.57	2.79
	3502	25 000	2036

　　通过上述示范工程的应用和相关的技术和经济分析，结果表明，选择性催化还原技术完全适合用于处理各种锅炉烟气中的氮氧化物。

　　2. 国内的应用情况和控制实例

　　福建后石电厂是台塑美国公司（Plastics Corp. USA）投资兴建，由华阳电业有限公司建设和运行。电厂装机容量为6×600 MW，2004年7月兼程并网发电。三大主机采用三菱公司产品，锅炉设备选用三菱重工神户造船厂（MHI. KOBE）设计制造的 MO-SSRR 型超临界直流锅炉，锅炉岛设置两台除尘效率达99.85%的双室五电场静电除尘器、安装烟气脱硝和烟气海水脱硫装置。其中1、2、3号机组配套引进的选择性催化脱硝装置已分别于1999年11月、2000年6月和2001年9月与主体工程同时投入运行，该装置是我国大陆600 MW 机组安装的第一台烟气脱硝处理装置[125,126]。

　　后石电厂的机组脱硝采用炉内脱硝和烟气脱硝相结合的方法。炉内脱硝的方式采用 PM 型低 NO_x 燃烧器加分级燃烧（三菱 MACT 内低 NO_x 燃烧系统）脱硝法，脱硝效率可达65%以上，排放 NO_x 浓度在180 mg/L 左右。烟气脱硝方式采用日立公司的选择性催化还原技术。液氨从液氨槽车由卸料压缩机送入液氨储槽，再经过蒸发槽蒸发为氨气后通过氨缓冲槽和输送管道进入锅炉区，与空气均匀混合后进入选择性催化还原反应器内部反应，选择性催化还原反应器设置于空气预热器前，氨气在选择性催化还原反应器的上方，通过一种特殊的喷雾装置和

烟气均匀分布混合，混合后烟气通过反应器内触媒层进行还原反应过程。脱硝后烟气经过空气预热器热回收后进入静电除尘器。每套锅炉配有一套选择性催化还原反应器，每两台锅炉公用一套液氨储存和供应系统。该系统流程见图 4-32，设计参数见表 4-13[127]。

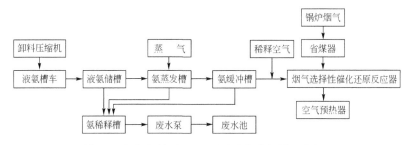

图 4-32　福建后石电厂 600 MW 机组烟气脱硝系统工艺流程

表 4-13　福建后石电厂选择性催化还原系统设计参数

项目	规范	项目	规范
工艺	干式催化剂脱硝	入口 NO_x 浓度/（mg/m³）	308（150 ppm）
燃料	煤	出口 NO_x 浓度/（mg/m³）	82～185（<50 ppm）
选择性催化还原反应器数量	1 套/炉	NH_3 滑移/ppm	5
催化剂类型	BHK 公司板式	NH_3/NO_x 反应摩尔比	0.77
烟气流量/（Nm³·h）	177 900	内部压降/mmH₂O	26
烟气温度/℃	370（max 420）	脱硝效率/%	40.0～73.3

3. 选择性催化还原工程应用存在的问题

在国外，选择性催化还原工艺在许多工程上实现了应用，其中以日本和德国应用最为普及。除此之外，也进行了许多实验性质的中式规模和工程实践。选择性催化还原方法在工程应用中也存在着一些问题。由于选择性催化还原催化剂的工作条件比较恶劣，所以存在着中毒失效问题，必须定期更换，更换时间依实际工况而定，一般为一到五年。引起选择性催化还原催化剂性能下降的原因主要有：①微孔体积减少；②固体沉积物使微孔堵塞；③碱性化合物（特别是钾或重金属）引起中毒；④SO₂ 中毒；⑤飞灰腐蚀。另外，由于实际应用时还可能会遇到如下一些问题：空气加热器的结渣和堵塞，飞灰、废水或洗涤器中杂质与 NH_3 形成固体颗粒，由于载体循环引起催化剂结构热变形等。

目前对烟气脱硝选择性催化还原工业应用的完善仍在不断进行，其主要内容是：①不断改善选择性催化还原反应器的反应条件，严格控制 NH$_3$ 的浓度，减少泄漏以避免二次污染；②完善选择性催化还原催化剂的性能。由于许多选择性催化还原催化剂本身都有毒性，同时制造成本较高，阻碍了大规模的工业应用。因此应不断提高选择性催化还原催化剂的效率及扩大其工作温度范围，以降低成本及延长使用寿命；③可以寻找在中低温工况下具有高选择性催化还原活性的催化剂。

4.3   烟气催化脱硫

燃煤电厂锅炉烟气脱硫的主要成熟工艺（FGD）按照脱硫方式和产物的处理形式可分为湿法、干法和半干法烟气脱硫。这些工艺主要是以碱金属和碱土金属的碱性化合物吸收剂，与烟气中的 SO$_2$ 生成硫酸盐或亚硫酸盐。湿法烟气脱硫（WFGD）的代表性工艺有石灰/石灰石浆液洗涤法、氧化镁法、双碱法、柠檬酸钠法以及磷铵肥法等。WFGD 技术具有脱硫反应速度快、脱硫效率相对较高等优点，但存在着投资和运行维护费用高、脱硫后产物处理较难、易造成二次污染、系统复杂、启停不便等诸多问题。干法烟气脱硫（DFGD）的代表性工艺有电子射线辐射法、荷电干式吸收剂喷射脱硫技术、炉内喷钙尾部增湿脱硫工艺等。DFGD 技术具有无污水和废酸排出、设备腐蚀小、烟气在净化过程中无明显温降、净化后烟温高以及利于烟囱排气扩散等优点，但也存在着脱硫效率低、反应速度较慢、设备庞大等不足。半干法烟气脱硫（SDFGD）的代表性工艺有喷雾干燥法、固定床水洗解吸式活性炭吸附工艺等。SDFGD 技术兼有干法与湿法的一些特点，脱硫剂在干燥状态下脱硫在湿状态下再生（如水洗活性炭再生流程），或者在湿状态下脱硫在干燥状态下处理脱硫产物。

前面提到的常规脱硫技术投资大、运行费用较高，同时还会产生废水、废液、硫渣等二次污染问题，世界上的许多专家学者从未停止过各种脱硫技术的研究开发工作，其中催化脱硫是一个重要的方向，利用催化剂来消除烟道气中的 SO$_2$，在去除 SO$_2$ 的基础上，实现硫资源化。按照催化氧化还原机理，可以将催化脱硫分为两条途径：一种途径是利用催化剂把 SO$_2$ 氧化为 SO$_3$，SO$_3$ 可以用来制硫酸，该途径称为催化氧化法；另一种途径是利用催化剂把 SO$_2$ 还原为单质硫，这种方法可副产硫黄，称为催化还原法。

4.3.1   二氧化硫的催化氧化

二氧化硫气体分子和氧气分子直接反应的速率很慢，均相气态反应的活化能很高，甚至在 800℃ 的高温下也难以进行，因此二氧化硫氧化反应必须在有催化剂的条件下才能进行。该反应属于体积缩小、放热的可逆反应：

$$SO_2 + \frac{1}{2}O_2 \rightarrow SO_3 \qquad \Delta H_{298}^{\circ} = -93 \text{ kJ/mol} \qquad (4\text{-}34)$$

其平衡常数 K_p 为

$$K_p = \frac{p_{SO_3}}{p_{SO_2} \times p_{O_2}^{0.5}} \qquad (4\text{-}35)$$

式中，p_{SO_3} 为 SO_3 的分压；p_{SO_2} 为 SO_2 的分压；p_{O_2} 为 O_2 的分压。

在催化剂作用下，烟气中的 SO_2 同烟气中的 O_2 反应生成 SO_3，然后再把 SO_3 用 H_2O 吸收转化为稀硫酸或与其他化合物反应转化为所需的产品。下面按催化剂类型来介绍催化氧化工艺。

4.3.1.1　钒系催化剂

SO_2 氧化用的催化剂大都是以钒的氧化物 V_2O_5 为催化剂的活性组分，以碱金属硫酸盐如 K_2SO_4、Na_2SO_4 或焦硫酸盐为助催化剂，以硅藻土（或加少量的铝、钙、镁等）为载体，通常称为钒-钾-(钠)-硅体系催化剂。其活性组分可用以下通式表示：

$$V_2O_{5-x} \cdot nMe_2O \cdot mSiO_2$$

式中，Me 代表碱金属离子，主要是钾，某些低温钒催化剂含有部分钠盐，x 和 m 的值均与操作条件下的温度和气体组分（SO_2、SO_3 和 O_2）有关。SO_3 和 O_2 分压相对于 SO_2 的分压越高，则 m 越大，而 x 越小。

钒系催化剂是目前工业应用比较成熟的催化剂，国外钒催化剂制造企业生产的催化剂载体均采用美国赛力特公司的硅藻土，该公司按产地、硅藻种属以及硅藻土孔容、孔径、生产工艺将硅藻土分成不同的牌号出售。国外很多公司都有自己专利的产品，例如丹麦的托普索（Topsøe）公司开发生产的 VK 系列，美国孟山都环境化学公司（MECS）的 Cs 系列，德国巴斯夫公司（BASF）的含铯钒催化剂，德国鲁奇（Lurgi）公司开发的在二氧化硅或沸石载体上负载氧化铁和钒的新型催化剂。

钒系催化剂在工业使用温度下易发生阻塞和结垢现象，并且会因为砷和氟的存在而永久中毒。生产实践证明，烟气中含砷量越多，催化剂的活性下降的也越大。这主要是因为在高于550℃时，As_2O_3 和 V_2O_5 生成 $V_2O_5 \cdot As_2O_3$ 的挥发物，使 V_2O_5 随气流带走，从而减少了活性组分的含量。氟对催化剂的毒害与氟的形态和气体中湿气含量有关，氟易与催化剂载体中的二氧化硅生成 SiF_4 使催化剂粉化。当烟气中水汽含量增高、温度升高时，SiF_4 会分解出水合二氧化硅，使催化剂表面结壳，活性下降。SiF_4 与水汽分解放出的 HF 又可能与 V_2O_5 作用生成可挥发性的钒酰氟而引起钒的损失，减少活性组分。

4.3.1.2　铜系催化剂

铜系催化剂是由氧化铜负载在载体上构成的，根据载体的不同，铜系催化剂主要有 CuO/AC 和 CuO/γ-Al₂O₃ 两种。

可再生铝基氧化铜干法烟气脱硫的原理为：烟气流过反应器（位于低温省煤器后）内的氧化铝载体颗粒，烟气中的 SO₂ 与负载在氧化铝上的氧化铜发生反应生成 CuSO₄（300 ~ 500℃），从而达到脱除烟气中 SO₂ 的目的，其主要反应为[128]

$$CuO + SO_2 + 1/2O_2 \longrightarrow CuSO_4 \tag{4-36}$$

$$CuO + SO_3 \longrightarrow CuSO_4 \tag{4-37}$$

脱硫剂吸硫饱和后，通入还原性气体（如氢气、甲烷等）进行再生，将 CuSO₄ 初步还原成单质铜。初步再生后的单质铜能够迅速被空气中的 O₂ 氧化为 CuO，从而使脱硫剂完全再生，循环使用。脱硫剂再生时释放的 SO₂ 经浓缩后可制成硫酸或单质硫。整个再生过程在硫化反应相同的温度范围内进行，系统无需再加热。其主要反应为

$$CuSO_4 + 2H_2 \longrightarrow CuO + SO_2 + 2H_2O \tag{4-38}$$

$$CuSO_4 + 1/2CH_4 \longrightarrow Cu + SO_2 + 1/2CO_2 + H_2O \tag{4-39}$$

$$Cu + 1/2O_2 \longrightarrow CuO \tag{4-40}$$

γ-Al₂O₃ 为载体的 CuO/γ-Al₂O₃ 催化剂，铜负载量以质量分数 8% ~ 10% 为最佳。CuO/γ-Al₂O₃ 脱硫剂在 200℃ 脱硫活性较低，穿透时间小于 3 min；温度升至 300℃ 时活性明显提高，穿透时间约 20 min；400℃ 时活性继续出现大幅度提高，此时，不仅活性组分 CuO 转化为 CuSO₄，部分载体亦转化为 Al₂（SO₄）₃，因此 CuO/γ-Al₂O₃ 适用于较高温度下的脱硫处理。

采用浸渍法制备的铝基氧化铜脱硫剂的脱硫效率可达 90%，经过多次脱硫——再生循环后，脱硫剂仍能有效脱硫，脱硫剂的比表面积和孔结构与新鲜脱硫剂相比变化不大，同时通过 XRD 分析也发现脱硫剂 CuO 微晶粒并没有发生明显的团聚现象，这证明使用铝基氧化铜脱硫剂在多次脱硫—再生循环过程中性能可以保持稳定[129]。

刘守军等[130~133]用活性炭等体积浸渍硝酸铜溶液制备的新型 CuO/AC 脱硫剂，其脱硫试验结果表明：在 200℃ 下，载铜量 5% ~ 15% 的 Cu/AC 脱硫剂具有较好的脱硫活性。脱硫剂载铜量低于 5% 时，CuO 在 AC 表面的覆盖度较低；5% 的载铜量为 AC 表面发生单层覆盖的极限量，此时活性组分呈高分散状态，无体相 CuO 出现；超过 5% 时，CuO 在表面发生多层覆盖现象，载铜量为 10% 时，AC 表面出现体相 CuO，活性组分聚集严重；继续增至 15% 时，脱硫剂微孔堵塞

严重，平均孔径增大。当载铜量提高至 25%，大孔亦发生明显的缩径现象，平均孔径又出现降低。根据不同反应气氛和试验条件下脱硫剂的 TPD 表征结果，提出了一种 CuO/AC 对烟气中 SO_2 的吸附机理，并初步考察了添加少量金属氧化物助剂（K、Na、Ca、Mg、Fe、Al、V、Ti、Mn、Zn 等）后的脱硫剂的脱硫活性变化。对 CuO/AC 脱硫催化剂采用还原剂进行再生的过程研究后发现，在惰性气体中的再生过程实际是活性炭为还原剂对 $CuSO_4$ 的还原，发生如下反应：

$$2CuSO_4 + 3C \longrightarrow Cu_2O + 2SO_2 + 3CO \tag{4-41}$$

$$CuSO_4 + 2C \longrightarrow Cu + SO_2 + 2CO \tag{4-42}$$

$$CuSO_4 + 2CO \longrightarrow Cu + SO_2 + 2CO_2 \tag{4-43}$$

催化剂的再生温度一般需要 400℃，同时由于再生过程中的一些副反应，催化剂被不同程度地还原为金属并发生活性组分的聚集。通过 XRD 和 XPS 等表征技术对活性炭担载氧化铜脱硫剂在 NH_3 气氛中的再生行为进行了表征，发现再生过程中 NH_3 仅将硫化所生成 $CuSO_4$ 中的 SO_4^{2-} 选择性还原为 SO_2，而未与 Cu^{2+} 发生反应，保持了铜物种在活性炭表面良好的分散性，从而使其脱硫活性再生。

4.3.1.3 活性炭

除了用一些金属离子作为催化剂催化氧化 SO_2 之外，活性炭脱硫法的研究也比较多。活性炭脱硫包括两种途径：一种是将活性炭作为物理吸附剂，通过变温吸附来获得纯 SO_2，这种方法的缺点是吸附量小而且受废气中氧的影响比较明显；另一种是将活性炭作为催化剂，将 SO_2 催化氧化为 SO_3，并与烟气中的水生成 H_2SO_4。其反应过程可用下列反应式来表示（＊表示吸附态）。

物理吸附：

$$SO_2 + * \longrightarrow SO_2 * \tag{4-44}$$

$$O_2 + * \longrightarrow O_2 * \tag{4-45}$$

$$H_2O + * \longrightarrow H_2O * \tag{4-46}$$

化学吸附：

$$SO_2 * + O_2 * + H_2O * \longrightarrow 2H_2SO_4 * \tag{4-47}$$

$$H_2SO_4 * \longrightarrow H_2SO_4 + * \tag{4-48}$$

由于活性炭的内表面积较大（活性炭的外表面积与内表面积相比非常小），因此催化反应主要发生在内表面的活性中心。活性炭吸附脱硫是多步复杂的过程，包括 SO_2、水蒸气和 O_2 在活性炭表面的吸附、SO_2 催化氧化生成 SO_3 并进一步生成 H_2SO_4 等。脱硫效果的好坏主要取决于活性炭的催化活性，只有具有较高催化活性的活性炭才能达到理想脱硫效果。在活性炭催化活性一定的前提下，水蒸气、O_2 的体积分数、反应温度等对脱硫效果都有较大影响[134]。

将活性炭浸泡在碘溶液中，经干燥后可得到含碘活性炭催化剂，亦可将含有碘的气体通过活性炭层制成含碘活性炭。通过添加碘组分可以非常明显地提高活性炭的吸附催化能力，且稳定性显著提高。普通活性炭的脱硫率为 50% ~ 70%，而含碘催化剂的脱硫率则可大于 90%，含碘活性炭的物理参数和脱硫性能见表 4-14。由于活性炭吸附 SO_2 是一个内扩散过程，所以烟气在活性炭床层内要有足够的停留时间和空间才能达到较高的二氧化硫脱除效率。这就要求通过活性炭吸附层的气体空塔速度控制在 0.4 ~ 0.6 m/s 低流速范围内，从而造成吸附塔体积庞大，投资费用高，成本高[135]。

表 4-14　含碘活性炭的物理参数和脱硫性能

活性炭来源	活化条件	碘量/(g/L)	粒度/mm	比表面积/(m²/g)	平均孔径/nm	脱硫率/%
木屑	$ZnCl_2$	—	1 ~ 2	575	7.8	50
木屑	$ZnCl_2$	—	4	1200	1.8	55
泥炭	水蒸气	—	1 ~ 7	900	4.7	65
泥炭	水蒸气	—	1 ~ 2	900	4.7	70
沥青焦炭	水蒸气	—	1 ~ 2	1050	2	70
沥青焦炭	水蒸气，150℃加 I_2	3	1 ~ 2	1050	2	94
沥青焦炭	水蒸气，150℃加 I_2	30	1 ~ 2	1050	2	96
沥青焦炭	水蒸气，80℃加 I_2	7.5	1 ~ 2	1050	2	85

活性炭烟气脱硫方法具有脱硫效率高、工艺连续的特点，但由于吸附材料价格较高，限制了其推广应用。近年来，利用活性炭纤维、沸石、树脂、氧化铝等材料作为吸收剂以及变压吸附等领域均有突破性进展。

4.3.1.4　Mg/Al/Fe 复合氧化物催化剂

Mg/Al/Fe 复合氧化物脱硫是一种氧化和吸附的耦合机理，具体过程为：先把二氧化硫氧化成三氧化硫再吸附生成硫酸盐，吸附饱和后的 Mg/Al/Fe 复合氧化物可以用氢气、甲烷或一氧化碳还原硫酸盐再生，高浓度的再生产物二氧化硫和硫化氢可回收利用。

国内学者研究发现[136]，温度范围在 500 ~ 600℃，Mg/Al/Fe 复合氧化物对二氧化硫具有良好的吸附性能。Mg/Al/Fe 复合氧化物吸附二氧化硫的速率与材料的组成密切相关，在 Mg/（Al + Fe）摩尔比为 3、Fe/（Mg + Al）摩尔比为 0.25 时表现最好的吸附性能，其中 Fe 主要起催化作用，铝提高了材料的耐热性能，延长了催化吸附剂的寿命。对吸附机理进行深入研究后发现普通金属氧化物和类水滑石复合氧化物吸附 SO_2 过程存在着非催化和催化两种不同的反应途径。

非催化途径：

$$SO_2 + MeO \longrightarrow MeO—SO_2{}^* \tag{4-49}$$

$$MeO—SO_2{}^* + 1/2O_2 \longrightarrow MeSO_4 \tag{4-50}$$

催化途径：

$$SO_2 + \frac{1}{2}O_2 \xrightarrow{\text{Cat.}} SO_3 \tag{4-51}$$

$$MeO + SO_3{}^* \longrightarrow MeO—SO_3{}^* \longrightarrow MeSO_4 \tag{4-52}$$

例如 CaO 和 MgO 吸附 SO_2 为非催化途径，表现为反应速率低，吸附硫容量小，无明显的起始温度；而 Mg/Al/Fe 复合氧化物吸附 SO_2 是催化途径，表现为反应速率高，存在明显的起始吸附温度；Fe 在氧化吸附过程中起催化剂的作用，而 Mg 和 Fe 的协同作用使 Mg/Al/Fe 复合氧化物在吸收脱除 SO_2 方面具有优良的性能。催化吸收后的复合氧化物可以在还原气氛中再生，释放出 H_2S，H_2S 可以与 SO_2 发生 Claus 反应得到单质 S。再生后复合氧化物的比表面和吸附性能变化不大，基本稳定。其还原反应为

$$MeSO_4 + 4H_2 \longrightarrow MeS + 4H_2O \longrightarrow MeO + H_2S + 3H_2O \tag{4-53}$$

温斌等[137]研究了铜类复合氧化物（Mg/Al/Cu）、铈类复合氧化物（Mg/Al/Ce）、铜铈类复合氧化物（Mg/Al/Cu/Ce）吸附 SO_2 的性能，发现以铜铈类复合氧化物吸附 SO_2 的容量和还原再生性能最好。氧气浓度不同，对吸附过程影响也不一样。在低浓度时 SO_2 的吸附会随氧浓度的增加而迅速增多，但氧浓度超过一定数值时，对 SO_2 的吸附影响变得不明显。复合氧化物用于催化氧化吸附脱硫，虽然较单一氧化物在脱硫过程和再生过程中的催化性能和再生性能有所改善，但仍存在频繁再生后催化性能下降的问题。

4.3.1.5　液相催化氧化催化剂

二氧化硫的液相催化氧化包括化学吸收和催化氧化两大过程，化学吸收是固硫过程，催化氧化则是脱硫过程。这两部分的总反应式为

$$SO_2\ (g) + 1/2O_2\ (g) + H_2O\ (l) \longrightarrow H_2SO_4\ (aq)$$

$$\triangle G^\circ = -153.19\ \text{kJ/mol} < 0 \tag{4-54}$$

理论上该反应可以自发进行，且可进行的较完全，但实际过程中二氧化硫在水中被氧化的反应进行得很慢，必须添加催化剂才能加速反应进程。

液相催化氧化法是在水溶液中加入氧化催化剂，使 SO_2 在液相中被催化氧化，制取稀硫酸、石膏、N-P 复合肥料和聚合硫酸铁等多种副产品。该法避免了复杂的吸附、脱附步骤，回收工艺简单。

金属离子液相催化氧化烟气脱硫是利用加入溶液中的 Fe、Mn 等离子的氧化

作用催化脱除烟道气中 SO_2 的技术。SO_2 在液相中以 HSO_3^- 离子形式存在,借助于 Fe、Mn 等离子较强的得电子能力,S（Ⅳ）在溶液中被氧化为 S（Ⅵ），从而将气态 SO_2 变为液态硫酸,理论上不消耗金属离子,这样既达到脱除 SO_2 的目的,又可根据实际情况用产生的硫酸制取不同的副产物。但此法副产品的硫酸浓度较低（15%~20%），并且使用最多的液相氧化催化剂是 Fe^{2+} 和 Mn^{2+} 存在催化剂中毒问题,此法的关键是研制低温氧化能力和抗中毒能力强的催化剂。

华北电力大学的陈传敏等[138]对金属离子铁-锰催化氧化脱除烟气中二氧化硫进行的研究发现 Mn^{2+} 对 SO_2 的氧化有很强的催化作用,而且在吸收液中有 Fe^{3+} 参加时有明显协同催化作用。Fe^{3+} 能将 Mn^{2+} 氧化成 Mn^{3+}，从而加速 SO_3^{2-} 氧化。当吸收液中 Mn^{2+} 离子浓度为 0.01 mol/L，Fe^{2+} 离子浓度为 5×10^{-3} mol/L 时,脱硫效率可达到 99%。此外,孙佩石等[139]通过实验进一步考察了 Mn^{2+}、Fe^{2+}、Zn^{2+} 3 种金属离子吸收液对 SO_2 烟气的净化性能,得出了混合吸收液的最优配比。发现采用单离子吸收液,液相催化净化低浓度 SO_2 烟气往往不易获得满意的效果,因而有必要使用多种离子的混合吸收液。进一步研究表明:①几种金属离子液相催化氧化 SO_2 能力的强弱顺序为 $Mn^{2+} > Fe^{2+} > Zn^{2+}$；②混合吸收液中几种金属离子浓度的最优配比为 $Mn^{2+}:Fe^{2+}:Zn^{2+} = 1:1:2$。采用上述混合吸收液净化处理低浓度 SO_2 烟气,当吸收液中硫酸浓度为 20% 时,泡沫吸收塔的 SO_2 净化率仍可保持在 85% 以上。

相对于通常的石灰-石膏湿法烟气脱硫而言,金属离子液相催化氧化脱除二氧化硫法不产生固体废物,无二次污染,是一种绿色烟气脱硫工艺,而且可得到附加值较高的副产物,降低了脱硫成本。由于传统脱硫方法的设备费用和运行费用均很高,而我国经济实力有限,因此这一方法对于我国烟气脱硫工程的普遍实施更有实际意义。

4.3.2 二氧化硫的催化还原

催化还原法是二氧化硫在还原剂的作用下直接还原成固态硫,比起将二氧化硫催化氧化成三氧化硫再吸收制取稀硫酸的工艺要简单得多,而且副产品硫黄具有易运输、无二次污染、经济效益高等多种优越性,因此学术界从 20 世纪三四十年代就开始探索 SO_2 的催化还原,目前已有许多成功的实验室催化脱硫的方法,但尚未工业化,主要是未克服烟气中过量氧对还原过程的干扰问题和催化剂的中毒问题。根据所用还原剂不同,催化还原脱硫可分为 H_2、CO、CH_4、C、合成气等还原法。

直接催化还原脱硫不但没有废物处理的问题,同时还可以得到硫黄这一宝贵资源。这样不但可以降低脱硫成本,还可以变废为宝,符合可持续发展战略对环境资源的要求。我国是硫黄资源相对短缺的国家，而硫黄在国民经济中占有相当重要的地位，在橡胶、精细化工等许多领域中都是相当重要的原料。因此催化还原脱硫具有良好的环境、社会效益和经济效益，是环境催化研究领域的热点之一。下面根据还原剂的不同分类介绍。

4.3.2.1　氢气还原法

H_2 作为还原剂，没有催化剂的情况下，还原二氧化硫需要在 500℃ 以上才会发生化学反应，而采用催化还原法可使反应温度大大降低。涉及 SO_2 和 H_2 的反应主要有：

$$SO_2 + 2H_2 \longrightarrow S + 2H_2O \tag{4-55}$$

$$SO_2 + 3H_2 \longrightarrow H_2S + 2H_2O \tag{4-56}$$

$$H_2 + S \longrightarrow H_2S \tag{4-57}$$

$$2H_2 + SO_2 \longrightarrow S + 2H_2O \tag{4-58}$$

铝矾土、Ru/Al_2O_3、$Co\text{-}Mo/Al_2O_3$ 及 Fe 族金属负载到 Al_2O_3 上的催化剂具有较好的催化还原活性。以 $Co\text{-}Mo/Al_2O_3$ 作为催化剂，在 300℃ 时单质硫的收率为 80%[140]。采用催化性能最好的 Ru/Al_2O_3 作催化剂，在反应温度为 156℃ 时，二氧化硫的转化率在 90% 以上[141]。

热力学证明要减少 H_2S 的生成，温度应远远低于 400℃。Paik 等[142] 以 $Co\text{-}Mo/Al_2O_3$ 为催化剂研究了 H_2 选择性还原 SO_2。结果表明，随着进料气中 H_2 浓度的增加，SO_2 转化率增大，但选择性降低；当 H_2 与 SO_2 比值为 3.0 时，S 产率最大，300℃ 时 S 产率可达 80%，实验结果推断反应经历的 3 个过程：

$$SO_2 + 2H_2 \longrightarrow S + 2H_2O \tag{4-59}$$

$$S + H_2 \longrightarrow H_2S \tag{4-60}$$

$$2H_2S + SO_2 \longrightarrow 3S + 2H_2O \tag{4-61}$$

SO_2 首先在金属硫化物上加 H_2 生成 H_2S，H_2S 再和 SO_2 在 Al_2O_3 上催化生成 S，如图 4-33 所示：

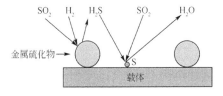

图 4-33　金属氧化物上催化脱硫原理示意图

$Co\text{-}Mo/Al_2O_3$ 预硫化后的表面存在分散均匀的 Co-Mo-S 相，催化剂的高活性与这些金属硫化物密切相关。Paik 以化学计量比的 H_2 进料研究了 Co-Mo/Al_2O_3 催化剂还原 SO_2 的反应机理（图 4-34），当 SO_2 浓度为 0.5% 时，300℃ 可使 SO_2 接近 100% 的转化，但选择性降低到了 58.5%。其他过渡金属氧化物负载在 Al_2O_3 上还原脱硫的活性情况，表明都有较高的活性和选择性，并且证实催化剂的活性相是金属硫化物[141,142]。Fe 系金属（Fe、Co、Ni）表现出最高的活性，其次是 Mo、W，所有的催化剂都表现出很高的选择性。

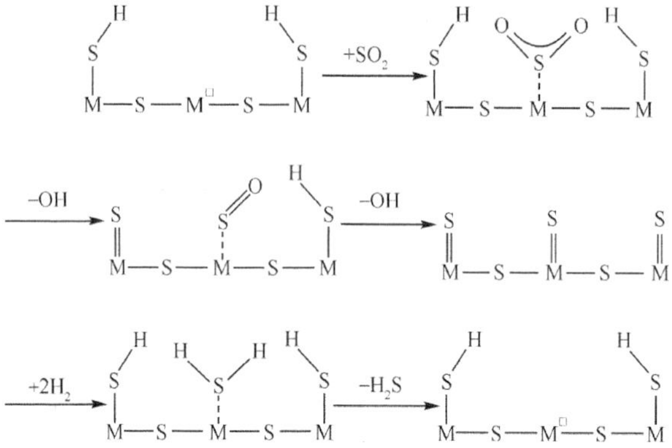

图 4-34   Co-Mo/Al_2O_3 催化剂上催化还原 SO_2 反应机理[141]

M：金属   S：硫   M□：阳离子空位

班志辉等[143] 对 Ru/Al_2O_3 催化剂上 H_2 选择性催化还原 SO_2 进行研究，发现在少量氧存在下，负载型金属催化剂的催化活性并没有受到太大影响，氧的存在仅仅是消耗一定数量的还原剂，这一结果对于进一步研究选择性还原脱硫有一定的借鉴作用。采用活性炭作载体负载 Co-Mo 所制得的 Co-Mo/AC 同样具有较高活性和选择性，在 300℃ 硫产率可达 85%，但在含氧情况下目前认为起活性作用的金属硫化物类催化剂将失去活性。

氢还原法的优点是操作温度较低（<300℃），其副产物只有 H_2S，如果通过循环操作，则可使硫的收率进一步提高。缺点是 H_2 的来源、运输和储存都不方便，而且烟道气中含有过量的 O_2，对反应有较大的抑制作用。此外，H_2 易爆、易燃，操作危险，脱硫成本偏高，因而难以实现工业化。

4.3.2.2   一氧化碳还原法

CO 还原 SO_2 的研究比较深入，目前人们已经研制开发出几十种催化剂，可分为负载型金属氧化物催化剂、钙钛矿型复合氧化物催化剂、萤石型复合氧化物催化剂和其他复合氧化物催化剂，并针对不同类型的催化剂提出各种类型的还原脱硫反应机理。用 CO 还原 SO_2 到单质 S 所涉及的反应如下：

$$SO_2 + 2CO \longrightarrow 2CO_2 + 1/xS_x \tag{4-62}$$

$$CO + 1/xS_x \longrightarrow COS \tag{4-63}$$

$$2COS + SO_2 \longrightarrow 2CO_2 + 3/xS_x \tag{4-64}$$

式中 $x = 2 \sim 8$ 或更高。高温下式（4-63）容易发生，生成比 SO_2 更毒的 COS，因此在反应过程中要尽量减少 COS 的生成。此外烟道气中不可避免的存在一定量的 O_2 和 H_2O，发生以下副反应：

$$2CO + O_2 \longrightarrow 2CO_2 \tag{4-65}$$

$$CO + H_2O \longrightarrow H_2 + CO_2 \tag{4-66}$$

$$H_2 + [S]（吸附态 S）\longrightarrow H_2S \tag{4-67}$$

$$2/xS_x + 2H_2O \longrightarrow 2H_2S + SO_2 \tag{4-68}$$

1. 负载型金属催化剂

负载型金属氧化物催化剂一般采用 Cu、Fe、Co、Mo、Ni 和 Cr 等过渡金属负载在氧化铝上制得。Hass 等[144]研究了 Fe/Al_2O_3 催化剂上的反应，认为 Al_2O_3 不仅起载体作用，而且和 Fe 存在协同效应，是双功能催化剂，后与 Fe/SiO_2 比较，发现 Al_2O_3 可以催化式（4-64）的进行。为了减少 COS 的量，他们用 Fe/Al_2O_3 作第一床层，Al_2O_3 作第二床层，在410℃得到了 90% 以上的 SO_2 转化率，COS 浓度可降低到 0.05%。催化还原 SO_2 是通过如下过程实现，其中 COS 是进行催化还原脱硫的中间物：

$$4CO + 2SO_2 \longrightarrow S_2 + 4CO_2 \tag{4-69}$$

$$S_2 + Fe \longrightarrow FeS_2 \tag{4-70}$$

$$FeS_2 + CO \longrightarrow COS + FeS \tag{4-71}$$

$$COS + 1/2SO_2 \longrightarrow 3/4S_2 + CO_2 \tag{4-72}$$

$$FeS + 1/2S_2 \longrightarrow FeS_2 \tag{4-73}$$

$$CO + 1/2SO_2 \longrightarrow 1/4S_2 + CO_2 \tag{4-74}$$

Zhuang 等[145]考察了不同含量的过渡金属（Co、Mo、Fe、CoMo、FeMo）负载在 Al_2O_3 上制得的催化剂性能，氧化铝上负载不同金属的活性顺序为：4% Co 16% Mo > 4% Fe 15% Mo > 16% Mo ≥ 25% Mo > 14% Co ≥ 4% Co > 4% Fe。图 4-35 给出了不同催化剂上 SO_2 和还原剂 CO 随温度的转化率，以及中间产物 COS 的产率。结果发现在400℃用 10% H_2S 处理的 $CoMo/Al_2O_3$ 活性最高。当 CO/SO_2 为 2 时，$CoMo/Al_2O_3$ 催化剂在空速为 6000 ~ 24 000 h^{-1} 时，300℃下 SO_2 就可完全转化。原位红外实验结果表明，高活性的原因是 Co-Mo-S 结构上比其他金属硫化物更有利于 COS 生成，而 Al_2O_3 上 COS 与 SO_2 可进一步反应。

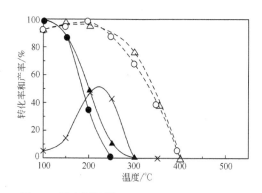

图 4-35 预硫化处理的 CoMo/Al$_2$O$_3$ 和 4.2% Fe/Al$_2$O$_3$

催化剂上 CO 和 SO$_2$ 转化率及 COS 产率[145]

CO/SO$_2$ = 2，SV = 6000 mL/(h·g)，CoMo/Al$_2$O$_3$ （实线）：（●）CO，

（▲）SO$_2$，（×）COS；4.2% Fe/Al$_2$O$_3$ （虚线）：（○）CO，（△）SO$_2$

    Goetz 等[146]比较了一系列金属负载到 Al$_2$O$_3$ 催化剂上同时脱除 SO$_2$ 和 NO 的活性，发现 Fe-Cr/Al$_2$O$_3$ 催化剂活性最好，但 COS 的生成也很多。于是他们采用两段床，以 Fe-Cr/Al$_2$O$_3$ 作第一床，Al$_2$O$_3$ 作第二床，调节适当的温度，即尾气中 SO$_2$ 含量高时则升高温度，COS 含量多时则降低温度，在 400℃附近，可使 SO$_2$ 和 NO 的转化效率都大于 90%。

    Paik 等[147]制备了 CoS$_2$-TiO$_2$ 催化剂，表现出很好的催化还原 SO$_2$ 性能。研究发现单独的 CoS$_2$ 和 TiO$_2$ 活性都很差甚至没有活性。当 TiO$_2$ 中添加一定量的 CoS$_2$ 后，在 350℃时复合氧化物的活性是单一 TiO$_2$ 作为催化剂时的 10 倍以上，表明复合氧化物具有很好的协同效应。Kim 等[148]对反应机理进行了解释，认为反应机理是按如下步骤进行：

$$CoS_2 + CO \longrightarrow CoS + COS \qquad (4\text{-}75)$$

$$TiO_2 + COS \longrightarrow TiO\,[\;] + CO_2 + S \qquad (4\text{-}76)$$

$$2TiO\,[\;] + SO_2 \longrightarrow 2TiO\,[O] + S \qquad (4\text{-}77)$$

$$TiO\,[O] + CO \longrightarrow TiO\,[\;] + CO_2 \qquad (4\text{-}78)$$

式中，[ ] 表示氧缺位；[O] 表示吸附氧。

    负载型过渡金属催化剂制备简单、价廉，但由于起作用的金属硫化物会促进 COS 的生成，因此为了减少 COS，必须采用两段床，而这大大增加了设备费用。因此人们希望能够有较少生成 COS 的催化还原 SO$_2$ 的催化剂，钙钛矿型复合氧化物作为还原 SO$_2$ 的催化剂得到了大量深入的研究。

2. 钙钛矿型催化剂

钙钛矿型催化剂用于催化还原 SO_2 一直受到国内外学者的关注，Happel 等[149]最早研究了用钙钛矿型催化剂还原二氧化硫，结果显示，用 $LaTiO_3$ 作催化剂时，COS 的生成与 SO_2 转化率无关，而与 CO 分压有关，只要控制 CO 与 SO_2 比为 1.9，就可使 COS 减小到最少。500℃时 SO_2 转化率达到 95%，而 COS 仅为 0.3%。研究认为 TiO_2 加入 La_2O_3 可形成有顺序缺位的荧石型结构，这种阴离子缺位是化学吸附氧氧化 CO 必需的。Hibbert 等[150]制备了 $La_{1-x}Sr_xCoO_3$（$x=0.3$，0.5，0.6，0.7）一系列催化剂，考察了 CO 还原 SO_2 的性能。研究结果发现：$x=0.3$ 时活性最好，在 550℃，流速为 100 mL/min，SO_2 转化率可达到 99%，且无 COS 生成；添加 2% 水蒸气对反应没有负面影响；催化反应后金属变成硫化物、硫酸盐及硫氧化物，这些硫化物为反应提供了活性表面；其中含 Sr 的催化剂比 $LaCoO_3$ 的催化效果好，可能与其半导体性质有关。

由于钙钛矿结构在高温催化还原反应条件下不稳定，例如 $LaCoO_3$ 在一定条件下会分解为 La_2O_2S 和 CoS_2。Ma 等[151]探讨了 La_2O_2S 和 CoS_2 的相互作用和反应机理。COS 是涉及 CoS_2 和 CoS 循环过程的还原剂，La_2O_2S 是催化剂。二者单独使用都没有活性。La_2O_2S 和 CoS_2 的相互作用不仅提高了催化活性，而且抑制了 COS 的生成。他们对水化的 La_2O_3 做了考察，结果发现，虽然 La_2O_3 本身无活性，但水化后却有活性。XRD 证明活性相为 La_2O_2S，水化促进了活性相 La_2O_2S 的形成，其过程如下：

$$2La\,(OH)_3 \longrightarrow 2LaOOH + 2H_2O \tag{4-79}$$

$$CO + SO_2 \longrightarrow CO_2 + SO \tag{4-80}$$

$$CO + SO \longrightarrow CO_2 + S \tag{4-81}$$

$$2LaOOH + C \longrightarrow La_2O_2\,[\ ] + CO_2 + H_2O \tag{4-82}$$

$$La_2O_2\,[\ ] + S \longrightarrow La_2O_2S \tag{4-83}$$

式中，[ ] 表示氧缺位。钙钛矿结构作为 CO 还原 SO_2 的催化剂有着优异的性能，首先在于其抑制 COS 的生成。但反应后钙钛矿结构消失，实际起作用的是金属硫化物和硫氧化物。钙钛矿结构促进了活性相 La_2O_2S 和 CoS_2 的生成。

3. 萤石型复合氧化物催化剂

萤石型复合氧化物催化剂用于催化还原二氧化硫已经有许多研究进展，Tschope 等[152]研究发现 Cu/CeO_2 催化剂和复合氧化物 Cu-Ce-O 都对催化脱硫反应有很高的活性和选择性。在反应温度大于 450 ℃时，CO/SO_2 为 2 时，S 产率大于 95%。研究 Cu/CeO_2 萤石型复合氧化物催化剂上的反应机理发现，催化活性与萤石型复合氧化物表面存在着大量氧缺位和氧的流动性有关，萤石型复合氧化物脱硫机理为氧缺位形式的氧化还原机理：

$$Cat\,[\;] \;+\; SO_2 \longrightarrow Cat - O \;+\; SO \tag{4-84}$$

$$Cat - M \;+\; CO \longrightarrow Cat - M - CO \tag{4-85}$$

$$Cat - O \;+\; Cat - M - CO \longrightarrow Cat\,[\;] \;+\; CO_2 \;+\; Cat - M \tag{4-86}$$

$$Cat\,[\;] \;+\; SO \longrightarrow Cat - [\,O\,] \;+\; S \tag{4-87}$$

式中，[ ] 代表氧缺位；[O] 代表吸附氧。有学者研究发现添加过渡金属 Cu 后，由于铜与 CeO_2 的协同作用，使催化剂的活性和稳定性都明显提高。在催化剂中添加过渡金属可降低催化剂的起燃温度，并且提高抗 H_2O 和 O_2 的能力[153]。Kim 等[148]制备的 Co_3O_4-TiO_2（1:1，质量比）催化剂具有很高的催化活性，在 400℃ 和 CO/SO_2 为 2 时，空速 3000 h^{-1} 条件下，可使 SO_2 转化率达到 99%，选择性 97% 以上。

4.3.2.3　甲烷还原法

甲烷是天然气的主要成分，作为还原剂的优点是价廉易得，因此甲烷催化还原二氧化硫一直是研究热点。SO_2 和 CH_4 之间的基本反应为

$$2SO_2 \;+\; CH_4 \longrightarrow 2H_2O \;+\; 2\,[S] \;+\; CO_2 \tag{4-88}$$

式中，[S] 代表气相中不同的硫物种，可以是 S_2、S_6 或 S_8。

甲烷在催化还原 SO_2 为单质硫的同时还会发生许多副反应，生成 H_2S、COS、CS_2、H_2、CO、C 等副产物。目前对催化剂性能的研究主要集中在提高甲烷选择性催化还原 SO_2 反应的转化率和选择性。研究的催化剂主要有活性 Al_2O_3、铝矾土、金属硫化物、氧化铝负载的金属硫化物、活性炭负载的硫化钼、不同载体负载的 La_2O_3、Co_3O_4 等。

Helstrom 等[154]以铝矾土为催化剂研究了催化还原脱硫反应，在 500~600℃ 范围内催化反应生成的副产物少，硫的选择性高。但由于在该温度范围内反应速率很小，转化率很低，于是采用 Al_2O_3 催化剂在 650~700℃ 研究了上述反应，硫产率随温度升高而降低，650℃，当 SO_2 与 CH_4 比值为 2.5 时，硫产率最高，达到 96%。Sarlis 等[155]研究得出，反应速率主要受 CH_4 浓度控制，而与 SO_2 无关。

Mulligan 等[156]研究了 Mo/Co/γ-Al_2O_3 负载型催化剂，考察了 MoO_3（5%~15%）/γ-Al_2O_3 和 CoO（5%）-MoO_3（15%）/γ-Al_2O_3 的催化活性和反应机理。结果是含 Co 的催化剂比只含 Mo 的催化剂活性高很多，但 S 选择性却下降。原因是 Co 容易催化 CH_4 分解生成 C 和 H_2，从而导致 COS 和 H_2 增加，这也是含 Co 催化剂反应后比表面积下降较多的原因。通过考察不同 Mo 负载量的 Mo/Al_2O_3 和 5% Co-15% Mo/Al_2O_3 以及单独的氧化铝做催化剂时的还原反应，发现所有含 Mo 的催化剂活性都比单纯氧化铝高，15% Mo/Al_2O_3 活性最高。而在他们制备的含相同 Mo 的催化剂中，加入 Co 则导致活性下降，是由于 Co 的存在使 Mo 更分

散，不易形成晶粒，从而降低活性。为了降低有害副产物 COS、CS_2 和 H_2S，必须使反应温度低于 700℃。

Wiltowski 等[157]用活性炭做载体，制备了 10% Mo/AC、15% Mo/AC 和 20% Mo/AC 催化剂。其中活性炭负载 20% MoS_2 制成的催化剂在 450~600℃下有最好的活性。考察不同温度和不同反应气体组成的影响发现，这些催化剂的催化活性主要依赖于温度和进料比，其次才是 Mo 含量。温度的影响与前面类似，活性随温度增加而升高。而进料气的影响则不尽相同，他们发现当 $CH_4 : SO_2 = 1 : 1$ 时活性最高，温度为 600℃时，可得到 99.8% SO_2 转化率和 97.2% 硫产率。Zhu 等[158]采用 CeO_2 渗入 La 以及加入 Cu、Ni 后制得的 Ce（La）O_x 催化剂用于甲烷还原 SO_2，在 550~750℃有很高的活性和选择性。并发现添加 La（4.5% ~ 10%）对催化剂活性并无多大影响，但耐高温烧结性能提高。

甲烷催化还原 SO_2 的缺点是 CH_4 难于活化，反应温度太高（600~800℃），在工业应用上有一定困难。此外生成的硫纯度不高，有积炭现象，且有毒副产物多。烟道气中的 O_2 很容易在高温下把 CH_4 完全氧化，如果能找到中低温下高活性的催化剂，工业化应用还是很有前景的。

4.3.2.4　碳还原法

用碳还原 SO_2 的过程相对复杂，但由于焦炭原料易得，仍引起人们极大的兴趣。碳还原 SO_2 的过程除发生还原脱硫反应：$C + SO_2 \longrightarrow S + CO_2$ 外，还会伴随发生一系列副反应：

$$C + CO_2 \longrightarrow 2CO \tag{4-89}$$

$$CO + S \longrightarrow COS \tag{4-90}$$

$$SO_2 + H_2O + C \longrightarrow CO_2 + S + H_2S + COS + CS_2 \tag{4-91}$$

$$C + S \longrightarrow CS_2 \tag{4-92}$$

$$CO + SO_2 \longrightarrow CO_2 + S \tag{4-93}$$

$$H_2S + SO_2 \longrightarrow S + H_2O \tag{4-94}$$

$$COS + SO_2 \longrightarrow S + CO_2 \tag{4-95}$$

$$CS_2 + SO_2 \longrightarrow S + CO_2 \tag{4-96}$$

由于碳在反应过程中既是还原剂又是催化剂，因碳的形态不同，反应的结果也有很大差别。George 等[159]和郑诗礼等[160]的研究发现，该还原法反应速率慢，反应很难达到平衡，同时发现采用焦炭时单质硫产率最高，而用活性炭的活性最好，但由于主副反应的相互竞争，对产品分布带来很大影响。碳还原法虽然可以直接利用煤来还原 SO_2，但是产品纯度不高，特别是存在副反应多，反应速率慢等缺点，使其不利于实现工业化。

4.4 同时催化脱硫脱硝技术

单独使用脱硫脱硝技术设备复杂、占地面积大、运行和投资费用高，而使用脱硫脱硝一体化工艺则使结构紧凑、投资和运行费用相对较低而且效率高。目前，美、德、日等国都在开展烟气同时脱硫脱硝技术的研究，虽然大部分同步脱硫脱硝工艺仍处于实验或半工业阶段，有些甚至因费用高而难以推广，但从高新技术开发及发展趋势看，脱硫脱硝一体化技术是未来发展的趋势，具有很大的应用前景。

同时脱硫脱硝技术有 60 余种，大体可以分为两类：一是燃烧过程中同时脱硫脱硝技术，最具代表性的有循环流化床燃烧技术（CFBC）、增压循环流化床燃烧技术（PFBC-CC）、烟气再燃与吸附喷射技术以及煤炭的加氢热解技术等；二是燃烧后烟气的同时脱硫脱硝技术，包括利用脉冲电晕或等离子体技术脱硫脱硝以及利用吸附剂/催化剂同时脱除 SO_2 和 NO_x 等。烟气后处理的湿法同步脱硫脱氮可以达到较高的脱硫脱氮效率，而且二次污染较少，运行费用相对较低，是目前极具研究价值和发展前途的同时脱硫脱氮技术。但湿法同步脱硫脱氮工艺仍不可避免地存在湿法技术所固有的缺点，如易造成二次污染，净化后的烟气需再加热方可排放，设备存在腐蚀问题等。因此，干法同时脱硫脱硝技术越来越受到重视，在国内外受到广泛而深入的研究。干法同时脱硫脱硝技术按照氧化和还原反应过程，可分为催化氧化 SO_2 同时还原 NO_x、同步氧化 SO_2 和 NO_x 以及同步还原 SO_2 和 NO_x 技术。

4.4.1 催化氧化二氧化硫同时还原氮氧化物

4.4.1.1 活性炭加氨法

活性炭用于发电厂烟道气脱硫脱硝的处理过程分为两个阶段：静电除尘以后，气体温度降至 120～150℃，利用焦炭的吸附性能吸附 SO_2；然后以焦炭为催化剂，氨为还原剂催化还原 NO_x。由于催化反应温度较低，除尘后的气体可不必加热直接处理，节约了能源；同时，活性炭具有范围极宽的孔径分布，NH_4HSO_4 等颗粒的沉积问题也不严重；此外，在已装配了湿法脱 SO_2 装置的系统中，只需附加一个催化还原反应器，即可处理 NO_x，而不需进行大的设备改造。

活性炭具有大的比表面积、良好的孔结构、丰富的表面基团、高效的原位脱氧能力，同时具有良好的吸附、担载能力和还原性能，既可作载体制得高分散的催化体系，又可作还原剂参与反应，提供了一个良好的还原环境，降低了反应温度。作为催化剂的活性炭的性能受很多因素的影响，如炭的来源、制备与活化条件以及所处理气体的组成等。一般而言，活性炭酸性越强，表面含氧基团（C＝O、COOH）和含氮基团浓度越高，无机矿物质含量越低，其还原活性越高。

活性炭作为一种良好的吸附剂，能够在 O_2 和水蒸气存在的条件下，将活性炭表面的 SO_2 氧化吸收形成硫酸，其反应式为

$$2SO_2 + O_2 + 2H_2O \longrightarrow 2H_2SO_4 \tag{4-97}$$

吸收塔加入 NH_3 后，可脱除 NO，反应式为

$$4NO + O_2 + 4NH_3 \longrightarrow 4N_2 + 6H_2O \tag{4-98}$$

与此同时在吸收塔内还存在以下的副反应：

$$H_2SO_4 + NH_3 \longrightarrow NH_4HSO_4 \tag{4-99}$$

$$H_2SO_4 + 2NH_3 \longrightarrow (NH_4)_2SO_4 \tag{4-100}$$

活性炭吸收 SO_2 和 NO_x 后，生成的 H_2SO_4、NH_4HSO_4 和 $(NH_4)_2SO_4$ 存在于活性炭表面的微孔中，降低了活性炭的吸附能力。因此需要把存在于微孔中的生成物脱出，使活性炭再生。活性炭被加热脱硫再生，分离出的 SO_2 以单质硫的形式回收。再生时发生的反应为

$$H_2SO_4 \longrightarrow SO_3 + H_2O \tag{4-101}$$

$$(NH_4)_2SO_4 \longrightarrow 2NH_3 + SO_3 + H_2O \tag{4-102}$$

$$2SO_3 + C \longrightarrow 2SO_2 + CO_2 \tag{4-103}$$

$$3SO_3 + 2NH_3 \longrightarrow 3SO_2 + N_2 + 3H_2O \tag{4-104}$$

经过脱硫后的烟气在进入吸附器之前加入 NH_3 便可把 NO_x 脱除[161]。在没有加入 NH_3 之前，活性炭只能脱除烟气中 10% ~ 20% 的 NO_x，NH_3 的加入可以脱除 80% 以上的 NO_x，而 SO_2 的脱除效率也达到了 90% 以上。图 4-36 是活性炭脱硫脱硝一体化工艺示意图：

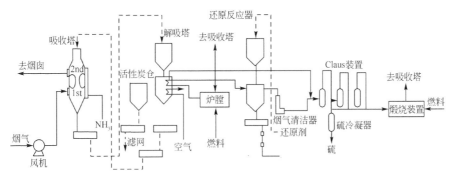

图 4-36　活性炭脱硫脱硝示意图

活性炭吸附加氨法的优点包括：脱除 SO_2 和 NO_x 的同时还能有效脱除碳氢化合物（如二噁英）、重金属（如水银）以及其他一些毒性物质；由于是干法脱硫，故无需工业水或废水处理，建设费用低，运行费用经济，占地面积小；由于可以有效地实现硫的资源化，同时脱硫脱硝降低了烟气净化费用，故商业前景较为看好。缺点是喷射氨增加了活性炭的黏附力，造成吸收塔内气流分布的不均匀性，而且生成的副产物稀硫酸达不到工业用要求，利用价值较低。

刘清雅等研究表明[162]，颗粒状 V_2O_5/AC 催化剂在 $180 \sim 250$℃ 具有很高的脱硫脱硝活性，催化剂吸附 SO_2 后，不仅不毒化脱硝活性，而且还促进了脱硝活性。为解决床层阻力大、粉尘堵塞反应器等问题，他们开发的蜂窝状 V_2O_5/ACH 催化剂也显示了很好的脱硫脱硝效果，在 200℃ 下催化剂的 SO_2 初始转化率为 100%，同时具有 90% 以上的脱硝率。活性炭的脱硫活性与其孔隙结构和表面化学性质紧密相关，脱硝活性主要依赖于催化剂的表面化学结构，如氧、氮官能团等；而活性炭的孔结构和化学性质可以通过活化等预处理得到改变。为进一步提高蜂窝状 V_2O_5/ACH 催化剂的脱硫脱硝活性，可对其进行一系列水蒸气活化处理。

活性炭纤维与传统的活性炭相比，无论在物理性质和化学性质上都具有显著优点。由于活性炭纤维表面纳米微孔的富集作用（分子筛效应）能脱除超低浓度（<50 ppm）的 SO_2，而且脱硝过程不需要额外反应物，可实现同时脱硫脱硝，综合经济性优于活性炭。活性炭纤维脱硫脱硝具有简单、无二次污染、资源可再生利用等优点，目前已成为世界各国环保研究的一个热点。虽然活性炭纤维价格比普通活性炭贵，但由于其性能的大幅度提高，可以使炭材料的用量大大减少，运行成本降低。另外随着活性炭纤维在各行各业中应用的日益普及，大规模生产必然将导致其价格不断下调。

活性炭纤维脱硫脱硝本质上是一个复杂的吸附和催化氧化过程，其吸附和催化性能与外表面积和表面化学特性密切相关，因此必须对活性炭纤维进行改性，改善其表面化学特性，增强其反应活性。含氧官能团在 SO_2 化学吸附过程中发挥着重要作用，是吸附和氧化的活性中心，其影响甚于表面积和孔径分布。同时也发现适当的高温热处理对活性炭纤维脱硫脱硝性能的提高有利，其原因可能与含氧官能团受热分解形成的表面缺陷有关，因此可通过热处理氧化、化学氧化等改性方法引入合适的含氧官能团和其他官能团来实现活性炭纤维的表面改性。表面有较多含氧官能团（羧基官能团、内酯基官能团、酚羟基官能团等）的活性炭纤维有较好的脱硫性能。因此活性炭纤维脱硫脱硝今后的主要研究方向是通过研究活性炭纤维脱硫与脱硝的相互影响，优化脱硫脱硝工况，并进一步改性使活性炭纤维获得有利于脱硫脱硝的官能团，通过机理研究探明表面官能团与其脱硫脱硝性能的关系。

4.4.1.2　氧化铜氧化还原法

可再生金属氧化物法脱硫脱硝技术是目前较新的一种脱硫脱硝一体化烟气净化技术，应用较多的金属氧化物为 $CuO^{[163]}$。氧化铜法吸收还原过程一般采用负载型的 CuO 作吸收剂，其中以 CuO/Al_2O_3 和 CuO/SiO_2 为主，CuO 含量通常占 $4\% \sim 6\%$，在 $300 \sim 450℃$ 的温度范围内，与烟气中 SO_2 发生反应。吸收饱和的 $CuSO_4$ 被送去再生，再生过程一般用 H_2 或 CH_4 气体对 $CuSO_4$ 进行还原，释放的 SO_2 可制酸，还原得到的金属铜或 CuS 再用烟气或空气氧化，生成的 CuO 又重新用于吸收还原过程。CuO 及其生成的 $CuSO_4$ 对选择性催化还原 NO_x 有很高的催化活性，该工艺的 SO_2 和 NO_x 的脱除效率分别高于 95% 和 90%。工艺示意图见图 4-37。在吸收剂的再生过程中，可得到富 SO_2 的混合气，便于硫的回收，不产生干的或湿的废渣，没有二次污染。$CuO/\gamma\text{-}Al_2O_3$ 吸附-催化脱除 SO_2、NO_x 过程的机理如下：

$$SO_2 + 1/2O_2 \longrightarrow SO_3 \tag{4-105}$$

$$CuO + SO_3 \longrightarrow CuSO_4 \tag{4-106}$$

$$2NO_2 + 4NH_3 + O_2 \longrightarrow 3N_2 + 6H_2O \tag{4-107}$$

$$2NO + 4NH_3 + O_2 \longrightarrow 3N_2 + 6H_2O \tag{4-108}$$

$$CuSO_4 + 1/2CH_4 \longrightarrow Cu + SO_2 + 1/2CO_2 + H_2O \tag{4-109}$$

$$Cu + 1/2O_2 \longrightarrow CuO \tag{4-110}$$

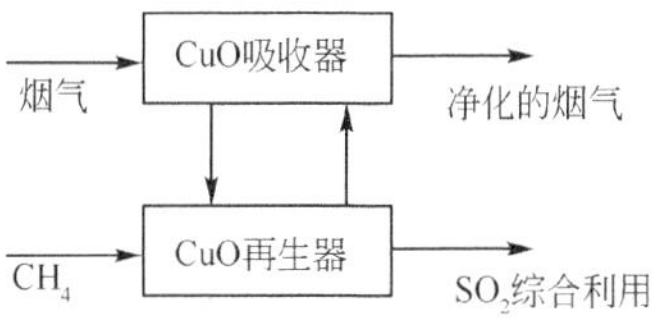

图 4-37　CuO 法工艺流程示意图

氧化铜法吸收还原过程是 20 世纪 60 年代由美国 Shell 公司提出的，70 年代由美国 PETC（pittsburgh energy technology center）以 $CuO/\gamma\text{-}Al_2O_3$ 作为吸附剂对同时脱除烟道气中 NO_x 和 SO_2 进行了研究，考察了吸附温度、流化床床层温度等各种因素的影响。在我国，中国科学院山西煤炭化学研究所煤转化国家重点实验室也对此方法进行了研究，但其所采用的载体为活性炭。

$CuO/\gamma\text{-}Al_2O_3$ 法的优点是可同时脱硫脱硝，不产生固态或液态二次污染物，可产出硫或硫酸副产品，脱硫剂可再生循环利用，脱硫后烟气无需再加热，可降低锅炉排烟温度等。但同时 CuO 在不断的吸收、还原和氧化过程中，物化性能逐步下降，经过多次循环之后就会失去作用，载体 Al_2O_3 长期处在含 SO_2 的气氛中也会逐渐失活。此外，虽然脱硫脱氮是在一个反应器中完成的，但后处理过程仍比较复杂。

4.4.1.3 复合金属氧化物吸附催化法

20 世纪 90 年代，美国 Yoo 等[164] 将 Ce 加入到尖晶石结构的复合氧化物 $MgO \cdot MgAl_{2-x}M_xO_4$（M：Fe，V，Cr；$x \le 0.4$），研究了其催化 SO_2 氧化和 NO_x 还原的性能，反应过程为：

$$SO_2 + O_2 \longrightarrow SO_3 \tag{4-111}$$

$$SO_3 + MgO \longrightarrow MgSO_4 \tag{4-112}$$

$$MgSO_4 + 4H_2 \longrightarrow MgO + H_2S + 3H_2O \tag{4-113}$$

$$NO + CO \longrightarrow N_2 + CO_2 \tag{4-114}$$

研究发现 $MgO \cdot MgAl_{1.6}Fe_{0.4}O_4$ 具有良好的催化活性，添加 Ce 进一步促进了催化还原性能和催化剂的稳定性。过渡金属在反应中起两个作用：一是 SO_2 的催化氧化；二是在低温下催化还原硫酸盐（可使温度由 677℃ 降到 440℃）。NO 的还原机理见图 4-38。

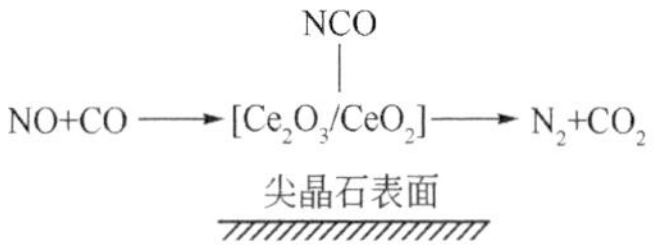

$$NO+CO \longrightarrow [Ce_2O_3/CeO_2] \longrightarrow N_2+CO_2$$

上方标注 NCO，下方标注 尖晶石表面

图 4-38 尖晶石复合氧化物催化剂上 NO_x 还原机理[164]

Corma 等[165] 考虑到尖晶石结构的 $MgAl_2O_4$ 容易促进 SO_2 氧化，而过渡金属 Cu 和 Co 对去除 NO_x 有活性，因而设计制备了 Co/Mg/Al 复合氧化物催化剂，并和 Cu/Mg/Al 做了比较。发现 Co/Mg/Al 对 NO_x 的还原活性更好，而 Cu/Mg/Al 对 SO_2 氧化表现出了较好的活性，脱硝活性仅次于 Co/Mg/Al。如果添加氧化剂 CeO_2 到 Co/Mg/Al 形成的水滑石结构中，则 Mg-Al-Co-Ce 复合氧化物对同时脱硫脱硝活性很好，SO_2 和 NO_x 二者的转化率都可达到95%以上。在低温 SO_2 存在的条件下，含 Cu 催化剂上容易生成 CuS 活性中心，更有利于 NO_x 的催化还原。

4.4.2 同时催化氧化氮氧化物和二氧化硫

1. Pt/BaO/Al₂O₃ 吸附氧化

20 世纪 90 年代开始，吸附储存技术（NSR）去除稀燃汽车尾气中的氮氧化物被大量研究。前一章机动车尾气催化净化中介绍了 $Pt/BaO/Al_2O_3$ 是该技术中研究最多的一种催化材料，具有很好的储存还原氮氧化物的性能，但同时容易被 SO_2 中毒。但是使用 $Pt/BaO/Al_2O_3$ 吸附还原技术可以进行同时脱硫脱硝，其机理是：在催化剂上，Pt 提供了 NO_x 和 SO_2 的氧化活性位，BaO 主要作用是储存 NO_x 和 SO_2；NO 和 SO_2 在贵金属 Pt 活性位上氧化后生成的 NO_2 和 SO_3 从贵金属上迁移到与贵金属邻近的储存组分 BaO 上，并与 BaO 反应生成硝酸盐和硫酸盐。由于硫酸盐比硝酸盐稳定，SO_2 占据了 NO_x 的储存点后会降低 NO_2 的储存能力，因此共存的 SO_2 将大大降低催化剂对 NO_2 储存能力。在 BaO 吸附位上，NO/SO_2 要大于 5 时才能有效地吸附 NO_x。吸附饱和后的 $Pt/BaO/Al_2O_3$ 材料先升温脱除吸附的 NO_x，然后通过还原性气体把吸附的硫酸盐还原后去除。该方法在燃煤烟气中如何有效的脱硫脱硝仍有待研究，同时该吸附催化剂的再生也是实际工业应用中的一个主要问题。

2. Na_2CO_3/Al_2O_3 吸附氧化

NOXSO 工艺采用负载在高表面积氧化铝小球上的 Na_2CO_3 吸收剂同时吸收 SO_2 和 NO_x，具体工艺过程是：经过除尘后的烟气进入流化床进行吸收，使用过的吸收剂送入加热炉分解，溢出的 NO_x 进入锅炉燃烧室以抑制 NO_x 的形成；未分解的 Na_2SO_4 用 CH_4 还原，放出的 SO_2 按 Claus 工艺过程制硫黄；再生后的吸收剂冷却后返回流化床。NOXSO 过程的脱硫脱硝率可分别达到了 97% 和 70%。烟气中的 NO_x（NO 和 NO_2）和 SO_2 与吸附剂的吸附和反应机理可由下列方程式表示：

$$Na_2O + SO_2 \longrightarrow Na_2SO_3 \tag{4-115}$$

$$Na_2SO_3 + 1/2O_2 \longrightarrow Na_2SO_4 \tag{4-116}$$

$$Na_2O + SO_2 + NO + O_2 \longrightarrow Na_2SO_4 + NO_2 \tag{4-117}$$

$$Na_2O + 3NO_2 \longrightarrow 2NaNO_3 + NO \tag{4-118}$$

$$2NaNO_3 + SO_2 \longrightarrow Na_2SO_4 + 2NO_2 \tag{4-119}$$

将吸附了 SO_2 和 NO_x 的吸附剂加热至 600℃，NO_x 解吸过程为

$$2NaNO_3 \longrightarrow Na_2O + 2NO_2 + 1/2O_2 \tag{4-120}$$

$$2NaNO_3 \longrightarrow Na_2O + NO_2 + NO + O_2 \tag{4-121}$$

NOXSO 工艺的优点是能同时高效去除 SO_2 和 NO_x，并副产有用的硫黄或硫酸。与传统的脱硝（如选择性催化还原技术）和脱硫技术相比，除净化效率更高以外，它是一种干式的可再生过程，没有淤泥和废液的排放问题；规模可大可小，适应性强，不受电厂操作条件变化的影响，还可用于老厂的改造。

4.4.3　同时催化还原氮氧化物和二氧化硫

同时催化还原方法是最理想的干法脱硫脱硝技术，采用还原性气体将 NO_x 和

SO_2 选择性催化还原为氮气和单质硫，可避免目前脱硝脱硫工艺冗长的问题，既消除了烟气中的 NO_x 和 SO_2，又回收了产品固态元素硫。目前该方法待解决的主要问题有：一是优化还原剂 H_2、CO、C、CH_4、NH_3 等与催化剂的匹配技术；二是烟气中的过量氧对还原过程的干扰问题和催化剂的中毒问题。目前的研究只有以 CO 作还原剂的同时催化还原法。

20 世纪 60 年代，国外学者开展了 CO 同步催化还原 SO_2 和 NO_x 的相关研究，SO_2 和 NO_x 同时在 Cu/Al_2O_3 床层上与 CO 发生反应，转化率为 75% ~ 80%。由于剧毒气体 COS 的干扰以及氧的影响问题无法解决，这方面的研究一度停了下来。近来，随着环保要求越来越高以及 SO_2 对 NO 还原催化剂的负面影响，这方面的研究又开始引起人们的兴趣。北京大学的 Zhang 等[166] 也研究了以 CO 为还原剂同时还原 SO_2 和 NO 的催化剂，已初步研制出 TiO_2-CoS、SnO_2-TiO_2、SnO_2-Co_3O_4 复合氧化物高活性高稳定性催化剂。如图 4-39 所示，TiO_2-CoS 催化剂在 350 ~ 400℃反应温度区间，空速 8000 h^{-1} 下 SO_2 和 NO 的转化率均达到 93%，生成 S 的选择性超过 95%，N_2 的选择性接近 100%。

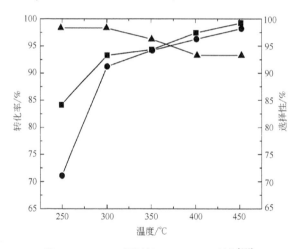

图 4-39 TiO_2-CoS 催化剂上 $DeSO_x$-$DeNO_x$ 性能[166]

（■）SO_2 转化率；（●）NO 转化率；（▲）S 选择性

在空速 2400 h^{-1}，反应温度为 350℃的条件下，SnO_2-TiO_2 催化剂上 SO_2 和 NO 的转化率都在 95% 以上，生成 S 和 N_2 的选择性都接近 100%。他们提出了以下 SO_2 促进的 CO 同时还原 SO_2 和 NO 的反应机理：

$$Cat - [O] + CO \longrightarrow Cat - \square + CO_2 \tag{4-122}$$

$$Cat - \square + SO_2 \longrightarrow Cat - [O] + [SO]^* \tag{4-123}$$

$$Cat - \square + [SO]^* \longrightarrow Cat - [O] + S \tag{4-124}$$

$$Cat - \square + NO \longrightarrow Cat - [O] + N_2O \tag{4-125}$$

$$Cat - \square + N_2O \longrightarrow Cat - [O] + N_2 \tag{4-126}$$

$$[SO]^* + NO \longrightarrow N_2O + SO_2 \tag{4-127}$$

$$[SO]^* + N_2O \longrightarrow N_2 + SO_2 \tag{4-128}$$

对于同时脱硫脱硝反应，SnO_2-TiO_2 催化剂上存在着两种活性位，一种是氧阴离子空穴 Cat - $\square$，另一种是表面活性硫 $[SO]^*$，后者的活性比前者大得多。在这两种活性位上进行着两种平行反应，NO + CO 在 Sn^{3+} - $\square$ 和 Ti^{3+} - $[SO]^*$ 活性位上进行并以后者为主，而 SO_2 + CO 在 Sn^{3+} - $\square$ 和 Ti^{3+} - $\square$ 活性位上进行并以后者为主。

王磊等[167]研究了稀土氧化物上 SO_2 和 NO 的催化还原，发现 La、Pr、Nd、Sm、Eu 和 Gd 的氧化物表现出较高的活性。在活性最高的 Nd 和 Sm 氧化物样品上，450℃时 SO_2 的转化率大于 98%。反应过程中，活性相为稀土氧硫化物，反应遵从 COS 中间物机理。稀土氧化物催化还原 SO_2 和 NO 的机理如下：

$$CO + Re_2O_2S \longrightarrow COS + Re_2O_2\square \tag{4-129}$$

$$2COS + SO_2 \longrightarrow 2CO_2 + 3/2S_2 \tag{4-130}$$

$$NO + COS \longrightarrow 1/2N_2 + CO_2 + S \tag{4-131}$$

$$Re_2O_2\square + 1/2S_2 \longrightarrow Re_2O_2S \tag{4-132}$$

式中，Re 代表稀土元素；$\square$ 代表晶格空位。

此外，他们还考察了将氧化镧作催化剂，在单独脱硫和同步脱硫脱氮反应中用城市煤气替代 CO 作还原剂的可行性[168]。结果表明在 La_2O_3 催化剂上，不仅可以获得较高的单独脱硫效率，而且也有较高的同步脱硫脱氮转化率。煤气中的 CH_4 在任何情况下都不参与反应，而其中的 H_2 视反应温度的高低而不同程度地参与反应。研究表明适宜的反应温度为 500~550℃，此时副产物 H_2S 和 COS 的生成均为最小，可使 SO_2 和 NO 的转化率分别大于 87% 和 97%，元素 S 的选择性接近 100%。

除上述介绍的各种脱硫脱硝技术外，光催化氧化还原法是近 10 年来发展起来的一种节能型高效净化污染物处理工艺，常用的催化剂有 TiO_2 和 CdS 等。TiO_2 是性能良好的半导体催化剂，在波长相当于或小于 380 nm 时，能被激发活化，起催化降解作用。光氧化法的原理是基于在光的照射下，光敏半导体上的价带电子发生带间跃迁，激发出光电子和空穴，它们可以与吸附于表面的氧、硫等发生作用，从而发生一系列的氧化-还原反应。在半导体催化剂作用下产生的活性自由基能使 SO_2 和 NO_x 分解。

参 考 文 献

[1] 郝吉明，马广大. 大气污染控制工程. 北京：高等教育出版社，2002

[2] 郝吉明，王书肖，陆永琪. 燃煤二氧化硫污染控制技术手册. 北京：化学工业出版社，2001

[3] 孙锦宜，林西平. 环保催化材料与应用. 北京：化学工业出版社，2002

[4] 田贺忠. 中国氮氧化物排放现状、趋势及综合控制对策研究：[博士论文]. 北京：清华大学，2003

[5] Hao J M, Tian H Z, Lu Y Q. Emission Inventories of NO$_x$ from commercial Energy consumption in China, 1995 – 1998. Environ. Sci. Technol., 2002, 36：552 – 560

[6] GB13223 – 2003《火电厂大气污染物排放标准》

[7] 郭东明. 硫氮污染防治工程技术及其应用. 北京：化学工业出版社，2001

[8] Ismail D E. Overview of NO$_x$ emission controls in marine diesel engines. Energ. Source. A, 2002, 24 (4)：319 – 327

[9] 张振江，吴江全，张英健. 燃气轮机降低氮氧化物排放的干式方法. 洁净煤技术，1999, 5 (1)：30 – 33

[10] 谢青华. 降低燃气轮机 NO$_x$ 排放量的若干措施. 福建电力与电工，2001, 21 (2)：32 – 33

[11] 沈伯雄，姚强. 天然气再燃脱硝的原理和技术. 热能动力工程，2002, 17 (1)：7 – 9

[12] 毕玉森. 低氮氧化物燃烧技术的发展状况. 热力发电，2000, 2：2 – 9

[13] 韩慧，白敏冬，白希尧. 脱硫脱硝技术展望. 环境科学研究，2002, 15 (1)：55 – 60

[14] 赵智华，李孝君. 炭还原法处理氮氧化物废气. 环境保护，2002, 4：17

[15] 新井纪男. 燃烧生成物的发生与抑制技术. 北京：科学出版社，2001, 77 – 94

[16] Bosch H, Janssen F. Catalytic reduction of nitrogen oxides：A review on the fundamentals and technology. Catal. Today, 1988, 2：369 – 379

[17] 马双忱，赵毅. 新型脱硫剂在燃煤电厂烟气治理中的研究与开发. 环境保护，2001, 2：44 – 46

[18] Anupam S, William E, Ellison C. Lessons learned from SCR experience of coal fired units in Japan. Europe and USA, conference on SCR and Non-Catalytic Reduction for NO$_x$ control [C] ., 2002, May, 15 – 16

[19] 吴忠标. 大气污染控制技术. 北京：化学工业出版社，2002

[20] Speronello B, Chen J, Heck R. A family of versatile catalyst technology for NO$_x$ and CO removal in co-generation, 92 ~ 109.06, 85th Annual AWMA Meeting, Kansas City, Mo, June 21 – 26, 1992

[21] Schay Z, Samuel James V, Pál-Borbély G, et al. Decomposition and selective catalytic reduction of NO by propane on Cu-ZSM-5 zeolites：a mechanistic study. J. Mol. Catal. A, 2000, 162：191 – 198

[22] Seyedeyn-A zad F, Zhang D K. Selective catalytic reduction of nitric oxide over Cu and Co ion-

exchanged ZSM-5 zeolite: the effect of SiO_2/Al_2O_3 ratio and cation loading. Catal. Today, 2001, 68: 161 – 171

[23] Wang X, Chen H, Sachtler W M H. Selective reduction of NO_x with hydrocarbons over Co/MFI prepared by sublimation of $CoBr_2$ and other methods. Appl. Catal. B, 2001, 29: 47 – 60

[24] Long R Q, Yang R T. Selective catalytic reduction of NO with ammonia over Fe^{3+}-exchanged mordenite (Fe-MOR): catalytic performance, characterization, and mechanistic Study. J. Catal., 2002, 207 (2): 274 – 285

[25] Stevenson S A, Vartuli J C. The Selective Catalytic Reduction of NO_2 by NH_3 over HZSM-5. J. Catal., 2002, 208: 100 – 105

[26] Wallin M, Karlsson C J, Skoglundh M, et al. Selective catalytic reduction of NO_x with NH_3 over zeolite H-ZSM-5: influence of transient ammonia supply. J. Catal., 2003, 218: 354 – 364

[27] Long R Q, Yang R T. Catalytic performance of Fe-ZSM-5 catalysts for selective catalytic reduction of nitric oxide by ammonia. J. Catal., 1999, 188: 332 – 339

[28] Broclawik E, Datka J, Gil B, et al. Why Cu^+ in ZSM-5 framework is active in $DeNO_x$ reaction—quantum chemical calculations and IR studies. Catal. Today, 2002, 75: 353 – 357

[29] Xu L F, McCabe R W, Hammerle R H. NO_x self-inhibition in selective catalytic reduction with urea (ammonia) over a Cu-zeolite catalyst in diesel exhaust. Appl. Catal. B, 2002, 39: 51 – 63

[30] Liang X, Li J H, Lin Q C. Synthesis and characterization of mesoporous Mn/Al-SBA-15 and its catalytic activity for NO reduction with ammonia. Catal. Commun., 2007, 8: 1901 – 1904

[31] 苏亚欣, 毛玉如, 徐璋. 燃煤氮氧化物排放控制技术. 北京: 化学工业出版社, 2005

[32] Busca G, Lietti L, Gianguido R, et al. Chemical and mechanistic aspects of the selective catalytic reduction of NO_x by ammonia over oxide catalysts: A review. Appl. Catal. B, 1998, (18): 1 – 36

[33] Forzatti P, Lietti L. Recent advances in DeNO (x) ing catalysis for stationary applications Heterogen. Chem. Rev., 1996, 3 (1): 33 – 51

[34] Amiridis M D, Duevel R V, Wachs I E. The effect of metal oxide additives on the activity of V_2O_5/TiO_2 catalysts for the selective catalytic reduction of nitric oxide by ammonia. Appl. Catal. B, 1999, 20: 111 – 122

[35] Finocchio E, Baldi M, Busca G, et al. A study of the abatement of VOC over V_2O_5-WO_3/TiO_2 and alternative SCR catalysts. Catal. Today, 2000, 59: 261 – 268

[36] Choo S T, Lee Y G, Nam I S, et al. Characteristics of V_2O_5 supported on sulfated TiO_2 for selective catalytic reduction of NO by NH_3. Appl. Catal. A, 2000, 200: 177 – 188

[37] Lietti L, Nova I, Ramis G, et al. Characterization and Reactivity of V_2O_5-MoO_3/TiO_2 De-NO_x SCR catalysts. J. Catal., 1999, 187: 419 – 435

[38] Xie G Y, Liu Z Y, Zhu Z P, et al. Simultaneous removal of SO_2 and NO_x from flue gas using a CuO/Al_2O_3 catalyst sorbent Ⅱ. Promotion of SCR activity by SO_2 at high temperatures. J. Catal., 2004, 224: 42 – 49

[39] Qi G S, Yang R T. Low-temperature selective catalytic reduction of NO with NH_3 over iron and manganese oxides supported on titania. Appl. Catal. B, 2003, 44: 217 – 225

[40] Sullivan J A, Doherty J A. NH_3 and urea in the selective catalytic reduction of NO_x over oxide-supported copper catalysts. Appl. Catal. B, 2005, 55: 185 – 194

[41] Peña D A, Uphade B S, Smirniotis P G. TiO_2-supported metal oxide catalysts for low-temperature selective catalytic reduction of NO with NH_3 I. Evaluation and characterizationof first row transition metals. J. Catal., 2004, 221 (2): 421 – 431

[42] U S Department of Energy and Southern Company Services Inc. Control of nitrogen oxide emissions: selective catalytic reduction (SCR). Topical Report Number, 1997-07-09

[43] Nischt W, Hines J, Robison K. Selective catalytic reduction retrofit on a 675MW boiler at AES somerset. ICAC NO_x Forum. USA: Washington D C, March 23-24, 2000

[44] Xu W Q, Yu Y B, Zhang C B, et al. Selective catalytic reduction of NO by NH_3 over a Ce/TiO_2 catalyst. Catal. Commun., 2008, 9: 1453 – 1457

[45] Liu F D, He H, Zhang C B. Novel iron titanate catalyst for the selective catalytic reduction of NO with NH_3 in the medium temperature range. Chem. Commun., 2008, 2043 – 2045

[46] Li Y, Cheng H, Li D Y, et al. WO_3/CeO_2-ZrO_2, a promising catalyst for selective catalytic reduction (SCR) of NO_x with NH_3 in diesel exhaust. Chem. Commun., 2008, 1470 – 1472

[47] Ke R, Li J H, Hao J M. Novel promoting effect of SO_2 on the selective catalytic reduction of NO_x by ammonia over Co_3O_4 catalyst. Catal. Commun., 2007, 8: 2096 – 2099

[48] Nikolopoulos A A, Stergioula E S, Efthimiadis E A, et al. Selective catalytic reduction of NO by propene in excess oxygen on Pt-and Rh-supported alumina catalysts. Catal. Today, 1999, 54: 439 – 450

[49] Denton P, Giroir-Fendler A, Schuurman Y, et al. A redox pathway for selective NO_x reduction: stationary and transient experiments performed on a supported Pt catalyst. Appl. Catal. A, 2001, 220: 141 – 152

[50] Macleod N, Lambert R M. Lean NO_x reduction with CO + H_2 mixtures over Pt/Al_2O_3 and Pd/Al_2O_3 catalysts. Appl. Catal. B, 2002, 35: 269 – 279

[51] Forzatti P. Present status and perspectives in de-NO_x SCR catalysis. Appl. Catal. A, 2001, 222: 221 – 236

[52] An W Z, Zhang Q L, Chuang K T, et al. A hydrophobic Pt-fluorinated carbon catalyst for reaction of NO with NH_3. Ind. Eng. Chem. Res., 2002, 41: 27 – 31

[53] Costa C N, Stathopoulos V N, Belessi V C, et al. An investigation of the NO/H_2/O_2 (lean-deNOx) reaction on a highly active and selective Pt/$La_{0.5}Ce_{0.5}MnO_3$ catalyst. J. Catal., 2001, 197: 350 – 364

[54] Huang Z G, Zhu Z P, Liu Z Y. Combined effect of H_2O and SO_2 on V_2O_5/AC catalysts for NO reduction with ammonia at lower temperatures. Appl. Catal. B, 2002, 39: 361 – 368

[55] Valdés-Solýs T, Marbán G, Fuertes A B. Low-temperature SCR of NO_x with NH_3 over carbon-ceramic supported catalysts. Appl. Catal. B, 2003, 46: 261 – 371

[56] Valdés-Solýs T, Marbán G, Fuertes A B. Kinetics and mechanism of low-temperature SCR of NO_x with NH_3 over vanadium oxide supported on carbon-ceramic cellular monoliths. Ind. Eng. Chem. Res., 2004, 43: 2349 – 2355

[57] Tang X L, Hao J M, Li J H, et al. Low-temperature SCR of NO with NH_3 over AC/C supported manganese-based monolithic catalysts. Catal. Today, 2007, 126: 406 – 411

[58] Kijlstra W S, Biervliet M, Poels E K, et al. Deactivation by SO_2 of MnO_x/Al_2O_3 catalysts used for the selective catalytic reduction of NO with NH_3 at low temperatures. Appl. Catal. B, 1998, 16 (4): 327 – 337

[59] Qi G S, Yang R T, Chang R. Low-temperature SCR of NO with NH_3 over USY-supported manganese oxide-based catalysts. Catal. Lett., 2003, 87: 67 – 71

[60] Li J H, Chen J J, Hao J M. Effects of precursors on the surface Mn species and the activities for NO reduction over MnO_x/TiO_2 catalysts. Catal. Commun., 2007, 8: 1896 – 1900

[61] Tang X L, Hao J M, Xu W G, et al. Low temperature selective catalytic reduction of NO_x with NH_3 over amorphous MnO_x catalysts prepared by three methods. Catal. Commun., 2007, 8: 329 – 334

[62] 唐晓龙，郝吉明，徐文国等. 新型 MnO_x 催化剂用于低温 NH_3 选择性催化还原 NO_x. 催化学报，2006, 27 (10): 843 – 848

[63] Qi G S, Yang R T, Chang R. MnO_x-CeO_2 mixed oxides prepared by co-precipitation for selective catalytic reduction of NO with NH_3 at low temperatures. Appl. Catal. B, 2004, 51 (2): 93 – 106

[64] Kang M, Park E D, Kim J M, et al. Cu-Mn mixed oxides for low temperature NO reduction with NH_3. Catal. Today, 2006, 111 (3-4): 236 – 241

[65] Kijlstra W S, Daamen J C M L, van de Graaf J M, et al. Inhibiting and deactivating effects of water on the selective catalytic reduction of nitric oxide with ammonia over MnO_x/Al_2O_3. Appl. Catal. B, 1996, 7 (3-4): 337 – 357

[66] Krishna K, Seijger G B F, van de Bleek C M, et al. Very active CeO_2-zeolite catalysts for NO_x reduction with NH_3. Chem. Commun., 2002, 2030 – 2031

[67] Richter M, Trunschke A, Bentrup U, et al. Selective catalytic reduction of nitric oxide by ammonia over egg-shell MnO_x/NaY composite catalysts. J. Catal., 2002, 206: 98 – 113

[68] Topsøe N Y. Mechanism of the selective catalytic reduction of nitric oxide by ammonia elucidated by in situ Fourier Transform Infrared Spectroscopy. Science, 1994, 265: 1217 – 1219

[69] Marangozis J. Comparison and analysis of intrinsic kinetics and effectiveness factors for the catalytic reduction of NO with ammonia in the presence of oxygen. Ind. Eng. Chem. Res., 1992, 31: 987 – 994

[70] Ramis G, Li Y, Busca G, et al. Adsorption, activation, and oxidation of ammonia over SCR catalysts. J. Catal., 1995, 157: 523 – 535

[71] Centi G, Perathoner S. Nature of active species in copper-based catalysts and their chemistry of transformation of nitrogen oxides. Appl. Catal. A, 1995, 132 – 179

[72] Kijlstra W S, Brands D S, Poels E K, et al. Mechanism of the selective catalytic reduction of NO by NH$_3$ over MnO$_x$/Al$_2$O$_3$ I Adsorption and desorption of the single reaction components. J. Catal., 1997, 171 (1): 208－218

[73] Kijlstra W S, Brands D S, Smit H I, et al. Mechanism of the selective catalytic reduction of NO by NH$_3$ over MnO$_x$/Al$_2$O$_3$ II Reactivity of adsorbed NH$_3$ and NO complexes. J. Catal., 1997, 171 (1): 219－230

[74] Marbán G, Valdés-Solys T, Fuertes A B. Mechanism of low-temperature selective catalytic reduction of NO with NH$_3$ over carbon-supported Mn$_3$O$_4$ Role of surface NH$_3$ species: SCR mechanism. J. Catal., 2004, 226 (1): 138－155

[75] Qi G S, Yang R T. Characterization and FTIR studies of MnO$_x$-CeO$_2$ catalyst for low-temperature selective catalytic reduction of NO with NH$_3$. J. Phy. Chem. B, 2004, 108 (40): 15 738－15 747

[76] Long R Q, Yang R T. Temperature-programed desorption/surface reaction (TPD/TPSR) study of Fe-exchanged ZSM-5 for selective catalytic reduction of nitric oxide by ammonia. J. Catal., 2001, 198 (1): 20－28

[77] Svachula J, Alemany L J, Ferlazzo N, et al. Oxidation of SO$_2$ to SO$_3$ over honeycomb deNO$_x$ing catalysts. Ind. Eng. Chem. Res., 1993, 32: 826－834

[78] Orlik S N, Ostapyuk V A, Martsenyukkukharuk M G. Selective reduction of nitrogen-oxides with ammonia on V$_2$O$_5$/TiO$_2$ catalysts. Kinet. Catal., 1995, 36 (2): 284－289

[79] Inomata M, Miyamoto A, Murakami Y. Mechanism of the reaction of NO and NH$_3$ on vanadium oxide catalyst in the presence of oxygen under the dilute gas condition. J. Catal., 1980, 62: 140－148

[80] Pinoy L J, Hosten L H. Experimental and kinetic modeling study of deNO$_x$ on an industrial V$_2$O$_5$-WO$_3$/TiO$_2$ catalyst. Catal. Today, 1993, 17: 151－158

[81] 宣小平, 姚强, 岳长涛等. 选择性催化还原法脱硝研究进展. 煤炭转化, 2002, 25 (3): 26－31

[82] Odenbrand C U I, Lundin S T, Andersson L A H. Catalytic reduction of nitrogen oxides 1. The reduction of NO. Appl. Catal., 1985, 18: 335－352

[83] Boulahouache A, Kons G, Lintz H G, et al. Oxidation of carbon monoxide on platinum-tin dioxide catalysts at low temperatures. Appl. Catal. A, 1992, 91: 115－123

[84] Komatsu T, Uddin M A, Yashima T. In: Bonneviot L, Kaliaguine S (Eds.), Zeolites. A refined tool for designing catalytic sites Zeolites. Amsterdam: Elsevier, 1995: 437

[85] Willey R J, Eldridge J W, Kittrell J R. Mechanistic model of the selective catalytic reduction of nitric oxide with ammonia. Ind. Eng. Chem. Pro. Res. Dev., 1985, 24: 226－233

[86] Devadas M, Kröcher O, Elsener M, et al. Influence of NO$_2$ on the selective catalytic reduction of NO with ammonia over Fe-ZSM5. Appl. Catal. B, 2006, 67 (3-4): 187－196

[87] 东方锅炉（集团）股份有限公司环保工程公司脱氮技术交流资料. 2004

[88] 冯道显. 燃煤电站锅炉脱硝技术应用. 电力环境保护, 2005, 21 (2): 23－26

[89] 陈杭君, 赵华, 丁经纬. 火电厂烟气脱硝技术介绍. 热力发电, 2005, 2: 15 - 18

[90] 钟秦主编. 燃烧烟气脱硫脱硝技术及工程实例. 北京: 化学工业出版社, 2002

[91] 路涛, 贾双燕, 李晓芸. 关于烟气脱硝的 SNCR 工艺及其技术经济分析. 现代电力, 2004, 21 (1): 17 - 22

[92] Ahmed S N, Baldwin R, Derbyshire F, et al. Catalytic reduction of nitric oxide over active ated carbons. Fuel, 1993, 72: 287 - 292

[93] Teng H, Tu Y, Lai Y C, et al. Reduction of NO with NH_3 over carbon catalysts the effects of treating carbon with H_2SO_4 and HNO_3. Carbon, 2001, 39: 575 - 582

[94] Muñiz J, Marbán G, Fuertes A B, Low temperature selective catalytic reduction of NO over modified activated carbon fibres. Appl. Catal. B, 2000, 27: 27 - 36

[95] Pasel J, Käβner P, Montanari B, et al. Transition metal oxides supported on activated carbons as low temperature catalysts for the selective catalytic reduction (SCR) of NO with NH_3. Appl. Catal. B, 1998, 18: 199 - 213

[96] Muñiz J, Marbán G, Fuertes A B. Low temperature selective catalytic reduction of NO over polyarylamide-based carbon fibres. Appl. Catal. B, 1999, 23: 25 - 35

[97] Bauerle G L, Wu S C, Nobe K. Catalytic reduction of nitric oxide with ammonia over vanadium oxide and iron-chromium oxide. Ind. Eng. Chem. Prod. Res. Dev., 1975, 14: 268 - 273

[98] Mizumoto M, Yamazoe N, Seiyama T. Effect of coexisting gases on the catalytic reduction of NO with NH_3 over Cu (II) NaY. J. Catal., 1979, 59: 319 - 324

[99] Kato A, Matsuda S, Nakajima F, et al. Reduction of nitric oxide with ammonia on iron oxide-titanium oxide catalyst. J. Phys. Chem., 1981, 85: 1710 - 1713

[100] Kao A, Matsuda S, Kamo T, et al. Reaction between NO_x and NH_3 on iron oxide-titanium oxide catalyst. J. Phys. Chem., 1981, 85: 4099 - 4102

[101] Amiridis M D, Wachs I E, Jehng G D J M, et al. Reactivity of V_2O_5 catalysts for the selective catalytic reduction of NO by NH_3, influence of vanadia loading, H_2O, and SO_2. J. Catal., 1996, 161: 247 - 253

[102] Tufano V, Turco M. Kinetic modeling of nitric oxide reduction over a high surface area V_2O_5-TiO_2 catalyst. Appl. Catal. B, 1993, 2: 9 - 26

[103] Topsøe N Y, Slabiak T, Clausen B S, et al. Influence of water on the reduction of vanadia/titania for catalytic reduction of NO_x. J. Catal., 1992, 134: 742 - 746

[104] Nova I, Lietti L, Tronconi E, et al. Dynamics of SCR reaction over a TiO_2-supported vanadia-titania commercial catalyst. Catal. Today, 2000, 60: 73 - 82

[105] Ohtsuka H, Tabata T. Effect of water on the deactivation of Pd-zeolite catalysts for selective catalytic reduction of nitrogen monoxide by methane. Appl. Catal. B, 1999, 21: 133 - 139

[106] Odenbrand C U I, Gabrielsson P L T, Brandin J G M, et al. Effect of water vapor on the selectivity in the reduction of nitric oxide with ammonia over vanadia supported on silica-titania. Appl. Catal., 1991, 78: 109 - 123

[107] Sullivan J A, Cunningham J, Morri M A, et al. Conditions in which Cu-ZSM-5 outperforms

supported vanadia catalysts in SCR of NO$_x$ by NH$_3$. Appl. Catal. B, 1995, 7: 137 – 151

[108] Bagnasco G, Busca G, Galli P, et al. Selective reduction of NO with NH$_3$ on a new iron-vanadyl phosphate catalyst. Appl. Catal. B, 2000, 28: 135 – 142

[109] Duffy B L, Curry-Hyde H E, Cant N W, et al. Effect of preparation procedure, oxygen concentration and water on the reduction of nitric oxide by ammonia over chromia selective catalytic reduction catalysts. Appl. Catal. B, 1994, 5: 133 – 147

[110] Long R Q, Yang R T. Selective catalytic reduction of nitrogen oxides by ammonia over Fe^{3+}-exchanged TiO$_2$-pilllared clay catalysts. J. Catal., 1999, 186: 254 – 268

[111] Lintz H-G, Turek T. Intrinsic kinetics of nitric oxide reduction by ammonia on a vanadia-titania catalyst. Appl. Catal. A, 1992, 85: 13 – 25

[112] Zhu Z P, Liu Z Y, Liu S J, et al. A novel carbon-supported vanadium oxide catalyst for NO reduction with NH$_3$ at low temperatures. Appl. Catal. B, 1999, 23: 229 – 233

[113] Huang Z G, Zhu Z P, Liu Z Y, et al. Formation and reaction of ammonium sulfate salts on V$_2$O$_5$/AC catalyst during selective catalytic reduction of nitric oxide by ammonia at low temperatures. J. Catal., 2003, 214: 213 – 219

[114] Kasaoka S, Sasaoka E, Iwasaki H. Vanadium oxides (V$_2$O$_x$) catalysts for dry-type and simultaneous removal of sulfur oxides and nitrogen oxides with ammonia at low temperature. Bull. Chem. Soc. Jpn., 1989, 62: 1226 – 1232

[115] 朱珍平，刘振宇，牛宏贤等. V$_2$O$_5$/AC 催化剂低温催化的 NO-NH$_3$-O$_2$ 反应-SO$_2$，V$_2$O$_5$ 担载量和反应温度的影响. 中国科学（B 辑），2000，30：154 – 159

[116] Zhu Z P, Liu Z Y, Niu H X, et al. Mechanism of SO$_2$ promotion for NO reduction with NH$_3$ over activated carbon-supported vanadium oxide catalyst. J. Catal., 2001, 197: 6 – 16

[117] Zhu Z P, Liu Z Y, Niu H X, et al. Promoting effect of SO$_2$ on activated carbon-supported vanadia catalyst for NO reduction by NH$_3$ at low temperatures. J. Catal., 1999, 187: 245 – 248

[118] Long R Q, Yang R T. Superior Fe-ZSM-5 catalyst for selective catalytic reduction of nitric oxide by ammonia. J. Am. Chem. Soc., 1999, 121: 5595 – 5596

[119] 刘今. 发电厂烟气脱硝技术-SCR 法. 江苏电机工程，1996，15（1）：51 – 55

[120] Franklin H, Hannay D. 燃煤电厂脱氮系统的运行经验. 国际电力，1999（2）：57 – 60

[121] Babcock-Hitachi K K. Environmental control system for thermal power plants DESO$_x$ and DENO$_x$. Japan, 2002

[122] Morgantown W V. Demonstration of SCR Technology to control nitrogen oxide emissions from high-sulfur, coal-fired boilers: a DOE assessment. U. S. DOE Office of Fossil Energy, 1998

[123] Nischt W, Hines J. Update of Selective Catalytic Reduction Retrofit on a 675 MW Boiler at AES Somerset. ASME International Joint Power Generation Conference, 2000

[124] Isato M, Toru O. Howard N. F. Recent experience with Hitachi Plate Type SCR catalyst. The Institute of Clean Air Companies Forum' 02. 2002, 1 – 20

[125] 陈代宾. 燃煤电厂选择性催化脱硝工艺的实践与讨论. 电力环境保护，2003，19（3）：21 – 23

[126] 李永. 后石电厂 600MW 机组烟气脱硝系统与工艺特点介绍. 山东电力技术, 2001, (4): 41-44

[127] 王斌, 唐茂平, 马爱萍. 后石电厂超临界压力机组脱 NO$_x$ 工艺特点. 中国电力, 2004, 37 (3): 88-90

[128] Yeh J T, Drummond C J, Joubert J I. Process simulation of the fluidized-bed copper oxide process sulfation reaction. Environ. Prog., 1987, 6 (1): 44-50

[129] 苏胜, 向军, 马新灵等. 铝基氧化铜干法烟气脱硫及再生研究. 燃料化学学报, 2004, 32 (4): 407-412

[130] 刘守军, 刘振宇, 胡天斗等. 新型低温 CuO/AC 脱硫剂制备及表征-载铜量对脱硫活性的影响. 燃料化学学报, 1999, 27: 186-191

[131] 刘守军, 刘振宇, 朱珍平. CuO/AC 脱除烟气中 SO$_2$ 机理的初步研究. 煤炭转化, 2000, 23 (2): 67-71

[132] 刘守军, 刘振宇, 牛宏贤等. 金属氧化物助剂对 Cu/AC 脱硫活性的影响. 煤炭转化, 2000, 23 (4): 55-58

[133] 刘守军, 刘振宇, 牛宏贤等. 再生气氛对 CuO/AC 脱硫活性的影响. 环境化学, 2000, 19 (4): 313-319

[134] 王兰, 胡定科, 高玲. 活性炭烟气脱硫技术的探讨. 煤气与热力, 2006, 26 (6): 42-43

[135] 程振民, 蒋正兴, 袁渭康. 活性炭脱硫研究 (Ⅱ) 水蒸气存在下的 SO$_2$ 的氧化反应机理. 环境科学学报, 1997, 17 (3): 273-277

[136] 陈银飞, 卓广澜, 葛忠华等. MgAlFe 复合氧化物高温下脱除低浓度 SO$_2$ 的性能. 高校化学工程学报, 2000, 14 (4): 346-351

[137] 温斌, 何鸣元, 宋家庆等. 流化催化裂化中 DeSO$_x$ 催化剂的研究. 环境化学, 2000, 19 (3): 197-203

[138] 陈传敏, 赵毅, 马双忱等. Mn-Fe 协同催化氧化脱除烟气中 SO$_2$ 的研究. 华北电力大学学报, 2001, 28 (4): 80-83

[139] 孙佩石, 宁平, 宋文彪. 低浓度 SO$_2$ 冶炼烟气的液相催化法净化处理研究. 环境科学, 1996, 17 (4): 4-6

[140] Moody D C, Ryan R R, Salazar K V. Catalytic reduction of sulfur dioxide. J. Catal., 1981, 70 (1): 221-224

[141] Paik S C, Chung J S. Selective hydrogenation of SO$_2$ to elemental sulfur over transition metal sulfides supported on Al$_2$O$_3$. Appl. Catal. B, 1996, 8 (3): 267-279

[142] Paik S C, Chung J S. Selective catalytic reduction of sulfur dioxide with hydrogen to elemental sulfur over Co-Mo/Al$_2$O$_3$. Appl. Catal. B, 1995, 5 (3): 233-243

[143] 班志辉, 王树东, 吴迪镛. 在 Ru/Al$_2$O$_3$ 催化剂上用 H$_2$ 对 SO$_2$ 选择性催化还原的研究. 环境污染治理技术与设备, 2001, 2 (3): 36-43

[144] Haas L A, Khalafalla S E. Kinetic evidence of a reactive intermediate in reduction of SO$_2$ with CO. J. Catal., 1973, 29 (2): 264-269

[145] Zhuang S X, Magara H, Yamazaki M, et al. Catalytic conversion of CO, NO and SO_2 on the supported sulfide catalyst: I. Catalytic reduction of SO_2 by CO. Appl. Catal. B, 2000, 24: 89 – 96

[146] Goetz V N, Sood A, Kittrell J R. Catalyst evaluation for the simultaneous reduction of sulfur dioxide and nitric oxide by carbon monoxide. Ind. Eng. Chem. Prod. Res. Develop., 1974, 13 (2): 110 – 114

[147] Paik S C, Kim H, Chung J S. The catalytic reduction of SO_2 to elemental sulfur with H_2 or CO. Catal. Today, 1997, 38: 193 – 198

[148] Kim H, Park D W, Woo H, et al. Reduction of SO_2 by CO to elemental sulfur over Co_3O_4-TiO_2 catalysts. Appl. Catal. B, 1998, 19: 233 – 243

[149] Happel J, Hnatow M A, Bajars L, et al. Lanthanum titanate catalyst-sulfur dioxide reduction. Ind. Eng. Chem. Prod. Res. Dev., 1975, 14 (3): 154 – 158

[150] Hibbert D B, Tseung A C, The reduction of sulfur dioxide by carbon monoxide on a $La_{0.5}Sr_{0.5}$ CoO_3 catalyst. J. Chem. Tech. Biotechnol., 1979, 29: 713 – 722

[151] Ma J X, Fang M, Lau N T. On the synergism between La_2O_2S and CoS_2 in the reduction of SO_2 to elemental sulfur by CO. J. Catal., 1996, 158: 251 – 259

[152] Tschope A, Liu W, Ying J Y. Redox activity of nonstoichiometric oxide-based nanocrystalline catalyst. J. Catal., 1995, 157 (1): 42 – 50

[153] Zhu T, Kundakovic L, Dreher A, et al. Redox chemistry over CeO_2-based catalyst: SO_2 reduction by CO or CH_4. Catal. Today, 1999, 50: 381 – 397

[154] Helstrom J J, Atwood G A. The kinetics of the reaction of sulfur dioxide with methane over a bauxite catalyst. Ind. Eng. Chem. Proc. Des. Dev., 1978, 17 (2): 114 – 117

[155] Sarlis J, Berk D. Reduction of sulphur dioxide by methane over transition metal oxide catalysts. Chem. Eng. Comm., 1994, 140: 73 – 85

[156] Mulligan D J, Berk D. Reduction of sulfur dioxide over alumina-supported molybdenum sulfide catalysts. Ind. Eng. Chem. Res., 1992, 31: 119 – 125

[157] Wiltowski T S, Sangster K, Brien W S O. Catalytic reduction of SO_2 with methane over molybdenum catalyst. J. Chem. Tech. Biotechnol., 1996, 67 (2): 204 – 212

[158] Zhu T L, Dreher A, Flytzani M. Direct reduction of SO_2 to elemental sulfur by methane over ceria-based catalysts. Appl. Catal. B, 1999, 21 (2): 103 – 120

[159] George E K, Rechard J W. Equilibrium studies of direct reduction of sulphur dioxide by coal. Fuel, 1984, 63 (10): 1450 – 1454

[160] 郑诗礼, 杨松青, 张红闻等. 碳热还原二氧化硫的热力学平衡验证. 环境化学, 1997, 16 (4): 300 – 305

[161] 王兰新. 烟气脱硫脱硝的进展. 化学研究与应用, 1997, 9 (4): 413 – 419

[162] 刘清雅. 低温同时脱硫脱硝的蜂窝状 V_2O_5/ACH 催化剂研究: [博士论文]. 中国科学院, 2003

[163] Yeh T, Demeki R T, Strakey J P. Combined SO_2/NO_x removal from flue gases. Environ. Prog.,

1985, 4 (4): 223 – 229

[164] Yoo J S, Bhattacharyya A A, Radlowski C A. Advanced DeSO$_x$ catalyst: mixed solid solution spinels with cerium oxide. Appl. Catal. B, 1992, 1 (3): 169 – 189

[165] Corma A, Palomares A, Rey F, et al. Simultaneous catalytic removal of SO$_x$ and NO$_x$ with hydrotalcite-derived mixed oxides containing copper, and their possibilities to be used in FCC units. J. Catal., 1997, 170 (1): 140 – 149

[166] Zhang Z L, Ma J, Liu Z Q, et al. Titanium promoted cobalt sulfide catalysts for NO decomposition and reduction by CO. Chem. Lett., 2001, 30 (5): 464 – 465

[167] 王磊, 马建新, 谢敏明等. 稀土氧化物上 SO$_2$ 和 NO 的催化还原 (Ⅲ) -用 CO 作还原剂的同步脱硫和脱氮. 高等学校化学学报, 2002, 23 (5): 897 – 901

[168] 王磊, 马建新. 稀土氧化物上 SO$_2$ 和 NO 的催化还原 V. 以城市煤气作还原剂同步脱硫脱氮. 化学世界, 2006, 6: 325 – 328

李俊华 林绮纯, 清华大学环境科学与工程系

第5章 挥发性有机化合物和天然气的催化燃烧

5.1 挥发性有机化合物催化燃烧

5.1.1 概述

挥发性有机物（volatile organic compounds，VOCs）是一类有机化合物的统称，它与颗粒物一样，是一大类大气污染物。VOCs 主要来源于工业排放的废气如造纸、油漆涂料、采矿、金属电镀和纺织等行业所排出的有机溶剂，以及交通工具所排放的废气和其他可能排放有毒有害有机废气的污染源。挥发性有机废气对环境、动植物的生长及人类健康造成了极大的危害，它可与氮氧化物反应形成光化学烟雾，从而加重大气环境的恶化，因此受到世界各国的重视。许多发达国家都颁布了相应的法令来限制 VOCs 的排放。VOCs 的排放减量可以从多种途径实现，最经济的方法是通过清洁生产的途径。清洁生产是人类追求的目标，但是在相当长的历史阶段，人类活动不可避免的有大量的 VOCs 排放，因此，VOCs 排放控制技术是大气污染控制的重要手段。VOCs 的排放控制技术主要包括催化燃烧技术、吸附和吸收技术、生物净化技术、光催化氧化技术和等离子净化技术等。本章重点介绍 VOCs 排放控制的催化燃烧技术现状和进展。

挥发性有机化合物通常是指室温下饱和蒸气压大于 133.3 Pa、沸点在 50 ~ 260℃的易挥发性的有机化合物。VOCs 种类繁多，主要包括脂肪烃类、卤代烃类、芳香烃类、醇类、醛类、酯类、醚类、酮类、羧酸类、胺类以及含硫有机化合物等。

VOCs 排入大气中后，有的会在太阳光（主要是紫外光）的照射下，与氮氧化物（NO$_x$）发生光化学反应，形成光化学烟雾，产生更严重的污染危害。除了污染大气环境外，VOCs 还直接危害人体健康。人体吸入芳香烃（如苯、甲苯、二甲苯等）后，中枢神经受损，造成神经系统障碍，危及血液和造血器官，严重时还会有出血症状或感染败血症。苯在人体内能逐步地氧化成苯酚，诱发肝功能异常，阻止骨骼生长，发生再生障碍性贫血；空气中苯蒸气浓度高于 2% 时，会导致致死性的急性中毒，对人体健康危害较大。苯已被世界卫生组织列为可疑潜在致癌物质。研究结果表明[1]，在 VOCs 的总质量浓度小于 0.2 mg/m³ 时，不会对人体健康造成危害；在 0.2 ~ 3 mg/m³ 范围内时，会产生刺激等不适应症状；在 3 ~ 25 mg/m³ 范围内时，会产生头痛及其他症状；而大于 25 mg/m³ 时，对人体的毒性效应明显。因此，控制 VOCs 的排放对于人类社会可持续发展具有重大意义。

　　VOCs 来自于天然源或生物源（如植被等）和人为源。而人为源又分为移动源（如机动车等）以及固定源（如发电厂、石油化工、工业溶剂生产、制药、农药生产、油漆和涂料生产、印刷、金属漆包线生产、制革以及住宅和商业设施等）[2]。天然源的 VOCs 主要是以异戊二烯和单萜烯为代表。从全球范围来看，天然源的 VOCs 排放远远超过了人为源的排放。有关天然源 VOCs 的污染及其控制技术不在本章介绍范围。由表 5-1 可以看到，VOCs 的排放主要来自于固定源和生物源，而来自于移动源的 VOCs 则相对较少。从美国国家环保局的数据（图 5-1）来看，从 1975 年至 1995 年，除了工业过程、溶剂及其储存与运输产生的 VOCs 所占比例有所下降和燃料燃烧产生的 VOCs 所占比例基本不变外，废物处理及其他过程产生的 VOCs 所占比例明显升高。来自加拿大的一份环保资料报道（表 5-2），工业过程产生的 VOCs 量均高于燃料燃烧、焚烧、森林大火以及其他来源（如烘干、涂料、溶剂、杀虫剂、肥料等）。

表 5-1　1995 年美国的固定源、移动源和天然源排放的大气污染物量　　（百万 t/a）

污染物	固定源	移动源	天然源
NO_x	11.2	10.6	2.6
VOCs	14.5	8.4	32.7
CO	17.9	74.2	—
SO_x	17.7	0.6	—

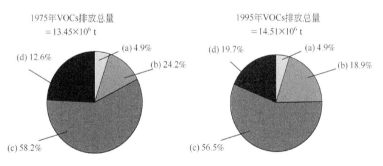

图 5-1　美国国家环保局估算的 1975 年和 1995 年从固定源排放的 VOCs 量及各排放源的贡献
（a）燃料燃烧；（b）工业过程；（c）溶剂及其储存与运输；（d）废物处理及其他过程

表 5-2　加拿大的固定源所排放的若干污染物数据统计量（百万 t/a）

污染源	VOCs	NO$_x$	CO
工业过程	0.93	0.53	1.31
燃料燃烧	0.28	0.35	0.80
焚烧	0.06	0.01	0.70
其他来源	0.68	0.00	0.01
森林大火	0.31	0.11	2.61
总量	2.27	1.00	5.42

VOCs 排放源可分为点源（point source）和面源（area source）。点源是指排放大量 VOCs 的工厂、发电厂或其他设施，其年排放量在 100 t 以上。而面源则是指那些规模小、数目繁多而又极为分散的 VOCs 排放源，但它们的累积量却对 VOCs 排放总量有着显著影响。例如，据美国国家环保局估计在 1995 年固定源 VOCs 排放量为 10.8×10^6 t，其中来自于溶剂的 VOCs 排放量为 5.2×10^6 t，来自于废物处理过程的 VOCs 排放量为 2.4×10^6 t，后两者的加和接近面源总量的 70%。

5.1.2　VOCs 催化燃烧

由于 VOCs 品种繁多，组成复杂，物化性质存在很大差异，不同来源的 VOCs 的浓度有高有低。因此，要严格控制 VOCs 排放就应当具体情况具体分析，采取"对症下药"的策略，匹配适宜的控制技术，方能达到理想的效果。

国内外对 VOCs 的控制技术主要有物理法和化学法。物理法包括吸附法、冷凝法和膜分离法等，这是一种非破坏性的方法，其优点是可以回收 VOCs，但易引起二次污染；化学法包括焚烧法、热或光催化氧化（燃烧）法、生物法等，这是一种破坏性的方法，其优点是 VOCs 去除率高，但耗能多。这些方法都有各自的优缺点，选用哪种方法应该视具体情况（如气体流量小而 VOCs 浓度高或气体流量大而 VOCs 浓度低）而定。尽管催化燃烧和光催化氧化法无法回收有用的 VOCs，并且受 VOCs 浓度及其流量的限制，但它们依然是目前最有效的治理 VOCs 污染排放的方法。催化燃烧法是指 VOCs 在催化剂的作用下发生完全氧化反应。借助催化作用，VOCs 可在较低温度（<500 ℃）下进行燃烧，其去除率通常高于 95%。催化燃烧法始于 20 世纪 40 年代，当时主要用于工业装置的能量回收和恶臭控制。自 1955 年的空气污染控制行动至 1990 年美国清洁空气修正法案的实施，催化燃烧法已被人们接受为净化空气中 VOCs 最常用且最有效的方法之一。

5.1.2.1　VOCs 催化燃烧催化剂的发展现状和趋势

根据所处理的气流中的 VOCs 种类不同，所采用的催化剂和工艺流程亦有所差异。迄今为止，催化燃烧处理 VOCs 的催化剂主要有：Pt、Pd、Rh、Ir、Ru、Au 等贵金属负载型催化剂[3] 和 Mn、V、Cr、Co、Fe、Ni、Cu 等贱金属及其氧化物或复合氧化物负载型催化剂[3,4]。前者的催化活性高于后者，但后者的价格大大地低于前者，而且贵金属在高温下存在因升华而流失、易烧结等问题。因此，目前人们的研究兴趣已转移到研制价廉且催化效率高的过渡金属氧化物或复合氧化物催化材料[5]。

5.1.2.2　钙钛矿复合氧化物催化剂在 VOCs 催化燃烧中的应用

钙钛矿型氧化物能有效地催化氧化碳氢化合物和含氧碳氢化合物，其结构与性能的调变请见本书第 3 章 3.1 节。在钙钛矿型氧化物系列中，催化活性最出色的是锶取代部分镧的锰系和钴系复合氧化物（$La_{1-x}Sr_xMO_3$，M = Mn、Co）[6-11]。$La_{0.8}Sr_{0.2}MnO_{3+x}$ 催化剂在 350℃ 以下能将多种 VOCs（苯、甲苯、乙醇、丙醛、丙酮、乙酸乙酯等）完全氧化成 CO_2 和 H_2O[13]。对甲苯和甲乙酮在 $LaCoO_3$ 和 $LaMnO_3$ 及其 Sr 取代的催化剂上氧化反应的研究表明，甲苯完全燃烧时的反应温度低于 340℃，而甲乙酮完全燃烧时的反应温度低于 270℃，$LaCoO_3$ 和 $La_{0.8}Sr_{0.2}CoO_3$ 的催化活性分别高于 $LaMnO_3$ 和 $La_{0.8}Sr_{0.2}MnO_3$ 的催化活性[8]。通过研究堇青石和氧化铝负载的含镧复合氧化物上苯和乙酸等 VOCs 的催化燃烧反应，结果发现苯和乙酸完全氧化的温度均在 250℃ 以下[11]。对低浓度甲醇和乙醇在担载 6%（质量分数，下同）Ag 的 $La_{0.6}Sr_{0.4}MnO_3$ 催化剂上完全氧化反应的研究发现，在 300℃ 以下该催化剂的活性明显高于 0.1% Pd（或 Pt）/Al_2O_3 贵金属催化剂，且几乎无二次污染物（甲醛和一氧化碳）产生；6% Ag/$La_{0.6}Sr_{0.4}$ MnO_3 催化剂上乙醇转化率达 95% 时的温度为 180℃，6% Ag/20% $La_{0.6}Sr_{0.4}$ MnO_3/Al_2O_3 催化剂上甲醇转化率达 95% 时的温度低至 140℃。这一优良的催化活性是由于两方面的作用所致：①少量 Ag^+ 离子进入了 $La_{0.6}Sr_{0.4}MnO_3$ 晶格，稳定了银组分，抑制了银物种在表面的聚结；②Ag^+ 对 $La_{0.6}Sr_{0.4}MnO_3$ 的修饰提高了 Mn^{n+} 的还原性、促进了氧空位的形成及增加了催化剂表面活性氧物种 O_2^{2-}/O^- 的相对含量[14]。值得一提的是，以上研究者所使用的催化剂均为大颗粒、低比表面积的钙钛矿型氧化物粒子。若将这些 ABO_3 制成纳米或多孔粒子，还可以进一步提高其催化活性。

近 10 年来，纳米介孔材料合成技术的迅速崛起给多相催化带来了新的机遇，也赋予催化材料新的性质和功能，因而大大拓宽了催化材料的应用领域。纳米介孔材料具有粒径小、比表面积大、粒径孔径分布均匀、孔排列有序等尺度效应和孔度效应，适宜作催化剂和载体[15,16]。随着晶粒尺寸的减小，比表面积增大，表面原子数增多，因而表面的作用增强。当粒径 ≈ 10 nm 时，表面原子数目 $\approx$ 体相内原子数目。表面原子所处的化学环境与体相内原子的不同，即随着配位不足的表面原子数的增多，表面原子的化学活性增强。纳米材料比表面积很大，加之其配位不饱和的表面原子数多，这些特性赋予纳米材料很高的催化活性。作为氧化型催化剂，比表面积是一个重要参数，在相同化学组成情况下催化剂的氧化活性与其比表面积成正比[17]。将过渡金属氧化物或复合氧化物制成纳米介孔粒子，可获得高比表面积的催化材料。实验证明，氧气分子在纳米粒子催化剂上的表面吸附氧物种 O_2^- 浓度大大高于在大粒子催化剂上的，致使前者的催化活性明显高于后者。最近的研究结果显示：采用水热法可制得高比表面积的钙钛矿型氧化物 $La_{1-x}Sr_xMnO_3$ （$x = 0$，0.4）纳米粒子[18,19]，经 700℃ 灼烧得到的 $LaMnO_3$ 和 650℃ 灼烧得到的 $La_{0.6}Sr_{0.4}MnO_3$ 均为单相六方钙钛矿结构，比表面积分别为 33 和 31 m^2/g。大比表面积的钙钛矿型氧化物纳米粒子对乙酸乙酯的完全氧化反应具有更优越的反应活性，在乙酸乙酯/$O_2 = 1/400$ （摩尔比）和空速 $= 20\,000\ h^{-1}$ 的条件下，$La_{0.6}Sr_{0.4}MnO_3$ 上乙酸乙酯被完全氧化成二氧化碳和水的温度低至 190℃。采用柠檬酸络合-水热合成联用法制备的较均匀的短棒状 $La_{1-x}Sr_xCoO_{3-\delta}$ （$x = 0$，0.4）纳米粒子催化剂属于单相菱方钙钛矿结构，比表面积为 $20 \sim 26\ m^2/g$，该联用法所得催化剂为纳米粒子[20,21]。Sr 的掺杂增加了 Co^{3+} 和氧空位含量，提高了低温活化吸附氧分子的能力，促进了晶格氧的活动度，以及改善了氧化还原性能。对于乙酸乙酯的氧化反应，$La_{0.6}Sr_{0.4}CoO_{2.78}$ 显示出最佳催化活性且无副产物形成：在乙酸乙酯/$O_2 = 1/400$ （摩尔比）和空速 $= 20\,000\ h^{-1}$ 的条件下，$La_{0.6}Sr_{0.4}CoO_{2.78}$ 催化剂上乙酸乙酯转化 50% 和 100% 的温度分别为 162 和 175℃。详细的表征实验结果表明，催化活性除了与比表面积有关外，还与其结构缺陷（氧空位）浓度和氧化还原能力相关。

介孔结构的存在有利于反应物和产物分子的扩散，从而克服了体相大粒子受传质限制的缺点[22]。因此，可以预测纳米尺寸、介孔结构的稀土钙钛矿型氧化物在 VOCs 催化燃烧中将会拥有很高催化活性，而采用模板剂（表面活性剂）法则有可能成功地制备出纳米介孔钙钛矿型氧化物催化剂，并发展成为处理 VOCs 的高效实用催化技术。

5.1.2.3 VOCs 催化燃烧中负载型金属催化剂

在众多被研究用于 VOCs 催化燃烧的催化剂体系中，以负载型贵金属催化剂的研究最为深入，最为广泛，并且已在 VOCs 处理工程设备中得到实际的应用。

例如，Pd/Al$_2$O$_3$[5]、Pd/ZrO[23,24]、PdO/SnO$_2$[25]、Pt/Al$_2$O$_3$[26,27]、Au//FeO$_x$[28] 和 Au/CeO$_2$[29] 等，其他贱金属体系和氧化物体系也得到一定的研究，例如，Cu-NaHY[30]、Cu/TiO$_2$[31]、Zn-Co/Al$_2$O$_3$[32]、U$_3$O$_8$/SiO$_2$[33]、V/MgAl$_2$O$_4$[34] 以及 Co-Fe-Cu、MNO$_x$-ZrO$_2$[35] 和 FeO$_x$-ZrO$_2$[36,37] 等氧化物体系。

贵金属催化剂具有高活性和起燃温度低的特点，其 VOCs 催化燃烧反应活性顺序一般为[38]：Ru > Rh > Pd > Ir > Pt，已用于工业催化剂的主要是 Pd 和 Pt，它们对不同的反应物所呈现的活性存在一定的差异。对 CO、CH$_4$ 和烯烃的氧化，Pd 催化性能优于 Pt；对芳香族有机物的氧化，两者相当；对 C3 以上直链烷烃的氧化，Pt 优于 Pd。贵金属 Pt 和 Pd 催化剂对 VOCs 的催化燃烧的活性受多种因素的影响，如载体种类、第二金属组分的加入、催化剂的预处理及颗粒尺寸等，此外还受活性组分负载量、VOCs 的结构、SO$_2$、O$_2$、Cl$^-$ 等杂质的影响。在实际应用时，通常多种因素同时起作用，使得对催化剂作用的研究较为复杂。研究者经常从催化剂载体的改性，添加助催化剂和改变催化剂制备工艺出发，研究和开发新的催化剂和提高催化剂活性、稳定性、抗中毒性能以及降低催化剂生产成本和扩大其应用范围。

作为贵金属催化剂载体的金属氧化物，主要是 γ-Al$_2$O$_3$、TiO$_2$、SiO$_2$ 和 SnO$_2$ 等。γ-Al$_2$O$_3$ 不仅比表面积大，而且还具有催化 VOCs 所需要的孔结构，所以在早期的研究中以氧化铝作载体的最多，也取得了很好的效果。Ordóñez 等[26] 研究了 Pt 负载在 γ-Al$_2$O$_3$ 上对苯和甲苯的催化燃烧性能。实验表明，T_{50}（转化率 50% 时的温度）随苯和甲苯进口浓度的增加而增加，甲苯和苯完全转化温度均在 200℃ 以下。Garetto 等[39] 认为 Pt/Al$_2$O$_3$ 催化剂对苯催化燃烧具有结构的敏感性，他们的试验表明随着 Pt 的颗粒度增加，苯催化燃烧的起燃温度降低。

载体材料的性质，如酸碱性、比表面积、孔结构和表面疏水性等，也影响 Pt 催化剂的活性，一般认为随载体酸强度的增加，Pt 催化剂催化氧化活性提高[40]。Yazawa 等[41] 考察了 MgO、La$_2$O$_3$、ZrO$_2$、Al$_2$O$_3$、SiO$_2$、SiO$_2$-Al$_2$O$_3$ 和 SO$_2$-ZrO$_2$ 负载的 Pt 催化剂对丙烷低温燃烧的影响。其试验结果表明，当 Pt 负载在酸性较强的载体上时表现出较高的活性。当分子筛和活性炭等材料用来作为 Pt 催化剂的载体时，催化剂显示出与 Pt/γ-Al$_2$O$_3$ 催化剂不同的活性。例如，Scirè[42] 研究了 Pt/H-ZSM-5 和 Pt/H-beta 催化剂对氯苯的催化氧化反应，Pt/H-ZSM-5 催化剂显示出比 Pt/γ-Al$_2$O$_3$ 催化剂更高的催化活性。从能量的观点讲，用于 VOCs 催化燃烧的催化剂应具有低温高活性的特点，而低温燃烧产生的蒸气可能吸附到亲水性强的载体上，从而抑制了催化氧化活性的发挥，因而，提高载体的疏水性，可以提高催化剂的催化活性。中孔分子筛 MCM-41 载体材料具有大的比表面积（>1000 m^2/g）和较强的疏水性，使得 Pt/MCM-41 催化剂对甲苯的低温氧化具有极高的活性，在温度约 150℃ 下甲苯转化率为 43.4%[43]。提高分子筛载体材料疏水性的方法是提高分子筛中 Si/Al 原子比，Tsou[44] 的试验结果证明以高 Si/Al 原子比分子筛为载体的 Pt 催化剂具较高的催化活性。Zhang 等[45] 研究了氟化的炭/陶瓷负载的 Pt 催化剂对苯的催化氧化，并与常规的 Al$_2$O$_3$ 载体负载的 Pt 催化剂进行了比较，结果发现氟化的炭/陶瓷载体由于具有疏水性，阻止了对水的吸附，使其对苯的低温氧化活性高于 Pt/Al$_2$O$_3$ 催化剂。

与 Al$_2$O$_3$ 载体相比，活性炭对 VOCs 低温氧化活性较高[46]，但温度超过 250℃ 时，活性炭易燃烧。此外，一种新颖的载体材料六方氮化硼（h-BN）[47] 也引起了研究者的注意。h-BN 具有较好的化学稳定性、热传导性以及极高的热稳定性（在空气中 800℃ 以上才开始挥发），Pt/h-BN 催化剂对异己烷的催化活性和稳定性均显著优于 Pt/γ-Al$_2$O$_3$。在此催化剂上，环己烷完全氧化转化率达到 50% 的温度是 170℃，而在 Pt/γ-Al$_2$O$_3$ 催化剂上，该温度约是 260℃。作者认为 Pt/h-BN 催化剂性能优良的原因除了 h-BN 具有较好的热传导性减少了 Pt 的烧结及具有适当的比表面积维持了 Pt 的分散外，金属与 h-BN 之间无相互作用也是一个重要的因素。

对于 VOCs 催化燃烧反应，与负载型 Pt 催化剂相比，由于 Pd 催化剂具有优异的低温 VOCs 催化燃烧活性和耐水蒸气的性能[48~50]，负载型 Pd 催化剂得到了更深入的研究，在工业上得到了更广泛的应用。与 Pt 催化剂的情况一样，载体的选择对于 Pd 催化剂的 VOCs 催化燃烧活性有着决定性的影响。最近，Okumura 等[23] 研究了 MgO、Al$_2$O$_3$、SiO$_2$、SnO$_2$、Nb$_2$O$_5$ 和 WO$_3$ 氧化物作为载体对于负载型 Pd 催化剂甲苯催化燃烧活性的影响（图 5-2）。在他们所研究的催化剂中，Pd（0.5%，质量分数）/ZrO$_2$ 具有最高的甲苯催化燃烧活性。他们认为甲苯催化燃烧活性在强酸或强碱氧化物上负载的 Pd 催化剂上低于负载到弱酸和弱碱性载体的 Pd 催化剂。通过调整载体的表面酸碱性和载体与 Pd 活性组分的电子相互作用可以控制 Pd 催化剂的催化燃烧活性。高温烧结过程使 ZrO$_2$ 的表面酸性降低，从而使氧原子与 Pd 原子的亲和力降低，使 PdO ——Pd + 1/2O$_2$ 的表面反应容易进行，因此，Pd/ZrO$_2$ 催化剂最有最高的甲苯完全氧化活性。在负载型的 Pd 催化剂体系中加入可变价的其他过渡族或稀土族元素，对于某些 VOC 的燃烧反应，可以获得更高的催化燃烧活性。Alvarez-Galv 等[51] 在 Pd/Al$_2$O$_3$ 催化剂体系中引入 Mn 所制备的 0.4% Pd-Mn/Al$_2$O$_3$ 催化剂在 80~90℃ 可将甲醇和甲醛完全氧化成 H$_2$O 和 CO$_2$。用碱金属（Cs 和 Na）及过渡族金属（如 Cu^{2+} 和 Fe^{3+}）修饰的 Pd/分子筛催化剂在低温可以去除某些 VOCs（如甲醛），该类催化剂已在相关领域得到广泛的应用[52]。

除了 Pt 和 Pd 等贵金属外，其他过渡族金属也用来作为 VOCs 催化燃烧的催

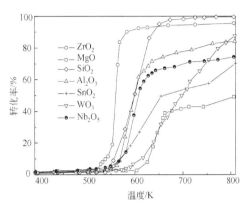

图 5-2　在不同载体上的 Pd 催化剂甲苯催化

燃烧活性（Pd 的负载量为 0.5%）[23]

化剂。例如，甲醇、2-丙醇和甲苯在 Au/Fe_2O_3、Ag/Fe_2O_3 和 Cu/Fe_2O_3 催化剂上的燃烧反应催化活性有如下规律：$Au/Fe_2O_3 \gg Ag/Fe_2O_3 > Cu/Fe_2O_3 > Fe_2O_3$。Alvarez-Merino 等[53]报道了甲苯在活性炭负载的 WO_x 催化剂上催化燃烧活性，由于活性炭的疏水性强，使得 WO_x/AC 催化剂的活性比负载到其他载体上的 WO_x 催化剂增强。Mn 催化剂对甲苯也有很好的催化燃烧活性，Li 等[35]用反向微乳法制备了系列 Zr-Mn，Fe-Mn，Co-Mn 和 Cu-Mn 混合氧化物催化剂，发现 $Mn_{0.67}$-$Cu_{0.33}$ 混合氧化物催化剂对甲苯催化燃烧的催化活性可以和 Pd 基催化剂相媲美。Hettige 等[54]研究了氧化铝负载的系列过渡族金属催化剂对环己烷催化燃烧活性，其结果可见图 5-3。在所研究的催化剂中，Mn 和 Cu 催化剂比其他金属催化剂具有更高的催化燃烧活性。有报道将金属氧化物制备成气凝胶，可以提高其催化燃烧活性。例如，Rotter[55]报道 Cr 气溶胶（α-CrOOH）对于乙酸乙酯的催化燃烧活性是 0.5% Pt/Al_2O_3 催化剂的 4 倍，是 30% Cr_2O_3-SiO_2 催化剂的 30 倍。分子筛也可以用于过渡金属催化剂的载体，Li 等[56]研究了 Cu-Mn 双金属负载到中孔和微孔分子筛（Cu-Mn/MCM-41，Cu-Mn/β-zeolite 和 Cu-Mn/ZSM-5）上对于甲苯催化燃烧的活性，研究结果表明中孔分子筛负载的催化剂活性要高于微孔分子筛负载的催化剂。

近几年，Au 催化剂越来越受到人们的重视，一般认为大颗粒的 Au 是不具有催化活性的，但是当 Au 的粒径小到几个纳米时，它呈现出优异的催化活性。Scire[57]研究了 2-丙醇、甲醇、乙醇、丙酮和甲苯在 Au/Fe_2O_3 催化剂上的催化燃烧，研究结果表明该系列催化剂对上述 VOCs 的催化燃烧具有很高的活性，起燃温度大多在 100~200 ℃。Centeno 等[58]研究了正己烷、苯和 2-丙醇在 Au/Al_2O_3

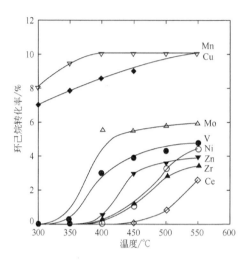

图 5-3　环己烷在金属氧化物催化剂上的催化燃烧反应活性[54]

催化剂的氧化反应并探讨了 CeO_2 对该催化剂活性的促进作用，研究表明 Ce 可以促进 Au 粒子的分散并且可以稳定纳米 Au 粒子，从而促进了该催化剂对 VOCs 的催化燃烧活性。

5.1.3　VOCs 催化燃烧工艺技术现状和发展

随着 VOCs 催化燃烧在环保方面的广泛应用和人们经济效益意识的增强，在开发高活性、高稳定性的 VOCs 催化燃烧催化剂的同时，VOCs 催化燃烧工艺技术也得到了长足的发展。下面介绍几种典型的催化燃烧工艺。

1. 通用型催化燃烧工艺

这类催化燃烧工艺多用于较高浓度的 VOCs 废气的处理。如图 5-4 所示，含 VOCs 的废气流与装置排出气进行换热后，经预热（热回收率最高达 80%）或加入补充燃料后进入催化剂床层，VOCs 经燃烧后转化成 CO_2 和 H_2O。对于含较多硫、氮或卤素等元素的 VOCs 废气的处理，则需增加二次净化装置（如洗涤器）以防止燃烧产物 SO_x、NO_x 或 HCl 等造成二次环境污染。催化反应器可采用固定床或流化床。影响催化燃烧效率的因素较多，如温度、空速（或停留时间）、VOCs 化学组成及浓度、催化剂的活性组分、废气中所含对催化剂的毒物等。因此，欲达到高的 VOCs 去除率必须严格控制这些工艺参数。

1986 年美国马萨诸塞州的一家印刷厂建立了一套用于处理干燥车间所产生的 VOCs 的流化床催化燃烧装置。该车间的 10 个干燥室每小时共产生 55 kg 的 VOCs，其中一部分为卤代烃。该装置的工艺操作参数为：实际气体流量 18 700

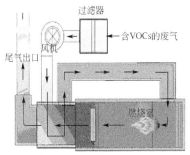

图 5-4　通用型催化燃烧工艺

Nm^3/h，设计处理量 25 500 Nm^3/h，VOCs 含量为爆炸极限的 3%~6%，VOCs 热值 54~117 kJN/m^3，催化剂床层进口温度 370℃，出口温度 415~445℃，床层压力降 2.5 kPa。其 VOCs 去除率高于 99%。

2. 蓄热式催化燃烧工艺

该工艺适用于处理废气流量不大且 VOCs 浓度较低的废气流，其主要特点是采用直接与蓄热介质接触的换热方式替代传统的换热器，该系统的热回收率高于90%，从而减少了运行中的燃料费用，但废气处理量较低。

1992 年瑞典的 Van Leer 公司安装了一套 MoDo 化工有限公司开发的改进型催化燃烧 VOCs 处理系统（图 5-5[59]），用于去除干燥室中排出的二甲苯和异丁醇等溶剂（处理量为 8500 Nm^3/h），VOCs 去除率大于 97%。含 VOCs 的排放气进入系统的第一反应器时温度为 60℃，废气由陶瓷蓄热体加热至 320℃后通过催化剂床层（此时 VOCs 被氧化为 CO_2 和 H_2O），气体温度升至 350℃，经第二反应器与其中的催化剂和陶瓷蓄热体换热，再排出系统（其温度为 90℃）。当第二反应器陶瓷蓄热体温度达到 320℃时，电动阀转动，气体由第二反应器进，第一反应器出。该系统在废气 VOCs 浓度大于 300 ppm 时，可维持热量平衡；当 VOCs浓度小于 300 ppm 时，则需补充热能以维持系统正常工作。系统开动时，需采用预热器加热使系统温度升至 320℃。

3. 吸附-催化燃烧联合工艺

对于 VOCs 浓度较低（＜100 ppm）的高流量（＞34 000 Nm^3/h）废气，可采用活性炭（或活性炭纤维）-催化燃烧联合工艺来进行处理。该工艺的特点是先通过吸附器将 VOCs 的浓度浓缩，脱附后再进行燃烧，从而大大地减少了后续催化燃烧的气流量（约为进吸附器流量的 1/15），这不仅减少了装置运行时所需投入的燃料量，同时增加了单位时间内 VOCs 自身的燃烧热。吸附-催化燃烧联合工艺与同样条件下使用的单催化燃烧系统相比，燃烧装置的规模要小得多，需投

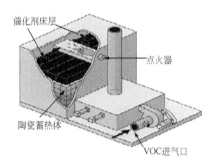

图 5-5　蓄热式 VOCs 催化燃烧处理系统的工艺示意图[59]

入的燃料量也大为减少，从而降低了投资和操作费用。图 5-6 是吸附-催化燃烧联合旋转式工艺的一个例子，在该设备中，含 VOCs 的废气流通过旋转吸附器，VOCs 被吸附在吸附剂上，当旋转吸附盘的吸附 VOCs 的部位转到另外一侧时，吸附的 VOCs 脱附到新鲜空气的气流中，然后，脱附气被送至催化反应器燃烧，在吸附盘旋转时，在吸附盘上不同部位同时发生吸附和脱附，使 VOCs 得以连续净化。

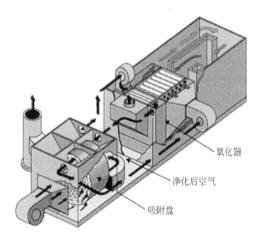

图 5-6　联合工艺旋转式设备的示意图

我国在 20 世纪 70 年代也开始了 VOCs 废气净化的研究工作，并相继开发出多种催化燃烧技术，如兰州化学工业公司化工研究院的贵金属 LY-C、杭州大学能源与环保催化技术开发中心的 NZP 系列和金属氧化物 BMZ-1、南京化学工业公司催化剂厂的金属氧化物 Q101、贵金属蜂窝状 TFJF、稀土钙钛矿型氧化物 CM 系列催化剂、抗硫的 RS-1 催化剂以及处理含氮 VOCs 的 PCN 系列催化剂等。其中的 Q101 催化燃烧技术可用于印刷厂处理其二甲苯等 VOCs 废气，该工艺使用的催化剂量为 500 kg，工艺条件为：废气入口温度 260～300℃、出口温度 500～510℃，压力 1 标准大气压，空速 3000～6000 h^{-1}，VOCs 含量 100～5000 mgN/m^3，氧含量 > 12%。该催化剂使用 2 年后，VOCs 的去除率还可保持在 94% 以上。

　　尽管国内对 VOCs 催化燃烧工艺已做了大量的研发工作，但整体水平还大大地落后于国外的技术水平。我国现有催化燃烧工艺比较单一，且应用行业集中于印刷和涂料工业。由于尚未研制出低温高活性催化剂并建立节能型催化燃烧或吸附-催化燃烧联合工艺，在处理较低浓度的 VOCs 废气时，装置能耗和运行成本偏高，从而限制了催化燃烧在其他行业的推广应用。

5.1.4　VOCs 排放控制技术未来发展趋势

　　减少或去除 VOCs 排放有 3 个动力：一是保护环境；二是 VOCs 的回收与再利用；三是政府制定的法规。VOCs 控制的未来趋势取决于控制设备的研制和控制技术的研发。由于 VOCs 的种类繁多、组成复杂、其物理化学性质各不相同，任何一种控制技术都不可能完全消除所有的 VOCs。因此，人们必须综合考虑 VOCs 排放源、VOCs 类型、VOCs 浓度、含 VOCs 废气流量等影响因素，对各种控制技术进行工艺优化，采用新的组合或耦合技术，进一步提高 VOCs 的控制效率、降低成本和减少二次污染。

　　通过比较各种 VOCs 控制技术的特点，我们可以知道光催化氧化法和催化燃烧法代表了 VOCs 排放控制的新技术。光催化氧化法主要用于室内空气的净化，催化燃烧法主要用于工业点源的 VOC 排放控制。随着高活性催化材料的研制成功，光（特别是太阳光）催化效率和催化燃烧效率将不断提高，加之多种 VOCs 控制技术的联合应用以及太阳光的合理利用，催化技术必将在 VOCs 净化处理方面得到广泛应用，展现出广阔的发展前景。

5.2　天然气催化燃烧及其工业应用技术

5.2.1　天然气催化燃烧催化剂研究现状和进展

　　天然气自 20 世纪 60 年代以来作为清洁、方便与热效率高的能源得以快速发展。目前，在世界范围内天然气可采储量达到 140 万亿立方米，近 20 年来其年产量每年以 3.15% 的速度增长，大大高于石油与煤的增长速度，而储量则以年平均 4.9% 的速度增长。1997 天然气年产量达到 2.29 万亿立方米，占总能源结构组成的 23.5%。预计在 2010～2020 年间这一比例将增至 35%～40%，使得天然气成为名副其实的第一能源。因此，21 世纪将是"天然气的世纪"。

中国天然气总资源量约为 38 万亿立方米，占目前世界已知资源量的 9%。最终探明地质储量约为 13 万亿立方米。目前的经济可采资源大约有 2.1 万亿立方米。2007 年我国的天然气产量为 693.1 亿立方米。天然气的消费利用主要有发电、化工（作为生产合成氨、甲醇与乙炔的主要原料）、工业、交通运输和居民用气。除化工用气外，在其他 3 个主要领域，天然气都是作为燃料使用。北京市是率先使用天然气替代煤作为主要燃料的城市之一，2002 年进京的天然气总量为 15 亿立方米，2008 年突破 50 亿立方米，天然气在北京的能源结构调整中起着举足轻重的作用。

天然气的燃烧方式有扩散燃烧和预混燃烧，两者均为火焰燃烧[60]。现代科学研究表明，火焰燃烧有两大致命的缺点：①火焰燃烧是燃烧物质在自由基参与下的氧化反应，涉及自由基（特别是氧自由基）的气相引发，不可避免地生成部分电子激发态产物，以可见光的形式释放能量。这部分能量无法利用而损失掉，造成能量利用率低；②自由基的气相引发使空气中的氮气参与燃烧反应而形成毒性污染物 NO_x，低的燃烧效率产生可观的未完全燃烧的 HC 和 CO，排入大气会造成环境污染。

解决天然气火焰燃烧的低效和高排放的有效途径之一是催化燃烧，它具有燃烧效率高（CO 和未完全燃烧的 HC 排放低）、燃烧温度低（NO_x 排放低）、燃烧过程稳定可控（通过控制催化反应）等优点。不同于传统的火焰燃烧方式，天然气催化燃烧是以甲烷为主要成分的低碳烃在催化剂表面进行氧化反应，是一种以无焰燃烧为主的燃烧方式。因此，只要合理进行燃气预混、调节空燃比、采用（多段）微通道燃烧器（micro-channel combustor）、控制催化剂床层的燃料燃烧速率，完全可以实现严格控制天然气燃烧过程、提高燃烧效率和减少污染物排放的目的，这也是近年催化燃烧之所以成为天然气燃烧领域的研究热点的缘故，而全球性的能源紧缺和环境问题则是该项研究的强大推动力。可以说催化燃烧技术是天然气燃烧技术的制高点，具有其他燃烧技术所不具备的显著优点，它将带来天然气燃烧的技术变革，是实现天然气高效、低排放燃烧的根本保障。

催化燃烧技术应用的关键是设计和开发出高活性、高稳定性（长寿命）催化剂及高效催化燃烧器。目前，一些西方国家已经设计和开发了一些天然气催化燃烧系统，应用于燃气轮机发电、工业烘干和住宅取暖等领域。天然气催化燃烧催化剂大致可以归纳为 3 类：①负载型贵金属（Pt、Rh、Pd）和过渡金属（Ni、Co、Mn、Cu、Fe 等）；②稀土钙钛矿型氧化物催化剂；③六铝酸盐催化剂。本章将总结天然气催化燃烧理论、催化剂的研究现状及天然气催化燃烧技术的开发和应用情况，在总结文献资料的基础上，探讨天然气催化燃烧的发展方向和应用前景。

　　天然气催化燃烧催化剂一般由载体（carrier），第二载体（washcoat）和活性组分（active phase）等 3 个部分组成（图 5-7）。

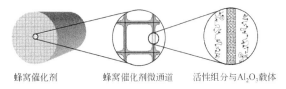

蜂窝催化剂　　　　　蜂窝催化剂微通道　　　活性组分与 Al_2O_3 载体

图 5-7　天然气催化燃烧催化剂的组成

　　载体一般为陶瓷蜂窝或金属蜂窝载体，根据应用目的不同，又可以是 Al_2O_3 陶瓷纤维或金属纤维。第二载体一般为稳定化的 Al_2O_3 层，其稳定剂可以是碱土金属或稀土金属元素，如 Ba、La 和 Ce 的氧化物。活性组分根据催化燃烧的温度不同，可以是贵金属（Pt 和 Pd）、过渡金属和金属复合氧化物（钙钛矿型和六铝酸盐化合物）。对于一个合格的天然气催化燃烧催化剂来讲，需要满足以下几点要求：①催化剂应有较高的活性，其起燃温度要足够的低，使点火能量相对较低，亦应具有比较高的空速使用范围，使催化燃烧器的体积尽量减小，有比较大单位催化剂体积能量输出；②催化剂在高温（1200 ℃）使用条件下具有足够的稳定性；③催化剂载体应具有大的物理几何表面积和比表面积，相对低的压降，良好的抗热冲击性能和高温热稳定性；④催化剂具有良好的抗中毒性能，其使用寿命一般大于 30000 h。天然气催化燃烧催化剂的活性、热稳定性、抗中毒性能和使用寿命与所使用的催化材料、载体材料、催化剂活性组分的形态、催化剂制备工艺有紧密的关系。在天然气催化燃烧器中的催化燃烧催化剂往往是由几种不同配方和催化材料组成的多段床层催化剂。迄今为止，国内外科学界和工程界对天然气催化燃烧催化剂进行了大量而深入的研究，取得了丰富的研究成果。

5.2.2　贵金属催化燃烧催化剂

　　负载型贵金属催化剂以其优异的 CH_4 催化燃烧活性，低的起燃温度和比较好的抗中毒性能得到了科学界和工业界的高度重视，该领域内的科学基础研究已有几十年的历史。目前，负载型贵金属催化剂在天然气催化燃烧方面的研究仍然是天然气催化燃烧催化剂研究的重点。在贵金属元素中，用于天然气催化燃烧的又以 Pd 和 Pt 为主，其他元素的研究相对比较少。天然气催化燃烧的温度比较高，作为催化剂的活性组分，贵金属元素的挥发性质就凸显重要，而 Pd、Ir、Pt 和 Ru 的挥发性依次提高，Pd 的挥发性最小，可以在 1000 ℃ 的高温下使用，因此，Pd 作为最有前途的天然气燃烧催化剂得到了充分的重视和大量深入的研究[61~63]。

5.2.2.1　Pd 基催化剂

Pd 作为天然气燃烧催化剂的活性组分时，一般采用 Al_2O_3、ZrO_2 和 SnO_2 作为催化剂载体，负载量为 0.1% ~ 2% （质量分数），添加稀土元素 （La 和 Ce 等）可以提高催化剂的活性和稳定性。一般来讲，Pd 基催化剂对甲烷燃烧的起燃温度在 300 ~ 400℃，在 500℃左右甲烷被完全氧化。表 5-3[64~66] 给出了部分负载型 Pd 催化剂的甲烷催化燃烧活性，可以看出，Pd/Al_2O_3、Pd/SnO_2 和 Pd/ZrO_2 催化剂催化甲烷燃烧活性比较高，因而 Al_2O_3、SnO_2、ZrO_2 适合作为甲烷催化燃烧催化剂的载体，而其他氧化物上 Pd 基催化剂的活性较低。

表 5-3　不同载体上 Pd 基催化剂的比表面积和甲烷催化燃烧活性[64~66]

催化剂	表面积[a] /(m²/g)	催化活性		T_{90}/℃
		T_{10}/℃	T_{30}/℃	
Pd/Al_2O_3	109.1	365	400	495
Pd/Ga_2O_3	—	365	420	815
Pd/In_2O_3	5.1	390	440	590
Pd/Nb_2O_3	—	565	665	875
Pd/SiO_2	108.3	420	585	860
Pd/SnO_2	6.4	325	355	440
Pd/TiO_2	—	400	720	885
Pd/Y_2O_3	—	505	565	700
Pd/ZrO_2	5.6	325	355	490
Pd/Al_2O_3	139.3	365	400	465
Pd/NiO	1.7	410	475	640

a. 用 BET 方法测量。

Widjaja 等[67]在 Pd/Al_2O_3 体系中，加入第三元素试图提高催化剂的活性。结果发现除了 Pd/Al_2O_3-NiO 催化剂以外，加入 Co 、Cr 、Cu 、Fe 和 Mn 元素后，催化剂的活性均降低。Eguchi 等将其催化活性降低的原因归结为催化剂表面积的减少。对于 Pd/Al_2O_3-NiO 催化剂，虽然其表面积降到 63.9 m²/g，但催化活性未见明显降低，说明 Pd/Al_2O_3-NiO 单位表面积上的甲烷燃烧活性高于 Pd/Al_2O_3 催化剂。

Widjaja 等[67]又考查了不同比例的 Al_2O_3-NiO 混合物作为载体的 Pd 基催化剂上甲烷燃烧活性，结果如表 5-4 所示。随着 NiO 量的增加，甲烷完全氧化的活性先略有降低然后提高，Pd/Al_2O_3-36NiO 催化剂的活性最高，在该催化剂上甲烷的起燃温度（T_{30}）为310℃，完全氧化温度降低到460 ℃。他们将其活性提高的原因归结为在催化剂表面上的 PdO 粒径的减小。

表 5-4　1.1%（质量分数）Pd/mAl_2O_3-nNiO 催化剂的表面积、催化燃烧活性和 Pd 粒子的粒度[67]

催化剂	比表面积[a]	催化剂活性[b]			Pd 的晶体尺寸	
	/(m²/g)	T_{10}/℃	T_{30}/℃	T_{90}/℃	/nm	
Pd/Al_2O_3	139.3	365	400	495	52.6[c]	43.1[d]
$Pd/9Al_2O_3$-NiO	150.5	340	380	480	37.3	32.5
$Pd/9Al_2O_3$-2NiO	107.4	340	380	525	38.1	39.0
Pd/Al_2O_3-2NiO	63.9	330	375	520	35.7	20.5
Pd/Al_2O_3-8NiO	40.3	315	380	540	39.0	—
Pd/Al_2O_3-18NiO	21.9	315	375	465	34.2	—
Pd/Al_2O_3-36NiO	13.6	310	350	460	32.0	—
Pd/NiO	1.7	410	475	640	52.d	—

　　a. 用 BET 方法测量；b. 甲烷转化率分别为 10%、30% 和 90% 时的反应温度；c. 利用 Scherrer 公式估算；d. 利用 TEM 照片估算。

　　在 Pd 基催化剂中，对 CH_4 分子起催化作用的活性组分是 PdO，因此 Pd 与 PdO 的相互转化，即 Pd 基催化剂的氧化还原性能对催化活性起着重要的作用。虽然 Widjaja 等[67]将不同载体的 Pd 基催化剂具有不同的催化活性归结为催化剂比表面积的不同，但我们认为比表面只是影响催化剂活性众多原因之一。大量的研究结果[61]表明载体、添加剂和 Pd 活性组分具有相互作用，这种相互作用进而影响 Pd 基催化剂的氧化还原性能和催化活性。Otto 等利用 XPS[68,69]和激光拉曼光谱[70]技术研究 Pd/γ-Al_2O_3 体系中 Pd 和 Al_2O_3 的相互作用时，发现在 Al_2O_3 表面上有两种 Pd 元素存在形式，当 Pd 负载量大于 0.5%（质量分数，下同）时，形成大颗粒的 PdO，其电子结合能与 PdO 固体相吻合；当 Pd 负载量小于 0.5% 时，形成小颗粒的表面分散相 PdO，其电子结合能向高能方向移动 1.6 eV。大颗粒的 PdO 在室温下即可被 H_2 完全还原，而表面分散相的 PdO，由于 PdO 与 Al_2O_3 存在强相互作用，其被 H_2 完全还原温度高达 300℃。Goetz 等[71,72]报道了相似的结果，他们在研究低负载量的 Pd/γ-Al_2O_3 催化剂时用化学吸附、TEM 和 XPS 等方法也观察到两种不同的 PdO 相，即大颗粒的 PdO 和高分散的 PdO 活性相。两种 PdO 的定量比与 Pd 前驱体浓度有关，低的前驱体浓度有助于形成高分散的 PdO 活性相。Widjaja 等[64]研究了在 Pd 的粒度为 10～80 nm 的一系列 Pd/γ-

Al$_2$O$_3$ 催化剂上金属与载体的相互作用与金属分散度的关系，他们发现 Pd 3d$_{5/2}$ 电子结合能随 PdO 粒径的提高而逐渐降低。

正如我们所知，PdO 相是 Pd 基催化剂甲烷催化燃烧的活性相，因此，在反应条件下尽量保持 PdO 分散相或提高 PdO 分散相在反应条件下的分解温度对于一个良好的 Pd 基甲烷催化燃烧催化剂是至关重要的。Farrauto 等[73]用 TGA 研究了在空气气氛下（1×10^5 Pa）PdO 在 Al$_2$O$_3$ 载体上的热稳定性。他们发现在新鲜的 PdO/Al$_2$O$_3$ [4%（质量分数）Pd] 催化剂上，PdO 在 800~850℃ 温度区间内发生热分解，在 650℃ Pd 原子又被氧化为 PdO，即 PdO 又重新形成了。不同的载体或添加剂，如 Ta$_2$O$_3$、TiO$_2$、CeO$_2$ 和 ZrO$_2$，对 PdO 的稳定性和 PdO 的重新形成具有不同的影响[74]。Rodriguez 等[75]利用可控环境气氛的电子显微镜技术研究了在 0.2 Torr（1 Torr = 1.333 22 $\times 10^2$ Pa）氧气压力下，负载于 γ-Al$_2$O$_3$、SiO$_2$ 和 ZrO$_2$ 载体的 PdO-Pd 的氧化还原行为。当催化剂在氧气气氛下加热到 700℃ 左右时，Pd/Al$_2$O$_3$ 和 Pd/SiO$_2$ 催化剂中有相当量的 PdO 转化为金属 Pd，而对于 Pd/ZrO$_2$ 催化剂，PdO 可以在 900℃ 左右保持稳定。在这里，载体与金属的强相互作用起着重要的作用。Cullis 等[76]也报道载体和温度可以影响催化剂对氧的吸收，在氧化钍或氧化铈载体上，PdO 的稳定温度高于在 TiO$_2$ 和 γ-Al$_2$O$_3$ 载体上。此外，在降温过程中，载体对 Pd 重新氧化成 PdO 的过程有很大的影响。CeO$_2$ 材料因其储氧性能和氧化还原性能引起人们的关注，在贫氧的条件下，可以发生 $2CeO_2 \longrightarrow Ce_2O_3 + 1/2\ O_2$ 的反应，在富氧条件下 Ce$_2$O$_3$ 被重新氧化为 CeO$_2$，也就是说 CeO$_2$ 中的氧原子很容易给出，它可以促进氧原子向载体上的金属 Pd 颗粒迁移，将金属 Pd 重新氧化成 PdO。一些研究[77,78]发现在 Al$_2$O$_3$ 或 ZrO$_2$ 载体中添加 Ce 可以将催化剂降温过程中的 PdO $\longrightarrow$ Pd $\longrightarrow$ PdO 滞后环变窄，Pd/CeO$_2$ 催化剂与 Pd/CeO$_2$/Al$_2$O$_3$ 催化剂上 PdO $\longrightarrow$ Pd $\longrightarrow$ PdO 滞后行为也是不同的，无论如何，提高载体的氧原子活动度和改变与金属 Pd 相接触的界面性质可以改变负载 Pd 催化剂在氧化还原循环中的 Pd 原子重新氧化成 PdO 的滞后现象[78]。

一些研究表明在 Pd 基催化剂上的甲烷氧化反应是结构敏感的反应[76~92]。在甲烷催化燃烧反应中，Pd 的颗粒趋向重构成为具有较低晶面指标的大颗粒，此时催化剂的比表面积随之减小，反应活性反而提高。例如，Hicks 等[91]报道了负载在 Al$_2$O$_3$ 和 ZrO$_2$ 上 Pd 催化剂的甲烷氧化转化频率（TOF），他们观察到当 PdO 的粒径在 10~15 nm 时，其 TOF 值为 1.3 s^{-1}，当 Pd 的粒径降到 1~3 nm 时，它的 TOF 值仅为 0.02 s^{-1}。他们认为低负载高分散的 Pd 相与载体发生了相互作用而导致催化活性降低。此外，Hicks 等[92]认为分散在 Pd 金属晶粒上的 PdO 的甲烷催化燃烧活性大于在 Al$_2$O$_3$ 上分散的 PdO，Ribeiro[93]也认为在金属 Pd 表面上的 PdO 比体相的 PdO 活性高。Burch 等[79]以及 Carstens[94]等报道 PdO/Al$_2$O$_3$ 和

PdO/ZrO₂ 对甲烷催化燃烧反应具有高的催化活性，并发现其催化活性随着 Pd 氧化形成 PdO 的程度而提高，对于 Pd/Al₂O₃ 和 Pd/ZrO₂ 催化剂，PdO 的最佳覆盖度分别为 3~4 和 6~7 个单分子层。另外一些研究者[91,95]也得出相同的结论，即在金属 Pd 上形成的 PdO 是甲烷催化燃烧的活性相。无论如何，在甲烷催化燃烧反应中，Pd 的氧化态对催化剂的活性起着决定性的作用。也有一些研究者[96,97]认为甲烷在 Pd 基催化剂上的燃烧反应不是结构敏感反应。Fujimoto 等[97]认为对于负载于 Al₂O₃ 和 ZrO₂ 上的 Pd 催化剂，当 Pd 的粒度比较小时（7 nm），反应是结构敏感反应，但是这种效应在实际应用中并不十分重要，因为在甲烷催化燃烧反应的高温条件下，Pd 的颗粒度经常会长大到 7 nm 以上。

此外，Pd 基催化剂的催化燃烧活性也与制备催化剂时使用的前驱体有关。在制备 Pd 基催化剂时，我们往往使用 Pd 的氯化物作为催化剂的前驱体，而氯离子在催化剂中的残留往往降低了催化剂的初始活性。因此，许多的研究工作发现在催化剂工作时需要一定的活化时间。在早期的工作中，Cullis 等[76]发现氯化的碳氢化合物和有机硅化合物的存在对甲烷催化燃烧的初始活性有极大的抑制作用。Carsten 和 Burch 等[94,95]认为以 PdCl₂ 为前驱体的催化剂中 Cl⁻ 的残留可以使催化剂中毒，使其初始活性降低，当催化剂的前驱体用硝酸盐代替氯化物时，催化剂的初始活性被提高[98]。

甲烷燃烧反应动力学和机理也得到了比较深入的研究。一般认为在贫燃条件下，负载型 Pd 催化剂上甲烷燃烧反应中 O₂ 对于 PdO 的反应级数为零，甲烷对于 PdO 的反应级数为 1。

5.2.2.2 Pt 基催化剂

自从 Niwa[99]最先报道 Pt 催化剂的甲烷催化完全氧化反应以来，很少有研究涉及 Pt 基催化剂的天然气催化燃烧性能。Niwa 研究了 0.2%（质量分数，下同）Pt/Al₂O₃ 和 0.2% Pt/Al₂O₃-SiO₂ 催化剂的甲烷催化燃烧反应活性，发现后者的甲烷催化燃烧活性大于前者，并将高的催化活性归结于载体中的比较高的氧活动度。载体的物理化学性质的不同会对 Pt 基催化剂的活性有比较大的影响，近年来，CeO₂-ZrO₂ 固溶体以其优秀的氧化还原性能，高的储氧能力和高的氧离子活动度引起研究者的重视。为了改善 Pt 基催化剂的活性，可以将 Ce-Zr-O 固溶体作为催化燃烧 Pt 催化剂载体，Bozo 等[100]报道 Pt/CeO₂-ZrO₂ 的甲烷催化燃烧活性大于 Pt/Al₂O₃ 催化剂，前者的起燃温度（T_{50}）为 335 ℃，而后者的起燃温度（T_{50}）为 470 ℃。但是，CeO₂-ZrO₂ 固溶体对催化活性的促进作用随着反应时间而降低。催化燃烧催化剂的载体在高温时也具有氧化活性，即催化剂载体表面上的活化氧物种可以氧化甲烷。该表面反应的控速步骤是表面还原物种的再氧化。

O$_2$在Pt金属粒子上发生离解吸附,离解后的氧原子(离子)会溢流到载体上,促进了载体表面还原物种的再氧化,从而保证了催化剂的催化燃烧活性。

最近,Roth等[101]发现以市售SnO$_2$代替Al$_2$O$_3$作为Pt基催化剂载体,可以提高催化剂的甲烷低温氧化活性,其中,2% Pt/SnO$_2$催化剂的起燃温度比2% Pt/Al$_2$O$_3$催化剂的起燃温度低80℃。在Pt基催化剂上加入第二种金属对其催化燃烧活性有很大的影响。最近,Miao等[102]研究在Pt/Co$_2$O$_3$催化剂中添加Au对该系列催化剂活性的影响,发现添加Au元素会提高催化剂的甲烷催化燃烧活性,其效应在Au含量低于2%时,随Au含量的提高而增加。将Pt作为第二活性组分加入到Pd基催化燃烧催化剂中,它可以抑制Pd颗粒的长大,因此提高了Pd基催化剂的耐久性,但是降低了Pd基催化剂的初始活性[103]。

5.2.3 非贵金属催化剂

随着三效催化剂在机动车尾气净化工业中的大规模使用,贵金属资源出现日益紧张的局面。因此,利用非贵金属作为天然气催化燃烧催化剂受到了充分的重视,这方面的研究已有大量的文献报道,取得了许多非常有意义的成果。下面分别对钙钛矿型、六铝酸盐型和其他类型非贵金属天然气催化燃烧催化剂的研究工作进行介绍。

5.2.3.1 钙钛矿型天然气催化燃烧催化剂

钙钛矿型氧化物对甲烷燃烧表现出很高的催化活性。在ABO$_3$型催化剂中,A位离子通常是稀土元素或碱土金属元素;B位离子通常是Mn、Co和Fe。将Sr引入A位,形成的La$_{1-x}$Sr$_x$MO$_3$(0 < x < 0.4)催化剂具有很高的甲烷催化燃烧活性。例如,当B为Mn、Co和Fe时,其甲烷燃烧的催化活性几乎与0.5%(质量分数)Pt/Al$_2$O$_3$的活性相媲美[104]。钙钛矿型氧化物催化剂具有如此高的活性是由于A位离子能够稳定高价态的B位离子,并且形成结构缺陷。Martinez-Ortega[105]研究了La$_{1-x}$Sr$_x$FeO$_3$和La$_{1-x}$Sr$_x$CoO$_3$两个系列的催化剂,发现当20%的La被Sr取代时催化剂表现出最好的甲烷催化燃烧活性。在LaMnO$_3$体系中用Mg部分取代B位的Mn可以提高该催化剂的活性,但是Mn的取代量不能超过20%,否则活性会降低[106]。另外,有些研究者认为用二价离子(Sr^{2+}和Eu^{2+})部分取代A位La^{3+}离子会降低催化活性[107]。而最近的研究结果表明,对于La$_{1-x}$A'$_x$MO$_3$(M = Co、Fe和Ni)钙钛矿型氧化物,用四价离子(Ce^{4+})部分取代A位La^{3+}离子可提高催化活性,其原因是Ce^{4+}的引入导致部分Co^{3+}还原成Co^{2+},为气相氧分子的吸附提供大量的活性位。但是,Alifanti[108]通过对La$_{1-x}$Ce$_x$MnO$_3$系列催化剂的甲烷催化燃烧活性进行研究,发现当x = 0.1时催化剂有

很高的催化活性，然后随着 Ce 含量的增加，催化活性逐渐降低。

通常情况下，钙钛矿型氧化物催化剂的氧气程序升温脱附（O_2-TPD）谱图中会出现两个脱附峰：低温峰是由于表面吸附氧脱附所致，而高温峰则是由于晶格氧脱附所致。在低温时，甲烷燃烧是由气相氧或钙钛矿型氧化物中的氧空位所吸附的氧参与的表面反应；而在高温则是由晶格氧参与的反应[109,110]。通过研究 $AMnO_3$（A = La、Nd 和 Sm）和 $Sm_{1-x}Sr_xMnO_3$ 的结构、氧化还原性质和 CH_4 催化燃烧的活性，Cimino 等[111]指出在 $AMnO_3$ 中在 B 位上含有显著量的 Mn^{4+}，并且在 $Sm_{1-x}Sr_xMnO_3$ 中的 Mn^{4+} 含量随着 Sr 取代量的增加而增加。而甲烷燃烧的活性与催化剂中的 Mn^{4+} 的可还原性有关，Mn^{4+} 被还原时，放出氧气，促进了甲烷燃烧，因此，对于钙钛矿型催化剂，B 位离子的可还原性愈强，即氧化还原能力愈强，催化活性愈好。在最近的一项工作中，Cimino 等[111]在 $LaAl_{1-x}Mn_xO_3$ 催化剂上观察到类似的实验现象，甲烷燃烧的活性与催化剂中的 Mn 的氧化还原能力相关，Al 的存在能促进 $Mn^{4+}\longrightarrow Mn^{3+}$ 的还原，从而增加甲烷燃烧的催化活性。此外，钙钛矿型催化剂表面上的氧物种也是促进甲烷催化反应的原因，例如，在较低温度下，$LaCo_{1-x}Fe_xO_3$ 催化剂表面吸附有 O_2^- 和 O^- 物种；但在较高温度下，催化剂表面只有 O^- 物种[112]存在，这些氧物种在甲烷燃烧中起到很重要的作用。Cimino 等[113]研究了 ZrO_2 负载的 $LaMnO_3$ 在甲烷燃烧中的催化性能，他们发现当 $LaMnO_3$ 的负载量在 4%（质量分数，下同）或 6% 时催化剂的活性最好，起燃温度（甲烷的转化率达 50% 时的温度）为 580 ~ 600℃，每克 $LaMnO_3$ 催化剂在 500℃时的甲烷反应速率可达 11 mmol/h，甲烷催化燃烧在 4% ~ 6% $LaMnO_3$ 的负载量时活性最好的主要原因是 $LaMnO_3$ 的表面氧物种很容易吸附和脱附、Mn^{4+} 离子价态的存在以及 $LaMnO_3$ 在 ZrO_2 表面上的高度分散。

催化剂的比表面积是影响活性的重要因素。Stathopoulos 等[114]制备了一系列 $LaFe_{1-x}Al_xO_3$ 大比表面的催化剂并研究了它们对甲烷燃烧的催化性能，实验结果证实，增大催化剂的比表面积有利于提高甲烷燃烧效率。一般来讲，钙钛矿型氧化物催化剂的比表面积比较小，从而会影响催化活性的进一步提高。因此，近年来许多工作针对这种情况，研究新的制备工艺和方法来合成纳米结构和大比表面积的钙钛矿型氧化物，从而提高钙钛矿型催化剂的甲烷催化燃烧活性。例如，Rossetti 等[115]利用火焰分解的方法制备了纳米 $LaBO_{3\pm\delta}$（B = Co、Mn 和 Fe），其平均粒径为 20 ~ 60 nm，比表面积高达 20 m^2/g 并具有比较高的甲烷催化燃烧活性。Civera 等[116]利用燃烧法合成了比表面积为 18 m^2/g 的 $LaMnO_3$ 催化剂，其甲烷催化燃烧起燃温度比柠檬酸络合法制备的催化剂大约低 70℃。

尽管将钙钛矿型氧化物作为甲烷催化燃烧催化剂的研究很多，但是它们还没有应用到实际的天然气催化燃烧器中，其中主要原因是钙钛矿型氧化物很容易发生硫中毒从而使其结构遭到破坏，造成催化剂的活性和耐久性下降。

5.2.3.2　六铝酸盐型天然气催化燃烧催化剂

天然气催化燃烧的温度可以到达 600～1200℃。在高温燃烧的工作条件下，催化剂的热稳定性受到严峻的考验。负载型贵金属催化剂在高温下会发生活性组分（贵金属离子）挥发和热烧结的现象，使催化剂活性下降，因此人们迫切需要开发耐高温的催化剂。其中，六铝酸盐在利用过渡金属离子部分取代 Al^{3+} 离子后，所得到的取代型六铝酸盐具有很高的热稳定性，同时甲烷燃烧活性很高。该催化剂体系一经发现，立即成为催化燃烧催化剂研究的热点。

六铝酸盐化学通式为 MO-6Al_2O_3（其中 M 表示碱金属或碱土金属），属层状结构，是用碱金属、碱土金属或稀土离子掺杂的氧化铝，它是具有 β-Al_2O_3 或磁铅石结构的复合氧化物，结构如图 5-8 所示[117]。这两种六铝酸盐的结构非常相似，只是在所谓的"镜面"上，磁铅石型结构的镜面上含有一个 Ba^{2+}、一个 Al^{3+} 和 3 个 O^{2-}，而 β-Al_2O_3 型结构的镜面上只含有一个 Ba^{2+} 和一个 O^{2-}，它们的晶胞参数仅有很小差别。磁铅石型结构的六铝酸盐并不稳定，一般是与 β-Al_2O_3 型结构的六铝酸盐形成混合物。因此，通常所说的化合物 $BaAl_{12}O_{19}$ 并不存在，而是上述两种结构物质的混合物，但通常仍以 $BaAl_{12}O_{19}$、BaO·6Al_2O_3 或 β-Al_2O_3 来表示。

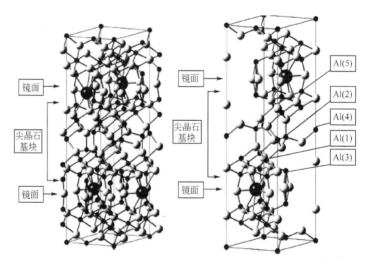

图 5-8　β-Al_2O_3 和磁铅石的晶体结构

　　六铝酸盐晶体结构的主要特点是含有 Al^{3+} 和 O^{2-} 所组成的层状尖晶石基块，在每一个尖晶石基块中有 32 个氧离子按立方密堆积型式排成 ACBA 四层，构成了 64 个四面体空隙和 32 个八面体空隙。通常每个晶胞由两个尖晶石基块和两个面组成，一个晶胞中有 24 个 Al^{3+}，其中 8 个 Al^{3+} 占据四面体空隙，另外 16 个 Al^{3+} 占据了八面体空隙，其相对位置与铝镁尖晶石中铝和镁的位置相当，所以称它为尖晶石基块（此基块厚度为 6.6Å，Al—O—Al 键好像柱子将尖晶石分开，相邻两基块间的距离约为 4.7Å），基块的上、下面互成镜相形成了镜面。由于 A 位离子一般是半径较大的阳离子如 Ba、La、Sr 等，其离子半径与氧离子半径相近，因此不能进入氧离子所构成的空隙中，只能与氧离子处于同一层的镜面，所以它的晶体结构不是立方晶系，而是能够形成层状化合物的六方晶系。

　　六铝酸盐型催化剂催化甲烷氧化作用是通过表面吸附氧和晶格氧的参与来进行，可用图 5-9 来说明[118]。六铝酸盐是由层状的尖晶石相构成的疏松结构，在层间的镜面上，半径大的离子可以起到支持作用，为氧的扩散提供通道。对 $BaMnAl_{11}O_{19}$ 样品采用 ^{18}O 同位素进行的测定结果也表明，^{18}O 的渗透不仅受体相扩散控制，而且与晶体各个面上氧的同位素交换能力有关。在六铝酸盐微晶中，平行于 C 轴的晶面对氧同位素交换能力较强，所以具有较高的供氧能力，从而活性高于其他晶面。在尖晶石相内取代部分 Al^{3+} 的 Mn 离子通过还原-氧化机制提供活性氧物种，来促进甲烷氧化反应的进行。

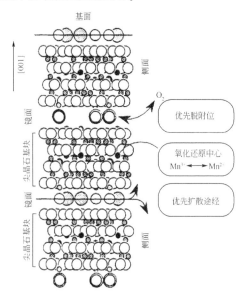

图 5-9　$BaMnAl_{11}O_{19}$ 六铝酸盐催化剂的结构及催化作用机制[118]

六铝酸盐由于碱金属或碱土金属的隔离作用，使得其结构十分稳定，晶型转换或烧结现象几乎难以发生，内部混合氧化物也相当稳定。在六铝酸盐的晶体结构中掺入合适的过渡金属离子，部分取代四面体空隙中的 Al^{3+} 和八面体空隙中的 Al^{3+}，使其稳定存在于六铝酸盐晶格中，达到活性物种的镶嵌而骨架结构不变的目的。从其晶体结构上看，无论 β-Al_2O_3 型还是磁铅石型六铝酸盐，均为层状结构化合物且是互成镜相的尖晶石块沿 C 轴堆积而成，该层状结构化合物微晶沿着与镜面垂直的 C 轴方向的成长速度较为缓慢，使它具备良好的热稳定性。六铝酸盐的可镶嵌性和热稳定性为它在催化中的应用奠定了基础。

对于活性离子的取代方式，Bellotto 等[119]认为：在引入的 Mn 原子数小于 1 时，主要以 Mn^{2+} 形式取代 Ba-β-Al_2O_3 中四面体构型的 Al^{3+}，并促进 Ba 的富集；进一步引入 Mn 时，主要以 Mn^{3+} 进入八面体构型的 Al^{3+} 位，并引起比表面积的下降。Jansen 等[117]对不同原子掺杂的六铝酸盐进行了研究，认为两种结构的形成与掺杂离子的大小有关，掺杂离子半径较小时易形成磁铅石结构，半径大于 1.5Å 时易形成 β-Al_2O_3。

表 5-5 给出了部分典型六铝酸盐催化剂的甲烷催化燃烧活性[120~123]。我们知道催化剂的灼烧温度和燃烧反应条件都对催化剂的活性有很大的影响，表 5-5 中所列数据是作者得到的最佳活性，但催化剂的灼烧条件和反应条件可能会不同。

表 5-5　六铝酸盐催化剂的表面积和催化燃烧活性[120~123]

催化剂	表面积 /(m²/g)	催化剂活性		
		T_{10}/℃	T_{50}/℃	T_{90}/℃
$BaMgAl_{10}O_{17}$	10	577	702	807
$BaMnAl_{11}O_{19}$		540	670	775
$BaCuAl_{11}O_{18.5}$	11	510	610	740
$BaFe_2Al_{10}O_{19}$		495	605	705
$BaMn_{2.7}Al10O_x$	14	465	600	705
$LaNiAl_{11}O_{19-\alpha}$		—	550	685
$Sr_{0.2}Pr_{0.8}MnAl_{11}O_{19-\alpha}$	20.6	520	—	770
$Sr_{0.4}Nd_{0.6}MnAl_{11}O_{19-\alpha}$	18.6	500	—	770
$Sr_{0.6}Sm_{0.4}MnAl_{11}O_{19-\alpha}$	13.9	510	—	780
$Sr_{0.6}Gd_{0.4}MnAl_{11}O_{19-\alpha}$	13.7	520	—	780
$Sr_{0.8}La_{0.2}MnAl_{11}O_{19}$	20	542	639	735
$Sr_{0.3}Ba_{0.5}La_{0.2}MnAl_{11}O_{19}$	29	535	635	733
$Sr_{0.8}La_{0.2}MnAl_{11}O_{19-\alpha}$	17.5	405	630	770

续表

催化剂	表面积 /(m²/g)	催化剂活性		
		$T_{10}/℃$	$T_{50}/℃$	$T_{90}/℃$
$LaMnAl_{11}O_{19}$	28	450	—	670
$LaMg_{0.5}Mn_{0.5}Al_{11}O_{19}$			585	690
$BaMn_{0.5}Co_{0.5}Al_{11}O_{19-α}$	14.3	585	670	740

从表 5-5 中可以看出大多的研究是以 Mn 取代的六铝酸盐作为甲烷催化燃烧催化剂，一些研究将稀土部分取代 Ba 原子，一些研究使用 Sr 或 Mg 全部或部分代替六铝酸盐中的 Ba（或称为 Sr 基或 Mg 基六铝酸盐）。例如，Astier 等[120]制备了 Mg 和 Mn 取代的六铝酸盐，认为由于存在的 Mg 具有电荷补偿作用，从而提高了体相氧的扩散速率；而微量的 Mn^{3+} 降低了甲烷催化燃烧的活化能，从而提高了催化剂的活性。Sidwell 等[121]也合成了 Mn 取代的 $La_{0.267}Sr_{0.333}Mn_{0.4}Al_{11}O_{18}$ 六铝酸盐催化剂。另外一些研究者用 Cu、Fe 或 Co 取代六铝酸盐结构中的 Al，形成非 Mn 基的六铝酸盐。例如，Artizzu 等[122]合成了 $BaCuAl_{11}O_{18.5}$，其中六铝酸盐中的 Al 被 Cu 取代，Cu 原子占据四面体中心位置，成为催化燃烧的活性中心，该催化剂的 T_{10} 和 T_{90} 温度分别为 510℃ 和 740℃。采用 Sr 取代 Ba 并适当引入部分 La 也可以提高催化剂的比表面积和甲烷的催化燃烧活性。

六铝酸盐作为甲烷催化燃烧催化剂具有比较高的热稳定性，适于在高温条件下的催化燃烧，但是它们的起燃温度比较高，从表 5-5 中可以看出，六铝酸盐的甲烷催化燃烧起燃温度（T_{50}）大约在 550～700℃，高于负载型贵金属的催化燃烧反应起燃温度。因此，研究者力图采用各种办法提高其低温的反应活性，其方法有以下两方面：

1. 将金属 Pd 负载到六铝酸盐上

将 Pd 负载到六铝酸盐上可以明显地提高催化剂的甲烷燃烧活性。Jang 等[123]制备的 $Pd/LaMnAl_{11}O_{19-α}$ 催化剂上甲烷催化燃烧反应起燃温度（T_{10}）低至 360℃，但是其稳定性大大降低。Sohn 等[124]也研究了 $Pd/Sr_{0.8}La_{0.2}MnAl_{11}O_{19}$ 催化剂在高温 1200～1600℃ 烧结后的甲烷催化燃烧行为，在高温条件下，Pd 与 $Sr_{0.8}La_{0.2}MnAl_{11}O_{19}$ 有相互作用而使 Pd 的价态发生变化。

2. 改变制备方法，提高其比表面积，从而提高催化燃烧活性

六铝酸盐催化剂的制备方法也是影响催化燃烧活性的关键因素之一，有很多材料合成的经典方法和新方法被用来制备六铝酸盐催化剂。Machida 等[125]最早采用异丙醇盐水解法制备高比表面积的六铝酸盐，并将其用于甲烷的催化燃烧，达到了高催化活性与高热稳定性的结合。所制备的 $BaAl_{12}O_{19}$ 样品经 1600℃ 焙烧

后，比表面积仍有 10 m^2/g，远高于未掺杂的氧化铝的比表面积。他们将该催化剂热稳定性的提高归因于六铝酸盐的层状疏松结构，使得焙烧过程中晶体沿 C 轴方向的生长被抑制。这种晶体生长的各向异性减缓了离子的扩散，使烧结速率降低，从而提高了样品的热稳定性。然而，异丙醇盐法需要金属醇盐，原材料昂贵，且需经过细心处理，制备过程中需无氧无水环境，惰性气体保护，使得制备工艺比较复杂，制备周期长，难于工业化实际应用。针对这种情况，Lietti 和 Groppi 等[126,127] 采用碳酸铵沉淀法制备了 $BaAl_{12}O_{19}$、$BaMnAl_{11}O_{19}$ 六铝酸盐，并进一步考察了其他一些过渡金属对六铝酸盐性质的影响，其结果与 Arai 等的报道相近。随后，Jang 等[123] 采用这种方法制备出 $LaMnAl_{11}O_{19}$ 催化剂，甲烷的起燃温度 (T_{10}) 为 450℃，比 $BaMnAl_{11}O_{19}$ 催化剂活性更高。

溶胶-凝胶法是一种制备高水热稳定性甲烷燃烧催化材料的有效方法，可以获得均匀细小的催化颗粒。Artizzu-Duart 等[118,128] 将六铝酸盐 $BaAl_{12}O_{19}$ 进行掺杂替代，利用溶胶-凝胶法经 1200℃ 高温焙烧得到系列 $BaM_2Al_{10}O_{19}$ 六铝酸盐催化材料（其中 M 为 Mn^{3+} 或 Fe^{3+} 等）。比表面积较高，约 10 m^2/g 以上。催化氧化甲烷的活性也很高，其中 $BaFeMnAl_{10}O_{19}$ 活性最高，反应转化率达到 50% 时的温度为 560℃ [GHSV = (1.5~2.5) × 10^4 h^{-1}]；而经 1200℃ 在水热条件下高温老化 24 h 后，反应转化率达到 50% 时的温度仅上升了 10℃，显示出很高的高温水热稳定性，是一种很有实用价值的六铝酸盐甲烷高温燃烧催化材料。他们又将 Cu^{2+} 进行掺杂替代，紫外可见光谱的结果表明 Mn^{3+} 占据八面体位置，而 Cu^{2+} 占据四面体位置，TPR 实验结果表明 Cu^{2+} 直接还原为 Cu，没有中间价态的 Cu^+ 形成。与掺杂 Mn^{3+} 的六铝酸盐催化材料相比，尽管 Cu^{2+} 催化活性较高，但 Cu 基催化剂比表面积较低，而且 Cu 进入六铝酸盐晶格是有限的，每单元只有 1.3 个 Cu^{2+}，而掺杂 Mn^{3+} 的六铝酸盐催化材料每单元则有 3 个 Mn^{3+}，因而掺杂 Cu 不如掺杂 Mn 的六铝酸盐活性提高显著。

利用湿化学法合成六铝酸盐型催化剂时，其前驱体都必须经过干燥脱水和焙烧固相反应才能得到结构稳定的六铝酸盐型催化剂。在干燥过程中，会因脱水而收缩造成最终催化剂比表面积的下降。超临界干燥技术使溶液处于超临界状态，消除了毛细张力，可以避免凝胶干燥阶段的收缩和结构损坏，所得气凝胶较好地保持了凝胶的网络结构。最近，Zarur 等[129~131] 采用微乳液法来提高样品的均匀性，控制一次粒子的大小，结合超临界干燥法消除水凝胶干燥过程中的毛细收缩现象，所制备的 $BaAl_{12}O_{19}$ 样品经 1300℃ 焙烧后，比表面积为 136 m^2/g，比常规干燥方法得到的样品表面积高出一倍。同法制备的 $Ce-BaAl_{11}O_{19}$ 催化剂，比表面积可达到 160 m^2/g，在 70 000 h^{-1} 空速反应条件下，甲烷的起燃温度 (T_{50}) 仅为 400℃，催化活性与贵金属催化剂接近，并且热稳定性得到显著提高。

还有人利用模板方法在 ammnium amphiphile 双层模板内沉积纳米级氧化铝粒子层，将模板剂除掉后得到的氧化铝经 1500℃ 高温老化后仍保持约 100 m^2/g 的大比表面积。人们认为其层状平面结构有效阻止了 α-Al_2O_3 的形成（α 相变晶体生长是各向异性）。这一发现提出了一种获得高比表面耐高温材料的新思路。以十六烷基三甲基氯化铵（CTACl）为模板剂，用 Mn、La 的乙酸盐溶液、尿素以及铝溶胶合成制备出具有中孔结构的 $Mn/LaAl_{11}O_{18}$ 六铝酸盐催化材料，经 1200℃ 高温焙烧后，其比表面仍在 30 m^2/g 以上，具有较高的高温稳定性。

共沉淀法制备工艺简单、原料便宜、易于工业产业化放大，因而具有很大的经济吸引力。一般可以用 NH_4OH、$(NH_4)_2CO_3$ 作为沉淀剂，采用共沉淀法制备六铝酸盐催化材料。Jang[123] 利用此方法制备了 $Sr_{0.9}La_{0.2}MnAl_{11}O_{19}$，发现以 $(NH_4)_2CO_3$ 为沉淀剂得到的催化材料甲烷氧化活性较高，在 1200、1300 和 1400℃ 下高温焙烧 2 h 后的比表面积分别为 50.8、23.6 和 12.9 m^2/g，表现出很高的高温稳定性能。因此该方法是一种十分有发展前景的高温甲烷燃烧催化材料制备手段。

对于六铝酸盐的形成条件，Astier 等[120] 也对此作了较为细致全面的工作，采用不同方法向 Al_2O_3 中引入 Ba 来考察制备条件对六铝酸盐生成的影响，他们认为提高焙烧温度可以促进六铝酸盐的形成，但在相同温度下，提高样品 Ba、Al 的混合均匀性是生成六铝酸盐的关键。均匀性越高，越容易转变为六铝酸盐，并能够抑制焙烧过程中其他一些中间相如 $BaCO_3$ 或 $BaAl_2O_4$ 的生成。通过适量引入其他过渡金属氧化物如 Mn、Ni、Cr、Cu、Fe 和 Co 等的氧化物也可以促进六铝酸盐的生成，同时提高其甲烷催化燃烧活性。

六铝酸盐催化剂具有很高的高温稳定性能，但其活性与负载型贵金属和钙钛矿型催化剂相比较低，因此只能用于甲烷多级催化燃烧中的最后一级（此处温度近 1300℃）。因此努力提高其催化活性是人们的研究重点。另外，为实现六铝酸盐催化剂的实际应用，提高载体材料或涂层材料及负载于其上的催化材料的高温比表面积，提高它们的耐高温、抗热冲击能力，也是重要的研究方向。

5.2.3.3　负载型非贵金属催化剂

过渡族金属 Fe、Co、Ni、Cu、Mo 和 W 等的氧化物均有一定的氧化能力，有可能成为甲烷催化燃烧催化剂。例如，Pecchi 等[132] 利用溶胶凝胶法合成了 Fe-TiO_2 催化剂并研究了甲烷催化燃烧在该催化剂上的反应速率。Ji 等[133] 研究了 CoMgO 固溶体催化剂的甲烷催化燃烧活性，发现 Co 的含量在 5%～10%（摩尔分数）时内，催化剂有最低的甲烷催化燃烧起燃温度，随着 Co 含量的增加，催化剂的粒度增加，催化剂活性下降。Iamarino 等[134] 利用流动床反应器研究了 Cu/

γ-Al₂O₃ 的甲烷催化燃烧，该催化剂的表面上存在 CuAl₂O₄ 尖晶石相，在 800℃反复热老化后，催化剂活性无明显变化，呈现出高的稳定性。Comino[135] 制备了负载型和整体 CuCr₂O₄ 催化剂，研究表明负载型的 CuCr₂O₄ 催化剂甲烷催化燃烧活性大于整体型 CuCr₂O₄ 催化剂，而后者的稳定性大于前者。Xiao 等[136] 报道了以 TiO₂、Al₂O₃ 和 MgO 为载体负载 Co 催化剂的甲烷催化燃烧活性，其中以 Co/ZrO₂ 催化剂的催化燃烧活性较好，当 Co 的负载量为 1.0%（质量分数）和 1.5%（质量分数）时，催化剂具有最高的甲烷催化燃烧活性，其活性组分为 Co₃O₄。Choudhary 等[137] 研究了 Mn/ZrO₂ 催化剂的甲烷催化燃烧活性，发现催化剂的比表面积、晶格氧反应能力、催化剂活性等性质与 Mn/ZrO₂ 比值有关，Mn/ZrO₂ 比值为 0.25 时的催化剂反应活性最高。Milt[138] 用外延生长法和浸渍法合成了系列 Co/ZrO₂ 和 Co/La₂O₃/ZrO₂ 甲烷催化燃烧催化剂，其中性能最好的催化剂活性大于典型的 LaMnAl₁₁O₁₉₋ₐ 六铝酸盐催化剂。

在非贵金属中，除了 Fe、Co、Ni、Cu、Mo 和 W 等过渡族金属外，稀土金属氧化物作为催化燃烧催化剂或助催化剂引起了人们普遍的关注。其中以稀土钙钛矿和稀土取代的六铝酸盐催化剂为突出的代表，关于稀土钙钛矿和六铝酸盐催化剂的总结已在前面详细论述。此外，也有一些文献报道了其他结构的稀土氧化物或混合物作为甲烷催化燃烧催化剂的研究。例如，稀土烧绿石结构 Ln₂Sn₂O₇ 催化剂可以提高其甲烷催化燃烧活性，其中 Sm₂Sn₁.₈Mn₀.₂O₇ 显示出最好的催化活性，其起燃温度和甲烷完全燃烧温度分别为 400 和 650℃。Yisup 等[139] 利用草酸盐共沉淀法在乙醇溶液中制备了 Ce-Ni-O 混合氧化物催化剂，该催化材料的比表面积高于 60 m²/g，具有比较高的甲烷催化燃烧活性，起燃温度（T_{50}）位于 410~430℃。Sohn 等[140] 研究了 Sm₂Zr₂O₇ 的甲烷催化活性，认为该催化材料可以用在高温催化甲烷燃烧。

5.2.3.4　催化燃烧催化剂中毒问题

天然气催化燃烧技术要成为一种实用技术，催化剂的寿命是一个需要考虑的问题。一般来讲，天然气催化燃烧催化剂的寿命至少不能少于 30 000 h[141]。影响催化剂寿命的因素有：①催化剂的机械强度和耐气体冲击、热冲击性能；②催化剂活性组分的流失（蒸发或升华）；③催化剂的热烧结；④催化剂中毒。其中催化剂抗中毒性能是提高其寿命的一个关键因素。天然气中一般含有一些硫化物（为了警示泄漏现象，通常还要人为地加入一定量的 H₂S 气体），在燃烧过程中这些硫化物会被氧化为 SO₂，因此，天然气催化燃烧催化剂的抗硫中毒性能是我们首先要考虑的问题。

目前，只有少数研究者报道了有关天然气催化燃烧催化剂的硫中毒行为，在文献[65]中我们可以看到这个问题已经引起研究者的重视。例如，Hoyos 等[142]研究 Pd/Al₂O₃ 和 Pd/SiO₂ 催化剂在其反应条件［1%（体积分数）CH₄，4%（体积分数）O₂，100 ppm H₂S，N₂ 为平衡气］下，反应温度为 350℃时的硫中毒性能，结果发现，H₂S 的存在造成这两个催化剂的催化活性都急剧下降。作者认为，Pd 的粒度和表观活化能不受硫元素的影响，催化活性下降是由于硫的污染减少了催化剂的活性中心数目。虽然这两个催化剂都存在严重的硫中毒现象，但是 Pd/Al₂O₃ 催化剂活性下降的速率比 Pd/SiO₂ 小，其原因是 Al₂O₃ 载体具有捕获硫化物的能力，而 Pd/SiO₂ 则不具有这种能力。Meeyoo 等[143]报道 H₂S 和 SO₂ 均会抑制负载型 Pd 和 Rh 催化剂的催化活性，但是对于负载型 Pt 催化剂，其催化活性在有硫污染物的存在下反而略有提高。Baldwin 等[81]在研究 1.0%（质量分数）Pt/Al₂O₃ 催化剂对丙烷的催化燃烧时也发现了同样的现象。按照 Meeyoo 等的结果，当温度低于 500 ℃，在反应气氛中有硫化合物存在时，Pt/Al₂O₃ 的甲烷催化燃烧活性是没有硫化合物参与时的两倍，而在 Pt/SiO₂ 催化剂上没有观察到这一试验现象。这是因为硫不倾向吸附在 Pt 金属原子上，而是在 Al₂O₃ 表面上形成了表面硫酸盐，从而提高了催化剂的表面酸性，促进了催化的完全氧化活性。Lampert[144]的试验则表明，PdO 可以催化氧化 SO₂ 成为 SO₃，SO₃ 在 PdO 和载体表面吸附，PdO 和载体之间又会发生双方向的溢流。PdO-SO₃ 的甲烷完全催化活性比 PdO 低，其甲烷 50% 转化温度（T_{50}）比 PdO 大约高 100℃左右。最近，Salvador 等[145]也研究了 Pd/Al₂O₃ 催化剂的中毒和再生，报道该催化剂在低温时很容易发生 SO₂ 中毒，其中毒后的催化剂可以被通入 H₂ 再生，再生的效率随着温度的升高而提高。

　　有些文献中也报道复合氧化物催化燃烧催化剂的中毒现象和机理。Wang 等[146]利用 La₀.₉Sr₀.₁CoO₃ 钙钛矿型模型催化剂研究了 ABO₃ 结构的催化剂 SO₂ 中毒机理：用 0.01% SO₂ 的气氛在 600℃处理 La₀.₉Sr₀.₁CoO₃ 催化剂 12 h 后，该催化剂中的金属元素会部分转化为 La₂(SO₄)₃、La₂(SO₃)₃、La₂O₂SO₄ 和 CoO，从而使其 CO 催化氧化活性降低，Royer 等[147]也报道了相似的实验结果，此外，他们还发现反应后 LaCo₁₋ₓFeₓO₃ 催化剂中的硫含量与中毒时间呈线性关系。周长军等[148]研究了氧化锡基甲烷催化燃烧催化剂的硫中毒反应机理，发现在反应温度为 500℃时，SnCrO 样品具有很好的抗硫性能，而 SnCuO 和 SnCoO 催化剂在有 SO₂ 存在时的活性大大降低。

　　如何提高天然气催化燃烧催化剂的抗硫中毒能力是我们面临的一个重要的任务。目前的研究结果表明，对于贵金属催化剂，将载体用硫酸处理后，可以使硫酸盐在载体上吸附，而不在活性中心吸附，这样就可以提高催化剂的抗毒性能[143]。用 CrOₓ 修饰 Pd/Al₂O₃ 催化剂，可以抑制该催化剂的中毒，在这种双金属催化剂中的电子相互作用减弱了 Pd-SO$_4$ 的键能。Rosso[149] 报道在 LaCr$_{0.5-x}$ Mn$_x$Mg$_{0.5}$O$_3$ 催化剂中存在的 MgO 相可以提高该催化剂的抗硫中毒性能。

从以上讨论中，我们可以得知：①负载型金属 Pd 催化剂比较容易发生硫中毒现象，而 Pt 催化剂的硫中毒问题尚有不同现象的报道；②钙钛矿型催化剂比较容易发生硫中毒，其晶体结构遭到破坏；③可采用改变载体组分和结构或者加入修饰元素提高催化剂的抗硫中毒能力；④作为一类重要的高温催化燃烧催化剂，六铝酸盐催化剂的硫中毒行为尚未见深入的报道。

值得注意的是，天然气催化燃烧的温度比较高（500~1200℃），而大多数催化剂硫中毒实验的研究均是在低温（<600℃）进行的。众所周知，表面硫酸盐在高温时可以分解成为 SO$_2$，使催化剂的中毒程度大大减少。但是，我们还不知道在天然气中存在 H$_2$S 或 SO$_2$（一般为 200 ppm）的条件下，催化剂在长时间高温运行中的硫中毒行为以及对其催化剂寿命的影响，并且工业燃烧器可能常处于反复启动的状态，催化剂需反复经历从低温到高温的过程，在低温下催化剂中毒后，在高温工作时被毒化的活性组分或中心是否可以恢复到初始活性？其毒化作用会不会发生累加？或被破坏的晶相结构会不会复原（如钙钛矿型催化剂）？如何快速评价天然气燃烧催化剂的寿命？能否把这些问题弄清楚直接关系到天然气催化燃烧催化剂寿命能否达到工业化应用的要求，即影响到催化燃烧技术在工业上的应用进程。因此，需要对天然气催化燃烧催化剂高温硫中毒行为、机理、中毒催化剂的再生以及评价催化燃烧催化剂寿命的方法开展深入的研究，以回答上述天然气催化燃烧科学中存在的问题。

5.2.4 天然气催化燃烧工业应用技术研究现状和发展趋势

在 20 世纪 70 年代中期，天然气作为一种新的能源在全球开始大规模的使用，与此同时，天然气的催化燃烧开始受到人们的关注。天然气催化燃烧大约可以分成 3 大类[150]：第一类是扩散催化燃烧，在此类燃烧中，燃气未经预混从平面燃烧器后端达到催化剂表面，氧气从四周扩散到催化剂表面，使燃气在催化剂表面进行催化燃烧，热量从表面辐射出去，催化剂表面燃烧温度一般小于 600℃。目前市场上的催化燃烧炉灶和部分正在开发的催化燃烧红外辐射加热器属于此类；第二类是预混贫燃绝热催化燃烧，在此类燃烧中用的催化剂为蜂窝状催化剂，天然气与空气经过预混合预热在绝热反应器中的蜂窝状催化剂上发生表面催化燃烧和气相燃烧，燃烧温度高达 1200~1300℃左右，此项技术可以应用于燃气轮机中。催化燃烧在燃气轮机中的应用的概念是由 Pfeffele 在 20 世纪 70 年代年提出的[151-153]，在过去的 30 余年中，这一领域的研究逐步深入进行，我们可以看到大量的文献报道及综述文章[154,163]。由于催化剂高温寿命短，燃气轮机的催化燃烧器往往有两个区域组成，低温区是催化燃烧区，高温区是气相燃烧区；第三类是预混辐射催化燃烧，在这类催化燃烧技术中的催化剂可以是管、平面或蜂窝形状。天然气与空气经过预混在催化燃烧器中发生表面催化和气相反应，燃料能量转换为红外辐射能量传出。下面从天然气催化燃烧技术应用的角度论述天然气催化燃烧技术研究与开发现状和发展趋势。

5.2.4.1　天然气催化燃烧在燃气轮机中的应用

NO$_x$ 排放是发电厂一个重要的污染排放物。目前，控制电厂 NO$_x$ 排放的技术有 3 类：其一是低氮燃烧技术，主要为燃烧系统的设计；其二是使用选择性催化还原技术和 NSCR 技术；其三是催化燃烧技术，该项技术主要用于燃气轮机发电系统。前两项技术已经在发电工业上大规模使用，催化燃烧技术尽管还处于技术开发阶段，但是普遍认为它是一种潜在的可以达到 NO$_x$ 接近零排放和 CO 与未燃碳氢（UHC）超低排放的技术，此外，催化燃烧技术还可以减少在气体燃烧中的不稳定性甚至熄火的危险，改善气体燃烧的反应动力学。与传统燃烧方式的燃气轮机相比，催化燃烧燃气轮机不需要很昂贵的吹扫系统，减少了效率损失。因此，催化燃烧技术在燃气轮机中的应用受到了工业界和研究者的充分重视。

燃气轮机系统由 3 大部分组成（图 5-10）：第一部分为空气压缩机，空气经过压缩机被压缩成压力为 $4 \sim 10 \times 10^5$ Pa，温度为 $200 \sim 400$℃ 的压缩空气，其压缩比和温度与燃气轮机的设计有关；第二部分为燃烧器，压缩空气和燃料在燃烧器中混合和燃烧，气体温度升至 $1500 \sim 2000$℃，但是目前制造燃气轮机的材料不能经受如此高的温度，因此压缩空气经过一个旁路在燃烧器出口和高温空气混合，使高温空气温度降至 $900 \sim 1300$℃，然后进入第三部分（燃气轮机），推动燃气轮机工作。如果采用催化燃烧系统，可使燃气轮机燃烧器的燃烧温度低至1300℃（图 5-10），不需要设计压缩空气旁路，因此，显示出一定的优势。

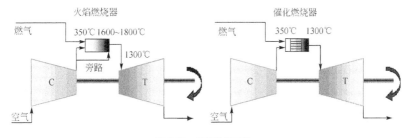

图 5-10　燃气轮机系统

催化燃烧器的优势在于燃烧在固体催化剂表面进行，降低了天然气燃烧的最高温度，其燃烧的空燃比比传统火焰燃烧更大，这就意味着燃气轮机燃烧器可以在更稀燃的情况下燃烧，从而可以不采用空气旁路来降低送给气温度。

5.2.4.2　燃气轮机催化燃烧器研究现状和发展

　　尽管催化燃烧可以降低天然气燃烧的最高温度，但是目前还没有可以在高温下可以长期运行的催化材料，为了保持燃气轮机燃烧器的温度在一个较低的水平，催化燃烧器的结构有以下 4 种形式以满足不同的设计需要[164]：第一种是完全催化燃烧形式（Ⅰ）；第二种是二次燃气催化燃烧（Ⅱ）；第三种是二次空气催化燃烧（Ⅲ）；第四种是部分催化燃烧（图 5-11）（Ⅳ）。完全催化燃烧技术是由日本的 Osaka 气体公司[165]首先提出来的。在这个设计中，采用了不同的催化材料以达到稳定催化燃烧目的。首先放置 Pd 催化剂在催化剂床层的进口，以保障催化燃烧起燃，以后几层催化剂为 Mn 取代的六铝酸盐，其绝热燃烧温度可以达到 1100℃。二次燃气催化燃烧器是由 Toshiba 公司和 Tokyo Electric Power 公司[166]共同开发的。在该系统中只有一部分燃料在催化剂表面上燃烧，其余为气相燃烧。该系统分为预燃混合区，低温度催化燃烧区和气相燃烧区，在催化剂上的燃烧温度控制在 1000℃ 以下，更多的燃料在催化剂床层出口喷射燃烧以达到最后的稳定燃烧温度。二次空气燃烧器是 Lyubovsky 在 2002 年提出的最新设计，为了避免在贫燃时的不稳定燃烧，首先将燃料过量 2~5 倍的燃气喷入催化燃烧区，此时甲烷除了发生的完全氧化反应外，还发生了部分氧化反应，燃气中除了 CO_2 和水外，还有 CO 和 H_2，催化燃烧后的燃气再与二次空气混合燃烧，气体温度升高至最终的设计温度。部分催化功能的燃烧器概念是分别由日本的 Hitachi 公司和美国的 Catalytic Energy Systems 公司[167]提出的，其设计原理是将催化剂设置在燃烧器的一个特定区域内，在不同的区域内采用不同的材料制备的催化剂，避免催化剂在极端条件下（如高温）工作。后来，Catalytic Energy Systems 公司发展了这个设计概念[168]，将燃烧器分为两个燃烧区域：催化燃烧区域和气相燃烧区域。一部分燃料在催化燃烧区域燃烧，剩余的燃料在催化燃烧区域后的气相燃烧区域燃烧，最终使气体温度到达 1300℃ 以推动燃气轮机，该项设计概念最终发展形成了二次燃气催化燃烧理论。

　　按照 Etemad[169]的观点，催化燃烧系统有如下技术优势：①可实现贫燃燃烧；②较低的火焰燃烧温度；③NO_x，CO 和 UHC 低排放；④提高燃烧的稳定性。

　　从文献的资料分析我们可以知道催化燃烧在燃气轮机中的应用主要存在两个问题：其一为催化剂的高温稳定性；其二是催化剂寿命。在过去的 20 年中，从催化剂材料和制备的角度的研究取得了重大进展，目前的研究还正在深入进行。此外，科学家们还力图在燃烧器的结构设计上解决我们面临的问题。

　　目前，大多数的人均倾向于将燃烧器分为预燃区、催化燃烧区和气相燃烧

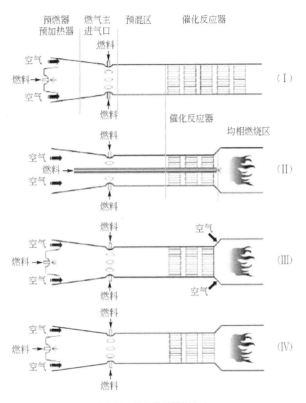

图 5-11　燃气轮机燃烧方式

区，以降低催化燃烧区的最高温度（图 5-12），从而提高燃烧催化剂的使用寿命。例如，Betta 等[168]在 1999 年报道了为 1.5 MW 工业燃气轮机使用的催化燃烧器的设计和研究。他们的催化燃烧器的燃气轮机入口温度为 1200～1300℃，催化剂的催化燃烧温度在 900℃以下，催化剂的燃烧温度调节由一次和二次燃气比例的调整来实现。该催化燃烧器的 NO_x 排放浓度小于 3 ppm，CO 和 UHC 的排放浓度小于 10 ppm，燃烧器进行了 350 h 的试验，显示出比较高的稳定性和耐久性。图 5-13 是 Cutrone 等[170]开发的催化燃烧器结构图。他们将该燃烧器的原理性样机在 GE Model 9001E 燃气轮机上进行了实验，结果表明系统的 NO_x 排放浓度为 3.3 ppm，CO 排放浓度为 2.0 ppm，未燃碳氢未检出。

　　Ozawa 等[166,171,172]设计了用于 10 和 20 MW 燃气轮机的催化燃烧器（图 5-14），它包括 1 个环形的预燃器，6 个催化燃烧催化剂，6 个预混喷嘴，催化剂和喷嘴依次排列形成一个圆。工作时，空气被预燃器加热到 400℃，然后和燃料气体混合，通过预混喷嘴均匀的喷射到催化剂上，催化剂床层最高温度小于

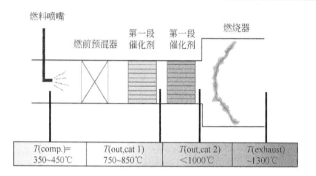

图 5-12　催化燃烧器燃烧区的设计

图 5-13　催化燃烧器

1000℃，催化剂床层出口的热空气和二次燃气混合在后催化区域进行气相燃烧，使燃烧器出口的气体达到 1300℃，以推动燃气轮机工作，实验表明该催化燃气轮机系统工作稳定，对于 10 和 20 MW 的燃气轮机的 NO_x 排放分别小于 5 和 10 ppm。

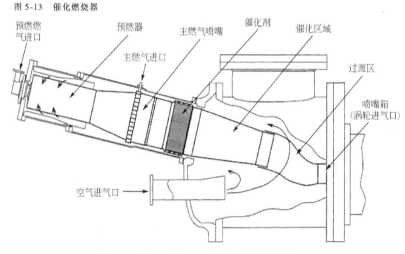

图 5-14　用于 10 和 20 MW 燃气轮机的催化燃烧器

Cowellt 等[173]也设计了一个燃气轮机催化燃烧器（图 5-15），并将其成功的应用到 Solar Turbines Mercury 50 小型燃气轮机上，在 50% ~ 100% 负荷的工况范围内，NO_x 排放浓度小于 5 ppm，CO 和 UHC 排放浓度小于 10 ppm。

Catalytic 公司已经将催化燃烧技术应用到 Kawasaki M1A-13A 小燃气轮机上，

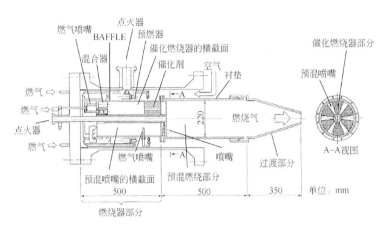

图 5-15 燃气轮机催化燃烧器的设计

并完成了该项技术的商业化过程，其 NO_x 排放浓度约为 2.5 ppm。GE 公司[174,175]亦在他们的较大型燃气轮机（MS9001）上实验了催化燃烧器系统。以上这两个系统中都使用了预燃器。

在燃气轮机的催化燃烧器的主要问题之一是如何抑制催化剂的工作温度，延长使用寿命。在以上讨论中的不同的燃烧器结构设计都是围绕这个问题进行的。Betta 等[176]利用在催化剂表面的涂层形成物理扩散的势垒，限制燃料在催化剂表面的扩散，因此可以降低催化剂表面的温度。Pfefferle[177]将催化剂设计成几段床层，利用不同结构和不同活性的催化剂控制甲烷燃烧的化学反应动力学，使催化燃烧在整个催化床层中均匀平稳的进行，避免了局部高温，控制催化燃烧的温度小于1000℃，而利用二次燃气的气相燃烧使燃烧器的出口温度达到1300℃，以推动燃气轮机工作。从以上文献总结可以知道，燃气轮机的催化燃烧器是否可以进行商业化运行取决于它的使用寿命和运行的稳定性。目前的研究集中在：①提高催化材料的高温稳定性，即开发性能更好的高温催化燃烧催化剂；②优化燃烧器的结构设计，如燃料喷嘴的分布和喷射形式，优化燃烧器中的燃料分布，达到精密控制催化燃烧过程的目的。

5.2.4.3 天然气催化燃烧在热水锅炉中的应用技术研究

1999 年，Vaillant 等[178]开发了一种催化燃烧锅炉，该催化燃烧锅炉的燃烧器由涂有催化剂的两层金属蜂窝催化剂组成，NO_x，CO 和 CH_4 的排放在他们的试验条件下未检出。这种催化燃烧炉可以应用于家庭的采暖。Seo 等[179]也研究了类似的天然气催化燃烧器，燃烧器的蜂窝催化剂的活性组分是 Pd/NiO。他们报道在催化剂的燃气入口端 8 cm 的催化床层内,甲烷的转化率为 95% 。在过量空气系数为 1.25 ~ 1.75 的条件下,30 cm 的催化床层上甲烷的转化率为 99.5% ,其热量流为 7 ~ 14 kcal/(h· cm^2) 。日本的 Advanced Catalytic Combustion Group 公司开发了一种催化燃烧器系统,该系统可以用于采暖系统或燃气轮机,它的燃烧室也是由两层蜂窝状催化剂组成。在保持燃烧室温度为 1350℃ 的条件下,该系统进行了 1000 h 的耐久性试验,可惜在文献中未见到他们的试验结果。俄罗斯的 Ismagilov 等[180] 研究了流化床的催化燃烧器 (图 5-16),他们认为固定床催化燃烧器有如下缺点:①在将反应热及时转移出存在困难;②温度分布不均匀,很难避免燃烧热点。在最佳燃烧条件下,他们设计的流化床催化燃烧器 CO 排放浓度为 1 ~ 20 ppm,NO$_x$ 排放浓度为 5 ~ 15 ppm,SO$_2$ 排放浓度为 1 ~ 10 ppm。该类型的催化燃烧器可应用于:①液体的加热和蒸发;②粉体材料的干燥和热处理;③有机废弃物的热分解;④废水污泥的处理。

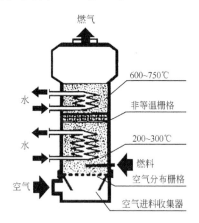

图 5-16 流化床催化燃烧器系统

Boreskov 催化研究所开发出一台 5.25 kW 的低排放催化热水炉样机 (图 5-17),该样机有两个燃烧区,在第一燃烧区内安装有以不锈钢网栅为载体的金属氧化物催化剂,其催化剂组成为:84.5% (质量分数,下同) Ni,12.5% GIAP-3 商业催化剂和 3% 氧化铬,在该区内天然气被部分氧化成合成气 (CO + H$_2$),在第二燃烧区为板式结构的燃烧器,在金属板上涂覆有催化燃烧催化剂,催化剂组成为:10% 负载型金属 Pt 催化剂 (0.6% Pt/Al$_2$O$_3$),72% 的 Ni 和 18% 的 Al$_2$O$_3$,在该区内合成气被催化氧化成 CO$_2$ 和水,燃烧热量由水吸收。样机试验结果表明该催化燃烧热水炉具有很高的热效率和很低的污染物排放。

天然气的燃烧效率一般都比较高,要使燃烧设备提高能源利用率,就要提高它的换热效率。如将燃烧器和换热器进行一体化设计,就可以减小燃烧设备的体

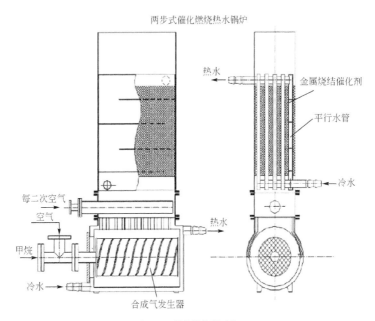

图 5-17 催化燃烧器系统

积，并提高其换热效率。Seo 等[181]在这方面做了很好的尝试。他们将催化翅管作为催化燃烧的燃烧器和换热器。图 5-18 是该燃烧器示意图和催化翅管的照片。燃气道和换热气道处于相互垂直的位置，换热气道由若干带有翅片的管道组成，换热气氛由管内通过，管道外表面及翅片表面涂覆有以 ZrO_2 为水洗层并负载了 2% Pd 的催化剂，燃气从管道外通过，在催化剂表面发生催化燃烧。

5.2.4.4 天然气催化燃烧红外辐射加热技术的研究

天然气按一定比例与空气混合，在催化剂表面上进行无焰燃烧，避免了气相燃烧中发出的可见光而造成的能量损失，其能量大部分转化为红外射线，可以用于物体干燥加热，称为催化燃烧红外加热。

红外加热以辐射方式传递热量，当被加热分子受到某种频率的红外线照射时，即辐射源的辐射能谱与被加热物分子产生共振吸收，加速分子内部的热运动，从而达到升温加热的目的。目前，市场上的红外加热元件一般为电红外元件，其优点是可以发射全波段的红外光谱，应用范围比较广泛；其缺点是一次性投资和运行成本高，能源利用率低。在今天的社会里，能源的短缺是一个不可回避的问题，发展节能技术是社会发展的一个战略性选择，因此，燃气红外加热技术应运而生，并已在工业和民用燃烧设备上得到广泛的应用。例如，在涂装工业

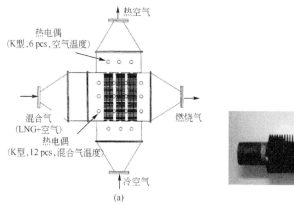

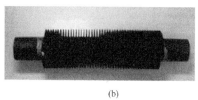

图 5-18　（a）该燃烧器示意图和（b）催化翅管的照片

上可用于汽车、自行车、缝纫机、家具等的漆膜干燥，在纺织工业上活性染料印花和涤纶切片等的干燥，在塑料制革工业上树脂干燥、皮革干燥，在农业生产上谷物油料干燥和种子处理以及在建筑上用于大空间的采暖等。实践证明，它比传统的对流加热和电红外加热具有投资省、效率高、运行成本低、污染少等优点。但是一般燃气红外加热仍然采用气相燃烧，存在着燃烧温度高、容易回火，NO_x、CO和 UHC 排放高等缺点，其能源利用率亦有提高的空间，天然气催化燃烧红外加热干燥技术是利用气体燃料在催化剂表面均匀燃烧，克服了非催化燃气红外加热的各种缺点。表 5-6 是 Advanced Catalyst Systems 公司[182]对催化燃气红外和非催化燃气红外（用于烤箱）的技术数据比较。从这组数据我们可以知道催化燃气红外技术比非催化燃气红外技术具有更高的能量转化率和能源利用率。

表 5-6　**Advanced Catalyst System 公司对催化燃气红外和**
非催化燃气红外（用于烤箱）的技术数据比较[182]

项目	传统燃气红外燃烧器	Cheftech TIF 催化红外燃烧器
能量供给	20 000BTU/h	4700BTU/h
辐射频率	近红外	宽波红外
能量转化率	20%	72%
能量利用率	29%	49%
净效率	5.5%	35%

　　天然气催化燃烧产生的红外线为 $3 \sim 7 \ \mu m$ 的长波段红外，根据辐射匹配原理，催化燃气红外技术更适合加热烘干在该红外区有吸收的材料和物体。例如，

我们知道谷物在 3 μm、6 μm、9 μm 等红外区段都有较大的吸收，水也是红外的敏感物质，它在 3 μm、5 ~ 7 μm、14 ~ 16 μm 也具有较强的吸收带。因此，催化燃气红外干燥技术非常适合粮食及食品的干燥。大多的有机涂料亦在此红外区域有比较高的红外吸收，适合利用催化燃气红外干燥技术，此外，木材、涂覆纸等的烘干也非常适合催化燃气红外干燥。综上所述，催化燃气红外干燥技术可以用于汽车、自行车、电视、冰箱、洗衣机等喷漆干燥；木材、粮食谷物、油料干燥和食品的烘干；涂覆纸和纺织业的染织的烘干工艺。

5.2.4.5　天然气催化燃烧红外辐射加热器

图 5-19 给出了天然气催化扩散燃烧红外辐射加热器的典型结构，如采用预混催化燃烧方式时，通入的燃料气体（如天然气）则改为空气和燃料气体预混气。早在 1916 年法国就成功地开发了此类燃烧器，并将此类燃烧器用于飞机发动机的加热。目前，以 LPG 为燃料的便携式红外催化燃烧加热器在世界各地销售，而用天然气作为燃料的红外催化燃烧加热器可以用于家居和工业加热领域。世界上有许多公司开发出不同用途的天然气红外催化燃烧器。Catalytic Drying Technologies 公司[183]从 1953 年开始致力于天然气催化燃烧红外加热技术的开发，并将其成功的应用于粮食烘干和杀虫，图 5-20 是该公司制造的催化燃烧红外粮食烘干设备。该设备能源利用率高，制造成本和运行费用低，加热均匀，CO 和未燃甲烷排放少，对所加工的粮食无污染，对粮食种子无伤害，是"绿色"的烘干设备，除了干燥粮食外，还可以干燥水果、蔬菜、烟草等其他农作物。设备中的天然气催化燃烧红外辐射器是由许多红外辐射板组合而成的，燃气在红外辐射板的催化剂层进行无焰催化燃烧，辐射出远红外线用以对粮食等农作物的干燥。

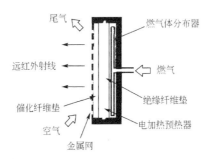

图 5-19　天然气催化扩散燃烧红外辐射加热器的典型结构

Vulcan Catalytic Systems 公司[184]从 1999 年开始开发红外催化燃烧加热器的市场并将其用于塑料制品的热成型。到 2005 年止，该公司已为塑料工业安装了

图 5-20　CDT 公司制造的催化燃烧红外粮食烘干设备

500 余套红外催化燃烧热加工成型设备，使用该设备可以降低塑料加工成本，提高产能，改善产品质量，提高产品的一致性。因为加热设备采用了催化燃烧，所以避免了天然气的不完全燃烧，减少了 UHC 的排放，从而使该加热设备在环保和能源利用的方面比其他加热设备占有一定的技术优势。目前，Vulcan Catalytic Systems 公司正在将天然气催化燃烧红外加热技术推广到纸张和纺织品的加热烘干。

5.2.4.6　天然气纤维催化燃烧催化剂

在天然气催化燃烧红外加热设备中通常采用陶瓷、金属和碳纤维为载体的 Pt 和 Pd 催化剂。目前，以纤维为载体的催化剂研究和开发迅速发展并在许多领域内应用。纤维具有一定的柔性，可以织成各种形式的纤维布或毯，很容易制备成各种形状以满足不同场合的需要，此外，利用纤维制备的催化剂对于气流的阻力比颗粒形的催化剂小，有比较大的几何表面积，容易成型和安装。但是，纤维催化剂的制备工艺比较复杂，金属负载量比较少，在一定程度上限制了它的应用。在天然气催化燃烧红外加热设备中的催化燃烧器是平板燃烧器，需要很大的加热面积，其他载体，如蜂窝载体，难以制造成大的平板燃烧器，所以，一般采用纤维为载体的催化剂。图 5-21 是应用于红外平板燃烧器的催化剂层结构示意图。如图所示，催化剂层结构的底部是隔热保温层，防止平板燃烧器的底部温度过热，然后依次是氧化铝纤维层，纤维催化剂层和金属网保护层。燃气在纤维催化剂层燃烧，燃烧温度大约在 500~800℃，在催化剂的作用下，天然气实现了完全燃烧，排放的 CO 和 UHC 少，因为燃烧温度较低，所以基本上没有 NO$_x$ 生成。一般来讲，催化燃烧红外辐射器的燃料可以是天然气，也可以是液化石油气，或其他低碳烷烃，如丙烷等。除了贵金属（Pd 和 Pt）外，ABO_3 型复合氧化物也被用来制备负载型纤维催化剂。Kiwi-Minsker 等[185,186]利用玻璃纤维布（图 5-22）作为载体制备了负载型 Pt 和 Pd 催化剂，并将催化剂用于 CO 和 VOC 的氧化反应以及丙烷的催化燃烧，为了提高催化的活性，他们还利用 TiO_2 和 ZrO_2 对纤维表面进行修饰，修饰后的催化剂比表面积增大，催化燃烧活性提高，其中以 TiO_2 修饰的纤维催化剂有最佳的催化活性，其丙烷催化燃烧的起燃温度为 200℃。Klvana 等[187]研究了硅铝纤维，高铝纤维和 ZrO_2 纤维作为天然气催化燃烧催化剂载体的可能性，并在这几类纤维上原位合成了 $La_{0.66}Sr_{0.34}Ni_{0.3}Co_{0.7}O_3$ 和 $La_{0.66}Sr_{0.34}Ni_{0.29}Co_{0.69}Fe_{0.02}O_3$ 催化剂，考察了催化剂甲烷燃烧活性。在 500℃和 800℃的工作范围内，负载量为 12%～15%（质量分数，下同）的 $La_{0.66}Sr_{0.34}Ni_{0.3}Co_{0.7}O_3$ 和 $La_{0.66}Sr_{0.34}Ni_{0.29}Co_{0.69}Fe_{0.02}O_3$ 催化剂对甲烷催化燃烧的活性可以与 2% Pt 催化剂相媲美，该催化剂显示出很好的稳定性，在低硫醇浓度下也显示出很好的抗硫中毒性能。Klvana 指出，要保证有比较好的催化燃烧活性，ABO_3 在载体上的均匀分散和高比表面积是非常重要的。此外，这个系列的催化剂对于富燃情况下的甲烷催化燃烧也有良好的表现。

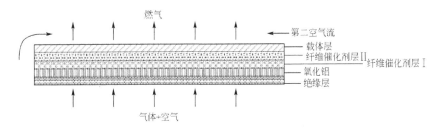

图 5-21　红外平板燃烧器的催化剂层结构

　　我国有些单位曾经开展过 Al_2O_3 纤维的制备技术研究，并将其用作天然气催化燃烧红外辐射加热器的催化剂载体，但是一直未见到专用于催化载体的 Al_2O_3 纤维在市场上出售。北京工业大学的何洪教授，利用我国生产的硅铝纤维为载体制备了系列负载型 Pd 纤维催化剂，并考察了催化剂对甲烷催化燃烧的活性。硅铝纤维材料的比表面积很小，一般在 1～2 m^2/g 左右，为了提高催化活性，需要对硅铝纤维金属表

图 5-22　玻璃纤维布

面处理。其制备过程是先将硅铝纤维棉用 1～2 mol/L HCl 煮沸 30 min，样品烘干

后，用浸渍法负载 Pt 或 Pd。由于硅铝纤维棉的吸水率非常小，在制备比较大量
的催化剂时，容易造成催化剂活性分布不均匀，因此应选择适当的表面活性剂加
入浸渍液中，以帮助金属离子在纤维表面的分散。此外，在负载贵金属之前，先
负载上一层 Al_2O_3 或 CeO_2 形成表面涂层，既可以增加硅铝纤维的比表面积，也
可以提高贵金属在纤维表面的分散度。从图 5-23 我们可以清楚地看出 2% Pd/2%
CeO_2/Al-Si 纤维催化剂的活性组分分散得比较均匀，然而 2% Pd/Al-Si 纤维催化
剂表面活性组分则分布不均匀[188]。

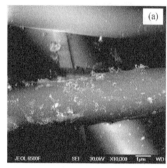

图 5-23　　（a）2% Pd/Al-Si 和 （b）2% Pd/2% CeO_2/Al-Si 纤维催化剂的扫描电镜照片

　　CeO_2 的负载量对 2% Pd/CeO_2/Al-Si 催化剂的甲烷催化燃烧活性也有很大的
影响，表 5-7 列出不同 CeO_2 负载量的 2% Pd/CeO_2/Al-Si 纤维催化剂的甲烷催化
燃烧活性，从该实验结果我们可以知道：①利用硅铝纤维保温材料作为载体的负
载型 Pd 催化剂有比较高的甲烷催化燃烧活性，其起燃温度（T_{50}）为 410 ℃，完
全燃烧温度（T_{100}）为 450 ℃；②以适当量的 CeO_2 修饰硅铝纤维载体，可以提
高催化剂的比表面积和催化燃烧活性，其中 2% Pd/2% CeO_2/Al-Si 催化剂具有
最好催化活性，其起燃温度（T_{50}）为 378 ℃，完全燃烧温度（T_{100}）为 400℃。

表 5-7　催化剂的比表面积及活性评价数据

CeO_2 掺杂比例	催化剂名称	T_{50}/℃	T_{100}/℃	比表面积/(m^2/g)
0%	2% Pd/ Al_2O_3-SiO_2 纤维	410	450	3.9
1%	2% Pd/1% CeO_2/ Al_2O_3-SiO_2 纤维	440	500	5.4
1.5%	2% Pd/1.5% CeO_2/ Al_2O_3-SiO_2 纤维	415	450	5.2
2%	2% Pd/2% CeO_2/ Al_2O_3-SiO_2 纤维	378	400	6.0
2.5%	2% Pd/2.5% CeO_2/ Al_2O_3-SiO_2 纤维	445	500	6.7
3%	2% Pd/3% CeO_2/ Al_2O_3-SiO_2 纤维	450	500	8.2

除了硅铝陶瓷纤维外，金属纤维，如不锈钢纤维，因其良好的机械性能和导热性能常被用于制备催化氧化反应中的催化剂，但是金属纤维的比表面积非常小，要获得高的催化活性，需要在金属纤维上涂覆一层氧化物。Ahlsrom-Silversand 等[189]利用 TSD（thermal spray deposition，热喷雾沉积）方法在不锈钢纤维上制备氧化涂层，为了提高比表面积和孔隙率，可以在喷雾浆液中加入聚合 Al_2O_3，其涂覆后的纤维比表面积可高达 40 ~ 180 m^2/g。Vorobeva 等[190]利用电泳沉积（eletrophoretic deposition，EPD）方法制备不锈钢纤维的活性 Al_2O_3 涂层，当涂层厚度为 15 μm 时，活性 Al_2O_3 涂层的比表面积高达 450 m^2/g，DRIFT 的研究表明该涂层的表面酸性与固相的 Al_2O_3 类似。将不锈钢纤维放入 ZSM-5 分子筛的合成原料液中，利用水热合成法可以在纤维载体上原位合成 ZSM-5 涂层（图 5-24），然后浸渍金属离子，亦可以制备不锈钢纤维催化剂[190~192]。

图 5-24　不锈钢纤维载体上
原位合成的 ZSM-5 涂层

5.3　结　语

随着社会经济的发展，随着人们对能源和环境的忧患意识的增加，催化燃烧科学和技术越来越受到科学界和工业界的高度重视，近几十年亦有很大的发展。尤其是 VOCs 催化燃烧技术已被广泛的应用于工业点源污染排放的控制。在我国，VOCs 催化燃烧技术和设备具有非常大的发展空间，并且天然气催化燃烧技术也在寻找适合的应用场所。现在与将来，催化燃烧领域仍是一个绚丽的舞台，我们期待着催化工作者，特别是年轻的催化工作者，在这个舞台之上演奏一场场丰富多彩的交响乐。

参 考 文 献

[1] Molhave G, Haly W S, Little J C, et al. Total volatile organic compounds (TVOC) in indoor air quality investigations. Indoor Air, 1997, 7 (4): 225 - 240

[2] Placet M, Mann C O, Gilbert R O, et al. Emissions of ozone precursors from stationary sources: a critical review. Atmos. Environ., 2000, 34 (12-14): 2183 - 2204

[3] Spivey J J. Complete catalytic oxidation of volatile organics. Ind. Eng. Chem. Res., 1987, 26 (11): 2165 - 2180

[4] Pradier C M, Rodrigues F, Marcus P, et al. Supported chromia catalysts for oxidation of organic compounds: the state of chromia phase and catalytic performance. Appl. Catal. B, 2000, 27 (2): 73 – 85

[5] Paulis M, Gandía L M, Gil A, et al. Influence of the surface adsorption-desorption processes on the ignition curves of volatile organic compounds (VOCs) complete oxidation over supported catalysts. Appl. Catal. B, 2000, 26 (1): 37 – 46

[6] Liang J J, Weng H S. Catalytic properties of lanthanum strontium transition metal oxides ($La_{1-x}Sr_xBO_3$; B = manganese, iron, cobalt, nickel) for toluene oxidation. Ind. Eng. Chem. Res., 1993, 32 (11): 2563 – 2572

[7] Seiyama T. Total oxidation of hydrocarbons on perovskites. Catal. Rev. -Sci. Eng., 1992, 34 (4): 281 – 300

[8] Irusta S, Pina M P, Menéndez M, et al. Catalytic combustion of volatile organic compounds over La-based perovskites. J. Catal., 1998, 179 (2): 400 – 412

[9] Marchetti L, Forni L. Catalytic combustion of methane over perovskites. Appl. Catal. B, 1998, 15 (3-4): 179 – 187

[10] Burch R, Harris P J F, Pipe C. Preparation and characterization of supported $La_{0.8}Sr_{0.2}MnO_{3+x}$. Appl. Catal. A, 2001, 210 (1-2): 63 – 73

[11] Spinicci R, Faticanti M, Marini P, et al. Catalytic activity of $LaMnO_3$ and $LaCoO_3$ perovskites towards VOCs combustion. J. Mol. Catal. A: Chem., 2003, 197 (1-2): 147 – 155

[12] Blasin-Aubé V, Belkouch J, Monceaux L. General study of catalytic oxidation of various VOCs over $La_{0.8}Sr_{0.2}MnO_{3+x}$ perovskite catalyst-influence of mixture. Appl. Catal. B, 2003, 43 (2): 175 – 186

[13] 尹维东, 栾志强, 乔惠贤等. VOCs 控制催化剂的研制. 中国稀土学报, 2004, 22 (4): 571 – 574

[14] Wang W, Zhang H, Lin G, et al. Study of $Ag/La_{0.6}Sr_{0.4}MnO_3$ catalysts for complete oxidation of methanol and ethanol at low concentrations. Appl. Catal. B, 2000, 24 (3-4): 219 – 232

[15] He X, Antonelli D. Recent advances in synthesis and applications of transition metal containing mesoporous molecular sieves. Angew. Chem. Int. Ed., 2002, 41: 214 – 229

[16] De G J, Soler-Illia A A, Sanchez C, et al. Chemical strategies to design textured materials: from microporous and mesoporous oxides to nanonetworks and hierarchical structures. Chem. Rev., 2002, 102: 4093 – 4138

[17] Barnard K R, Foger K, Turney T W, et al. Lanthanum cobalt oxide oxidation catalysts derived from mixed hydroxide precursors. J. Catal., 1990, 125 (2): 265 – 275

[18] 牛建荣, 刘伟, 訾学红等. $La_{1-x}Sr_xMnO_{3-\delta}$ ($x = 0$, 0.4) 纳米粒子的制备、表征及催化性能研究. 中国稀土学报, 2005, 23 专辑: 12 – 16

[19] 牛建荣, 刘伟, 戴洪兴等. 大比表面积锶掺杂钴酸镧高效纳米催化剂制备与表征. 科学通报, 2006, 51 (8): 912 – 918

[20] Niu J R, Liu W, Dai H X, et al. Preparation and characterization of highly active nanosized strontium-doped lanthanum cobaltate catalysts with high surface areas. Chin. Sci. Bull., 2006, 51 (14):

1673 – 1681

[21] Niu J R, Deng J G, Liu W, et al. Nanosized perovskite-type oxides $La_{1-x}Sr_xMO_{3-\delta}$, (M = Co, Mn; x = 0, 0.4) for the catalytic removal of ethylacetate. Catal. Today, 2007, 126 (3-4): 420 – 429

[22] Sinha A K, Seelan S, Tsubota S, et al. A three-dimensional mesoporous titanosilicate support for gold nanoparticles: vapor-phase epoxidation of propene with high conversion. Angew. Chem. Int. Ed., 2004, 43: 1546 – 1548

[23] Okumura K, Kobayashi T, Tanaka H, et al. Toluene combustion over palladium supported on various metal oxide supports. Appl. Catal. B, 2003, 44 (4): 325 – 331

[24] Okumura K, Tanaka H, Niwa M. Influence of acid-base property of support on the toluene combustion activity of palladium. Catal. Lett., 1999, 58 (1): 43 – 45

[25] Takeguchi T, Aoyama S, Ueda J, et al. Catalytic combustion of volatile organic compounds on supported precious metal catalysts. Top. Catal., 2003, 23 (1-4): 159 – 162

[26] Ordóñez S, Bello L, Sastre H, et al. Kinetics of the deep oxidation of benzene, toluene, n-hexane and their binary mixtures over a platinum on γ-alumina catalyst. Appl. Catal. B, 2002, 38 (2): 139 – 149

[27] Paulis M, Peyrard H, Montes M. Influence of chlorine on the activity and stability of Pt/Al_2O_3 catalysts in the complete oxidation of toluene. J. Catal., 2001, 199 (1): 30 – 40

[28] Minicò S, Scirè S, Crisafulli C, et al. Influence of catalyst pretreatments on volatile organic compounds oxidation over gold/iron oxide. Appl. Catal. B, 2001, 34 (4): 277 – 285

[29] Scirè S, Minicò S, Crisafulli C, et al. Catalytic combustion of volatile organic compounds on gold/cerium oxide catalysts. Appl. Catal. B, 2003, 40 (1): 43 – 49

[30] Antunes A P, Ribeiro M F, Silva J M, et al. Catalytic oxidation of toluene over CuNaHY zeolites: coke formation and removal. Appl. Catal. B, 2001, 33 (2): 149 – 164

[31] Larsson P-O, Andersson A, Wallenberg L R, et al. Combustion of CO and toluene; characterisation of copper oxide supported on titania and activity comparisons with supported cobalt, iron, and manganese oxide. J. Catal., 1996, 163 (2): 279 – 293

[32] Klissurski D, Uzunova E, Yankova K. Alumina-supported zinc-cobalt spinel oxide catalyst for combustion of acetone, toluene and styrene. Appl. Catal. A, 1993, 95 (1): 103 – 115

[33] Taylor S H, Heneghan C S, Hutchings G J, et al. The activity and mechanism of uranium oxide catalysts for the oxidative destruction of volatile organic compounds. Catal. Today, 2000, 59 (3-4): 249 – 259

[34] Evans O R, Bell A T, Tilley T D. Oxidative dehydrogenation of propane over vanadia-based catalysts supported on high-surface-area mesoporous $MgAl_2O_4$. J. Catal., 2004, 226 (2): 292 – 300

[35] Li W B, Chu W B, Zhuang M, et al. Catalytic oxidation of toluene on Mn-containing mixed oxides prepared in reverse microemulsions. Catal. Today, 2004, 93/95: 205 – 209

[36] Choudhary V R, Deshmukh G M, Mishra D P. Kinetics of the complete combustion of dilute propane and toluene over iron-doped ZrO_2 catalyst. Energy Fuels, 2005, 19 (1): 54 – 63

[37] Choudhary V R, Deshmukh G M, Pataskar S G. Low temperature complete combustion of dilute toluene and methyl ethyl ketone over transition metal-doped ZrO_2 (cubic) catalysts. Catal. Commun., 2004, 5 (3): 115 – 119

[38] 李鹏, 童志权. "三苯系" VOCs 催化燃烧催化剂的研究进展. 工业催化, 2006, 14 (8): 1 – 6

[39] Garetto T F, Apesteguía C R. Structure sensitivity and in situ activation of benzene combustion on Pt/ Al_2O_3 catalysts. Appl. Catal. B, 2001, 32 (1-2): 83 – 94

[40] Hua W M, Gao Z. Catalytic combustion of n-pentane on Pt supported on solid superacids. Appl. Catal. B, 1998, 17 (1-2): 37 – 42

[41] Yazawa Y, Takagi N, Yoshida H, et al. The support effect on propane combustion over platinum catalyst: control of the oxidation-resistance of platinum by the acid strength of support materials. Appl. Catal. A, 2002, 233 (1-2): 103 – 112

[42] Scirè S, Minicò S, Crisafulli C. Pt catalysts supported on H-type zeolites for the catalytic combustion of chlorobenzene. Appl. Catal. B, 2003, 45 (2): 117 – 125

[43] Xia Q H, Hidajat K, Kawi S. Adsorption and catalytic combustion of aromatics on platinum-supported MCM-41 materials. Catal. Today, 2001, 68 (1-3): 255 – 262

[44] Tsou J, Magnoux P, Guisnet M, et al. Catalytic oxidation of volatile organic compounds: oxidation of methyl-isobutyl-ketone over Pt/zeolite catalysts. Appl. Catal. B, 2005, 57 (2): 117 – 123

[45] Zhang M Q, Zhou B, Chuang K T. Catalytic deep oxidation of volatile organic compounds over fluorinated carbon supported platinum catalysts at low temperatures. Appl. Catal. B, 1997, 13 (2): 123 – 130

[46] Wu J C S, Lin Z A, Tsai F M, et al. Low-temperature complete oxidation of BTX on Pt/activated carbon catalysts. Catal. Today, 2000, 63 (2-4): 419 – 426

[47] Wu J C S, Lin Z A, Pan J W, et al. A novel boron nitride supported Pt catalyst for VOC incineration. Appl. Catal. A, 2001, 219 (1-2): 117 – 124

[48] Papaefthimiou P, Ioannides T, Verykios X E. Catalytic incineration of volatile organic compounds present in industrial waste streams. Appl. Therm. Eng., 1998, 18 (11): 1005 – 1012

[49] Nomura K, Noro K, Nakamura Y, et al. Combustion of a trace amount of CH_4 in the presence of water vapor over ZrO_2-supported Pd catalysts. Catal. Lett., 1999, 58 (2-3): 127 – 130

[50] Epling W S, Hoflund G B. Catalytic oxidation of methane over ZrO_2-supported Pd catalysts. J. Catal., 1999, 182 (1): 5 – 12

[51] Alvarez-Galv M C, Fierro J L G, Arias P L. Alumina-supported manganese-and manganese-palladium oxide catalysts for VOCs combustion. Catal. Commun., 2003, 4 (5): 223 – 228

[52] Centi G. Supported palladium catalysts in environmental catalytic technologies for gaseous emissions. J. Mol. Catal. A: Chem., 2001, 173 (1-2): 287 – 312

[53] Alvarez-merino M A, Ribeiro M F, Silva J M, et al. Activated carbon and tungsten oxide supported on activated carbon catalysts for toluene catalytic combustion. Environ. Sci. Technol.,

2004, 38 (17): 4664－4670

[54] Hettige C, Mahanama K R, Dissanayake D P. Cyclohexane oxidation and carbon deposition over metal oxide catalysts. Chemosphere, 2001, 43 (8): 1079－1083

[55] Rotter H, Landau M V, Carrera M, et al. High surface area chromia aerogel efficient catalyst and catalyst support for ethylacetate combustion. Appl. Catal. B, 2004, 47 (2): 111－126

[56] Li W B, Zhuang M, Xiao T C, et al. MCM-41 supported Cu-Mn catalysts for catalytic oxidation of toluene at low temperatures. J. Phys. Chem. B, 2006, 110 (43): 21568－21571

[57] Scirè S, Minicò S, Crisafulli C, et al. Catalytic combustion of volatile organic compounds over group IB metal catalysts on Fe_2O_3. Catal. Commun., 2001, 2 (6-7): 229－232

[58] Centeno M A, Paulis M, Montes M, et al. Catalytic combustion of volatile organic compounds on $Au/CeO_2/Al_2O_3$ and Au/Al_2O_3 catalysts. Appl. Catal. A, 2002, 234 (1-2): 65－78

[59] Anguil Environmental Systems 有限公司. Regenerative Catalytic Oxidizer. http//www. anguil. com/prregcat. php [2007-5-3]

[60] 郭萌. 天然气锅炉中天然气的燃烧及调整. 电力建设, 2003, 24 (2): 19－21

[61] Ciuparu D, Maxim R L, Altman E, et al. Catalytic combustion of methane over palladium-based catalysts. Catal. Rev., 2002, 44 (4): 593－649

[62] Gélin P, Primet M. Complete oxidation of methane at low temperature over noble metal based catalysts: a review. Appl. Catal. B, 2002, 39: 1－37

[63] Choudhary T V, Banerjee S, Choudhary V R. Catalysts for combustion of methane and lower alkanes. Appl. Catal. A, 2002, 234: 1－23

[64] Widjaja H, Sekizawa K, Eguchi K, et al. Oxidation of methane over Pd-supported catalysts. Catal. Today, 1997, 35: 197－202

[65] Sekizawa K, Widjaja H, Maeda S, et al. Low temperature oxidation of methane over Pd catalyst supported on metal oxides. Catal. Today, 2000, 59: 69－74

[66] Eguchi K, Arai H. Low temperature oxidation of methane over Pd-based catalysts-effect of support oxide on the combustion activity. Appl. Catal. A, 2001, 222: 359－367

[67] Widjaja H, Sekizawa K, Eguchi K, et al. Oxidation of methane over Pd/mixed oxides for catalytic combustion. Catal. Today, 1999, 47: 95－101

[68] Otto K, Haack L P, De Vries J E. Identification of two types of oxidized palladium on γ-alumina by X-ray photoelectron spectroscopy. Appl. Catal. B, 1992, 1: 1－12

[69] Schmitz P J, Otto K, De Vries J E. An X-ray photoelectron spectroscopy investigation of palladium in automotive catalysts binding energies and reduction characteristics. Appl. Catal. A, 1992, 92: 59－72

[70] Otto K, Hubbard C P, Weber W H, et al. Raman spectroscopy of palladium oxide on γ-alumina applicable to automotive catalysts nondestructive, quantitative analysis; oxidation kinetics; fluorescence quenching. Appl. Catal. B, 1992, 1: 317－327

[71] Goetz J, Volpe M A, Sica A M, et al. Low-loaded palladium on α-alumina catalysts: characterization by chemisorption, electron-microscopy, and photoelectron spectroscopy. J. Catal.,

1995, 153: 86 – 93

[72] Sandoval V H, Gigola C E. Characterization of Pd and Pd-Pb/α-Al$_2$O$_3$ catalysts. A TPR-TPD study. Appl. Catal. A, 1996, 148: 81 – 96

[73] Farrauto R J, Hobson M C, Kennelly T, et al. Catalytic chemistry of supported palladium for combustion of methane. Appl. Catal. A, 1992, 81: 227 – 237

[74] Farrauto R J, Lampert J K, Hobson M C, et al. Thermal decomposition and reformation of PdO catalysts; support effects. Appl. Catal. B, 1995, 6: 263 – 270

[75] Rodriguez N M, Oh S G, Dallabetta R A, et al. In situ electron microscopy studies of palladium supported on Al$_2$O$_3$ SiO$_2$, and ZrO$_2$ in oxygen. J. Catal., 1995, 157: 676 – 686

[76] Cullis C F, Willatt B M. Oxidation of methane over supported precious metal catalysts. J. Catal., 1983, 83: 267 – 285

[77] Ciuparu D, Pfefferle L. Support and water effects on palladium based methane combustion catalysts. Appl. Catal. A, 2001, 209: 415 – 428

[78] Ciuparu D, Bozon-Verduraz F, Pfefferle L. Oxygen exchange between palladium and oxide supports in combustion catalysts. J. Phys. Chem. B, 2002, 106: 3434 – 3442

[79] Burch R, Urbano F J. Investigation of the active state of supported palladium catalysts in the combustion of methane. Appl. Catal. A, 1995, 124: 121 – 138

[80] Burch R, Crittle D J, Hayes M J. C-H bond activation in hydrocarbon oxidation on heterogeneous catalysts. Catal. Today, 1999, 47: 229 – 234

[81] Baldwin T R, Burch R. Catalytic combustion of methane over supported palladium catalysts I. Alumina supported catalysts. Appl. Catal., 1990, 66: 337 – 358

[82] Baldwin T R, Burch R. Catalytic combustion of methane over supported palladium catalysts Ⅱ. Support and possible morphological effects. Appl. Catal., 1990, 66: 359 – 381

[83] Briot P, Primet M. Catalytic oxidation of methane over palladium supported on alumina: effect of aging under reactants. Appl. Catal., 1991, 68: 301 – 314

[84] Falconer J L, Chen B, Larson S A, et al. Reaction sites on the Al$_2$O$_3$ support of Pd/Al$_2$O$_3$. Stud. Surf. Sci. Catal., 1993, 75: 1887 – 1890

[85] Oh S H, Mitchell P J, Siewert R M. Methane oxidation over alumina-supported noble metal catalysts with and without cerium additives. J. Catal., 1991, 132: 287 – 301

[86] Oh S H, Mitchell P J. Effects of rhodium addition on methane oxidation behavior of alumina-supported noble metal catalysts. Appl. Catal. B, 1994, 5: 165 – 179

[87] Garbowski E, Feumijantou C, Mouaddib N, et al. Catalytic combustion of methane over palladium supported on alumina catalysts: evidence for reconstruction of particles. Appl. Catal. A, 1994, 109: 277 – 291

[88] Mouaddib N, Feumi-Jantou C, Garbowski E, et al. Catalytic oxidation of methane over palladium supported on alumina: influence of the oxygen-to-methane ratio. Appl. Catal. A, 1992, 87: 129 – 144

[89] Chang Y F, McCarty J G, Wachsman E D, et al. Catalytic decomposition of nitrous oxide over

Ru-exchanged zeolites. Appl. Catal. B, 1994, 4: 283 – 299

[90] McCarty J G. Kinetics of PdO combustion catalysis. Catal. Today, 1995, 26: 283 – 293

[91] Hicks R F, Qi H H, Young M L, et al. Structure sensitivity of methane oxidation over platinum and palladium. J. Catal., 1990, 122: 280 – 294

[92] Hicks R F, Qi H H, Young M L, et al. Effect of catalyst structure on methane oxidation over palladium on alumina. J. Catal., 1990, 122: 295 – 306

[93] Ribeiro F H, Chow M, Dallabetta R A. Kinetics of the complete oxidation of methane over supported palladium catalysts. J. Catal., 1994, 146: 537 – 544

[94] Carstens J N, Su S C, Bell A T. Factors affecting the catalytic activity of Pd/ZrO_2 for the combustion of methane. J. Catal., 1998, 176: 136 – 142

[95] Burch R. Low NO_x options in catalytic combustion and emission control. Catal. Today, 1997, 35: 27 – 36

[96] Muller C A, Maciejewski M, Koeppel R A, et al. Combustion of methane over palladium/zirconia derived from a glassy Pd/Zr alloy: effect of Pd particle size on catalytic behavior. J. Catal., 1997, 166: 36 – 43

[97] Fujimoto K, Ribeiro F H, Avalos-Borja M, et al. Structure and reactivity of PdO_x/ZrO_2 catalysts for methane oxidation at low temperatures. J. Catal., 1998, 179: 431 – 442

[98] Simone D O, Kennelly T, Brungard N L, et al. Reversible poisoning of palladium catalysts for methane oxidation. Appl. Catal., 1991, 70 (1): 87 – 100

[99] Niwa M, Awano K, Murakami Y. Activity of supported platinum catalysts for methane oxidation. Appl. Catal., 1983, 7 (3): 317 – 325

[100] Bozo C, Guilhaume N, Garbowski E, et al. Combustion of methane on CeO_2-ZrO_2 based catalysts. Catal. Today, 2000, 59 (1-2): 33 – 45

[101] Roth D, Gelin P, Tena E, et al. Combustion of methane at low temperature over Pd and Pt catalysts supported on Al_2O_3, SnO_2 and Al_2O_3-grafted SnO_2. Top. Catal., 2001, 16/17 (1-4): 77 – 82

[102] Miao S J, Deng Y Q. Au-Pt/Co_3O_4 catalyst for methane combustion. Appl. Catal. B, 2001, 31 (3): L1 – L4

[103] Ozawa Y, Tochihara Y, Watanabe A, et al. Deactivation of Pt· PdO/Al_2O_3 in catalytic combustion of methane. Appl. Catal. A, 2004, 259 (1): 1 – 7

[104] Arai H, Yamada T, Eguchi K, et al. Catalytic combustion of methane over various peroskite-type oxides. Appl. Catal., 1986, 26 (1-2): 265 – 276

[105] Martinez-Ortega F, Batiot-Dupeyrat C, Valderrama G, et al. Methane catalytic combustion on La-based perovskite catalysts. Comptes Rendus de I' Academie des Sciences Series IIC Chemistry, 2001, 4 (1): 49 – 55

[106] Saracco G, Geobaldo F, Baldi G. Methane combustion on Mg-doped $LaMnO_3$ perovskite catalysts. Appl. Catal. B, 1999, 20 (4): 277 – 288

[107] Ferri D, Forni L. Methane combustion on some perovskite-like mixed oxides. Appl. Catal. B,

1998, 16 (2): 119 – 126

[108] Alifanti M, Kirchnerova J, Delmon B. Effect of substitution by cerium on the activity of LaMnO$_3$ perovskite in methane combustion. Appl. Catal. A, 2003, 245 (2): 231 – 244

[109] Chan K S, Ma J, Jaenicke S, et al. Catalytic carbon monoxide oxidation over strontium, cerium and copper-substituted lanthanum manganates and cobaltates. Appl. Catal. A, 1994, 107 (2): 201 – 227

[110] Ciambelli P, Cimino S, De Rossi S, et al. AMnO$_3$ (A = La, Nd, Sm) and Sm$_{1-x}$Sr$_x$MnO$_3$ perovskites as combustion catalysts: structural, redox and catalytic properties. Appl. Catal. B, 2000, 24 (3-4): 243 – 253

[111] Cimino S, Lisi L, De Rossi S, et al. Methane combustion and CO oxidation on LaAl$_{1-x}$Mn$_x$O$_3$ perovskite-type oxide solid solutions. Appl. Catal. B, 2003, 43 (4): 397 – 406

[112] Szabo V, Bassir M, Van Neste A, et al. Perovskite-type oxides synthesized by reactive grinding: part IV. catalytic properties of LaCo$_{1-x}$Fe$_x$O$_3$ in methane oxidation. Appl. Catal. B, 2003, 43: 81 – 92

[113] Cimino S, Pirone L, Lisi L. Zirconia supported LaMnO$_3$ monoliths for the catalytic combustion of methane. Appl. Catal. B, 2002, 35 (4): 243 – 254

[114] Stathopoulos V N, Belessi V C, Ladavos A K. Samarium based high surface area perovskite type oxides SmFe$_{1-x}$Al$_x$O$_3$ (x = 0.00, 0.50, 0.95). Part II, catalytic combustion of CH$_4$. React. Kinet. Catal. Lett., 2001, 72 (1): 49 – 55

[115] Rossetti I, Forni L. Catalytic flameless combustion of methane over perovskites prepared by flame-hydrolysis. Appl. Catal. B, 2001, 33 (4): 345 – 352

[116] Civera A, Pavese M, Saracco G, et al. Combustion synthesis of perovskite-type catalysts for natural gas combustion. Catal. Today, 2003, 83 (1-4): 199 – 211

[117] Jansen S R, Haan J W, van de Ven L J M, et al. Incorporation of nitrogen in alkaline-earth hexaaluminates with a β-alumina- or a magnetoplumbite-type structure. Chem. Mater., 1997, 9 (7): 1516 – 1523

[118] Artizzu-Duart P, Millet J M, Guilhaume N, et al. Catalytic combustion of methane on substituted barium hexaaluminates. Catal. Today, 2000, 59 (1-2): 163 – 177

[119] Bellotto M, Artioli G, Cristiani C, et al. On the crystal structure and cation valence of Mn in Mn-substituted Ba-β-Al$_2$O$_3$. J. Catal., 1998, 179 (2): 597 – 605

[120] Astier M, Garbowski E, Primet M. BaMgAl$_{10}$O$_{17}$ as host matrix for Mn in the catalytic combustion of methane. Catal. Lett., 2004, 95 (1-2): 31 – 37

[121] Sidwell R W, Zhu H Y, Robert J K, et al. Catalytic combustion of premixed methane-in-air on a high-temperature hexaaluminate stagnation surface. Combusti. Flame, 2003 (1-2), 134: 55 – 66

[122] Artizzu P, Guilhaume N, Garbowski E, et al. Catalytic combustion of methane on copper-substituted barium hexaaluminates. Catal. Lett., 1998, 51 (1-2): 69 – 75

[123] Jang B W-L, Nelson R M, Spivey J J, et al. Catalytic oxidation of methane over hexaalumi-

nate-supported Pd catalysts. Catal. Today, 1999 (1-4), 47: 103 – 113

[124] Sohn J M, Kang S K, Woo S I. Catalytic properties and characterization of Pd supported on hexaaluminate in high temperature combustion. J. Mol. Catal. A: Chem., 2002, 186 (1-2): 135 – 144

[125] Machida M, Eguchi K, Arai H. Catalytic properties of BaMAl$_{11}$O$_{19-\alpha}$ (M = Cr, Mn, Fe, Co and Ni) for high-temperature catalytic combustion. J. Catal., 1989, 120 (2): 377 – 386

[126] Lietti L, Cristiani C, Groppi G, et al. Preparation, characterization and reactivity of Me-hexaaluminate (Me = Mn, Co, Fe, Ni, Cr) catalysts in the catalytic combustion of NH$_3$-containing gasified biomasses. Catal. Today, 2000, 59 (1-2): 191 – 204

[127] Groppi G, Cristiani C, Forzatti P. BaFe$_x$Al$_{12-x}$O$_{19}$ system for high-temperature catalytic combustion: physico-chemical characterization and catalytic activity. J. Catal., 1997, 168: 95 – 103

[128] Artizzu-Duart P, Brullé Y, Gaillard F, et al. Catalytic combustion of methane over copper- and manganese-substituted barium hexaaluminates. Catal. Today, 1999, 54 (1): 181 – 190

[129] Zarur A J, Ying J Y. Reverse microemulsion synthesis of nanostructured complex oxides for catalytic combustion. Nature, 2000, 403: 65 – 66

[130] Zarur A J, Hwu H H, Ying J Y. Reverse microemulsion-mediated synthesis and structural evolution of barium hexaaluminate nanoparticles. Langmuir, 2000, 16 (7): 3042 – 3049

[131] Zarur A J, Mehenti N Z, Heibel A T, et al. Phase behavior, structure, and applications of reverse microemulsions stabilized by nonionic surfactants. Langmuir, 2000, 16 (24): 9168 – 9176

[132] Pecchi G, Reyes P, López T, et al. Catalytic combustion of methane on Fe-TiO$_2$ catalysts prepared sol-gel method. J. Sol-Gel Sci. Technol., 2003, 27 (2): 205 – 214

[133] Ji S F, Xiao T C, Wang H T, et al. Catalytic combustion of methane over cobalt-magnesium oxide solid solution catalysts. Catal. Lett., 2001, 75 (1-2): 65 – 71

[134] Iamarino M, Chirone R, Lisi L, et al. Cu/γ-Al$_2$O$_3$ catalyst for the combustion of methane in a fluidized bed reactor. Catal. Today, 2002, 75 (1-4): 317 – 324

[135] Comino G, Gervasini A, Ragaini V, et al. Methane combustion over copper chromite catalysts. Catal. Lett., 1997, 48 (1-2): 39 – 46

[136] Xiao T C, Ji S F, Wang H T, et al. Methane combustion over supported cobalt catalysts. J. Mol. Catal. A: Chem., 2001, 175 (1-2): 111 – 123

[137] Choudhary V R, Uphade B S, Pataskar S G. Low temperature complete combustion of dilute methane over Mn-doped ZrO$_2$ catalysts: factors influencing the reactivity of lattice oxygen and methane combustion activity of the catalyst. Appl. Catal. A, 2002, 227 (1-2): 29 – 41

[138] Milt V G, Ulla M A, Lombardo E A. Cobalt-containing catalysts for the high-temperature combustion of methane. Catal. Lett., 2000, 65 (1-3): 67 – 73

[139] Yisup N, Cao Y, Feng W L, et al. Catalytic oxidation of methane over novel Ce-Ni-O mixed oxide catalysts prepared by oxalate gel-coprecipitation. Catal. Lett., 2005, 99 (3-4):

207 – 213

[140] Sohn J M, Woo S I. The effect of chelating agent on the catalytic and structural properties of $Sm_2Zr_2O_7$ as a methane combustion catalyst. Catal. Lett., 2002, 79 (1-4): 45 – 48

[141] Thevenin P O, Ersson A G, Kušar H M J, et al. Deactivation of high temperature combustion catalysts. Appl. Catal. A, 2001, 212 (1-2): 189 – 197

[142] Hoyos L J, Praliaud H, Primet M. Catalytic combustion of methane over palladium suupported on alumina and silica in precence of hydrogen sulphide. Appl. Catal. A, 1993, 98 (2): 125 – 138

[143] Meeyoo V, Trimm D L, Cant N W. The effect of sulphur containing pollutants on the oxidation activity of precious metals used in vehicle exhaust catalysts. Appl. Catal. B, 1998, 16: L101 – L104

[144] Lampert J K, Kazi M S, Farrauto R J. Palladium catalyst performance for methane emissions abatement from lean burn natural gas vehicles. Appl. Catal. B, 1997, 14 (3-4): 211 – 223

[145] Salvador O, Paloma H, Fevnando D V. Methane catalytic combustion over Pd/Al_2O_3 in presence of sulphur dioxide: development of a regeneration procedure. Catal. Lett., 2005, 100 (1-2): 27 – 34

[146] Wang H, Zhu Y F, Tan R Q, et al. Study on the poisoning mechanism of sulfur dioxide for perovskite $La_{0.9}Sr_{0.1}CoO_3$ model catalysts. Catal. lett., 2003, 82 (3-4): 199 – 204

[147] Royer S, Van Neste A, Davidson R, et al. Methane oxidation over nanocrystalline $LaCo_{1-x}Fe_xO_3$: resistance to SO_2 poisoning. Ind. Eng. Chem. Res. 2004, 43 (18): 5670 – 5680

[148] 周长军, 林伟, 朱月香等. 氧化锡基甲烷催化燃烧催化剂的硫中毒反应机理. 物理化学学报, 2003, 19 (3): 246 – 255

[149] Rosso I, Saracco G, Specchia V, et al. Sulphur poisoning of $LaCr_{0.5-x}Mn_xMg_{0.5}O_3 \cdot y$MgO catalysts for methane combustion. Appl. Catal. B, 2003, 40 (3): 195 – 205

[150] Sadamori H. Application concepts and evaluation of small-scale catalytic combustors for natural gas. Catal. Today, 1999, 47 (1-4): 325 – 338

[151] Pfefferle W C. Procede pour conduiredes reactions en phase vapeur: Belgian, BE 807942. 1974-03-15

[152] Pfefferle W C. Catalytically-supported thermal combustion: V. S. patent, VS 3928961. 1975-12-30

[153] Pfefferle W C. The catalytic combustor: an approach to cleaner combustion. J. Energy, 1978, 2: 142 – 146

[154] Prasad R. Kennedy L A, Ruckenstein E. Catalytic combustion. Catal. Rev. -Sci. Eng., 1984, 26 (1): 1 – 58

[155] Kesselring J P. Advanced combustion methods. London: Academic Press, 1986: 237 – 275

[156] Pfefferle L D, Pfefferle W C. Catalysis in combustion. Catal. Rev. -Sci. Eng., 1987, 29 (2): 219 – 267

[157] Trimm D L. Catalytic combustion, chemistry of the platinum group metals, recent developments.

Amsterdam, Elsevier Science B V, 1991, 60 – 74

[158] Zwinkels M F M, Järås S G, Menon P G, et al. Catalytic materials for high temperature combustion. Catal. Rev. -Sci. Eng., 1993, 35 (3): 319 – 358

[159] Kolaczkowski S T. Catalytic stationary gas turbine combustors. a review of the challenges faced to clear the next set of hurdles. Chem. Eng. Res. Des., 1995, 73 A: 168 – 190

[160] Eguchi K, Arai H. Recent advances in high temperature catalytic combustion. Catal. Today, 1996, 29 (1-4): 379 – 386

[161] Ertl G, Knözinger H, Weitkamp J. Handbook of Heterogeneous Catalysis. Wiley-VCH, Weinheim, 1997, 1668 – 1676

[162] Zwinkels M F M, Järås S G, Menon P G. Catalytic fuel combustion in honeycomb monolith reactors. In structured catalysts and reactors. Cybulski A, Moulijin J A (Ed.). New York, Marcel Dekker, Inc. 1998, 149 – 179

[163] Forzatti P, Groppi G. Catalytic combustion for the production of energy. Catal. Today, 1999, 54: 165 – 180

[164] Thevenin P. Catalytic combustion of methane. PhD Thesis, Kungliga Tekniska Högskolan, Sweden, 2002

[165] Sadamori H, Tanioka T, Matsuhisa T. Development of a high-temperature combustion catalyst system and prototype catalytic combustor turbine test results. Catal. Today, 1995, 26 (3-4): 337 – 344

[166] Ozawa Y, Fujii T, Sato M, et al. Development of a catalytically assisted combustor for a gas turbine. Catal. Today, 1999, 47 (1-4): 399 – 405

[167] Dalla Betta R A, Ezawa N, Tsurumi K, et al. Two stage process for combusting fuel mixtures. USA. US 5 183 401, 1993-02-02

[168] Dalla Betta R A, Rostrup-Nielsen T. Application of catalytic combustion to a 1. 5 MW industrial gas turbine. Catal. Today, 1999, 47 (1-4): 369 – 375

[169] Etemad S, Karim H, Smith L L, et al. Advanced technology catalytic combustor for high temperature ground power gas turbine applications. Catal. Today, 1999, 47 (1-4): 305 – 313

[170] Cutrone M B, Beebe K W, Dalla Betta R A, et al. Development of a catalytic combustor for a heavy-duty utility gas turbine. Catal. Today, 1999, 47 (1-4): 391 – 398

[171] Ozawa Y, Fujii T, Tochihara Y, et al. Test results of a catalytic combustor for a gas turbine. Catal. Today, 1998, 45 (1-4): 167 – 172

[172] Ozawa Y, Tochihara Y, Mori N, et al. Test results of a catalytically assisted combustor for a gas turbine. Catal. Today, 2003, 83 (1-4): 247 – 255

[173] Cowell L H, Roberts P B. Gas turbine engine Catalytic and primary combustor arrangement having seleetive air flow contrd: US patent, US 5452574. 1995-09-26

[174] Dalla Betta R A, Schlatter J C, Nickolas S G, et al. International gas turbine and aeroengine congress and exhibition. ASME Paper No. 96-GT-485, Birmingham, UK, 1996, June, 10 – 13

[175] Beebe K W, Cairns K D, Pareek V K, et al. Development of catalytic combustion technology

for single-digit emissions from industrial gas turbines. Catal. Today, 2000, 59 (1-2): 95 – 115

[176] Dalla Betta R A. Tsurumi k, Shoji T. Graded Palladium-containing Partial Combustion Catalyst and a process for using it : US patent, US 5 248 251, 1993-09-28

[177] Pfefferle W C. Catalytic Method, USA, US 5 601 426, 1997-02-11

[178] Vaillant S R, Gastec A S. Catalytic combustion in a domestic natural gas burner. Catal. Today, 1999, 47 (1-4): 415 – 420

[179] Seo Y S, Cho S J, Kang S K, et al. Experimental and numerical studies on combustion characteristics of a catalytically stabilized combustor. Catal. Today, 2000, 59: 75 – 86

[180] Ismagilov Z R, Kerzhentsev M A. Fluidized bed catalytic combustion. Catal. Today, 1999, 47: 339 – 346

[181] Seo Y-S, Yu S-P, Cho S-J, et al. The catalytic heat exchanger using catalytic fin tubes. Chem. Eng. Sci., 2003, 58 (1): 43 – 53

[182] Advanced Catalyst Systems 有限公司. Catalytic products for infrared heating. http://www. advancedcata cyst. com [2005-04-11]

[183] Catalytic Drying Technologies Inc. Flameless catacytic infrared energy. http://www. catacyticdrying. com/catalytic-drying. pdf [2005-04-11]

[184] Vulcan Catalytic Systems, Ltd, Vulcan Catalytic heaters, the proven alternative to electric infrared. http://www. catacyticheaters. US/ [2007-08-10]

[185] Kiwi-Minsker L, Yuranov I, Siebenhaar B, et al. Glass fiber catalysts for total oxidation of CO and hydrocarbons in waste gases. Catal. Today, 1999, 54 (1): 39 – 46

[186] Kiwi-Minsker L, Yuranov I, Slavinskaia E, et al. Pt and Pd supported on glass fibers as effective combustion catalysts. Catal. Today, 2000, 59 (1-2): 61 – 68

[187] Klvana D, Kirchnerová J, Chaouki J, et al. Fiber-supported perovskites for catalytic combustion of natural gas. Catal. Today, 1999, 47 (1-4): 115 – 121

[188] 张建霞, 何洪, 戴洪兴, 等. CeO_2 掺杂的 PdO 纤维催化剂的甲烷催化燃烧活性研究. 中国稀土学报, 2006, 24 专辑: 24 – 27

[189] Ahlström-Silversand A F, Ingemar Odenbrand C U. Thermally sprayed wire-mesh catalysts for the purification of flue gases from small-scale combustion of bio-fuel catalyst preparation and activity studies. Appl. Catal. A, 1997, 153 (1-2): 177 – 201

[190] Vorob'eva M P, Greish A A, Ivanov A V, et al. Preparation of catalyst carriers on the basis of alumina supported on metallic gauzes. Appl. Catal. A, 2000, 199 (2): 257 – 261

[191] Jansen J C, Koegler J N, Van Bekkum H, et al. Zeolitic coatings and their potential use in catalysis. Microporous Mesoporous Mat., 1998, 21 (4-6): 213 – 226

[192] Mintova S, Shoeman B, Valtchev V, et al. Growth of silicalite films on pre-assembled layers of nanoscale seed crystals on piezoelectric chemical sensors. Adv. Mater., 1997, 9 (7): 585 – 589

何洪 戴洪兴, 北京工业大学环境与能源工程学院化学化工系

第6章　室内空气催化净化

6.1　概　　述

城市居民的生活时间大约有90%是在室内度过的，因此室内空气污染与人们的身体健康密切相关[1,2]。室内空气污染包括物理性污染、化学性污染和生物性污染。物理性污染是指因物理因素，如电磁辐射、噪声、振动，以及不合适的温度、湿度、风速和照明等引起的污染。化学性污染是指因化学物质，如甲醛、苯系物、氨气、氡及其子体和悬浮颗粒物等引起的污染。生物性污染是指由生物污染因子，主要包括细菌、真菌（包括真菌孢子）、花粉、病毒、生物体有机成分等引起的污染。特别是近年来，由建筑材料、室内装修、家具和现代家电与办公器材造成的室内空气污染，严重威胁着人体健康。随着国家环境法规的日益严格和公众环保意识的提高，室内空气污染引发的一系列问题受到越来越多的关注。科研人员开始深入探讨室内空气污染物的来源、危害、对人类健康的影响，以及可行的解决途径。

室内空气污染主要是人为污染，以化学性污染和生物性污染最为突出。常见的室内气态污染物有 CO、甲醛、挥发性有机物（volatile organic compounds，VOCs）、氨等。CO 是无色无味气体，主要通过呼吸系统对人体健康产生影响，对心脏、肺和神经系统均具有严重危害。甲醛为无色有刺激性气味的气体。长期接触低浓度甲醛会引起慢性呼吸道疾病，引起细胞核的基因突变、新生儿染色体异常以及白血病，导致记忆力和智力下降，同时甲醛还具有强烈的促癌和致癌作用。VOCs 是一大类重要的室内空气污染物。室内空气中可检出 900 多种VOCs[3,4]，如乙醇、乙醛、环己酮、苯系物等。某些有害气体的浓度可高出户外十倍乃至几十倍[4]。VOCs 对人体健康的危害主要表现为对眼、鼻、咽喉以及皮肤等的刺激作用，浓度高时会引起头痛、头晕以及中枢神经系统、肝脏、肾脏等的严重损害[5,6]。氨是无色具有强烈刺激性的臭味气体，主要通过对上呼吸道的刺激和腐蚀对人体健康产生危害。室内空气微生物污染物主要包括约25 种细菌、33 种真菌、200 多种病毒等[7,8]，其中，致病病原体是室内空气微生物污染的首要危害，主要包括金黄色葡萄球菌、肺炎球菌、大肠杆菌、变形杆菌、假单胞杆菌等[8]，其浓度从每立方米几十个到几万个不等，尺度基本介于 $0.5 \sim 1\mu m$[7,8]，很容易与空气中的悬浮颗粒形成微生物气溶胶，这些气溶胶通过呼吸系统进入人体，影响肺部功能，导致呼吸道黏膜刺激、支气管炎、慢性呼吸障碍、过敏性鼻炎、哮喘以及慢性肺炎等各种呼吸道传染病的发生[9]。

室内 CO 主要来自于吸烟、含碳燃料的不完全燃烧。甲醛主要来自于装修材料、家具、吸烟、烹饪等过程。VOCs 主要来自于建筑和装饰材料、家具以及在室内装饰过程中所使用的油漆、涂料和胶黏剂等；室内煤和天然气等燃烧、吸烟以及人体排放也都是 VOCs 的来源[2,10]。室内氡气主要来自于建筑业施工中添加的混凝土防冻剂和早强剂、木质板材、室内装饰材料、人和动物代谢物等。室内空气中微生物的来源具有多样性，主要包括患有呼吸道疾病的病人、动物（啮齿动物、鸟、家畜等）和室外环境等。

控制室内空气污染主要有 3 种途径：一是消除污染源；二是加强室内空气流通；三是净化污染物。消除污染源是最直接、最有效的手段，但受技术条件的限制，还不可能完全实现从根源上消除室内空气污染源。室内通风换气简单、经济，然而现代化的生活方式使室内通风量受到限制，而且在外界大气污染比较严重的地区，采用通风换气对降低和消除室内污染不再有任何积极作用。因此，通过净化技术来控制室内污染就成为改善室内环境的有效手段[2]。

室内空气净化技术主要包括物理吸附技术、光催化技术、热催化氧化技术以及低温等离子体催化技术[2]。物理吸附技术利用活性炭、硅胶和分子筛等高比表面积材料吸附空气中的污染物，选择性好，对低浓度污染物清除效率高，且操作方便。缺点是吸附剂需要定期更换，常伴有二次污染。光催化技术、热催化氧化以及低温等离子体催化净化室内污染物技术各自具有其独特的优势，目前已成为环境催化领域的研究热点，本章将主要介绍这 3 种与环境催化相关的技术。

6.2　室内空气光催化净化

6.2.1　光催化原理

光催化是基于光催化剂在光照条件下促进反应物进行的催化氧化还原反应。1972 年日本学者 Fujishima 和 Honda 发现在受紫外光照射的 TiO_2-Pt 电极对上可以持续发生水的氧化还原反应生成氧气和氢气[11]。自从这一所谓 "Honda-Fujishima 效应" 被发现以来，人们对该催化反应过程进行了大量的研究，取得了令人瞩目的进展。进入 20 世纪 80 年代，光催化在环境净化和有机合成反应中的应用发展迅速，已成为日益受到重视的一项污染治理新技术[12-14]。据报道，室内多种气相有机污染物及微生物都可被光催化氧化过程分解和杀灭，如美国环保局公布的 9 大类 114 种有机物均被证实可以通过光催化氧化处理，而且反应能在常温常压下进行，所以此方法特别适合于室内空气的净化。

作为科学用语"光催化（photocatalysis）"一词，由"光（photo）+ 催化（catalysis）"组成。顾名思义，光催化反应意指催化剂在吸收光时发生的化学反应。由于光催化剂多为半导体，也出现了"半导体光催化反应"一词，用以区别色素和金属络合物等吸收光的光化学反应体系。

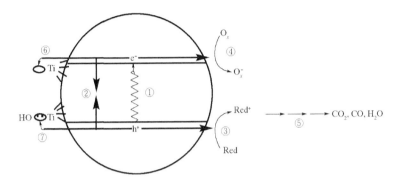

图 6-1　光催化空气净化作用机理示意图[15]

①光激发电子跃迁；②电子和空穴的重组；③价带空穴氧化吸附物的过程；④导带电子还原表面吸附物；⑤进一步的热反应或光催化反应；⑥半导体表面悬挂空键对导带电子的捕集；⑦半导体表面钛羟基对价带空穴的捕集

光催化反应机理如图 6-1 所示，半导体受到能量大于其禁带宽度的光辐照时，半导体价带（VB）中的电子会吸收光子的能量，跃迁到导带（CB），从而在导带产生自由电子（e^-），同时在价带产生空穴（h^+，也称正孔，电子空位），这种使半导体吸收光、电化学系统进入激发态的过程称为光电化学过程。虽然通常以电导率的大小区分金属、半导体和绝缘体，但是决定半导体的基本特性的不是电导率，而是电子能谱中出现的禁带（间隙），半导体的电学、光学以及电化学性质都由这一禁带的存在所决定。同时，光催化活性还与受光激发产生的自由电子－空穴对的产生、分离、存活寿命以及表面反应等因素有关[15]。光生空穴有极强的得电子能力，被催化剂表面吸附的羟基或水所捕获，形成强氧化性 OH 自由基；同时，光生电子转移给催化剂表面的吸附氧，形成 O_2^- 自由基。表面氧与光生电子的结合避免了光生空穴和光生电子的重新复合，而且 O_2^- 自由基在反应过程中还会与 H^+ 再产生 OH 自由基。一般认为，光催化分解 VOCs 或微生物是由于 OH 自由基具有很高的反应活性，可以使催化剂表面吸附的 VOCs 或微生物被氧化而降解或杀灭。也有研究者认为是双空穴自由基机制，即当催化剂表面主要吸附物为氢氧根或水分子时，它们可以俘获空穴产生 OH 自由基用来氧化有机物或微生物，这是间接氧化途径；当催化剂表面主要吸附物为有机物或微生物时，空穴与污染物的直接氧化反应为主要途径。

为有助于更好地理解半导体光催化原理，下面就半导体材料的结构、特性以及光催化反应发生的条件等方面内容作一简单介绍。

6.2.1.1 禁带宽度

半导体材料的能带结构一般是由填满电子的低能价带（valence band，VB）和空的高能导带（conduction band，CB）构成，价带和导带之间存在禁带。由量子化学计算可知，在分子或离子分散的能级中每两个电子形成一个电子对，在高于某一能量值的能级上是空的。充满电子的最高能级叫做最高占据（highest occupied，HO）能级，空着的能量最低的能级叫做最低未占（lowest unoccupied，LU）能级。分子被氧化时从 HO 能级释放电子，被还原时在 LU 能级接受电子。半导体分子的 HO 能级和 LU 能级分别构成能带结构中的价带顶和导带底，价带顶与导带底之间的能量差值就是禁带宽度。不同的半导体材料有其各不相同的禁带宽度，如图 6-2 所示[16]。

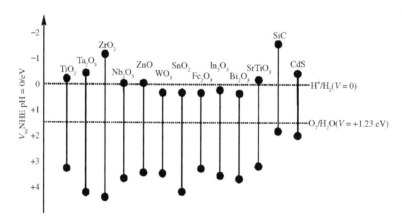

图 6-2　部分半导体化合物的能带结构（pH = 0，禁带宽度）[16]

6.2.1.2 吸收边

吸收边是考察半导体光吸收性能的一个常用参数。在紫外 – 可见吸收光谱中，采用吸收曲线的水平延长线和迅速上升处的延长线上交点，可以确定吸收曲线吸收边带边界的起始点。例如，根据图 6-3 中二氧化钛的紫外 – 可见吸收光谱可以得到二氧化钛（锐钛矿）的吸收边为 390 nm 左右[17]。

根据吸收边可以计算材料的禁带宽度。禁带越宽，吸收边越靠近短波方向，激发半导体所需要的辐照能量越高；禁带越窄，吸收边越靠近长波方向，激发半导体所需要的辐照能量越低。除了与半导体自身的特性有关之外，吸收边的位置

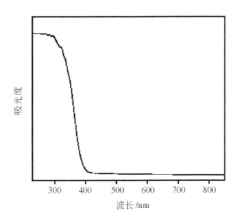

图 6-3　二氧化钛（锐钛矿）的紫外 – 可见吸收光谱[17]

还与半导体的粒径有关。与块体材料相比，纳米粒子的吸收边普遍有"蓝移"现象[18,19]。当半导体粒子的尺寸下降到某一值时，金属费米能级附近的电子能级由准连续变为离散，半导体微粒存在不连续的最高占据分子轨道和最低未占分子轨道能级，能隙变宽，吸收边"蓝移"，即吸收边向短波方向移动。

6.2.1.3　量子产率和光利用率

光催化反应的动力来自于光，所以光是否能被有效利用是评价光催化反应的重要内容之一。光催化的反应效率以量子产率（quantum yield）来表示，其定义为参与光催化反应的光子占被吸收光子的比例。通常我们可以用如下数学式计算量子产率和光的利用率[20]。

$$量子产率(\varphi) = 参与光催化反应的光子数 / 被吸收的总光子数 \qquad (6-1)$$
$$光的利用效率(\alpha) = 光吸收效率(\eta) \times 量子产率(\varphi) \qquad (6-2)$$

由于光催化反应体系中，入射光会受到溶液表面的折射、溶液的散射而损失，同时特别是光催化剂本身的电子 – 空穴对的复合，使得在光催化反应中，量子产率往往很低，制约了光催化技术的实际应用。

6.2.1.4　光催化反应机理

光催化降解污染物是光催化技术应用研究中的热点问题。光催化降解污染物的基本原理是，当光催化剂受到能量相当于或者高于其禁带宽度的光辐照时，产生电子跃迁，价带电子被激发到导带，形成电子 – 空穴对，并激活吸附在其表面的 O_2 和 H_2O，形成活性很高的自由基和超氧离子等活性氧物种，进而实现对目标污染物的氧化降解，主要反应机理如下[21,22]：

$$H_2O + h^+ \longrightarrow {}^\bullet OH + H^+ \tag{6-3}$$

$$h^+ + OH^- \longrightarrow {}^\bullet OH \tag{6-4}$$

$$O_2 + e^- \longrightarrow O_2^- \tag{6-5}$$

$$O_2^- + H^+ \longrightarrow {}^\bullet OOH \tag{6-6}$$

$$2{}^\bullet OOH \longrightarrow H_2O_2 + O_2 \tag{6-7}$$

$$2H_2O_2 + O_2^- \longrightarrow 2{}^\bullet OH + 2OH^- + O_2 \tag{6-8}$$

电子和空穴与水及氧反应的产物是 O^{2-} （过氧离子）及反应活性很高的 ${}^\bullet OOH$ 或 ${}^\bullet OH$（羟基自由基）。生成的自由基具有很强的氧化能力（如 ${}^\bullet OH$ 具有 402.8 MJ/mol 的反应能），可以破坏有机物中的 C—C、C—H、C—N、C—O、N—H 等键，对光催化氧化起决定作用。氧化作用可以通过表面羟基的间接氧化，即粒子表面捕获的空穴氧化；也可以在粒子内部或颗粒表面经价带空穴直接氧化；或由两种氧化同时起作用。基于以上原理，为了实现污染物的光催化降解，一方面，要满足光的量子能量大于光催化剂的禁带宽度以产生电子–空穴对；另一方面，光激发产生的空穴或 OH 自由基等氧化剂也要有足够高的电势电位将污染物分子氧化、分解。TiO_2 是一种具有代表性的光催化剂，它的能隙较大，产生的光生电子和空穴的电势电位高，有很强的氧化性和还原性。作为一种稳定性好的光催化剂，TiO_2 已经被广泛地应用在处理各种环境问题上。接下来就对以 TiO_2 为代表的光催化剂体系研究进展进行介绍。

6.2.2 光催化剂

光催化氧化还原反应多以 n 型半导体为催化剂，已经研究的 n 型半导体有 TiO_2、ZnO、CdS、Fe_2O_3、SnO_2、WO_3 等。其中 TiO_2 的化学性质和光化学性质均十分稳定，且无毒价廉，资源充分，以 TiO_2 为光催化剂的光催化反应技术也已经扩展到很多领域。

6.2.2.1 光催化剂的制备

催化剂的常用制备方法已经在第 2 章的相应部分进行了介绍，这些方法都可以用于光催化剂的制备。在光催化反应体系中，催化剂的选择、光催化反应器的设计和反应条件的优化是提高污染物光催化降解效率的关键，如何提高催化剂的活性是目前研究工作中面临的瓶颈问题。用于光催化反应的催化材料有颗粒粉体、薄膜、复合掺杂等几种形态，相应的制备方法很多。按照制备条件的差异，大致分为溶液法和气相法两大类，它们又可以细分为水热法、水解法、溶胶–凝胶法、微乳液法、共沉淀法、燃烧法、电化学法、机械混合法、化学气相沉积法、物理气相沉积法、物理溅射法以及等离子体法等。根据所要制备 TiO_2 催化剂的形态及要求不同，制备过程可选取相应的一种或几种方法联用。

选择制备方法时，应该从以下几个方面考虑制备方法对光催化剂性质带来的影响：

（1）光催化剂的晶相组成。例如：锐钛矿型的氧化钛比其金红石型的具有较高的活性，而锐钛矿与金红石的混晶（如 Degussa 公司的 P-25 商业光催化剂）具有更高的催化活性。

（2）尺寸效应。晶粒尺寸和分布直接影响到催化性能，不同的光催化剂和反应体系可能存在不一样的尺寸效应。另外，如前所述，当半导体光催化剂粒子的尺寸下降到某一值时吸收边将发生"蓝移"。

（3）缺陷、杂质和结晶度。半导体晶格中杂质的引入将导致晶格缺陷或改变结晶度，从而影响光生载流子的迁移和复合等行为。另外，某些金属或非金属离子的掺杂，可能改变半导体的吸收波长范围，甚至使响应从紫外光区域扩展到可见光区域。

光催化剂的制备直接影响到光催化活性，因而其制备方法一直是光催化研究的前沿和重要方向。

6.2.2.2 TiO$_2$ 复合光催化剂

为提高光催化剂活性，扩展催化剂对可见光的吸收，可以通过（非）金属（离子）或金属氧化物[23]掺杂、与半导体材料的复合等方法对催化剂进行修饰改性，也可以利用染料对催化剂进行光敏化[24]。

催化剂掺杂贵金属，如在 TiO$_2$ 表面沉积适量的 Pt[25]、Ag[26]等贵金属，有利于光生电子和空穴有效分离并降低还原反应的超电位，提高催化剂的活性；掺杂过渡金属可在半导体表面引入缺陷位置，成为电子或空穴的陷阱而延长其寿命；掺杂非金属离子，如 N[27]、S、C[28]、F[29]等，可以显著提高光催化剂对可见光的吸收。

复合半导体材料是指两种或两种以上的半导体材料相互复合，其修饰方法包括简单的组合、掺杂，多层结构和异相组合等，这也是一条提高 TiO$_2$ 光催化活性的有效途径。根据复合组分性质的不同，复合半导体可分为半导体 – 半导体复合物和半导体 – 绝缘体复合物。复合半导体材料中，两种半导体之间的能级差别能使光生电子和空穴得以有效分离，研究表明复合半导体比单个半导体具有更高的催化活性，并能够扩展其光谱响应范围[27,28]。

半导体与绝缘体复合时，绝缘体大多起着载体的作用，这些载体具有良好的孔结构，较大比表面积，一定的机械强度，便于在不同的光催化反应器中使用。常用的绝缘体有分子筛[30]、聚苯乙烯[31]等高分子聚合物。

半导体－半导体复合时，不同能级的半导体之间光生载流子的输运和分离，可以阻止电子和空穴的复合，改善其光催化活性，扩展激发光谱的响应范围，从而显著提高其对可见光的利用率和光量子产率。如图 6-4[32] 所示，禁带宽度较小的半导体经过光激发产生电子－空穴对，电子迁移至禁带宽度较大的半导体的导带，达到电子－空穴对分离的目的。现已研究的复合半导体体系主要有 CdS-TiO_2[33]、SnO_2-TiO_2[34]、WO_3-TiO_2[35]、TiO_2-Fe_2O_3[36]、SiO_2-TiO_2[37] 等，这些复合体系都表现出高于单一半导体的光催化性能。

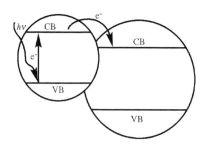

图 6-4　复合半导体催化剂的电子迁移示意图[32]

6.2.2.3　光催化剂的负载

光催化 TiO_2 氧化还原反应的早期实验研究多采用简单易行的悬浮体系。但在降解污染物反应中，TiO_2 颗粒极为细小，存在着难以回收、易中毒和当溶液中存在高价阳离子时催化剂不易分散等缺点，因此对 TiO_2 光催化剂的固定化研究是实现光催化技术广泛应用的有效途径，并成为光催化研究领域的一个新热点[30,31]。

TiO_2 固定化的关键在于选择合适的载体和负载方法，提高光催化剂的比表面积和吸附性能。因为 TiO_2 在紫外光照下能催化氧化有机物，故所选用载体多为无机或惰性有机材料，主要可分为以下几类：

（1）硅氧化物（玻璃纤维[38]等）。此类载体具有较好的透光性，对光的利用率高，但玻璃表面比较光滑，使得附着性能相对较差。此外 Na^+、Si^{4+} 在负载过程中进行热处理时可从载体表面迁移到 TiO_2 层，破坏 TiO_2 的晶格结构，成为电子－空穴复合中心，从而降低 TiO_2 光催化活性[39]；

（2）金属或金属氧化物[40]（Fe、Cu 等）。此类载体可塑性好，但由于其价格比较昂贵，且 Fe^{3+}、Cu^{2+} 等金属离子在热处理时会进入 TiO_2 层，破坏 TiO_2 晶格降低催化活性[41]等原因，限制了金属类载体的使用。泡沫金属不但具有密度小、孔隙率高和比表面积大等特点，而且具有高延展性、高热传导性、良好的机械加工特性、及其开孔结构特性，显示了良好的流体力学性能，因此在光催化空气净化中作为催化剂载体已受到注目[42]。通过 Al_2O_3 或 SiO_2 等中间层修饰，既可以避免金属离子进入 TiO_2 晶格，又可以增大比表面积，使得光催化活性明显提高[43]；

（3）吸附剂类载体主要有活性炭[44]、沸石[45]、多孔镍催化网[42]等，这一类载体由于本身具有较大的比表面积和良好的吸附性能，使得反应物在液相或气相环境中与催化剂能够较充分的接触，可将有机物吸附到 TiO_2 粒子周围，增加局部浓度，避免反应的中间产物挥发或游离，加快光催化反应速度。利用这类载体存在的主要问题在于 TiO_2 催化剂与载体之间的结合牢固程度还需要进一步提高；

（4）高分子聚合物（聚苯乙烯[31]等）作为光催化剂载体，具有良好的可塑性、价格低廉、易回收利用等特点。目前在聚合物半导体领域的研究也表明，具有适当分子结构（或经修饰后）的高分子聚合物，在电导性等光电特性上比无机物半导体更有优势，这也为进一步利用有机高分子聚合物开拓了新的思路[46]。

用于净化室内空气污染物的光催化材料，大多将光催化活性组分负载于空气过滤网上。这种负载不仅起着固定光催化剂的作用，而且为反应提供有效的表面积。一般来说，光催化剂的表面积越大则吸附量越大、光催化活性越强。光催化剂在固定化过程中由于负载或者载体选择不当等原因，会引起光催化剂比表面积的显著降低，光催化剂的晶相变化，光吸收性能减弱，载体被光催化氧化等现象的产生，以至于影响光催化活性。由此可见在设计光催化体系时，一方面要制备大比表面积的光催化剂，另一方面也要选择合适的载体以共同提高光催化剂的催化效率。通常光催化剂载体的选择主要从以下几个方面来考虑：①在能够激发表面活性组分的光谱范围内没有明显的光吸收，有良好透光效果的更佳；②有较大的比表面和良好的孔结构；③有较好的热稳定性、化学稳定性和机械强度；④能够分散负载组分并赋予其一定的稳定性；⑤在不影响光催化活性的前提下与光催化剂颗粒有较强的结合力。

6.2.2.4 光催化剂表征

随着现代分析仪器的发展，各种光催化剂的表征方法也日益丰富，最常用的分析方法有 X 射线衍射法（XRD）、透射电子显微镜法（TEM）、扫描电子显微镜法（SEM）、比表面积测定法（BET）、紫外 – 可见吸收/漫反射光谱（UV-VIS/DRS）、表面光电压谱（SPS）、X 射线光电子能谱（XPS）、扩展 X 射线吸收精细结构（EXAFS）、红外光谱（IR）、扫描隧道电子显微镜

(STM)、原子力显微镜（AFM）、热分析法［差示扫描量热法（DSC）、热重量分析法（TG）、动态力学分析法（DMA）］等。先进的仪器分析手段可以表征材料的微观形貌、结构特性，甚至可以探测原子级别的分子组成等信息，在半导体光催化剂的制备及掺杂改性的机理研究中具有尤为重要的意义，已成为研究中不可或缺的手段。

6.2.3 光催化反应器结构

反应器的设计是光催化氧化反应技术应用化的关键。用于处理室内空气污染的反应器，应具有相对较高的气体流速，反应器内部结构能够满足催化剂与气体污染物之间的充分接触，存在相对较小的压力差。光催化氧化还原空气中污染物的反应器研究逐渐发展起来，并且在日本、欧美等一些国家实现了应用[47]，其中蜂窝层格式、流化床式和管式反应器是 3 种最具有代表性的反应器装置。近年，在管式反应器基础上又开发了壁流式反应器。

1. 蜂窝层格（honeycomb monolith）式反应器

蜂窝层格式反应器的内部设有多个层格单元（方型或管型），单元之间的片状层格上涂有 TiO$_2$ 等催化剂薄膜，层格之间的单元里装有紫外（或可见）光源，结构如图 6-5 所示[48]，蜂窝层格式反应器的优点在于其内部较低的压力差和较高的面积/体积比，Sauer 等[49]利用该种反应器，在紫外灯光源下，降解丙酮取得了较好的效果。

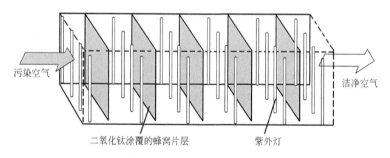

污染空气

洁净空气

二氧化钛涂覆的蜂窝片层   紫外灯

图 6-5 蜂窝层格式光催化反应器结构示意图[48,49]

2. 流化床式反应器

在流化床式反应器中，污染物气体直接通过催化剂床层，催化剂在气流的作用下达到一定程度的流化状态，从而使得催化剂、反应物和照射光之间的接触更充分，提高了反应效率。照射光源可以放置在反应器外，如图 6-6 中所示[50]，也可以放置在反应器的中心[51]。

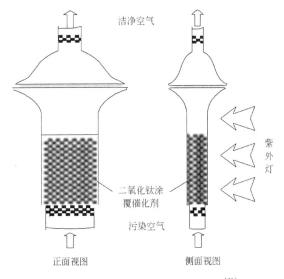

图 6-6 流化床式光催化反应器结构示意图[50]

3. 管式反应器

管式反应器一般由两个同心的可透光线的气缸组成，气缸之间的部分是有效反应区，气体污染物与气缸表面上的光催化剂薄膜接触，得到降解。设置反应器时，照射光源可以放置在反应器外围，也可以放置在反应器内部。此外，为满足反应所需的温度条件，反应器还可以附加恒温装置，结构示意图见图 6-7[52]。

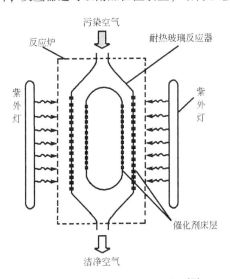

图 6-7 管式光催化反应器结构示意图[52]

4. 壁流式反应器

壁流式反应器结构如图 6-8 所示[53]。该净化单元由光催化网和位于中间的 UV 灯管组成。网管的一端由密封板封住，使得空气沿轴向进入光催化网，再沿径向从网的孔隙流出。

这种净化单元有如下优点：

（1）UV 灯位于管网的中间，能够有效地照射光催化网，并且能使网的表面具有均匀的光强，继承了管状净化器的优点；

（2）由于气体从网的孔隙穿过，减小了污染物从体相到催化剂表面的扩散距离，从而减小了质量传递阻力，传质性能好，避免了管状净化器的缺点；

（3）能够使污染物获得较长的停留时间，使净化装置获得较低的阻力，适用于高流速环境；

（4）可以灵活地通过改变管径和管长来调节光催化网面积和风速，从而使反应器适用于不同的净化装置或空调系统。

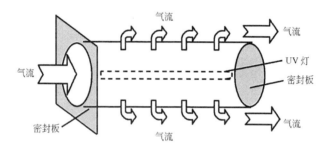

图 6-8　壁流式反应器单元结构示意图[53]

6.2.4　光催化活性的影响因素

6.2.4.1　催化剂

1. 催化剂的晶型结构

晶体结构上的差异导致光催化材料有不同的电子能带结构，从而具有不同的活性。比如 TiO_2 有 3 种晶型：锐钛矿型、金红石型和板钛矿型，具有光催化作用的主要是锐钛矿型（$E_g = 3.2$ eV）。同时，人们发现锐钛矿与金红石（$E_g = 3.1$ eV）的混晶（非机械混合）也具有较高的催化活性，如作为商业光催化剂代表的德国 Degussa 公司 P-25 二氧化钛粉末光催化剂便是锐钛矿和金红石的混合相。混晶具有高活性的原因在于锐钛矿晶体表面生长了薄的金红石结晶层，不同的晶体结构能有效地促进锐钛矿晶体中的光生电子和空穴电荷的分离（混晶效应）[54]。

2. 粒径与比表面积

催化剂的粒子越小，溶液中分散的单位质量粒子数目越多，光吸附效率就高，光吸收不易饱和；体系的比表面积大，反应面积就大，有助于有机物的预吸附，反应速率快，效率高；粒径越小，电子和空穴的简单复合概率越小，光催化活性也越好。Anpo[55] 首先研究了粒径与光催化反应量子产率的关系，发现粒径减小，量子产率提高，光吸收边界蓝移（有效能隙）。尤其当粒径小于 10 nm 时，量子产率得到迅速提高。纳米粒子的光催化活性明显优于相应的体相材料，这主要是由于：①纳米粒子所具有的量子尺寸效应使其导带和价带能级变成分立的能级，能隙越宽，导带电位就变得更负，而价带电位则变得更正，这意味着纳米粒子获得了更强的还原及氧化能力，使得催化活性随尺寸量子化程度的提高而提高；②对于纳米粒子而言，其粒径通常小于空间电荷层的厚度，在此情况下，空间电荷层的任何影响都可忽略，光致载流子可通过简单的扩散从粒子内部迁移到粒子表面而与电子给体或受体发生还原或氧化反应。粒径越小，电子从体相扩散到表面的时间越短，电子与空穴复合几率越小，电荷分离效果越好，从而导致催化活性的提高。

3. 助催化剂

光催化反应要有效地进行，就需要减少光生电子和空穴的简单复合，这可以通过使光生电子、光生空穴或两者被不同的基元捕获来实现。特别是在光解水反应中，往往通过在光催化剂表面负载 Pt 和 RuO_2 等助催化剂，提高光解水产氢和产氧活性。

6.2.4.2　光源和光强

从理论上讲，其能量大于光催化剂的禁带宽度的光子均能激发光催化活性。因此，光源选择比较灵活，如黑光灯、高压汞灯、低压汞灯、紫外灯、杀菌灯等，波长一般在 250～400 nm。应用太阳光作为光源降解空气和水中的有机物研究也取得了一定的进展。

光强越大，提供的光子越多，光催化氧化分解有机物的能力越强。但是当光强增大到一定程度后，光催化氧化分解效率反而会下降。这可能是因为尽管随着光强的增大有更多的光致电子和光致空穴对产生，但是不利于光致空穴和电子的迁移，从而使复合的可能性增大。由于存在中间氧化物在催化剂表面的竞争性复合，光强过强光催化效果并不一定就好。研究表明不同光强下光强（I）、反应速率（V）和光量子产率（Φ）的三者关系为：①低光源时，V 随 I 而变，Φ 为常数；②中光源时，V 随 $\sqrt{I}$ 而变，Φ 随 $\sqrt{I}$ 而变；③高光源时，V 为常数，Φ 随 $1/I$ 而变。

6.2.4.3　污染物浓度

光催化氧化的反应速率符合 Langmuir-Hinshelwood 动力学方程

$$r = \frac{kKC}{1 + KC}$$ (6-9)

式中，r 为反应速率；C 为反应物浓度；k 为表观吸附平衡常数；K 为发生于光催化剂表面活性位置的表面反应速率常数。

低浓度时，$KC \ll 1$，则式（6-9）可以简化为

$$r = kKC = K'C$$ (6-10)

即反应速率与溶质浓度成正比。初始浓度越高，降解速率越大。可以看出，在某一高浓度范围内，反应速率与该溶质浓度无关；在中等浓度时，反应速率与溶质之间存在着复杂的关系。

6.2.4.4 氧气的作用

光催化反应涉及多个氧化还原过程，氧气及其衍生的活性氧自由基是影响光催化效率的重要因素。氧气很容易吸附在 TiO_2 粒子的表面，作为电子受体接受光生电子，形成 $\cdot O_2^-$ 及 $\cdot O_2^{2-}$ 等活性氧自由基。电子被氧气俘获的过程是光催化的速率控制步骤，光生空穴－电子对被催化剂表面晶格缺陷或表面吸附物俘获后，如果没有适当的电子受体存在，空穴－电子复合速率很快，而氧气作为电子受体能有效地接受电子，使得复合概率大为减少。Schwarz 等[56]用电子自旋共振（ESR）观测到 OH 自由基生成速率与氧气的分压有明显的关系，由此说明氧气对阻止电子－空穴复合起作用。氧气也可能与反应中间体发生作用。Wang 等[57]在研究 2-CB 在二氧化钛光催化降解时发现，低浓度氧时，中间产物积累浓度很高，他们认为降解过程中，分子氧参与了芳环的断裂过程。

6.2.4.5 水蒸气影响

TiO_2 催化剂表面会吸附有一定量水分子，水分子的解离化学吸附可生成羟基，进而可形成高氧化活性的羟基自由基[57]。通常认为，一定量水蒸气的存在可促进光催化反应的进行，但是过量水蒸气的存在会占据大量的活性位置而影响催化剂的光催化活性[54,57,58]。

6.2.5 光催化净化室内污染物

以上内容概括了影响光催化活性的主要因素。光催化净化室内空气影响因素众多，为了便于进一步了解，下面就光催化净化室内有害性气体和光催化净化室内有害微生物的研究提供一些实例和讨论。

6.2.5.1 光催化净化室内有害性气体

近几年来，随着人们对室内空气质量的日益关注，针对室内主要有机污染物

如甲醛、乙醛及苯系物的光催化净化研究逐渐增多。

Noguchi 等[58]研究了 TiO_2 膜光催化净化甲醛和乙醛反应，发现 TiO_2 膜具有高效光催化甲醛活性。如图 6-9（a）可以看出，在室温、紫外光强为 1.0 mW/cm^2 和 40% 相对湿度下，反应 80 min 后，280 ppm 甲醛被完全分解为 CO_2 和 H_2O。

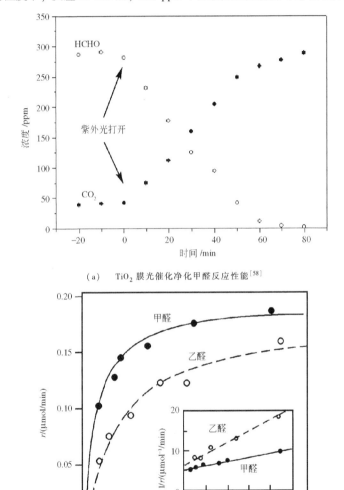

（a） TiO_2 膜光催化净化甲醛反应性能[58]

（b） TiO_2 膜光催化净化甲醛和乙醛反应速率随反应物初始浓度的变化趋势[58]

图 6-9

同时 Noguchi 等[58]也利用 L-H 模型对 TiO₂ 膜光催化不同浓度甲醛和乙醛的反应动力学进行了研究，如图 6-9（b）所示。在低浓度范围内，随着初始浓度的提高，TiO₂ 膜光催化甲醛和乙醛的反应速率迅速提高，但当初始浓度高于 280 ppm 后，反应速率增加趋势减缓。另外，在低初始浓度区域（低于 1200 ppm）时，TiO₂ 膜光催化氧化甲醛的速率远远高于催化氧化乙醛，他们认为这是由甲醛在催化剂表面的吸附强度远远高于乙醛引起的。

Ibuski 和 Takeuchi[59]研究了近紫外光照下，TiO₂ 光催化净化 20～80 ppm 甲苯的活性。研究发现多相 TiO₂ 光催化甲苯的反应速率远远高于没有 TiO₂ 参与时的均相反应速率，而且前者的 CO₂ 生成率比后者高 66 倍之多。他们还发现水蒸气的存在可大幅度提高光催化氧化速率，并将其原因归结于水蒸气的存在可产生大量具有强氧化活性的羟基自由基。

Obee 和 Brown[60]研究了不同紫外光强、湿度和污染物浓度条件下 TiO₂ 光催化净化室内甲醛、甲苯及丁二烯的活性和动力学。他们发现紫外光强对 TiO₂ 光催化净化 3 种污染物的影响遵循相似的动力学方程：当光照强度高于太阳光强时，反应速率与光强的平方根成正比；当光强低于太阳光强时，反应速率与光强具有线性关系，其中甲苯的氧化速率与光强的 0.55 ± 0.03 次方成正比。湿度对甲醛和甲苯氧化的影响具有相似规律，随着相对湿度的增加，甲醛氧化速率先增加后下降；而对于丁二烯的氧化，湿度增加，速率逐渐下降。他们认为这是由不同污染物与羟基自由基之间的竞争吸附引起的。同时，在相对湿度 15%～60% 范围内，TiO₂ 光催化净化低于 10 ppm 甲醛的氧化反应遵循 L-H 一级反应方程。

Pt 等贵金属常作为光解水制氢催化剂中的助催化剂。近年来，助催化剂也被用于降解污染物的光催化剂体系。Sano 等[61]对不同贵金属（Pt，Pd，Ag）负载的 TiO₂（P25）光催化净化乙醛进行了研究。如图 6-10 所示，在干燥条件下，纯 TiO₂ 光催化分解乙醛为 CO₂ 的速率高于金属负载的 TiO₂。将相对湿度提高到 50%，Pd 和 Ag 的添加进一步降低了 TiO₂ 光催化分解乙醛的活性，而 Pt 的添加却大大提高了纯 TiO₂ 的光催化活性，这是由于在 Pt/TiO₂ 体系中水分子的存在促进了 O²⁻、OH 自由基的形成。Obuchi 等[62]在对 Pt-TiO₂/SiO₂ 光催化分解乙醛的研究过程中也发现了 Pt 的助催化作用，在 Pt-TiO₂/SiO₂ 催化剂上乙醛的转化率和 CO₂ 的产率比使用 TiO₂/SiO₂ 约高 10%。Sinha 等[63]制备出了具有高热稳定性、高比表面的中孔 CeO₂-TiO₂ 和 Pt/CeO₂-TiO₂ 催化剂，活性对比结果如图 6-11 所示。在室温条件下，CeO₂-TiO₂ 具有远高于单纯中孔 CeO₂ 以及 TiO₂ 的光催化去除甲苯的能力，当负载贵金属 Pt 之后，其去除甲苯的活性还会提高大约一倍。助催化剂的作用一般被认为是有利于光生电子和空穴向表面迁移，抑制其复合，从而提高光催化活性。

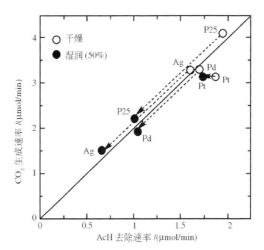

图 6-10　贵金属（Pt，Pd，Ag）负载的 TiO_2（P25）
光催化净化乙醛性能[61]

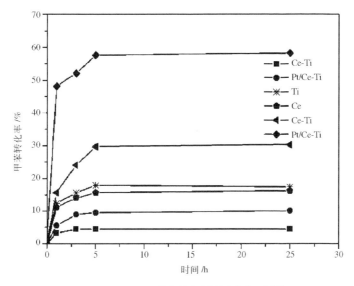

图 6-11　Ce、Ti 基光催化剂对甲苯的光催化活性[63]

可见光的有效利用对光催化的研究意义重大，因此研究者在此方面也做了大量工作。在众多对 TiO_2 进行改进的方法中，非金属元素掺杂被认为是制备具有可见光活性的 TiO_2 基催化剂的有效方法之一[27,28,29]。日本的 Asahi 等[27]对氮掺杂 TiO_2 光催化剂进行了研究。他们发现氮掺杂后，在 $TiO_{2-x}N_x$ 的价带顶部产生了由 N 引起的能级，使禁带变窄，从而使之具有可见光活性。他们还制备了 TiO_2 和 $TiO_{2-x}N_x$ 的薄膜，并对其可见光催化分解乙醛的活性进行了对比，如图 6-12 所示。可以看出，在紫外光照射下，$TiO_{2-x}N_x$ 薄膜具有与 TiO_2 薄膜同等的活性，当处于可见光区域时，TiO_2 薄膜的光催化活性大大降低，而 $TiO_{2-x}N_x$ 薄膜依然显示了较高的光催化分解乙醛活性。利用水解沉淀法制备的 N 掺杂 TiO_2 纳米光催化剂，在可见光下甲醛的净化率达到 92%，相同条件下纯 TiO_2 样品的净化率只有 8%[64]。

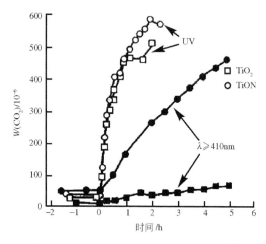

图 6-12　TiO_2 和 $TiO_{2-x}N_x$ 对乙醛的可见光化活性[27]

　　Zhao 等利用[65]溶胶－凝胶（sol-gel）法研制出新型可见光光催化剂 $Ni_2O_3/TiO_{2-x}B_x$。用非金属元素 B 置换 TiO_2 晶格中的部分氧，可以有效地将 TiO_2 的吸收光谱扩展到可见光区域，同时用过渡金属氧化物 Ni_2O_3 对 TiO_2 表面改性，可以极大地提高可见光光催化活性。非金属元素 B 或 Ni_2O_3 单一组分改性的光催化剂都没有可见光光催化活性，而二元协同改性，可以同时实现扩展光催化剂吸收波长到可见光区域以及抑制空穴/电子对复合的双重目的。用该光催化剂在可见光（波长大于 420 nm）照射下，以空气中氧分子为氧化剂，可将有毒有机污染物2,4,6－三氯苯酚，2,4－二氯苯酚等有效地降解为二氧化碳、水和氯离子。

　　氨、一氧化碳等已经成为大气或室内空气中的重要污染源之一。通过选择性催化氧化（selective catalytic oxidation，SCO）可以有效去除空气中的氨[66]，但是往往需要明显高于室温的温度下才能反应，这给室内净化中的应用带来了困难。利用光催化反应可以实现室温下氨的催化氧化去除。为了探讨光催化去除氨的影响因素和作用机制，日本京都大学 Tanaka 课题组[67]利用日本催化学会的标准

TiO_2 系列（JRC-TIO-1～13）为光催化剂，系统研究了 TiO_2 的晶体结构、比表面积等因素对 NH_3 光催化氧化活性的影响，如表6-1所示。ESR等测试分析结果表明：NH_3 光催化氧化反应的活性物种是 NH_2 基和活性氧基（O_2^-，O_3^-）；活性氧基的产生取决于 TiO_2 的晶相，金红石型 TiO_2 上仅仅产生 O_2^-，而锐钛矿相 TiO_2 不仅产生 $^{\bullet}O_2^-$ 而且还形成 $^{\bullet}O_3^-$。

表6-1　JRC-TIO 系列标准光催化剂的性质及其光催化去除 NH_3 活性[67]

催化剂	催化剂质量/g	晶相[a]	比表面/(m^2/g)	NH_3 转化率[b]/%	N_2 选择性[b]/%	NH_3 化学吸附量/$(\mu mol/g)$	氧离子自由基[c]/$(nmol/g)$（物种）
JRC-TIO-1	0.12	A	71	20	91	344	19（$^{\bullet}O_2^- + {}^{\bullet}O_3^-$）
JRC-TIO-2	0.15	A	16	14	99	92	12（$^{\bullet}O_2^- + {}^{\bullet}O_3^-$）
JRC-TIO-3	0.19	R	46	36	92	181	25（$^{\bullet}O_2^-$）
JRC-TIO-4	0.14	R29% A71%	48	45	90	249	17（$^{\bullet}O_2^- + {}^{\bullet}O_3^-$）
JRC-TIO-5	0.23	R92%	3-4	19	93	26	12（$^{\bullet}O_2^-$）
JRC-TIO-6	0.12	A8%	58	21	95	224	27（$^{\bullet}O_2^-$）
JRC-TIO-7	0.12	A	108	20	91	416	28（$^{\bullet}O_2^- + {}^{\bullet}O_3^-$）
JRC-TIO-8	0.12	A	93	70	87	400	39（$^{\bullet}O_2^- + {}^{\bullet}O_3^-$）
JRC-TIO-9	0.11	A	95	45	87	366	22（$^{\bullet}O_2^- + {}^{\bullet}O_3^-$）
JRC-TIO-10	0.11	A	100	40	90	222	24（$^{\bullet}O_2^- + {}^{\bullet}O_3^-$）
JRC-TIO-11	0.16	R9% A91%	77	52	90	446	28（$^{\bullet}O_2^- + {}^{\bullet}O_3^-$）
JRC-TIO-12	0.12	A	99	45	90	449	31（$^{\bullet}O_2^- + {}^{\bullet}O_3^-$）
JRC-TIO-13	0.13	A	71	37	90	328	22（$^{\bullet}O_2^- + {}^{\bullet}O_3^-$）

a. A 锐钛矿，R 金红石型；b. 光催化氧化活性；c. 误差 ±5%。

Ao 和 Lee 等[68]进行了室内条件下低浓度的 CO 和 NO 光催化去除研究，结果表明，负载于玻璃纤维的 TiO_2 光催化剂比 P25 具有更高的 NO 去除效率，并且湿度对其去除效果影响小；光催化没有显现出 CO 的去除效果，也没有发现 CO 的存在对 NO 还原具有促进作用。

6.2.5.2 光催化净化室内微生物污染

室内微生物污染主要是一些致病菌，而不管何种细菌都是由组成有机物的基本元素 C、H、O、N、P 等构成。构成细菌的有机物中，蛋白质占50%，糖类占15%～30%，核糖核酸占5%～30%[69]。构成这些有机物的化学键主要为 O—H、C—H、N—H 以及 O—P 键等。从理论上讲，只要光催化产生的自由基的氧化能力大于这些化学键的键能，就可以达到杀菌的目的，这与光催化氧化 VOCs 的机理是相同的。光催化体系利用各种途径的紫外光产生的 $^{\bullet}OH$ 具有极强的氧化能力，其氧化作用几乎无选择性，且能够穿透细胞膜破坏细胞膜结构，阻止成膜物质的传输，阻断其呼吸系统和电子传输系统，在室温条件下即可将室内空气中的病毒、细菌等微生物灭活，甚至导致细胞完全矿化[70~72]。

1985 年，日本研究者 Matsunaga 等[70,71]首次发现了 TiO_2 在紫外光照射下有杀菌作用。实验结果表明，与负载 TiO_2 颗粒共同培养的乳杆嗜酸细菌、酵母菌、大肠杆菌在金属卤化物灯照射下，60 ~ 120 min 内可以被彻底杀灭。随后，研究者在更广谱范围内考察了 TiO_2 对微生物的作用，研究对象涉及细菌、病毒、藻类、癌细胞等。目前已有报道的考察 TiO_2 光催化作用的菌类有：嗜酸乳杆菌（*Lactobacillus acidophilus*），酿酒酵母（*Saccharomyces cerevisiae*），大肠杆菌（*Escherichia coli*），链球菌（*Streptococcus mutans*，*S. ratus*，*S. cricetus*，*S. sobrinus* AHT）等。TiO_2 光催化灭菌动力学初步研究表明杀菌过程符合一级反应动力学特征，具体的反应模式和动力学规律仍需进一步探讨和验证。

Jacoby 等[72]第一次给出了空气条件下完整细胞中有机物质能被完全氧化的证据。他们利用扫描电子显微镜看到在 TiO_2 作用下，*E. coli* 菌体被破坏分解。^{14}C 同位素示踪法证明，*E. coli* 菌体有机碳组分被矿化成 CO_2。他们还在封闭反应体系中做了反应物和生成物之间碳元素的物料平衡实验。Huang 等[71]在研究光催化对大肠杆菌的细胞作用位点的实验中发现，光催化反应开始后，细胞对小分子物质如作为探针的 OPNG 的渗透性增加很快，20 min 后，大分子物质如（β-*D*-galactosidase）会发生渗漏。实验表明，细胞壁首先被破坏，渗透作用改变，随之，细胞膜和胞内物质也被破坏，菌体的存活率下降。

Sunada 等[73]深入研究了 TiO_2 光催化杀灭 *E. coli* 过程中细菌内毒素浓度的变化情况。如图 6-13 所示，普通玻璃表面的 *E. coli* 经光照作用 4 h 后活菌数下降约 50%，而细菌内毒素浓度却明显增加，表明细菌死亡后有向环境中释放内毒素的过程。与之对比，*E. coli* 在负载了 TiO_2 薄膜的玻璃表面经光照作用 4 h 后已达到 100% 灭活率，且同时细菌内毒素浓度也随作用时间的延长而逐渐减小，与杀菌活性曲线吻合地相当好。这一实验结果有力地证明了 TiO_2 光催化体系在高效杀灭细菌的同时，还能充分地将细菌裂解后释放的内毒素完全分解。从病理学角度来说，内毒素作为革兰氏阴性菌菌体中存在的毒性物质，人体感染它后可引起发热、微循环障碍、内毒素休克及播散性血管内凝血等毒性反应。TiO_2 光催化体系能够在有效地使致病菌本身灭活的同时，进一步彻底降解细胞泄漏的有毒物质，这就从根本上消除了室内微生物污染对人体健康的危害，避免了二次污染，这一点也是体现光催化去除室内微生物污染安全高效的优势所在。

TiO_2 光催化杀菌不但具有高效、彻底的特点，而且反应过程中所使用的 TiO_2 本身也是廉价无毒，化学稳定性好的环保型催化材料。但是如前所述，TiO_2

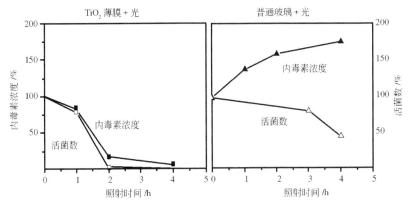

图 6-13 *E. coli* 分别在负载了 TiO_2 薄膜（TiO_2 film）的玻璃表面和原玻璃（normal glass）表面经光照后活菌数（survival）和内毒素（endotoxin）浓度变化情况对比[73]

进行降解反应时主要吸收激发波长为 385 nm（紫外波长）以下的光，此类波长的光在太阳光中仅约占 3% ~5%，无法直接利用廉价的太阳光作为光源。因此，近年来对 TiO_2 进行掺杂和改性，使其在可见光波长范围内的光照条件下表现出良好的杀菌活性，成为光催化杀菌领域的研究热点。若能实现以太阳光为光源，则可大大降低系统的运行成本，提高实际应用操作的可行性。与前述光催化净化室内 VOCs 研究方向一致，非金属元素掺杂被认为是制备 TiO_2 基可见光催化杀菌剂的方法之一，已经受到研究者的广泛关注。如图 6-14 所示，Yu[74]

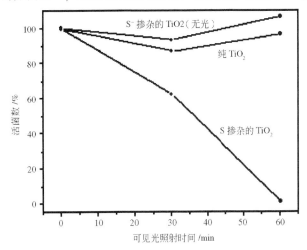

图 6-14 可见光（$\lambda > 420$ nm）对 *M. lylae* 在纯 TiO_2（Pure TiO_2）和 S-掺杂 TiO_2（S-doped TiO_2）作用下存活率的影响[74]

等研究发现，纯 TiO_2 在可见光照（$\lambda > 420nm$）条件下对莱拉微球菌（*M. lylae*）几乎未表现出任何杀灭活性，而掺杂非金属元素 S 之后，使得 TiO_2 粉末在可见光条件下杀菌活性大大提高，约经 1 h 即可使 *M. lylae* 100% 灭活。在暗态下（in dark）的对比实验表明，S 掺杂的 TiO_2 催化剂本身对 *M. lylae* 并没有任何毒性。

6.2.6　光催化室内空气净化技术的未来

光催化技术是种优越的室内空气净化技术，TiO_2 作为性能优良的光催化材料，最具有实用化前景。光催化已成为近年国际上最活跃的研究领域之一，而且一个以光催化技术为核心的高新技术产业正在逐步形成。但是，目前主要以 TiQ_2 半导体为基础的光催化技术中的某些科学技术难题，制约了光催化技术的广泛应用。主要问题如下：

（1）量子产率低。研究者们对制约量子产率的因素的认识还不是很全面，材料晶体结构（晶胞参数，配位情况，结晶度）、电子结构、表面特性（比表面积，活性位）与光催化活性之间的关系还有待进一步研究。

（2）可见光难以有效利用。以 TiO_2 为主的光催化剂只能响应紫外线，虽然通过掺杂等途径在可见光吸收方面已经获得一些进展，但是可见光区的量子产率依然很低。

（3）光催化剂的失活。与其他多相催化一样，光催化也存在失活问题。气相 TiO_2 光催化反应中催化剂失活主要由反应产物或中间体在催化剂表面强烈吸附而导致催化剂活性位置受到阻碍而造成的。反应副产物或中间产物在催化剂表面吸附或积累，直接造成的后果是：催化剂表面活性中心被占据，或是吸附在催化剂表面的物质阻碍了被降解物在催化剂上的吸附。阐明光催化失活机理仍然是今后光催化研究的重要课题。在光催化室内空气净化应用中，如何有效防止粉尘等颗粒物进入光催化剂表面也是延长光催化剂使用寿命的重要因素之一。

尽管光催化在基础理论研究和应用研究方面都还不成熟，距离大规模生产和应用还有相当距离，但是它作为一种新型环境催化技术所显示出的巨大潜在优异性能不容忽视。日益深入的研究和技术水平的进步，特别是纳米技术的高速发展，为纳米光催化应用提供了技术发展空间，必将加快光催化技术应用化的步伐。光催化技术正在对我们未来的生活产生影响，从室内空气净化到居家环境的应用必将成为我们的美好期待（图 6-15）。

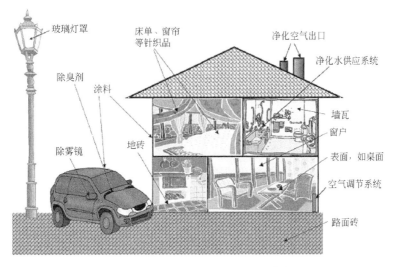

图 6-15　光催化对"未来居家"的影响[75]

6.3　室内空气常温催化净化

从原理上讲，已在第 5 章中进行过详细介绍的 VOCs 催化燃烧技术也同样可以用于室内 VOCs 的净化。但是，由于 VOCs 催化燃烧的操作温度通常较高，特别是对于大分子的 VOCs 来说，实现其完全催化氧化的温度远远高于室温，难以满足室内空气净化所需的常温常压、能耗低的要求，所以该技术在室内 VOCs 净化方面的实际应用还很少。然而，长期以来研究者寻求该技术在室内空气净化方面的应用研究从未停止，且主要集中在对新型高效低温催化氧化材料的开发方面，试图通过降低操作温度来满足室内环境的要求。到目前为止，已成功研制出可室温条件下催化净化 CO、甲醛的催化材料，并在室内空气净化方面展现出良好的应用前景。

6.3.1　常温催化净化室内一氧化碳

CO 是机动车尾气中主要的污染物之一，因此关于 CO 氧化的初期研究一般是针对机动车尾气净化。但随着科学技术的进步，CO 催化氧化的操作温度不断降低，常温下、甚至零度以下可催化氧化 CO 的材料不断被开发出来，满足了室内空气净化需要常温常压的要求，因此也完全可以用于室内环境下 CO 的净化。目前，可室温催化氧化 CO 的催化剂主要有两类，分别是以 Au 为代表的负载型贵金属催化剂和以 Co_3O_4 为主的金属氧化物催化剂。

6.3.1.1 金催化剂

金（Au）一直以来都被认为是没有催化活性的惰性金属，但 20 世纪 80 年代后期，Haruta 等[76]发现担载在过渡金属氧化物上的纳米 Au 催化剂对 CO 低温氧化具有很高的催化活性（活性数据见图 6-16），甚至在低于零度的条件下就能够有效地催化氧化 CO。这项研究打破了 Au 没有催化活性的传统观念，从此有关 Au 催化剂的研究与开发引起了人们极大的关注，特别是关于 Au 催化剂低温（常温）催化 CO 氧化已有广泛而深入的研究。下面分别从载体、制备方法、活性机制以及反应机理等方面对 Au 催化剂低温催化氧化 CO 反应进行简要介绍。

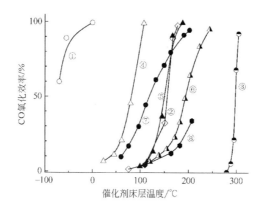

图 6-16 不同催化剂上 CO 转化率随温度的变化曲线[76]

① Au/α-Fe₂O₃（Au/Fe=1/19，共沉淀法，400℃）；② 0.5%（质量分数）Pd/γ-Al₂O₃
（浸渍法，300℃）；③ 细 Au 粉；④ Co₃O₄（碳酸盐法，400℃）；⑤ NiO（水热合成法，
200℃）；⑥ α-Fe₂O₃（水热合成法，400℃）；⑦ 5%（质量分数）Au/α-Fe₂O₃（浸渍
法，200℃）；⑧ 5%（质量分数）Au/γ-Al₂O₃（浸渍法，200℃）

1. 载体效应

用于负载 Au 催化剂的载体通常是过渡金属氧化物和碱土金属氧化物及其氢氧化物。从 Haruta[76]最早提出 α-Fe₂O₃ 是活性载体，到后来发现 TiO₂ 同样具有高活性以来，大量负载型 Au 催化剂都展示出室温甚至更低温度下催化氧化 CO 的活性。目前，通用的载体是 α-Fe₂O₃、CoOₓ、Al₂O₃、TiO₂ 等，其中研究最多的是 TiO₂。表 6-2 给出了部分国外研究者报道的采用不同载体和不同制备方法制备的 Au 催化剂对 CO 的催化氧化活性。可以看出，尽管制备方法和载体不同，导致催化剂催化 CO 氧化的活性产生差异，但是在常温甚至更低温度下均展示出较好的催化 CO 氧化的活性。

表6-2 无水条件下 CO 氧化活性对比[77]

催化剂	制备方法[a]	D_{Au}/nm[b]	P_{O_2}/kPa	P_{CO}/kPa	T/K	反应速率[c]	TOF[d]$/s^{-1}$	参考文献
Au/TiO_2	CP	4.5	4.9	4.9	313	2.57E-02	0.095	[78]
	DP	1.7	20	1	273	3.41E-02	0.06	[79]
	CVD	3.8	20	1	273	2.27E-03	0.02	[79]
	OMD	4.7	3.67	3.67	293	2.0E-02	0.27	[80]
	DP	2.5	20	1	300	4.0E-02	0.15	[81]
	DP	2.9	20	1	300	1.2E-01	0.62	[81]
Au/Ti(OH)_4	IAH	3	20	1	300	9.6E-03	0.05	[82]
Au/Fe_2O_3	CP	3.6	20	1	203	2.6E-03	0.021	[83]
Au/Fe(OH)_3	IAH	2.6	20	1	203	6.4E-03	0.026	[84]
Au/Al_2O_3	CP	3.5	20	1	273	8.0E-04	0.006	[79]
	DP	2.4	20	1	273	5.7E-03	0.02	[79]
	DP	3~5	2.5	1	295	3.1E-02	0.17~0.46	[85]
	CVD	3.5	20	1	273	1.34E-03	0.01	[79]
	DP, pH 7	4	0.5	1	298	4E-04	0.004	[86]
			20	1	298	6E-04	0.006	[86]
	DP, pH 9	<4	0.5	1	298	9E-04	<0.009	[86]
			20	1	298	1.8E-03	<0.018	[86]
	DP, pH 11	<4	0.5	1	298	1.2E-03	<0.012	[86]
Au/SiO_2	CVD	6.6	20	1	298	7.5E-04	0.02	[79]

a. IAH：以 AuPPh$_3$NO$_3$ 为 Au 前驱体的浸渍法，CP：共沉淀法；DP：沉积沉淀法；CVD：化学气相沉积法；OMD：以 AuPh$_3$NO$_3$ 为 Au 前驱体的浸渍法；b. 金颗粒的平均粒径；c. 半稳态条件下的 CO 氧化速率（反应时间 >30 min）；d. 转化频率。

部分研究者[87]基于载体是否可还原将其分为两大类：一类是惰性载体，通常为不可还原的氧化物如 Al$_2$O$_3$，SiO$_2$，MgO 等。这些氧化物本身对 CO 氧化不表现催化活性，在低温下，显示很低的吸附和储存氧的能力，一般认为只是起到分散 Au 的作用；另一类是活性载体，如 Fe$_2$O$_3$，NiO，CoO$_x$，TiO$_2$ 等。这类载体容易被还原，而且在较高温度下，本身就具有催化氧化 CO 的活性，因此一般认为该类载体不仅起到分散 Au 组分的作用，而且还能够吸附、活化和提供反应所需的氧。

但是，根据如表6-2所示 Au 催化剂活性结果，可以看出，即使采用同样的载体，不同研究者制备出的 Au 催化剂活性具有很大的差异。Comotti 等[88]采用 Au 胶体沉积技术制备了粒径均匀的 Au 负载在 TiO$_2$、Al$_2$O$_3$，ZnO，ZrO$_2$ 上的催化剂，以排除 Au 粒径效应而考察载体种类对催化剂性能的影响，发现催化剂的活性和载体的可还原能力没有相关性。另外，他们制备出的 Au/ZrO$_2$ 活性较差，在 347~373K 的温度范围内 CO 的转化率才达到 50%；而 Wolf 等[89]利用传统的沉积沉淀法制备的 Au/ZrO$_2$ 在 253K 就可以实现 50% 的 CO 转化。Comotti 制备 Au/ZnO 催化剂活性也很差，实现 CO 转化 50% 的温度是 323K；而 Hutchings[90]通过共沉淀法制备的 Au/ZnO 催化剂 293K 时就可以实现 100% CO 的转化。因此，载体的可还原性能是否可以作为区分催化剂的一个基本性质还需要进一步研究。

Kung 等[91]对同种载体制备的 Au 催化剂活性具有巨大差异的原因进行了深入研究，发现活性差异可能是由于催化剂制备过程中 Cl$^-$ 的残留引起的。一方面，残留的 Cl$^-$ 可引起 Au 颗粒的长大，另一方面还会使活性位中毒。制备过程中不同浓度的 Cl$^-$ 的残留会导致催化剂不同的中毒状态，从而使催化剂具有不同的催化 CO 氧化活性。因此在制备过程中有效解决 Cl$^-$ 残留问题对于制备高活性的 Au 催化剂非常重要。

尽管载体的可还原性能并不能对催化剂的活性起决定作用，而且载体在催化 CO 过程中是否直接参与反应还存有争议，但是载体效应的确存在。Okazaki 等[92]研究发现，催化剂载体对 Au 的价态及其稳定性有明显影响，而且随着 Au 粒径的减小，Au 与载体之间的相互作用逐渐增加，载体对 Au 价态的影响逐渐增强。特别是当 Au 的粒径低于 2 nm 时，载体对 Au 价态的影响明显增强。Calla 和 Davis[93]通过 XAS 研究，发现通过 CN$^-$ 处理后的 Au^{3+} 在载体 Al$_2$O$_3$ 上不能稳定存在。而 Corma 等[94,95]发现 Au^{3+} 在稀土氧化物载体如 CeO$_2$、Y$_2$O$_3$ 等上比较稳定。Kung 等[91]认为，载体与 Au 前驱物之间的相互作用还可以影响这些化合物的活化温度，而且载体的吸水性能和吸附碳酸盐的能力也会影响催化剂的活性、稳定性以及反应机理。

2. 制备方法

大量研究表明，在金属氧化物载体上高分散的 2~4 nm 的 Au 是决定催化剂活性的关键，因此选择和设计合理的制备方法和处理条件来制备高分散的纳米 Au 颗粒非常重要。目前，已用于纳米 Au 催化剂制备的方法主要有浸渍法、共沉淀法、沉积沉淀法、化学气相沉积法、共镀法、液相嫁接法、阳离子交换法、粒径可控的有机纳米胶体 Au 沉积技术等[88,96]，其中前 3 种方法最为常用。

浸渍法是将载体浸渍于含 Au 的盐溶液中，然后经干燥、焙烧、还原处理来得到催化剂，该方法制备的催化剂 Au 的粒径通常大于 10 nm，低温催化 CO 氧化活性不高。共沉淀法（co-precipitation, CP）是将氯金酸溶液和载体氧化物的金属硝酸盐溶液一起加入到碳酸钠溶液中，将得到的沉淀经洗涤、过滤、干燥，并在 300℃ 以上焙烧得到 Au 粒径小于 10 nm 的催化剂[85]。使用该方法制备的 Au 催化剂，具有良好的低温催化 CO 氧化性能，甚至在 200 K 就具有催化活性，但其最大的缺点是 Au 负载量大。

针对这种情况，Haruta[97]等设计了沉积沉淀法（deposition precipiatation，DP），将氧化物载体置于氯金酸的碱溶液中浸渍，通过调整沉淀剂如 NaOH、尿素等的添加速度来控制溶液的 pH，使氢氧化金沉积在载体表面，然后经过洗涤、过滤、焙烧，即可得到所需的催化剂。沉积沉淀法是目前广泛使用、比较有效的方法之一，已经被世界 Au 协会作为制备 Au 催化剂的标准方法。Moreau 等[98]最近对沉积沉淀法制备的 Au/TiO₂ 进行了系统的研究。他们认为影响催化剂制备的因素很多，主要有氯金酸溶液浓度、TiO₂ 的类型、沉淀剂、制备温度、陈化时间、焙烧条件等，因此不同的人利用这种方法制备的催化剂之间往往存在很大的差异。不过，Moreau 等认为制备过程中最关键的因素是控制溶液的 pH。研究表明[99]随着 pH 的提高，AuCl₄⁻ 的水解会经历一系列如图 6-17 所示的反应，不同的 pH 将产生不同状态的 Au 物种。另外，pH 和等电点还会影响上述 Au 物种在载体 TiO₂ 上的吸附[100]。

$$[AuCl_4]^- + H_2O \rightleftharpoons [AuCl_3(H_2O)] + Cl^-$$
$$[AuCl_3(H_2O)] \rightleftharpoons [AuCl_3(OH)]^- + H^+$$
$$[AuCl_3(OH)]^- + H_2O \rightleftharpoons [AuCl_2(H_2O)(OH)] + Cl^-$$
$$[AuCl_2(H_2O)(OH)] \rightleftharpoons [AuCl_2(OH)_2]^- + H^+$$
$$[AuCl_2(OH)_2]^- + H_2O \rightleftharpoons [AuCl(OH)_3]^- + H^+ + Cl^-$$
$$[AuCl(OH)_3]^- + H_2O \rightleftharpoons [Au(OH)_4]^- + H^+ + Cl^-$$

图 6-17 $[AuCl_4]^-$ 随 pH 增加的不同水解反应过程[99]

根据上图可知，水解过程反过来也会影响溶液的 pH，因此溶液最终的 pH 决定了能否制备出具有高催化氧化 CO 活性的 Au 催化剂。Moreau 等[98]发现无论初始 pH 怎么样，只要将溶液的最终 pH 控制为 8.5~9 就可以制备出高活性的催化剂。图 6-18 给出了初始 pH 不同而终止 pH 相同条件下制备的两种 Au/TiO₂ 催化剂催化 CO 氧化的活性，可以看出它们具有非常相似的高活性。一般认为，在低 pH 条件下，载体 TiO₂ 表面带正电荷，而 Au 物种带负电荷，静电吸附使 Au 的沉积速度加快，导致形成较大的 Au 颗粒，因而催化剂活性较差；随着 pH 的提高，Au 在载体上沉积量降低，但活性显著增加。Moreau 等认为，在 pH 高于 8 的条件下，一方面在载体上主要形成不含 Cl 的 Au 物种，另一方面可形成较小粒径的 Au，因此催化剂具有高活性。

3. 活性机理

目前，关于 Au 粒径在 2~4 nm 的金属氧化物负载的 Au 催化剂具有高催化氧化 CO 活性的论断已基本达成共识，但是在活性中心的活性本质、活性机理方面还存在不同的观点，特别是在活性中心 Au 的电子状态方面有较大的争论。这些纳米粒径 Au 原子的电子特性通常受载体，特别是载体上缺陷位的影响非常大，

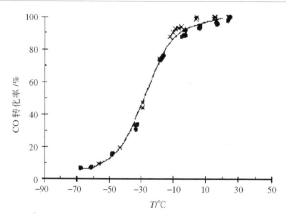

图 6-18　在不同未经焙烧的催化剂上 CO 转化率随温度的变化[98]

标准反应条件：（×）0.47% Au/TiO$_2$（pH$_{初始}$ = 4，pH$_{终止}$ = 9）；（•）0.55%

Au/TiO$_2$（pH$_{初始}$ = 11，pH$_{终止}$ = 8.5）

因此确定其电子状态是 Au^0 还是 Au^{3+} 存在很大难度。

关于活性中心问题，目前公认的是 Haruta 等[96, 101, 102] 提出的金 - 载体接触边界活性中心模型。吸附于纳米 Au 表面的 CO 与经载体活化的氧物种在金 - 金属氧化物载体的接触边界上发生氧化反应，该过程也是整个 CO 催化氧化反应的决速步骤；半球形的纳米 Au 较球形的 Au 粒子与载体间的接触边界更长，因而具备更高的催化活性；还原态的 Au 活性最佳。随后，Bond 等[103] 提出了相似的反应机理，认为位于 Au 本体颗粒和氧化物载体之间的边缘 Au 原子是催化剂的活性中心，不过，他们认为这些与载体相连的边缘 Au 原子带正电荷，它们在催化反应过程中可以活化分子氧，从而使催化剂具有高氧化活性。Chen 和 Goodman 等[104] 基于 Au/TiO$_2$（110）模型催化剂的研究成果，提出了载体没有直接参与 CO 催化氧化的 Au 物种独立作用机制。认为具有特定大小的纳米 Au 颗粒或特定厚度的纳米 Au 层在 CO 氧化反应起到至关重要的作用，并决定了整个反应的速率；由于量子尺寸效应的影响，Au 的纳米颗粒或纳米层不再具备金属的特性。为排除载体对 CO 氧化的直接作用，他们分别构建了排列规整的单层和双层 Au 原子完全覆盖的 TiO$_2$ 表面。发现双层结构 Au 的表面较单层结构 Au 的表面以及特定大小的 Au 纳米颗粒活性更高，从而提出 CO 催化氧化的 Au 物种独立作用机制。实际上，以上研究方案的采用只是隔离了反应分子与载体的接触通道，而并不能排除载体在反应中的重要作用；正如他们自己强调的一样，载体的属性尤其是载体表面缺陷的存在对 Au 纳米颗粒或纳米层的电子属性存在重要影响，从而影响抑或是改变了催化剂的反应性能。从这一点上看，CO 催化氧化的 Au 物种独立作用机制与金 - 载体接触边界活性中心说并没有本质上的差别。

从上面的描述中不难发现，对 CO 氧化催化剂上 Au 氧化状态的界定与不同形态的 Au 在反应中的作用还存在着争议。Hutchings 等[105] 利用 Mössbauer 谱对 Au/Fe₂O₃ 催化剂进行了系统研究。发现活性最佳的是没有经过焙烧过程、主要含有 Au³⁺ 物种的催化剂，该催化剂在室温条件下可完全催化氧化 CO。随着焙烧温度的调高，金属态的 Au 比例逐渐增加，催化剂的活性逐渐降低。因此他们认为 Au³⁺ 在催化 CO 氧化过程中发挥了重要作用。2003 年，Flytzani-Stephanopoulos 等[106] 在研究 Au-La-CeO₂ 催化水汽变换反应时，利用 2% NaCN 淋洗催化剂，去除 90% 的 Au 后，催化剂表面不再有 Au 束或还原态的 Au 颗粒，催化剂的活性不但没有降低反而提高，表明带正电荷的 Au 对催化剂的高活性起重要的作用。Boyd 等[107] 利用 Mössbauer 谱研究了活性 Au 的价态，同时也考察了 NaCN 淋洗对催化剂活性的影响。结果也表明 Au³⁺ 在催化 CO 氧化过程中扮演重要角色，但同时他们还指出，也不能排除 Au³⁺ 和 Au⁰ 相互作用从而促进活性的可能。

最近，Kung 等[77] 认同 Au 颗粒和氧化物载体之间的边界 Au 原子是催化剂的活性中心，但却认为金属态的 Au 在低温催化 CO 氧化过程中起主要作用。Yang 等[108] 采用沉淀沉积法制备了 Au/TiO₂ 催化剂，发现新鲜制备的催化剂中，Au 物种主要是 Au³⁺，但室温下就可以被 CO 迅速还原为金属态，因此在催化 CO 氧化反应中，催化剂存在一个被原位活化的过程。同时，他们还在 295 K 时利用 H₂ 脉冲的方法考察了催化剂的还原过程。发现 Au/TiO₂ 催化剂的还原有一个诱导期，经过几次 H₂ 脉冲后，H₂ 的消耗才迅速增加，同时催化剂表面的 Au⁰ 的比例也迅速增加。他们认为 Au(OH)₄⁻ 的还原十分缓慢，但当一部分被还原为 Au⁰ 后，Au⁰ 可轻易活化 H₂，使还原过程加速。另外，催化剂的还原程度对活性的影响如图 6-19 所示。随着催化剂还原程度的增加，Au/TiO₂ 催化 CO 氧化的活性逐渐增加，还原程度高于 70% 以后，活性不再变化。表明金属态的 Au 是催化剂的主要活性物种。

需要指出的是，Au 的价态不但受制备方法和预处理条件的影响，而且在催化 CO 氧化反应过程中，Au 也处于一个不稳定的状态，会随反应条件、温度等发生变化，这给其活性价态的确定带来很大困难，所以无论是那种观点，都不能完全排除另一方面的作用。

4. 低温 CO 催化氧化机理

关于负载型 Au 催化 CO 氧化的反应机理研究，首要的问题是明确反应物 CO 和 O₂ 的吸附与活化过程。一般认为，Au 催化 CO 氧化反应遵循 Langmuir-Hinshelwood 机理。CO 吸附发生在 Au 粒上，O₂ 在 Au 粒上或在载体上发生解离吸附或被活化成 O₂⁻，而吸附态 CO 与活化态氧的催化反应则发生在金与载体的接触边界上[102]。

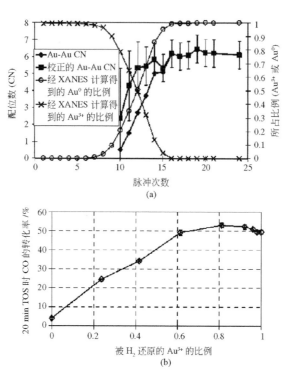

图 6-19 （a）经 X（k^2）函数拟合得到的 Au-Au 配位数（◆），经 X 射线吸收近边结构
（XANES）拟合得到的 Au^{3+} 所占比例（×）和 Au^0 所占比例（○），以及经 Au^0/Au-Au CN 计
算后得到的校正的 Au-Au 配位数（■）随 H_2 连续脉冲变化的曲线；（b） Au/TiO_2 催化剂上在
20 minTOS 时 CO 转化率随被 H_2 脉冲还原的 Au^{3+} 比例变化的曲线。反应条件：1% CO，2.5%
O_2，He 气平衡，50 mL/min，0.1 g 催化剂，195 K[108]

    Kung[109] 等基于接触边界处的 Au 粒 - 载体界面是活性位的理论，给出了如
图 6-20 所示的 Au/TiO_2 和 Au/Al_2O_3 催化剂催化 CO 氧化反应机理以及失活和再
生机理。首先 CO 吸附在 Au 上，吸附的 CO 接着插入接触边界处的 Au—OH 键中
形成羧基，然后羧基进一步氧化为碳酸氢盐，最后分解生成 CO_2，同时 Au—OH
键恢复。另外，随着反应的进行，催化剂会逐渐失活，原因是碳酸氢盐还会同时
与邻近羟基反应生成惰性的碳酸盐和水。因此反应体系中含有一定湿度的水时，
这种导致催化剂失活的副反应会受到抑制或消除。研究发现[110]，向反应体系添
加适量的水蒸气会使失活的催化剂再生。另外，在一些有 H_2 参与的反应中，H_2
氧化产生水也会有效抑制催化剂的失活[111]。不过当体系中湿度过高时，由于水
和 CO 之间的竞争吸附，也会导致催化剂的活性明显降低[96]。

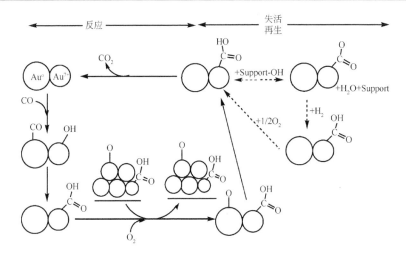

图 6-20　CO 氧化反应、失活以及再生机理[109]

反应路径以实线箭头表示；失活和水蒸气再生路径以虚线箭头表示

6.3.1.2　金属氧化物催化剂

贵金属催化剂被广泛应用于 CO 催化氧化，由于价格高昂限制了其广泛应用，因此研究者一直在寻求开发能够替代贵金属的非贵金属催化剂。$CuMn_2O_4$ 是最早发现具有室温催化 CO 活性的催化剂之一，并作为商业化的 CO 净化方法应用到现在，该催化剂的缺点是在湿气条件下迅速失活[112]。随后，大量的非贵金属催化材料被用于 CO 催化氧化研究。其中 Co_3O_4 以其优异的低温催化 CO 氧化性能成为最具应用前景的非贵金属催化剂。

1. Co_3O_4 催化 CO 氧化性能

许多研究者[113~115]对 Co_3O_4 体系催化 CO 氧化性能进行了研究，发现 Co_3O_4 体系具有很高的常温催化 CO 氧化性能。但是由于制备方法和测试条件的差异，关于 Co_3O_4 催化 CO 氧化活性的研究结果存在很大不同。

Cunningham 等[115]采用沉淀法制备了比表面积 52.1 m^2/g 的 Co_3O_4，并对其催化 CO 氧化活性进行了考察，结果如图 6-21 所示。在反应气体干燥的情况下，Co_3O_4 展示了可与 Au/Co_3O_4 相媲美的催化 CO 氧化活性，在 -50℃ 左右就可以实现对 CO 的完全氧化。但不足之处是催化剂受水汽影响很大。当反应体系中含有水汽时，催化活性会受到抑制，并随着体系湿度的增加明显降低。在添加 6000 ppm 水蒸气时，需要在 120℃ 才能完全氧化 CO。Yu 等[114]和 Shen 等[116]也都发现水蒸气对催化活性的抑制作用。目前认为此现象的产生是由于水分子在钴催化剂表面与 CO 反应可促进碳酸盐的形成，而形成的碳酸盐即使在 573 K 的高温下都难以脱附，导致钴催化剂的快速失活[117]。很多研究者尝试通过添加助剂组分来改善 Co_3O_4 催化剂的抗水性能。Kang 等[118] 和 Shen 等[116] 研究 Co_3O_4/CeO_2 催化 CO 氧化活性。发现 Ce 的添加能够在一定程度上提高 Co_3O_4 的抗水性能，但在有湿气存在下其活性仍然受到很大抑制，仍然需要在 150℃ 左右的温度才能完全氧化 CO。

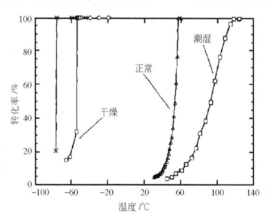

图 6-21　不同预处理和反应条件下 Co_3O_4 催化剂催化氧化 CO 转化率曲线[115]

（□）潮湿条件，（△）正常条件，（○）干燥条件；（×）作为对照实验的 Au/Co_3O_4 在正常条件下的反应

　　另外，大量研究发现，在没有湿气存在条件下，尽管 Co_3O_4 低温催化 CO 氧化的初始活性极高，但随着反应时间的延长，催化剂也逐渐失活。Cunningham 等[115] 在两种空速条件下考察了 Co_3O_4 活性随反应时间的变化趋势。如图 6-22 所示，反应初期 CO 可以完全转化，但随着反应的进行 CO 转化率迅速降低。而且随着反应空速的增加，这种失活过程相应加快。Jansson 等[119] 在他们的研究中也发现了 Co_3O_4 在低温催化 CO 氧化过程中存在一个逐渐失活的过程。一般认为这种失活是由于碳酸盐在催化剂表面的聚集[115]。不过，最近通过进一步研究[120] 表明，碳酸盐的形成以及碳的累积并不能合理解释催化剂的逐渐失活过程，这种失活主要是由 CoO_x 催化剂的表面重构使 Co 离子失去对 CO 的吸附能力引起的。

　　2. 预处理条件对 Co_3O_4 催化 CO 氧化性能的影响

　　不同气氛下的预处理对 Co_3O_4 催化剂催化 CO 氧化性能有很大的影响。研究发现，只有经过氧化预处理的催化剂才具有高的氧化活性，而预还原处理和未经处理的催化剂的活性很低，达到 50% CO 转化率的温度通常高于 160℃[113,121,122]。Thormählen 等[113] 研究了氧化预处理和还原预处理对 Co_3O_4/Al_2O_3 催化 CO 氧化活性的影响。如图 6-23 所示，对于预还原处理的催化剂，CO 氧化反应从 200 K 开始，230 K 时 CO 的转化率出现峰值 20% 后，稳定在 15% 一直持续到 370 K。继

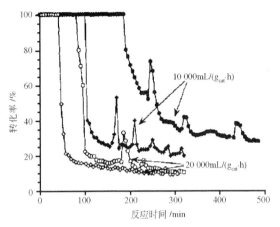

图 6-22　-76℃ 干燥条件下 CO 氧化转化率随时间的变化曲线[115]

催化剂用量分别为 300 mg Au/Co₃O₄ （◆ 和 ◇），150 mg Co₃O₄ （● 和 ○） 其中实心符号

表示空速为 10 000 mL/(g_{cat} · h)，而空心符号表示空速为 20 000 mL/(g_{cat} · h)

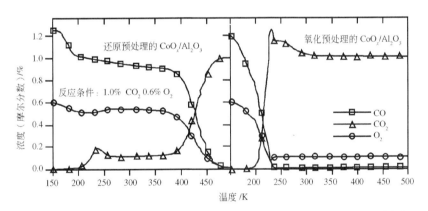

图 6-23　氧化预处理和还原预处理对 Co₃O₄/Al₂O₃ 催化 CO 氧化活性的影响。催化剂首先在

900 K 经 4% （摩尔分数） 的 H₂ 还原；然后以 200 mL/min 的流速向体系通入 1% （摩尔分数）

CO 和 0.6% O₂ 的混合气，并以 20 K/min 的升温速度将反应温度从 150 K 升到 500 K；在 500 K

时停止 CO 通入 10 min 以使催化剂氧化，再重新设定升温程序在 150～500 K 范围内相同的 CO

和 O₂ 气氛中进行反应[113]

续升高温度，CO 转化率迅速增加，在 420 K 实现 50% 的转化。相比之下，经过预氧化后，CO 氧化反应虽然也是从 200 K 开始，但 210 K 时 CO 的转化率达到 50%，230 K 实现 CO 的完全转化，并随着温度升高一直维持高的转化率。Jansson 认为[119]，氧化预处理可使 Co 维持一定量具有高活性的 Co³⁺，CO 可吸附在催化剂表面氧态的 Co 位 （Co²⁺ 或 Co³⁺ 位） 上，然后与 Co³⁺ 相连的氧反应生成 CO₂；

而在预还原后催化剂上，催化剂表面高活性的 Co^{3+} 基本消失，吸附的 CO 很容易发生歧化反应形成积碳导致催化剂失活。

3. Co_3O_4 催化 CO 氧化反应机理

关于 Co_3O_4 低温催化 CO 氧化反应机理已基本形成共识。如图 6-24 所示，CO 在 Co_3O_4 上的催化氧化反应是通过 Co 的氧化还原过程来实现的[119,123-126]。首先是 CO 吸附在氧化态的 Co^{2+}[125] 或 Co^{3+} 位上[126]，然后与高活性的晶格氧反应生成中间产物碳酸盐，碳酸盐在表面活性氧的参与下分解脱附生成 CO_2；最后，部分还原活性位、晶格空位与气相中氧气发生反应重新被活化。目前，关于 CO 吸附在 Co^{2+} 或 Co^{3+} 位上的问题还存在一些分歧，需要进一步研究来确认。

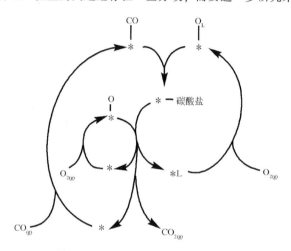

图 6-24 Co_3O_4 低温催化 CO 氧化反应机理
*：Co^{2+} 或 Co^{3+} 位；＊L：晶格空位；O_L：晶格氧[123]

无论是 Au 基催化剂还是 Co_3O_4 催化剂都展现出极佳的低温或室温催化氧化 CO 的能力，因此在室内空气 CO 催化净化方面具有良好的应用前景。但是，目前距离实际应用还有很长的路要走，有很多问题需要解决。一方面，对于 Au 基催化剂，从成本方面来讲，需要降低贵金属的用量；另一方面，两类催化剂低温催化 CO 氧化的初始活性很高，但均会随反应时间的延长而迅速失活，因此如何解决催化剂失活问题，提高其使用寿命是未来研究的重要方向。

6.3.2 常温催化净化室内甲醛和 VOCs

6.3.2.1 金属氧化物催化剂催化氧化甲醛活性

初期催化氧化 HCHO 的研究只是单纯考察催化剂的活性。早在 1986 年，

Saleh 和 Hussian[127]就发现 HCHO 在干净的 Ni、Pd 和 Al 的氧化薄膜上能氧化生成 CO_2，当温度高于 423 K 时 HCHO 会在氧化膜上完全氧化分解。1994 年，Imamura 等[128]发现温度高于 423 K 时 Ag 和 Ce 的复合氧化物也具有氧化分解 HCHO 的活性。

　　Tang 等[129,130]研究了 MnO_x-CeO_2 复合氧化物以及 Ag 负载的 MnO_x-CeO_2 等系列催化剂催化分解 HCHO 的活性，结果如图 6-25 所示。Ag/MnO_x-CeO_2 催化剂活性最佳，在反应空速 30 000h^{-1} 下，100℃时可将 580 ppm 的 HCHO 完全氧化分解为 H_2O 和 CO_2。

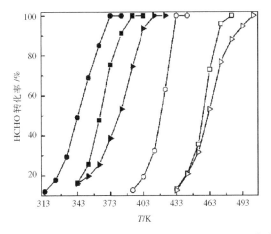

图 6-25　MnO_x-CeO_2 复合氧化物催化剂催化分解 HCHO 的活性[130]

Ag 催化剂上 HCHO 转化率随时间的变化趋势：Ag/MnO_x-CeO_2（●）；Ag/CeO_2（■）；Ag/MnO_x（▼）；MnO_x-CeO_2（○）；MnO_x（□）；CeO_2（▽）。反应条件：HCHO = 580 ppm，O_2 = 18.0%，He 气平衡，GHSV = 30 000mL/(g_{cat}·h)

　　降低对 HCHO 的分解温度是研究者不变的追求。Christoskova 等[131]制备了一种具有高氧化活性的镍氧化物材料，该材料在室温下就能将 HCHO 氧化分解为无害的 CO_2 和 H_2O，但缺点是其氧化活性寿命非常短，随着氧化去除有机污染物过程的进行，镍氧化物材料会慢慢被还原，最后完全失活。这种材料本身部分地起到了氧化剂的作用，所以并不是完全意义上的催化剂。镍氧化物材料也曾被用于低温下甲醇完全氧化[132]。如图 6-26 所示，在 40～100℃温度范围内，甲醇可以高选择性地被氧化为 H_2O 和 CO_2。但同时可以看出，随着反应温度提高，镍氧化物的氧化活性逐渐降低，并最终失活，这也是由于其被还原所致。

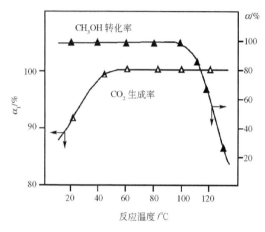

图 6-26 镍氧化物催化剂催化氧化甲醇活性[132]

2001 年，日本研究者 Sekine 等[133] 使用一种活性炭颗粒和氧化锰复合的板状空气净化材料来去除 HCHO，发现 HCHO 在室温下就可以氧化分解为 H_2O 和 CO_2，但是经过一段时间后该材料的去除效率仍会大大降低。最近 Sekine 等[134] 又对 Ag_2O、PdO、Fe_2O_3、ZnO、CeO_2、CuO、MnO_2、Mn_3O_4、CoO、TiO_2、WO_3、La_2O_3、V_2O_5 等金属氧化物室温下对密闭体系中 HCHO 的分解进行了研究（表 6-3），发现 MnO_2 室温下可氧化分解 HCHO 为 CO_2 和 H_2O，有望作为净化室内甲醛

表 6-3 室温下金属氧化物对 HCHO 的分解活性对比[134]

金属氧化物	HCHO/ppm	R/%	R'/(%/m²)	CO₂/%	ΔCO₂/%
Ag_2O	50	93	52	0.05	− 0.020
MnO_2 [a]	70	91	3	0.1	0.030
TiO_2	160	79	19	0.07	0.000
CeO_2	300	60	8	0.075	0.005
CoO	300	60	5	0.075	0.005
Mn_3O_4	350	53	6	0.08	0.010
PdO	350	53	7	0.07	0.000
WO_3	450	40	14	0.07	0.000
Fe_2O_3	600	20	6	0.08	0.010
CuO	600	20	11	0.07	0.000
V_2O_5	700	7	2	0.07	0.000
ZnO	700	7	3	0.07	0.000
La_2O_3	750	0	0	0.06	− 0.010
Blank	750	—	—	0.07	—

a. 粗制样品。

材料的活性组分，但缺点是室温分解效率很低，难以实际应用。实际上，这类氧化物在 HCHO 的氧化反应中被还原，其行为并不完全符合催化剂的严格定义。

综上研究结果可以看出，金属氧化物催化剂催化完全氧化 HCHO 时，或反应温度远高于室温条件，或室温条件下 HCHO 分解效率低，因此通常难以适用于室温条件下的 HCHO 净化。

6.3.2.2 贵金属催化剂催化氧化甲醛活性

贵金属催化剂通常具有很高的催化氧化活性，因此也被广泛用于 HCHO 氧化的研究。Álvarez 等[135]考察了负载型 Pd/Al_2O_3、Mn/Al_2O_3 和 $Mn-Pd/Al_2O_3$ 催化剂对 HCHO 和 CH_3OH 的氧化活性，如图 6-27 所示，0.4% Pd-20% Mn/Al_2O_3 是其系列催化剂中活性最佳的催化剂，但是也要在反应温度高于 353 K 时，HCHO 才可以完全转化为 CO_2 和 H_2O。

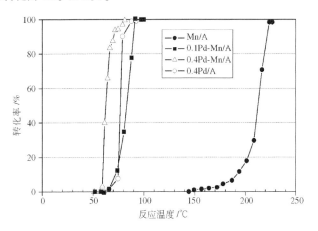

图 6-27 $Pd/Mn/Al_2O_3$ 催化剂催化 HCHO 和 CH_3OH 的活性[135]

(根据 Álvarez 等的数据重绘)

上述的 Pd 催化剂具有较好的催化氧化 HCHO 活性，但要实现 HCHO 的完全转化还需要 80℃左右的温度条件，因此与实现室内室温条件下净化 HCHO 的要求仍有较大的差距。

最近，Zhang 等[136~138]在高效室温氧化 HCHO 催化剂研究方面已经取得了突破，开发出了可室温催化氧化 HCHO 的 Pt/TiO_2 催化剂。他们在 100 ppm HCHO，20%（体积分数）O_2，总流量 50 cm^3/min，50 000 h^{-1} 空速条件下，对不同贵金属（Au，Rh，Pd，Pt）负载的 TiO_2 催化剂催化氧化 HCHO 活性进行了研究。如图 6-28 所示，发现催化剂活性顺序是 1% $Pt/TiO_2 \gg$ 1% $Rh/TiO_2 >$ 1% $Pd/TiO_2 >$ 1% $Au/TiO_2 \gg TiO_2$。其中 Pt/TiO_2 具有极佳的催化氧化 HCHO 的活性，该催化剂

室温下就能完全催化氧化 HCHO 为 H_2O 和 CO_2。Pt/TiO_2 在不同的反应空速下催化净化 HCHO 的评价结果如图 6-29 所示,反应前后的碳平衡计算见表 6-4。可见该催化剂对 100 ppm HCHO 的室温净化效率分别达到了 100% (5 万空速)、95% (10 万空速)和 60% (20 万空速),不需要光或其他能量,而且 HCHO 完全分解为 CO_2 和 H_2O 的选择性为 100%,没有二次污染,因此非常适用于室内常温常压下 HCHO 的净化。可以说该催化剂的成功开发使催化氧化技术应用于净化室内 HCHO 成为可能,是室内 HCHO 净化技术研究方面的重大突破。目前这一技术已经在国内外实现了产业化,并实际应用于 2008 年北京奥运工程建设。

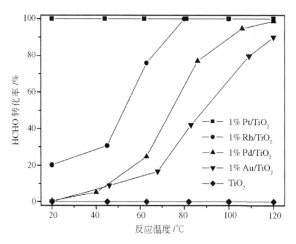

图 6-28 TiO_2 负载贵金属催化剂催化氧化 HCHO 活性对比[137]

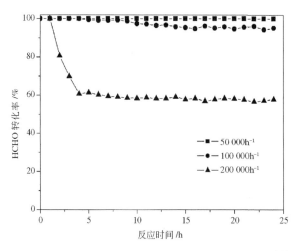

图 6-29 反应空速对 1% Pt/TiO_2 催化剂催化氧化 HCHO 活性的影响[136, 137]

表6-4 室温下1% Pt/TiO₂ 催化剂催化氧化 HCHO 过程碳质量平衡[136, 137]

气体	SV = 50 000 h⁻¹			SV = 100 000 h⁻¹			SV = 200 000 h⁻¹		
	进气 /ppm	出气 /ppm	选择性ᵃ /%	进气 /ppm	出气 /ppm	选择性ᵃ /%	进气 /ppm	出气 /ppm	选择性ᵃ /%
HCHO	102	0	—	101	3	—	102	43	—
CO₂	5.2	107.2	100	4.9	103.6	99.7	4.8	63.7	99.8
CO	3.2	3.2	—	2.9	2.9	—	2.4	2.4	—

a. 选择性（%）= ΔCO_2（ppm）×100/$\Delta HCHO$（ppm），$n = 10$。

同时利用 XRD、BET、TEM 和 TPR 等手段对 Pt/TiO₂ 进行了一系列表征，发现 Pt 在载体 TiO₂ 高度分散以及负载 Pt 后催化剂表面氧化活性的提高是催化剂具有极佳室温分解 HCHO 活性的两个重要原因[137]。

6.3.2.3 贵金属负载的 TiO₂ 催化剂催化氧化甲醛机理

Zhang 等[138]在成功开发了室温高效催化氧化 HCHO 的催化剂 Pt/TiO₂ 基础上，利用原位红外技术对贵金属（Pt、Rh、Pd、Au）负载的 TiO₂ 催化剂催化氧化 HCHO 的机理进行了深入研究，合理解释了 Pt/TiO₂、Rh/TiO₂、Pd/TiO₂ 和 Au/TiO₂ 4 种催化剂催化氧化 HCHO 活性存在明显差异的原因。

图 6-30 是原位反应气氛下达到稳态时，不同催化剂表面的原位漫反射红外谱图。向反应体系通入反应气体 O₂ + HCHO + He 稳定 60 min 后，Pt/TiO₂ 和 Rh/TiO₂ 催化剂上占据主导地位的表面物种都是甲酸盐物种（1359 和 1570 cm⁻¹），只是在 Rh/TiO₂ 上甲酸盐物种的浓度比在 Pt/TiO₂ 上略有降低。而在 Pd/TiO₂ 和 Au/TiO₂ 催化剂上，在 1107 和 1414 cm⁻¹ 出现强的红外吸收峰，表明占主导地位的表面物种是二甲酰物种（H₂CO₂），甲酸盐物种的吸收峰强度明显降低。二甲酰表面物种进一步氧化就可以生成甲酸盐物种，所以是甲酸盐物种的前驱体。上述结果说明不同贵金属催化剂具有不同的催化 HCHO 为甲酸盐物种的能力，其顺序是 Pt/TiO₂ > Rh/TiO₂ > Pd/TiO₂ > Au/TiO₂，与催化剂催化氧化 HCHO 的活性顺序一致。

如图 6-30 的实验过程达到稳态（60 min）后，关闭 O₂ 和 HCHO，利用纯 He 气吹扫样品后的结果如图 6-31 所示。可以看出，Pt/TiO₂，催化剂上，停止反应气体供应后，甲酸盐物种迅速下降并最终消失，同时 CO 物种（2062 cm⁻¹，1757 cm⁻¹）逐渐生成并最终占据催化剂表面。在 Rh/TiO₂ 催化剂上，甲酸盐物种的强度只是略有降低，同时仅有微量的 CO 物种形成。Pd/TiO₂ 和 Au/TiO₂ 上，红外谱图与 He 气吹扫前并没有明显的变化，说明在 Pd/TiO₂ 和 Au/TiO₂ 上二甲酰表

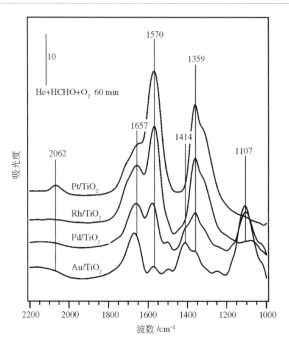

图 6-30　室温下 Pt/TiO$_2$、Rh/TiO$_2$、Pd/TiO$_2$ 和 Au/TiO$_2$ 催化完全氧化
HCHO 原位漫反射红外谱图对比[138]

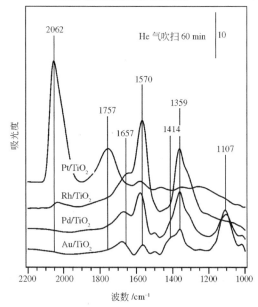

图 6-31　He 气吹扫下 Pt/TiO$_2$、Rh/TiO$_2$、Pd/TiO$_2$ 和 Au/TiO$_2$ 的红外谱图对比[138]

面物种进一步的反应已经终止。接下来重新往体系通入 O_2 后，如图 6-32 所示，Pt/TiO$_2$ 表面的 CO 吸附物种完全消失，而 Rh/TiO$_2$，Pd/TiO$_2$ 和 Au/TiO$_2$ 的红外谱图与氧气吹扫前仍然没有明显变化，说明在 Rh/TiO$_2$ 上的 CO 吸附物种与 O_2 的反应活性非常低。

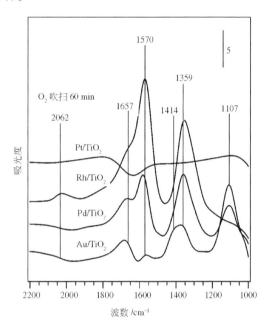

图 6-32　O_2 吹扫下 Pt/TiO$_2$，Rh/TiO$_2$，Pd/TiO$_2$ 和 Au/TiO$_2$ 的红外谱图对比[138]

　　根据原位红外实验结果，Zhang 等[128]给出了室温下 Pt/TiO$_2$、Rh/TiO$_2$、Pd/TiO$_2$ 和 Au/TiO$_2$ 催化氧化 HCHO 反应机理。如图 6-33 所示，二甲酰、甲酸盐和 CO 吸附物种是催化氧化 HCHO 反应的 3 个重要的反应中间体；HCHO 首先在催化剂表面被氧化为表面二甲酰物种，然后进一步被氧化为甲酸盐物种，接着甲酸盐物种会分解为表面 CO 吸附物种，随后表面 CO 吸附物种会迅速与氧气反应生成最终产物 CO_2，同时空出活性位置。该机理合理的解释了 4 种催化剂具有不同催化氧化 HCHO 活性的原因。在 Pt/TiO$_2$ 催化剂上，甲酸盐物种很容易形成，而且甲酸盐可以分解形成 CO 吸附物种，然后被氧化生成 CO_2，所以 Pt/TiO$_2$ 显示了极佳的室温氧化 HCHO 的活性；在 Rh/TiO$_2$ 催化剂上，甲酸盐物种虽然很容易形成，但甲酸盐难以分解形成 CO 吸附物种，因此 Rh/TiO$_2$ 的活性远低于 Pt/TiO$_2$；而对于 Pd/TiO$_2$ 和 Au/TiO$_2$ 来说，二甲酰容易在催化剂表面形成，但甲酸盐物种难以生成，而且甲酸盐也不能分解为 CO 吸附物种，所以二者的活性又远低于 Rh/TiO₂。

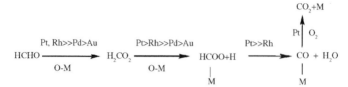

图 6-33　室温下 1% Pt/TiO₂ 催化剂催化完全氧化 HCHO 反应机理[138]

　　应当指出，以上研究得出的各种贵金属催化剂催化氧化 HCHO 的活性排序，很大程度上取决于催化剂的制备方法和选用载体的情况。也就是说，选用不同的制备方法或不同的载体很有可能会得出不同的活性排序。例如，最近 Li 等[139] 研究了 FeOₓ 负载 Au 催化剂催化氧化 HCHO 性能。如图 6-34 所示，在 HCHO 浓度 6.25 mg/m³，总流量 180 mL/min，空速 54 000 mL/g 的情况下，Au/FeOₓ 催化剂的活性随 Au 负载量的增加逐渐提高，当 Au 负载量为 7.1% 时，HCHO 在 20℃ 就开始转化，80℃ 时可实现完全转化。另外通过催化剂的 XPS 表征，发现带正电荷的 Auᵟ⁺ 在催化氧化 HCHO 的过程中起主要作用。以上的研究实例突出说明，贵金属催化剂上催化氧化 HCHO 的机理仍不十分清楚，催化剂结构和催化活性之间的构效关系还有待深入研究。

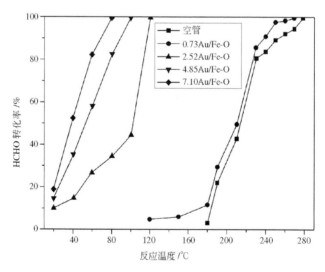

图 6-34　FeOₓ 负载 Au 催化剂催化氧化 HCHO 性能[139]

　　到目前为止，利用催化氧化技术仅仅实现了对 HCHO 的室温催化氧化，而针对室内其他主要 VOCs 如乙醛、环己酮以及苯系物等的催化氧化在室温下还难以实现。同 HCHO 相比，上述污染物的分子结构相对较复杂，更难以被催化分解。根据目前的研究报道，在众多应用于醛酮类和苯系物催化氧化的贵金属[140,141]、过渡金属氧化物[142] 催化剂中，完全分解上述污染物的最低反应温度分别要在 200℃和 150℃以上。另外，从研究现状和发展趋势看，开发可室温催化氧化室内其他有机污染物的催化材料也具有很大难度。因此要将热催化氧化技术应用于室内主要 VOCs 的净化，除了继续开发高低温活性的催化材料外，还必须考虑同吸附、光催化、低温等离子体等其他净化技术相结合。

6.3.3　低温等离子体协同催化技术

近年来兴起的低温等离子体催化技术（non-thermal plasma catalysis）是一种新兴的技术，结合了低温等离子体和催化反应的优点，在有效弥补两种净化技术不足的同时，充分发挥了催化剂和低温等离子体之间的协同作用[143,144]，因此在环境污染物处理方面引起了人们的极大关注，被认为是环境污染物处理领域中很有发展前途的高新技术之一[143~147]，有望实现在室内 VOCs 净化中的实际应用。

6.3.3.1　低温等离子体产生方式

低温等离子体主要是通过气体放电产生，根据放电产生的机理、气体的压强范围、电源性质以及电极的几何形状，气体放电等离子体主要分为以下几种形式：辉光放电、电晕放电、介质阻挡放电、射频放电和微波放电。由于对气态污染物的治理一般要求在常压下进行，而能在常压（10^5Pa 左右）下产生低温等离子体的只有电晕放电和介质阻挡放电两种形式[148]。

（1）电晕放电（corona discharge）。电晕放电是气体介质在不均匀电场中的局部放电，是最常见的一种气体放电形式。一般是采用曲率半径很小的电极，如针状电极或细线状电极。当在电极上加高电压时，由于电极的曲率半径很小，使靠近电极区域的电场特别强，引起气体电离而发生非均匀放电。该放电形式根据加载电源性质不同可分为直流电晕放电和脉冲电晕放电。若限流电阻 R 选择得当，继续增加放电功率时放电电流将不断上升，同时辉光逐渐扩展到两电极之间的整个放电空间，发光也越来越亮，则称为辉光放电（glow discharge）。

（2）介质阻挡放电（dielectric barrier discharge）。介质阻挡放电产生于由电介质隔开的两个电极之间，电介质可以覆盖在电极上或放置于电极之间，也可以将介质直接悬挂在放电空间或采用颗粒状的介质填充其中，当两极间加上足够高的交流电压时，电极间隙的气体会被击穿而产生放电。介质阻挡放电结合了辉光放电和电晕放电的优点，具有电子密度高和可在常压产生大面积的低温等离子体的特点，所以具有大规模工业应用的可能性。

6.3.3.2 低温等离子体协同催化作用机理

将催化剂引入低温等离子体，则低温等离子体和催化反应之间存在协同作用。一方面，在低温等离子体空间内富集了大量极活泼的如离子、电子、激发态的原子、分子及自由基等含有巨大能量的高活性物种。这些高密度的活性粒子具有超强的分子活化能力，可以使常规手段难以活化的惰性分子很容易就被活化。活性粒子还可以像高强度的紫外线一样直接作用于催化剂的活性中心，激活催化剂参与反应。因此，可使常规条件下需要很高活化能（加热到300℃以上）才能实现的催化反应在室温条件下即可顺利进行，大大减少了能耗；另一方面，放电也使反应物分子获得能量，有利于其在催化剂活性中心上发生化学吸附，而且高压电场作用下的反应物分子有可能首先被激发或电离，使之更容易实现催化反应过程。另外，由于等离子体放电激发的活性物质具有一定的寿命，等离子体催化协同增效作用不但可以发生在强放电区域，而且在余辉区和冷阱区也可能实现常规条件下所不能实现的催化反应，所以实际的反应空间就得到扩充，从而提高了空气净化装置的净化效率和整体经济性。同时，催化剂的存在还可促进等离子体产生的副产物的完全氧化和臭氧分解反应，消除二次污染[143-147]。但是必须指出，低温等离子体和催化剂之间的相互作用十分复杂，既有物理过程，又有化学过程，而且相互影响，因此，目前关于二者协同作用的机理并没有一个非常明确的解释，还需要更加深入的研究。

6.3.3.3 低温等离子体催化反应器

按催化剂的放置位置，低温等离子体催化反应器主要有两种，分别是填充式反应器和复合式反应器。填充式反应器是催化剂位于低温等离子体产生区的反应器[149]，如图6-35所示，这类反应器是根据介质阻挡放电原理设计的。填充介质本身是催化剂或者是催化剂的载体，一般具有较大的相对介电常数。填充介质在

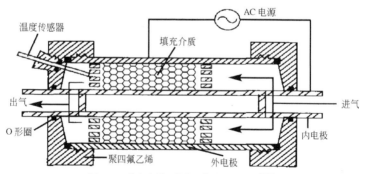

图6-35 填充式低温等离子体催化反应器[149]

外加电场作用下被极化，在填充介质接触处聚集了大量的电荷，当这些电荷聚集到一定数量时，在其接触处形成很强的局部电场导致颗粒表面发生电晕放电，电晕区也随之扩展，电晕强度增强。填充床式反应器通常为线筒式结构，也有部分采用线板式及平板式结构，已广泛用于工业源 VOCs 的净化。

复合式反应器是催化剂位于低温等离子体余辉区的反应器。当反应气体经过低温等离子反应器后，产生了很多长寿命的活性粒子，然后这些活性粒子与催化剂相互作用生成氧化性能更高的微粒，从而使有机污染物分解完全。图 6-36 是 Futamura 等[150] 开发的一种无声放电低温等离子体和 MnO_2 相结合用于处理苯的复合式反应器。

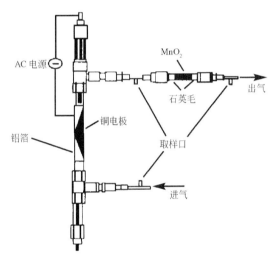

图 6-36　复合式低温等离子体催化反应器[150]

6.3.3.4　低温等离子体催化净化室内 VOCs

多种催化剂已用于低温等离子体催化反应，主要包括常见的光催化剂、金属氧化物催化剂、贵金属催化剂及分子筛类等。典型的催化剂有 TiO_2[149]、MnO_2[150]、Pt/Al_2O_3[151]、Al_2O_3[153]、铁锰氧化物[143]、CoO_x[152]、ZSM-5[154] 等。

Kang 等[149] 将表面负载了光催化剂 TiO_2 的玻璃小球填充于线筒式低温等离子体反应器中，研究了光催化剂与放电等离子体协同处理甲苯的效果。如图 6-37 所示，脉冲电压为 13 kV 时，120 min 后的检测结果发现，在有氧环境下，仅使用 254 nm 紫外光照射时，甲苯的转化率为 10%；单纯等离子体作用时，甲苯的转化率约为 40%；然而在 TiO_2/O_2 和等离子体协同作用下，甲苯的转化率可提高到 70%；另外，若使用 $TiO_2/Al_2O_3/O_2$，甲苯转化率可高达 80%。

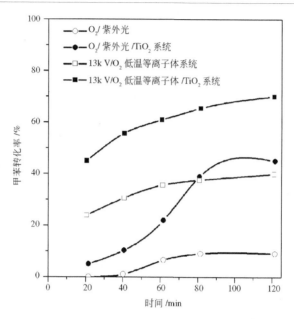

图 6-37 TiO$_2$/O$_2$ 等离子体和光催化净化甲苯效率对比[149]

考虑到低温等离子体内部放入粉末催化剂会增加反应气阻，Ayrault 等[151] 设计了一种在蜂窝堇青石载体内产生低温等离子体的反应器，有效地降低了气阻。他们考察了堇青石反应器负载 Pt/Al$_2$O$_3$ 前后氧化去除 2-庚酮的效果，结果如图 6-38 所示。可以看出，当反应总流量 420 mL/min，空速 1800 h^{-1}，180 ppm 2-庚

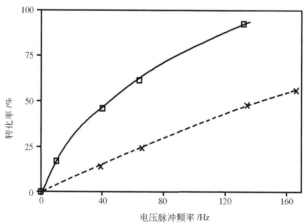

图 6-38 电压脉冲频率对 2-庚酮去除效率的影响[151]

×未负载 Pt/Al$_2$O$_3$；□ 负载 Pt/Al$_2$O$_3$

酮初始浓度时，在 34 kV 电压作用下，随着脉冲频率的增加，2-庚酮的转化率逐渐增加。低温等离子体与催化剂 Pt/Al_2O_3 之间存在明显的协同作用，脉冲频率 132 Hz 时，当蜂窝堇青石载体没有负载 Pt/Al_2O_3 时，2-庚酮的去除率低于 50%；负载 Pt/Al_2O_3 后，2-庚酮的去除率达到了 98% 以上。

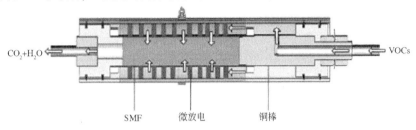

图 6-39　新式介质阻挡低温等离子体催化反应器[152]

Subrahmanyam 等[152]设计了一种新式介质阻挡低温等离子体催化反应器。反应器结构如图 6-39 所示，放电在筒状石英管内发生；石英管外壁涂上一层银作为外电极；石英管内部，烧结金属纤维（sintered metal fibers，SMF）采用浸渍法负载 3%（质量分数）MnO_x 或 CoO_x 后作为内电极，同时起到催化剂的作用。他们[152]利用此新型低温等离子体催化反应器，研究了输入电压、催化剂种类对净化甲苯性能的影响，甲苯转化率如图 6-40 所示。可以看出，随着输入电压增加，能量输入密度增加，甲苯的转化和 CO_2 选择性逐渐增加，单纯使用 SMF 电极时，在能量输入密度 265 J/L 的条件下，100 ppm 甲苯的转化率可达到 100%。利用 MnO_x 和 CoO_x

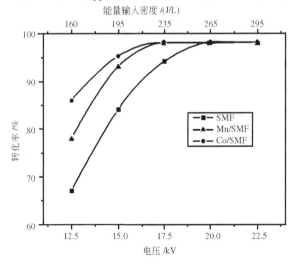

图 6-40　低温等离子体催化净化甲苯性能[152]

负载的 SMF 电极时，由于低温等离子体和催化剂之间的协同作用，在低能量输入密度情况下，甲苯转化率明显提高，而且达到 100% 甲苯转化率的能量输入密度降低为 235 J/L。另外，对比 $CoMnO_x/SMF$ 和 O_x/SMF 电极，采用 MnO_x/SMF 时，体系具有更好的净化甲苯的能力和更高的 CO_2 选择性。在 235 J/L 的能量输入密度下，不但甲苯的转化率达到了 100%，也取得了 80% 的 CO_2 选择性。

在放电等离子体处理 VOCs 的过程中，臭氧作为强活性氧化物质对 VOCs 的氧化降解起着积极的作用，但是若降解后最终排气的臭氧浓度过高，也将造成空气污染。MnO_2 能够加速 O_3 向 O_2 的转化，可以作为放电等离子体反应器的后处理来改善最终的排气品质，并且转化过程生成的活性氧物质可能对 MnO_2 分解 VOCs 起到作用[150]。

Futamura 等[150] 利用如图 6-36 所示的复合反应器，研究无声放电低温等离子体和 MnO_2 协同催化净化苯的性能，发现在等离子体反应器中 O_3 的浓度很高，后置的 MnO_2 催化剂能有效地分解 O_3，并有效地促进了苯的分解。他们在 0.25 L/min 气体流速，106 ppm 苯初始浓度条件下，考察了有无 MnO_2 时，苯的转化率随低温等离子体输入能量的变化趋势，结果如图 6-41 所示。可以看出，随着输入能量的增加，苯的转化率逐渐提高，而且后置 MnO_2 催化剂与低温等离子体复合显著提高了对苯的转化效率。在输入 0.6 kJ/L 的能量下，单纯利用低温等离子体，苯的摩尔转化率仅为 16%，而在相同反应条件下，有 MnO_2 作催化剂时，苯的转化率达到 64%。同时，在选定输入 0.6 kJ/L 能量的情况下，研究了反应

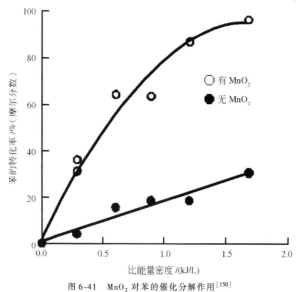

图 6-41　MnO_2 对苯的催化分解作用[150]

尾气中苯、NO_2 以及 O_3 随后置 MnO_2 催化剂加入量的变化趋势，结果见图 6-42。可见，在不复合 MnO_2 时，单纯低温等离子体在转化苯的同时，大约产生 400 ppm 的 O_3。增加 MnO_2 的量，尾气中 O_3 的量迅速降低，当 MnO_2 添加量为 1.5 g 时，低温等离子体产生的 O_3 几乎完全被消除。

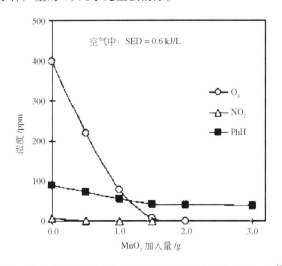

图 6-42　MnO_2 加入量对苯和 O_3 分解的影响（苯初始浓度：106 ppm）[150]

　　针对室内低浓度甲苯污染，Van Durme 等[155] 系统地研究了常温常压下，低温等离子体与催化剂不同协同方式对净化甲苯性能和消除副产物的影响。催化剂采用 Aerolyst 型 TiO_2 和 $CuO/MnO_2/TiO_2$，分别放置于低温等离子体内部（in plasma catalyst，IPC）或余辉区（post plasma catalyst，PPC），评价结果如图 6-43 所示。随着低温等离子体输入能量增加，甲苯转化率和 O_3 生成量逐渐增加。单纯低温等离子体净化甲苯效率很低，却同时产生大量副产物 O_3。催化剂放置于低温等离子体内部后，甲苯转化效率明显提高，但对 O_3 的消除不明显。当催化剂放置于低温等离子体余辉区时，甲苯的转化率也得到明显提高，但 Aerolyst 型 TiO_2 对 O_3 消除没有效果，而 $CuO/MnO_2/TiO_2$ 能显著降低 O_3 浓度，表明低温等离子体和后置 $CuO/MnO_2/TiO_2$ 的组合是消除甲苯的最佳低温等离子体催化系统。

　　同时，Van Durme 等[155] 也考察了相对湿度对低温等离子体催化系统净化甲苯性能的影响。这里 IPC 采用 TiO_2 催化剂，而 PPC 系统采用 $CuO/MnO_2/TiO_2$ 催化剂，结果如图 6-44 所示。干燥反应条件下，相比单纯的低温等离子体系统，采用 IPC（TiO_2）和 PPC（$CuO/MnO_2/TiO_2$）以后，甲苯的转化率都得到显著提高，体现了二者的相互协同作用。但是，相对湿度对系统净化甲苯具有很大的影响，提高体系内的相对湿度后，无论采用 IPC（TiO_2），还是 PPC（$CuO/MnO_2/TiO_2$）系统，

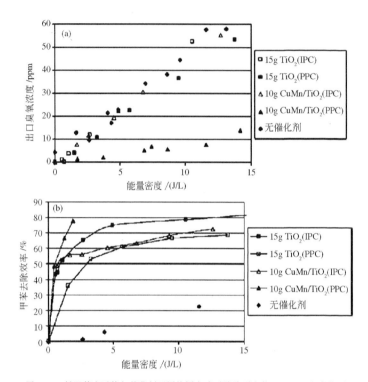

图 6-43　低温等离子体与催化剂不同协同方式对消除副产物 O_3 （a）和净化甲

苯 （b）性能的影响[155] IPC （in plasma catalyst），PPC （post plasma catalyst），

二甲苯初始浓度：0. 5 ppm，总流量：10. 8 L/min，$p = 101. 3$ kPa，$T = 298$ K

净化甲苯的能力都受到抑制，特别是 IPC （TiO_2）系统净化能力的下降幅度更为
明显。通过分析，他们认为这主要是由水蒸气和反应物之间的竞争吸附引起的。
另外，他们还研究了相对湿度对协同体系消除副产物 O_3 和 NO_2 的影响，发现提
高相对湿度可有效抑制副产物 O_3 和 NO_2 的产生，且对 NO_2 的抑制效果更佳。

　　由以上各种研究结果可以知道，低温等离子体与催化氧化技术的结合，一方
面在降低低温等离子体能耗的同时大大减少了反应副产物，另一方面提高了催化
反应的性能和选择性，拓宽了催化氧化技术常温净化污染物的适用范围，因此在
室内空气净化领域展现出良好的应用前景。然而，就应用技术本身来讲，还存在
一些亟需解决的问题。首先，该复合技术的理论还不完全成熟，需要对低温等离
子体催化协同作用产生机理，与被处理废气间的物理、化学过程做进一步研究，
以优化运行工艺设计；其次，设备制造技术难度大、成本高。另外，尽管低温等
离子体基本上是安全的，但在实际应用上还是存在着一定的安全隐患，例如等离

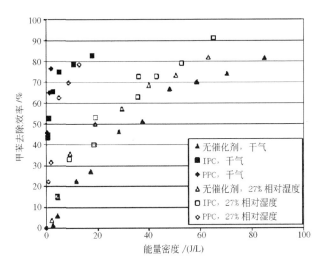

图6-44　相对湿度对低温等离子体催化系统净化甲苯性能的影响 [（IPC（TiO₂），PPC（CuO/MnO₂/TiO₂），甲苯初始浓度：0.5 ppm，总流量：10.8 L/min，$p=101.3$ kPa，$T=298$ K）][155]

子体中产生的臭氧、活性自由基、γ射线、β粒子、强紫外光子等都可引起生物机体的损伤，如果应用于人居条件下室内VOCs的净化，还应该考虑到室内环境的特点，如室内使用的安全性问题，产生电波辐射等问题。

6.3.4　常温催化净化室内微生物

　　光催化虽然是一种比较高效的室内空气常温消毒手段，但该技术对太阳光利用率低，过程中需要用到紫外光或其他辐射源方可获得理想净化效果，在某些实际应用条件下存在一定的局限性。实际上现在日常使用最为广泛的还是化学消毒剂，但其只能产生短暂效应，且容易导致二次污染有损人体健康。因此，开发无毒无害、长效安全的新型抗菌材料和技术是十分迫切的任务，也是当前和今后抗菌领域的重要研究课题和发展方向[69]。

　　为了抗击2003年在我国大面积爆发的"非典"疫情，控制SARS病毒的传播，刘中民等[156]与大连医科大学病原学教研室合作成立了"抗病毒纳米催化材料研究"攻关小组。他们利用副流感病毒（PIV）、流感病毒（IV）、呼吸道合胞病毒（RSV）和腺病毒（AdV）等开展了"用于呼吸道病毒阻隔、吸附及灭活的纳米催化材料及相关作用机制研究"的工作，发现许多催化材料对吸附在其表面的病毒具有明显的破坏作用，说明催化灭活微生物是普遍存在的现象。而且这种消毒方法实施过程中无需损耗光电能源，在室温条件即可实现，很具发展前景。

将具有抗菌性质的金属及其化合物，如银、铜、锌等，牢固地负载于适当的无机载体上获得金属负载型无机抗菌材料，可使二者相互作用起到加强抗菌效果和增强杀菌稳定性的目的，是近年来备受研究者关注的热点之一。无机载体具有安全性高、耐热性好、使用寿命长、无挥发等优点，而抗菌金属特别是银，具有杀菌率高、抗菌广谱、稳定无毒等优点，银与无机载体的结合是抗菌剂研究的一个重要方向，已成为新一代的无机抗菌净化首选材料。基于银的无机抗菌剂的抗菌作用机理具有两种解释：一是银离子的缓释杀菌抗菌机理；二是活性氧杀菌机理。银离子缓释杀菌抗菌机理是指在其使用过程中，抗菌剂缓慢释放出 Ag^+，因为 Ag^+ 在很低浓度下即可强烈地吸引细菌体中酶蛋白的巯基，并迅速结合在一起降低细胞原生质活性酶的活性，具有抗菌作用[157,158]。活性氧抗菌机理认为金属态的 Ag 能活化空气中的氧气或水中的溶解氧，生成的 $\cdot O_2^-$ 和 $\cdot OH$ 等强氧化性活性氧物种，可以迅速有效地杀灭细菌[159,160]。

到目前为止，国内外对类似抗菌材料的报道大部分仅限于水中消毒过程，而在空气中进行杀菌的研究几乎是空白。最近，贺泓等[161-164]通过反复实验成功制备出以纳米尺度高度分散在高比表面积的三氧化二铝（Al_2O_3）载体表面的 Ag 型催化抗菌材料，发现该催化剂在空气中无需外加光电能源的条件下，5 min 内即可有效杀灭吸附于其表面的多形德巴利酵母菌（*D. polymorphus*）、大肠杆菌（*E. coli*）、杆状病毒（Baculovirus）和 SARS 冠状病毒，实验结果如表 6-5 所示。

表 6-5   不同材料对各种微生物的杀灭作用[161]

催化剂	SARS 冠状病毒 (CPE)	杆状病毒 (CPE)	大肠杆菌 (CFU/mL)	多形德巴利酵母菌 (CFU/mL)
Ag/Al$_2$O$_3$	未检出[a]	未检出[a]	未检出[a]	未检出[a]
Ag/Al$_2$O$_3$	未检出[c]	未检出[c]	未检出[c]	10^{2} [b]
Al$_2$O$_3$	—	—	—	10^{5} [b]
滤纸	典型[c]	典型[c]	10^{5} [c]	10^{5} [b]

a. 处理 5 min；b. 处理 10 min；c. 处理 20 min。

注：微生物的初始用量分别为 100 μL 10^6 CPE/mL 的 SARS 冠状病毒和杆状病毒，20 μL 10^8 CFU/mL 的大肠杆菌和多形德巴利酵母菌；"—"表示无效。

通过进一步的机理研究，他们认为在银型无机抗菌剂的抗菌过程中 Ag^+ 和活性氧的作用一般是同时存在的，但在空气净化过程中由于气体组成成分中水的含量相对较少，认为 Ag^+ 的作用比较小，活性氧杀菌机理占主导[162,163]。考虑到在实验室条件下考察空气中的 O_2 对杀菌效果的影响比较困难，为便于控制条件，他们选择了在水溶液中进行有氧、无氧的模拟对比实验。图 6-45 所示为以大肠杆菌作为目标指示菌时，不同催化剂在 O_2 曝气和 N_2 曝气条件下的对比杀菌实验结果。从图中可以看出，载银 Al_2O_3 在有氧条件下的杀菌活性明显高于无氧条件，有力地说明 O_2 的参与是高杀菌活性的必要因素，即材料的杀菌能力很可能源于银与氧的协同作用。

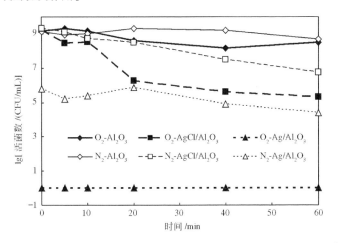

图 6-45　有无氧条件下 Al_2O_3 载体及 $AgCl/Al_2O_3$、Ag/Al_2O_3 对水中大肠杆菌的杀灭能力[164]

从 SEM 照片中可明显观察到载银 Al_2O_3 催化剂对其表面细菌的破坏是从细胞膜开始的，然后逐步将其氧化分解。考虑到银不仅本身具有很强的杀菌能力，而且还是一种具有催化氧化活性的金属，Ag/Al_2O_3 作为一种氧化型催化材料应该具有将 O_2 转化成为活性氧（ROS）（其中可能包括超氧离子 $^{\bullet}O_2^{-}$、过氧化氢和羟基自由基 $^{\bullet}OH$ 等）的能力，而这种 ROS 具有极强的氧化性，很可能是导致细胞破裂的直接原因。

同时，超氧化物歧化酶（super oxide dismutase，SOD）作为 $^{\bullet}O_2^{-}$ 的特征捕捉剂被引入杀菌实验，用来进一步确认反应过程中是否产生了 ROS。结果如图 6-46 所示，与未加任何捕捉剂的情况相比，SOD 的引入使得 Ag/Al_2O_3 和 $AgCl/Al_2O_3$ 材料的杀菌能力都有所减弱，随着引入 SOD 捕捉剂浓度的增加，材料杀菌能力进一步下降，证明材料表面确实有 $^{\bullet}O_2^{-}$ 生成，并且对材料的杀菌效果有一定贡献。但材料的杀菌能力并没有被完全抑制，表明反应过程中还有其他的 ROS 在起作用。结合红外表征检测到的微生物的气相分解产物为 CO_2，表明细菌最终被完全分解成无害小分子，并脱离催化剂。因此，Al_2O_3 负载的 Ag 催化剂不仅可以杀死附着于其表面的微生物，还具有相当强的自净功能，是一种优良的杀菌材料。值得注意的是，Ag/Al_2O_3 材料的杀菌能力要略强于 $AgCl/Al_2O_3$，这是因为 Ag/Al_2O_3 材料的杀菌能力来源于 Ag 的催化氧化作用和 Ag^{+} 的协同作用，而在 $AgCl/Al_2O_3$ 材料的 Ag^{+} 的协同作用受到抑制。

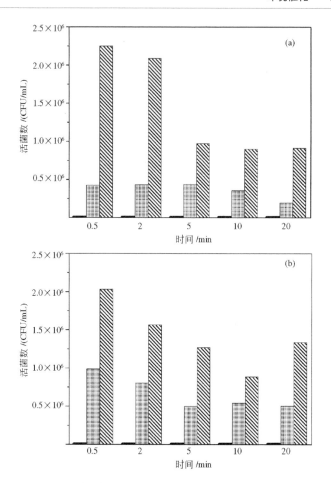

图 6-46　SOD 对抗菌材料 （a）Ag/Al$_2$O$_3$和（b）AgCl/Al$_2$O$_3$，杀菌效果的影响

▬ 0 unit/mL of SOD　▦ 50 unit/mL of SOD　▨ 100 unit/mL of SOD[164]

　　另外，某些金属氧化物的催化抗菌活性也受到了一些研究者的关注。Sawai 等[165～167]连续多年对 MgO、CaO 以及 ZnO 等氧化物的抗菌性能进行研究，取得了很多有价值的成果。他们否定了 CaO 与 MgO 的抗菌机理主要是利用其碱性的观点，证明这些氧化物的抗菌机理与活性氧的产生有关。如图 6-47 所示，他们通过在 CaO 和 MgO 粉末胶体中加入 SOD 或同时加入 SOD 和过氧化氢酶（cata-lase）等活性氧捕捉剂，发现与只有催化剂作用的情况相比，采用荧光法检测到的活性氧信号明显减弱甚至完全消失，充分证明了活性氧自由基·O$_2^-$ 和 H$_2$O$_2$ 在杀菌过程中发挥的重要作用。根据进一步的实验结果，他们又明确指出由碱性引

起的细胞损伤与 $\cdot O_2^-$ 是有区别的，为材料的催化氧化机理提供了有力的支持。同时，他们也在 ZnO 粉末胶体中发现了 H_2O_2，并指出 ZnO 处理的细菌损伤与 H_2O_2 处理的细菌损伤是相同的，由此认为其抗菌机理是表面产生 H_2O_2 的作用。

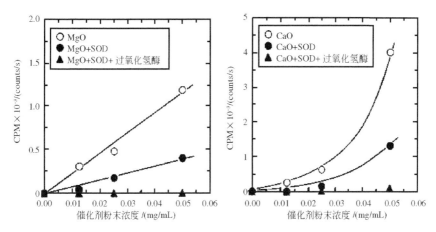

图 6-47　在 MgO 和 CaO 体系中添加不同生物酶后活性氧物种荧光信号的变化[165]

总之，采用无机催化抗菌材料杀菌，不仅具有高效、广谱、安全稳定的特点，更重要的是，与化学杀菌剂相比，不会产生二次污染，对环境和健康没有副作用，是一种理想的环保杀菌方法；而且，与光催化杀菌相比还具有能耗低，操作简便及杀菌持久等优点，在室内空气净化消毒方面有着潜在而广阔的应用前景。

参 考 文 献

[1] Klepeis N E, Nelson W C, Ott W R, et al. The National Human Activity Pattern Survey (NHAPS): A Resource for Assessing Exposure to Environmental Pollutants. J. Expo. Anal. Environ. Epidemiol., 2001, 11: 231–252

[2] 朱天乐. 室内空气污染控制. 北京: 化学工业出版社, 2002

[3] IEH (Institute for Environment and Health), IEH assessment on indoor air quality in the home. Institute for Environment and Health, Leicester, UK, 1996

[4] Yu C, Crump D, A Review of the Emission of VOCs from Polymeric Materials used in Buildings. Build. Environ., 1998, 33: 357–374

[5] Molhave L, et al. Total volatile organic compounds (TVOC) in indoor air quality investigations. Indoor Air, 1997, 7: 225–240

[6] Jones A P. Indoor air quality and health. Atmos. Environ., 1999, 33: 4535–4564

[7] Kalogerakis N, Paschali D, Lazaridisc M, et al. Indoor air quality-bioaerosol measurements in

domestic and office premises. J. Aerosol Sci., 2005, 36: 751 – 761

[8] 李劲松. 试论室内空气生物污染. 中国预防医学杂志, 2002, 3 (3): 174 – 177

[9] World Health Organisation, Guidelines for concentration and exposure-response measurements of fine and ultra fine particulate matter for use in epidemiological studies. Geneva: World Health Organisation. (2002)

[10] Maroni M, Seifert B, Lindvall T, Indoor Air Quality a Comprehensive Reference Book. Elsevier, Amsterdam, 1995

[11] Fujishima A, Hond K. Electrochemical photolysis of water at a semiconductor electrode. Nature, 1972, 238 (5358): 37 – 38

[12] Linsebigler A L, Lu G, Yates J J T. Photocatalysis on TiO_2 surfaces: principles, mechanisms, and selected results. Chem. Rev., 1995, 95: 735 – 758

[13] Fox M A, Dulay M T. Heterogeneous photocatalysis. Chem. Rev. 1993, 93: 341 – 357

[14] Legrini O, Oliveros E, Braun A M. Photochemical processes for water treatment. Chem. Rev., 1993, 93: 671 – 698

[15] 张金龙, 陈峰, 何斌编著. 光催化. 上海: 华东理工大学出版社, 2004

[16] 上官文峰. 太阳能光解水制氢的研究进展. 无机化学学报, 2001, 17 (5): 619 – 626

[17] 高濂, 郑珊, 张青红著. 纳米氧化钛光催化材料及应用. 北京: 化学工业出版社, 2002

[18] Papavassiliou G C. Luminescence spectra and Raman excitation profiles in small CdS particles. J. Solid State Chem., 1981, 40 (3): 330 – 335

[19] Shangguan W F, Yoshida A, Photocatalytic hydrogen evolution from water on nanocomposites incorporating cadmium sulfide into the interlayer. J. Phys. Chem. B, 2002, 106: 12227 – 12230

[20] 大谷文章. 光触媒のしくみがわかる本. 技術評論社, 2003

[21] Boer K W. Survery of Seconductor Physics. New York: Van Nostrand Reinhold, 1990: 249

[22] Brillas E, Mur E, Sauleda R, et al. Aniline mineralization by AOP' s: anodic oxidation, photocatalysis, electro-Fenton and photoelectro-Fenton processes. Appl. Catal. B, 1998, 16: 31 – 42

[23] Kudo A, Kato H, Tsuji. I, Strategies for the Development of Visible-light-driven Photocatalysts for Water Splitting. Chem. Lett., 2004, 33 (12): 1534 – 1540

[24] Moon J, Yun C Y, Yi J, et al. Photocatalytic activation of TiO_2 under visible light using Acid Red 44. Catal. Today, 2004, 87: 77 – 86

[25] Sato Y, Terada K, Naito S, et al. Mechanistic study of water-gas-shift reaction over TiO_2 supported Pt-Re and Pd-Re catalysts. Appl. Cataly. A, General, 2005, 296 (1): 80 – 89

[26] Lee M S, Hong S S, Mohseni M, Synthesis of photocatalytic nanosized TiO_2-Ag particles with sol-gel method using reduction agent. J. Mol. Catal. A, Chem., 2005, 242: 135 – 140

[27] Asahi R, Morikawa T, Taga Y, et al. Visible-Light Photocatalysis in Nitrogen-Doped Titanium Oxides. Science, 2001, 293: 269 – 271

[28] Reddy K M, Baruwati B, Manorama S V, et al. S-, N- and C-doped titanium dioxide nanoparticles: Synthesis, characterization and redox charge transfer study. J. Solid. State Chem.,

2005, 178: 3352 - 3358

[29] Li D, Haneda H, Hishita S, Ohashi N. Visible-light-driven N-F-codoped TiO$_2$ photocatalysts, Optical characterization, photocatalysis, and potential application to air purification. Chem. Mater. 2005, 17 (10): 2596 - 2602

[30] Hsien Y H, Chang C F, Cheng S. Photodegradation of aromatic pollutants in water over TiO$_2$ supported on molecular sieves. Appl. Catal. B, 2001, 31 (4): 241 - 249

[31] Zhang M, Gao G, Liu F Q, et al. Crystallization and Photovoltaic Properties of Titania-Coated Polystyrene Hybrid Microspheres and Their Photocatalytic Activity. J. Phys. Chem. B, 2005, 109 (19): 9411 - 9415

[32] Meng N, Leung M K H, Leung D Y C, et al. A review and recent developments in photocatalytic water-splitting using TiO$_2$ for hydrogen production. Renew. Sust. Energ. Rev., 2007 (11): 401 - 425

[33] Demeestere K, Dewulf J, Van Langenhove H. Visible light mediated photocatalytic degradation of gaseous trichloroethylene and dimethyl sulfide on modified titanium dioxide. Appl. Catal. B, 2005, 61: 140 - 149

[34] Martínez A I, Acosta D R, Cedillo G. Effect of SnO$_2$ on the photocatalytical properties of TiO$_2$ films. Thin Solid Films, 2005, 490 (2): 118 - 123

[35] Hsu C S, Lin C K, Chan C C, et al. Preparation and characterization of nanocrystalline porous TiO$_2$/WO$_3$ composite thin films. Thin Solid Films, 2006, 494: 228 - 233

[36] Balek V, Todorova N, Trapalis C, et al. Thermal behavior of Fe$_2$O$_3$/TiO$_2$ mesoporous gels. J. Therm. Anal., 2005, 80 (2): 503 - 509

[37] Wen F, Shang G, Kozo I. Synthesis of silica-pillared layered titanium niobium oxide. Chem. Commun., 1998, 7: 779 - 780

[38] Chen S, Zhao M, Tao Y. Photocatalytic Degradation of Organophosphoros Pesticides Using TiO$_2$ Supported on Fiberglass. MicroChemical Journal, 1996, 54: 54 - 58

[39] Abe R, Sayama K, Arakawa H, Significant influence of solvent on hydrogen production from a-queous I^{3-}/I$^-$ redox solution using dye-sensitized Pt/TiO$_2$ photocatalyst under visible light irradiation. Chem. Phys. Lett., 2003, 379, 230 - 235

[40] Shiroishi H, Nukaga M, Yamashita S. Efficient Photochemical Water Oxidation by a Molecular Catalyst Immobilized onto Metal Oxides, Chem. Lett., 2002, 12: 488 - 489

[41] Shang J, Li W, Zhu Y. Structure and photocatalytic characteristics of TiO$_2$ film photocatalyst coated on stainless steel webnet. J. Mol. Catal. A: Chem., 2003, 202: 187 - 195

[42] Leng W, Liu H, Cheng S, et al. Kinetics of photocatalytic degradation of aniline in water over TiO$_2$ supported on porous nickel. J. Photochem. Photobiol., A, 2000, 131: 125 - 132

[43] Hu H, Xiao W, Shangguan W, et al. High photocatalytic activity and stability for decomposition of gaseous acetaldehyde on TiO$_2$/Al$_2$O$_3$ composite films coated on foam nickel substrates by sol-gel. J. Sol-Gel Sci. Technol., 2008, 45 (1): 1 - 8

[44] Matos J, Laine J, Herrmann J M. Effect of the type of activated carbons on the photocatalytic degradation of aqueous organic pollutants by UV-irradiated titania. J. Catal., 2001, 200: 10 - 20

[45] Noorjahan M, Kumari V D, Subrahmanyam M, et al. A novel and efficient photocatalyst: TiO₂-HZSM-5 combinate thin film. Appl. Catal. B, 2004, (47): 209 - 213

[46] Alan J. Heeger, Semiconducting and Metallic Polymers: The Fourth Generation of Polymeric Materials, J. Phys. Chem. B, 2001, 105 (36): 8475 - 8491

[47] Nishikawa H, Takahara Y, Adsorption and photocatalytic decomposition of odor compounds containing sulfur using TiO₂/SiO₂ bead. J. Mol. Catal. A: Chem., 2001, (172): 247 - 251

[48] Zhang T, Oyama T, Horikoshi S, et al. Photocatalytic decomposition of the sodium dodecylbenzene sulfonate surfactant in aqueous titania suspensions exposed to highly concentrated solar radiation and effects of additives. Appl. Catal. B, 2003, 42 (1): 13 - 24

[49] Sauer M, Ollis D, Acetone oxidation in a photo catalytic monolith reactor. J. Catal., 1994, 149: 81 - 91

[50] Kim M S, Ryu C S, Kim B W. Effect of ferric ion added on photodegradation of alachlor in the presence of TiO₂ and UV radiation. Water Res., 2005, 39 (4): 525 - 532

[51] Wang Y. Solar photocatalytic degradation of eight commercial dyes in TiO₂ suspension. Water Res., 2000, 34 (3): 990 - 994

[52] Duffy E F, Touati F A, Kehoe S C, et al. A novel TiO₂-assisted solar photocatalytic batch-process disinfection reactor for the treatment of biological and chemical contaminants in domestic drinking water in developing countries. Solar Energy, 2004, 77 (5): 649 - 655

[53] Yang L, Liu Z, Shi J, et al, Design consideration of photocatalytic oxidation reactors using TiO₂-coated foam nickels for degrading indoor gaseous formaldehyde. Catal. Today, 2007, 126 (3~4): 359 - 368

[54] Luo Y, Ollis D F. Heterogeneous photocatalytic oxidation of trichloroethylene and toluene mixtures in air: kinetic promotion and inhibition time-dependent catalyst activity. J. Catal., 1996, 163: 1 - 11

[55] Anpo M, Shima T, Kodama S, et al. Photocatalytic hydrogenation of propyne with water on small-particle titania: size quantization effects and reaction intermediates. J. Phys. Chem., 1987, 91: 4305 - 4310

[56] Schwarz P F, Turro N J, Bossmann S H, et al. A New Method To Deter mine the Generation of Hydroxyl Radicals in Illu minated TiO₂ Suspensions. J. Phys. Chem. B, 1997, 101: 7127 - 7134

[57] Wang Y, Hong Chia-Swee, TiO₂-mediated photomineralization of 2-chlorobiphenyl: the role of O₂. Water Res., 2000, 34 (10): 2791 - 2797

[58] Noguchi T, Fujishima A, Sawunyatama P, Hashimoto K. Photocatalytic degradation of gaseous formaldehyde using TiO₂ fillm. Environ. Sci. Technol., 1998, 32: 3831 - 3833

[59] Ibusuki T, Takeuchi K. Toluene oxidation on UV irradiated titanium dioxide with and without O₂, NO and H at ambient temperature. Atmos. Environ., 1986, 20: 1711 - 1715

[60] Obee T N, Brown R T. TiO₂ photocatalysis for indoor air applications: effects of humidity and trace conta minant levels on the oxidation rates of formaldehyde, toluene and 1, 3-butadiene. Environ. Sci. Technol., 1995, 29: 1223 – 1231

[61] Sano T, Negishi N, Uchino K, et al. Photocatalytic degradation of gaseous acetaldehyde on TiO₂ with photo deposited metals and metal oxides. J. Photochem. Photobiol. A, 2003, 160: 93 – 98

[62] Obuchi E, Sakamoto T, Nakano K. Photocatalytic decomposition of acetaldehyde over TiO₂/SiO₂ catalyst. Chemi. Eng. Sci., 1999, 54: 1525 – 1530

[63] Sinha A K, Suzuki K. Preparation and Characterization of Novel Mesoporous Ceria-Titania. J. Phys. Chem. B, 2005, 109: 1708 – 1714

[64] 彭绍琴, 江风益, 李越湘. N 掺杂 TiO₂ 光催化剂的制备及其可见光降解甲醛. 功能材料, 2005, 36 (8): 1207 – 1209

[65] Zhao W, Ma W H, Chen C C, et al. Efficient Degradation of Toxic Organic Pollutants with Ni₂O₃/TiO₂₋ₓBₓ under Visible Irradiation. J. Am. Chen. Soc., 2004, 126: 4782 – 4783

[66] Gang L, Anderson B, vanGrondelle J, et al. Low temperature selective oxidation of ammonia to nitrogen on silver-based catalysts. Appl. Catal. B, 2003, 40: 101 – 110

[67] Yamazoe S, Okumura T, Tanaka T. Photo-oxidation of NH₃ over various TiO₂. Catal. Today, 2007, 120: 220 – 225

[68] Ao C H, Lee S C, Yu J C. Photocatalyst TiO₂ supported on glass fiber for indoor air purication: effect of NO on the photodegradation of CO and NO₂. J. Photochem. Photobiol. A, 2003, 156: 171 – 177

[69] 金宗哲. 无机抗菌材料及其应用. 北京: 化学工业出版社, 2004

[70] 马晓敏, 王怡中. 二氧化钛光催化氧化杀菌的研究及进展. 环境污染治理技术与设备, 2002, 3 (5): 15 – 19

[71] Huang Z, Maness P C, Blake D M, et al. Bactericidal mode of titanium dioxide photocatalysis. J. Photochem. Photobiol. A, 2000, 130: 163 – 170

[72] Jacoby W A, Maness P C, Wolfrum E J, et al. Mineralization of bacterial cell mass on a photocatalytic surface in air. Environ. Sci. Technol., 1998, 32 (17): 2650 – 2653

[73] Sunada K, Kikuchi Y, Hashimoto K, et al. Bactericidal and detoxification effects of TiO₂ thin film photocatalysts. Environ. Sci. Technol., 1998, 32 (5): 726 – 728

[74] Yu J C, Ho W, Yu J, et al. Efficient visible-light-induced photocatalytic disinfection on sulfur-doped nanocrystalline titania. Environ. Sci. Technol., 2005, 39: 1175 – 1179

[75] Mills A, Lee S K. J. A web-based overview of semiconductor photochemistry-based current commercial applications. Photochem. Photobiol. A, 2002, 152: 233 – 247

[76] Haruta M, Yamada N, Kobayashi T, Iijima S. Gold catalysts prepared by coprecipitation for low-temperature oxidation of hydrogen and of carbon monoxide. J. Catal., 1989, 115: 301 – 309

[77] Kung H H, Kung M C, Costello C K. Supported Au catalysts for low temperature CO oxidation.

J. Catal., 2003, 216: 425 – 432

[78] Bollinger M A, Vannice M A. A kinetic and DRIFTS study of low-temperature carbon monoxide oxidation over Au-TiO₂ catalysts. Appl. Catal. B, 1996, 8: 417 –443

[79] Okumura M, Nakamura S, Tsubota S, et al. Chemical vapor deposition of gold on Al₂O₃, SiO₂, and TiO₂ for the oxidation of CO and of H₂. Catal. Lett., 1998, 51: 53 –58

[80] Choudhary T V, Sivadinarayana C, Chusuei C C, et al. CO Oxidation on Supported Nano-Au Catalysts Synthesized from a [Au₆ (PPh₃)₆] (BF₄)₂ Complex. J. Catal., 2002, 207: 247 –255

[81] Bamwenda G R, Tsubota S, Nakamura T, et al. The influence of the preparation methods on the catalytic activity of platinum and gold supported on TiO₂ for CO oxidation. Catal. Lett., 1997, 44: 83 –87

[82] Kozlov A I, Kozlova A P, Liu H, et al. A new approach to active supported Au catalysts. Appl. Catal. A, 1999, 182: 9 –28

[83] Visco A M, Donato A, Milone C, et al. Catalytic oxidation of carbon monoxide over Au/ Fe₂O₃. React. Kinet. Catal. Lett., 1997, 61: 219 –226

[84] Kozlova A P, Sugiyama S, Kozlov A I, et al. Iron-Oxide Supported Gold Catalysts Derived from Gold-Phosphine Complex Au (PPh₃) (NO₃): State and Structure of the Support. J. Catal., 1998, 176: 426 –438

[85] Costello C K, Kung M C, Oh H S, et al. Nature of the active site for CO oxidation on highly active Au/γ-Al₂O₃. Appl. Catal. A, 2002, 232: 159 –168

[86] Lee S J, Gavriilidis A. Supported Au Catalysts for Low-Temperature CO Oxidation Prepared by Impregnation. J. Catal., 2002, 206: 305 –313

[87] Schubert M M, Hackenberg S S, Veen A C van, et al. CO oxidation over supported gold catalysts- "inert" and "active" support materials and their role for the oxygen supply during reaction. J. Catal., 2001, 197: 113 –122

[88] Comotti M, Li W C, Spliethoff B, et al. Support effect in high activity gold catalysts for CO oxidation. J. Am. Chem. Soc., 2006, 128: 917 –924

[89] Wolf A, Schüth F. A systematic study of the synthesis conditions for the preparation of highly active gold catalysts. Appl. Catal. A, 2002, 226: 1 –13

[90] Hutchings G J, Sideiqi M, Rafiq H, et al. High-activity Au/CuO-ZnO catalysts for the oxidation of carbon monoxide at ambient temperature. J. Chem. Soc., Faraday Trans., 1997, 93: 187 –188

[91] Oh H S, Yang J H, Costello C K, et al. Selective catalytic oxidation of CO: effect of chloride on supported Au catalysts. J. Catal., 2002, 210: 375 –386

[92] Okazaki K, Ichikawa S, Maeda Y, et al. Electronic structures of Au supported on TiO₂. Appl. Catal. A, 2005, 291: 45 –54

[93] Calla J T, Davis R J. X-ray absorption spectroscopy and CO oxidation activity of Au/Al₂O₃ treated with NaCN. Catal. Lett., 2005, 99: 21 –26

[94] Concepción P, Carrettin S, Corma A. Stabilization of cationic gold species on Au/CeO$_2$ catalysts under working conditions. Appl. Catal. A, 2006, 307: 42 –45

[95] Guzman J, Carrettin S, Corma A. Spectroscopic evidence for the supply of reactive oxygen during CO oxidation catalyzed by gold supported on nanocrystalline CeO$_2$. J. Am. Chem. Soc., 2005, 127: 3286 –3287

[96] Haruta M. Catalysis of gold nanoparticles deposited on metal oxides. Cattech., 2002, 6 (3): 102 –115

[97] Tsubota S, Haruta M, Kobayashi T, et al. Preparation of catalysts V. Stud. Surf. Sci. Catal., 1991, 63: 695 –704

[98] Moreau F, Bond G C, Taylor A O. Gold on titania catalysts for the oxidation of carbon monoxide: control of pH during preparation with various gold contents. J. Catal., 2005, 231: 105 –114

[99] Grisel R J H, Kooyman P J, Nieuwenhuys B E. Influence of the Preparation of Au/Al$_2$O$_3$ on CH$_4$ Oxidation Activity. J. Catal., 2000, 191: 430 –437

[100] Baerns M. Basic Principles in Applied Catalysis. Springer Ser. In Chem. Phys., 2004: p75

[101] Haruta M. Size- and support-dependency in the catalysis of gold. Catal. Today, 1997, 36 (1): 153 –166

[102] Haruta M. When Gold is not noble: catalysis by nanoparticles. Chem. Record, 2003, 3: 75 –87

[103] Bond G C, Thompson D T. Gold-catalysed oxidation of carbon monoxide. Gold Bull, 2000, 33: 41 –52

[104] Chen M S, Goodman D W. The structure of catalytically active gold on titania. Science, 2004, 306: 252 –255

[105] Finch R M, Hodge N A, Hutchings G J, et al. Identification of active phases in Au-Fe catalysts for low-temperature CO oxidation. Phys. Chem. Chem. Phys., 1999, 1: 485 –489

[106] Fu Q, Saltsburg H, Flytzani-Stephanopoulos M. Active nonmetallic Au and Pt species on ceria-based water-gas shift catalysts. Science, 2003, 301: 935 –938

[107] Boyd D, Golunski S, Hearne G R, et al. Reductive routes to stabilized nanogold and relation to catalysis by supported gold. Appl. Catal. A, 2005, 292: 76 –81

[108] Yang J H, Henao J D, Raphulu M C, et al. Activation of Au/TiO$_2$ catalyst for CO oxidation. J. Phys. Chem. B, 2005, 109: 10319 –10326

[109] Kung M C, Davis R J, Kung H H. Understanding Au-catalyzed low-temperature CO oxidation. J. Phys. Chem. C, 2007, 111: 11767 –11775

[110] Costello C K, Kung M C, Oh H S, et al. Nature of the active site for CO oxidation on highly active Au/γ-Al$_2$O$_3$. Appl. Catal. A, 2002, 232: 159 –168

[111] Costello C K, Yang J H, Law H Y, et al. On the potential role of hydroxyl groups in CO oxidation over Au/Al$_2$O$_3$. Appl. Catal. A, 2003, 243: 15 –24

[112] Saalfrank J W, Maier W F, Directed Evolution of Noble-Metal-Free Catalysts for the Oxidation

of CO at Room Temperature. Angew. Chem. Int. Ed., 2004, 43: 2028 - 2031

[113] Thormählen P, Skoglundh M, Fridell E, et al. Low-temperature CO oxidation over platinum and cobalt oxide catalysts. J. Catal., 1999, 188: 300 - 310

[114] Yu Yao Y F. The oxidation of hydrocarbons and CO over metal oxides: III. Co_3O_4. J. Catal., 1974, 33: 108 - 122

[115] Cunningham D A H, Kobayashi T, Kamijo N, et al. Influence of dry operating conditions: observation of oscillations and low temperature CO oxidation over Co_3O_4 and Au/Co_3O_4 catalysts. Catal. Lett., 1994, 25: 257 - 264

[116] Shao J J, Zhang P, Tang X F, et al. A CoO_x/CeO_2 catalyst for low-temperature CO oxidation. Chin. J. Catal., 2007, 21 (4): 937 - 939

[117] Grillo F, Natile M M, Glisenti A. Low temperature oxidation of carbon monoxide: the influence of water and oxygen on the reactivity of a Co_3O_4 powder surface. Appl. Catal. B, 2004, 48: 267 - 274

[118] Kang M, Song M W, Lee C H. Catalytic carbon monoxide oxidation over CoO_x/CeO_2 composite catalysts. Appl. Catal. A, 2003, 251: 143 - 156

[119] Jansson J. Low-temperature CO oxidation over Co_3O_4/Al_2O_3. J. Catal., 2000, 194: 55 - 60

[120] Jansson J, Palmqvist A E C, Fridell E, et al. On the catalytic activity of Co_3O_4 in low-temperature CO oxidation. J. Catal., 2002, 211: 387 - 397

[121] Simonot L, Garin F, Maire G. A comparative study of $LaCoO_3$, Co_3O_4 and $LaCoO_3$-Co_3O_4: I. Preparation, characterisation and catalytic properties for the oxidation of CO. Appl. Catal. B, 1997, 11: 167 - 179

[122] Meng M, Lin P, Fu Y. The catalytic removal of CO and NO over Co-Pt (Pd, Rh) /γ-Al_2O_3 catalysts and their structural characterizations. Catal. Lett., 1997, 48: 213 - 222

[123] Lin H K, Wang C B, Chiu H C, et al. In situ FTIR study of cobalt oxides for the oxidation of carbon monoxide, Catal. Lett. 2003, 86 (1-3): 63 - 68

[124] Jansson J, Skoglundh M, Fridell E, et al. A mechanistic study of low temperature CO oxidation over cobalt oxide. Top. Catal., 2001, 16/17: 385 - 389

[125] Pollard M J, Weinstock B A, Bitterwolf T E, et al. A mechanistic study of the low-temperature conversion of carbon monoxide to carbon dioxide over a cobalt oxide catalyst. J. Catal., 2008, 254: 218 - 225

[126] Broqvist P, Panas I, Persson H. A DFT study on CO oxidation over Co_3O_4. J. Catal., 2002, 210: 198 - 206

[127] Saleh J M, Hussian S M. Adsorption, desorption and surface decomposition of formaldehyde and acetaldehyde on metal films nickel, palladium and alu minum. J. Chem. Soc., Faraday Trans., 1986, 82 (1): 2221 - 2234

[128] Imamura S, Uchihori D, Utani K. Oxidative decomposition of formaldehyde on silver-cerium composite oxide catalyst. Catal. Lett., 1994, 24: 377 - 384

[129] Tang X F, Li Y G, Huang X M, et al. MnO_x-CeO_2 mixed oxide catalysts for complete oxidation of formaldehyde: Effect of preparation method and calcination temperature. Appl. Catal. B, 2006, 62: 265 – 273

[130] Tang X F, Chen J L, Li Y G, et al. Complete oxidation of formaldehyde over Ag/MnO_x-CeO_2 catalysts. Chem. Engineering J., 2006, 118: 119 – 125

[131] Christoskova St G, Danova N, Georgieva M, et al. Investigation of nickel oxide system for heterogeneous oxidation of organic compounds. Appl. Catal. A, 1995, 128: 219 – 229

[132] Christoskova St G, Stoyanova M, Georgieva M, et al. Low-temperature methanol oxidation on a higher nickel oxide in gaseous and aqueous phase, Part I. Appl. Catal. A, 1998, 173: 95 – 99

[133] Sekine Y, Nishimura A. Removal of formaldehyde from indoor air by passive type air-cleaning materials. Atmos. Environ., 2001, 35: 2001 – 2007

[134] Sekine Y. Oxidative decomposition of formaldehyde by metal oxides at room temperature. Atmos. Environ., 2002, 36: 5543 – 5547

[135] Álrarez M C, De la Peñao' Shea V A, Fierro J L G, et al. Alumina-supported manganese- and manganese-palladium oxide catalysts for VOCs combustion. Catal. Commun., 2003, 4: 223 – 228

[136] Zhang C B, He H, Tanaka K. Perfect catalytic oxidation of formaldehyde over a Pt-TiO_2 catalyst at room temperature. Catal. Commun., 2005, 6: 211 – 214

[137] Zhang C B, He H, Tanaka K. Catalytic performance and mechanism of a Pt/TiO_2 catalyst for oxidation of formaldehyde at room temperature. Appl. Catal. B, 2006, 65: 37 – 43

[138] Zhang C B, He H. A comparative study of TiO_2 supported noble metal catalysts for the oxidation of formaldehyde at room temperature. Catal. Today, 2007, 126: 345 – 350

[139] Li C Y, Shen Y N, Jia M L, et al. Catalytic combustion of formaldehyde on gold/iron-oxide catalysts. Catal. Commun., 2008, 9: 355 – 361

[140] Wu J C S, Lin Z A, Tsai F M, et al. Low-temperature complete oxidation of BTX on Pt/activated carbon catalysts. Catal. Today, 2000, 63: 419 – 426

[141] Li W B, Chu W B, Zhuang M, et al. Catalytic oxidation of toluene on Mn-containing mixed oxides prepared in reverse microemulsions. Catal. Today, 2004, 205: 93 – 95

[142] Tang X L, Zhang B C, Li Y, et al. The role of Sn in Pt-Sn/CeO_2 catalysts for the complete oxidation of ethanol. J. Mole. Catal. A, 2005, 235: 122 – 129

[143] Francke K P, Miessner H, Rudolph R. Plasmacatalytic processes for environmental problems. Catal. Today, 2000, 59: 411 – 416

[144] 朱天乐, 康飞宇, 郝吉明. 协同利用流光放电和光催化净化室内空气污染物的方法. CN1597068A

[145] 谢志辉, 叶齐政, 陈林根等. 放电等离子体联合其他物化方法处理 VOCs 技术的研究进展. 高压电器, 2004, 6 (40): 449 – 452

[146] 郭玉芳, 叶代启. 废气治理的低温等离子体催化协同净化技术. 环境污染治理技术与

设备, 2003, 4 (7): 41 - 46

[147] Yamamoto T, Hill C. Methods and apparatus for controlling toxic compounds using catalysis-assisted non-thermal plasma. United States Patent, 5609736, Mar, 11, 1997

[148] 杨丹风, 裘著革, 李官贤. 低温等离子体技术及其应用研究进展. 中国公共卫生, 2002, 18: 107 - 108

[149] Kang M, Kim B J, Cho S M, et al. Decomposition of toluene using an atmospheric pressure plasma/TiO₂ catalytic system. J. Mole. Catalysis A, 2002, 180: 125 - 132

[150] Futsmura S, Zhang A, Einaga H, et al. Involvement of catalyst materials in nonthermal plasma chemical processing of hazardous air pollutants. Catal. Today, 2002, 72: 259 - 265

[151] Ayrault C, Barrault J, Blin-Simiand N, et al, Oxidation of 2-heptanone in air by a DBD-type plasma generated within a honeycomb monolith supported Pt-based catalyst. Catal. Today, 2004, 89: 75 - 81

[152] Subrahmanyam Ch, Magureanu M, Renken A, et al. Catalytic abatement of volatile organic compounds assisted by non-thermal plasma, Part 1. A novel dielectric barrier discharge reactor containing catalytic electrode. Appl. Catal. B, 2006, 65: 150 - 156

[153] Roland U, Holzer F, Kopinke F D. Improved oxidation of air pollutants in a non-thermal plasma. Catal. Today, 2002, 73: 315 - 323

[154] Oda T. Non-thermal plasma processing for environmental protection: decomposition of dilute VOCs in air. J. Electrostatics, 2003, 57: 293 - 311

[155] Van Durme J, Dewulf J, Sysmans W, et al. Efficient toluene abatement in indoor air by a plasma catalytic hybrid system. Appl. Catal. B, 2007, 74: 161 - 169

[156] 刘中民, 张卓然, 许国旺等. 催化材料对病毒的吸附和灭活作用及其对哺乳动物细胞的毒性. 催化学报, 2003, 24: 323 - 327

[157] Thurman R B, Gerba C P. The molecular mechanisms of copper and silver ion disinfection of bacteria and viruses. CRC Crit. Rev. Environ. Cont. 1989, 18: 295 - 315

[158] Feng Q L, Wu J, Chen G Q, et al. A mechanistic study of the antibacterial effect of silver ions on Escherichia coli and Staphylococcus aureus. J. Biomed. Mater. Res. A, 2000, 52: 662 - 668

[159] Inoue Y, Hoshino M, Takahashi H, et al. Bactericidal activity of Ag-zeolite mediated by reactive oxygen species under aerated conditions. J. Inorg. Biochem., 2002, 92: 37 - 42

[160] Pape H L, Solano-Serena F, Contini P, et al. Involvement of reactive oxygen species in the bactericidal activity of activated carbon fibre supporting silver Bactericidal activity of ACF (Ag) mediated by ROS. J. Inorg. Biochem., 2004, 98: 1054 - 1060

[161] Chang Q, Yan L, Chen M, et al. Bactericidal mechanism of Ag/Al₂O₃ to E. coli. Langmuir, 2007, 23: 11197 - 11199

[162] He H, Dong X P, Yang M, et al. Catalytic inactivation of SARS coronavirus, Escherichia coli and yeast on solid surface. Catal. Comm. 2004, 5: 170 - 172

[163] 闫丽珠, 陈梅雪, 贺泓等. Al₂O₃ 负载 Ag 催化剂的杀菌作用. 催化学报, 2005, 12 (26): 1122 -1126

[164] Chen M X, Yan L Z, He H, et al. Catalytic sterilization of Escherichia coli K 12 on Ag/Al₂O₃ surface. J. Inorg. Biochem., 2007, 101: 817 -823

[165] Sawai J, Kojim H, Ishizu N, et al. Bactericidal action of magnesium oxide power. J. Inorg. Biochem., 1997, 67 (1~4): 443

[166] Sawai J, Shoji S, Igarashi H, et al. Hydrogen Peroxide as an Antibacterial Factor in Zinc Oxide Powder Slurry, J. Fermen. Bioeng., 1998, 86 (5): 521 -522

[167] Sawai J. Quantitative evaluation of antibacterial activities of metallic oxide powders (ZnO, MgO and CaO) by conductimetric assay. J. Microbiol. Methods., 2003, 54: 177 -182

上官文峰, 上海交通大学环境科学与工程学院
张长斌　贺泓, 中国科学院生态环境研究中心

第7章 水处理过程中的多相催化

7.1 概　述

随着化学工业的高速发展，有机化学品种类增加，出现了很多毒性大、生物稳定的有机污染物，如农药、卤代有机物和硝基化合物，染料等。现有的废水处理工艺如吸附、絮凝、臭氧氧化和生物氧化技术均不能有效去除这类有机污染物，它们被直接排放或通过地表径流进入到江、河、湖泊等地表水体，导致全世界的水环境都遭受不同程度的污染。我国水环境污染出现恶化趋势，水质富营养化、有机物、氨氮以及病源性微生物严重超标。据统计，目前我国符合卫生标准的饮用水仅占10%，基本符合标准的占20%，不符合饮用标准的达70%，人类的身体健康受到极大的威胁。面对国家在饮用水安全保障以及水质改善方面的重大需求，亟待研究经济高效高新的水处理技术，解决水质污染问题。

对于水体中难降解有机污染物，难以通过高温高压催化氧化工艺达到净化目的。为了实现常温常压催化氧化高效去除水中难降解有机污染物，分别以光、电、H_2O_2、O_3等物理、化学氧化剂为媒介，协助多相催化氧化，产生羟基自由基、超氧自由基等强氧化活性物种，氧化分解结构稳定的有机物，获得无机矿化，或者提高有机物的可生化性，与生物氧化处理工艺结合，对高浓度有机废水达到净化目的。另外针对地下水中硝酸盐的去除，通过双金属催化还原的方法，将硝态氮转化为无毒的氮气等。本章立足于水中难降解有机污染物和硝酸盐的去除，介绍了光催化、芬顿催化氧化、臭氧催化氧化、湿式催化氧化以及双金属催化还原等水处理技术原理与应用，重点阐述不同催化剂的制备方法与催化活性，催化机制以及污染物在催化剂固液微界面转移转化过程，进一步提出了每种技术存在的优势与不足和未来发展的方向。

7.2　光催化水处理技术

随着全球性环境恶化日益突出，对环境污染的有效控制与治理已成为世界各国政府所面临和亟待解决的重大问题。光催化氧化技术是近30年才出现的水处理新技术。1976年John. H. Carry将光催化技术应用于多氯联苯的脱氯；发现TiO_2悬浮液中，浓度约为50 μg/L的联氯化物经过半小时的光照反应，即完全脱氯，中间产物中没有联氯。这一研究发现很快被应用于环境治理研究，被认为是光催化技术在消除环境污染物方面的首创性研究工作。近年来，利用半导体特别是纳米二氧化钛光催化剂治理环境污染的研究得到了极大的发展。TiO_2 因其化学稳定性高、耐腐蚀，且具有较深的价带能级，催化活性好，可以使一些吸热的化学反应在光辐射的 TiO_2 表面得到实现和加速，加之 TiO_2 对人体无毒无害，且成本较低，因而是目前公认的光催化反应最佳的催化剂[1]。与生物氧化法和其他高级化学氧化法相比，半导体光催化氧化技术具有以下的显著优势：①以太阳光为辐射能源，把太阳能转化为化学能加以利用，是一种节能技术；②光激发空穴产生的羟基自由基是强氧化自由基，可在较短时间内分解水中大多数有机物，适用范围广，特别是对难降解的有机物具有很好的氧化分解作用；③半导体光催化技术具有稳定性高、耐腐蚀、无毒的特点，并且在处理过程中不产生二次污染，是一种洁净的处理技术；④对环境要求低，对 pH、温度没有特殊要求。

7.2.1　二氧化钛光催化技术在水处理方面的应用

TiO_2 的禁带宽度为 3.2 eV，当它吸收了波长小于或等于 387.5 nm 的光子后，价带中的电子就会被激发到导带，形成带负电的高活性电子 e_{cb}^-，同时在价带上产生带正电的空穴 h_{vb}^+，在电场的作用下，电子与空穴发生分离，迁移到粒子表面的不同位置。热力学理论表明，分布在表面的 h_{vb}^+ 可以将吸附在 TiO_2 表面的 OH^- 和 H_2O 分子氧化成 $\cdot OH$ 自由基。$\cdot OH$ 自由基能氧化大多数的有机污染物及部分无机污染物，将其最终降解为 CO_2、H_2O 等无害物质。而且 $\cdot OH$ 自由基对反应物几乎无选择性。因而在光催化氧化中起着决定性的作用。此外，许多有机物的氧化电位较 TiO_2 的价带电位更负一些，这样的有机物也能直接为 h_{vb}^+ 所氧化。众多的研究表明，TiO_2 光催化反应能有效地将染料废水、农药废水[2]、表面活性剂[3,4]、氯化物、含油废水中的有机物降解为水、二氧化碳和卤素离子、酸根离子等无机小分子，达到完全无机化的目的。至今已发现有 3000 多种难降解的有机化合物可利用光催化技术迅速降解[1,5]，特别是当水中有机污染物浓度很高或用其他的技术方法很难降解时，纳米 TiO_2 有着更明显的优势。Hidaka[6] 等对表面活性剂的降解作了系统的研究。研究结果表明，含芳环的表面活性剂比仅含烷基或烷氧基的更容易断链降解实现无机化，而直链部分降解速率较慢。Matthews[5] 用 TiO_2 光催化法对水中含有的 34 种有机污染物进行了研究，发现它们的最终产物是 CO_2 和 HCl 等。这些污染物包括：苯、苯酚、一氯苯、硝基苯、苯胺、邻苯二酚、苯甲酸、间苯二酚、对苯二酚、1，2-二氯苯、2-氯苯酚、3-氯苯酚、4-氯苯酚、2，4-二氯苯酚、2，4，6-三氯苯酚、2-萘酚、氯仿、三氯乙烯、乙烯基二胺、二氯乙烷、甲基Viologen、水杨酸、苯二甲酸、甲醇、乙醇、n-丙醇、2-丙醇、丙酮、乙酸乙酯、乙酸、甲酸、蔗糖和伞形酮。对于含硫、含磷和卤素原子的有机物也有一些报道。有机化合物中的卤素[2]、磷[3]、硫[4]等原子分别被光分解为卤素离子、磷酸根离子、硫酸根离子。近年来，国内外一些研究报道表明，光催化氧化法对水中的烃、卤代物、羧酸、表面活性剂、染料、含氯有机物、有机磷杀虫剂等均有很好的去除效果，一般经过持续反应可达到完全矿化。

TiO$_2$表面高活性的 e_{cb}^- 则具有很强的还原能力，可以还原去除水体中的金属离子。当金属离子接触光催化剂的表面时，能够捕获表面的光生电子而发生还原反应，使高价金属降解，如毒性很高的汞和致癌的铬的光还原，可使金属汞吸附在催化剂表面，而 Cr^{6+} 转换为毒性较低的 Cr^{3+}，减少其危害。刘森等[7]利用 ZnO/TiO$_2$ 光催化原理来处理电镀含铬（Ⅵ）废液，以太阳光为光源，对电镀含铬废水进行多次处理，使六价铬还原为三价铬，再以氢氧化铬形式除去三价铬，达到治理电镀含铬废液的目的。Serpone 等[8]报道了用 TiO$_2$ 光催化法从 Au (CN)$_4^-$ 中还原 Au，同时氧化 CN$^-$ 为 NH$_3$ 和 CO$_2$ 的过程，该法用于电镀工业废水的处理，不仅能还原镀液中的贵金属，而且还能消除镀液中氰化物对环境的污染，是一种有实用价值的处理方法。

7.2.2 多相光催化与生物氧化工艺组合处理有机物废水

由于废水中污染物比较复杂，只使用单一的技术效果有很多局限性，优化组合多种单一的处理技术，是一种新的有效途径。生物处理具有成本低、技术成熟等特点，相对于高级化学氧化，它的运转费用很低。但是，很多致癌有机物，如氯酚类、除草剂类、纺织染料和表面活性剂都不能被这种技术有效的处理。光催化处理则对污染物无选择性，可处理各类难降解有机污染物，但完全矿化时间长，且成本高。若将光催化技术与生物处理两种工艺有机地结合用于处理难降解有机物废水，可实现二者的互补，提高降解效率和降低运行成本。

在废水处理中一般以 BOD$_5$/COD 的比值来表示废水可生化性的变化。当 BOD$_5$/COD 大于 0.4 时，废水具有较高的可生化性；而 BOD$_5$/COD 小于 0.4 时，废水很难被生化处理[9]。Parra 等[10]采用光催化 – 生化联合法处理异丙隆废水。异丙隆是一种除草剂。在光催化预处理前，异丙隆的 BOD$_5$/COD 为零，其不能被生物降解。经光催化预处理 1 h 后，DOC 脱除 20%（如图 7-1 所示），BOD$_5$/COD 比值增至 0.65，说明此时溶液具有可生化性；光催化预处理的溶液经生化处理后，DOC 总脱除率达到 95%。Chan 等[11]采用光催化预处理后生化联合法处理阿特拉津（阿特拉津是一种广泛应用的具有三嗪结构的除草剂，未预处理的阿特拉津直接生物降解需数周至数月时间）废水。研究结果表明，光催化 – 生物法联合处理可以将阿特拉津降解、脱毒以及矿化。阿特拉津经光催化预处理 72 h 后，转化为结构稳定的三聚氰酸。光催化预处理后的阿特拉津溶液经由细菌 *Sphingomonas capsulata* 生物降解 9 天后，三聚氰酸完全降解，经 Microtox® 测试证明生物处理后的溶液无毒。

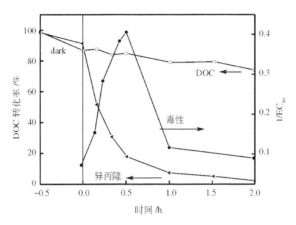

图 7-1　TiO₂ 光催化处理异丙隆 （0.2 mmol/L） 过程中，溶液
DOC、NO₃⁻ 和毒性 （1/EC₅₀） 变化

　　多相光催化与生物技术组合处理有机废水时，光催化氧化阶段的时间在整个组合工艺中十分重要。尽管氧化时间越长氧化程度越深，有机物的去除率越高。但是过度氧化可能产生高度氧化产物，这些氧化产物对于微生物只有很小的新陈代谢值，不能满足生物的营养需求，并且，光催化反应时间太长，可能大部分浪费在易生物降解反应的中间产物上，系统的处理效率并不会明显提高，而且，电能消耗量大，增加操作成本。反之，反应时间太短会降低组合工艺的处理效率。因此，找到二者的最佳结合点对于实际应用具有非常重要的意义。染料废水具有色度深、毒性大特点，传统水处理工艺中采用的吸附、絮凝及生物氧化技术通常不能达到净化的目的，而且降低生物氧化工艺的效率。利用多相光催化技术与生物处理法结合处理染料废水是有效的选择。胡春等[12]研究了 4 种生物致毒的偶氮染料 （活性黄 KD-3G，活性艳红 K-2G，活性艳红 K-2BP 和阳离子蓝 X-GRL） 和一种生物难降解的染料 （甲基橙） 在光催化反应后，反应溶液的可生化性的变化，证明光催化与生物处理工艺组合时，其最佳的光反应时间应该是溶液完全脱色点。如图 7-2 所示，这 5 种染料完全脱色需要的时间最长到 90 min。随着处理时间的增加，溶液的 BOD₅/COD 呈上升的趋势，随着起始染料结构的不同，在不同光反应时间内，反应样品的 BOD₅/COD 的值从起始的 0 变化到 0.75。说明光催化处理工艺将难生物降解的有机物结构转化为可生化的结构，提高反应物

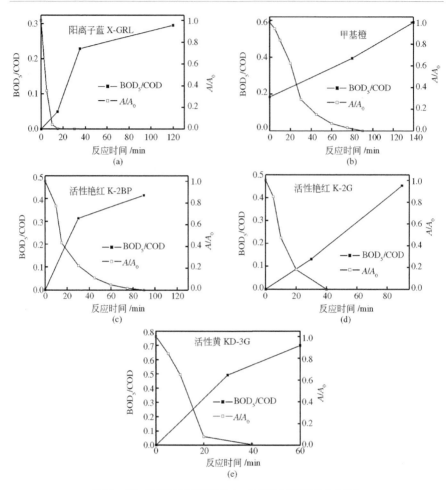

图 7-2　TiO$_2$ 光催化氧化染料过程中，染料脱色及可生化性的变化

的可生化性。如表 7-1 所示，当染料脱色 90% 时，BOD$_5$/COD 值都小于 0.4，说明起始染料化合物有很强的生物致毒性，即使很低的浓度仍然对菌种有抑制作用。但是，当染料颜色完全脱掉的时候，大多数染料的 BOD$_5$/COD 值大于 0.3。由此说明脱色与可生化性之间有内在的关系，即完全脱色的同时反应溶液达到可生化性。

表 7-1　染料溶液脱色 90% 的时间内，光催化反应液的 TOC 和 BOD$_5$/COD 的变化[12]

染料名	活性黄 KD-3G	活性艳红 K-2G	活性艳红 K-2BP	阳离子蓝 X-GRL	甲基橙
脱色 90% 的时间/min	22	24.2	57.85	8.2	58
TOC 去除	20	18	40	15	15
BOD$_5$/COD	0.17	0.14	0.28	0.05	0.3

对一种实际毛纺织废水的研究证实了上述染料废水的脱色和可生化性的关系。这种毛纺织废水的 BOD_5/COD 为 0.26，它不能被生物降解。但是，经过光催化处理之后，废水的色度和 COD 都得到去除，如图 7-3 所示。在 TiO_2 催化体系内，经 30 min 的光照，废水的色度完全去除，废水 COD 的转化为 44.78%。此时，溶液的 BOD_5/COD 的值由起始的 0.26 增

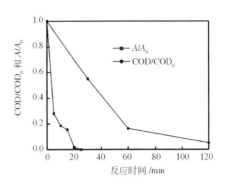

图 7-3 随光照时间毛纺织废水色度和 COD 的变化[12]

加到 0.39。这个结果说明经光催化预处理后这种毛纺织废水的可生化性增强，而且完全脱色的废水能够继续被生化处理。因此，对于实际的废水，光催化与生物氧化结合点，仍然是光催化处理使染料完全脱色点。

综上所述，一方面，多相光催化可以作为传统生物处理的预处理技术，有效地去除污染物的毒性，降低废水 COD 和色度，以及对生物有抑制的有机物，为后续的生化处理创造有利条件。另一方面，在投资和运行费用上，生物处理降低运行费用。因此，将光催化氧化技术与生物技术相结合必将是以后水处理的一个发展方向。

7.2.3 多相光催化消除水中病原微生物的研究

人们对于病原微生物引起的疾病的关注使得对水体中微生物污染的标准越来越严格。氯化法等传统的消毒技术会带来有害的消毒副产物，所以科学家探索了许多可能的替代消毒技术[13, 14]。自从 Matsunaga 等第一次报道了 TiO_2 光催化反应对微生物的杀灭作用后[15]，TiO_2 光催化消毒被应用到病毒、细菌、真菌、海藻和癌细胞等的去除研究当中[16-26]。Wei 等[27]以紫外光照射 TiO_2 悬浮液，在数分钟内可以完全杀灭浓度为 10^4 cell/mL 的大肠杆菌，杀菌反应遵循一级反应动力学。Sjogren 等[28]发现，TiO_2 光催化作用能够灭活 99% 以上的噬菌体 MS2 病毒样品。Otaki 等[29]研究了 TiO_2 在黑光灯下对噬菌体 Qβ 的灭活情况。起始浓度为 2×10^5 cfu/mL 的该病毒，黑光灯光催化灭活速率常数为 0.093 min^{-1}，而在没有 TiO_2 存在，仅用黑光灯照射 45 min 后噬菌体浓度也没有变化。Sichel 等[30]开展了太阳光催化消除 *Fusarium* 类病原菌的研究。在紫外光照 TiO_2 悬液体系中，3lg 的 *Fusarium equiseti* 被完全灭活（如图 7-4 所示）；而在相同时间内，无催化剂存在时，近紫外光照仅能使 0.5 lg 的细菌灭活。经 TiO_2 紫外光催化处理后，*Fusarium equiseti* 病原菌表面有许多 TiO_2 颗粒，而且细胞壁出现破损（如图 7-5 所示）。

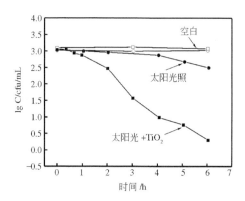

图 7-4 不同条件下 *Fusarium equiseti* 病原菌存活率的变化（TiO_2 浓度为 35 mg/L）[30]

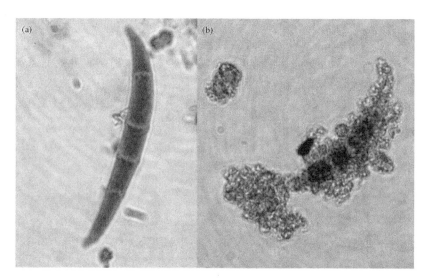

图 7-5 *Fusarium equiseti* 病原菌光催化反应前后形貌
(a) 反应前；(b) TiO_2 太阳光催化反应 5 h[30]

　　众多的研究表明 TiO_2 光催化杀菌技术具有杀菌力强、作用迅速等特点，但是由于带隙较宽，TiO_2 只能利用占太阳光不到 5% 的紫外光[31, 32]，而无法利用太阳光谱中占 43% 的可见光。所以，如何有效利用可见光是 TiO_2 光催化消除水中细菌的研究的一个热点。科研工作者为了克服存在的问题对 TiO_2 进行了改性研究，包括离子掺杂、半导体复合、非金属掺杂等等。所有这些工作都致力于提高光催化剂的光效率和可见光活性。Li 等[33]用溶胶－凝胶法并控制煅烧气氛合成了具有碳敏化的氮掺杂 TiO_2（C-TiON），并研究了其可见光催化杀菌活性。研究发现，与 TiO_2 相比，氮掺杂后明显地提高了可见光催化活性，而 C-TiON 对大肠杆菌具有更高的光催化灭活作用。可见光照 1 h 后，TiO_2 对大肠杆菌几乎没有作用；相同条件下，TiON 存在时大肠杆菌存活率为 1%，而 C-TiON 活性最高，大肠杆菌存活率仅为 0.1%（如图 7-6 所示）。Yu 等[34]制备了 S 掺杂的 TiO_2，将 TiO_2 的吸收波长延伸至可见光区，且随着 S 掺杂量增大，可见光吸收强度增强（如图 7-7 所示）。S 掺杂后 TiO_2 在可见光照产生高活性羟基自由基，对革兰氏阳性菌 Micrococcus lylae 具有很强的杀菌效果（如图 7-8 所示），而且 S – TiO_2 可见光催化杀菌活性随着 S 掺杂量的增加而增强（如图 7-9 所示），他们认为这主要是由于 S 掺杂量越大，S – TiO_2 可见光吸收强度增强所引起的。

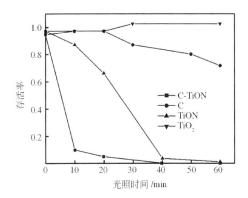

图 7-6　可见光照（λ > 400 nm）下，不同光催化剂存在时，大肠杆菌存活率随时间的变化（大肠杆菌起始浓度为 10^7 cfu/mL）[33]

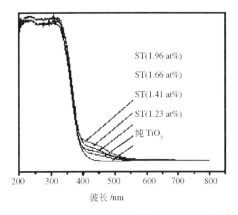

图 7-7　TiO_2 及 S 掺杂的 TiO_2 的紫外 – 可见吸收光谱图[34]

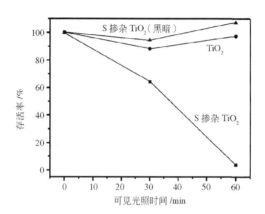

图 7-8   不同催化剂对 *M. lylae* 存活率的影响[34]

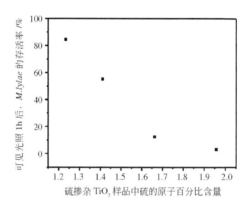

图 7-9   S 掺杂量对 TiO₂ 光催化杀菌活性的影响[34]

　　胡春等开发了 AgBr/TiO₂ 和 AgI/TiO₂ 新型可见光催化剂，并详细地从机理及动力学角度考察了其在可见光照下的杀菌活性及机制[35~37]。AgBr/TiO₂ 在模拟可见光下对大肠杆菌表现出很强的灭活效率（如图 7-10 所示）。光催化反应前后样品晶体结构表征表明负载在 TiO₂ 表面的卤化银具有很好的光照稳定性。

　　进一步研究上述光催化材料的光催化杀菌机制，结果表明，光催化杀菌主要是通过光致产生的活性物种氧化分解细菌细胞中各种成分，最终导致细菌死亡。根据光催化机制，光生电子和空穴分别与表面吸附的氧气及水发生反应生成超氧阴离子自由基及羟基自由基，这些自由基进一步经过链式反应会生成过氧化氢。在 AgBr/TiO₂ 体系中，H₂O₂ 的浓度随着光照时间的延长而增加，达到一定浓度后下降，最后稳定在一定范围内。电子自旋共振 DMPO 诱捕技术检测到在可见光

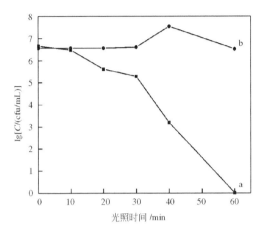

图 7-10 大肠杆菌在 AgBr/TiO₂ 悬液中的存活曲线

(a) 可见光照；(b) 黑暗条件下[35]

照的 AgBr/TiO₂ 体系中产生了羟基自由基和超氧自由基（如图 7-11 所示），在可见光照 AgI/TiO₂ 体系中也产生了羟基自由基[38]。可见光照下活性氧物种的测定证实 AgBr/TiO₂ 和 AgI/TiO₂ 能被可见光有效激发，产生光致电子与空穴，然后与催化剂表面吸附的水和氧气反应产生一系列活性氧基团，从而有效灭活微生物。

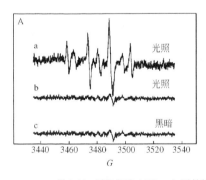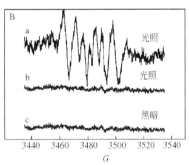

图 7-11 可见光照（532 nm）下材料水悬液（DMPO-•OH，A）和甲醇

悬液（DMPO-O₂•⁻，B）的 ESR 光谱

(a) AgBr/TiO₂ 可见光照；(b) Ag/TiO₂ 可见光照；(c) AgBr/TiO₂ 暗反应[36]

如利用 TEM 观察光催化杀菌过程中大肠杆菌和金黄色葡萄球菌的形貌变化情况（如图 7-12 所示）。光催化作用前，两种细菌都具有完整的细胞膜、细胞壁等组织结构，细胞内蛋白质、DNA 等物质因染色处理显黑色；可见光照射 30 min，细胞出现局部破损，引起细胞质流失，表现为染色的细胞颜色变浅。光催化反应至

120 min，细菌细胞破损更加明显。长时间光照后，催化剂及其产生的活性组分进入了细胞的内部，引起更严重的细胞膜、细胞壁等组织结构破损，而胞内物质的流失也更加明显。K$^+$通常存在于细菌细胞内，是多聚糖和蛋白质的主要成分。

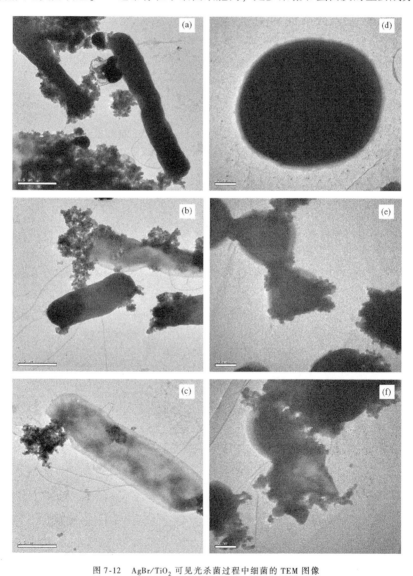

图 7-12　AgBr/TiO$_2$ 可见光杀菌过程中细菌的 TEM 图像

（a）大肠杆菌；（d）金黄色葡萄球菌光照前；（b）大肠杆菌；（e）金黄色葡萄球菌 30 min 光照；

（c）大肠杆菌；（f）金黄色葡萄球菌 120 min 光照[35, 36]

因此，钾离子的释放是细胞膜破裂的直接证据。研究结果也表明，细菌细胞的 K^+ 释放的变化趋势与细胞膜细胞壁的破损程度是一致的。如图 7-13 所示，暗反应条件下，反应体系内的 K^+ 维持在一个稳定的水平。而在可见光照条件下，反应体系内的 K^+ 呈现上升趋势。

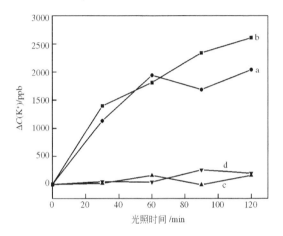

图 7-13　$AgBr/TiO_2$ 可见光杀菌过程中 K^+ 释放情况

(a) 大肠杆菌；(b) 金黄色葡萄球菌可见光照下；(c) 大肠杆菌；

(d) 金黄色葡萄球菌在黑暗条件下[35,36]

　　不饱和脂肪酸（多不饱和磷脂）是羟基自由基以及其他活性物种如超氧自由基或过氧化氢的首要目标。在不饱和脂肪酸分子内结构重组的过程中将产生内过氧化物，内过氧化物分解的最后阶段，油脂的氧化分解导致丙二醛（MDA）的产生。MDA 也同样是氧化降解的目标物。因此，考察不同条件下反应体系中 MDA 的生成和降解情况可以评价微生物细胞膜破坏的程度。如图 7-14 所示，在没有加入催化剂的可见光照或暗反应空白实验中，仅有相对较少的 MDA 生成，这表明只可见光照的条件下不能显著发生脂类过氧化作用。而且，在暗反应有催化剂的条件下，MDA 的最大检测浓度仅为 0.06 μmol/L；然而在可见光照且催化剂存在条件下，MDA 浓度随反应时间的延长而增加，最终达到最大值为 0.19 μmol/L，随后其浓度开始降低。以上实验结果证实，在 AgI/TiO_2 可见光催化反应产生活性物种，进而侵入细胞膜，细菌细胞膜遭到持续破坏，发生内过氧化物分解反应，产生 MDA，而 MDA 在活性物种作用下被进一步分解。细菌红外光谱图的变化也证实了这一点。如图 7-15 所示，经 AgI/TiO_2 光照反应后细菌红外光谱图发生了明显的变化。图中 3295 cm^{-1} 和 3062 cm^{-1} 处的吸收峰分别是由不同氨基伸缩振动引起的。而 2963 cm^{-1}，2927 cm^{-1}，2852 cm^{-1}

和 2872 cm^{-1} 分别是 CH$_3$、CH$_2$ 不对称收缩振动和 CH$_3$、CH$_2$ 对称伸缩振动的结果。随着光照时间的延长，这些官能团的特征峰信号逐渐减弱。光照 6 h 后，氨基振动峰和 C—H 骨架振动峰都消失了。同时，在 3347 cm^{-1} 处的由于羟基伸缩振动引起的宽峰强度也达到最大值。除了位于 1653 cm^{-1} 和 1545 cm^{-1} 附近的氨基化合物 I 带和氨基化合物 II 带外，在 1087 cm^{-1} 处的低聚糖带和的 1242 cm^{-1} 处的 PO$_2^-$ 带都有明显变化。光照 120 min 后，1408 cm^{-1} 和 1337 cm^{-1} 的峰出现表明羧基的浓度有所增加，也说明在光催化杀菌破坏细胞膜的过程中有羧酸的生成。

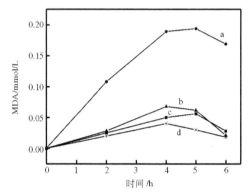

图 7-14　不同条件下大肠杆菌液中 MDA 浓度变化
（a）AgI/TiO$_2$，可见光照；（b）AgI/TiO$_2$，暗反应；（c）无材料，仅光照；
（d）无材料，暗反应[37]

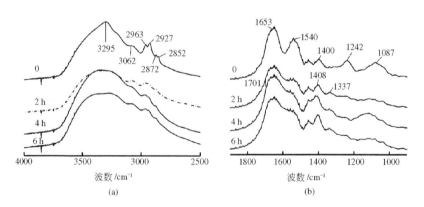

图 7-15　光催化反应不同时间后，大肠杆菌红外光谱图
（a）4000～2500 cm^{-1}；（b）1900～900 cm^{-1} [37]

综上，AgBr/TiO$_2$ 和 AgI/TiO$_2$ 在可见光下杀菌机制与 TiO$_2$ 在紫外光下杀菌机制是一致的。光催化剂吸收一定能量的光后被激发，产生的电子空穴经过一系列反应生成了高活性的氧物种，氧物种引起细胞膜和细胞壁的破坏，使细胞内的物质发生流失，最终使细胞失活。

7.2.4　二氧化钛光催化剂的固定化

TiO$_2$ 的使用主要有悬浮液式和固定式。光催化剂以粉末形态悬浮于反应体系中，接触面大、传质效果好，因此悬浮液式光催化剂降解有机废水具有效率高、处理彻底等优点。但是，悬浮式光催化体系存在一个显著的缺点，粉末状的催化剂在使用过程中存在回收困难的缺点，在光催化工艺后需要附加催化剂分离工序，增加了建设运行成本。因此，很难进行规模化、商业化推广应用。而将 TiO$_2$ 催化剂固定在一定载体上，可以有效地解决催化剂分离、回收困难的问题，降低了处理成本，还可以根据光催化反应器的结构不同来选择不同的载体和固定化工艺。Legrini 等[39] 论述了多相光催化的发展取决于新型固定化催化剂和新型光反应器的研制。因此，制备性能优异的 TiO$_2$ 固定化光催化剂成为光催化技术实用化需解决的关键问题之一，也是目前研究的一个热点。

7.2.4.1　TiO$_2$ 固定化技术

TiO$_2$ 光催化剂的固定化方法主要有溶胶 – 凝胶法、化学气相沉积法、黏结剂法、溅射法、粉末烧结法、液相沉积法、电沉积法等。

1. 溶胶 – 凝胶法

溶胶 – 凝胶法是目前最常用的 TiO$_2$ 催化剂固定方法。该法是以无机盐类（如 TiCl$_4$）或钛酸酯类［如 Ti(OC$_4$H$_9$)$_4$］和无水乙醇为原料，加入少量水及不同种类的酸或有机聚合添加剂，经搅拌、陈化制成稳定的 TiO$_2$ 溶胶，在 100℃ 左右或自然状态陈化一定时间形成凝胶。在溶胶到凝胶的转化过程中，通过浸渍涂层、旋转涂层或喷涂法等，获得负载型 TiO$_2$ 前驱体，最后在一定温度下干燥和热处理后得到负载型 TiO$_2$ 光催化剂。溶胶 – 凝胶法具有工艺简单、制备条件温和、过程容易控制且重复性好、膜厚可控等特点。而且还可以通过调整原料配比和制备工艺参数控制所得 TiO$_2$ 的颗粒大小、晶体结构和比表面积。但所用的钛醇盐价格相对较高。

2. 化学气相沉淀法

该法是以钛醇盐或钛的无机盐为原料，在加热的条件下使其气化，在惰性气体的携带下在载体表面进行化学反应形成一层 TiO$_2$ 薄膜。该法制备的负载型催化剂具有纯度高、粒度细、结晶好等优点，但是，过程相对比较复杂。在此方法中，为了制备高质量的膜层，必须选择合适的反应体系，因为基材的温度和气体的流动状态决定了基材附近温度、反应气体浓度和速度分布，从而影响膜的生长速率、均匀性及结晶性。

3. 黏结剂法

黏结剂法就是用有机硅、环氧黏合剂、氟树脂等黏合剂将已制备好的高活性 TiO_2 粉末利于黏结剂负载到各种载体上，其中研究较多的是市售 P25 的固定化。此方法工艺简单，实现 TiO_2 固定化的同时基本保持了催化剂的活性，适用于不能高温灼烧的载体，也是开发 TiO_2 光催化剂大气净化类涂料的基础。但同时存在有机黏结剂的光催化分解、老化、剥落等问题。

4. 溅射法

利用直流或高频电场使惰性气体发生电离，产生辉光放电等离子体，电离产生的正离子高速轰击靶材，使靶材上的原子或分子溅射出来，然后沉积到基片上形成薄膜。与溶胶－凝胶法相比，溅射法很容易调整制备条件，因而易于控制薄膜的结构和性质。溅射法制备的薄膜成膜牢固，基片温度较低，但存在生长速率慢的缺点，而且成本较高[40]。

5. 粉末烧结法

粉末烧结法是以粉末状的 TiO_2 为原料，将其与水或者有机溶剂混合制成悬液，浸涂到载体材料上，经干燥和热处理后制成负载的 TiO_2 光催化剂。该法工艺简单，但是制备的负载型催化剂分布不均匀，而且催化剂和载体间结合不牢固，容易脱落。

7.2.4.2　TiO_2 固定化所用的载体

在选择载体时要考虑诸如光效率、光催化活性、催化剂负载的牢固性、使用寿命、价格等因素。依据其形态不同，主要可分为：颗粒状载体、平板状载体、纤维状载体、棒状载体和薄膜状载体等。依据载体性质不同，主要分为无机载体和有机载体两大类。无机载体具有极好的耐热性能和化学稳定性。常用的无机载体有石英玻璃[41]、砂子[42]、多孔硅胶[43]等。近年来，利用某些天然矿物（如沸石、膨润土、硅藻土等）独特的层状微孔结构和离子交换性能，充当载体与 TiO_2 构成的复合光催化材料兼具多孔性、高比表面积、强吸附性能，逐渐引起了国内外催化领域专家的极大兴趣。相比而言，由于大多数有机聚合物材料在紫外光照下可能被光催化剂光催化降解，因此在有机载体上负载 TiO_2 则存在一些困难。已研究过的有机载体主要有聚乙烯条[44]、纤维[45]等。表 7-2 为太阳光催化装置研究中常用的 TiO_2 载体及固定方法。

表 7-2　催化剂载体和催化剂固定方法[46]

TiO₂ 固定工艺	催化剂载体	典型反应器
溶胶 - 凝胶法	硅胶[47]	管式反应器
	玻璃纤维网[48, 49]	复合抛物面反应器、涂层网式反应器
浸渍风干法	平板玻璃[50 - 52]	薄膜固定式反应器
粉末烧结法	玻璃棒[53]	复合抛物面反应器
黏合法	非机织纸[54]	阶梯反应器

7.2.4.3　固定化 TiO₂ 在水污染控制方面的应用

目前，光催化氧化固定化技术在水处理中有着广泛的应用。美国、日本、加拿大等国已尝试将 TiO₂ 光催化氧化技术应用于水处理的实践中。TiO₂ 膜光催化氧化能有效分解染料、农药、表面活性剂、酚类、含卤代物、油类、垃圾渗沥液等有机污染废水；TiO₂ 负载于硅胶等吸附剂上的光催化反应，能解决汞、铅、铬、铜等金属离子的污染问题，并能解决 CN⁻ 等无机离子的污染问题。胡春等[55, 56]用浸渍法在多孔硅胶上制得 TiO₂/SiO₂ 光催化剂，并对偶氮染料进行脱色反应，结果表明 TiO₂ 既保存了原有的化学结构，又与多孔硅胶形成化学键的联结，其结构如图 7-16 所示。该表面键联型 TiO₂/SiO₂ 光催化剂对偶氮染料 K-2G 具有很高的光催化脱色活性，且其光催化活性与氧化钛在多孔硅胶表面的键联量有关（如图 7-17 所示），TiO₂ 的最佳键联量为 30%（质量分数）。这是因为在多孔硅胶表面具有一定的有效位置，提供物质传输和紫外光透过。键联的 TiO₂ 占据了这些位置，过多的 TiO₂ 的存在抑制了载体的渗透性和紫外光的透过。Leng 等[57]采用粉末黏合法将 TiO₂ 与聚乙烯醇混合负载到多孔金属镍上，制备了负载型的 TiO₂，研究了各种影响因素对水中苯胺和磺基水杨酸降解的影响。苯胺和磺基水杨酸的吸附和降解反应动力学符合 Langmuir-Hinshelwood 方程。多孔金属镍负型 TiO₂ 光照 18 h 后，苯胺完全去除，生成了 23.77% 和 15.96% 的铵离子和硝酸根离子，COD_cr 的去除则较慢（如图 7-18 所示）。Beydoun 等[58]通过溶胶 - 凝胶法将 TiO₂ 颗粒负载到 Fe₂O₃ 纳米磁铁矿颗粒上合成了磁性光催化剂，实现水处理中光催化剂的简单磁力回收，对蔗糖具有一定的光催化氧化效果，但活性低于 P25 TiO₂ 的（如图 7-19 所示）。

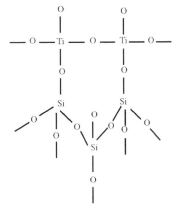

图 7-16　TiO₂/SiO₂ 催化剂结构模型[55]

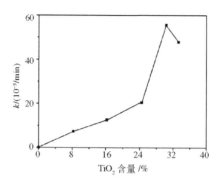

图 7-17 氧化钛在多孔硅胶表面的键联量对光催化活性的影响[55]

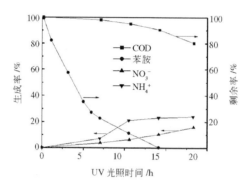

图 7-18 苯胺降解过程中，COD 的去除及 NH_4^+ 和 NO_3^- 的生成

实验条件：$C_0 = 17.6$ ppm，$TiO_2 = 2.02$ g/g Ni[57]

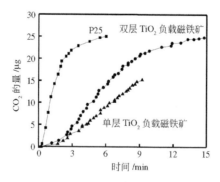

图 7-19 不同光催化剂降解蔗糖过程中二氧化碳的生成[58]

多孔泡沫材料包括碳基的多孔材料、聚合物凝胶模板的多孔材料、泡沫金属材料及其复合镀层多孔材料等。分子筛和 Al_2O_3 小球等多孔物质的比表面积、粒度可选择，也可作为光催化剂载体材料。Shchukin 等[59～61] 将 TiO_2 溶胶纳米粒子注入多孔聚合物凝胶模板中形成具有高度多孔性的网状物，最后灼烧生成无机网状金属氧化物，该无机网状物具有均一的孔径和大的比表面积，降解 2-氯酚的实验显示出了比 P25 更高的催化活性（如图 7-20 所示）。

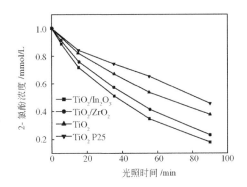

图 7-20　不同光催化剂作用下，2-氯酚浓度随时间的变化曲线[60]

综上所述，固定化 TiO_2 光催化氧化技术可以用于利用太阳能氧化水中有机污染物。但固化催化剂的较长时期的稳定性和高活性仍需要进一步完善和提高。

7.2.5　多相光催化技术的未来发展方向

虽然光催化氧化技术在近几年得到了较快发展，二氧化钛光催化剂掺杂过渡金属离子和固定化技术，能有效提高二氧化钛光催化活性和反应效率，进而提高其处理多种有机物及制浆造纸废水的能力，在废水有机污染物处理、环境保护等方面有着其他传统方法所不可比拟的优势。但从目前研究情况来看，有关光催化技术对有机污染物处理等方面的研究仍旧处于实验室和理论探索阶段，尚未达到实用化规模，现有光催化体系的太阳能利用率较低，总反应速率较慢，纳米催化剂粒子不稳定以及光源的要求都是其中亟需解决的关键，因此亟需开展的研究大致有以下几点：

（1）研制具有高量子产率、能被太阳光谱中的可见光激发的半导体光催化材料，特别是高效稳定的催化剂，仍是今后研究的重点。

（2）提高固定化催化剂的活性和稳定性。过去的十几年，在实验室里，半导体粉末或胶体的悬浮液光催化降解有机污染物得到广泛的研究。在实际的废水处理中，粉末催化剂如何与净化的水体分离是一个很难解决的问题。近几年已开始研究催化剂固定化，但大多数固定化的催化剂活性较低，稳定性有待研究。

（3）由于对单一组分的降解与实际多组分复杂情况相距较远，因此应该进行多组分物质的降解研究。

（4）多项单元技术的优化组合是当今水处理领域的发展方向。加深对光催化技术的认识，使其与其他技术相结合，将会开拓更为广阔的应用前景。

光催化反应能够产生光致电子、光致空穴，以及由此产生的羟基自由基、超氧自由基、过氧自由基等。这样一个多种高活性物种并存的体系，由于其协同作用，对有机物和病原微生物呈现了强大的无选择性分解能力，这一点是光催化水处理技术最大的优势所在。尽管目前光催化发展距实际的应用还有很长的路要走，还有很多问题需要解决，但是光催化水处理净化技术仍然是未来环境领域研究的热点。

7.3　绿色催化新工艺——芬顿技术的发展及应用

1894 年法国化学家芬顿（Fenton）首次发现 Fe^{2+} 与 H_2O_2 的混合溶液具有强氧化性[62]，能够促进有机化合物的氧化，因而将 Fe^{2+}/H_2O_2 命名为芬顿试剂，使用这种试剂的反应称为芬顿反应。芬顿氧化符合目前国际社会所倡导的绿色化学理念，能够在环境友好的氧化剂——过氧化氢存在条件下，将有毒或难降解的有机污染物矿化为对环境无污染的二氧化碳和水，是一种环境友好的绿色催化新工艺。

7.3.1　均相芬顿反应的发展

7.3.1.1　普通芬顿法

1934 年 Haber-Weiss 提出芬顿反应的羟基自由基机制，指出了 Fe^{2+} 在反应过程中的催化作用，Fe^{2+}/Fe^{3+} 的电子转移催化分解过氧化氢产生强氧化性的羟基自由基[63]。羟基自由基的氧化电位高达 2.8 V，而且反应没有选择性，能够将有机污染物分解为小分子有机物或部分矿化为二氧化碳和水。也有很多学者认为芬顿反应除生成羟基自由基以外，还会产生以铁为中心的高价铁瞬态物种（$Fe^{IV/V}=O$）[64~66]。

$$Fe^{2+} + H_2O_2 \longrightarrow Fe^{3+} + {}^{\cdot}OH + OH^- \qquad k_1 = 58 \ L/(mol\cdot s) \qquad (7-1)$$

$$Fe^{3+} + H_2O_2 \longrightarrow Fe^{2+} + HO_2^{\cdot} + H^- \qquad k_2 = 0.02/(mol\cdot s) \qquad (7-2)$$

如图 7-21 所示，芬顿氧化法因为具有操作简单、费用低廉、无须复杂设备且对环境友好的优点，无论是在处理实验室模拟废水，还是在处理来自化工厂、炼油厂以及机械加工业的含有毒有害难生物降解有机废水中都具有很好的应用前景（表 7-3）。芬顿氧化作为生物氧化处理的预处理能够明显提高废水的可生化性，是近年来国际上广泛采用的一种新型高级氧化技术。

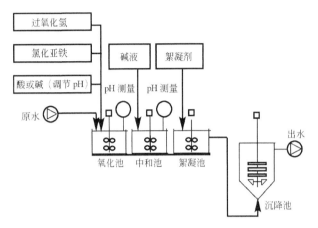

图 7-21　普通芬顿法的工艺流程图[67]

表 7-3　利用普通芬顿氧化技术处理废水的研究[68]

废水种类	反应条件及实验结果					
	初始 COD_{Cr}/（mg/L）	pH	H_2O_2 投加量（30%）	催化剂加入量	反应时间/min	COD 去除率/%
洗胶废水	4000	3	200 mmol/L	Fe^{2+} 40 mmol/L	120	>80
离子交换树脂再生废水	316	2	60 mL/L	Fe^{2+} 45 g/L	90	75
淀粉厂废水	2100	4~6	2 mL/L	Fe^{2+} 2 g/L	60	90
乙二醇废水	2000~3500	3	37.5 mmol/L	Fe^{2+} 32 mmol/L	120	96
喷漆废水	1224	3	30 mL/L	Fe^{2+}/H_2O_2 =1:7	/	90
酸性染料废水	1211	3	800 mL/L	Fe^{2+} 400 mg/L	60	80.1
印染废水	1200	4	6 mL/L	Fe^{2+} 300 mg/L	40	81
氨基丁酸废水	30 000~60 000	1~3	H_2O_2/COD = 2 mL/g	Fe^{2+}/H_2O_2 =1:10	180	66.7
活性黑 KBR 染料废水	400	3	30 mL/L	Fe^{2+}/H_2O_2 =1:7	/	70

　　普通芬顿法的氧化效率受到体系 pH、反应温度、H_2O_2 的投加方式、反应时间和催化剂投加量的影响[69]；而且不能充分矿化有机物，原始物部分转化为某些中间产物或与 Fe^{3+} 形成络合物，或者抑制羟基自由基的生成，并可能对环境的危害更大；H_2O_2 的利用效率不高也是普通芬顿氧化法的一个明显缺陷[70]。

7.3.1.2 光助芬顿法

在普通芬顿法中铁离子的投加浓度为 50~80 mg/L，远高于欧盟指导委员会对于水体中铁离子浓度不能超过 2 mg/L 的规定[71]。根据芬顿反应的反应机理，Fe^{2+} 被氧化为 Fe^{3+} 是快速的，限制整个反应的步骤是 Fe^{3+} 还原返回到 Fe^{2+}，紫外光的作用已经被证实是由于光解反应从而加速了 Fe^{3+} 还原为 Fe^{2+}，其量子产率 $\Phi_{310\ nm} = 0.14^{[72]}$。

$$[Fe^{3+}OH]^{2+} \xrightarrow{h\upsilon} Fe^{2+} + {}^{\cdot}OH \qquad (7\text{-}3)$$

式 (7-3) 不但促进了铁的催化循环，提高了铁离子的利用效率，而且导致产生更多的羟基自由基，能够快速氧化有机污染物。

1. 紫外光助芬顿氧化

紫外光助芬顿氧化实际上是普通芬顿与过氧化氢紫外光解反应两种系统的结合。UV 和 Fe^{2+} 对 H_2O_2 的催化分解产生羟基自由基存在协同作用，有机污染物在 UV 作用下可部分降解，同时 Fe^{3+} 与有机物降解过程中产生的中间产物形成的络合物是光活性物质，也可在 UV 照射下继续降解，因此可使有机物矿化程度更充分[70]。Kang[73] 和 Ormad[74] 等在相同条件下比较了不同催化工艺如 UV/H_2O_2、Fe^{2+}/H_2O_2 和 Fe^{2+}/UV/H_2O_2 对于染料和酿酒废水的处理效率，结果表明 Fe^{2+}/UV/H_2O_2 工艺的效率最高，羟基自由基的生成途径如图 7-22 所示，反应两个小时染料废水的脱色和 COD 去除效率分别达到 90% 和 80%，其中 Fe^{2+}/H_2O_2 的贡献率约为 80%，而 UV/H_2O_2 和光解 Fe^{3+} 反应贡献分别贡献 10%。

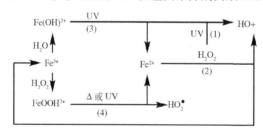

图 7-22　紫外光助芬顿反应中羟基自由基的生成途径[73]

紫外光助芬顿法虽然具有很强的氧化能力，可以有效降解有机物，而且矿化程度较高，但是其过分依赖于紫外光的存在，因此处理设备费用较高、能耗较大，此外当有机污染物浓度较高时，被络合物所吸收的光量子数很少，并需要较长的辐射时间，只适宜于处理中低浓度的有机废水[75]。

2. 可见光助芬顿氧化

紫外光仅占自然光中的 3%~5%，可见光占其中的绝大部分，如何提高可见光的利用效率、降低设备费用、发展可见光助芬顿氧化的意义就显得尤为重大。然而铁离子的水解产物如 $Fe(OH)^{2+}$、$Fe(OH)_2^+$ 和 $Fe_2(OH)_2^{4+}$ 等自身在可见光区的光量子产率很低，因此可见光的作用很小。

Xie 等[76]利用染料敏化在过氧化氢或氧气存在下，通过可见光照射发现染料的降解效率明显提高（如图7-23所示），染料会被分解并生成一些小分子化合物或无机离子，甚至被深度矿化，为利用可见光或太阳光催化降解有毒有机污染物提供了一条新的思路。如图7-24所示，在反应过程中是染料分子吸收可见光产生激发态的染料 Dye^*，进而与 Fe^{3+} 发生电子转移产生 Fe^{2+} 和染料正离子自由基，Fe^{2+} 与过氧化氢反应产生羟基自由基，从而使染料进一步降解[77]。

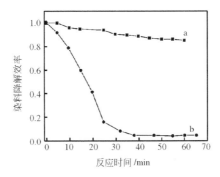

图 7-23 罗丹明 B 在不同条件下的芬顿催化降解

（a）$Fe^{3+} + H_2O_2$；（b）$Fe^{3+} + H_2O_2 + $ 可见光

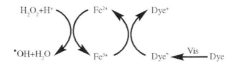

图 7-24 染料在可见光助芬顿反应中的敏化降解机制[76]

随着对光助芬顿氧化的进一步研究，发现铁离子与草酸盐形成的各种配位化合物均具有一定程度的光化学活性，比如草酸根离子与铁离子配位后在 300 nm 的 $\Phi_{Fe^{2+}} = 1.24$，Fe^{3+} 离子还原为 Fe^{2+} 离子是通过光诱导的配体与金属之间的电子转移来实现的，这个作用可以发生在紫外到可见光区，能够有效提高催化体系对弱紫外光和可见光的利用效率[78]。

$$Fe(C_2O_4)_3^{3-} + h\upsilon \longrightarrow Fe^{2+} + 2C_2O_4^{2-} + C_2O_4^{\bullet-} \qquad (7\text{-}4)$$

$$C_2O_4^{\bullet-} \longrightarrow CO_2 + CO_2^{\bullet-} \qquad (7\text{-}5)$$

$$Fe(C_2O_4)_3^{3-} + C_2O_4^{\bullet-} \longrightarrow Fe^{2+} + 3C_2O_4^{2-} + 2CO_2 \tag{7-6}$$

$$Fe^{2+} + H_2O_2 + 3C_2O_4^{2-} \longrightarrow Fe(C_2O_4)_3^{2-} + OH^- + {}^{\bullet}OH \tag{7-7}$$

刘琼玉[79]探讨了太阳光助芬顿体系对苯酚的催化降解，结果表明太阳光能够显著提高芬顿试剂对苯酚的去除效率，而且去除效率跟太阳光强成正比。苯酚经过处理以后，废水的可生化性也有了显著提高，为后续生化处理创造了条件。此外关于硝基苯、含氮化合物、邻苯二甲酸、喹啉和氯代酚氧除草剂等光助芬顿的研究也有相关报道[78]。

芬顿反应中的氧化剂除过氧化氢以外，过硫酸钾或过硫酸氢钾在光的作用下也可作为氧化剂使用。如图7-25所示，Fernandez等考察了不同的过渡金属离子（Cu^{2+}、Mn^{2+}、Co^{2+}、Fe^{3+}）催化过硫酸氢钾去除酸性橙 II 的研究，其中 Cu^{2+} 和 Fe^{3+} 更能够有效催化过硫酸氢钾产生 $SO_4^{\bullet-}$ 自由基[80]。

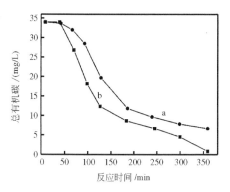

图 7-25 可见光和过硫酸氢钾协助下，不同催化剂对酸性橙 II 的降解[80]
(a) Cu^{2+}; (b) Fe^{3+}

$$H_2O_2 \longrightarrow 2\,{}^{\bullet}OH \qquad E^0 = 1.76 \text{ eV} \tag{7-8}$$

$$S_2O_8^{2-} \longrightarrow 2SO_4^{\bullet-} \qquad E^0 = 2.12 \text{ eV} \tag{7-9}$$

$$HSO_5^- \longrightarrow {}^{\bullet}OH + SO_4^{\bullet-} \qquad E_0 = 1.82 \text{ eV} \tag{7-10}$$

$$SO_4^{\bullet-} + H_2O \longrightarrow SO_4^{2-} + {}^{\bullet}OH + H^+ \qquad E^0 = 2.60 \text{ eV} \tag{7-11}$$

7.3.1.3 电芬顿

电芬顿是利用电化学法产生的 Fe^{2+} 和 H_2O_2 作为芬顿试剂的持续来源，其实质就是在电解过程中直接生成芬顿试剂。如图7-26所示，根据 Fe^{2+} 和 H_2O_2 产生方式的不同，电芬顿法可以分为阴极电芬顿、牺牲阳极电芬顿、牺牲阳极与阴极电芬顿以及光电芬顿等。其中 CF 代表普通芬顿，EF-FeRe 代表阴极再生 Fe^{2+} 电芬顿，EF-FeO$_x$ 代表牺牲阳极电芬顿，EF-H$_2$O$_2$-FeRe 代表阴极电芬顿，EF-H$_2$O$_2$-FeO$_x$ 代表牺牲阳极与阴极电芬顿，UV-EF 代表光电芬顿。

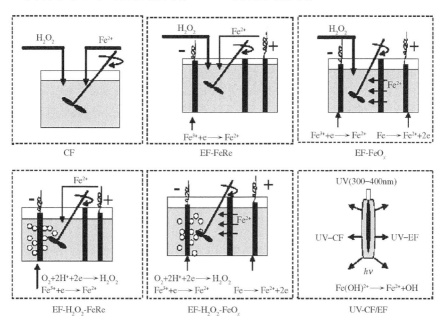

图 7-26   电芬顿反应的分类[81]

1. 阴极再生 Fe^{2+} 电芬顿

在该系统中，芬顿试剂中的 Fe^{2+} 和 H$_2$O$_2$ 全部由外部加入，Fe^{2+} 加入后可以在阴极表面再生，一定程度上提高了铁离子的利用效率，减少了系统中的污泥产生量。

2. 牺牲阳极电芬顿

该系统在一个用盐桥分割的双极室反应器中进行，通过铁阳极失去两个电子被氧化产生 Fe^{2+} 与外加的 H$_2$O$_2$ 构成芬顿试剂。Fe^{2+} 和 Fe^{3+} 水解产生的 Fe(OH)$_2$、Fe(OH)$_3$ 的絮凝作用也是有机物得以去除的一个重要因素。电解槽内的电极反应如下：

$$阳极:Fe-2e \longrightarrow Fe^{2+} \tag{7-12}$$

$$2H_2O - 4e \longrightarrow O_2 + 4H^+ \tag{7-13}$$

$$阴极:2H_2O + 2e \longrightarrow H_2 + 2OH^- \tag{7-14}$$

$$溶液:Fe^{2+} + H_2O_2 \longrightarrow Fe^{3+} + {}^\cdot OH + OH^- \tag{7-15}$$

$$Fe^{3+} + 3OH^- \longrightarrow Fe(OH)_3 \tag{7-16}$$

3. 阴极电芬顿

阴极电芬顿是把氧气或空气喷到电解池的阴极表面，酸性条件下氧气在阴极发生二电子还原反应生成 H_2O_2，H_2O_2 与外加的 Fe^{2+} 发生芬顿反应生成 ·OH，由于目前所用的阴极材料通常为石墨、网状玻璃炭和炭－聚四氟乙烯等，这些材料在酸性溶液中电流效率低，H_2O_2 的产量不高。

4. 牺牲阳极与阴极电芬顿

牺牲阳极与阴极电芬顿以平板铁或铁网为阳极，多孔碳电极（或炭棒）为阴极，并在阴极通以氧气或空气。通电时在阴阳两极将进行相同电化学当量的电化学反应，因为阳极上从 $Fe \longrightarrow Fe^{2+}$ 和阴极上从 $O_2 \longrightarrow H_2O_2$ 的反应均为二电子反应，因此理论上来说在相同的时间内电解槽内将生成相同物质的量的 Fe^{2+} 和 H_2O_2，从而使得随后进行的芬顿反应得以实现。

$$\text{阴极：} Fe - 2e \longrightarrow Fe^{2+} \tag{7-17}$$

$$2H_2O - 4e \longrightarrow O_2 + 4H^+ \tag{7-18}$$

$$\text{阳极：} O_2 + 2H^+ + 2e \longrightarrow H_2O_2 \tag{7-19}$$

$$2H_2O + 2e \longrightarrow H_2 + 2OH^- $$

$$\text{溶液：} Fe^{2+} + H_2O_2 \longrightarrow Fe^{3+} + {}^{\bullet}OH + OH^- \tag{7-20}$$

$$Fe^{3+} + 3OH^- \longrightarrow Fe(OH)_3 \tag{7-21}$$

5. 光电芬顿

该工艺是在电芬顿的基础上辅以紫外光照射，将光化学和电化学氧化工艺有机结合，紫外光的加入促进了过氧化氢分解和 Fe^{2+} 离子再生，提高了有机物的降解效率。Irmark 等以铂丝作为阳极、碳纤维为阴极、饱和甘汞电极为参比电极、低压汞灯为紫外光源，考察了不同芬顿体系对 4-氯-2-甲基苯酚的去除情况，与电芬顿体系相比，光电芬顿在相同条件下体现出更好的催化活性[82]。

7.3.1.4 均相仿生催化氧化

仿生催化是基于生命体中酶催化原理而提出的清洁化工生产工艺。仿生催化同时具有酶催化反应的特点——高效率的催化活性、高度专一的反应选择性，以及化学催化的优点——催化剂稳定性好，对条件改变（温度、压力和酸碱度等）适应性强，便于工业化生产[83]。

Sorokin 首次以磺酸铁酞菁（FePcS）为催化剂、过氧化氢为氧化剂成功地降解了水体中的 2，4－氯代苯酚[84]，在高价铁氧化物种（$Fe^{IV} = O$ 或 $Fe^{V} = OOH$）的作用下具有很高的矿化效率。但是该体系必须在乙腈作为轴向配体的前提下才能形成有催化活性的高价铁物种。如果在纯的水溶液中铁的八面体配位中的轴向方向很容易形成头头相聚或头尾相聚的二聚体，不能发挥中心铁的催化作用，催化活性明显降低。乙腈等有机助剂的引入也限制了在环境治理中的应用。

　　Tao 等在不加入乙腈的水溶液中，充分利用了 FePcS 在可见光下的高吸收特性，利用可见光作为激发光源，也能够降解和消除水中的有毒有机污染物，而且FePcS 在反应过程中保持稳定[85, 86]。氯化血红素经过环糊精修饰以后组成水溶性的 β-CD-Hemin（CDH）明显具有了酶催化的某些特性，图 7-27 展示了 H_2O_2/CDH/可见光体系的催化机制，H_2O_2 与［$HOFe^{III} - L$］发生亲核加成反应生成［$HOOFe^{III} - L$］，在可见光作用下，Fe^{III} 与配体间的电荷转移形成过渡激发态［$HOOFe^{III} - L$］*，并进一步分解产生 ·OH 和［$O = Fe^{IV} - L$］，而且 ·OH 是主要的活性物种。提高了过氧化氢的利用效率，克服了类芬顿反应只能在酸性条件下进行的限制[87]。

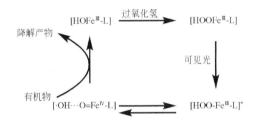

图 7-27　中性条件下 H_2O_2/CDH/可见光体系的催化机制[87]

　　Collins 等[88, 89]在金属有机含氮大分子催化过氧化氢去除有机污染物方面做了大量的研究工作，他们以金属有机化合物为催化剂、多氯苯酚为目标污染物，对不同的金属有机络合物进行筛选。结果表明具有平面或准平面（留有明显轴向配位）结构、铁为中心金属离子、氮为配体元素的非酞菁环的 N - Fe 配位化合物（FeTAML）的催化活性较高，如图 7-28 所示。

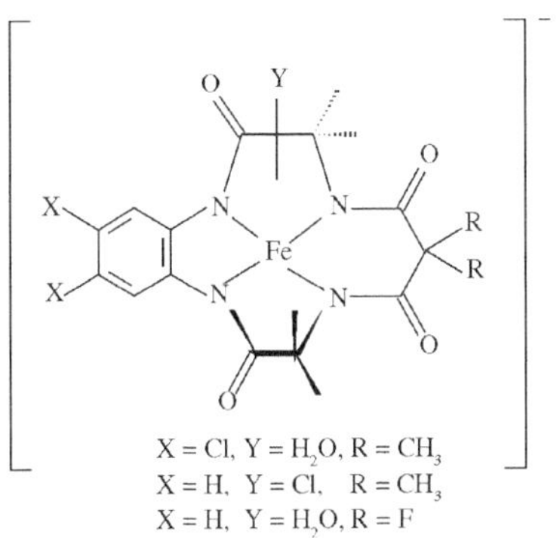

X = Cl, Y = H_2O, R = CH_3
X = H,　Y = Cl,　R = CH_3
X = H,　Y = H_2O, R = F

图 7-28　Fe TAML 的结构[90]

  铁四氨配体化合物在几分钟内对三氯苯酚（TCP）的矿化度可以达到35%，但是催化剂容易被氧化分解，有机污染物被去除的同时，配体化合物也受到不同程度的破坏，催化循环效果不好是该体系的主要不足之处。

  多相芬顿催化氧化是近年来兴起的很有应用前途的水处理技术。同均相催化相比，以过渡金属、过渡金属氧化物或金属有机络合物为活性组分的多相芬顿催化具有氧化效率高、稳定性好、不引入二次污染、催化剂与反应体系容易分离以及可循环使用的突出优点，能够有效降低废水的处理成本。

7.3.2 多相芬顿催化氧化技术的发展

7.3.2.1 过渡金属或过渡金属氧化物

  均相芬顿的反应效率受溶液中 Fe^{2+} 离子浓度和 Fe^{2+} 离子再生能力的影响很大[91]，而且在反应过程中产生的大量含铁污泥处理成本较高、很容易造成二次污染[92]，这成为制约其实际应用的一个重要因素。直接用零价铁粉取代无机铁盐的多相芬顿体系能够克服这些缺陷，这是因为零价铁粉在酸性条件下可以跟过氧化氢反应产生 Fe^{2+} 离子和促进 Fe^{2+} 离子再生［式（7-22）和（7-23）］，而且反应后催化剂可以回收再利用，降低了废水处理成本，同时所使用的铁粉大多来自切削工业的废料，也具有以废治废的重要意义。

$$Fe^{0} + H_2O_2 \longrightarrow Fe^{2+} + 2OH^{-} \tag{7-22}$$

$$Fe^{0} + 2Fe^{3+} \longrightarrow 2Fe^{2+} \tag{7-23}$$

Bremner[91]、Tang[93]和张乃东[94]等分别考察了 Fe^{0}/H_2O_2 体系对苯酚和偶氮染料的去除情况并探讨了体系 pH、H_2O_2 投加量和有机物浓度等因素对反应效率的影响，他们认为 Fe^{0}/H_2O_2 体系无论是处理效果，还是运行成本均优于 Fe^{2+}/H_2O_2 体系。张其春等[95]使用镀铜铁屑取代硫酸亚铁作为催化剂，可以明显提高对油田钻井污水中难处理有机物的降解效果。使用 $Fe\text{-}Cu/H_2O_2$ 体系能够将废水化学需氧量（COD）从 1900 mg/L 降低到 426 mg/L，而使用 Fe^{2+}/H_2O_2 体系氧化时，出水 COD 为仅为 726 mg/L。与单独铁屑相比，表面铜的存在有效提高了 Fe-Cu 催化剂对 H_2O_2 的利用效率。

  一些研究表明，紫外光（UVC，$\lambda = 254$ nm）能够将 Fe^{3+} 还原成为 Fe^{2+}［式（7-24）和（7-25）］，Fe^{2+} 的再生促进了芬顿反应的进行[96, 97]。紫外光与芬顿工艺相结合可以提高 H_2O_2 的利用效率、产生更多的羟基自由基，因而能够加速染料的脱色和降解[98, 99]。

$$Fe^{3+} + H_2O + h\nu \longrightarrow Fe^{2+} + {}^{\bullet}OH + H^{+} \tag{7-24}$$

$$Fe^{2+} + H_2O_2 \longrightarrow Fe^{3+} + {}^{\bullet}OH + OH^{-} \tag{7-25}$$

Kusic[97]和Doong[100]等研究了不同芬顿工艺对染料废水的处理情况。结果表明在相同条件下其对染料废水的去除效率遵循以下顺序：$Fe^0/H_2O_2/UV > Fe^{2+}/H_2O_2/UV > Fe^0/H_2O_2 > Fe^{2+}/H_2O_2$，紫外光的加入在很大程度上提高了芬顿体系对染料的无机矿化能力。

过渡金属氧化物也可以催化过氧化氢产生羟基自由基，从而降解水体中的有机污染物。以典型的铁氧化物为例，铁是一种变价金属，因而其氧化物有多种存在形态，如针铁矿（α-FeOOH）、纤铁矿（γ-FeOOH）、赤铁矿（α-Fe$_2$O$_3$）、磁铁矿（Fe$_3$O$_4$）、磁赤铁矿（γ-Fe$_2$O$_3$）和水铁矿（Fe$_5$HO$_8$·H$_2$O）等均在催化过氧化氢降解有机污染物的实验中体现出很好的活性。

大量研究表明，铁氧化物催化分解过氧化氢的能力以及催化降解有机污染物的活性与催化剂的晶型、粒径大小、比表面积和等电点都有着重要关系[101~105]。为比较相互之间催化活性的差异，在相同实验条件下研究了不同铁氧化物对酚类有机污染物的降解动力学，结果表明其催化活性遵循以下顺序：水铁矿 > 纤铁矿 > 针铁矿 > 赤铁矿[102,106,107]。而Tyre[101]和Kong[108]则认为磁铁矿是其中活性最高的铁的氧化物形态，可能是因为只有磁铁矿的晶型结构中存在二价铁，能够产生更多的羟基自由基。针铁矿作为自然界中丰度最高的铁氧化物有着很高的催化分解过氧化氢的活性，而且其微溶于水、易于回收，不会对水体造成二次污染[109,110]，因而成为研究的重点。研究证明，在α-FeOOH/H$_2$O$_2$催化体系中，存在两种反应机制：Fe^{2+}溶出 – 催化[104]和针铁矿表面络合 – 催化[111,112]。

Lu[104]认为2-氯酚在α-FeOOH/H$_2$O$_2$体系中的催化降解归因于催化剂的表面催化和生成的Fe^{2+}离子与H$_2$O$_2$的芬顿反应。过氧化氢可以提供自由电子并产生局部酸性环境［式（7-26）］，针铁矿在酸性条件下可以溶解并产生Fe^{2+}［式（7-27）和（7-28）］，而后Fe^{2+}进一步催化过氧化氢产生羟基自由基从而氧化降解有机污染物［（式7-29）］。

$$H_2O_2 \longrightarrow 2H^+ + O_2 + 2e \tag{7-26}$$

$$\alpha - FeOOH + 3H^+ + e \longrightarrow Fe^{2+} + 3H_2O \tag{7-27}$$

$$\alpha - FeOOH + H^+ + 1/2H_2O_2 \longrightarrow Fe^{2+} + 2H_2O + 1/2O_2 \tag{7-28}$$

$$Fe^{2+} + H_2O_2 \longrightarrow Fe^{3+} + {}^\bullet OH + OH^- \tag{7-29}$$

Lin等[111]则在金属表面催化分解过氧化氢的基础上提出了表面络合 – 催化机理，他们认为催化反应是在固 – 液界面进行的，起催化作用的是固体表面的铁离子而非溶液中存在的游离铁离子，其主要反应方程式为

$$\equiv Fe^{3+} - OH + H_2O_2 \Longrightarrow (H_2O_2)_s \tag{7-30}$$

$$(H_2O_2)_s \longrightarrow (\equiv Fe^{2+} - HO_2\bullet) + H_2O \tag{7-31}$$

$$(\equiv Fe^{2+} - HO_2^\bullet) \Longrightarrow \equiv Fe^{2+} + HO_2\bullet \tag{7-32}$$

$$\equiv \overset{\cdot}{Fe}{}^{2+} + H_2O_2 \longrightarrow \equiv \overset{\cdot}{Fe}{}^{3+} + {}^{\cdot}OH + OH^- \tag{7-33}$$

$$\equiv \overset{\cdot}{Fe}{}^{3+} - OH + HO_2^{\cdot}/O_2^{\cdot-} \longrightarrow \equiv \overset{\cdot}{Fe}{}^{2+} + H_2O/OH^- + O_2 \tag{7-34}$$

$$\equiv \overset{\cdot}{Fe}{}^{2+} + {}^{\cdot}OH \longrightarrow \equiv \overset{\cdot}{Fe}{}^{3+} - OH \tag{7-35}$$

$$(H_2O_2)_s + {}^{\cdot}OH \longrightarrow \equiv \overset{\cdot}{Fe}{}^{3+} - OH + HO_2^{\cdot} + H_2O \tag{7-36}$$

然而氧化铁/H_2O_2 体系的氧化能力与反应体系的 pH 有关。在偏酸性条件下主要是 Fe^{2+} 溶出－催化作用机制[103]，大量铁离子的溶出导致有机污染物的降解主要来自均相芬顿反应的贡献；而在中性条件下其反应效率较低，需要引入紫外光或超声等手段从而提高反应效率，而且铁离子的释放量较小，无论理论还是实用均有重要价值。紫外光的引入能够明显提高 α-FeOOH/H_2O_2 体系的催化活性，如图 7-29 所示，针铁矿在体系 pH = 9 的情况下仍然有着很好的催化活性，而且在相同条件下有机物在 UV/α-FeOOH/H_2O_2 体系的去除速率要比其在 α-FeOOH/H_2O_2 体系快出很多[113, 114]。

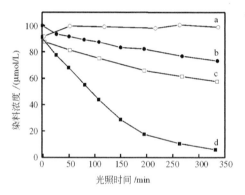

图 7-29　针铁矿在不同实验条件下对媒染黄 10 的去除效果
(a) α-FeOOH/UV；(b) H_2O_2/UV；(c) α-FeOOH/H_2O_2；(d) UV/α-FeOOH/H_2O_2

反应过程中，最高溶出的铁离子浓度 < 20 μmol/L，而有机物在均相反应中的降解速率比实际多相反应小两个数量级，说明均相芬顿氧化的贡献可以忽略不计，有机物的催化降解主要发生在固－液界面。针铁矿表面的铁与过氧化氢络合形成活性中心 ≡FeOOH，它在紫外光照射下 O—O 键断裂并产生高价铁和羟基自由基，从而催化降解有机物（如图 7-30 所示）。

磁铁矿中的八面体结构可以同时容纳 Fe^{2+} 和 Fe^{3+}，意味着 Fe^{2+} 可以发生可逆的氧化还原反应；同时 Fe^{2+} 可以被其他过渡金属同构取代从而改变磁铁矿自身的物理化学性质[115]。磁铁矿可以通过磁力分离而从反应水体中加以回收再利用，具有不同氧化还原特性的 M^{2+} 掺杂对于提高磁铁矿在芬顿反应中的活性也扮演着重要角色[116]。Costa[115, 117] 和 Baldrian[118] 等分别考察了不同过渡金属（Fe、Co、

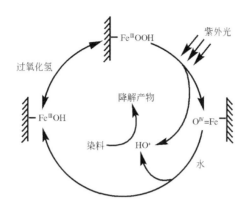

图 7-30　染料在紫外光/H_2O_2/α-FeOOH 中的降解机理[113]

Cu、Mn、Ni）掺杂和不同掺杂比例对磁铁矿在催化分解过氧化氢和催化降解有机污染物的反应中的催化活性的影响，其中磁铁矿中 Co、Cu、Mn 的存在在很大程度上促进了过氧化氢的分解以及有机物的氧化，而镍的加入却抑制了上述反应的进行。这是因为钴和锰的二价离子跟 Fe^{2+} 一样均可以催化过氧化氢产生羟基自由基［式（7-37）和（7-38）］，根据其氧化还原电位 E^0（Co^{3+}/Co^{2+}）＝1.81 V、E^0（Mn^{3+}/Mn^{2+}）＝1.51 V、E^0（Fe^{3+}/Fe^{2+}）＝0.77 V，式（7-39）和（7-40）是一个自发的热动力学过程，表面 Co^{2+} 和 Mn^{2+} 的再生是 $Fe_{3-x}M_xO_4$ 催化活性提高的主要原因。然而 Ni^{2+} 因为相当稳定而不能引发类芬顿反应的发生，从而导致磁铁矿催化活性的降低。

$$\equiv Co^{2+} + H_2O_2 \longrightarrow \equiv Co^{3+} + {}^{\cdot}OH + OH^- \tag{7-37}$$

$$\equiv Mn^{2+} + H_2O_2 \longrightarrow \equiv Mn^{3+} + {}^{\cdot}OH + OH^- \tag{7-38}$$

$$\equiv Fe^{2+} + \equiv Co^{3+} \longrightarrow \equiv Fe^{3+} + \equiv Co^{2+} \qquad \Delta E^0 = 1.04 \text{ V} \tag{7-39}$$

$$\equiv Fe^{2+} + \equiv Mn^{3+} \longrightarrow \equiv Fe^{3+} + \equiv Mn^{2+} \qquad \Delta E^0 = 0.73 \text{ V} \tag{7-40}$$

　　零价铁和氧化铁都能够促进芬顿反应的进行，能否将二者有机结合形成铁基复合催化剂并考察其在芬顿体系中的催化活性是近年来研究的热点之一。与单独的零价铁或铁氧化物相比，通过机械合金化或氢气控制还原法制得的 Fe^0/Fe_3O_4 催化剂的催化活性有了明显提高[119, 120]。

　　作者根据氧化还原电位，推断 Fe^0/Fe^{3+} 界面存在一个热力学自发的电子转移过程，如图 7-31 所示，生成的二价铁物种能够活化 H_2O_2 并产生 ${}^{\cdot}OH$（Haber-Weiss 机制）。除此之外，张礼知等[121, 122]通过硼氢化钠还原法制备了核 – 壳结构的纳米催化剂 $Fe@Fe_2O_3$，研究了它在酸性和中性条件下分别作为电芬顿和超声芬顿催化剂催化降解罗丹明 B 的活性。结果表明，与常规的 Fe^{2+}、Fe^{3+}、$Fe^{2+}/$

Fe_2O_3 和 Fe^0 等催化剂相比，$Fe@Fe_2O_3$ 不仅能够更有效地去除有机污染物，而且可以循环使用并具有良好的稳定性，这主要归因于 $Fe^0 \longrightarrow Fe^{n+} \longrightarrow Fe_2O_3$ 原位铁物种的循环（如图 7-32 所示）。

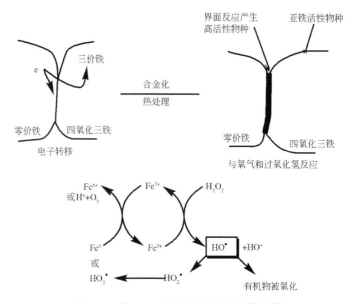

图 7-31 Fe^0/Fe_3O_4 的芬顿催化机制示意图[119, 120]

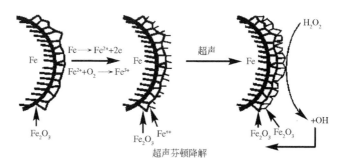

图 7-32 中性条件下染料在 $US/Fe@Fe_2O_3$ 体系的降解机制[123]

7.3.2.2 负载型多相芬顿催化剂

与均相催化剂相比，负载型催化剂具有以下优点：①催化剂易于回收，保证固－液分离效果；②活性中心在载体表面高度分散；③可以调整催化剂自身的化学选择性、区域选择性和择形选择性[124]。活性组分包括过渡金属离子、过渡金属氧化物以及以过渡金属离子为中心离子的金属有机化合物；载体的选择有多种类型，包括无机和有机载体，包括对目标物惰性和有相互作用的载体；而活性组分与载体结合的方式也多种多样，有离子交换、共价键联、物理吸附和化学吸附等[90]。

芬顿反应的强氧化性，要求载体材料必须稳定、抗强氧化性的自由基腐蚀。树脂、介孔分子筛等已经被成功应用。强酸性阳离子交换树脂表面具有大量的磺酸基团，与铁离子之间有着很强的静电相互作用，可以通过离子交换将铁离子固定化[125, 126]，从而抑制铁离子的释放并在中性条件下能够有效降解不同的有机物，而紫外光以及染料敏化在铁物种的循环过程中起着重要作用[125, 127, 128]。

$$Fe^{2+} + H_2O_2 \longrightarrow Fe^{3+} + {}^\bullet OH + OH^- \qquad k_1 = 58 \ L/(mol \cdot s) \qquad (7\text{-}41)$$

$$Fe^{3+} + H_2O_2 \longrightarrow Fe^{2+} + OH_2^\bullet + H^+ \qquad k_2 = 0.02 \ L/(mol \cdot s) \qquad (7\text{-}42)$$

$$\equiv Fe^{II} + H_2O_2 \xleftrightarrow{hv \text{ 或黑暗条件}} \equiv Fe^{III} - OOH + H^+ \qquad (7\text{-}43)$$

$$\equiv Fe^{III} - OOH + 底物 \xrightarrow{hv} \equiv Fe^{III}OH + 产物 \qquad (7\text{-}44)$$

$$\equiv Fe^{III}OH \xrightarrow{hv} \equiv Fe^{II} + OH \qquad (7\text{-}45)$$

图 7-33 表示染料分子在反应过程中吸收可见光产生激发态的染料 Dye^*，进而与 Fe^{3+} 发生电子转移产生 Fe^{2+} 和染料正离子自由基，Fe^{2+} 与 H_2O_2 反应产生 ${}^\bullet OH$，从而使染料进一步降解。

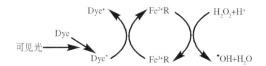

图 7-33　Fe^{3+} – Resin 的可见光助芬顿催化机制示意图[125, 127]

Lv 等[129] 系统考察了阳离子树脂、阴离子树脂和两性树脂对铁离子的负载情况并研究了其作为多相光芬顿催化剂的催化活性，结果表明以阳离子树脂为载体更倾向于降解阳离子染料，以阴离子树脂为载体更倾向于降解阴离子染料，而两性树脂既能够降解阳离子染料，又能够降解阴离子染料，这主要是染料在不同性质载体上的吸附量所决定的。

胶原纤维是一种广泛存在于动物结缔组织中的天然生物质，具有极强的抗张性，是皮革制作工业的主要原料。胶原纤维含有大量的—OH、—COOH 和—NH$_2$ 等功能基团，与过渡金属离子有着很强的相互作用，其中 Fe^{3+} 更容易与羧基形成稳定的羟基配合物[130]。Tang 等[131] 以胶原纤维为载体成功合成了负载铁离子的多相催化剂，胶原纤维与 Fe^{3+} 之间形成的化学键作用很大程度上了提高了催化剂的物理化学稳定性。紫外光照射下配体与中心离子之间的电荷流动促进了 Fe^{3+} 到

Fe^{2+} 的转化，提高了催化剂的催化活性；同时载体对 Fe^{3+} 的重新螯合作用也抑制了铁离子的释放，延长了催化剂的使用寿命。

分子筛是沸石的一种，具有良好的择形选择性和阳离子交换性，常被用作催化剂或催化剂载体。其化学组成如下：$M_{2/n}O \cdot Al_2O_3 \cdot xSiO_2 \cdot yH_2O$（M = Na、K），离子交换作用可以将过渡金属离子通过取代 Na 或 K 而固定在分子筛上，并具有良好的催化分解 H_2O_2 的活性。Neamu[132] 和 Noorjahan[133] 通过阳离子交换反应成功合成了负载铁离子的多相催化剂，研究了铁的负载量、铁离子的溶出以及反应初始 pH 对催化剂催化活性的影响，并提出了有机物在催化剂表面降解的反应机理（如图 7-34 所示）。分子筛表面的 Fe^{3+} 在紫外光作用下被还原生成 Fe^{2+}，Fe^{2+} 催化 H_2O_2 并产生 ·OH，并与吸附在载体表面的有机物反应，从而完成了铁离子的循环和有机物的降解。

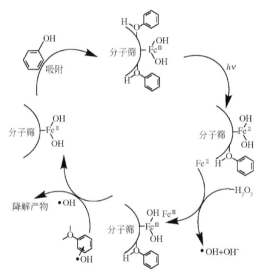

图 7-34　Fe^{3+} – HY 分子筛的反应机理示意图[133]

郑展望[134,135]分别对分子筛 Na-Y、Na-X、13X 以及硅胶、氧化铝、D001 树脂作为 Fe^{2+} 固定化载体进行了研究，从负载量、稳定性、催化活性和经济成本等方面进行比较，Na-Y 和 13X 分子筛是其中最为理想的载体。除前面提到的各种载体外，一些高分子化合物如活性炭[136]和海藻酸钠[137]等也可作为载体使用，这种催化剂中活性组分主要分布在催化剂的表面，就总体而言高分子载体催化活性不高。铜作为多相芬顿催化剂的活性组分也有相关研究，胡希俊[138]以介孔分子筛 MCM-41 为载体通过浸渍、煅烧以及加氢还原等手段引入 Cu^+ 或 Cu 组分，考察了铜的负载量、催化剂投加量、紫外光以及 H_2O_2 浓度对催化剂催化活性的影响。该课题组还通过化学气相沉积和溶胶－凝胶法将铜和铁引入阳离子黏土并考察了黏土的酸化预处理对抑制金属离子释放的影响。实验结果表明在酸性及中性条件下负载铜的阳离子黏土均能够高效去除水体中的有机污染物，而且有效解决了金属离子的溶出问题[139]。

Nafion 是美国杜邦公司生产的一种由全氟磺酸阴离子聚合物构成的新型离子交换树脂，可被加工成膜、颗粒或中空管，因为具有磺酸基团可以通过离子交换作用将铁离子固定化。Fernandez 等[140]首次选用 Nafion 膜作为铁离子的载体并在强碱作用下将其转化为铁的水合氧化物分散在磺酸基的点位上[141, 142]（主要有 3 种形态：$[Fe(H_2O)_6]^{3+}$、$[Fe(H_3O_2)\ Fe]^{5+}$ 和 $[Fe—O—Fe]^{4+}$），系统研究了该催化剂多相光助芬顿降解有机污染物的性能；结果表明 Fe-Nafion 有着较好的催化活性和循环使用稳定性，连续运行 3000 h 没有铁离子的释放，有机物降解彻底，而且拓宽了体系适应的 pH 范围。在此研究的基础上采用吸附性能更好的玻璃纤维[143]或碳纤维[126, 144]作为基体用于浸渍涂布 Nafion 膜，随后通过离子交换引入铁离子。制备过程中 Nafion 膜涂布 3 次时催化剂的催化活性最好，在中性乃至碱性条件下有效降解酸性橙 II，不仅提高了处理后溶液的可生化性，同时也大大降低了成本。

从图 7-35 中可以看出，此类催化剂的催化机制与紫外光助均相芬顿反应类似，紫外光能够加速 Fe^{3+} 到 Fe^{2+} 的转化，促进了 Fe^{2+} 催化 H_2O_2 产生 $^\bullet OH$ 的反应速率，而铁离子与磺酸基团较强的静电相互作用也抑制了铁离子的溶出，催化剂能够循环使用。

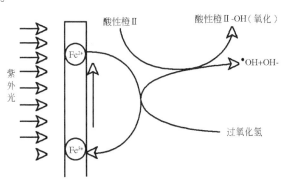

图 7-35　Fe-Nafion 催化剂的催化机制[140]

应当指出以 Nafion 为载体的催化剂存在着比表面积小和催化效率低的不足，而且 Nafion 的价格昂贵（2000 美元/kg），这也限制了其实际应用的可能。因此，Kiwi 等选择将铁组分以氧化铁或氢氧化铁的形式直接沉积到预处理后的聚乙烯膜[145, 146]、硅石纤维[147, 148]或碳纤维[149]上，在保持催化活性和稳定性基本不变的前提下降低了水处理成本。以更为廉价的大孔阳离子交换树脂为载体并通过高温煅烧[150]或过氧化氢氧化[151]等方式形成纳米级 Fe_2O_3 或 β-FeOOH 物种，不仅有效解决了氧化物的团聚问题，而且提高了铁组分在载体表面的分散度。Martinez 和 Fan 立足于调整氧化铁的形态、粒径和分散度通过掺杂、浸渍并煅烧的方法以分子筛、沸石、无定形氧化硅、活性炭为载体考察了不同载体对催化剂活性的影响[71, 152, 153]，结果表明氧化铁的形态及其在载体中所处的微观环境很大程度上影响着催化剂的活性和稳定性。除铁氧化物以外，以其他的过渡金属氧化物如氧化铜[136, 154, 155]、氧化锰、氧化铁[156]及其相互组合形成的多元金属氧化物[157, 158]为活性组分的研究也有相关报道，相对于单纯铁氧化物来讲，该催化剂的催化效率更高，而且各组分比例影响催化效率。

上述催化剂过分依赖于紫外光的辅助以加速反应的进行，这就需要额外提供紫外光源，势必增加废水处理的成本，将太阳光应用于芬顿体系或发展不需要光的多相芬顿催化剂对未来的发展尤为重要。

铁离子的水解产物如 $Fe(OH)^{2+}$、$Fe(OH)_2{}^+$ 和 $Fe_2(OH)_2{}^{4+}$ 等自身在可见光区的光反应量子产率很低，因此可见光的作用很小。Bozzi 等在研究 Fe/SiO_2 催化去除草酸盐的过程中发现铁离子与草酸盐形成的各种配位化合物均具有一定程度的光化学活性，其中以 $Fe(C_2O_4)_3{}^{3-}$ 的光化学活性最强，这些配合物在可见光下的分解极大地促进了铁物种的循环[147]，如图 7-36 所示。草酸根离子与铁离子配位后在 300 nm 的 $\Phi = 1.24$，铁离子还原为亚铁离子是通过光诱导的配体与金属之间的电子转移来实现的（式 7-46），这个作用可以发生在紫外到可见光区，可以有效提高催化体系对弱紫外光和可见光的利用效率。

$$Fe(C_2O_4)_3{}^{3-} + h\upsilon \longrightarrow Fe^{2+} + 2C_2O_4{}^{2-} + C_2O_4{}^{\bullet -} \tag{7-46}$$

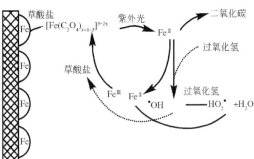

图 7-36　草酸盐对铁离子循环的影响[147]

均相条件下葡萄糖、柠檬酸、酒石酸、EDTA 等配体也可以提高均相芬顿体系对可见光的利用效率，其中以 Fe-Histidine 的催化活性最高。Parra 通过离子交换将 Fe-Histidine 在 Nafion 载体进行固定，并在偶氮染料的去除过程中表现出优异的稳定性和催化活性，当体系 pH > 5.5 时非均相反应对于染料的降解贡献率大于 96%；而且反应前后催化剂中铁组分的绝对含量并没有发生改变，说明反应过程中没有伴随着铁离子的释放，XPS 测试结果进一步证实在染料的降解过程中铁组分只是发生价态的改变，其自身的结构和性能保持稳定，Fe-Histidine/Nafion 是一种良好的催化剂[159]。在此工作的基础上，以分子筛[160]、多孔氧化铝[161] 和离子交换树脂[162] 为载体，以草酸铁、硫氰化铁和高价铁复合物[163] 为活性组分在催化降解有机物的过程中均取得了良好的效果。

　　某些杂多酸已经被证明是很好的可见光催化剂，在过氧化氢存在条件下对碳氢化合物具有很高的选择性氧化性能[164]。而大部分杂多酸易溶于水，存在着催化剂难以回收与重复利用的缺点，赵进才等考虑将杂多酸和阴离子交换树脂通过离子交换进行固定化[165] 或者直接合成难溶于水的杂多酸盐[166]，不仅有效解决了催化剂的分离回收问题，也为芬顿催化剂的研究提供了新的思路。

　　近年来以负载型金属有机化合物尤其是以过渡金属离子如 Fe、Cu、Mn、Co 和 Rh 为中心离子的络合物为催化剂，以环境友好的 H_2O_2、O_2、$KHSO_5$、NaClO 和 PhIO 等氧化剂模拟过氧化氢酶或细胞色素 p – 450 的生物催化氧化作用不仅可以提高催化剂的稳定性，呈现出与简单芬顿反应显著不同的反应特性[167]，而且对有机物也有着非常高的转化数和选择性[83, 168, 169]。这些金属络合物包括金属卟啉、金属酞菁、金属希夫碱、联吡啶金属络合物、邻菲罗啉金属络合物、8 – 羟基喹啉金属络合物等，其结构如图 7-37 所示：

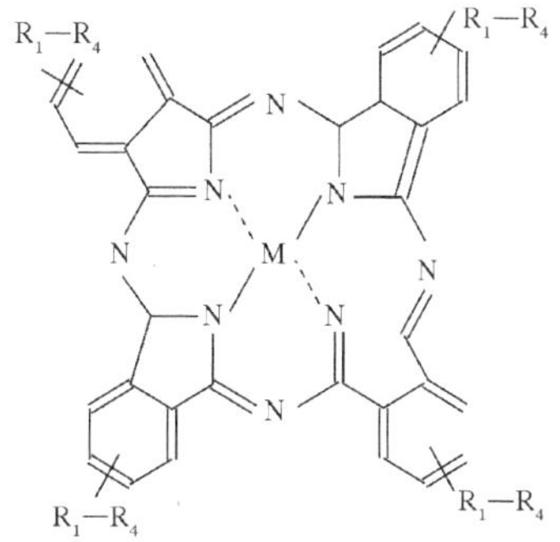

金属酞菁

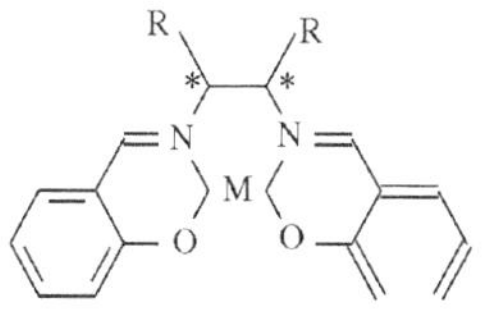

金属希夫碱 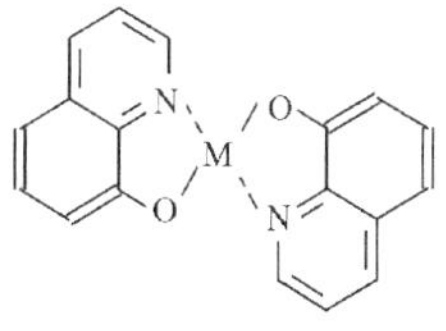　　　　　　　　8- 羟基喹啉金属络合物

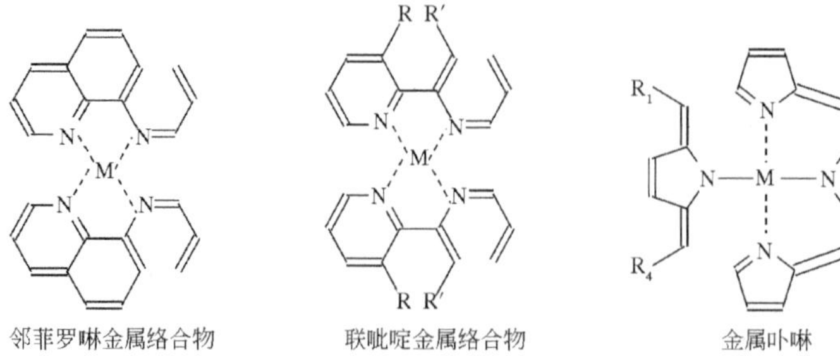

邻菲罗啉金属络合物　　　　　联吡啶金属络合物　　　　　金属卟啉

图 7-37　不同金属络合物的结构[168]

　　这些与氮、氧和硫元素配位的金属有机化合物是一类具有大共轭平面特殊结构的物质，如卟啉具有 18 个 π 电子的大共轭体系，其环内电子流动性非常强，具有较好的光学性质，理论上可以促进配位金属离子的循环，将其直接引入反应体系可以呈现出过氧化物酶催化活化 H_2O_2 仿生反应的一些性质。1994 年 Sorokin 将磺酸铁酞菁（FePcS）以离子交换的方式负载到聚苯乙烯 - 对二乙烯苯交联的阳离子交换树脂上[170]，催化 $KHSO_5$ 和 H_2O_2 氧化 2，4，6 - 三氯苯酚取得了很好的结果。Tao 等充分利用 FePcS 在可见光区高的吸光特性（$\varepsilon_{637nm} = 5 \times 10^5$）也能够有效降解和矿化水中的有毒有机污染物[171]。催化剂反应前后保持稳定，羟基自由基是导致有机物降解的主要活性物种，也为有效利用太阳能提供了直接依据。FePcS/resin 并不能有效去除 2，4 - 二氯酚等有机物，而且在中性条件下其活性明显下降[172]。利用金属卟啉配合物优良的环内电子转移能力合成高效、高选择性以及高稳定性的负载型金属卟啉催化剂，有利于开展仿生催化新工艺[83]。Huang 考察了 $FeTPPS_4$/resin 在中性条件下对磺酰罗丹明 B 和 2，4-二氯酚的降解，结果发现该催化剂不仅具有良好的活性和稳定性，而且能够有效催化分解过氧化氢产生羟基自由基，如图 7-38 所示，从而抑制了产氧副反应的发生（过氧化氢分解产生氧气）[172]。

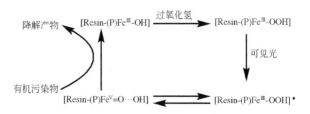

图 7-38　有机物在 $[FeTPPS_4]$/H_2O_2/Vis 体系的降解机理[172]

　　过氧化氢作为一种绿色的氧化剂有着广泛的应用前景，但仍然存在成本和储运等方面的限制。和过氧化氢相比，分子氧的优点是显而易见的，在温和条件下活化分子氧，直接利用空气中的氧气来完成有机物的去除一直是一个重要的课题[90]。将铁的联吡啶配合物 [Fe(bpy)₃]²⁺ 通过离子交换负载到带有磺酸基的聚苯乙烯树脂后[173~175]，催化剂具有非常高的吸光效率（$\varepsilon_{522nm} = 1.08 \times 10^4$），在可见光激发下很容易将难生物降解的有毒有机污染物有效降解，具有很高的光催化活性和循环使用稳定性。进一步研究表明有机物的降解并非源自于染料敏化，而是可见光直接激发 [Fe(bpy)₃]²⁺ 所诱导的反应，反应过程中涉及到的活性氧物种主要包括超氧 [Fe^{III}(bpy)₃O₂·⁻] 和高价铁 [Fe^{IV}(bpy)₃ = O]，这不同于一般的芬顿反应机理。

有机载体无论从来源还是从实用的角度来看都具有很大的局限性，而无机载体则具有广阔的来源并具有变化无穷的特殊性能[168]。以氧化硅和 Y 型沸石为载体分别通过表面吸附或包封的手段固载有机金属络合物，如锰的希夫碱配合物[176] 和铁酞菁[177, 178]，如图 7-39 所示。与 FePc 在 SiO₂ 表面脱落形成鲜明对比的是，铁酞菁在分子筛内部经包封以后催化剂的稳定性增大、转化数升高，而且分子筛内部的通道和空穴通过控制有机物分子接近和输送到沸石内部，表现出形

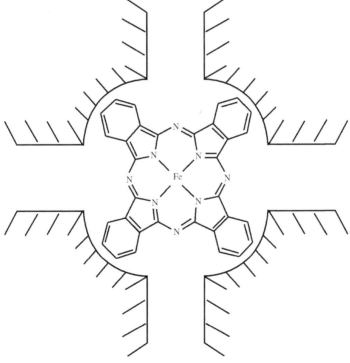

图 7-39　铁酞菁在分子筛内经过包封后的示意图[178]

貌、尺寸和立体选择性，体现出酶催化的性质特点。此外氧化钛[179]和改性黏土[180]也可以作为金属有机配合物的载体，并取得了很好的研究结果。

金属有机配合物主要通过离子交换、吸附或分子筛包封的办法固定于载体，这将导致其结构与均相体系相比产生差异。与上述结合方式完全不同，采用共价接枝的方法固载则是有机配体通过某种桥联方式与载体共价连接，而且可以有效抑制活性组分从载体的流失，是应当积极关注的研究领域[181]。Sanchez以—SO$_2$NH$_2$—作为酞菁铁与改性硅胶或有机聚合物的共价桥联，实现了酞菁铁的单分子分散并有效防止了其在水溶液中聚合现象的发生[182]，该催化剂在氧化剂 H$_2$O$_2$ 和 KHSO$_5$ 存在条件下性能稳定，可以避免被强氧化性的自由基腐蚀。高冠道通过付－克反应用磺酸铁酞菁（FePcS）修饰中孔分子筛 HMS，考察了催化剂在可见光的照射下催化过氧化氢氧化降解染料——孔雀绿的情况，提出的反应机制如图 7-40 所示：H$_2$O$_2$ 与 FePcS 形成的络合物 HOOFePcS 在可见光照射下生成中间过渡激发态，随后过渡态的化学键迅速断裂并产生羟基自由基，铁离子也从三价变为二价，在羟基自由基作用下染料得以快速降解[183]。

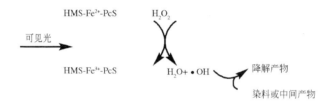

图 7-40　孔雀绿的光催化氧化降解机理[183]

7.3.2.3　过渡金属氧化物柱撑阳离子黏土

层状黏土矿物因其特殊的结构和低廉的价格长期以来主要用作催化剂的载体，其每千克价格约为 40 美元[184]，其中最具代表性的蒙脱土是一种 2:1 型的三层硅酸盐层状结构，每个晶层由两层顶角朝里的硅氧四面体夹一层铝氧八面体构成，如图 7-41 所示。蒙脱土层间的 Si^{4+} 和 Al^{3+} 很容易被低价阳离子所取代，因而其层间表现为负电性，层间常吸附有 Na$^+$、K$^+$、Ca^{2+} 和 Mg^{2+} 等水合阳离子以达到电荷平衡[185]。

层状黏土中铁元素主要有 3 种存在状态：同晶取代八面体结构中的铝原子而形成的铁氧化物，通过离子交换而在层间随机分布的铁氧化物，与层板边缘的表面羟基形成的铁的络合物[186]。利用层状黏土的电负性可以将铁离子与层间吸附的水合阳离子进行交换，并通过静电引力加以固定，从而避免了铁离子的流失以及对水体的污染。然而层状黏土在高温预处理过程中其阳离子交换能力会明显下

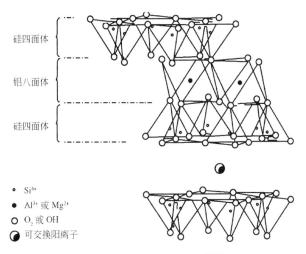

<table>
<tr><td>•</td><td>Si^{4+}</td></tr>
</table>

- Si^{4+}
- Al^{3+} 或 Mg^{2+}
- O_2 或 OH
- 可交换阳离子

图 7-41　蒙脱土的结构示意图[185]

降，Zhu 等以铝柱撑贝得石为载体并通过碱处理使得阳离子交换能力得以再生，如图 7-42 所示[187]，铁离子则通过离子交换的方式引入。在湿式催化氧化苯酚的过程中，该催化剂表现出良好的催化活性和稳定性[188]。

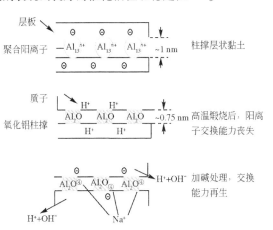

图 7-42　铝柱撑层状黏土的阳离子交换能力再生示意图[187]

　　Song 等考察了不同的层状黏土 Montmorillonite、Laponite 以及 Nontronite 中不同铁氧化物对有机物的催化降解活性，结果表明铁氧化物的活性大小与其在黏土中所处的化学环境有着密切关系。他们利用特殊的预处理方法分别研究了同晶取代八面体结构中的铝原子而形成的铁氧化物和通过离子交换而在层间随机分布的铁氧化物催化去除有机物的活性，其中层板间的铁氧化物活性更高[189,190]，这是由于自由铁氧化物在紫外光照下存在着 Fe^{3+}/Fe^{2+} 的循环，能够催化过氧化氢产生羟基自由基，而在相同条件下八面体结构中的铁离子却不存在这种循环，因而活性较差，其机制如图 7-43 所示。

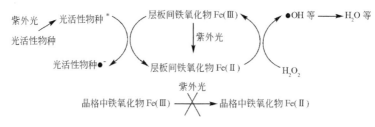

图 7-43　蒙脱土中不同铁物种的催化机制[189]

Feng 等以锂皂石和膨润土为载体分别合成了负载铁氧化物的纳米复合催化剂[191~193]，XRD 和 XPS 分析结果表明铁组分主要是以 $\alpha\text{-}Fe_2O_3$ 的形式存在[184]。根据催化剂的制备过程可以发现，作者利用了层状黏土的阳离子交换性能将聚合羟基铁负载到层板间，然后在 400℃下煅烧 24 h 使得层板间聚合羟基铁脱除水分和羟基并生成相应的铁氧化物，从而制备了纳米 $\alpha\text{-}Fe_2O_3$ 柱撑的层状黏土催化剂。与柱撑前相比，该催化剂的自身性能如比表面积和孔容都有了明显的变化，而且活性组分在层板间均匀分散，催化活性有了明显提高。该课题组进一步考察了相同条件下不同芬顿催化剂催化去除有机物的活性差异，结果表明当溶液 pH = 3时，Fe-B > FeOOH，FeOOH – M > $\alpha\text{-}Fe_2O_3$；而当溶液 pH = 6.6 时，Fe-B > FeOOH，FeOOH – M ≫ $\alpha\text{-}Fe_2O_3$；其中 Fe-B 代表以膨润土为载体，$\alpha\text{-}Fe_2O_3$ 柱撑的纳米复合催化剂；FeOOH-M 表示 FeOOH 经过 350℃下煅烧 8 h 得到的材料。

层状黏土经聚合铝离子或聚合锆离子柱撑后不仅可以提高催化剂的热稳定性和机械强度，而且能够明显提高催化剂的比表面积以及增加活性位点的数量[194]。因此将铁铝按原子比 1∶9 的比例柱撑的层状黏土，其活性要明显高于单一铁柱撑的黏土[195,196]，而且表现出反应过程中铁离子溶出量更低，重复使用性更好等特点[197,198]。稀土元素具有独特的物理化学性质，掺入一定比例的铈能够显著提高催化剂的氧化还原性能[92,199]，Carriazo 等发现铈的引入不仅有利于增大层板间距，也极大提高了催化剂对苯酚的去除效率[200]。除铁以外，聚合铜阳离子也可以用于柱撑层状黏土，只是其催化活性相对较差[196,201]。

Chen 等认为要合成 $\alpha\text{-}Fe_2O_3$ 柱撑的纳米膨润土催化剂需要经过 400℃煅烧 24 h 从而使得层板间聚合羟基铁脱除水分和羟基生成相应的铁氧化物，势必增加催化剂的制备成本，而且铁离子的水解产物如 $Fe(OH)^{2+}$、$Fe(OH)_2^{+}$ 和

$Fe_2(OH)_2^{4+}$ 等也具有很高的紫外光化学活性[202, 203]。该课题组从降低催化剂制备成本的角度考虑，膨润土经过聚合铁离子柱撑后，不再煅烧而直接用作芬顿催化剂催化降解酸性橙 II[204, 205]，在 UVA 和 H_2O_2 存在下同样表现出良好的反应活性和稳定性，酸性橙 II 在 120 min 内就可以完全脱色，其矿化度也达到了 60%。此外膨润土经过聚合铁柱撑后不再煅烧，而直接采取加碱强制水解的办法制得 α-FeOOH 柱撑的膨润土催化剂[206]，在催化去除染料的过程中也取得很好的实验结果。

7.4　臭氧催化氧化水处理技术

7.4.1　臭氧在水处理中的应用

臭氧分子式为 O_3，是氧的同素异性体，常温常压下是一种淡蓝色有特殊气味的气体。在酸性介质中，臭氧在 25℃ 时的标准氧化还原电位为 2.07 V，是自然界最强的氧化剂之一，具有良好的氧化和消毒杀菌作用。1886 年法国最早进行臭氧技术研究，20 世纪 60 年代末臭氧开始用于原水预氧化，主要用途为改善感官指标、助凝、初步去除或转化污染物等。在 70 年代，世界上约有 1039 座水厂应用臭氧消毒技术，到 90 年代，应用臭氧技术的水厂已达到近 2000 家左右。其中美国开始利用臭氧处理生活污水，其主要目的为消毒并降低生物耗氧量（BOD）和化学耗氧量（COD），去除亚硝酸盐、悬浮固体及脱色，已达到全面生产应用的水平。日本则在缺水地区进行污水臭氧处理后作为非食用水（即中水）循环使用。而游泳池水臭氧消毒应用广泛，其处理效果和优点已被公认，国外应用极为普遍。我国对臭氧的利用起步较晚，发展很慢，大多数人对臭氧不熟悉，近年来随着生活水平的提高，人们对生活饮用水的要求也越来越高，尤其是饮用纯净水和矿泉水进入千家万户，臭氧在饮用水处理方面也得到了广泛的应用。随着水源污染的加剧和水质标准的提高，针对常规处理工艺的不足，各种饮用水预氧化技术应运而生，预臭氧化技术正逐渐引起人们的关注。臭氧化应用技术最广泛、最成功的领域是饮用水的处理。臭氧用于饮用水处理，主要有以下功能[207]：①消毒杀菌；②无机物的氧化；③有机物的氧化；④控制藻类；⑤控制氯化消毒副产物；⑥助凝；⑦环境友好的臭氧在杀菌后，不会在水中残留化学物质，而氯、高锰酸钾、二氧化氯等杀菌剂则在水中残留或生成有毒有害物质；⑧所有的水处理技术（例如过滤、离子交换、活性炭吸附、反渗透）可以与臭氧系统联合应用以解决相应的难题。

由于臭氧具有强氧化性和环境友好等优点，因此利用臭氧技术对饮用水进行处理是未来的发展趋势。但是臭氧的运行成本较高，臭氧在水中的溶解度低、易分解,臭氧的利用效率较低在一定程度上限制了其发展。虽然臭氧能氧化水中许多难降解有机物,但与有机物的反应选择性差,且不易将有机物彻底分解为CO_2和H_2O。其产物常常为难以氧化的小分子羧酸类有机物,如一元醛、二元醛、醛酸、一元羧酸、二元羧酸类有机小分子,从而会改变水的可生化性,增加水中有机营养基质的含量,具体表现为水的生物可同化有机碳(AOC)和可生物降解的溶解性有机碳(BDOC)浓度升高。虽然残余消毒剂可在一定程度上限制管网中的细菌生长,但在有机营养基质浓度较高时,细菌仍会再度繁殖,并附着生长在管壁上形成生物膜,增加水中细菌总数,从一定程度上影响自来水的微生物安全性。

金鹏康等[208]通过小型实验和液相色谱分析,研究水中天然有机物臭氧氧化反应的特性和反应前后有机物相对分子质量的变化情况。结果表明,臭氧氧化的主要功效不在于降低以 TOC 为代表的水中有机物总量,而是改变有机物的性质和结构。通过臭氧氧化处理水中大分子有机物分解氧化为小分子有机物、且具有饱和构造的有机物成分明显增加。2000 年英国的 Maryam 等[209]通过实验亦证明,臭氧在酸性条件下对合成橡胶废水中的主要污染物 3,4-二氯-1-丁烯的去除率达到了95%,但其总的 COD 去除率仅有45%。

臭氧的氧化特性决定了单一的臭氧氧化技术有很大的局限性[210]:一是臭氧不能氧化一些难降解的有机物,如氯仿等;二是单一的臭氧氧化技术不能将有机物彻底分解为 CO_2 和 H_2O,同时难以达到较高的 COD 去除效果。因此,需要采用催化的方法来强化臭氧氧化单元的氧化能力。近年来催化臭氧氧化技术得到了很大发展,根据催化剂的不同主要分为两大类:①均相催化臭氧化技术;②多相催化臭氧化技术。催化臭氧化技术是利用反应过程中产生大量高氧化性自由基(羟基自由基)来氧化分解水中的有机物从而达到水质净化的目的。

均相催化臭氧氧化是近年来发展起来的新技术,它是利用溶液中金属离子催化促进 O_3 分解,以产生活泼自由基,强化其氧化作用。西班牙的 Gracia 等[211]研究了 Mn(Ⅱ)、Fe(Ⅱ)、Fe(Ⅲ)、Cr(Ⅲ)、Ag(Ⅰ)、Cu(Ⅱ)、Zn(Ⅱ)、Co(Ⅱ)和 Cd(Ⅱ)对含腐殖酸水溶液的催化臭氧氧化活性,结果表明,金属离子的加入具有很好的催化效果,其中 Mn(Ⅱ)与 Ag(Ⅰ)的效果最好。臭氧化时间为 30 min 时,不加催化剂的 TOC 去除率仅为33%,而加入 Mn(Ⅱ)和 Ag(Ⅰ)后 TOC 去除率分别达到62.3%和61%。与同样条件下单独臭氧化相比,其 TOC 去除率增大且去除单位 TOC 所耗的臭氧剂量大大减少。

均相催化臭氧化的机理是利用过渡金属作为催化剂,在臭氧分解的同时,产生羟基,溶液中的金属离子促使臭氧分解产生 $^{\bullet}O_2^-$,电子从 $^{\bullet}O_2^-$ 转移到另外一个 O_3 生成 $^{\bullet}O_3^-$,紧接着生成 $^{\bullet}OH$。而 Pines 和 Reckhow[212]认为在 Co^{2+}/O_3 反应体系中,如图 7-44 所示，Co^{2+} 通过与草酸配位生成易被臭氧氧化的中间产物来催化该反应。总的来说，均相催化臭氧化的机理假设为两个过程，一方面活性金属使臭氧分解，生成自由基；另一方面催化剂又与有机物反应生成中间产物，最后发生氧化反应。其他因素如溶液的 pH、反应物浓度等都能影响均相催化臭氧化的反应效果。

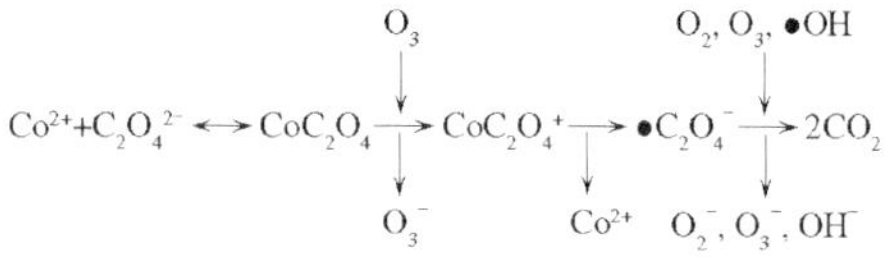

$$Co^{2+}+C_2O_4^{2-} \longleftrightarrow CoC_2O_4 \xrightarrow{O_3} CoC_2O_4^+ \xrightarrow{O_2,\,O_3,\,\bullet OH} \bullet C_2O_4^- \xrightarrow{O_2,\,O_3,\,\bullet OH} 2CO_2$$

图 7-44　Co^{2+}/O_3 反应体系的反应机制

由于均相催化臭氧化所采用的催化剂为金属离子，难以回收再利用，带来了二次污染，这成为均相催化臭氧化发展的一个瓶颈，因此多相催化臭氧化技术得到了人们越来越多的关注。

多相催化臭氧化技术是近年来发展起来的一种具有较强竞争力的新型高级氧化技术，它可以在常温常压下将那些难以用臭氧单独氧化的有机物氧化，在难降解废水的处理中显示出了极大的优越性，并有望成为一种很有应用价值的水处理技术。同均相催化相比多相催化臭氧化具有以下优点：催化臭氧分解效率高、对污染物的氧化彻底；稳定性好，不容易流失，不引入二次污染，无需后续处理；催化剂可再生重复使用等。由于其低成本和易操作，多相催化臭氧化具有更好的应用前景。

7.4.2　多相催化臭氧化催化剂的研究进展

多相催化臭氧化的催化剂主要有两类：一是金属氧化物，如氧化铝、过渡金属氧化物（如 MnO_2，TiO_2 等）和钙钛矿型的复合金属氧化物。所研究的金属氧化物催化剂主要是通过市售获得，其活性与金属氧化物的比表面积、粒径、表面电荷等性质密切相关；二是负载型金属氧化物。负载型催化剂的制备方法主要采用浸渍法，Mn、Co、Cu 等过渡金属作为活性组分，而比表面积较大的活性炭和 Al_2O_3 常常作为催化剂的有效载体。

7.4.2.1　金属氧化物

Kasprzyk-Hordern 等[213]对多孔 Al_2O_3 催化臭氧化水中天然有机物进行了研究，如表 7-4 所示，Al_2O_3 的加入使天然有机物的去除效率提高了一倍，其降解产物分子更小更易于生物降解，并且循环使用 62 次后仍具有很好的活性。O_3/TiO_2 体系在酸性 pH 下可以有效地降解水溶液中的草酸，Beltránl 等[214]研究了反应条件如气体流速、搅拌速率、气相臭氧浓度、催化剂用量和温度对催化效果的影响。提高臭氧浓度可以加速氧化，在 10～20℃ 范围内升温有利于反应的进行，在 40℃ 处理时则影响不明显。这是因为提高温度，虽然使反应速率增加，但是也降低了臭氧在水中的溶解度。

Huang 等[215]研究了纳米、微米和亚微米氧化锌颗粒对 2，4，6－三氯酚 (TCP) 的催化活性。纳米氧化锌由于颗粒更小、比表面积更大，从而具有更好的催化活性。Rivas 等[216]通过共沉淀法合成了钙钛矿型催化剂 $LaTi_{0.15}Cu_{0.85}O_3$，在中性条件下催化剂使丙酮酸的去除率提高了 30%。

表 7-4　催化臭氧化天然有机物过程中的质量平衡[213]

反应循环次数	DOC/mg			O_3/mg			O_3 消耗
(62 次 186 h)	初始	终态	去除	初始	终态	消耗	/DOC 去除
CW1（循环 17 次）							
O_3	195.4	134.4	61.1	476.0	65.3	409.5	6.7
Al_2O_3/O_3		72.3	123.1		160.9	315.1	2.6
CW2（循环 15 次）							
O_3	239.5	196.0	43.4	420.0	108.0	311.5	7.2
Al_2O_3/O_3		117.1	122.4		159.4	260.2	2.1
CW3（循环 16 次）							
O_3	210.5	155.1	55.4	448.0	99.8	347.4	6.3
Al_2O_3/O_3		111.8	98.7		191.0	256.6	2.6
CW4（循环 14 次）							
O_3	215.8	170.5	45.3	392.0	80.6	310.7	6.8
Al_2O_3/O_3		133.0	82.8		154.6	237.0	2.9

在所有过渡金属氧化物中，MnO_2 表现出最好的催化臭氧化活性，可有效催化降解的有机物种类最多。催化剂的结构、合成方法是决定其活性的主要因素。

Tong 等[217]研究发现 MnO_2 的催化活性与其晶型没有关系。Ma 和 Graham[218～220]研究表明，水溶液中以固相形式存在的 MnO_2 或 Mn(II) 被臭氧氧化原位形成的多相锰催化剂均具有催化活性，能够大幅度地提高除草剂莠去津的臭氧化效率。前者的催化活性比后者稍微低一些，这可能就是由于合成方法不同所造成的。工业产品的 MnO_2 可能是由于粒子比较大，比表面积比较小，几乎没有任何催化活性。臭氧量增加可以提高降解效率，而催化剂用量增加的影响则不同。Mn(II) 用量增加会使催化效率稍微下降，可能是因为 Mn(II) 高浓度具有猝灭反应中形成的羟基自由基的能力。但是，Andreozzi 等[221]在用 MnO_2/O_3 去除水中草酸时发现，催化剂用量增加能够显著提高降解效率，可能与被吸附物质的结构及其与催化剂表面的亲和力有关。

7.4.2.2　负载型催化剂

负载型催化剂的制备方法主要有浸渍法、交换法、溶胶 – 凝胶法等。不同的制备工艺对催化剂物化性质的影响很明显，特别对活性组分在载体上的结构形态以及分散度至关重要，因而明显影响其催化性质。Delanoe 等[222] 利用浸渍法和离子交换法制备了两种 Ru/CeO₂ 催化剂，研究了其在去除水中琥珀酸过程中的催化活性。浸渍法制备的催化剂中 Ru 主要分布在氧化铈颗粒的外围，其活性位点更易于接近，并不受传质过程的影响，对于低浓度琥珀酸溶液具有很好的催化活性。而离子交换法制备的催化剂 Ru 更好地分散在氧化铈颗粒中，有利于 Ru 和载体之间的电子转换，但其反应往往受到传质过程的影响，因此该催化剂对于高浓度的琥珀酸溶液表现出更好的催化活性。在循环使用 4 次后，Ru 在载体表面发生烧结，催化剂的活性显著降低。Zhou 等[223] 通过浸渍法合成了 Ru/Al₂O₃ 催化剂，考察了其对邻苯二甲酸二甲酯的催化活性。结果表明，催化剂的活性取决于其制备方法，0.1% 的 Ru 负载量和 600℃的煅烧温度是最佳制备条件，催化剂的活性随着粒径的降低而增加。

Alvarez 等[224] 研究了 Co/Al₂O₃ 对丙酮酸的催化臭氧氧化活性。催化剂煅烧气氛对活性组分的形态有着重要影响，在 500℃氮气或空气气氛下煅烧，Co 分别以 CoO 或 Co₃O₄ 的形态存在；而在 800℃煅烧则 Co 主要以铝酸钴形式存在。催化剂的活性与活性组分 Co 的形态紧密相关，如表 7-5 所示：CoO、CoAl₂O₄、Co₃O₄ 三种形态的催化剂的活性依次增强。Beltrá nl 等[225] 以硫酸钛为前驱体，γ-Al₂O₃ 为载体，采用浸渍法合成了 TiO₂/Al₂O₃ 催化剂。在酸性条件下，催化臭氧化可以完全矿化水中的草酸。反应遵循 Eley-Ridea 机理，草酸的吸附过程是整个反应的控速步。

表 7-5　不同钴催化剂的催化活性[224]

催化剂	PA 去除率[a]/%	PA 去除率[b]/%	DOC 去除率[a]/%	DOC 去除率[b]/%
无	8.6	9.2	5.3	5.5
Al₂O₃	45.5	56.5	35.5	41.1
Co/Al₂O₃-N500℃ – 2%	55.6	74.6	38.8	47.9
Co/Al₂O₃-A500℃ – 2%	74.4	98.9	55.4	90.2
Co/Al₂O₃-A800℃ – 2%	72.0	94.1	56.7	73.7
Co/Al₂O₃-A800℃ – 0.5%	55.6	83.7	40.3	61.2
Co/Al₂O₃-A800℃ – 1%	66.3	94.3	47.4	64.3
Co/Al₂O₃-A800℃ – 5%	77.9	96.3	57.3	77.9

a. 反应 1h，PA = 丙酮酸；b. 反应 2h。

　　Sanchez-Polo 等[226]研究了 10 多种以活性炭为载体的催化剂（如用 Co、Mn、Ti 浸渍的活性炭）在对氯苯甲酸臭氧化过程中的催化性能。金属的掺入并没有明显改变载体的结构和化学性质，不过随着负载量的增大，载体的比表面积有所减少，介孔和大孔的孔容有所增加。只有易于被臭氧氧化的金属如 Mn(Ⅱ) 的掺入才可以加速臭氧分解生成羟基自由基，但是随着反应时间的延长，Mn 被氧化成更高价态从而使催化剂失活。Karpel 等[227]用 3 种催化剂（将质量分数为5% ~ 10%的铜分别负载在 Al_2O_3、TiO_2 和黏土上），对腐殖酸、水杨酸和缩氨酸进行臭氧化。单独臭氧化去除率为 12% ~ 15%，而采用催化臭氧化（在 pH 为中性时）可以大幅度地提高氧化效率（去除率达 64%），明显地提高总有机碳（TOC）的去除率。Cu/Al_2O_3 催化臭氧化降解甲草胺时的降解速率和不使用催化剂时几乎相同（如图 7-45 所示），但催化臭氧化却使 TOC 的去除率从 20% 提高到 60%[228]。

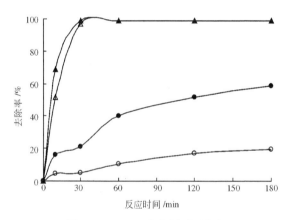

图 7-45　Cu/Al_2O_3 催化臭氧化甲草胺

甲草胺去除率（△）非催化，（▲）催化；TOC 去除率（○）非催化，（●）催化[228]

　　负载型金属氧化物的催化性能不但依赖于金属氧化物的性质，而且也与载体的性质、制备方法和受热历程等有关。Lin 等[229]研究了一系列负载型金属氧化物催化分解水中臭氧的能力，结果发现二氧化硅是大多数金属的最好载体（Ru 除外），负载的金属催化活性顺序是：Pt > Pd > Ag > Ru > Rh > Ir > Ni > Cd > Mn > Fe > Cu > Zn ≈ Zr；金属如 Pt、Ru、Rh、Pd 和 Ag 对气相和水相中的臭氧分解都是有效的。水中臭氧分解的平均速率与金属和载体的相互作用有很大的关系，载体的性质和金属的类型决定了反应速率。可能是由于电子迁移增加以及金属 - 金属氧化物催化剂存在下氧化还原反应速率的增加，在金属氧化物上沉积金属对臭氧的分解活性一般比较高，因而加速了催化反应。

Gracia 等[230]对 TiO₂/硅胶、TiO₂/Al₂O₃ 及 TiO₂/凹凸棒石 3 种催化剂的研究发现，它们能大幅度地降解水中的腐殖酸，TiO₂/Al₂O₃ 经过 500℃ 焙烧后效果最好。TiO₂/Al₂O₃/O₃/Cl₂ 体系比 O₃/Cl₂ 体系降低三卤甲烷的能力也大[231]。Cooper[232]研究发现，Al₂O₃ 负载 TiO₂ 和 Fe₂O₃ 能够显著地提高其催化活性，提高水中氯乙醇和氯酚的去除效率，但是对草酸降解的提高不明显。

凹凸棒石上负载 TiO₂ 能够提高人工模拟染料废水的氧化效果[233]而且可重复使用。Tong 等[234]考察了磺基水杨酸的臭氧化过程中两种催化剂（V-O/TiO₂ 和 V-O/硅胶）的催化效率，表明这两种催化剂有类似的催化活性，与未负载金属氧化物催化剂比较，其催化效率是单独臭氧化的两倍。有学者尝试采用其他的催化剂载体及制造工艺，如尹琳[235]将 ZnO 粉末与黏土矿粉按比例混合，加入 APC 黏结剂，混合均匀，经成型造粒，煅烧后即制成 ZnO-黏土固体催化剂。尹琳等的实验表明，在该种催化剂存在的条件下，通入臭氧 90 min 氧化单偶氮染料活性艳红-X-3B 废水，COD 从 484.1 mg/L 降至 101.7 mg/L，去除率达 79.0%。

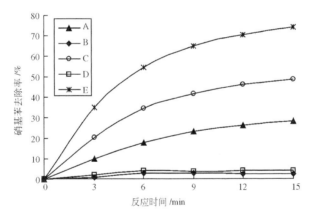

图 7-46 催化臭氧化硝基苯[236]

A—单独臭氧；B—在蜂窝陶瓷上的吸附；C—臭氧 + 蜂窝陶瓷；
D—在 Mn-蜂窝陶瓷上的吸附；E—臭氧 + Mn-蜂窝陶瓷

由于前面研究所采用的催化剂多为粉体，催化剂的分离回收较为困难，因此将催化剂固定化是多相催化臭氧化技术走向实际应用的一个重要环节。而目前普遍采用的是以蜂窝陶瓷为载体，通过涂层浸渍的方法将活性组分固定到陶瓷载体上，采用固定床流动反应装置进行活性评价。Zhao 等[236]对蜂窝陶瓷负载锰催化剂催化臭氧氧化硝基苯的活性进行了研究。如图 7-46 所示，蜂窝陶瓷的加入明显促进了硝基苯的降解，而负载锰以后其催化活性得到了显著提高，15 min 去除率就达到 75%。

多相催化剂催化臭氧化的性能与催化剂制备的原材料及其配比、制作工艺等有关。同单纯的金属氧化物相比，以锰、铜、钴等氧化物为活性组分，活性炭和 Al_2O_3 为载体，采用浸渍法制备的多相负载型催化剂具有较好的催化功效。首先，由于所采用的载体具有大的比表面积和丰富的孔结构，有利于活性组分更好地分散，从而获得更多的表面活性位点；其次，载体与活性组分之间的协同作用能够进一步提高催化剂的活性。因此有必要对高分散的负载型纳米金属氧化物的制备进行更深入的研究。

7.4.3   多相催化臭氧化机理

多相催化臭氧化的机理与目标污染物、催化剂种类、溶液的 pH 等因素有关，一般有 2 种可能的催化臭氧化机理：

（1）界面效应机理。有机分子被化学吸附在催化剂表面上，然后同气相或水相中的臭氧反应；或臭氧和有机分子都被化学吸附，然后是这些被吸附物质之间相互反应。

（2）羟基自由基（OH·）机理。臭氧在催化剂的作用下发生一系列自由基链反应分解生成大量的 OH·，由于 OH· 具有很高的氧化电位，可以对污染物进行有效的氧化降解。

界面效应强调的是作为多相催化剂载体或者催化剂本身、催化剂表面以及催化剂与本体溶液界面间的吸附、络和、活化、电子转移等过程。作为多相催化剂的某些无机材料具有较大的比表面积，一方面可以利用巨大吸附表面积的吸附作用去除污染物，另一方面固体催化剂提供活性吸附位，对反应物分子进行有效配位，使反应活性能降低，加快和加深臭氧化的速度和程度。

催化剂表面上的反应可能包含了几个步骤，例如吸附、臭氧分解反应、表面氧化反应和脱附过程。催化剂的表面电荷对于溶液的 pH 有很大的依赖性。在不同的 pH 下，同一个催化剂有不同的表现。有机分子的结构、pK_a、极性、相对分子质量和官能团决定了其与催化剂表面的亲和性，这些都是影响催化臭氧化过程的因素。

Beltránl 等[225]发现 pH 为 2.5 时，TiO_2/Al_2O_3 催化臭氧化能够显著除去水中草酸，并能够使草酸完全矿化，反应过程中可能涉及草酸在两种不同的活性点上的吸附：氧化铝的活性位点和二氧化钛的活性位点。反应机理的最后一步是吸附在二氧化钛活性点上的草酸和溶液中没有吸附的臭氧之间的表面反应，可以认为符合 Eley-Rideal 机理，草酸的吸附被认为是速率控制步骤。

Rivas[216]等对钙钛矿催化臭氧化丙酮酸的反应机理进行了研究，认为整个反应遵循 Langmuir-Hinshelwood 机理，与 Eley-Rideal 机理不同的是，臭氧和有机物均吸附到催化剂表面，臭氧在催化剂表面分解生成活性氧，然后同附近的丙酮酸分子反应。表面活性氧与吸附的丙酮酸分子的反应是整个反应的控速步骤。

Andreozzi 等[221]认为草酸等有机酸在锰的催化臭氧化过程中，先形成表面络合物，然后交换一个电子，接着是还原了的表面金属中心的分离。吸附和溶解的臭氧能够同表面的 Mn(Ⅲ) C_2O_4 配合物反应，反应速率至少与分子内部的电子转移速率相当。

Park 等[237]研究了针铁矿催化臭氧化对氯苯甲酸的反应机理，发现对氯苯甲酸的降解依赖于其在针铁矿表面的吸附量，而不是依赖于臭氧的分解速率。反应机理与体系的 pH 有关，pH 小于 3 时，对氯苯甲酸降解主要发生在催化剂表面，OH˙氧化为反应的主要机理；pH 大于 3 时，对氯苯甲酸降解主要发生在催化剂液体界面以及本体溶液当中，OH˙氧化以及催化剂界面电离引发的一系列自由基链反应是反应的主要机理。

Li 等[238, 239]利用原位拉曼技术对锰氧化物催化臭氧分解过程进行了研究，认为臭氧首先吸附到催化剂表面并分解成氧气分子和表面原子氧（表 7-6），然后原子氧同气体中的臭氧反应生成了一个氧气分子和过氧化物中间体，最后过氧化物分解成氧气并从催化剂表面脱附。进一步稳态和瞬态动力学实验证明：臭氧的

吸附和氧气分子的脱附这两个步骤是不可逆的。活化能同表面覆盖度成线性关系，在表面覆盖度为零时，臭氧吸附的活化能为 6.2 kJ/mol，氧气分子脱附的活化能为 69.0 kJ/mol。整个反应速率取决于臭氧吸附和氧气脱附二者的反应速率。

表 7-6　催化臭氧分解的反应机理[238, 239]

$O_3 + * \longrightarrow O_2 + O*$	(7-47)
$O* + O_3 \longrightarrow O_2 + O_2*$	(7-48)
$2O* \longrightarrow O_2* + *$	(7-49)
$O_2* \longrightarrow O_2 + *$	(7-50)

金属氧化物的吸附性能对多相表面的催化活性很重要，有机物的分子结构及其在催化剂表面上的吸附性能，是决定催化臭氧化效率的重要参数。吸附是多相催化臭氧化的一个步骤，这个过程受催化剂的表面性能（如表面积、孔容和表面活性点等）和有机物性质的影响。Volk 等[240]认为臭氧对乙醇、醛和酮的直接作用比较弱，催化臭氧化过程不产生自由基，而是出现羧基官能团的选择氧化机理：在催化剂表面发生吸附，随后被催化剂表面的臭氧氧化。另一方面，吸附能力大的（特别是配体交换反应过程中离子和表面活性点之间能够牢固结合的）金属氧化物对一些天然水组分中的无机离子（硫酸盐或碳酸盐）的吸附，能够造成催化剂表面活性点的永久性堵塞，而使其催化活性降低。同时，如果产物不能够快速地从催化剂的表面活性点上解吸，也会影响整个催化臭氧化反应的速率。

Legube[241]解释了催化臭氧化过程中金属在金属氧化物表面上的作用，认为

其机理如下：在经过还原预处理的金属催化剂表面上（Me_{red}，如图 7-47 所示），臭氧通过 $\cdot OH$ 自由基的产生将金属氧化。有机物分子（AH，如腐殖质或水杨酸）在催化剂表面上吸附后发生电子迁移反应而氧化，将电子转移给还原催化剂（$Me_{red}A^{\cdot}$）。随后有机自由基组分 $A^{\cdot}$ 从催化剂上脱附，在水溶液中（更可能是在双电层的厚度范围内）被 $\cdot OH$ 或 O_3 氧化。

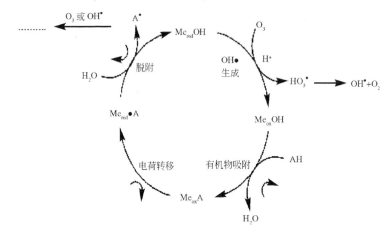

图 7-47 金属催化剂表面催化臭氧化反应机制[241, 242]

Qu 等[228] 在催化反应过程中检测到明显的羟基自由基信号（如图 7-48 所示），认为 Cu/Al_2O_3 催化臭氧化甲草胺的机理是 $\cdot OH$ 反应机理。

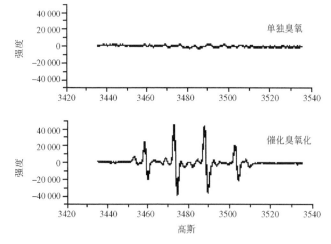

图 7-48 催化臭氧化反应中的羟基自由基信号[228]

要进一步认识催化剂表面上吸附的臭氧分解和有机物最终被催化臭氧化的机理，必须考虑到路易斯软硬酸碱现象。软碱的价电子容易扭曲极化或失去；硬碱则相反，其价电子比较牢固而不易失去。硬酸体积比较小，具有高的正电荷，没有容易扭曲或失去的价电子；严格地说，硬酸是具有这些性能的酸的受体原子。软酸的受体原子比较大，不带或带少量的正电荷，或者有几个容易扭曲或失去的价电子。通常，硬酸容易同硬碱结合，软酸容易同软碱结合，这是化合物和配合物稳定的基础。Al^{3+} 和 Ti^{4+} 是常用催化剂氧化铝和二氧化钛的表面组分，它们是路易斯硬酸，能够与硬碱结合，如 H_2O、OH^- 和 PO_4^{3-}、F^-、SO_4^{2-}、CO_3^{2-} 以及水处理中普遍存在的化合物等。一般认为硬酸和硬碱之间形成的结合比较强，因此上述硬碱能够使所用的催化剂（具有活性点的路易斯硬酸催化剂）中毒。臭氧可以看作是路易斯碱（是硬碱还是软碱是有争议的），它能够与金属氧化物的表面酸性基团反应，随后分解[243, 244]。在水中还可能发生 H_2O 和水中其他的路易斯硬碱与催化剂（例如 Al^{3+}，Ti^{4+}）表面上的路易斯强酸点的相互作用。问题是，臭氧是不是比水分子或 PO_4^{3-}、SO_4^{2-} 硬的路易斯碱，如果不是，就不可能发生催化剂表面路易斯强酸点上的臭氧分解。因此必须考虑臭氧独特的结构性质；臭氧分子中的一个氧原子上的电子云密度高，其共振结构之一可能表现出高碱度，能够对金属氧化物表面上的路易斯酸性位点产生较强的亲和性。表面活性位点上的臭氧吸附/分解机理是可以接受的，但是，哪一种表面活性位点与臭氧分子结合还有争议。

7.4.4　结论和展望

多相催化臭氧化催化剂可以有效促进臭氧的分解和羟基自由基的生成，能够明显地提高臭氧的利用率和有机物的去除效率。但是这种催化臭氧化工艺的效率在很大程度上依赖于催化剂表面性能、有机物结构和溶液的 pH。为了提高有机污染物的去除效率，需要对臭氧化工艺中催化剂、臭氧和有机物之间的相互作用深入研究。多相催化臭氧化机理主要包括 $^\cdot OH$ 反应机理和界面反应机理，而且催化机理与催化剂表面性质、有机物结构紧密相关，要进一步探索多相催化臭氧化机理，应对催化剂的界面微动力学及活性物种进行更深入的研究。

催化剂的催化活性很大程度上取决于催化剂的制备方法、载体种类、载体上活性组分的形态、负载量、催化剂配比等。而负载型催化剂由于其更为优良的催化性能具有更好的研究前景。应对催化剂的制备工业进行优化，从而制备出高效实用的多相催化剂。

多相催化臭氧氧化技术的主要优势是，反应存在臭氧、超氧自由基、羟基自由基及过氧自由基等多种强氧化物种，它们之间氧化作用的协同，对难降解有机污染物产生了强大无选择性的氧化，达到近完全的无机矿化。针对饮用水原水中存在的低浓度难降解有机物污染的去除，多相催化臭氧化技术是最有前途的深度处理技术。因为它的高效无机矿化能力，能够使水中的有机物完全去除，避免了后续消毒过程中，有毒副产物的形成。但是，针对含难降解有机物高浓度废水的处理，多相催化臭氧氧化技术的实际应用还具有其局限性。主要由于臭氧溶解度低，对于高浓度有机物的降解，臭氧浓度成了控制反应的关键步骤。因此，对废水处理，多相催化臭氧氧化技术可以作为预处理技术，通过氧化断裂难降解有机污染物的主要结构，提高可生化性，增加后续的生物氧化处理的效能，达到对高浓度废水净化的目的。

7.5 湿式催化氧化技术

7.5.1 湿式催化氧化技术的发展

目前人类赖以生存的水资源受污染程度日益加剧，其中高浓度有机废水的排放是水质恶化的主要因素。高浓度有机废水具有化学成分复杂、毒性高、COD含量高以及难于降解等特点而不易被去除，因此，对这类废水的净化处理技术的研究已成为国际上水处理技术研究的热点课题之一。通常对高浓度有机废水主要采用好氧活性污泥法、厌氧技术、生物膜法等生物处理技术和臭氧氧化技术、光化学氧化技术、湿式氧化技术等高级氧化技术，其中湿式氧化技术的发展尤为迅速。

湿式氧化工艺（wet air oxidation，WAO）最初是由美国的 Zimmerman 在 1944 年研究提出的，故也称作齐默尔曼法。它是在高温和高压条件下，以空气中的氧气为氧化剂（也用臭氧、过氧化氢等作为氧化剂），将液相中的有机污染物氧化为 CO_2 和水等无机物或小分子有机物的化学过程。该方法对于处理高浓度有机废水及含有有毒物质、难以生物降解物质的废水有其独到之处。湿式氧化法由于处理的有机物范围广、效果好，反应时间短，反应器容积小，几乎没有二次污染，可以回收有用的物质和能量等优点而受到广泛的应用和重视，已成为处理难降解有机物的主要研究方向之一。但是，由于反应所需的温度和压强较高，一次性投资比较大，对设备和技术的要求也很高，从而限制了它的进一步推广。

传统的湿式氧化法对于高浓度、难降解的有机废水虽然具有较好的处理效果，但是在实际推广应用中仍受到如下限制[245]：①由于反应一般要求在高温、高压的条件下进行，要求材料具有耐高温、高压并耐腐蚀的特性，不仅使设备系统一次性投资大，而且也给系统的选材造成困难（如具有较好耐酸碱腐蚀性的钛材，其长期使用的最高反应温度要低于 260℃）；②由于反应中需维持高温、高压的反应条件，所以仅适用于小流量、高浓度的废水处理，对于低浓度的废水，则不是很经济。此外较高的反应压力还会增加空压机的电力消耗，增加该过程的日常操作费用；③即使在很高的温度下，对某些有机物如多氯联苯，小分子羧酸的去除效果也不理想，难以做到完全氧化，有时还会产生有毒性的中间产物；④由于在湿式空气氧化反应中，通过自由基反应，有机物的氧化反应进行不完全，可能生成毒性更强的中间产物。

为降低反应温度和压力，同时提高处理效果，20 世纪 70 年代以来，在传统的湿式氧化法的基础上发展了催化湿式氧化法（catalytic wet oxidation，CWO），它是指高温（200~280℃）、高压（2~8 MPa）下，以富氧气体或氧气为氧化剂，利用催化剂的催化作用，加快废水中有机物与氧化剂间的反应，使废水中的有机物及含 N、S 等毒物氧化成 CO_2、N_2、SO_2、H_2O，达到净化之目的。在催化剂的催化作用下，使反应可以在较温和的反应条件下进行，其不仅可以大幅度提高废水的处理效率，还可以大大降低系统设备的投资费用和日常的操作费用。

CWO 技术是专门用于高浓度工业废水处理的湿式催化氧化处理技术，是一种废水的深度处理技术。对高化学含氧量或含生化法不能降解的化合物的各种工业有机废水，COD 及 NH_3-N 去除率达到 99% 以上，不再需要进行后处理，只经一次处理即可达排放标准[246]。与常规的 WAO 相比，CWO 的能耗更低，氧化效率更高，而温度、压力要求更低。同常规方法相比，CWO 具有适用范围广、处理效率高、氧化速率快、可回收能量等优点；而且同其他的热处理过程不同，CWO 过程不产生 NO_x、HCl、二噁英、呋喃及飞灰，CWO 技术是目前处理高浓度生化难降解工业有机废水的最佳方法之一，发达国家把其视为第二代工业废水处理高新技术，专用于解决第一代常规技术（如生物处理、物理化学处理等）难以解决或无法解决的净化处理问题。CWO 技术将成为 21 世纪工业废水处理的替代新技术。

7.5.2　催化剂的研究现状

目前催化湿式氧化的研究现已取得了较大的进展，这些研究的重点是开发高活性的催化剂，以降低反应的温度和压力，提高氧化分解能力，缩短反应时间，降低设备的投资及操作费用[247]。在反应中催化剂能够加快反应速度的主要原因是：①催化剂能够降低反应的活化能；②催化剂能够改变某些反应的历程。目前，研究具有较高活性、普遍适应性、耐久性的高效催化剂仍是该技术研究的热点和工业应用的关键。根据所用催化剂的状态，可将催化剂分为均相催化剂和非均相催化剂两类，相应的催化湿式氧化也可分为均相和非均相催化湿式氧化。

催化湿式氧化法的最初研究集中在均相催化剂上。均相催化湿式氧化法是向反应溶液中加入可溶性的催化剂，以分子或离子水平对反应过程进行催化。均相催化湿式氧化反应温度更温和、反应性能更专一。均相催化的活性和选择性可以通过配体的选择、溶剂的变换及促进剂的添加等因素，精细地调配和设计。当采用均相催化剂时，常用过渡金属（如 Co、Cu、Ni、Fe、Mn、V 等）的盐作为催化剂，特别是铜盐，如硝酸铜、硫酸铜、氯化铜等。铜组分的催化效果好，价格也不贵，可以单独使用，也可与其他金属配合使用；但是由于均相催化湿式氧化法在反应过程中，均相催化剂溶于废水出水中，为避免催化剂流失以及对环境的二次污染，需要进行后续处理，同时也提高了废水处理的成本，从而使处理工艺的实用性较差，较难实现工业化应用。

从 20 世纪 70 年代后期，催化湿式氧化反应的研究重点转移到多相催化湿式氧化反应上。催化剂在多相催化湿式氧化反应过程中以固态存在，催化剂和废水的分离比较简便，使处理流程大大简化；此外多相催化湿式氧化催化剂还具有催化活性高，稳定性好等特点。因此开发高活性、高稳定的固态催化剂是催化湿式氧化法进行工业化生产的关键。非均相催化剂主要有贵金属系列（如 Pd、Pt、Au 以及 Ag 等）、非贵金属（如 Cu、Mn、Fe 等）和稀土系列 3 大类，可以由其中一种金属或金属氧化物组成，也可以由多种金属、氧化物或复合氧化物组成。其中采用贵金属为催化剂的催化湿式氧化工艺已经实用化，常作为非均相湿式氧化催化剂的载体的有硅胶、二氧化钛、氧化铝等氧化物或复合氧化物以及活性炭等。Okitsu 等[248]以 Al_2O_3 和 TiO_2 为载体，制备了不同的贵金属 Pt、Pd、Ru、Rh、Ag 负载型催化剂。对于氯苯酸的处理，其中 Pt/Al_2O_3 催化剂具有最高的降解效率，在 150℃，反应 30 min，TOC 的降解率可达到 90%。

贵金属如钌、铂、钯等在氧化反应中具有高活性和稳定性，但是贵金属的昂贵在某种程度上限制了其在催化湿式氧化中的应用。常规的金属如铜、铬、锌、钴或其氧化物作为催化剂的活性已得到证实，但存在催化剂活性组分易溶出或催化剂活性不稳定等问题。具有一定催化活性的非金属物质（活性炭、炭黑等）的优点是可以避免因金属的流失而引起二次污染，但是在高温下容易被氧化剂所氧化，催化效率不高。近年来研究最多的是以 Ce 为代表的稀土氧化物，具有较好的催化活性和稳定性。我国的稀土资源非常丰富，而稀土又是良好的载体，具有良好的稳定性，因此以 Ce 为稀土氧化物催化剂具有很好的研究价值和工业应用前景。Barbier 等[249]报道了用 Ru/CeO_2 作为催化剂，在温度为 150~250℃，氧气分压为 $2 \times 10^6 Pa$ 的条件下，能够有效去除含氮有机物如苯胺，且 90% 以上转化为 N_2。Imamura 等[250]以 NaY 沸石、Al_2O_3、ZrO_2、TiO_2、CeO_2 为载体，研究了 Ru、Rh、Pt、Ir、Pd、Cu、Mn 几种金属处理丙醇、丁酸、苯酚、乙酰胺、乙酸、甲酸等有机废水，发现 Ru 的催化活性最好，CeO_2 是最佳的载体，而且 Ru/Al_2O_3 催化剂对溶液 TOC 的降解率高于 Cu 系均相催化剂。

7.5.3 在实际工业废水处理中的应用

催化湿式氧化法降低了反应条件，具有净化效率高、流程简单、占地面积小等特点，有广泛的工业应用前景。催化湿式氧化适用于治理焦化、染料、农药、印染、石化、皮革等工业中含高化学需氧量（COD）或含生化法不能降解的化合物（如氨氮、多环芳烃、致癌物质 BAP 等）的各种工业有机废水。

Imamura 等[251]以 Mn/Ce 和 Ru/Ce 为催化剂，研究了湿式空气氧化法处理生活废水。研究发现，当 Ru/Mn/Ce 催化剂 Mn 与 Ce 比例为 1/9，且含 3%（质量分数）Ru 的具有最高的催化活性。有机碳起始浓度为 315 mg/L 的生活废水在温度为 200℃，氧气分压为 1.5×10^6 Pa 反应条件下，经催化湿式处理 3 h 后，90% 的有机碳得到去除。

含酚废水是焦化废水和染料废水中的主要污染源，对环境的危害很大，需经过治理达标后才能够排放。对高浓度含酚废水的治理至今尚没有一种理想的方法，目前采用的生化处理法效果不佳，处理后无法达标排放。国内外现有的研究可以分为两个方面，一方面选择高效、寿命长和低成本催化剂；包括 Cu、Mn 等过渡金属氧化物催化剂；另一方面研究催化湿式氧化工艺，使操作条件从高温、高压向中温、低压发展，以降低反应温度和压力，最终降低废水处理的运行成本。由于湿式空气氧化需要高温高压，不但能耗高而且对设备材质要求也高，因此湿式空气氧化在实际应用中往往只做预处理技术来使用。而催化湿式氧化可以在较低的温度压力下达到较好的废水处理效果[253]。Wang 等[252]在温度为 140℃，空气压力为 4 MPa，流速为 80 mL/min 条件下，利用 Ru/ZrO_2-CeO_2 催化湿式氧化浓度为 0.5 mL/min 苯酚，催化湿式氧化明显提高了苯酚以及溶液 TOC 的去除率，结果如图 7-49 所示。经过 0～5 h 后的平衡后，反应达到稳定。未加催化剂时，TOC 以及苯酚去除率仅为 9% 和 42%。而 Ru/ZrO_2-CeO_2 催化条件下，TOC 以及苯酚去除率达到 96% 和 100%，且催化效果稳定，运行 100 h 后活性没有明显的变化。在 Ru/ZrO_2-CeO_2 催化条件下，检测到的主要产物为顺丁烯二酸、甲酸和乙酸，其浓度分别为 5，100 和 60 mg/L（如图 7-50 所示）。而相同条件下，未加催化剂时，三者浓度分别为 50，300 和 270 mg/L（如图 7-51 所示），而且还检测到草酸、对苯二酚生成。由此可见，催化湿式氧化明显地降低了中间产物羧酸的浓度。我国云南昆明市环境工程技术研究中心采用湿式催化氧化处理技术对我国焦化、造纸、生物制药、植物化工、制糖等 10 多种行业的高浓度工业有机废水进行处理，结果表明湿式催化氧化技术对处理我国高浓度工业废水具有良好

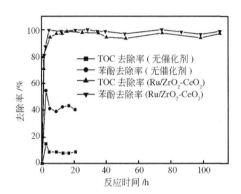

图 7-49　Ru/ZrO$_2$-CeO$_2$ 催化湿式氧化苯酚过程中溶液 TOC 去除[252]

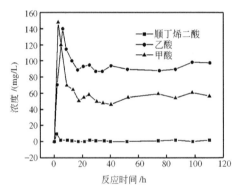

图 7-50　Ru/ZrO$_2$-CeO$_2$ 催化湿式氧化苯酚过程羧酸生成情况[252]

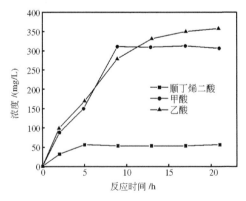

图 7-51　湿式空气氧化苯酚过程中羧酸生成情况[252]

的适用性[254]。在所研究的 10 多种废水中，除农药、石化炼油和化学合成制药废水外，其他各种废水一次处理 COD_{Cr}、NH_3-N 的去除率即可达到 99% 以上，而且脱色、脱臭效果明显，其结果如表 7-7 所示。表 7-8 为国内外利用催化湿式氧化法处理的实际废水。

表 7-7 催化湿式氧化处理国内部分行业高浓度工业废水的试验结果[254]

废水类型	处理条件	水样类型	pH	COD_{Cr}/(mg/L)	NH_3-N /(mg/L)
焦化废水	250℃ 5 MPa	进口原水 处理出水 去除率/%	9.5 5.4	10 664 64.48 99.40	1262.74 — 100
造纸黑液	250℃ 7 MPa	进口原水 处理出水 去除率/%	12.19 7.52	50 048 39.44 99.92	385.66 0.50 99.87
生物制药废水	270℃ 7 MPa	进口原水 处理出水 去除率/%	9.94 5.62	31 280 13.60 99.96	2110.47 — 100
糖厂糖蜜废水	270℃ 7 MPa	进口原水 处理出水 去除率/%	5.09 7.81	50 320 64.60 99.87	1063.95 0.85 99.92
化工乙糠酸废水	250℃ 7 MPa	进口原水 处理出水 去除率/%	3.19 4.87	43 520 47.6 99.89	396.51 0.26 99.93
植物化工烤胶废水	250℃ 7 MPa	进口原水 处理出水 去除率/%	5.55 7.07	39 440 68.00 99.83	3674.42 0.60 99.98
合成香料厂废水	270℃ 9 MPa	进口原水 处理出水 去除率/%	7.0 7.6	20 680 100.80 99.50	1.68 — 100
印染厂硫化染料废水	270℃ 9 MPa	进口原水 处理出水 去除率/%	12.6 1.2	17 517 87.58 99.50	4.9 — 100

续表

废水类型	处理条件	水样类型	pH	COD_{Cr}/(mg/L)	NH_3-N/(mg/L)
石油化工 炼油废水	270℃ 9 MPa	进口原水 处理出水 去除率/%	14.0 8.9	39 600 238.57 99.4	5.6 — 100
化学合成 制药废水	270℃ 9 MPa	进口原水 处理出水 去除率/%	12.30 8.02	22 669 462.90 98.00	1.96 — 100
农药扑草 净废水	250℃ 7 MPa	进口原水 处理出水 去除率/%	13.17 1.25	20 128 1727.20 91.42	64.92 8.28 87.25

表7-8　催化湿式氧化法处理实际工业废水[257]

废水种类	催化剂	反应条件及处理情况
造纸废水	Pt-Pd-Ce/Al_2O_3 Pt-Pd/Al_2O_3 Pd-Ce/Al_2O_3 Pt-Ce/Al_2O_3	170℃，氧气分压1.5MPa，反应3 h后，TOC的降低率在40%以上，色度去除率87%以上[258]
	Ru/TiO_2 Ru/ZrO_2	190℃，氧分压为0.81MPa，TOC降解率达到88%以上，产生大量的小分子有机酸[259]
染料废水	Al_2O_3/CuO	对于含偶氮染料X-3B的废水，该催化剂的活性较高，COD和色度去除率分别为77%和99%[260]
含碳废水	Pt/Al_2O_3	162℃，反应30 min后，葡萄糖的降解率达70%。葡萄糖首先热分解为大分子有机酸，然后有选择性地被氧化为小分子有机酸[261]
乙醇发酵废水	1% Pt/Al_2O_3、Mn/Ce、Cu/沸石	在180~250℃，氧气分压为0.5~25 MPa下，Mn/Ce和Cu/沸石催化TOC降解率高于Pt/Al_2O_3[262]

　　催化湿式氧化法对氨氮的处理也有报道。氨是一种化学肥料，是冶金工业的副产品，也是处理含氨化合物中最难降解的物质。因此NH_4^+是传统处理方法中废水处理的关键成分。Barbier[249]制备了单金属催化剂和双金属催化剂（Pt，Ru，Pd等）对苯胺进行氧化。结果表明在高温高压（150~250℃，氧分压2 MPa）下，Ru/CeO_2催化剂能去除含氮难降解有机物（苯胺），而且对分子氮的选择性

达到 90% 以上。Silva 等[255] 制备的 Mn/Ce 催化剂对氨氮的处理效果好，在 200℃、氧分压 1.5 MPa 的条件下，经过 3 h，氨氮的转化率达 63.1%。虽然催化湿式氧化提高了对有机物的降解及矿化，但是从目前的催化剂性能和效果来看，要达到将废水污染物彻底氧化分解仍然存在许多问题，比如停留时间过长，氧化后中间产物小分子有机酸更难氧化分解等。因此对高浓度难生物降解有机废水，有人提出把湿式空气氧化或催化湿式氧化只做预处理技术，首先大幅度降低废水 COD 和提高废水可生化性，然后再用后续生物法处理，这样可以弥补单纯湿式空气氧化或催化湿式氧化技术的不足[256]。

7.5.4　前景与展望

湿式催化氧化主要有以下优点：①由于反应在接近绝热状态下进行，出口温度高，停留时间短，氧化反应速度快；②装置从静止到正常运行所需时间很短；③工艺过程不受污染水组分改变的影响；④占地面积小，可产业化；⑤由于反应生成二氧化碳，无二次污染问题；⑥可回收热量；⑦处理效率高适应范围广；⑧处理后生物降解性能提高。

目前湿式催化氧化的应用存在着较大的困难：均相催化剂一般比非均相催化剂活性高，反应速度快，但流失的金属离子易引起二次污染；在非均相催化剂中，大部分情况下贵金属的催化活性高，但价格昂贵。铜系催化剂又存在溶出问题而限制了其工业化应用，制备高稳定性、高效非均相负载型催化剂，是当今湿式催化氧化研究的热点和催化湿式氧化工业应用的关键。

湿式催化氧化技术今后的发展趋势为：①湿式氧化法是处理难降解废水的重要方法，应进一步扩大应用范围，开展湿式氧化与其他处理工艺相结合的废水处理新工艺，使这一方法在环境治理中发挥更大的作用；②随着环保要求的不断提高，危险废物处理成了环境研究的热点和难点，湿式氧化技术将是一个很好的选择；③高效稳定的催化剂以及应用材料方面的研究将是限制催化湿式氧化发展的因素[263]。

7.6　双金属催化剂催化去除水中硝酸盐

随着人口的增长和经济的快速发展，人类对水资源的需求日益增加，而地球上适于饮用的淡水仅占全球水资源的 4.9%，同时又受到各种污染的冲击。因此，保护水资源，提高水质安全保障是目前全人类共同关注的问题。天然水中硝酸盐的污染，近些年来已经上升为世界各国最严重的问题之一。20 世纪 90 年代，由于过量使用天然和合成的肥料，使美国和欧洲的部分地区地下水中的 NO_3^- 浓度高达 200 mg/L[264, 265]。调查发现，我国大部分大中城市地下水也已经受到硝酸盐污染，如北京郊区地下水中 NO_3^- 浓度严重超标[266]。NO_3^- 的污染对人类健康尤其是婴幼儿的危害极大，诱发诸如婴幼儿高铁血红蛋白症以及先天性心脏功能缺陷综合征等疾病[267]；因而，世界卫生组织和美国国家环保局、欧盟及我国制定的引用水中硝态氮最高允许浓度分别为 10、11.3 及 20 mg/L[268]。

硝酸盐在水中溶解度高，化学性质稳定，可以长期在地下水中积累，传统给水处理工艺技术难以将其除去，所以地下水中的 NO_3^- 污染与防治值得我们密切关注。目前脱硝酸盐的技术有物理化学法、生物反硝化法和催化还原法。物理化学法（如离子交换法、反渗透）使硝酸盐在反应过程中只是发生了转移，浓缩在副产的废水中，仍需要进一步处理，费用较高，而且这些处理方法对于硝酸盐没有选择性；微生物法是目前最有前途的工艺，但也存在脱硝酸盐过程慢的缺点，有时反硝化过程进行的不完全，会释放大量的 NO_2^-、NO_x 和 N_2O，而且产生的大量剩余生物污泥需后处理；因此需要使用更有利于环境保护的技术。德国学者 Vorlop 等[269] 最早提出以通入的氢气为还原剂，在负载型的二元金属催化剂（如 $Pd\text{-}Cu/Al_2O_3$）的作用下，将硝酸根还原为氮气的化学催化法。催化法是在催化剂的作用下，将水中硝酸盐和亚硝酸盐催化加氢还原生成氮气，反应条件温和，反应速度快，可以将绝大部分硝酸盐氮转化为氮气，不会造成二次污染，是一种经济、没有废水产生的脱硝酸盐新技术。

7.6.1 双金属催化还原硝酸根的原理

化学催化还原硝酸根指以氢气、甲酸等为还原剂，在反应中加入适当的催化剂，以减少副产物的生成，也就是利用催化剂的催化作用将硝酸盐氮还原，反应历程如下：

$$2NO_3^- + 5H_2 \longrightarrow N_2 + 2OH^- + 4H_2O \tag{7-51}$$

$$NO_3^- + 4H_2 \longrightarrow NH_4^+ + 2OH^- + H_2O \tag{7-52}$$

Horold 等[270] 用 Pd-Cu 二元金属作催化剂，对水样中的硝酸盐氮进行了试验，结果表明：溶液 pH 为 6.5、NO_3^- 的初始浓度为 100 mg/L 时，NO_3^- 离子的转化率可达 100%，同时对氮气的选择性可达 82%，催化剂去除硝酸根的活性为3.13 mg/(min·g) 催化剂，比微生物反硝化的活性要高 30 倍。通过这种方法实现对 100 mg/L 的硝酸根离子的完全还原，而又使反应产物中的 NH_4^+ 浓度不超过排放标准（如 0.5 mg/L）是完全可能的。Batista 等[271] 也在相同条件下对不同方法制备的 Pd-Cu 双金属催化剂进行了测试，结果表明在该双金属催化剂中，如果金属 Cu 被一层 Pd 所包覆，则该反应对氮气的选择性可达到 90%。以上实验结果表明，催化反硝化法对水中硝酸盐氮有较好的去除效果，并且减轻了后续处理工艺的处理负荷。该工艺能适应不同反应条件，易于运行管理。由于上述过程可以在地下水的水质和水温条件（10℃，pH 为 6~8）下进行，并且易于自动化和操作，适于小型水处理。若以氢气为还原剂不会对被处理水产生二次污染，因此这一处理工艺受到密切关注，并被认为是最有发展前景的饮用水脱硝工艺。

7.6.2　反应动力学及反应机理

对于多相催化反应，反应物质在催化剂表面会发生扩散、吸附、物质传输和化学反应、脱附等过程，而每一步骤都可能成为速率控制步骤。因此，进一步研究化学催化还原硝酸根动力学及催化反应机理，对于研究者设计、优化优良催化剂具有深刻的理论指导意义，从而进一步提高化学催化还原硝酸根的反应活性和选择性。

有关硝酸盐催化还原的动力学研究主要集中在使用粉末状 Pd-Cu/Al$_2$O$_3$ 催化剂上。Vorlop 等[269]利用粉末状催化剂的相关理论模型提出硝酸盐催化还原的速率方程，NO$_3^-$ 与还原剂首先吸附在催化剂表面相邻的吸附位上，再发生表面反应，即符合 L-H 机理。Prusse[272]采用 Pd 基催化剂，以氢气和甲酸两种还原剂还原硝酸根，对反应机理进行了研究。作者认为催化剂表面的活性金属有两种形式：一种是双金属微晶，一种是纯 Pd 微晶，它们分布在惰性载体表面。硝酸根仅能吸附在双金属微晶表面，被还原为亚硝酸根，但生成的亚硝酸根不能在双金属催化剂表面进一步被还原，而是先脱附后再重新被单金属 Pd 微晶吸附，然后还原为低价态的含氮化合物，如图 7-52 所示。还原剂甲酸或者氢气仅能吸附在

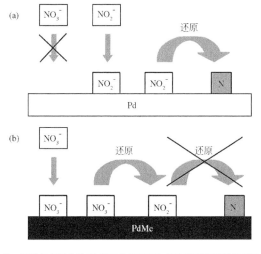

图 7-52　硝酸根在单金属 Pd 和双金属 Pd Me 催化剂表面吸附还原示意图
Me 为助催化剂；N 为还原的氮物质[272]

单金属 Pd 表面产生吸附和分解，氢气离解为活性氢原子，产生的活性氢原子一部分在单金属 Pd 表面将氮氧化物还原，另一部分转移到附近的双金属催化剂表面将硝酸根还原，如图 7-53 所示。反应的选择性是由单金属 Pd 表面吸附的含氮物种和还原剂的比例决定的，如果含氮物种和所用的还原剂比例改变，那么反应的选择性将发生变化。

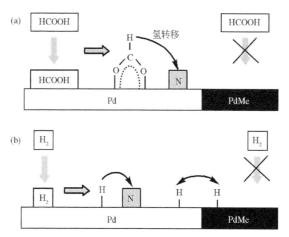

图 7-53   分别以氢气和甲酸为还原剂在 Pd 基催化剂表面还原硝酸根示意图

Me 为助催化剂；N 为还原的氮物质[272]

Pintar 等[273]采用 L-H 模型很好地描述了 NO_3^- 的加氢还原速率和反应的非竞争性，同时认为游离态氢的吸附和催化剂表面发生的不可逆双分子表面反应过程控制着整个反应的速率。在混合型反应器中观察到的反应动力学表明：中间产物 NO_2^- 的出现对反应生成 N_2 的选择性没有影响，而在反应过程中水溶液的 pH 变化与 NO_3^- 去除速度成反比。另外，一些学者依据反应过程中检测到的中间体如 NO_2^-、NO、N_2、NH_4^+ 和研究结果提出了相关的基元反应步骤。Ilinitch 等[274]认为在贵金属表面产生的 NO 是一个关键的中间产物，游离态 NO 的吸附控制了 Pd 表面上 NO 的还原，并提出了 Pd 和 Pd-Cu 催化剂加氢催化还原 NO_3^-、NO_2^- 的基元反应过程。

7.6.3   双金属催化还原硝酸根的影响因素

影响化学催化还原硝酸根的因素很多，包括催化剂的性质（载体、负载量、双金属质量比、催化剂的制备方法、负载型催化剂的用量）、水体因素（反应温度、pH）、反应条件（氢气气压或流速）及传质过程等。其中任一因素发生变化，都会影响硝酸盐的脱除速率及最终反应物的组成，即影响催化剂的活性和选择性。催化剂活性以单位质量催化剂在单位时间内脱除硝酸盐氮的量来表示；催化选择性以某一产物（通常为氮气）的产率表示。

7.6.3.1 催化剂性质的影响

催化剂的性质对催化活性和催化选择性均起到关键性作用。催化剂一般由主催化剂、助催化剂和载体组成，它们之间的组合以及不同的制备方法，最终决定了催化剂的性能。

1. 催化剂的组成及含量

主催化剂是催化剂中的活性组分。在催化还原过程中，主催化剂多为贵金属，如 Pd、Pt、Ru、Rh、Ir 等。其中金属钯最适合充当硝酸盐氮还原为氮气的催化剂[269]。Batista 等[271]的研究表明，亚硝酸盐可以强烈地吸附在金属钯的活性中心，进而被邻近吸附的氢原子还原为中间产物 NO 和 N_2O，最终生成 N_2。然而单金属负载型 Pd 或 Pt 催化剂对硝酸盐没有吸附作用，对 NO_3^- 还原表现出较低的活性和较差的选择性，因此需要添加助催化剂。助催化剂是催化剂的辅助成分，它本身一般没有活性，但可以改变主催化剂的形态和结构，因而可以改善催化性能。通常把助催化剂分为结构助催化剂（把主催化剂加以分散，增大表面积，防止晶粒生长，稳定电子结构）、电子助催化剂（改变主催化剂的电子状态，提高催化性能）、选择性助催化剂（对有害的副反应加以破坏、提高目的反应的选择性）和扩散助催化剂（增加催化剂的多孔性的物质），此外还有增界吸附助催化剂，缺陷助催化剂等。采用负载的双金属催化剂，如氧化铝负载的 Pd-Cu 催化剂，对 NO_3^- 还原时显示了很高的活性。一般认为在催化还原 NO_3^- 时，两种金属（如 Pd 和 Cu）起协同催化作用，即 Cu 将 NO_3^- 还原 NO_2^- 并形成 Cu^{2+}，Cu^{2+} 在 Pd 催化下加氢还原成 Cu。目前，负载型双金属催化剂体系中的辅助金属已经拓宽到 Au、Ag、Pb、Fe、Ni、Cu、Zn、Sn 和 In 等[275]。研究结果表明，在用浸渍法制备的催化剂中 Cu[276~279]是最佳的辅助金属，构成的双金属催化剂的活性和选择性最好；而在用共沉淀法制备的催化剂中 Sn[280]和 In[272,281]是最佳辅助金属（表 7-9），在用氢气或甲醛作还原剂时，其催化活性和选择性都超过了用浸渍法制备的 Pd、Cu 双金属催化剂（如图 7-54 所示）。Gauthard 认为 Ag 也是一种理想的辅助金属，与 Pd、Pt 构成的双金属负载型催化剂在最佳活性和选择性方面都超过了负载的 Pd-Cu 催化剂[282]。

在化学催化还原过程中二元催化剂的金属组成比例（Pd:Me）对催化剂的活性和选择性也有较大的影响。由于催化剂的载体、制备工艺不尽相同，所以二元催化剂的最佳配比也有较大的出入。目前多数学者认为 Pd-Cu 催化剂的最佳比例为 2:1[276]（如图 7-55 所示），Pd-Sn 催化剂的最佳比例为 4:1[283]，以共沉淀法制

表7-9 活性炭负载的不同双金属催化剂催化还原 NO_3^- 的起始反应速率[280]

催化剂	NO_3^- 起始浓度/ppm	pH	起始反应速率常数/ (min·g 催化剂)$^{-1}$	NH_4^+ 总的生成速率常数/ [ppm/(min·g 催化剂)]
Pd-In	99	5	0.38	0.5
	498	5	0.12	0.8
	963	5	0.07	1.8
	67	3	0.37	0.3
	538	2	0.12	1.1
Pd-Sn	98	5	0.10	0.1
	537	5.5	0.05	0.1
	122	2	0.33	0.2
	582	2.5	0.16	0.2
Pd-Cu	96	5.5	0.32	0.1
	370	5.8	0.17	0.2

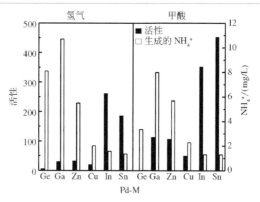

图 7-54 在 H_2 和甲酸为还原剂，不同 Pd 基双金属催化剂催化硝酸根还原活性和铵根生成浓度的变化 5% Pd，1.25%（质量分数）助催化剂，沉积沉淀法制备，反应条件：$T = 10℃$，$C_0 (NO_3^-) = 100$ mg/L，pH = 5[281]

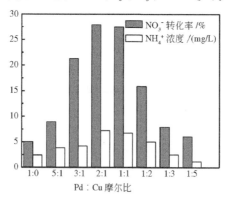

图 7-55 不同 Pd:Cu 摩尔比对 Pd-Cu/TiO₂（3%，质量分数）催化 NO_3^- 加氢还原活性的影响[276]

备的 Pd-In 催化剂的最佳比例为 6:1[281]。在二元催化剂最佳配比条件下，催化剂的活性可以高达 80% ~95%[272]。根据硝酸盐的还原机理，NO_3^- 在辅助金属的作用下还原成 NO_2^-，NO_2^- 在贵金属催化下加氢还原生成 N_2，同时辅助金属的氧化态在贵金属的催化下加氢还原形成金属单质。一般认为在载体表面辅助金属和贵金属形成合金并同时存在单独的贵金属催化活性位，有利于提高硝酸盐脱氮的活性及选择性。因此负载的贵金属的量要高于辅助金属的量。但是，Prusse 等[272]报道了利用沉积沉淀法制备了不同比例的 Pd:Sn 催化剂，当 Pd:Sn 比例为 1:1时，催化硝酸根还原活性最高（如表 7-10 所示）。

表 7-10　Pd:Sn 不同比例时对 NO_3^- 加氢还原活性、NH_4^+ 生成及 NO_2^- 最大释放量的影响[272]

Pd:Sn	活性/ [mg NO_3^-/(h·g 催化剂)]	NH_4^+ 生成/(mg/L)	亚硝酸根释放/(mg/L)
1:1	58	12.4	7.6
2:1	50	11	8.5
4:1	25	6.5	2.6
8:1	10	6.9	0.6
12:1	4	14.4	0.3

另外在 NO_3^- 加氢还原过程中，负载量对催化剂性能的影响很大。负载量过高可能导致活性金属组分粒径增大，催化效率降低；负载量过低则会导致反应的活性位减少。如不同负载量的 Pd 单金属催化剂对 NO_2^- 还原的活性和选择性差距不大，Pd 负载量为 2%（质量分数，下同）时表现出最佳的活性和选择性。而 Pd-Cu/TiO_2 负载量为 3% 时催化剂的活性和选择性最高，如图 7-56 所示[277]。对于 Pd/γ-Al_2O_3 和 Pd-Cu/γ-Al_2O_3 最佳负载量分别为 2% 和 5%。

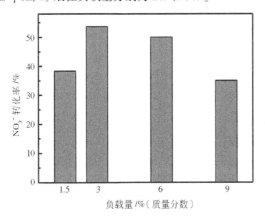

图 7-56　Pd + Cu 负载量对 Pd-Cu/TiO_2 催化 NO_3^- 加氢还原活性的影响[277]

P25，Pd:Cu = 2:1（摩尔比）

2. 催化剂的载体

催化还原硝酸根是一个多相催化过程，只有位于催化剂表面的金属原子才具备催化活性，因此增加催化剂的比表面积有利于提高其催化活性。将活性金属以很薄的一层负载于惰性物质上（氧化铝、氧化硅、沸石等）并制成一定形状的颗粒，这样既增加了活性金属的比表面积，提高了催化剂的机械强度以及耐热性，降低了催化剂成本，又使得在反应后易于实现催化剂的分离。此外载体和活性组分之间还可能发生强烈的相互作用，这种作用有时对于催化活性的影响非常大。载体的表面积和孔结构不但决定了贵金属晶粒在载体表面的分散程度，也控制着反应基质分子、中间产物或最终产物在催化剂表面的传质过程、表面迁移与反应过程以及到达金属晶粒表面的能力。因此催化剂载体自身的种类、组成、表面积、孔结构、导热性、耐热性、机械强度等对催化剂的催化活性和选择性影响很大。

目前所研究的载体大致可分成两类：无机载体和有机载体。其中无机载体如 CeO_2[284]、SnO_2[285]、浮石[286]、玻璃纤维[278]、大孔陶瓷膜[287]、水滑石[288]、活性炭[280]；有机载体有丙烯酸系树脂[289]、聚合吡咯[290]等。许多学者运用不同的材料，如 $\gamma\text{-}Al_2O_3$、SiO_2、TiO_2、ZrO_2、SnO_2、阴离子树脂、活性炭、膜等作为催化剂的载体，研究了硝酸盐的脱氮效果。研究表明，相同条件下，不同载体的单/双金属催化剂表现出来的性能差别很大，如浸渍法制得的 2% Pd 负载在 Al_2O_3、SiO_2、TiO_2 上，表现出来的活性和选择性有很大差异，其中以 $\gamma\text{-}Al_2O_3$ 为载体时催化效果最佳[291]；Yoshinaga 等[292]比较了不同的载体 $\gamma\text{-}Al_2O_3$、SiO_2、ZrO_2、活性炭对催化剂活性和选择性的影响。以活性炭为载体的催化剂对硝酸盐脱氮表现出较高的活性和选择性（分别为 97.1% 和 78.3% N_2），且几乎没有金属溶出。而以 $\gamma\text{-}Al_2O_3$、SiO_2、ZrO_2 为载体的催化剂不仅活性低于活性炭为载体的催化剂，而且在酸性条件下，金属有较明显的溶出。对于同一种载体而言，载体的晶相结构和表面性质等特性对催化剂的性能影响也很大[293]。Gao 等[277]采用液相化学还原法，分别自制 TiO_2 和 P25 TiO_2 为载体制备了负载型 PdCu 催化剂，其中以 P25 TiO_2 为载体的 PdCu 对硝酸根脱氮具有较高的活性（如图 7-57 所示），金属最佳负载量为 3%（质量分数），最佳 Pd∶Cu 为 2∶1。

3. 催化剂的制备方法

催化剂不同的制备工艺对催化剂的活性和选择性有较大影响。在相同的载体和负载量条件下，不同的制备方法得到的单/双金属催化剂的催化性能差异很大。Prusse 等[281]分别以浸渍法、共沉淀及控制表面反应法制备 Pd-Sn 催化剂，比较了催化活性和选择性，其中以控制表面反应法制备的 Pd-Sn/Al_2O_3 催化剂活性最大，而选择性较低（表 7-11）。Chollier-Brym 等[294]比较了共沉淀法和溶胶－凝

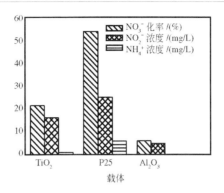

图 7-57　不同载体对 Pd-Cu 双金属催化 NO_3^- 加氢还原过程中, 硝酸根及铵根生成浓度的影响

Pd:Cu 摩尔比为 2:1, Pd + Cu = 3% (质量分数)[277]

胶法制备的催化剂, 结果表明以共沉淀法制备的催化剂活性明显低于溶胶 – 凝胶法, 而选择性相差不多。以 Al_2O_3 和 SiO_2 作为载体, 分别用沉淀/沉积法和浸渍法制备的 4 种 5% (质量分数, 下同) Pd 的负载型催化剂表现出来的活性和选择性相差悬殊, 浸渍法制备的以 5% Pd/SiO_2 的性能好, 共沉淀法制备的以 5% Pd/Al_2O_3 的性能好, 两者相比后者的活性和选择性更高[291]。最近的研究结果显示, 采用表面控制法制备的双金属催化剂, 催化剂活性和选择性优于相同条件下采用浸渍法制备的催化剂[295], 这可能和在催化剂表面有效形成合金有关。此外制备催化剂所用的前驱体不同对催化剂的活性和选择性也有一定的影响。Strukul 等[296] 分别以醋酸盐和氯化盐制备 Pd-Cu/ZrO_2 催化剂, 结果表明由醋酸盐制备的催化剂活性高于氯化盐, 而选择性较低。其原因如下, 不同的前驱体在相同的制备方法下, 由于金属离子与阴离子的结合方式不同, 从而导致所制备催化剂中金属离子的价态、形貌有一定的差别。

表 7-11　制备方法对最佳 Pd:Sn 催化 NO_3^- 还原活性的影响 [Pd 含量为 5%,

反应条件: $T = 10℃$, C_0 (NO_3^-) $= 100$ mg/L, pH = 5][281]

制备方法	Pd:Sn	活性/ [mg NO_3^-/(h·g 催化剂)]	NH_4^+ 生成/(mg/L)
湿法浸渍	4:1	70a	5.2[a]
沉积沉淀法	6:1	125	1.2
控制表面反应法 [Sn (n-butyl)₄]	6:1	350	2.2
控制表面反应法 [Sn (HCOO)₂]	12:1	204	0.9

a. pH = 6。

7.6.3.2　水质因素的影响

虽然化学催化还原硝酸根可以在地下水的水温、水质条件下进行，但地下水水质组成对二元（Pd-Cu）催化还原硝酸根的活性和选择性都有一定的影响。一些研究表明[312]，与用去离子水和硝酸盐配成的水相比，处理实际地下水时的催化还原活性和选择性都有不同程度的下降。

1. 水中阳离子的影响

Pintar 等[297]以 Pd-Cu/Al$_2$O$_3$ 为催化剂，研究了溶液中不同阳离子对硝酸盐脱氮速率的影响，结果表明速率常数按照如下顺序依次增加：K$^+$ < Na$^+$ < Ca^{2+} < Mg^{2+} < Al^{3+}，并提出水中的永久硬度对催化剂的活性和选择性没有影响；另外硝酸根的还原速率与共存阴离子的离子化势成正比，同时也表明，HCO$_3^-$ 对硝酸盐氮的还原有很大影响，这可能是由于重碳酸与硝酸盐具有类似的结构，所以会与其产生竞争吸附，降低催化剂的催化活性和选择性。Lemaignen[280]实验得出 NO$_2^-$ 和 SO$_4^{2-}$ 在 Pd-In/活性炭催化剂上的吸附常数分别为 27×10^{-3} ppm^{-1}，2×10^{-3} ppm^{-1}，而 NO$_3^-$ 的吸附常数为 12×10^{-3} ppm^{-1}。因此，水中 NO$_2^-$ 和 SO$_4^{2-}$ 与 NO$_3^-$ 存在竞争吸附作用，NO$_2^-$ 的影响更大，而 SO$_4^{2-}$ 只有浓度高时才产生明显的影响。他们的实验结果表明，当溶液 pH 为 5，NO$_3^-$ 起始浓度为 100 ppm，加入 500 ppm 的 NO$_2^-$ 或 SO$_4^{2-}$，Pd-In/活性炭催化 NO$_3^-$ 还原的起始反应速率从 0.38（min·g 催化剂）$^{-1}$ 分别降至 0.06（min·g 催化剂）$^{-1}$ 和 0.28（min·g 催化剂）$^{-1}$。考虑到 NO$_2^-$ 或 SO$_4^{2-}$ 的影响，他们将 L-H 反应方程修改为

$$r = \frac{k_S K_{NO_3^-} \cdot C_{NO_3^-}}{1 + K_{NO_3^-} \cdot C_{NO_3^-} + K_{NO_2^-} \cdot C_{NO_2^-} + K_{SO_4^{2-}} \cdot C_{SO_4^{2-}}} \qquad (7\text{-}53)$$

为了避免水中其他阳离子的影响，一些研究者[298]将离子交换工艺与化学催化相结合，装置示意图如图 7-58 所示。首先利用离子交换工艺将硝酸盐进行分离和浓缩，再利用化学催化法除去水中的硝酸盐，此种方法有效地解决了实际污水源中其他离子与硝酸盐的竞争问题，进一步推动了催化还原法的实际应用。

2. 水中的溶解氧的影响

与生物反硝化一样，催化还原法对水中的溶解氧浓度也比较敏感。一方面氧通过与硝酸盐氮争夺电子而抑制硝酸盐氮的还原；另一方面水中的溶解氧还可能导致铜等辅助金属催化剂被氧化而失活。因此在化学还原硝酸根前必须将被处理水中的溶解氧脱除。

3. 水的微生物的影响

水中的化学还原硝酸根过程还有可能受到反应器中滋生的微生物影响。这种情形在反应器的长期运行中无法避免，这些微生物大多属于兼性厌氧菌，其中的

一些自养菌能以氢气为电子给体进行生物反硝化，但可能仅进行到亚硝酸盐氮。而目前对微生物的复杂影响的认识还少。

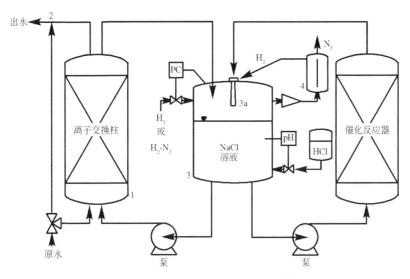

图 7-58　离子交换/催化 NO$_3^-$ 脱氮示意图[298]

1—填充离子交换树脂；2—处理过的与未处理的水的混合点；3—饱和器；3a—混合喷嘴；
4—分离器

4. 水溶液的 pH 的影响

Prusse 等[281]通过研究认为，溶液 pH 是影响硝酸盐催化还原反应活性和选择性的重要因素。从反应方程式可看出，还原的 NO$_3^-$ 数量与生成的 OH$^-$ 在化学计量上是完全相等的。而生成的 OH$^-$ 对催化剂的活性及选择性影响显著，因此反应环境的 pH 对催化剂的反应活性和选择性非常重要。在催化还原 NO$_3^-$ 成 N$_2$ 的整个反应过程中，OH$^-$ 可以看成 "自我抑制剂"。在用 H$_2$ 作还原剂还原硝酸盐的过程中，随着反应的进行，溶液的 pH 随之上升。随 pH 的升高，无论是以二元催化剂催化还原硝酸盐氮，还是以一元催化剂催化还原亚硝酸盐氮，催化活性都要大幅下降，而氨氮的产率大幅上升。原因可能是在不同的 pH 溶液中，催化剂表面吸附的物质种类不同。在酸性条件下，催化剂表面主要吸附氢，催化剂表面为还原态；而在碱性条件下，催化剂表面主要吸附氧化物（如 OH、OH$^-$ 和 O^{x-}），催化剂表面为氧化态，这些氧化物占据了催化剂的活性中心，与硝酸盐产生了竞争吸附，且 pH 越高，覆盖率越高，所以在碱性条件下硝酸盐的还原活性明显降低。如图 7-59 所示，Pd（5%）Sn（1.25%）/Al$_2$O$_3$ 催化剂的催化活性和选择性随着 pH 增大而减小，这与反应机理相符[281]。为了抑制溶液 pH 的不断上升，以氢气为还原剂的同时需要对 pH 进行缓冲，如通入 CO_2 气体。此外，Prusse 等[299] 首先提出以甲酸为还原剂，代替氢气还原硝酸盐。甲酸溶于水分解为 H_2 和 CO_2，其中 H_2 是催化反应的还原剂，而 CO_2 对水的 pH 有良好的缓冲作用，且解决了 H_2 难于储存和运输的问题。反应为

$$5HCOOH \longrightarrow 5H_2 + 5CO_2 \tag{7-54}$$

$$2NO_3^- + 5H_2 \longrightarrow N_2 + 2OH^- + 4H_2O \tag{7-55}$$

$$2CO_2 + 2OH^- \longrightarrow 2HCO_3^- \tag{7-56}$$

总反应方程式为

$$2NO_3^- + 5HCOOH \longrightarrow N_2 + 3CO_2 + 2HCO_3^- + 4H_2O \tag{7-57}$$

以 Pd（5%）Cu（1.25%）/Al_2O_3 为催化剂，以甲酸为还原剂还原硝酸盐的最佳 pH 低于用 H_2 作为还原剂时的 pH，而且随着 pH 升高，生成 NH_4^+ 的浓度下降（如表 7-12 所示）[272]。

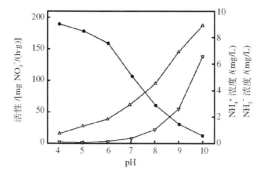

图 7-59　pH 对沉积沉淀法制备的 Pd（5%）Sn（1.25%）/Al_2O_3 催化还原硝酸根活性及
亚硝酸根和铵根离子最大释放量的影响

反应条件：$T = 10℃$，C_0（NO_3^-）= 100 mg/L，H_2 压力 1×10^5 Pa[281]

表 7-12　pH 对 H_2 或甲酸作还原剂 Pd（5%）Cu（1.25%）/Al_2O_3 催化 NO_3^-
还原活性及生成 NH_4^+ 浓度的影响[272]

pH	H_2		甲酸	
	活性/ [mg NO_3^-/(h·g)]	NH_4^+/(mg/L)	活性/ [mg NO_3^-/(h·g)]	NH_4^+/(mg/L)
5	14	2.3	36	6.5
7	57	2.0	64	4.2
9	65	3.3	46	2.3
10.5	45	6.3	10	2.0

用甲酸作还原剂时，存在由于甲酸的不完全分解而造成的二次污染问题，近年来出现许多解决这个问题的方法，比如使用能降低载体孔内物质扩散限制的载体材料（膜[296]、布纤维[300]），但这些努力都不是很有效。NaCOOH 无毒无害，作为还原剂在有机合成中常被应用，表现出良好的还原性；而且 NaCOOH 在催化剂作用下提供 H 的同时产生 CO_2，中和反应过程中产生的 OH^-，可以解决 H_2 作为还原剂时引起的溶液 pH 梯度问题，有利于提高催化活性和选择性。因此有人[301]提出以 NaCOOH 作为还原剂，进行催化还原硝酸盐的实验研究，探讨催化活性和选择性的影响因素。

最近的研究结果表明最佳 pH 可能还和所选用的载体有关[277]。如图 7-60 所示，Pd-Cu/TiO_2 的最佳 pH 为 10[277]，这与 Pd-Cu/γ-Al_2O_3 最佳 pH = 4[281]、pH = 5.2[312]相差很大。实验控制反应体系的 pH 主要是通过添加酸，通入 CO_2 气体或利用载体（如酸性树脂[289]）的表面酸性加以调控的。

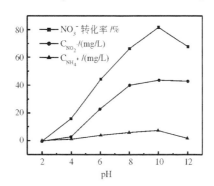

图 7-60 pH 对 Pd-Cu/TiO_2 催化 NO_3^- 还原脱氮活性及亚硝酸

根和铵根离子浓度的影响[277]

5. 水溶液温度的影响

化学催化还原硝酸根在室温即可发生反应，而地下水温一般为 5 ~ 15℃，不同的温度亦影响催化活性和选择性。Centi 等[303]将反应温度从 20 ~ 22℃降为 5 ~ 15℃，催化活性略有下降，由 98% 降为 90%，但是所生成 NH_4^+ 的量明显减少，而 NO_2^- 没有明显变化。

7.6.3.3 传质过程的影响

由于异相催化还原反应是一个表面的过程，为了保证某一表面活性点处的催化活性和选择性，必须能在该点保持适宜的 pH。也就是说，一方面应使表面反应产生的 OH^- 尽快"移走"，另一方面应采取措施使溶液内部的 H^+ 尽快"移入"。因此在催化还原硝酸根过程中，除需控制一定的酸度外，还必须使催化剂的所有活性表面与溶液内部保持良好的传质效果。目前大部分工艺使用的负载型催化剂的颗粒不仅有外部表面，而且有内部表面。显然，颗粒内表面与溶液内部的传质必定会面临一些困难。对于采用小颗粒催化剂的小型试验系统，严格控制催化剂绝大多数表面微环境中的 pH 并不难，通常通过补充酸性物质（二氧化碳、硫酸、盐酸等）及强烈的搅拌即可达到；然而在中试或生产性系统中，这一问题将会非常棘手；在更大型的系统中，较大粒径的负载型催化剂颗粒的内表面积在所有表面积中占有更高的比例，加上要在大型反应器内达到完全混合均匀并不是件容易的事，传质问题会变得更加严重，这是制约催化还原硝酸根工艺实用化的最关键的难题。

目前在改善传质方面有几种措施，一种方法是使用能降低孔里物质扩散限制的载体材料，例如使用聚乙烯醇凝胶、膜以及布等材料作为载体[304]，将微粒催化剂和胶体态催化剂填入其中，可以获得很高的催化选择性；另一种方法是使用能产生酸性位、且负载有金属组分的离子交换树脂为催化剂。膜催化剂在催化还原法中的应是利用了膜的两种性质：对催化剂活性组分的固定作用；膜对参与反应的某一相的选择通过作用。可以实现氢气和被处理水从膜的两边进入并在催化剂的活性位置产生接触，从而改善传质效果，但目前在催化选择性和活性两方面的效果还都不够理想。

现又有人提出纳米电极催化还原硝酸根法[296, 304]，即将金属或合金催化剂制成纳米颗粒，并使之分散于被处理水中。采用微粒子电极方法，使纳米金属颗粒成为微粒子阴极，通过微电解过程在表面产生氢，并通过其表面所具备的催化能力，使硝酸盐氮还原为氮气。利用膜技术实现纳米催化剂与出水分离，并利于碳材料为阳极，通过阴极氧化过程产生的二氧化碳为还原硝酸根反应就地补充酸度，并保证反应器内的还原性环境。

7.6.4 双金属催化还原技术的应用展望

目前，国内外大多数的硝酸盐催化加氢脱氮研究都是在实验室中进行，实际地下水处理仅限于规模尝试性研究，大规模运用加氢催化还原脱除硝酸盐的技术尚不成熟。在实际应用过程中仍可能存在不少问题。因此，在将来的研究中，以下两个方面应加以重视[305]：

（1）硝酸盐还原成 N_2 是一个连续的反应，反应中会生成一些毒性较高的中间产物如亚硝酸盐、铵根离子和气体 NO_x，如何设计反应器使这些中间产物不排放出来或控制在排放标准以内，是一个必须解决的问题。设计两段反应器，前段用双金属负载催化剂仅催化还原硝酸盐，后段用单金属负载催化剂来还原亚硝酸盐，完全或最大限度转化这些中间产物，可能是一个有效的解决途径。

（2）虽然地下水中常见的硫酸根、磷酸根、碳酸根和氯离子不会使其失活，但是，当水中出现硫离子时就会使催化剂中毒。地下水中永久性硬度虽然对 NO_3^- 的去除率和反应选择率影响不大，但是当地下水的 pH 较高时，$CaCO_3$、$Mg(OH)_2$ 可沉淀在催化剂表面上，使其"结垢"失活。如果处理的地下水中出现溶解的、易还原的金属盐，它们就会被还原成单质沉淀在催化剂的表面上从而改变催化剂的性质，影响催化剂的活性及选择性。因此，如何长时间保持催化剂活性和解决催化剂失活问题，也是在研究中需要加以考虑的。

参 考 文 献

[1] Gdswami D Y. A review of engineering developments of aqueous phase solar photocatalytic deoxification and disinfection processes. Journal of Solar Energy Engineering, 1997, 119: 101 – 107

[2] Hidaka H, Jou H, Nohara K, et al. Photocatalytic degradation of the hydrophobic pesticide permethrin in fluoro surfactant/TiO_2 aqueous dispersions. Chemosphere, 1992, 25: 1589 – 1597

[3] Hidaka H, Zhao J, Satoh Y, et al. Photodegradation of surfactants. Part XII: Photocatalyzed mineralization of phosphorus-containing surfactants at TiO_2/H_2O interfaces. J. Mol. Catal., 1994, 88: 239 – 248

[4] Hidaka H, Nohara K, Ooishi K, et al. Photodegradation of surfactants. XV: Formation of SO_4^{2-} ions in the photooxidation of sulfur-containing surfactants. Chemosphere, 1994, 29: 2619 – 2624

[5] Matthews R W. Purification of water with near-u. v. illuminated suspensions of titanium dioxide. Water Res., 1990, 24: 653 – 660

[6] Hidaka H, Asai Y, Zhao J, et al. Photoelectrochemical decomposition of surfactants on a TiO_2/TCO particulate film electrode assembly. J. Phys. Chem., 1995, 99: 8244 – 8248

[7] 刘淼，董德明，张白羽. 光催化法处理含铬（VI）废液. 吉林大学自然科学学报，1998，2：99 – 101

[8] Serpone N, Borgarello E, Barbeni M, et al. Photochemical reduction of gold (III) on semiconductor dispersions of TiO_2 in the presence of CN^- ions: disposal of CN^- by treatment with hydrogen peroxide. J. Photochem., 1987, 36: 373 – 388

[9] Marco A, Esplugas S, Saum G. How and why combine chemical and biological processes for wastewater treatment. Water Sci. Technol., 1997, 35: 321 – 327

[10] Parra S, Malato S, Pulgarin C. New integrated photocatalytic-biological flow system using supported TiO_2 and fixed bacteria for the mineralization of isoproturon. Appl. Catal. B, 2002, 36: 131 – 144

[11] Chan C Y, Tao S, Dawson R, et al. Treatment of atrazine by integrating photocatalytic and biological processes. Environ. Pollut., 2004, 131: 45 – 54

[12] Hu C, Wang Y. Decolorization and biodegradability of photocatalytic treated azo dyes and wool textile wastewater. Chemosphere, 1999, 39: 2107 – 2115

[13] Wolfe R L. Ultraviolet disinfection of potable water. Environ. Sci. Technol., 1990, 24: 768 - 773

[14] Zhou H, Smith D W. Evaluation of parameter estimation methods for ozone disinfection kinetics. Water Res., 1995, 29: 679 - 686

[15] Matsunaga T, Tomada R, Nakajima T, et al. Photoelectrochemical sterilization of microbial cells by semiconductor powders. FEMS Microbiol. Lett., 1985, 29: 211 - 214

[16] Koizumi Y, Taya M. Kinetic evaluation of biocidal activity of titanium dioxide against phage MS2 considering interaction between the phage and photocatalyst particles. Biochem. Eng. J, 2002, 12: 107 - 116

[17] Lee J H, Kang M, Choung S J, et al. The preparation of TiO₂ nanometer photocatalyst film by a hydrothermal method and its sterilization performance for Giardia lamblia. Water Res., 2004, 38: 713 - 719

[18] Bekbolet M, Araz C V. Inactivation of Escherichia coli by photocatalytic oxidation. Chemosphere, 1996, 32: 959 - 965

[19] Huang Z, Maness P-C, Blake D M, et al. Bactericidal mode of titanium dioxide photocatalysis. J. Photochem. Photobiol., A, 2000, 130: 163 - 170

[20] Sunada K, Watanabe T, Hashimoto K. Studies on photokilling of bacteria on TiO₂ thin film. J. Photochem. Photobiol., A, 2003, 156: 227 - 233

[21] Dunlop P S M, Byrne J A, Manga N, et al. The photocatalytic removal of bacterial pollutants from drinking water. J. Photochem. Photobiol., A, 2002, 148: 355 - 363

[22] Tao H, Wei W, Zhang S. Photocatalytic inhibitory effect of immobilized TiO₂ semiconductor on the growth of Escherichia coli studied by acoustic wave impedance analysis. J. Photochem. Photobiol., A, 2004, 161: 193 - 199

[23] Kim B, Kim D, Cho D, et al. Bactericidal effect of TiO₂ photocatalyst on selected food-borne pathogenic bacteria. Chemosphere, 2003, 52: 277 - 281

[24] Stevenson M, Bullock K, Lin W Y. Sonolytic enhancement of the bactericidal activity of irradiated titanium dioxide suspensions in water. Res. Chem. Intermed., 1997, 23: 311 - 323

[25] Cai R, Hashimoto K, Kubota Y. Inrement of photocatlaytic killing of cancer cells using TiO₂ with the aid of superoxide dismutase. Chem. Lett., 1992, 427 - 430

[26] Huang N, Xu M, Yuan C, et al. The study of the photokilling effect and mechanism of ultrafine TiO₂ particles on U937 cells. J. Photochem. Photobiol., A, 1997, 108: 229 - 233

[27] Wei C, Lin W, Zainal A. Bactericidal activity of TiO₂ photocatalyst in aqueous media: Toward a solar assisted water disinfection system. Environ. Sci. Technol., 1994, 28: 934 - 938

[28] Sjogren J C, Sierka R A. Inactivation of phage MS2 by iron aided titanium dioxide photocatalysis. Appl. Environ. Microbiol., 1994, 60: 344 - 347

[29] Otaki M, Hirata T, Ohgaki S. Aqueous microorganisms inactivation by photocatalytic reaction. Water Sci. Technol., 2000, 42: 103 - 108

[30] Sichel C, Cara M, Tello J, et al. Solar photocatalytic disinfection of agricultural pathogenic fungi: Fusarium species. Appl. Catal. B, 2007, 74: 152 - 160

[31] Fujishima A, Honda K. Electrochemical photolysis of water at a semiconductor electrode. Nature, 1972, 238: 37 – 38

[32] Linsebigler A L, Lu G, Yates J T. Photocatalysis on TiO$_2$ surfaces. Principles, mechanisms, and selected results. Chem. Rev., 1995, 95: 735 – 758

[33] Li Q, Xie R, Li Y W, et al. Enhanced visible-light-induced photocatalytic disinfection of *E. coli* by carbon-sensitized nitrogen-doped titanium oxide. Environ. Sci. Technol., 2007, 41: 5050 – 5056

[34] Yu J C, Ho W, Yu J, et al. Efficient visible-light-induced photocatalytic disinfection on sulfur-doped nanocrystalline titania. Environ. Sci. Technol., 2005, 39: 1175 – 1179

[35] Lan Y, Hu C, Hu X, et al. Efficient destruction of pathogenic bacteria with AgBr/TiO$_2$ under visible light irradiation. Appl. Catal. B, 2007, 73: 354 – 360

[36] Hu C, Lan Y, Qu J, et al. Ag/AgBr/TiO$_2$ visible light photocatalyst for destruction of azodyes and bacteria. J. Phys. Chem. B, 2006, 110: 4066 – 4072

[37] Hu C, Guo J, Qu J, et al. Photocatalytic degradation of pathogenic bacteria with AgI/TiO$_2$ under visible light irradiation. Langmuir, 2007, 23: 4982 – 4987

[38] Hu C, Hu X, Wang L, et al. Visible-light-induced photocatalytic degradation of azodyes in aqueous AgI/TiO$_2$ dispersion. Environ. Sci. Technol., 2006, 40: 7903 – 7907

[39] Legrini O, Oliveros E, Braun A M. Photochemical processes for water treatment. Chem. Rev., 1993, 93: 671 – 698

[40] Kuo D H, Tzeng K H. Growth and properties of titania and aluminum titanate thin films obtained by r. f. magnetron sputtering. Thin. Solid. Films, 2002, 420-421: 497 – 502

[41] Buck E C, Brown N R, Dietz N L. Contaminant uranium phases and leaching at the fernald site in ohio. Environ. Sci. Technol., 1996, 30: 81 – 88

[42] Matthews R W. Photooxidative degradation of coloured organics in water using supported catalysts TiO$_2$ on sand. Water Res., 1991, 25: 1169 – 1176

[43] Zhang Y, Crittenden J C, Hand D W, et al. Fixed-bed photocatalysts for solar decontamination of water. Environ. Sci. Technol., 1994, 28: 435 – 442

[44] Naskar S, Arumugom Pillay S, Chanda M. Photocatalytic degradation of organic dyes in aqueous solution with TiO$_2$ nanoparticles immobilized on foamed polyethylene sheet. J. Photochem. Photobiol. A, 1998, 113: 257 – 264

[45] Peill N J, Hoffmann M R. Mathematical model of a photocatalytic fiber-optic cable reactor for heterogeneous photocatalysis. Environ. Sci. Technol., 1998, 32: 398 – 404

[46] 林少华. 太阳能固定膜光催化氧化去除饮用水中污染物研究: [博士论文]. 上海: 同济大学, 2007

[47] Nakano K, Obuchi E, Takagi S, et al. Photocatalytic treatment of water containing dinitrophenol and city water over TiO$_2$/SiO$_2$. Sep. Purif. Technol., 2004, 34: 67 – 72

[48] Robert D, Piscopo A, Heintz O, et al. Photocatalytic detoxification with TiO$_2$ supported on glass-fibre by using artificial and natural light. Catal. Today, 1999, 54: 291 – 296

[49] Feitz A J, Boyden B H, Waite T D. Evaluation of two solar pilot scale fixed-bed photocatalytic reactors. Water Res., 2000, 34: 3927 – 3932

[50] Nogueira R F P, Jardim W F. TiO_2-fixed-bed reactor for water decontamination using solar light. Solar Energy, 1996, 56: 471 – 477

[51] Bekbolet M, Lindner M, Weichgrebe D, et al. Photocatalytic detoxification with the thin-film fixed-bed reactor (TFFBR): Clean-up of highly polluted landfill effluents using a novel TiO_2-photocatalyst. Solar Energy, 1996, 56: 455 – 469

[52] Goslich R, Dillert R, Bahnemann D. Solar water treatment: Principles and reactors. Water Sci. Technol., 1997, 35: 137 – 148

[53] McLoughlin O A, Kehoe S C, McGuigan K G, et al. Solar disinfection of conta minated water: a comparison of three small-scale reactors. Solar Energy, 2004, 77: 657 – 664

[54] Guillard C, Disdier J, Monnet C, et al. Solar efficiency of a new deposited titania photocatalyst: chlorophenol, pesticide and dye removal applications. Appl. Catal. B, 2003, 46: 319 – 332

[55] Chun H, Wang Y Z, Tang H X. Preparation and characterization of surface bond-conjugated TiO_2/SiO_2 and photocatalysis for azo dyes. Appl. Catal. B, 2001, 30: 277 – 285

[56] Hu C, Tang Y C, Yu J C, et al. Photocatalytic degradation of cationic blue X-GRL adsorbed on TiO_2/SiO_2 photocatalyst. Appl. Catal. B, 2003, 40: 131 – 140

[57] Leng W H, Liu H, Cheng S A, et al. Kinetics of photocatalytic degradation of aniline in water over TiO_2 supported on porous nickel. J. Photochem. Photobiol. A, 2000, 131: 125 – 132

[58] Beydoun D, Amal R, Low G K, et al. Novel photocatalyst: Titania-coated magnetite activity and photodissolution. J. Phys. Chem. B, 2000, 104: 4387 – 4396

[59] Shchukin D G, Caruso R A. Template synthesis and photocatalytic properties of porous metal oxide spheres formed by nanoparticle infiltration. Chem. Mater., 2004, 16: 2287 – 2292

[60] Shchukin D G, Schattka J H, Antonietti M, et al. Photocatalytic properties of porous metal oxide networks formed by nanoparticle infiltration in a polymer gel template. J. Phys. Chem. B, 2003, 107: 952 – 957

[61] Schattka J H, Shchukin D G, Jia J, et al. Photocatalytic activities of porous titania and titania/zirconia structures formed by using a polymer gel templating technique. 2002, 14: 5103 – 5108

[62] Fenton H J H. Oxidation of tartaric acid in the presence of iron. J. Chem. Soc., 1894, 65: 899 – 901

[63] Sires I, Garrido J A, Rodriguez R M, et al. Catalytic behavior of the Fe^{3+}/Fe^{2+} system in the electro-Fenton degradation of the antimicrobial chlorophene. Appl. Catal. B, 2007, 72: 382 – 394

[64] Walling C. Fenton's reagent revisited. Acc. Chem. Res., 1975, 8: 125 – 131

[65] Goldstein S, Meyerstein D. Comments on the mechanism of the "Fenton-like" reaction. Acc. Chem. Res., 1999, 32: 547 – 550

[66] Walling C. Intermediates in the reactions of Fenton type reagents. Acc. Chem. Res., 1998,

31: 155 - 157

[67] Gogate P R, Pandit A B. A review of imperative technologies for wastewater treatment I: oxidation technologies at ambient conditions. Adv. Environ. Res., 2004, 8: 501 - 551

[68] 张国卿, 王罗春, 徐高田等. Fenton 试剂在处理难降解有机废水中的应用. 工业安全与环保, 2004, 30: 17 - 19

[69] 张玲玲, 李亚峰, 孙明等. Fenton 氧化法处理废水的机理及应用. 辽宁化工, 2004, 33: 734 - 737

[70] 张乃东, 郑威. Fenton 法在水处理中的发展趋势. 化工进展, 2001, 21: 1 - 3

[71] Martinez F, Calleja G, Melero J A, et al. Heterogeneous photo-Fenton degradation of phenolic aqueous solutions over iron-containing SBA-15 catalyst. Appl. Catal. B, 2005, 60: 181 - 190

[72] Ma J H, Ma W H, Song W J, et al. Fenton degradation of organic pollutants in the presence of low-molecular-weight organic acids: cooperative effect of quinone and visible light. Environ. Sci. Technol., 2006, 40: 618 - 624

[73] Kang S F, Liao C H, Hung H P. Peroxidation treatment of dye manufacturing wastewater in the presence of ultraviolet light and ferrous ions. J. Hazard. Mater., 1999, B65: 317 - 333

[74] Ormad M P, Mosteo R, Ibarz C, et al. Multivariate approach to the photo-Fenton process applied to the degradation of winery wastewaters. Appl. Catal. B, 2006, 66: 58 - 63

[75] 刘英艳, 刘勇弟. Fenton 氧化法的类型及特点. 净水技术, 2005, 24: 51 - 54

[76] Xie Y D, Chen F, He J J, et al. Photoassisted degradation of dyes in the presence of Fe^{3+} and H_2O_2 under visible irradiation. J. Photochem. Photobiol. A, 2000, 136: 235 - 240

[77] 黄应平, 刘德富, 张水英等. 可见光/Fenton 光催化降解有机染料. 高等学校化学学报, 2005, 26: 2273 - 2278

[78] 谢银德, 陈锋, 何建军等. Photo-Fenton 反应研究进展. 感光科学与光化学, 2000, 18: 357 - 365

[79] 刘琼玉, 李太友, 李华禄等. 太阳光助 Fenton 体系氧化降解苯酚废水的研究. 重庆环境科学, 2003, 25: 23 - 32

[80] Fernandez J, Maruthamuthu P, Kiwi J. Photobleaching and mineralization of orange II by oxone and metal-ions involving Fenton-like chemistry under visible light. J. Photochem. Photobiol. A, 2004, 161: 185 - 192

[81] Qiang Z M, Chang J H, Huang C P. Electrochemical regeneration of Fe^{2+} in Fenton oxidation processes. Water Res., 2003, 37: 1308 - 1319

[82] Irmak S, Yavuz H I, Erbatur O. Degradation of 4-chloro-2-methylphenol in aqueous solution by electro-Fenton and photoelectro-Fenton processes. Appl. Catal. B, 2006, 63: 243 - 248

[83] 阳卫军, 郭灿城. 金属卟啉化合物及其对烷烃的仿生催化氧化. 应用化学, 2004, 21: 541 - 545

[84] Sorokin A, Seris J L, Meunier B. Efficient oxidative dechlorination and aromatic ring cleavage of chlorinated phenols catalyzed by iron sulfophalocyanine. Science, 1995, 268: 1163 - 1166

[85] Tao X, Ma W, Zhang T Y, et al. Efficient photooxidative degradation of organic compounds in

the presence of iron tetrasulfophthalocyanine under visible light irradiation. Angew. Chem. Int. Ed., 2001, 40: 3014 – 3016

[86] Tao X, Ma W, Zhang T Y, et al. A novel approach for the oxidative degradation of organic pollutants in aqueous solutions mediated by iron tetrasulfophthalocyanine under visible light radiation. Chem. Eur. J., 2002, 8: 1321 – 1326

[87] Huang Y P, Ma W H, Li J, et al. A novel β-CD-hemin complex photocatalyst for efficient degradation of organic pollutants at neutral pHs under visible irradiation. J. Phys. Chem. B, 2003, 107: 9409 – 9414

[88] Collins T J. Designing ligands for oxidizing complexes. Acc. Chem. Res., 1994, 27: 279 – 285

[89] Collins T J. TAML oxidant activators: a new approach to the activation of hydrogen peroxide for environmentally significant problems. Acc. Chem. Res., 2002, 35: 782 – 790

[90] 马万红, 籍宏伟, 李静等. 活化 H_2O_2 和分子氧的光催化氧化反应. 科学通报, 2004, 49: 1821 – 1829

[91] Bremner D H, Burgess A E, Houllemare D, et al. Phenol degradation using hydroxyl radicals generated from zero-valent iron and hydrogen peroxide. Appl. Catal. B, 2006, 63: 15 – 19

[92] 魏国, 张昱, 杨敏等. 光助非均相 Fenton 体系用于活性艳红 X-3B 脱色的研究. 环境污染治理技术与设备, 2005, 6: 7 – 11

[93] Tang W Z, Chen R Z. Decolorization kinetics and mechanisms of commercial dyes by H_2O_2/iron powder system. Chemosphere, 1996, 32: 947 – 958

[94] 张乃东, 郑威, 彭永臻. 铁屑-Fenton 法处理焦化含酚废水的研究. 哈尔滨建筑大学学报, 2002, 35: 57 – 60

[95] 张其春, 卢渊, 薄和秋等. 镀铜铁屑——Fenton 氧化反应的一种新催化剂. 成都理工大学学报 (自然科学版), 2004, 31: 436 – 440

[96] Neamtu M, Yediler A, Siminiceanu I, et al. Oxidation of commercial reactive azo dye aqueous solutions by the photo-Fenton and Fenton-like processes. J. Photochem. Photobiol. A, 2003, 161: 87 – 93

[97] Kusic H, Koprivanac N, Srsan L. Azo dye degradation using Fenton type processes assisted by UV irradiation: a kinetic study. J. Photochem. Photobiol. A, 2006, 181: 195 – 202

[98] Rathi A, Rajor H K, Sharma R K. Photodegradation of direct yellow-12 using UV/H_2O_2/Fe^{2+}. J. Hazar. Mater., 2003, 102: 231 – 241

[99] Neamtu M, Yediler A, Siminiceanu I, et al. Decolorization of disperse red 354 azo dye in water by several oxidation processes-a comparative study. Dyes and Pigments, 2004, 60: 61 – 68

[100] Doong R A, Chang W H. Photodegradation of parathion in aqueous titanium dioxide and zero valent iron solutions in the presence of hydrogen peroxide. J. Photochem. Photobiol. A, 1998, 116: 221 – 228

[101] Tyre B W, Watts R J, Miller G C. Treatment of four biorefractory contaminants in soils using catalyzed hydrogen peroxide. J. Environ. Qual., 1991, 20: 832 – 838

[102] Huang H H, Lu M C, Chen J N. Catalytic decomposition of hydrogen peroxide and 2-chloro-

phenol with iron oxides. Water Res. , 2001, 35: 2291 – 2299

[103] Lu M C, Chen J N, Huang H H. Role of goethite dissolution in the oxidation of 2-chlorophenol with hydrogen peroxide. Chemosphere, 2002, 46: 131 – 136

[104] Lu M C. Oxidation of chlorophenols with hydrogen peroxide in the presence of goethite. Chemosphere, 2000, 40: 125 – 130

[105] Kwan W P, Voelker B M. Rates of hydroxyl radical generation and organic compound oxidation in mineral-catalyzed Fenton-like systems. Environ. Sci. Technol. , 2003, 37: 1150 – 1158

[106] 吴大清, 刁桂仪, 袁鹏. 氧化铁矿物催化分解苯酚的动力学速率及其反应产物研究. 矿物岩石地球化学通报, 2006, 25: 293 – 298

[107] 吴大清, 刁桂仪, 袁鹏. 针铁矿纤铁矿催化降解苯酚动力学速率及其反应产物研究. 生态环境, 2006, 15: 714 – 719

[108] Kong S H, Watts R J, Choi J H. Treatment of petroleum-contaminated soils using iron mineral catalyzed hydrogen peroxide. Chemosphere, 1998, 37: 1473 – 1482

[109] Stumm W, Morgan J. Aquatic surface chemistry: chemical processes at the particle-water interface. New York: Wiley-Interscience, 1987

[110] Stumm W, Morgan J. Aquatic chemistry. New York: Wiley-Interscience, 1996

[111] Lin S S, Gurol M D. Catalytic decomposition of hydrogen peroxide on iron oxide: kinetics, mechanism, and implications. Environ. Sci. Technol. , 1998, 32: 1417 – 1423

[112] Andreozzi R, Caprio V, Marotta R. Oxidation of 3, 4-dihydroxybenzoic acid by means of hydrogen peroxide in aqueous goethite slurry. Water Res. , 2002, 36: 2761 – 2768

[113] He J, Ma W H, He J J, et al. Photooxidation of azo dye in aqueous dispersions of H_2O_2/α-FeOOH. Appl. Catal. B, 2002, 39: 211 – 220

[114] He J, Ma W H, Song W J, et al. Photoreaction of aromatic compounds at α-FeOOH/H_2O interface in the presence of H_2O_2: evidence for organic-goethite surface complex formation. Water Res. , 2005, 39: 119 – 128

[115] Costa R C C, Lelis M F F, Oliveria L C A, et al. Novel active heterogeneous Fenton system based on $Fe_{3-x}M_xO_4$ (Fe, Co, Mn, Ni): the role of M^{2+} species on the reactivity towards H_2O_2 reactions. J. Hazar. Mater. , 2006, 129: 171 – 178

[116] Lelis M F F, Porto A O, Goncalves C M, et al. Cation occupancy sites in synthetic Co-doped magnetites as determined with X-ray absorption (XAS) and Mossbauer spectroscopies. J. Magn. Magn. Mater. , 2004, 278: 263 – 269

[117] Costa R C C, Lelis M F F, Oliveria L C A, et al. Remarkable effect of Co and Mn on the activity of $Fe_{3-x}M_xO_4$ promoted oxidation of organic contaminants in aqueous medium with H_2O_2. Catal. Commun. , 2003, 4: 525 – 529

[118] Baldrian P, Merhautova V, Gabriel J, et al. Decolorization of synthetic dyes by hydrogen peroxide with heterogeneous catalysis by mixed iron oxides. Appl. Catal. B, 2006, 66: 258 – 264

[119] Moura F C C, Araujo M H, Costa R C C, et al. Efficient use of Fe metal as an electron transfer agent in a heterogeneous Fenton system based on Fe^0/Fe_3O_4 composites. Chemosphere,

2005, 60: 1118 - 1123

[120] Moura F C C, Oliveira G C, Araujo M H, et al. Highly reactive species formed by interface reaction between Fe^0-iron oxides particles: an efficient electron transfer system for environmental applications. Appl. Catal. B, 2006, 307: 195 - 204

[121] Lu L R, Ai Z H, Li J P, et al. Synthesis and characterization of $Fe@Fe_2O_3$ core-shell nanowires and nanonecklaces. Cryst. Growth Des., 2007, 7: 459 - 464

[122] Ai Z H, Lu L R, Li J P, et al. $Fe@Fe_2O_3$ core-shell nanowires as iron reagent. 1. efficient degradation of rhodamine B by a novel sono-Fenton process. J. Phys. Chem. C, 2007, 111: 4087 - 4093

[123] Ai Z H, Lu L R, Li J P, et al. $Fe@Fe_2O_3$ core-shell nanowires as the iron reagent. 2. an efficient and reusable sono-Fenton system working at neutral pH. J. Phys. Chem. C, 2007, 111: 7430 - 7436

[124] Campestrini S, Meunier B. Olefin epoxidation and alkane hydroxylation catalyzed by robust sulfonated manganese and iron porphyrins supported on cationic ion-exchange resins. Inorg. Chem., 1992, 31: 1999 - 2006

[125] Ma W H, Huang Y P, Li J, et al. An efficient approach for the photodegradation of organic pollutants by immobilized iron ions at neutral pHs. Chem. Commun., 2003, 13: 1582 - 1583

[126] Parra S, Guasaquillo I, Enea O, et al. Abatement of an azo dye on structured C-Nafion/Fe-ion surfaces by photo-Fenton reactions leading to carboxylate intermediates with a remarkable biodegradability increase of the treated solution. J. Phys. Chem. B, 2003, 107: 7026 - 7035

[127] Cheng M M, Ma W H, Li J, et al. Visible-light-assisted degradation of dye pollutants over Fe (III)-loaded resin in the presence of H_2O_2 at neutral pH values. Environ. Sci. Technol., 2004, 38: 1569 - 1575

[128] Feng J Y, Hu X J, Yue P L. Degradation of salicylic acid by photo-assisted Fenton reaction using Fe ions on strongly acidic ion exchange resin as catalyst. Chem. Eng. J., 2004, 100: 159 - 165

[129] Lv X J, Xu Y M, Lv K L, et al. Photo-assisted degradation of anionic and cationic dyes over iron (III)-loaded resin in the presence of hydrogen peroxide. J. Photochem. Photobiol. A, 2005, 173: 121 - 127

[130] Evans N A, Milligan B, Montgomery K C. Collagen crosslinking: new binding sites for mineral tannage. J. Am. Leath. Chem. Assoc., 1987, 82: 86 - 95

[131] Tang R, Liao X P, Liu X, et al. Collagen fiber immobilized Fe(III): a novel catalyst for photo-assisted degradation of dyes. Chem. Commun., 2005, 47: 5882 - 5884

[132] Neamu M, Zaharia C, Catrinescu C, et al. Fe-exchanged Y zeolite as catalyst for wet peroxide oxidation of reactive azo dye procion marine H-EXL. Appl. Catal. B: Environ., 2004, 48: 287 - 294

[133] Noorjahan M, Kumari V D, Subrahmanyam M, et al. Immobilized Fe(III)-HY: an efficient and stable photo-Fenton catalyst. Appl. Catal. B, 2005, 57: 291 - 298

[134] 郑展望, 雷乐成, 邵振华等. UV/Fenton 反应体系 Fe^{2+} 固定化技术及催化反应工艺研究. 高校化学工程学报, 2004, 18: 739 - 744

[135] He F, Shen X Y, Lei L C. Photochemically enhanced degradation of phenol using heterogeneous Fenton-type catalysts. J. Environ. Sci., 2003, 15: 351 - 355

[136] 何莼, 奚红霞, 张娇等. 沸石和活性炭为载体的 Fe^{3+} 和 Cu^{2+} 型催化剂催化氧化苯酚的比较. 离子交换与吸附, 2003, 19: 289 - 296

[137] Fernandez J, Dhananjeyan M R, Kiwi J, et al. Evidence for Fenton photoassisted processes mediated by encapsulated Fe ions at biocompatible pH values. J. Phys. Chem. B, 2000, 104: 5298 - 5301

[138] Hu X J, Lam F L Y, Cheung L M, et al. Copper/MCM-41 as catalyst for photochemically enhanced oxidation of phenol by hydrogen peroxide. Catal. Today, 2001, 68: 129 - 133

[139] Yip A C K, Lam F L Y, Hu X J. A novel heterogeneous acid-activated clay supported copper catalyst for the photobleaching and degradation of textile organic pollutant using photo-Fenton-like reaction. Chem. Commun., 2005, 25: 3218 - 3220

[140] Fernandez J, Bandara J, Lopez A, et al. Efficient photo-assisted Fenton catalysis mediated by Fe ions on Nafion membranes active in the abatement of non-biodegradable azo-dye. Chem. Commun., 1998, 14: 1493 - 1494

[141] Fernandez J, Bandara J, Lopez A, et al. Photoassisted Fenton degradation of nonbiodegradable azo dye (orange II) in Fe-free solutions mediated by cation transfer membranes. Langmuir, 1999, 15: 185 - 192

[142] Sabhi S, Kiwi J. Degradation of 2, 4-dichlorophenol by immobilized iron catalysts. Water Res., 2001, 35: 1994 - 2002

[143] Dhananjeyan M R, Kiwi J, Albers P, et al. Photo-assisted immobilized Fenton degradation up to pH 8 of azo dye orange II mediated by Fe^{3+}/Nafion/glass fibers. Helv. Chim. Acta, 2001, 84: 3433 - 3445

[144] Gumy D, Fernandez-Ibanez P, Malato S, et al. Supported Fe/C and Fe/Nafion/C catalysts for the photo-Fenton degradation of orange II under solar irradiation. Catal. Today, 2005, 101: 375 - 382

[145] Dhananjeyan M R, Kiwi J, Thampi K R. Photocatalytic performance of TiO_2 and Fe_2O_3 immobilized on derivatized polymer films for mineralisation of pollutants. Chem. Commun., 2000, 15: 1443 - 1444

[146] Dhananjeyan M R, Mielczarski E, Thampi K R, et al. Photodynamics and surface characterization of TiO_2 and Fe_2O_3 photocatalysts immobilized on modified polyethylene films. J. Phys. Chem. B, 2001, 105: 12 046 - 12 055

[147] Bozzi A, Yuranova T, Mielczarski J, et al. Abatement of oxalates catalyzed by Fe-silica structured surfaces via cyclic carboxylate intermediates in photo-Fenton reactions. Chem. Commun., 2002, 19: 2202 - 2203

[148] Bozzi A, Yuranova T, Mielczarski E, et al. Superior biodegradability mediated by immobi-

lized Fe-fabrics of waste waters compared to Fenton homogeneous reactions. Appl. Catal. B, 2003, 42: 289 – 303

[149] Yuranova T, Enea O, Mielczarski E, et al. Fenton immobilized photo-assisted catalysis through a Fe/C structured fabric. Appl. Catal. B, 2004, 49: 39 – 50

[150] Liou R M, Chen S H, Hung M Y, et al. Fe (III) supported on resin as effective catalyst for the heterogeneous oxidation of phenol in aqueous solution. Chemosphere, 2005, 59: 117 – 125

[151] Wang D Y, Liu Z Q, Liu F Q, et al. Fe_2O_3/macroporous resin nanocomposites: some novel highly efficient catalysts for hydroxylation of phenol with H_2O_2. Appl. Catal. A, 1998, 174: 25 – 32

[152] Fan H J, Chen I W, Lee M H, et al. Using $FeGAC/H_2O_2$ process for landfill leachate treatment. Chemosphere, 2007, 67: 1647 – 1652

[153] Martinez F, Calleja G, Melero J A, et al. Iron species incorporated over different silica supports for the heterogeneous photo-Fenton oxidation of phenol. Appl. Catal. B, 2007, 70: 452 – 460

[154] Wang J, Park J N, Jeong H C, et al. Cu^{2+}-exchanged zeolites as catalysts for phenol hydroxylation with hydrogen peroxide. Energy Fuels, 2004, 18: 470 – 476

[155] Kim J K, Metcalfe I S. Investigation of the generation of hydroxyl radicals and their oxidative role in the presence of heterogeneous copper catalysts. Chemosphere, 2007, 69: 689 – 696

[156] Lim H, Lee J, Jin S, et al. Highly active heterogeneous Fenton catalyst using iron oxide nanoparticles immobilized in alumina coated mesoporous silica. Chem. Commun., 2006, 4: 463 – 465

[157] 郑展望, 雷乐成, 张珍等. 非均相 UV/Fe-Cu-Mn-Y/H_2O_2 反应催化降解 4BS 染料废水. 环境科学学报, 2004, 24: 1032 – 1038

[158] 郑展望, 雷乐成, 徐生娟等. Heterogeneous UV/Fenton catalytic degradation of wastewater containing phenol with Fe-Cu-Mn-Y catalyst. 浙江大学学报 (英文版), 2004, 5: 206 – 211

[159] Parra S, Nadtotechenko V, Albers P, et al. Discoloration of azo-dyes at biocompatible pH-values through an Fe-histidine complex immobilized on Nafion via Fenton-like processes. J. Phys. Chem. B, 2004, 108: 4439 – 4448

[160] Ruda T A, Dutta P K. Fenton chemistry of Fe^{III}-exchanged zeolitic minerals treated with antioxidants. Environ. Sci. Technol., 2005, 39: 6147 – 6152

[161] Muthuvel I, Swaminathan M. Photoassisted Fenton mineralisation of acid violet 7 by heterogeneous Fe(III) -Al_2O_3 catalyst. Catal. Commun., 2007, 8: 981 – 986

[162] Kwan C Y, Chu W. Effect of ferrioxalate-exchanged resin on the removal of 2, 4-D by a photocatalytic process. J. Mol. Catal. A: Chem., 2006, 255: 236 – 242

[163] 韦朝海, 陈传好, 王刚等. Fenton 试剂催化氧化降解含硝基苯废水的特性. 环境科学, 2001, 22: 60 – 64

[164] Noyori R, Aoki M, Sato K. Green oxidation with aqueous hydrogen peroxide. Chem. Commun., 2003, 16: 1977 – 1986

[165] Lei P X, Chen C C, Yang J, et al. Degradation of dye pollutants by immobilized polyoxometalate with H_2O_2 under visible-light irradiation. Environ. Sci. Technol., 2005, 39: 8466 – 8474

[166] Chen C C, Wang Q, Lei P X, et al. Photodegradation of dye pollutants catalyzed by porous $K_3PW_{12}O_{40}$ under visible irradiation. Environ. Sci. Technol., 2006, 40: 3965 – 3970

[167] Meunier B. Metalloporphyrins as versatile catalysts for oxidation reactions and oxidative DNA cleavage. Chem. Rev., 1992, 92: 1411 – 1456

[168] 王荣民, 冯辉霞, 何玉风等. 分子筛基类卟啉金属络合物模拟生物氧化催化作用. 精细石油化工, 2000, 2: 48 – 51

[169] 郭灿城, 刘晓宇, 杨明生等. 金属卟啉自氧化反应研究. 高等学校化学学报, 1991, 12: 1617 – 1619

[170] Sorokin A, Meunier B. Efficient H_2O_2 oxidation of chlorinated phenols catalysed by supported iron phthalocyanines. Chem. Commun., 1994, 15: 1799 – 1800

[171] Tao X, Ma W H, Li J, et al. Efficient degradation of organic pollutants mediated by immobilized iron tetrasulfophthalocyanine under visible light irradiation. Chem. Commun., 2003, 80 – 81

[172] Huang Y P, Li J, Ma W H, et al. Efficient H_2O_2 oxidation of organic pollutants catalyzed by supported iron sulfophenylporphyrin under visible light irradiation. J. Phys. Chem. B, 2004, 108: 7263 – 7270

[173] Li J, Ma W H, Huang Y P, et al. A highly selective photooxidation approach using O_2 in water catalyzed by iron (Ⅱ) bipyridine complex supported on NaY zeolite. Chem. Commun., 2003, 2214 – 2215

[174] Ma W H, Li J, Tao X, et al. Efficient degradation of organic pollutants by using dioxygen activated by resin-exchanged iron (Ⅱ) bipyridine under visible irradiation. Angew. Chem. Int. Ed., 2003, 42: 1029 – 1032

[175] Li J, Ma W H, Huang Y P, et al. Oxidative degradation of organic pollutants utilizing molecular oxygen and visible light over a supported catalyst of $Fe(bpy)_3^{2+}$ in water. Appl. Catal. B, 2004, 48: 17 – 24

[176] Wang R M, Feng H X, He Y F, et al. Preparation and catalysis of NaY-encapsulated Mn (Ⅲ) Schiff-base complex in presence of molecular oxygen. J. Mol. Catal. A: Chem., 2000, 151: 253 – 259

[177] Parton R F, Vankelecom I F J, Casselman M J A, et al. An efficient mimic of cytochrome P-450 from a zeolite-encaged iron complex in a polymer membrane. Nature, 1994, 370: 541 – 544

[178] Alvaro M, Carbonell E, Espla M, et al. Iron phthalocyanine supported on silica or encapsulated inside zeolite Y as solid photocatalysts for the degradation of phenols and sulfur heterocycles. Appl. Catal. B, 2005, 57: 37 – 42

[179] Ranjit K T, Willner I, Bossmann S, et al. Iron (Ⅲ) phthalocyanine-modified titanium dioxide: a novel photocatalysts for the enhanced photodegradation of organic pollutants. J. Phys. Chem. B, 1998, 102: 9397 – 9403

[180] Xiong Z G, Xu Y M, Zhu L Z, et al. Enhanced photodegradation of 2, 4, 6-trichlorophenol over palladium phthalocyaninesulfonate modified organobentonite. Langmuir, 2005, 21: 10602 – 10607

[181] 申宝剑, 任申勇, 郭巧霞. 茂锆金属配合物在介孔分子筛 MCM-41 上的接枝研究. 分子催化, 2004, 18: 93 – 97

[182] Sanchez M, Chap N, Cazaux J B, et al. Metallophthalocyanines linked to organic copolymers as efficient oxidative supported catalysts. Eur. J. Inorg. Chem. , 2001, 2001: 1775 – 1783

[183] 高冠道, 陈金龙, 郑寿荣等. 新型防生光催化剂的合成及在孔雀绿光催化催化降解中的作用. 催化学报, 2005, 26: 545 – 549

[184] Feng J Y, Hu X J, Yue P L, et al. Degradation of azo-dye orange II by a photoassisted Fenton reaction using a novel composite of iron oxide and silicate nanoparticles as a catalyst. Ind. Eng. Chem. Res. , 2003, 42: 2058 – 2066

[185] Shichi T, Takagi K. Clay minerals as photochemical reaction fields. J. Photochem. Photobiol. C, 2000, 1: 113 – 130

[186] Hofstetter T B, Schwarzenbach R P, Haderlein S B. Reactivity of Fe(II) species associated with clay minerals. Environ. Sci. Technol. , 2003, 37: 519 – 528

[187] Zhu H Y, Lu G Q. Pore structure tailoring of pillared clays with cation doping techniques. J. Porous Mater. , 1998, 5: 227 – 239

[188] Catrinescua C, Teodosiu C, Macoveanu M, et al. Catalytic wet peroxide oxidation of phenol over Fe-exchanged pillared beidellite. Water Res. , 2003, 37: 1154 – 1160

[189] Song W J, Cheng M M, Ma J H, et al. Decomposition of hydrogen peroxide driven by photochemical cycling of iron species in clay. Environ. Sci. Technol. , 2006, 40: 4782 – 4787

[190] Cheng M M, Song W J, Ma W H, et al. Catalytic activity of iron species in layered clays for photodegradation of organic dyes under visible irradiation. Appl. Catal. B, 2008, 77: 355 – 363

[191] Feng J Y, Hu X J, Yue P L. Novel bentonite clay-based Fe-nanocomposite as a heterogeneous catalyst for photo-Fenton discoloration and mineralization of organe II. Environ. Sci. Technol. , 2004, 38: 269 – 275

[192] Feng J Y, Hu X J, Yue P L, et al. Discoloration and mineralization of reactive red HE-3B by heterogeneous photo-Fenton reaction. Water Res. , 2003, 37: 3776 – 3784

[193] Feng J Y, Hu X J, Yue P L, et al. A novel laponite clay-based Fe nanocomposite and its photo-catalytic activity in photo-assisted degradation of Orange II. Chem. Eng. Sci. , 2003, 58: 679 – 685

[194] Barrault J, Bouchoule C, Echachoui K, et al. Catalytic wet peroxide oxidation (CWPO) of phenol over mixed (Al-Cu) -pillared clays. Appl. Catal. B, 1998, 15: 269 – 274

[195] Barrault J, Abdellaoui M, Bouchoule C, et al. Catalytic wet peroxide oxidation over mixed (Al-Fe) pillared clays. Appl. Catal. B, 2000, 27: L225 – L230

[196] Carriazo J G, Guelou E, Barrault J, et al. Catalytic wet peroxide oxidation of phenol over Al-Cu or Al-Fe modified clays. Appl. Clay Sci. , 2003, 22: 303 – 308

[197] Guelou E, Barrault J, Fournier J, et al. Active iron species in the catalytic wet peroxide oxidation of phenol over pillared clays containing iron. Appl. Catal. B, 2003, 44: 1 – 8

[198] 李益民，温丽华，刘颖等．含铁柱撑膨润土光催化降解 Orange II. 功能材料，2005，36：874 – 880

[199] Liu Y, Sun D Z. Effect of CeO_2 doping on catalytic activity of Fe_2O_3/γ-Al_2O_3 catalyst for catalytic wet peroxide oxidation of azo dyes. J. Hazard. Mater., 2007, 143：448 – 454

[200] Carriazo J, Guelou E, Barrault J, et al. Catalytic wet peroxide oxidation of phenol by pillared clays containing Al-Ce-Fe. Water Res., 2005, 39：3891 – 3899

[201] Caudo S, Centi G, Genovese C, et al. Copper- and iron-pillared clay catalysts for the WHP-CO of model and real wastewater streams from olive oil milling production. Appl. Catal. B, 2007, 70：437 – 446

[202] Park J W, Lee S E, Rhee I K, et al. Transformation of the fungicide chlorothalonil by Fenton reagent. J. Agric. Food Chem., 2002, 50：7570 – 7575

[203] Lunar L, Sicilia D, Rubio S, et al. Degradation of photographic developers by Fenton's reagent：condition optimization and kinetics for metol oxidation. Water Res., 2000, 34：1791 – 1802

[204] Chen J X, Zhu L Z. Catalytic degradation of orange II by UV-Fenton with hydroxyl-Fe-pillared bentonite in water. Chemosphere, 2006, 65：1249 – 1255

[205] Chen J X, Zhu L Z. UV-Fenton discolouration and mineralization of orange II over hydroxyl-Fe-pillared bentonite. J. Photochem. Photobiol. A：Chem., 2007, 180：56 – 64

[206] 陈建新．铁柱撑膨润土催化 UV-Fenton 降解染料的性能及其机理研究：[博士论文]．浙江：浙江大学，2007

[207] 彭长征．饮用水的臭氧氧化技术．山西建筑，2006，32：173 – 174

[208] 金鹏康，王晓昌．水中天然有机物的臭氧化处理特性．环境化学，2002，21：259 – 263

[209] Maryam A, Karine E, Stephen J A. Removal of 3, 4-dichlorobut-1-ene using ozone oxidation. Water Res, 2000, 34：2963 – 2970

[210] 陈琳，刘国光，吕文英．臭氧氧化技术发展前瞻．环境科学与技术，2004，27：143 – 145

[211] Gracia R. Study of catalytic ozonation of humic substances in water and their ozonation by products. Ozone Sci. Eng., 1998, 32：57 – 62

[212] Pines D S, Reckhow D A. Effect of dissolved Cobalt（Ⅱ）on the ozonation of oxalic acid. Environ. Sci. Technol., 2002, 36：4046 – 4051

[213] Kasprzyk-Hordern B, Raczyk-Stanistawiak L, Świetlik J, et al. Catalytic ozonation of natural organic matter on alu mina. Appl. Catal. B, 2006, 62：345 – 358

[214] Beltránl F J, Rivas F J, Montero-de-Espinosa R. Catalytic ozonation of oxalic acid in an aqueous TiO_2 slurry reactor. Appl. Catal. B, 2002, 39：221 – 232

[215] Huang W J, Fang G C, Wang C C. A nanometer-ZnO catalyst to enhance the ozonation of 2, 4, 6-trichlorophenol in water. Colloids Surf., A, 2005, 260：45 – 51

[216] Rivas F J, Carbajo M, Beltránl F J, et al. Perovskite catalytic ozonation of pyruvic acid in water Operating conditions influence and kinetics. Appl. Catal. B, 2006, 62：93 – 103

[217] Tong S P, Liu W P, Leng W H, et al. Characteristics of MnO₂ catalytic ozonation of sulfosalicylic acid and propionic acid in water. Chemosphere, 2003, 50: 1359 – 1364

[218] Ma J, Graham N J D. Degradation of atrazine by manganese-catalysed ozonation: influence of humic substances. Water Res. , 1999, 33: 785 – 793

[219] Ma J, Graham N J D. Degradation of atrazine by manganese-catalysed ozonation -influence of radical scavengers. Water Res. , 2000, 34: 3822 – 3828

[220] Ma J, Graham N J D. Preli minary investigation of manganese catalyzed ozonation for the destruction of atrazine. Ozone Sci. Eng. , 1997, 19: 227 – 240

[221] Andreozzi R, Insola A, Caprio V, et al. The use of manganese dioxide as a heterogeneous catalyst for oxalic acid ozonation in aqueous solution. Appl. Catal. A, 1996, 138: 75 – 82

[222] Delanoe F, Acedo B, Karpel N, et al. Relationship between the structure of Ru/CeO₂ catalyst sand their activity in the catalytic ozonation of succinic acid aqueous solutions. Appl, Catal. B, 2001, 29: 315 – 325

[223] Zhou Y R, Zhu W P, Liu F D, et al. Catalytic activity of Ru/Al₂O₃ for ozonation of dimethylphthalate in aqueous solution. Chemosphere, 2007, 66: 145 – 150

[224] Alvarez P M, Beltran F J, Pocostales J P, et al. Preparation and structural characterization of Co/Al₂O₃ catalysts for the ozonation of pyruvic acid. Appl, Catal. B, 2007, 72: 322 – 330

[225] Beltránl F J, Rivas F J, Montero-de-Espinosa R. A TiO₂/Al₂O₃ catalyst to improve the ozonation of oxalic acid in water. Appl, Catal. B, 2004, 47: 101 – 109

[226] Sánchez-Poloa M, Rivera-Utrilla J, von-Gunten U. Metal-doped carbon aerogels as catalysts during ozonation processes in aqueous solutions. Water Res. , 2006, 40: 3375 – 3384

[227] Karpel N, Leitner V, Delouane B, et al. Effects of catalysts during ozonation of salicylic acid, peptides and humic substances in aqueous solution. Ozone Sci. Eng. , 1999, 21: 261 – 276

[228] Qu J H, Li H Y, Liu H J, et al. Ozonation of alachlor catalyzed by Cu/Al₂O₃ in water. Catal. Today, 2004, 90: 291 – 296

[229] Lin J, Kawai A, Nakajima T. Effective catalysts for decomposition of aqueous ozone. Appl. Catal. B, 2002, 39: 157 – 165

[230] Gracia R, Cortes S, Sarasa J. Heterogeneous catalytic ozonation with supported titanium dioxide in model and natural waters. Ozone Sci. Eng. , 2000, 22: 461 – 471

[231] Gracia R, Cortes S, Sarasa J. TiO₂-catalysed ozonation of raw Ebro river water. Water Res. , 2000, 34: 1525 – 1532

[232] Cooper C, Burch R. Investigation of catalytic ozonation for the oxidation of halocarbons in drinking water preparation. Water Res. , 1999, 33: 3695 – 3700

[233] 尹琳, 陆现彩, 艾飞. Ti-凹凸棒石催化剂对染料废水的臭氧氧化降解的影响. 硅酸盐学报, 2003, 31: 66 – 69

[234] Tong S P, Liu W P, Leng W H, et al. Catalytic ozonation of sulfosalicylic acid. Ozone Sci. Eng. , 2002, 24: 117 – 122

[235] 尹琳. Zn 黏土催化剂对染料废水的 O₃ 氧化降解性能的影响. 高校地质学报, 2000, 6:

260 – 264

[236] Zhao L，Ma J，Sun Z Z，et al. Catalytic ozonation for the degradation of nitrobenzene in aqueous solution by ceramic honeycomb supported manganese. Water Res. ，2008，in press

[237] Park J S，Choi H，Cho J. Kinetic decomposition of ozone and para-chlorobenzoic acid（pCBA）during catalytic ozonation. Water Res. ，2004，38：2285 – 2292

[238] Li W，Gibbs G V，Ted Oyama S. Mechanism of ozone decomposition on a manganese oxide catalyst. 1. in situ raman spectroscopy and ab initio molecular orbital calculations. J. Am. Chem. Soc. ，1998，120：9041 – 9046

[239] Li W，Ted Oyama S. Mechanism of ozone decomposition on a manganese oxide catalyst. 2. steady-state and transient kinetic studies. J. Am. Chem. Soc. ，1998，120：9047 – 9052

[240] Volk C，Roche P，Koret J C，et al. Comparison of the effect of ozone，ozone - hydrogen peroxide system and catalytic ozone on the biodegradable organic matter of a fluvic acid solution. Water Res. ，1997，31：650 – 656

[241] Legube B，Karpel V，Leitner N. Catalytic ozonation：a promising advanced oxidation technology for water treatment. Catal. Today，1999，53：61 – 72

[242] Kasprzyk-Hordern B，Ziótek M，Nawrocki J. Catalytic ozonation and methods of enhancing molecular ozone reactions in water treatment. Appl. Catal. B，2003，46：639 – 669

[243] 曲险峰，郑经堂，于维钊等. 金属及其氧化物催化臭氧化反应的研究进展. 化工进展，2005，24：1205 – 1210

[244] Hayek N，Legube B，Dore M. Catalytic ozonation（FeⅢ/Al_2O_3）of phenol and its ozonation by-products. Environ. Technol. Lett. ，1989，10：415 – 426

[245] 谭亚军，蒋展鹏，余刚. 废水处理催化湿式氧化法及其催化剂的研究进展. 环境工程，1999，17：14 – 18

[246] 关自斌. 湿式催化氧化法处理高浓度有机废水技术的研究与应用. 铀矿冶，2004，23：101 – 106

[247] 毕道义. 湿式氧化催化剂的研究. 工业催化，1999，5：24 – 30

[248] Okitsu K，Higallenbrand K，Nagata D T，et al. Treatment of wastewater. Nippon Kagaku karshi，1995，3：208 – 216

[249] Barbier J，Oliviero L，Renard B，et al. Catalytic wet air oxidation of ammonia over M/CeO_2 catalysts in the treatment of nitrogen-containing pollutants. Catal. Today，2002，75：29 – 34

[250] Imamura S. Wet oxidation catalyzed by ruthenium supported on cerium（Ⅳ）oxides. Ind. Eng. Chem. Res. ，1988，27：718 – 721

[251] Imamura S，Okumura Y，Nishio T，et al. Wet-oxidation of a model domestic wastewater on a Ru/Mn/Ce composite catalyst. Ind. Eng. Chem. Res. ，1998，37：1136 – 1139

[252] Wang J B，Zhu W P，Yang S X，et al. Catalytic wet air oxidation of phenol with pelletized ruthenium catalysts. Appl. Catal. B，2008，78：30 – 37

[253] Matatov-meytal Y I，Sheintuch M. Catalytic abatement of water pollutants. Ind. Eng. Chem. Res. ，1998，37：309 – 326

[254] 陈嵩, 孙珮石, 李福华等. CWO 技术处理我国高浓度工业废水的应用研究. 贵州环保科技, 2003, 9: 1-5

[255] Silva A M T, Castelo-Branco I M, Quinta-Ferreira R M, et al. Catalytic studies in wet oxidation of effluents from formaldehyde industry. Chem. Eng. Sci., 2003, 58: 963-970

[256] Lin S H, Chuang T S. Wet air oxidation and activated sludge treatment of phenolic wastewater. Environ. Sci. Health, 1994, A29: 547-564

[257] Yang S X, Feng Y J, Wan J F, et al. Catalytic wet air oxidation. Journal of Harbin Institute of Technology, 2002, 34: 540-544

[258] Zhang Q L, Karl T. Kinetics of wet oxidation of black liquor over a Pt-Pd-Ce/Al$_2$O$_3$ catalyst. Appl. Catal. B, 1998, 17: 321-332

[259] Pintar A, Besson M, Gallezot P. Catalytic wet air oxidation of kraft bleaching plant effluents in the presence of titanium and zirconium supported ruthenium. Appl. Catal. B, 2001, 2001: 123-139

[260] 张仲燕, 施利毅, 杨晶. 利用超细 γ-Al$_2$O$_3$/CuO 催化剂降解染料废水的研究. 重庆环境科学, 2000, 20: 43-45

[261] Partrick T A, Abbaham M A. Evaluation of a monolith-supported Pt/Al$_2$O$_3$ catalyst for wet oxidation of carbobydydrate-containing waste streams. Environ. Sci. Technol., 2000, 34: 3480-3488

[262] Belkacemi K, Larachi F, S H. Catalytic wet air oxidation of high-strength alcohol distillery liquors. Appl. Catal. A, 2000, 199: 199-209

[263] Bhargava S K, Tardio J, Prasad J, et al. Wet oxidation and catalytic wet oxidation. Ind. Eng. Chem. Res., 2006, 45: 1221-1258

[264] Canter L W. Nitrates in Groundwater [M]. CRC: Boca Raton, 1997

[265] Pintar A. Catalytic processes for the purification of drinking water and industrial effluents. Catal. Today, 2003, 77: 451-465

[266] 邹胜章, 张金炳. 北京西南城近郊浅层地下水盐污染特征及机理分析. 水文地质工程地质, 2002, 1: 5-9

[267] World Health Organization, Health hazards from nitrates in drinking water, WHO Regional Office for Europe, Copenhagen: 1985

[268] Drinking water regulation, health advisories [M]. Washington, DC: Office of water: 1995

[269] Vorlop K D, Tacke T. Erste Schritte auf dem Weg zur edelmetallkatalysierten Nitrat- und Nitrit-Entfernung aus Trinkwasser. Chem. Ing. Tech., 1989, 61: 836-837

[270] Horold S, Tacke T, Vorlop K D. Catalytic removal of nitrate and nitrite from drinking water-1. Screening for hydrogenation catalysts and influence of reaction conditions on activity and selectivity. Environ. Technol., 1993, 14: 931-945

[271] Batista J, Pintar A, Ceh M. Characterization of supported Pd-Cu bimetallic catalysts by SEM, EDXS, AES and catalytic selectivity measurements. Catal. Lett., 1997, 43: 79-84

[272] Prusse U, Vorlop K-D. Supported bimetallic palladium catalysts for water-phase nitrate reduc-

tion. J. Mol. Catal. A, 2001, 173: 313 – 328

[273] Pintar A, Batista J, Levec J, et al. Kinetics of the catalytic liquid-phase hydrogenation of aqueous nitrate solutions. Appl. Catal. B, 1996, 11: 81 – 98

[274] Ilinitch O M, Nosova L V, Gorodetskii V V, et al. Catalytic reduction of nitrate and nitrite ions by hydrogen: investigation of the reaction mechanism over Pd and Pd-Cu catalysts. J. Mol. Catal. A, 2000, 158: 237 – 249

[275] Palomaes A E, Prato J G, Marquez F, et al. Denitrification of natural water on supported Pd/ Cu catalysts. Appl. Catal. B, 2003, 41: 3 – 13

[276] Gao W, Chen J, Guan X, et al. Catalytic reduction of nitrite ions in drinking water over Pd-Cu/TiO$_2$ bimetallic catalyst. Catal. Today, 2004, 93-95: 333 – 339

[277] Gao W, Guan N, Chen J, et al. Titania supported Pd-Cu bimetallic catalyst for the reduction of nitrate in drinking water. Appl. Catal. B, 2003, 46: 341 – 351

[278] Matatov-Meytal Y, Barelko V, Yuranov I, et al. Cloth catalysts for water denitrification: II. Removal of nitrates using Pd-Cu supported on glass fibers. Appl. Catal. B, 2001, 31: 233 – 240

[279] Barrabes N, Just J, Dafinov A, et al. Catalytic reduction of nitrate on Pt-Cu and Pd-Cu on active carbon using continuous reactor: The effect of copper nanoparticles. Appl. Catal. B, 2006, 62: 77 – 85

[280] Lemaignen L, Tong C, Begon V, et al. Catalytic denitrification of water with palladium-based catalysts supported on activated carbons. Catal. Today, 2002, 75: 43 – 48

[281] Prusse U, Hahnlein M, Daum J, et al. Improving the catalytic nitrate reduction. Catal. Today, 2000, 55: 79 – 90

[282] Gauthard F, Epron F, Barbier J. Palladium and platinum-based catalysts in the catalytic reduction of nitrate in water: effect of copper, silver, or gold addition. J. Catal., 2003, 220: 182 – 191

[283] Horold S, Vorlop K D, Tacke T, et al. Development of catalysts for a selective nitrate and nitrite removal from drinking water. Catal. Today, 1993, 17: 21 – 28

[284] Epron F, Gauthard E, Barbier J. Catalytic reduction of nitrate in water on a monometallic Pd/ CeO$_2$ catalyst. J. Catal., 2002, 206: 363 – 367

[285] Galdeano N F, Carrascull A L, POinzi M I. Catalytic combustion of particulate matter: Catalysts of alkaline nitrates supported on hydrous zirconium. Thermochimica Acta, 2004, 421: 117 – 121

[286] Deganello F, Liotta L F, Macaluso A, et al. Catalytic reduction of nitrates and nitrites in water solution on pumice-supported Pd-Cu catalysts. Appl. Catal. B, 2000, 24: 265 – 273

[287] Ilinitch O M, Cuperus F P, Niosova L V, et al. Catalytic membrane in reduction of aqueous nitrates: operational principles and catalytic performance. Catal. Today, 2000, 56: 137 – 145

[288] Palomaes A E, Prato J G, Corma A. Using the "memory effect" of hydrotalcites for improving the catalytic reduction of nitrates in water. J. Catal., 2004, 221: 62 – 66

[289] Roveda A, Benedetti A, Pinna F, et al. Palladium-tin catalysts on acrylic resins for the selective hydrogenation of nitrate. Inorg. Chim. Acta, 2003, 349: 203 - 208

[290] Eric G, Anthony G, Florence E. Synthesis, characterization and catalytic properties of polypyrrole-supported catalysts. Catal. Commun., 2003, 4: 435 - 439

[291] Vorlop K D, Horold S, Pohland K. Optimierung von Trägerkatalysatoren zur selektiven Nitritentfernung aus Wasser. Chem. Ing. Tech., 1992, 64: 82 - 83

[292] Yoshinaga Y, Akita T, Mikami I, et al. Hydrogenation of nitrate in water to nitrogen over Pd-Cu supported on active carbon. J. Catal., 2002, 207: 37 - 45

[293] 陈立强, 郑寿荣, 尹大强等. 载体特性对 Pd-Cu/TiO$_2$ 催化剂催化脱氮性能的影响. 环境化学, 2005, 24: 502 - 505

[294] Chollier-Brym M J, Gavagnin R, Strukul G. New insight in the solid state characteristics, in the possible intermediates and on the reactivity of Pd-Cu and Pd-Sn catalysts, used in denitratation of drinking water. Catal. Today, 2002, 75: 49 - 55

[295] Epron F, Gauthard F, Pineda C, et al. Catalytic reduction of nitrate and nitrite on Pt-Cu/Al$_2$O$_3$ catalysts in aqueous solution: Role of the interaction between copper and platinum in the reaction. J. Catal., 2001, 198: 309 - 318

[296] Strukul G, Gavagnin R, Pinna F. Use of palladium based catalysts in the hydrogenation of nitrates in drinking water: from powders to membranes. Catal. Today, 2000, 55: 139 - 149

[297] Pintar A, vetinc M, Levec J. Hardness and salt effects on catalytic hydrogenation of aqueous nitrate solutions. J. Catal., 1998, 174: 72 - 87

[298] Pintar A, Batista J, Levec J. Integrated ion exchange/catalytic process for efficient removal of nitrates from drinking water. Chem. Eng. Sci., 2001, 56: 1551 - 1559

[299] Prusse U, Kroger M, Vorlop K D. Katalytische nitratentfernung aus Wässern mit Ameisensäure als Reduktionsmittel. Chem. Ing. Tech., 1997, 69: 87 - 90

[300] Daub K, Emig G, Chollier M J. Studies on the use of catalytic membranes for reduction of nitrate in drinking water. Chem. Eng. Sci., 1999, 54: 1577 - 1582

[301] 朱艳芳, 金朝晖, 方悦等. 催化还原脱除地下水中硝酸盐的研究. 环境科学学报, 2006, 26: 567 - 571

[302] Chen Y X, Zhang Y, Chen G H. Appropriate conditions or maximizing catalytic reduction efficiency of nitrate into nitrogen gas in groundwater. Water Res., 2003, 37: 2489 - 2495

[303] Centi G, Perathoner S. Remediation of water contamination using catalytic technologies. Appl. Catal., B, 2003, 41: 15 - 29

[304] Ludtke K, Peinemann K, Kasche V, et al. Nitrate removal of drinking water by means of catalytically active membranes. J. Membrane Sci., 1998, 151: 3 - 11

[305] 陈立强, 郑寿荣, 许昭怡等. 催化加氢法脱除水中硝酸盐的研究进展. 化学研究与应用, 2006, 18: 5 - 8

胡春　胡学香　聂玉伦　邢胜涛, 中国科学院生态环境研究中心

第8章 温室气体和臭氧层消耗物质的催化转化

8.1 甲烷二氧化碳催化重整

二氧化碳（CO_2）和甲烷（CH_4）都是自然界中廉价且资源丰富的含碳化合物，同时也是引起全球气候变暖的两种最主要的温室气体。在工业革命以前的几千年时间里，大气中 CO_2 的浓度平均值约为 280 ppm，变化幅度大约在 10 ppm 以内。工业革命之后，大气中 CO_2 浓度不断提高，2006 年大气中 CO_2 浓度达到 380 ppm[1,2]。这主要是由于人类的煤炭、石油和天然气等化石燃料消费一直在增加，而地球上的森林遭到大规模的破坏，CO_2 的生物汇在不断减少，导致海洋和陆地生物圈并不能完全吸收多排放到大气中的 CO_2。CH_4 是仅次于 CO_2 的重要温室气体，其吸收热量能力（温室气体效应）为 CO_2 的 21 倍。2002 年，CH_4 浓度自工业革命前的 700 ppbv 增加到近 1800 ppbv。2007 年，CO_2 和 CH_4 对全球温室效应的贡献分别为 55%、17%。空气中的 CH_4 可以通过与大气对流层中的羟基自由基反应生成 CO_2 和 H_2O 而消除，然而随大气中消耗羟基自由基的 CH_4 含量增加，大气中羟基自由基含量降低，从而延长了 CH_4 分子平均生命周期（一般为 12.2 ± 3 年）。大气中 CH_4 的来源既有自然源（如湿地），也有人为源（如农业，天然气开发，废弃物等），其中人为源占 70%[3,4]。

随着全球环保意识的提高以及排放法规的日趋严格，如何将 CO_2 和 CH_4 有效消除、处置或资源化利用引起了世界各国的关注。研究者们分别针对 CO_2 和 CH_4 的资源化转化进行了大量的研究。早在 1928 年，Fischer 等[5]对 CH_4-CO_2 重整反应进行研究，表明Ⅷ族金属对该反应具有催化活性。与工业化 CH_4-H_2O 重整反应产物相比，CH_4-CO_2 重整反应生成的产物的 H_2/CO 比值较低，更适宜直接应用于 F-T 合成或其他含氧化合物的制备过程[6-13]，如能实现工业化将会产生巨大的经济效益、社会效益和环境效益。从经济和生态的观点来看，利用其催化重整反应制取合成气，对缓解能源危机，减轻减缓由于温室气体的排放而导致的全球气候变暖等问题都具有重要意义。本章将重点对 CH_4-CO_2 碳重整反应进行评述。

8.1.1 甲烷二氧化碳重整反应的热力学

CH_4-CO_2 重整反应主要按照式（8-1）进行，热力学计算可知，CH_4-CO_2 重整反应制取合成气是强吸热过程。

$$CO_2 (g) + CH_4 (g) \longrightarrow 2CO (g) + 2H_2 (g); \Delta H_{298} = 247 \text{ kJ/mol}$$
$$\Delta G^0 = 61\ 770 - 67.32T \tag{8-1}$$

CH_4-CO_2 重整反应除按照式（8-1）反应外，同时存在逆水汽变换（RWGS）式（8-2）、CO_2 歧化反应式（8-3）和甲烷裂解反应式（8-4）。

$$CO_2 (g) + H_2 (g) \longrightarrow H_2O (g) + CO (g); \Delta H_{298} = 41 \text{ kJ/mol}$$
$$\Delta G^0 = -8545 + 7.84T \tag{8-2}$$

$$2CO (g) \longrightarrow CO_2 (g) + C (s); \Delta H_{298} = -172 \text{ kJ/mol}$$
$$\Delta G^0 = -39\ 810 + 40.87T \tag{8-3}$$

$$CH_4 (g) \longrightarrow C (s) + 2H_2 (g); \Delta H_{298} = 75 \text{kJ/mol}$$
$$\Delta G^0 = 21\ 960 - 26.45T \tag{8-4}$$

根据式（8-1）~（8-4）中热力学数据，可以得到 CH_4-CO_2 重整反应过程中各个反应进行的温度限定，如表 8-1 所示。

表 8-1　CH_4-CO_2 重整反应的温度限定[12]

	反应式			
	式（8-1）[a]	式（8-2）[b]	式（8-3）[b]	式（8-4）[a]
温度/℃	640	820	700	557

a. 低限；b. 高限。

为防止反应式（8-2）（逆水汽变换）进行，反应温度应当高于 820℃，同样为了防止 CO 歧化反应式（8-3）析出碳，反应温度应当高于 700℃。从甲烷裂解反应式（8-4）中可以看到，同样是为了防止积碳产生，反应温度应当低于 557℃。从上所述可以看到，综合各个反应温度，完全在反应中抑制碳的生成是不可能的。

除上述 4 个反应，下面反应也存在于 CH_4-CO_2 重整反应中：

$$C(s) + H_2O(g) \longrightarrow CO(g) + H_2(g) \tag{8-5}$$

式（8-3）、（8-4）都会产生碳[14]，而碳累积在催化剂表面，造成催化剂失活。所以要维持反应持续进行，需要及时把沉积的碳气化。通常我们期望通过式（8-3）的逆反应和式（8-5）来除掉积碳。如果生成碳的式（8-3）、（8-4）反应速率超过除碳反应速率，将会产生积碳。因此，为了反应顺利进行，设计催化剂时不仅要考虑催化剂对反应速度的改善，同时更要关注催化剂对不同反应步骤之间速率的影响，从而及时消除反应中产生的积碳。

8.1.2　催化剂体系

早在 1928 年，Fischer 等[5]通过对 CH_4-CO_2 重整反应进行研究，发现Ⅷ族金属对该反应具有活性。时至今日，用于 CH_4-CO_2 重整反应的催化剂活性组分仍主要为Ⅷ族金属元素，如金属 Ni、Fe、Co、Ru、Rh、Pd、Ir 和 Pt 对催化 CH_4-CO_2 重整反应都具有较高活性[10,12,16]，Os[15] 在 OsO_4/$NaIO_4$ 水溶液中也能活化甲烷。贵金属催化剂 Pt、Ir、Ru、Rh 同时具有较高催化活性和很好抗积碳性能[17]。由于贵金属资源匮乏，导致其价格高昂，所以非贵金属催化剂仍是研究的热点。在相同分散度下，Ni 基催化剂的转化率仅低于 Pt 和 Ir，因此成为最具有可能取代贵金属的 CH_4-CO_2 重整催化剂[18]。

　　CH_4-CO_2 重整反应除了要求高的催化剂活性之外，同时由于整个反应是在较高温度下进行，对催化剂的热稳定性要求很高，因此必须选择既具有高温稳定性同时又具有较高表面积的载体。最初选择使用的载体多为 Al_2O_3[19]、MgO[17] 等，但研究表明 Ni 负载在该类载体上，催化剂活性迅速降低，其主要原因是 Ni 颗粒迅速长大和表面碳的累积。因此，能够增强 Ni 和载体之间相互作用及具有高耐积碳能力的镁铝尖晶石载体成为该类催化剂选用的载体[20,21]。不仅镁铝尖晶石具有这些优点，同样能增强 Ni 和载体之间相互作用及具有高耐积碳能力的载体 ZrO_2[22~32]、钙钛矿类[8,33~38]、分子筛等载体[8,33~52] 也被发现并报道出来。

　　Bradford 等[10] 已经详细总结了 1999 年以前关于 CH_4-CO_2 重整反应催化剂体系的研究工作，这里对 2000 年（含 2000 年）以后的相关文献做了汇总，如表 8-2 所示。

表 8-2　CH_4-CO_2 重整反应催化体系

活性组分	活性组分助剂	载体	载体修饰成分	文献
Ni	Ca	ZrO_2	CeO_2	[22~32, 59]
		SiO_2		[6, 60~64]
	Cu	SiO_2	CeO_2、La_2O_3、TiO_2	[62~68]
	Mo、Mn、V、Sn、K、Cu、Co、Fe	Al_2O_3	TiO_2、CaO、C、La_2O_3、ZrO_2、CeO_2、MgO、P_2O_5	[11, 53~55, 69~103]
	K、Mo	MgO		[18, 104~107]
		$MgAl_2O_4$		[21~56]
		CeO_2		[108~109]
		SiC		[110]
	Cr	YDC		[111]
		La_2O_3		[112, 113]

续表

活性组分	活性组分助剂	载体	载体修饰成分	文献
		Sm_2O_3	CaO	[9]
	La	$BaTiO_3$		[38]
		5A 分子筛	La_2O_3	[45, 46]
		天然橄榄石		[114, 115]
		YZS	CeO_2	[116]
	K、Ca	ZSM-5		[39, 41]
		USY		[41]
	Mg	H-Y		[42, 47]
		MOR		[47]
		斜发沸石		[48]
		$Nd_4Ga_2O_9$		[117]
	Fe-Cr-Al	SBA-15		[50, 52]
		磷灰石		[118]
		KH 分子筛		[43]
Co		MgO		[119 ~ 121]
		CaO		[121]
		ZrO_2		[121]
		Al_2O_3		[122, 123]
		SiO_2	MgO、La_2O_3	[124 ~ 126]
		CeO_2		[108, 121]
	Pt、Ru、Ni	TiO_2	BaO	[127 ~ 131]
		$LaNi_yAl_{11}O_{19+8}$		[132]
		$SrCO_3$		[133]
		SA-5205		[134, 135]
Fe		$K_2CO_3Na_2CO_3$		[136]
		CeO_2		[108]

续表

活性组分	活性组分助剂	载体	载体修饰成分	文献
Rh	Ni	Al_2O_3	MgO、CeO_2	[137~148]
		CeO_2		[138, 144]
		Nb_2O_5		[138, 139]
		Ta_2O_5		[39]
		TiO_2		[138, 139]
		ZrO_2		[39]
		La_2O_3		[39]
		MgO		[39]
	Ni	SiO_2		[138, 144, 149]
		Y_2O_3	V	[139]
		Y 分子筛		[49]
		泡沫陶瓷		[51]
Ru	Cr、Fe、Co、Ni、Cu	Al_2O_3	MgO	[146, 147, 150~153]
		SiO_2		[40, 150]
		$H-ZSM-5$		[40]
		$LaMnO_3$		[34]
Pt	Ni、Re	ZrO_2	La_2O_3, CeO_2	[49, 154~159]
		SiO_2		[158]
	Ni、Na、K	Al_2O_3	MgO、ZrO_2	[147, 156, 157, 159~162]
		MgO		[163]
	Ni	ZSM-5		[164]
		$SrTiO_3$		[35]
Ir		Al_2O_3	MgO	[147]
		ZrO_2		[165]
		$Ce_{0.9}Gd_{0.1}O_{2-x}$		[166]
Pd		Al_2O_3	MgO	[147]
		La_2O_3		[167]
Au		Al_2O_3	MgO	[147]
Re		$H-ZSM-5$		[51]
Mo		$H-ZSM-5$		[44]
C				[168]
Mo_2C				[92, 169~172]

活性组分	活性组分助剂	载体	载体修饰成分	文献
		ZrO_2		[169, 173, 174]
		SiO_2		[173]
		Al_2O_3	CeO_2	[173, 175]
$La_{2-x}Sr_xNiO_4$				[176]
$La_{1-x}Sr_xNiO_3$				[36]
$La_{1-x}Ce_xNiO_3$				[33]
$LaNiO_3$				[8, 177~179]
La_2NiO_4				[179, 180]
$LaNi_{1-x}Ru_xO_3$			Al_2O_3、ZSM-5	[37, 181~183]
$LaNi_{1-x}Mg_xO_{3-\delta}$				[8]
$LaNi_{1-x}Co_xO_{3-\delta}$				[8]
$LaNi_{1-x}Co_xO_3$				[37]
$NiAl_2O_4$				[184]

8.1.3 甲烷二氧化碳重整反应的动力学

1999 年，Bradford 等[10]对 CH_4-CO_2 重整反应动力学研究做了综述，发现活性金属组分不同、载体不同，CH_4-CO_2 重整反应的动力学就有很大差异，所展现的反应表观活化能有较大不同，如对甲烷的活化能通常介于 7~86 kcal/mol。

在反应过程中，活性金属组分直接参与了甲烷和二氧化碳的活化，因此其对反应动力学影响显著。甲烷和二氧化碳的活化主要是通过与活性组分的 HOMO 和 LUMO 轨道的相互作用来进行，因此活性金属组分的电子结构是影响反应速率的主要因素。研究发现 CH_4-CO_2 重整反应的转化频率（TOF）与活性金属组分的 d 特性因子有较好的关联性[10]。

载体通过与活性组分之间的相互作用对 CH_4-CO_2 重整的动力学也具有明显的影响，但从文献报道结果来看，关于载体对反应速率的影响存在很多分歧。Zhang 等[185]发现在 650℃时 Rh 基催化剂初始 TOF 的顺序为 ZrO_2 > TiO_2 ≥ Al_2O_3 > La_2O_3 ≈ SiO_2 > MgO；当温度为 500℃时，TOF 顺序为 MgO > TiO_2 ≈ Al_2O_3 > SiO_2；温度上升到 750℃时，TOF 顺序则变为 Al_2O_3 > La_2O_3 > CeO_2 > MgO > TiO_2[186,187]。另外，Mark 等[188]对 Rh 基催化剂的研究表明，在 600~700℃时，

CH_4-CO_2 重整反应对 ZrO_2、TiO_2、Al_2O_3、SiO_2 不存在载体依赖性。Bradford 等[10]认为，这种分歧可能是由于催化剂的失活程度不同或者是逆反应速率影响引起的。

到目前为止，主要的 CH_4-CO_2 重整反应的动力学表达式见表 8-3，这些动力学方程都是建立在一定的反应机理和一定的反应速率控制步骤的基础上。对于不同的催化体系，由于表观活化能之间的差异，使反应的速率控制步骤也不尽相同，因此往往得到不同的速率方程。可见，反应速控步骤的确定对于反应动力学方程的建立非常重要。

表 8-3 CH_4-CO_2 重整反应的动力学表达式[10]

表达式	催化剂
$r = \dfrac{kp_{CH_4}(p_{CO_2}+p_{H_2O})}{[1+24(p_{CO_2}+p_{H_2O})+8p_{H_2}]^2}$	Cu/SiO_2
$r = \dfrac{kp_{CH_4}}{1+a(p_{H_2O}/p_{H_2})+bp_{CO}}$	泡沫镍 Ni foil
$r = \dfrac{kK_{CO_2}K_{CH_4}p_{CO_2}p_{CH_4}}{(1+K_{CO_2}p_{CO_2}+K_{CH_4}p_{CH_4})^2}$	Rh/Al_2O_3
$r = \dfrac{K_R[p_{CH_4}-(p_{H_2}^2 p_{CO}/K_R p_{CO_2})]}{1+(p_{CO}^2/K_R c p_{CO_2})}$	Ir/Al_2O_3
$r = \dfrac{R\sqrt{K_1 K_2 p_{CO_2}p_{CH_4}}}{(1+\sqrt{K_2 p_{CO_2}}+\sqrt{K_2 p_{CH_4}})^2}$	Ni/Al_2O_3 $Ni/CaO-Al_2O_3$ Ni/SiO_2
$r = \dfrac{ap_{CH_4}p_{CO_2}^2}{(p_{CO_2}+bp_{CO_2}^2+cp_{CH_4})^2}$	Ni/Al_2O_3 $Ni/CaO-Al_2O_3$

一直以来，关于 CH_4-CO_2 重整反应的速率控制步骤存在很多争议，分歧主要在于反应存在一个还是两个速率控制步骤。前者认为甲烷活化是反应唯一的速率控制步骤[151,156,165]；后者认为除了甲烷活化之外，CH_xO 物种的分解[10]或 CO 的脱附[102]等是另一个速率控制步骤。到目前为止，甲烷活化是速率控制步骤的观点已经得到普遍认可。

Wei 等[18,142,151,156,165]对不同载体和不同活性组分 CH_4-CO_2 重整反应进行了详细研究。通过对反应组分和反应速率之间关系的考察发现（如图 8-1 所示），无论在贵金属催化剂 Ru、Ir、Pt、Rh，还是在非贵金属 Ni 催化剂上，得到的 CH_4

的 TOF 与反应组分分压的相关性是一致的。在 873 K 下，CH_4 分压决定了反应速率，CH_4 的 TOF 只与 CH_4 的分压有关，与 CO_2 的分压没有关系，从而确定 CH_4-CO_2 重整反应的速率控制步骤为 CH_4 的活化。

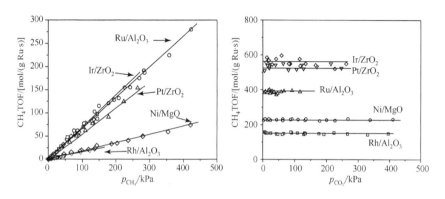

图 8-1 CH_4-CO_2 反应中 CH_4 和 CO_2 分压与 CH_4 的 TOF 的相关性

（数据取自文献[18，142，151，156，165]）

以 CH_4 活化作为反应的速率控制步骤，以活化 CH_4 的金属作为活性位点，计算得到的动力学数据表明，CH_4 活化反应的活化能数据结果与 CH_4-CO_2 重整反应活化能数据结果一致。报道最多的 CH_4-CO_2 反应中 CH_4 活化能值为 14 ± 1 kcal/mol，这与 CH_4 在 Ni（110）和 Ni（111）分解活化能相符[10]。另外，Wei 等[142]通过 CH_4-CD_4 同位素交换效应测试发现，CH_4-CO_2 和 CH_4-H_2O 重整反应的同位素交换效应分别为 1.56 和 1.54，这都与 CH_4 分解同位素交换效应一致，说明在其采用反应条件下，CH_4 的活化是反应的速率控制步骤。$CH_4/CD_4/CO_2$ 测试结果中 CH_4/CD_4 交叉反应速率远远小于整个重整反应速率，表明 CH_4-CO_2 反应式（8-1）在远离平衡时是不可逆的。$^{12}CH_4/^{12}CO_2/^{13}CO$（1:1:0.2）远离平衡条件下反应，$^{13}C$ 在 CO 和 CO_2 中的含量相近，说明在 CO 和 CO_2 之间达到化学平衡，同时说明 CO_2 分解速度远大于 CH_4 的活化速率。

8.1.4 反应机理

对于不同催化反应体系，不同反应温度条件，反应机理不尽相同。一种认为由于在 CH_4-CO_2 重整反应中始终伴随着 H_2O 的存在，反应机理同 CH_4-H_2O 重整机理一样。Edwards 等[14]对 CH_4-CO_2 重整反应中温度、总压与水生成之间的联系进行了研究。由图 8-2 可以看到，在 1 atm（$1\,atm = 1.013\,25 \times 10^5\,Pa$）情况下，从低温开始反应就伴随着水的生成，直到温度高于 900℃ 时消失。水主要通过式（8-5）形成，水的存在降低了产物中氢气与 CO 的比例。因此，CH_4-CO_2 重整反应的反应机理类似于 CH_4-H_2O 重整机理，有其存在的理论基础。

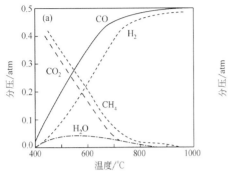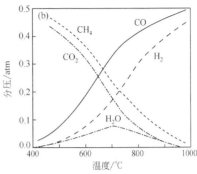

图 8-2　CH_4-CO_2 （1:1） 平衡气体组成[14]

（a） 1 atm；（b） 10 atm

　　另外一种则认为 CH_4-CO_2 重整反应中虽然有水存在，但是量特别少，不是反应的主要途径，CH_4 活化及 CO_2 活化才是反应的主要步骤。Bradford[10]对 2000 年以前文献进行总结提出 Ni 基催化剂上 CH_4-CO_2 重整反应机理如下：

$$CH_4 + * \longrightarrow CH_x * + \left(\frac{4-x}{2}\right)H_2 \tag{8-6}$$

$$2\left[CO_2 + * \longrightarrow CO_2 *\right] \tag{8-7}$$

$$H_2 + 2 * \longrightarrow 2H * \tag{8-8}$$

$$2\left[CO_2 + H * \longrightarrow CO * + OH *\right] \tag{8-9}$$

式中，* 表示表面吸附位。

　　式（8-6）～（8-9）为研究者所共识，但是含氧物种的参与途径存在较大争议。

$$OH * + H * \longrightarrow H_2O + 2 * \tag{8-10}$$

$$CH_xO * + OH * \longrightarrow CH_xO_2 * + H * \tag{8-11}$$

$$CH_xO * \longrightarrow CO * + \left(\frac{x}{2}\right)H_2 \tag{8-12}$$

$$3\left[CO * \longrightarrow CO + *\right] \tag{8-13}$$

　　针对反应过程中含氧物种参与反应途径存在的争议，Wei 等[18]通过使用同位素和动力学测试，提出 Ni 基催化剂上 CH_4-CO_2 重整反应机理，认为反应过程中没有通过 CH_xO 含氧物种参与反应这一步，同时认为 CH_4 活化是反应的速率控制步骤。反应的进程简化为如下：

$$CH_4 \longrightarrow C * + 4H * \tag{8-14}$$

$$CO_2 \longrightarrow CO + O * \tag{8-15}$$

$$O * + C * \longrightarrow CO \tag{8-16}$$

$$H * + H * \longrightarrow H_2 \tag{8-17}$$

除了研究 Ni 基催化剂，Wei 等同时对贵金属 Rh[142] 催化剂上 CH_4-CO_2 重整反应机理进行了研究，认为同样没有含氧有机物种的参与，反应机理与 Ni 基催化剂上反应机理类似。首先 CH_4 在金属簇上依次发生式（8-18）～（8-21），其中以式（8-18）为反应的速率控制步骤。

$$CH_4 + 2 * \xrightarrow{k_1} CH_3 * H * \tag{8-18}$$

$$CH_3 * + * \longrightarrow CH_2 * + H * \tag{8-19}$$

$$CH_2 * + * \longrightarrow CH * + H * \tag{8-20}$$

$$CH * + * \longrightarrow C * + H * \tag{8-21}$$

CO_2 与催化表面吸附位发生吸附分解反应式（8-22），生成 CO 和 O。生成 O 及时消除反应（8-21）生成的 C。

$$CO_2 + 2 * \xrightarrow{k_2} CO * + O * \tag{8-22}$$

$$C * + O * \underset{k_{-3}}{\overset{k_3}{\longrightarrow}} CO * + * \tag{8-23}$$

$$CO * \xrightarrow{k_4} CO + * \tag{8-24}$$

$$H * + H * \longrightarrow H_2 * + * \tag{8-25}$$

$$H * + O * \longrightarrow OH * + * \tag{8-26}$$

$$OH * + H * \longrightarrow H_2O * + * \tag{8-27}$$

$$H_2O * \longrightarrow H_2O + * \tag{8-28}$$

其中，* 表示表面活性位。

然而，真正的 CH_4-CO_2 重整反应是在高温高压条件下进行的，而实验室得到的反应机理由于与真正反应条件存在的差异而出现不同，因此对真实工业反应条件下的反应机理还尚待进一步探究。

8.1.5 催化剂的失活和对策

在 CH_4-CO_2 重整反应过程中，催化剂积碳是引起催化剂失活的主要原因，特别是对于 Ni 基催化剂来说，积碳更成为其致命的弱点，因此如何有效提高催化剂的抗积碳性能是 CH_4-CO_2 碳重整反应催化剂体系需要解决的最关键问题。

催化剂表面积碳主要通过 CO 歧化反应式（8-3）和 CH_4 分解反应式（8-4）产生，按形成的方式大致可以分成胶囊碳（encapsulating carbon）、热解碳（pyrolytic carbon）和晶须碳（whisker carbon）3 种，但只有后面两种碳能导致催化剂失活[189]。关于积碳形成机理尚未完全明了，通常认为 Ni 基催化剂上积碳产生的机理主要包括三个步骤：①含碳物种在催化剂金属表面分解，形成表面孤立碳原子；②然后孤立碳原子扩散进入金属 Ni 体相；③进入体相后，扩散到适宜碳丝生长的表面上，碳－碳成键后，进一步生长形成积碳。关于碳原子扩散，一般认为碳原子在金属表面富集会产生相对于体相的浓度梯度，为碳扩散进入 Ni 体相提供驱动力；而碳在 Ni/气界面周围的溶解度明显低于 Ni/碳丝界面上的溶解度，可使碳原子不断扩散到积碳位[190]。

大量的研究利用表面科学的研究手段对 CH_4 重整反应过程中积碳的形成过程进行了考察。Gamo 等[191] 使用 LEED 研究了碳的形成过程，发现一种碳原子位于最外层 Ni 原子的正上方，另一种则位于 Ni（111）表面的三重空位。Bengaard 等[189] 通过 DFT 理论计算了 CH_4 水蒸气重整反应中不同含碳物种在 Ni（111）、（211）晶面上的能量，发现 Ni（111）晶面上更易于形成积碳。Helveg 等[192] 利用原位 TEM 技术，研究了 $Ni/MgAl_2O_4$ 催化剂上甲烷分解生成石墨纳米纤维的过程，如图 8-3 所示。可以看出，还原预处理后，金属 Ni 形成了面平衡的纳米晶体结构（图 8-3a）；通入 $CH_4:H_2 = 1:1$、总压 2 mbar（$1bar = 10^5 Pa$）的混合气体，$500 \sim 540$℃反应，在较小 Ni 纳米颗粒上可形成较长的多壁纳米碳纤维（图 8-3b），而在较大 Ni 纳米颗粒上则形成较短的晶须碳（图 8-3c）；而更重要的是，他们发现，片状石墨主要是在表面 Ni 的单原子台阶形成（图 8-3d），并认为 Ni 台阶位的边缘对石墨单层成核及生长过程起重要作用。

积碳的产生还存在一个碳簇的临界尺寸。Bengaard 等通过 DFT[189] 计算认为形成积碳所需的碳原子临界数目为 80，当碳簇为半六角形时，需要的碳簇临界尺寸为 2.5 nm。当临界碳簇形成时，碳簇在 Ni 颗粒周围的台阶位上生成石墨薄层，在较高温度下，石墨薄层向外生长形成纳米管，而温度较低时，缺乏向外生长所需能量，从而只能形成碳须晶。另外，他们[189] 通过 DFT 理论计算和对不同 Ni 粒径的 $Ni/MgAl_2O_4$ 催化剂积碳性能的研究，发现降低金属 Ni 的粒径可有效控制积碳。

同位素试验[193,194] 表明甲烷分解产生的碳不是积碳的主要原因，积碳主要来自于 CO 的歧化反应。CO 歧化反应式（8-3）是放热反应，所以随反应温度的升高，可从热力学上抑制积碳的生成。另外，还可从动力学角度通过调节组分比例和压强对积碳进行调控。Gadalla 等[195] 详细研究了反应压强对催化剂积碳限的影响，分别取总反应压强为 0.6、1 和 10 atm 进行计算，催化剂积碳限随 CO_2/CH_4 比及压强的变化趋势如图 8-4 所示。可以看到，随着压强的变大，积碳限向高温移动。CO_2/CH_4 为 1 时，积碳限从 1 atm 时的 850℃左右升至 10 atm 时的 1030℃附近。另外，提高组分中 CO_2 的比例，积碳限也会明显降低。

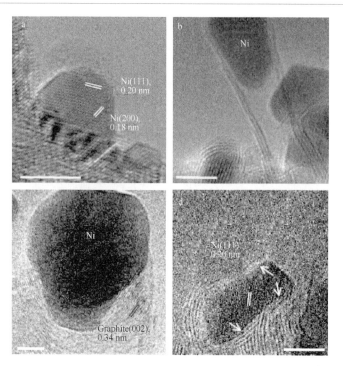

图 8-3   Ni/MgAl$_2$O$_4$ 催化剂和碳纳米纤维原位透射电子显微镜 (TEM) 照片[192]

a. MgAl$_2$O$_4$ 载体上 Ni 纳米晶体的原位 TEM 图 (原位 3.5 mbar H$_2$, 430℃还原处理), 晶格条纹线
对应于金属 Ni (111)、(200) 晶面; b. 多壁管状纳米碳纤维的 TEM 图; c. 晶须状纳米碳纤维的
原位 TEM 图, 晶格条纹线对应于石墨碳 (002) 晶面; d. 碳纳米纤维生成过程中 Ni 纳米晶体的原
位 TEM 图, 晶格条纹线对应于 Ni (111) 层, 箭头为 Ni 表面的单原子台阶边缘。图 b ~ d 中的原位
测试条件: 还原处理后 Ni 催化剂, CH$_4$: H$_2$ = 1:1, 2.0 mbar, 500 ~ 540℃, 图中比例尺: 5 nm

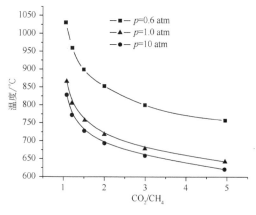

图 8-4   CO$_2$/CH$_4$ 比例在不同压强下对积碳限的影响[195]

除了从热力学和动力学两个方面来有效抑制积碳的产生外，还可以通过对催化剂的改进来提高催化剂的抗积碳性能。实验表明，贵金属催化剂具有很高抗积碳性能，但是贵金属的高昂价格限制了其大规模的工业应用。因此，针对 Ni 基催化剂的抗积碳性能改进仍是研究的热点。从文献报道来看，Ni 基催化剂抗积碳性能的改善主要通过以下几种方式：一是添加助剂改变载体的表面酸碱度；二是选择性钝化积碳易于生成的 Ni（111）上的台阶位；三是通过提高活性金属的分散度来提高抗积碳性能。下面分别对三个方面进行说明。

1. 改变载体的表面酸碱度

一方面，向催化剂中添加碱金属或碱土金属氧化物，增加载体的表面路易斯碱性[16]，提高对 CO_2 吸附能力，从而提高载体表面 CO_2 浓度，从动力学平衡上抑制 CO 歧化反应。通常采用的碱土金属氧化物有 MgO[11,85,91,101,125,147,153] 和 CaO[9,82,90,98,99]。另一方面，直接选用碱性材料作为载体，如 MgO[18,104~107,163]、Na 型分子筛[39,47,139]、$BaTiO_3$[131] 等。

表8-4　添加对催化剂比表面积、积碳速率的影响[196]

催化剂	表面积/ (m^2/g)	成分 XRD 检测	积碳速率/ [mg 碳/ (g 催化剂·min)]	积碳量/ (%/40min)
$Ni/\gamma - Al_2O_3$	101.0	$\gamma - Al_2O_3$	21.8	42.2
$Ni/\alpha - Al_2O_3$	2.0	Ni, $\alpha - Al_2O_3$	0.2	0.6
Ni/MgO	22.1	MgO	4.1	2.0
Ni/SiO_2	319.5	NiO, SiO_2	3.1	3.0
Ni/TiO_2	50.3	NiO, TiO_2	0	0
$Ni - K_2O/Al_2O_3$	109.6	NiO, Al_2O_3	12.4	38.9
$Ni - Li_2O/Al_2O_3$	101.8	NiO, Al_2O_3	14.1	31.5
$Ni - MgO/Al_2O_3$	103.7	Ni - MgO 固溶体	14.4	32.7
$Ni - La_2O_3/Al_2O_3$	110.9	$\gamma - Al_2O_3$	6.7	18.5
$Ni/Al_2O_3 - La_2O_3$	86.6	$\gamma - Al_2O_3$	5.4	19.9
$Ni/Al_2O_3 - MgO$	96.1	$MgAl_2O_4$	5.6	20.3

Ni/Al_2O_3[196] 催化剂中添加碱金属（Li、K）或碱土金属（Mg）氧化物，对反应过程中积碳有明显的抑制作用（表8-4）。Osaki 等[197] 研究了添加 K 对催化剂 CH_4 分解反应及 CH_4-CO_2 反应中积碳速率的影响，结果如图8-5 所示。可以看出，添加 10% 的 K 之后，对于 CH_4 分解反应，并不能完全抑制积碳，但是在 CH_4-CO_2 反应中，催化剂的积碳在 150 min 内几乎被完全抑制。这主要是因为 K 的添加，增加了催化剂载体的碱性，促进了对 CO_2 的吸附，从而提高了催化剂表

面 CO_2 浓度，从动力学方面影响了 CO 歧化反应式（8-3）的化学平衡，降低了积碳。但需要注意的是，虽然通过增加载体碱性可以增强对 CO_2 吸附，从而有效抑制了积碳，但通常也会导致催化剂活性明显下降，因此还需要注意保持两种作用之间的平衡。

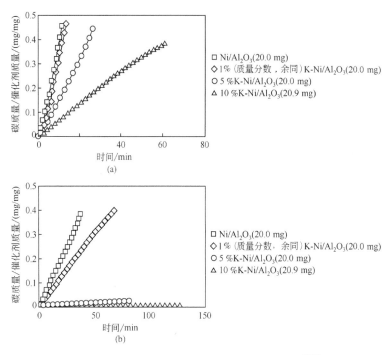

图 8-5 CH_4 分解反应（a）和 CH_4-CO_2 反应（b）过程中不同催化剂的 TG 图[197]（反应温度：500℃）

2. 选择性钝化积碳位

直接向催化剂中添加助剂来钝化积碳活性位可有效抑制积碳。如添加碱金属钾，或金属 Sn[200]、Au[201~203] 等。添加碱金属钾除了通过提高催化剂的碱性来抑制积碳外，钾还可选择性吸附在 Ni 的台阶位来抑制积碳。Rostrup-Nielsen 等[198] 利用室温下 N_2 吸附测定了添加 2.1% K 前后 Ni/γ-Al_2O_3 催化剂上的台阶位数量，发现钾可选择性吸附在易于积碳的 Ni 台阶位上。DFT 计算结果也表明钾在催化剂表面以—K—O—K—O—形式沿着 Ni 的台阶位排列最为稳定[189]，与室温下 N_2 吸附测定结果相符。

Nikolla 等[200] 通过 DFT 理论计算发现 Sn 热力学上可以取代 Ni 金属台阶边缘位的 Ni 原子，处于取代位置的 Sn 原子有效排斥碳原子在台阶位的吸附，从而降低了形成积碳的可能。依此理论为指导，他们制备了钇稳定的二氧化锆（YSZ）

负载的 Sn/Ni 合金催化剂，XPS 谱图对比表明 Sn 可在催化剂表面富集。同时，通过甲烷和异辛烷蒸气重整实验测试了催化剂的抗积碳性能，结果如图 8-6 所示。可以看到，单纯 Ni 基催化剂积碳严重，甲烷和异辛烷的转化率随反应时间的增长转化率迅速降低。而在 Sn/Ni 催化剂上，CH_4 或 C_8H_{18} 的转化率在 500 min 中基本保持不变，说明合金催化剂的抗积碳性能得到明显提高。

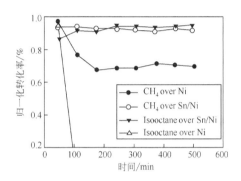

图 8-6　Ni 和 Sn/Ni 合金催化剂上甲烷和异辛烷蒸气重整实验测试[200]

Pleth Nielsen 等[201] 发现 Au 与 Ni 在体相中不能形成合金，但可以形成表面合金。图 8-7 中的 STM 图可以看到随着在 Ni（111）面 Au 沉积量的增加，即使在较低覆盖度下（0.07 单层），Au 原子部分取代第一层 Ni 原子，形成稳定表面合金，同时 Ni 原子被挤压形成孤岛。

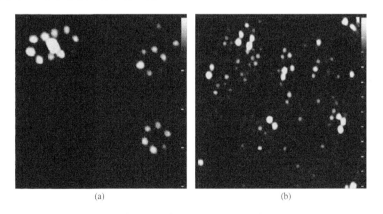

(a)　　　　　　　　　　　　　(b)

图 8-7　Au 在 Ni（111）面 STM 图

(a) 0.02 单层；(b) 0.07 单层[201]；

图中黑点为 Au 原子，周围亮点为受其影响的 Ni 原子

DFT 计算表明，与纯 Ni（111）相比，在形成 Au – Ni 合金后，合金上 C 原

子不稳定程度变高（图8-8）。在纯Ni（111）面上最稳定的C原子吸附位是六方紧密堆积的三重空位，而形成合金后，临近Au原子的三重位上C原子吸附很不稳定，容易与吸附态O原子反应生成CO而有效抑制反应积碳[202]。

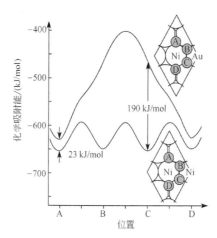

图8-8　Ni（111）晶面不同位置上C原子吸附能[202]

除了直接添加助剂之外，向反应气中添加H_2S[199]气体，间接通过硫化反应也能够钝化积碳活性位从而达到抑制积碳的目的。但是采用这种方式时，反应产物中也会伴随着含硫物质，因此尽管该方法已经工业应用，仍存在一定的环境问题。

3. 通过提高活性金属的分散度来提高抗积碳性能

降低金属Ni的粒径可有效控制积碳，因此提高活性金属Ni的分散度，使颗粒尺寸小于积碳所需，可有效提高抗积碳性能。一般来说，通过增强Ni与载体之间的相互作用，有利于金属Ni颗粒的分散和稳定，因此多种可与活性组分Ni发生强相互作用的材料被用做Ni基催化剂的载体来提高抗积碳性能。镁铝尖晶石结构[21]有效抑制Ni向镍铝尖晶石转化，从而稳定镍微晶；同时镁铝尖晶石或镁铝固溶体[56]具有较大高温表面积，增强了Ni与载体的相互作用，可提高Ni的分散度，因此采用镁铝尖晶石作为载体大大提高了Ni基催化剂的抗积碳性能。其他载体如ZrO_2[24~27,29,30,59,204]、TiO_2[127~131]和La_2O_3等也可与Ni发生强相互作用，因此也表现出较好的抗积碳性能。

MgO负载Ni后可与之形成固溶体[16]，除了通过提高催化剂的碱性来抑制积碳外，固溶体的存在还有效提高了Ni分散度，使Ni粒径小于积碳所需临界尺寸。另外，由于固溶体之间强相互作用的存在，催化剂的高温抗烧结能力也有所提高。

8.1.6 甲烷和二氧化碳的活化

1. 甲烷的活化

CH_4 分子的四面体结构及其分子的非极性决定了甲烷分子比较难活化，虽然甲烷第一个 C—H 键活化能与氢气分子的解离能相近，但是由于其四面体结构，相比氢气活化困难。过渡金属上的甲烷活化研究较多，主要观点有如下两种：

（1）前驱体媒介机理（precursor/trapping mediated mechanism，PMM）。Ceyer 等[205] 提出在 Ni（111）表面，CH_4 分子首先将其正四面体分子结构扭曲变为正三角锥形状，形成分子前驱状态，然后一个 H 原子穿越活化能势垒活化。对于 PMM 机理，分子前驱状态的形成取决于催化剂表面温度。催化剂表面温度不同，分子前驱体可以从催化剂表面脱附，也可以在催化剂表面分解[206]。

（2）直接分裂机理（direct dissociative mechanism，DDM）。DDM 机理中，CH_4 分子与表面碰撞而直接分解。初始吸附概率并不强烈依赖于表面温度，初始反应概率则随着 CH_4 分子与表面碰撞的初始动能的增加而增高[206]。BeeBe 等[207] 对 CH_4 在 Ni 低指数表面反应进行了详细研究，具体数据如表 8-5 所示。可见，不同晶面上甲烷黏附系数具有明显差异，说明甲烷在 Ni 上的分解反应是结构敏感反应。

表 8-5 活化能和初始甲烷黏附系数总结 500 K[207]

表面	活化能 CH_4（CD_4）/（kJ/mol）	初始黏附系数（CH_4）
Ni（111）	52.7（—）	1×10^{-8}
Ni（100）	26.8（62.3）	6×10^{-8}
Ni（110）	55.6（52.3）	1×10^{-7}

甲烷分子 C—H 键断裂经历如下步骤：

$$CH_4 \longrightarrow CH_3^{\cdot} + H^{\cdot} \tag{8-29}$$

$$CH_3 \longrightarrow CH_2^{\cdot} + H^{\cdot} \tag{8-30}$$

$$CH_2 \longrightarrow CH^{\cdot} + H^{\cdot} \tag{8-31}$$

$$CH \longrightarrow C + H^{\cdot} \tag{8-32}$$

Bengaard 等[189] 研究了 CH_4 在 Ni（111）和 Ni（211）表面上的活化。通过 DFT 计算，在催化剂表面台阶位上 CH_x（$x = 1, 2, 3$）稳定物种是 $CH^{\cdot} + 3H^{\cdot}$，原子碳是更稳定的中间体。在表面台阶位上，甲烷分子第一个和第二个碳氢键的断裂是微吸热过程，剩余碳氢键断裂是放热过程。所有 CH_x 中间体在 Ni（211）的台阶位比在 Ni（111）紧密堆积表面更稳定。

对于 Ni 和 Pd 金属表面上的甲烷初始分解反应式（8-29）[208]，台阶位和钮结位活化能比在平台上小 0.3 eV；而对于反应式（8-29）的逆反应，在台阶位和在平台活化能相当。从而表面缺陷位如台阶位和钮结位促进了键断裂，促进作用受金属种类及反应情况影响。通过试验测定甲烷分裂反应在 Ni（111）、Ru（0001）、Pd（111）晶面上表观活化能分别为：0.55 eV、0.37 eV、0.33 eV，从而说明甲烷分解反应结构敏感[208]。

2. 二氧化碳的活化

低温（80 K）下可在 Ni（110）面观察到 CO_2 吸附，随着温度升高到 100 K，Ni（110）面生成弯曲的和离子化的 CO_2^{8-}，当温度进一步升高到 230 K 分解成 CO 和 O[200]。Nikolla 等[200]采用分子束技术确定 CO_2 在 Ni（100）面吸附能为 12 kJ/mol，由于 CH_4-CO_2 重整反应温度较高，这么低的 CO_2 吸附能说明在 CH_4-CO_2 重整反应条件下 CO_2 在催化剂表面的覆盖可以忽略不计。

CH_4-CO_2 重整反应除了催化重整之外，还有等离子体辅助重整[209~214]、膜重整[22,215]等，本节不作详细叙述。

8.2 氧化亚氮的催化消除

8.2.1 氧化亚氮的来源、危害和消除对策

氧化亚氮（N_2O）是一种无色的有微弱甜味的气体。1772 年，Joseph Priestley 在 NO 与铁的还原反应中首次发现了它。1799 年，Humphrey Davy 在进行气体性质研究时发现吸入 N_2O 能使人发笑，而且有一定麻醉作用，因而为其取名为笑气。目前它已经被广泛的应用到电子工业与医学领域，以及半导体器件制造、压力包装及食品工业等领域。由于 N_2O 本身对人体并不具有明显毒性，长期以来都不被看作是污染气体。但近十几年来的研究发现，N_2O 是一种重要的温室气体，并且对臭氧层有破坏作用[216~222]。

N_2O 的产生主要有两大来源：一是来自自然界，如海洋、森林、土壤等自然源，主要是由于细菌等微生物分解含氮化合物得到的，这部分排放占总排放量的一半以上，基本是维持不变的[216,217,219,221,222]；另一个主要来源是人类活动，如耕作土壤时氮肥的使用，以及一些化学品的生产过程，如尼龙 66 单体己二酸的生产[223]、硝酸的生产，化石燃料和垃圾的燃烧等（表 8-6）。其中特别需要引起注意的是，为控制机动车和锅炉燃烧尾气污染排放而加装的尾气净化催化转化器在将 NO_x 转化成 N_2 的同时也会产生一定量的 N_2O。随着城市汽车保有量的增加，这已经成为大气中 N_2O 的一个新的来源[217,218,224]。

表 8-6 各种人类活动所造成的 N_2O 排放量[218]

来源	kt/年[a]	来源个数[a]	占人为制造总量的百分数/%[b]
己二酸生产	371～545	23	5～8
硝酸生产	280～370	255	4～8
土地耕作，施肥	1000～2200	>1000	14～45
化石燃料燃烧（固定源）	190～520	>2×10⁸	4～10
化石燃料燃烧（移动源）	200 400～850		4～15
生物质燃烧	500－1000		10～20
FCC[c]再生	未知		
垃圾焚化	未知		
其他化学品生产过程	未知		

a. 截至 1996 年底；b. 人为制造总量以 $4.7～7×10^9$ kg N_2O/年为标准；c. 流化催化裂化催化剂。

大气中 N_2O 的最主要的汇是在平流层中的光化学分解，即发生式（8-33）和（8-34）所示的反应。N_2O 是平流层中 NO_x 的主要来源，而 NO_x 对臭氧层是有破坏作用的［式（8-36）和（8-37）］[219]。因此尽管目前对于 N_2O 对臭氧层的破坏能力的定量结果还没有统一的意见，但其对于臭氧层的负面作用是毋庸置疑的[216～222]。

$$N_2O + h\upsilon \longrightarrow N_2 + O^{\bullet} \qquad (8\text{-}33)$$

$$N_2O + O^{\bullet} \longrightarrow N_2 + O_2 \qquad (8\text{-}34)$$

$$N_2O + O^{\bullet} \longrightarrow 2NO \qquad (8\text{-}35)$$

$$NO + O_3 \longrightarrow NO_2 + O_2 \qquad (8\text{-}36)$$

$$NO_2 + O_3 \longrightarrow NO_3 + O_2 \qquad (8\text{-}37)$$

一般认为，目前的大气温室气体成分中 N_2O 对于地球变暖的贡献程度仅次于 CO_2 和 CH_4 这两种最常见的温室气体，但同等浓度下它比 CO_2 和 CH_4 具有更强的温室效应。由于 N_2O 在对流层中非常稳定，平均寿命长达 150 年，它的温室效应分别是 CO_2 的 310 倍，CH_4 的 21 倍[222]。大气中 N_2O 的浓度曾经在 270ppbv 维持了几个世纪。但工业革命后，其浓度便开始以每年 0.2%～0.3% 的速度增长，2005 年达到 319 ppbv，比工业革命前增长了 12%[222]。2005 年 2 月 16 日正式开始执行的《京都议定书》提出限制包括 N_2O 在内的 6 种温室气体的排放，研究和开发 N_2O 的源排放控制和去除技术成为今后必须面对的一个重要课题。

各国还没有出台严格的 N_2O 排放控制标准，普遍应用在汽车尾气净化的三效催化剂和电厂锅炉尾气氨选择性还原 NO_x 催化转化器对净化 N_2O 的效果不能令人满意。但随着人们对环境问题的日益关注，越来越多有关 N_2O 催化消除的研究相继开展起来。相关技术已经开始在一些 N_2O 排放量较大的己二酸生产厂得到应用。

表 8-7 给出了一些典型 N_2O 排放源的具体情况。要消除这些排放源中的 N_2O，必须充分考虑到气体组成、浓度及尾气温度等客观条件对催化剂体系可能的影响。从表中来看，各种排放源的 N_2O 的浓度相差较大，从几十 ppm 到 50% 不等；尾气温度也由室温到 $800 \sim 900^{\circ}C$ 不等。当尾气温度较低时，要求催化剂有较高的低温活性；当尾气温度较高时，则催化剂应该具有较高的热稳定性。另外一个需要考虑的问题是尾气中共存的其他气体，如 O_2、HC、NO_x、CO、CO_2、SO_2 等气体对催化剂体系的影响。

表 8-7   各种排放源中 N_2O 浓度范围 （ppm）[218]

来源	尾气温度/℃	N_2O	NO_x	O_2	H_2O	CO	SO_2
己二酸生产	$200 \sim 300$	$30\% \sim 50\%$	0.7%	4%	$2\% \sim 3\%$	300	—
硝酸生产	$180 \sim 200$	$300 \sim 3000$	$300 \sim 3000^a$	$2\% \sim 4\%$	$2\% \sim 3\%$	—	—
三效催化剂[b]	$25 \sim 800$	$0 \sim 1000$	$0 \sim 2000$	$0 \sim 1000$	ca. 10%	$0 \sim 4000$	$20 \sim 100$
流化床燃烧	$700 \sim 900$	$50 \sim 500$	$50 \sim 500$	$2\% \sim 10\%$	ca. 10%	$10 \sim 1000$	< 2000
垃圾焚化		$0 \sim 600$					
NSCR[c]		$30 \sim 150$					
FCC 再生		未知					
NH_3 催化燃烧		$200 \sim 500$					

a. NO_2/NO 比值约为 1；b. 老化的催化剂，此值随空燃比波动；c. 非选择性催化还原 NO_x。

目前对于 N_2O 的催化消除主要有两种方法：直接催化分解法和选择性催化还原法。前者是使 N_2O 直接在催化剂上分解为 N_2 和 O_2 的方法，后者主要是通过添加还原剂（如 CO、H_2、NH_3 或 CH_4、C_3H_6 等碳氢化合物）实现对 N_2O 的还原。选择性催化还原法由于使用了还原剂，可以有效降低反应的温度，但操作成本也随之增加，目前的研究主要集中在一些 Fe 分子筛催化剂上；直接催化分解法操作工艺相对简单，是目前在工业上（处理己二酸生产厂尾气）主要应用的方法。下面将主要对直接催化分解法方面的研究进展情况进行总结，并在介绍分子筛催化剂体系时对选择性催化还原法进行简单回顾，最后对将来的研究方向和方法提出建议。

8.2.2　氧化亚氮直接催化分解反应及反应机理

8.2.2.1　催化氧化亚氮直接分解反应

N_2O 是一个不对称分子，N—N 之间的键级为 2.7，N—O 之间的键级为 1.6，相比之下 N—O 键更容易断裂。但是 N—O 键能约为 $250 \sim 270$ kJ/mol，要使该键断裂并按式 (8-38) 发生反应至少需要 600℃ 以上的高温[218,220]。

$$2N_2O \longrightarrow N_2 + O_2 \quad [\Delta_r H^0 (25℃) = -163 \text{ kJ/mol}] \tag{8-38}$$

N_2O 与 CO_2 是等电子体，它们的成键轨道是全满的，而反键 3π 轨道是全空的。因此，采取直接催化分解法的基本原理就是向其反键轨道填充电子，削弱其 N—O 键，使其在较低温度就能发生分解反应[218,220]。

当有其他气体（如 CO、CO_2、NO、SO_2）共存时，在不同的催化体系上可能发生一系列反应 [式 (8-39) ~ (8-42)]，这些反应以及 N_2O 的分解反应都是放热反应，因此，当有共存气体存在，或者是 N_2O 浓度比较高时（如己二酸厂尾气），催化剂的热稳定性是必须考虑的问题[218]。

$$N_2O + CO \longrightarrow N_2 + CO_2 \quad [\Delta_r H^0 (25℃) = -365 \text{ kJ/mol}] \tag{8-39}$$

$$N_2O + NO \longrightarrow N_2 + NO_2 \quad [\Delta_r H^0 (25℃) = -139 \text{ kJ/mol}] \tag{8-40}$$

$$N_2O + SO_2 \longrightarrow N_2 + SO_3 \quad [\Delta_r H^0 (25℃) = -181 \text{ kJ/mol}] \tag{8-41}$$

$$2NO + O_2 \longrightarrow 2NO_2 \quad [\Delta_r H^0 (25℃) = -114 \text{ kJ/mol}] \tag{8-42}$$

8.2.2.2　反应机理

在不同的催化体系上 N_2O 分解机理各不相同，但总结起来分为两步：第一步 N_2O 与活性中心相互作用造成 N—O 键断裂，生成 N_2 和吸附氧 [式 8-43)]，第二步是吸附氧的脱附[218] [式 (8-44) ~ (8-45)]。

$$N_2O + * \longrightarrow N_2 + O* \tag{8-43}$$

$$N_2O* \longrightarrow O_2 + 2* \tag{8-44}$$

$$N_2O + O* \longrightarrow N_2 + O_2 + * \tag{8-45}$$

其中，* 为表面黏性位。

N_2O 与活性位的作用一般认为是由活性中心将电子填入 N_2O 的反键 3π 轨道，促进 N—O 键的弱化和断裂，生成 N_2 和吸附氧。充当活性中心的可以是具有给电子能力的金属或金属氧化物，具有多种价态的过渡金属及 F 心（束缚一个电子的阴离子空位）[218]。当有其他共存气体时，可能会因为可以吸附在同样的活性位上而与 N_2O 发生竞争作用，从而对分解反应产生一定的抑制。例如 H_2O 存在时会使得活性中心发生羟基化，使其失去与 N_2O 相作用的能力。

吸附氧的脱附可以通过两种历程进行：L-H 历程 [式 (8-44)] 和 E-R 历程 [式 (8-45)]。当氧脱附主要通过 L-H 机理进行时，式 (8-44) 表示的反应是可逆的，即游离态 O_2 分子可以在同样的活性中心上发生解离吸附，占据活性位，阻碍反应进行。当氧脱附主要通过 E-R 机理进行，或者式 (8-44) 为不可逆过程时，O_2 对分解反应的影响会比较小[218]。

8.2.3 氧化亚氮的催化分解催化剂

有关 N_2O 直接分解催化剂的研究早在 20 世纪 60 年代就已经开始了，但是早期的研究并不是以消除 N_2O 为目的，而是通过这个反应考察催化剂在氧化反应中的催化性能或者对催化剂进行表征，因此其催化活性并不高。自从 Iwamoto 等人发现 Cu-MFI 对分解 NO_x 有很高的活性以来，一系列的离子交换分子筛也被用来研究催化 N_2O 直接分解[225]。从 20 世纪 90 年代开始，随着人们对 N_2O 认识的加深及对环境问题的日益重视，研究者开始致力于研究有较高催化 N_2O 分解活性的催化剂，一些性能优异、有工业应用潜力的催化剂体系（如类水滑石分解产物催化剂及尖晶石催化剂等）被相继研究出来。

N_2O 分解催化剂可以大致分为 3 类：金属催化剂、氧化物催化剂和分子筛催化剂等，下面将就这几种催化剂目前在国内外的研究进展情况作简要介绍。

8.2.3.1 氧化亚氮的催化分解金属催化剂

可以催化 N_2O 直接分解的金属催化剂主要是负载型贵金属催化剂，如 Pt[224,226~228]、Pd[224,226,229~232]、Rh[224,226,232~245]、Ru[246~250]、Au[251] 等单金属催化剂，及 Ag-Rh/Al_2O_3[252]，Ag-Pd/Al_2O_3[253] 等双金属催化剂。对于单金属催化剂，其催化活性的顺序依次为 Rh > Au > Ru > Pd > Pt；双金属 Ag–M 催化剂，主要活性区间在 300℃ 以上（如果没有特别说明，活性区间或活性温度一般指没有其他共存气体且 N_2O 转化率达到 50% 以上的温度区间）。而 Rh、Ru、Au 催化剂，其活性区间主要在 200~400℃，表现出较好的低温催化活性。与 Rh、Ru 相比，近年来对 Au 催化剂的研究相对较少，2002 年 Yan 等[251] 报道了负载于 Co_3O_4 上的纳米金催化剂的优异活性：对浓度为 1200 ppm 的 N_2O 在 250℃ 就能达到 85% 的转化率，但直到目前为止仍未有更深入的研究报道。因此下面简单介绍一下 Rh 和 Ru 催化剂的研究进展。

1. Rh 催化剂

Rh 催化剂是 N_2O 分解反应中活性最高的催化体系之一，同时也是研究最多的贵金属催化剂，从活性组分到载体，以及反应的机理都进行了大量的研究。

（1）催化活性研究。对于负载型贵金属催化剂来说，金属在载体上的分散度及载体的性质与催化剂的活性有十分密切的关系，是进行研究的重点。Haber 等[233] 报道向 Rh/Al$_2$O$_3$ 上添加适量碱金属助剂可以有效提高 Rh 在载体上的分散度，催化剂的活性同时得到大幅度提高。当 Rh 负载在 USY（700℃焙烧）、Al$_2$O$_3$（600℃焙烧）、ZrO$_2$（500℃焙烧）、CeO$_2$（600℃焙烧）、CeO$_2$/ZrO$_2$（900℃焙烧）等载体上时，由于有比较好的分散度，使其可以在 200～300℃ 达到最佳催化 N$_2$O 分解活性（如图 8-9 所示）[233～236]。值得注意的是，对比 Al$_2$O$_3$ 和 USY 两种载体可以发现，尽管 Rh 在 USY 载体上的分散度略低，但其活性却反而更高，这可能与活性组分与载体间的相互作用有关。在 Rh/ZnO 催化剂上可能也存在类似的作用，0.5% Rh/ZnO 催化剂在 5% O$_2$ 存在的情况下，可以在 300℃ 实现对 950 ppm 的 N$_2$O 的完全消除。通过对该催化剂的高分辨透射电子显微镜（high-resolution TEM）分析发现在催化剂表面上存在一些 50Å 大小的颗粒，EDX 分析表明它们是由 Rh 和 Zn 的氧化物组成的，尽管并没有直接证据表明存在 Rh-Zn-O 化合物，但 Rh 与载体 ZnO 之间的相互作用很可能是其具有高活性的重要原因[237]。载体作为活性组分的主要分散场所，还会因为特殊的物理化学性质而影响催化剂的活性。如果对载体进行合适的改性，同样可以达到提高催化剂活性的目的。Imamura 等[238] 提出当向 CeO$_2$ 载体中添加 20%（摩尔分数）的 PrO$_2$ 时，由于 PrO$_2$ 与 CeO$_2$ 之间的相互作用使得后者上氧的流动性增强，分解反应中产生的 O 比 Rh/CeO$_2$ 上更容易脱附，因而催化剂的活性得到提高。Centi 等[239,240] 研究发现当以少量（1%）的三价离子（如 Ce^{3+}，Y^{3+}，Sb^{3+} 等）取代 Rh/ZrO$_2$ 中

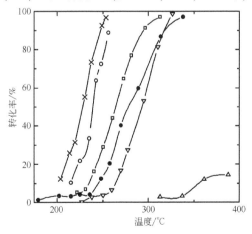

图 8-9　N$_2$O 在 Rh 催化剂上的转化曲线[235]

×—USY（700℃）；○—Al$_2$O$_3$（600℃）；●—CeO$_2$（600℃）；▽—FSM-16（550℃）；

□—ZrO$_2$（500℃）；△—La$_2$O$_3$（600℃）；N$_2$O/He = 950 ppm

Zr^{4+} 后，由于电荷平衡的需要，载体上会生成一些"氧空位"（oxygen vacancy），而存在于 Rh 和 ZrO_2 之间的氧空位非常有利于在 Rh 上的吸附氧的转移并且进一步与其他吸附氧结合并脱附，因而使催化剂的活性得到提高。在 Rh/ZrO_2 催化剂上，即使不引入三价离子，在 0.05% N_2O/He 气氛中 500℃进行脱羟基的活化处理后，也能提高催化剂的活性至200℃左右，原因可能也与活化过程中产生的氧空位有关。但当原料气中有 H_2O 时，ZrO_2 被重新羟基化，活化作用同时消失[241]。

（2）反应机理。在对 Rh 催化剂上进行的 N_2O 脉冲实验中发现，N_2 从第一个 N_2O 脉冲开始就能被检测到，但 O_2 信号却从第19个脉冲才开始出现[235]。无论是 O_2 还是 N_2O 的 TPD 实验都表明 Rh 催化剂上吸附氧的脱附（L-H 机理）需要600℃以上的高温，而 Rh 催化剂在200℃左右就有很好的活性，并且有 O_2 不断生成，因此 Yuzaki 等提出氧的脱附可能是按照 E-R 机理［式（8-45）］进行的[235]。但 ^{18}O 同位素实验发现氧的脱附仍然是按照 L-H 机理进行的，脱附过程之所以能在较低温度就可以进行可能是因为 N≡N 键和 Rh—O 键的生成而放出了大量能量，该能量被传递到周围的吸附氧上，促使它们相互接近，并结合生成 O_2，从催化剂上脱附下来[242,243]。

（3）共存气体影响。当原料气中有 O_2、H_2O 等与 N_2O 共存时，它们会与 N_2O 在相同的活性位上发生竞争吸附，从而使得催化剂的活性下降。例如在 Rh/ZrO_2 催化剂上，这种可逆的抑制作用十分明显。但如果向载体中添加 10% La_2O_3、Nd_2O_3 或 Al_2O_3，则由于此时催化剂的表面性质发生了改变，使得共存气体的影响减小很多[239,240]。有趣的是在载体上添加第二组分以后，在 H_2O 的存在下 Rh/ZrO_2 基催化剂上会发生 N_2O 分解的"振荡现象"（oscillating behavior），其中以添加 Nd_2O_3 的 $Rh/ZrNdO_x$ 催化剂振荡最为规律。Centi 等[244,245]研究认为 H_2O 并没有直接参与分解反应，也并不只是单纯的与 N_2O 发生竞争吸附，而是通过使 ZrO_2 表面发生羟基化而削弱了载体与 Rh 之间的相互作用，随着 N_2O 分解后产生的 O 在 Rh 表面上的逐渐累积，Rh 颗粒可能发生了周期性的重构，导致出现振荡现象。NO、NO_2 的存在也会降低催化剂的活性，但它的影响是可逆的，不会像 SO_2 那样使催化剂很快发生不可逆中毒[239]。

2. Ru 催化剂

（1）催化活性。Ru 催化剂对 N_2O 分解也有较好的催化活性，活性区间主要在300℃以上。在该催化剂上，不仅还原态的金属 Ru 可以充当活性中心，RuO_2 和 RuO_3 也可催化 N_2O 的分解，它们的催化活性甚至超过金属 Ru。Pinna 等[246]发现在 Ru/ZrO_2 催化剂上，金属 Ru 或者部分氧化的 RuO 会被 N_2O 逐渐氧化为 RuO_2，进而可能氧化成 RuO_3，而 RuO_3 又可以被 N_2O 还原为 RuO_2，RuO_3 和 RuO_2 之间存在着动态平衡，N_2O 在反应中既是氧化剂又是还原剂，因而催化剂的活性较高。对 Ru/Al$_2$O$_3$ 的研究也发现, 无论是否经过还原预处理, 催化剂都具有较高的催化活性[247]。除活性中心的状态外, 载体的性质对催化活性也有很大的影响。例如当采用 MCM-41 (比表面积高达 1240 m^2/g) 作为载体时, Ru 可以在载体上达到高度分散, 活性远高于 Ru-ZSM-5[248]。

(2) 共存气体影响。O$_2$、H$_2$O 等共存气体对催化剂的影响非常大, 尤其是当 H$_2$O 存在时, 对于负载于 Al$_2$O$_3$、ZrO$_2$、MCM-41 等不同载体上的 Ru 催化剂的 N$_2$O 分解活性均有很大影响[246~250]。Wang 等研究发现即使 Ru/Al$_2$O$_3$ 催化剂表面已经发生羟基化 (用水蒸气处理催化剂), 其活性也会在较高反应温度时逐渐得到恢复, 因此将催化剂在略高于常用反应温度的条件下活化一定时间, 将有利于提高其抗水能力[250]。这个预处理过程实际是个脱除表面羟基的过程。H$_2$O 与 N$_2$O 在催化剂表面的竞争吸附主要发生在低温区, 温度升高后由于脱羟基作用, H$_2$O 的影响会逐渐减弱, 催化剂的活性会因此得到恢复。在 Ru/Al$_2$O$_3$ 上, 当添加 10% H$_2$O 后, 催化剂的 N$_2$O 分解活性也会呈现出振荡现象。Marnellos 等[247]认为可能有两个原因导致此现象出现: ①H$_2$O 与表面的活性位发生反应, 周期性的改变了活性中心的状态; ②聚集在催化剂表面的水蒸气周期性的蒸发。在同样的催化剂上, SO$_2$ 的加入会使 Ru 发生不可逆中毒, 催化活性大幅度下降, 但同时 O$_2$ 的抑制影响却在动力学实验中被证实消失了, 这可能是因为 SO$_2$ 可以与表面吸附氧发生反应而促进氧脱附 [式 (8-46)], 但同时活性中心也已失活。

$$SO_2 + O - X \Longrightarrow SO_3 + X \tag{8-46}$$

总体来看, 贵金属催化剂有很好的低温催化 N$_2$O 分解的活性, 但目前在工业上的应用并不多, 一方面因为它们的耐硫、抗水性能有待进一步提高, 另一方面其相对高昂的价格成为其大规模工业应用的瓶颈。

8.2.3.2 氧化物催化剂

氧化物催化剂是目前研究最集中的可以催化 N$_2$O 直接分解的催化体系。早期的研究主要在纯氧化物催化剂和钙钛矿催化剂上展开, 但它们对于 N$_2$O 分解反应的低温催化活性都不太令人满意。尽管如此, 相关的机理研究为后继研究者提供了很好的参考。近十年来, 类水滑石分解产物及尖晶石催化剂等对于催化 N$_2$O 直接分解具有高活性的复合氧化物催化剂陆续被开发出来。

1. 纯氧化物催化剂

对 N$_2$O 分解有催化活性的主要是过渡金属氧化物及碱土金属氧化物[254~260]。活性最高的氧化物是 VIII (Rh、Ir、Co、Fe、Ni)、CuO 和一些镧系氧化物 (La); III-VII (Mn、Ce、Sn、Cr) 和 II (Mg、Ca、Sr、Zn) 氧化物也有较高的活性。总体来看, 除了 Rh$_2$O$_3$ 有较好的低温活性外, 其余都属于中高温催化剂[218]，如图 8-10 所示。

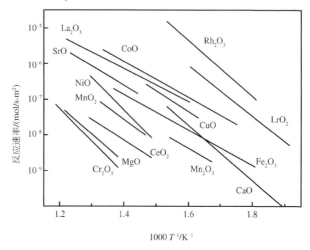

图 8-10　纯氧化物的 N_2O 分解速率 ［$\mu mol/$（$s\cdot m^2$）］

N_2O 分压 10 kPa，O_2 分压 0.1 kPa[218]

通过对 ZrO_2 等氧化物的原位红外研究发现，N_2O 在催化剂上发生分解反应后，氧会牢牢占据在活性位上，造成催化剂活性较低。只有在约 300℃ 以上，当 O_2 开始大量脱附后，催化剂的活性才会逐渐提高，即吸附氧的脱附是整个分解反应的速控步骤[254]。这是很多催化剂即使在原料气中无 O_2 存在情况下，低温催化活性仍较低的根本原因。

值得注意的是，有些氧化物催化剂受共存 O_2 的影响较小。表 8-8 列出了 O_2 对 31 种氧化物催化剂的影响情况。对于不受 O_2 影响的氧化物催化剂，向 N_2O 气体中加入富含 ^{18}O 的 O_2，发现 N_2O 的分解反应与氧交换反应互不干扰。Winter 等[255]据此推断在这些氧化物催化剂上 O_2 的吸附位与 N_2O 发生分解反应的活性位是不同的，即在 N_2O 分解活性位上不能发生式（8-44）的逆向反应，所以共存 O_2 对 N_2O 分解反应的影响不大。Satsuma 等[256]以反应速率对各种氧化物的摩尔（晶格氧）生成热（$-\Delta H_f^0$）作图，发现两者之间有一定关联（图 8-11），由于氧化物的摩尔（晶格氧）生成热（$-\Delta H_f^0$）反映了其金属－氧键（M—O）的键强，而该键强与金属氧化物的氧化还原活性相关，因此可以认为氧化物催化剂对 N_2O 的分解活性与其氧化还原活性有关。实验同时发现共存 O_2 或 CH_4 对 N_2O 分解活性的影响也与 M—O 键的键强有关。当氧化物 M—O 键强较弱时（<450 kJ/mol），O_2 或 CH_4 对催化剂的活性影响较大：CH_4 可以充当还原剂，选择性催化还原 N_2O；而 O_2 存在则引起催化剂活性的明显下降。

　　H_2O 在原料气中的存在同样会影响到催化剂的活性。Hussain 等[257] 在对 ZnO 的红外研究中发现，当催化剂表面经过水蒸气处理后，N_2O 不能在表面发生吸附，因而分解反应也就不能发生。

表 8-8　添加 O_2 对催化 N_2O 直接分解反应的影响[255]

无影响		有影响	
CaO	La_2O_3	MgO	Ga_2O_3
SrO	Nd_2O_3	NiO	In_2O_3
NiO	Sm_2O_3	MnO_2	Sc_2O_3
ZnO	Gd_2O_3	SnO_2	Eu_2O_3
TiO_2	Dy_2O_3	ThO_2	Er_2O_3
HfO_2	Yb_2O_3	IrO_2	Tm_2O_3
CeO_2		Fe_2O_3	Lu_2O_3
Al_2O_3		Cr_2O_3	Ho_2O_3
Y_2O_3		Rh_2O_3	

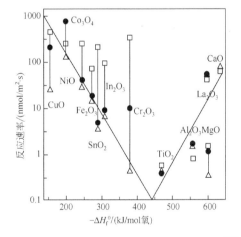

图 8-11　500℃ 时反应速率与金属氧化物生成热的关系[256]
●—N_2O/He；□—$N_2O - CH_4/He$；△—$N_2O - O_2/He$

　　尽管纯氧化物催化剂的低温活性较差，但在一些高温环境中仍然可用于 N_2O 的直接催化分解，而且有关活性评价的结果及机理研究对高活性催化剂的研制开发仍有重要的参考意义。

　　2. 钙钛矿催化剂

　　(1) 钙钛矿催化剂的结构。钙钛矿是一类具有 ABO_3 通式的氧化物，其中 A

位通常为具有较大离子半径的元素（如稀土元素或碱土金属元素），它与 12 个氧配位，形成立方最密堆积；B 位一般是离子半径较小的元素（一般为过渡金属元素），它与 6 个氧配位，占据立方密堆积中的八面体中心[261]。根据具体组成元素不同，还可以形成通式为 $A_2B_2O_6$、K_2NiF_4 等类型的钙钛矿结构。与简单氧化物相比，钙钛矿结构可以使一些元素以非正常价态稳定存在，具有非化学计量比的氧（如部分催化剂上存在"氧空位"），或使活性金属离子以混合价态存在，使固体呈现出某些特殊性质。由于固体的性质与其催化活性密切相关，钙钛矿结构的特殊性使其在催化方面得到广泛应用。

（2）钙钛矿催化剂的催化活性。对钙钛矿催化剂上 N_2O 分解反应的研究开始于 20 世纪六七十年代，但当时的研究并不是以消除 N_2O 为目的，而主要是为了研究钙钛矿催化剂的结构，因此十分重视动力学和反应机理方面的研究，而其活性一般较低。大多数钙钛矿催化剂上 N_2O 分解反应的机理基本遵守式（8-43）～（8-45）[262]。在 2.67×10^4 Pa 下，对于 A 位为碱土金属或者稀土元素的 ABO_3 钙钛矿，O_2 的脱附是整个反应的速控步骤[263]。在 $LnSrFeO_4$（Ln = La、Pr、Nd、Sm、Gd）系列催化剂上的静态动力学实验中发现当 N_2O 分压较低时（50 Torr），N_2O 的吸附为整个反应的速控步骤；当 N_2O 分压达到 200 Torr 时，氧脱附成为速控步骤[264]。

在钙钛矿氧化物上充当活性位的一般是 B 位元素。如果固定 A 位元素为 La，B 位元素选择第四周期过渡元素（Cr——Cu），对比其对 N_2O 分解反应的活性就可以发现其呈现以 Co 为峰顶的单峰模式（如图 8-12 所示），$LaCoO_3$ 的活性是 $LaFeO_3$ 的 20 倍，是 $LaMnO_3$ 的 40 倍[218,265]。由此可见 B 位元素的氧化还原性质直接影响了催化剂的活性。尽管 B 位是催化剂的主活性位，A 位元素也会因为对 B 元素有修饰作用而对催化剂的活性有一定影响。如果固定 B 位元素，A 位元素选择稀土金属（La，Nd，Sm，Gd），则催化剂上 N_2O 分解反应的活化能依次为 $GdMO_3 > SmMO_3 > NdMO_3 > LaMO_3$，这在 $LnMnO_3$ 系列和 $LnSrFeO_4$ 系列催化剂上都得到了实验支持[218,262,264]，这是因为虽然 B 是主要的活性位，但由于从 La 到 Gd，f 电子的连续增加使得 B 位金属离子的电子密度不断增大，降低了对和 B 位结合的 O^- 的束缚，有利于氧的脱附。

当向钙钛矿结构引入低价金属离子后，为保持电荷平衡，体系中某些金属离子将以非正常价态存在（如 Cu^{3+}）并形成部分氧空位，引起氧化物性质的改变，这些都将会引起其催化活性的变化：变价金属离子组成的氧化还原对将使电子向 N_2O 的传递更加容易；氧空位不仅可以提高催化剂上氧的流动性，同时对 N_2O 的分解也有一定的活性。文献报道的 $La_{2-x}Sr_xCuO_4$，$Nd_{2-x}Ba_xCuO_4$ 等钙钛矿都是二价金属在 A 位形成部分取代，造成了部分氧空位及 Cu^{2+}/Cu^{3+} 氧化还原对，因而

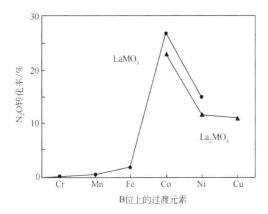

图 8-12　LaMO$_3$ 和 La$_2$MO$_4$ 型复合氧化物上催化 N$_2$O 直接分解活性的比较[265]

实验条件：450℃，0.1 kPa N$_2$O，W/F = 0.3g · s/cm^3

催化剂活性相对于未取代前均有提高[265~267]，La$_{0.8}$Sr$_{0.2}$CoO$_3$ 甚至具有与 Pd/Al$_2$O$_3$ 催化剂相似的活性，但 O$_2$ 的存在仍会对反应有一定影响[267]。

钙钛矿催化剂相对较低的低温催化活性，可能与其在制备过程中需经受高温焙烧而导致较低的比表面积有关，但正是由于经历了高温焙烧，使其具有较高的热稳定性，非常适于高温环境中 N$_2$O 的催化分解。

3. 类水滑石分解产物催化剂

（1）水滑石和类水滑石分解产物的结构。水滑石（hydrotalcite，HT）是一种具有层状结构的镁、铝的羟基碳酸化合物，属阴离子黏土，其分子式为 Mg$_6$Al$_2$(OH)$_{16}$CO$_3$ · 4H$_2$O（如图 8-13 所示）。水滑石具有水镁石型 Mg(OH)$_2$ 的正八面体结构，正八面体的中心为 Mg^{2+}，六个顶点为 OH$^-$，相邻的八面体通过共边形成层（羟基层），层与层间对顶地叠在一起，层间通过氢键缔合。当 Mg^{2+} 被半径相近的三价阳离子 Al^{3+} 取代时，导致羟基层上正电荷的积累，这些正电荷被位于层间的 CO$_3^{2-}$ 中和，层间其余空间的水以结晶水的形式存在，这样便形成了层状结构[268]。当水滑石组成中的 Mg^{2+}，Al^{3+} 被其他同价金属离子部分或全部取代时就构成了类水滑石（hydrotalcite - like compound，HTlc）。其化学式可表示为 $[M(II)_{1-x}M(III)_x(OH)_2]^{x+}[A_{x/n}^{n-}]$ · mH$_2$O，其中 M(II) 和 M(III) 分别代表二价和三价金属离子，A 为层间的阴离子（A = CO$_3^{2-}$，NO$_3^-$，Cl$^-$ 等阴离子），x 值通常在 0.2~0.35。类水滑石焙烧后可得到高比表面、高分散度和非化学计量比的复合氧化物，通常还具有抑制烧结，稳定性高等特点，在文献中一般称为类水滑石分解产物或衍生物 [calcined hydrotalcite，CHT，或用 ex-M(II)，M(III)-HTlc 表示]。它是很好的吸附剂和氧化催化剂，可用于吸附除去溶液中的某些離子或催化水蒸氣重整、醇類氧化及 NH_3 氧化等反應[269]。

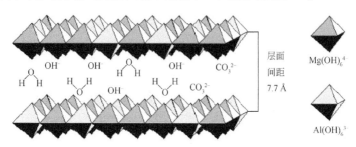

层面
间距
7.7 Å

$Mg(OH)_6^{4-}$

$Al(OH)_6^{3-}$

图 8-13 水滑石 $Mg_6Al_{12}(OH)_{16}CO_3 \cdot 4H_2O$ 的结构示意图

（2）类水滑石分解产物催化剂的催化活性和反应机理。类水滑石分解产物是 Kannan 等于 1994 年首次提出并用于催化 N_2O 分解反应的，经实验发现其具有较好的低温活性[269~272]。对该类型催化剂的研究主要是选择合适的 M^{2+} 和 M^{3+} 金属离子，到目前为止，已经研究过的 +2 价离子主要有 Cu、Zn、Ni、Co，Mg 等，+3 价离子主要有 Al、Cr、Fe、Rh、La、Mn 等，这些金属离子以不同比例组合起来，将显示出完全不同的催化活性。+2 价离子中以 Co^{2+} 的活性最佳，其余依次为 $Ni^{2+} > Cu^{2+} > Mg^{2+}$，$Zn^{2+}$（以 Al^{3+} 为三价离子）。且随着 Co/Al 摩尔比增大，催化剂的活性逐渐升高，Kannan 等认为摩尔比为 3 时得到的催化剂的活性最好[269,272~274]。而赵丹等的实验结果却发现，随着 Co/Al 摩尔比的增大，催化剂的活性会继续提高[275]。由此可见对于 N_2O 的催化分解反应，主要的活性中心是 M^{2+}[269,273,275]。含 Co^{2+} 的类水滑石焙烧后将会得到尖晶石相氧化物，如 Co_3O_4，$CoAl_2O_4$[273,275,276]。在催化剂表面上存在的 Co^{2+}—O—Co^{3+} 氧化还原对是 N_2O 的吸附和分解的主要活性位。根据 N_2O 分解反应机理，N_2O 分子吸附在 Co^{2+} 位上后，电子将由 Co^{2+} 的 d 轨道部分转移到 N_2O 的 π^* 分子轨道中，Co^{2+} 被部分氧化为 $Co^{(2+\delta)+}$。由于 $N_2O_{ads}^{\delta-}$ 并不稳定，它将很快分解为 N_2 和吸附的 $O_{ads}^{\delta-}$，而后者可以在表面上迁移，可能与临近的 $N_2O_{ads}^{\delta-}$ 结合生成氧气脱附，同时将电子归还 $Co^{(2+\delta)+}$，使其还原为 Co^{2+}；或者进入晶体的氧缺陷位置成为晶格氧[273,277]。

M^{3+} 虽然不是催化剂的主要活性位，但它对作为活性中心的 M^{2+} 离子的性质及催化剂的活性有很大的影响。Al^{3+} 是最常用的，同时也是效果较好的 M^{3+} 金属离子，具有较大的离子半径的 Cr^{3+} 和 Fe^{3+} 活性较差[269]。当 La 或者 Rh 部分取代 Al^{3+} 后，催化剂的活性会有很大的提高[276]（以 Co^{2+} 为二价离子，图 8-14）。由于 La^{3+} 的离子半径较大（106.1 pm），是 Al^{3+} 离子半径（45 pm）的两倍还多，它在类水滑石结构中对 Al^{3+} 的取代比较复杂。Armor 等甚至发现添加 La 后不能形成类水滑石结构[272]，但 Pérez-Ramírez 等[276]的研究证实，添加 La 后不仅能形成类水滑石结构，同时还形成了 $La_2O(CO_3)_2 \cdot xH_2O$（焙烧后以 $La_2O_2CO_3$ 存在）。无论是否形成类水滑石结构，其分解产物都具有较高的低温活性。Rh^{3+} 具有比较小的离子半径（68 pm），可以很容易地取代类水滑石结构中的 Al^{3+}，实验研究中添加的 Rh 一般较少［0.7% ~ 1.4%（质量分数）][273~275]，但对催化剂的活性有非常大的提高，这可能与 Rh 本身就是很好的 N_2O 分解催化剂有关（如图 8-14 所示）。

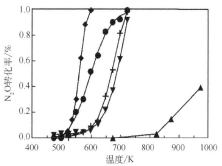

图 8-14　各种不同催化剂上 N_2O（1 mbar）的转化曲线

▲—ex-Mg-Al-HTlc（Mg/Al = 3/1）；▼—ex-Ni-Al-HTlc（Ni/Al = 3/1）；+—ex-Co-Al-HTlc（Co/Al = 3/1）；●—ex-Co-La，Al-HTlc（Co/La/Al = 3/1/1）；■—ex-Co-Rh，Al-HTlc（Co/Al = 3/1 和 0.7% Rh）；空速：8.05×10^5 g·s/mol [276]

（3）共存气体的影响。对于来自汽车尾气，特别是流化床燃烧尾气中的 N_2O，气氛中常含有 SO_2，它非常容易占据活性中心并生成低温下较稳定的硫酸盐，从而使金属氧化物催化剂发生不可逆中毒。如果向 ex-Co-Rh，Al-HTlc 中添加适量 MgO，虽然并不能提高催化剂的初始活性，但其低温抗硫性能却得到很大提高（如图 8-15 所示）[276]。这主要是因为 MgO 呈碱性，相对而言更容易吸附呈弱酸性的 SO_2 和 SO_3，因而保持了催化分解 N_2O 的活性中心的清洁和活性。ex-Co-La，Al-HTlc 催化剂也具有很高的抗硫性能，这主要得益于 La_2O_3 或者 $La_2O_2CO_3$ 表面由于被羟基和碳酸根覆盖而很难再吸附 SO_2[276]。

当原料气氛中含有 NO_2 和 H_2O 时，与 Rh/ZnO、ex-Co-Rh，Al-HTlc 及 Rh-ZSM-5、Cu-ZSM-5 等催化剂相比，ex-Zn-Rh，Al-HTlc 表现出很好的催化分解 N_2O 的活性[278]。在某些类水滑石分解产物上由于具有记忆效应（重新吸收水和其他离子，恢复类水滑石结构）使得它们有较高的抗水性，但 ex-Zn-Rh，Al-HTlc 催化剂受共存 NO_2 的影响相对较小的原因暂时还不清楚。

4. 尖晶石催化剂

（1）尖晶石的结构。尖晶石型复合氧化物的结构通式为 AB_2O_4，属立方晶

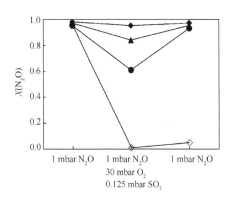

图 8-15　各种催化剂上添加 SO_2 和 O_2 对 N_2O 转化率的影响[276]

◆—ex-Co-Rh，Al-HTlc（Co/Al = 3/1 和 0.7% Rh，450℃）；●—ex-Co-La，Al-HTlc（Co/La/Al = 3/1/1，450℃）；◇—ex-Co-Rh，Al-HTlc（Co/Al = 3/1 和 0.7% Rh，322℃）；▲—ex-Co，Mg-Rh，Al-HTlc（Co/Mg/Al = 3/1/1 和 0.7% Rh，322℃）；气相组成标注在图中，空速：8.05×10^5 g· s/mol

系，在结构中 O^{2-} 按立方最密堆积排列，每个立方晶胞中有 32 个 O^{2-}，晶胞化学式为 $A_8B_{16}O_{32}$。在 O^{2-} 最密堆积所形成的 32 个八面体空隙（octahedral interstice）和 64 个四面体空隙（tetrahedral interstice）中，阳离子按一定规律插入，保持电中性。对常式尖晶石 $A^{2+}B_2^{3+}O_4$，A^{2+} 离子将有序地占据堆积中的四面体空隙位置，平均每八个四面体空隙位置有一个被 A^{2+} 离子所占据，而 B^{3+} 离子则有序地占据堆积中的八面体空隙位置，平均每两个八面体空隙位置上有一个放置 B^{3+} 离子（如图 8-16 所示）。若标明配位情况，结构式可写作 $[A^{2+}]_t[B^{3+}]_oO_4$。对反式尖晶石，有一半的 B^{3+} 离子占据堆积中的四面体空隙位置，而另一半 B^{3+} 离子则和 A^{2+} 离子分布在八面体空隙中，结构式应记作 $[B^{3+}]_t[A^{2+}B^{3+}]_oO_4$，这属于一种缺陷结构。常式和反式尖晶石结构是两种极限情况，期间尚有种种中间状态。根据 A、B 位元素的不同（可被部分取代）以及制备方法的不同，所得的尖晶石催化剂会有不同的反向程度（inversion，可用 B^{3+} 离子位于四面体空隙的分数或者 A^{2+} 离子处于八面体空隙的分数表示），即 A^{2+} 进入八面体位或者 B^{3+} 进入四面体位，而反向程度及 A 位元素的性质对催化剂的活性都会有很大影响。但不管是何种尖晶石结构，有 2/3 阳离子呈八面体配位，而 1/3 阳离子则呈四面体配位。在八面体相互之间和四面体之间，则分别通过共边和共顶点连接[279]。

（2）含钴尖晶石催化剂的催化活性和反应机理。在实验研究的众多尖晶石复合氧化物催化剂中，纯 Co_3O_4 本身就有比较好的分解 N_2O 的活性，这与对类水滑石分解产物催化剂的研究结果相一致；各种进行了 A 位或 B 位部分取代后的含 Co 的尖晶石（主要指 $M_xCo_{1-x}Co_2O_4$）更是表现出了非常好的低温催化活

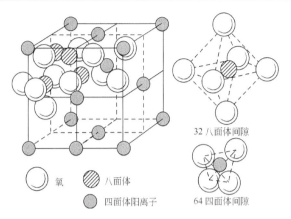

氧　　　八面体

四面体阳离子

32 八面体间隙

64 四面体间隙

图 8-16　尖晶石的结构示意图

性[280~285]，其中以 Yan[280~282] 等报道的部分取代的 $M_xCo_{1-x}Co_2O_4$（M = Mg，Zn，Ni）催化分解 N_2O 的活性最高：它们可在 200℃左右将 1000 ppm 的 N_2O 完全消除，即使当原料气中含有 5% H_2O 和 10% O_2 时，也可在 300℃左右实现完全消除，图 8-17 给出了 $Ni_{0.74}Co_{0.26}Co_2O_4$ 的 N_2O 转化曲线。

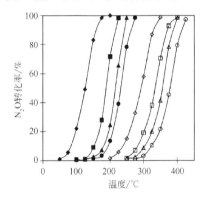

图 8-17　在 $Ni_{0.74}Co_{0.26}Co_2O_4$ 和 Co_3O_4 催化剂上 N_2O 分解为 N_2 和 O_2 的活性[280]

气体组成：◆，◇—1000 ppm N_2O；■，□—1000 ppm N_2O + 10% O_2；△，▲—1000 ppm N_2O + 5% H_2O；○，●—1000 ppm N_2O + 10% O_2 + 5% H_2O；$Ni_{0.74}Co_{0.26}Co_2O_4$（实心符号），$Co_3O_4$（空心符号）

　　从前面对催化剂研究的总结中可以看出，在催化分解 N_2O 的反应中，催化剂的活性主要与两方面因素有关：一是吸附、活化 N_2O 并促其分解的能力；二是 N_2O 分解后产生的吸附氧的脱附能力。作为吸附和分解 N_2O 的主要活性中心，Co^{2+} 有较强的提供电子的能力，这是 Co 尖晶石催化剂具有较好活性的根本原因之一。但在纯 Co_3O_4 催化剂上，N_2O 分解后产生的吸附氧的脱附较困难，成为整个分解反应的速控步骤[286]。因此，在保持催化剂上具有足够的活性中心的基础上，如何提高氧的脱附速率，成为提高以 Co^{2+} 为主要活性中心的尖晶石催化剂活性的关键问题。

Angeletti 等[287] 在研究 $Co_xMg_{1-x}Al_2O_4$ 尖晶石催化剂时发现，Co^{2+} 在晶体中的配位情况对催化剂的活性有很大影响。如果通过改变催化剂的制备方法增加尖晶石的反向程度，即提高处于八面体空位的 Co^{2+}（Co_{oh}^{2+}）的数量，则催化剂的活性将得到明显提高，这说明处于八面体位的 Co^{2+} 具有更高的催化活性。这可能是由于存在于八面体空隙的 Co^{2+}（六配位），与存在于四面体空隙的 Co^{2+}（四配位）相比，由于 Jahn - Teller 效应造成的结构变形，形成了两个具有相对较长键长的 Co—O 键，其键强较其他 4 个 Co—O 键弱，相对容易断开，有利于 N_2O 吸附分解和氧脱附，因而催化剂的活性较高[218,287]。另外，活性中心所处的局部环境对于催化剂的活性也有很大的影响，如载体（或基底）及添加的少量其他金属离子等都会影响到催化剂的活性。例如将少量［约1%（原子百分比）］的 CoO 分散在 MgO 基底中形成的固溶体具有比纯 CoO 更高的催化分解 N_2O 的活性，可能与在此基底上吸附氧有较好的流动性，有助于其脱附有关[215,288]。

Xue 等研究发现钴尖晶石催化剂中作为主要活性中心的 Co^{2+} 的氧化还原能力对催化剂的活性有十分重要的影响[289,290]。由于 N_2O 的催化分解反应是一个需要电子参与的过程，因此活性位的得失电子能力直接影响其催化活性。当向钴尖晶石催化剂中添加合适的助剂，如碱金属、碱土金属助剂时，由于 Co^{2+} 的氧化还原能力得到提高，其催化活性也相应地得到大幅提高，提高程度与助剂的给电子能力呈正比（如图 8-18 所示）[291]。

（3）共存气体的影响。H_2O 和 O_2 会对钴尖晶石催化剂催化 N_2O 直接分解的活性造成负面影响，造成活性曲线整体向高温移动，其中 H_2O 的影响大于 O_2，在低温区尤其明显。但总体而言，它们对于钴尖晶石复合氧化物催化剂的活性影响较小，$M_xCo_{1-x}Co_2O_4$ 催化剂已经可以在这种条件下 300℃ 左右实现对 1000 ppm N_2O 的完全消除（图 8-17）[280~282]。NO 对催化剂的活性有非常大的影响，当反应气氛中有 NO 共存时，会推动活性曲线大幅向高温移动，当 O_2 与 NO 共存时，影响加剧[292]。这说明 NO 可能主要以硝酸盐或者亚硝酸盐的形式吸附在催化剂的活性位上，其吸附强度远高于 O_2 或 H_2O，因此强烈阻碍了 N_2O 分解反应的发生。

5. 氧化物催化剂的负载及应用

当考虑到实际生产中应用时，无论是对纯氧化物催化剂还是复合氧化物催化剂，除了需要模拟实际尾气气氛考察和改进催化剂外，更需要提高催化剂的利用效率，即将活性组分负载在合适的载体上，充分发挥它们的催化作用。在一些要求催化剂具有较高热稳定性的场合，那些经过高温焙烧的载体（如 $\gamma - Al_2O_3$）

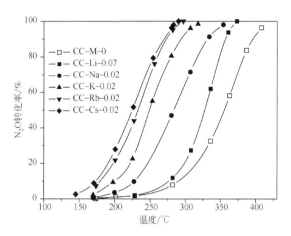

图 8-18　添加不同碱金属助剂对钴铈复合氧化物催化剂催化 N_2O 分解活性的影响[291]

气体组成: 1000 ppmN_2O/Ar; $W/F = 0.2$ g· s/cm^3; CC-M-x 中 CC 表示钴铈催化剂

(Ce/Co 摩尔比为 0.05), M 表示添加的助剂, x 表示助剂 M/Co 摩尔比

可以使催化剂在高温下也能保持一定的分散度, 提高它们的热稳定性。例如处理硝酸厂尾气时, 如果将 N_2O 分解催化剂直接放置在氨氧化催化剂后方, 则它必须能耐受 800 ~ 1000℃ 的高温, 因为此时对催化剂的低温活性基本没有要求, 一些经过高温焙烧制备的负载的 $M_xAl_2O_4$ （M = Cu, Mg, Zn, Ca 等）/Al_2O_3[292,293] 和 $Co_{3-x}M_xO_4$ （M = Al, Fe）/CeO_2[294] 的尖晶石催化剂显示出了优越的催化活性和热稳定性, 同时对共存的 NO_x 的分解率较低。在这里载体的存在不但为活性组分提供了较大的比表面, 提高其抗烧结能力, 有些还直接参与了反应 （CeO_2 在高温下有一定的催化分解 N_2O 的活性）。有关的负载金属氧化物的文献还有很多, 这里就不一一介绍了。

8.2.3.3　分子筛催化剂

分子筛是由 TO_4 四面体之间通过共享顶点而形成的三维四连接骨架。TO_4 四面体通过共享氧原子按照不同的连接方式最终形成多种孔道结构。特殊的孔道结构和骨架特征使其在成为催化剂时, 具有特殊性质, 如高的比表面、择形催化与分离。自 20 世纪 60 年代初, 美国联合碳化物公司将 A 型沸石基催化剂应用于石油裂解以来, 整个石油炼制的面貌发生改变。与此同时, 分子筛催化剂在其他工业催化上的应用逐渐增多, 相关理论不断成熟, 催化与吸附分离应用领域得到了较大发展, 有关详细情况可参考相关专著[295]。下面主要介绍分子筛催化剂在消除 N_2O 方面的应用, 以过渡金属为主要的活性物种, 按照消除 N_2O 的方法进行分类。

以过渡金属修饰的分子筛作为催化剂消除 N_2O 主要有两种方法：一是催化 N_2O 直接分解；二是对 N_2O 进行选择性催化还原。在这里我们分别介绍一下这两种方法。

1. 直接催化分解法

图 8-19 比较了几种过渡金属修饰的 ZSM-5 分子筛催化 N_2O 直接分解的活性[218]，其中可以看出负载贵金属（Rh，Ru，Pd 等）的催化剂活性最高（类似于其他载体负载时的活性），Cu，Co，Fe-ZSM-5 活性略差。在许多分子筛催化剂上（如 Fe 分子筛催化剂上）同样也存在 N_2O 分解时产生的氧占据活性位（α-O）的问题，如果 α-O 能得到及时的脱附，则催化剂的活性将得到很大的提高，这也是选择性催化还原方法具有较高的低温活性的原因。一个让人意外的发现是一些通常会使一般催化剂中毒的气体，如 NO 和 SO_2 等，可以使分子筛催化剂对直接催化 N_2O 分解的活性得到提高[218,296~300]。研究发现[298]，当反应气氛中存在少量 NO 时，便能有效提高 Fe 分子筛催化 N_2O 分解的活性，当 NO/N_2O 摩尔比达到 0.25 以上后，该促进作用达到稳态，不再随 NO 的增加而增加。该实验结果一方面说明 NO 不会与 N_2O 在相同的活性位上发生竞争吸附，另一方面也说明，NO 在反应中并不是仅仅通过与 α-O 反应生成 NO_2 来恢复活性位的活性，而是可能起到了类似催化剂的作用，即吸附态 NO 或 NO_2 可以促进吸附氧的相互结合和脱附，从而提高了催化剂的活性。SO_2 对于 Fe-ZSM-5 催化剂催化 N_2O 分解活性的促进作用可能与 NO 相似[300]。这些特性使得 Fe-ZSM-5 催化剂在工业上应用成为可能。但对于某些含 Al 较高的分子筛，存在着水热稳定性差的问题。

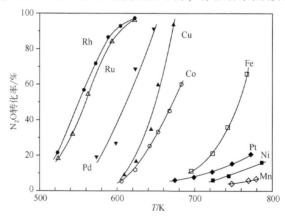

图 8-19 各种 ZSM-5 分子筛催化剂催化 N_2O 直接分解活性比较[218]

反应条件：0.099 kPa N_2O，空速：$W/F_{N_2O}=1455$ g·s/mmol

它们在高温水蒸气存在下会发生骨架脱铝的情况（dealumination），如果脱铝严重可能导致分子筛结构缺陷，骨架崩塌，以至某些孔道的堵塞等，造成分子筛性质和功能上的变化，也是制约分子筛应用的一个重要问题。

随着近十几年来分子筛在催化各领域的广泛应用，科学家们对它的研究热情空前高涨，有关分子筛的各种改性和修饰方法也逐渐增多，其催化活性也得到了一定程度的提高。以 Fe-ZSM-5 为例，有大量研究表明在该催化剂上分解 N_2O 的活性中心为独立的骨架外 Fe 物种（isolated iron species）及 FeO_x 微簇（micro-aggregates）[299~302]。Pérez-Ramírez 等[222,302]用同晶取代的方法制备了 FeZSM-5 分子筛催化剂，然后用高温水蒸气活化（demetallation，脱杂过程），使骨架内的 Fe 脱出，并形成 FeO_x 微簇，该催化剂被称为 ex-Fe-ZSM-5。与普通离子交换法制备的 Fe-ZSM-5 相比，ex-Fe-ZSM-5 催化剂中活性位对 N_2O 直接分解反应的转换频率（TOF）得到较大提高；向体系中加入 NO 后，催化剂的活性得到进一步提高，并且在 NO 和水蒸气共存的条件下活性也高于 Fe 含量相同的其他 Fe-ZSM-5[299]。但是此种方法的劣势在于 Fe 含量只能控制在较低范围内，不利于催化活性的提高。如果 Fe 含量太高，在脱杂过程中就会引起分子筛骨架的塌陷。

除此之外，分子筛催化剂对 N_2O 的分解还有光催化效果。N_2O 在小于 200 nm 的紫外光照射下会直接分解，但 Cu^+-ZSM-5、Ag^+-ZSM-5 可以吸收 200~300 nm 紫外光，被激发的电子填入 N_2O 的反键轨道，催化 N_2O 的分解[303]。

2. 选择性催化还原法

选择性催化还原 N_2O 主要是通过添加还原剂实现对 N_2O 的还原。在一些催化剂上（如 Fe 分子筛催化剂），N_2O 分解反应受氧脱附步骤控速，一般需在 400℃ 以上才能达到较高的转化率。如果向体系中添加还原剂，帮助除去占据活性位的氧，则整个反应将可以在较低温度下进行。目前已经研究过的还原剂有 H_2、CO、NH_3、CH_4、C_3H_6、C_3H_8 等，其中以 C_3H_6[304~307]、C_3H_8[308~311]、NH_3[312,313]为还原剂，在各种 Fe 分子筛催化剂上展开的研究相对较多。下面就简要介绍一下这方面的研究进展。

Kameoka 等[307]采用了瞬间应答法和原位红外法研究了 Fe-ZSM-5 催化剂上 C_3H_6 选择性还原 N_2O 的机理。他们发现向 N_2O-O_2 体系中加入 C_3H_6 后，N_2O 的转化率并没有立即升高，而是经历一段诱导期后才迅速升高。在这段诱导期内催化剂 Fe 离子活性位上生成了不饱和烃 C_xH_y 以及 C_3H_6 部分氧化产物 $C_xH_yO_z$ 等吸附物种，被认为是还原 N_2O 的主要的表面活性物种。Pérez-Ramírez 等[308,314]认为整个选择性催化还原反应应该是从 N_2O 的分解开始的，正是由于其分解产生的具有较高氧化活性的氧原子活化了 Fe 离子位，才使得还原剂发生部分氧化，生成 C_xH_y 和 $C_xH_yO_z$ 等活性物种，并进而参与 N_2O 的分解反应。

在选择性催化还原反应中，非常重要的一点是要求还原剂具有很高的选择性。这里的高选择性包括两方面的要求：一方面要求还原剂只选择性的与 N_2O 发生氧化还原反应，而不会与在体系中共存的 O_2 反应而发生消耗；另一方面要求还原剂在氧化过程中生成完全氧化产物 CO_2 或 N_2，尽量减少生成 CO 等有害气体。大多数文献报道的还原剂 - 催化剂组合都能满足这两方面的要求。图 8-20[309] 所示为在液相离子交换法制备的 Fe-ZSM-5 催化剂上以 C_3H_8 或 CH_4 为还原剂时，选择性催化还原 N_2O 的实验结果。由图中可以看出，在该催化剂上采用选择性催化还原法可以大大降低 N_2O 的消除温度。C_3H_8 的转化曲线与 N_2O 的活性曲线基本同步，反应温度远低于它们在 O_2 中氧化时所需的温度（在 O_2 气氛中 350℃ 时只有约 40% 的转化率）；氧化产物中 CO 量很少，由此可见 C_3H_8 对于 N_2O 有良好的选择性。CH_4 的选择性催化还原效果略差，当 N_2O 达到完全转化后，CH_4 的转化率仍不能达到 100%。如果采用外加 CH_4 作为还原剂选择性催化还原 N_2O，在此温度下操作时会有一部分 CH_4 会随尾气排空，这无疑将对环境造成一定污染。

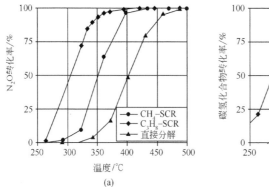
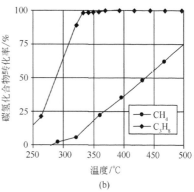

(a)   (b)

图 8-20 Fe-ZSM-5 催化剂上不同还原剂选择性催化还原 N_2O 的活性比较[309]

（a）N_2O 转化率；（b）碳氢化合物转化率 [丙烷：1900 ppm；甲烷：4500 ppm；反应条件：

$p = 4$ bar,S. V. = 20 000 h^{-1}, 1500 ppm N_2O, 100 ppm NO, 100 ppm NO_2, 0.5%（体积分数）

H_2O, 2.5%（体积分数）O_2, N_2 为平衡气]

在选择性催化还原 N_2O 反应中，由于 N_2O 分解产生的氧原子比 O_2 的氧化活性高，还原剂更易与之反应，因此 O_2 的影响一般较小[304,305]。原料气中 H_2O 的存在对催化活性的影响不一：同样是 N_2O + O_2 + H_2O 体系，以 C_3H_6 为还原剂，在液相离子交换法制备的 Fe-ZSM-5 和 Fe-MFI 催化剂上，H_2O 对反应几乎没有什么影响[306,307]；但以 C_3H_8 为还原剂，在固相离子交换法（solidstate ion-exchange method）制备的 Fe-MFI 上，H_2O 对选择性催化还原 N_2O 反应有一定影响[315]。前面曾经提到在铁氧化物微簇作为主要活性物种的 ex-Fe-ZSM-5 催化剂上，NO 对 N_2O 直接催化分解反应是有促进作用的，但在同样的催化剂上采用 C_3H_8 作为还原剂进行催化还原 N_2O 时，NO 却起了相反的作用（图 8-21）。对此实验结果，Pérez-Ramírez 等[308] 认为在低温下 NO 或 NO_2 在 Fe 离子活性位上的吸附非常强，使得可供 N_2O 吸附分解的活性位减少，其分解产生吸附氧也减少，还原剂的氧化活化因此被抑制，从而导致活性曲线整体向高温移动。Kögel 等[315] 在固相离子交换法制备的 Fe-MFI 上也观察到了 NO 对 N_2O 选择性催化还原反应的抑制作用，对此他们认为可能是 NO_2（由 NO 氧化生成）与还原剂 C_3H_8 反应生成的中间物种的强吸附性导致了 N_2O 转化率的降低。在 Fe-BEA 及 Fe-FER 上 NH_3 选择性催化还原 N_2O 反应中，Guzmán-Vargas 等却发现 NO 对反应有促进作用[312]，但主要活性区间在 665～725 K，与 NO + N_2O 体系的直接分解温度相似，这也说明了 NH_3 对 N_2O 的还原活性低于 C_3H_8。另外，SO_2 对大多数催化反应都有很大影响，但在用化学气相沉积法（chemical vapour deposition method）制备的 Fe-ZSM-5 上，SO_2 对 N_2O 的选择性催化还原反应影响并不明显。其主要原因在于，该催化剂的活性中心为骨架外独立 Fe^{3+} 和铁氧化物微簇，其氧化 SO_2 的能力较差[311]，SO_3 占据活性位的现象不严重，所以催化剂表现出较好的抗硫性能。

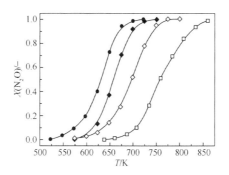

图 8-21　ex-FeZSM-5 催化剂上 N_2O 的活性曲线[308]

反应条件：GHSV = 60 000 h^{-1}，p = 1 bar，□—1.5 mbar N_2O + 50 mbar O_2；◇—1.5 mbar N_2O + 0.6 mbar NO + 50 mbar O_2；●—1.5 mbar N_2O + 1.5 mbar C_3H_8 + 50 mbar O_2；◆—1.5 mbar N_2O + 1.5 mbar C_3H_8 + 0.6 mbar NO + 50 mbar O_2，He 为平衡气

　　总体而言，在一些分子筛催化剂上采用选择性催化还原 N_2O 法比直接分解法效率更高。但从经济方面考虑，还原剂的添加无疑将造成操作成本的升高，这不仅体现在还原剂的消耗成本上，还体现在反应器设计上（需设计还原剂添加装

置）。因此，对于不同尾气排放源，需要根据具体情况选择合适的 N_2O 消除方法。

8.2.4 氧化亚氮的催化分解工业应用展望

在工业应用领域，由于目前在世界范围内还没有出台限制 N_2O 排放的法律法规，现在只有一些大的己二酸生产厂家如杜邦、BASF 等采取了尾气净化措施，其他大多数排放源的消除工作开展还较少，如硝酸厂的尾气、流化床燃烧的尾气及经三效催化剂净化后的汽车尾气等，特别是作为移动源的 N_2O 消除工作（汽车尾气），具有更大的挑战性。根据工业应用的需要（表 8-7 参考各种含 N_2O 尾气的排放特征），今后的研究工作应重点放在 3 个方面，即低温高活性、热稳定性好、活性受共存其他气体影响小。

由于大多数尾气的排放温度较低，研制低温高活性催化剂已经成为一个重要目标。在这方面的研究近年相对集中，研究结果显示贵金属催化剂（Rh，Ru 催化剂），含钴的复合氧化物催化剂（类水滑石分解产物或尖晶石）表现出最好的低温催化 N_2O 分解的活性，虽然 O_2 和 H_2O 的存在会不同程度的影响它们的活性，但基本可以实现在 400℃ 以下（甚至 300℃ 左右）达到满意的消除效果，具有良好的工业应用的前景。流化床燃烧器尾气及汽车尾气排放温度相对较高，在这些尾气处理装置中所使用的催化剂必须具有良好的热稳定性，催化剂的低温活性已不再是主要问题。己二酸生产厂尾气的温度虽然不高，但由于 N_2O 的浓度较高，而且分解反应本身为放热反应，随着反应的进行，床层温度将会急剧升高，因此也要求催化剂具有较好的热稳定性。基于这样的原因，钙钛矿催化剂，以及一些负载的尖晶石催化剂已经成为研究的主角。另外考虑到工业应用的复杂条件，在实验室研究阶段应该更全面的考察各种其他的共存气体对于催化 N_2O 分解活性的影响，而目前阶段的研究还主要是集中在考察 O_2 和 H_2O 的影响上，其他气体的影响仍有待进一步系统的考察。上述的研究结果表明，分子筛催化剂具有催化 N_2O 分解活性受共存气影响小的优势，并且共存 NO 和 SO_2 气体还可以使其活性提高。但这类催化剂的低温活性尚有待进一步提高，这应当成为今后研究的重点。总之，根据不同的 N_2O 排放源特点，贵金属催化剂、金属氧化物催化剂和分子筛催化剂都将有望实现 N_2O 催化消除的工业化应用。

8.3 氯氟烃的无害化

8.3.1 氯氟烃的来源、危害和消除对策

氯氟烃类物质（chlorofluorocarbons，CFCs）是一类分子中含氯和氟元素的

碳氢化合物。该类重要的化合物包括：三氯一氟甲烷（$CFCl_3$，CFC-11）、二氯二氟甲烷（CF_2Cl_2，CFC-12）、三氯三氟乙烷（$C_2F_3Cl_3$，CFC-113）、二氯四氟乙烷（$C_2F_4Cl_2$，CFC-114）、一氯五氟乙烷（C_2F_5Cl，CFC-115）和一氯三氟甲烷（CF_3Cl，CFC-13）等，如果化合物中含有 Br 和 I 原子，则称之为"哈龙"，例如：二氟一氯一溴甲烷（CF_2ClBr，Halon 1211）和三氟一溴甲烷（CF_3Br，Halon 1301）。氯氟烃的命名法是在 CFC 后面以代码表示不同的化学物质（或组成）。编码原则是用三位数组成代码，个位数表示分子中氟原子的个数、十位数表示分子中的氢原子的个数加 1，百位数表示分子中的碳原子的个位数减 1；哈龙的命名法是将哈龙分子内所含有的各种原子数目依照 C、F、Cl、Br 和 I 次序排列成一组五位数，若分子中不含有 I 原子则省略第五位数，在该组数字前面加上"Halon"）。CFCs 都是无色、无味、无毒、无腐蚀性的气体，化学性质十分稳定，当 CFCs 被释放到大气时，在低空的对流层中不易分解，然而当上升至平流层后，在紫外光照射下，它们会释放出原子氯（强还原剂），这些原子氯与平流层中臭氧（强氧化剂）发生相互作用后，臭氧被还原成氧分子，从而减少了平流层中的臭氧含量，因此，臭氧层遭到破坏。研究表明 CFCs 中的一个氯原子经连锁反应后，可以破坏约十万个臭氧分子，其反应机理如下：

$$CFCs \xrightarrow{\text{光分解}} Cl^\bullet \tag{8-47}$$

$$Cl^\bullet + O_3 \longrightarrow ClO^\bullet + O_2^\bullet \tag{8-48}$$

$$O_2 \xrightarrow{\text{光分解}} 2O^\bullet \tag{8-49}$$

$$O^\bullet + ClO \longrightarrow Cl^\bullet + O_2 \tag{8-50}$$

CFCs 具有不自燃、不助燃、不易起化学变化、容易液化等性质，因此，可以作为制冷剂、发泡剂、灭火剂等普遍应用于冰箱、空调、喷雾罐、发泡橡胶和塑料及灭火器等方面。自 20 世纪 30 年代人类就开始大量生产氯氟烃类物质，同时，这类物质也被大量排放到大气中。20 世纪 70 年代初，科研人员发现臭氧层有不断耗减趋势，由此引起当时各国科学家和政府首脑的极大关注。在探究其发生原因时，CFCs 被世界上越来越多的科学家认定是破坏臭氧层的祸首之一，并称之为"消耗臭氧层物质"（国际上简称 ODS）。在此情形下，经各国政府和组织的共同努力，国际社会分别于 1985 年和 1987 年制定了《保护臭氧层维也纳公约》和《关于消耗臭氧层物质的蒙特利尔议定书》（简称《蒙特利尔议定书》）。议定书中规定签约国要限制生产和消费 5 种 CFCs（即 CFC-11、CFC-12、CFC-113、CFC-114、CFC-115）和 3 种哈龙（即 Halon-1211、Halon-1301 和 Halon-2402），议定书自 1989 年 1 月 1 日起生效实施。议定书签约国在 1990 年的伦敦会议和 1992 年的哥本哈根会议上，对议定书进行了修正。在修正案中，扩大了控制物质的范围，提前了控制时间。除原来两类控制物质外，增加控制其他全氯氟烃、氢氟烃、四氯化碳和甲基氯仿等，使控制物质总共有 8 类 89 种。同时要求开发新产品来取代这些物质。根据《议定书》的淘汰时间表和《议定书》第 2 条规定，缔约国（主要为经济发达国家）须在 1994 年 1 月 1 日停止生产和使用哈龙（少量必要场所除外），1996 年 1 月 1 日停止生产和使用氯氟烃（少量必要场所除外）。我国于 1991 年 6 月正式加入议定书。1999 年 12 月 4 日在北京召开《蒙特利尔议定书》缔约方第十一次会议，会议通过了《北京宣言》。会议提出发展中国家必须于 2005 年之前将 CFCs 和哈龙的排放量在 1995～1997 年的平均数量上再减少 50%。虽然，在全球各国政府和组织的努力下，CFCs 的生产和用量已大大减少，但是，目前 CFCs 的排放还是不容忽视的。科学家和工业界也努力寻找、研究和开发去除氯氟烃的办法。

　　将 CFCs 无害化的方法可以粗略地分为三大类：直接分解、催化分解（或光催化分解）以及加氢脱氯。直接分解需要很高的温度并涉及气相自由基化学，通常不是最佳的选择。催化分解可以降低 CFCs 完全分解的温度，常被用于 CFCs 的无害化过程，用于催化分解过程的催化剂通常是金属氧化物催化剂，但是反应产物中的 HCl 和 Cl_2 会使催化剂失活，使其使用上受到一定的限制。加氢脱氯是将 CFCs 加氢转化为对环境危害较小的物质，这种方法比 CFCs 完全分解在经济上具有可行性。因此，许多研究小组进行了较深入的 CFCs 加氢脱氯反应的研究。CFCs 加氢脱氯催化剂一般是贵金属负载型催化剂，其中活性最高的是负载 Pd 催化剂，它具有比较高的加氢选择性，可以高选择性地保留 C-F 键。但是，CFCs 的过度加氢脱氯反应将生成烷烃和 HF，这并不是人们所希望的反应。

　　下面分别对 CFCs 无害化的催化分解、光催化分解以及加氢脱氯反应的特点和所用催化剂进行总结。

8.3.2　氯氟烃的热催化分解

　　CFCs 催化分解指在催化剂的作用下，CFCs 与 H_2O 或 O_2 作用，生成 CO_2、CO、HCl 和 HF 等的反应，多采用金属氧化物、SO_4^{2-} 修饰金属氧化物、沸石分子筛和磷酸盐等为催化剂。例如，Fung 等[316] 最先研究了负载到活性炭（AC）上的金属氧化物对 $CFCl_3$ 在有水的条件下的分解（$CFCl_3 + H_2O \rightarrow CO_2 + HCl + HF$）活性，他们发现 Fe_2O_3/AC 是所研究的催化剂中性能最好的催化剂，在该催化剂上氯氟化烃的分解温度为 450℃。Tajima 等[317] 系统地研究了 CFC-113 在各种氧化物催化剂的分解反应，其结果见表 8-9。

表 8-9　CFC-113 在不同氧化物催化剂上的分解反应转化率[317]

催化剂	CFC-113 转化率/%	
	反应 2 h	反应 20 h
H-mordenite	98 (1)	56 (5)
SiO$_2$-TiO$_2$	45 (0)	42 (0)
Nb$_2$O$_5$	68 (1)	70 (1)
Al$_2$O$_3$-B$_2$O$_3$	94 (6)	92 (10)
γ-Al$_2$O$_3$	80 (16)	80 (19)
TiO$_2$-ZrO$_2$	100 (0)	100 (0)
SiO$_2$-MgO	27 (0)	—
SiO$_2$-ZrO$_2$	35 (0)	—
SiO$_2$-Al$_2$O$_3$	(0)	—
CoCl$_2$/SiO$_2$	14 (0)	—
H$_3$ [P (Mo$_3$O$_{10}$)$_4$] /SiO$_2$	5 (0)	—
Fe$_2$ (SO$_4$)$_3$/SiO$_2$	5 (1)	—
AlF$_3$	1 (2)	—

反应条件：CFC-113, 1000 ppm；H$_2$O, 4000 ppm；空气为平衡气体，反应气总流量：500 mL/min；WHSV = 30 L/ (g·h)；反应温度：500℃；括号里的数据为生成 C$_2$Cl$_4$F$_2$ 与 C$_2$Cl$_2$F$_4$ 的 CFCl$_3$ 转化率。

从表 8-9 中，我们可以看出 H – mordenite 和 TiO$_2$ – ZrO$_2$ 催化剂具有比较高的 CFC-113 分解活性。Tajima 等[317] 又接着研究了 TiO$_2$ – ZrO$_2$ 催化剂体系中 TiO$_2$ 的含量对 CFC-113 分解活性的影响，研究结果表明，TiO$_2$ – ZrO$_2$ 催化剂的 CFC-113 分解活性随 TiO$_2$ 含量增加而提高，当 TiO$_2$ 含量增加至 60% ~ 90%（摩尔分数，下同），反应温度为 500℃时，其催化分解的活性保持在 95% 左右。对其他的 CFCs，TiO$_2$ – ZrO$_2$ 催化剂也具有比较高的分解反应活性，例如，在 500℃左右，TiO$_2$ – ZrO$_2$ 催化剂可以将 CCl$_4$ 和 CCl$_3$F 完全分解。TiO$_2$（58%）– ZrO$_2$（42%）催化剂分解 CFCs 的活性规律如下：CCl$_4$ ≈ CCl$_3$F ＞ CHCl$_3$ ＞ CH$_2$Cl$_2$ ≈ CCl$_2$F$_2$ ＞ CClF$_3$。

Ng 等[318] 报道 CFC-12 的催化分解反应发生在 γ- Al$_2$O$_3$ 的酸位上，将其他氧化物与 γ-Al$_2$O$_3$ 混合可以提高或降低 CFC-12 分解反应活性。在 CFC-12 催化分解反应进行 5 h 后，SiO$_2$- Al$_2$O$_3$、γ- Al$_2$O$_3$ 和 La$_2$O$_3$- Al$_2$O$_3$ 催化剂活性有如下规律：SiO$_2$- Al$_2$O$_3$ ＞ γ- Al$_2$O$_3$ ＞ La$_2$O$_3$- Al$_2$O$_3$。用某些过渡金属氯化物修饰 γ-Al$_2$O$_3$ 也可以提高 CFC-12 分解反应活性，例如，在 350℃反应 3 h 后，过渡金属氯化物修饰

γ-Al₂O₃ 催化剂的 CFC-12 分解反应活性规律为：CrCl₃/γ-Al₂O₃ > NiCl₂/γ-Al₂O₃ > MnCl₂/γ-Al₂O₃ > γ-Al₂O₃ > CoCl₂/γ-Al₂O₃。Ma 等[319] 研究了 TiO₂、SnO₂ 和 Fe₂O₃ 以及以这些氧化物为载体负载 WO₃ 的固体酸催化剂对 CFC-12 分解反应的催化活性，试验结果表明纯 TiO₂、SnO₂ 和 Fe₂O₃ 对 CFC-12 分解反应的催化活性很低，而负载 WO₃ 后的 WO₃/TiO₂、WO₃/SnO₂ 和 WO₃/Fe₂O₃ 催化剂对 CFC-12 分解反应的催化活性得到很大的提高，其活性在 120 h 内没有明显的下降。他们还发现催化剂的酸性越高，对 CFC-12 分解反应的催化活性就越高。Nagata 等[320] 研究了 CFC-115 在 WO₃/γ-Al₂O₃-ZrO₂ 的催化分解反应，也得到了与 Ma 等一样的结论，即负载的 WO₃ 催化剂对 CFCs 的分解具有高的活性，其活性位是催化剂的酸中心，Nagata 等认为酸中心产生在 WO₃ 与四面体的 ZrO₂ 的界面上。

虽然氧化物催化剂对 CFCs 的分解有比较高的活性，但是由于 CFCs 的分解会伴随着 HCl 和 HF 的生成，HX（X = Cl，F）可以和氧化物催化剂的组分发生反应使催化剂失活。此外，在氧化物催化剂上对于 CFCs 催化分解反应的活性位是酸中心，提高催化剂的表面酸性将有助于提高催化剂的活性，而金属硫酸盐和磷酸盐具有比较高的酸性，因此，人们将注意力转移到金属磷酸盐和硫酸盐等催化剂上。Takita 等[321] 研究了水蒸气存在条件下 CCl₄、CCl₂F₂、CClF₃ 和 CF₄ 在 AlPO₄ 催化剂上的分解反应。开始分解反应的温度分别为 300、330、450 和 550℃。试验结果表明 CFCs 的反应活性与 C—Cl 分解能有很好的线性关系，说明 C—Cl 键的断裂是反应的控速步骤。Moriyama 等[322] 还研究了金属硫酸盐在有水蒸气存在条件下分解 CCl₂F₂ 的催化活性，Zr（SO₄）₂、Al₂（SO₄）₃、La₂（SO₄）₃、Ce₂（SO₄）₃ 和 Cr₂（SO₄）₃ 对 CCl₂F₂ 催化分解具有比较高的活性，MnSO₄、CoSO₄ 和 MgSO₄ 的活性比较低，而 CaSO₄、SrSO₄ 和 BaSO₄ 则对 CCl₂F₂ 催化分解没有活性。在所研究的金属硫酸盐中，Zr（SO₄）₂ 的活性最高，当反应温度为 325℃时，它可以将 CCl₂F₂ 完全分解，反应体系中适量的水与氧气有助于在金属硫酸盐催化剂上的 CCl₂F₂ 分解反应。基于对 CCl₂F₂ 催化分解的深入研究，Takita 等[323] 提出了 CCl₂F₂ 在 AlPO₄ 催化剂上分解反应的机理（图 8-22）。

除了金属氧化物、硫酸盐和磷酸盐外，分子筛也具有不同的酸性，因此，它们也应具有 CFCs 分解催化活性。例如，Tajima 等[324] 研究了 H-mordenite、H–ZSM-5 和 Y 型分子筛对 CFC-113 催化分解的活性。由于 H-mordenite 的酸强度大于 H-ZSM-5 和 Y 型分子筛的酸强度，所以 H-mordenite 对于 CFC-113 分解的催化活性大于 H-ZSM-5 和 Y 型分子筛。

CFCs 可以在分子筛的内孔道的非质子酸位置上吸附，但是吸附能力比较弱，而在质子酸位置，可以形成含 H 的吸附物种。有些 CFCs 在吸附后可以发生分解反应，但是，如果 CFCs 的分子中没有 H 原子，这种 CFCs 是非常稳定的。含有

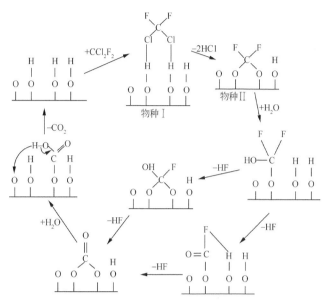

图 8-22 CCl_2F_2 在 $AlPO_4$ 催化剂上的分解反应机理[323]

H 原子 CFCs 分解后的表面反应中间体是 HCOCl，HCOCl 非常不稳定，很快分解成最终的产物 CO 和 HCl。

CFCs 在钠型分子筛的分解反应将引起分子筛脱 Al 现象，在分子筛的骨架上产生空位，其反应机理如下[325]：

$$[AlO_2]^- Na^+ + CCl_2F_2 \longrightarrow \{[AlO_2]^- Na^+ CCl_2F_2\} \tag{8-51}$$

$$\{[AlO_2]^- Na^+ CCl_2F_2\} \longrightarrow \{[AlOF \cdot OCCl_2] + NaF\} \tag{8-52}$$

$$\{[AlOF \cdot OCCl_2]\} \longrightarrow AlFCl_2 + CO_2 + \{\cdots\} \tag{8-53}$$

式中，$\{\cdots\}$ 代表分子筛的骨架上的空位。该反应进行很彻底时，将引起分子筛结构的破坏。因此，我们在利用分子筛作 CFCs 的分解催化剂时，需要关注分子筛本身的稳定性问题。

8.3.3   氯氟烃的光催化分解

目前，TiO_2 光催化理论和应用研究得到广泛的重视，研究表明利用纳米 TiO_2 上的光催化反应可以有效地分解和去除水与空气中的有机污染物。CFCs 在大气同温层能够被紫外光分解，因此，我们可以利用光催化剂在地面上让 CFCs 加速分解。近几年，CFCs 的光催化分解成为重要的研究课题之一。Weaver 等[326] 在 1997 年报道了在含有 TiO_2 粒子和甲酸盐离子体系中的 1，1，2 - 三氯三氟乙烷的光化学还原脱氯反应，反应的主要产物是 1，2 - 二氯三氟乙烷。其反应遵循自由基链反应，反应机理如下：

$$TiO_2 + h\upsilon \longrightarrow h_{vb}^+ + e_{cb}^- \tag{8-54}$$

$$h_{vb}^+ + e_{cb}^- \longrightarrow heat \tag{8-55}$$

$$H_2O + h_{vb}^+ \longrightarrow {}^\bullet OH + H^+ \tag{8-56}$$

$$h_{vb}^+ / {}^\bullet OH + HCO_2^- \longrightarrow {}^\bullet CO_2^- + H^+/H_2O \tag{8-57}$$

$$TiO_2 + {}^\bullet CO_2^- \longrightarrow e_{cb}^- + CO_2 \tag{8-58}$$

$$CCl_2F—CF_2Cl + e_{cb}^- \longrightarrow {}^\bullet CClF—CF_2Cl + Cl^- \tag{8-59}$$

$$CCl_2F—CF_2Cl + {}^\bullet CO_2^- \longrightarrow {}^\bullet CClF—CF_2Cl + Cl^- + CO_2 \tag{8-60}$$

$${}^\bullet CClF - CF_2Cl + HCO_2^- \longrightarrow {}^\bullet CO_2^- + HCClF—CF_2Cl \tag{8-61}$$

$${}^\bullet CClF - CF_2Cl + e_{cb}^- \longrightarrow CClF =\!\!= F/CF_2 + Cl^- \tag{8-62}$$

Mills 等[327,328]也研究了一氟三氯甲烷在甲酸盐溶液中的脱氯反应，该反应在 pH≥5 时有最高的光电子效率，反应产物主要为二氯一氟甲烷。Tennakone 等[329]在研究了利用 TiO_2 的光催化性质降解 CFCs 的反应时发现，波长为 365~366 nm 的紫外光可以使二氯二氟甲烷在 TiO_2 晶粒上发生光分解反应，主要产物为氯气和氯化物。Winkelmann 等[328]也研究了含有 HCO_2^- 离子和空气的 TiO_2 悬浮溶液体系对三氯一氟甲烷的光降解反应，在光反应引发阶段溶解氧抑制反应的进行，在溶液体系中形成大量的氯离子，当反应稳定后，溶解氧促进光催化反应的进行。这是因为氧化物表面附着的电子 e^- 和 O_2 物种按式 (8-63) 进行反应生成 H_2O_2 和 CO_2。

$$e^- + {}^\bullet CO_2^- + O_2 + 2H^+ + H_2^+ + CO_2 \longrightarrow H_2O_2 + CO_2 \tag{8-63}$$

生成的 H_2O_2 又有如下两个反应：

$$H_2O_2 + {}^\bullet CO_2^- \longrightarrow OH^- + {}^\bullet OH + CO_2 \tag{8-64}$$

$$e^- + H_2O_2 \longrightarrow OH^- + {}^\bullet OH \tag{8-65}$$

正如我们所知，OH^- 和 ${}^\bullet OH$ 均具有很强的氧化能力，可以氧化分解 CFCs，因此，TiO_2 光催化对于 CFCs 的氧化降解具有很高活性，也具有乐观的应用前景。

8.3.4　氯氟烃的催化氢化脱氯无害化

CFCs 破坏臭氧层的主要原因是 CFCs 在光的作用下分解产生的 Cl 原子，如果将 CFCs 中的 Cl 原子部分或全部用 H 取代，则对臭氧层的破坏作用就会大大降低。将 CFCs 中的 Cl 原子部分或全部用 H 取代的反应叫做催化氢化脱氯。CFCs 氢化脱氯反应可以除去 CFCs 母体中的氯而保持 CFCs 母体结构不发生变化。其反应通式为

$$C_xF_yCl_z + H_2 \longrightarrow C_xF_yH_z + HCl （或含有 C_xH_y） \tag{8-66}$$

该反应产物一般为氟碳烃（perfluorcarbons，PFCs）、氢氟碳（hydrofluorocarbons，HFCs）和烷烃。氢氟碳是 CFCs 和哈龙的替代物，可以用作制冷剂和灭火剂，也可以用来合成其他高附加值的化学品。

在大多数研究报道中，用于 CFCs 的氢化脱氯反应的催化剂为负载型贵金属催化剂，如 Pd、Pt 和 Rh，其中 Pd 催化剂因具有最高的转化率和选择性而得到深入研究。除了催化剂的活性组分外，许多研究者也深入研究了催化剂载体在该类反应中的重要作用。对于 CFCs 的氢化脱氯反应而言，催化剂载体一般为活性炭、氧化铝或硫酸化的氧化铝。

Juszczyk 等[330]研究了 CCl_2F_2 在 $Pd/\gamma-Al_2O_3$ 催化剂上的氢化脱氯反应。研究表明，$Pd/\gamma-Al_2O_3$ 催化剂的活性取决于 Pd 在催化剂表面的分散度，大粒度的 Pd 粒子更容易转变成碳化钯，而碳化钯具有更高的活性和 CH_2F_2 的选择性。此外，AlF_x 物种在反应中亦起着非常重要的作用，它导致产生了电子缺失的 Pd 物种，从而对 CCl_2F_2 转化为 CH_2F_2 的脱氯反应具有更高的活性。按照 Juszczyk 等的研究结果，碳化钯对 CFCs 的氢化脱氯反应具有高的活性和选择性，那么以活性炭作为载体将有利于这个反应的进行。事实上确实如此，Qrdóõnez[331]等研究了负载到活性炭上的 Pd、Pt、Rh、Ru 和 Ir 贵金属催化剂对 CCl_3F 的氢化脱氯反应活性，反应的主要产物为氟甲烷（CH_3F）、甲烷、二氯一氟甲烷和少量的乙烷、丙烷、氯甲烷及氟氯甲烷。不同的金属显示出不同的产物选择性，例如，1%（质量分数，下同）Pt/AC 和 1% Pd/AC 催化剂具有比较高的 CH_3F 选择性，1% Ru/AC 和 1% Ir/AC 催化剂的 $CHCl_2F$ 选择性高，其中，1% Ir/AC 对 $CHCl_2F$ 的选择性高达 10%，而 1% Rh/AC 催化剂对甲烷的选择性高。CCl_3F 氢化脱氯反应机理如下（图 8-23）：

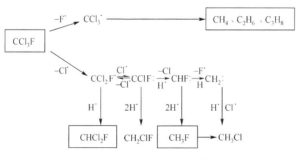

图 8-23　CCl_3F 氢化脱氯反应机理

Qrdóõnez 等[331]认为在催化剂表面上 Cl^- 的吸附对产物分布有着重要的作用，Cl^- 的强吸附使 $CHCl_2F$ 的选择性提高。Rioux 等[332]也研究了 Pd/C 和钯黑催化剂对 CF_3CFCl_2 和 CF_3CCl_3 的氢化脱氯反应活性，它们的动力学数据表明 CFC 的反应级数是 1，H_2 的反应级数为 0.5，HCl 的反应级数为 -1，CFCs 在催化剂表面的不可逆吸附是该类反应的控速步骤。Chandra Shekhar 等[333] 发现用 C 或 C 与 F 同时修饰 Al₂O₃ 载体可以得到选择性更好的将 CFC-12 转化为 HFC-32 的负载型 Pd 催化剂。用 ZrO₂ 或 MgOH 修饰 Pd/C 也可以提高催化活性和 HFC-32 的选择性，因为 ZrO₂ 和 MgO 容易和反应中产生的 HF 反应生成 ZrF₄ 和 MgF₂ 相，它们可以在 Pd 附近产生缺电子环境，导致 HFC-32 选择性的提高。

Öcal 等[334] 报道 CFCs 在 Pd/Al₂O₃ 催化剂上的氢化脱氯反应需要有一定的活化期。在反应的初期，C 会进入 Pd 的晶格形成 PdC 共熔体，部分的 Al₂O₃ 被氟化生成 AlF₃ 相。Yu 等[335] 也发现了类似的现象，他们在研究了哈龙 1211 在 Pd/Al₂O₃ 和 Pd/AlF₃ 催化剂上的转化时也发现在用甲烷处理后的 Pd/Al₂O₃ 表面上有 PdC 物种生成，而在 CHClF₂ 处理后部分被氟化的 Pd/Al₂O₃ 催化剂表面上则未观察到碳化钯物种生成。Yu 等认为在哈龙 1211 的氢化脱氯反应中，Pd/Al₂O₃ 的载体经历了部分氟化而导致载体路易斯酸性的提高和 Pd 原子的电子缺失，缺电子的 Pd 可以降低 CF₂ 在 Pd 原子上吸附的停留时间，使 CH₂F₂ 的选择性提高。与 Yu 等的研究结果一样，Coq 等[336] 认为载体的氟化对于 CFCs 氢化脱氯反应是有利的，氟氧化物和羟基氟化物有助于氢化脱氯的选择性。但是，与 Yu 的观点不同，Early 等[337] 认为在反应初期，CFCs 和载体相互作用，使催化剂表面卤化，消耗表面的—OH 基团，从而使催化剂的氢化脱氯活性降低。

Ribeiro 等[338] 研究了 CFC-114a（1，1 二氯四氟乙烷）在 Pd（111）、Pd（100）和 Pd 箔模型催化剂上常压下的氢化脱氯反应动力学，该反应的主要产物是 CF₃CFH₂（HFC-134a）、CF₃CFClH（HCFC-124）和 CF₃CH₃（HFC-143a），研究结果表明该反应是非结构敏感性反应。

在传统的 Pd/Al₂O₃ 催化剂制备方法中，一般以 PdCl₂ 或 Pd（NO₃）₂ 作为前驱体，使用浸渍法制备。Pd 的前驱体可能会影响 CFCs 的氢化活性和选择性，例如，Cai[339] 使用 Pd（PPh₃）₂X₂（X = Cl 或 SCN）为 Pd 前驱体得到了性能优良的 Pd（PPh₃）₂X₂/MgF₂ 催化剂，在 Pd（PPh₃）₂SCN₂/MgF₂ 催化剂上，CH₂F₂ 的选择性高达 93%。其催化性能的改善归结于 P 配体使 Pd 的前驱体在载体表面上均匀分布，副反应的活性中心数目下降。XPS 分析表明在催化剂表面存在两种 Pd 的形态，一种是零价态 Pd，一种是高电子结合能 Pd，即缺电子 Pd。Pd 粒子的高度分散（90%）导致了 Pd 与载体的强相互作用，产生了缺电子的 Pd 中心，从而使 CH₂F₂ 的选择性增加。

为了提高催化剂的活性和选择性，有些学者在 Pd 催化剂体系中引入第二种金属，得到了性能优良的催化剂。例如，Legawiec-Jarzyna 等[340] 在 Pd（1% ~ 2.8%，质量分数，下同）/Al₂O₃ 催化剂引入了 10% ~ 20%（相对于 Pd 的量）的 Pt 元素，得到了 CFC-12 氢化脱氯制二氟甲烷的优良催化剂，在 180℃时二氟甲烷的选择性为 46% ~ 60%，但是进一步提高 Pt 的含量将降低产物的选择性。研究还表明，在单金属 Pt（1%）/Al₂O₃ 催化剂上副反应产物 CHClF₂ 的选择性为 28%（180℃），Pd-Pt 双金属催化剂的副产物 CHClF₂ 的选择性低于单金属 Pt（1%）/Al₂O₃ 催化剂。对于反应后的催化剂分析可知在高活性的 Pd – Pt 双金属催化剂上的积碳少于 Pt（1%）/Al₂O₃ 催化剂，说明少量 Pt 的引入有助于保持催化剂的表面不被碳覆盖从而保持高的活性。

　　长期以来，人们认为 Au 是一种催化惰性材料，后来发现当 Au 的粒子小到纳米尺寸时，对于某些反应（如 CO 氧化）具有非常高的活性。所以，近年来人们研究 Au 作为催化剂的兴趣越来越浓厚。在 Pd 催化剂体系中引入 Au 也得到了对于 CFC-12 氢化脱氯反应的优良催化剂。Bonarowska 等[341]首先制备了 Pd/C 催化剂，然后用溶液原位还原法将 Au 还原沉积在 Pd/C 催化剂上，制备出的 Pd-Au 催化剂对 CCl₂F₂ 氢化脱氯反应的 CH₂F₂ 选择性高达 72% ~ 86%（180℃）。后来，Bonarowska 等[342]又以 Sibunit 活性炭作为载体以同样的方法制备了 Pd-Au 双金属催化剂，得到了相似的结果。同时，他们也制备了以 SiO₂ 为载体的 Pd – Au 双金属催化剂[341]，在 Pd/SiO₂ 催化剂中引入 20% ~ 40% 的 Au，可以使 CH₂F₂ 的选择性从 40% 提高到 95%，CH₂F₂ 选择性的提高归结于催化剂表面形成了适量的 Pd – Au 合金。

　　除了 Pd 外，其他贵金属也可以用于制备 CFCs 氢化脱氯的催化剂。例如，Mori[343]比较了负载到活性炭和 SiO₂ 上的 Ru、Rh、Pd 和 Pt 催化剂对 CFC-113 氢化脱氯反应的活性和选择性。在 4 种贵金属催化剂中，Ru 是最稳定的催化剂，其主要产物是 CClF＝CF₂（CFC-1113）和 CHClF—CClF₂（HCFC-123a），而在其他催化剂上，主要产物为 F 或 Cl 取代的乙烯或乙烷。以 SiO₂ 为载体的 Ru、Rh 和 Pd 催化剂的活性随反应时间增加而降低并逐渐失活，对于 Pt/SiO₂ 催化剂，其催化活性随反应时间增加而升高。在以活性炭为载体的催化剂上未观察到严重的催化剂失活现象。XRD 和 TPR 试验结果表明，SiO₂ 为载体的 Ru、Rh 和 Pd 催化剂的活性降低是由于含卤素的物种在催化剂表面聚集并占据生成 CFC-1113 反应的活性中心。金属分散度高的催化剂具有高的 CFC-1113 选择性，说明 CFC-113 的氢化脱氯反应是表面结构敏感性反应。

　　Yu 等[344]研究了 Al₂O₃ 负载的 Ni、Pd 和 Pt 催化剂上哈龙 1211（CBrClF₂）的氢化脱氯反应。对于这个反应，Pd 和 Pt 催化剂活性相似，而 Ni 催化剂的活性远低于前两者催化剂。在 Pd/Al₂O₃ 催化剂上的主要产物为 CH₂F₂，而 Pt/Al₂O₃ 和 Ni/Al₂O₃ 催化剂则分别有利于 CH₄ 和 CH₃F 的形成。

　　众所周知，催化剂载体对活性和产物的选择性有很大的影响，Morato[345]报道了负载到石墨碳和活性炭的 Ni 和 Ni-Cu（或 K，Al）催化剂对 CFC-12 和

HCFC-22 的氢化脱氯活性。在所有的催化剂中，金属 Ni 具有最高的活性。在 HCFC-22 氢化脱氯反应进行 15h 内，Ni/活性炭、金属 Ni 和 Ni/Al₂O₃/AC 催化剂活性随反应时间而增加，而 Ni/石墨、Ni – Cu/AC 和 Ni – K/AC 催化剂在此期间内活性逐渐降低。

除了负载型金属催化剂外，一些硫化的金属氧化物如硫化的 TiO₂ 和 ZrO₂ 也具有一定的 CFCs 氢化脱氯反应活性。Fu 等[346]利用 H₂SO₄ 修饰的 TiO₂ 作为 CFC-12 氢化的催化剂，他们发现在 TiO₂ 上，CFC-12 完全转化温度为 340℃，反应产物 CO₂ 选择性从 0.5 变化到 0.88（250～350℃），而 CClF₃（CFC-13）为主要的副产物。催化剂的表面硫化改变了催化剂的结构和表面性质从而有利于反应的进行。研究还表明与未修饰的 TiO₂ 相比，硫化的 TiO₂ 抑制了从锐钛矿到金红石的相转变，反应过程中未被硫化的催化剂的表面氟化也改变了催化剂的粒子大小、孔径分布和比表面积等性质，提高了反应的活性，并抑制了副产物 CFC-13 的产生。而反应过程中硫化 TiO₂ 催化剂的表面氟化对于氢化脱氯反应催化活性没有大影响，说明在硫化 TiO₂ 催化剂上活性中心的形成没有 F 的参与。Lai 等[347]研究了 TiO₂ – ZrO₂ 混合物体系对 CFC-12 的氢化脱氯的反应活性，他们发现 TiO₂ – ZrO₂ 可以产生比单独 TiO₂ 或 ZrO₂ 更多的 CFC-12 氢化活性位，表面负载硫酸根离子可以提高催化剂的活性。硫化催化剂的表面相变化取决于处理催化剂的硫酸的浓度，用 96% H₂SO₄ 处理的 TiO₂ – ZrO₂ 具有比较稳定的锐钛矿结构并具有最好的催化活性，在 280℃ 时 CFC-12 的转化率和 CO₂ 的选择性均为 100%，且反应进行了 211 h，未发现催化剂的活性和选择性降低。

以氟化物为载体，负载贵金属可以得到稳定的 CFCs 和 HCFCs 加氢脱氯催化剂，在该催化剂上具有较高的氢氟烃选择性，Coq[336]总结了这一领域的研究工作，其结果见表 8-10。

表 8-10 以氟化物为载体的负载贵金属对 CFCs 和 HCFCs 加氢脱氯反应的活性[336]

反应物	催化剂	反应条件	催化性能（选择性）
CF_2Cl_2	Pd/AlF_3	180℃；$CF_2Cl_2/$	CH_4: 13.9%；CH_2F_2: 80.3%；CHF_2Cl: 1.7%
	Pd/AlF_3	H_2: 1/3	CH_4: 17.2%；CH_2F_2: 78.4%；CHF_2Cl: 4.1%
CF_3CHFCl	Pd/AlF_3	200℃；CF_3CHFCl	CF_3CH_2F: 99%
		$/H_2$: 0.3～2	
CF_3CF_2Cl	Pd/AlF_3	200℃；CF_3CF_2Cl	CF_3CHF_2: 97%
		$/H_2$: 1/2	
CF_2Cl_2	Pd/TiF_3	180℃；CF_2Cl_2	CH_4: 13.1%；CH_2F_2: 81.8%；CHF_2Cl: 4.9%
	Pd/ZrF_4	$/H_2$: 1/3	CH_4: 9.6%；CH_2F_2: 86.0%；CHF_2Cl: 3.8%
	Pd/ZrF_xO_y		CH_4: 7.1%；CH_2F_2: 91.6%

续表

反应物	催化剂	反应条件	催化性能（选择性）
CF_2Cl_2	Pd/AlF_3	190℃；CF_2Cl_2 /H_2：1/2	CH_4：27%；CH_2F_2：55%；CHF_2Cl：6%
CF_3CFCl_2	Pd/AlF_3 $Pd/30\%$ F- Al_2O_S	200℃；CF_3CFCl_2 /H_2：1/3	CF_3CFH_2：69%；CF_3CH_3：24%；CF_3CHFCl：6% CF_3CFH_2：53%；CF_3CH_3：37%；CF_3CHFCl：9%
CF_2Cl_2	Pd/MgF_2 Pd-Au/MgF_2 Ru/MgF_2	180℃；CF_2Cl_2 /H_2：1/10	CH_4：19%；CH_2F_2：72%；CHF_2Cl：8.5% CH_4：9.3%；CH_2F_2：86%；CHF_2Cl：3.8% CH_4：67.5%；CH_2F_2：7.0%；CHF_2Cl：19.2%
CF_2Cl_2	Pd/MgF_2 （dpPd = 1 nm） Pd/MgF_2 （dpPd = 9 nm）	134℃；CF_2Cl_2 /H_2：1/2	CH_4：7.4%；CH_2F_2：88.1%；CHF_2Cl：4.5% CH_4：17.4%；CH_2F_2：70.7%；CHF_2Cl：11.9%

综上所述，负载型贵金属催化剂具有 CFCs 的氢化脱氯反应活性，其中负载 Pd 金属具有最佳反应活性，载体材料以及硫化和氟化的载体材料对该反应活性具有重要的影响。与 CFCs 催化分解以及光催化分解反应相比，CFCs 的氢化脱氯反应更有其重要的社会和经济意义。随着全球各国政府和组织对 CFCs 排放的控制以及寻找 CFCs 的替代物，CFCs 的氢化脱氯反应和工艺越来越受到产业界的重视。

8.4 羰基硫的催化水解和氧化

8.4.1 羰基硫的环境效应

源于海洋、还原性土壤、沼泽、火山爆发、CS_2 均相氧化、生物质燃烧、机动车尾气和工业生产活动的羰基硫（OCS）[348~350] 在对流层中的浓度为 500 pptv[350]。一般认为，对流层中 OCS 几乎是化学惰性的，其平均停留时间为 2~8.9 年[348,351,352]，因此对流层中的 OCS 可传输到平流层。平流层中，OCS 可发生式（8-67）~（8-71）的反应[351,353]。即 OCS 在 388 nm 以下的光辐射作用下发生光解反应，以及与 ⋅O（^{3}P）和 ⋅OH 反应生成 ⋅S、⋅SO、HS⋅；⋅S、⋅SO、HS⋅ 与 O_3、⋅OH、$HO_2^⋅$ 或 NO_x 通过均相反应生成 SO_2，SO_2 进一步与 OH 通过均相反应或者与 O_3、H_2O_2 通过非均相反应过程生成硫酸盐气溶胶[351,352]。因此，OCS 被认为是非火山爆发期间平流层硫酸盐气溶胶（stratospheric sulfate aerosol，SSA）的主要来源[353～356]。

$$OCS + h\upsilon \rightarrow CO^{\bullet} + S^{\bullet} \tag{8-67}$$

$$OCS + {}^{\bullet}O({}^{3}P) \rightarrow CO^{\bullet} + SO^{\bullet} \tag{8-68}$$

$$OCS + {}^{\bullet}OH \rightarrow CO_2 + HS^{\bullet} \tag{8-69}$$

$$(8-70)$$

$$(8-71)$$

SSA 对极地臭氧耗损有重要影响[354,355,357～360]。在极地的冬季，HNO_3 和 H_2O 可凝结在 SSA 表面，从而清除了 ${}^{\bullet}Cl$ 自由基的清除剂 NO_x，而间接促进平流层臭氧耗损。此外，硫酸盐气溶胶还为 HCl 和 $ClONO_2$ 等相对惰性的含氯物种重新分解为活性 ${}^{\bullet}Cl$ 自由基提供了催化反应的界面[361]，而 ${}^{\bullet}Cl$ 自由基是臭氧耗损的关键物种之一。因此，OCS 是臭氧的间接耗损物质。

8.4.2　羰基硫的催化水解和氧化

如上所述，工业生产中，OCS 广泛存在于焦炉气、煤制气、天然气、石油冶炼制尾气、烟道气、机动车尾气以及 Claus 尾气中[362,363]。在燃煤锅炉尾气中，OCS 的含量可占总含硫量的 2%～10%[364]。OCS 除了对全球环境具有重要影响以外，OCS 还能引起工业生产设备的腐蚀、导致催化剂中毒失活[362]。因此，OCS 是工业废气精脱硫的重要对象之一。OCS 的脱除技术主要包括燃烧法、有机胺吸收法、催化水解法、氧化转化法及加氢转化法等[362,365]。其中，催化水解是目前脱除尾气中 OCS 的主流技术[362]。本节将主要介绍 OCS 催化水解的研究进展。

OCS 催化水解的反应式为

$$OCS + H_2O \longrightarrow CO_2 + H_2S \tag{8-72}$$

多数情况下，OCS 的催化水解反应的操作温度在 200～400℃ 范围内。目前，已经研制出常温或低温催化剂。

1. OCS 水解催化剂体系与活性

催化剂的活性组分有碱金属、碱土金属、过渡金属氧化物[366,367]以及稀土金属硫氧化物[368];载体主要有 γ - Al_2O_3、TiO_2 和活性炭[366,369]。由于成本和应用历史的原因,γ - Al_2O_3 仍然是市场上催化水解 OCS 主要的催化剂载体[362]。事实上,γ - Al_2O_3 本身也具有一定的催化水解活性[370~372]。例如,在无氧体系中,空速为 2500 h^{-1},20℃时 γ - Al_2O_3 对 OCS 的稳态转化率可达 54.9%[370],当空速增加到 12 300 h^{-1} 时,γ - Al_2O_3 对 OCS 的稳态转化率仍可保持在 20% 左右[372]。

γ - Al_2O_3 负载的碱金属和碱土金属的活性顺序为:$Cs_2O > K_2O$,$BaO > Na_2O$,$CaO > MgO$[373]。当浸渍约 5% (质量分数) Li^+、Na^+、K^+、Cs^+、Mg^{2+}、Ca^{2+}、Ba^{2+}、Sr^{2+} 后,相对于纯 γ - Al_2O_3,在 5 h 内碱金属中 K^+ 和 Cs^+ 对催化水解活性具有持续促进作用[367]。由于 OCS 催化水解反应属于碱催化的反应,因此,在催化剂中添加碱金属和碱土金属理应增加其催化水解活性,但是其他碱金属和碱土金属在稳态表现出中毒效应,其中 Na^+ 和 Mg^{2+} 表现出非常好的初始活性,但其稳态活性非常低。这种中毒效应的机理尚不明确。Thomas 等[372]推测可能与浸渍法制备催化剂时,催化剂表面的活性位 (碱性羟基) 被覆盖有关。对浸渍约 3% (质量分数) Fe^{3+}、Co^{2+}、Ni^{2+}、Cu^{2+}、Zn^{2+}[372]的催化剂而言,虽然过渡金属的添加显著降低了催化剂的比表面积和孔径,但相对于纯 γ - Al_2O_3,所有催化剂的初始活性 (转化率) 都显著增加。其中 Ni^{2+}、Zn^{2+} 与碱金属中 K^+、Cs^+ 类似,可持续改善稳态催化活性。如果考虑比表面积因素,所有过渡金属改性的催化剂的初始和最终比活性 (TOF) 都高于纯 γ - Al_2O_3 催化剂的活性。活性数据的对比见图 8-24 和图 8-25 所示。

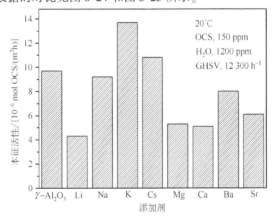

图 8-24　添加碱金属和碱土金属的催化剂对 OCS 催化水解的比活性[367]

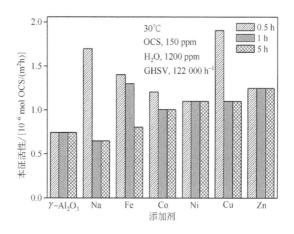

图 8-25   添加过渡金属的催化剂对 OCS 催化水解的比活性[372]

Al 基和 Ti 基水解催化剂虽然在低温下具有较好的催化活性，但是当反应气氛中有 O_2 或 SO_2 存在时，催化活性将明显降低。这是因为，SO_2 可与 OCS 在催化剂表面的碱性羟基位发生竞争吸附。Liu 等[370]用原位红外光谱和离子色谱研究发现在含氧条件下，即使在低温下，Al_2O_3 催化剂表面也存在硫酸盐积累的现象。其原位红外光谱见图 8-26。因此，催化剂表面硫物种的积累是催化水解氧中毒的主要原因。

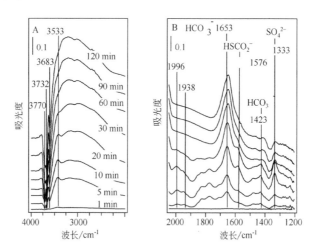

图 8-26   OCS 在 γ-Al_2O_3 含氧体系催化水解 OCS 的原位红外光谱[370]

φ (OCS) = 0.05%，φ (O_2) = 95%，298 K

　　然而，在各种燃烧尾气中，氧和硫都是不可避免的。一种可能的途径是将催化剂进行预硫化，以获得稳定的催化水解活性[367]。例如，Sasaoka 等[374]研究发现 ZnO 吸附含硫气体后生成的 ZnS，在高温（500℃）下 ZnS 对 OCS 催化水解仍具有一定活性。Zhang 等[368]将稀土金属氧化物 Re_2O_3（Re = La、Nd、Sm、Eu、Gd、Dy、Ho、Er），Pr_6O_{11} 和 CeO_2 在高纯氮平衡的含 0.5% SO_2 和 1.0% CO 气氛中于 600℃硫化 2 h，制得的 Re_2O_2S 催化剂在中温区间具有较高的催化水解活性。不同稀土金属氧化物的活性顺序为：La ≈ Pr ≈ Nd ≈ Sm > Eu > Ce > Gd ≈ Ho > Dy > Er。在含氧量低于 1.5% 时，Nd 和 La 催化剂的活性基本不受影响；当含氧量增加到 2.0% 时低温催化活性略有降低。原料气中加入 1000 ppm SO_2 后，在 250℃以上，催化水解活性不受影响，而在 250℃以下，催化剂存在部分可逆中毒现象。其活性对比见表 8-11 和表 8-12。因此，稀土金属硫氧化物具有优良的抗氧和抗硫中毒性能。

表 8-11　有氧条件下 La_2O_2S 与 $\gamma - Al_2O_3$ 催化水解 OCS 的活性对比[368]

原料气中的氧含量/%	OCS 转化率/%					
	La_2O_2S			$\gamma - Al_2O_3$		
	100℃	150℃	200℃	100℃	150℃	200℃
0	62.6	95.2	99.0	~100	~100	~100
1.0	60.9	94.4	~100	79.4	89.0	60.5

注：原料气：OCS 150 ppm，H_2O 3.4%，GHSV 10 000 h^{-1}。

表 8-12　La_2O_2S 与 Nd_2O_2S 催化水解 OCS 的抗硫性[368]

催化剂	原料气中的 SO_2 的浓度/ppm	OCS 转化率/%				
		100℃	150℃	200℃	250℃	300℃
La_2O_2S	0	62.6	95.2	99.0	~100	~100
	1000	21.6	29.7	36.5	85.1	~100
Nd_2O_2S	0	64.5	96.4	~100	~100	~100
	1000	20.8	24.4	30.4	86.5	~100

注：原料气：OCS 150 ppm，H_2O 3.4%，GHSV 10 000 h^{-1}。

2. OCS 催化水解动力学

　　研究发现，OCS 在 $\gamma - Al_2O_3$ 上的催化水解反应满足 L-H 动力学模型。其反应速率可表达为[362,375]

$$r_0 = \frac{k_1 p_{ocs} p_{H_2O}}{(1 + K_{ocs} p_{ocs} + K_{H_2O} p_{H_2O})^2} = \frac{kK_{ocs} K_{H_2O} X_s^2 p_{ocs} p_{H_2O}}{(1 + K_{ocs} p_{ocs} + K_{H_2O} p_{H_2O})^2} \quad (8-73)$$

式中，r_0 为初始反应速率；k_1 为表面反应速率常数；X_s 为催化剂表面活性位浓度；K 为吸附平衡常数；c 为反应器入口处反应物的浓度。

早期研究认为，高温下 OCS 在 γ – Al_2O_3 上的催化水解反应对水表现为零级反应，对 OCS 表现为一级反应[376]。但在低温下，H_2O 对 OCS 的催化水解不再表现为零级反应，水解活性随水含量的增加而降低。不同温度下 Al_2O_3 上催化水解活性随水含量的变化如图 8-27[375] 所示。低温下水的抑制作用主要是由于 H_2O 与 OCS 在活性位点的竞争吸附造成的[364]。与高温下 OCS 吸附后的反应中间体的分解反应为速控步骤不同，在低温下 OCS 在催化剂表面的吸附或者吸附的 OCS 与 H_2O 相关的中间体的表面反应是速控步骤。因此，式（8-73）可简化为[375]

$$r_0 = \frac{k_1 p_{ocs}}{(1 + K_{H_2O} P_{H_2O})} \tag{8-74}$$

显然，低温下 H_2O 对 OCS 的催化水解反应表现为负指数函数关系。

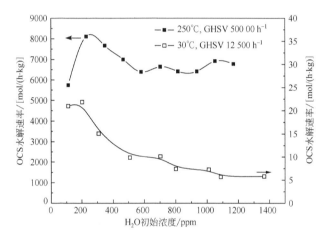

图 8-27　不同温度下 OCS（150 ppm）催化水解速率随水含量的变化[375]

3. OCS 催化反应机理

有关 OCS 催化水解反应机理的研究较多，并认为 OCS 的水解属于碱催化反应[377~379]。George[377] 在 1974 年提出了图 8-28 所示的反应机理。认为催化剂表面被 OH 和 H_2O 部分覆盖，OCS 通过偶极相互作用吸附在表面羟基位。吸附态 OCS 进一步与吸附在催化剂表面的 H_2O 分子反应生成 CO_2 和 H_2S。Hoggan 等[379] 利用红外光谱检测到了 OCS 在氧化铝表面催化水解的关键中间体硫代碳酸氢盐（hydrogen thiocarbonate，HTC），并确认了 HTC 在 1572 cm^{-1} 和 1327 cm^{-1} 处的红外吸收。DFT 优化的 HTC 吸附态以及过渡态结构以及提出的反应机理见图 8-29[379]。认为 OCS 首先与催化剂表面的碱性羟基作用生成 HTC，HTC 可在质子酸的作用下分解生成 CO_2 和 H_2S，也可在表面吸附水的参与下分解为 CO_2 和 H_2S。该反应机理与 George 提出的机理比较接近，也与动力学研究中得到的 L-H 模型相吻合。

Akimoto 等[380]认为，OCS 的催化水解还与催化剂表面还原位点和 L 酸位相关。当反应气氛中加入戊烯后，由于其在 L 酸位与 H_2O 发生竞争吸附，而使催化活性降低；而反应体系中加入 SO_2 后，Akimoto 认为 SO_2 与 OCS 在催化剂表面的还原性位点的竞争吸附导致催化活性的降低。Liu 等[370]利用原位红外光谱研究发现，如图 8-28 所示 OCS 在催化剂表面吸附的同时伴随着表面碱羟基（B 碱）的消耗。因此，OCS 在还原性位点发生吸附的假设值得商榷。

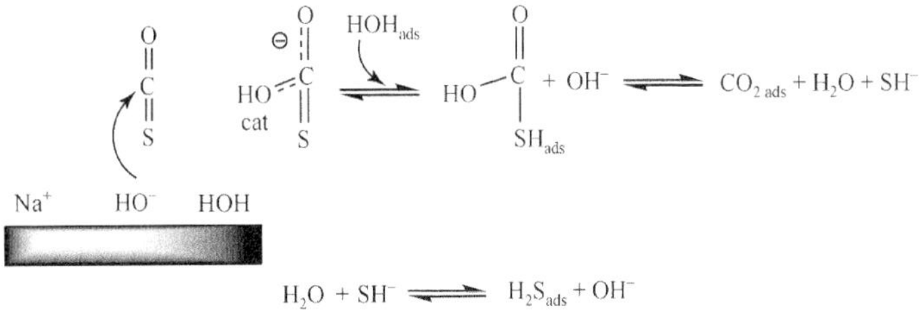

图 8-28　George 提出的 OCS 催化水解反应机理[377]

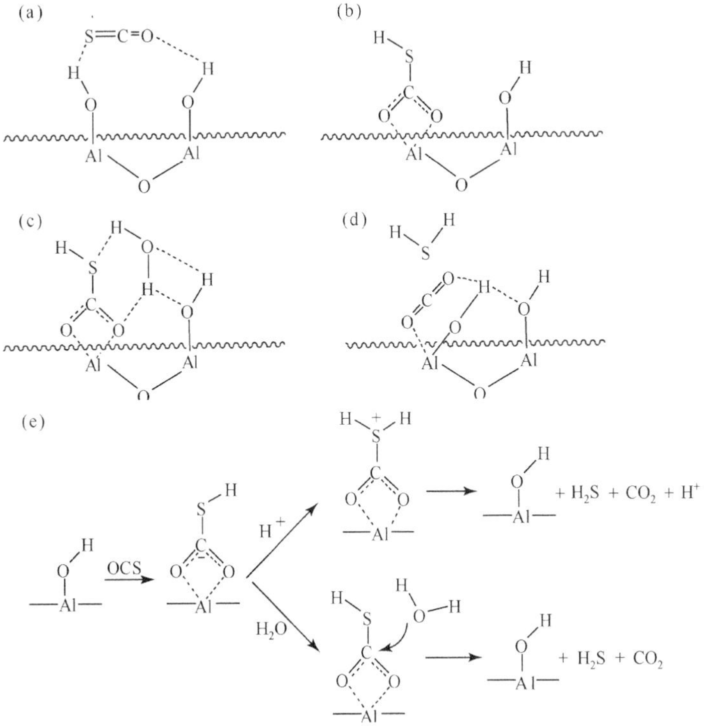

图 8-29　Hoggan 等优化的 OCS 在氧化铝表面的吸附态、HTC、过渡态结构以及反应机理

（a）OCS 的吸附态结构；（b）HTC 的结构；（c）过渡态；（d）产物形成过程；（e）反应机理[379]

如上所述，OCS 的催化水解属于碱催化的反应。因此，实验中降低或者增加催化剂的碱性将对催化活性产生重要影响。Fiedorow 等[376]证实了这一观点。当反应体系中加入乙酸、NH_3、吡啶或者在催化剂上浸渍 1% NaOH 后，催化反应活性发生了显著的变化。乙酸的加入导致催化剂表面碱性位点的减少，使得催化活性降低；而加入 NH_3、吡啶或者在催化剂上浸渍 1% NaOH 的反应体系中，催化剂表面碱性位点增加使得活性增加，如图 8-30 所示。李春虎等[378]研究发现，碱改性的 $\gamma - Al_2O_3$ 催化剂中，活性较高的催化剂的碱中心强度（$H_{0,max}$）一般为 10 左右，而对 OCS 水解反应起主要作用的碱中心的强度为

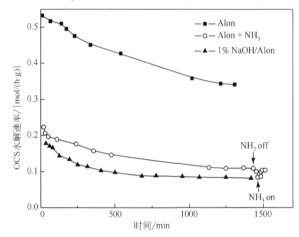

图 8-30　催化剂表面碱性对 OCS 水解活性的影响[376]

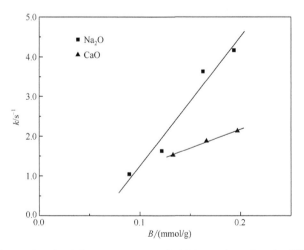

图 8-31　表面碱强度在 $6.8 \leqslant H_{0,max} \leqslant 9.8$ 的碱量与 OCS 水解活性的关系[378]

$4.8 \leqslant H_{0,\max} \leqslant 9.8$。$55^\circ\mathrm{C}$ 条件下，OCS 的催化水解反应速率常数与改性催化剂中强度为 $6.8 \leqslant H_{0,\max} \leqslant 9.8$ 的碱中心数量成正比，如图 8-31 所示。

4. OCS 催化氧化

OCS 的催化氧化研究相对较少。奚强等[381]利用金属酞菁（TsPc）在液相中可将 OCS 催化氧化为单质硫。不同金属酞菁的活性顺序为 CoTsPc > ZnTsPc > NiTsPc > FeTsPc > MnTsPc > CuTsPc。OCS 先被水解为 HS^-，HS^- 进一步被氧化为 S。在多相催化中，李福林等[382]开发了一步法 OCS 脱硫催化剂。催化剂含 1% ~ 20%（质量分数，下同）的 Al_2O_3、TiO_2、ZrO_2 和 CuO 中的一种金属氧化物，4% ~ 12% 的 Na_2CO_3、K_2CO_3、NaOH 和 KOH 中一种或几种为调变剂，0.01% ~ 0.1% 的磷酸盐、磺酸盐和醇胺为传质促进剂。据专利报道，该催化氧化剂可在 $60^\circ\mathrm{C}$ 有氧条件下，将 OCS 催化氧化为单质硫。

贺泓　张长斌　刘永春　薛莉　王相杰，中国科学院生态环境研究中心

何洪，北京工业大学环境与能源工程学院化学化工系

李俊华，清华大学环境科学与工程系

参 考 文 献

[1] Atmospheric concentrations of greenhouse gases in geological time and in recent years. http://www.epa.gov/climatechange/science/recentac_majorghg.html n2o. [2007-04-11]

[2] Historical overview of climate change science. intergovernmental panel on climate change, Work Group I : The Physical Science Basis of Climate Change. http://ipcc-wg1.ucar.edu/wg1/wg1-report.html. [2007-09-16]

[3] WMO WDCGG Data Summary: WDCGG No. 32. http://gaw.kishou.go.jp/wdcgg/products/publication.html. [2008-03-20]

[4] U. S. E. Methane Emissions 1990 ~ 2020: Inventories, projections, and opportunities for reductions, 1999: 160

[5] Fisher F, Tropsch H. Conversion of methane into hydrogen and carbon monoxide. Brennst. Chem., 1928, 3 (9): 39 – 46

[6] Pan Y X, Liu C J, Shi P. Preparation and characterization of coke resistant Ni/SiO$_2$ catalyst for carbon dioxide reforming of methane. J. Power Sources, 2008, 176 (1): 46 – 53

[7] Guo J H, Gao Z, Zheng J, et al. Syngas production via combined oxy-CO$_2$ reforming of methane over Gd$_2$O$_3$-modified Ni/SiO$_2$ catalysts in a fluidized-bed reactor. Fuel, 2008, 87 (7): 1348 – 1354

[8] Gallego G S, Batiot-Dupeyrat C, Barrault J, et al. Dry reforming of methane over LaNi$_{1-y}$B$_y$O$_{3\pm\delta}$ (B = Mg, Co) perovskites used as catalyst precursor. Appl. Catal. A, 2008, 334 (1 – 2): 251 – 258

［9］ Zhang W D, Liu B S, TianY L. CO_2 reforming of methane over Ni/Sm_2O_3-CaO catalyst prepared by a sol-gel technique. Catal. Commun. , 2007, 8 (4): 661 – 667

［10］ Bradford M C J, Vannice M A. CO_2 reforming of CH_4. Catal. Rev. Sci. Eng. , 1999, 41 (1): 1 – 42

［11］ Zhang J, Wang H, Dalai A K. Development of stable bimetallic catalysts for carbon dioxide reforming of methane. J. Catal. , 2007, 249 (2): 300 – 310

［12］ Wang S, Lu G Q. Carbon dioxide reforming of methane to produce synthesis gas over metal-supported catalysts: state of the art. Energy Fuels, 1996, 10: 896 – 904

［13］ Kodama T, Koyanagi T, ShimizuT, et al. CO_2 reforming of methane in a molten carbonate salt bath for use in solar thermochemical processes. Energy Fuels, 2001, 15 (1): 60 – 65

［14］ Edwards J H, Maitra A M. The chemistry of methane reforming with carbon dioxide and its current and potential applications. Fuel Process. Technol. , 1995, 42 (2-3): 269 – 289

［15］ Osako T, Watson E J, Dehestani A, et al. Methane oxidation by aqueous osmium tetroxide and sodium periodate: inhibition of methanol oxidation by methane. Angew. Chem. Int. Ed. 2006, 45: 7433 – 7436

［16］ Hu Y H, Ruckenstein E. Catalytic conversion of methane to synthesis gas by partial oxidation and CO_2 reforming. Adv. Catal. , 2004, 48: 297 – 345

［17］ Rostrup-Nielsen J R, Hansen J H B. CO_2-reforming of methane over transition metals. J. Catal. , 1993, 144 (1): 38 – 49

［18］ Wei J, Iglesia E. Isotopic and kinetic assessment of the mechanism of reactions of CH_4 with CO_2 or H_2O to form synthesis gas and carbon on nickel catalysts. J. Catal. , 2004, 224 (2): 370 – 383

［19］ Ashcroft A T, Cheetham A K, Green M L H, et al. Partial oxidation of methane to synthesis gas using carbon dioxide. Nature, 1991, 352: 225 – 226

［20］ Guo J J, Lou H, Zhao H, et al. Improvement of stability of out-layer $MgAl_2O_4$ spinel for a $Ni/MgAl_2O_4/Al_2O_3$ catalyst in dry reforming of methane. React. Kinet. Catal. Lett. , 2005, 84 (1): 93 – 100

［21］ Guo J J, Lou H, Zhao H, et al. Dry reforming of methane over nickel catalysts supported on magnesium aluminate spinels. Appl. Catal. A, 2004, 273 (1-2): 75 – 82

［22］ 陶凯. 甲烷二氧化碳重整催化剂制备及反应性能研究: ［硕士论文］. 大连: 大连理工大学, 2007

［23］ Chang J S, Hong D Y, Li X, et al. Thermogravimetric analyses and catalytic behaviors of zirconia-supported nickel catalysts for carbon dioxide reforming of methane. Catal. Today, 2006, 115: 186 – 190

［24］ Wei J M, Xu B Q, Cheng Z X, et al. Stable Ni/ZrO_2 catalyst for carbon dioxide reforming of methane. Stud. Surf. Sci. Catal. , 2000, 130: 3687 – 3692

［25］ Rezaei M, Alavi S M, Sahebdelfar S, et al. Nanocrystalline zirconia as support for nickel catalyst in methane reforming with CO_2. Energy Fuels, 2006, 20 (3): 923 – 929

[26] Montoya J A, Romero-Pascual E, Gimon C, et al. Methane reforming with CO_2 over Ni/ZrO_2-CeO_2 catalysts prepared by sol-gel. Catal. Today, 2000, 63 (1): 71 –85

[27] Rezaei M, Alavi S M, Sahebdelfar S, et al. Mesoporous nanocrystalline zirconia powders: a promising support for nickel catalyst in CH_4 reforming with CO_2. Mater. Lett. , 2007, 61 (13): 2628 –2631

[28] Akpan, Sun Y P, Kumar P, et al. Kinetics, experimental and reactor modeling studies of the carbon dioxide reforming of methane (CDRM) over a new Ni/CeO_2-ZrO_2 catalyst in a packed bed tubular reactor. Chem. Eng. Sci. , 2007, 62: 4012 –4024

[29] Wei J M, Xu B Q, Li J L, et al. Highly active and stable Ni/ZrO_2 catalyst for syngas production by CO_2 reforming of methane. Appl. Catal. A, 2000, 196 (2): L167 –L172

[30] Rezaei M, Alavi S M, Sahebdelfar S, et al. CO_2 reforming of CH_4 over nanocrystalline zirconia-supported nickel catalysts. Appl. Catal. B, 2008, 77 (3-4): 346 –354

[31] Roh H S, Potdar H S, Jun K W, et al. Carbon dioxide reforming of methane over Ni incorporated into Ce-ZrO_2 catalysts. Appl. Catal. A, 2004, 276: 231 –239

[32] Roh H S, Potdar H S, Jun K W. Carbon dioxide reforming of methane over co-precipitated Ni-CeO_2, Ni-ZrO_2 and Ni-Ce-ZrO_2 catalysts. Catal. Today, 2004, 93/95: 39 –44

[33] Lima S M, Assaf J M, Peña M A, et al. Structural features of $La_{1-x}Ce_xNiO_3$ mixed oxides and performance for the dry reforming of methane. Appl. Catal. A, 2006, 311: 94 –104

[34] Pietri E, Barrios A, Goldwasser M R, et al. Optimization of Ni and Ru catalysts supported on $LaMnO_3$ for the carbon dioxide reforming of methane. Stud. Surf. Sci. Catal. , 2000, 130: 3657 –3662

[35] Topalidis A, Petrakis D E, Ladavos A, et al. A kinetic study of methane and carbon dioxide interconversion over 0.5% $Pt/SrTiO_3$ catalysts. Catal. Today, 2007, 127 (1-4): 238 –245

[36] Valderrama G, Goldwasser M R, Navarro C U, et al. Dry reforming of methane over Ni perovskite type oxides. Catal. Today, 2005, 107/108: 785 –791

[37] Valderrama G, Kiennemann A, Goldwasser M R. Dry reforming of CH_4 over solid solutions of $LaNi_{1-x}Co_xO_3$. Catal. Today, 2008, 133-135: 142 –148

[38] Li X, Wu M, Lai Z, et al. Studies on nickel-based catalysts for carbon dioxide reforming of methane. Appl. Catal. A, 2005, 290 (1-2): 81 –86

[39] Chang J S, Park S E, Yoo J W, et al. Catalytic behavior of supported KNiCa catalyst and mechanistic consideration for carbon dioxide reforming of methane. J. Catal. , 2000, 195 (1): 1 –11

[40] Crisafulli C, Scirè S, Minicò S, et al. Ni-Ru bimetallic catalysts for the CO_2 reforming of methane. Appl. Catal. A, 2002, 225 (1-2): 1 –9

[41] Halliche D, Cherifi O, Auroux A. Microcalorimetric studies and methane reforming by CO_2 on Ni-based zeolite catalysts. Thermochim. Acta, 2005, 434 (1-2): 125 –131

[42] Jeong H, Kim K, Kim D, et al. Methane reforming with carbon dioxide to synthesis gas over mg-promoted Ni/HY catalyst. Stud. Surf. Sci. Catal. , 2006, 159: 189 –192

[43] Kaengsilalai A, Luengnaruemitchai A, Jitkarnka S, et al. Potential of Ni supported on KH zeolite catalysts for carbon dioxide reforming of methane. J. Power Sources, 2007, 165 (1): 347 – 352

[44] Lacheen H S, Iglesia E. Stability, structure, and oxidation state of Mo/H-ZSM-5 catalysts during reactions of CH_4 and CH_4-CO_2 mixtures. J. Catal. , 2005, 230 (1): 173 – 185

[45] Luo J Z, Gao L Z, Yu Z L, et al. Carbon deposition and reaction steps in CO_2/CH_4 reforming over Ni-La_2O_3/5A catalyst. Stud. Surf. Sci. Catal. , 2000, 130: 689 – 694

[46] Luo J Z, Yu Z L, Ng C F, et al. CO_2/CH_4 reforming over Ni-La_2O_3/5A: an investigation on carbon deposition and reaction steps. J. Catal. , 2000, 194 (2): 198 – 210

[47] Murata S, Hatanaka N, Inoue H, et al. In Greenhouse Gas Control Technologies-6th International Conference. Pergamon, Oxford, 1485 – 1489, 2003

[48] Nimwattanakul W, Luengnaruemitchai A, Jitkarnka S. Potential of Ni supported on clinoptilolite catalysts for carbon dioxide reforming of methane. Int. J. Hydrogen Energy, 2006, 31 (1): 93 – 100

[49] Richardson J T, Garrait M, Hung J K. Carbon dioxide reforming with Rh and Pt-Re catalysts dispersed on ceramic foam supports. Appl. Catal. A, 2003, 255 (1): 69 – 82

[50] Wang K, Li X, Ji S, et al. CO_2 reforming of methane to syngas over Ni/SBA-15/FeCrAl catalyst. Stud. Surf. Sci. Catal. , 2007, 167: 367 – 372

[51] Wang L, Murata K, Inaba M. A novel highly active catalyst system for CO_2 reforming of methane and higher hydrocarbons. Catal. Commun. , 2003, 4 (4): 147 – 151

[52] Zhang M, Ji S, Hu L, et al. Structural characterization of highly stable Ni/SBA-15 catalyst and its catalytic performance for methane reforming with CO_2. Chin. J. Catal. , 2006, 27 (9): 777 – 781

[53] Kim J H, Suh D J, Park T J, et al. Effect of metal particle size on coking during CO_2 reforming of CH_4 over Ni-alumina aerogel catalysts. Appl. Catal. A, 2000, 197 (2): 191 – 200

[54] Tang S, Ji L, Lin J, et al. CO_2 Reforming of methane to synthesis gas over sol-gel-made Ni/γ-Al_2O_3 catalysts from organometallic precursors. J. Catal. , 2000, 194 (2): 424 – 430

[55] Chen X, Honda K, Zhang Z G. CO_2-CH_4 reforming over NiO/γ-Al_2O_3 in fixed-bed/fluidized-bed switching mode. Catal. Today, 2004, 93/95: 87 – 93

[56] Hou Z, Yashima T. Meso-porous Ni/Mg/Al catalysts for methane reforming with CO_2. Appl. Catal. A, 2004, 261 (2): 205 – 209

[57] Bitter J H, Hally W, Seshan K, et al. The role of the oxidic support on the deactivation of Pt catalysts during the CO_2 reforming of methane. Catal. Today, 1996, 29 (1-4): 349 – 353

[58] Bitter J H, Seshan K, Lercher J A. The state of zirconia supported platinum catalysts for CO_2/CH_4 reforming. J. Catal. , 1997, 171 (1): 279 – 286

[59] Montoya J A, Romero E, Monzón A, et al. Methane reforming with CO_2 over Ni/ZrO_2-CeO_2 and Ni/ZrO_2-MgO catalysts synthesized by sol-gel method. Stud. Surf. Sci. Catal. , 2000, 130: 3669 – 3674

[60] Quincoces C E, Diaz A, Montes M, et al. CO_2 reforming of methane. Effect of Ni-SiO_2 interactions on carbon deposition. Stud. Surf. Sci. Catal. , 2001, 139: 85 – 92

[61] Effendi A, Hellgardt K, Zhang Z G, et al. Characterisation of carbon deposits on Ni/SiO_2 in the reforming of CH_4-CO_2 using fixed- and fluidised-bed reactors. Catal. Commun. , 2003, 4 (4): 203 – 207

[62] Takenaka S, Kobayashi S, Ogihara H, et al. Ni/SiO_2 catalyst effective for methane decomposition into hydrogen and carbon nanofiber. J. Catal. , 2003, 217 (1): 79 – 87

[63] Takahashi R, Sato S, Sodesawa T, et al. CO_2-reforming of methane over Ni/SiO_2 catalyst prepared by homogeneous precipitation in sol-gel-derived silica gel. Appl. Catal. A, 2005, 286 (1): 142 – 147

[64] Wang S, Mesoporous silica supported Ni catalysts for CO_2 reforming of methane. Stud. Surf. Sci. Catal. , 2007, 165: 795 – 798

[65] Chen H W, Wang C Y, Yu C H, et al. Carbon dioxide reforming of methane reaction catalyzed by stable nickel copper catalysts. Catal. Today, 2004, 97 (2-3): 173 – 180

[66] Zhang S, Wang J, Liu H, et al. One-pot synthesis of Ni-nanoparticle-embedded mesoporous titania/silica catalyst and its application for CO_2-reforming of methane. Catal. Commun. , 2008, 9 (6): 995 – 1000

[67] Gao J, Hou Z, Guo J, et al. Catalytic conversion of methane and CO_2 to synthesis gas over a La_2O_3-modified SiO_2 supported Ni catalyst in fluidized-bed reactor. Catal. Today, 2008, 131 (1-4): 278 – 284

[68] Kouachi K, Menad S, Tazkrit S, et al. Effect of ceria additive loading on Ni/SiO_2 catalysts for carbon dioxide reforming of methane. Stud. Surf. Sci. Catal. , 2001, 138: 405 – 412

[69] Luna A C, Becerra A, Dimitrijewits M, et al. Methane CO_2 reforming over a stable Ni/Al_2O_3 catalyst. Stud. Surf. Sci. Catal. , 2000, 130: 3651 – 3656

[70] Wurzel T, Malcus S, Mleczko L. Reaction engineering investigations of CO_2 reforming in a fluidized-bed reactor. Chem. Eng. Sci. , 2000, 55 (18): 3955 – 3966

[71] Cheng Z X, Zhao X G, Li J L, et al. Role of support in CO_2 reforming of CH_4 over a Ni/γ-Al_2O_3 catalyst. Appl. Catal. A, 2001, 205 (1-2): 31 – 36

[72] Hou Z, Yokota O, Tanaka T, et al. Characterization of Ca-promoted Ni/α-Al_2O_3 catalyst for CH_4 reforming with CO_2. Appl. Catal. A, 2003, 253 (2): 381 – 387

[73] Quincoces C E, Basaldella E I, De Vargas S P, et al. Ni/γ-Al_2O_3 catalyst from kaolinite for the dry reforming of methane. Mater. Lett. , 2004, 58 (3-4): 272 – 275

[74] Souza M M V M, Clavé L, Dubois V, et al. Activation of supported nickel catalysts for carbon dioxide reforming of methane. Appl. Catal. A, 2004, 272 (1-2): 133 – 139

[75] Fajardo H V, Martins A O, Almeida R M, et al. Synthesis of mesoporous Al_2O_3 macrospheres using the biopolymer chitosan as a template: a novel active catalyst system for CO_2 reforming of methane. Mater. Lett. , 2005, 59 (29-30): 3963 – 3967

[76] Hao Z G, Zhu Q S, Lei Z, et al. CH_4-CO_2 reforming over Ni/Al_2O_3 aerogel catalysts in a fluid-

ized bed reactor. Powder Technol. , 2008, 182 (3): 474 – 479

[77] 崔月华. 镍基催化剂上 CH_4/CO_2 重整反应的动力学研究: [博士论文]. 北京: 中国科学院研究生院, 2006

[78] Nandini A, Pant K K, Dhingra S C. K-, CeO_2-, and Mn-promoted Ni/Al_2O_3 catalysts for stable CO_2 reforming of methane. Appl. Catal. A, 2005, 290 (1-2): 166 – 174

[79] Juan-Juan J, Román-Martínez M C, Illán-Gómez M J. Catalytic activity and characterization of Ni/Al_2O_3 and NiK/Al_2O_3 catalysts for CO_2 methane reforming. Appl. Catal. A, 2004, 264 (2): 169 – 174

[80] Juan-Juan J, Román-Martínez M C, Illán-Gómez M J. Effect of potassium content in the activity of K-promoted Ni/Al_2O_3 catalysts for the dry reforming of methane. Appl. Catal. A, 2006, 301 (1): 9 – 15

[81] Lee J H, Lee E G, Joo O-S, et al. Stabilization of Ni/Al_2O_3 catalyst by Cu addition for CO_2 reforming of methane. Appl. Catal. A, 2004, 269 (1-2): 1 – 6

[82] Lemonidou A A, Vasalos I A. Carbon dioxide reforming of methane over 5% $Ni/CaO-Al_2O_3$ catalyst. Appl. Catal. A, 2002, 228 (1-2): 227 – 235

[83] Martínez R, Romero E, Guimon C, et al. CO_2 reforming of methane over coprecipitated Ni-Al catalysts modified with lanthanum. Appl. Catal. A, 2004, 274 (1-2): 139 – 149

[84] Nandini A, Pant K K, Dhingra S C. Kinetic study of the catalytic carbon dioxide reforming of methane to synthesis gas over $Ni-K/CeO_2-Al_2O_3$ catalyst. Appl. Catal. A, 2006, 308: 119 – 127

[85] Perez-Lopez O W, Senger A, Marcilio N R, et al. Effect of composition and thermal pretreatment on properties of Ni-Mg-Al catalysts for CO_2 reforming of methane. Appl. Catal. A, 2006, 303 (2): 234 – 244

[86] Valentini A, Carreño N L V, Probst L F D, et al. Role of vanadium in Ni: Al_2O_3 catalysts for carbon dioxide reforming of methane. Appl. Catal. A, 2003, 255 (2): 211 – 220

[87] Xu Z, Li Y, Zhang J, et al. Ultrafine $NiO-La_2O_3-Al_2O_3$ aerogel: a promising catalyst for CH_4/CO_2 reforming. Appl. Catal. A, 2001, 213 (1): 65 – 71

[88] Sun H, Wang H, Zhang J. Preparation and characterization of nickel-titanium composite xerogel catalyst for CO_2 reforming of CH_4. Appl. Catal. B, 2007, 73 (1-2): 158 – 165

[89] Hou Z, Yokota O, Tanaka T, et al. Surface properties of a coke-free Sn doped nickel catalyst for the CO_2 reforming of methane. Appl. Surf. Sci. , 2004, 233 (1-4): 58 – 68

[90] Dias J A C, Assaf J M. Influence of calcium content in $Ni/CaO/\gamma-Al_2O_3$ catalysts for CO_2-reforming of methane. Catal. Today, 2003, 85 (1): 59 – 68

[91] Djaidja A, Libs S, Kiennemann A, et al. Characterization and activity in dry reforming of methane on NiMg/Al and Ni/MgO catalysts. Catal. Today, 2006, 113 (3-4): 194 – 200

[92] LaMont D C, Thomson W J. Dry reforming kinetics over a bulk molybdenum carbide catalyst. Chem. Eng. Sci. , 2005, 60 (13): 3553 – 3559

[93] Li H, Wang J. Study on CO_2 reforming of methane to syngas over $Al_2O_3-ZrO_2$ supported Ni cata-

lysts prepared via a direct sol-gel process. Chem. Eng. Sci. , 2004, 59 (22-23): 4861 – 4867

[94] Suzuki K, Wargadalam V J, Onoe K, et al. CO_2 reforming of methane by thermal diffusion column reactor with Ni/carbon-coated alumina tube pyrogen. Energy Fuels, 2001, 15 (3): 571 – 574

[95] Therdthianwong S, Therdthianwong A, Siangchin C, et al. Synthesis gas production from dry reforming of methane over Ni/Al_2O_3 stabilized by ZrO_2. Int. J. Hydrogen Energy, 2008, 33 (3): 991 – 999

[96] Seok S H, Choi S H, Park E D, et al. Mn-promoted Ni/Al_2O_3 catalysts for stable carbon dioxide reforming of methane. J. Catal. , 2002, 209 (1): 6 – 15

[97] Quincoces C E, Vargas S P, Grange P, et al. Role of Mo in CO_2 reforming of CH_4 over Mo promoted Ni/Al_2O_3 catalysts. Mater. Lett. , 2002, 56 (5): 698 – 704

[98] Quincoces C E, Dicundo S, Alvarez A M, et al. Effect of addition of CaO on Ni/Al_2O_3 catalysts over CO_2 reforming of methane. Mater. Lett. , 2001, 50 (1): 21 – 27

[99] Chen D, Lødeng R, Holmen A. Self-stabilization of Ni catalysts during carbon dioxide reforming of methane. Stud. Surf. Sci. Catal. , 2004, 147: 181 – 186

[100] Laosiripojana N, Sutthisripok W, Assabumrungrat S. Synthesis gas production from dry reforming of methane over CeO_2 doped Ni/Al_2O_3: influence of the doping ceria on the resistance toward carbon formation. Chem. Eng. J. , 2005, 112 (1-3): 13 – 22

[101] Daza C E, Gallego J, Moreno J A, et al. CO_2 reforming of methane over Ni/Mg/Al/Ce mixed oxides. Catal. Today, 2008, 133-135: 357 – 366

[102] Ferreira-Aparicio P, Menad S, Guerrero-Ruiz A, et al. Alumina supported molybdenum-nickel carbides as catalysts for the dry reforming of methane. Stud. Surf. Sci. Catal. , 2001, 138: 437 – 444

[103] Pelletier L, Liu D D S. Stable nickel catalysts with alumina-aluminum phosphate supports for partial oxidation and carbon dioxide reforming of methane. Appl. Catal. A, 2007, 317 (2): 293 – 298

[104] Xu B Q, Wei J M, Wang H-Y, et al. Nano-MgO: novel preparation and application as support of Ni catalyst for CO_2 reforming of methane. Catal. Today, 2001, 68 (1-3): 217 – 225

[105] Frusteri F, Arena F, Calogero G, et al. Potassium-enhanced stability of Ni/MgO catalysts in the dry-reforming of methane. Catal. Commun. , 2001, 2 (2): 49 – 56

[106] Frusteri F, Spadaro L, Arena F, et al. TEM evidence for factors affecting the genesis of carbon species on bare and K-promoted Ni/MgO catalysts during the dry reforming of methane. Carbon, 2002, 40 (7): 1063 – 1070

[107] Quincoces C E, Vargas S P, González M G, et al. CO_2 reforming of CH_4 over Mo promoted nickel-based catalysts. Stud. Surf. Sci. Catal. , 2000, 130: 3681 – 3686

[108] Asami K, Li X, Fujimoto K, et al. CO_2 reforming of CH_4 over ceria-supported metal catalysts. Catal. Today, 2003, 84 (1-2): 27 – 31

[109] Laosiripojana N, Assabumrungrat S. Catalytic dry reforming of methane over high surface area

ceria. Appl. Catal. B, 2005, 60 (1-2): 107 – 116

[110] Liu H, Li S, Zhang S, et al. Catalytic performance of novel Ni catalysts supported on SiC monolithic foam in carbon dioxide reforming of methane to synthesis gas. Catal. Commun. , 2008, 9 (1): 51 – 54

[111] Wang J B, Kuo L E, Huang T J. Study of carbon dioxide reforming of methane over bimetallic Ni-Cr/yttria-doped ceria catalysts. Appl. Catal. A, 2003, 249 (1): 93 – 105

[112] Tsipouriari V A, Verykios X E. Kinetic study of the catalytic reforming of methane with carbon dioxide to synthesis gas over Ni/La$_2$O$_3$ catalyst. Catal. Today, 2001, 64 (1-2): 83 – 90

[113] Verykios X E. Catalytic dry reforming of natural gas for the production of chemicals and hydrogen. Int. J. Hydrogen Energy, 2003, 28 (10): 1045 – 1063

[114] Courson C, Udron L, Petit C, et al. Grafted NiO on natural olivine for dry reforming of methane. Sci. Technol. Adv. Mater. , 2002, 3 (3): 271 – 282

[115] Courson C, Udron L, Świerczyński D, et al. Hydrogen production from biomass gasification on nickel catalysts: tests for dry reforming of methane. Catal. Today, 2002, 76 (1): 75 – 86

[116] Kim T, Moon S, Hong S I. Internal carbon dioxide reforming by methane over Ni-YSZ-CeO$_2$ catalyst electrode in electrochemical cell. Appl. Catal. A, 2002, 224 (1-2): 111 – 120

[117] Garcóa V, Caldes M T, Joubert O, et al. Dry reforming of methane over nickel catalysts supported on the cuspidine-like phase Nd$_4$Ga$_2$O$_9$. Catal. Today, 2008, 133/135: 231 – 238

[118] Boukha Z, Kacimi M, Pereira M F R, et al. Methane dry reforming on Ni loaded hydroxyapatite and fluoroapatite. Appl. Catal. A, 2007, 317 (2): 299 – 309

[119] Wang H Y, Ruckenstein E. CO$_2$ reforming of CH$_4$ over Co/MgO solid solution catalysts-effect of calcination temperature and Co loading. Appl. Catal. A, 2001, 209 (1-2): 207 – 215

[120] Omata K, Nukui N, Hottai T, et al. Cobalt-magnesia catalyst by oxalate co-precipitation method for dry reforming of methane under pressure. Catal. Commun. , 2004, 5 (12): 771 – 775

[121] Mondal K C, Choudhary V R, Joshi U A. CO$_2$ reforming of methane to syngas over highly active and stable supported CoO$_x$ (accompanied with MgO, ZrO$_2$ or CeO$_2$) catalysts. Appl. Catal. A, 2007, 316 (1): 47 – 52

[122] Ji L, Tang S, Zeng H C, et al. CO$_2$ reforming of methane to synthesis gas over sol-gel-made Co/γ-Al$_2$O$_3$ catalysts from organometallic precursors. Appl. Catal. A, 2001, 207 (1-2): 247 – 255

[123] Nagaoka K, Seshan K, Aika K, et al. Carbon deposition and catalytic deactivation during CO$_2$ reforming of CH$_4$ over Co/γ-Al$_2$O$_3$ catalysts. J. Catal. , 2002, 205 (2): 289 – 293

[124] 黄传敬. 甲烷二氧化碳重整制合成气负载钴催化剂的研究: [博士论文]. 浙江: 浙江大学, 2000

[125] Bouarab R, Akdim O, Auroux A, et al. Effect of MgO additive on catalytic properties of Co/SiO$_2$ in the dry reforming of methane. Appl. Catal. A, 2004, 264 (2): 161 – 168

[126] Bouarab R, Cherifi O, Auroux A. Effect of the basicity created by La$_2$O$_3$ addition on the catalytic properties of Co (O) /SiO$_2$ in CH$_4$ + CO$_2$ reaction. Thermochim. Acta, 2005, 434 (1-

2）：69 - 73

[127] Nagaoka K, Takanabe K, Aika K. Influence of the reduction temperature on catalytic activity of Co/TiO₂（anatase-type）for high pressure dry reforming of methane. Appl. Catal. A, 2003, 255（1）：13 - 21

[128] Nagaoka K, Takanabe K, Aika K. Modification of Co/TiO₂ for dry reforming of methane at 2 MPa by Pt, Ru or Ni. Appl. Catal. A, 2004, 268（1-2）：151 - 158

[129] Takanabe K, Nagaoka K, Nariai K, et al. Influence of reduction temperature on the catalytic behavior of Co/TiO₂ catalysts for CH₄/CO₂ reforming and its relation with titania bulk crystal structure. J. Catal., 2005, 230（1）：75 - 85

[130] Takanabe K, Nagaoka K, Nariai K, et al. Titania-supported cobalt and nickel bimetallic catalysts for carbon dioxide reforming of methane. J. Catal., 2005, 232（2）：268 - 275

[131] 陈娟荣. Ni-Co 双金属催化剂的制备及其在 CO₂ 重整 CH₄ 反应中的催化性能研究：[硕士论文]. 江西：南昌大学, 2006

[132] Wang J, Liu Y, Cheng T, et al. Methane reforming with carbon dioxide to synthesis gas over Co-doped Ni-based magnetoplumbite catalysts. Appl. Catal. A, 2003, 250（1）：13 - 23

[133] Omata K, Nukui N, Hottai T, et al. Strontium carbonate supported cobalt catalyst for dry reforming of methane under pressure. Catal. Commun., 2004, 5（12）：755 - 758

[134] Choudhary V R, Mondal K C, Choudhary T V. CO₂ reforming of methane to syngas over CoOₓ/MgO supported on low surface area macroporous catalyst carrier：influence of Co loading and process conditions. Ind. Eng. Chem. Res., 2006, 45：4597 - 4602

[135] Choudhary V R, Mondal K C, Choudhary T V. Oxy-CO₂ reforming of methane to syngas over CoOₓ/MgO/SA-5205 catalyst. Fuel, 2006, 85（17-18）：2484 - 2488

[136] Gokon N, Oku Y, Kaneko H, et al. Methane reforming with CO₂ in molten salt using FeO catalyst. Sol. Energy, 2002, 72（3）：243 - 250

[137] Ferreira-Aparicio P, Fernandez-Garcia M, Guerrero-Ruiz A, et al. Evaluation of the role of the metal-support interfacial centers in the dry reforming of methane on alumina-supported rhodium catalysts. J. Catal., 2000, 190（2）：296 - 308

[138] Wang H Y, Ruckenstein E. Carbon dioxide reforming of methane to synthesis gas over supported rhodium catalysts：the effect of support. Appl. Catal. A, 2000, 204（1）：143 - 152

[139] Portugal U L, Santos A C S F, Damyanova S, et al. CO₂ reforming of CH₄ over Rh-containing catalysts. J. Mol. Catal. A：Chem., 2002, 184（1-2）：311 - 322

[140] Verykios X E. Mechanistic aspects of the reaction of CO₂ reforming of methane over Rh/Al₂O₃ catalyst. Appl. Catal. A, 2003, 255（1）：101 - 111

[141] Stevens R W, Chuang S S C. In situ IR study of transient CO₂ reforming of CH₄ over Rh/Al₂O₃. J. Phys. Chem. B, 2004, 108（2）：696 - 703

[142] Wei J, Iglesia E. Structural requirements and reaction pathways in methane activation and chemical conversion catalyzed by rhodium. J. Catal., 2004, 225（1）：116 - 127

[143] Nagai M, Nakahira K, Ozawa Y, et al. CO₂ reforming of methane on Rh/Al₂O₃ catalyst.

Chem. Eng. Sci. , 2007, 62 (18-20): 4998 – 5000

[144] Wang R, Liu X, Chen Y, et al. Effect of metal-dupport interaction on coking resistance of Rh-based catalysts in CH_4/CO_2 reforming. Chin. J. Catal. , 2007, 28 (10): 865 – 869

[145] Yin L, Wang S, Lu H, et al. Simulation of effect of catalyst particle cluster on dry methane reforming in circulating fluidized beds. Chem. Eng. J. , 2007, 131 (1-3): 123 – 134

[146] Wang R, Xu H, Liu X, et al. Role of redox couples of $Rh^0/Rh^{\delta+}$ and Ce^{4+}/Ce^{3+} in CH_4/CO_2 reforming over $Rh\text{-}CeO_2/Al_2O_3$ catalyst. Appl. Catal. A, 2006, 305 (2): 204 – 210

[147] Tsyganok A I, Inaba M, Tsunoda T, et al. Dry reforming of methane over supported noble metals: a novel approach to preparing catalysts. Catal. Commun. , 2003, 4 (9): 493 – 498

[148] Ocsachoque M, Quincoces C E, González M G, et al. Effect of Rh addition on activity and stability over $Ni/\gamma\text{-}Al_2O_3$ catalysts during methane reforming with CO_2. Stud. Surf. Sci. Catal. , 167: 397 – 402

[149] Jóźwiak W K, Nowosielska M, Rynkowski J. Reforming of methane with carbon dioxide over supported bimetallic catalysts containing Ni and noble metal I. Characterization and activity of SiO_2 supported Ni-Rh catalysts. Appl. Catal. A, 2005, 280 (2): 233 – 244

[150] Ferreira-Aparicio P, Rodríguez-Ramos I, Anderson J A, et al. Mechanistic aspects of the dry reforming of methane over ruthenium catalysts. Appl. Catal. A, 2000, 202 (2): 183 – 196

[151] Wei J, Iglesia E. Reaction pathways and site requirements for the activation and chemical conversion of methane on Ru-Based catalysts. J. Phys. Chem. B, 2004, 108 (22): 7253 – 7262

[152] Hou Z, Chen P, Fang H, et al. Production of synthesis gas via methane reforming with CO_2 on noble metals and small amount of noble- (Rh-) promoted Ni catalysts. Int. J. Hydrogen Energy, 2006, 31 (5): 555 – 561

[153] Tsyganok A I, Inaba M, Tsunoda T, et al. Rational design of Mg-Al mixed oxide-supported bimetallic catalysts for dry reforming of methane. Appl. Catal. A, 2005, 292: 328 – 343

[154] Stagg-Williams S M, Noronha F B, Fendley G, et al. CO_2 reforming of CH_4 over Pt/ZrO_2 catalysts promoted with La and Ce oxides. J. Catal. , 2000, 194 (2): 240 – 249

[155] Noronha F B, Fendley E C, Soares R R, et al. Correlation between catalytic activity and support reducibility in the CO_2 reforming of methane over $Pt/Ce_xZr_{1-x}O_2$ catalysts. Chem. Eng. J. , 2001, 82 (1-3): 21 – 31

[156] Wei J, Iglesia E. Mechanism and site requirements for activation and chemical conversion of methane on supported Pt clusters and turnover rate comparisons among noble metals. J. Phys. Chem. B, 2004, 108 (13): 4094 – 4103

[157] O'Connor A M, Schuurman Y, Ross J R H, et al. Transient studies of carbon dioxide reforming of methane over Pt/ZrO_2 and Pt/Al_2O_3. Cata. Today, 2006, 115 (1-4): 191 – 198

[158] Nagaoka K, Seshan K, Aika K, et al. Carbon deposition during carbon dioxide reforming of methane-comparison between Pt/Al_2O_3 and Pt/ZrO_2. J. Catal. , 2001, 197 (1): 34 – 42

[159] Pompeo F, Nichio N N, Souza M M V M, et al. Study of Ni and Pt catalysts supported on α-Al_2O_3 and ZrO_2 applied in methane reforming with CO_2. Appl. Catal. A, 2007, 316 (2):

175 - 183

[160] Ballarini A D, Miguel S R, Jablonski E L, et al. Reforming of CH_4 with CO_2 on Pt-supported catalysts effect of the support on the catalytic behaviour. Catal. Today, 2005, 107/108: 481 - 486

[161] Souza M M V M, Aranda D A G, Schmal M. Reforming of methane with carbon dioxide over $Pt/ZrO_2/Al_2O_3$ catalysts. J. Catal. , 2001, 204 (2): 498 - 511

[162] Schmal M, Souza M M V M, Aranda D A G, et al. Promoting effect of zirconia coated on alumina on the formation of platinum nanoparticles-Application on CO_2 reforming of methane. Stud. Surf. Sci. Catal. , 2001, 132: 695 - 700

[163] Yang M, H Papp. CO_2 reforming of methane to syngas over highly active and stable Pt/MgO catalysts. Catal. Today, 2006, 115 (1-4): 199 - 204

[164] Pawelec B, Damyanova S, Arishtirova K, et al. Structural and surface features of PtNi catalysts for reforming of methane with CO_2. Appl. Catal. A, 2007, 323: 188 - 201

[165] Wei J, Iglesia E. Structural and mechanistic requirements for methane activation and chemical conversion on supported iridium clusters. Angew. Chem. Int. Ed. , 2004, 43 (28): 3685 - 3688

[166] Wisniewski M, Boréave A, Gélin P. Catalytic CO_2 reforming of methane over $Ir/Ce_{0.9}Gd_{0.1}O_{2-x}$. Catal. Commun. , 2005, 6 (9): 596 - 600

[167] Júnior L C P F, Miguel S, Fierro J L G, et al. Evaluation of Pd/La_2O_3 catalysts for dry reforming of methane. Stud. Surf. Sci. Catal. , 2007, 167: 499 - 504

[168] Haghighi M, Sun Z Q, Wu J H, et al. On the reaction mechanism of CO_2 reforming of methane over a bed of coal char. Proc. Combust. Inst. , 2007, 31 (2): 1983 - 1990

[169] Naito S, Tsuji M, Miyao T. Mechanistic difference of the CO_2 reforming of CH_4 over unsupported and zirconia supported molybdenum carbide catalysts. Catal. Today, 2002, 77 (3): 161 - 165

[170] LaMont D C, Thomson W J. The influence of mass transfer conditions on the stability of molybdenum carbide for dry methane reforming. Appl. Catal. A, 2004, 274 (1-2): 173 - 178

[171] Pritchard M L, McCauley R L, Gallaher B N, et al. The effects of sulfur and oxygen on the catalytic activity of molybdenum carbide during dry methane reforming. Appl. Catal. A, 2004, 275 (1-2): 213 - 220

[172] Sehested J, Jacobsen C J H, Rokni S, et al. Activity and stability of molybdenum carbide as a catalyst for CO_2 reforming. J. Catal. , 2001, 201 (2): 206 - 212

[173] Treacy D, Ross J R H. Carbon dioxide reforming of methane over supported molybdenum carbide catalysts. Stud. Surf. Sci. Catal. , 2004, 147: 193 - 198

[174] Ross J R H. Natural gas reforming and CO_2 mitigation. Catal. Today, 2005, 100 (1-2): 151 - 158

[175] Darujati A R S, Thomson W J. Kinetic study of a ceria-promoted $Mo_2C/\gamma-Al_2O_3$ catalyst in dry-methane reforming. Chem. Eng. Sci. , 2006, 61 (13): 4309 - 4315

[176] Rynkowski J, Samulkiewicz P, Ladavos A K, et al. Catalytic performance of reduced La_{2-x}

Sr$_x$NiO$_4$ perovskite-like oxides for CO$_2$ reforming of CH$_4$. Appl. Catal. A, 2004, 263 (1): 1 -9

[177] Batiot-Dupeyrat C, Valderrama G, Meneses A, et al. Pulse study of CO$_2$ reforming of methane over LaNiO$_3$. Appl. Catal. A, 2003, 248 (1-2): 143 - 151

[178] Batiot-Dupeyrat C, Gallego G A S, Mondragon F, et al. CO$_2$ reforming of methane over LaNiO$_3$ as precursor material. Catal. Today, 2005, 107/108: 474 - 480

[179] Gallego G S, Mondragón F, Barrault J, et al. CO$_2$ reforming of CH$_4$ over La-Ni based perovskite precursors. Appl. Catal. A, 2006, 311: 164 - 171

[180] Sierra Gallego G, Mondragón F, Tatibouët J M, et al. Carbon dioxide reforming of methane over La$_2$NiO$_4$ as catalyst precursor-characterization of carbon deposition. Cata. Today, 2008, 133/135: 200 - 209

[181] Araujo G C, Lima S M, Assaf J M, et al. Catalytic evaluation of perovskite-type oxide LaNi$_{1-x}$ Ru$_x$O$_3$ in methane dry reforming. Catal. Today, 2008, 133-135: 129 - 135

[182] Liu B S, Au C T. Carbon deposition and catalyst stability over La$_2$NiO$_4$/γ-Al$_2$O$_3$ during CO$_2$ reforming of methane to syngas. Appl. Catal. A, 2003, 244 (1): 181 - 195

[183] Zhang W D, Liu B S, Zhu C, et al. Preparation of La$_2$NiO$_4$/ZSM-5 catalyst and catalytic performance in CO$_2$/CH$_4$ reforming to syngas. Appl. Catal. A, 2005, 292: 138 - 143

[184] Sahli N, Petit C, Roger A C, et al. Ni catalysts from NiAl$_2$O$_4$ spinel for CO$_2$ reforming of methane. Catal. Today, 2006, 113 (3-4): 187 - 193

[185] Zhang Z L, Tsipouriari V A, Efstathiou A M, et al. Reforming of methane with carbon dioxide to synthesis gas over supported rhodium catalysts I. effects of support and metal crystallite size on reaction activity and deactivation characteristics. J. Catal. , 1996, 158 (1): 51 - 63

[186] Nakamura J, Aikawa K, Sato K, et al. Role of support in reforming of CH$_4$ with CO$_2$ over Rh catalysts. Catal. Lett. , 1994, 25 (3-4): 265 - 270

[187] Basini L, D Sanfilippo. Molecular aspects in syn-gas production: the CO$_2$-reforming reaction case. J. Catal. , 1995, 157 (1): 162 - 178

[188] Mark M F, Maier W F. CO$_2$-reforming of methane on supported Rh and Ir catalysts. J. Catal. , 1996, 164 (1): 122 - 130

[189] Bengaard H S, Nφrskov J K, Sehested J, et al. Steam reforming and graphite formation on Ni catalysts. J. Catal. , 2002, 209 (2): 365 - 384

[190] Rostrup-Nielsen J, Trimm D L. Mechanisms of carbon formation on nickel-containing catalysts. J. Catal. , 1977, 48 (1-3): 155 - 165

[191] Gamo Y, Nagashima A, Wakabayashi M, et al. Atomic structure of monolayer graphite formed on Ni (111) . Surf. Sci. , 1997, 374 (1-3): 61 - 64

[192] Helveg S, López-Cartes C, Sehested J, et al. Atomic-scale imaging of carbon nanofibre growth. Nature, 2004, 427: 426 - 429

[193] Swaan H M, Kroll V C H, Martin G A, et al. Deactivation of supported nickel catalysts during the reforming of methane by carbon dioxide. Catal. Today, 1994, 21 (2-3): 571 - 578

[194] Efstathiou A M, Kladi A, Tsipouriari V A, et al. Reforming of methane with carbon dioxide to synthesis gas over supported rhodium catalysts II. a steady-state tracing analysis: mechanistic aspects of the carbon and oxygen reaction pathways to form CO. J. Catal. , 1996, 158 (1): 64 – 75

[195] Gadalla A M, Bower B. The role of catalyst support on the activity of nickel for reforming methane with CO_2. Chem. Eng. Sci. , 1988, 43 (11): 3049 – 3062

[196] Xu Z, Y Li, Zhang J, et al. Bound-state Ni species-a superior form in Ni-based catalyst for CH_4/CO_2 reforming. Appl. Catal. A, 2001, 210 (1-2): 45 – 53

[197] Osaki T, Mori T. Role of potassium in carbon-free CO_2 reforming of methane on K-promoted Ni/Al_2O_3 catalysts. J. Catal. , 2001, 204 (1): 89 – 97

[198] Rostrup-Nielsen J R, Sehested J, Nφrskov J K. Hydrogen and synthesis gas by steam-and CO_2 reforming. Adv. Catal. , 2002, 47: 65 – 139

[199] Rostrup-Nielsen J R. Sulfur-passivated nickel catalysts for carbon-free steam reforming of methane. J. Catal. , 1984, 85 (1): 31 – 43

[200] Nikolla E, Holewinski A, Schwank J, et al. Controlling carbon surface chemistry by alloying: carbon tolerant reforming catalyst. J. Am. Chem. Soc. , 2006, 128 (35): 11354 – 11355

[201] Pleth Nielsen L, Besenbacher F, Stensgaard I, et al. Initial growth of Au on Ni (110): surface alloying of immiscible metals. Phys. Rev. Lett. , 1993, 71 (5): 754

[202] Besenbacher F, Chorkendorff I, Clausen B S, et al. Design of a surface alloy catalyst for steam reforming. Science, 1998, 279: 1913 – 1915

[203] 程华艺. Au-Ni/γ-Al_2O_3 催化剂在 CO_2/CH_4 重整反应中抗积碳性能研究: [硕士论文] . 南京: 东南大学, 2006

[204] Roh H S, Potdar H S, Jun K W. Carbon dioxide reforming of methane over co-precipitated Ni-CeO_2, Ni-ZrO_2 and Ni-Ce-ZrO_2 catalysts. Catal. Today, 2004, 93/95: 39 – 44

[205] Ceyer S T, Yang Q Y, Lee M B, et al. Methane Conversion. Elsevier, Amsterdam, 1988, 51

[206] Choudhary T V, Aksoylu E, Goodman D W. Nonoxidative activation of methane. Catal. Rev. , 2003, 45 (1): 151 – 203

[207] Beebe J T P, Goodman D W, Kay B D, et al. Kinetics of the activated dissociative adsorption of methane on the low index planes of nickel single crystal surfaces. J. Chem. Phys. , 1987, 87 (4): 2305 – 2315

[208] Liu Z P, Hu P. General rules for predicting where a catalytic reaction should occur on metal surfaces: a density functional theory study of C-H and C-O bond breaking/making on flat, stepped, and kinked metal surfaces. J. Am. Chem. Soc. , 2003, 125 (7): 1958 – 1967

[209] Zhao Y, Pan Y, Xie Y, et al. Carbon dioxide reforming of methane over glow discharge plasma-reduced Ir/Al_2O_3 catalyst. Catal. Commun. , 2008, 9 (7): 1558 – 1562

[210] Tao X, Qi F, Yin Y, et al. CO_2 reforming of CH_4 by combination of thermal plasma and catalyst. Int. J. Hydrogen Energy, 2008, 33 (4): 1262 – 1265

[211] 原丽军. CH_4-CO_2 等离子体重整制合成气的研究: [硕士论文]. 山西: 太原理工大学, 2007

[212] 龙华丽. 冷等离子体炬在甲烷二氧化碳重整制合成气中的运用: [硕士论文]. 四川: 四川大学, 2007

[213] 兰天石. 热等离子体重整天然气和二氧化碳制合成气研究: [硕士论文]. 四川: 四川大学, 2007

[214] 陈琦. 大气压反常辉光放电下 CO_2 重整 CH_4 制合成气的实验研究: [硕士论文]. 四川: 四川大学, 2006

[215] Gallucci F, Tosti S, Basile A. Pd-Ag tubular membrane reactors for methane dry reforming: a reactive method for CO_2 consumption and H_2 production. J. Membr. Sci., 2008, 317 (1-2): 96 – 105

[216] Thiemens M H, Trogler W C. Nylon production: an unknown source of atmospheric nitrous oxide. Science, 1991, 251: 932 – 934

[217] Kroeze C. Nitrous oxide and global warming. Sci. Total Environ., 1994, 143: 193 – 209

[218] Kapteijn F, Rodriguez-Mirasol J, Moulijn J A. Heterogeneous catalytic decomposition of nitrous oxide. Appl. Catal. B, 1996, 9: 25 – 64

[219] 刘品高. 略论氧化亚氮研究进展. 气象教育与科技, 1999, 4: 18 – 22

[220] Trogler W C. Physical properties and mechanisms of formation of nitrous oxide. Coord. Chem. Rev., 1999, 187: 303 – 327

[221] Wrage N, Velthof G L, van Beusichem M L, et al. Role of nitrifier denitrification in the production of nitrous oxide. Soil Biology and Biochemistry Soil. Biol. Biochem., 2001, 33: 1723 – 1732

[222] Pérez-Ramírez J, Kapteijn F, Schöffel K, et al. Formation and control of N_2O in nitric acid production Where do we stand today?. Appl. Catal. B, 2003, 44: 117 – 151

[223] Shimizu A, Tanaka K, Fujimori M. Abatement technologies for N_2O emissions in the adipic acid industry. Chemosphere - Global Change Science, 2000, 2: 425 – 434

[224] Odaka M, Koike N, Suzuki H. Infuence of catalyst deactivation on N_2O emissions from automobiles. Chemosphere - Global Change Science, 2000, 2: 413 – 423

[225] Iwamoto M, Yokoo S, Sakai K, et al. Catalytic decomposition of nitric oxide over copper (II)-exchanged, Y-type zeolites. J. Chem. Soc., Faraday Trans., 1981, 77: 1629 – 1638

[226] Doi K, Wu Y Y, Takeda R, et al. Catalytic decomposition of N_2O in medical operating rooms over Rh/Al_2O_3, Pd/Al_2O_3, Pt/Al_2O_3. Appl. Catal. B, 2001, 35: 43 – 51

[227] Burch R, Daniells S T, Breen J P, et al. A combined transient and computational study of the dissociation of N_2O on platinum catalysts. J. Catal., 2004, 224: 252 – 260

[228] Kondratenko V A, Baerns M. Mechanistic and kinetic insights into N_2O decomposition over Pt gauze. J. Catal., 2004, 225: 37 – 44

[229] Haq S, Hodgson A. N_2O adsorption and reaction at Pd (110). Surf. Sci., 2000, 463: 1 – 10

[230] Kokalj A, Kobal I, Horino H, et al. Orientation of N_2O molecule on Pd (110)

surface. Surf. Sci. , 2002, 506: 196 - 202

[231] Machida M, Watanabe T, Ikeda S, et al. A dual-bed lean deNO$_x$ catalyst system consisting of NO-H$_2$-O$_2$ reaction and subsequent N$_2$O decomposition. Catal. Commun. , 2002, 3: 233 - 238

[232] Masatoshi H, Yoshio F, Hitoshi A, et al. Decomposition catalysts for nitrous oxide, process for producing the same and process for decomposing nitrous oxide. WO 02/068117 A1

[233] Haber J, Machej T, Janas J, et al. Catalytic decomposition of N$_2$O. Catal. Today, 2004, 90: 15 - 19

[234] Yuzaki K, Yarimizu T, Ito S, et al. Catalytic decomposition of N$_2$O over supported rhodium catalysts: high activities of Rh/USY and Rh/Al$_2$O$_3$ and the effect of Rh precursors. Catal. Lett. , 1997, 47: 173 - 175

[235] Yuzaki K, Yarimizu T, Aoyagi K, et al. Catalytic decomposition of N$_2$O over supported Rh catalysts: effects of supports and Rh dispersion. Catal. Today, 1998, 45: 129 - 134

[236] Imamura S, Hamada R, Saito Y, et al. Decomposition of N$_2$O on Rh/CeO$_2$/ZrO$_2$ composite catalyst. J. Mol. Catal. A: Chem. , 1999, 139: 55 - 62

[237] Oi J, Obuchi A, Bamwenda G R, et al. Decomposition of nitrous oxide over supported rhodium catalysts and dependency on feed gas composition. Appl. Catal. B, 1997, 12: 277 - 286

[238] Imamura S, Tadani J, Saito Y, et al. Decomposition of N$_2$O on Rh-loaded Pr/Ce composite oxides. Appl. Catal. A, 2000, 201: 121 - 127

[239] Centi G, Perathoner S, Vazzana F, et al. Novel catalysts and catalytic technologies for N$_2$O removal from industrial emissions containing O$_2$, H$_2$O and SO$_2$. Adv. Environ. Res. , 2000, 4: 325 - 338

[240] Centi G, Perathoner S, Rak Z S. Reduction of greenhouse gas emissions by catalytic process. Appl. Catal. B, 2003, 41: 143 - 155

[241] Centi G, Dall' Olio L, Perathoner S. In situ activation phenomena of Rh supported on zirconia samples for the catalytic decomposition of N$_2$O. Appl. Catal. A, 2000, 194/195: 79 - 88

[242] Tanaka S, Yuzaki K, Ito S, et al. Mechanism of N$_2$O decomposition over a Rh black catalyst studied by a tracer method The reaction of N$_2$O with ^{18}O (a). Catal. Today, 2000, 63: 413 - 418

[243] Tanaka S, Yuzaki K, Ito S, et al. Mechanism of O$_2$ desorption during N$_2$O decomposition on an oxidized Rh/USY Catalyst. J. Catal. , 2001, 200: 203 - 208

[244] Centi G, Dall' Olio L, Perathoner S. Oscillating behavior in N$_2$O decomposition over Rh supported on zirconia-based catalysts: the role of the reaction conditions. J. Catal. , 2000, 192: 224 - 235

[245] Centi G, Dall' Olio L, Perathoner S. Oscillating behavior in N$_2$O decomposition over Rh supported on zirconia-based catalysts: 2. Analysis of the reaction mechanism. J. Catal. , 2000, 194: 130 - 139

[246] Pinna F, Scarpa M, Strukul G, et al. Ru/ZrO$_2$ catalysts II. N$_2$O adsorption and decomposition. J. Catal. , 2000, 192: 158 - 162

[247] Marnellos G E, Efthimiadis E A, Vasalos I A. Effect of SO$_2$ and H$_2$O on the N$_2$O decomposi-

tion in the presence of O_2 over Ru/Al_2O_3. Appl. Catal. B, 2003, 46: 523 – 539

[248] Kawi S, Liu SY, Shen S C. Catalytic decomposition and reduction of N_2O on Ru/MCM-41 catalyst. Catal. Today, 2001, 68: 237 – 244

[249] Zeng H C, Pang X Y. Catalytic decomposition of nitrous oxide on alumina-supported ruthenium catalysts Ru/Al_2O_3. Appl. Catal. B, 1997, 13: 113 – 122

[250] Wang X F, Zeng H C. Decomposition of water-containing nitrous oxide gas using Ru/Al_2O_3 catalysts Appl. Catal. B, 1998, 17: 89 – 99

[251] Yan L, Zhang X, Ren T, et al. Superior performance of nano-Au supported over Co_3O_4 catalyst in direct N_2O decomposition. Chem. Commun. , 2002: 860 – 861

[252] Angelidis T N, Tzitzios V. Promotion of the catalytic activity of a Ag/Al_2O_3 catalyst for the N_2O + CO reaction by the addition of Rh a comparative activity tests and kinetic study. Appl. Catal. B, 2003, 41: 357 – 370

[253] Tzitzios V K, Georgakilas V. Catalytic reduction of N_2O over Ag-Pd/Al_2O_3 bimetallic catalysts. Chemosphere, 2005, 59: 887 – 891

[254] Lin J, Chen H Y, Chen L, et al. N_2O decomposition over ZrO_2 - an in-situ DRIFT, TPR, TPD and XPS study. Appl. Surf. Sci. , 1996, 103: 307 – 314

[255] Winter E R S. The decomposition of N_2O on oxide catalysts III. the effect of O_2. J. Catal. , 1974, 34: 431 – 439

[256] Satsuma A, Maeshima H, Watanabe K, et al. Effects of methane and oxygen on decomposition of nitrous oxide over metal oxide catalysts. Catal. Today, 2000, 63: 347 – 353

[257] Hussain G, Rahman M M, Sheppard N. An infrared study of adsorption of N_2O on ZnO. Spectrochim. Acta A, 1991, 11: 1525 – 1530

[258] Satsuma A, Akahori R, Kato M, et al. Structure-sensitive reaction over calcium oxide - decomposition of nitrous oxide. J. Mol. Catal. A: Chem. , 2000, 155: 81 – 88

[259] Karlsen E J, Pettersson L G M. N_2O decomposition over BaO: including effects of coverage. J. Phys. Chem. B, 2002, 106: 5719 – 5721

[260] Karlsen E J, Nygren M A, Pettersson L G M. Theoretical study on the decomposition of N_2O over alkaline earth metal-oxides: MgO-BaO. J. Phys. Chem. A, 2002, 106: 7868 – 7875

[261] Tanaka H, Misono M. Advances in designing perovskite catalysts. Curr. Opin. Solid State Mat. Sci. , 2001, 5: 381 – 387

[262] Swamy C S, Christopher J. Decomposition of N_2O on perovskite-related oxides. Catal. Rev. - Sci. Eng. , 1992, 34: 409 – 425

[263] Tejuca L G. Properties of perovskite-like oxides II: Studies in catalysis. J. Less-Comm. Met. , 1989, 146: 261 – 270

[264] Christopher J, Swamy C S. Studies on the catalytic decomposition of N_2O on $LnSrFeO_4$ (Ln = La, Pr, Nd, Sm and Gd) . J. Mol. Catal. , 1991, 68: 199 – 213

[265] Wang J, Yasuda H, Inumaru K, et al. Catalytic decomposition of dinitrogen oxide over perovskite-related mixed oxides. Bull. Chem. Soc. Jpn. , 1995, 68: 1226 – 1231

[266] Gao L Z, Au C T. Studies on the decomposition of N_2O over Nd_2CuO_4, $Nd_{1.6}Ba_{0.4}CuO_4$ and $Nd_{1.8}Ce_{0.2}CuO_4$. J. Mol. Catal. A: Chem. , 2001, 168: 173 – 186

[267] Rajadurai S. Nitrous oxide decomposition using a solid oxide solution. US5, 562, 888

[268] 刘钰, 杨向光, 张忠良等. 以水滑石为前体的 Mg-Al-M 复合氧化物对催化消除 NO_x 的活性. 催化学报, 1999, 20: 450 – 454

[269] Kannan S. Decomposition of nitrous oxide over the catalysts derived from hydrotalcite-like compounds. Appl. Clay Sci. , 1998, 13: 347 – 362

[270] Kannan S, Swamy C S. Catalytic decomposition of nitrous oxide on "in situ" generated thermally caclined hydrotalcites. Appl. Catal. B, 1994, 3: 109 – 116

[271] Swamy C S, Kannan S, Li Y, et al. Method for decomposing N_2O utilizing catalysts comprising calcined anionic clay minerals. US5, 407, 652

[272] Armor J N, Braymer T A, Farris T S, et al. Calcined hydrotalcites for catalytic decomposition of N_2O in simulated process streams. Appl. Catal. B, 1996, 7: 397 – 406

[273] Kannan S, Swamy C S. Catalytic decomposition of nitrous oxide over calcined cobalt aluminum hydrotalcites. Catal. Today, 1999, 53: 725 – 737

[274] 王立秋, 张守臣, 刘长厚. 类水滑石复合产物催化消除氮氧化物的研究进展. 化工进展, 2003, 22: 1076 – 1080

[275] 赵丹, 刘长厚, 王立秋等. 含钴铜镍类水滑石焙烧产物催化分解 N_2O 的研究. 催化学报, 2003, 24: 595 – 599

[276] Pérez-Ramírez J, Overeijnder J, Kapteijn F, et al. Structural promotion and stabilizing effect of Mg in the catalytic decomposition of nitrous oxide over calcined hydrotalcite-like compounds. Appl. Catal. B, 1999, 23: 59 – 72

[277] Román-Martínez M C, Kapteijn F, Cazorla-Amorós D, et al. A TEOM-MS study on the interaction of N_2O with a hydrotalcite-derived multimetallic mixed oxide catalyst. Appl. Catal. A, 2002, 225, 87 – 100

[278] Oi J, Obuchi A, Ogata A, et al. Zn, Al, Rh-mixed oxides derived from hydrotalcite-like compound and their catalytic properties for N_2O decomposition. Appl. Catal. B, 1997, 13: 197 – 203

[279] 吴越主编. 催化化学. 北京: 科学出版社, 1998, 687 – 689

[280] Yan L, Ren T, Wang X, et al. Catalytic decomposition of N_2O over $M_xCo_{1-x}Co_2O_4$ (M = Ni, Mg) spinel oxides. Appl. Catal. B, 2003, 45: 85 – 90

[281] Yan L, Ren T, Wang X, et al. Excellent catalytic performance of $Zn_xCo_{1-x}Co_2O_4$ spinel catalysts for the decomposition of nitrous oxide. Catal. Commun. , 2003, 4: 505 – 509

[282] 索继栓, 阎亮, 王晓来等. 消除氧化亚氮的方法. CN 03127927. 9. 2008-08-21

[283] Qian M, Zeng H C. Synthesis and characterization of Mg-Co catalytic oxide materials for low-temperature N_2O decomposition. J. Mater. Chem. , 1997, 7: 493 – 499

[284] Xu Z P, Zeng H C. Thermal evolution of cobalt hydroxides: a comparative study of their various structure phases. J. Mater. Chem. , 1998, 8: 2499 – 2506

[285] Chellam U, Xu Z P, Zeng H C. Low-temperature synthesis of $Mg_xCo_{1-x}Co_2O_4$ spinel catalysts for N_2O decomposition. Chem. Mater. , 2000, 12: 650-658

[286] Sundararajan R, Srinivasan V. Catalytic decomposition of nitrous oxide on $Cu_xCo_{3-x}O_4$ spinels. J. Catal. , 1991, 73, 165 – 171

[287] Angeletti C, Pepe F, Porta P. Structure and catalytic activity of $Co_xMg_{1-x}Al_2O_4$ spinel solid solutions. Part 2. -Decomposition of N_2O. J. Chem. Soc. , Faraday Trans. 1, 1978, 74: 1595 – 1603

[288] Cimino A, Pepe F. Activity of cobalt ions dispersed in magnesium oxide for the decomposition of nitrous oxide. J. Catal. , 1972, 25: 362 – 377

[289] Xue L, Zhang C, He H, et al. Catalytic decomposition of N_2O over CeO_2 promoted Co_3O_4 spinel catalyst. Appl. Catal. B, 2007, 75: 167 – 174

[290] Xue L, Zhang C, He H, et al. Promotion effect of residual K on the decomposition of N_2O over cobalt-cerium mixed oxide catalyst. Catal. Today, 2007, 126, 449 – 455

[291] 薛莉. 钴尖晶石复合氧化物催化 N_2O 分解研究: [博士论文]. 北京: 中国科学院研究生院, 2007

[292] Fetzer T, Buechele W, Wistuba H, et al. Process for the catalytic decomposition of dinitrogen monoxide in a gas stream. US5, 587, 135

[293] Baier M, Fezer T, Hofstadt O, et al. High-temperature stable catalysts for decomposing N_2O. US6, 723, 295 B1

[294] Φystein N, Klaus S, David W, et al. Catalyst for decomposing nitrous oxide and method for performing processes comprising formation of nitrous oxide. WO02/02230A1. 2001-07-04

[295] 徐如人, 庞文琴, 于吉红等. 分子筛与多孔材料化学. 北京: 科学出版社, 2004, 22

[296] Pérez-Ramírez J, Kapteijn F, Mul G, et al. Superior performance of ex-framework FeZSM-5 in direct N_2O decomposition in tail-gases from acid plants. Chem. Commun. , 2001: 693 – 694

[297] Kögel M, Abu-Zied B M, Schwefer M, et al. The effect of NO_x on the catalytic decomposition of nitrous oxide over Fe-MFI zeolites. Catal. Commun. , 2001, 2: 273 – 276

[298] Pérez-Ramírez J, Kapteijn F, Mul G, et al. NO-assisted N_2O decomposition over Fe-based catalysts: effects of gas-phase composition and catalyst constitution. J. Catal. 2002 (208): 211 – 223

[299] Pérez-Ramírez J, Kapteijn F, Mul G, et al. Ex-framework FeZSM-5 for control of N_2O in tail-gases. Catal. Today, 2002, 76: 55 – 74

[300] Pérez-Ramírez J, Kapteijn F, Mul G, et al. Highly active SO_2-resistant ex-framework FeMFI catalysts for direct N_2O decomposition. Appl. Catal. B, 2002, 35: 227 – 234

[301] Pérez-Ramírez J, Kapteijn F, Mul G, et al. Direct N_2O decomposition over ex-framework FeMFI catalysts. role of extra-framework species. Catal. Commun. , 2002, 3: 19 – 23

[302] Pérez-Ramírez J, Kapteijn F, Groen J C, et al. Steam-activated FeMFI zeolites. Evolution of iron species and activity in direct N_2O decomposition. J. Catal. , 2003, 214: 33 – 45

[303] Matsuoka M, Anpo M. Photoluminescence properties and photocatalytic reactivities of Cu^+/zeo-

lite and Ag^+/zeolite catalysts prepared by the ion-exchange method. Curr. Opin. Solid State Mater. Sci. , 2003, 7: 451 −459

[304] Yamada K, Pophal C, Segawa K. Selective catalytic reduction of N_2O by C_3H_6 over Fe-ZSM-5. Microporous Mesoporous Mat. , 1998, 21: 549 −555

[305] Pophal C, Yogo T, Yamada K, et al. Selective catalytic reduction of nitrous oxide over Fe-MFI in the presence of propene as reductant. Appl. Catal. B, 1998, 16: 177 −186

[306] Yamada K, Kondo S, Segawa K. Selective catalytic reduction of nitrous oxide over Fe-ZSM-5: the effect of ion-exchange level. Microporous Mesoporous Mat. , 2000, 35/36: 227 −234

[307] Kameoka S, Yuzaki K, Takeda T, et al. Selective catalytic reduction of N_2O with C_3H_6 over Fe-ZSM5 catalyst in the presence of excess O_2: the correlation between the induction period and the surface species produced. Phys. Chem. Chem. Phys. , 2001, 3, 256 −260

[308] Pérez-Ramírez J, Kapteijn F. Effect of NO on the SCR of N_2O with propane over Fe-zeolites. Appl. Catal. B, 2004, 47: 177 −187

[309] van den Brink R W, Booneveld S, Pels J R, et al. Catalytic removal of N_2O in model flue gases of a nitric acid plant using a promoted Fe zeolite. Appl. Catal. B, 2001, 32: 73 −81

[310] Pérez-Ramírez J, Kapteijn F. Effect of NO on the catalytic removal of N_2O over FeZSM-5. Friend or foe. Catal. Commun. , 2003, 4: 333 −338

[311] Centi G, Vazzana F. Selective catalytic reduction of N_2O in industrial emissions containing O_2, H_2O and SO_2: behavior of Fe/ZSM-5 catalysts. Catal. Today, 1999, 53: 683 −693

[312] Guzmán-Vargas A, Delahay G, Coq B. Catalytic decomposition of N_2O and catalytic reduction of N_2O and N_2O + NO by NH_3 in the presence of O_2 over Fe-zeolite. Appl. Catal. B, 2003, 42: 369 −379

[313] Coq B, Mauvezin M, Delahay G, et al. Kinetics and mechanism of the N_2O reduction by NH_3 on a Fe-zeolite-beta catalyst. J. Catal. , 2000, 195: 298 −303

[314] Pérez-Ramírez J, Kapteijn F, Brückner A. Active site structure sensitivity in N_2O conversion over FeMFI zeolites. J. Catal. , 2003, 218: 234 −238

[315] Kögel M, Mönnig R, Schwieger W, et al. Simultaneous catalytic removal of NO and N_2O using Fe-MFI. J. Catal. , 1999, 182: 470 −478

[316] Fung S C, Sinfelt J H. Hydrogenolysis of methyl chloride on metals. J. Catal. 1987, 103 (1): 220 −223

[317] Tajima M, Niwa M, Fujii Y, et al. Decomposition of chlorofluorocarbons on TiO_2-ZrO_2. Appl. Catal. B, 1997, 12: 263 −276

[318] Ng C F, Shan S C, Lai S Y. Catalytic decomposition of CFC-12 on transition metal chloride promoted γ-alumina. Appl. Catal. B, 1998, 16: 209 −217

[319] Ma Z, Hua W M, Tang Y, et al. Catalytic decomposition of CFC-12 over solid acids WO_3/M_xO_y (M = Ti, Sn, Fe) . J. Mol. Catal. A: Chem. , 2000, 159: 335 −345

[320] Nagata H, Tashiro S, Kishida M, et al. Oxidative decomposition of chloropentafluoroethane (CFC-115) in the presence of butane over metal oxides supported on alumina-

zirconia. Appl. Surf. Sci. 1997, 121/122: 404 – 407

[321] Takita Y, Wakamatsu H, Tokumaru M, et al. Decomposition of chlorofluorocarbons over metal phosphate catalysts: Ⅲ. Reaction path of CCl_2F_2 decomposition over $AlPO_4$. Appl. Catal. A, 2000, 194/195: 55 – 61

[322] Moriyama J, Nishiguchi H, Takita Y, et al. Metal sulfate catalyst for CCl_2F_2 decomposition in the presence of H_2O. Ind. Eng. Chem. Res. , 2002, 41: 32 – 36

[323] Takita Y, Moriyama J, Yoshinaga Y, et al. Adsorption of water vapor on the $AlPO_4$-based catalysts and reaction mechanism for CFCs decomposition. Appl. Catal. A, 2004, 271: 55 – 60

[324] Tajima M, Niwa M, Fujii Y, et al. Decomposition of chlorofluorocarbons in the presence of water over zeolite catalyst. Appl. Catal. B, 1996, 9: 167 – 177

[325] Hannus I. Adsorption and transformation of halogenated hydrocarbons over zeolites. Appl. Catal. A, 1999, 189: 263 – 276

[326] Weaver S, Mills G. Photoreduction of 1, 1, 2-Trichlorotrifluoroethane initiated by TiO_2 particles. J. Phys. Chem. B, 1997, 101: 3769 – 3775

[327] Calhoun R L, Winkelmann K, Mills G. Chain photoreduction of CCl_3F induced by TiO_2 particles. J. Phys. Chem. B, 2001, 105: 9739 – 9746

[328] Winkelmann K, Calhoun R L, Mills G. Chain photoreduction of CCl_3F in TiO_2 suspensions: enhancement induced by O_2. J. Phys. Chem. A, 2006, 110: 13827 – 13835

[329] Tennakone K, Wijayantha K G U. Photocatalysis of CFC degradation by titanium dioxide. Appl. Catal. B, 2005, 57: 9 – 12

[330] Juszczyk W, Malinowski A, Karpiński Z. Hydrodechlorination of CCl_2F_2 (CFC-12) over γ-alumina supported palladium catalysts. Appl. Catal. A, 1998, 166: 311 – 319

[331] Ordóñez S, Makkee M, Moulijn J A. Performance of activated carbon-supported noble metal catalysts in the hydrogenolysis of CCl_3F. Appl. Catal. B, 2001, 29: 13 – 22

[332] Rioux R M, Thompson C D, Chen N, et al. Hydrodechlorination of chlorofluorocarbons CF_3-$CFCl_2$ and CF_3-CCl_3 over Pd/carbon and Pd black catalysts. Catal. Today, 2000, 62: 269 – 278

[333] Chandra Shekhar S, Krishna Murthy J, Kanta Rao P, et al. Studies on the modifications of Pd/Al_2O_3 and Pd/C systems to design highly active catalysts for hydrodechlorination of CFC-12 to HFC-32. Appl. Catal. A, 2004, 271: 95 – 101

[334] Öcal M, Maciejewski M, Baiker Al. Conversion of CCl_2F_2 (CFC-12) in the presence and absence of H_2 on sol-gel derived Pd/Al_2O_3 catalysts. Appl. Catal. B, 1999, 21: 279 – 289

[335] Yu H, Kennedy E M, Azhar Uddin M, et al. Conversion of halon 1211 ($CBrClF_2$) over supported Pd catalysts. Catal. Today, 2004. 97: 205 – 215

[336] Coq B, Medina F, Tichit D, et al. The catalytic transformation of chlorofluorocarbons in hydrogen on metal-based catalysts supported on inorganic fluorides. Catal. Today, 2004, 88: 127 – 137

[337] Early K, Kovalchuk V I, Lonyi F, et al. Hydrodechlorination of 1, 1-dichlorotetrafluoroethane

and dichlorodifluoromethane catalyzed by Pd on fluorinated aluminas: the role of support material. J. Catal. , 1999, 182 (1): 219 - 227

[338] Ribeiro F H, Gerken C A, Rupprechter G, et al. Structure insensitivity and effect of sulfur in the reaction of hydrodechlorination of 1, 1-dichlorotetrafluoroethane (CF_3 - $CFCl_2$) over Pd catalysts. J. Catal. , 1998, 176: 352 - 357

[339] Cai Y, Li Y. In situ synthesis of supported palladium complexes: highly stable and selective supported palladium catalysts for hydrodechlorination of CCl_2F_2. Appl. Catal. A, 2005, 294: 298 - 305

[340] Legawiec-Jarzyna M, Śrębowata A, Juszczyk W, et al. Hydrodechlorination of dichlorodifluoromethane (CFC-12) on Pd-Pt/Al_2O_3 catalysts. Catal. Today, 2004, 88 (3-4): 93 - 101

[341] Bonarowska M, Burda B, Juszczyk W, et al. Hydrodechlorination of CCl_2F_2 (CFC-12) over Pd-Au/C catalysts. Appl. Catal. B, 2001, 35: 13 - 20

[342] Bonarowska M, Pielaszek J, Semikolenov V A, et al. Pd - Au/sibunit carbon catalysts: characterization and catalytic activity in hydrodechlorination of dichlorodifluoromethane (CFC-12) . J. Catal. , 2002, 209: 528 - 538

[343] Mori T, Yasuoka T, Morikawa Y. Hydrodechlorination of 1, 1, 2-trichloro-1, 2, 2-trifluoroethane (CFC-113) over supported ruthenium and other noble metal catalysts. Catal. Today, 2004, 88: 111 - 120

[344] Yu H, Kennedy E M, Azhar Uddin M, et al. Catalytic hydrodehalogenation of halon 1211 ($CBrClF_2$) over γ-alumina-supported Ni, Pd and Pt catalysts. Catal. Today, 2004, 88: 183 - 194

[345] Morato A, Alonso C, Medina F, et al. Conversion under hydrogen of dichlorodifluoromethane and chlorodifluoromethane over nickel catalysts. Appl. Catal. B, 1999, 23: 175 - 185

[346] Fu X Z, Zeltner W A, Yang Q, et al. Catalytic hydrolysis of dichlorodifluoromethane (CFC-12) on sol-gel-derived titania unmodified and modified with H_2SO_4. J. Catal. , 1997, 168: 482 - 490

[347] Lai S Y, Pan W X, Ng C F. Catalytic hydrolysis of dichlorodifluoromethane (CFC-12) on unpromoted and sulfate promoted TiO_2-ZrO_2 mixed oxide catalysts. Appl. Catal. B, 2000, 24: 207 - 217

[348] Khalil M A K, Rasmussen R A. Global sources, lifetimes and mass balances of carbonyl sulfide (OCS) and carbon disulfide (CS_2) in the earth's atmosphere, Atmos. Environ. , 1984, 18 (9): 1805 - 1813

[349] Chin M, Davis D D. Global sources and sinks of OCS and CS_2, and their distribution. Global. Biogeochem. cy, 1993, 7: 321 - 337

[350] Watts S F. The mass budgets of carbonyl sulfide, dimethyl sulfide, carbon disulfide and hydrogen sulfide. Atmos. Environ. , 2000, 34: 761 - 779

[351] Chin M, Davis D D. A reanalysis of carbonyl sulfide as a source of stratospheric background sulfur aerosol. J. Geophys. Res. , 1995, 100 (D5): 8893 - 9005

[352] Kjellströ m E. A three-dimensional global model study of carbonyl sulfide in the troposphere and the lower stratosphere. J. Atmos. Chem. , 1998, 29: 151 – 177

[353] Crutzen P J. The possible importance of CSO for the sulfate layer of the stratosphere. Geophys. Res. Lett. , 1976, 3: 73 – 76

[354] Andreae M O, Crutzen P J. Atmospheric aerosols: biogeochemical sources and role in atmospheric chemistry. Science, 1997, 276: 1052 – 1058

[355] Turco R P, Whitten R C, Toon O B, et al. OCS, stratospheric aerosols and climate. Nature, 1980, 283: 283 – 285

[356] Notholt J, Kuang Z, Rinsland C P, et al. Enhanced upper tropical troposhperic COS: impact on the stratospheric aerosol layer. Science, 2003, 300: 307 – 310

[357] Solomon S, Sanders R W, Garcia R R, et al. Increased chlorine dioxide over Antarctica caused by volcanic aerosols form Mount Pinatubo. Nature, 1993, 363: 245 – 248

[358] Rodriguez J M, Ko M K W, Sze N D. Role of heterogeneous conversion of N_2O_5 on sulphate aerosols in global ozone losses. Nature, 1991, 352: 134 – 137

[359] Fahey D W, Kawa S R, Woodbridge E L, et al. In situ measurements constraining the role of sulfate aerosols in mid-latitude ozone depletion. Nature, 1993, 363: 509 – 514

[360] Mu Y, Zhang X. Loss of ozone on sulfate and sulfide doped – ice surfaces. J. Environ. Sci. , 2000, 12 (2): 189 – 193

[361] Leung F Y T. Elucidation of the origins of stratospheric sulfate aerosols by isotopic methods. Ph. D. Thesis, California Institute of Technology Pasadena Califonia, 2003

[362] Rhodes C, Riddel S A, West J, et al. The low-temperature hydrolysis of carbonyl sulfide and carbon disulfide: a review. Catal. Today, 2000, 59: 443 – 464

[363] Watts S F, Roberts C N. Hydrogen sulfide from car catalytic converters. Atmos. Environ. , 1998, 33 (1): 169 – 170

[364] 梁美生, 李春虎, 郭汉贤等. 低温条件下羰基硫催化水解反应本征动力学的研究. 催化学报, 2002, 23 (4): 357 – 362

[365] 李新学, 刘迎新, 魏雄辉. 羰基硫脱除技术. 现代化工, 2004, 24 (8): 19 – 22

[366] Clark P D, Dowling N I, Huang M. Conversion of CS_2 and COS over alumina and titania under Claus process conditions: reaction with H_2O and SO_2. Appl. Catal. B, 2001, 31: 107 – 112

[367] West J, Williams B P, Young N, et al. Ni- and Zn- promotion of γ-Al_2O_3 for the hydrolysis of COS under mild conditions. Catal. Comm. , 2001, 2: 135 – 138

[368] Zhang Y Q, Xiao Z B, Ma J X. Hydrolysis of carbonyl sulfide over rare earth oxysulfides. Appl. Catal. B, 2004, 48: 57 – 63

[369] 陈杰, 李春虎, 赵伟等. 羰基硫水解转化脱除技术及面临的挑战. 现代化工, 2005, 25 卷增刊: 293 – 297

[370] Liu J F, Liu Y C, Xue L, et al. Oxygen poisoning mechanism of catalytic hydrolysis of OCS over Al_2O_3 at room temperature. Acta. Phys. – Chim. Sin. , 2007, 23 (7): 997 – 1002

[371] West J, Williams B P, Young N, et al. Low temperature hydrolysis of carbonyl sulfide using

γ-alumina catalysts. Catal. Lett. , 2001, 74 (3-4)：111 – 113

[372] Thomas B, Williams B P, Young N, et al. Ambient temperature hydrolysis of carbonyl sulfide using γ-alumina catalysts：effect of calcination temperature and alkali doping. Catal. Lett. , 2003, 86 (4)：201 – 205

[373] Tan S S, Li C H, Liang S Z, et al. Compensation effect in catalytic hydrolysis of carbonyl sulfide at lower temperature compensation effect in COS hydrolysis. Catal. Lett. , 1991, 8：155 – 158

[374] Sasaoka E, Taniguchi K, Hirano S, et al. Catalytic activity of ZnS formed from desulfurization sorbent ZnO for conversion of COS to H_2S. Ind. Eng. Chem. Res. , 1995, 34：1102 – 1106

[375] Williams B P, Young N C, West J, et al. Carbonyl sulfide hydrolysis using alumina catalysts. Catal. Today, 1999, 49：99 – 104

[376] Fiedorow R, Léauté R, Dalla Lana I G. A study of the kinetics and mechanism of COS hydrolysis over alumina. J. Catal. , 1984, 85：339 – 348

[377] George Z M. Effect of catalyst basicity for COS-SO_2 and COS hydrolysis reactions. J. Catal. , 1974, 35：218 – 224

[378] 李春虎, 郭汉贤, 谈世韶. 碱改性 γ-Al_2O_3 催化剂表面碱强度分布与 COS 水解活性的研究. 分子催化, 1994, 8 (4)：305 – 312

[379] Hoggan P E, Aboulayt A, Pieplu A, et al. Mechanism of COS hydrolysis on alumina. J. Catal. , 1994, 149：300 – 306

[380] Akimoto M, Dalla Lana I G. Role of reaction sites in vapor-phase hydrolysis of carbonyl sulfide over alumina catalysts. J. Catal. , 1980, 62：84 – 93

[381] 奚强, 刘常坤, 赵春芳等. 酞菁钴液相催化氧化羰基硫 (COS) 的研究. 离子交换与吸附, 1997, 13 (6)：603 – 607

[382] 李福林, 王树东, 吴迪镛等. 一步法羰基硫脱硫剂. CN1180870C. 2004-12-24

贺泓 张长斌 刘永春 薛莉 王相杰, 中国科学院生态环境研究中心

何洪, 北京工业大学环境与能源工程学院化学化工系

李俊华, 清华大学环境科学与工程系

第9章 大气层中的环境催化过程

9.1 概　　述

9.1.1 大气层作为光和热反应器的特点

如果把整个大气圈看成一个反应器（如图 9-1 所示），那么各种气体和颗粒物则成为可能的反应物；下垫面和悬浮颗粒构成的环境界面一方面为各种反应提供了可能的场所，另一方面其本身也可能是某些反应的催化剂或反应物；而大气层特殊的光、热和电磁环境为各种反应提供了必要的能量。尤其是大气中的悬浮颗粒物，其总表面积远远大于地球表面积。因此，发生在大气层中的多相催化反应，是大气环境的一个非常重要的过程。

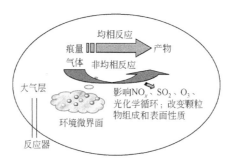

图 9-1　大气环境作为光和热的反应器示意图

干洁大气的主要成分为：N_2 78.09%，O_2 20.95%，Ar 0.932%，CO_2 0.03%。大气中水的含量在 0.1% ~ 2.8% 范围内波动。此外，还有浓度极低但对全球大气环境有重要影响的痕量气体组分（表 9-1）[1]。由于大气层的垂直混合时间约为80d，因此，寿命小于 80d 的痕量气体如 CO，NO_x，NH_3，SO_2 等在大气中分布是不均匀的。

表 9-1　大气中的主要痕量气体的浓度与寿命[1]

组成	浓度/ppb	寿命	去除速率/[mol/（L·s）]
CO_2	330 000	4 年	1.2×10^{-13}
CO	100	0.1 年	1.4×10^{-15}

续表

组成	浓度/ppb	寿命	去除速率/ [mol/ (L·s)]
CH_4	1 600	3.6 年	6.3×10^{-16}
HCHO	0.1 ~ 1	5 ~ 10d	$(1.0 \sim 20) \times 10^{-17}$
N_2O	0.3	20 ~ 30 年	$(1.4 \sim 2.0) \times 10^{-20}$
NO	0.1	4 天	1.3×10^{-17}
NO_2	0.3	4 天	3.9×10^{-17}
NH_3	1	2 天	2.6×10^{-16}
SO_2	0.01 ~ 0.1	3 ~ 7 天	$(0.7 \sim 17) \times 10^{-18}$
H_2S	0.05	1 天	2.6×10^{-17}
CS_2	0.02	40 天	2.6×10^{-19}
OCS	0.5	1 年	7.0×10^{-19}
$(CH_3)_2S$	0.001	1 天	5.2×10^{-19}
H_2	550	6 ~ 8 年	$(9.9 \sim 13) \times 10^{-17}$
H_2O_2	0.1 ~ 10	1 天	$(0.5 \sim 52) \times 10^{-16}$
CH_3Cl	0.7	3 年	3.3×10^{-19}
HCl	0.001	4 天	1.3×10^{-19}

　　除各种气体组分以外，大气中还有大量悬浮颗粒物（包括液滴和固体颗粒），如硫酸铵 [$(NH_4)_2SO_4$]、冰晶、矿质氧化物（53% SiO_2，17% Al_2O_3，7% Fe_2O_3，23% 其他矿物[1]）和海盐（NaCl）。一般而言，在 3 km 以下大气颗粒物的组成为：50% $(NH_4)_2SO_4$，35% 矿质氧化物和15% 海盐（NaCl）；而在 3 km 以上，$(NH_4)_2SO_4$ 和矿质氧化物分别为 60% 和 40%[1]。其中，$(NH_4)_2SO_4$ 是某些酸催化反应（如醛酮的聚合反应）的催化剂；有些痕量气体如 $ClNO_2$ 在冰晶表面可以发生水解反应，并对臭氧消耗具有重要影响；矿质氧化物表面的羟基、吸附水、表面活性氧以及金属位点都可催化某些化学反应；而 NO_x 在海盐表面发生的非均相取代反应可形成 $ClONO_2$。此外，整个下垫面如森林（植物叶面）、土壤、冰川、河流甚至人工建筑等表面都可能参与一些重要的催化反应过程。

　　根据大气的温度、密度等气象要素，可将地球大气层由下向上分为对流层、平流层、中间层、热层和逸散层。其温度的垂直分布见图 9-2[2]。其中，对流层和平流层中进行的化学反应过程对全球环境具有重要的影响。由图 9-2 可知，对流层和平流层大气温度处于室温到 220 K 的范围。由于温度较低，通常，对于该温度区间，只有那些活化能较低的反应才容易发生。而对于反应活化能大于 20 kJ/mol 的反应，其对全球大气环境化学的影响比较小[2]。但是，有些在均相中的慢反应可能在太阳辐射和环境界面的催化作用下得到加快，并成为该物种的主要大气化学过程。

太阳的电磁辐射几乎包括了整个电磁波谱。其中，可见光（400～800 nm）占太阳辐射总能量的 50%，紫外光（200～400 nm）占 7%，红外辐射（0.8～4.0 μm）占 43%[3]。太阳辐射依次穿透逸散层、热层、中间层、平流层和对流层到达地表。由于地球大气层中某些气体组分对太阳辐射的选择性吸收，使太阳辐射在各层的波长分布有所不同（图 9-2）。对流层中，太阳辐射的波长主要为 >290 nm 的紫外可见光部分，而平流层为 >170 nm 的部分。因此，在对流层和平流层特有的紫外和可见光区域的辐射为均相光化学反应和环境微界面上的光催化反应提供了可能。

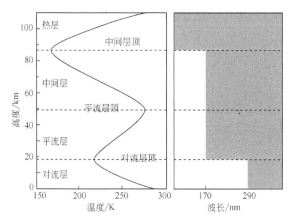

图 9-2　大气层温度和太阳辐射分布[2,3]
（灰色区域表示波长分布区间）

综上所述，由于温度低、反应物的分压低、催化剂浓度低以及特定的光强等因素，使得大气多相催化和光催化过程不可能以较高的速率进行。然而，由于大气层的总体积巨大，即使反应速率很低，这些反应过程对某些组分的转化绝对量仍然是相当大的。值得注意的是，对于某些在单独存在条件下可以持续进行的催化反应体系，受多种共存组分的影响而难以持续进行，从而使大气环境中催化反应和非均相反应过程的界限难以严格界定。此外，大多数非均相反应是在对流层中进行的，而且在对流层中气溶胶的浓度和表面积远远高于上层大气层。因此，本章将主要介绍在对流层中大气颗粒物表面自发进行的多相催化和非均相反应过程。

9.1.2　非均相大气化学

20 世纪，由于工业活动排放到大气中的各种污染物导致了一系列严重的大气污染事件。尤其是 20 世纪 80 年代以后，随着光化学烟雾事件、酸雨问题、臭氧耗竭和全球变暖等全球性环境问题的加剧，国内外对大气化学过程的研究才受到应有的重视，并取得了长足的发展。1995 年 Nobel 化学奖获得者 Crutzen 等揭示了平流层臭氧耗损的机理，使人们进一步认识到要深入认识和解决大气环境问题，必须对大气化学过程本身进行深入的研究。

大气化学的前期研究主要集中在均相反应过程，并部分阐明了诸如 NO_x 转化、OH 和 O_3 形成、光化学烟雾、酸雨形成等重要的反应过程。最近，大气颗粒物上的多相反应和非均相反应引起了研究者的极大兴趣，并发展为大气化学的研究热点和前沿领域。这是因为，一方面，大气颗粒物作为反应物或催化剂参与大气化学过程将改变大气的气相化学组成。另一方面，大气多相反应和非均相反应也可能改变大气颗粒物本身的化学组成，从而改变与之密切相关的热学、光学性质以及吸湿度性等，进而改变大气辐射强迫（radiant forcing），影响全球气候[4]。此外，与大气颗粒物密切相关的复合大气污染对人体健康的影响也远远大于一般气态污染事件的影响。研究发现，仅仅考虑均相反应过程，难以全面、合理的解释一些重要的大气化学过程及其污染现象。因此，对于大气非均相反应的研究，不但可以对大气中痕量气态物质的浓度变化、停留时间、转化过程进行全面而深入的分析，还可以揭示颗粒物对重要的大气环境化学过程的催化和修复作用，了解颗粒物在重要大气化学反应和典型大气污染事件中的作用，为大气污染排放控制提供可靠依据。

一般而言，大气化学中多相反应（multiphase reaction）通常指气体反应物在液体介质体相中进行的反应。而非均相反应（heterogeneous reaction）指气体反应物在相界面如固体或液体界面上进行的反应[5]。因此，大气中的非均相反应包括大气物种在气溶胶、云、水等表面的各种化学过程。二者的关系见图 9-3。显然，非均相反应既包括催化反应，也包括界面上进行的非催化反应。然而真实的大气环境非常复杂，无论是大气颗粒物还是水体悬浮颗粒，颗粒物表面常常覆盖了多种无机和有机化合物，甚至是微生物[6]；另一方面，与人为催化过程中反应温度可控不同，大气层的温度较低使得颗粒物表面非均相反应产物的脱附比较困难，因此具有真正意义上的可持续进行的催化反应非常少见。目前，国内外的研究者也主要集中在土壤和大气颗粒物表面的非均相反应的研究。需要说明的是，人为催化往往是通过设计适当的催化反应体系、在合适的条件下有目的地、最大限度地去除某种物质或获得某种物质，以满足人类的某种需求。因此，我们常常希望催化反应可以永久地进行下去。然而，人为的催化反应仍然面临着催化剂失活的问题。自然界中自发进行的这种非均相反应，虽然并不符合人为催化的持续性要求或者说催化反应持续的时间非常短暂，但是由于界面的参与使得在不能发生的均相反应过程得以发生，从其本质上说仍然具有催化反应的基本特征。另一方面，自然界中为非均相反应提供界面的颗粒物，在适当气象条件下也是可能得到更新的。例如，NO_x 或 SO_2 在矿质氧化物表面经非均相反应生成硝酸盐和硫酸盐。这一反应很快就会失活。但是，当颗粒物经干、湿沉降后，为地表或水体输入了硝酸盐和硫酸盐，而从地表重新扬起的新鲜矿质氧化物又可进行非均相反应，使得循环不断进行。这种颗粒物的沉降和重新扬起的过程，可以看作是催化剂的再生过程。因此，从宏观的角度上说，这一过程与催化过程是一致的，而非均相反应是这一循环中的关键步骤。因此，本章并不按反应的持续性划分催化反应和非均相反应，而将二者一起视为自然界中自发进行的环境催化过程。在具体描述上，我们仍然用"非均相反应"这一大气化学中通用的概念。

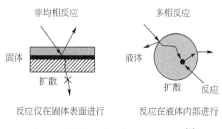

图 9-3 非均相反应和多相反应示意图[5]

9.1.2.1 大气非均相反应对大气环境的影响

据估计，全球每年向大气排放各种颗粒物约 3000 ~ 5000 Tg（$1Tg = 10^{12}g$）[7]。而大气颗粒物的比表面积高达 4 ~ 200 m^2/g[8]，巨大的表面积，可为气相物种在颗粒物表面的吸附和反应过程提供可能。大气颗粒物来源广泛、组成复杂，既有有机化合物如有机酸、碱、醛、酮等，又有无机化合物如金属氧化物、无机酸、碱、盐等。其中某些组分可以作为气体组分的溶剂而改变气体组分在气固两相的分配平衡；有些组分可以作为反应物与吸附在表面的气体或者直接与气相中的物质发生反应；而有些组分则可能成为特定化学反应的催化剂。

发现极地"臭氧洞"以后，大气颗粒物参与的非均相反应引起了研究人员更广泛的关注。随后研究发现，大气中重要的痕量气体，如 H_2S、SO_2、CS_2、DMS、NO、NO_2、NO_3、N_2O_5、O_3、HO_2、H_2O_2、OH、CO 和 VOCs 等，在颗粒物表面的非均相过程将直接影响大气环境质量，如臭氧耗损、SO_2 和 NO_x 的去除以及 OH 的产生与消耗。对流层中，痕量气体（如 NO_x）和自由基在颗粒物表面的非均相和多相反应对大气污染事件也具有重要影响。例如，在大气光化学反应中，大气颗粒物可能参与的部分催化反应如图 9-4[7] 所示。一方面颗粒物可能是光化学过程的产物，即二次气溶胶（secondary aerosol）；另一方面，颗粒物也可能对 NO_x 和 NO_y 之间的相互转化以及 SO_2 向 H_2SO_4 的转化提供催化反应的界面。然而，由于光化学反应过程的复杂性，使得目前对颗粒物在大气光化学过程中所起作用的认识还非常有限。对于整个大气环境而言，丁杰等[8]总结了大气中主要的活性气体物种与颗粒物之间可能的相互作用（表9-2）。由表可见，目前对大气非均相反应的研究还有很多不确定的地方，尤其是有机物在大气颗粒物表面的吸附与转化的研究还非常有限。因此，本章也仅仅介绍部分领域的初步研究结果。

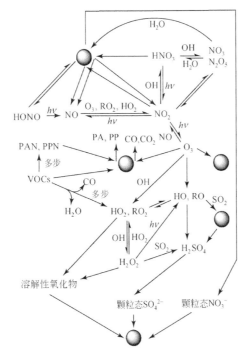

图 9-4　一些已知的光化学反应及其在大气颗粒物表面进行的可能的反应[7]

表 9-2　活性气态物种与各种颗粒物的可能相互作用[8]

反应物	颗粒物					
	柴油机、飞机烟炱	矿物沙尘	有机物附着的颗粒物	硫酸盐、硝酸盐	海盐颗粒	云滴、冰晶颗粒
OH	可能反应损失	未知	脱 H，加成	未知	可能反应损失	吸附保留？

续表

反应物	颗粒物					
	柴油机、飞机烟炱	矿物沙尘	有机物附着的颗粒物	硫酸盐、硝酸盐	海盐颗粒	云滴、冰晶颗粒
HO_2	反应损失	未知，可能依赖于组成	吸附保留和反应？	未知	可能吸附保留和反应？	吸附保留，在冰晶表面损失
RO_2	可能反应损失	未知	吸附保留	未知	溶解性限制的吸附保留？	
O_3	反应损失，表面老化，竞争反应？	可能不重要，但未知	反应，取决于结构	未知	直接吸附保留的重要性需要确定	快速反应损失，溶解性限制
NO_2	化学吸附，还原，形成 HONO	生成 HONO？	硝化（很可能通过 N_2O_5/NO_2^+）	未知	在干 NaCl 上形成 ClNO	在冰晶、水表面形成 HONO？
NO_3	反应损失	可能不重要，但未知	反应，如与芳烃	未知	溶解性限制，与 I 反应等	溶解性低
N_2O_5	水解或作为 NO_2^+ 参与反应（视去除物质而定），反应概率可能变化很大，形成颗粒态或气态 HNO_3				形成 $ClNO_2$ 和其他卤化合物	溶解性低
SO_2	缓慢的催化氧化	可能是催化氧化	—	—	在污染的海洋大气中氧化	被 H_2O_2，O_3 等氧化

注：？表示尚不确定。

9.1.2.2　大气颗粒物参与大气非均相反应的途径

大气颗粒物参与大气非均相反应和多相反应的途径包括[5]：

（1）气体组分溶解在液滴或吸附在固体颗粒表面，并随颗粒物的沉降迁移，进而从气相中去除或改变气体组分的垂直分布。

（2）两种或多种气体在颗粒物表面或内部发生反应，或者气体组分与颗粒物本身的组分反应。对于满壳层分子（filled shell molecule），由于气相反应的活化能较高而难以进行。但是在颗粒物表面，由于颗粒物的活化作用或者解离作用而使反应容易进行。因为大气相对湿度一般为 20% ~ 90%[9]，水分子在大气颗粒物表面广泛存在，从而使非均相水解反应成为大气环境中最重要的反应之一。例如，N_2O_5 在气相中与 H_2O 分子的反应非常缓慢，由于颗粒物表面的催化作用，而在颗粒物表面非常容易进行。大气中普遍存在 O_2，O_3，OH，HO_2，RO，RO_2 等氧化性物种，使得氧化物性环境是大气层的基本特点之一。因此，催化氧化反应也是重要的大气非均相过程[10]。

(3) 气体组分在悬浮液滴中溶解度的差异可将不同的气体从气相中分离，进而影响大气化学过程。例如，由于 HO_2 可溶于水，而 NO 不溶于水，液体颗粒存在时可显著抑制二者经光化学反应生成 O_3 的反应。

(4) 颗粒物对光的吸收散射特性，将改变大气光学环境如波长、光强，进而影响某些反应过程，甚至改变反应途径。例如，NO_2 在云层顶部的光解速率为清洁大气中的光解速率的 5 倍。

研究表明，大气颗粒物可参与臭氧的形成和耗损、NO_x 和 SO_2 的转化、碳氢化合物的氧化、羰基化合物的聚合缩合、PAHs 的光解、二次气溶胶的形成等多种反应过程。其中大气颗粒物上发生的最主要催化反应包括催化水解和催化氧化反应。

9.1.3 大气颗粒物

如上所述，大气颗粒物在大气环境中，既可以作为反应物，还可以作为多相催化或非均相反应过程的催化剂。因此，了解颗粒物的组成、结构与性质对于认识大气非均相反应过程的本质具有重要的意义。本节将介绍大气颗粒物的来源和组成。

各种空气动力学当量直径为 0.001 ~ 100 μm 的固体或液体微粒均匀分散在空气中形成的分散体系称为大气气溶胶（aerosol）[11,12]。其中，分散相固体或液体微粒统称为大气颗粒物（airborne particulate matters，APM）[13]。大气颗粒物可以是无机物、有机物，还可以是微生物，甚至是多种形式的复合体。

大气颗粒物的组成、来源和危害都与粒径密切相关。通常按粒径可将其分为：

(1) 总悬浮颗粒物（total suspended particulates，TSP）。总悬浮颗粒物是指能悬浮在空气中，空气动力学当量直径 $D_P \leqslant 100$ μm 的颗粒物[14]。TSP 是大气环境质量评价中的一个重要的污染指标。

(2) 降尘（dust）。降尘是指在空气环境条件下，依靠重力自然沉降在集尘缸中的颗粒物[15]。通常指 10 μm $< D_P <$ 100 μm 的大气颗粒物。

（3）可吸入颗粒物（inhalable particulates, IP）。可吸入颗粒物是 TSP 中能用鼻和嘴吸入的那部分颗粒物，即 PM_{10}（$D_P < 10$ μm 的颗粒物）[16]。可吸入颗粒物又可分为细颗粒（$D_P < 2.5$ μm，$PM_{2.5}$）和粗颗粒（2.5 μm $< D_P < 10$ μm）[17]。一般 10 μm 以下的颗粒物可进入鼻腔，7 μm 以下的颗粒物能通过上呼吸道进入人体，而小于 2.5 μm 的颗粒物可沉积在支气管或肺泡内[17]。因此，颗粒物粒径越小对人体健康的危害越大。

依据大气颗粒物的粒径、组成与来源的关系，可将大气颗粒物分为 3 种模态。即艾根核模（Aikten nucleation mode，$D_P < 0.1$ μm）、聚集模（accumulation mode，0.1 μm $< D_P < 2.5$ μm）和粗粒模（coarse mode，$D_P > 2.5$ μm）[12]。三者的粒径范围、组成和来源如图 9-5 所示。

艾根核模主要由气体凝固或燃烧直接排放产生。其主要成分为含碳有机化合物。积聚模主要通过艾根核模絮凝形成，主要成分包括硫酸盐、硝酸盐、铵盐、有机碳和元素碳。粗粒模则通过机械破碎产生，包括降尘、海盐、花粉等颗粒物。由图 9-5 可知，艾根核模是大气颗粒物的主体，但是表面积的最大值处于积聚模和粗粒模之间，而体积浓度具有双峰分布特征。

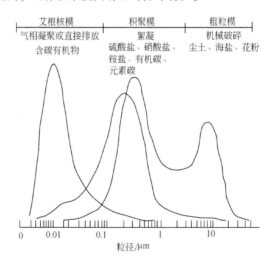

图 9-5　大气颗粒物的数量、表面积、体积浓度分布以及大气颗粒物三模态示意图[12]

9.1.3.1　大气颗粒物的来源

大气颗粒物可按其来源分为自然源和人为源颗粒物。自然源包括地面扬尘、海浪飞沫、火山灰烬、森林火灾灰烬、宇宙尘埃、植物花粉和孢子等。人为源主要包括燃料燃烧排放的烟尘、工业生产过程排放的原料或产品微粒、汽车尾气颗粒物等。按形成过程划分，大气颗粒物还可分为一次颗粒物（primary particulates）和二次颗粒物（secondary particulates）。一次颗粒物由污染源直接排放到大气中的颗粒物。二次颗粒物指大气污染物之间或者是大气污染物和大气组分之间反应生成的颗粒物。如光化学烟雾中的 PAN（peroxyacetyl nitrate）；NH_3 与 SO_2、NO_x 在大气中反应生成的（NH_4）$_2SO_4$、NH_4NO_3 颗粒；VOCs 在（NH_4）$_2SO_4$、NH_4NO_3 等酸性颗粒表面聚合生成二次有机气溶胶（secodary organic aerosol，SOA）都属于二次颗粒物。

据估计全球每年以土壤矿物颗粒（沙尘）、海盐颗粒、有机物颗粒、硫酸盐颗粒、烟炱等形式排放到大气中的颗粒物总量约 3000～5000 Tg。其中土壤矿物颗粒物大约为 1000～3000 Tg[7]。全球每年排放烟炱约 13 Tg[18]。除一次颗粒物以外，二次颗粒物也是大气颗粒物的重要来源。在典型的光化学烟雾事件中，二次颗粒物可贡献 50%～80% 的大气颗粒物[19,20]。由生物排放的有机化合物形成的二次颗粒物，对全球大气颗粒物总量的贡献每年达 18.5～270 Tg[20]。表 9-3 是各类排放源对大气颗粒物总量的贡献[21]。

我国是世界上大气污染比较严重的国家之一。城市大气污染更为突出。大气中的颗粒物和降尘的平均浓度大于国家二级标准，且超过世界卫生组织规定的上限值 90 μg/m³ 的 1～7 倍。我国颗粒物污染的来源较复杂，大部分地区的污染类型都在由典型的煤烟型污染转变为煤烟型和机动车型的复合污染。颗粒物的来源主要有：煤烟尘、土壤尘、冶炼尘、建筑尘、汽车尾气等。另外，由于近年沙尘暴频繁发生，导致许多城市遭受严重的颗粒物污染。其次，道路扬尘对城市大气造成的颗粒物污染也相当明显。据测算，全国道路扬尘排放量约为 219 万吨/年，是点源排放量的 1/10，但影响却要高出 10～40 倍。而且燃煤排放的 SO_2、汽车排放的 NO_x 在空气中反应生成的硫酸盐和硝酸盐等二次颗粒物在细颗粒中也占有很大比例[22]。

表 9-3　各类排放源对大气颗粒物的贡献百分率[21]

排放源	TSP	PM$_{2-10}$	PM$_2$
土壤扬尘	63 ± 2	21 ± 2	14 ± 3
生物质燃烧		6 ± 1	8 ± 2
海洋气溶胶		18 ± 2	
矿山飞灰		13 ± 2	
二次颗粒物			25 ± 1
公路灰尘	13 ± 2	12 ± 1	13 ± 2
汽车尾气	6 ± 1	17 ± 2	17 ± 2

续表

排放源	TSP	PM$_{2-10}$	PM$_2$
燃煤	11 ± 2	10 ± 3	10 ± 2
工业	4 ± 1	2 ± 2	13 ± 2
水泥	1 ± 1		

注：± 为标准误差。

9.1.3.2 大气颗粒物的组成

大气颗粒物的组成因其来源、地域不同而不同。即使在同一地域的大气颗粒物也随粒径的不同而不同。单个颗粒物可能是无机的，也可能是有机的，还可能是无机-有机的复合体。为了研究方便，可将大气颗粒物分为无机颗粒物和有机颗粒物。表9-4为北京地区大气颗粒物组成的统计数据[23]。

表9-4　北京地区大气颗粒物组成及浓度统计数据[23]

化学组成		平均浓度/（μg/m³）	测定年限和粒径
无机组分	Al$_2$O$_3$	6.7	1992 ~ 1993, PM$_{2.0}$
	Fe$_2$O$_3$	3.3	
	CaO	5.2	
	K$_2$O	2.4	
	SiO$_2$	20.7	1980, PM$_{2.0}$
	MgO	2.9	1993 ~ 1994, PM$_{2.0}$
	Na$_2$O	2.6	
	(NH$_4$)$_2$SO$_4$	31.9	1992 ~ 1993, PM$_{2.0}$
	NH$_4$NO$_3$	未知	
有机组分	元素碳	49 ~ 57.7	1983, PM$_{2.12}$
	有机碳	49 ~ 57.7	
	总碳	174 ~ 191	1992 ~ 1993, PM$_{2.0}$

1. 无机颗粒物

天然源的无机颗粒物，如扬尘主要取决于该地区的土壤成分，如 Si、Al、Fe、Ti、Na 等。火山爆发所喷出的火山灰，除岩石粉末外，还含有 Zn、Sb、Se、Mn 和 Fe 等金属元素的化合物。海洋溅沫释放的颗粒物主要成分为 NaCl、硫酸盐、镁盐、钾盐等[11]。

人为源排放的无机颗粒物，如化石燃料燃烧过程中排放的颗粒物含有 Pb、Ba、Ni、V、Na、As、Se、Be、Cd、Cr、Cu、Fe、Hg、Mg、Mn、Ni、Ti、Zn 、Br 等元素的化合物。垃圾焚烧排放的颗粒含 Zn、Sb、Cd 等。钢铁冶金排放的颗粒物含 Fe、Mn、S 等[11,24]。

通常，粗颗粒主要是土壤及污染源排放出来的尘粒，大多是一次颗粒物。主要包括 Si、Fe、Al、Na、Ca、Mg、Ti 等 30 多种元素。细颗粒主要含硫酸盐、硝酸盐、铵盐、金属和炭黑等。

表 9-5 和表 9-6 为典型大气颗粒物的元素组成和可溶性离子浓度。可以看出，各种粒径大气颗粒物中 Ca、Si 元素的含量较高，可吸入颗粒中各种元素的含量都比 TSP 中含量高。而且由于受气象条件的影响，春季各种粒子中的元素含量高于冬季。"八大离子"在不同季节、不同粒径的大气颗粒中的含量具有相同的规律，即含量随大气颗粒物粒径的增大而减小[25]。

无机颗粒物中，矿质氧化物如 Al_2O_3、Fe_2O_3、MgO、SiO_2、TiO_2 等既是工业催化中常用的催化剂载体，其本身也可能是某些催化反应的活性组分。TiO_2、ZnO、Fe_2O_3 等半导体材料则是常见的光催化剂。因此，矿质氧化表面的催化过程是目前大气环境领域研究的重要内容。此外，大气颗粒物中的可溶性离子，如 Fe^{3+}、Cu^{2+}、Mn^{2+} 等在液滴中也可能是某些反应的催化剂组分。

表 9-5　大连市大气颗粒物元素组成[25]

| 采样时间 | 粒径类别 | 主要元素质量浓度百分比/% | | | | | | | | | | | 合计/% |
		K	Ca	Mg	Na	Cu	Fe	Si	Al	Mn	Pb	Ni	
2002.4	$PM_{2.5}$	0.11	7.32	0.20	0.23	/	0.54	0.43	0.22	/	/	—	9.04
	PM_{10}	0.02	2.33	0.14	0.15	/	0.33	0.67	0.92	/	/	—	4.56
	TSP	0.01	2.32	0.06	0.08	/	0.37	0.07	0.07	/	/	/	2.98
2002.5	$PM_{2.5}$	0.56	20.33	0.91	1.09	/	3.99	3.59	5.50	/	/	/	35.97
	PM_{10}	0.50	34.28	0.77	1.26	/	3.12	2.30	2.33	/	/	/	44.56
	TSP	0.19	6.59	0.20	0.21	/	0.93	1.04	1.07	/	/	/	10.53
2002.12	$PM_{2.5}$	/	1.30	0.19	0.36	—	/	2.83	—	—	0.45	—	5.12
	PM_{10}	/	2.49	0.45	0.20	—	/	2.45	—	—	0.23	—	5.83
	TSP	/	0.77	—	0.11	0.02	/	—	—	—	0.08	0.01	1.0

注：/为未测；—为未检出。

表 9-6　大连市大气颗粒物中可溶性离子的含量[25]

采样时间	粒径类别	可溶性离子浓度百分比/%								合计/%
		K^+	Na^+	Ca^{2+}	Mg^{2+}	Cl^-	NO_3^-	SO_4^{2-}	NH_4^+	
2002.4	$PM_{2.5}$	0.36	0.27	1.59	0.57	0.69	2.85	4.72	1.60	12.64
	PM_{10}	0.08	0.24	1.04	0.24	0.88	1.99	2.48	0.82	7.77
	TSP	0.04	0.12	0.68	0.13	0.46	0.80	1.30	0.39	3.92
2002.5	$PM_{2.5}$	0.72	0.79	3.81	0.41	2.19	4.29	7.32	5.22	24.75
	PM_{10}	0.31	0.49	2.68	0.40	1.15	3.72	6.35	2.24	17.35
	TSP	0.23	0.25	1.74	0.23	0.83	2.26	3.86	1.25	10.66
2002.12	$PM_{2.5}$	2.34	0.30	0.72	0.29	0.89	4.40	7.36	10.71	27.02
	PM_{10}	1.61	0.18	1.30	0.35	1.05	4.82	8.69	7.48	25.48
	TSP	0.18	0.10	0.50	0.01	0.12	1.16	2.44	1.68	6.19

2. 有机颗粒物

有机颗粒物是指大气中有机物凝聚而形成的颗粒物，或者是有机物吸附在其他颗粒物上而形成的复合颗粒物。通常，有机物主要分布在细颗粒中。大气颗粒物中的有机物主要来源于矿物燃料燃烧、废弃物焚烧等各种高温燃烧过程以及各种来源的活性烃形成的二次颗粒物。大气颗粒物中有机物的种类繁多，包括烷烃、烯烃、芳香烃、多环芳烃、亚硝胺、含氮杂环化合物、醛类、环酮、醌类、酚类和有机酸等[11,24]。城市大气颗粒物中已检出的有机化合物见表 9-7[11,26]。有机化合物中，由于多环芳烃具有强"三致"作用，而受到广泛关注。部分已报道的大气颗粒物中的多环芳烃见表 9-8[26-27]。在城市大气中，代表性的致癌 PAHs 含量大约为 20 μg/m³，有些特殊的大气和废气中 PAHs 含量更高。煤炉排放废气中 PAHs 含量可超过 1000 μg/m³，香烟的烟气中可达 100 μg/m³[11]。

在大气非均相催化过程中，颗粒物中的有机组分常常起着溶剂和反应物的作用。由于大气颗粒物通常是无机-有机复合体系，如无机颗粒物表面可能部分覆盖有机化合物，有机物可在大气颗粒物界面上与其他组分如 O_3、NO_x 发生非均相反应。另一方面，有机组分改变了颗粒物的表面疏水性，有利于一些重要的 VOCs 如烯烃、醛酮等向颗粒物转移，并进一步发生催化反应。

表 9-7　大气颗粒物中已检出的各类有机化合物[11,26]

化合物类型	例	城市大气中的浓度/(ng/m³)
烷烃类（$C_{18}-C_{50}$）	$n-C_{22}H_{46}$	1000~4000
烯烃类	$n-C_{22}H_{44}$	2000

续表

化合物类型	例	城市大气中的浓度/(ng/m³)
苯系物		80 ~ 860
萘系物		40 ~ 500
多环芳烃		2. 1 ~ 6. 6
芳香酸类		90 ~ 380
环酮类		2 ~ 40
醌类		0. 04 ~ 0. 12
醇、酚类		~ 0. 3
		1. 9 ~ 2. 7[26]
酯类		2 ~ 132
醛类	$CHO(CH_2)_nCHO$	30 ~ 540
脂肪酸	$C_{15}H_{31}COOH$	220
	$HOOC(CH_2)_nCOOH$	40 ~ 1350
氮杂环		0. 01 ~ 0. 2

续表

化合物类型	例	城市大气中的浓度/(ng/m³)
N-硝基胺类	$(CH_3)_2NNO$	0.03 ~ 16.6
硝基化合物	$CHO(CH_2)_nCH_2ONO_2$	40 ~ 1010
含硫化合物		0.014 ~ 0.02
		2 ~ 18 (nmol/m³)
卤代烃	$C_{18}H_{37}Cl$	~ 20 ~ 32
		0.5 ~ 3
多氯酚类		5.7 ~ 7.8

表 9-8 大气颗粒物中检出的部分多环芳烃[26,27]

多环芳烃名称	结构	大气细颗粒中的浓度/(ng/m³)
荧蒽		0.07 ~ 0.15
芘		0.12 ~ 0.26
苯并[a]蒽		0.09 ~ 0.29
环戊[cd]芘		0.04 ~ 0.41

多环芳烃名称	结构	大气细颗粒中的浓度/(ng/m³)
苯并 [ghi] 荧蒽		0.11 ~ 0.39
䓛		0.23 ~ 0.61
三亚苯		0.23 ~ 0.61
苯并 [k] 荧蒽		0.33 ~ 1.20
苯并 [b] 荧蒽		0.68 ~ 1.23
苯并 [e] 芘		0.38 ~ 0.97
苯并 [a] 芘		0.18 ~ 0.44
晕苯 (六并苯)		2.41
苯并 [ghi] 苝		1.12 ~ 4.47
茚并 [1, 2, 3 - cd] 芘		0.07 ~ 0.43
茚并 [1, 2, 3 - cd] 荧蒽		0.26 ~ 1.09

9.2 非均相大气化学研究方法

第2章介绍的光谱和质谱技术大部分研究方法也都适用于研究非均相大气化学。为了避免重复，这里只介绍第2章没有涉及的、常用于非均相大气化学的研究方法。

9.2.1 外场观测方法

外场观测（field measurement），一方面可以获得大气颗粒物和大气污染物浓度的时空分布规律，另一方面通过观察数据的合理推测也可获得大气非均相反应的间接信息。因此，外场观测的方法是研究大气非均相反应的重要方法之一。即在真实大气条件下，同时监测颗粒物和污染物浓度随时间的变化，寻找二者的内在联系，从而间接推测在颗粒物表面发生的非均相反应或催化反应过程。早期研究中，通常利用传统的方法分别对气相组分和颗粒物组分进行手动采样分析。随着在线监测和遥感方法的发展，外场观测已经实现实时、自动化的原位观测。例如，Reisinger[28]利用光程为 4.27 km 的差分光学吸收光谱（differential optical adsorption spectrometry，DOAS），在夜间监测大气中 HONO/NO_2 浓度比和大气颗粒物浓度随时间的变化。发现二者具有明显的相关性，相关系数 $R = 0.64$（图9-6）。由于监测是在夜间进行的，而避免了光催化反应和光解反应对 NO_x 和 HONO 浓度的影响。从而可推测，大气颗粒表面的非均相反应对 NO_2 向 HONO 转化有直接的影响。

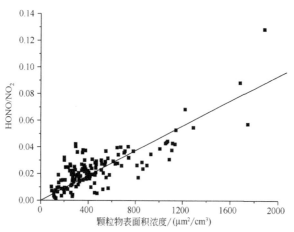

图 9-6　夜间 HONO/NO_2 浓度比与大气颗粒物表面浓度的相关性[28]

　　图9-7是差分光学吸收光谱仪原理示意图。其包括带有发射望远镜的光源、接收望远镜（角反射器）、光谱仪、光谱采集系统和数据采集系统。由高压氙灯发出的白光经校准后，通过望远镜发出，校准后的白光经过 0.1 ~ 10 km 的距离后，部分光被接收望远镜捕集，然后经接收器聚焦后进入光导纤维。光导纤维与光谱仪的狭缝入口连接。进入光谱仪的光被固定的光栅分散成不同波长的单色光，不同波长的单色光由在光谱仪焦面上转动并带有蚀刻狭缝的旋转圆盘，再分别被后面的光电倍增管转变为电信号，最后由计算机记录各种物质的吸收光谱[29]。DOAS 技术的采样速度约每秒钟 100 个光谱，而大气中由于空气密度变化导致光学性质变化而产生的影响可以忽略不计。另一方面，由于差分技术的使用，大气中其他化合物、大气颗粒物、大气中的冷凝水以及仪器本身光学元件的干扰也非常小。差分光学吸收光谱可以同时在线监测大气中多种 ppb 级的化合物的浓度，如 NO_2、SO_2、NO、NO_3 和芳香族有机物苯、甲苯、二甲苯、甲醛等污染物的监测。如果收集颗粒物散射的光，DOAS 系统还可用于大气颗粒物浓度的测定。此外，基质隔离电子顺磁共振（MI-ESR）、激光诱导激光（LIF）、光腔内共振衰减吸（CRDS）、长程傅里叶变换红外光谱（FTIR）等也广泛用于外场观测[30]。

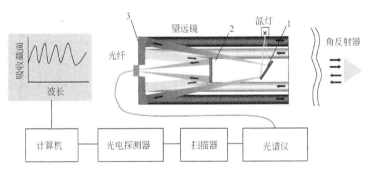

图 9-7　差分光学吸收光谱仪的示意图

　　在大气颗粒物的在线监测方面，最新发展的气溶胶质谱仪可实现大气颗粒物组分、粒径分布和浓度的在线适时测定，并已经用于非均相反应过程研究。图9-8是具有代表性的飞行时间气溶胶质谱仪（aerosol time of flight mass spectrometry，ATOFMS）的工作原理图[31]。其包括颗粒物样品采集与聚焦区、粒径测定区、飞行时间质谱测定区。大气颗粒物经过采样口，压力降低到 2.1 Torr，进入压力为 2.0×10^{-3} Torr 的气动力学透镜，依据颗粒物粒径不同其飞行速度不同而分开并准直，颗粒物依次通过两个小孔（skimmer），进入粒径测量区。第一束可见光激光与颗粒物作用后产生的散射光被光电倍增管检测后触发计时器，记录时

间为 t_0，颗粒物继续飞行到距离确定的第二束激光处，散射光被第二个光电倍增管检测后，记录时间 t_1。依据时间 Δt 和飞行距离 Δx 的关系计算出颗粒飞行的速度，而颗粒物的飞行速度与颗粒粒径相关，从而间接测定颗粒的粒径（测定时通常用已知粒径的气溶胶进行标定，作出 $D_P \sim \Delta t$ 曲线后，用内插法确定被测样品的粒径）。同时根据计算的飞行速度，确定颗粒物到达蒸发/离子化点的时间，而控制蒸发/离子化激光脉冲。颗粒物中的组分被蒸发、离子化后，进入反射式质谱的束源室。离子经过加速电场、反射电场最终到达微通道板检测器（MCP）。由于不同质荷比（m/z）的离子在电场中的飞行速度不同，从而到达检测器的时间不同，从而实现不同组分的分离和分析。利用飞行时间质谱可实现大气颗粒物的全自动连续监测，并可对单个颗粒的组分进行分析。一般完成一个颗粒的分析仅仅需要几十毫秒。由于其具有检测时间短，直接测定颗粒物样品中可蒸发的组分等优点，因此用于大气颗粒物表面非均相反应研究可以获得非均相反应过程中颗粒表面组成的动态变化信息。如前所述，气溶胶飞行时间质谱已用于流动管反应器和烟雾箱适时分析颗粒物组分的相关信息，并已发展成便携式气溶胶飞行时间质谱进行大气颗粒物浓度和组成的外场观测。Gard 等[32]利用气溶胶飞行时间质谱直接观测到了大气中 HNO_3 和 NaCl 颗粒之间的非均相反应过程。

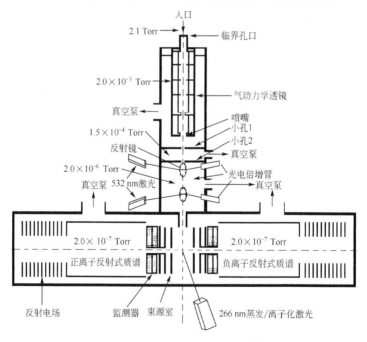

图 9-8　反射式气溶胶质谱仪示意图[31]

　　然而，影响大气污染物和颗粒物浓度测定的因素很多，如风向、风速、温度、相对湿度、颗粒物排放特性等，使得外场观测的重复性差。外场观测只能得到宏观的数据，而对微观的反应过程无法进行深入研究。此外，外场观测所需的设备非常复杂，价格昂贵从而限制了其在大气颗粒物表面非均相反应研究中的应用。

9.2.2 实验室研究方法

　　实验室研究是研究大气颗粒物表面非均相反应的最重要、最常用的手段。可在精确控制的条件下，通过直接测定参与反应气体的净损失率和颗粒物表面形成的产物，从而对大气颗粒物表面的非均相反应进行定量和定性的研究。大气颗粒物表面的非均相反应不仅涉及颗粒物本身的物理化学特性，而且与大气中痕量气体的浓度、共存组分、环境条件等密切相关。因此，要实现原位研究实际大气中颗粒物表面的多相化学反应非常困难。在实际研究中，往往采用单一成分的颗粒物模拟实际大气环境中颗粒物的某种成分与痕量气体之间的反应，或者采集大气颗粒物与痕量气体进行反应，研究其反应转化产物及其反应机理，从而推测实际大气中颗粒物表面的多相化学反应机理和对大气环境产生的影响。但将实验室研究的结论和数据简单地外推到真实大气环境中，往往也会存在不同程度的失实。

　　大气颗粒物表面非均相反应的实验室研究方法，借鉴了多相催化和化学工程等领域的重要成果。然而，多相催化反应研究中，催化剂通常处于固定、聚集状态。而真实大气条件下，颗粒物处于悬浮、分散状态，而且其浓度相对较低。因此，仅用现有的研究手段难以在原位条件下对大气颗粒物表面非均相反应过程进行研究。下面将介绍部分重要的实验研究手段。

　　目前用于大气非均相反应研究的主要手段包括：克努森池（Knudsen cell）、流动管反应器（flow tube reactor）、烟雾箱（aerosol chamber）、透射傅里叶变换红外光谱仪（FTIR）、原位漫反射傅里叶变换红外光谱仪（in situ DRIFTS）、气溶胶质谱仪（AMS）、下落液滴装置、鼓泡装置、液滴喷射装置等[8,33,34]。此外，用于超细颗粒表征的表面科学手段如电子探针微区分析（EPMA）也被用于大气颗粒物表面非均相反应的研究。上述方法可以从不同角度研究大气颗粒物表面非均相反应和催化反应过程。

9.2.2.1 克努森池

　　1973 年 Golden 等发明了克努森池，其属于低压流动反应器。其典型的结构见图 9-9[35,36]。克努森池由进样系统、反应器和检测器构成。反应器通常为不锈钢。其包括一个或多个独立的样品池。用于控制反应物气体加入的泄漏阀和反应物和产物气体逸散至检测器（质谱仪）的逸散孔。为了减少腔体的背景干扰，样品池表面衬有化学惰性的 Teflon 薄膜。每个样品池有一个可直线升降的不锈钢样品池盖，池盖和池体之间用 O 形圈密封。实验中，先将样品置于样品池中，对体系抽真空达到需要的真空度，关闭样品池盖，反应气体由泄漏阀泄漏至反应器，并达到实验需要的压力，并保持到检测器信号达到稳态。到达稳态后，打开样品池盖，反应物与样品接触反应，通过检测器信号的变化计算反应动力学常数。

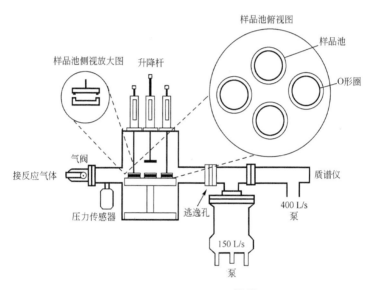

图 9-9　克努森池结构示意图[35,36]

利用该装置可以获得气 – 固和气 – 液多相化学反应、非均相化学反应和催化反应的动力学数据，也可在线研究吸附、脱附和催化反应的分步速率常数。在低压反应条件下，气体分子在反应池中的平均自由程大于反应池的几何尺寸，从而减少了体分气体分子之间相互碰撞的概率，从而排除了气相反应对非均相反应过程的影响，并消除了边界层效应使动力学数据处理得以简化。

逸散孔的面积（A_h）和反应池的体积（V）决定了逸散系数（escape coefficient，k_{esc}）的大小。为了获得快速的响应，通常需要获得较大的逸散系数。k_{esc} 可由式（9-1）计算得到：

$$k_{esc} = \frac{\bar{v} A_h}{4V} \tag{9-1}$$

式中，$\bar{v}$ 为气体分子平均运动速率，m/s；A_h 为逸散孔的面积，cm^2；V 为反应池的体积，cm^3。

　　然而，k_{esc} 通常由实验测定。测定时，通过改变反应气体流量，检测气体分子离子峰信号强度（I）随时间的变化。用 $\ln I$ 对时间 t 作图，其斜率等于 $-k_{esc}$。对于只有一个样品池的克努森池，反应池体积（V）较小（100 cm^3），因此可获得较大的 k_{esc}（5~10 s^{-1}），但是其一次只能测定一个样品。而有多个样品池的克努森池，一次可以测定多个不同的样品，但由于反应池体积（V）较大（1000 cm^3）而难以获得较合理的 k_{esc}。

　　气体在颗粒物样品上的摄取系数（uptake coefficient）γ 定义为

$$\gamma = \frac{r}{\omega} = \frac{-\mathrm{d}n/\mathrm{d}t}{\omega} \tag{9-2}$$

式中，γ 为气体在颗粒物样品上的摄取系数，表示气体在颗粒物表面发生非均相反应可能性的大小；r 为气体分子从气相中损失的速率；n 为气相中反应物的气体分子个数；ω 为气体分子与样品表面的碰撞频率。

　　在稳态下，假定样品池的几何面积等于气 - 固表面碰撞的面积。而进入检测器的气体流量正比于被测气体分子离子峰的强度，所以式（9-2）进一步转化为克努森池基本方程：

$$\gamma = \frac{A_h}{A_g}\left(\frac{I_0 - I}{I}\right) = \gamma_{obs} \tag{9-3}$$

式中，A_h 为逸散孔面积，cm^2；A_g 为样品池几何面积，cm^2；I_0 为没有颗粒物样品时，即盖上样品池盖子时，被测气体的分子离子峰强度；I 为有颗粒物样品时，即样品池盖子打开时，被测气体的分子离子峰强度；γ_{obs} 为表观摄取系数。

　　由于反应条件下，气体分子将扩散到粉末样品的内层。因此，要准确测定摄取系数，必须对上述公式进行校正。Keyser 等通过测定粉末样品的直径（d）、表面积（S_{BET}）、真实密度（ρ_t）、体密度（ρ_b）、孔隙率（θ^b）、外部高度（h_e^c）、样品高度（h_t^d）等，建立了 KML 模型以获得真实摄取系数 γ_t：

$$\gamma_{obs} = \gamma_t\left(\frac{S_e - \eta S_i}{A_s}\right) = \gamma_t \rho_b S_{BET}(h_e + \eta h_i) \tag{9-4}$$

式中，S_e 为样品的外部表面积，cm^2；S_i 为样品的内部表面积，cm^2；η 为有效系数，即内部表面积对测量值的贡献率；h_e 为第一层样品的高度，cm；h_i 为内层样品的总高度，cm。

　　对于固定的样品池，其面积固定不变。增加颗粒物样品的质量时，增加了样品的厚度 h_i。用表观摄取系数 γ_{obs} 对样品质量 m 作图，样品用量很少时，摄取系数 γ_{obs} 随样品质量线性增加；当样品质量增加到一定程度时，由于超过了气体分子的扩散深度，因此出现平台（大多数实验都是在这种情况下进行的）。因此，利用作图的方法可将上述公式简化为 LMD 模型：

$$\gamma_t = \frac{A_h}{A_{BET}}\left[\frac{I_0 - I}{I}\right] = \frac{A_s}{A_{BET}}\gamma_{obs} \tag{9-5}$$

当表观摄取系数与样品质量线性相关时，

$$\gamma_t = Slope\frac{A_s}{S_{BET}} \tag{9-6}$$

式中，S_{BET} 为样品的 BET 比表面积，cm^2/mg；Slope 为 $\gamma_{obs} - m$ 曲线的斜率，mg^{-1}。

假设颗粒物表面发生的反应为一级反应，那么对于非均相反应的摄取系数和一级反应速率常数的关系为[5]

$$k = \frac{\upsilon\gamma_t SA}{4} \tag{9-7}$$

式中，k 为一级反应动力学常数；υ 为气体分子运动平均速度；SA 为大气环境中颗粒物浓度，m^2/m^3。

克努森池适合于低压条件下研究气体在颗粒物上的动力学过程。实验中，反应物的浓度可在接近大气浓度条件下进行，而且可以最大限度地减少反应器表面对反应的影响。因此，用克努森池获得的动力学数据为模式研究所认可，已被广泛用于 SO_2、NO_x、O_3 等气体组分在大气颗粒物表面的非均相反应研究，相关内容详见本章第 4 节。

9.2.2.2　流动管反应器

流动管反应器的结构如图 9-10 所示[20,37~39]。包括颗粒物（气溶胶）发生系统、反应气体注入系统、分析测试系统三大部分。颗粒物由气溶胶发生系统产生，经过干燥、稀释后进入混合池与反应气体混合。混合均匀的颗粒物/气体，进入流动管接触反应。流量一定时，在不同取样口取样，进行颗粒物粒径、组成以及气相化合物的分析，而获非均相反应的动力学数据。测定仪器包括表征颗粒物粒径、组成和气相组成的仪器，以及温度、湿度控制测定仪器。其中表征颗粒物粒径和浓度的仪器通常包括扫描电迁移率颗粒物粒径谱仪（scanning mobility particle sizers，SMPS）和气溶胶质谱。气相组成常用 GC/MS 测定。

另一种用于研究液体颗粒和气体反应的流动管反应器见图 9-11[40,41]。颗粒物通过溶液雾化产生，通过约 1 m 长的可移动导管加入流动管反应器。调节导管位置可改变反应气体和颗粒物的接触时间。反应后的颗粒物进入加热管，气化后用四极杆质谱测定颗粒物的组成随接触时间的变化，而获得反应动力学的信息。该系统也可用于颗粒物对气体的摄取系数测定。例如，油酸颗粒对臭氧的摄取系数 γ 可用式（9-8）计算：

$$\gamma = \frac{4HRT}{\bar{v}}\sqrt{Dk_2}\sqrt{[\text{Oleic}]} \tag{9-8}$$

式中，H 为气体对液体颗粒物的亨利常数，mol/（L·atm）；R 为摩尔气体常量，[0.082 057 L·atm/（mol·K）]；T 为热力学温度，K；$\bar{v}$ 为油酸气体分子平均运动速度，m/s；D 为气体在液体颗粒中的扩散系数，cm^2/s；k_2 为气体和颗粒物反应的二级反应速率常数，[mol/（L·s）]；[Oleic] 为油酸浓度，mol/L。

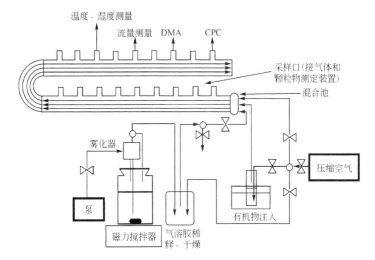

图 9-10 流动管反应器示意图[20,37~39]

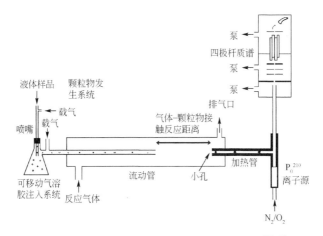

图 9-11 用于研究液体颗粒与气体反应的流动管反应器[40,41]

一般地，流动管进行动力学实验主要是通过改变反应区域长度（l）从而改变反应时间（t）：$t = l/v$（v 为气流速度）。利用质谱仪作为气相物种的检测器时，在不同反应时间下，通过检测质谱峰的强度得到反应物浓度（c）随反应时间的变化，计算得反应速率常数 k：

$$k = -\frac{\mathrm{d}\ln c}{\mathrm{d}t} \tag{9-9}$$

实验中流动管内发生的动力学过程包括气相反应物由中心向内管壁的扩散过程和非均相反应过程。当扩散过程相对于非均相反应过程很快时，扩散过程可以忽略不计，由流动管实验得到的反应速率常数即可认为是非均相反应的速率常数；而当两者相差不多时，则需要考虑扩散过程的影响，则

$$\frac{1}{k} = \frac{1}{k_h} + \frac{1}{k_d} \tag{9-10}$$

式中，

$$k_d = K^d(q)\frac{D}{R^2} = K^d(q)\frac{D_0}{R^2 p} \tag{9-11}$$

式中，$K^d(q)$ 为流动管反应装置尺寸决定的一个无量纲参数；R 为内管的内半径，cm；D 为反应气在载气中的扩散系数，cm^2/s；k 为表观速率常数，s^{-1}；k_h 为非均相反应速率常数，s^{-1}；k_d 为气 - 固界面扩散速率常数，s^{-1}；D_0 为单位压力（1 Torr）下反应气在载气中的扩散系数，Torr· cm^2/s；p 为反应气体的分压，Torr。

整理得

$$\frac{1}{k} = \frac{1}{k_h} + \alpha P \tag{9-12}$$

式中，$\alpha = R^2/K^d(q)D_0$ 是由反应物和实验条件决定的常数。通过改变流动管内压力（1 ~ 10 Torr）可得到一系列 k 值，压力 p 对 $1/k$ 作图可由截距得到 $1/k_h$，即得到所需非均相反应速率常数[42~44]。

流动管反应器中颗粒物处于悬浮状态，可以方便地获得反应动力学数据。但是，反应器的壁效应对表面颗粒物本身的损失和反应气体的消耗都具有不可忽略的影响。对于某些瞬间失去活性的反应体系该系统显得无能为力。

9.2.2.3　烟雾箱

烟雾箱，又称气溶胶箱（aerosol chamber）是模拟大气环境中颗粒物表面非均相反应和二次气溶胶生成反应的重要手段。反应器通常由一定容积的惰性材料如 Teflon 薄膜袋和铝合金（或不锈钢）支撑构成，也可以用玻璃，不锈钢等材料。其容积从几升到几百立方米不等。由于反应体系反应时间长（通常为 10 h以上），壁效应是烟雾箱面临的重要问题。为了减少颗粒物在反应器壁的损失，

反应器容积不宜过小。当反应器面积与容积之比（A/V）小于 2 m^{-1} 时，器壁损失较小[45]。与流动管反应器一样，烟雾箱还包括气溶胶发生系统、反应气体发生系统、分析测试系统、温度、光照、湿度控制系统。图 9-12 为 PSI（paul scherrer institute）的烟雾箱实物图。典型的烟雾箱内部结构见图 9-13[46]。烟雾箱中配备的主要仪器及其用途见表 9-9[45]。由此可知，烟雾箱可以模拟复杂的大气环境，但是其结构复杂、所需仪器较多、价格贵、运行成本高。国外比较著名的烟雾箱如美国北卡罗来纳大学的 UNC 烟雾箱和西班牙的 EUPHORE 烟雾箱等，在大气光化学反应机理和动力学研究方面，取得了一系列重要的成果。国内清华大学工程力学系最近建立了一个 29 m^3 的大型烟雾箱[47]。其他单位如清华大学环境科学与工程系[48]，中国科学院化学研究所、大气物理研究所以及复旦大学等也有一些中小型的烟雾箱。

图 9-12　PSI 烟雾箱外观和内部结构图

表 9-9　烟雾箱常用的主要仪器[45]

仪器名称	监测对象
相对湿度传感器	相对湿度
热电偶	箱内温度
压力传感器	环境压力
CO 测定仪	CO 浓度
O_3 分析仪	O_3 浓度
NO_x 分析仪	NO_x 浓度
气相色谱仪	气相有机物种浓度
气相色谱 – 质谱联用仪	
傅里叶变换红外光谱仪	气相有机化合物浓度、结构
紫外可见光分光光度计	
气溶胶质谱仪	颗粒物相化合物浓度
扫描电迁移粒径谱仪	颗粒物粒径、质量浓度
颗粒计数器	颗粒物数量浓度
湿式蚀容器/过滤器	颗粒物组分的离线分析

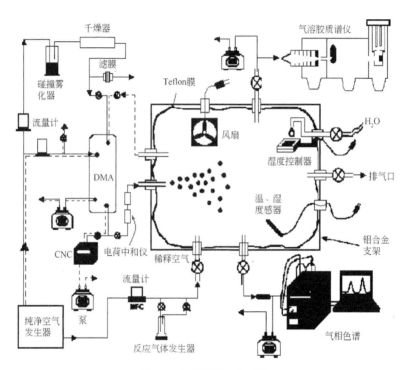

圖 9-13　煙霧箱結構示意圖[43]

9.2.2.4　紅外光譜儀

　　紅外光譜也是大氣非均相反應研究中常用的手段。有關內容參見第 2 章。上述紅外光譜方法都可在原位條件下研究顆粒物表面非均相反應過程，既可以獲得反應產物的結構信息，還可獲得反應中間體的直接證據。雖然，紅外光譜的定量分析能力相對較弱限制其在反應動力學研究方面的應用，但是利用離子色譜對紅外光譜特定表面物種的光譜強度進行校正後，也可用於大氣非均相反應過程的反應攝取系數的測定[49,50]。即

$$\gamma_{rxn} = \frac{dc_p/dt}{\omega} \tag{9-13}$$

式中，γ_{rxn} 為反應攝取系數；c_p 為表面產物濃度，mol/g；ω 為氣–固（液）界面碰撞頻率。

$$\omega = \frac{\bar{v}A_s c}{4} \tag{9-14}$$

式中，A_s 为气 – 固（液）界面反应面积，m^2；c 为反应物气体分子浓度。

此外，将红外光谱方法与其他动力学研究方法结合，如漫反射红外池与克努森池结合，利用二者的互补优势将是一种非常有效的研究方法。Barone 等[51] 将克努森池和傅里叶变换反射吸收红外光（FTIR-RAS）谱结合，实现了反应动力学和反应机理的同时研究。并用该装置研究了 $ClONO_2$ 在平流层云（PSC）表面的水解反应，既检测到了表面 HNO_3 物种，又测定了摄取系数。其结构见图 9-14。反应器由两段不锈钢腔体构成，两个腔体之间利用蝶形阀（butterfly valve）连接，代替常规克努森池的样品盖。其中，置于上段腔体中的圆形金属基片（Al 或 Au）负载颗粒物样品。平行于基片的平面偏振光以 84°掠射角（grazing angle）入射到样品上，从样品反射的光束经椭圆镜收集，聚焦后被 MCT 检测器检测。开启蝶形阀，利用质谱和红外光谱可同时检测气相物种和表面物种的变化。

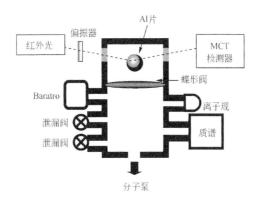

图 9-14 克努森池 – 傅里叶变换红外反射吸收光谱装置[51]

9.2.3 模式研究方法

模式研究是大气化学研究的一个新的前沿领域。通过建立数学模型，利用实验室研究和外场观测获得的参数，并考虑复杂气象条件下，在宏观尺度上研究大气化学反应（包括均相反应和非均相反应）对污染物的全球分布、演变规律以及全球气候的影响进行模拟。

目前可用于大气非均相反应研究的模式主要包括：盒子模式（box model）、塔模式（column model）、二维或三维区域和全球模式（two – or three – dimensional regional and global models）[52]。在所有的模式中，反应速率常数或摄取系数是至关重要的参数。

为了计算大气颗粒物表面的非均相过程，需要给出颗粒物的谱分布，通常用对数谱分布进行计算[49,52]。

$$\frac{\mathrm{d}N}{\mathrm{d}\mathrm{lg}r} = \frac{n}{\sqrt{2\pi}\mathrm{lg}\sigma}\exp\left[\frac{-\left(\mathrm{lg}\dfrac{r}{\bar{r}}\right)^2}{2(\mathrm{lg}\sigma)^2}\right] \tag{9-15}$$

式中，r 为颗粒物半径，m；N 为 $\mathrm{lg}r \sim (\mathrm{lg}r + \mathrm{d}\mathrm{lg}r)$ 粒径段间的颗粒数浓度，个/m³；n 为颗粒物的数浓度，个/m³；σ 为颗粒物半径的标准偏差；$\bar{r}$ 为中值半径，m。

假设颗粒物表面的非均相反应过程对气相物种 j 的去除符合准一级反应反应，速率常数 k_j 为[53~55]

$$k_j = \int_{r_1}^{r_2} k_{d,j}(r)n(r)\mathrm{d}r \tag{9-16}$$

式中，$n(r)\mathrm{d}(r)$ 为颗粒粒径在 $r \sim (r+\mathrm{d}r)$ 之间的数浓度，个/m³；$k_{d,j}(r)$ 为粒径为 r 的颗粒物的扩散系数，m³/s。

$k_{d,j}$ 与颗粒粒径、摄取系数、状态如湿度及扩散气体的特性有关。根据 Maxwell 扩散方程有

$$k_{d,j} = \frac{4\pi r D_j V}{1 + K_n[\lambda + 4(1-\alpha)/3\alpha]} \tag{9-17}$$

式中，V 为通风系数（ventilation coefficient），常常接近 1；D_j 为气体分子 j 的扩散系数，m²/s；K_n 为克努森数（Knudsen number），$K_n = \dfrac{\lambda}{r}$；λ 为空气中气体分子的有效平均自由程，m；α 为摄取系数（mass accommodation coefficient，uptake coefficient 或 sticking coefficient）。

D_j 和 λ 分别由式（9-18）和（9-19）求得

$$D_j = \frac{2}{3\pi^{3/2}}\cdot\frac{1}{Nd_m^2}\left[\frac{RT}{M}\right]^{1/2} \tag{9-18}$$

$$\lambda = \frac{\dfrac{4}{3}K_n + 0.71}{K_n} + 1 \tag{9-19}$$

式中，M 为相对分子质量；R 为摩尔气体常量；T 为热力学温度，K；d_m 为空气分子的平均半径，m。

大气非均相反应的一级反应速率常数也可直接由摄取系数，按式（9-7）计算得到[5,56]。将这些参数带入模式中，从而可获得考虑非均相反应过程和不考虑非均相反应过程时，所关注物种的大气化学演变规律。

由此可知，外场观测、实验室研究和模式研究是相互关联的。三者既是非均相大气化学的密不可分的研究手段，也是非均相大气化学的重要研究领域。其中，外场观测和实验室研究为模式研究提供了必需的参数，而模式研究在区域甚

至全球的层次上对实验室研究和外场观测的结果进行模拟，从而评估其重要性。

9.3　大气层中的非均相光催化

9.3.1　土壤表面的非均相光催化

表层土壤是大气层的重要环境界面之一。土壤是由固、液、气相物质组成的疏松多孔体系。土壤固相主要由土壤矿物质和土壤有机物组成。土壤不仅在自身的三相之间存在物质和能量的交换，其还与大气圈、水圈、生物圈进行着物质和能量的交换。因此，其中进行的非均相过程对污染物的迁移转化具有重要影响。虽然土壤中的微生物对有机污染物的降解是有机污染物在土壤中的主要降解途径，但是土壤中的 Fe、Cu 等金属离子和矿质氧化物以及氨基酸也能促进一些污染物的水解和氧化还原过程。其中，在土壤矿物质尤其是 Fe_2O_3、TiO_2 和 ZnO 等半导体材料表面，污染物在太阳光照射下可在矿质氧化物表面发生各种非均相光化学反应[3]。

土壤表面的光化学反应包括光解和光催化降解过程。光解分为直接光解和间接光解。直接光解是指吸附在土壤颗粒上的有机污染物，吸收特定波长的光子而引发化学键断裂或结构重排。吸附在土壤表面的化合物的吸收光谱和量子产率与水溶液中的化合物是不同的。土壤表面的吸附作用将引起有机物的吸收光谱发生红移，从而增加太阳光直接光解和光催化降解的可能性[3]。例如，没有发色团的狄氏剂在土壤表面吸附后，可被 300 nm 以上的光激发而降解。间接光解指首先由另一个化合物吸收光子而诱导的光化学反应，即光敏化反应。间接光解主要包括能量转移、电子转移、自由基氧化过程[57]。例如，土壤中的腐殖质可使自身对可见光没有吸收的污染物在可见光照射下可以发生光解反应，即具有较强的光敏化作用。光催化降解是指土壤中一些具有催化作用的物质（半导体矿质氧化物）在光照下，电子从价带跃迁至导带，在导带上产生带负电的高活性电子（e）并在价带上留下带正电荷的空穴（h），从而直接氧化还原吸附在土壤表面的污染物或者经过 O_2 和 H_2O 转化为活性氧和 OH 自由基，从而间接氧化还原污染物的过程。

实验中，通常将一定厚度（0.25～2 mm）的土壤薄层置于光源下照射，通过测定土壤中化合物的总量随时间的减少，从而测定化合物的光降解速率常数。然而，利用这种方法测定的速率常数与土壤样品的厚度、光的穿透深度和波长、土壤类型以及化合物的传质和吸收光谱等都有关[58]。目前，国内外仅有少量研究报道了农药在土壤表面的光化学降解过程。本节将对土壤表面的光催化过程的研究进展进行简要介绍。

　　DDT ［2，2-bis（4-chlorophenyl）-1，1，1-trichloroethane］ 是 12 种持久性有机物污染物（persistent organic pollutants，POPs）之一。尽管很多国家都已禁止使用，但在全球范围内的土壤和沉积物中仍然能检测出 DDT。环境中，光化学降解是 DDT 的主要降解途径。DDT 可在太阳光照射下降解为 DDE 和 DDD[59]。p，p' – DDT 在土壤表面也可发生光催化反应，其反应途径见图 9-15[60]。

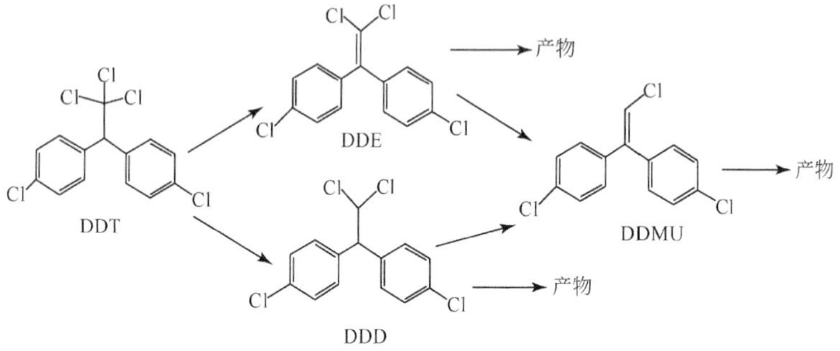

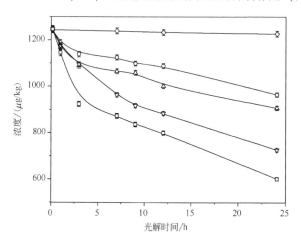

图 9-15　紫外光照射下 p，p' – DDT 在土壤表面的光催化降解途径[60]

　　研究发现，p，p' – DDT 在天然土壤表面的光催化降解，为准一级反应，其半衰期为 23.3 h。当添加少量 TiO₂ 时，光催化反应速率显著提高。而加入 2% 的腐殖质（humic substances，HS）对光催化反应有明显的抑制作用（图 9-16）。

图 9-16　腐殖质和 TiO₂ 对 p，p'-DDT 在土壤表面光催化反应的影响[60]
◇—无光对照实验；○—2% HS；△—2% HS + 1% TiO₂；▽—天然土壤；□—1% TiO₂

　　γ-HCH（γ-hexachlorocyclohexane）在不同有机碳和铁含量的土壤样品上的光

催化降解也符合准一级动力学方程[3,61]。当土壤中有机质含量不变时，土壤中 Fe_2O_3 含量从 0.40% 增加到 5.40% 时，γ-HCH 的光降解速率常数由 0.0052h^{-1} 增加到 0.0340 h^{-1}[62]。由此可知，天然土壤中 Fe_2O_3 对 γ-HCH 具有明显的光催化降解作用。当土壤中 Fe 含量保持不变时，γ-HCH 的光降解速率随有机质含量的增加而降低。去除有机质后的土壤样品是原土壤样品对 γ-HCH 的光催化降解速率的 1.8 倍[63]。这是因为土壤颗粒的表面结构中被有机质覆盖或包裹的位点正是 γ-HCH 光催化降解的活性位点。太阳光照射下，γ-HCH 可在干燥土壤表面光解生成 γ-PCCH（γ-2，3，4，5，6-pentachlorolcyclohex-1-ene），而在含水量较高的土壤表面有 γ-TCCH（γ-3，4，5，6-tetrachlorocyclohex-1-ene）生成。然而，在真实土壤样品上，与蒸发量相比，γ-HCH 的光催化降解矿化的量非常少，甚至可以忽略不计。这是因为在真实土壤上，具有催化活性的位点被共存组分包裹覆盖，而活性降低[62]。

农药在土壤表面的光解反应除了受土壤矿物组成和腐殖质含量的影响以外，还受土壤粒径、含水量、酸碱度和共存有机物的影响[4,57]。例如，研究发现阿特拉津（atrazine）在粒度较小的土壤中光解速率和光解深度都大于大粒径的土壤。水的存在有利于阿特拉津和光解产物在土壤溶液和颗粒界面之间的传质，从而促进光解过程。在酸性和碱性条件下阿特拉津的光解速率都大于中性条件。此外，其他共存有机物如表面活性剂（十二烷基苯磺酸钠，DDS），由于溶解效应可增加阿特拉津在土壤颗粒表面的光解速率[64]。其他农药，如苯嗪草、甲基对硫磷、氟乐灵、毒死蜱、除虫菊酯溴乙酰胺、双氟磺草胺等农药都可在土壤表面发生光解反应[4,65]。例如，双氟磺草胺（florasulam）可在土壤表面发生图 9-17 所示的光解反应过程[65]。纯双氟磺草胺光解量子产率为 0.096，而在土壤表面直接和间接光解量子产率为 0.245。说明土壤矿物质及其有机物对其光解具有明显的催化或敏化作用。

值得注意的是，除了可作为光敏剂促进污染物在矿质颗粒物表面的光催化反应以外，土壤中的腐殖质本身也是某些光化学反应过程的反应物。例如，Stemmeler 等[66]利用流动管反应器研究发现，NO_2 可在腐殖质表面发生光化学反应生成 HONO，从而成为对流层 HONO 的重要来源。如图 9-18a 所示，在 400～700 nm 的光照下，20 ppb 的 NO_2 通入表面涂覆腐殖质的反应管，观察到了 NO_2 消耗和 HONO 的生成非常明显。当腐殖质的量固定为 1 mg 时，随着 NO_2 浓度的增加，生成的 HONO 最终达到平台，说明腐殖质表面的反应位点可能被饱和。其可能的反应途径见式（9-20）~（9-22）。在有机质含量 2.3% 的真实土壤样品上，也观察到了类似的现象。

$$HA \xrightarrow{h\upsilon} A^{red} + X \qquad (9\text{-}20)$$

$$A^{red} + X \longrightarrow A' \tag{9-21}$$

$$A^{red} + NO_2 \longrightarrow A'' + HNO_2 \tag{9-22}$$

式中，HA 表示腐殖质；A^{red} 表示还原态物种；X 为氧化态物种。

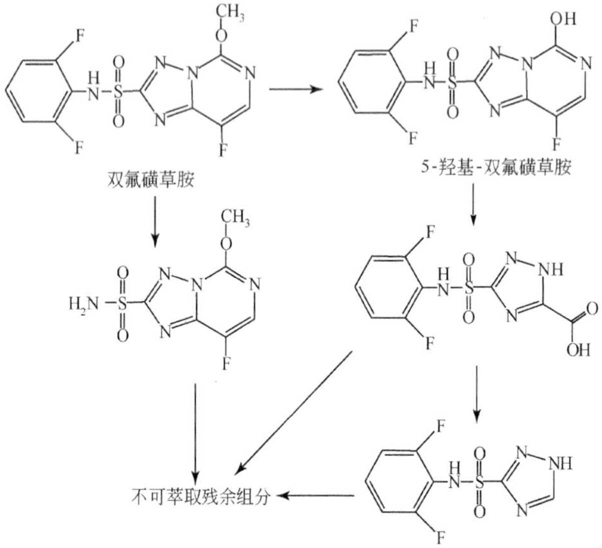

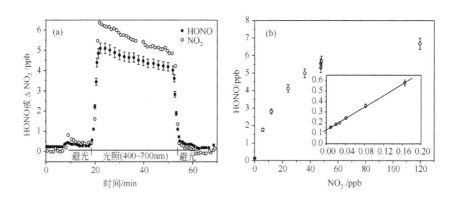

图 9-17　双氟磺草胺在太阳光照射下在土壤表面的光解途径[65]

图 9-18　20 ppb NO_2 在腐殖质表面的光化学反应[66]

(a)　"○" 表示实验中消耗的 NO_2 的浓度；"●" 为生成的 HONO 的浓度；(b) 为 HONO 的

生成与 NO_2 浓度的关系

9.3.2 大气颗粒物表面的非均相光催化

低对流层中存在的大量悬浮颗粒，可提供比地球陆地表面积大 10 倍的非均相反应界面。与土壤类似，大气颗粒物中的矿质氧化物有很多属于典型的半导体材料，如 Fe_2O_3、TiO_2、ZnO 等。这些氧化物的禁带宽度为 $2 \sim 3$ eV，而正好处于太阳光谱的范围[67]。因此，在光照条件下，当有电子受体分子氧存在时，其在半导体材料表面可形成 O^- 或 O^{2-}，从而氧化吸附在颗粒物表面的物种。与土壤表面不同的是，受光辐射穿透深度限制的土壤光化学过程只能发生在表层 0.2 mm 以上[3,58]，而大气颗粒物由于其粒径为微米级并处于分散状态，从而使大气颗粒物表面的光催化反应不受光辐射的穿透深度的限制。虽然目前对大气非均相光化学过程的研究还非常少，但是最新研究发现，某些物种在大气颗粒物表面的光催化反应是其一个重要的汇。

大气颗粒物表面的非均相光化学过程对某一气相组分（X）的汇为[68]

$$-\frac{d[X]}{dt} = k(\lambda) \cdot S \cdot P_X \tag{9-23}$$

式中，$k(\lambda)$ 为在波长为 λ 处物质 X 在颗粒物表面的非均相光化学反应的速率常数；S 为颗粒物的比表面积；P_X 为气体组分 X 碰撞到颗粒物表面的通量，其与气体组分的浓度（C_X）、气体组分在颗粒物表面的光吸收概率 $[\gamma (I,\lambda)]$ 和气体分子的扩散系数（D_X）有关，即

$$P_X = f(C_X, \gamma(I,\lambda), D_X) \tag{9-24}$$

由式（9-26）和（9-27）可知，由于需要测定的变量较多，而要测定颗粒物表面的非均相光化学过程对气态组分汇的影响是非常困难的。因此，国内外在该领域的研究还非常有限。

Isidorov 等[68]报道了卤代烃和单萜等 VOCs 在 TiO_2、ZnO、Fe_2O_3、砂子、火山灰、$CaCO_3$、海盐等颗粒物表面的非均相光降解过程。研究发现，即使无光照，CCl_4 等卤代烃也可在 ZnO 和 TiO_2 表面发生吸附和分解反应。而在 300 nm 以上的光照下，其分解速率显著增加。CO_2 是唯一的气相产物。然而，由于 ZnO 和 TiO_2 表面很容易被分解产物 Cl^- 和碳酸盐覆盖，使得卤代烃在 ZnO 和 TiO_2 表面的非均相光化学反应仅能持续 $1.5 \sim 2$ h。但是，Cl^- 和碳酸盐不会在 Fe_2O_3、沙尘、火山灰和 $CaCO_3$ 表面积累，从而其非均相光催化反应可持续进行。异戊二烯（isoprene）和萜类（terpene）化合物在颗粒物表面的非均相光化学反应非常显著。例如，在 ZnO 表面，波长大于 300 nm 的光照下，异戊二烯的量子产率为 0.1，并只有 CO_2 为唯一的气相产物。而在可见光照射下，除了主要产物 CO_2 以外，还有少量甲醛、乙醛、α-甲基丙烯醛（α-methylacrolein）、甲基乙烯基酮

（methyl vinyl ketone）、2-丁酮（butanone-2）、3-甲基-2-丁酮（3-methylbu-tanone）、3-甲基丁烯-2-酮（3-methylbuten-2-one）、3-甲基呋喃（3-methylfu-ran）。

此外，芳烃也可在矿质颗粒物表面发生非均相光化学反应，但其反应活性低于异戊二烯和萜类化合物。研究发现，非均相光化学反应活性与芳烃的结构相关，随着取代基团数量的增加，反应活性也增加。甲苯在真实大气颗粒物表面的非均相光化学氧化的活性至少是其与 OH 自由基反应活性的两倍以上。CO_2 仍然是芳烃在颗粒物表面的非均相光化学反应的主要产物，但是在 2~3 h 的光照时间内，CO_2 的产率低于理论产率的 10%，经热脱附发现，其表面还有大量酚、甲酚以及其他部分氧化产物。卤代烃和芳烃的非均相光化学反应速率见表 9-10 ~ 表 9-12[68]。由表可知，这些化合物在矿质颗粒物表面的非均相光化学反应是其一个重要的汇，其中萜类化合物和芳烃的非均相光化学反应速率高于均相反应的速率。

表 9-10   卤代烃在各种颗粒物表面的非均相光化学降解[68]

颗粒物	样品质量/g	光照时间/h	卤代烃	$k \times 10^6/s^{-1}$
ZnO	3.7	240	CCl_4	26
ZnO	3.6	240	CCl_4	29
ZnO	6.5	300	$C_2F_4Br_2$	16
Fe_2O_3	1.6	540	CCl_4	6.0
火山灰	13.1	1080	CCl_4	1.5
$CaCO_3$	5.0	600	CCl_4	2.0
砂子	1.0	240	CCl_4	10.0
砂子	6.9	240	$CHCl_3$	6.0
砂子	1.0	360	$CFCl_3$	4.4
砂子	10	960	CF_2Cl_2	1.3
砂子	5.0	510	$C_2F_3Cl_3$	4.4
砂子	5.0	360	CH_3CCl_3	15.0

表 9-11   萜类化合物在各种颗粒物表面的非均相光化学降解[68]

化合物	催化剂	光照时间/min	CO_2 产率/%	$k \times 10^4/s^{-1}$	$k'[OH] \times 10^4/s^{-1}$
异戊二烯	ZnO	45	—	20	0.39
	TiO_2	30	—	20	
	砂子	1000	—	1.1	
	火山灰	810	—	0.1	
	$CaCO_3$	920	—	0.2	
	海盐	700	—	0.2	
	烟炱	560	—	0.5	

续表

化合物	催化剂	光照时间/min	CO_2 产率/%	$k \times 10^4/s^{-1}$	k' [OH] $\times 10^4/s^{-1}$
α-蒎烯	ZnO	480	12.0	3.0	0.30
	TiO_2	480	–	4.0	
	砂子	2530	3.0	0.2	
	$CaCO_3$	560	2.0	0.2	
β-蒎烯	ZnO	120	7.5	3.7	0.39
柠檬烯	ZnO	120	30.0	8.0	—
	砂子	2330	3.8	0.06	
月桂烯	ZnO	240	30.0	1.5	0.95
	TiO_2	60	1.0	4.0	
	$CaCO_3$	140	3.0	3.0	
	砂子	1020	4.0	0.5	
	火山灰	1850	0.8	0.2	
γ-松油烯	ZnO	40	7.0	1.2	1.00
	TiO_2	45	10.0	1.0	
	$CaCO_3$	100	4.6	2.2	
	砂子	300	0.9	0.05	
β-水芹烯	ZnO	400	13.0	5.0	0.70
香桧烯	ZnO	265	12.0	4.0	—

注：k 为非均相光化学反应速率常数；k' 为与 OH 自由基均相反应的速率常数；[OH] $= 5 \times 10^5$ cm^{-3}。

表9-12 芳烃在各种颗粒物表面的非均相光化学降解[68]

芳烃	颗粒物	$k \times 10^5/s^{-1}$	$k' \times 10^5$
苯	TiO_2	2.4 ± 0.5	0.06
苯	ZnO	6.1 ± 0.7	
甲苯	TiO_2	—	0.29
甲苯	ZnO	6.7 ± 1.9	
甲苯	$CaCO_3$		
甲苯	火山灰	2.1 ± 0.3	
甲苯	海盐	1.4 ± 0.4	
甲苯	Fe_2O_3	1.4 ± 0.4	
甲苯	砂子	2.1 ± 0.3	
乙苯	TiO_2	—	0.39
异丙苯	TiO_2	—	0.39

续表

芳烃	颗粒物	$k \times 10^5/\text{s}^{-1}$	$k' \times 10^5$
邻二甲苯	TiO_2	—	0.77
1，3，5-三甲苯	TiO_2	–	1.32

注：k 为非均相光化学反应速率常数；k' 为与 OH 自由基均相反应的速率常数；$[OH] = 5 \times 10^5 \text{ cm}^{-3}$。

Idriss 等[67,69]报道了乙醇和甲基叔丁基醚（MTBE）在 TiO_2、Fe_2O_3 和飞灰表面的光催化反应。研究发现，乙醇和 MTBE 在这些颗粒物表面的光催化反应速率与它们和 OH 自由基的均相氧化速率相当。在污染大气条件下，MTBE 在飞灰表面的光催化反应可生成甲醛，通过与单一氧化物的光催化降解活性对比，认为飞灰中 Ti 和 Fe 的氧化物是光催化反应的活性组分[67]。其可能的反应途径为

$$CH_3CH_2OH \longrightarrow CH_3CHO + H_2 \qquad (9\text{-}25)$$

$$(CH_3)_3COCH_3 \longrightarrow (CH_3)_2C = CH_2 + HCHO + H_2 \qquad (9\text{-}26)$$

$$(CH_3)_3COCHO \longrightarrow (CH_3)_3COH + CO/CO_2/H_2 \qquad (9\text{-}27)$$

虽然很多国家已经禁止使用阿特拉津，但是其在各种环境介质中仍然广泛存在。例如，阿特拉津在水体中的浓度大约为 100 ng/L ~ 1 µg/L。由于蒸发和大气传输过程，其在大气环境中也是广泛存在的，在雨水和雾中的浓度可达 70 µg/L。阿特拉津除了在土壤界面发生光化学降解以外，也可在颗粒物表面发生光化学降解[70]。在 TiO_2、ZnO、Fe_2O_3、ZnS、$FeTiO_3$、$SrTiO_3$ 和砂子表面，阿特拉津都具有一定的光降解活性，而烟炱、飞灰、降尘和火山灰表面的光降解速率和纯阿特拉津的光解速率相当。其光催化降解速率常数和降解途径见图 9-19 和图 9-20[70]。

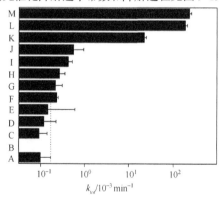

图 9-19　阿特拉津在各种颗粒物表面的光降解速率常数[70]。

A ~ M 分别为直接光解，飞灰、火山灰、沙尘（arizona test dust）、烟炱、砂子（niger sand）、钛铁矿（$FeTiO_3$）、赤铁矿（Fe_2O_3）、ZnS、$SrTiO_3$（tausonite）、ZnO、锐钛矿（TiO_2）和 TiO_2

（P25）上的降解速率

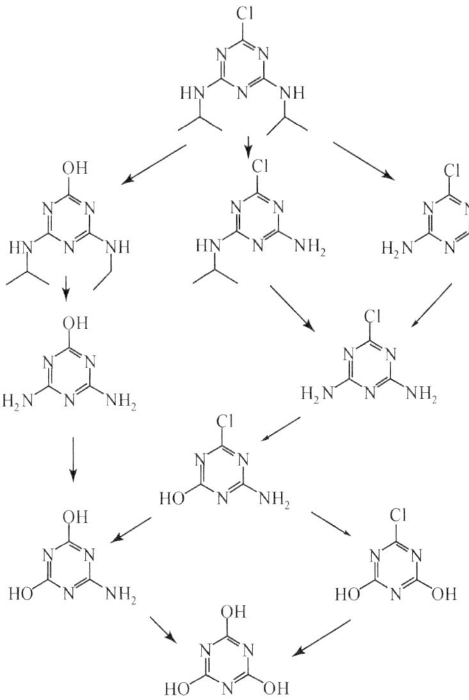

图 9-20 阿特拉津在 TiO$_2$ 表面的光催化降解途径[70]

对比 7 种人工合成的矿质氧化物（TiO$_2$、Fe$_2$O$_3$、ZnO、ZnS、FeTiO$_3$、SrTiO$_3$）和 5 种大气环境中存在的颗粒物（砂土、煤烟、灰尘、飞灰、火山灰）对阿特拉津的光催化降解，发现阿特拉津在 TiO$_2$、ZnO 上迅速分解，在 SrTiO$_3$、ZnS 和铁的氧化物上其降解较慢，但仍比没有颗粒物存在时的直接光解要快。Niger 砂胶体上阿特拉津的降解比直接光解快 40%，煤烟粒子、灰尘、飞灰和火山灰上阿特拉津的降解很慢，降解率在直接光解的实验误差范围内[70]。

由于半导体金属氧化物是具有光催化活性的相，在实际环境样品中金属的量，特别 Ti、Zn 和 Fe 的量，似乎决定着他们的光催化活性。通过 XRF 分析发现每种样品中 Ti 和 Zn 的含量都低于 1%，如此低的含量不足以导致持久性有机污染物如阿特拉津的显著光催化降解。火山灰中 Ti 的含量相对较高，但阿特拉津在火山灰上的光催化降解速率低于大多数其他大气颗粒物上的降解速率。

分析阿特拉津在真实大气颗粒物特别是飞灰和火山灰上的降解比直接光解慢的原因，首先，通过入射光短程照射，排除光散射对光催化降解的影响。研究发现，反应过程中吸附平衡的改变导致阿特拉津在飞灰上的释放，这会阻碍阿特拉津降解；其次，污染物在粒子上光不能透射到的小孔中的迁移和物理吸附，会阻碍光解作用或光催化降解。

为了模拟自然环境，对阿特拉津的非缓冲体系进行了研究。阿特拉津的直接光解作用和光催化降解在非缓冲溶液（pH = 4.1 ~ 9.7）中的速率大于缓冲溶液（pH = 7.6）。这可能是由于缓冲溶液中的物质与阿特拉津在大气颗粒物的吸附点位上发生竞争，造成活性点位的阻塞，从而使降解受到阻碍。此外，由于 pH 决定催化剂表面电荷，在很大程度上影响溶质在催化剂表面的吸附或化学吸附，所以 pH 的影响不能忽视。

9.4　大气层中的热催化

大气中的痕量气体如 SO_2、H_2S、SO_2、CS_2、OCS、DMS、NO_3、N_2O_5、NO_2、NO、CO、NH_3、O_3、HO_2、H_2O_2、OH 等[8, 71]，在没有光照条件下也可在颗粒物表面发生吸附、非均相反应以及催化反应。典型的大气环境问题如酸雨、臭氧耗损、温室效应、光化学烟雾等都与这些组分的大气化学过程密切相关。其中，大气均相反应过程对上述重要环境问题的作用已经得到了较深入的认识，而颗粒物参与的热催化反应的作用还知之甚少。研究发现，颗粒物表面的非均相反应对典型大气环境问题中也具有重要的影响[72]。本节将重点介绍 O_3、NO_x 和含硫化合物等在大气颗粒物表面的热催化和非均相反应过程的研究进展。对于均相催化过程在 9.4.1 仅作简单介绍。

9.4.1　大气颗粒物表面与臭氧耗损相关的催化反应

地球大气中臭氧的总量大约 30 亿吨。90% 的臭氧集中在距离地表 20 ~ 25 km 的平流层中，10% 分布在对流层中。平流层臭氧层能吸收 99% 以上的紫外辐射，从而有效保护了地球生命系统不受紫外线的伤害。

20 世纪 60 年代，由于超音速飞机的出现，平流层大气受到飞机排出的水蒸气、氮氧化物等物质的污染。到 70 年代初，一些研究者提出氮氧化物催化分解臭氧的机理，开创了氮氧化物对臭氧层耗损的研究。1985 年英国南极探险家 Farman 等首先提出南极"臭氧洞"问题。他发表了 1957 年以来哈湾考察站臭氧柱浓度的观测数据，发现 1975 年以来每年冬末春初臭氧异乎寻常的减少，从 1957 ~ 1973 年的 300 D.U. 降到 1984 年的小于 200 D.U.。美国宇航局从人造卫星雨云 7 号的监测数据进一步证实了"臭氧洞"的存在。此后，相继发现了北极和珠穆朗玛峰上空的"臭氧洞"。因此，臭氧耗损问题引起了世界范围的关注。

Crutzen 等揭示了平流层臭氧耗损的机理而获得 1995 年诺贝尔化学奖。至此，大气化学家主要从均相反应的角度对臭氧耗损进行了深入研究，主要提出了以下几种均相催化反应机理[71, 73]。

1. HO$_x$ 催化反应机理

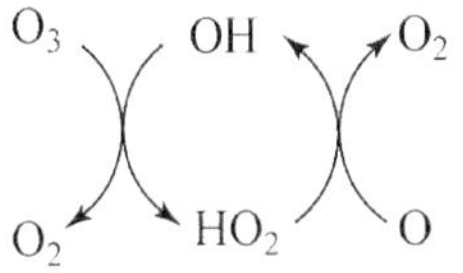

$$(9-28)$$

平流层水蒸气，可与激发态氧原子形成含氢自由基（H，OH 与 HO$_2$），这些自由基与 O$_3$ 反应，约造成 10% O$_3$ 耗损。

2. NO-NO$_2$ 催化循环机理

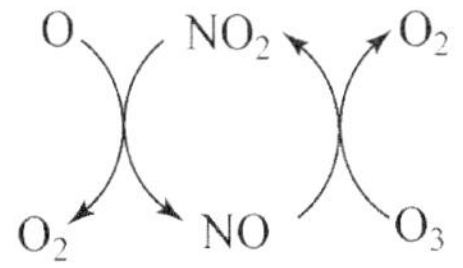

$$(9-29)$$

平流层 N$_2$O 可被紫外辐射分解为 N$_2$ 和 O，其中，约有 1% 的 N$_2$O 又与激发态的氧原子结合，经氧化后产生 NO 和 NO$_2$ 是造成 O$_3$ 耗损的重要过程，有人估计约占 O$_3$ 总耗损量的 70%。

3. Cl-ClO 催化循环机理

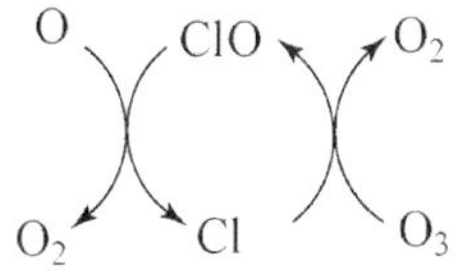

$$(9-30)$$

自然源或人为源的氯、溴和它们的氧化物对臭氧分解具有催化作用。尤其是氯氟烃类化合物，排放到大气后，可从对流层传输到平流层并在紫外照射下分解为 Cl 和 ClO 而消耗臭氧。

4. Br-BrO 催化循环机理

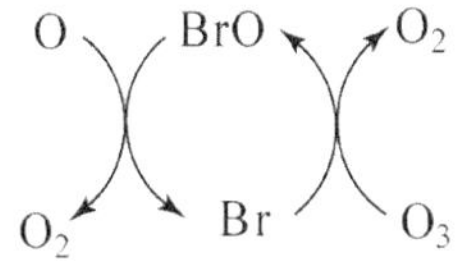

$$(9-31)$$

虽然 Br 在平流层中总量不及 Cl 的 1/50，但是单个 Br 对 O$_3$ 的破坏作用是 Cl 的 10 ~ 100 倍[73]。

5. 氯、溴协同催化循环机理

$$O_3 \quad Cl \overset{O_2}{\underset{ClO}{\rightleftarrows}} Br \quad O_3 \tag{9-32}$$

6. OH 和 HO₂ 自由基的氯链反应机理

$$\tag{9-33}$$

7. ClO 二聚体链反应机理

$$\tag{9-34}$$

基于上述催化循环，最终确定了对平流层臭氧破坏性最强的人造化学物质是氯氟烃和一溴甲烷。1987 年在加拿大签署了《关于消耗臭氧层物质的蒙特利尔协定》。然而，仅仅依据均相反应解释臭氧耗损的原因时，面临着以下一些困难[74]。

其一，在平流层中存在的 NO_2 分子可与 ClO 存在以下反应：

$$NO_2 + ClO + M \longrightarrow ClONO_2 + M \tag{9-35}$$

$ClONO_2$ 分子相当稳定，只有波长小于 250 nm 的太阳光才能使其解离。因此，NO_2 的存在使大气环境中以 $ClONO_2$ 形式储存了平流层总 99% 的 Cl，人们把它称为 Cl 的蓄水池（pool）。但是，由于平流层上部的臭氧能够强烈吸收这种小于 250 nm 光，使得该部分紫外辐射不能传播到 40 km 以下的高度。因此，$ClONO_2$ 将极大的减弱 Cl 循环对臭氧耗损的贡献。

其二，虽然有少量的 ClO 可以与 NO 反应生成 Cl 原子，但是，平流层中痕量气体 CH_4 可以与 Cl 原子反应，生成氯原子的另一个蓄水池 HCl 分子。这是一个更稳定的分子，其同样会极大削弱 Cl 循环对臭氧的破坏作用。上述两方面的问题可总结为如下反应：

$$ClO + NO_2 + M \longrightarrow ClONO_2 + M \tag{9-36}$$

$$ClO + NO \longrightarrow Cl + NO_2 \tag{9-37}$$

$$Cl + CH_4 \longrightarrow HCl + CH_3 \tag{9-38}$$

其三，上述催化循环中的原子氧，通常存在于平流层的上部，很少存在于南极平流层的下部。因此，在解释臭氧耗损的成因时，除了要考虑上述均相催化循环之外，还应该考虑与臭氧耗损直接或间接相关的非均相反应过程。除了在冰晶表面进行的非均相反应对臭氧耗损有重要贡献以外[75,76]，外场观测还发现对流层中臭氧浓度与大气颗粒物的浓度负相关，说明臭氧在颗粒物表面也存在直接的非均相反应[77]。

9.4.1.1 臭氧在烟炱表面的非均相反应

研究发现，O_3 可在烟炱颗粒表面经非均相反应分解为 O_2。全球范围内，每年由化石燃料和生物质燃烧排放烟炱达 13 Tg[18]。Bekki 采用摄取系数为 1.0×10^{-3} 和 2.0×10^{-3} 时，通过模式计算表明人为源烟炱颗粒对臭氧的催化分解作用，对平流层臭氧耗损有重要的贡献。Stephens 等用克努森池测得臭氧在烟炱表面的摄取系数 γ 为 $10^{-3} \sim 10^{-5}$，1 分子 O_3 可释放 1 分子 O_2，并有少量 CO_2 产生。Il'in 等在静态条件下，用石英管内壁涂覆石蜡燃烧的烟炱与臭氧反应，新制的烟炱对臭氧的摄取系数为 1.4×10^{-4}，而老化后的烟炱对臭氧的摄取系数为 6.1×10^{-6}。Fendel 等研究了火花放电过程产生的烟炱颗粒物在流动管反应器中的对臭氧的摄取系数。当臭氧浓度为 160 ppb 和 914 ppb 时，摄取系数分别为 3.3×10^{-3} 和 2.1×10^{-4}。Smith 等报道了正己烷燃烧产生的烟炱与臭氧反应时，颗粒物样品质量增加，说明在颗粒物表面生成了非挥发性的产物。Rogashki 等研究了几种痕量气体与商用炭黑的反应，报道的结果与 Stephens 的结果相似，接触反应 4 min 时臭氧的摄取系数为 $(1.0 \pm 0.7) \times 10^{-3}$。由此可见，目前获得的臭氧在烟炱上的摄取系数的误差较大。

Kamm 等在 84.3 m³ 的烟雾箱中研究了烟炱颗粒物表面臭氧的非均相反应过程。反应温度为 238 ~ 330 K，臭氧浓度为 190 ~ 2055 μg/m³，烟炱浓度为 120 ~ 270 μg/m³。当臭氧初始浓度为 200 μg/m³ 时，体系加入 200 μg/m³ 烟炱后臭氧浓度迅速降低到 175 μg/m³。此后颗粒物表面催化反应较缓慢的进行，但是明显高于臭氧在器壁上的损失速率，24 h 后反应速率接近臭氧在器壁上的损失速率，见图 9-21。臭氧在烟炱颗粒上的分解速率正比于颗粒物比表面积。随着臭氧初始浓度的增加，反应速率也增加，但是二者不具有线性关系，臭氧的有效分解速率随臭氧浓度的增加而降低。此外，反应速率随反应温度增加而增加。分解速率方程为

$$r = -\frac{d[O_3]}{dt} = \frac{\gamma c \bar{S} c_m [O_3] \eta}{4} \tag{9-39}$$

式中，γ 为克努森池测定的摄取系数；$\bar{c}$ 为臭氧分子平均运动速度，cm/s；[O_3] 为臭氧浓度，分子/cm^3；S 为烟炱比表面积，cm^2/g；c_m 为颗粒物质量浓度，g/cm^3；η 为克努森池校正系数。

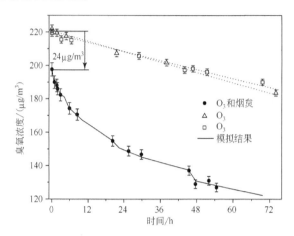

图 9-21　有烟炱和无烟炱存在时臭氧浓度随时间的变化[18]

　　烟炱表面上臭氧的分解反应可以分为三个阶段。第一阶段是新鲜样品表面的快速吸附反应过程，其摄取系数约为 10^{-3}。Stephens 认为，在所有活性中心被饱和之前，氧原子都将被吸附在样品表面，而达到饱和后第一阶段才结束。烟炱表面吸附情况见图 9-22，每 3 个六元环吸附一个原子氧，而生成 CO 和 CO_2 的反应发生在晶棱上。第二阶段是颗粒物表面的非均相催化反应，第二阶段的摄取系数比第一阶段至少低两个数量级。该阶段的有效摄取系数随温度升高和臭氧初始浓度增加而降低。第三阶段为颗粒表面失活阶段，失活阶段表面催化反应非常缓慢以致难以检测到臭氧浓度的显著变化。表面反应的准基元步骤为：

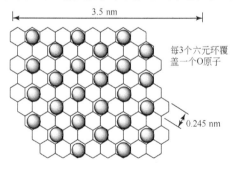

图 9-22　烟炱表面活性中心示意图[18]

(1) 快吸附　$SS + O_3 \longrightarrow SSO + O_2$　　　　　　　　　　　　　(9-40)

(2) 慢反应　$\begin{cases} SSO + O_3 \longrightarrow SS + 2O_2 & (9\text{-}41) \\ SSO + O_3 \longrightarrow SS' + CO_2 + O_2 & (9\text{-}42) \\ SSO \longrightarrow SS' + CO & (9\text{-}43) \end{cases}$

(3) 慢失活　$SSO \longrightarrow SS_P$　　　　　　　　　　　　　　　　　　(9-44)

(4) 壁损失　$O_3 \longrightarrow$ 产物　　　　　　　　　　　　　　　　　　(9-45)

严重污染的边界层中,烟炱浓度可能非常高,而导致臭氧在烟炱表面的非均相反应对臭氧耗损具有不可忽略的影响。但是,在严重污染的大气中,由于 NO_x 浓度也很高,因此,NO_x 对臭氧分解的均相催化仍然是主要的。而在平流层和对流层顶部由于温度较低,使烟炱表面的非均相反应仅仅局限于表面吸附阶段。

9.4.1.2 臭氧在氧化物表面的非均相反应

Ushera 等[77]利用克努森池研究了 Al_2O_3 和 SiO_2 以及预先吸附或负载无机和有机化合物的氧化物表面上 O_3 的非均相反应。臭氧的摄取系数见表 9-13。表中 $HNO_3 - \alpha - Al_2O_3$ 表示 $\alpha - Al_2O_3$ 样品预先用 HNO_3 吸附至表面初始浓度为 $(6 \pm 3) \times 10^{14}$ mol/cm^2;$SO_2 - \alpha - Al_2O_3$ 为 $\alpha - Al_2O_3$ 用 SO_2 预吸附至表面初始浓度为 $(1.5 \pm 0.3) \times 10^{14}$ mol/cm^2;$C_8 - alkene - SiO_2$ 表示 SiO_2 用 $CH_2 = CH(CH_2)_6SiCl_3$ 接枝后,表面浓度为 $(2 \pm 1) \times 10^{14}$ mol/cm^2 的 $CH_2 = CH(CH_2)_6Si - O - Si$;$C_8 - alkane - SiO_2$ 表示 SiO_2 用 $CH_3(CH_2)_7SiCl_3$ 接枝后,表面浓度为 $(2 \pm 1) \times 10^{14}$ mol/cm^2 的 $CH_3(CH_2)_7Si—O—Si$。典型的质谱信号强度随时间的变化见图 9-23[77]。由图可见,当开启样品盖时,臭氧的质谱信号都有一定程度的降低。对比图 9-23 (a) 和 (b),可以发现,当 Al_2O_3 样品表面预吸附 HNO_3 后,样品对臭氧的摄取能力显著降低。说明臭氧与硝酸盐之间存在竞争吸附。由表 9-13 也可看出,硝酸处理的 Al_2O_3 样品,其初始摄取系数相对 Al_2O_3 降低了 72%。图 9-23 (c) 中,以 SO_2 处理后的样品,其对臭氧的初始摄取显著增加。这是因为,表面吸附的 SO_2 本身可与臭氧反应生成硫酸盐。

表 9-13　不同氧化物样品对臭氧的摄取系数[77]

样品	初始摄取系数 (γ_{obs})	对反应活性的影响/%
$\alpha - Al_2O_3$	$(1.2 \pm 0.4) \times 10^{-4}$	—
$HNO_3 - \alpha - Al_2O_3$	$(3.4 \pm 0.6) \times 10^{-5}$	-72
$SO_2 - \alpha - Al_2O_3$	$(1.6 \pm 0.2) \times 10^{-4}$	$+33$
SiO_2	$(5 \pm 1) \times 10^{-5}$	—
$C_8 - alkene - SiO_2$	$(7 \pm 2) \times 10^{-5}$	$+40$
$C_8 - alkane - SiO_2$	$(3 \pm 1) \times 10^{-5}$	-40

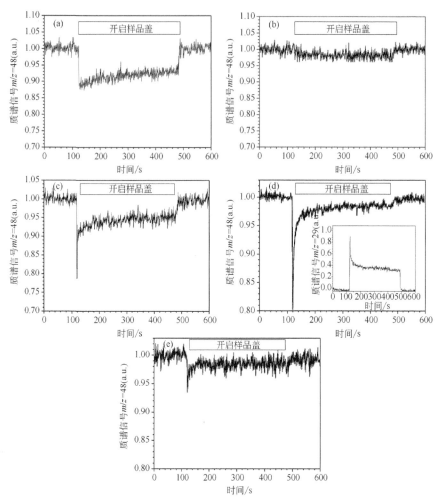

图 9-23 不同样品对臭氧吸收的质谱信号强度

(a) 4.5 mg α – Al_2O_3；(b) 5.6 mg HNO_3 – α – Al_2O_3；(c) 4.9 mg SO_2 – α – Al_2O_3；(d) 100 mg C_8-alkene-SiO_2；(e) 100 mg C_8-alkane-SiO_2[77]

Hanisch 等提出臭氧在未处理的氧化物和降尘颗粒物上的反应过程为

$$O_3 + * \longrightarrow O* + O_2 \tag{9-46}$$

$$O_3 + O* \longrightarrow O_2* + O_2 \tag{9-47}$$

$$O_2* \longrightarrow * + O_2 \tag{9-48}$$

式中，*表示颗粒物表面活性位或表面键合物种。氧化物颗粒表面预先吸附无机和有机化合物后，由于吸附物种对臭氧的反应性不同而对臭氧的摄取系数影响较大。例如，SO_2 和 $n\text{-}C_8H_{14}$ 分别吸附在 Al_2O_3 和 SiO_2 后，由于 SO_2 和辛烯分别与臭氧发生如式（9-49）~（9-51）所示的反应，而使臭氧的摄取系数增大。而吸附的硝酸和正己烷由于不与臭氧反应，占据了氧化物颗粒对臭氧反应的活性中心，使臭氧的摄取系数反而降低。

$$O_3 + *SO_2^{2-} \longrightarrow *SO_4^{2-} + O_2 \tag{9-49}$$

$$O_3 + *HSO_3^{-} \longrightarrow *HSO_4^{2-} + O_2 \tag{9-50}$$

$$O_3 + *(CH_2)_6CH = (CH_2)_6 \overset{\overset{\displaystyle O}{\diagup\ \ \diagdown}}{\underset{O \qquad\quad O}{}} CH - CH_2$$

$$\longrightarrow *(CH_2)_6COOH + HCHO - CO_2 \longrightarrow *(CH_2)_5CH_3 \tag{9-51}$$

Michel 等[78] 测定了各种氧化物颗粒物对臭氧的初始摄取系数和稳态摄取系数（表9-14）。由表可知，对臭氧的反应活性顺序为 $\alpha\text{-}Fe_2O_3 > \alpha\text{-}Al_2O_3 > SiO_2 >$ 撒哈拉沙漠砂子 > 高岭土。由此可见，臭氧在氧化物颗粒物表面的非均相反应不仅和颗粒物表面共存组分有关，还和颗粒物本身的组分有关。其根本原因在于不同颗粒物表面的活性中心的类型和数量存在较大差异。

表9-14 不同氧化物颗粒物对 O_3 的摄取系数[78]

样品	初始摄取系数（$\gamma_{0,BET}$）	稳态摄取系数（$\gamma_{SS,BET}$）
$\alpha\text{-}Al_2O_3$ 25 μm	$(1.4 \pm 0.3) \times 10^{-4}$	7.6×10^{-6}
1 μm	$(9 \pm 0.3) \times 10^{-4}$	—
$\alpha\text{-}Fe_2O_3$	$(2.0 \pm 0.3) \times 10^{-4}$	2.2×10^{-5}
SiO_2	$(6.3 \pm 0.9) \times 10^{-5}$	—
高岭土	$(3 \pm 1) \times 10^{-5}$	—
中国黄土	$(2.7 \pm 0.8) \times 10^{-5}$	—
撒哈拉沙漠砂子	$(6 \pm 2) \times 10^{-5}$	1.1×10^{-5}

在矿质氧化物上，在较长的时间尺度内，臭氧的稳态摄取系数也不为零，从而说明颗粒物对臭氧的分解表现出催化作用。虽然臭氧在矿质氧化物上的初始摄取系数小于其在有机气溶胶、液滴和新鲜烟炱上的摄取系数，但是由于这种催化作用，使得在大气环境中，臭氧在矿质氧化物上的非均相反应显得相对

重要[78]。

9.4.2 氮氧化物在大气颗粒物表面的非均相反应

氮氧化物是主要的大气污染物之一，包括 NO_x（NO、NO_2、N_2O、NO_3）和 NO_y（N_2O_5、$HONO$、HNO_3）。NO_x 主要来源于含氮矿物燃料的燃烧。高温条件下 N_2 和 O_2 也可化合形成 NO_x。NO 在大气环境中可被进一步氧化成 NO_2、NO_3 和 N_2O_5 等，它们可溶于水形成 $HONO$ 和 HNO_3，而成为酸雨的重要来源。此外，NO_x 与碳氢化合物共存时，在阳光照射下可发生光化学烟雾（photochemical smog），造成严重的二次大气污染事件。因此，NO_x 在大气中的转化一直是大气化学研究的重要内容。大气环境中涉及氮氧化合物的主要反应见表9-15[11]。

最新研究表明，大气颗粒物如硫酸液滴、烟炱等可以将 PAN、HNO_3 等催化还原为更活泼的含氮物种如 NO、NO_2 等[79]。尤其是在夜间，NO_x 在大气颗粒物表面的非均相反应，可导致污染的大气边界层（planetary boundary layer，PBL）中 NO_2 的积累。而 NO_2 可在烟炱等颗粒物表面进一步进行非均相反应形成 $HONO$[80]。$HONO$ 的光解是对流层中 OH 自由基的重要来源，OH 也是引发光化学烟雾的重要条件。因此，NO_x 在大气颗粒物表面的非均相反应对 NO_x 的转化和光化学烟雾有重要影响，而成为近年来大气化学研究的热点问题。

表9-15 NO_x 在大气环境中的主要反应过程[11]

反应类型		主要反应	
均相反应	气相反应	$O + N_2 \longrightarrow NO + N$	(9-52)
		$O_2 + N \longrightarrow NO + O$	(9-53)
		$2NO + O_2 \longrightarrow 2NO_2$	(9-54)
		$NO_2 \overset{h\nu}{\longrightarrow} NO + O$	(9-55)
		$O_3 + NO \longrightarrow NO_2 + O_2$	(9-56)
	液相反应	$NO + O_3 \longrightarrow NO_2 + O_2$	(9-57)
		$NO + RO_2 \longrightarrow NO_2 + RO$	(9-58)
		$NO + HO_2 \longrightarrow NO_2 + HO$	(9-59)
		$NO + HO \longrightarrow HNO_2$	(9-60)
		$NO + RO \longrightarrow RONO$	(9-61)
		$NO_2 + HO \longrightarrow HNO_3$	(9-62)
		$NO_2 + O_3 \longrightarrow NO_3 + O_2$	(9-63)
		$NO_2 + NO_3 \overset{M}{\longrightarrow} N_2O_5$	(9-64)
		$CH_3COO + NO_2 \longrightarrow CH_3COONO_2$	(9-65)

反应类型		主要反应

均相反应 / 液相反应:

$$NO\ (g) \rightleftharpoons NO\ (aq) \tag{9-66}$$

$$NO_2\ (g) \rightleftharpoons NO_2\ (aq) \tag{9-67}$$

$$NO\ (aq) + NO_2\ (aq) \rightleftharpoons N_2O_3\ (aq) \tag{9-68}$$

$$HNO_3\ (aq) \rightleftharpoons H^+ + NO_3^-\ (aq) \tag{9-69}$$

$$HNO_2\ (aq) \rightleftharpoons H^+ + NO_2^-\ (aq) \tag{9-70}$$

$$2NO_2\ (g) + H_2O\ (aq) \rightleftharpoons 2H^+\ (aq) + NO_2^-\ (aq) + NO_3^-\ (aq) \tag{9-71}$$

$$NO(g) + NO_2(g) + H_2O(aq) \rightleftharpoons 2H^+\ (aq) + NO_3^-\ (aq) \tag{9-72}$$

非均相反应:

$$N_2O_5 + H_2O \longrightarrow 2HNO_3 \tag{9-73}$$

$$NO + NO_2 + H_2O \longrightarrow 2HNO_2 \tag{9-74}$$

$$2HNO_2 \longrightarrow NO + NO_2 + H_2O \tag{9-75}$$

$$HNO_3 + NO \longrightarrow HNO_2 + NO_2 \tag{9-76}$$

$$HNO_3 + HNO_2 \longrightarrow 2NO_2 + H_2O \tag{9-77}$$

$$2NO_2 + H_2O \longrightarrow HNO_3 + HNO_2 \tag{9-78}$$

$$2NO_2 + H_2O \longrightarrow 2H^+ + NO_2^- + NO_3^- \tag{9-79}$$

9.4.2.1 氮氧化物在烟炱表面的非均相反应

Ammann 等[80]模拟了真实大气条件下 [22℃、1 atm、RH = 50%、NO_2 浓度为 12 ppbv（富含$^{13}NO_2$）、烟炱浓度为 2×10^6 个/cm^3、烟炱粒径 70 nm、表面积 S/V 为 3×10^{-4} cm^{-1}]，新制的烟炱颗粒物表面 NO_2 经非均相反应生成 HONO 的反应，见图 9-24。由图可知，反应体系无烟炱颗粒时，NO_2、HONO、化学吸附态 N 的浓度处于稳态，而仅有少量 HONO、化学吸附态 N 生成。而当体系中加入新制的烟炱颗粒时（其组成和形态接近柴油机颗粒物），HONO 的浓度急剧上升。经动力学计算表明，在 5～155 s 内，在给定反应条件下 HONO 在烟炱表面的生成速率为 1.0×10^{12} 分子/s，据此估算烟炱对 NO_2 的摄取系数 γ 为 3.3×10^{-4}。初始反应的速率为 1.0×10^{12} 分子/s，对应的摄取系数为 1.1×10^{-2}。NO_2 在烟炱颗粒物表面反应生成 HONO 的速率高出其他颗粒物表面的 5～7 倍。因此，NO_2 在新鲜烟炱颗粒表面的非均相反应是大气中生成 HONO 的重要反应途径，即

$$NO_2 + Red_{ads} \longrightarrow HNO_2 + OX_{ads} \tag{9-80}$$

反应产物中没有发现 NO 和 HNO_3。

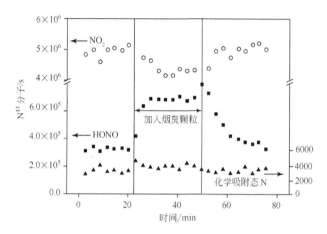

图 9-24　有烟炱颗粒和无烟炱颗粒时 NO_2 向 HNO_2 的转化过程各物种浓度随时间的变化[80]

　　NO_2 在柴油机尾气颗粒物表面的反应与此类似[81]。HONO 的生成速率随着颗粒物浓度的增加而增加；NO_2 的浓度增加时，HONO 的生成速率也非线性的增加（图 9-25），表明 NO_2 在烟炱表面的非均相反应机理与覆盖度有关。从而说明烟炱表面存在不同类型的反应活性中心。在 5% ~ 80% 范围内，相对湿度对反应速率基本没有影响。

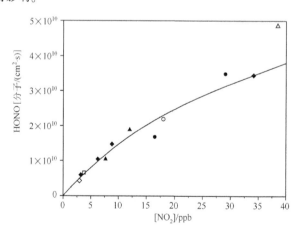

图 9-25　NO_2 浓度对 HNO_2 生成速率的影响[81]

　　假设 NO_2 颗粒物表面的吸附 – 脱附过程为反应的决速步骤。则

$$NO_2(g) + S(s) \underset{k_{des}}{\overset{k_{ads}}{\rightleftharpoons}} NO_2 \cdot S(s) \tag{9-81}$$

式中，S 和 $NO_2 \cdot S$（s）分别表示表面未占据和已占据的活性位；k_{ads} 和 k_{des} 分别表示吸附和脱附速率常数。由 Langmuir 吸附等温式可得

$$\theta = \frac{[NO_2 \cdot S]}{N_s} = \frac{N_s - [S]}{N_s} = \frac{KX_{NO_2}}{(1 + KX_{NO_2})} \tag{9-82}$$

式中，N_s 为颗粒物表面活性吸附位的最大数目；K 为吸附 – 脱附平衡常数；X_{NO_2} 为 NO_2 在气相中的摩尔分数。

烟炱颗粒物表面活性中心可分为 3 种，其中两种不同的官能团 R_1H 和 R_2H 可以将 NO_2 转化为 HONO，而第三类官能团 R_3H 只能将物理吸附的 NO_2 转化为化学吸附态的 NO_2，如 $RONO_2$、RONO 等。

$$NO_2 \cdot S \text{（s）} + R_1H \text{（s）} \xrightarrow{\text{（H}_2\text{O）} \ k_1} S \text{（s）} + HNO_2 + R_1 \text{（s）} \tag{9-83}$$

$$NO_2 \cdot S \text{（s）} + R_2H \text{（s）} \xrightarrow{\text{（H}_2\text{O）} \ k_2} S \text{（s）} + HNO_2 + R_2 \text{（s）} \tag{9-84}$$

$$NO_2 \cdot S \text{（s）} + R_3H \text{（s）} \xrightarrow{\text{（H}_2\text{O）} \ k_3} S \text{（s）} + HNO_2 + NO_2R_3H \text{（s）} \tag{9-85}$$

根据 L-H 机理可得

$$\frac{d [HNO_2]}{dt} = \left(k_1 [R_1H]_{(t)} + k_2 [R_2H]_{(t)} \right) N_s \left[\frac{KX_{NO_2}}{(1 + KX_{NO_2})} \right] \tag{9-86}$$

则

$$\frac{1}{\left[\dfrac{d [HNO_2]}{dt} \right]_{(t=0)}} = \frac{1}{KB} \left[\frac{1}{X_{NO_2}} \right] + \frac{1}{B} \tag{9-87}$$

$$B = \left(k_1 [R_1H]_{(t=0)} + k_2 [R_2H]_{(t=0)} \right) N_s \tag{9-88}$$

利用式（9-87）对实验数据进行拟合，可得到吸附平衡常数和初始速率常数

$$K = \frac{k_{ads}}{k_{des}} = (2.32 \pm 0.85) \times 10^{-2} \quad \text{ppb}^{-1} \tag{9-89}$$

$$B = (7.80 \pm 2.85) \times 10^{10} \ 分子/(cm^2/s) \tag{9-90}$$

B 的物理意义为覆盖度 $\theta = 0$ 时的初始总反应速率。假定式（9-81）为快平衡，则对式（9-86）积分可以得到颗粒表面可能的活性位数量：

$$[R_iH]_t = [R_iH]_{(t=0)} \exp\left[-\left(\frac{N_s k_i KX_{NO_2}}{1 + KX_{NO_2}} \right) t \right] \quad (i = 1,2) \tag{9-91}$$

从而估算出，反应初期柴油机烟炱颗粒物表面反应活性中心的总数约为 $(2.5 \pm 1.0) \times 10^{14}$ 分子/cm^2。其中，

$$[R_1H]_{(t=0)} = (1.15 \pm 0.31) \times 10^{13} (分子/cm^2) \tag{9-92}$$

$$[R_2H]_{(t=0)} = (2.39 \pm 0.99) \times 10^{14} (分子/cm^2) \tag{9-93}$$

图 9-26 为 NO_2 在烟炱颗粒物表面反应过程的 FTIR 图谱[82]。其中 1779 cm^{-1}

为内酯和与烷基相连的羰基的吸收峰，1653cm^{-1}和1565cm^{-1}分别为R—O—NO和R—N—NO$_2$化合物的吸收峰，1531 cm^{-1}和1323 cm^{-1}为RNO$_2$的吸收峰，1281 cm^{-1}为R—ONO的吸收峰，1413cm^{-1}为表面吸附的CO$_3^{2-}$的吸收峰。由于对烟炱颗粒物表面官能团的研究较少，而对催化反应的微观机理的了解还非常有限。目前，只能推测上述催化转化过程可能与烟炱表面C$=$O和表面OH有关。

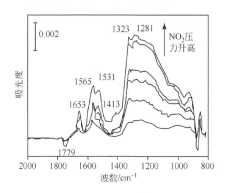

图9-26   NO$_2$在正己烷燃烧产生的烟炱颗粒表面反应过程的FTIR图[82]

此外，HNO$_3$在炭黑颗粒表面也能被还原为NO$_2$，NO$_2$进一步被还原为HO—NO[83]，即

$$HNO_3 \xrightarrow{\text{烟炱}} NO_2 \xrightarrow{\text{烟炱}} HNO_2 \tag{9-94}$$

HNO$_3$与炭黑颗粒体系的原位红外光谱中，在1616 cm^{-1}处出现HONO的特征吸收峰，证实了上述反应途径。

9.4.2.2　氮氧化物在氧化物颗粒表面的非均相反应

低压条件下NO$_2$可在Al$_2$O$_3$、Fe$_2$O$_3$、TiO$_2$、SiO$_2$等颗粒物表面经非均相反应转化为亚硝酸盐，而在高压条件下可以形成硝酸盐[84]。即

$$NO_2 + H_2O \ (ads) \xrightarrow{MO} NO_2^- + NO_3^- \tag{9-95}$$

经脱水的Al$_2$O$_3$、Fe$_2$O$_3$、TiO$_2$等颗粒物表面也能发生式（9-95）的反应，据此可推断表面羟基在NO$_2$还原反应中起着重要作用。FTIR和UV-Vis光谱获得了HNO$_3$和HONO的表面物种的直接证据。在RH为4%的SiO$_2$表面，通入663 mTorr NO$_2$时，红外光谱中出现了1677 cm^{-1}、1399 cm^{-1}、1315 cm^{-1}的归属为HNO$_3$的吸收峰。当RH增加到24%，红外光谱中出现归属为HONO的1703 cm^{-1}、1264 cm^{-1}的吸收峰。紫外光谱中，反应体系中气相产物在300~320 nm范围也出现了HONO的吸收峰。

NO_x 和 NO_y（NO_2、NO、HNO_3）在矿物颗粒上发生的催化氧化反应不仅会影响大气中 NO_x 的源与汇的平衡，而且其与矿物颗粒（如 MgO、CaO、$MgCO_3$、$CaCO_3$）本身的反应还可能生成硝酸盐颗粒物，从而形成二次颗粒物[85]。由于硝酸盐的潮解点很低，因此，生成的二次颗粒物将显著改变矿质氧化物的吸湿性，从而增加云凝聚核（CNN）的数量。例如，

$$CaO + 2HNO_3 \longrightarrow Ca(NO_3)_2 + H_2O \qquad (9\text{-}96)$$

$$MgO + 2HNO_3 \longrightarrow Mg(NO_3)_2 + H_2O \qquad (9\text{-}97)$$

$$CaCO_3 + 2HNO_3 \longrightarrow Ca(NO_3)_2 + CO_2 + H_2O \qquad (9\text{-}98)$$

$$MgCO_3 + 2HNO_3 \longrightarrow Mg(NO_3)_2 + CO_2 + H_2O \qquad (9\text{-}99)$$

研究发现，HNO_3 在 SiO_2 颗粒物表面只能进行可逆吸附，而在 Al_2O_3、Fe_2O_3、TiO_2 以及沙尘表面进行不可逆吸附，形成了表面硝酸盐。利用克努森池测得 298 K，HNO_3 在不同矿物颗粒表面的摄取系数 γ 见表 9-16。虽然不同研究组测定或计算的摄取系数存在一些差异，但是反应性较低的 SiO_2 对 HNO_3 的摄取系数远远低于其他矿物颗粒物。红外光谱数据（表 9-17）也进一步佐证了 HNO_3 在矿物颗粒表面非均相反应存在可逆和不可逆吸附两种类型。

表 9-16　HNO_3 在不同氧化物颗粒表面的摄取系数 γ[85,86]

矿物颗粒物	摄取系数（γ）
SiO_2	2.0×10^{-9}[86]
$\alpha\text{-}Al_2O_3$	$(13 \pm 3.3) \times 10^{-2}$[85]，$1.8 \times 10^{-6}$[86]
撒哈拉沙尘	$(11 \pm 3) \times 10^{-2}$[85]
亚利桑那沙尘	$(6 \pm 1.5) \times 10^{-2}$[85]
$CaCO_3$（热处理）	$(10 \pm 2.5) \times 10^{-2}$[85]
$CaCO_3$（未热处理）	$(18 \pm 4.5) \times 10^{-2}$[85]
CaO	9.9×10^{-6}[86]

表 9-17　HNO_3 在矿物颗粒物表面的红外吸收峰及其归属[86]

表面物种状态	振动模式	矿物颗粒物					
		SiO_2	$\alpha\text{-}Al_2O_3$	TiO_2	$\gamma\text{-}Fe_2O_3$	CaO	MgO
吸附态 HNO_3	$\nu(NO_2)$	1680	1679	1683	1679		
	$\delta(OH)$	1400	1336	1336	1337		
	$\nu_s(NO_2)$	1318	1292	1305	1297		
离子配位	ν_3（低）					1305	1313
态 NO_3^-	ν_3（高）					1330	1330

表面物种状态	振动模式	矿物颗粒物					
		SiO_2	$\alpha\text{-}Al_2O_3$	TiO_2	$\gamma\text{-}Fe_2O_3$	CaO	MgO
单齿氧配	ν_3（低）		1306	1282	1281		
位态 NO_3^-	ν_3（高）		1547	1509	1555		
双齿氧配	ν_3（低）		1306	1243	1229		
位态 NO_3^-	ν_3（高）		1587	1581	1588		
桥式氧配	ν_3（低）		1306	1230	1203		
位态 NO_3^-	ν_3（高）		1628	1636	1622		
	ν_1		1012	1005	993	1042	1024
	ν_2				794	815	812
吸附态	ν_3（低）		1350	1331	1346	1297	1270
H_2O	ν_3（高）		1399	1406	1399	1323	1340
溶解态	ν_1		1048	1046	1040	1046	1054
NO_3^-	ν_2				814	822	822

9.4.2.3　氮氧化物在硫酸雾滴表面的非均相反应

全球范围内，由于化石燃料燃烧每年向大气排放的 SO_2 多达 1 亿吨以上。因此，大气环境中，硫酸烟雾是广泛存在的。HONO 可在硫酸雾滴表面进行式（9-100）～（9-105）所示的反应。其中 H_2ONO^+ 和 $NO^+HSO_4^-$ 可进一步与 HCl 反应，形成 ClNO 进而影响 Cl 的源与汇的平衡[87]。

$$HONO + H_2SO_4 \longrightarrow NO^+HSO_4^- + H_2O \tag{9-100}$$

$$NO^+HSO_4^- \Longrightarrow NO^+ + HSO_4^- \tag{9-101}$$

$$NO^+ + H_2O \longrightarrow H_2ONO^+ \tag{9-102}$$

$$H_2ONO^+ + H_2O \Longrightarrow H_3O^+ + HONO \tag{9-103}$$

$$HCl + H_2ONO^+ \longrightarrow H_2O^+ + ClNO \tag{9-104}$$

$$HCl + NO^+HSO_4^- \longrightarrow H_2SO_4 + ClNO \tag{9-105}$$

9.4.3　硫化物在大气颗粒物表面的非均相反应

大气中硫化物主要有 SO_2、H_2S、二硫甲醚（DMS）、CS_2、OCS 等。各种含硫化合物在大气中的浓度及其主要来源见表 9-18[88,89]。大气颗粒物中的硫主要以 H_2SO_4 和硫酸盐存在。由于进入大气的硫化物大部分是气态化合物，然而，颗粒态 H_2SO_4 和硫酸盐的发现，揭示了硫化物的非均相大气化学过程的重要性。目前，硫化物的非均相过程主要集中在 SO_2 和 OCS 相关的研究。

表9-18 硫化物在大气中浓度及其主要来源[88,89]

硫化物	大气浓度	排放量（以纯硫计）/ (g/a)	主要来源
H_2S	陆地上空：$0.05 \sim 0.1$ μg/m³ 海洋上空：$0.0076 \sim 0.076$ μg/m³	40×10^{12}	地表生物如硫酸盐还原菌、植物排放
OCS	500 ± 50 pptv	2×10^{12}	海洋、火山爆发、降水、生物质燃烧、湿地、对流层中 CS_2 的光氧化；水生态系统、盐碱土壤、矿物燃料燃烧、CS_2 的光氧化等
CS_2	$15 \sim 200$ pptv	—	水生生态系统；人为排放、海洋、厌氧土壤和火山喷发
DMS	海洋上空：$2 \sim 200$ ng/m³ 陆地上空：约 2 ng/m³	39×10^{12}	海洋藻类
SO_2	$1 \sim 150$ ppbv	90×10^{12}	矿物燃料燃烧、H_2S 的氧化、火山、植物排放

9.4.3.1 二氧化硫在大气颗粒物表面的非均相氧化反应

SO_2 在大气环境中的转化途径包括气相光氧化、自由基氧化、液相氧化等过程。大气颗粒物表面往往覆盖着一层水膜，溶解在吸附态水中的 SO_2 分子，可发生液相氧化过程。同时，颗粒物中的金属元素如 Fe、Mn 等在酸性环境中溶出的 Fe^{3+}、Mn^{2+} 可在颗粒物表面的液膜中进行均相催化氧化反应[11]。例如：

$$2SO_2 + 2H_2O + O_2 \xrightarrow{Mn^{2+}} 2H_2SO_4 \qquad (9\text{-}106)$$

与 NO_x 类似，SO_2 在大气颗粒物表面的非均相反应可以形成硫酸盐气溶胶。模式研究表明，大气颗粒物对 SO_2 的转化具有重要的影响[90]。对大气颗粒物成分分析也发现，矿质氧化物表面覆盖有硫酸盐进一步证实了模式研究的结论。由于硫酸盐颗粒物对直接影响大气辐射平衡并通过增加凝聚核而间接影响大气辐射平衡，进而对全球气候具有重要的影响。

Goodman 等[36]利用克努森池测定了 SO_2 在 Al_2O_3 和 MgO 颗粒表面的非均相过程。其摄取系数见表9-19。依据红外光谱数据（图9-27），提出了以下反应通道。其中 α-Al_2O_3 表面按式（9-106）~（9-108）进行，MgO 表面按式（9-109）~（9-110）进行。α-Al_2O_3 表面酸性位是弱吸附位，而表面 OH 和 O^{2-} 是强吸附位。在其他矿物颗粒表面也存在类似的反应。

$$O_2^-\ (lattic)\ +SO_2 \longrightarrow SO_3^{2-}\ (a) \tag{9-106}$$

$$OH^-\ (a)\ +SO_2 \longrightarrow HSO_3^-\ (a) \tag{9-107}$$

$$2OH^-\ (a)\ +SO_2 \longrightarrow SO_3^-\ (a)\ +H_2O \tag{9-108}$$

$$MgO+SO_2 \longrightarrow MgSO_3 \tag{9-109}$$

$$MgSO_3 \xrightarrow{[O]} MgSO_4 \tag{9-110}$$

表 9-19   SO₂ 在氧化物颗粒表面的摄取系数[36]

氧化物	样品质量/mg	$\gamma_{max,obs}$	$\gamma_{max,BET}$	$\gamma_{0,model}$
α-Al₂O₃	0.9	2.7×10^{-3}	1.1×10^{-4}	
	2.5	7.2×10^{-3}	1.3×10^{-4}	
	4.0	8.3×10^{-3}	7.5×10^{-4}	1.0×10^{-4}
	6.2	1.1×10^{-2}	6.4×10^{-4}	
MgO	1.2	9.4×10^{-3}	2.7×10^{-4}	
	2.2	1.9×10^{-2}	2.8×10^{-4}	
	4.3	3.0×10^{-2}	2.4×10^{-4}	2.7×10^{-4}
	15.5	3.8×10^{-2}	8.2×10^{-5}	

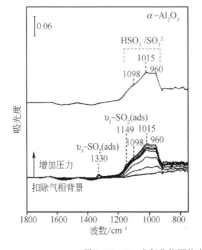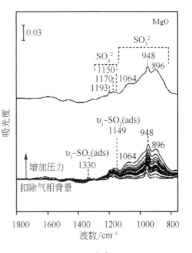

图 9-27   SO₂ 在氧化物颗粒表面的吸附的红外光谱图[36]

Toledano 等[91]利用 XPS、UPS 等手段研究 SO₂ 在 α-Fe₂O₃ 颗粒物上的吸附和反应特性发现，在紫外光存在条件下，由于光的激发作用，部分 Fe³⁺ 还原为 Fe²⁺，颗粒物表面的 Fe²⁺ 有利于 SO₂ 的吸附，从而催化了 SO₂ 向 SO₄²⁻ 的转变。由于大气环境的辐射特性，以及很多氧化物颗粒物的属于半导体材料，因此痕量气体在颗粒物表面的光催化反应也是不可忽视的。然而，目前相关的研究还非常有限。

SO_2 与 H_2O_2 在冰晶表面的非均相反应可以在极低温度下进行。实验测得 192 K 和 211 K 在含 3% H_2O_2 的冰晶表面，SO_2 的初始摄取系数分别为 3.2×10^{-4} 和 8.3×10^{-5}。研究发现，初始摄取系数随 SO_2 的分压的增加而增加[92]。由于 H_2O_2 主要产生于 NO_x 的光化学反应过程，因此大气非均相反应与复合大气污染现象具有密切的关系。

潘慧云[93]利用 CA 模型（cellular automation）研究了 SO_2 在炭黑表面的干反应机理 [式（9-111）～（9-116）]。模拟结果表明，干反应对 SO_2 的转化的贡献远远小于湿反应。

$$SO_2 (g) + * \longrightarrow SO_2 * \tag{9-111}$$

$$O_2 (g) + * \longrightarrow O_2 * \tag{9-112}$$

$$H_2O (g) + * \longrightarrow H_2O * \tag{9-113}$$

$$SO_2 (*) + O_2 * \longrightarrow 2SO_3 * + * \tag{9-114}$$

$$SO_3 (*) + H_3O * \longrightarrow H_2SO_4 * + * \tag{9-115}$$

$$H_2SO_4 * + * \longrightarrow H_2SO_4 + * \tag{9-116}$$

9.4.3.2 二硫化碳在大气颗粒物表面的非均相反应

二硫化碳（CS_2）主要来源于人为排放、海洋、厌氧土壤和火山喷发[94]。它在大气环境中的主要转化途径是富氧土壤的吸收和与 OH 自由基的氧化反应。王琳等[95]利用 FTIR 研究了 CS_2 在大气颗粒物及氧化物样品上的多相催化反应。他们发现 CS_2 在大气颗粒物及氧化物上可经催化氧化反应生成 OCS 和单质硫，认为大气颗粒物对 CS_2 的催化氧化作用可能是大气中 OCS 的一个重要来源。同时他们也发现在使用 Al_2O_3 和 CaO 为催化剂时，反应后期明显出现 CO_2，他们推测 CO_2 的生成可能是 OCS 深度氧化的结果[95,96]。根据实验结果，他们提出了如图 9-28 所示的反应机理。

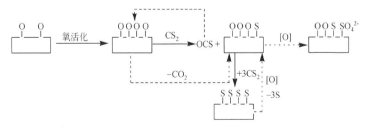

图 9-28　CS_2 在大气颗粒物表面的反应机理[95,96]

9.4.3.3　羰基硫在大气颗粒物表面的非均相反应

羰基硫（OCS）是大气中丰度最高的还原态含硫化合物，在对流层的平均浓度约为 500 ± 100 pptv[94,97]。OCS 在对流层中难以降解，其寿命较长（ >1a ）[98]。传输到平流层的 OCS 可发生光氧化反应，形成硫酸盐气溶胶，而被认为是非火山爆发期间平流层硫酸盐气溶胶的主要来源。平流层硫酸盐气溶胶可影响大气辐射平衡并影响臭氧耗损过程，从而影响全球气候[99,100]。因此，研究 OCS 的源与汇及其可能的转化途径具有重要意义。大气中 OCS 的主要来源有：海洋、火山爆发、降水、生物质燃烧、湿地、对流层中 CS_2 和二甲基硫（DMS）的光氧化以及汽车尾气排放等[89,94]。目前由 OCS 的已知排放源估算 OCS 的排放通量为 (1.31 ± 0.25) Tg/a。植被和氧化性土壤是 OCS 的主要汇，吸收通量分别为 0.56 Tg/a 和 0.92 Tg/a[94]。

Liu 等[101~104]利用原位红外研究了 OCS 在大气颗粒物上的非均相催化反应。采用单一成分的颗粒物 Al_2O_3、MgO 等作为模型化合物，研究了 OCS 在大气颗粒物表面的催化反应机理。如图 9-29 所示，OCS 在 Al_2O_3 催化作用下氧化生成表面 HCO_3^-、HSO_3^- 和 SO_4^{2-} 物种。不同的预处理方式下利用原位红外观察到了 OCS 与 Al_2O_3 上的表面 OH 基反应形成的中间体 $HSCO_2^-$。如图 9-30 所示，用 H_2 预还原处理 Al_2O_3 减少了 Al_2O_3 上的表面氧物种，抑制了中间体表面 $HSCO_2^-$ 物种向最终氧化产物表面 SO_4^{2-} 物种的进一步氧化，造成了表面 $HSCO_2^-$ 物种的积累。在 MgO 表面除了观察到 $HSCO_2^-$、HCO_3^-、SO_4^{2-} 等表面物种以外，还观察了 HS^- 的生成[103]。据此，提出了如图 9-31 所示的反应机理。同样在预还原处理后的大气颗粒物上发现的反应中间体和产物与 Al_2O_3 上完全相同，说明 OCS 在不同的大气颗粒物上遵循同样的反应机理。对比 OCS 在不同氧化物上的反应速率发现，OCS 在矿质氧化物表面的非均相反应是碱催化的反应过程。表面羟基的碱性越强，越有利于 OCS 的非均相反应[104]。研究表明，大气颗粒物中的矿质氧化物组分对 OCS 的催化氧化作用是大气中 OCS 的一个不容忽视的汇。

Wu 等[105]利用怀特池和 XPS 研究发现，OCS 可在 Al_2O_3 表面按图 9-32 经非均相反应生成 CO_2 和 S 单质；单质 S 可在氧化铝表面进一步氧化为硫酸盐；并认为氧化铝表面的活性氧是 OCS 非均相反应的活性中心。他们进一步研究发现在紫外光照射下，SiO_2 和 Al_2O_3 对 OCS 的光解反应具有明显的促进作用，而 Fe_2O_3 无明显促进作用[106]。最近，Chen 等[107]利用 DRIFTS 研究 OCS 在 Fe_2O_3 表面的非均相反应过程也提出了略有不同的反应机理（图 9-33），并发现 NaCl 对 OCS 的非均相反应具有一定抑制作用。

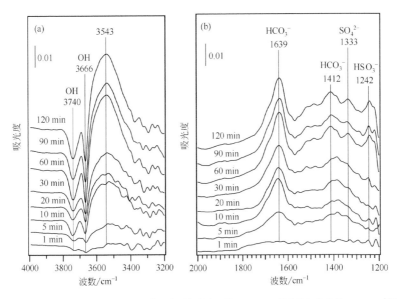

图 9-29　1000 ppm OCS ＋ 95% O$_2$ 流通体系中预氧化处理的 Al$_2$O$_3$ - A 样品的红外光谱 （298 K）[101~102]

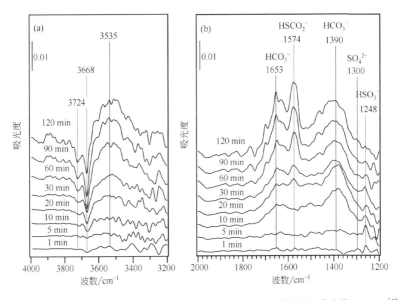

图 9-30　1000 ppm OCS ＋ 95% H$_2$ 流通体系中预还原处理的 Al$_2$O$_3$ - A 样品的红外光谱 （298 K）[102]

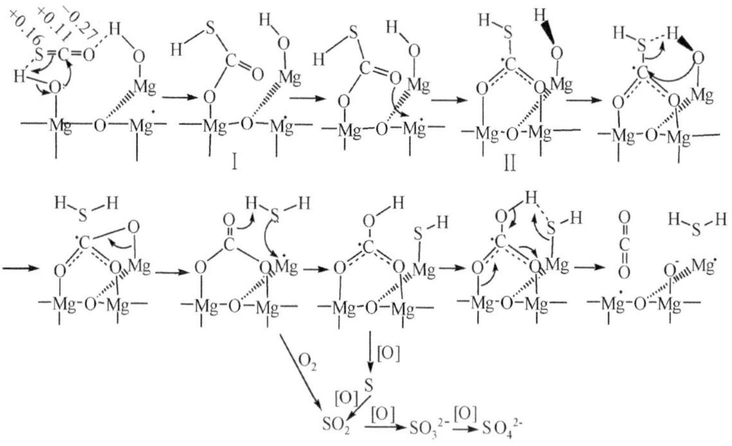

图 9-31 OCS 在 MgO 上的非均相催化反应的机理[103]

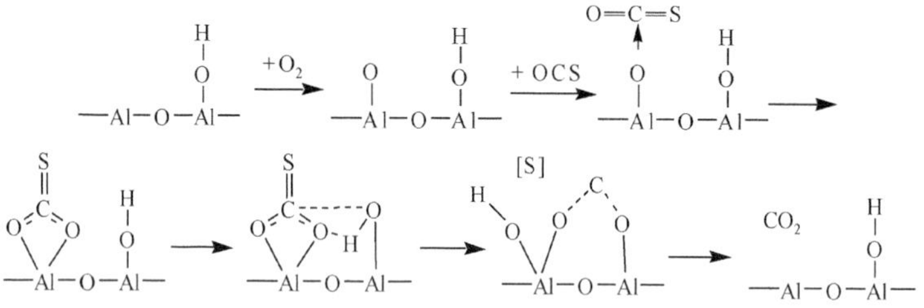

图 9-32 OCS 在 Al$_2$O$_3$ 上的非均相催化反应的机理[105]

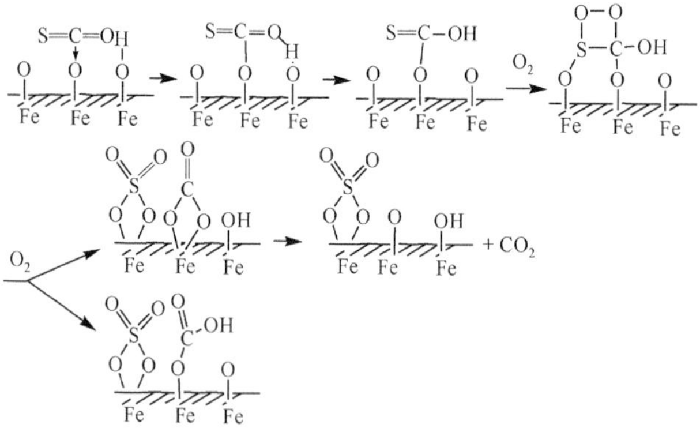

图 9-33 OCS 在 Fe$_2$O$_3$ 上的非均相催化反应的机理[106]

Liu 等[108,109]利用克努森池 – 质谱研究 OCS 在 Al$_2$O$_3$ 和 MgO 上的非均相反

应，发现催化水解反应是 OCS 在矿质氧化物上非均相反应的重要过程。图 9-34 为 300 K，100.0 mg MgO 对 OCS 的摄取和表面物种的原位脱附。克努森池中 OCS 的分压为（5.3 ± 0.3）$\times 10^{-6}$ Torr，相当于大气浓度 7.0 ± 0.3 ppbv。开启样品盖后，OCS（$m/z = 60$）的质谱信号迅速下降，并伴随 CO_2（$m/z = 44$）和 H_2S（$m/z = 34$）信号的升高。其中 $m/z = 44$ 也包括 OCS 的碎片峰（CS）。红外光谱中也观察到了气相 CO_2、气相 H_2S 以及表面 HS 的生成。随着 MgO 在 OCS 气氛中暴露时间的增加，OCS 的质谱信号缓慢恢复至稳态。但 OCS 的稳态信号仍然显著低于开启样品盖前的质谱信号。在反应初期，质谱信号的恢复可归结为 OCS 在 MgO 表面的吸附饱和过程；而 OCS 的稳态消耗则与表面非均相反应相关。在图 9-34（b）、（c）中，CO_2 的质谱信号的最大值滞后于 OCS 的最大消耗值，而 H_2S 的质谱信号又滞后于 CO_2 的质谱信号。这是由于，反应生成的 CO_2 和 H_2S 可在 MgO 碱性位点发生吸附，从而导致质谱信号相对于 OCS 的质谱信号滞后。H_2S 的酸性强于 CO_2 的酸性，因此，H_2S 的质谱信号又滞后于 CO_2 的质谱信号。此外，图 9-31 提出的反应机理中，如果关键反应中间体 $HSCO_2^-$ 分解生成 CO_2 和 H_2S 的步骤是决速步骤，也可能导致这种滞后现象；而 H_2S 的进一步氧化也可导致 H_2S 的信号滞后于 CO_2 的质谱信号。

摄取实验结束后，依次关闭样品盖和泄漏阀，将虹膜面积从 0.4 mm^2 增加到 300 mm^2，以增加质谱的进样量。当克努森池中压力降到 5.0×10^{-7} Torr 时，开启样品盖，进行表面物种的原位脱附实验。如图 9-34（d）、（f）所示，开启样

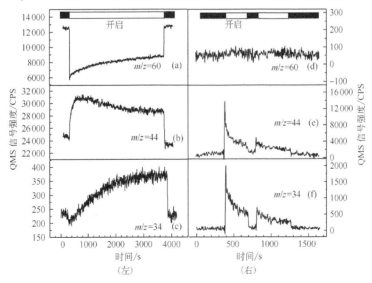

图 9-34　300 K OCS 在 100.0 mg MgO 上摄取（左）和表面物种的原位脱附（右）[108]

品盖时，OCS 的质谱信号没有变化，而 CO_2 和 H_2S 的质谱信号同步增加。由于 CO_2 和 H_2S 的表面覆盖度降低，质谱信号迅速衰减。当关闭样品盖时，二者的质谱信号迅速恢复到基线。而第二次开启样品盖时，CO_2 和 H_2S 的质谱信号基本与第一次关闭样品盖时的质谱信号相当。上述原位脱附实验结果，除了有力证明 CO_2 和 H_2S 是 OCS 在 MgO 上非均相反应的气态产物外，还说明 OCS 在 MgO 上非均相反应的逆反应较慢，也间接说明图 9-31 中 $HSCO_2^-$ 的分解反应或 H_2S 和 CO_2 的脱附是速控步骤。

　　图 9-35 为 50.2 mg α-Al_2O_3 上 OCS 的摄取和原位脱附实验结果。与 MgO 相似，在开启样品盖时，OCS 的质谱信号迅速降低。其初始降幅达 47.3 %。随后，由于表面覆盖度增加，质谱信号迅速恢复到稳态。然而，$m/z = 44$ 的质谱信号并没有像 MgO 上那样随样品盖的开启迅速增加；而是在开启样品盖时，$m/z = 44$ 的质谱信号明显降低（16.7%），随着时间的增加强度反而超过其基线。在开启样品盖时，主要由于 OCS 碎片峰（CS）的强度降低，导致 $m/z = 44$ 的强度降低。而后 OCS 的消耗量和反应生成的 CO_2 在样品表面的吸附量减少，共同导致 $m/z = 44$ 质谱信号的增加。在图 9-35（c）中，H_2S 的质谱信号没有变化。这一现象似乎说明，H_2S 并不是 OCS 在 α-Al_2O_3 上非均相反应的产物。但是，当反应结束后进行原位脱附时，同时观察到了 CO_2 和 H_2S 的脱附，并无 OCS 的脱附。说明 H_2S 也是常温下 OCS 在 α-Al_2O_3 的水解产物。但与图 9-34 相比，α-Al_2O_3 上无论

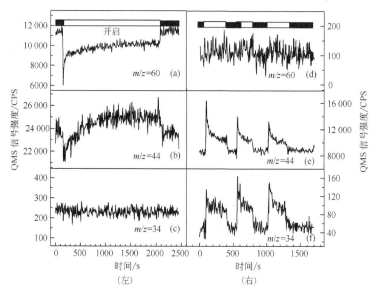

图 9-35　300 K OCS 在 50.2 mg α-Al_2O_3 上摄取（左）和表面物种的原位脱附（右）[109]

是 OCS 的稳态消耗量，还是 CO_2 的生成量以及反应结束后 CO_2 和 H_2S 的脱附量都远远低于 MgO 样品。由此可见，OCS 在 Al_2O_3 上的非均相反应与 MgO 上具有相同的反应机理。

9.4.4　常见有机化合物在大气颗粒物表面的非均相反应

大气中有机污染物种类繁多、结构复杂、来源广泛。就单个大气颗粒物而言，其中也可能含有数千种有机化合物。从结构上分，大气中的有机化合物既有简单的烃类，也有醇、酚、胺、醛、酮、羧酸、酯、醌、多环芳烃，还有高分子化合物如淀粉、蛋白质、脂肪以及各种结构复杂的人工合成物质等。

大气中有机化合物可分为天然源和人为源。天然源是大气中有机化合物的最主要来源，人类活动排放到大气中的烃类化合物仅占大气中有机化合物总量的 1/7。这主要是因为有机物在水、沉积物和土壤中经厌氧菌分解产生大量甲烷，此外，家畜的肠道系统和白蚁的消化系统也是大气中甲烷的重要来源。高等植物是大气中有机化合物的另一重要天然源。据统计，植物向大气排放的有机化合物多达 367种[110]。植物排放的有机化合物主要包括乙烯、萜类化合物、酯类化合物等。其他天然来源包括微生物活动、森林火灾、动物废物、火山爆发等。其中烯烃和萜类化合物具有很高的反应活性而受到研究人员的广泛关注。大气中有机化合物的人为源主要是化石燃料燃烧过程中排放的烃类和含氧化合物。随着汽车工业的发展，汽车尾气中的碳氢化合物已经成为城市大气中有机化合物的主要来源。

按照有机化合物饱和蒸气压可将其分为挥发性、半挥发性、难挥发性有机化合物。根据分配理论，大气中半挥发性有机化合物（饱和蒸气压低于 1.33×10^{-3} Pa）和难挥发性有机化合物主要存在于颗粒相中。颗粒相中有机化合物可能以单独的有机颗粒物存在，也可能以无机-有机复合颗粒物形式存在。

大气中的有机化合物既可发生均相反应（如光解、均相氧化），也可在大气颗粒物表面发生非均相反应。由于光化学烟雾的出现，人们对大气中有机化合物的均相反应的研究相对较深入。有机化合物在大气颗粒物表面的非均相反应，对大气颗粒物的组成和物理化学性质（如光学特性、吸湿性）有重要的影响。而大气颗粒物的组成、物理化学性质对大气环境、气候变化以及人类健康具有重要的影响。虽然人们已经认识到有机气溶胶对大气环境、气候变化、人类健康的重要作用，但是对其作用机理还知之甚少，对于有机化合物以及有机颗粒物的非均相反应的研究也远远不如无机化合物的非均相反应那么深入。目前，少量研究主要集中在与二次颗粒物形成相关的有机化合物的非均相反应。

9.4.4.1　含氧有机化合物在大气颗粒物表面的非均相反应

1. VOCs 在氧化物颗粒物表面的非均相反应

Carlos-Cuellar 等[35]利用克努森池研究了甲酸、甲醛和甲醇等挥发性有机物在氧化物颗粒表面的非均相反应过程。测得初始摄取系数见表9-20。乙酸、甲醛和甲醇在 SiO_2 颗粒表面为可逆吸附，而在 $\alpha\text{-}Fe_2O_3$、$\alpha\text{-}Al_2O_3$ 颗粒表面为不可逆吸附。红外光谱数据（图9-36）与克努森池测定的结果是一致的。甲醛和甲醇在 SiO_2 表面的吸收峰（1501 cm^{-1}、1724 cm^{-1}、2825 cm^{-1}；1390 cm^{-1}、1452 cm^{-1}、1470 cm^{-1}、2852 cm^{-1}、3006 cm^{-1}）与对应的液相和气相吸收峰非常接近，而且将吸附后的体系抽真空，甲醛和甲醇在 SiO_2 表面物种的吸收峰完全消失。甲醛和甲醇在 $\alpha\text{-}Fe_2O_3$、$\alpha\text{-}Al_2O_3$ 表面物种的吸收峰相对气相和液相吸收峰都发生明显位移，并形成了 COO^-、CH_3COO^- 和 CH_3CO^- 表面物种。说明 $\alpha\text{-}Fe_2O_3$、$\alpha\text{-}Al_2O_3$ 表面对甲醛和甲醇具有一定的催化活化作用。

表9-20 乙酸、甲醇、甲醛在氧化物颗粒物表面的初始摄取系数[35]

氧化物	VOCs		
	乙酸	甲醇	甲醛
$\alpha\text{-}Fe_2O_3$	$(1.9 \pm 0.3) \times 10^{-3}$	$(1.9 \pm 0.3) \times 10^{-4}$	$(1.1 \pm 0.5) \times 10^{-4}$
$\alpha\text{-}Al_2O_3$	$(2 \pm 1) \times 10^{-3}$	$(1.0 \pm 0.7) \times 10^{-4}$	$(7.7 \pm 0.3) \times 10^{-5}$
SiO_2	$(2.4 \pm 0.4) \times 10^{-4}$	$(4 \pm 2) \times 10^{-6}$	$(2.6 \pm 0.9) \times 10^{-7}$

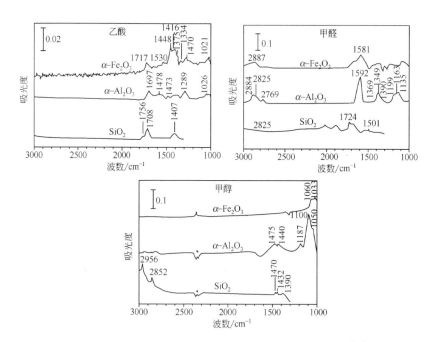

图9-36 乙酸、甲醛、甲醇在氧化物颗粒表面吸附物种的红外光谱图[35]

2. VOCs 在硫酸盐颗粒表面的非均相反应

天然源和人为源排放的 VOCs（图 9-37）在大气氧化性条件下很容易形成羰基化合物（图 9-38）。例如：

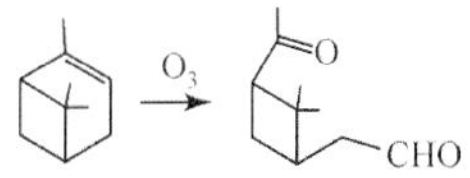

$$(9\text{-}117)$$

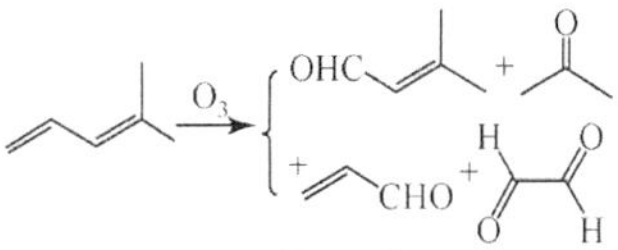

$$(9\text{-}118)$$

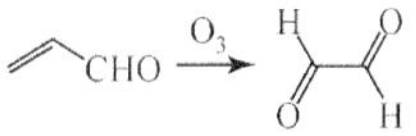

$$(9\text{-}119)$$

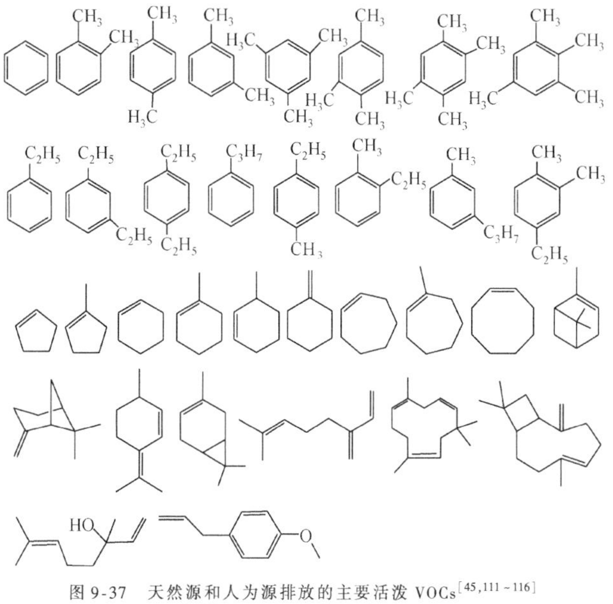

图 9-37　天然源和人为源排放的主要活泼 VOCs[45,111~116]

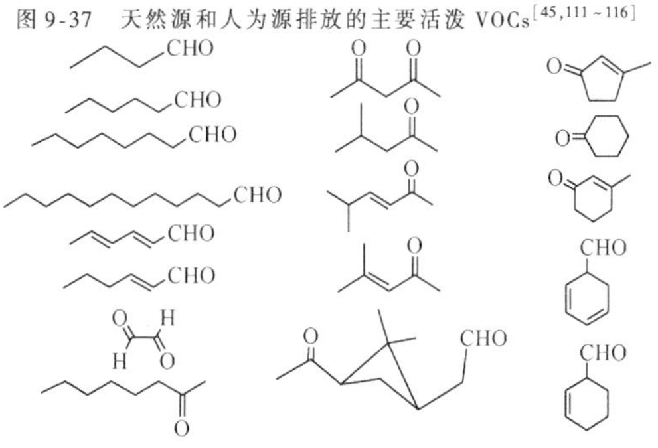

图 9-38　大气颗粒物表面非均相反应研究的羰基化合物[37~39,46,117,118]

　　羰基化合物的酸催化水合、缩合等反应是有机合成反应中的常见的反应。在大气环境中，由于 NO_x 和 SO_2 等酸性化合物的排放，而形成了大量硫酸盐、硝酸盐以及硫酸、硝酸颗粒物。由于这些颗粒物本身属于强酸弱碱盐，甚至是强酸，因此，在硫酸盐颗粒物表面往往容易发生酸催化反应。例如，羰基化合物在大气颗粒物表面的酸催化水合和缩合反应。羰基化合物在颗粒物表面水合、缩合反应产物的挥发性将大大降低，从而促使挥发性有机化合物从气态向颗粒态转化。

表 9-21　羰基化合物在 $H_2SO_4/(NH_3)_2SO_4$ 颗粒表面的非均相反应[116]

醛	醇	酸	反应物浓度/ ($\mu L/m^3$)	初始颗粒物浓度 $c_0/(nm^3/cm^3)$	颗粒物浓度 $c/(nm^3/cm^3)$	产率/%	c/c_0
$CH_3(CH_2)_2CHO$	$n\text{-}C_{12}H_{25}OH$	有	51.4	1.48×10^{10}	5.03×10^{10}	0.08	4.35
		无		2.53×10^{9}	3.70×10^{10}	0.07	20
$(CHO)_2$	无	有	35.5	2.28×10^{10}	3.40×10^{10}	2.33	1.92
		无	35.3	7.17×10^{9}	1.78×10^{10}	1.59	3.03
	$n\text{-}C_{12}H_{25}OH$	有		2.04×10^{10}	3.41×10^{11}	2.25	20
		无	40.4	1.62×10^{10}	9.20×10^{10}	0.55	7.14
$CH_3(CH_2)_4CHO$	无	有	28.6	5.05×10^{10}	4.04×10^{11}	1.28	10
		无		1.30×10^{10}	2.38×10^{11}	0.80	25
	$n\text{-}C_{12}H_{25}OH$	有	8.57	5.56×10^{10}	6.10×10^{10}	0.21	1.43
		无		3.10×10^{10}	3.41×10^{10}	0.12	1.43
		有	17.1	4.72×10^{10}	7.74×10^{10}	0.24	2.12
		无		4.14×10^{10}	3.84×10^{10}	0.04	1.20
$CH_3(CH_2)_6CHO$	无	有	8.57	6.10×10^{10}	3.90×10^{11}	4.00	8.33
		无		4.09×10^{10}	1.66×10^{11}	1.57	5.26
	$n\text{-}C_{12}H_{25}OH$	有		2.90×10^{10}	6.10×10^{11}	3.43	25
		无		1.67×10^{10}	7.57×10^{10}	0.37	5.88
		有	17.1	1.80×10^{10}	3.45×10^{11}	1.93	25
		无		1.68×10^{10}	2.13×10^{11}	1.17	16.7
$CH_3(CH_2)_6CHO$	$n\text{-}C_{12}H_{25}OH$	有	42.6	8.53×10^{9}	6.00×10^{11}	5.35	100
$(CHO)_2$		无		6.60×10^{10}	2.03×10^{11}	2.69	50
$CH_3(CH_2)_{10}CHO$		有	17.1	1.38×10^{10}	2.68×10^{11}	1.50	25
		无		1.53×10^{10}	2.14×10^{11}	1.18	16.7

　　表 9-21 是在烟雾箱实验中，酸性颗粒物种子对二次颗粒物形成影响的代表性实验数据[116]。表中初始颗粒物分别为 $H_2SO_4/(NH_3)_2SO_4$ 和 $(NH_4)_2SO_4$，前者表示有酸的体系，后者表示无酸的体系。$(NH_4)_2SO_4$ 颗粒物用 0.0067 mol/L

的（NH₄）₂SO₄ 溶液雾化产生。H₂SO₄/（NH₄）₂SO₄ 颗粒物用 0.0035 mol/L
（NH₄）₂SO₄ 和 0.005 mol/L H₂SO₄ 混合溶液雾化产生。从表 9-21 中可以看出，体
系中加入酸性颗粒物时，二次颗粒物的产率显著提高。说明酸性颗粒物对羰基化
合物从气相向颗粒物相转化具有明显的促进作用。红外光谱数据也直接证实了颗
粒物表面的酸催化反应。表 9-22 是将二次颗粒物收集在 ZnSe 晶片后，测定的红
外光谱数据。表中 C—O—C 的吸收峰表明，羰基化合物在颗粒表面发生了缩合
反应。利用气溶胶飞行时间质谱研究颗粒物态的产物也证实了酸催化的反应过
程。表 9-23 是乙二醛 – H₂SO₄/（NH₃）₂SO₄ 颗粒物体系，二次颗粒物的质谱碎
片[46]。Jang 等[37,46,117] 提出了羰基化合物在酸性颗粒物表面的反应机理（图 9-39
和图 9-40）。

表 9-22　羰基化合物在 H₂SO₄/（NH₃）₂SO₄ 颗粒表面的
非均相反应生成的二次颗粒物的红外光谱数据[116]

官能团及其振动类型	波数/cm⁻¹	官能团及其振动类型	波数/cm⁻¹
OH 伸缩振动	3100 ~ 3600	CO 伸缩振动	1670 ~ 1750
OH（非氢键）	3500 ~ 3650	C—O—C 伸缩振动	1182
OH（氢键）	3300	C—O 伸缩振动（仲醇）	1030 ~ 1080
CH 伸缩振动（—CH₂—，—CH₃）	2830 ~ 2970	NH 伸缩振动 [（NH₄）₂SO₄]	3150 ~ 3250
CH 伸缩振动（—CHO）	2715，2815	SO 伸缩振动 [（NH₄）₂SO₄]	1100

表 9-23　乙二醛 – H₂SO₄/（NH₃）₂SO₄ 颗粒物体系二次颗粒物的质谱峰[46]

m/z	相对强度/%	碎片结构	图 9-39 中对应的来源	m/z	相对强度/%	碎片结构	图 9-39 中对应的来源
29	100	CHO or COH	A – G	135	0.1		D，E
30	21	CHOH	A – G	117	1.2		D，E
47	9		B，D	118	0.05		D，E
60	35		B，D，E	192	0.025		E
77	0.4		D，E	193	0.03		E
105	2		D，E				

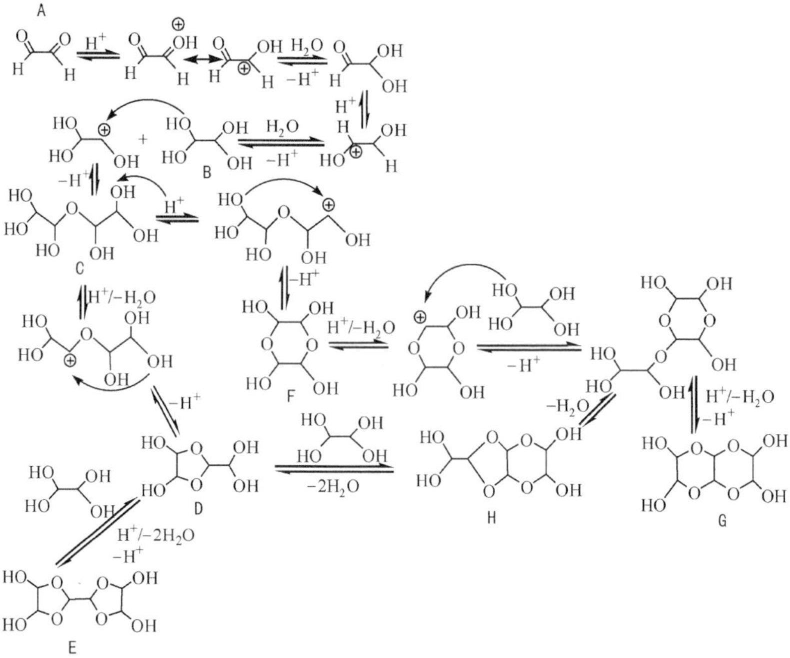

图 9-39 乙二醛在 $H_2SO_4/(NH_3)_2SO_4$ 颗粒物表面的非均相反应机理[46]

羰基化合物在硫酸盐颗粒物表面的非均相反应速率，受羰基化合物本身的结构的影响。反应活性顺序大致为：α，β - 不饱和醛 > α，β - 不饱和酮 > 饱和脂肪醛、酮 > 芳香醛、酮。反应活性顺序与羰基化合物的酸催化反应活性顺序是一致的。此外，羰基化合物在硫酸盐颗粒物表面的非均相反应速率，还与颗粒表面的酸强度有关。颗粒表面酸度用 Hammett 酸函数处理有

$$B + H^+ \longrightarrow BH^+ \tag{9-120}$$

$$H_0 = pK_{BH^+} - \lg\,[\,BH^+\,]\,/\,[\,B\,] \tag{9-121}$$

$$K_{BH^+} = \frac{[\,B\,]\,f_B\,[\,H^+\,]\,f_{H^+}}{[\,BH^+\,]\,f_{BH^+}} \tag{9-122}$$

式中，H_0 为 Hammett 酸函数。将线性自由能规则用于中、强酸介质，可得

$$\lg k = -n(H_0 + \lg[H^+]) + \lg k_0 \tag{9-123}$$

$$X = \lg\frac{f_B f_{H^+}}{f_{BH^+}} = -(H_0 + \lg[H^+]) \tag{9-124}$$

式中，k 为酸催化反应的速率常数；k_0 为无限稀溶液中外推的酸催化速率常数；n 为与决速步骤中中间体结构有关的相关系数；X 为过酸强度（excess acidity）。

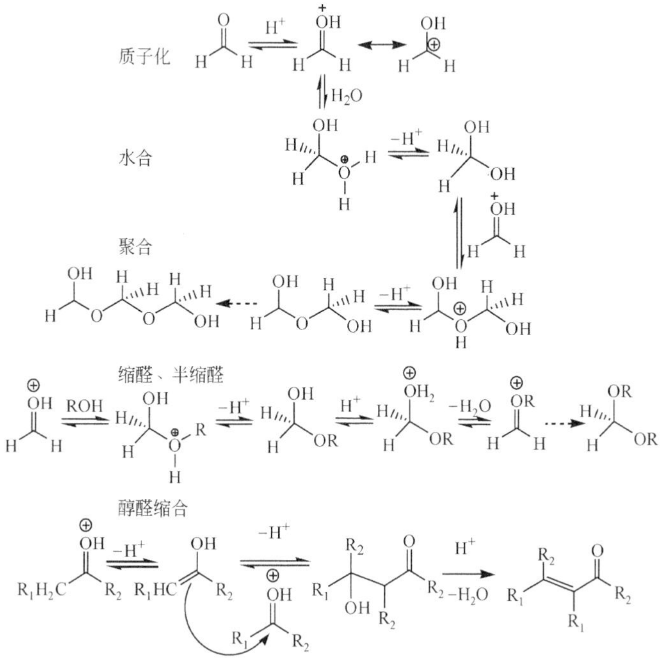

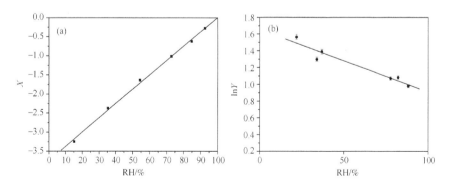

图 9-40　羰基化合物在 $H_2SO_4/(NH_3)_2SO_4$ 颗粒物表面非均相反应的机理[37,116]

　　由于 $H_2SO_4/(NH_4)_2SO_4$ 的初始浓度是固定的，因此颗粒物表面酸强度或过酸强度与体系相对湿度（RH%）相关。实验测定的 298K 时，$X = 0.0372RH - 3.716$，相关系数为 $R = 0.9976$（图 9-41a）。二次颗粒物的产率与相对湿度的关系见图 9-41b，$\ln Y = -0.0085RH + 1.6942$，相关系数 R 为 0.9538。

图 9-41　颗粒表面酸强度对羰基化合物二次颗粒物产率的影响[39]

烯烃化合物与 O_3 或 NO_x 光化学反应中，$H_2SO_4/(NH_4)_2SO_4$ 酸性颗粒物和柴油机尾气颗粒物对二次颗粒物的生成也具有明显的催化效应[20,118]。由图 9-42 可知，体系中加入 $H_2SO_4/(NH_4)_2SO_4$ 颗粒时的二次颗粒物产率远远高于只加入 $(NH_4)_2SO_4$ 颗粒时的二次颗粒物的产率。α-蒎烯与 NO_x 的光化学反应时，二次颗粒物中出现了高相对分子质量的化合物（图 9-43），也进一步说明颗粒物表面的酸催化反应过程。

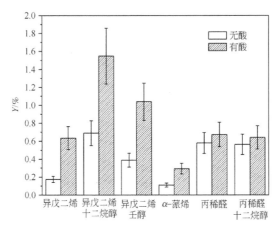

图 9-42　烯烃与 O_3 体系光化学反应过程中酸性颗粒物对二次颗粒物产率的影响[20]

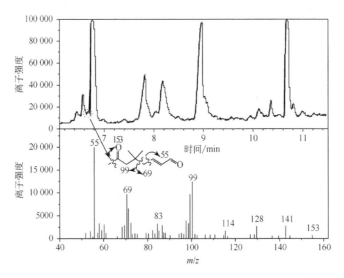

图 9-43　α-蒎烯与 NO_x 的光化学反应生成的二次颗粒物的 GC/MS 图[118]

9.4.4.2 多环芳烃在大气颗粒物表面的非均相反应

化石燃料燃烧和生物质燃烧过程向大气排放了大量多环芳烃（polycyclic aromatic hydrocarbons，PAHs）。据估计，全球每年向大气环境排放的 PAHs 为 0.001 ~ 0.02 Tg（以碳计）[119]。排放到大气中的多环芳烃将参与气相和颗粒相的分配过程，这种分配过程将部分决定多环芳烃在环境中的转化和归趋。对流层中多环芳烃与 OH、O_3、NO_3 等自由基反应将导致多环芳烃的降解，并可能形成致癌、致畸作用更强的降解产物。多环芳烃在大气环境中的反应可分为两类：即挥发性、半挥发性多环芳烃的均相反应和颗粒态多环芳烃（含半挥发性的蒽、菲、芘等）的非均相反应。前期研究主要集中在气相和液相中的均相反应过程。近年来，多环芳烃在大气颗粒物表面的非均相反应引起了研究人员的广泛关注。

Mmerekia 等[120]研究了气液界面上蒽与臭氧的反应过程。研究发现，蒽在气液界面上的反应速率远远大于体相反应的速率。蒽与臭氧在气液界面的反应为一级反应，动力学曲线见图 9-44。臭氧浓度为 50 ppb 时，根据测定的反应速率常数，按式（9-125）计算蒽在各种界面的吸收对臭氧的摄取系数分别为：$\gamma_{水} = 6.5 \times 10^{-8}$、$\gamma_{硬脂酸/水} = 6.42 \times 10^{-8}$、$\gamma_{1-辛醇/水} = 2.78 \times 10^{-7}$、$\gamma_{辛酸/水} = 8.89 \times 10^{-8}$、$\gamma_{己酸/水} = 2.22 \times 10^{-8}$。蒽与臭氧可能通过多种途径反应生成 9，10-蒽醌。反应机理见图 9-45。

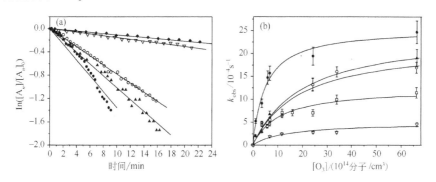

图 9-44　蒽与臭氧在气液界面反应的典型动力学曲线[120]

（a）O_3 浓度为 3.40×10^{15} 分子/cm^3，● 2.5×10^{-3} mol/L 1-辛醇/水，▲ 水，□ 水面上覆盖单分子层硬脂酸，▽ 8×10^{-3} mol/L 己酸/水，◆ 2.5×10^{-3} mol/L 丁酸/水；（b）▽ 8×10^{-3} mol/L 己酸/水，□ 3.79×10^{-3} mol/L 辛醇/水，○ 水面上覆盖单分子层硬脂酸，▲ 水，● 2.5×10^{-3} mol/L 1-辛醇/水

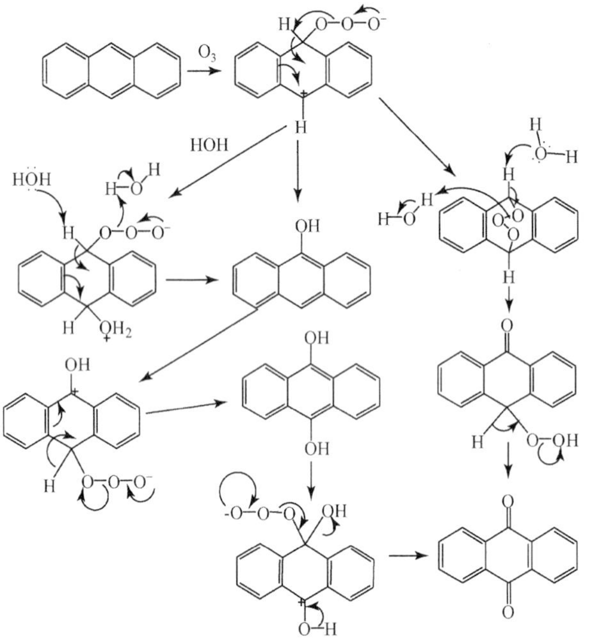

图 9-45　蒽与臭氧在气液界面的非均相反应机理[120]

$$\gamma = \frac{4k_{obs}}{\sigma_{An}\bar{v}_{O_3}[O_3]} \tag{9-125}$$

式中，γ 为摄取系数；k_{obs} 为表观速率常数；σ_{An} 为蒽分子的碰撞界面；$\bar{v}_{O_3}$ 为臭氧分子平均运动速率；$[O_3]$ 为臭氧浓度。

　　Albic-Juretic 等[121] 研究了芘（Pe）、䓛（Py）、苯并［a］芘（BaP）、苯并［a］蒽（BaA）、荧蒽（Flo）在二氧化硅颗粒表面与臭氧的非均相反应。在臭氧浓度恒定时，多环芳烃与臭氧的反应为一级反应。对于 Pe、Py、BaP，反应过程可能存在两种机理。在 1 h 内，PAHs 浓度的对数（ln$c$）随时间（t）变化曲线中存在一个转折点（图 9-46）。反应初期，由于覆盖度较高，ln$c$ 随 t 的变化缓慢，随着反应的进行产物脱离颗粒表面，覆盖度降低而使 ln$c$ 随 t 的变化速率增加。相同反应条件下，高覆盖度时反应活性顺序为：Pe > BaP > BaA > Py > > Flo，而低覆盖度时的反应活性顺序为：BaP > Pe > BaA > Py > > Flo。反应速率常数见表 9-24。表中 $k_{<1}$ 和 $k_{>1}$ 分别表示 PAHs 在 SiO$_2$ 颗粒表面的覆盖度分别小于单分子层和大于单分子层的覆盖度。

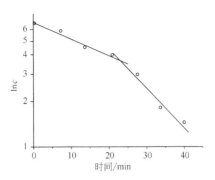

图 9-46　BaP 与臭氧的反应动力学曲线[121]

表 9-24　5 种 PAHs 在 SiO$_2$ 颗粒表面与臭氧的反应速率[121]

PAHs	$k_{<1}$/ppm$^{-1}\cdot$ min^{-1}	$k_{<1}$/ppm$^{-1}\cdot$ min^{-1}	$k_{<1}/k_{>1}$
Pe	0.401 ± 0.016	0.203 ± 0.010	1.98
BaP	0.449 ± 0.041	0.190 ± 0.002	2.36
BaA	0.228 ± 0.010	0.156 ± 0.009	1.46
Py	0.127 ± 0.006	0.068 ± 0.006	1.87
Flo	$(9.60 \pm 0.56) \times 10^{-3}$	$(7.40 \pm 0.27) \times 10^{-3}$	1.30

　　Perraudina 等[119]研究了 13 种多环芳烃在 SiO$_2$ 颗粒表面与 NO$_2$ 的反应动力学。其结构和速率常数见表 9-25。反应在 295K，NO$_2$ 浓度为 1.5×10^{12} 分子/cm^3 的条件下进行。在颗粒物表面菲和荧蒽对 NO$_2$ 的反应速率非常小，因此可以认为大气环境中菲和荧蒽基本不被 NO$_2$ 所降解。而蒽、苯并 [a] 芘、苯并 [ghi] 菲、二苯并 [a, l] 芘的反应活性高出菲和荧蒽近 5 个数量级。在 NO$_2$ 浓度较高的污染大气中，苯并 [a] 芘的寿命只有几分钟。研究发现，SiO$_2$ 颗粒表面含水量对反应速率基本没有影响。

　　上述反应过程中形成的硝基多环芳烃（NPAHs），可进一步在大气颗粒物如柴油机尾气颗粒和木材燃烧颗粒物表面发生光解生成酮或酚类化合物[122]。例如，硝基芘在柴油机尾气颗粒物表面可进行图 9-47 所示的反应。

　　多环芳烃在 SiO$_2$ 颗粒表面与 O$_3$ 反应速率常数见表 9-26[123,124]。与表 9-25 相比，PAHs 与 O$_3$ 的非均相反应速率高出与 NO$_2$ 反应速率的 2~3 个数量级。说明 O$_3$ 对 PAHs 的归趋具有更重要的影响。在室温下，臭氧浓度在 $0.32 \times 10^{14} \sim 2.65 \times 10^{14}$ 分子/cm^3 的范围内，荧蒽和晕苯与臭氧反应活性最差，蒽、苯并 [a] 蒽和

表 9-25　多环芳烃在 SiO_2 颗粒表面与 NO_2 的反应速率[119]

PAHs	结构	k/s^{-1}	PAHs	结构	k/s^{-1}
菲		$(4.27 \pm 0.9) \times 10^{-7}$	苯并 [e] 芘		$(4.47 \pm 0.6) \times 10^{-6}$
蒽		$(1.57 \pm 0.2) \times 10^{-4}$	苯并 [a] 芘		$(1.47 \pm 0.2) \times 10^{-3}$
荧蒽		$(4.87 \pm 0.4) \times 10^{-8}$	茚并 [1, 2, 3-cd] 芘		$(9.37 \pm 1.2) \times 10^{-6}$
芘		$(3.07 \pm 0.4) \times 10^{-5}$	苯并 [ghi] 苝		$(7.07 \pm 0.8) \times 10^{-5}$
苯并蒽		$(1.07 \pm 0.2) \times 10^{-5}$	晕苯		$(2.77 \pm 0.4) \times 10^{-4}$
䓛		$(9.07 \pm 1.2) \times 10^{-5}$	二苯并 [a, l] 芘		$(2.07 \pm 0.2) \times 10^{-6}$
苯并 [k] 荧蒽		$(3.37 \pm 0.4) \times 10^{-6}$			

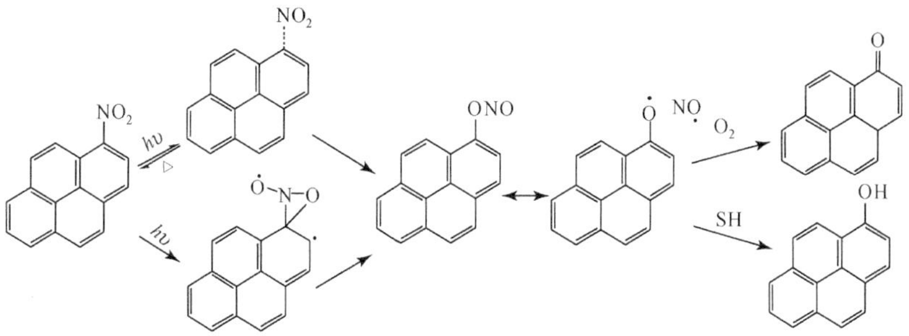

图 9-47 硝基芘在柴油机尾气颗粒物表面的反应机理

表 9-26 多环芳烃在 SiO_2 颗粒表面与 O_3 的反应速率[124]

PAHs	结构	k/s^{-1}	PAHs	结构	k/s^{-1}
菲	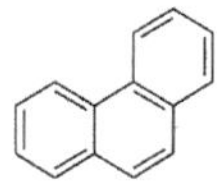	(2.76 ± 0.6) $\times 10^{-3}$	苯并 [e] 芘	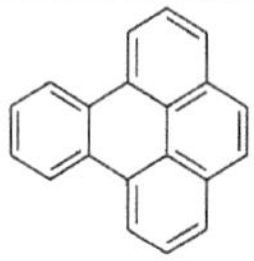	(3.48 ± 0.72) $\times 10^{-3}$
蒽	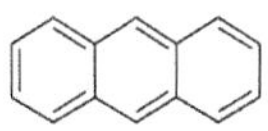	(1.68 ± 0.36) $\times 10^{-2}$	苯并 [a] 芘	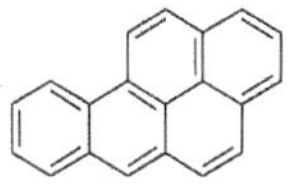	(1.68 ± 0.36) $\times 10^{-2}$
荧蒽	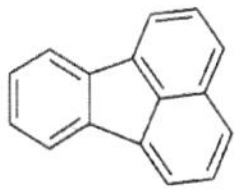	(1.8 ± 0.36) $\times 10^{-3}$	茚并 [1, 2, 3-cd] 芘	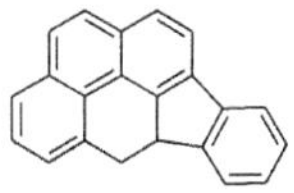	(4.56 ± 1.08) $\times 10^{-3}$
芘	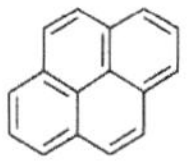	(7.08 ± 0.56) $\times 10^{-3}$	苯并 [ghi] 苝	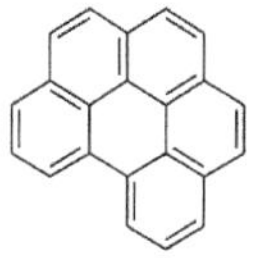	(8.52 ± 1.8) $\times 10^{-3}$
苯并蒽	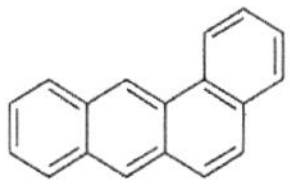	(1.044 ± 0.228) $\times 10^{-2}$	晕苯	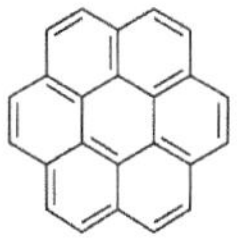	(2.52 ± 0.48) $\times 10^{-3}$
䓛	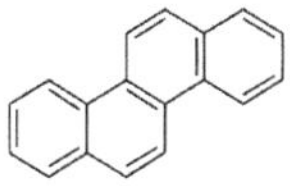	(3.72 ± 0.84) $\times 10^{-3}$	二苯并 [a, l] 芘	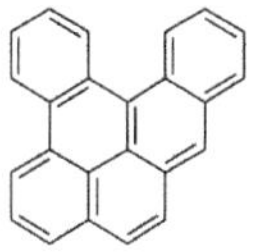	(1.56 ± 0.36) $\times 10^{-2}$
苯并 [k] 荧蒽	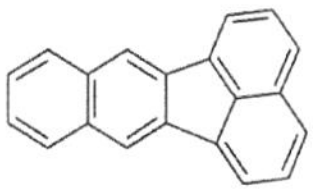	(4.32 ± 0.96) $\times 10^{-3}$			

二苯并 $[a, l]$ 芘活性最高。在污染严重的地区 O_3 的浓度可高达 500 ppb，由于非均相反应使多环芳烃的大气寿命为仅为 10 min（蒽，苯并 $[a]$ 蒽和二苯并 $[a, l]$ 芘）到 1 h（荧蒽和晕苯）。研究还发现，SiO_2 的粒径对反应没有影响，而孔径和比表面积及 PAHs 在 SiO_2 上的浓度影响反应活性。产物分析发现，蒽醌和蒽酮是蒽与臭氧反应的主要产物，1，1′-联苯-2，2′-二羧醛是菲与臭氧反应的主要产物。然而，目前对颗粒物种类、组成和性质对 PAHs 的非均相反应影响的化学本质研究较少。我们知道，O_3 可在颗粒物表面产生活性氧，PAHs 的非均相反应是否与这种活性氧物种参与有关还有待深入研究。

参 考 文 献

[1] Ertl G, Knözinger H, Weitkamp J. Environmental catalysis. Berlin：Wiley-VCH Verlag Bmbh, 1999, 215

[2] Smith I W M. Laboratory studies of atmospheric reactions at low temperatures. Chem. Rev. , 2003, 103：4549 - 4564

[3] 邓南圣. 环境光化学. 北京：化学工业出版社, 2005

[4] Usher C R, Michel A E, Grassian V H. Reactions on mineral dust. Chem. Rev. , 2003, 103：4883 - 4939

[5] Ravishankara A R. Heterogeneous and multiphase chemistry in the troposphere. Science, 1997, 276：1058 - 1064

[6] Brown Jr G E. How minerals react with water. Science, 2001, 294：67 - 69

[7] Grassian V H. Chemical reactions of nitrogen oxides on the surface of oxide, carbonate, soot, and mineraldust particles：Implications for the chemical balance of the troposphere. J. Phys. Chem. A, 2002, 106：860 - 877

[8] 丁杰, 朱彤. 大气中细颗粒物表面多相化学反应的研究. 科学通报, 2003, 48（19）：2005 - 2013

[9] Al-Abadleh H A, Al-Hosney H A, Grassian V H. Oxide and carbonate surfaces as environmental interfaces：The importance of water in surface composition and surface reactivity. J. Mol. Catal A：Chemical, 2005, 228：47 - 54

[10] Al-Abadleh H A, Grassian V H. Oxide surfaces as environmental interfaces. Surf. Sci. Rep. , 2003, 52：63 - 161

[11] 戴树桂. 环境化学. 北京：高等教育出版社, 1997

[12] Suess D T, Prather K A. Mass spectrometry of aerosols. Chem. Rev. , 1999, 99：3007 - 3035

[13] 廖正元, 黄春彦. 可吸入颗粒物及其危害. 化学教育, 2004, 4：1 - 2

[14] GB/T 15432—1995. 环境空气总悬浮颗粒物的测定 - 重量法

[15] 钱广强, 董治宝. 大气降尘收集方法及相关问题研究. 中国沙漠, 2004, 21（6）：779 - 782

[16] HJ/T 93-2003. PM_{10} 采样器技术要求及检测方法

[17] 王平利, 戴春雷, 张成江. 城市大气中颗粒物的研究现状及健康效应. 中国环境监测, 2005, 25 (1): 83 - 87

[18] Kamm S, MoKhler O, Naumann K H, et al. The heterogeneous reaction of ozone with soot aerosol. Atmos. Environ., 1999, 33: 4651 - 4661

[19] Fisseha R, Dommen J, Sax M, et al. Identification of organic acids in secondary organic aerosol and the corresponding gas phase from chamber experiments. Anal. Chem., 2004, 76: 6535 - 6540

[20] Czoschke N M, Jang M, Kamens R M. Effect of acidic seed on biogenic secondary organic aerosol growth. Atmos. Environ., 2003, 37: 4287 - 4299

[21] 于凤莲. 城市大气气溶胶细粒子的化学成分及其来源. 气象, 2002, 28 (11): 3 - 6

[22] 吴雷, 王慧. 城市颗粒物污染来源与特性分析. 干旱环境监测, 2003, 17 (3): 157 - 159

[23] Zhang Z Q, Friedlander S. A comparative study of chemical databases for fine particle Chinese aerosols. Environ. Sci. Technol., 2000, 34: 4687 - 4694

[24] 秦瑜, 赵春生. 大气化学基础. 北京: 气象出版社, 2003

[25] 万显烈. 大连市区大气气溶胶无机化学特征分析. 中国环境监测, 2005, 25 (1): 21 - 23

[26] Schauer J J, Rogge W F, Hildemann L M, et al. Source apportionment of airborne particulate matter using organic compounds as tracers. Atmos. Environ., 1996, 30 (22): 3837 - 3855

[27] Hankin S M, John P. Laser time-of-flight mass analysis of PAHs on single diesel particulates. Anal. Chem., 1999, 71: 1100 - 1104

[28] Reisinger A R. Observations of HONO in the polluted winter atmosphere: possible heterogeneous production on aerosols. Atmos. Environ., 2000, 34: 3865 - 3874

[29] 王连生. 介绍一种新型的大气质量检测技术—差分光学吸收光谱仪. 城市环境与城市生态, 1989, 2 (1): 44 - 45

[30] 贾龙, 葛茂发, 庄国顺等. 对流层夜间化学研究. 化学进展, 2006, 18 (7-8): 1034 - 1040

[31] Su Y X, Sipin M F, Furutani H, et al. Development and characterization of an aerosol time-of-flight mass spectrometer with increased detection efficiency. Anal. Chem., 2004, 76: 712 - 719

[32] Gard E E, Kleeman M J, Gross D S, et al. Direct observation of heterogeneous chemistry in the atmosphere. Science, 1998, 276: 1184 - 1187

[33] 贺泓. 环境多相催化研究过程中的表面科学研究方法. 环境科学学报, 2003, 23 (2): 224 - 229

[34] Vogt R, Elliott C, Allen H C, et al. Some new laboratory approaches to studying tropospheric heterogeneous reactions. Atmos. Enirom., 1996, 30 (10/11): 1729 - 1737

[35] Carlos-Cuellar S, Li P, Christensen A P, et al. Heterogeneous uptake kinetics of volatile organic compounds on oxide surfaces using a Knudsen cell reactor: Adsorption of acetic acid, formal-

dehyde, and methanol on a-Fe$_2$O$_3$, a-Al$_2$O$_3$, and SiO$_2$. J. Phys. Chem. A, 2003, 107: 4250 – 4261

[36] Goodman A L, Li P, Usher C R, et al. Heterogeneous uptake of sulfur dioxide on aluminum and magnesium oxide particles. J. Phys. Chem. A. , 2001, 105: 6109 – 6120

[37] Jang M, Carroll B, Chandramouli B, et al. Particle growth by acid-catalyzed heterogeneous reactions of organic carbonyls on preexisting aerosols. Environ. Sci. Technol. , 2003, 37: 3828 – 3837

[38] Jang M, Czoschke N, Northcross A L. Semiempirical model for organic aerosol growth by acid-catalyzed heterogeneous reactions of organic carbonyls. Environ. Sci. Technol. , 2005, 39: 164 – 174

[39] Jang M, Lee S, Kamens R M. Organic aerosol growth by acid-catalyzed heterogeneous reactions of octanal in a flow reactor. Atmos. Environ. , 2003, 37: 2125 – 2138

[40] Smith G D, Woods III E, DeForest C L, et al. Reactive uptake of ozone by oleic acid aerosol particles: Application of single-particle mass spectrometry to heterogeneous reaction kinetics. J. Phys. Chem. A, 2002, 106: 8085 – 8095

[41] Hearn J D, Smith G D. Kinetics and product studies for ozonolysis reactions of organic particles using aerosol CIMS. J. Phys. Chem. A, 2004, 108: 10019 – 10029

[42] Remorov R S, Grigorieva V M, Ivanov A V, et al. 13th International Symposium on Gas Kinetics, Dublin, September 11 – 16, 1994, Abstracts, University College Dublin, 1994, pp. 417 – 419

[43] Gershenzon Y M, Grigorieva VM, Zasypkin A Y, et al. 13th International Symposium on Gas Kinetics Dublin, September 11 – 16, 1994, Abstracts, University College Dublin, 1994, pp. 420 – 422

[44] Gershenzon Y M, Grigorieva V M, Ivanov A V, et al. Faraday Discuss. , 1995, 100: 83 – 100

[45] Paulsen D, Dommen J, Kalberer M, et al. Secondary organic aerosol formation by irradiation of 1, 3, 5-Trimethylbenzene-NO$_x$-H$_2$O in a new reaction chamber for atmospheric chemistry and physics. Environ. Sci. Technol. , 2005, 39: 2668 – 2678

[46] Liggio J, Li S M, Mclaren R. Heterogeneous reactions of glyoxal on particulate matter: Identification of acetals and sulfate esters. Environ. Sci. Technol. , 2005, 39: 1532 – 1541

[47] 任凯峰, 李建军, 王文丽等. 光化学烟雾箱模拟实验系统. 环境科学学报, 2005, 25 (11): 1431 – 1435

[48] 武山, 吕子峰, 郝吉明等. 大气模拟烟雾箱系统的研究进展. 环境科学学报, 2007, 27 (4): 529 – 536

[49] Ullerstam M, Johnso M S, Vogt R, et al. DRIFTS and Knudsen cell study of the heterogeneous reactivity of SO$_2$ and NO$_2$ on mineral dust. Atmos. Chem. Phys. 2003, 3: 2043 – 2051

[50] Li L, Chen Z M, Zhang Y H, et al. Kinetic and mechanism of heterogeneous oxidation of sulfur dioxide by ozone on surface of calcium carbonate. Atmos. Chem. Phys. , 2006, 6: 2453 – 3464

［51］Stephen B B. Mark A Zondlo, Margaret A Tolbert. A kinetic and product study of the hydrolysis of ClONO₂ on type Ia polar stratospheric cloud materials at 185 K. J. Phys. Chem. A 1997, 101, 8643 – 8652

［52］Sander R, Kerkweg A, Jöckel P, et al. Technical note: The new comprehensive atmospheric chemistry module MECCA. Atmos. Chem. Phys. , 2005, 5: 445 – 450

［53］Dentener F J, Carmichael G R, Zhang Y, et al. Role of mineral as a reactive surface in the global troposhere. J. Geophy. Res. , 1996, 101 (D17): 22869 – 22889

［54］Zhang Y, Carmichael G R. The role of mineral aerosol in troposheric chemicstry in east Asia – A model study. J. Appl. Meterology. , 1999, 38: 353 – 366

［55］刘红年, 蒋维楣. 沙尘表面非均相化学过程的气候效应的初步模拟研究. 地球物理学报, 2004, 47 (3): 417 – 423

［56］Aklilu Y A, Michelangeli D V. Box model investigation of the effect of soot particles on ozone downwind from an urban area through heterogeneous reactions. Environ. Sci. Technol. , 2004, 38: 5540 – 5547

［57］赵旭, 全燮, 于秀超. 表层土壤中有机污染物的光化学行为. 环境污染治理技术与设备, 2002, 3 (10): 6 – 9

［58］Balmer M E, Goss K U. Scharzenbach R. Photolytic transformation of organic pollutants on soil surfaces – an experimental approach. Environ. Sci. Technol. , 2000, 34: 1240 – 1245

［59］Boul H L. DDT residues in the environment – a review with a New Zealand perspective. New Zealand J. Agric. Res. , 1994, 38: 257 – 277

［60］Quan X, Zhao X, Chen S, et al. Enhancement of p, p′-DDT photodegradation on soil surfaces using TiO₂ induced by UV-light. Chemospere, 2005, 60: 266 – 273

［61］赵志强, 全燮, 陈景文等. 土壤有机质和活性铁组分对 γ-666 光解动力学的影响研究. 环境科学学报, 2002, 22 (1): 80 – 85

［62］牛军峰, 全燮, 陈景文等. 低有机碳含量表层土中 Fe₂O₃ 对 γ-666 光解的催化作用. 环境科学, 2002, 23 (2): 92 – 95

［63］Samuel T, Pillai M K K. Effect of temperature and sunlight exposure on the fate of soil-applied ¹⁴C-gamma-hexachlorocyclohexane. Arch. Environ. Contam. Toxicol. , 1990, 19: 214 – 220

［64］叶常明, 雷志芳, 王杏君等. 除草剂阿特拉津的多介质环境行为, 环境科学, 2001, 22 (2): 69 – 73

［65］Krieger M S, Yoder R N, Gibson R. Photolytic degradation of florasulam on soil and in water. J. Agric. Food. Chem. , 2000, 48: 3710 – 3717

［66］Stemmeler K, Ammann M, Donders C, et al. Photosensitized reduction of nitrogen dioxide on humic acid as a source of nitrous acid. Nature, 2006, 440: 195 – 198

［67］Idriss H, Miller A, Seebauer E G. Photoreactions of ethanol and MTBE on metal oxide particles in the troposphere. Catal. Today, 1997, 33: 215 – 225

［68］Isidorov V, Klokova E, Povarov V, et al. Photocatalysis on atmospheric aerosols: Experimental studies and modeling. Catal. Today, 1997, 39: 233 – 242

[69] Idirss H, Seebauer E G. Photooxidation of ethanol on Fe-Ti oxide particulates. Langmuir, 1998, 14: 6146 – 6150

[70] Lackhoff M, Niessner R. Photocatalytic atrazine degradation by synthetic minerals, atmospheric aerosols, and soil particles. Environ. Sci. Technol. 2002, 36: 5342 – 5347

[71] 王晓蓉. 环境化学. 南京: 南京大学出版社, 1993

[72] DickersonR R, Kondragunta S, Stenchikov G, et al. The impact of aersols on solar ultraviolet radiation and photochemical smog. Science, 1997, 278: 827 – 830

[73] 王振亚, 李海洋, 周士康. 平流层中臭氧耗减化学研究进展. 科学通报, 2001, 46 (4): 619 – 625

[74] 王振亚, 周士康, 盛六四. 极地平流层云及其非均相化学. 化学进展, 2004, 16 (1): 49 – 55

[75] 牟玉静, 刘晔, 杨文襄. 臭氧在冰晶及硫酸铵和亚硫酸铵渗溶冰晶上的黏着系数. 环境科学学报, 2000, 20 (4): 410 – 414

[76] 赵新生. 大气臭氧层破坏中冰晶表面反应的机理. 物理化学学报, 2004, 20: 936 – 938

[77] Ushera C R Michelb A E, Steca D, et al. Laboratory studies of ozone uptake on processed mineral dust. Atmos. Environ. , 2003, 37: 5337 – 5347

[78] Michel A E, Usher C R, Grassian V H. Reactive uptake of ozone on mineral oxides and mineral dusts. Atmos. Environ. , 2003, 37: 3201 – 3211

[79] Kotamarth V R, Gaffney J S, Marley N A, et al. Heterogeneous NO_x chemistry in the polluted PBL. Atmos. Environ. , 2001, 35: 4489 – 4498

[80] Ammann M, Kalberer M, Jost D T, et al. Heterogeneous production of nitrous acid on soot in polluted air masses. Nature, 1998, 395: 157 – 160

[81] Arens F, Gutzwiller L, Baltensperger U, et al. Heterogeneous reaction of NO_2 on diesel soot particles. Environ. Sci. Technol. , 2001, 35: 2191 – 2199

[82] Al-Abadleh H A, Grassian V H. Heterogeneous reaction of NO_2 on hexane soot: A Knudsen cell and FT-IR study. J. Phys. Chem. A, 2000, 104: 11 926 – 11 933

[83] Princea A P, Wadea J L, Grassian V H. Heterogeneous reactions of soot aerosols with nitrogen dioxide and nitric acid: atmospheric chamber and Knudsen cell studies. Atmos. Environ. , 2002, 36: 5729 – 5740

[84] Goodman A L, Underwood G M, Grassian V H. Heterogeneous reaction of NO_2: characterization of gas-phase and adsorbed products from the reaction, $2NO_2$ (g) + H_2O (a) →HONO (g) + HNO_3 (a) on hydrated silica particles. J. Phys. Chem. A, 1999, 103: 7217 – 7223

[85] Hanisch F, Crowley J N. Heterogeneous reactivity of gaseous nitric acid on Al_2O_3, $CaCO_3$, and atmospheric dust samples: A Knudsen cell study. J. Phys. Chem. A. , 2001, 105: 3096 – 3106

[86] Goodman A L, Bernard E T, Grassian V H. Spectroscopic study of nitric acid and water adsorption on oxide particles: Enhanced nitric acid uptake kinetics in the presence of adsorbed water. J. Phys. Chem. A, 2001, 105: 6443 – 6457

[87] Zhang R, Leu M T, Keyser L F. Heterogeneous chemistry of HONO on liquid sulfuric acid: A

new mechanism of chlorine activation on stratospheric sulfate aerosols. J. Phys. Chem. , 1996, 100: 339 – 345

[88] 王明星. 大气化学. 北京: 气象出版社, 1999: 155

[89] Khalil M A K, Rasmussen R A. Global sources, lifetimes and mass balances of carbonyl sulfide (OCS) and carbon disulfide (CS$_2$) in the Earth's atmosphere. Atmos. Environ. , 1984, 18: 1805 – 1813

[90] Kerminen V M, Pirjola L, Boy M, et al. Interaction between SO$_2$ and submicron atmospheric particles. Atmos. Res. , 2000, 54: 41 – 57

[91] Toledano D S, Henrich V E. Kinetics of SO$_2$ adsorption on photoexcited α-Fe$_2$O$_3$. J. Phys. Chem. B, 2001, 105: 3872 – 3877

[92] Chu L, Diao G, Chu L T. Heterogeneous interaction of SO$_2$ on H$_2$O$_2$-Ice Films at 190 – 210 K. J. Phys. Chem. A, 2000, 104: 7565 – 7573

[93] 潘慧云. SO$_2$ 在炭黑表面上催化氧化的干反应机理. 郑州大学学报（自然科学版）, 1996, 28 (1): 79 – 83

[94] Watts S F. The mass budgets of carbonyl sulfide, dimethyl sulfide, carbon disulfide and hydrogen sulfide. Atmos. Enviro. , 2000, 34: 761 – 779

[95] 王琳, 张峰, 陈建民. 大气颗粒物及氧化物对 CS$_2$ 的催化氧化作用. 中国科学 (B), 2001, 31 (4): 369 – 376

[96] 王琳, 张峰, 陈建民. CS$_2$ 与大气颗粒物的多相催化反应研究. 高等学校化学学报, 2002, 23 (5): 866 – 870

[97] Möller D. On the global natural sulphur emission. Atmos. Environ. , 1984, 18: 29 – 39

[98] Andreae M O, Crutzen P J. Atmospheric aerosols: Biogeochemical sources and role in atmospheric chemistry. Science, 1997, 276: 1052 – 1058

[99] Crutzen P J. The possible importance of COS for the sulfate layer of the stratosphere. Geo. Res. Letts. , 1976, 3: 73 – 76

[100] Turco R P, Whitten R C, Toon O B, et al. OCS, stratospheric aerosols and climate. Nature, 1980, 283: 283 – 286

[101] Liu J F, Yu Y B, Mu Y J, et al. Mechanism of heterogeneous oxidation of carbonyl sulfide on Al$_2$O$_3$: An in situ diffuse reflectance infrared Fourier transform spectroscopy investigation. J. Phys. Chem. B, 2006, 110: 3225 – 3230

[102] He H, Liu J F, Mu Y J, et al. Heterogeneous oxidation of carbonyl sulfide on atmospheric particles and alumina. Environ. Sci. Technol. , 2005, 39 (24): 9637 – 9642

[103] Liu Y C, He H, Xu W Q, et al. Mechanism of heterogeneous reaction of carbonyl sulfide on magnesium oxide. J. Phys. Chem. A, 2007, 111: 4333 – 4339

[104] 刘永春, 刘俊峰, 贺泓等. 羰基硫在矿质氧化物上的非均相氧化反应. 科学通报, 2007, 52 (3): 525 – 533

[105] Wu H B, Wang X, Cheng J M, et al. Mechanism of the heterogeneous reaction of carbonyl sulfide with typical components of atmospheric aerosol. Chinese Sci. Bull. , 2004, 49: 1231 –

1235

[106] Wu H B, Wang X, Cheng J M. Photooxidation of carbonyl sulfide in the presence of the typical oxides in atmospheric aerosol. Sci. China. Ser. B Chem. , 2005, 48: 31 – 37

[107] Chen H H, Kong L D, Chen J M, et al. Heterogeneous uptake of carbonyl sulfide on hematite and hematite-NaCl mixtures. Environ. Sci. Technol. , 2007, 41: 6484 – 6490

[108] Liu Y C, He H. Temperature dependence for heterogeneous reaction of carbonyl sulfide on magnesium oxide. J. Phys. Chem. A, 2008, 42: 960 – 969.

[109] Liu Y C, He H, Mu Y J. Heterogeneous reactivity of carbonyl sulfide on α-Al$_2$O$_3$ and γ-Al$_2$O$_3$. Atmos. Environ. , 2008, 42: 960 – 969

[110] Manahan S E. 环境化学原理. 黄志桂, 解怀宁等译. 重庆: 西南师范大学出版社, 1989

[111] Klotz B, Sørensen S, Barnes I, et al. Atmospheric oxidation of toluene in a large-volume outdoor photoreactor: In situ determination of ring-retaining product yields. J. Phys. Chem. A, 1998, 102: 10289 – 10299

[112] Fisseha R, Dommen J, Sax M, et al. Identification of organic acids in secondary organic aerosol and the corresponding gas phase from chamber experiments. Anal. Chem. , 2004, 76: 6535 – 6540

[113] Forstner H J L, Flagan R C, Seinfeld J H. Secondary organic aerosol from the photooxidation of aromatic hydrocarbons: Molecular composition. Environ. Sci. Technol. , 1997, 31: 1345 – 1358

[114] Martín-Reviejo M, Wirtz K. Is benzene a precursor for secondary organic aerosol? Environ. Sci. Technol. , 2005, 39: 1045 – 1054

[115] Odum J R, Jungkamp T P W, Griffin R J, et al. Aromatics, reformulated gasoline, and atmospheric organic aerosol formation. Environ. Sci. Technol. , 1997, 31: 1890 – 1897

[116] Myoseon Jang, Kamens R M. Atmospheric secondary aerosol formation by heterogeneous reactions of aldehydes in the presence of a sulfuric acid aerosol catalyst. Environ. Sci. Technol. , 2001, 35: 4758 – 4766

[117] Jang M, Czoschke N M, Northcross A L. Atmospheric organic aerosol production by heterogeneous acid-catalyzed reactions. ChemPhysChem, 2004, 5: 1646 – 1661

[118] Lee S, Jang M, Kamens R M. SOA formation from the photooxidation of α-Pinene in the presence of freshly emitted diesel soot exhaust. Atmos. Environ. , 2004, 38: 2597 – 2605

[119] Perraudina E, Budzinskia H, Villenave E. Kinetic study of the reactions of NO$_2$ with polycyclic aromatic hydrocarbons adsorbed on silica particles. Atmose. Environ. , 2005, 39: 6557 – 6567

[120] Mmerekia B T, Donaldsona D J, Gilman J B, et al. Kinetics and products of the reaction of gas-phase ozone with anthracene adsorbed at the air – aqueous interface. Atmos. Environ. , 2004, 38: 6091 – 6103e

[121] Alebić-Juretić A, Cvitaĉ T, Klasinct L. Heterogeneous polycyclic aromatic hydrocarbon degradation with ozone on silica gel carrier. Environ. Sci. Technol. , 1990, 24: 62 – 66

[122] Fan Z H, Kamens R M, Hu J X, et al. Photostability of nitro-polycyclic aromatic hydrocar-

bons on combustion soot particles in sunlight. Environ. Sci. Technol. , 1996, 30: 1358 – 1364

[123] Perraudin E, Budzinski H, Villenave E. Identification and quantification of ozonation products of anthracene and phenanthrene adsorbed on silica particles. Atmos. Environ. , 2007, 41: 6005 – 6017

[124] Perraudin E, Budzinski H, Villenave E. Kinetic study of the reactions of ozone with polycyclic aromatic hydrocarbons adsorbed on atmospheric model particles. J. Atmo. Chem. , 2007, 56: 57 – 82

刘永春 贺泓, 中国科学院生态环境研究中心